CAD 建筑行业项目实战系列丛书

AutoCAD 2018 中文版室内装潢设计

第 6 版

张日晶　胡仁喜　张　亭　等编著

机 械 工 业 出 版 社

本书共15章，全面介绍了使用AutoCAD 2018中文版绘制室内装潢设计图的各种方法和技巧。第1章介绍AutoCAD 2018基础；第2章介绍常用绘图与编辑命令；第3章介绍快速绘图工具；第4章介绍室内设计中主要图例的绘制；第5章介绍室内设计制图的准备知识；第6章介绍住宅室内装潢平面图；第7章介绍住宅室内装潢立面、顶棚与构造详图；第8章介绍宾馆大堂室内设计图的绘制；第9章介绍宾馆客房室内设计图的绘制；第10章介绍卡拉OK歌舞厅室内设计图的绘制；第11~15章围绕某洗浴中心的室内设计，介绍了其平面图、平面布置图、顶棚图、地坪布置图、立面图、剖面图和节点详图的绘制过程。

本书适合AutoCAD软件的初、中级读者以及室内设计的相关人员阅读。随书附赠的网盘资源含有所有实例的源文件和视频讲解，可以帮助读者形象、直观地理解和学习本书。

图书在版编目（CIP）数据

AutoCAD 2018中文版室内装潢设计/张日晶等编著.—6版.—北京：机械工业出版社，2018.8
（CAD建筑行业项目实战系列丛书）
ISBN 978-7-111-60627-7

Ⅰ.①A… Ⅱ.①张… Ⅲ.①室内装饰设计-计算机辅助设计-AutoCAD软件 Ⅳ.①TU238.2-39

中国版本图书馆CIP数据核字（2018）第175976号

机械工业出版社（北京市百万庄大街22号 邮政编码100037）
策划编辑：张淑谦 责任编辑：张淑谦
责任校对：张艳霞 责任印制：孙 炜
北京中兴印刷有限公司印刷

2018年8月第6版·第1次印刷
184mm×260mm·28.75印张·707千字
0001-3000册
标准书号：ISBN 978-7-111-60627-7
定价：99.00元

凡购本书，如有缺页、倒页、脱页，由本社发行部调换

电话服务	网络服务
服务咨询热线：（010）88361066	机 工 官 网：www.cmpbook.com
读者购书热线：（010）68326294	机 工 官 博：weibo.com/cmp1952
（010）88379203	教育服务网：www.cmpedu.com
封面无防伪标均为盗版	金 书 网：www.golden-book.com

前　言

室内是指建筑物的内部空间，室内设计（Interior Design）就是对建筑物的内部空间进行的环境和艺术设计。室内设计作为独立的综合性学科，于20世纪60年代初出现，强调室内空间装饰的功能性、追求造型单纯化，兼顾经济性、实用性和耐久性。室内装饰设计是建筑的内部空间环境设计，与人的生活关系最为密切，室内设计水平高低直接反映着居住与工作环境质量的好与坏。现代室内设计根据建筑空间的使用性质和所处环境，运用物质技术手段和艺术处理手法，从内部把握空间，进而设计其形状和大小。为了让人们在室内环境中舒适地生活和活动，设计者应整体考虑环境和用具的布置设施。室内设计的根本目的在于创造满足物质与精神两方面需要的空间环境。因此，室内设计既要满足物质功能的要求，又要满足精神功能的要求。

随着时代的发展，计算机辅助设计（CAD）技术有了巨大的突破，已由传统的专业化、单一化操作方式逐渐向简单明了的可视化、多元化方向飞跃，以满足设计者在设计过程中发挥个性设计理念、表现个人创作风格的新需求。其中最为出色的CAD设计软件之一是美国欧特克公司的AutoCAD，在多年的发展中，AutoCAD相继进行了20多次升级，每次升级都带来一次功能的大幅提升。近几年来，随着电子和网络技术的飞速发展，AutoCAD也加快了更新的步伐，继2016年推出AutoCAD 2017后，Autodesk公司于2017年又推出了AutoCAD 2018。

AutoCAD不仅具有强大的二维平面绘图功能，而且具有出色的、灵活可靠的三维建模功能，是进行室内装饰图形设计最为便捷的工具与途径之一。使用AutoCAD绘制建筑室内装饰图形，不仅可以利用人机交互界面实时进行修改，快速把个人的意见或想法反映到设计中去，而且可以实时查看修改效果，并从多个角度进行观察，是建筑室内装饰设计的优秀工具。

对室内设计师或技术人员来说，熟练使用AutoCAD是非常必要的。本书以AutoCAD 2018简体中文版作为设计软件，结合各种建筑装饰工程的特点，除了详细介绍室内设计常见家具、洁具和电器等各种装饰配景图形绘制方法外，还精心挑选常见且具有代表性的建筑室内空间，如单元住宅、宾馆、休闲娱乐场馆等，讲述了在现代室内空间装饰设计中，如何使用AutoCAD绘制各种建筑室内空间的平面、地面、吊顶和立面以及节点大样图等相关装饰图的方法与技巧。

本书在介绍室内设计装潢设计的各种方法和技巧时，由浅入深地介绍了AutoCAD 2018软件中有关室内装潢设计的各项功能，书中用到了作者多年积累的各种不同类型的建筑图库，可帮助用户提高制图效率。

随书附赠的网盘资料包含了书中所有实例的源文件和全书所有实例绘制过程的视频讲解文件，读者可以通过扫描封底“IT有得聊”二维码回复60627下载。

本书面向初、中级用户以及对建筑制图比较了解的工程技术人员，旨在帮助读者用较短的时间快速、熟练地掌握使用 AutoCAD 2018 室内装潢设计的各种应用技巧，以提高读者的室内装潢设计水平。

本书既可用作中、高等院校的 CAD 或室内设计课程班的教材，也可作为读者自学或室内设计专业人员学习参考的工具书。

本书主要由张日晶、胡仁喜和张亭编写，参与编写的还有康士廷、王正军、解江坤、王国军、王艳、刘冬芳、井晓翠、卢思梦、李亚莉、韩校粉、闫聪聪、王敏、杨雪静、卢园、王玮和王艳池。书中所涉及的内容大多来自作者几年来使用 AutoCAD 的经验总结，也有部分内容取自实际的设计图样。考虑到室内设计绘图的复杂性，作者对书中的理论讲解和实例引导都做了一些适当的简化处理，尽量做到深入浅出，以期起到抛砖引玉的作用。

由于作者水平有限，书中不足之处在所难免，恳请广大读者登录网站 www.sjzswsw.com 或发送邮件至 win760520@126.com 批评指正。也可以加入 QQ 群（575520269）参与交流探讨。

编　者

目 录

第1章 AutoCAD 2018基础

知识导引

本章介绍AutoCAD样板图的制作过程，包括图形范围、单位等绘图参数的设置及系统配置。在绘制样板图的过程中，用户可以了解绘制样板图应该进行的准备工作，如设置图层和文字样式、标注样式等。在绘制图形时，用户可以学习一般图形的绘制程序，如一些辅助命令的使用。

内容要点

- 绘图环境设置
- 基本输入操作
- 图层设置
- 绘图辅助工具
- 文字样式与标注样式

1.1 绘图环境设置

本节思路

本节介绍了AutoCAD 2018的初始绘图环境设置和系统参数配置，执行几个命令时会显示标准文件选择对话框，从中可以通过本地和网络驱动器、FTP站点以及Web文件夹来选择文件，然而各个对话框都有所不同，本节将为读者详细讲解。

1.1.1 操作界面

AutoCAD 2018的操作界面是显示、编辑图形的区域，如图1-1所示，包括标题栏、绘图区、十字光标、坐标系图标、命令行窗口、状态栏、布局标签和快速访问工具栏等。

1. 标题栏

AutoCAD 2018中文版操作界面的最上端是标题栏。标题栏中显示了系统当前正在运行的应用程序（AutoCAD 2018）和用户正在使用的图形文件。在用户首次启动AutoCAD 2018时，标题栏中将显示该软件在启动时创建并打开的图形文件的名字Drawing1.dwg（见图1-1）。

2. 绘图区

绘图区是指在标题栏下方的大片空白区域，是用户使用AutoCAD 2018绘制图形的区域。

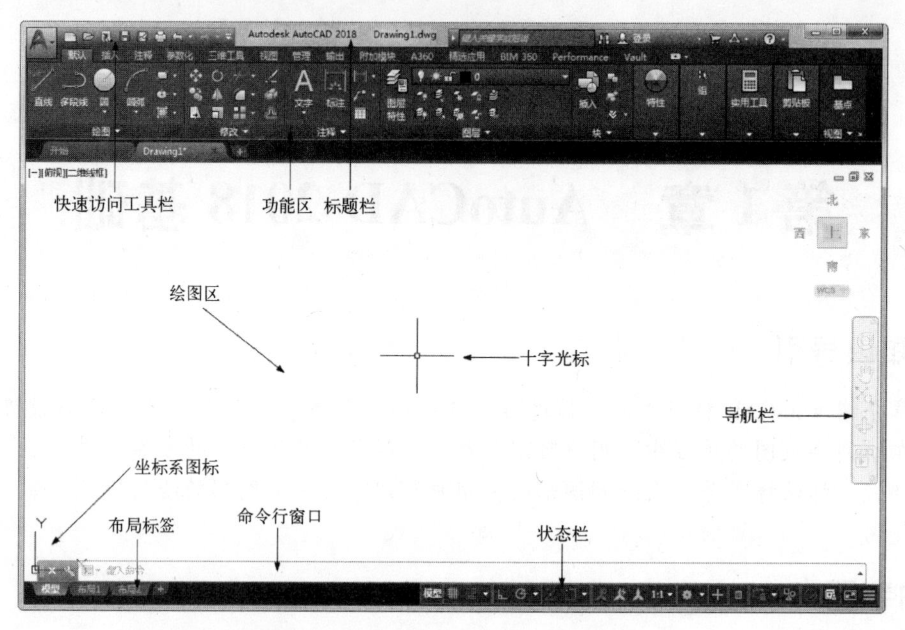

图 1-1 AutoCAD 2018 中文版的操作界面

注 意

安装 AutoCAD 2018 后，在绘图区中右击鼠标，打开快捷菜单，如图 1-2 所示，选择“选项”命令，打开“选项”对话框，选择“显示”选项卡，在“窗口元素”选项组中将“配色方案”设置为“明”，如图 1-3 所示，单击“确定”按钮，退出对话框，其操作界面如图 1-4 所示。

图 1-2 快捷菜单

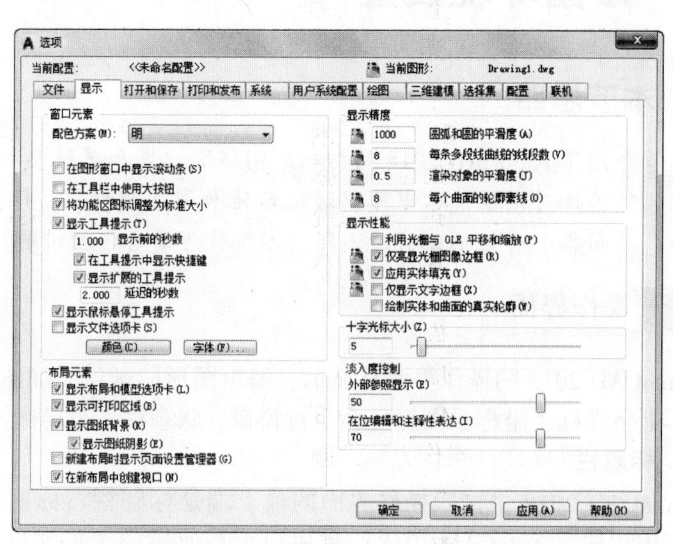

图 1-3 “选项”对话框

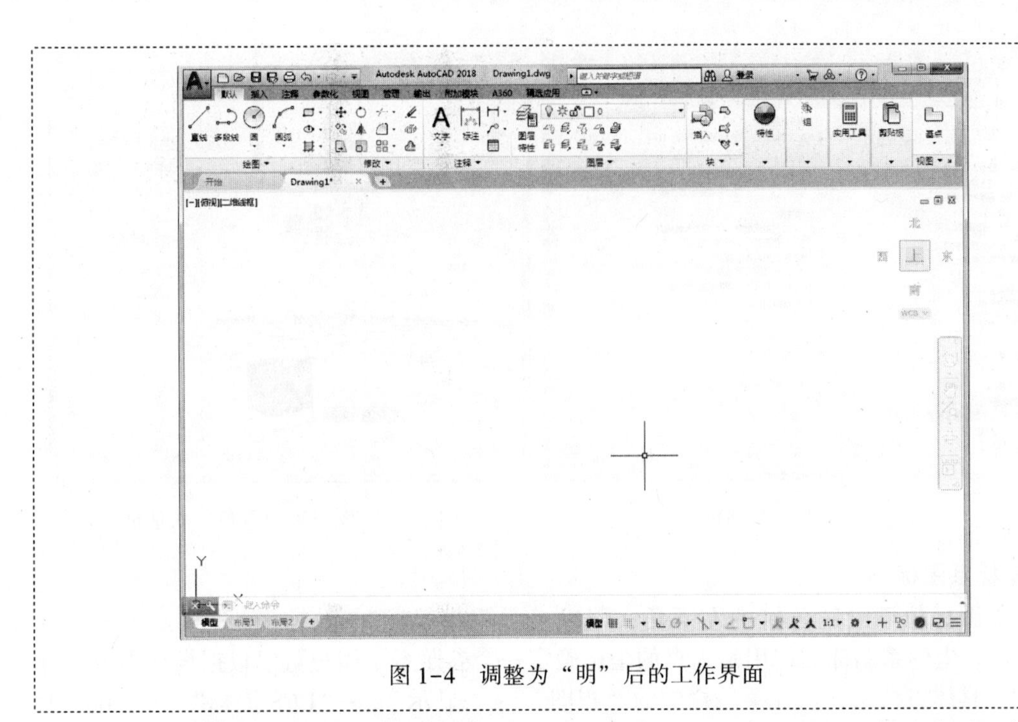

图 1-4 调整为“明”后的工作界面

在绘图区域中，还有一个作用类似光标的十字线，其交点反映了光标在当前坐标系中的位置。在 AutoCAD 2018 中，该十字线称为十字光标，如图 1-1 中所示，AutoCAD 通过十字光标显示当前点的位置。十字光标的方向与当前用户坐标系的 X 轴、Y 轴方向平行，其长度系统预设为屏幕大小的 5%。

（1）修改操作界面中十字光标的大小

十字光标的长度系统预设为屏幕大小的 5%，用户可以根据绘图的实际需要更改其大小。修改图形窗口中十字光标大小的方法如下。

在操作界面中选择菜单栏中的“工具”→“选项”命令，将弹出“选项”对话框。切换至“显示”选项卡，在“十字光标大小”选项组中的文本框中直接输入数值，或者拖动文本框右侧的滑块，即可对十字光标的大小进行调整，如图 1-5 所示。

此外，用户还可以通过设置系统变量“CURSORSIZE”的值，实现对十字光标大小的更改，具体方法是在命令行窗口中输入如下命令。

```
命令：CURSORSIZE↙
输入 CURSORSIZE 的新值 <5>：
```

（2）修改操作界面的颜色

在默认情况下，AutoCAD 2018 的操作界面是黑色背景、白色线条，这不符合绝大多数用户的习惯，因此修改操作界面的颜色是大多数用户都需要进行的操作。具体步骤如下。

① 选择菜单栏中的“工具”→“选项”命令，弹出“选项”对话框，切换至“显示”选项卡（见图 1-5），单击“窗口元素”选项组中的“颜色”按钮，将弹出图 1-6 所示的“图形窗口颜色”对话框。

② 在“图形窗口颜色”对话框中的“颜色”下拉列表框中，选择需要的窗口颜色，然后单击“应用并关闭”按钮，此时 AutoCAD 的操作界面就变成了所需的窗口背景色（通常按视觉习惯选择白色为窗口颜色）。

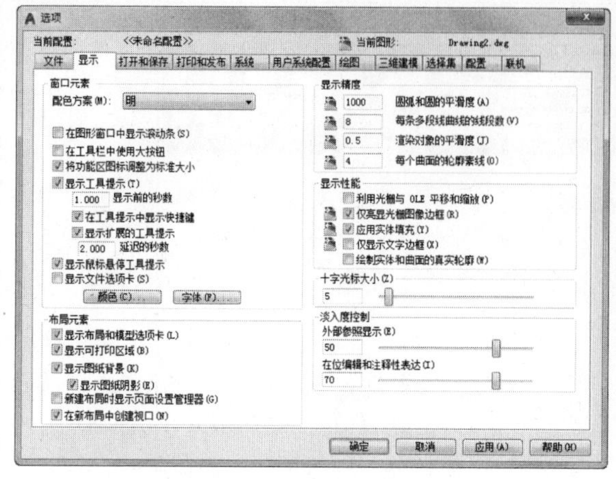

图 1-5 “选项”对话框

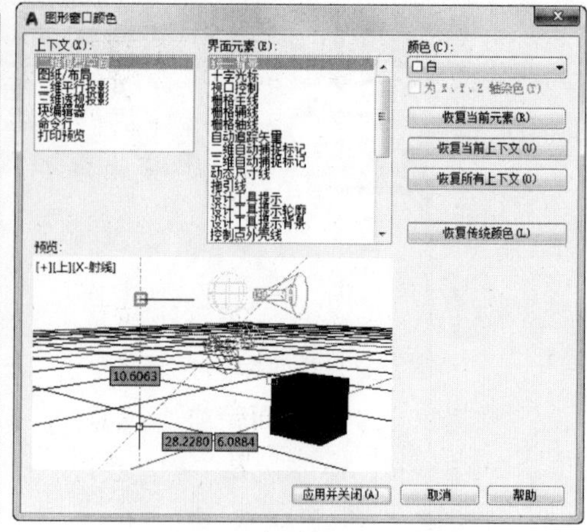

图 1-6 “图形窗口颜色”对话框

3. 坐标系图标

坐标系图标位于绘图区域的左下角，用以表示用户绘图时正使用的坐标系形式，如图 1-1所示。坐标系图标的作用是为点的坐标确定一个参照系。用户可以根据设计需要选择将其关闭。具体方法是：选择菜单栏中的“视图”→“显示”→“UCS 图标”→“开”命令，如图 1-7 所示。

4. 菜单栏

用户可从 AutoCAD 2018 快速访问工具栏处调出菜单栏，如图 1-8 所示，调出后的菜单栏如图 1-9 所示。AutoCAD 的菜单栏中包括“文件”“编辑”“视图”“插入”“格式”“工具”“绘图”“标注”“修改”“参数”“窗口”和“帮助”12 个菜单，这些菜单几乎包含了 AutoCAD 2018 的所有绘图命令，后面的章节将对这些菜单的功能作详细讲解。

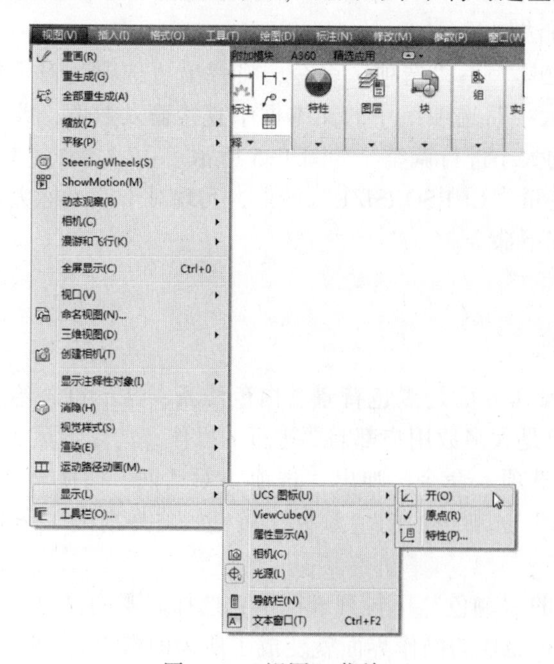

图 1-7 “视图”菜单

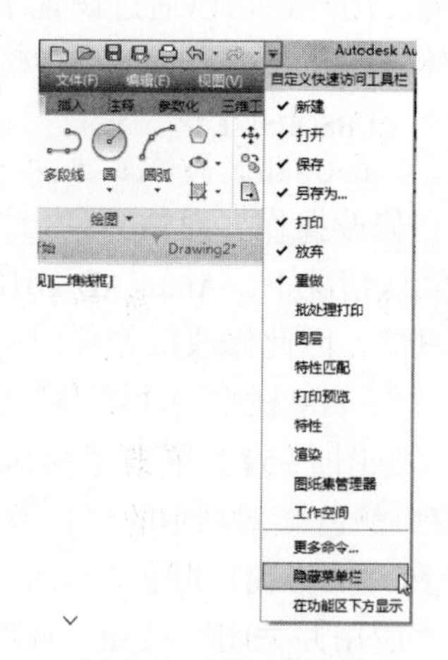

图 1-8 调出菜单栏

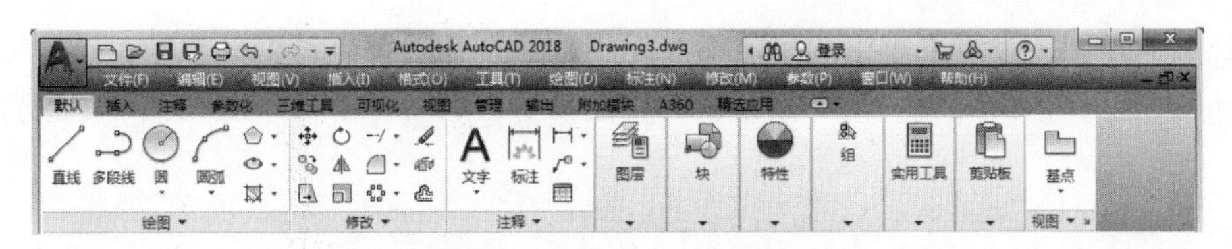

图 1-9　菜单栏显示界面

一般来讲，AutoCAD 2018 下拉菜单中的命令大致可分为如下 3 类。

（1）带有子菜单的菜单命令

这种类型的命令后面带有小三角形，例如，单击菜单栏中的“绘图”按钮，选择其下拉菜单中的“圆”命令，界面上就会进一步显示出“圆”子菜单中所包含的命令，如图 1-10 所示。

（2）弹出对话框的菜单命令

此类命令后面带有省略号，例如，单击菜单栏中的“格式”按钮，选择其下拉菜单中的“文字样式（S）...”命令，如图 1-11 所示。界面上就会弹出相应的“文字样式”对话框，如图 1-12 所示。

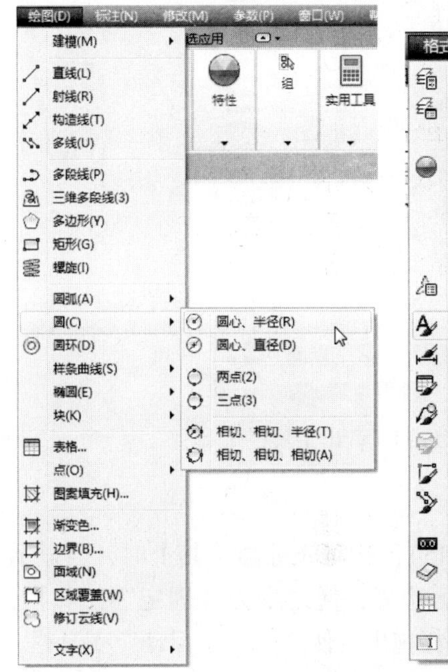

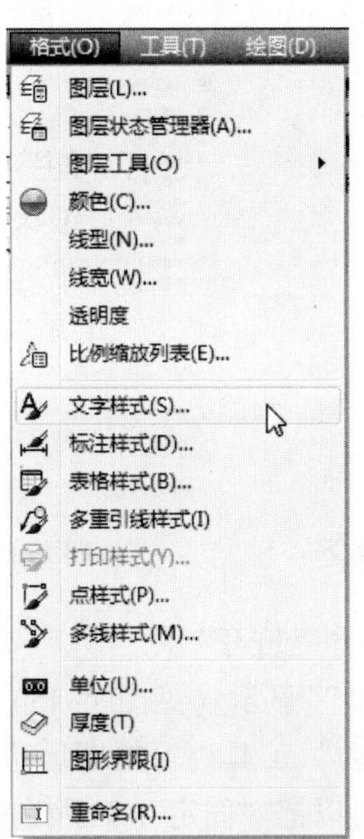

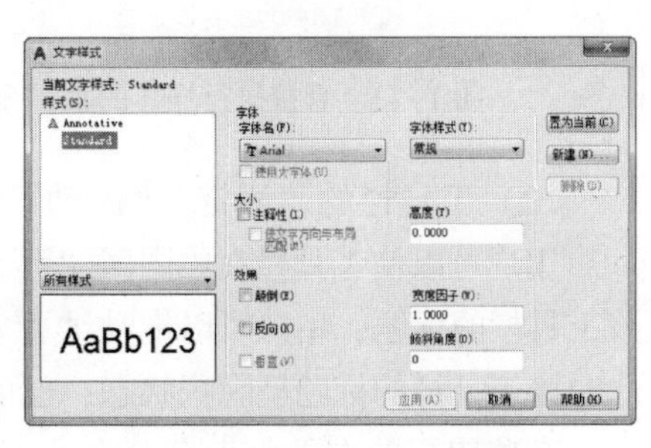

图 1-10　带有子菜单的菜单命令　图 1-11　弹出对话框的菜单命令　　图 1-12　“文字样式”对话框

（3）直接执行操作的菜单命令

这种类型的命令后面既不带小三角形，也不带省略号，选择该命令将直接进行相应的操作。例如，选择菜单栏中的“视图”→“重画”命令，系统将刷新显示所有视口，如图 1-13 所示。

5. 工具栏

工具栏是一组按钮工具的集合，选择菜单栏中的“工具”→“工具栏”→“AutoCAD”

命令，然后从弹出的下级菜单中调出所需要的工具栏。在所调出的工具栏中，把光标移动到某个按钮上，即在该按钮的一侧显示相应的功能提示，此时，单击该按钮就可以执行相应的命令了。

（1）设置工具栏

AutoCAD 2018 提供了几十种工具栏，选择菜单栏中的“工具”→“工具栏”→“AutoCAD”命令，调出所需要的工具栏，如图 1-14 所示。单击某一个未在界面上显示的工具栏名，则该工具栏将显示在操作界面中；反之，关闭工具栏。

图 1-13　直接执行操作的菜单命令

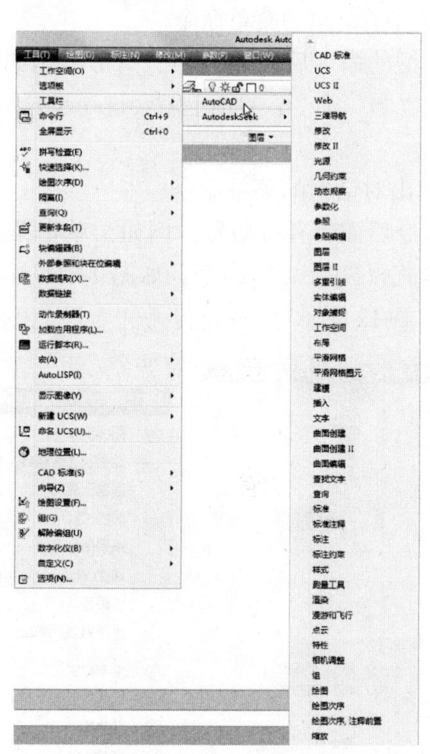

图 1-14　调出工具栏

（2）工具栏的“固定”“浮动”与“打开”

用户可以使工具栏在绘图区“浮动”显示（见图 1-15），此时光标移至其上时，会显示该工具栏的标题，用户可以拖动“浮动”工具栏至绘图区边界，使之变为“固定”工具栏，此时该工具栏的标题呈隐藏状态；也可以把“固定”工具栏拖出，使之变为“浮动”工具栏。

有些图标的右下角带有一个小三角，按住鼠标左键会打开相应的工具栏，按住鼠标左键，将光标移动到某一图标上然后松手，该图标即为当前图标。单击当前图标，即可执行相应命令（见图 1-16）。

6. 命令行窗口

命令行窗口是输入命令名和显示命令提示的区域，默认的命令行窗口位于绘图区下方，是若干文本行。对命令行窗口，需要说明的有以下几点。

1）通过移动拆分条可以扩大与缩小命令行窗口。

2）可以拖动命令行窗口，将其置于屏幕上的其他位置。

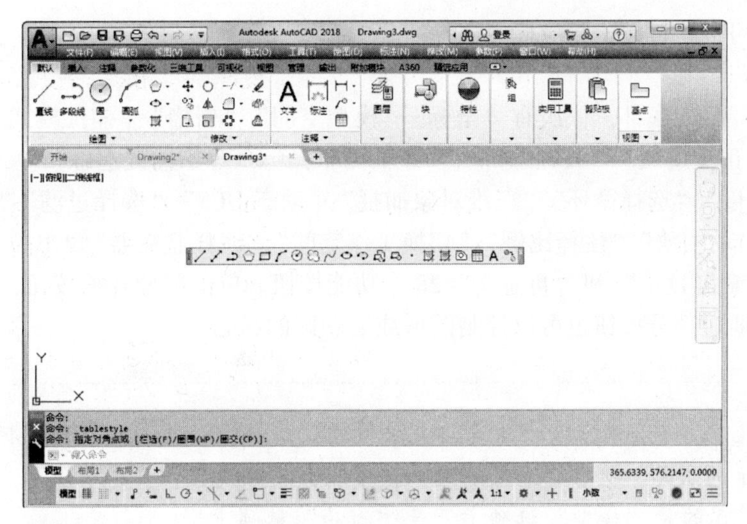

图 1-15 “浮动”工具栏

3）对当前命令行窗口中输入的内容，可以按〈F2〉快捷键用文本编辑的方法进行编辑，如图 1-17 所示。AutoCAD 2018 的文本窗口和命令窗口相似，它可以显示当前 AutoCAD 进程中命令的输入和执行过程，在执行某些命令时，它会自动切换到文本窗口，列出有关信息。

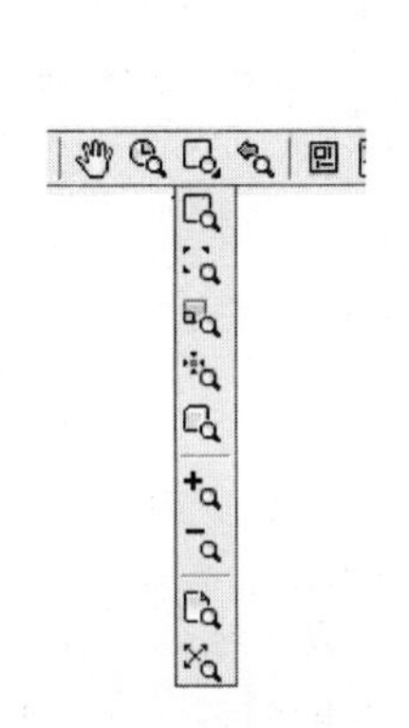

图 1-16 打开工具栏

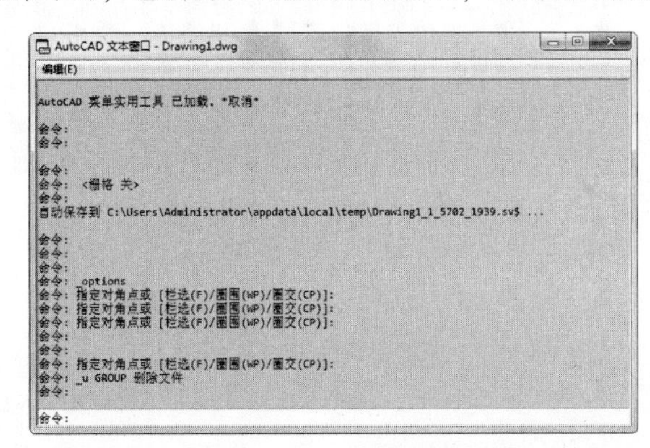

图 1-17 文本窗口

4）AutoCAD 通过命令行窗口反馈各种信息（包括出错信息），因此，用户要时刻关注在命令窗口中出现的信息。

7. 布局选项卡

AutoCAD 2018 系统默认设定一个模型空间布局选项卡和“布局 1”“布局 2”两个图样空间布局选项卡。这里有两个概念需要解释一下。

1）布局。布局是系统为绘图设置的一种环境，包括图样大小、尺寸单位、角度设定、数值精确度等，在系统预设的 3 个标签中，这些环境变量都按默认设置。用户既可以根据实际需要修改这些变量的值，也可以根据需要设置符合自己要求的新标签。

2）模型。AutoCAD 2018 的空间分模型空间和图样空间。模型空间即用户通常绘图的环境；而在图样空间中，用户可以创建叫作“浮动视口”的区域，以不同视图显示所绘图形。用户可以在图样空间中调整浮动视口并决定所包含视图的缩放比例。如果选择图样空间，则可打印多个视图（用户可以打印任意布局的视图）。在 AutoCAD 2018 中，系统默认打开模型空间，用户可以通过单击相应标签选择需要的布局。

8. 状态栏

状态栏在屏幕的底部，依次有“坐标”“模型空间”“栅格”“捕捉模式”“推断约束”“动态输入”“正交模式”“极轴追踪”“等轴测草图”“对象捕捉追踪”“二维对象捕捉”“线宽”“透明度”“选择循环”“三维对象捕捉”“动态 UCS”“选择过滤”“小控件”“注释可见性”“自动缩放”“注释比例”“切换工作空间”“注释监视器”“单位”“快捷特性”“图形性能”“全屏显示”和“自定义”28 个功能按钮。单击部分开关按钮，可以实现这些功能的开关。通过部分按钮也可以控制图形或绘图区的状态。

> **注 意**
>
> 默认情况下，不会显示所有工具，可以通过状态栏上最右侧的按钮选择要从“自定义”菜单显示的工具。状态栏上显示的工具可能会发生变化，具体取决于当前的工作空间以及当前显示的是“模型”选项卡还是“布局”选项卡。

下面对部分状态栏上的按钮的功能作简单介绍，如图 1-18 所示。

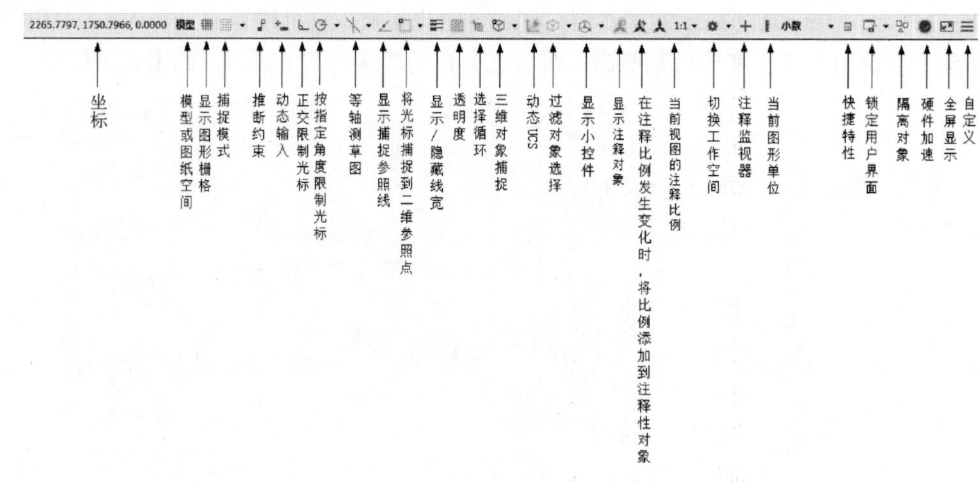

图 1-18 状态栏

1）坐标：显示工作区鼠标放置点的坐标。

2）模型空间：在模型空间与布局空间之间进行转换。

3）栅格：栅格是覆盖整个用户坐标系（UCS）XY 平面的直线或点组成的矩形图案。使用栅格类似于在图形下放置一张坐标纸。利用栅格可以对齐对象并直观显示对象之间的距离。

4）捕捉模式：对象捕捉对于在对象上指定精确位置非常重要。不论何时提示输入点，都可以指定对象捕捉。默认情况下，当光标移到对象的对象捕捉位置时，将显示标记和工具提示。

5）推断约束：自动在正在创建或编辑的对象与对象捕捉的关联对象或点之间应用约束。

6）动态输入：在光标附近显示出一个提示框（称之为“工具提示”），工具提示中显示出对应的命令提示和光标的当前坐标值。

7）正交模式：将光标限制在水平或垂直方向上移动，以便于精确地创建和修改对象。

当创建或移动对象时，可以使用“正交”模式将光标限制在相对于 UCS 的水平或垂直方向上。

8）极轴追踪：使用极轴追踪，光标将按指定角度进行移动。创建或修改对象时，可以使用“极轴追踪”来显示由指定的极轴角度所定义的临时对齐路径。

9）等轴测草图：通过设定“等轴测捕捉/栅格”，可以很容易地沿三个等轴测平面之一对齐对象。尽管等轴测图形看似三维图形，但它实际上是由二维图形表示的。因此不能期望从中提取三维距离和面积、从不同视点显示对象或自动消除隐藏线。

10）对象捕捉追踪：使用对象捕捉追踪，可以沿着基于对象捕捉点的对齐路径进行追踪。已获取的点将显示一个小加号（+），一次最多可以获取 7 个追踪点。获取点之后，在绘图路径上移动光标，将显示相对于获取点的水平、垂直或极轴对齐路径。例如，可以基于对象端点、中点或者对象的交点，沿着某个路径选择一点。

11）二维对象捕捉：使用执行对象捕捉设置（也称为对象捕捉），可以在对象上的精确位置指定捕捉点。选择多个选项后，将应用选定的捕捉模式，以返回距离靶框中心最近的点。按〈Tab〉键以在这些选项之间循环。

12）线宽：分别显示对象所在图层中设置的不同宽度，而不是统一线宽。

13）透明度：使用该命令，调整绘图对象显示的明暗程度。

14）选择循环：当一个对象与其他对象彼此接近或重叠时，准确选择某一个对象是很困难的，使用选择循环的命令，单击鼠标左键，弹出“选择集”列表框，里面列出了鼠标待单击对象周围的图形，然后在列表中选择所需的对象。

15）三维对象捕捉：三维中的对象捕捉与在二维中工作的方式类似，不同之处在于在三维中可以投影对象捕捉。

16）动态 UCS：在创建对象时使 UCS 的 XY 平面自动与实体模型上的平面临时对齐。

17）选择过滤：根据对象特性或对象类型对选择集进行过滤。当按下图标后，只选择满足指定条件的对象，其他对象将被排除在选择集之外。

18）小控件：帮助用户沿三维轴或平面移动、旋转或缩放一组对象。

19）注释可见性：图标亮显时表示显示所有比例的注释性对象；图标变暗时表示仅显示当前比例的注释性对象。

20）自动缩放：注释比例更改时，自动将比例添加到注释对象。

21）注释比例：单击注释比例右下角小三角符号，弹出注释比例列表，如图 1-19 所示，可以根据需要选择适当的注释比例。

22）切换工作空间：进行工作空间转换。

23）注释监视器：打开仅用于所有事件或模型文档事件的注释监视器。

24）单位：指定线性和角度单位的格式和小数位数。

25）快捷特性：控制快捷特性面板的使用与禁用。

26）锁定用户界面：按下该按钮，锁定工具栏、面板和可固定窗口的位置和大小。

27）隔离对象：当选择隔离对象时，在当前视图中显示选定对象，所有其他对象都暂时隐藏；当选择隐藏对象时，在当前视图中暂时隐藏选定对象，所有其他对象都可见。

28）硬件加速：设定图形卡的驱动程序以及设置硬件加速的选项。

29）全屏显示：该选项可以清除 Windows 窗口中的标题栏、功能区和选项板等界面元素，使 AutoCAD 的绘图窗口全屏显示，如图 1-20 所示。

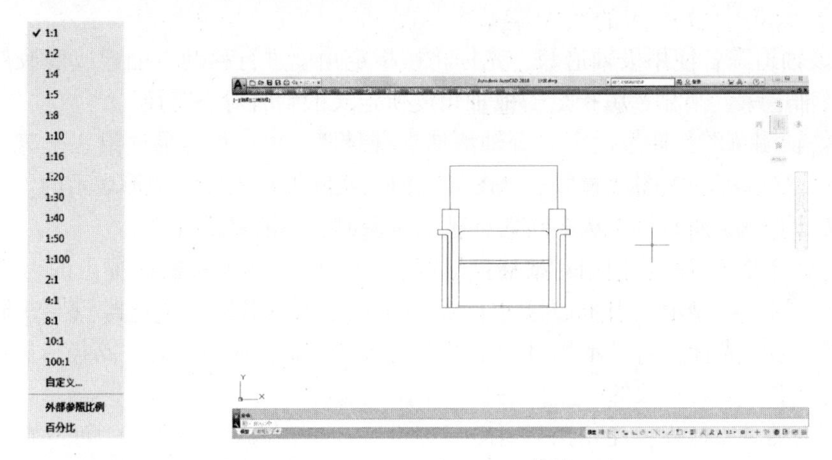

图 1-19　注释比例　　　　图 1-20　全屏显示

30）自定义：状态栏可以提供重要信息，而无须中断工作流。使用 MODEMACRO 系统变量可将应用程序所能识别的大多数数据显示在状态栏中。使用该系统变量的计算、判断和编辑功能可以完全按照用户的要求构造状态栏。

9. 快速访问工具栏和交互信息工具栏

（1）快速访问工具栏

该工具栏包括“新建”“打开”“保存”“另存为”“打印”“放弃”“重做”等几个常用工具。用户也可以单击此工具栏后面的小三角按钮，选择设置需要的常用工具。

（2）交互信息工具栏

该工具栏包括“搜索”“Autodesk 360”“Autodesk App Store”“保持连接”“帮助”等几个常用的数据交互访问工具按钮。

10. 功能区

在默认情况下，功能区包括“默认”选项卡、“插入”选项卡、“注释”选项卡、“参数化”选项卡、“视图”选项卡、“管理”选项卡、“输出”选项卡、“附加模块”选项卡、“A360”以及“精选应用”选项卡，如图 1-21 所示（所有选项卡见图 1-22）。每个选项卡集成了相关的操作工具，以方便用户使用。用户可以单击功能区选项后面的按钮控制功能的展开与收缩。

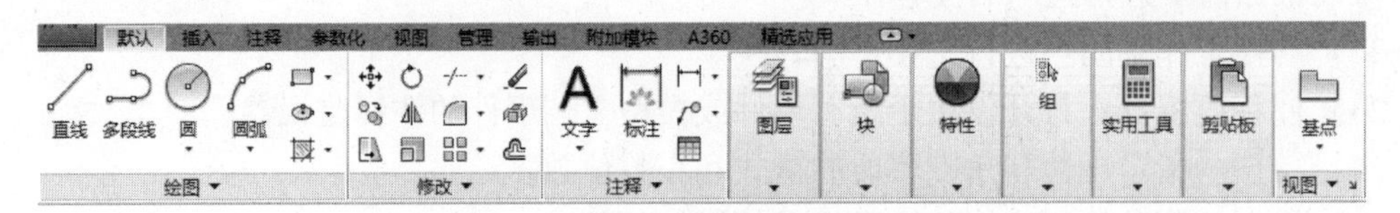

图 1-21　默认情况下出现的选项卡

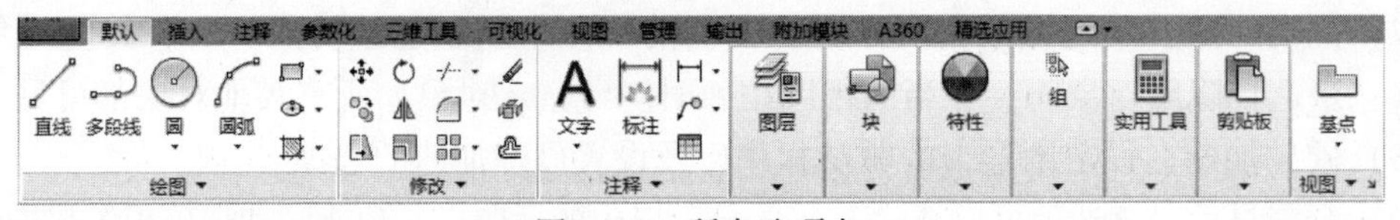

图 1-22　所有选项卡

1）设置选项卡。将光标放在面板中的任意位置，单击鼠标右键，弹出图 1-23 所示的快捷菜单。单击某一个未在功能区显示的选项卡名，系统即会在功能区显示该选项卡；反之，则隐藏选项卡（调出面板的方法与调出选项卡的方法类似，这里不再赘述）。

图 1-23 快捷菜单

2）选项卡中面板的"固定"与"浮动"。面板可以在绘图区"浮动"（见图 1-24），将光标移至"浮动"面板的右上角位置处，显示"将面板返回到功能区"提示，如图 1-25 所示。单击此处，使之变为"固定"面板。用户也可以把"固定"面板拖出，使之变为"浮动"面板。

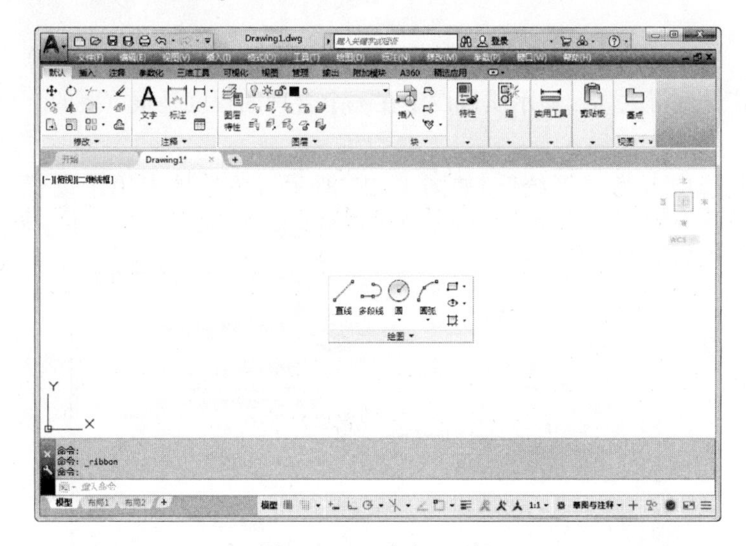

图 1-24 "浮动"面板

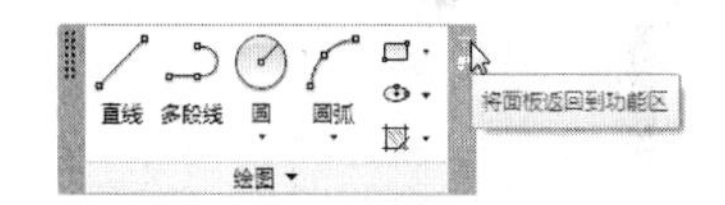

图 1-25 "绘图"面板

打开或关闭功能区的操作方式如下。

- 命令行：RIBBON（或 RIBBONCLOSE）。
- 菜单：选择菜单栏中的"工具"→"选项板"→"功能区"命令。

1.1.2 系统参数配置

由于每台计算机所使用的显示器、输入/输出设备的类型不同，用户喜好的风格及计算机的目录设置也不相同，因此每台计算机都是"独特"的。一般来讲，使用 AutoCAD 2018 的默认配置就可以绘图，但为了使用用户的定点设备或打印机并提高绘图的效率，AutoCAD 2018 推荐用户在开始绘图前先进行必要的配置。

【执行方式】

- 命令行：PREFERENCES
- 菜单：选择菜单栏中的"工具"→"选项"命令。
- 右键快捷菜单：单击鼠标右键，弹出快捷菜单，其中包括一些常用命令，如图 1-26 所示。

【操作格式】

执行上述命令后，系统将弹出“选项”对话框。用户可以在该对话框中选择有关选项，对系统进行配置。下面就其中主要的几个选项卡进行说明，其他配置选项在后面用到时再作具体说明。

1. 显示配置

“选项”对话框中的第2个选项卡为“显示”，该选项卡控制AutoCAD窗口的外观。该选项卡用于设定屏幕菜单、滚动条显示与否、固定命令行窗口中文字行数、AutoCAD 2018的版面布局设置、各实体的显示分辨率以及AutoCAD运行时的其他各项性能参数的设定等。前面已经讲述了屏幕菜单设定、屏幕颜色、光标大小等知识，其余有关选项的设置读者可自己参照“帮助”文件学习。

在设置实际显示分辨率时，请务必记住，显示质量越高，即分辨率越高，则计算机计算的时间越长，因此千万不要将其设置得太高。显示质量设定在一个合理的程度是很重要的。

2. 系统配置

“选项”对话框中的第5个选项卡为“系统”，如图1-27所示。该选项卡用于设置AutoCAD 2018系统的有关特性。

图1-26 “选项”右键快捷菜单

图1-27 “系统”选项卡

1.1.3 设置绘图参数

1. 绘图单位设置

【执行方式】

- 命令行：DDUNITS（或UNITS）。
- 菜单：选择菜单栏中的“格式”→“单位”命令。

【操作格式】

执行上述命令后，系统将弹出“图形单位”对话框，如图1-28所示。该对话框用于定义单位和角度格式。

（1）“长度”选项组

该选项组用于指定测量的当前单位及其精度。

（2）“角度”选项组

该选项组用于指定当前角度格式和当前角度显示的精度。

（3）“插入时的缩放单位”选项组

该选项组用于控制插入当前图形中的块和图形的测量单位。如果块或图形创建时使用的单位与该选项指定的单位不同，则在插入这些块或图形时，将对其按比例缩放。插入比例是源块或图形使用的单位与目标图形使用的单位之比。如果插入块时不按指定单位缩放，请选择“无单位”。

（4）“输出样例”选项组

该选项组用于显示用当前单位和角度设置的例子。

（5）“光源”选项组

该选项组用于控制当前图形中光度，控制光源的强度测量单位。

（6）“方向”按钮

单击该按钮，系统显示“方向控制”对话框，如图 1-29 所示。用户可以在该对话框中进行方向控制设置。

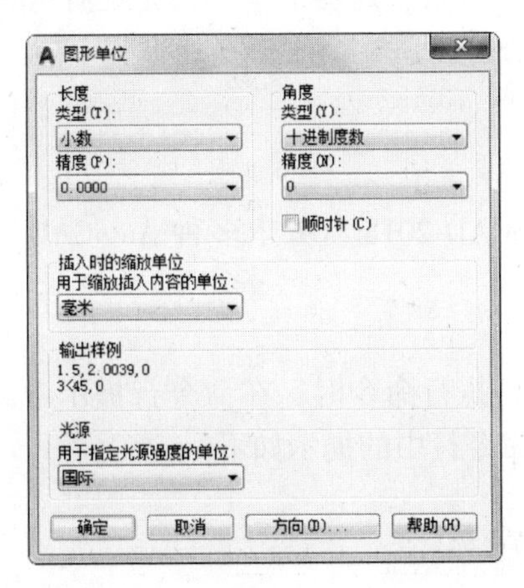

图 1-28 “图形单位”对话框

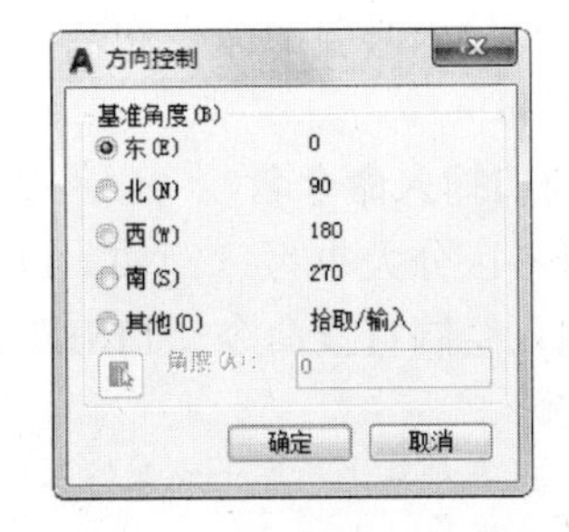

图 1-29 “方向控制”对话框

2. 图形边界设置

【执行方式】

- 命令行：LIMITS。
- 菜单：选择菜单栏中的“格式”→“图形界限”命令。

【操作格式】

执行上述命令后，系统提示如下。

```
重新设置模型空间界限：
指定左下角点或［开(ON)/关(OFF)］<0.0000,0.0000>:(输入图形边界左下角的坐标,然后按〈Enter〉键)
指定右上角点 <12.0000,9.0000>:(输入图形边界右上角的坐标,然后按〈Enter〉键)
```

在此提示下输入坐标值以指定图形左下角的X、Y坐标，或在图形中选择一个点，或按〈Enter〉键，接受默认的坐标值(0,0)，AutoCAD将继续提示指定图形右上角的坐标。输入坐标值以指定图形右上角的X、Y坐标，或在图形中选择一个点以确定图形的右上角坐标，例如，要将图形尺寸设置为841 mm×594 mm，应输入右上角坐标(841,594)。

注 意

输入左下角和右上角的坐标，仅仅设置了图形界限，但是仍然可以在绘图窗口内任何位置绘图。若想配置AutoCAD，使它能阻止将图形绘制到图形界限之外，用户可以通过打开图形界限达到此目的，此时可再次调用“LIMITS”命令，然后输入“ON”，按〈Enter〉键即可。此时用户不能在图形界限之外绘制图形对象，也不能使用“移动”或“复制”命令将图形移到界限之外。

1.2 基本输入操作

本节思路

在AutoCAD 2018中，有一些基本的输入操作方法，这些基本方法是进行AutoCAD绘图的必备知识基础，也是深入学习AutoCAD功能的前提。

1.2.1 命令输入方式

交互绘图必须输入必要的命令和参数。AutoCAD 2018有如下多种AutoCAD命令输入方式（以画直线为例）。

1. 在命令窗口输入命令名

命令字符可不区分大小写。例如，LINE↙。执行命令时，在命令行提示中经常会出现命令选项，如输入绘制直线命令“LINE”后，命令行中的提示如下。

命令：LINE↙
指定第一个点：(在屏幕上指定一点或输入一个点的坐标)
指定下一点或 [放弃(U)]:

选项中不带括号的提示为默认选项，因此可以直接输入直线段的起点坐标或在屏幕上指定一点。如果要选择其他选项，则应该首先输入该选项的标识字符，如“放弃”选项的标识字符“U”，然后按系统提示输入数据即可。在命令选项的后面有时候还带有尖括号，尖括号内的数值为默认数值。

2. 在命令行窗口输入命令缩写

如L（LINE）、C（CIRCLE）、A（ARC）、Z（ZOOM）、R（REDRAW）、M（MORE）、CO（COPY）、PL（PLINE）、E（ERASE）等。

3. 选取绘图菜单直线选项

选取该选项后，在状态栏中可以看到对应的命令说明及命令名。

4. 选取工具栏中的对应图标

选取该图标后在状态栏中也可以看到对应的命令说明及命令名。

5. 在绘图区打开快捷菜单

如果在前面刚使用过要输入的命令，可以在绘图区右键单击弹出快捷菜单，在“最近的输入”子菜单中选择需要的命令，如图1-30所示。“最近的输入”子菜单中存储了最近使用的命令，如果经常重复使用某个命令，这种方法就比较快捷。

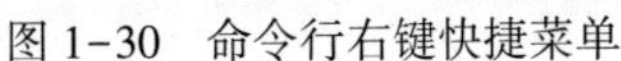

图1-30 命令行右键快捷菜单

6. 在命令行直接按〈Enter〉键

如果用户要重复使用上次使用的命令，可以直接在命令行按〈Enter〉键，系统立即重复执行上次使用的命令，这种方法适用于重复执行某个命令。

1.2.2 命令的重复、撤销、重做

1. 命令的重复

在命令窗口中按〈Enter〉键可重复调用上一个命令（不管上一个命令是完成了还是被撤销了）。

2. 命令的撤销

在命令执行的任何时刻，用户都可以撤销和终止命令的执行。

【执行方式】

- 命令行：UNDO。
- 菜单：选择菜单栏中的“编辑”→“放弃”命令。
- 工具栏：单击“标准”工具栏中的“放弃”按钮或单击“快速访问”工具栏中的“放弃”按钮。
- 快捷键：〈Esc〉。

3. 命令的重做

已被撤销的命令还可以恢复重做。重做恢复的是所撤销的最后一个命令。

【执行方式】

- 命令行：REDO。
- 菜单：选择该菜单栏中的“编辑”→“重做”命令。
- 工具栏：单击“标准”工具栏中的“重做”按钮或单击“快速访问”工具栏中的“重做”按钮。

该命令可以一次执行多重放弃和重做操作。单击UNDO或REDO列表箭头，可以选择要放弃或重做的操作，如图1-31所示。

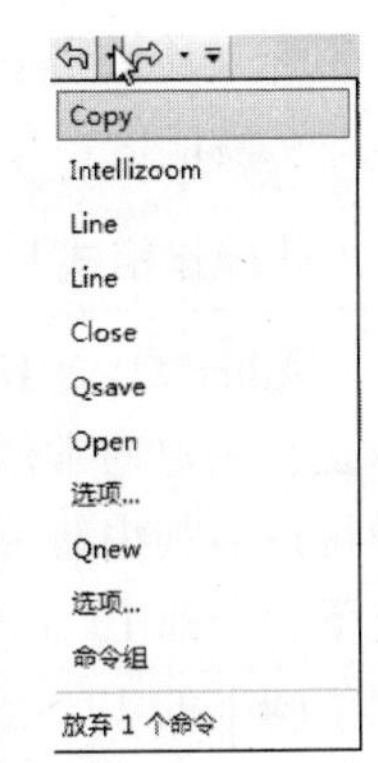

图1-31 多重放弃或重做

1.2.3 按键定义

在AutoCAD 2018中，除了可以通过在命令窗口输入命令、选择工具栏图标或选择菜单项来完成外，还可以使用键盘上的一组功能键或快捷键来快速实现指定功能，如按〈F1〉快捷键，系统即会调用AutoCAD帮助对话框。

系统使用 AutoCAD 传统标准（Windows 出现之前）或 Microsoft Windows 标准解释快捷键。有些功能键或快捷键在 AutoCAD 的菜单中已经指出，如“粘贴”的快捷键为〈Ctrl+V〉，这些只要在使用的过程中多加留意，就会熟练掌握。快捷键的定义见菜单命令后面的说明，如“粘贴（P）Ctrl+V”。

1.2.4 命令执行方式

有的命令有两种执行方式：通过对话框或通过在命令行窗口输入命令。如指定使用命令窗口方式，可以在命令名前加短画线来表示，如“-LAYER”表示用命令行方式执行“图层”命令。而如果在命令行窗口输入“LAYER”，则系统会弹出“图层特性管理器”对话框。

另外，有些命令同时存在命令行、菜单栏、工具栏和功能区 4 种执行方式，这时如果选择菜单栏或工具栏方式，命令行会显示该命令，并在前面加一下画线，如通过菜单栏或工具栏方式执行“直线”命令时，命令行会显示“_line”，命令的执行过程和结果与命令行方式相同。

1.2.5 坐标系统与数据的输入方法

1. 坐标系

AutoCAD 2018 采用两种坐标系：世界坐标系（WCS）与 UCS。用户刚进入 AutoCAD 2018 时的坐标系统就是 WCS，是固定的坐标系统。WCS 也是坐标系统中的基准，绘制图形时多数情况下都是在这个坐标系统下进行的。

【执行方式】

- 命令行：UCS。
- 菜单：选择菜单栏中的“工具”→“新建 UCS”子菜单中相应的命令。
- 工具栏：单击“UCS”工具栏中的相应按钮。
- 功能区：单击“视图”选项卡“视口工具”面板中的“UCS 图标”按钮。

【操作格式】

AutoCAD 2018 有两种视图显示方式：模型空间和图纸空间。模型空间是指单一视图显示法，用户通常使用的都是这种显示方式；图纸空间是指在绘图区域创建图形的多视图。用户可以对其中每一个视图进行单独操作。在默认情况下，当前 UCS 与 WCS 重合。图 1-32a 所示为模型空间下的 UCS 坐标系图标，通常位于绘图区左下角处；也可以指定它放在当前 UCS 的实际坐标原点位置，如图 1-32b 所示。图 1-32c 所示为图纸空间下的坐标系图标。

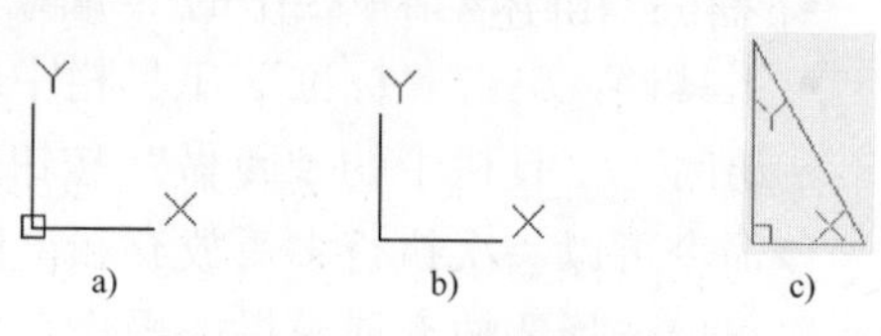

图 1-32　坐标系图标

2. 数据输入方法

在 AutoCAD 2018 中，点的坐标可以用直角坐标、极坐标、球面坐标和柱面坐标表示，每一种坐标又分别具有两种坐标输入方式：绝对坐标和相对坐标。其中，直角坐标和极坐标最为常用，下面主要介绍它们的输入方法。

（1）直角坐标法

用点的 X、Y 坐标值表示的坐标。

例如，在命令行窗口中输入点的坐标提示下，输入“15，18”，则表示输入了一个 X、Y 的坐标值分别为 15、18 的点，此为绝对坐标输入方式，表示该点的坐标是相对于当前坐标原点的坐标值，如图 1-33a 所示。如果输入“@ 10,20”，则为相对坐标输入方式，表示该点的坐标是相对于前一点的坐标值，如图 1-33b 所示。

（2）极坐标法

用长度和角度表示的坐标，只能用来表示二维点的坐标。

在绝对坐标输入方式下，表示为：“长度<角度”，如“25<50”，其中长度为该点到坐标原点的距离，角度为该点至原点的连线与 X 轴正向的夹角，如图 1-33c 所示。

在相对坐标输入方式下，表示为：“@ 长度<角度”，如“@ 25<45”，其中长度为该点到前一点的距离，角度为该点至前一点的连线与 X 轴正向的夹角，如图 1-33d 所示。

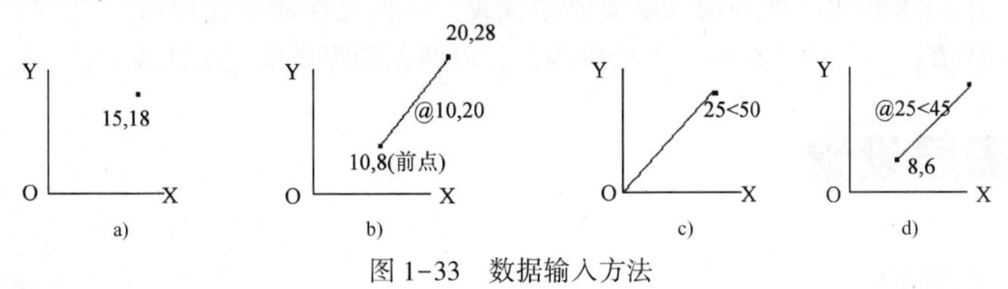

图 1-33　数据输入方法

3. 动态数据输入

单击状态栏中的“动态输入”按钮，系统打开动态输入功能，用户可以在屏幕上动态地输入某些参数数据，例如，绘制直线时，在光标附近会动态地显示“指定第一个点”以及后面的坐标框，当前显示的是光标所在位置，可以输入数据，两个数据之间以逗号隔开，如图 1-34 所示。指定第一点后，系统动态显示直线的角度，同时要求输入线段长度值，如图 1-35 所示，其输入效果与“@ 长度<角度”方式相同。

图 1-34　动态输入坐标值　　图 1-35　动态输入长度值

下面分别讲述一下点与距离值的输入方法。

（1）点的输入

绘图过程中，用户常需要输入点的位置，AutoCAD 2018 提供了如下几种输入点的方式。

① 用键盘直接在命令行窗口中输入点的坐标。直角坐标有两种输入方式：x，y（点的绝对坐标值，例如 200，50）和@ x,y（相对于上一点的相对坐标值，例如@ 50,-30）。坐标值均相对于当前的 UCS。

② 极坐标的输入方式。长度<角度（其中，长度为点到坐标原点的距离，角度为原点至该点连线与 X 轴的正向夹角，例如 20<45）或@ 长度<角度（相对于上一点的相对极坐标，例如@ 50<-30）。

③ 用鼠标等定标设备移动光标，在屏幕上单击直接取点。

④ 用目标捕捉方式捕捉屏幕上已有图形的特殊点(如端点、中点、中心点、插入点、交点、切点、垂足点等)。

⑤ 直接距离输入。先用光标拖拉出橡筋线确定方向,然后用键盘输入距离。这样有利于准确控制对象的长度等参数,如果要绘制一条20 mm长的线段,可用如下方法实现。

```
命令:LINE ↙
指定第一个点:(在屏幕上指定一点)
指定下一点或 [放弃(U)]:
```

这时在屏幕上移动光标指明线段的方向,但不要单击确认,如图1-6所示,然后在命令行窗口中输入“20”,这样就在指定方向上准确地绘制了长度为20 mm的线段。

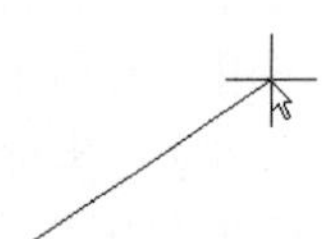

图1-36 绘制直线

(2) 距离值的输入

在AutoCAD命令中,有时需要提供高度、宽度、半径、长度等距离值。AutoCAD 2018提供了两种输入距离值的方式:一种是在命令行窗口中直接输入数值;另一种是在屏幕上拾取两点,以两点的距离值定出所需数值。

1.3 图层设置

本节思路

AutoCAD中的图层就如同在手工绘图中使用的重叠透明图纸,如图1-37所示,在AutoCAD中,图形的每个对象都位于一个图层上,所有图形对象都具有图层、颜色、线型和线宽4个基本属性。在绘制时,图形对象将创建在当前的图层上。每个CAD文档中图层的数量是不受限制的,每个图层都有自己的名称。

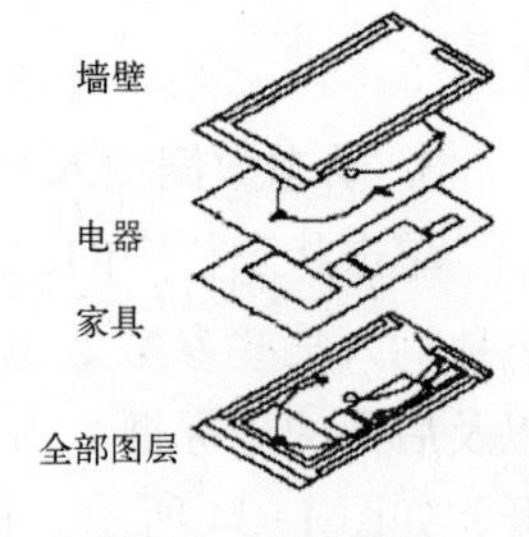

图1-37 图层

1.3.1 建立新图层

新建的CAD文档中只能自动创建一个名为0的特殊图层。默认情况下,图层0将被指定使用7号颜色、CONTINUOUS线型、“默认”线宽以及NORMAL打印样式。不能删除或重命名图层0。通过创建新的图层可以将类型相似的对象指定给同一个图层使其关联。例如,将构造线、文字、标注和标题栏置于不同的图层上,并为这些图层指定通用特性。将对象分类放到各自的图层中,可以快速有效地控制对象的显示以及对其进行更改。

【执行方式】

- 命令行:LAYER。
- 菜单:选择菜单栏中的“格式”→“图层”命令。
- 工具栏:单击“图层”工具栏中的“图层特性管理器”按钮(见图1-38)。

图1-38 “图层”工具栏

- 功能区:单击“默认”选项卡“图层”面板中的“图层特性”按钮或单击“视图”选项卡“选项板”面板中的“图层特

性”按钮。

- 快捷键：〈L+A〉。

【操作格式】

执行上述命令后，系统弹出“图层特性管理器”对话框，如图1-39所示。

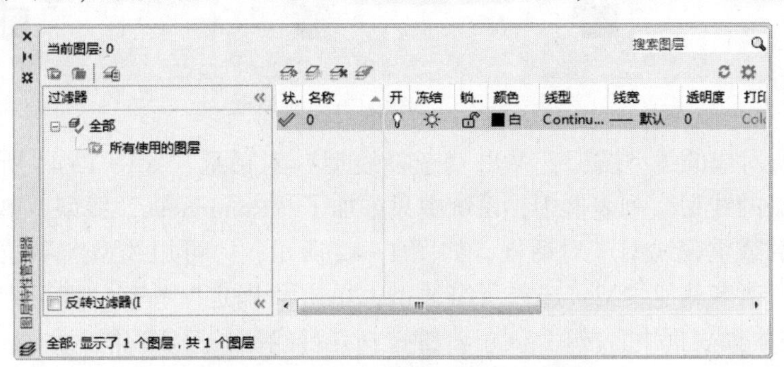

图1-39 “图层特性管理器”对话框

单击“图层特性管理器”对话框中的“新建图层”按钮，建立新图层，默认的图层名为“图层1”。用户可根据绘图需要更改图层名，例如改为实体层、中心线层或标准层等。

在一个图形中创建的图层数以及在每个图层中创建的对象数实际上是无限的。图层最长可使用255个字符的字母数字命名。图层特性管理器按名称的字母顺序排列图层。

注 意

如果要建立多个图层，无须重复单击“新建”按钮。更有效的方法是：在建立一个新的图层“图层1”后，改变图层名，在其后输入一个逗号“,”，这样就会又自动建立一个新图层“图层1”，改变图层名后再输入一个逗号，又一个新的图层建立了，依次建立各个图层。也可以按两次〈Enter〉键，建立另一个新的图层。图层的名称也可以更改，直接双击图层名称，输入新的名称即可。

每个图层属性设置包括图层名称、关闭/打开图层、冻结/解冻图层、锁定/解锁图层、图层线条颜色、图层线条线型、图层线条宽度、图层打印样式以及图层是否打印9个参数。下面将对部分图层参数的设置进行讲述。

1. 设置图层线条颜色

在工程制图中，整个图形包含多种不同功能的图形对象，例如实体、剖面线与尺寸标注等。为了便于区分它们，用户有必要针对不同的图形对象使用不同的颜色，例如实体层使用白色，剖面线层使用青色等。

要改变图层的颜色时，单击图层所对应的颜色图标，弹出“选择颜色”对话框，如图1-40所示。它是一个标准的颜色设置对话框，包括“索引颜色”“真彩色”“配色系统”3个选项卡。系统显示的是RGB配比，即Red（红）、Green（绿）和Blue（蓝）3种颜色。

2. 设置图层线型

线型是指作为图形基本元素的线条的组成和显示方式，如实线、点画线等。在绘图工作中，常常以线型划分图层，为某一个图层设置合适的线型。在绘图时，用户只需将该图层设为当前工作层，即可绘制出符合线型要求的图形对象，极大地提高了绘图的效率。

图 1-40 “选择颜色”对话框

单击图层所对应的线型图标，弹出“选择线型”对话框，如图 1-41 所示。默认情况下，在“已加载的线型”列表框中，系统中只添加了“Continuous”线型。单击“加载”按钮，弹出“加载或重载线型”对话框，如图 1-42 所示，“可用线型”下拉列表中显示了 AutoCAD 提供的诸多其他线型，选择所需线型，单击“确定”按钮，即可把该线型加载到“已加载的线型”列表框中；按住〈Ctrl〉键选择几种线型，可实现同时加载。

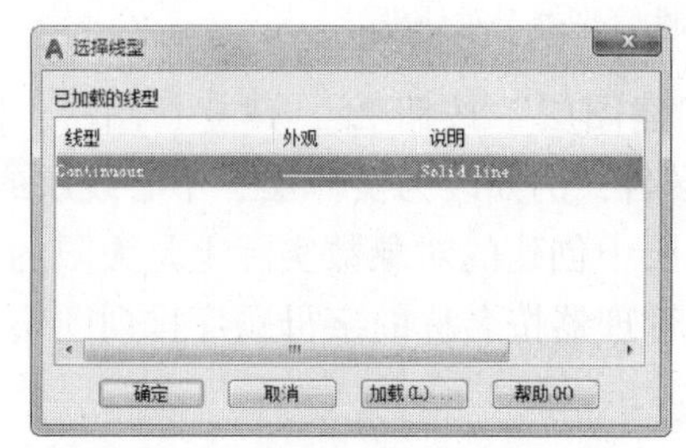

图 1-41 “选择线型”对话框

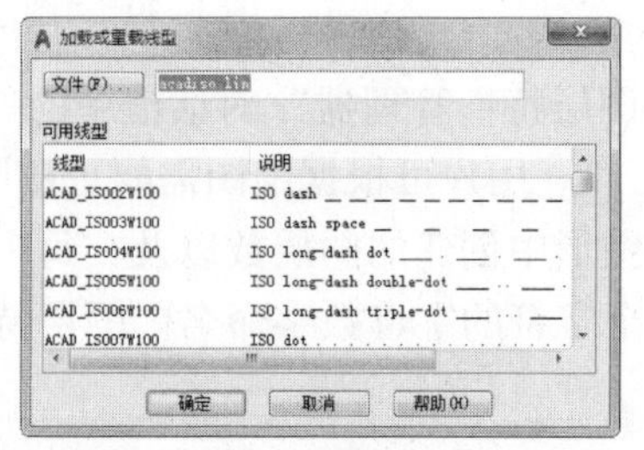

图 1-42 “加载或重载线型”对话框

3. 设置图层线宽

线宽设置就是改变线条的宽度。用不同宽度的线条表现图形对象的类型，可以提高图形的表达能力和可读性，例如绘制外螺纹时大径使用粗实线，小径使用细实线。

单击图层所对应的线宽图标，弹出“线宽”对话框，如图 1-43 所示。选择一个线宽，单击“确定”按钮，即可完成对图层线宽的设置。

图层线宽的默认值为 0.25 mm。在状态栏为“模型”状态时，显示的线宽同计算机的像素有关。线宽为零时，显示为一个像素的线宽。单击状态栏中的“线宽”按钮，屏幕上显示图形的线宽，显示的线宽与实际线宽成比例，如图 1-44 所示，但线宽不随着图形的放大和缩小而变化。“线宽”功能关闭时，不显示图形的线宽，图形的线宽均以默认值显示。

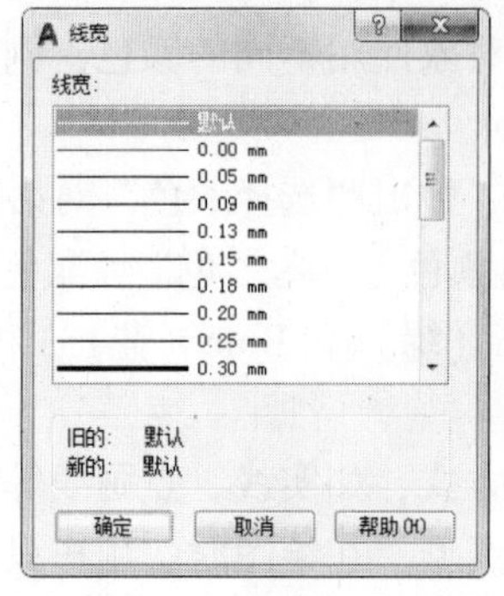

图 1-43 “线宽”对话框

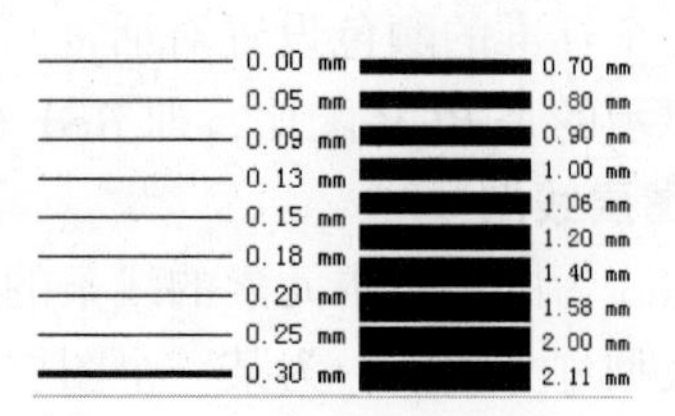

图 1-44 线宽显示效果图

1.3.2 设置图层

除了通过图层管理器设置图层的方法外，还有几种其他简便方法可用以设置图层的颜色、线宽、线型等参数。

1. 直接设置图层

用户可以直接通过命令行或菜单设置图层的颜色、线宽、线型。

【执行方式】

- 命令行：COLOR。
- 菜单：选择菜单栏中的“格式”→“颜色”命令。
- 功能区：在“默认”选项卡“特性”面板上的“对象颜色”下拉菜单中选择“更多颜色”命令（见图1-45）。

【操作格式】

执行上述命令后，系统弹出“选择颜色”对话框，如图1-40所示。

【执行方式】

- 命令行：LINETYPE。
- 菜单：选择菜单栏中的“格式”→“线型”命令。
- 功能区：在“默认”选项卡“特性”面板的“线型”下拉菜单中选择“其他”命令（见图1-46）。

【操作格式】

执行上述命令后，系统弹出“线型管理器”对话框，如图1-47所示。该对话框的使用方法与图1-41所示的“选择线型”对话框类似。

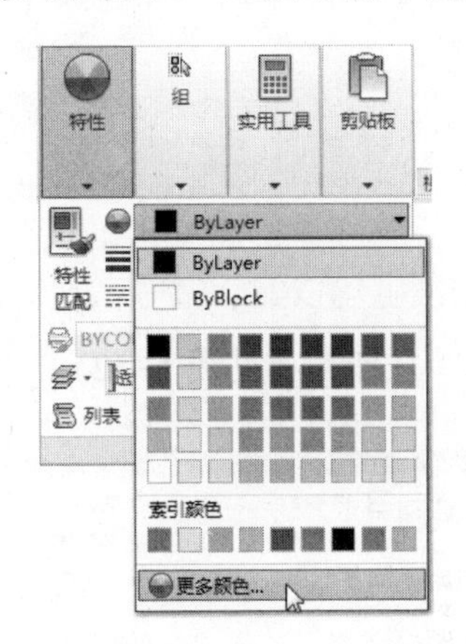

图1-45 “对象颜色”下拉菜单

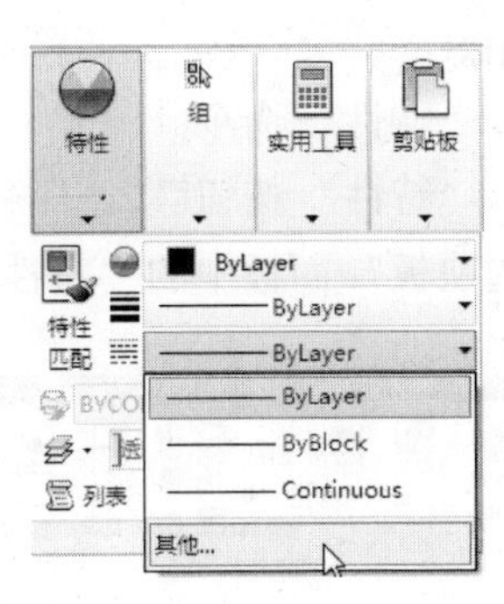

图1-46 “特性”面板

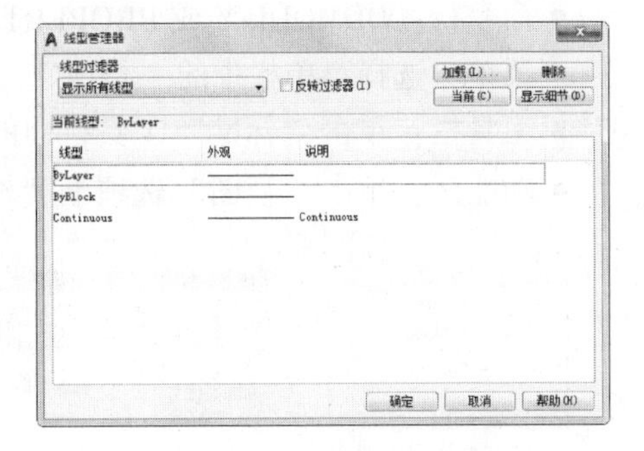

图1-47 “线型管理器”对话框

【执行方式】

- 命令行：LINEWEIGHT 或 LWEIGHT。

- 菜单：选择菜单栏中的“格式”→“线宽”命令。

【操作格式】

执行上述命令后，系统弹出“线宽设置”对话框，如图1-48所示。该对话框的使用方法与图1-43所示的“线宽”对话框类似。

2. 利用“特性”面板设置图层

AutoCAD 2018提供了一个“特性”面板，如图1-49所示。用户能够通过控制和使用工具栏上的“对象特性”工具栏快速查看和改变所选对象的图层、颜色、线型和线宽等特性。“对象特性”工具栏上的图层颜色、线型、线宽和打印样式的控制增强了查看和编辑对象属性的命令。在绘图屏幕上选择任何对象都将在工具栏上自动显示它所在的图层、颜色、线型等属性。

用户也可以在“对象特性”工具栏上的“颜色”“线型”“线宽”“打印样式”下拉列表中选择需要的参数值。如果在“颜色”下拉列表中选择“选择颜色”选项，如图1-50所示，系统将弹出“选择颜色”对话框，如图1-40所示；同样，如果在“线型”下拉列表中选择“其他”选项，如图1-51所示，系统将弹出“线型管理器”对话框，如图1-47所示。

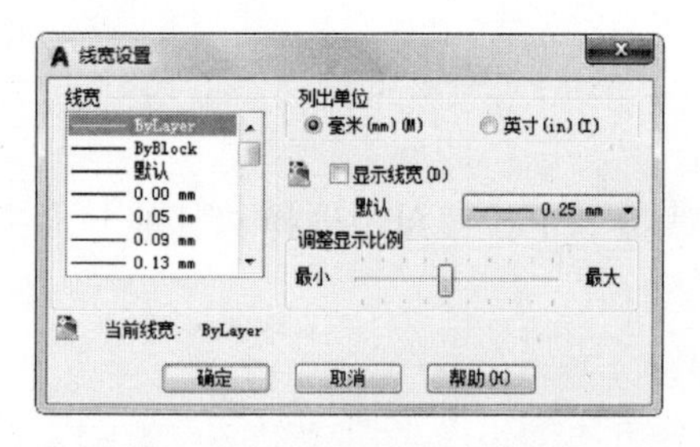

图1-48 “线宽设置”对话框

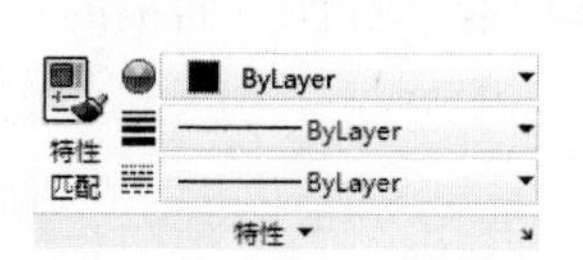

图1-49 “特性”面板

图1-50 “选择颜色”选项

3. 用“特性”对话框设置图层

【执行方式】

- 命令行：DDMODIFY或PROPERTIES。
- 菜单：选择菜单栏中的“修改”→“特性”命令。
- 工具栏：单击“标准”工具栏中的“特性”按钮。
- 功能区：单击“视图”选项卡“选项板”面板中的“特性”按钮（见图1-52）。

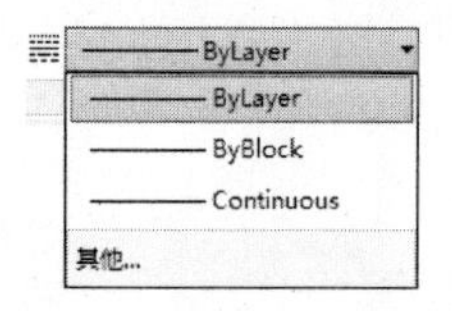

图1-51 “其他”选项

图1-52 “选项板”面板

【操作格式】

执行上述命令后，系统弹出“特性”选项板，如图1-53所示。用户在其中可以方便地设置或修改图层、颜色、线型、线宽等属性。

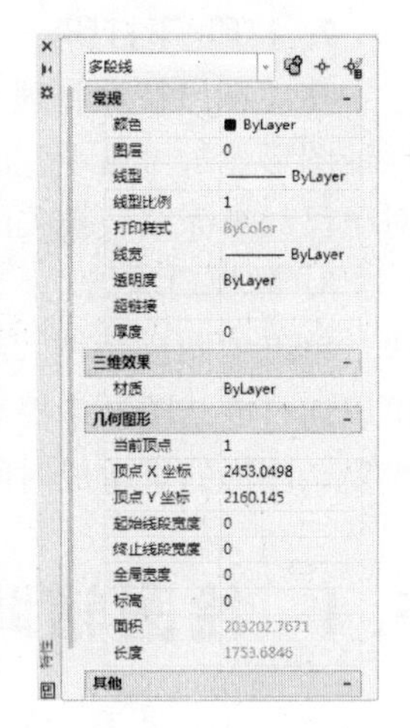

图 1-53 “特性”选项板

1.3.3 控制图层

1. 切换当前图层

不同的图形对象需要绘制在不同的图层中，在绘制前，用户需要将工作图层切换到所需的图层上。具体步骤为：在“图层特性管理器”中选择图层，单击“当前”按钮✓完成设置。

2. 删除图层

在“图层特性管理器”对话框中的图层列表框中选择要删除的图层，单击“删除图层”按钮即可。从图形文件定义中删除选定的图层时，只能删除未参照的图层。参照图层包括图层 0 及 DEFPOINTS、包含对象（包括块定义中的对象）的图层、当前图层和依赖外部参照的图层。不包含对象（包括块定义中的对象）的图层、非当前图层和不依赖外部参照的图层都可以删除。

3. 关闭/打开图层

在“图层特性管理器”对话框中，单击按钮，可以控制图层的可见性。图层打开时，按钮呈鲜艳的颜色，该图层上的图形可以显示在屏幕上或绘制在绘图仪上。当单击该属性按钮后，按钮小灯泡呈灰暗色时，该图层上的图形不显示在屏幕上，而且不能被打印输出，但仍然作为图形的一部分保留在文件中。

4. 冻结/解冻图层

在“图层特性管理器”对话框中，单击按钮，可以冻结图层或将图层解冻。按钮呈雪花灰暗色时，该图层是冻结状态；按钮呈太阳鲜艳色时，该图层是解冻状态。冻结图层上的对象不能显示，也不能打印，同时也不能编辑修改该冻结图层上的图形对象。在冻结了图层后，该图层上的对象不影响其他图层上对象的显示和打印。例如，在使用“HIDE”命令消隐时，被冻结图层上的对象不隐藏其他对象。

5. 锁定/解锁图层

在“图层特性管理器”对话框中，单击按钮，可以锁定图层或将图层解锁。锁定图层后，该图层上的图形依然显示在屏幕上并可打印输出，还可以在该图层上绘制新的图形对象，但用户不能对该图层上的图形进行编辑修改操作。此外，用户还可以对当前层进行锁定，也可对锁定图层上的图形执行“查询”和“对象捕捉”命令。锁定图层可以防止对图形的意外修改。

6. 打印样式

在 AutoCAD 2018 中，用户可以使用一个称为“打印样式”的新的对象特性。打印样式控制对象的打印特性，包括颜色、抖动、灰度、笔号、虚拟笔、淡显、线型、线宽、线条端点样式、线条连接样式和填充样式。使用打印样式给用户提供了很大的灵活性，用户可以设置打印样式来替代其他对象特性，也可以按用户需要关闭这些替代设置。

7. 打印/不打印

在“图层特性管理器”对话框中，单击按钮，可以设定打印时该图层是否打印。在保证图形显示可见不变的条件下，控制图形的打印特征。打印功能只对可见的图层起作用，对于已经被冻结或被关闭的图层不起作用。

8. 新视口冻结

单击“图层特性管理器”对话框中的按钮，可以冻结所有视口中选定的图层。用户可以通过冻结图层来提高ZOOM、PAN和其他若干操作的运行速度，提高对象选择性能并减少复杂图形的重生成时间。

1.4 绘图辅助工具

本节思路

要快速顺利地完成图形绘制工作，有时要借助一些辅助工具，比如用于准确确定绘制位置的精确定位工具和调整图形显示范围与方式的显示工具等。下面简要介绍这两种非常重要的辅助绘图工具。

1.4.1 精确定位工具

在绘制图形时，用户可以使用直角坐标和极坐标精确定位点，但是有些点（如端点、中心点等）的坐标是不知道的，要想精确地指定这些点是很困难的，有时甚至是不可能的。AutoCAD 2018提供了辅助定位工具，运用这类工具，用户可以很容易地在屏幕中捕捉到这些点，进行精确的绘图。

1. 栅格

AutoCAD的栅格由规则的点阵组成，并延伸到指定为图形界限的整个区域。使用栅格与在坐标纸上绘图十分相似，利用栅格可以对齐对象并直观显示对象之间的距离。如果放大或缩小图形，可能需要调整栅格间距，使其更适合新的比例。虽然栅格在屏幕上是可见的，但它并不是图形对象，因此它不会被打印成图形中的一部分，也不会影响在何处绘图。用户可以单击状态栏上的“栅格”按钮或按〈F7〉快捷键打开或关闭栅格。

【执行方式】

- 命令行：DSETTINGS（或DS，SE或DDRMODES）。
- 菜单：选择菜单栏中的“工具”→“绘图设置”命令。
- 快捷菜单：单击“捕捉模式”右侧的小三角，然后在弹出的下拉菜单中选择“捕捉设置”命令（见图1-54）。

【操作格式】

执行上述命令，系统将弹出“草图设置”对话框，如图1-55所示。

如果需要显示栅格，勾选“启用栅格”复选框即可。在“栅格间距”选项组的“栅格X轴间距”文本框中，输入栅格点之间的水平距离，单位默认为mm。如果使用相同的间距设置垂直和水平分布的栅格点，则按〈Tab〉键。否则，在“栅格 Y 轴间距”文本框中输入栅格点之间的垂直距离。

图 1-54　下拉菜单

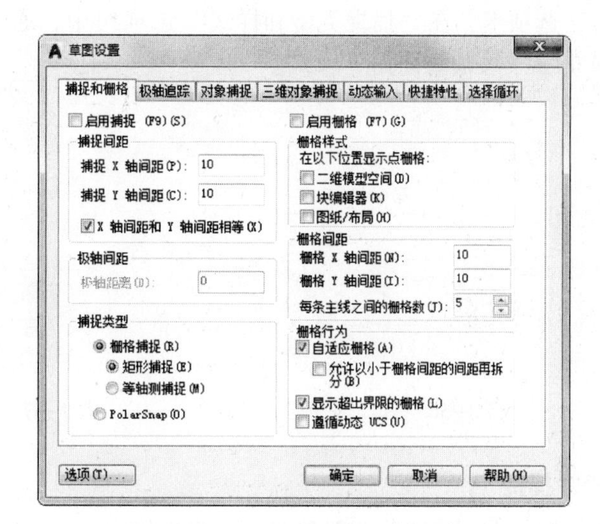

图 1-55　“草图设置”对话框

用户可改变栅格与图形界限的相对位置。默认情况下，栅格以图形界限的左下角为起点，沿着与坐标轴平行的方向填充整个由图形界限所确定的区域。“捕捉”选项区中的“角度”项可决定栅格与相应坐标轴之间的夹角；“X 基点”和“Y 基点”项可决定栅格与图形界限的相对位移。

另外，用户可以使用“GRID”命令通过命令行的方式设置栅格，其功能与“草图设置”对话框类似，此处不再赘述。

注 意

如果栅格的间距设置得太小，当进行“打开栅格”操作时，系统将在文本窗口中显示“栅格太密，无法显示”的信息，而不在屏幕上显示栅格。此外，在使用“缩放”命令时，若将图形缩放得太小，也会出现同样的提示，而不在屏幕上显示栅格。

2．捕捉

捕捉是指 AutoCAD 可以生成一个隐含分布于屏幕上的栅格，这种栅格能够捕捉光标，使得光标只能落到其中的一个栅格点上。捕捉分为“矩形捕捉”和“等轴测捕捉”两种类型。系统默认的设置为“矩形捕捉”，即捕捉点的阵列类似于栅格，如图 1-56 所示，用户可以指定捕捉模式在 X 轴方向和 Y 轴方向上的间距，也可改变捕捉模式与图形界限的相对位置。捕捉与栅格的不同之处在于：捕捉间距的值必须为正实数；捕捉模式不受图形界限的约束；“等轴测捕捉”表示捕捉模式为等轴测模式，此模式是绘制正等轴测图时的工作环境，如图 1-57 所示。在“等轴测捕捉”模式下，栅格和光标十字线呈绘制等轴测图时的特定角度。

捕捉可以使用户直接使用鼠标快捷、准确地定位目标点。捕捉模式有几种不同的形式：栅格捕捉、对象捕捉、极轴捕捉和自动捕捉。

在绘制图 1-56 和图 1-57 所示的图形时，输入参数点时光标只能落在栅格点上。“矩形捕捉”和“等轴测捕捉”两种模式的切换方法为：在“草图设置”对话框中，切换至“捕捉和栅格”选项卡，在“捕捉类型和样式”选项组中，通过单击单选按钮即可切换“矩阵捕捉”模式与“等轴测捕捉”模式。

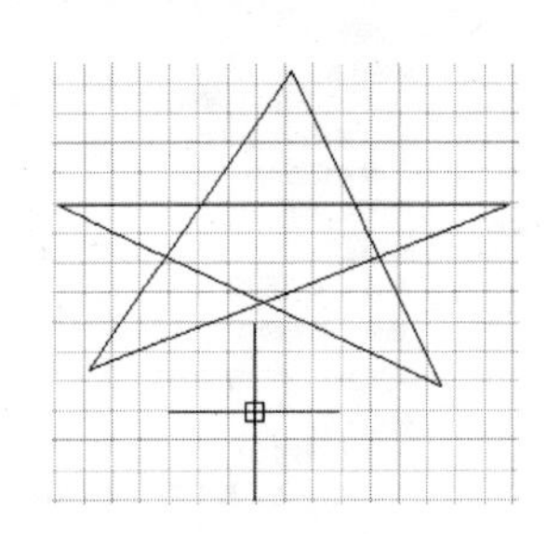

图 1-56 “矩形捕捉”实例

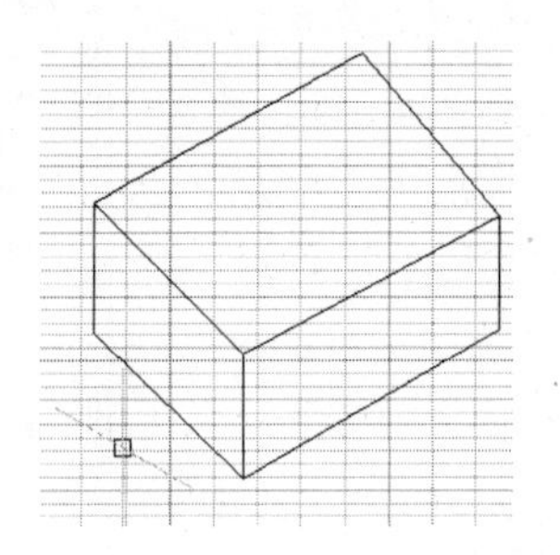

图 1-57 “等轴测捕捉”实例

3. 极轴捕捉

极轴捕捉是在创建或修改对象时，按事先给定的角度增量和距离增量来追踪特征点，即捕捉相对于初始点且满足指定的极轴距离和极轴角的目标点。

极轴追踪设置主要是设置追踪的距离增量和角度增量以及与之相关联的捕捉模式。这些设置可以通过“草图设置”对话框中的“捕捉和栅格”选项卡与“极轴追踪”选项卡来实现，如图 1-58 和图 1-59 所示。

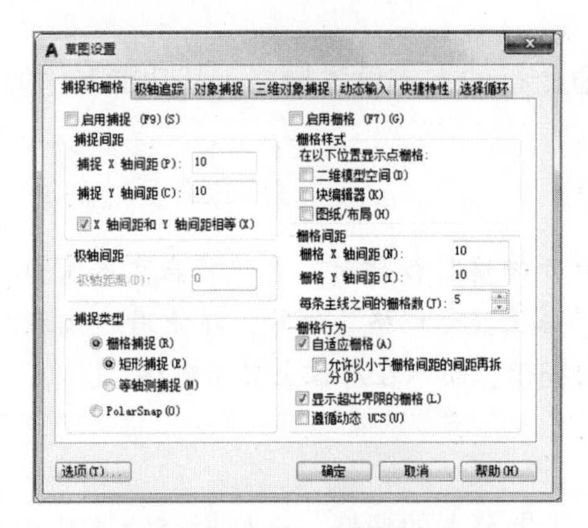

图 1-58 “捕捉和栅格”选项

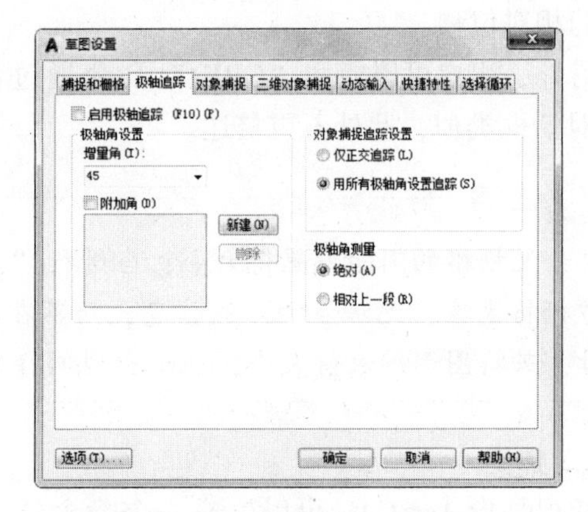

图 1-59 “极轴追踪”选项卡

(1) 设置极轴距离

如图 1-58 所示，在“草图设置”对话框的“捕捉和栅格”选项卡中，用户可以设置极轴距离（单位：mm）。绘图时，光标将按指定的极轴距离增量进行移动。

(2) 设置极轴角度

如图 1-59 所示，在“草图设置”对话框的“极轴追踪”选项卡中，用户可以设置极轴角增量角度。设置时，用户可以选择下拉列表框中的“90”“45”“30”“22.5”“18”“15”“10”“5”度的极轴角增量，也可以直接输入指定其他任意角度。光标移动时，如果接近极轴角，将显示对齐路径和工具栏提示。例如，极轴角增量设置为 30°、光标移动 90°时显示的对齐路径如图 1-60 所示。

(3) 对象捕捉追踪设置

用于设置对象捕捉追踪的模式。如果选择“仅正交追踪”选项，则当采用追踪功能时，系统仅在水平和垂直方向上显示追踪数据；如果选择“用所有极轴角设置追踪”选项，则当采用追踪功能时，系统不仅可以在水平和垂直方向显示追踪数据，还可以在设置的极轴追踪角度与附加角度所确定的一系列方向上显示追踪数据。

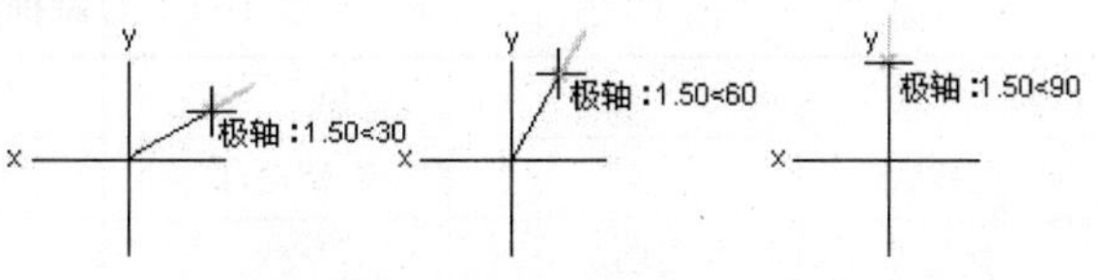

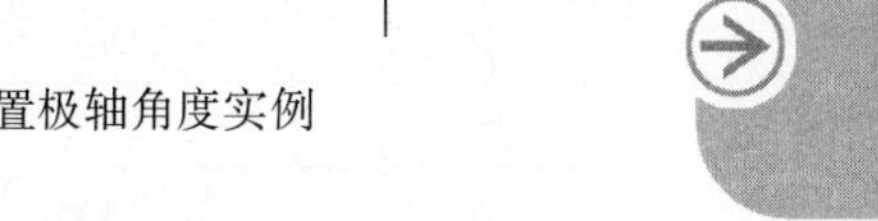

图 1-60 设置极轴角度实例

(4) 极轴角测量

用于设置测量极轴角的角度所采用的参考基准，“绝对”是相对水平方向逆时针测量，“相对上一段”则是以上一段对象为基准进行测量。

(5) 附加角

对极轴追踪使用列表中的任何一种附加角度。“附加角”复选框同样受“POLARMODE”系统变量控制。

4. 对象捕捉

AutoCAD 2018 给所有图形对象都定义了特征点，对象捕捉是指在绘图过程中，通过捕捉这些特征点，迅速准确地将新的图形对象定位在现有对象的确切位置上，例如圆的圆心、线段的中点或两个对象的交点等。在 AutoCAD 2018 中，用户可以通过单击状态栏中的“对象捕捉”按钮，或是在“草图设置”对话框的“对象捕捉”选项卡中单击“启用对象捕捉”单选按钮来完成启用对象捕捉功能。在绘图过程中，对象捕捉功能的调用可以通过以下方式完成。

(1) “对象捕捉”工具栏

图 1-61 “对象捕捉”工具栏

如图 1-61 所示，在绘图过程中，当系统提示需要指定点的位置时，用户可以单击“对象捕捉”工具栏中相应的特征点按钮，再把光标移动到要捕捉的对象上的特征点附近，系统会自动提示并捕捉到这些特征点。例如，用直线连接一系列圆的圆心，可以将“圆心”设置为执行对象捕捉的选项。如果有两个捕捉点落在选择区域，系统将捕捉离光标中心最近的符合条件的点。在指定点时还有可能需要检查哪一个对象捕捉有效，例如在指定位置有多个对象捕捉符合条件时，在指定点之前，按〈Tab〉键可以遍历所有可能的点。

(2) 对象捕捉快捷菜单

在需要指定点位置时，用户还可以按住〈Ctrl〉键或〈Shift〉键，单击鼠标右键，此时将弹出“对象捕捉”快捷菜单，如图 1-62 所示。用户在该菜单上可以选择某一选项执行“对象捕捉”命令，然后把光标移动到要捕捉对象上的特征点附近，即可捕捉到这些特征点。

(3) 使用命令行

当需要指定点位置时，在命令行窗口中输入相应特征点的关键词，然后把光标移动到要捕捉的对象上的特征点附近，即可捕捉到这些特征点。对象捕捉特征点的关键字见表 1-1。

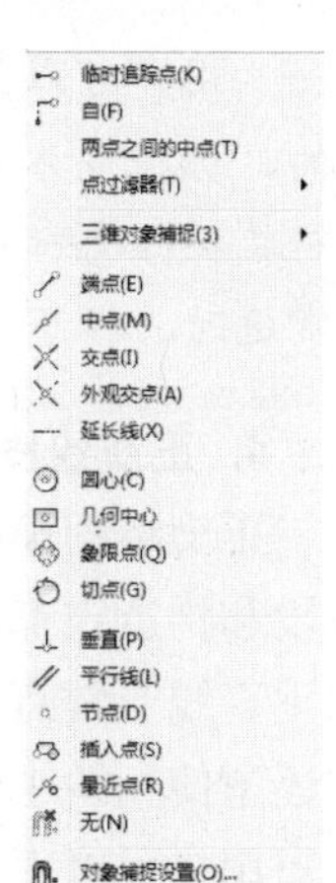

图 1-62 “对象捕捉”快捷菜单

表1-1 对象捕捉模式

模　式	关 键 字	模　式	关 键 字	模　式	关 键 字
临时追踪点	TT	捕捉自	FROM	端点	END
中点	MID	交点	INT	外观交点	APP
延长线	EXT	圆心	CEN	象限点	QUA
切点	TAN	垂足	PER	平行线	PAR
节点	NOD	最近点	NEA	无捕捉	NON

注 意

对象捕捉不可单独使用，必须配合其他绘图命令一起使用。仅当AutoCAD提示输入点时，对象捕捉才生效。如果试图在命令提示下使用对象捕捉，AutoCAD将显示出错信息。

对象捕捉只影响屏幕上可见的对象，包括锁定图层、布局视口边界和多段线上的对象。不能捕捉不可见的对象，如未显示的对象、关闭或冻结图层上的对象或虚线的空白部分。

5. 自动对象捕捉

在绘制图形的过程中，使用对象捕捉的频率非常高，如果每次在捕捉时都要先选择捕捉模式，将使工作效率大大降低。对此，AutoCAD 2018提供了“自动对象捕捉”模式。设置“草图设置”对话框中的“对象捕捉”选项卡，勾选“启用对象捕捉追踪”复选框，即可调用自动捕捉，如图1-63所示。如果启用自动捕捉功能，当光标距指定的捕捉点较近时，系统会自动捕捉这些特征点，并显示出相应的标记以及捕捉提示。

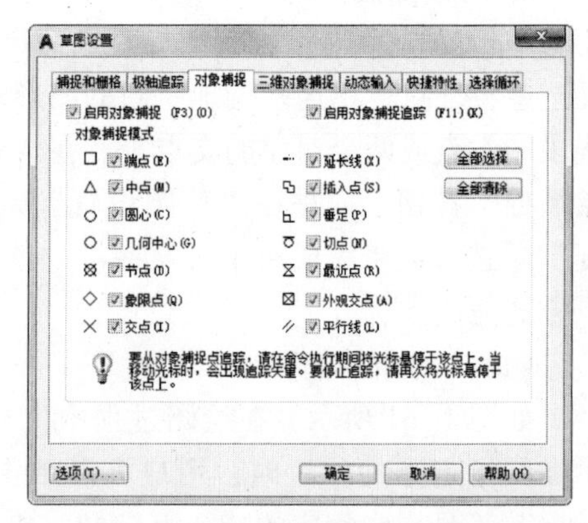

图1-63 “对象捕捉”选项卡

注 意

用户可以设置经常要用的捕捉方式。一旦设置了捕捉方式，在每次运行时，所设定的目标捕捉方式就会被激活，而不是仅对一次选择有效。当同时使用多种方式时，系统将捕捉距光标最近、同时又是满足多种目标捕捉方式之一的点。当光标距要获取的点非常近时，按下〈Shift〉键将暂时不获取对象点。

6. 正交绘图

正交绘图模式是指在命令的执行过程中，光标只能沿X轴或者Y轴移动，绘制的所有线段和构造线都将平行于X轴或Y轴，因此它们成90°相交，即正交。正交绘图对绘制水平和垂直线非常有用，特别是在绘制构造线时会经常使用。而且当捕捉模式为等轴测模式时，它还迫使直线平行于3个等轴测中的一个。

用户可以直接单击状态栏中的“正交”按钮或按〈F8〉键设置正交绘图，相应地会在文本窗口中显示开/关提示信息。用户也可以在命令行窗口中输入“ORTHO”命令，开启或关闭正交绘图模式。

注 意

正交绘图模式将光标限制在水平或垂直（正交）轴上。因为不能同时打开正交绘图模式和极轴追踪，所以当正交绘图模式打开时，系统会关闭极轴追踪。如果再次打开极轴追踪，系统将关闭正交绘图模式。

1.4.2 图形显示工具

对于一个较为复杂的图形来说，用户在观察整幅图形时往往无法对其局部细节进行查看和操作，而在屏幕上显示一个细部时又看不到其他部分。为解决这类问题，AutoCAD 2018 提供了“缩放”“平移”“视图”“鸟瞰视图”和“视口命令”等一系列图形显示控制命令，可以用来随意地放大、缩小或移动屏幕上的图形显示，或者同时从不同的角度、不同的部位来显示图形。AutoCAD 2018 还提供了“重画”和“重新生成”命令来刷新屏幕、重新生成图形。

1. 图形缩放

图形缩放功能类似于照相机的镜头，可以放大或缩小屏幕所显示的范围，只改变视图的比例，而对象的实际尺寸并不发生变化。当放大图形一部分的显示尺寸时，用户可以更清楚地查看这个区域的细节；相反，当缩小图形的显示尺寸时，用户可以查看更大的区域，如整体浏览。

图形缩放功能在绘制大幅面机械图样，尤其是装配图时非常有用，是使用频率最高的命令之一。这个命令可以“透明”地使用，也就是说，该命令可以在其他命令执行时运行。用户完成涉及透明命令的过程后，系统会自动返回到在用户调用透明命令前正在运行的命令。

【执行方式】

- 命令行：ZOOM。
- 菜单：选择菜单栏中的“视图”→“缩放”命令。
- 工具栏：单击“标准”工具栏中的“实时缩放”按钮（见图 1-64）。
- 功能区：在“视图”选项卡“导航”面板上的“范围”下拉菜单中选择“实时”命令（见图 1-65）。

图 1-64 “标准”工具栏

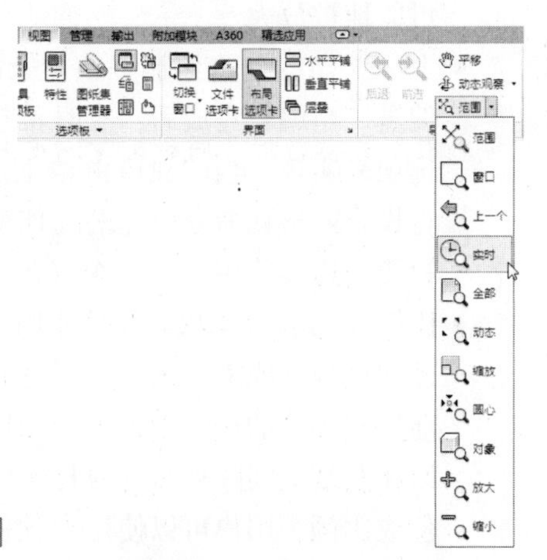

图 1-65 “导航”面板

【操作格式】

执行上述命令后，系统提示如下。

指定窗口的角点,输入比例因子 (nX 或 nXP),或者
[全部(A)/中心(C)/动态(D)/范围(E)/上一个(P)/比例(S)/窗口(W)/对象(O)] <实时>:

其中各选项的说明如下。

- 实时："缩放"命令的默认操作，即在输入"ZOOM"命令后，直接按〈Enter〉键，将自动调用实时缩放操作。实时缩放就是通过上下移动光标交替进行放大和缩小。在使用实时缩放时，系统会显示一个"+"号或"-"号。当缩放比例接近极限时，AutoCAD将不再与光标一起显示"+"号或"-"号。需要从实时缩放操作中退出时，用户可按〈Enter〉键、〈Esc〉键或是从菜单中选择"Exit"子菜单退出。
- 全部（A）：在提示文字后输入"A"，即可执行"全部（A）"缩放操作。不管图形有多大，该操作都将显示图形的边界或范围，即使对象不包括在边界以内，它们也将被显示。因此，使用"全部（A）"缩放选项，可查看当前视口中的整个图形。
- 中心（C）：通过确定一个中心点，该选项可以定义一个新的显示窗口。操作过程中需要指定中心点以及输入比例或高度。默认新的中心点就是视图的中心点，默认的输入高度就是当前视图的高度，直接按〈Enter〉键后，图形将不会被放大。输入比例的数值越大，图形放大倍数也将越大。也可以在数值后面紧跟一个"X"，如"3X"，表示在放大时不是按照绝对值变化，而是按相对于当前视图的相对值缩放。
- 动态（D）：通过操作一个表示视口的视图框，用户可以确定所需显示的区域。选择该选项，在绘图窗口中出现一个小的视图框，按住鼠标左键左右移动可以改变该视图框的大小，定形后放开左键。再按下鼠标左键移动视图框，确定图形中的放大位置，系统将清除当前视口并显示一个特定的视图选择屏幕，这个特定屏幕由指定的显示范围和放大倍数确定。
- 范围（E）："范围（E）"选项可以使图形缩放至整个显示范围。图形的范围由图形所在的区域构成，剩余的空白区域将被忽略。应用这个选项，图形中的所有对象都尽可能地被放大。
- 上一个（P）：在绘制一幅复杂的图形时，有时需要放大图形的一部分以进行细节的编辑。当编辑完成后，有时希望回到前一个视图，这时就可以使用"上一个（P）"选项来实现。当前视口由"缩放"命令的各种选项或"移动"视图、视图恢复、平行投影或透视命令引起的任何变化，系统都将保存。每一个视口最多可以保存10个视图。连续使用"上一个（P）"选项可以恢复前10个视图。
- 比例（S）：该选项有3种使用方法。在提示信息下，直接输入比例系数，系统将按照此比例放大或缩小图形的尺寸。如果在比例系数后面加一个"X"，则表示相对于当前视图计算的比例因子。使用比例因子的第三种方法就是相对于图形空间。例如，可以在图纸空间阵列布排或打印出模型的不同视图。为了使每一张视图都与图纸空间单位成比例，用户可以使用"比例（S）"选项，每一个视图可以有单独的比例。
- 窗口（W）：该选项是最常使用的选项之一。通过确定一个矩形窗口的两个对角来指定所需缩放的区域，对角点可以由鼠标指定，也可以输入坐标确定。指定窗口的中心

点将成为新的显示屏幕的中心点。窗口中的区域将被放大或者缩小。执行“ZOOM”命令时，用户可以在没有选择任何选项的情况下，利用鼠标在绘图窗口中直接指定缩放窗口的两个对角点。

- 对象（O）：通过缩放来尽可能大地显示一个或多个选定的对象，并使其位于视图的中心。用户可以在启动“ZOOM”命令前后选择对象。

注 意

这里提到的“放大”“缩小”“移动”操作，仅仅是对图形在屏幕上的显示进行控制，图形本身并没有任何改变。

2. 图形平移

当图形幅面大于当前视口时，例如使用“缩放”命令将图形缩小，如果需要在当前视口之外观察或绘制一个特定区域时，用户可以使用“平移”命令来实现。“平移”命令能将当前视口以外的图形的一部分移进来查看或编辑，而不改变图形的缩放比例。

【执行方式】

- 命令行：PAN
- 菜单：选择菜单栏中的“视图”→“平移”命令。
- 工具栏：单击“标准”工具栏中的“实时平移”按钮。
- 功能区：单击“视图”选项卡“导航”面板中的“平移”按钮（见图1-66）。

图1-66 “导航”面板

- 快捷菜单：在绘图窗口中单击鼠标右键，弹出快捷菜单，选择“平移”选项。

执行“平移”命令之后，光标变成一只“小手”，可以在绘图窗口中任意移动，表示当前正处于平移模式。按住鼠标左键将光标锁定在当前位置，即“小手”已经抓住图形，拖动图形使其移动到所需位置上。松开鼠标左键将停止平移图形。反复按下鼠标左键，拖动、松开，可将图形平移到任意位置上。

“平移”命令预先定义了如下菜单选项与按钮，它们可用于在特定方向上平移图形，在执行“平移”命令后，这些选项可以从菜单“视图”→“平移”→“*”中调用。

- 实时：是“平移”命令中最常用的选项，也是默认选项，前面提到的平移操作都是指实时平移，通过鼠标的拖动来实现任意方向上的平移。
- 点：这个选项要求确定位移量，这就需要确定图形移动的方向和距离。用户可以通过输入点的坐标或用鼠标指定点的坐标来确定位移。
- 左：该选项移动图形使屏幕左部的图形进入显示窗口。
- 右：该选项移动图形使屏幕右部的图形进入显示窗口。
- 上：该选项向底部平移图形后，使屏幕顶部的图形进入显示窗口。

● 下：该选项向顶部平移图形后，使屏幕底部的图形进入显示窗口。

1.5 文字样式与标注样式

本节思路

文字和标注是AutoCAD图形中非常重要的一部分内容。在进行各种设计时，用户不但要绘制图形，还需要标注一些文字，如技术要求、注释说明等，更重要的是必须标注尺寸、表面粗糙度以及形位公差等。AutoCAD 2018提供了多种文字样式与标注样式，能满足用户的多种需要。

1.5.1 设置文字样式

文字样式主要包括文字字体、字号、角度、方向和其他文字特征。AutoCAD图形中的所有文字都具有与之相关联的文字样式。在图形中输入文字时，系统使用当前的文字样式。如果要使用其他文字样式来创建文字，用户可以将其他文字样式置于当前。AutoCAD 2018默认的是标准文字样式。

【执行方式】

- 命令行：STYLE
- 菜单：选择菜单栏中的"格式"→"文字样式"命令。
- 工具栏：单击"文字"工具栏中的"文字样式"按钮。
- 功能区：单击"默认"选项卡"注释"面板中的"文字样式"按钮（见图1-67），或在"注释"选项卡"文字"面板上的"文字样式"下拉菜单中选择"管理文字样式"命令（见图1-68），或单击"注释"选项卡"文字"面板中"对话框启动器"按钮。

图1-67 "注释"面板

图1-68 "文字"面板

【操作格式】

执行上述命令后，系统将弹出"文字样式"对话框，如图1-69所示。

1.5.2 设置标注样式

在建筑制图中，尺寸标注，尤其是尺寸和形位公差的标注是重点，也是难点，对于一位工程师来说，标注样式的设置是非常重要的，可以这么说，如果没有正确的尺寸标注，绘制的任何图形都是没有意义的。图形主要是用来表达物体的形状，而物体的形状和各部分之间的确切位置只能通过尺寸标注来表达。AutoCAD 2018 提供了强大的尺寸标注功能，可满足不同用户的标注要求。

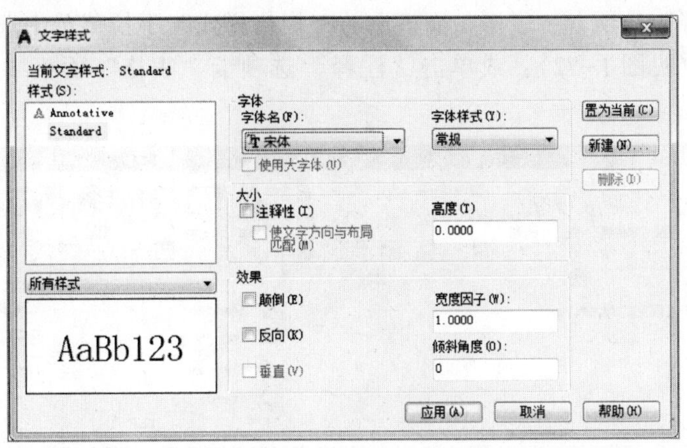

图 1-69 “文字样式”对话框

标注样式的设置包括创建新标注样式、设置当前标注样式、修改标注样式、设置当前标注样式的替代以及比较标注样式。

标注样式的设置会影响标注的效果，主要包括标注文字的高度、箭头的大小和样式以及标注文字的位置等。

【执行方式】

- 命令行：DIMSTYLE。
- 菜单：选择菜单栏中的“格式”→“标注样式”命令或“标注”→“标注样式”命令。
- 功能区：单击“默认”选项卡“注释”面板中的“标注样式”按钮，或在“注释”选项卡“标注”面板上“标注样式”下拉菜单中选择“管理标注样式”选项，或单击“注释”选项卡“标注”面板中的“对话框启动器”按钮。

【操作格式】

执行上述命令后，系统将弹出“标注样式管理器”对话框，如图 1-70 所示。用户可以在此对话框中根据绘图需要设置相应的标注样式。

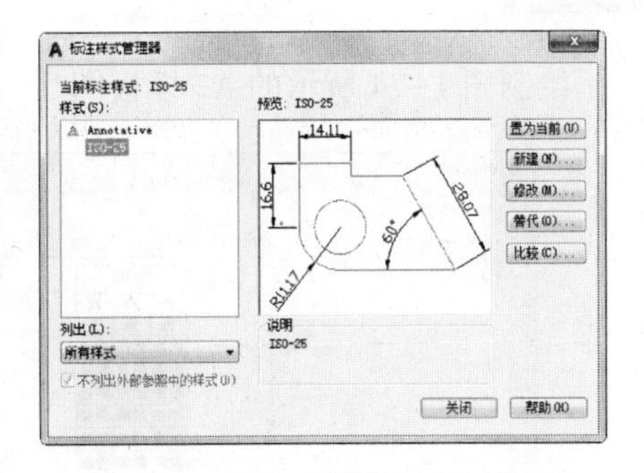

图 1-70 “标注样式管理器”对话框

1.5.3 设置表格样式

【执行方式】

- 命令行：TABLESTYLE。

- 菜单：选择菜单栏中的“格式”→“表格样式”命令。
- 工具栏：单击“样式”工具栏中的“表格样式管理器”按钮。
- 功能区：单击“默认”选项卡“注释”面板中的“表格样式”按钮（见图1-71），或在“注释”选项卡“表格”面板上的“表格样式”下拉菜单中选择“管理表格样式”命令（见图1-72），或单击“注释”选项卡“表格”面板中的“对话框启动器”按钮。

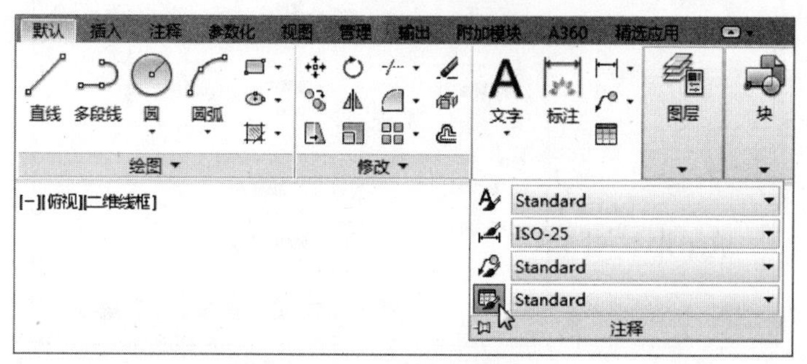

图1-71 “注释”面板

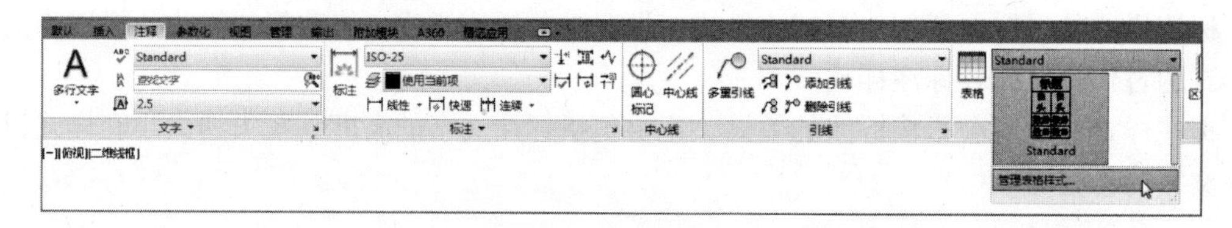
图1-72 “表格”面板

执行上述命令后，系统将弹出“表格样式”对话框，如图1-73所示。

1.5.4 绘制A3图纸样板图形

绘制图1-74所示的A3样板图。

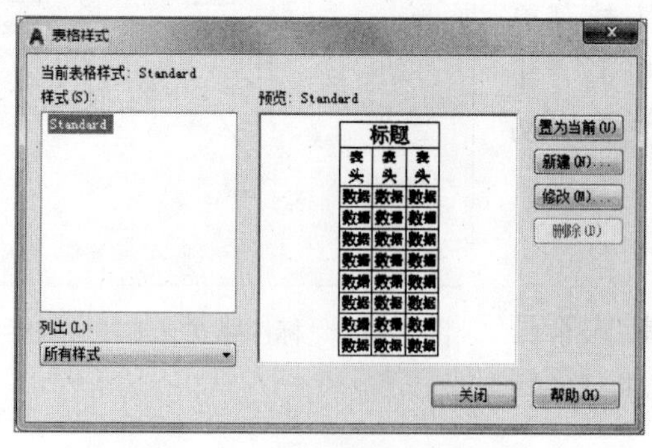

图1-73 “表格样式”对话框

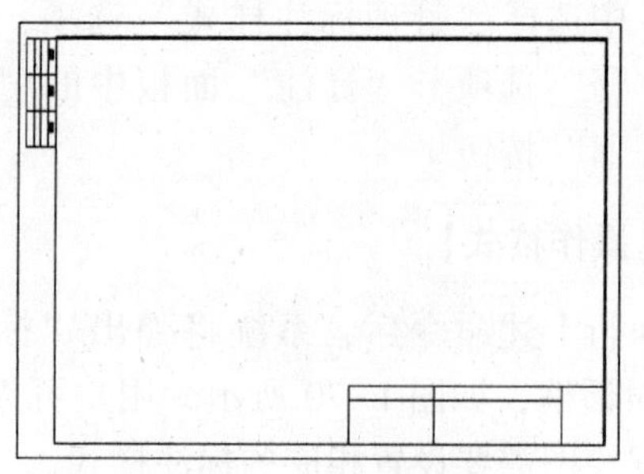
图1-74 A3样板图

1. 设置单位和图形边界

1）打开AutoCAD 2018，系统自动建立新图形文件。

2）设置单位。选择菜单栏中的“格式”→“单位”命令，弹出“图形单位”对话框，如图1-75所示。将“长度”的“类型”设置为“小数”，“精度”设置为“0”；将“角度”的“类型”设置为“十进制度数”，“精度”设置为“0”，系统默认逆时针方向为正。

3）设置图形边界。国标对图纸的幅面大小作了严格规定，在这里，用户不妨按国标 A3 图纸幅面设置图形边界。A3 图纸的幅面为 420 mm×297 mm，故设置图形边界如下。

```
命令:LIMITS↙
重新设置模型空间界限:
指定左下角点或[开(ON)/关(OFF)] <0.0000,0.0000>:↙
指定右上角点 <12.0000,9.0000>:420,297↙
```

2. 设置图层

1）设置层名。单击“默认”选项卡“图层”面板中的“图层特性”按钮，弹出“图层特性管理器”对话框，如图 1-76 所示。在该对话框中单击“新建”按钮，建立不同层名的新图层，这些不同的图层分别存放不同的图线或图形的不同部分。

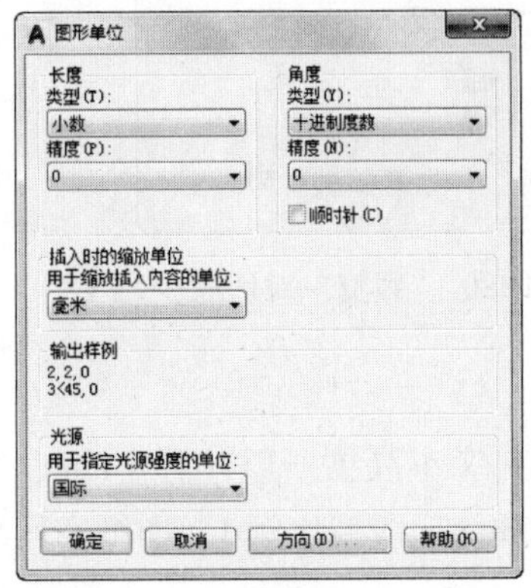

图 1-75 “图形单位”对话框

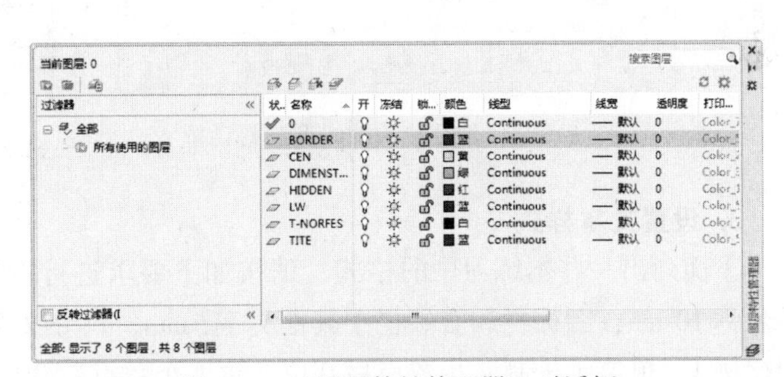

图 1-76 “图层特性管理器”对话框

2）设置图层颜色。为了区分不同图层上的图线，增加图形不同部分的对比性，用户可以在“图层特性管理器”对话框中单击相应图层“颜色”选项下的颜色色块，系统将弹出“选择颜色”对话框，如图 1-77 所示，然后在该对话框中选择需要的颜色即可。

3）设置线型。在常用的工程图样中，通常要用到不同的线型，这是因为不同的线型表示不同的含义。在“图层特性管理器”对话框中单击“线型”选项下的线型按钮，系统将弹出“选择线型”对话框，如图 1-78 所示，然后在该对话框中选择对应的线型即可。如果在“已加载的线型”列表框中没有需要的线型，用户可以单击“加载”按钮，系统将弹出“加载或重载线型”对话框，然后加载线型即可，如图 1-79 所示。

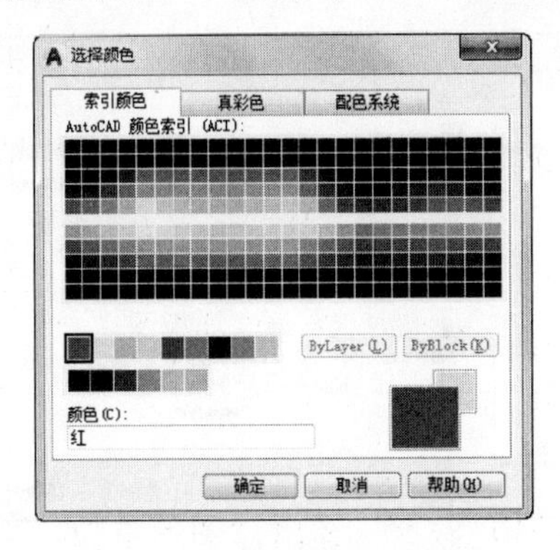

图 1-77 “选择颜色”对话框

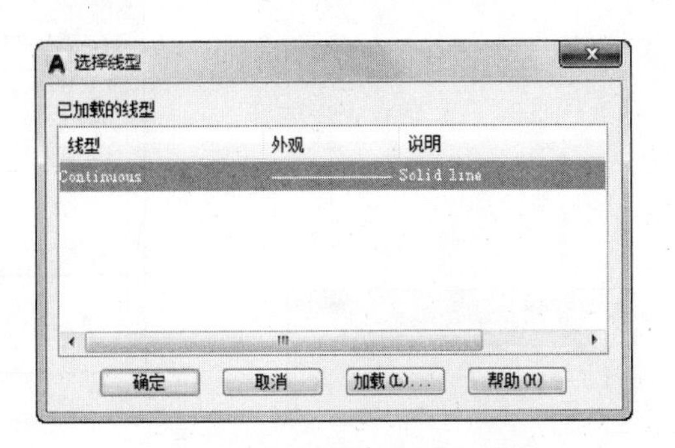

图 1-78 “选择线型”对话框

4）设置线宽。在工程图样中，不同的线宽表示不同的含义，因此也要对不同图层的线宽进行设置，单击“图层特性管理器”对话框中“线宽”选项下的相应按钮，系统将弹出“线宽”对话框，如图1-80所示，然后在该对话框中选择适当的线宽即可。需要注意的是，应尽量保持细线与粗线之间的比例大约为1:2。

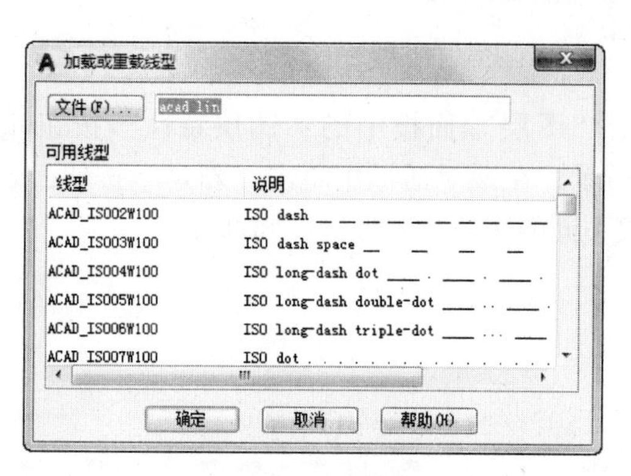

图1-79 “加载或重载线型”对话框

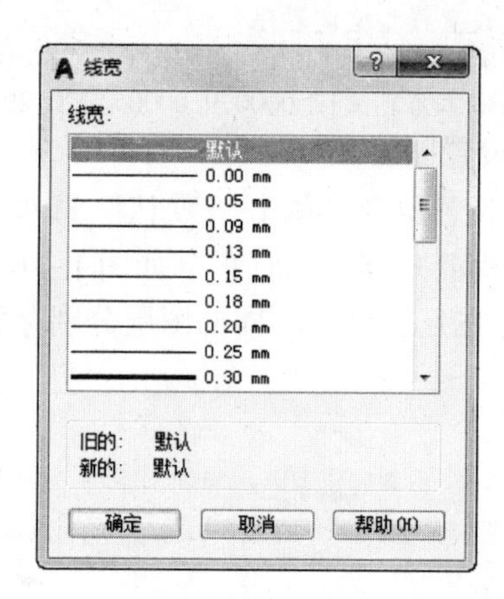

图1-80 “线宽”对话框

3. 设置文本样式

下面列出一些本练习中的格式，请按如下要求进行设置：文本高度一般注释7mm，零件名称10mm，图标栏和会签栏中其他文字5mm，尺寸文字5mm，线型比例1，图纸空间线型比例1，单位十进制，小数点后0位，角度小数点后0位。

AutoCAD 2018可以生成4种文字样式，分别用于一般注释、标题块中的零件名、标题块注释及尺寸标注。

单击“默认”选项卡“注释”面板中的“文字样式”按钮，系统将弹出“文字样式”对话框，单击“新建”按钮，系统弹出“新建文字样式”对话框，如图1-81所示。使用默认的“样式1”样式名，单击“确认”按钮退出。

系统回到“文字样式”对话框，在“字体名”下拉列表框中选择“宋体”选项；在“大小”选项组中将“高度”设置为“3”，如图1-82所示。单击“应用”按钮，再单击“关闭”按钮。其他文字样式的设置与此类似。

图1-81 “新建文字样式”对话框

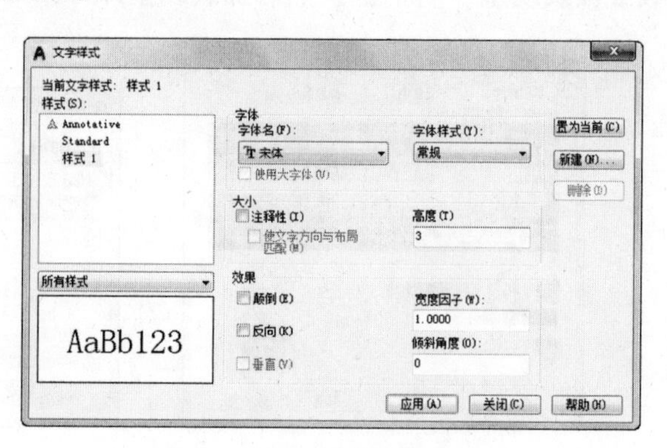

图1-82 “文字样式”对话框

4. 设置尺寸标注样式

单击“默认”选项卡“注释”面板中的“标注样式”按钮，系统将弹出“标注样式管理器”对话框，如图 1-83 所示。在“预览：ISO-25”下方将显示标注样式的预览图形。

根据前面的要求，单击“修改”按钮，系统将弹出“修改标注样式：ISO-25”对话框，在该对话框中对标注样式的选项按照需要进行修改，如图 1-84 所示。

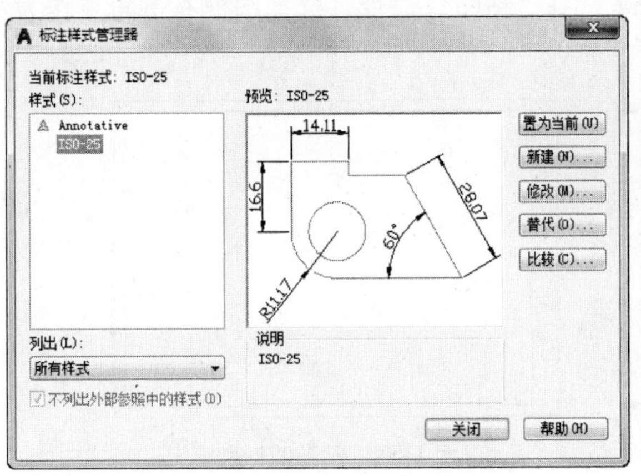

图 1-83 “标注样式管理器”对话框

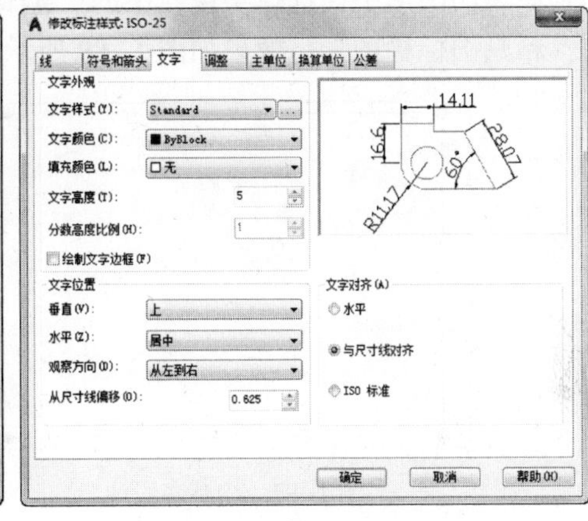

图 1-84 “修改标注样式：ISO-25”对话框

其中，在“线”选项卡中，将“颜色”和“线宽”设置为“ByLayer”，将“基线间距”设置为“6”，其他不变；在“符号和箭头”选项卡中，将“箭头大小”设置为“1”，其他不变；在“文字”选项卡中，将“文字颜色”设置为“ByLayer”，将“文字高度”设置为“5”，其他不变；在“主单位”选项卡中，将“精度”设置为“0”，其他不变。其他选项卡不变。

5. 绘制图框线

1）单击“默认”选项卡“绘图”面板中的“矩形”按钮，绘制一个 420 mm×297 mm（A3 图纸大小）的矩形作为图纸范围。

2）单击“默认”选项卡“修改”面板中的“分解”按钮，把矩形分解。单击“默认”选项卡“修改”面板中的“偏移”按钮，让左边的直线往右偏移 25 mm，如图 1-85 所示。

3）单击“默认”选项卡“修改”面板中的“偏移”按钮，设置矩形的其他 3 条边往里偏移的距离为 10 mm，如图 1-86 所示。

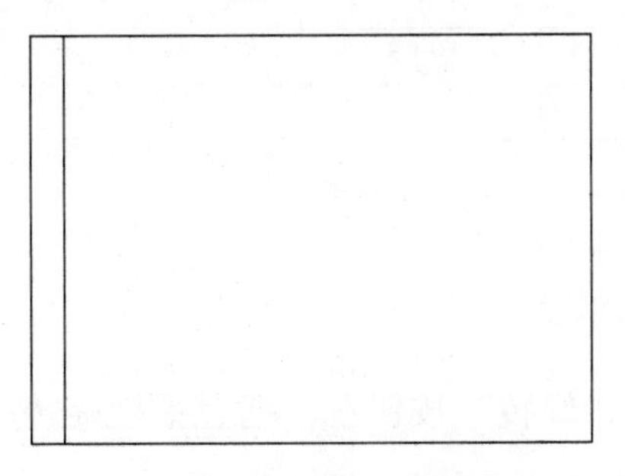

图 1-85 绘制矩形和偏移操作

图 1-86 偏移操作结果

4）单击“默认”选项卡“绘图”面板中的“多段线”按钮，按照偏移线绘制图 1-87 所示的多段线作为图框（注意：将线宽设置为“0.3”）。单击“默认”选项卡“修改”面板中的“删除”按钮，删除偏移线条。

5）打开“X：源文件/图库/图标栏”，选择菜单栏中的“编辑”→“带基点复制”命令（或按〈Ctrl+Shift+C〉快捷键），选择图标栏的右下角点作为基点，复制图标栏图形。返回到原来的图形中，选择菜单栏中的“编辑”→“粘贴”命令，选择图框右下角点作为基点，粘贴图标栏图形，效果如图 1-88 所示。

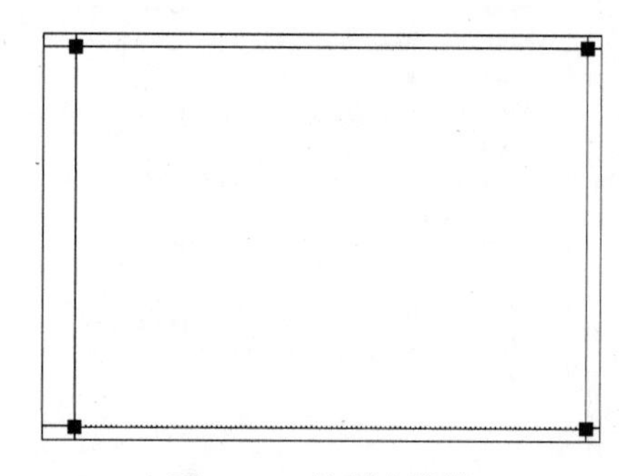

图 1-87　绘制多段线

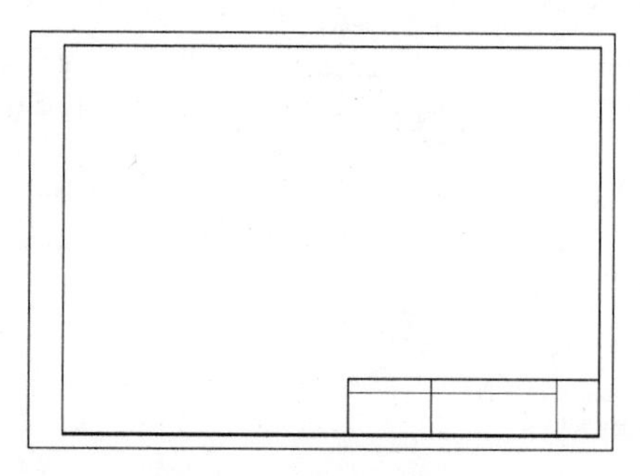

图 1-88　粘贴图标栏

6）打开“X：源文件/图库/会签栏”，选择菜单栏中的“编辑”→“带基点复制”命令，选择会签栏的右下角点作为基点，复制会签栏图形。返回到原来的图形中，选择菜单栏中的“编辑”→“粘贴”命令，在空白处粘贴会签栏，效果如图 1-89 所示。

7）单击“默认”选项卡“注释”面板中的“多行文字”按钮A，在会签栏中标上字高为 2.5 mm 的文字“专业”。单击“默认”选项卡“修改”面板中的“复制”按钮，把文字复制到其他两个空栏中，效果如图 1-90 所示。

图 1-89　粘贴会签栏

专业	专业	专业

图 1-90　绘制文字

8）使用鼠标双击要修改的文字，在弹出的“文字格式”对话框中把它们修改为“姓名”和“日期”，效果如图 1-91 所示。

专业	姓名	日期

图 1-91　修改文字

9）单击“默认”选项卡“修改”面板中的“旋转”按钮，把会签栏旋转-90°，得到竖放的会签栏，效果如图 1-92 所示。

10）单击“默认”选项卡“修改”面板中的“移动”按钮，把会签栏移动到图纸左上角，效果如图1-93所示。这样就得到了一个带有图标栏和会签栏的样板图形。

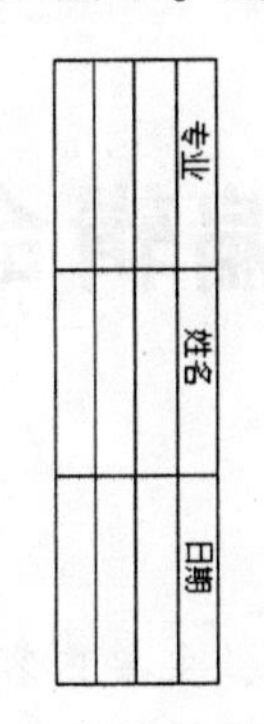

图1-92 竖放的会签栏

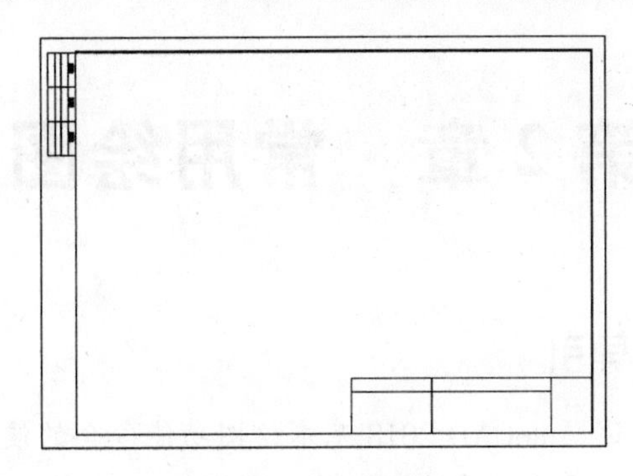

图1-93 样板图形

注 意

用户也可以将图标栏和会签栏保存成图块，然后以图块的方式插入到样板图中，后面章节将讲述。

6. 保存成样板图文件

现在，样板图及其环境设置已经完成，用户可以将其保存成样板图文件。具体方法为：单击“快速访问”工具栏中的“另存为”按钮，系统将弹出“图形另存为”对话框，在“文件类型”下拉列表框中选择“AutoCAD图形样板（*.dwt）”选项，输入文件名“A3”，单击“保存”按钮保存文件。

下次绘图时，用户可以打开该样板图文件（见图1-93），在此基础上直接绘图。

第2章 常用绘图与编辑命令

知识导引

本章将论述 AutoCAD 2018 基本绘图功能命令的使用方法，主要内容包括 AutoCAD 2018 对计算机配置的要求；直线、弧线、圆形和矩形等基本线条与形体图形的绘制方法与技巧；一些复杂线条和形体的绘制方法；移动、复制、旋转与阵列等基本图形的编辑、修改方法与技巧；曲线、多线等特殊图形的编辑与修改方法等知识。此外，本章还介绍了一些 CAD 绘制案例供读者学习和欣赏。

内容要点

- AutoCAD 平面图形的绘制方法
- AutoCAD 图形的编辑与修改方法

2.1 AutoCAD 平面图形的绘制方法

本节思路

AutoCAD 2018 既具有强大的绘图功能，又具有强大的图形编辑和修改功能，是室内设计师的得力助手。本节简要介绍 AutoCAD 2018 中一些常用功能命令的使用方法。

2.1.1 基本平面图形的绘制

1. 点绘制

在点、线、面这 3 种类型图形对象中，点无疑是 AutoCAD 中最基本的组成单位元素。点可以作为捕捉对象的节点。点的命令为“POINT”（缩略为 PO）。其绘制方法是在提示输入点的位置时，直接输入点的坐标或者使用鼠标选择点的位置。

【执行方式】

- 命令行：POINT。
- 菜单：选择菜单栏中的“绘图”→“点”→“单点”（或“多点”）命令。
- 工具栏：单击“绘图”工具栏中的“点”按钮▫。
- 功能区：单击“默认”选项卡“绘图”面板中的“多点”按钮▫。

选择菜单栏中的“格式”→“点样式”命令，就可以在弹出的“点样式”对话框中设置点的图案形式和图标的大小，如图 2-1 所示。点的形状和大小也可以由系统变量 PDMODE 和 PDSIZE 控制，其中变量 PDMODE 用于设置点的显示图案形式（如果 PDMODE 的值为 1，则指定不显示任何图形），变量 PDSIZE 则用来控制图标的大小（如果 PDSIZE 设置为 0，将按绘图区域高度的 5%生成点对象）。PDSIZE 的正值指定点图形的绝对尺寸，负值指定其为视口尺寸的百分比。修改 PDMODE 和 PDSIZE 之后，AutoCAD 下次重生成图形时会改变现有点的外观（重生成图形时将重新计算所有点的尺寸）。

用户可以指定点的全部三维坐标（X，Y，Z）。如果省略 Z 坐标值，则假定为当前标高。

按下面步骤可以绘制图 2-2 所示的点。

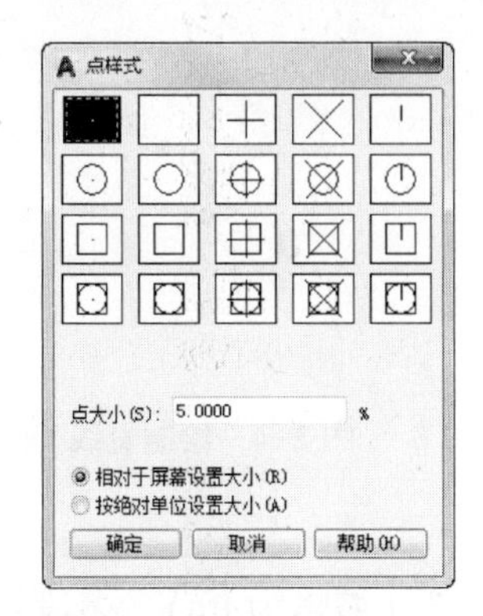

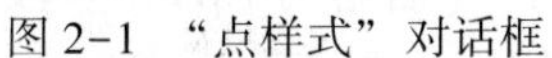
图 2-1 “点样式”对话框

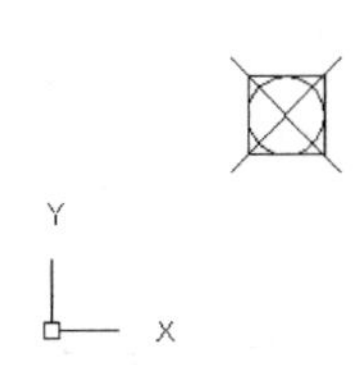

图 2-2 绘制点

1）选择菜单栏中的“格式”→“点样式”命令，设置点的形式和大小。

命令：'_ddptype

正在重生成模型。

2）单击“绘图”工具栏中的“点”按钮，进行点绘制。

命令：POINT(输入“点”命令)

当前点模式： PDMODE=99 PDSIZE=35.0000(系统变量的 PDMODE、PDSIZE 设置数值)

指定点：9,8,5(使用鼠标在屏幕上直接指定点的位置，或直接输入点的坐标)

2. 线条绘制

（1）直线绘制

AutoCAD 2018 的直线功能命令为“LINE”（缩略为 L），直线的绘制可以通过直接输入端点坐标（X，Y）或直接在屏幕上使用鼠标点取来实现。用户可以绘制一系列连续的直线段，但每条直线段都是一个独立的对象，按〈Enter〉键结束命令。

注 意

“LINE”是 CAD 绘图中最常用的命令。要绘制斜线、水平和垂直的直线，可以结合使用〈F8〉快捷键，反复按〈F8〉快捷键即可进行在斜线、水平和垂直方向之间切换。

【执行方式】

- 命令行：LINE。
- 菜单：选择菜单栏中的“绘图”→“直线”命令。

- 工具栏：单击“绘图”工具栏中的“直线”按钮。
- 功能区：单击“默认”选项卡“绘图”面板中的“直线”按钮（见图2-3）。

下面以在命令行窗口直接输入“LINE”或“L”命令为例，说明直线的绘制方法，如图2-4所示。

命令：LINE(输入“直线”命令)
指定第一个点：(指定直线起点a或输入端点坐标)
指定下一点或［放弃(U)］：(指定直线终点b或输入端点坐标)
指定下一点或［放弃(U)］：(按〈Enter〉键)

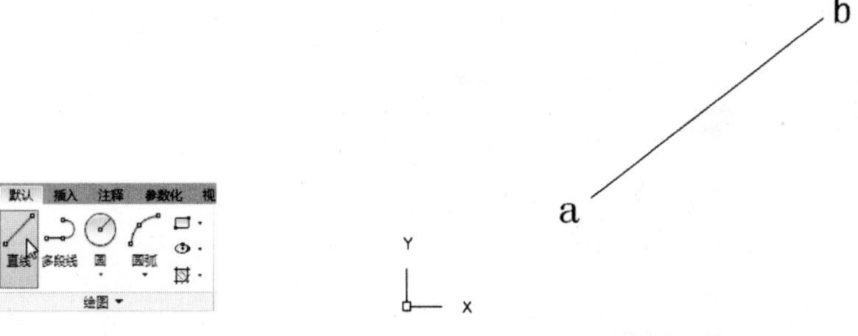

图2-3 “绘图”面板　　　图2-4 绘制直线

（2）多段线绘制

AutoCAD 2018的多段线功能命令为“PLINE”（缩略为PL），多段线的绘制同样可以通过直接输入端点坐标（X，Y）或直接在屏幕上使用鼠标点取来实现。

注 意

多段线功能命令与直线命令类似，二者的区别在于使用多段线功能命令绘制的线条是一体的、连续的。

**【执行方式】**

- 命令行：PLINE。
- 菜单：选择菜单栏中的“绘图”→“多段线”命令。
- 工具栏：单击“绘图”工具栏中的“多段线”按钮。
- 功能区：单击“默认”选项卡“绘图”面板中的“多段线”按钮。

下面以在命令行窗口中直接输入“PLINE”或“PL”命令为例，说明多段线的绘制方法。

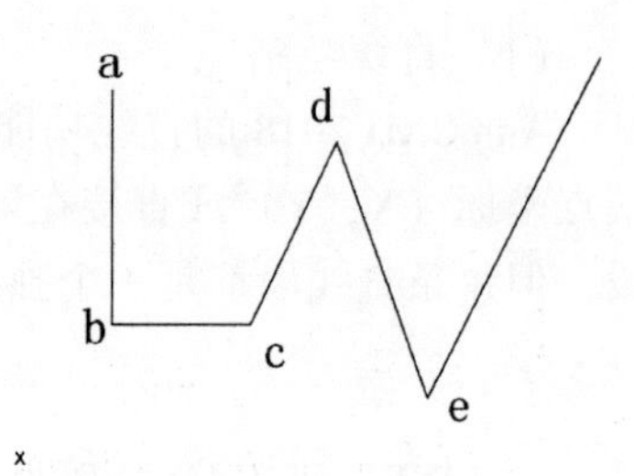

图2-5 绘制多段线（一）

1）使用PLINE绘制由直线构成的多段线，如图2-5所示。

命令：PLINE(绘制由直线构成的多段线)
指定起点：(确定起点a位置)
当前线宽为：0.0000
指定下一点或［圆弧(A)/半宽(H)/长度(L)/放弃(U)/宽度(W)］：(依次输入多段线端点b的坐标或

直接在屏幕上使用鼠标点取)
指定下一点或［圆弧(A)/闭合(C)/半宽(H)/长度(L)/放弃(U)/宽度(W)］:(下一点 c)
指定下一点或［圆弧(A)/闭合(C)/半宽(H)/长度(L)/放弃(U)/宽度(W)］:(下一点 d)
指定下一点或［圆弧(A)/闭合(C)/半宽(H)/长度(L)/放弃(U)/宽度(W)］:(下一点 e)
……
指定下一点或［圆弧(A)/闭合(C)/半宽(H)/长度(L)/放弃(U)/宽度(W)］:(按〈Enter〉键结束操作)

2）使用 PLINE 绘制由直线与弧线构成的多段线，如图 2-6 所示。

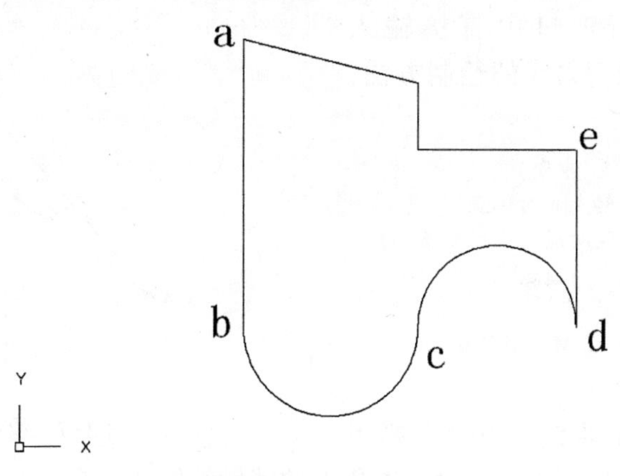

图 2-6　绘制多段线（二）

命令: PLINE(绘制由直线与弧线构成的多段线)
指定起点:(确定起点 a 位置)
当前线宽为: 0.0000
指定下一个点或［圆弧(A)/半宽(H)/长度(L)/放弃(U)/宽度(W)］:(输入多段线端点 b 的坐标或直接在屏幕上使用鼠标点取)
指定下一点或［圆弧(A)/闭合(C)/半宽(H)/长度(L)/放弃(U)/宽度(W)］: A(输入 A 绘制圆弧段造型)
指定圆弧的端点(按住〈Ctrl〉键以切换方向)或［角度(A)/圆心(CE)/闭合(CL)/方向(D)/半宽(H)/直线(L)/半径(R)/第二个点(S)/放弃(U)/宽度(W)］:(指定圆弧的第 1 个端点 c)
指定圆弧的端点(按住〈Ctrl〉键以切换方向)或［角度(A)/圆心(CE)/闭合(CL)/方向(D)/半宽(H)/直线(L)/半径(R)/第二个点(S)/放弃(U)/宽度(W)］:(指定圆弧的第 2 个端点 d)
指定圆弧的端点(按住〈Ctrl〉键以切换方向)或［角度(A)/圆心(CE)/闭合(CL)/方向(D)/半宽(H)/直线(L)/半径(R)/第二个点(S)/放弃(U)/宽度(W)］: L(输入“L”切换回绘制直线段造型)
指定下一点或［圆弧(A)/闭合(C)/半宽(H)/长度(L)/放弃(U)/宽度(W)］:(下一点 e)
指定下一点或［圆弧(A)/闭合(C)/半宽(H)/长度(L)/放弃(U)/宽度(W)］:(下一点)
……
指定下一点或［圆弧(A)/闭合(C)/半宽(H)/长度(L)/放弃(U)/宽度(W)］: C(输入“C“闭合多段线)

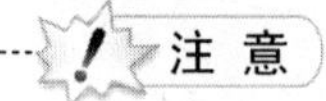
注 意

能够同时绘制直线段和弧线段，也是 PLINE 与 LINE 功能命令区别之一。

（3）射线绘制

射线指沿着一个方向无限延伸的直线，是主要用来定位的辅助绘图线。射线具有一个确定的起点并单向无限延伸。在 AutoCAD 2018 中，其功能命令为“RAY”。用户可以直接在屏幕上通过使用鼠标点取来绘制射线。用户可以绘制一条射线并继续提示输入通过点以便创建多条射线。起点和通过点定义了射线延伸的方向，射线在此方向上延伸到显示区域的边界。按〈Enter〉键结束命令。

【执行方式】

- 命令行：RAY。
- 菜单：选择菜单栏中的“绘图”→“射线”命令。
- 功能区：单击“默认”选项卡“绘图”面板中的“射线”按钮。

下面以在命令行窗口中直接输入“RAY”命令为例，说明射线的绘制方法，如图 2-7 所示。

```
命令：RAY(输入“射线”命令)
指定起点：(指定射线起点 a 的位置)
指定通过点：(指定射线所通过点的位置 b)
指定通过点：(指定射线所通过点的位置 c)
……(下一点)
指定通过点：(按〈Enter〉键完成绘制)
```

图 2-7　绘制射线

(4) 构造线绘制

构造线指无限长的直线，也是主要用来定位的辅助绘图线，即用来定位对齐边角点的辅助绘图线。在 AutoCAD 2018 中，其功能命令为“XLINE”（缩略为 XL）。用户可以直接在屏幕上通过使用鼠标点取来绘制构造线。

注 意

射线和构造线主要用来对齐定位的辅助图线，熟练后使用不多。

【执行方式】

- 命令行：XLINE。
- 菜单：选择菜单栏中的“绘图”→“构造线”命令。
- 工具栏：单击“绘图”工具栏中的“构造线”按钮。
- 功能区：单击“默认”选项卡“绘图”面板中的“构造线”按钮。

使用两个通过点指定构造线（无限长线）的位置。下面以在命令行窗口中直接输入“XLINE”命令为例，说明构造线的绘制方法，如图 2-8 所示。

```
命令：XLINE(绘制构造线)
指定点或［水平(H)/垂直(V)/角度(A)/二等分(B)/偏移(O)］：(指定构造直线起点 a 位置)
指定通过点：(指定构造直线通过点位置 b)
指定通过点：(指定下一条构造直线通过点位置 c)
指定通过点：(指定下一条构造直线通过点位置)
……
指定通过点：
指定通过点：(按〈Enter〉键完成绘制)
```

图 2-8　绘制构造线

(5) 圆弧线绘制

圆弧线可以通过输入端点坐标进行绘制，也可以通过直接在屏幕上使用鼠标点取的方式来绘制。在 AutoCAD 2018 中，其功能命令为“ARC”（缩略为 A）。在进行绘制时，如果未指定点就按〈Enter〉键，AutoCAD 将把最后绘制的直线或圆弧的端点作为起点，并立即提示指定新圆弧的端点。这将创建一条与最后绘制的直线、圆弧或多段线相切的圆弧。

【执行方式】

- 命令行：ARC。
- 菜单：选择菜单栏中的“绘图”→“圆弧”命令。
- 工具栏：单击“绘图”工具栏中的“圆弧”按钮。
- 功能区：在“默认”选项卡“绘图”面板中的“圆弧”下拉菜单选择“三点”命令（见图 2-9）。

下面以在命令行窗口中直接输入“ARC”命令为例，说明弧线的绘制方法，如图 2-10 所示。

命令：ARC(绘制弧线)
指定圆弧的起点或［圆心(C)］:(指定起始点位置 a)
指定圆弧的第二个点或［圆心(C)/端点(E)］:(指定中间点位置 b)
指定圆弧的端点:(指定起终点位置 c)

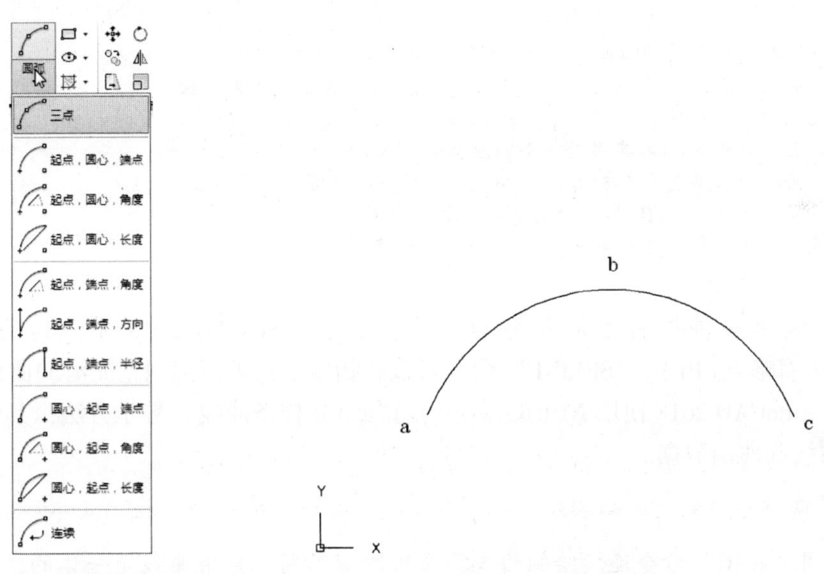

图 2-9 “圆弧”下拉菜单

图 2-10 绘制弧线

（6）椭圆弧线绘制

在 AutoCAD 2018 中，椭圆弧线的功能命令为“ELLIPSE”（缩略为 EL），与椭圆是一致的，只是在执行“ELLIPSE”命令后再输入“A”进行椭圆弧线绘制。一般根据两个端点定义椭圆弧的第 1 条轴，第 1 条轴的角度确定了整个椭圆的角度。第 1 条轴既可定义椭圆的长轴，也可定义椭圆的短轴。

【执行方式】

- 命令行：ELLIPSE。
- 菜单：选择菜单栏中的“绘图”→“椭圆”→“圆弧”命令。

- 工具栏：单击“绘图”工具栏中的“椭圆弧”按钮。
- 功能区：在“默认”选项卡“绘图”面板中的“圆心”下拉菜单中选择“椭圆弧”命令（见图2-11）。

下面以在命令行窗口中直接输入“ELLIPSE”命令为例，说明椭圆弧线的绘制方法，如图2-12所示。

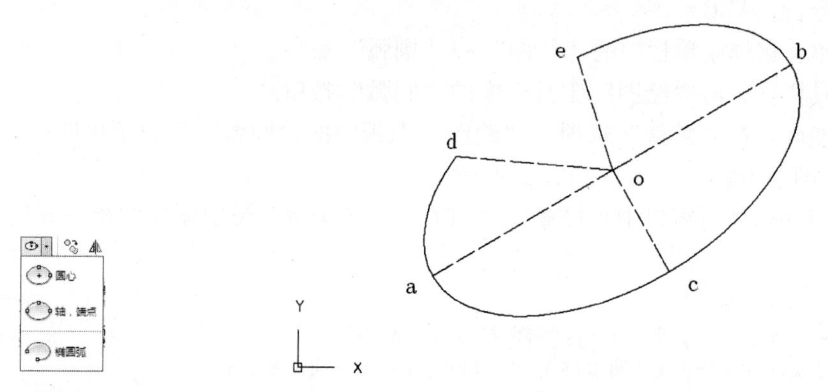

图2-11 “椭圆”下拉菜单　　图2-12 绘制椭圆弧线

```
命令：ELLIPSE(绘制椭圆曲线)
指定椭圆的轴端点或[圆弧(A)/中心点(C)]：A(输入A绘制椭圆曲线)
指定椭圆弧的轴端点或[中心点(C)]：(指定椭圆轴线端点a)
指定轴的另一个端点：(指定另外一个椭圆轴线端点b)
指定另一条半轴长度或[旋转(R)]：(指定与另外一个椭圆轴线距离oc)
指定起点角度或[参数(P)]：(指定起始角度位置d)
指定端点角度或[参数(P)/夹角(I)]：(指定终点角度位置e)
```

（7）样条曲线绘制

样条曲线是一种拟合不同位置点的曲线，在AutoCAD 2018中，其功能命令为“SPLINE”（缩略为SPL）。“SPLINE”命令可以在指定的误差范围内把光滑的曲线拟合成一系列的点。AutoCAD 2018使用NURBS（非均匀有理B样条曲线）数学方法，其中存储和定义了一类曲线和曲面数据。

注 意

与使用“ARC”命令连续绘制的多段曲线图形不同，样条曲线是一体的，且曲线光滑流畅，而使用“ARC”命令连续绘制的多段曲线图形则是由几段组成的。

【执行方式】

- 命令行：SPLINE。
- 菜单：选择菜单栏中的“绘图”→“样条曲线”命令。
- 工具栏：单击“绘图”工具栏中的“样条曲线”按钮。
- 功能区：单击“默认”选项卡“绘图”面板中的“样条曲线拟合”按钮或“样条曲线控制点”按钮（见图2-13）。

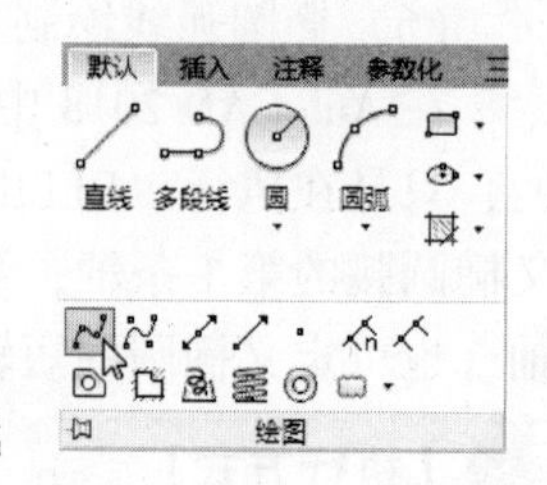

图2-13 “绘图”面板

下面以在命令行窗口中直接输入“SPLINE”命令为例，说明样条曲线的绘制方法，如图 2-14 所示。

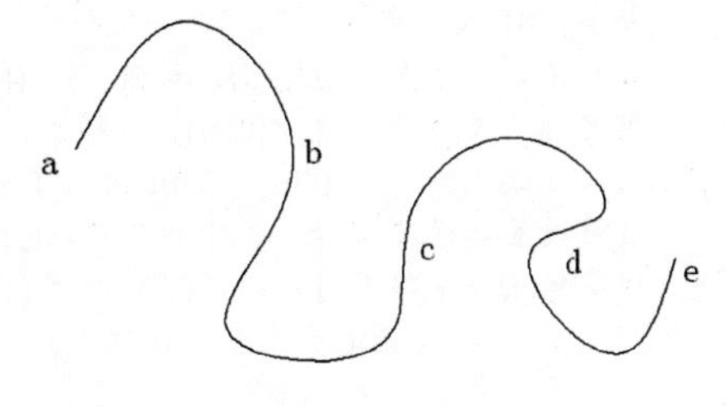

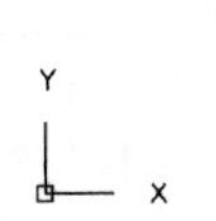

图 2-14 绘制样条曲线

命令：SPLINE(输入“样条曲线”命令)
当前设置：方式=拟合 节点=弦
指定第一个点或［方式(M)/节点(K)/对象(O)］：(指定样条曲线的第 1 点 a 或选择对象进行样条曲线转换)
输入下一个点或［起点切向(T)/公差(L)］：(指定下一点 b 位置)
输入下一个点或［端点相切(T)/公差(L)/放弃(U)］：(指定下一点 c 位置或选择备选项)
输入下一个点或［端点相切(T)/公差(L)/放弃(U)/闭合(C)］：(指定下一点 d 位置或选择备选项)
……
输入下一个点或［端点相切(T)/公差(L)/放弃(U)/闭合(C)］：(指定下一点 e 位置或选择备选项)
输入下一个点或［端点相切(T)/公差(L)/放弃(U)/闭合(C)］：(按〈Enter〉键完成绘制)

(8) 多线绘制

多线也称多重平行线，指由两条相互平行的直线构成的线型。在 AutoCAD 2018 中，其功能命令为“MLINE”（缩略为 ML）。其中的比例因子参数 Scale 用以控制多线的全局宽度（这个比例不影响线型比例），该比例基于在多线样式定义中建立的宽度。比例因子为 2 绘制多线时，其宽度是样式定义的宽度的 2 倍。负比例因子将翻转偏移线的次序，即当从左至右绘制多线时，偏移最小的多线绘制在顶部。负比例因子的绝对值也会影响比例。比例因子为 0 将使多线变为单一的直线。

【执行方式】

- 命令行：MLINE。
- 菜单：选择菜单栏中的“绘图”→“多线”命令。或选择菜单栏中的“格式”→“多线样式”命令，在弹出的“多线样式”对话框中可以修改名称、设置特性和加载新的多线样式等，如图 2-15 所示。

下面以在命令行窗口中直接输入“MLINE”命令为例，说明多线的绘制方法，如图 2-16 所示。

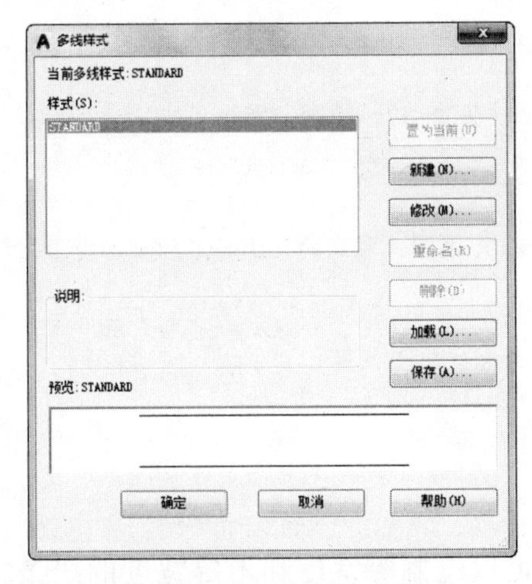

图 2-15 “多线样式”对话框

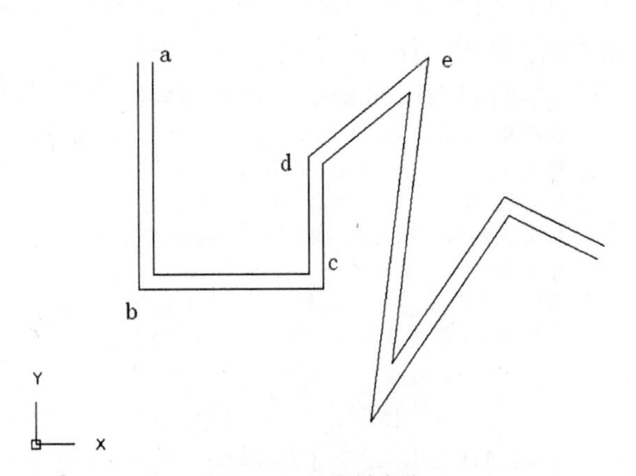

图 2-16 绘制多线

```
命令：MLINE（输入"多线"命令）
当前设置：对正 = 上，比例 = 30.00，样式 = STANDARD
指定起点或［对正(J)/比例(S)/样式(ST)］：S（输入S设置多线宽度）
输入多线比例 <30.00>： 340（输入多线宽度）
当前设置：对正 = 上，比例 = 340.00，样式 = STANDARD
指定起点或［对正(J)/比例(S)/样式(ST)］：（指定多线起点位置）
指定下一点：（指定多线下一点位置）
指定下一点或［放弃(U)］：（指定多线下一点位置）
指定下一点或［闭合(C)/放弃(U)］：（指定多线下一点位置）
指定下一点或［闭合(C)/放弃(U)］：（指定多线下一点位置）
……
指定下一点或［闭合(C)/放弃(U)］：C（按〈Enter〉键完成绘制）
```

（9） 修订云线（云彩线）

云线（云彩线）是指由连续圆弧组成的多段连续弧线。在 AutoCAD 2018 中，云彩线作为正式的功能命令，位于"绘图"下拉菜单和工具栏上。REVCLOUD（云彩线的功能命令）在系统注册表中存储上一次使用的圆弧长度，当程序和使用不同比例因子的图形一起使用时，用 DIMSCALE 乘以此值以保持统一。

注 意

设计者可以使用云彩线绘制等高线等造型。

【执行方式】

- 命令行：REVCLOUD。
- 菜单：选择菜单栏中的"绘图"→"修订云线"命令。
- 工具栏：单击"绘图"工具栏中的"修订云线"按钮。
- 功能区：单击"默认"选项卡"绘图"面板中的"修订云线"按钮。

下面以在命令行窗口中直接输入"REVCLOUD"命令为例，说明云彩线的绘制方法，如图 2-17 所示。

图 2-17 绘制云彩线

```
命令：REVCLOUD（输入"云彩线"命令）
最小弧长：15    最大弧长：15      样式：普通
指定起点或［弧长(A)/对象(O)/样式(S)］<对象>：A（输入 A 设置云彩线的大小）
指定最小弧长 <15>：10（输入云彩线最小弧段长度）
指定最大弧长 <10>：18（输入云彩线最大弧段长度）
指定起点或［弧长(A)/对象(O)/样式(S)］<对象>：（指定云彩线起点位置）
沿云线路径引导十字光标 ...（拖动鼠标进行云彩线绘制）
反转方向［是(Y)/否(N)］<否>：（按〈Enter〉键完成绘制）
修订云线完成
```

（10） 其他特殊线

AutoCAD 2018 提供了绘制具有宽度的线条功能，可以绘制等宽度和不等宽度的线条。绘制等宽度的线条可以使用"PLINE"命令来实现，如图 2-18 所示。具体绘制方法如下。

命令：PLINE（使用"PLINE"命令绘制等宽度的线条）
指定起点：（指定等宽度的线条起点 a）
当前线宽为 0.0000
指定下一个点或［圆弧（A）/半宽（H）/长度（L）/放弃（U）/宽度（W）］：W（输入"W"设置线条宽度）
指定起点宽度 <0.0000>：15（输入起点宽度）
指定端点宽度 <15.0000>：15（输入端点宽度）
指定下一个点或［圆弧（A）/半宽（H）/长度（L）/放弃（U）/宽度（W）］：（依次输入多段线端点坐标或直接在屏幕上使用鼠标点取 b）
指定下一点或［圆弧（A）/闭合（C）/半宽（H）/长度（L）/放弃（U）/宽度（W）］：（指定下一点位置 c）
指定下一点或［圆弧（A）/闭合（C）/半宽（H）/长度（L）/放弃（U）/宽度（W）］：（指定下一点位置 d）
……
指定下一点或［圆弧（A）/闭合（C）/半宽（H）/长度（L）/放弃（U）/宽度（W）］：（指定下一点位置）
指定下一点或［圆弧（A）/闭合（C）/半宽（H）/长度（L）/放弃（U）/宽度（W）］：（按〈Enter〉键完成绘制）

绘制不等宽度的线条也可以使用"PLINE"命令来实现，如图 2-19 所示，具体绘制方法如下。

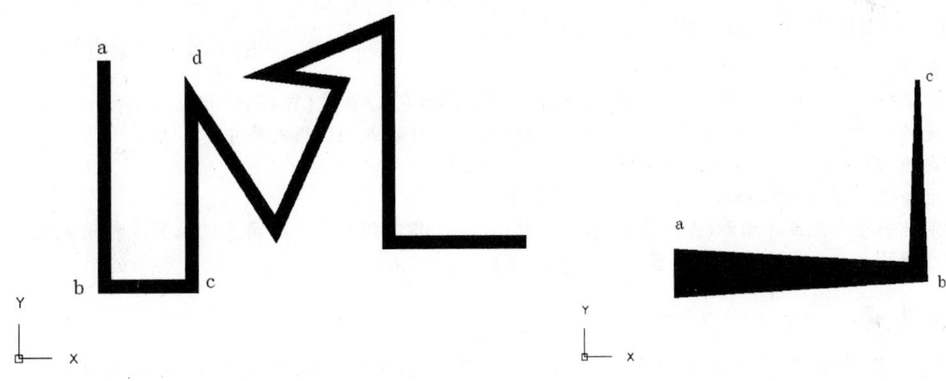

图 2-18　绘制等宽度线条　　　图 2-19　绘制不等宽度线条

命令：PLINE（使用"PLINE"命令绘制不等宽度的线条）
指定起点：（指定等宽度的线条起点 a）
当前线宽为：0.0000
指定下一个点或［圆弧（A）/半宽（H）/长度（L）/放弃（U）/宽度（W）］：W（输入"W"设置线条宽度）
指定起点宽度 <0.0000>：15（输入起点宽度）
指定端点宽度 <15.0000>：3（输入线条宽度与前面不一致）
指定下一个点或［圆弧（A）/半宽（H）/长度（L）/放弃（U）/宽度（W）］：（依次输入多段线端点坐标或直接在屏幕上使用鼠标点取 b）
指定下一点或［圆弧（A）/闭合（C）/半宽（H）/长度（L）/放弃（U）/宽度（W）］：W（输入"W"设置线条宽度）
指定起点宽度 <3.0000>：5（输入起点宽度）
指定端点宽度 <5.0000>：1（输入线条宽度与前面不一致）

指定下一点或［圆弧（A）/闭合（C）/半宽（H）/长度（L）/放弃（U）/宽度（W）］：（指定下一点位置 c）
指定下一点或［圆弧（A）/闭合（C）/半宽（H）/长度（L）/放弃（U）/宽度（W）］：W（输入"W"设置新的线条宽度）
……
指定下一点或［圆弧（A）/闭合（C）/半宽（H）/长度（L）/放弃（U）/宽度（W）］：（指定下一点位置）
指定下一点或［圆弧（A）/闭合（C）/半宽（H）/长度（L）/放弃（U）/宽度（W）］：（按〈Enter〉键完成绘制）

3. 基本图形绘制

（1）矩形绘制

矩形是最为常见的基本图形，在 AutoCAD 2018 中，其功能命令是“RECTANG”或“RECTANGLE”（缩略为 REC）。当使用指定的点作为对角点创建矩形时，矩形的边与当前 UCS 的 X 或 Y 轴平行。

【执行方式】

- 命令行：RECTANG。
- 菜单：选择菜单栏中的“绘图”→“矩形”命令。
- 工具栏：单击“绘图”工具栏中的“矩形”按钮▭。
- 功能区：单击“默认”选项卡“绘图”面板中的“矩形”按钮▭。

下面以在命令行窗口中直接输入“RECTANG”命令为例，说明矩形的绘制方法，如图 2-20 所示。

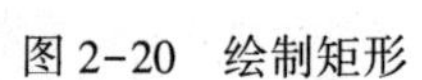

图 2-20　绘制矩形

```
命令:RECTANG(输入“矩形”命令)
指定第一个角点或［倒角(C)/标高(E)/圆角(F)/厚度(T)/宽度(W)］:
指定另一个角点或［面积(A)/尺寸(D)/旋转(R)］: D(输入“D”指定尺寸)
指定矩形的长度 <0.0000>: 1500(输入矩形的长度)
指定矩形的宽度 <0.0000>: 1000(输入矩形的宽度)
指定另一个角点或［面积(A)/尺寸(D)/旋转(R)］:(指定矩形另一个角点的位置或移动光标以显示矩形可能的 4 个位置之一并单击需要的一个位置)
```

注 意

使用长度和宽度创建矩形时，第 3 个指定点将矩形定位在与第一角点相关的 4 个位置之一内。

（2）圆形绘制

AutoCAD 常使用到的基本图形之一是圆形，在 AutoCAD 2018 中，其功能命令是“CIRCLE”（缩略为 C）。执行“CIRCLE”命令的方式有以下 4 种。

【执行方式】

- 命令行：CIRCLE。
- 菜单：选择菜单栏中的“绘图”→“圆”命令。
- 工具栏：单击“绘图”工具栏中的“圆”按钮⊙。
- 功能区：在“默认”选项卡“绘图”面板中的“圆”下拉菜单选择所需命令（见图 2-21）。

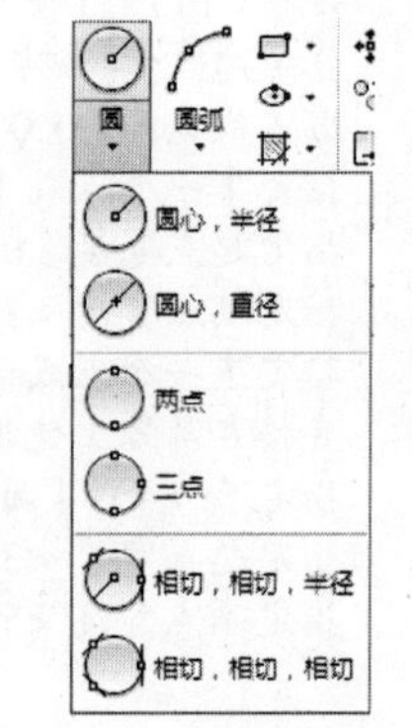

图 2-21 “圆”下拉菜单

用户可以通过中心点或圆周上三点中的一点创建圆，还可以选择与圆相切的对象。下面以在命令行窗口中直接输入“CIRCLE”命令为例，说明圆形的绘制方法，如图 2-22 所示。

```
命令: CIRCLE(输入“圆形”命令)
指定圆的圆心或［三点(3P)/两点(3P)/切点、切点、半径(T)］: (指定圆心点位置 O)
```

指定圆的半径或［直径(D)］<30.000>：50(输入圆形半径或在屏幕上直接点取)

(3) 椭圆形绘制

在 AutoCAD 2018 中，椭圆形的功能命令与椭圆曲线是一致的，均为“ELLIPSE”命令(缩略为 EL)。

【执行方式】

- 命令行：ELLIPSE。
- 菜单：选择菜单栏中的“绘图”→“椭圆”命令。
- 工具栏：单击“绘图”工具栏中的“椭圆”按钮。
- 功能区：在“默认”选项卡“绘图”面板中的“椭圆”下拉菜单选择所需命令。

下面以在命令行窗口中直接输入“ELLIPSE”命令为例，说明椭圆的绘制方法，如图 2-23 所示。

命令：ELLIPSE(输入“椭圆形”命令)
指定椭圆的轴端点或［圆弧(A)/中心点(C)］：(指定一个椭圆形轴线端点 a)
指定轴的另一个端点：(指定该椭圆形轴线的另外一个端点 b)
指定另一条半轴长度或［旋转(R)］：(指定与另外一个椭圆轴线长度距离 oc)

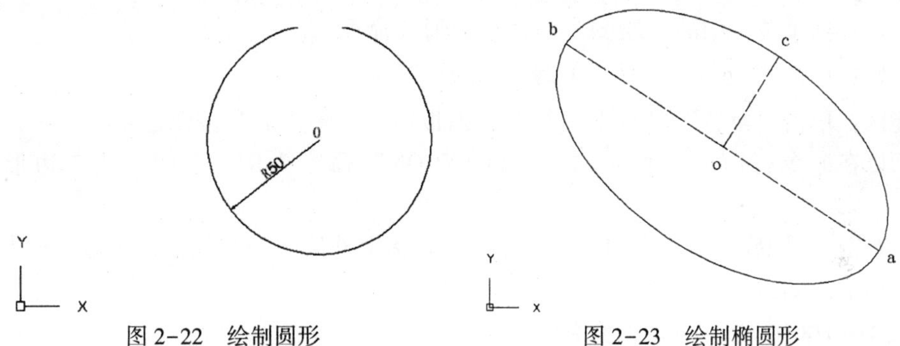

图 2-22 绘制圆形　　图 2-23 绘制椭圆形

(4) 圆环绘制

圆环是由宽弧线段组成的闭合多段线构成的。在 AutoCAD 2018 中，其功能命令是“DONUT”。圆环内的填充图案取决于“FILL”命令的当前设置，AutoCAD 根据中心点来设置圆环的位置。指定内径和外径之后，AutoCAD 提示用户输入绘制圆环的位置。

【执行方式】

- 命令行：DONUT。
- 菜单：选择菜单栏中的“绘图”→“圆环”命令。
- 功能区：单击“默认”选项卡“绘图”面板中的“圆环”按钮。

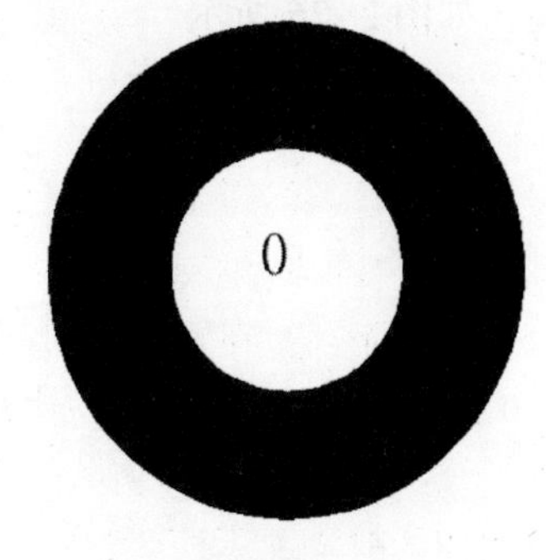

图 2-24 绘制圆环

下面以在命令行窗口中直接输入“DONUT”命令为例，说明圆环的绘制方法，如图 2-24 所示。

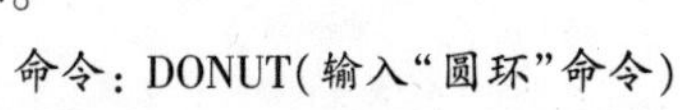
命令：DONUT(输入“圆环”命令)

指定圆环的内径 <0.5000>：30(输入圆环内半径)
指定圆环的外径 <3.0000>：50(输入圆环外半径)
指定圆环的中心点或 <退出>：(在屏幕上点取圆环的中心点位置O)
指定圆环的中心点或 <退出>：(指定下一个圆环的中心点位置)
……
指定圆环的中心点或 <退出>：(按〈Enter〉键完成绘制)

注 意

圆环是具有内径和外径的图形，可视作圆形的一种特例。如果指定内径为零，则圆环成为填充圆。

（5）正多边形绘制

正多边形也称为等边多边形，在 AutoCAD 2018 中，其功能命令是“POLYGON”，可用于绘制正方形、等六边形等图形。当正多边形的边数无限大时，其形状趋近于圆形。正多边形是一种多段线对象，AutoCAD 以零宽度绘制多段线，并且没有切线信息。

【执行方式】

命令行：POLYGON。

菜单：选择菜单栏中的“绘图”→“多边形”命令。

工具栏：单击“绘图”工具栏中的“多边形”按钮。

功能区：单击“默认”选项卡“绘图”面板中的“多边形”按钮。

下面以在命令行窗口中直接输入“POLYGON”命令为例，说明等边多边形的绘制方法。

1）以内接于圆确定等边多边形。内接于圆是指定外接圆的半径，正多边形的所有顶点都在此圆周上，如图 2-25 所示。

命令：POLYGON（输入“多边形”命令）
输入侧面数<4>：6(输入等边多边形的边数)
指定正多边形的中心点或［边(E)］：(指定等边多边形中心点位置O)
输入选项［内接于圆(I)/外切于圆(C)］<I>：I(输入“I”以内接于圆确定等边多边形)
指定圆的半径：50(指定内接圆半径)

2）以外切于圆确定等边多边形。外切于圆是指定从正多边形中心点到各边中点的距离，如图 2-26 所示。

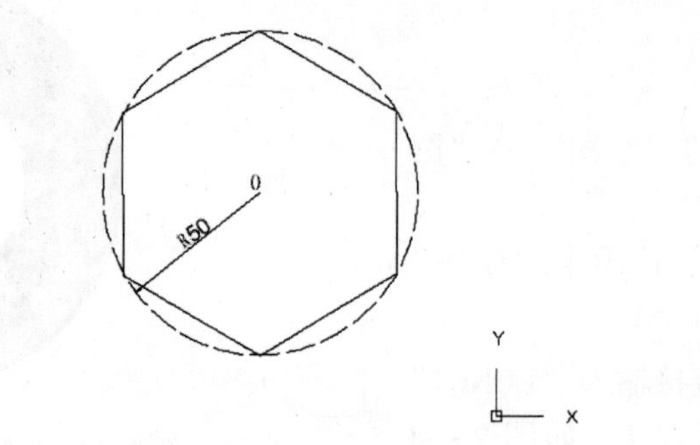

图 2-25　以内接于圆确定等边多边形

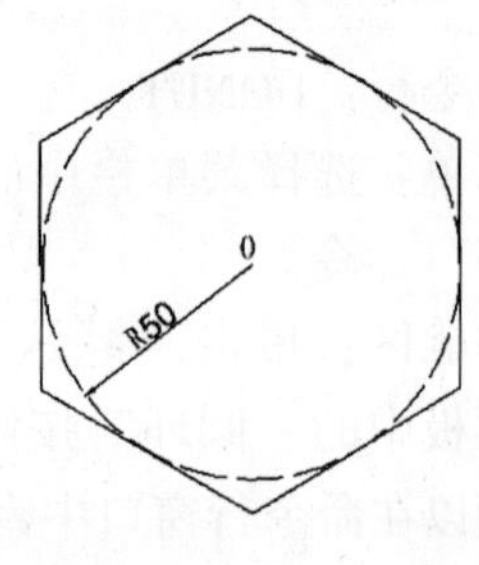

图 2-26　以外切于圆确定等边多边形

命令：POLYGON(输入“多边形”命令)

输入侧面数<4>：6(输入等边多边形的边数)
指定正多边形的中心点或［边(E)］：(指定等边多边形中心点位置 O)
输入选项［内接于圆(I)/外切于圆(C)］<I>：C(输入"C"以外切于圆确定等边多边形)
指定圆的半径：50(指定外切圆半径)

(6) 绘制多边形覆盖区域（区域覆盖）

该绘制功能是用空白区域覆盖存在的对象。创建多边形区域，该区域将用当前背景颜色屏蔽其下面的对象。该区域四周带有擦除边框，编辑时可以打开擦除边框，打印时可将其关闭。

【执行方式】

- 命令行：WIPEOUT。
- 菜单：选择菜单栏中的"绘图"→"区域覆盖"命令。
- 功能区：单击"默认"选项卡"绘图"面板中的"区域覆盖"按钮。

其绘制方法如下所述，效果如图 2-27 所示。

命令：WIPEOUT(创建多边形覆盖区域)
指定第一点或［边框(F)/多段线(P)］<多段线>：(指定多边形区域的起点 a 位置)
指定下一点：(指定多边形区域下一点 b 位置)
指定下一点或［放弃(U)］：(指定多边形区域下一点 c 位置)
指定下一点或［闭合(C)/放弃(U)］：(指定多边形区域下一点 d 位置)
……
指定下一点或［闭合(C)/放弃(U)］：(按〈Enter〉键完成绘制)

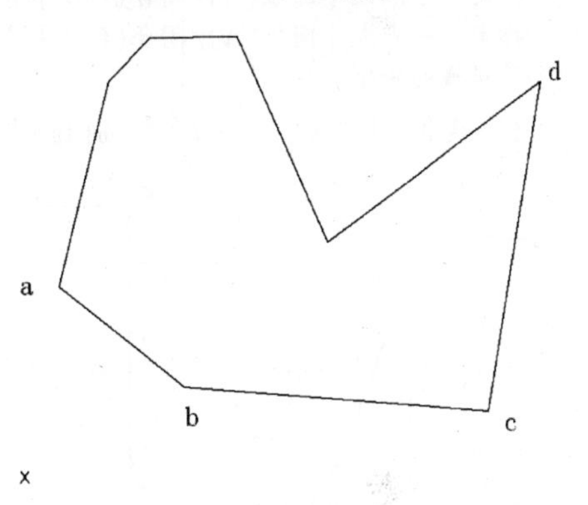

图 2-27 绘制多边形覆盖区域

2.1.2 复杂不规则平面造型的绘制

1. 复杂线条绘制

复杂线条是指由不同类型的线条构成的线条。下面以图 2-28 所示的图形为例，说明复杂线条的绘制方法。

1）先使用"SPLINE"命令绘制 abc 段弧线，如图 2-29 所示。

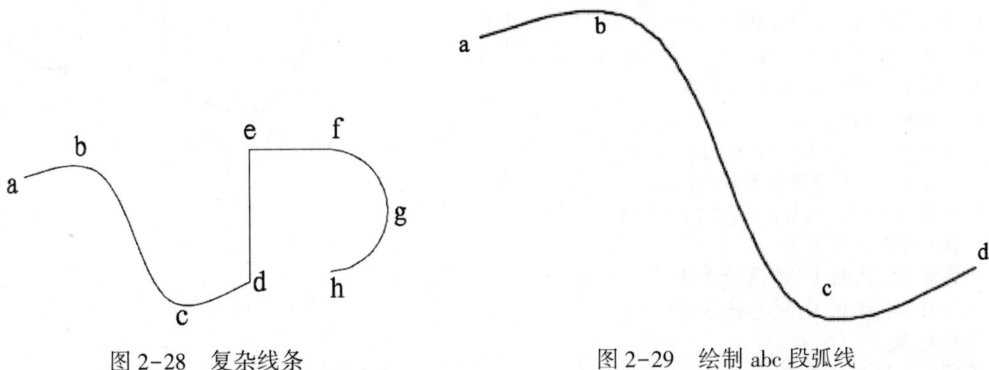

图 2-28 复杂线条　　图 2-29 绘制 abc 段弧线

命令：SPLINE(输入"样条曲线"命令)
当前设置：方式=拟合 节点=弦
指定第一个点或［方式(M)/节点(K)/对象(O)］：(指定样条曲线的第1点a或选择对象进行样条曲线转换)
输入下一个点或［起点切向(T)/公差(L)］：(指定下一点b位置)
输入下一个点或［端点相切(T)/公差(L)/放弃(U)］：(指定下一点c位置或选择备选项)
输入下一个点或［端点相切(T)/公差(L)/放弃(U)/闭合(C)］：d
输入下一个点或［端点相切(T)/公差(L)/放弃(U)/闭合(C)］：(按〈Enter〉键完成abc段弧线的绘制)

2）接着使用"PLINE"命令绘制cde段折线，如图2-30所示。

命令：PLINE(输入"多段线"命令)
指定起点：(确定起点d位置)
当前线宽为：0.0000
指定下一个点或［圆弧(A)/半宽(H)/长度(L)/放弃(U)/宽度(W)］：(输入多段线端点e的坐标或直接在屏幕上使用鼠标点取)
指定下一点或［圆弧(A)/闭合(C)/半宽(H)/长度(L)/放弃(U)/宽度(W)］：(下一点f)
指定下一点或［圆弧(A)/闭合(C)/半宽(H)/长度(L)/放弃(U)/宽度(W)］：(按〈Enter〉键完成cde段折线的绘制)

3）再使用"ARC"命令绘制fgh段弧线，如图2-31所示。

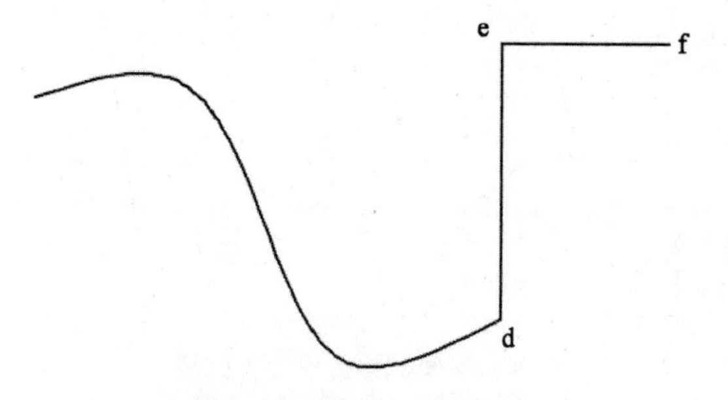

图2-30 绘制cde段折线

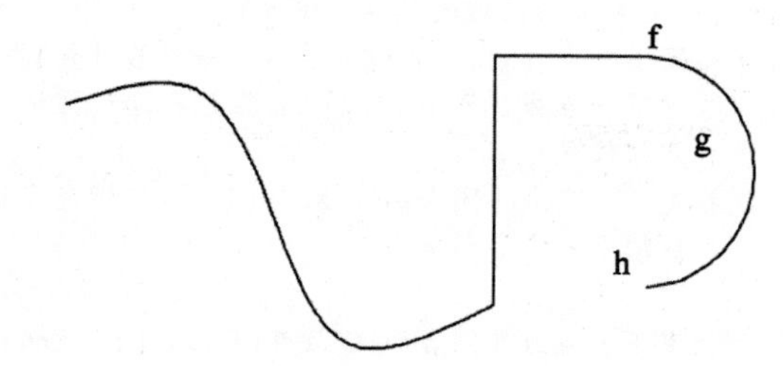

图2-31 绘制efg段弧线

命令：ARC(输入"弧线"命令)
指定圆弧的起点或［圆心(C)］：(指定起始点位置f)
指定圆弧的第二个点或［圆心(C)/端点(E)］：(指定中间点位置g)
指定圆弧的端点：(指定起终点位置h)

4）最后使用"PEDIT"命令连接，得到一条复杂的线条，如图2-32所示。

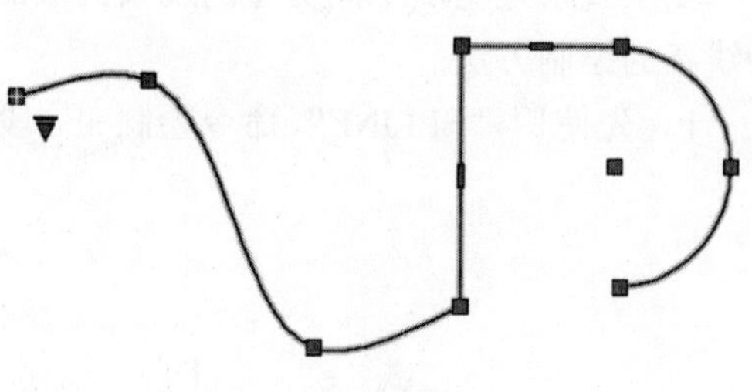

图2-32 连接为一体

命令：PEDIT(使用PEDIT命令连接)
选择多段线或［多条(M)］：
选定的对象不是多段线
是否将其转换为多段线？<Y>Y
指定精度<10>：
输入选项［闭合(C)/合并(J)/宽度(W)/编辑顶点(E)/拟合(F)/样条曲线(S)/非曲线化(D)/线型生成(L)/反转(R)/放弃(U)］：j
选择对象：找到1个
选择对象：找到1个，总计2个
选择对象：找到1个，总计3个
选择对象：
多段线已增加3条线段

输入选项[闭合(C)/合并(J)/宽度(W)/编辑顶点(E)/拟合(F)/样条曲线(S)/非曲线化(D)/线型生成(L)/反转(R) /放弃(U)]:(按〈Enter〉键完成绘制)

注 意

一般而言，多数复杂图形需要使用3个以上命令来完成。

2. 复杂图形绘制

复杂图形是指形状不规则的图形。下面以图2-33所示的图形为例，说明复杂图形的绘制方法。

1）使用“CIRCLE”命令绘制两个同心圆，如图2-34所示。

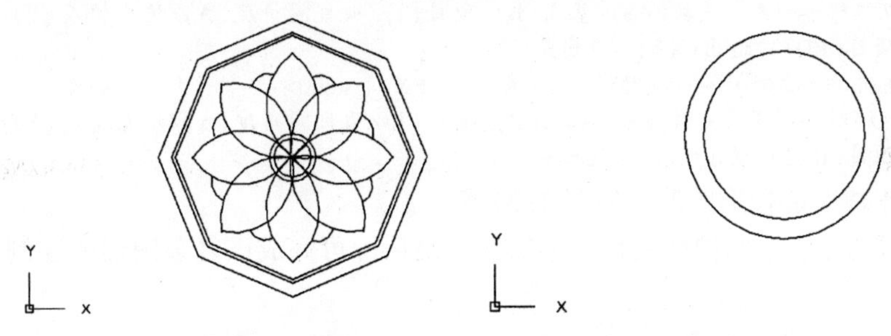

图2-33 复杂平面图形　　图2-34 绘制两个同心圆

命令:CIRCLE(输入“圆”命令,绘制两个同心圆)
指定圆的圆心或［三点(3P)/两点(3P)/切点、切点、半径(T)］:(指定圆心点位置)
指定圆的半径或［直径(D)］<30.000>:(输入圆的半径或在屏幕上直接点取)

2）使用“POLYGON”命令绘制3个等八边形，其中心点位于圆心位置，如图2-35所示。

命令:POLYGON (输入“多边形”命令,绘制3个等八边形)
输入侧面数<4>:8(输入等边多边形的边数)
指定正多边形的中心点或［边(E)］:(指定等边多边形中心点位置)
输入选项［内接于圆(I)/外切于圆(C)］<I>:I(输入“I”以内接圆确定等边多边形)
指定圆的半径:(指定内接圆半径)

3）绘制两条弧线以构成一个梭形，如图2-36所示。

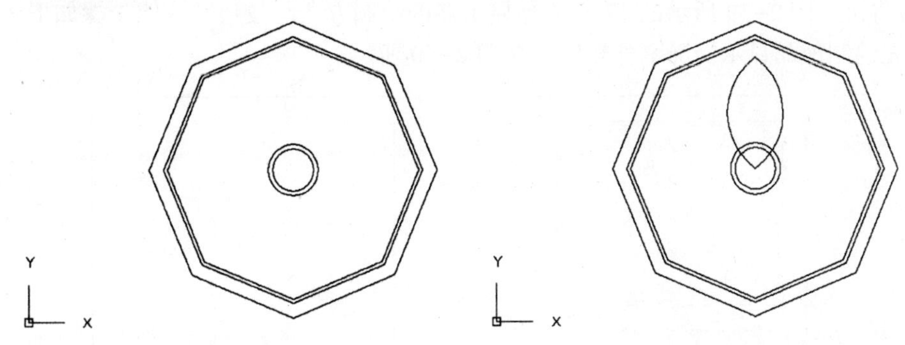

图2-35 绘制3个等八边形　　图2-36 绘制两条弧线

命令:ARC(输入“弧线”命令)
指定圆弧的起点或［圆心(C)］:(指定起始点位置)

指定圆弧的第二个点或［圆心(C)/端点(E)］:(指定中间点位置)
指定圆弧的端点:(指定起终点位置)

4）使用“ARRAYPOLAR”命令，将梭形弧线造型进行阵列复制。

命令: ARRAYPOLAR（输入“环形阵列”命令）
选择对象:找到 2 个
选择对象:
类型=极轴　关联=是
指定阵列的中心点或[基点(B)/旋转轴(A)]:
选择夹点以编辑阵列或［关联(AS)/基点(B)/项目(I)/项目间角度(A)/填充角度(F)/行(ROW)/层(L)/旋转项目(ROT)/退出(X)］<退出>: I
输入阵列中的项目数或［表达式(E)］<6>: 8
选择夹点以编辑阵列或［关联(AS)/基点(B)/项目(I)/项目间角度(A)/填充角度(F)/行(ROW)/层(L)/旋转项目(ROT)/退出(X)］<退出>: F
指定填充角度(+=逆时针、-=顺时针)或［表达式(EX)］<360>:
选择夹点以编辑阵列或［关联(AS)/基点(B)/项目(I)/项目间角度(A)/填充角度(F)/行(ROW)/层(L)/旋转项目(ROT)/退出(X)］<退出>:

5）阵列生成全部梭形图形，如图 2-37 所示。

6）按相同方法，绘制梭形夹角处的弧线，最后即可完成该复杂图形的绘制，如图 2-38 所示。

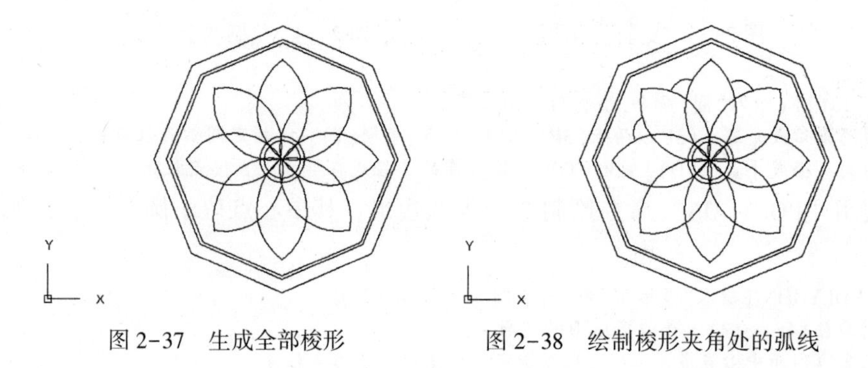

图 2-37　生成全部梭形　　　　图 2-38　绘制梭形夹角处的弧线

2.1.3 实例——绘制液晶显示器

本节将讲解图 2-39 所示的 17 寸液晶显示器的绘制方法与技巧。具体步骤如下。

1）先绘制液晶显示器屏幕外轮廓，如图 2-40 所示。

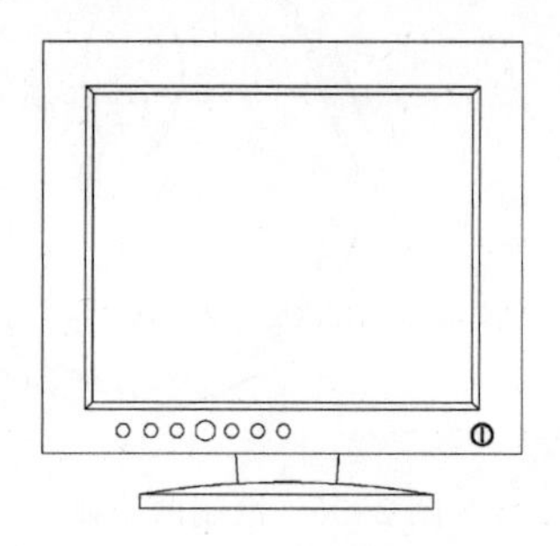

图 2-39　17 寸液晶显示器

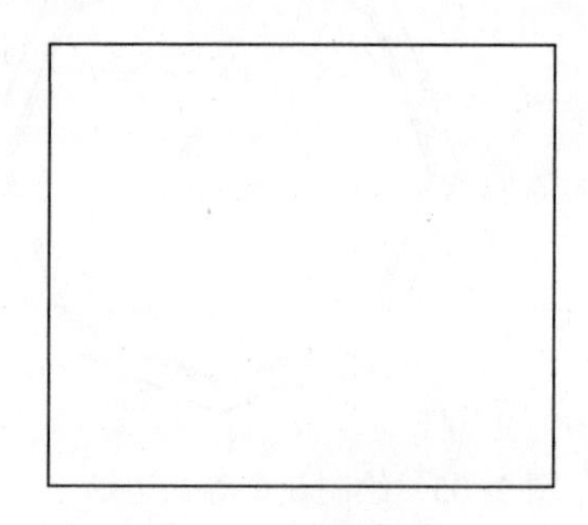

图 2-40　绘制外轮廓

命令:RECTANG(输入“矩形”命令)

指定第一个角点或［倒角(C)/标高(E)/圆角(F)/厚度(T)/宽度(W)］：
指定另一个角点或［面积(A)/尺寸(D)/旋转(R)］：D(输入"D"指定尺寸)
指定矩形的长度 <0.0000>：(输入矩形的长度)
指定矩形的宽度 <0.0000>：(输入矩形的宽度)
指定另一个角点或［面积(A)/尺寸(D)/旋转(R)］：(指定矩形另一个角点的位置或移动光标以显示矩形可能的4个位置之一并单击需要的一个位置)

2）使用"偏移"命令功能创建屏幕内侧显示屏区域的轮廓线，如图2-41所示。

命令：OFFSET(输入"偏移"命令)
当前设置：删除源=否　图层=源　OFFSETGAPTYPE=0
指定偏移距离或［通过(T)/删除(E)/图层(L)］<通过>：(输入偏移距离或指定通过点位置)
选择要偏移的对象，或［退出(E)/放弃(U)］<退出>：(选择要偏移的图形)
指定要偏移的那一侧上的点，或［退出(E)/多个(M)/放弃(U)］<退出>：
选择要偏移的对象，或［退出(E)/放弃(U)］<退出>：(按〈Enter〉键)

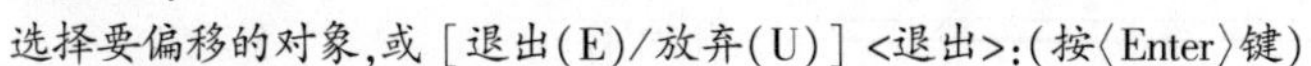

图2-41　绘制内侧矩形

3）将内侧显示屏区域的轮廓线的交角处连接起来，如图2-42所示。

命令：LINE(输入"直线"命令)
指定第一个点：(指定直线起点位置)
指定下一点或［放弃(U)］：(指定直线终点位置)
指定下一点或［放弃(U)］：(按〈Enter〉键)

4）绘制液晶显示器的矩形底座，如图2-43所示。

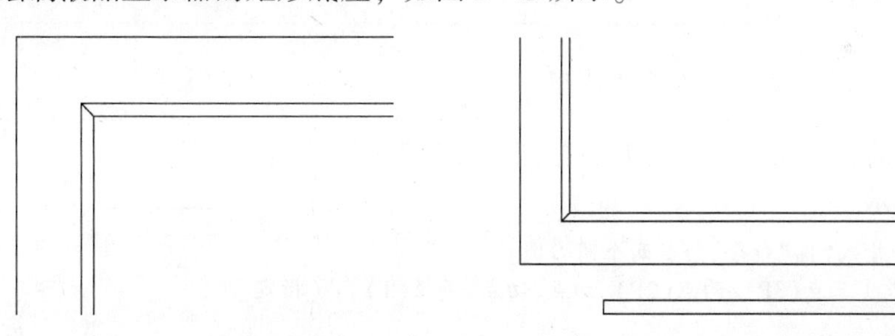

图2-42　连接交角处　　　图2-43　绘制矩形底座

命令：PLINE(输入"多段线"命令，绘制多段线构成的底座矩形)
指定起点：(确定起点位置)
当前线宽为：0.0000
指定下一个点或［圆弧(A)/半宽(H)/长度(L)/放弃(U)/宽度(W)］：(输入多段线端点的坐标或直接在屏幕上使用鼠标点取)
指定下一点或［圆弧(A)/闭合(C)/半宽(H)/长度(L)/放弃(U)/宽度(W)］：(下一点)
指定下一点或［圆弧(A)/闭合(C)/半宽(H)/长度(L)/放弃(U)/宽度(W)］：(下一点)
指定下一点或［圆弧(A)/闭合(C)/半宽(H)/长度(L)/放弃(U)/宽度(W)］：(按〈Enter〉键)

5）绘制底座的弧线造型，如图2-44所示。

命令：ARC(输入"弧线"命令)
指定圆弧的起点或［圆心(C)］：(指定起始点位置)

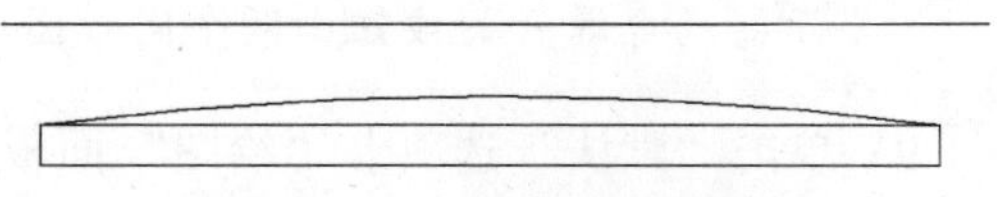

图2-44　绘制底座的弧线造型

指定圆弧的第二个点或［圆心(C)/端点(E)］:(指定中间点位置)
指定圆弧的端点:(指定起终点位置)

6）绘制底座与显示屏之间的连接线造型，如图2-45所示。

命令: LINE(输入“直线”命令)
指定第一个点:(指定直线起点或输入端点坐标)
指定下一点或［放弃(U)］:(指定直线终点或输入端点坐标)
指定下一点或［放弃(U)］:(按〈Enter〉键)
命令:MIRROR(镜像生成对称图形)
选择对象: 找到1个
选择对象:(按〈Enter〉键)
指定镜像线的第一点: (以中间的轴线位置作为镜像线)
指定镜像线的第二点:
要删除源对象吗?［是(Y)/否(N)］<N>:N(输入“N”并按〈Enter〉键保留原有图形)

7）使用“CIRCLE”命令创建显示屏上由多个大小不同的圆构成的调节按钮，如图2-46所示。

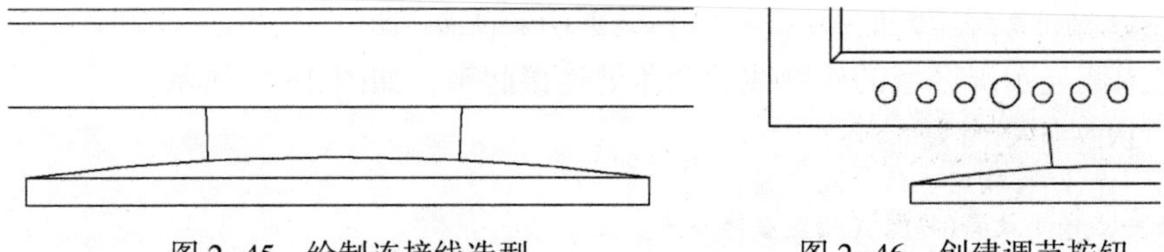

图2-45 绘制连接线造型　　图2-46 创建调节按钮

注 意

液晶显示器的调节按钮仅为示意造型。

8）在显示屏的右下角绘制电源开关按钮。先绘制两个同心圆，如图2-47所示。

命令: CIRCLE(输入“圆”命令,绘制两个同心圆)
指定圆的圆心或［三点(3P)/两点(2P)/切点、切点、半径(T)］: (指定圆心点位置)
指定圆的半径或［直径(D)］<20.000>: (输入圆的半径或在屏幕上直接点取)
命令: OFFSET(输入“偏移”命令生成平行线)
当前设置: 删除源=否 图层=源 OFFSETGAPTYPE=0
指定偏移距离或［通过(T)/删除(E)/图层(L)］<通过>:(输入偏移距离或指定通过点位置)
选择要偏移的对象,或［退出(E)/放弃(U)］<退出>:(选择要偏移的图形)
指定要偏移的那一侧上的点,或［退出(E)/多个(M)/放弃(U)］<退出>:
……
选择要偏移的对象,或［退出(E)/放弃(U)］<退出>:(按〈Enter〉键)

图2-47 绘制圆形开关

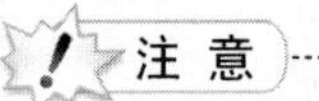

注 意

显示器的电源开关按钮由两个同心圆和一个矩形组成。

9）单击“默认”选项卡“绘图”面板中的“矩形”按钮□，绘制开关按钮的矩形造型，如图2-48所示。

10）完成整个液晶显示器的绘制，效果如图2-49所示。

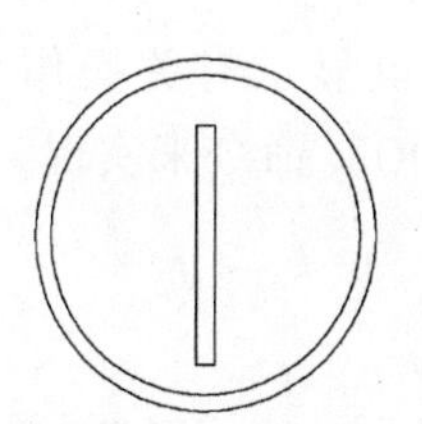

图 2-48 绘制开关按钮的矩形造型

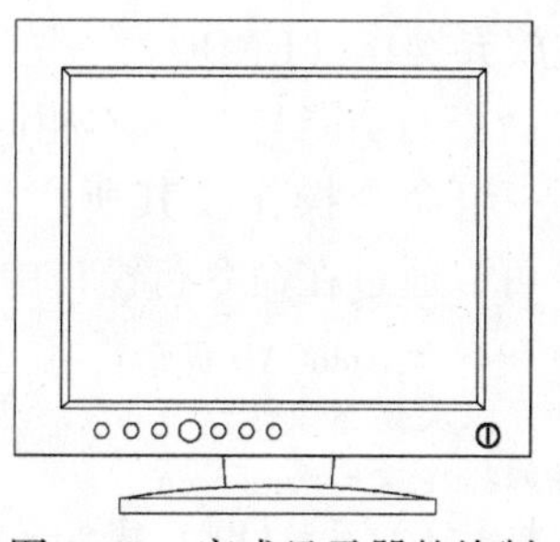

图 2-49 完成显示器的绘制

2.2 AutoCAD 图形的编辑与修改方法

本节思路

AutoCAD 2018 强大的图形编辑和修改功能，使得图形的修改和变动十分方便。

2.2.1 平面图形基本编辑和修改方法

AutoCAD 2018 的编辑修改功能与绘图功能一样强大，且使用方便，包括复制、偏移、移动和剪切等。

1. 放弃和重做操作步骤

在绘制或编辑图形时，用户常常会遇到错误或不合适的操作，需要取消或者返回到前面的操作步骤状态中。AutoCAD 2018 提供了几个相关的功能命令，可以实现前面的绘图操作要求。

（1）逐步放弃操作（U）

“U”命令的功能是取消前一步命令操作及其所产生的结果，同时显示该次操作命令的名称。

【执行方式】

- 命令行：UNDO 或 U。
- 菜单：选择菜单栏中的“编辑”→“放弃”命令。
- 工具栏：单击“标准”工具栏中的“放弃”按钮。
- 快捷键：〈Ctrl+Z〉。

按上述方法执行“U”命令后即可取消前一步命令操作及其所产生的结果，若继续按〈Enter〉键，则会逐步返回到操作刚打开（开始）时的图形状态。

下面以在命令行窗口中直接输入“U”命令为例，说明“U”命令编辑功能的使用方法，如图 2-50 所示。

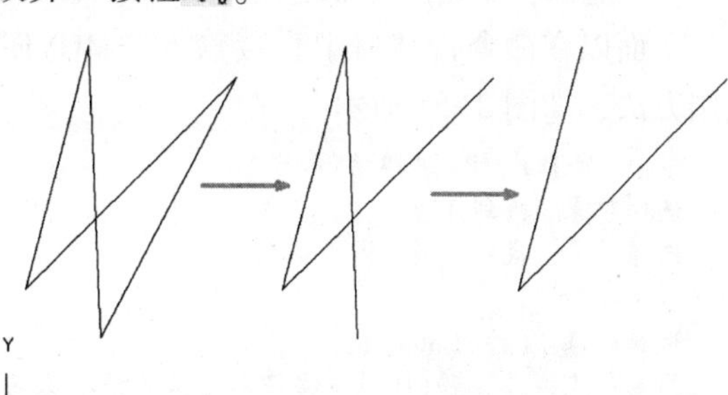

图 2-50 U 命令编辑功能

命令:U(逐步取消操作)
LINE

（2）限次放弃操作（UNDO）

“UNDO”命令的功能与U基本相同，二者的主要区别在于“UNDO”命令可以取消指定数量的前面一组命令操作及其所产生的结果，同时也显示有关操作命令的名称。执行“UNDO”命令可以通过在命令行窗口中直接输入“UNDO”命令来实现。

执行UNDO命令后，AutoCAD提示：
命令：UNDO（限次放弃操作）
输入要放弃的操作数目或
[自动(A)/控制(C)/开始(BE)/结束(E)/标记(M)/后退(B)] <1>：10（取消前10次操作）
MOVE ERASE FILLET ERASE CHAMFER CHAMFER MOVE COPY LINE PLINE（取消前10次的操作命令列表）
已放弃所有操作

（3）恢复操作（REDO）

“REDO”功能命令允许恢复上一个“U”或“UNDO”所做的取消操作。

【执行方式】

- 命令行：REDO。
- 菜单：选择菜单栏中的“编辑”→“重做”命令。
- 工具栏：单击“标准”工具栏中的“重做”按钮。

注 意

要恢复上一个“U”或“UNDO”所做的取消操作，必须在该取消操作进行后立即执行，即“REDO”必须在“U”或“UNDO”命令后立即执行。

【执行方式】

2. 移动图形

- 命令行：MOVE。
- 菜单：选择菜单栏中的“修改”→“移动”命令。
- 快捷菜单：选择要复制的对象，在绘图区域单击鼠标右键，从弹出的快捷菜单上选择“移动”命令。
- 工具栏：单击“修改”工具栏中的“移动”按钮。
- 功能区：单击“默认”选项卡“修改”面板中的“移动”按钮。

下面以在命令行窗口中直接输入“MOVE”或“M”命令为例，说明“移动”功能的使用方法，如图2-51所示。

命令：MOVE（输入“移动”命令）
选择对象：找到1个
选择对象：找到3个，总计4个
……
选择对象：（按〈Enter〉键）
指定基点或[位移(D)] <位移>：（指定移动基点位置）
指定第二个点或 <使用第一个点作为位移>：（指定移动位置）

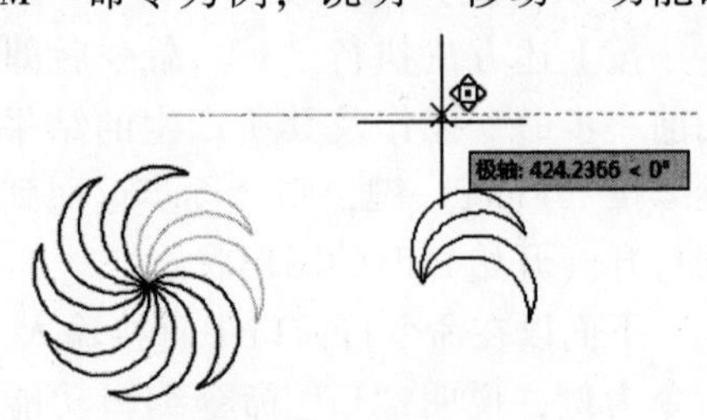

图2-51 移动功能

3. 旋转图形

【执行方式】

- 命令行：ROTATE。
- 菜单：选择菜单栏中的“修改”→“旋转”命令。

快捷菜单：选择要旋转的对象，在绘图区域单击鼠标右键，从弹出的快捷菜单中选择“旋转”命令。

- 工具栏：单击“修改”工具栏中的“旋转”按钮。
- 功能区：单击“默认”选项卡“修改”面板中的“旋转”按钮。

输入旋转角度若为正值（+），则对象逆时针旋转，输入旋转角度若为负值（-），则对象顺时针旋转。下面以在命令行窗口中直接输入“ROTATE”或“RO”命令为例，说明旋转功能的使用方法，如图2-52所示。

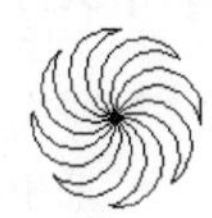
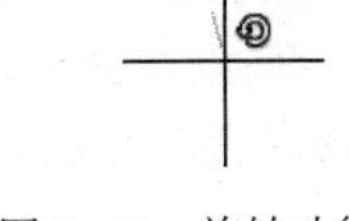

图2-52 旋转功能

命令：ROTATE(将图形对象进行旋转)
UCS当前的正角方向： ANGDIR=逆时针 ANGBASE=0
选择对象：指定对角点：找到16个
选择对象：
指定基点：
指定旋转角度，或［复制(C)/参照(R)］<0>：90(输入旋转角度若为正值则按顺时针旋转，若输入为负值则按逆时针旋转)

4. 删除图形

删除功能的AutoCAD命令为“ERASE”（缩略为E）。用户也可以在选择图形对象后按〈Delete〉键来删除图形对象，其作用与“ERASE”一样。

【执行方式】

- 命令行：ERASE。
- 菜单：选择菜单栏中的“修改”→“删除”命令。
- 快捷菜单：选择要删除的对象，在绘图区域单击鼠标，从弹出的快捷菜单上选择“删除”命令。
- 工具栏：单击“修改”工具栏中的“删除”按钮。
- 功能区：单击“默认”选项卡“修改”面板中的“删除”按钮。

下面以在命令行窗口中直接输入“ERASE”或“E”命令为例，说明删除功能的使用方法，如图2-53所示。

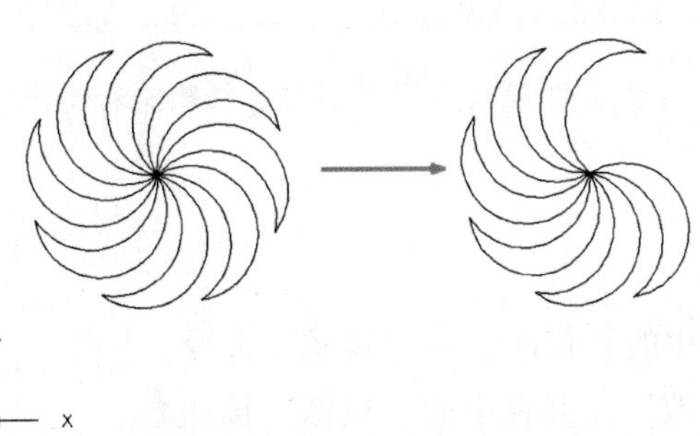

图2-53 删除功能

命令：ERASE(输入“删除”命令)
选择对象：找到 1 个(依次选择要删除的图线)
选择对象：找到 1 个,总计 3 个
选择对象：找到 1 个,总计 3 个
……
选择对象：(按〈Enter〉键,图形的一部分被删除)

5. 复制图形

要获得相同的图形对象，可以复制生成。复制功能的 AutoCAD 命令为“COPY”（缩略为“CO”或“CP”）。

【执行方式】

- 命令行：COPY。
- 菜单：选择菜单栏中的“修改”→“复制”命令。
- 工具栏：单击“修改”工具栏中的“复制”按钮。
- 功能区：单击“默认”选项卡“修改”面板中的“复制”按钮。

下面以在命令行窗口中直接输入“COPY”或“CP”命令为例，说明复制功能的使用方法，如图 2-54 所示。

命令：COPY(复制得到相同的图形)
选择对象：指定对角点：找到 16 个
选择对象：
当前设置： 复制模式 = 多个
指定基点或［位移(D)/模式(O)］<位移>：
指定第二个点或[阵列(A)] <使用第一个点作为位移>：(进行复制,指定复制图形复制点位置)
指定第二个点或［阵列(A)]/退出(E)/放弃(U)］<退出>：(指定下一个复制对象距离位置)
指定第二个点或［阵列(A)]/退出(E)/放弃(U)］<退出>：(按〈Enter〉键)

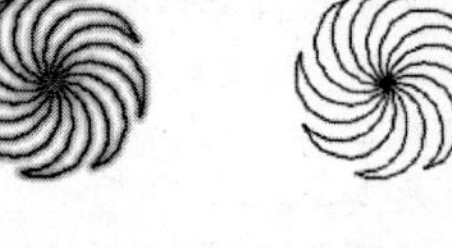
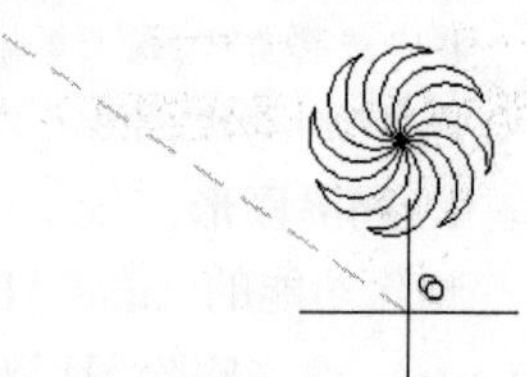

图 2-54 复制功能

注 意

复制编辑操作有两种方式，即只复制一个图形对象和复制多个图形对象。

6. 镜像图形

镜像功能的 AutoCAD 命令为“MIRROR”（缩略为“MI”）。镜像生成的图形对象与源图形对象呈某种对称关系（如左右对称、上下对称）。

注 意

镜像编辑操作有两种方式，即镜像后将源图形对象删除和镜像后将源图形对象保留。

【执行方式】

- 命令行：MIRROR。
- 菜单：选择菜单栏中的“修改”→“镜像”命令。
- 工具栏：单击“修改”工具栏中的“镜像”按钮。
- 功能区：单击“默认”选项卡“修改”面板中的“镜像”按钮（见图 2-55）。

下面以在命令行窗口中直接输入“MIRROR”或“MI”命令为例，说明镜像功能的使用方法，如图 2-56 所示。

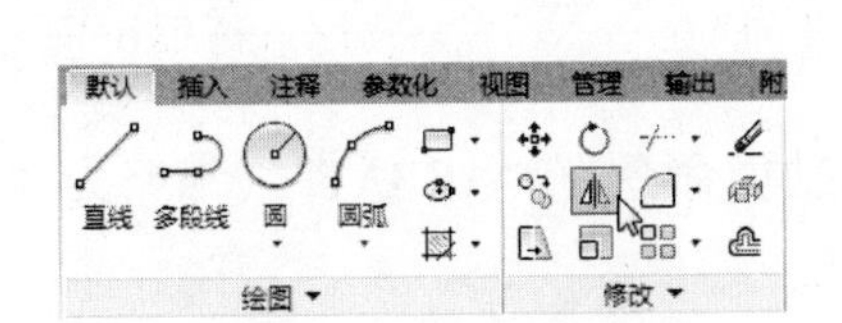

图 2-55 “修改”面板

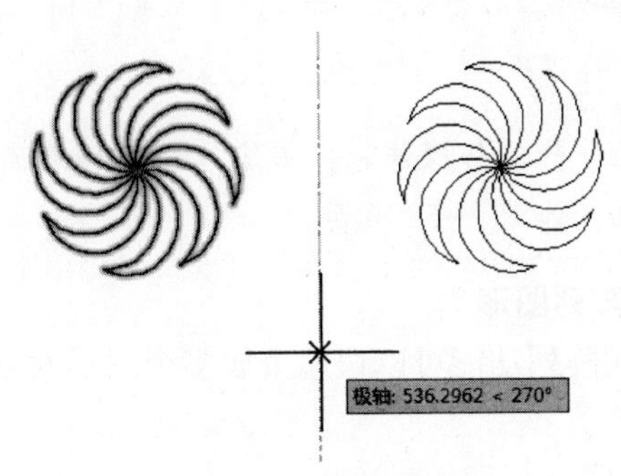

图 2-56 镜像功能

（1）镜像后将源图形对象删除

命令:MIRROR(镜像生成对称图形)
选择对象：指定对角点：找到 16 个
选择对象:(按〈Enter〉键)
指定镜像线的第一点：(以中间的轴线作为镜像线)
指定镜像线的第二点：
要删除源对象吗？[是(Y)/否(N)] <N>:Y(输入“Y”并按〈Enter〉键删除原有图形)

（2）镜像后将源图形对象保留

命令:MIRROR(镜像生成对称图形)
选择对象：指定对角点：找到 16 个
选择对象:(按〈Enter〉键)
指定镜像线的第一点：(以中间的轴线位置作为镜像线)
指定镜像线的第二点：
要删除源对象吗？[是(Y)/否(N)] <N>:N(输入“N”并按〈Enter〉键保留原有图形)

7. 偏移图形

偏移功能主要用来创建平行的图形对象，其功能命令为“OFFSET”（缩略为“O”）。

【执行方式】

- 命令行：OFFSET。
- 菜单：选择菜单栏中的“修改”→“偏移”命令。
- 工具栏：单击“修改”工具栏中的“偏移”按钮。
- 功能区：单击“默认”选项卡“修改”面板中的“偏移”按钮。

下面以在命令行窗口中直接输入“OFFSET”或“O”命令为例，说明偏移功能的使用方法，如图 2-57 所示。

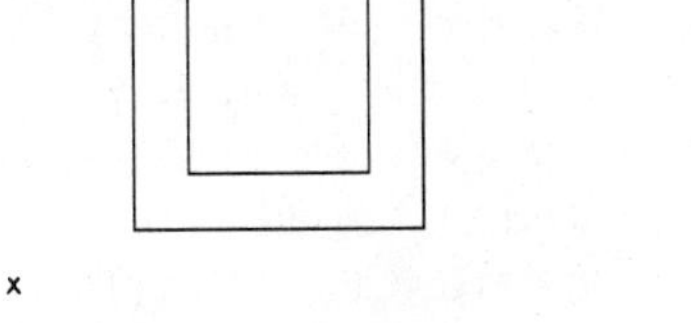

图 2-57 偏移功能

命令：OFFSET(偏移生成平行线)
当前设置：删除源=否 图层=源 OFFSETGAPTYPE=0
指定偏移距离或［通过(T)/删除(E)/图层(L)］<通过>:500(输入偏移距离或指定通过点位置)

选择要偏移的对象,或［退出(E)/放弃(U)］<退出>:(选择要偏移的图形)
指定要偏移的那一侧上的点,或［退出(E)/多个(M)/放弃(U)］<退出>:
选择要偏移的对象,或［退出(E)/放弃(U)］<退出>:(按〈Enter〉键)

注 意

在进行偏移操作时，若输入的偏移距离或指定通过点位置过大，则得到的图形将有所变化，如图 2-58 所示。

8. 阵列图形

利用阵列功能可以快速生成多个图形对象，其功能命令为“ARRAY”（缩略为“AR”）命令。

【执行方式】

- 命令行：ARRAY。
- 菜单：选择菜单栏中的“修改”→“阵列”命令。
- 工具栏：单击“修改”工具栏中的“矩形阵列”按钮/“路径阵列”按钮/“环形阵列”按钮。
- 功能区：单击“默认”选项卡“修改”面板中的“矩形阵列”按钮/“路径阵列”按钮/“环形阵列”按钮（见图 2-59）。

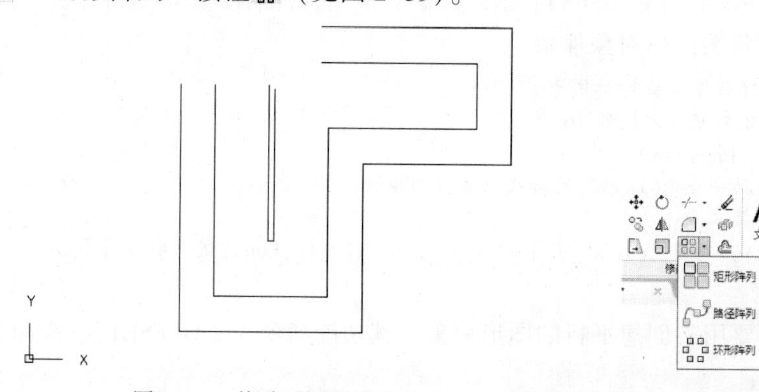

图 2-58 偏移后图形改变　　　　图 2-59 “修改”面板

下面以在命令行窗口中输入命令为例，说明阵列编辑功能的使用方法。

（1）进行矩形阵列

命令:ARRAYRECT
选择对象:(使用对象选择方法)
选择对象:(按〈Enter〉键)
类型 = 矩形　关联 = 否
选择夹点以编辑阵列或［关联(AS)/基点(B)/计数(COU)/间距(S)/列数(COL)/行数(R)/层数(L)/退出(X)］<退出>: COL
输入列数数或［表达式(E)］<4>:
指定 列数 之间的距离或［总计(T)/表达式(E)］<425.5392>:
选择夹点以编辑阵列或［关联(AS)/基点(B)/计数(COU)/间距(S)/列数(COL)/行数(R)/层数(L)/退出(X)］<退出>: R
输入行数数或［表达式(E)］<3>:
指定 行数 之间的距离或［总计(T)/表达式(E)］<425.5392>:

指定 行数 之间的标高增量或［表达式(E)］<0>:
选择夹点以编辑阵列或［关联(AS)/基点(B)/计数(COU)/间距(S)/列数(COL)/行数(R)/层数(L)/退出(X)］<退出>:

所绘制的图形如图 2-60 所示。

(2) 进行环形阵列

命令:ARRAYPOLAR
选择对象:(使用对象选择方法)
选择对象:
类型=极轴　关联=是
指定阵列的中心点或[基点(B)/旋转轴(A)]:
选择夹点以编辑阵列或［关联(AS)/基点(B)/项目(I)/项目间角度(A)/填充角度(F)/行(ROW)/层(L)/旋转项目(ROT)/退出(X)］<退出>: I
输入阵列中的项目数或［表达式(E)］<6>:
选择夹点以编辑阵列或［关联(AS)/基点(B)/项目(I)/项目间角度(A)/填充角度(F)/行(ROW)/层(L)/旋转项目(ROT)/退出(X)］<退出>: F
指定填充角度(+=逆时针、-=顺时针)或［表达式(EX)］<360>:
选择夹点以编辑阵列或［关联(AS)/基点(B)/项目(I)/项目间角度(A)/填充角度(F)/行(ROW)/层(L)/旋转项目(ROT)/退出(X)］<退出>:

所绘制的图形如图 2-61 所示。

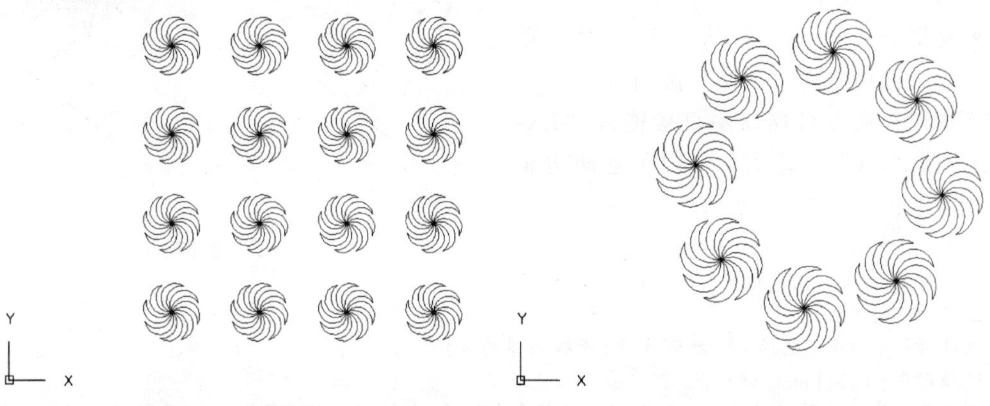

图 2-60　矩形阵列　　　　图 2-61　环形阵列

路径阵列的方法同上，这里不再赘述。

9. 修剪图形

- 命令行：TRIM
- 菜单：选择菜单栏中的“修改”→“修剪”命令。
- 工具栏：单击“修改”工具栏中的“修剪”按钮。
- 功能区：单击“默认”选项卡“修改”面板中的“修剪”按钮。

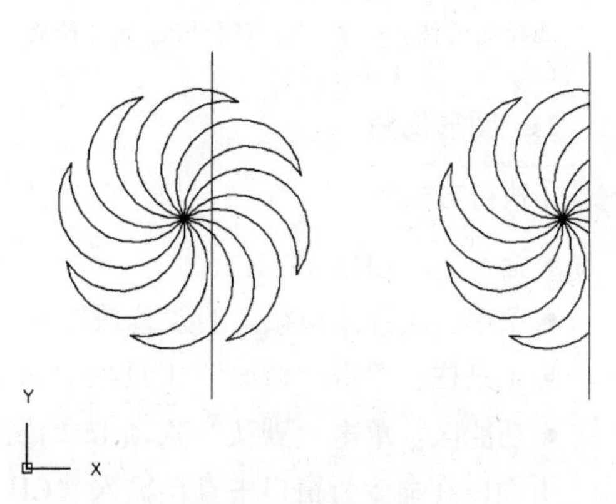

图 2-62　修剪功能

下面以在命令行窗口中直接输入“TRIM”或“TR”命令为例，说明修剪功能的使用方法，如图 2-62 所示。

命令：TRIM(对图形对象进行修剪)
当前设置：投影=UCS，边=无
选择剪切边...
选择对象或 <全部选择>：找到 1 个(选择剪切边界)
选择对象：(按〈Enter〉键)
选择要修剪的对象，或按住〈Shift〉键选择要延伸的对象，或[栏选(F)/窗交(C)/投影(P)/边(E)/删除(R)/放弃(U)]：(选择剪切对象)
选择要修剪的对象，或按住〈Shift〉键选择要延伸的对象，或[栏选(F)/窗交(C)/投影(P)/边(E)/删除(R)/放弃(U)]：(选择剪切对象)
……
选择要修剪的对象，或按住〈Shift〉键选择要延伸的对象，或[栏选(F)/窗交(C)/投影(P)/边(E)/删除(R)/放弃(U)]：(按〈Enter〉键)

10. 延伸图形

【执行方式】

- 命令行：STRETCH。
- 菜单：选择菜单栏中的“修改”→“延伸”。
- 工具栏：单击“修改”工具栏中的“延伸”按钮。
- 功能区：单击“默认”选项卡“修改”面板中的“延伸”按钮。

下面以在命令行窗口中直接输入“EXTEND”或“EX”命令为例，说明延伸功能的使用方法，如图2-63所示。

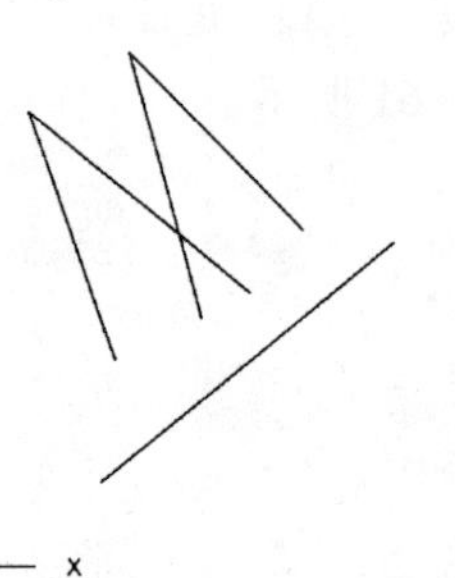

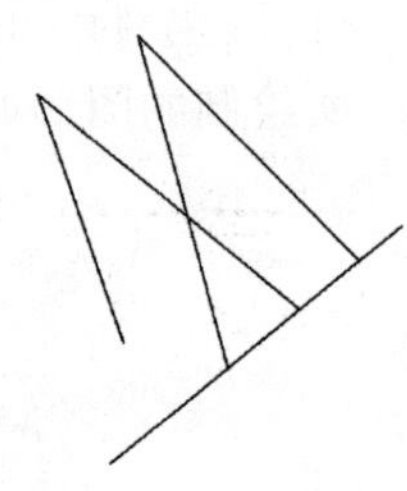

图2-63 延伸功能

命令：EXTEND(对图形对象进行延伸)
当前设置：投影=UCS，边=无
选择边界的边...
选择对象或 <全部选择>：找到 1 个(选择边界的边)
选择对象：(按〈Enter〉键)
选择要延伸的对象，或按住〈Shift〉键选择要修剪的对象，或[栏选(F)/窗交(C)/投影(P)/边(E)/放弃(U)]：(选择延伸对象)
选择要延伸的对象，或按住〈Shift〉键选择要修剪的对象，或[栏选(F)/窗交(C)/投影(P)/边(E)/放弃(U)]：(选择延伸对象)
选择要延伸的对象，或按住〈Shift〉键选择要修剪的对象，或[栏选(F)/窗交(C)/投影(P)/边(E)/放弃(U)]：(按〈Enter〉键)

11. 图形倒角

【执行方式】

- 命令行：CHAMFER。
- 菜单：选择菜单栏中的“修改”→“倒角”命令。
- 工具栏：单击“修改”工具栏中的“倒角”按钮。
- 功能区：单击“默认”选项卡“修改”面板中的“倒角”按钮。

下面以在命令行窗口中直接输入“CHAMFER”或“CHA”命令为例，说明倒角功能的使用方法，如图2-64所示。

命令：CHAMFER(对图形对象进行倒角)
("修剪"模式) 当前倒角距离 1 = 0,距离 3 = 0
选择第一条直线或［放弃(U)/多段线(P)/距离(D)/角度(A)/修剪(T)/方式(E)/多个(M)］：D(输入"D"设置倒直角距离大小)

指定第一个倒角距离 <0>：10(输入距离)
指定第二个倒角距离 <10>:10(输入距离)
选择第一条直线或［放弃(U)/多段线(P)/距离(D)/角度(A)/修剪(T)/方式(E)/多个(M)］：(选择第1条倒直角对象边界)
选择第二条直线,或按住〈Shift〉键选择直线以应用角点或［距离(D)/角度(A)/方法(M)］：(选择第3条倒直角对象边界)

注 意

若倒直角距离过大或过小，则不能进行倒直角编辑操作。当两条线段没有相交时，设置倒角距离为0，则执行倒直角编辑后将延伸直至二者重合，如图2-65所示。

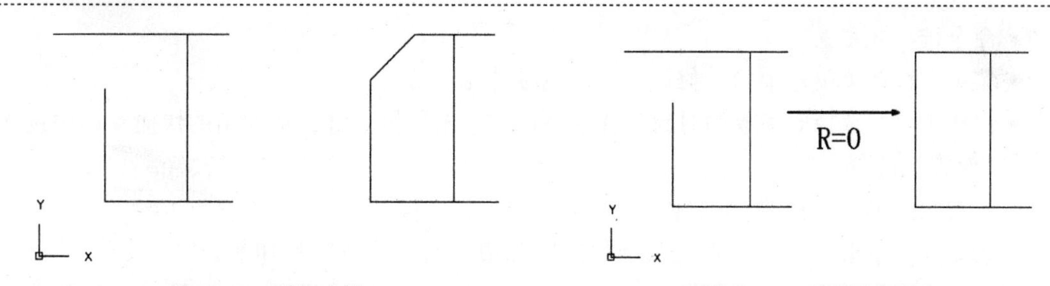

图2-64　倒角功能　　　图2-65　不同倒角距离

12. 图形圆角

【执行方式】

- 命令行：FILLET。
- 菜单：选择菜单栏中的"修改"→"圆角"命令。
- 工具栏：单击"修改"工具栏中的"圆角"按钮。
- 功能区：单击"默认"选项卡"修改"面板中的"圆角"按钮。

下面以在命令行窗口中直接输入"FILLET"或"F"命令为例，说明圆角功能的使用方法，如图2-66所示。

命令：FILLET(对图形对象进行圆角)
当前设置：模式 = 修剪,半径 = 500
选择第一个对象或［放弃(U)/多段线(P)/半径(R)/修剪(T)/多个(M)］：R(输入"R"设置圆角半径大小)
指定圆角半径 <500>:500(输入半径大小)
选择第一个对象或［放弃(U)/多段线(P)/半径(R)/修剪(T)/多个(M)］：(选择第1条圆角对象边界)
选择第二个对象,或按住〈Shift〉键选择对象以应用角点或［半径(R)］:(选择第3条圆角对象边界)

注 意

若圆角半径大小过大或过小，则不能进行圆角编辑操作。当两条线段还没有相交时，设置圆角半径为0，执行圆角编辑后将延伸直至二者重合，如图2-67所示。

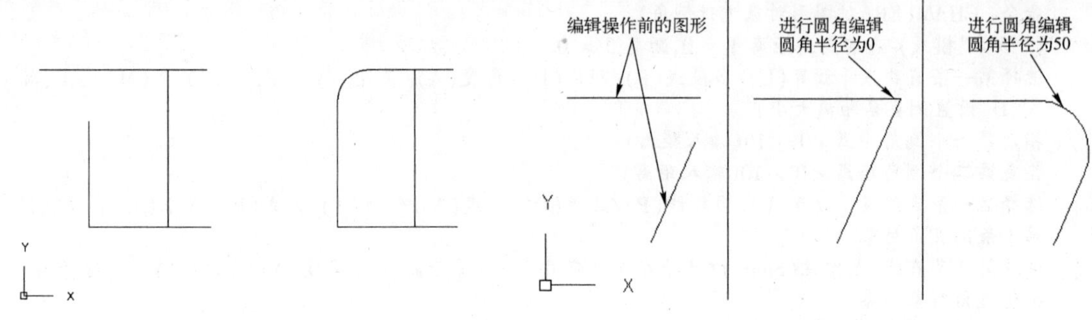

图 2-66 圆角功能　　图 2-67 不同圆角半径

13. 缩放（放大与缩小）

【执行方式】

- 命令行：SCALE。
- 菜单：选择菜单栏中的“修改”→“缩放”命令。
- 快捷菜单：选择要缩放的对象，在绘图区域单击鼠标右键，从弹出的快捷菜单中选择“缩放”命令。
- 工具栏：单击“修改”工具栏中的“缩放”按钮。
- 功能区：单击“默认”选项卡“修改”面板中的“缩放”按钮。

下面以在命令行窗口中直接输入“SCALE”或“SC”命令为例，说明缩放功能的使用方法，如图 2-68 所示。

```
命令：SCALE(等比例缩放)
选择对象：找到 1 个(选择图形)
选择对象：找到 1 个，总计 3 个
选择对象：(按〈Enter〉键)
指定基点：(指定缩放基点)
指定比例因子或［复制(C)/参照(R)］<1>：3.5(输入缩放比例)
```

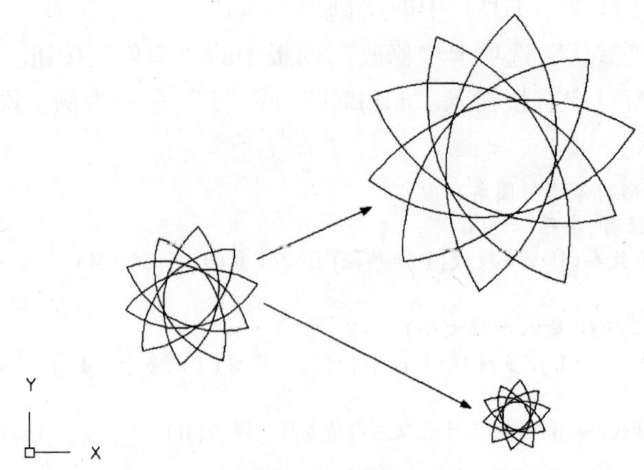

图 2-68 缩放功能

> **注 意**
>
> 所有图形在同一操作下是等比例进行缩放的。若输入缩放比例小于1，则对象被缩小相应倍数；若输入缩放比例大于1，则对象被放大相应倍数。

14. 拉伸图形

【执行方式】

- 命令行：STRETCH。
- 菜单：选择菜单栏中的“修改”→“拉伸”命令。
- 工具栏：单击“修改”工具栏中的“拉伸”按钮。
- 功能区：单击“默认”选项卡“修改”面板中的“拉伸”按钮。

下面以在命令行窗口中直接输入“STRETCH”或“S”命令为例，说明拉伸功能的使用方法，如图2-69所示。

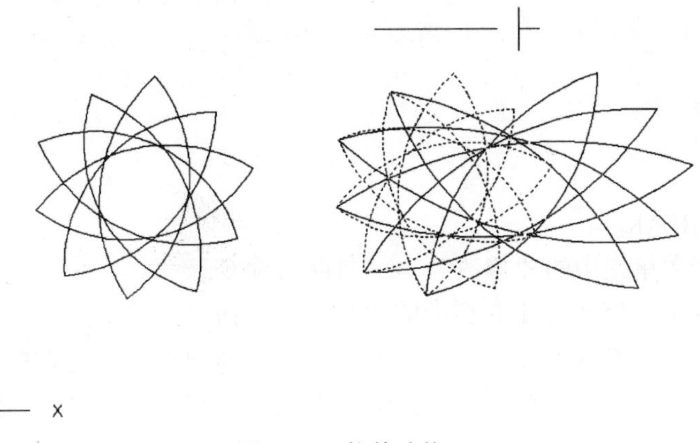

图2-69 拉伸功能

```
命令：STRETCH(将图形对象进行拉伸)
以交叉窗口或交叉多边形选择要拉伸的对象...
选择对象：C↙
指定第一个角点：指定对角点：找到 2 个(采用交叉窗口的方式选择要拉伸的对象)
选择对象：
指定基点或 [位移(D)] <位移>：(指定拉伸的基点)
指定第二个点或 <使用第一个点作为位移>：(指定拉伸的移至点)
```

15. 分解图形

AutoCAD 2018提供了将图形对象进行分解的功能命令“EXPLODE”（缩略为“X”）。“EXPLODE”命令可以将多段线、多线、图块、填充图案和标注尺寸等从创建时的状态转换或化解为独立的对象。

【执行方式】

- 命令行：EXPLODE。
- 菜单：选择菜单栏中的“修改”→“分解”命令。
- 工具栏：单击“修改”工具栏中的“分解”按钮。
- 功能区：单击“默认”选项卡“修改”面板中的“分解”按钮。

按上述方法执行“EXPLODE”命令后，AutoCAD 操作提示如下。

命令：EXPLODE(将图形对象分解)
选择对象：找到 1 个,总计 1 个(选择多段线)
选择对象：(按〈Enter〉键)

分解此多段线时丢失宽度信息，可用“UNDO”命令恢复。

选择要分解的多段线对象，按〈Enter〉键后选中的多段线对象将被分解多个直线段，如图 2-70 所示。

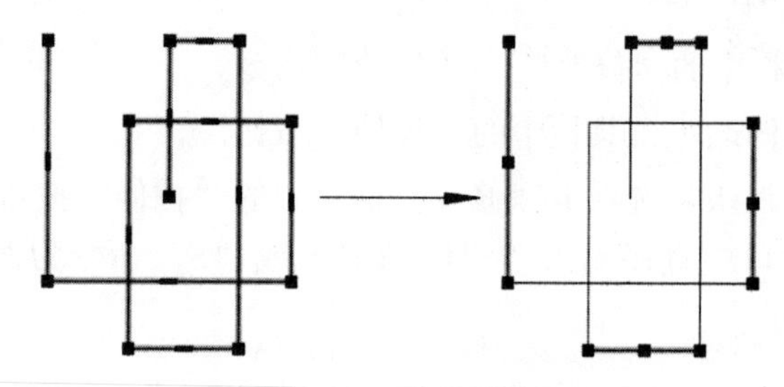

图 2-70　分解功能

16. 打断图形

【执行方式】

- 命令行：BREAK。
- 菜单：选择菜单栏中的“修改”→“打断”命令。
- 工具栏：单击“修改”工具栏中的“打断”按钮。
- 功能区：单击“默认”选项卡“修改”面板中的“打断”按钮。

下面以在命令行窗口中直接输入“BREAK”或“BR”命令为例，说明打断功能的使用方法，如图 2-71 所示。

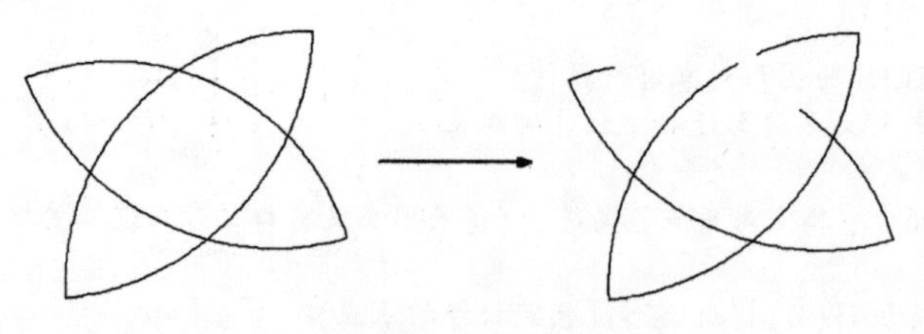

图 2-71　打断功能

命令：BREAK (将图形对象打断)
选择对象：
指定第二个打断点或 [第一点(F)]：(指定第 3 点位置)

17. 合并图形

【执行方式】

- 命令行：JOIN。
- 菜单：选择菜单栏中的“修改”→“合并”命令。
- 工具栏：单击“修改”工具栏中的“合并”按钮。
- 功能区：单击“默认”选项卡“修改”面板中的“合并”按钮。

下面以在命令行窗口中直接输入“JOIN”命令为例，说明合并功能的使用方法，如图 2-72 所示。

命令：JOIN(将图形对象合并)
选择源对象或要一次合并的多个对象：(选择一个对象)
找到 1 个
选择要合并的对象：(选择另一个对象)
找到 1 个，总计 2 个
选择要合并的对象：↙
2 条直线已合并为 1 条直线

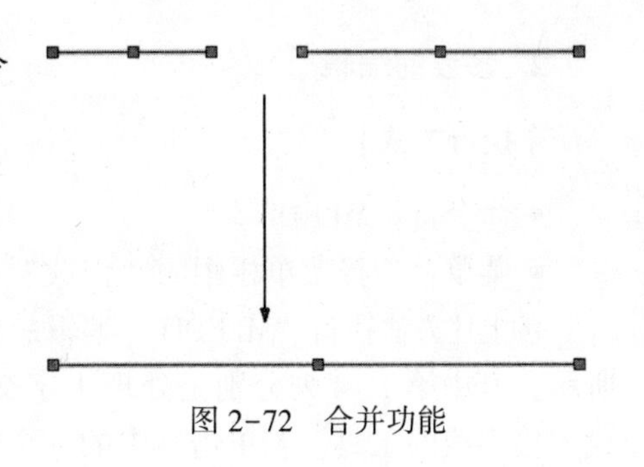

图 2-72 合并功能

2.2.2 特殊平面图形的编辑和修改方法

1. 多段线的编辑

【执行方式】

- 命令行：PEDIT 或 PE。
- 菜单：选择菜单栏中的“修改”→“对象”→“多段线”命令。
- 工具栏：单击“修改 II”工具栏中的“编辑多段线”按钮。
- 功能区：单击“默认”选项卡“修改”面板中的“编辑多段线”按钮。
- 快捷菜单：选择要编辑的多线段，在绘图区域单击鼠标右键，从弹出的快捷菜单中选择“多段线编辑”命令。

下面以在命令行窗口中直接输入“PEDIT”命令为例，说明多段线的编辑修改方法，如图 2-73 所示。

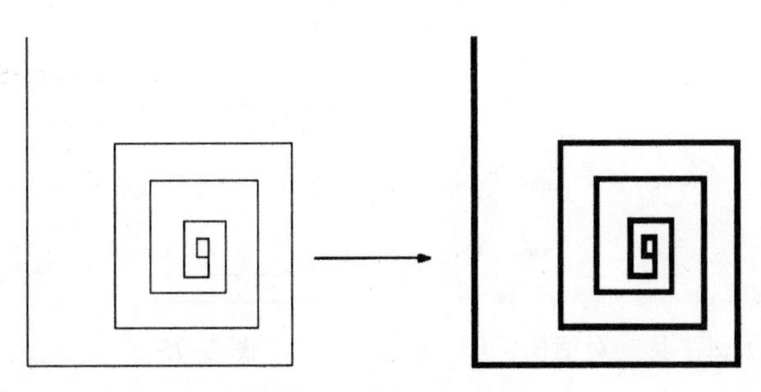

图 2-73 编辑多段线

命令：PEDIT(编辑多段线线条)
选择多段线或［多条(M)］：(选择多段线)
输入选项[闭合(C)/合并(J)/宽度(W)/编辑顶点(E)/拟合(F)/样条曲线(S)/非曲线化(D)/线型生成(L)/反转(R)/放弃(U)]：W(输入“W”使多段线改变宽度)
指定所有线段的新宽度：50(输入线条新的宽度)
输入选项[闭合(C)/合并(J)/宽度(W)/编辑顶点(E)/拟合(F)/样条曲线(S)/非曲线化(D)/线型生成(L)/ 反转(R)/放弃(U)]：(按〈Enter〉键)

注 意

使用“PEDIT”功能命令是改变线条宽度最常用的方法。

2. 多线的编辑

【执行方式】

- 命令行：MLEDIT。
- 菜单：选择菜单栏中的“修改”→“对象”→“多线”命令。

按上述方法执行“MLEDIT”编辑命令后，系统弹出“多线编辑工具”对话框，如图2-74所示，其中第1~4列分别是处理十字交叉多线、T型交叉多线、多线的角点和顶点、断开或连接多线的工具。若单击其中的一个按钮，则表示使用该种方式进行多线编辑操作。

下面以在命令行窗口中直接输入“MLEDIT”命令为例，选择下面几种形式的编辑方法说明多线的编辑修改方法。

1）十字交叉的多线编辑。单击“多线编辑工具”对话框中的“十字打开”按钮，得到图2-75所示的样式。

命令：MLEDIT(十字交叉多线编辑)
选择第一条多线：
选择第二条多线：
选择第一条多线或[放弃(U)]：

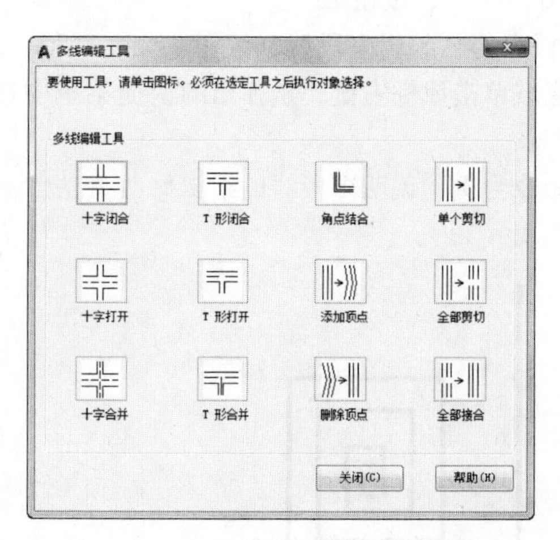

图2-74 “多线编辑工具”对话框

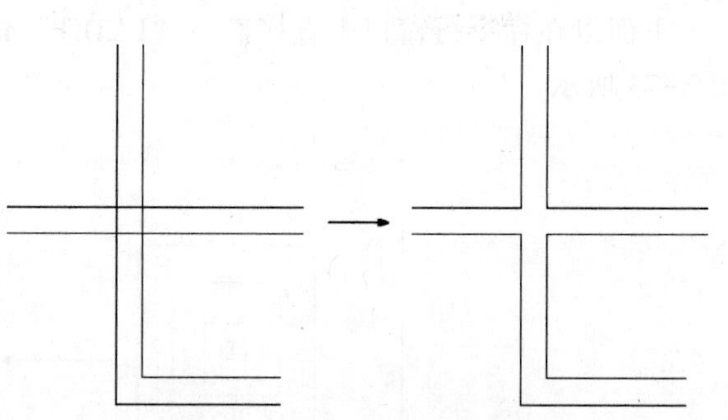

图2-75 十字交叉多线编辑

2）T型交叉的多线编辑。单击“多线编辑工具”对话框中的“T型闭合”按钮，得到图2-76所示的样式。

命令：MLEDIT (T型交叉多线编辑)
选择第一条多线：
选择第二条多线：
选择第一条多线或[放弃(U)]：

3）多线的角点和顶点编辑。单击“多线编辑工具”对话框中的“角点结合”按钮，得到图2-77所示的样式。

命令：MLEDIT(多线的角点和顶点编辑)
选择第一条多线：
选择第二条多线：
选择第一条多线或[放弃(U)]：

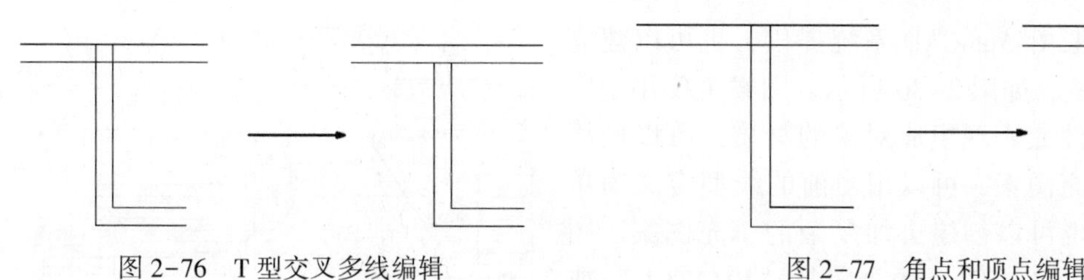

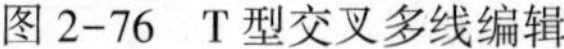

图 2-76　T 型交叉多线编辑　　　　图 2-77　角点和顶点编辑

4）断开或连接多线。单击“多线编辑工具”对话框中的“全部剪切”按钮，得到图 2-78 所示的样式。

命令：MLEDIT(断开或连接多线)
选择多线：
选择第二个点：
选择多线或［放弃(U)］：
选择第二个点：
选择多线或［放弃(U)］：
选择第二个点：
选择多线或［放弃(U)］：

图 2-78　断开或连接多线编辑

3. 样条曲线的编辑

【执行方式】

- 命令行：SPLINEDIT。
- 菜单：选择菜单栏中的“修改”→“对象”→“样条曲线”命令。
- 快捷菜单：选择要编辑的样条曲线，在绘图区域单击鼠标右键，从打开的快捷菜单中选择“编辑样条曲线”命令。
- 工具栏：单击“修改 II”工具栏中的“编辑样条曲线”按钮。
- 功能区：单击“默认”选项卡“修改”面板中的“编辑多段线”按钮。

下面以在命令行窗口中直接输入“SPLINEDIT”命令为例，说明样条曲线的编辑修改方法，如图 2-79 所示。

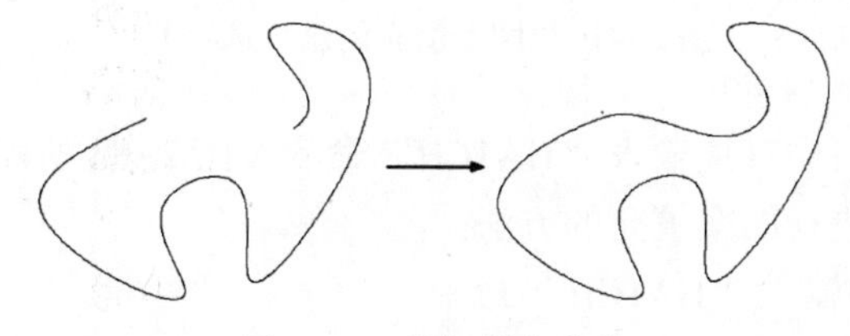

图 2-79　编辑样条曲线

命令：SPLINEDIT(编辑样条曲线)
选择样条曲线：(选择编辑样条曲线)
输入选项［闭合(C)/合并(J)/拟合数据(F)/编辑顶点(E)/转换为多段线(P)/反转(R)/放弃(U)/退出(X)］<退出>：C(输入闭合样条曲线)
输入选项［打开(O)/拟合数据(F)/编辑顶点(E)/转换为多段线(P)/反转(R)/放弃(U)/退出(X)］<退出>：(按〈Enter〉键)

4. 图案的填充与编辑方法

图案的填充功能是指将某种有规律的图案填充到其他图形整个或局部区域中，所使用的填充图案一般由AutoCAD系统提供，也可以建立新的填充图案，如图2-80所示。图案主要用来区分工程的部件或表现组成对象的材质，可以使用预定义的填充图案，可以用当前的线型定义简单直线图案，也可以创建更加复杂的填充图案。图案填充功能的AutoCAD命令包括“BHATCH”或“HATCH”。

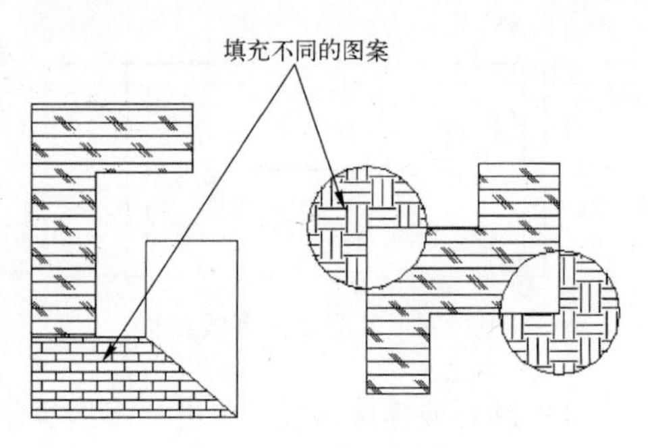

图2-80 填充图案

注 意

“BHATCH”或“HATCH”功能命令的功能基本相同，主要是通过对话框的方式进行图案填充操作，比较直观、方便，使用哪一个进行修改操作都可以。

【执行方式】

- 命令行：BHATCH或HATCH。
- 菜单：选择菜单栏中的“绘图”→“图案填充”命令。
- 工具栏：单击“绘图”工具栏中的“图案填充”按钮，或“绘图”工具栏中的“渐变色”按钮。
- 功能区：单击“默认”选项卡“绘图”面板中的“图案填充”按钮。

按上述方法执行“HATCH”编辑命令后，系统打开“图案填充创建”选项卡，如图2-81所示。在该对话框中，设计者可以进行定义边界、图案类型、图案比例、图案角度和图案特性以及定制填充图案等参数设置操作。

图2-81 “图案填充创建”选项卡

下面以在命令行窗口中直接输入“HATCH”命令及图2-82所示的四边形、圆形等图形为例，说明对图形区域进行图案填充的方法。

1）在命令行窗口中输入“HATCH”命令。

2）在“图案填充创建”选项卡中的“图案”面板中单击“图案填充图案”按钮，打开下拉菜单，如图2-83所示。

3）在屏幕上选取图形内部任一位置点，该图形边界线将变为蓝线，表示该区域已选中，然后按〈Enter〉键返回“图案填充创建”选项卡中，如图2-84所示。

此外，单击“边界”面板中的“选择边界对象”按钮，在屏幕上直接选取图形边界线来构成填充区域，然后按〈Enter〉键完成图形的填充。该种操作方法与使用拾取点功能作用一致，如图2-85所示。

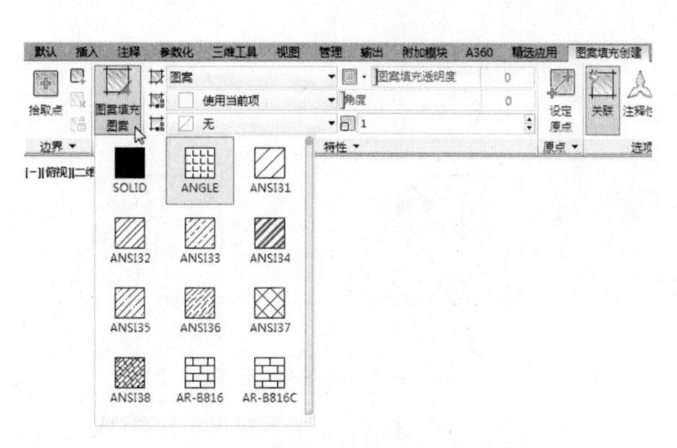

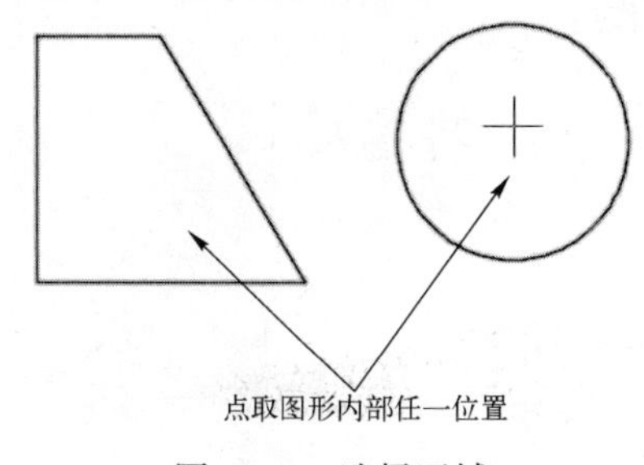

图 2-82 单个图形区域的填充

图 2-83 “图案填充图案”下拉菜单

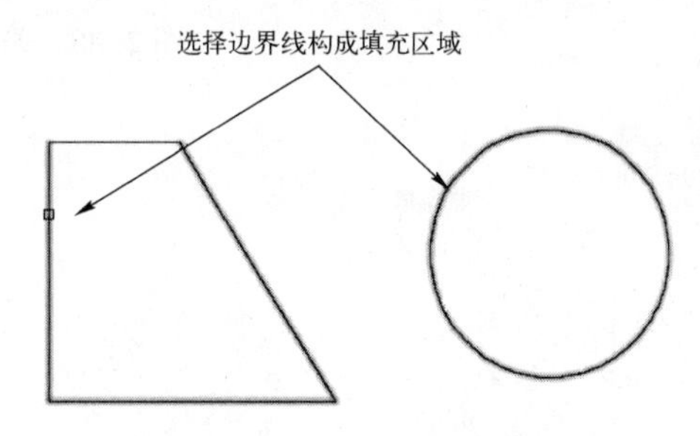

图 2-84 选择区域

图 2-85 选取图形边界线

4）在“特性”面板中设置图案填充角度和填充图案比例等参数，以此控制所填充图案的密度大小和与水平方向的倾角大小，如图 2-86 所示。

5）设置关联特性参数。在“图案填充创建”选项卡的“选项”面板中，单击“关联”按钮，如图 2-87 所示。关联或不关联是指所填充的图案与图形边界线的相互关系的一种特性。若拉伸边界线时，所填充的图形随之紧密变化，则属于关联；反之，为不关联，如图 2-88 所示。

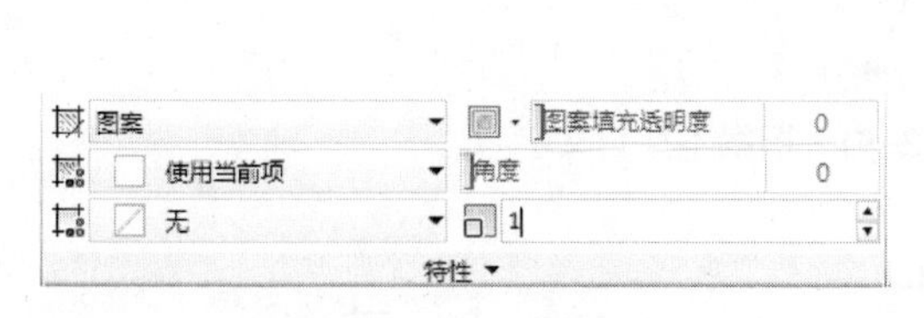

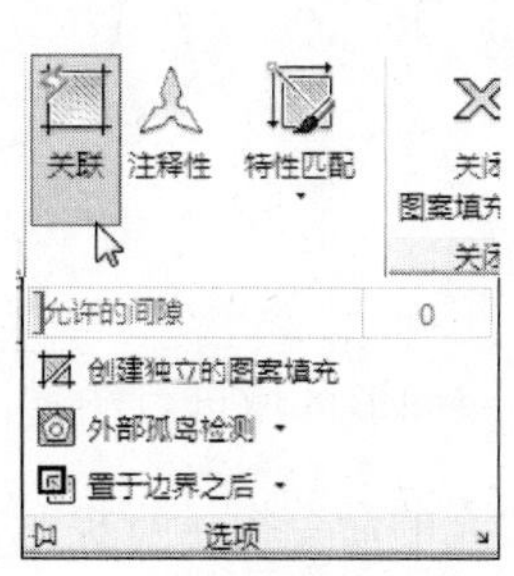

图 2-86 设置参数

图 2-87 设置关联特性

6）按〈Enter〉键完成图形的填充，如图 2-89 所示。

7）对两个或多个相交图形的区域，无论其如何复杂，均可以使用与上述一样的方法，直接使用鼠标选取要填充图案的区域，其他参数设置与此完全相同，如图 2-90 所示。

8）若填充区域内有文字，在选择该区域进行图案填充时，所填充的图案并不穿越文字，文字仍可清晰可见。也可以使用选择对象分别选取边界线和文字，其图案填充是效果一致的，如图 2-91 所示。

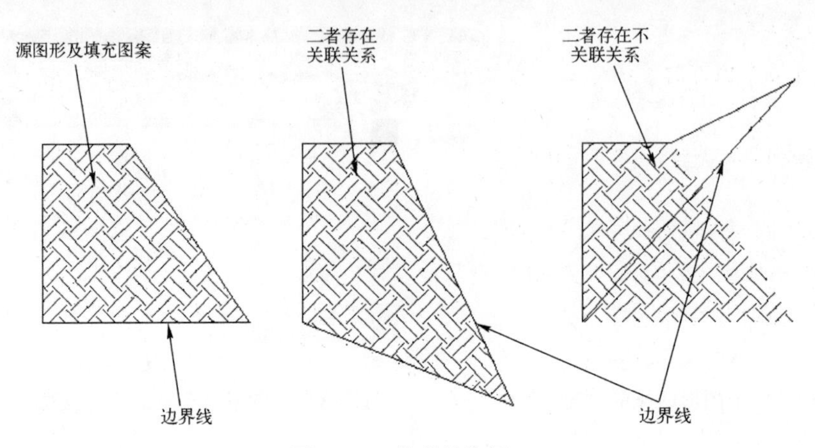

图 2-88 关联的作用

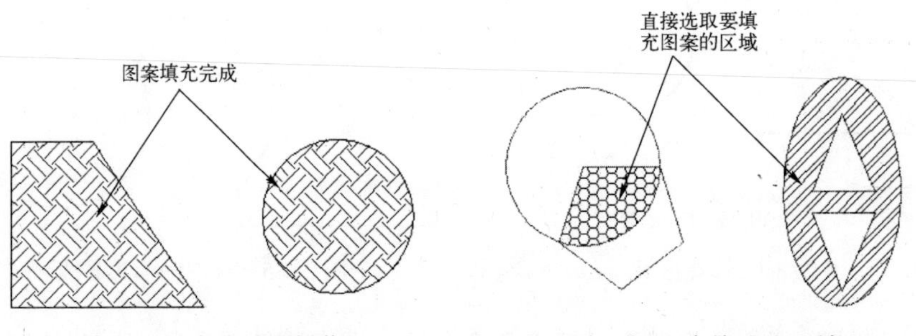

图 2-89 完成填充操作　　图 2-90 直接选取区域

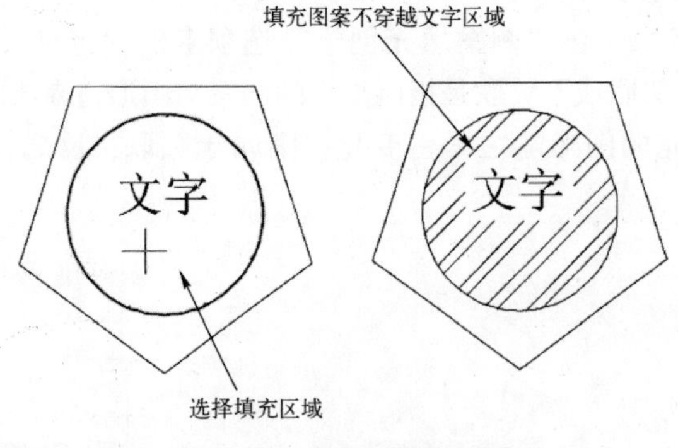

图 2-91 图案不穿越文字

图案填充的命令提示行提示如下。

命令：HATCH(单击“默认”选项卡“绘图”面板中的“图案填充”按钮，进行顶部造型填充，在打开的“图案填充创建”选项卡中选择合适的填充图案及填充比例、角度)
拾取内部点或［选择对象(S)/放弃(U)/设置(T)］：(选中填充造型范围)
正在选择所有对象...
正在选择所有可见对象...
正在分析所选数据...
正在分析内部孤岛...
拾取内部点或［选择对象(S)/放弃(U)/设置(T)］：(按〈Enter〉键结束)

在进行填充操作时，填充区域的边界必须是封闭的，否则不能进行填充或填充结果错误。

2.2.3 实例——绘制沙发和茶几

本小节将详细介绍图 2-92 所示的沙发的绘制方法与操作技巧，使读者从中学习到使用 AutoCAD 2018 的相关功能命令绘制室内装饰家具的方法。

1）先绘制其中单个沙发造型，如图 2-93 所示。

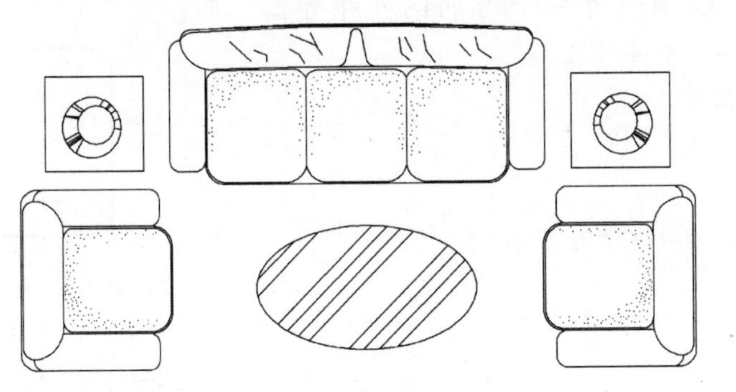

图 2-92 沙发

图 2-93 创建沙发面 4 边

```
命令：LINE(输入“直线”命令)
指定第一个点：(指定直线起点位置)
指定下一点或［放弃(U)］：(指定直线终点位置)
指定下一点或［放弃(U)］：(按〈Enter〉键)
指定下一点或［放弃(U)］：(按〈Enter〉键)
```

注 意

使用“LINE”命令绘制沙发面的 4 边，注意其相对位置和长度的关系。

2）单击“默认”选项卡“绘图”面板中的“圆弧”按钮，将沙发面 4 边连接起来，得到完整的沙发面，如图 2-94 所示。

```
命令：ARC
指定圆弧的起点或［圆心(C)］：(指定起始点位置)
指定圆弧的第二个点或［圆心(C)/端点(E)］：(指定中间点位置)
指定圆弧的端点：(指定起终点位置)
```

3）绘制侧面扶手，如图 2-95 所示。

```
命令：LINE(输入“直线”命令)
指定第一个点：(指定直线起点位置)
指定下一点或［放弃(U)］：(指定直线终点位置)
指定下一点或［放弃(U)］：(按〈Enter〉键)
```

4）绘制侧面扶手弧边线，如图 2-96 所示。

```
命令：ARC(绘制弧线)
指定圆弧的起点或［圆心(C)］：(指定起始点位置)
指定圆弧的第二个点或［圆心(C)/端点(E)］：(指定中间点位置)
指定圆弧的端点：(指定起终点位置)
```

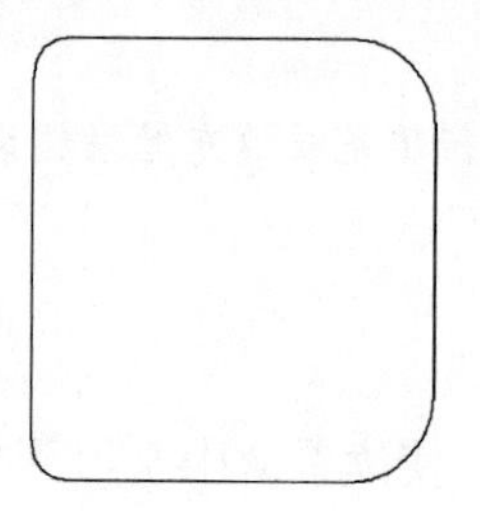
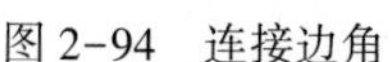
图 2-94 连接边角

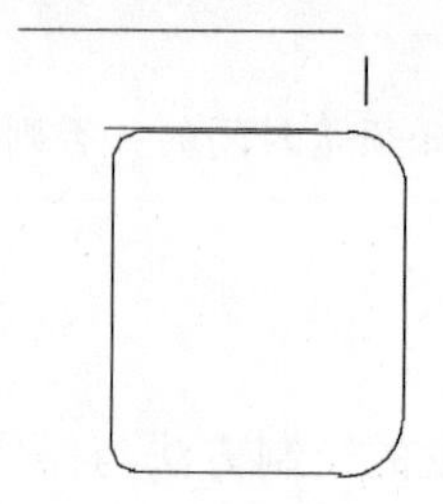
图 2-95 绘制扶手

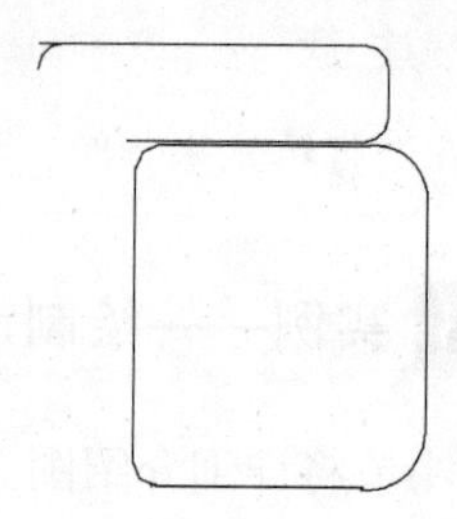
图 2-96 绘制侧面扶手弧边线

5）执行“镜像”命令，绘制另外一个方向的扶手轮廓，如图 2-97所示。

命令:MIRROR(镜像生成对称图形)
选择对象：找到 1 个
选择对象：找到 7 个,总计 8 个
选择对象:(按〈Enter〉键)
指定镜像线的第一点：(以中间的轴线位置作为镜像线)
指定镜像线的第二点：
要删除源对象吗？[是(Y)/否(N)] <N>:N(输入“N”,按〈Enter〉键保留原有图形)

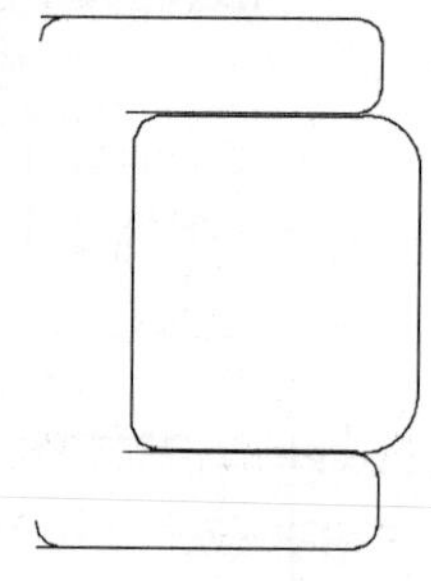
图 2-97 创建另外一侧扶手

注 意

以中间的轴线位置作为镜像线进行镜像，绘制出另外一个方向的扶手轮廓。

6）绘制沙发背部的扶手轮廓，如图 2-98 所示。

命令：ARC(绘制弧线)
指定圆弧的起点或［圆心(C)］:(指定起始点位置)
指定圆弧的第二个点或［圆心(C)/端点(E)］:(指定中间点位置)
指定圆弧的端点:(指定起终点位置)
命令:MIRROR(镜像生成对称图形)
选择对象：找到 1 个
选择对象：找到 4 个,总计 4 个
选择对象:(按〈Enter〉键)
指定镜像线的第一点：(以中间的轴线位置作为镜像线)
指定镜像线的第二点：
要删除源对象吗？[是(Y)/否(N)] <N>:N(输入“N”,按〈Enter〉键保留原有图形)

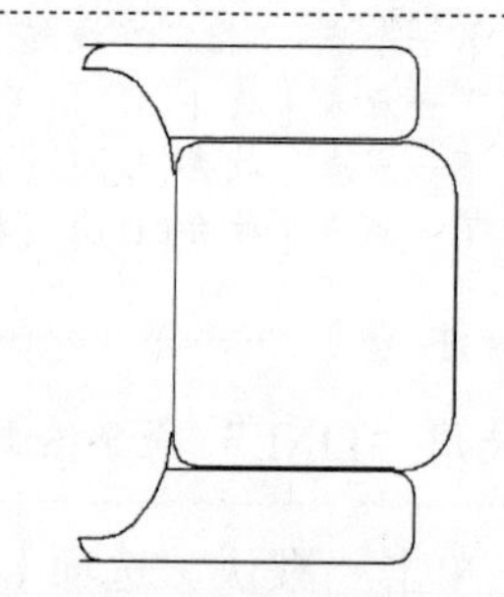
图 2-98 创建背部扶手轮廓

7）继续完善沙发背部扶手轮廓，如图 2-99 所示。

命令：ARC(绘制弧线)
指定圆弧的起点或［圆心(C)］:(指定起始点位置)
指定圆弧的第二个点或［圆心(C)/端点(E)］:(指定中间点位置)
指定圆弧的端点:(指定起终点位置)
命令：LINE(输入“直线”命令)
指定第一个点：(指定直线起点位置)
指定下一点或［放弃(U)］:(指定直线终点位置)
指定下一点或［放弃(U)］:(按〈Enter〉键)
命令:MIRROR(镜像生成对称图形)
选择对象：找到 1 个
选择对象：找到 4 个,总计 4 个

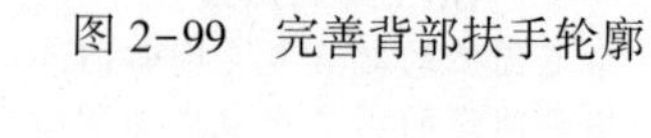
图 2-99 完善背部扶手轮廓

选择对象:(按〈Enter〉键)
指定镜像线的第一点:(以中间的轴线位置作为镜像线)
指定镜像线的第二点:
要删除源对象吗? [是(Y)/否(N)] <N>:N(输入"N",按〈Enter〉键保留原有图形)

8) 对沙发面造型进行修改,使其更为形象,如图 2-100 所示。

命令:OFFSET(偏移生成平行线)
当前设置:删除源=否　图层=源　OFFSETGAPTYPE=0
指定偏移距离或 [通过(T)/删除(E)/图层(L)] <通过>:(输入偏移距离或指定通过点位置)
选择要偏移的对象,或 [退出(E)/放弃(U)] <退出>:(选择要偏移的图形)
指定要偏移的那一侧上的点,或 [退出(E)/多个(M)/放弃(U)] <退出>:
……
选择要偏移的对象,或 [退出(E)/放弃(U)] <退出>:(按〈Enter〉键结束)

9) 细化沙发面造型,如图 2-101 所示。

命令:POINT(输入"画点"命令)
当前点模式:　PDMODE=99　PDSIZE=25.0000(系统变量的 PDMODE、PDSIZE 设置数值)
指定点:(使用鼠标在屏幕上直接指定点的位置,或直接输入点的坐标)

10) 进一步细化沙发面造型,使其更为形象,如图 2-102 所示。

命令:POINT(输入"画点"命令)
当前点模式:　PDMODE=99　PDSIZE=25.0000(系统变量的 PDMODE、PDSIZE 设置数值)
指定点:(使用鼠标在屏幕上直接指定点的位置,或直接输入点的坐标)
命令:MIRROR(镜像生成对称图形)
选择对象:找到 1 个
选择对象:找到 4 个,总计 4 个
选择对象:(按〈Enter〉键)
指定镜像线的第一点:(以中间的轴线位置作为镜像线)
指定镜像线的第二点:
要删除源对象吗? [是(Y)/否(N)] <N>:N(输入"N" 按〈Enter〉键保留原有图形)

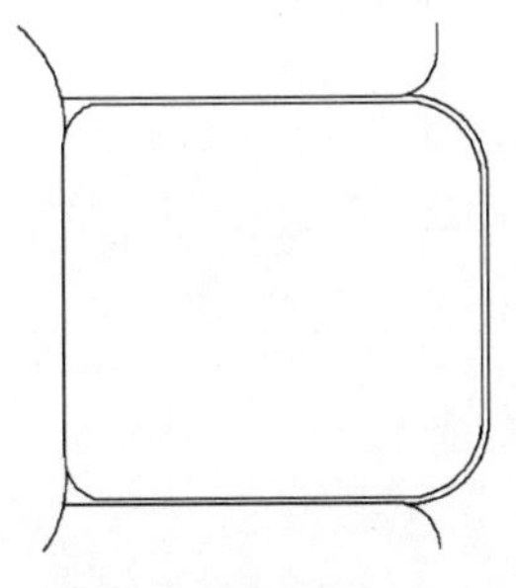

图 2-100　修改沙发面

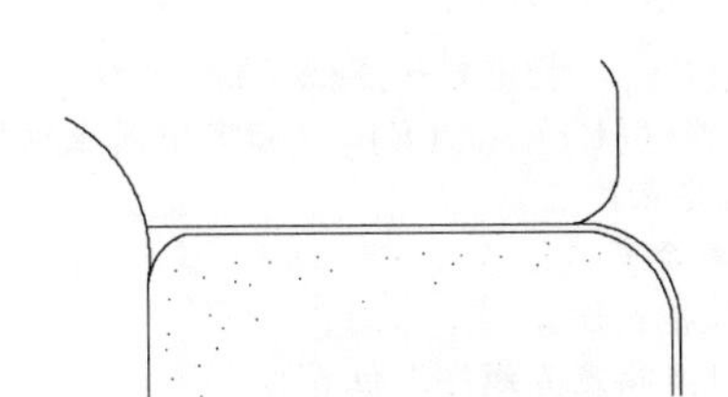

图 2-101　细化沙发面

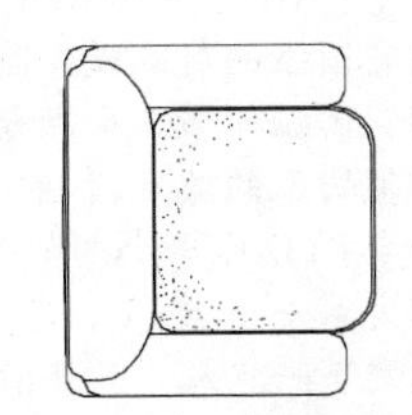

图 2-102　完善沙发面

11) 采用相同的方法,绘制 4 人座的沙发造型,如图 2-103 所示。

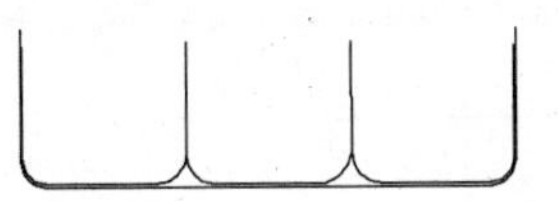

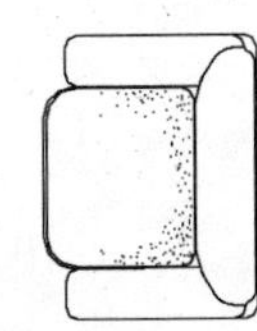

图 2-103　绘制 4 座沙发

命令:LINE(输入"直线"命令)
指定第一个点:(指定直线起点位置)
指定下一点或 [放弃(U)]:(指定直线终点位置)
指定下一点或 [放弃(U)]:(按〈Enter〉键)
命令:ARC(绘制弧线)
指定圆弧的起点或 [圆心(C)]:(指定起始点位置)
指定圆弧的第二个点或 [圆心(C)/端点(E)]:(指定

中间点位置)
指定圆弧的端点:(指定起终点位置)
命令:MIRROR(镜像生成对称图形)
选择对象: 找到 1 个
选择对象: 找到 4 个,总计 4 个
选择对象:(按〈Enter〉键)
指定镜像线的第一点: (以中间的轴线位置作为镜像线)
指定镜像线的第二点:
要删除源对象吗? [是(Y)/否(N)] <N>:N(输入"N" 按〈Enter〉键保留原有图形)

注 意

先绘制沙发面造型。

12) 绘制扶手造型, 如图 2-104 所示。

命令: LINE(输入"直线"命令)
指定第一个点: (指定直线起点位置)
指定下一点或 [放弃(U)]:(指定直线终点位置)
指定下一点或 [放弃(U)]:(按〈Enter〉键)
命令: ARC(绘制弧线)
指定圆弧的起点或 [圆心(C)]:(指定起始点位置)
指定圆弧的第二个点或 [圆心(C)/端点(E)]:(指定中间点位置)
指定圆弧的端点:(指定起终点位置)
命令:MIRROR(镜像生成对称图形)
选择对象: 找到 1 个
选择对象: 找到 4 个,总计 4 个
选择对象:(按〈Enter〉键)
指定镜像线的第一点: (以中间的轴线位置作为镜像线)
指定镜像线的第二点:
要删除源对象吗? [是(Y)/否(N)] <N>:N(输入"N",按〈Enter〉键保留原有图形)

13) 绘制 4 人座沙发背部造型, 如图 2-105 所示。

命令: ARC(绘制弧线)
指定圆弧的起点或 [圆心(C)]:(指定起始点位置)
指定圆弧的第二个点或 [圆心(C)/端点(E)]:(指定中间点位置)
指定圆弧的端点:(指定起终点位置)
命令: LINE(输入"直线"命令)
指定第一个点: (指定直线起点位置)
指定下一点或 [放弃(U)]:(指定直线终点位置)
指定下一点或 [放弃(U)]:(按〈Enter〉键)

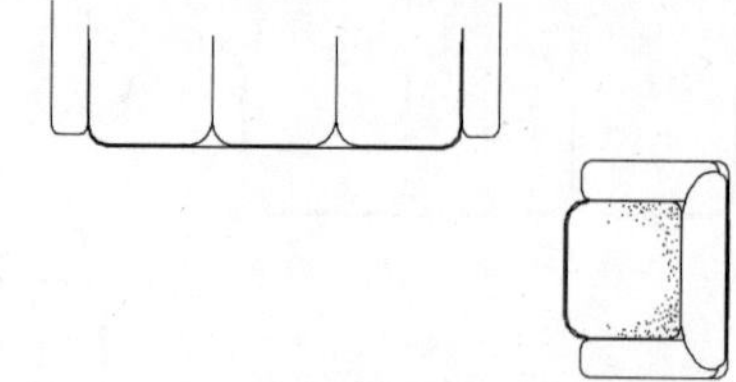

图 2-104　绘制 4 座沙发扶手

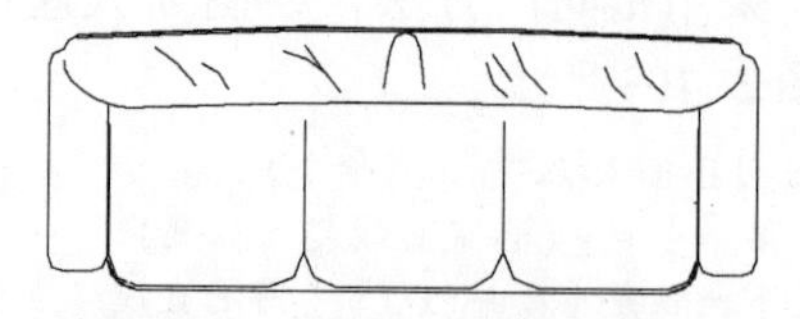

图 2-105　建立 4 人座背部造型

14) 对 4 人座沙发面造型进行细化, 如图 2-106 所示。

命令: POINT(输入"画点"命令)

当前点模式： PDMODE=99 PDSIZE=25.0000(系统变量的PDMODE、PDSIZE设置数值)
指定点:(使用鼠标在屏幕上直接指定点的位置,或直接输入点的坐标)

15）调整两个沙发造型的位置，如图2-107所示。

命令：MOVE(“移动”命令)
选择对象：找到1个
选择对象：找到105个,总计106个
……
选择对象：(按〈Enter〉键)
指定基点或[位移(D)] <位移>：(指定移动基点位置)
指定第二个点或 <使用第一个点作为位移>:(指定移动位置)

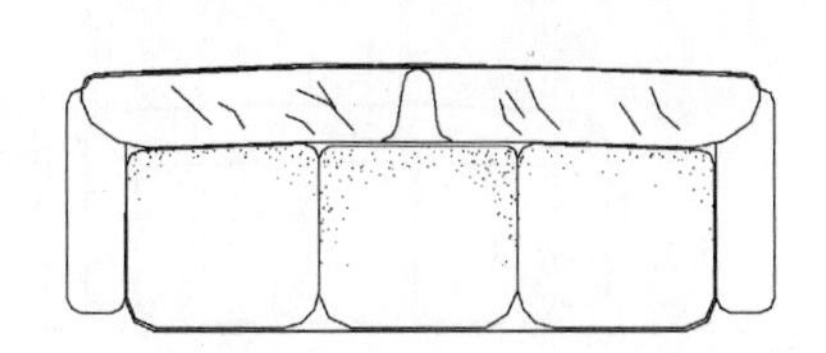

图2-106 细化4人座沙发面

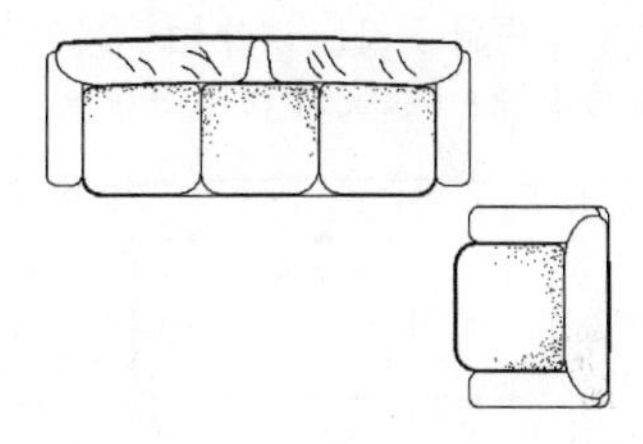

图2-107 调整沙发位置

16）对单个沙发进行镜像，得到沙发组造型，如图2-108所示。

命令:MIRROR(镜像生成对称图形)
选择对象：找到1个
选择对象：找到84个,总计84个
选择对象:(按〈Enter〉键)
指定镜像线的第一点：(以中间的轴线位置作为镜像线)
指定镜像线的第二点：
要删除源对象吗？[是(Y)/否(N)] <N>:N(输入“N”,并按〈Enter〉键保留原有图形)

17）绘制1个椭圆形，建立椭圆形的茶几造型，如图2-109所示。

命令：ELLIPSE(绘制椭圆形)
指定椭圆的轴端点或[圆弧(A)/中心点(C)]:(指定一个椭圆形轴线端点)
指定轴的另一个端点:(指定该椭圆形轴线另外一个端点)
指定另一条半轴长度或[旋转(R)]:(指定与另外一个椭圆轴线长度距离)

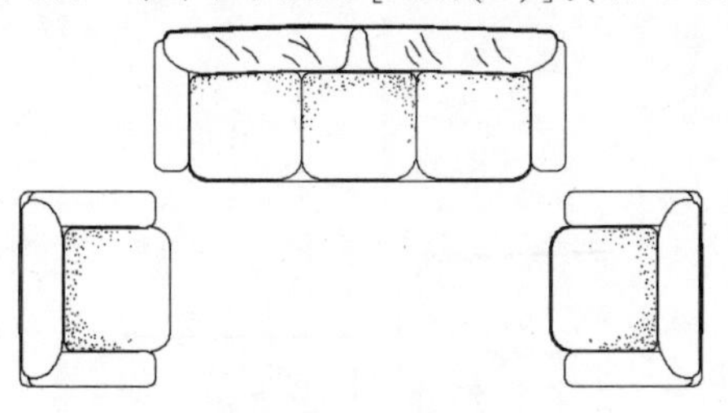

图2-108 沙发组

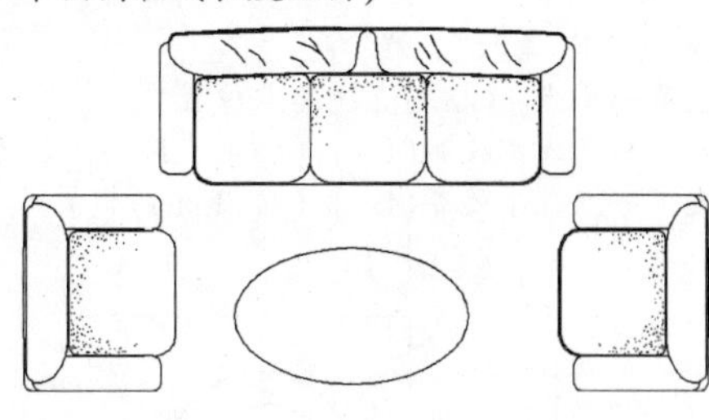

图2-109 建立椭圆茶几

注 意

设计者可以绘制其他形式的茶几造型。

18）对茶几进行填充图案，如图2-110所示。

命令：HATCH(单击“绘图”工具栏中的“图案填充”按钮,在打开的“图案填充创建”选项卡中选择合适的填充图案及填充比例、角度,进行顶部造型填充。)

拾取内部点或［选择对象(S)/删除边界(B)］：(选中填充造型范围)
正在选择所有对象...
正在选择所有可见对象...
正在分析所选数据...
正在分析内部孤岛...
拾取内部点或［选择对象(S)/删除边界(B)］：(按〈Enter〉键或单击鼠标右键返回对话框)

19）绘制沙发之间的桌面灯造型，如图2-111所示。

命令：POLYGON(绘制等边多边形)
输入侧面数<4>：4(输入等边多边形的边数)
指定正多边形的中心点或［边(E)］：(指定等边多边形中心点位置)
输入选项［内接于圆(I)/外切于圆(C)］<I>：C(输入"C"以外切于圆确定等边多边形)
指定圆的半径：(指定外切圆半径)

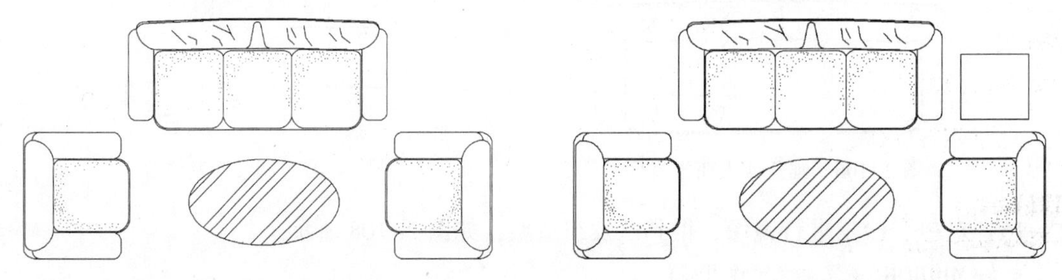

图2-110 填充茶几图案　　图2-111 绘制桌面灯造型

注 意

设计者应先绘制一个正方形作为桌面。

20）绘制两个大小和圆心位置不同的圆，如图2-112所示。

命令：CIRCLE(绘制圆形)
指定圆的圆心或［三点(3P)/两点(2P)/切点、切点、半径(T)］：(指定圆心点位置)
指定圆的半径或［直径(D)］<20.000>：(输入圆形半径或在屏幕上直接点取)

21）绘制随机斜线形成灯罩效果，如图2-113所示。

命令：LINE(输入"直线"命令)
指定第一个点：(指定直线起点位置)
指定下一点或［放弃(U)］：(指定直线终点位置)
指定下一点或［放弃(U)］：(按〈Enter〉键)

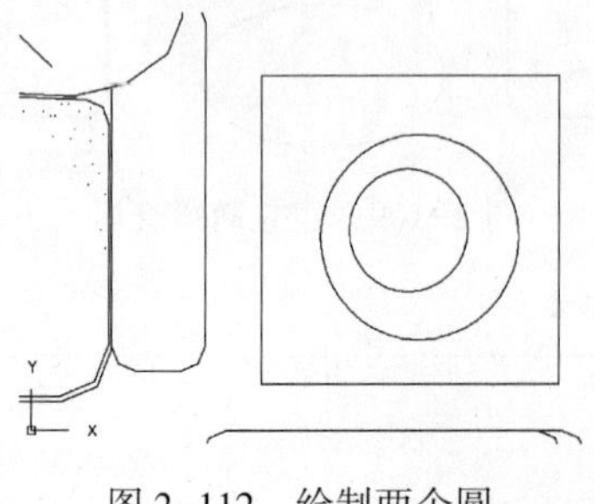

图2-112 绘制两个圆

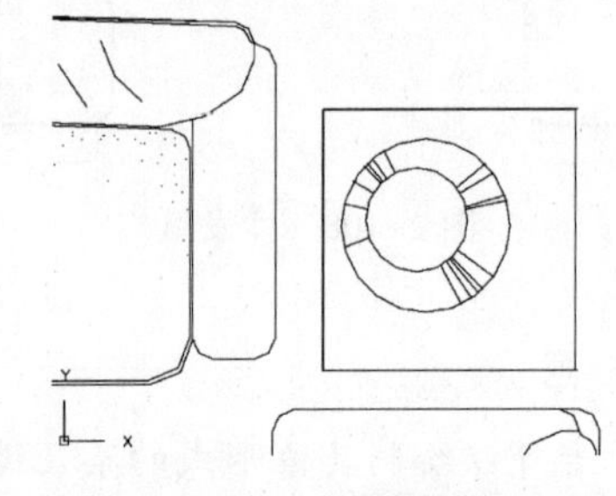

图2-113 创建灯罩

22）单击"默认"选项卡"修改"面板中的"镜像"按钮，进行镜像，得到两个沙发桌面灯，完成客厅沙发茶几图的绘制，如图2-92所示。

第 3 章　快速绘图工具

知识导引

为了方便设计者绘图，提高其绘图效率，AutoCAD 2018 提供了一些快速绘图工具，包括图块及其属性、设计中心、工具选项板以及样板图等。这些工具的一个共同特点是可以将分散的图形通过一定的方式组织成一个单元，以便设计者在绘图时将这些单元直接插入图形中，达到提高绘图速度和图形标准化的目的。

内容要点

- 图块及其属性
- 设计中心与工具选项板

3.1　图块及其属性

本节思路

设计者可以把一组图形对象组合成图块加以保存，需要时可以把图块作为一个整体以任意比例和旋转角度插入到图中任意位置，这样不仅避免了大量的重复工作，提高了绘图速度和工作效率，而且可大大节省磁盘空间。

3.1.1 图块操作

1. 图块定义

【执行方式】

- 命令行：BLOCK。
- 菜单：选择菜单栏中的“绘图”→“块”→“创建”。
- 工具栏：单击“绘图”工具栏中的“创建块”按钮。
- 功能区：单击“默认”选项卡“块”面板中的“创建”按钮（见图3-1），或单击“插入”选项卡“块定义”面板中的“创建块”按钮（见图3-2）。

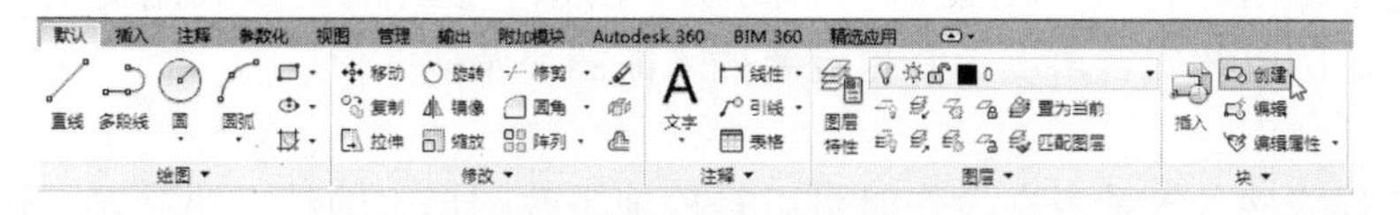

图 3-1 “块”面板中的“创建”按钮

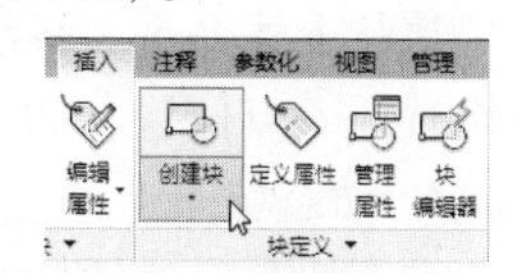

图 3-2 “块定义”面板中的“创建块”按钮

【操作格式】

执行上述命令，系统将弹出图 3-3 所示的“块定义”对话框。设计者可以利用该对话框指定定义对象、基点以及其他参数，还可定义图块并为其命名。

2. 图块保存

【执行方式】

- 命令行：WBLOCK。

【操作格式】

执行上述命令，系统将弹出图 3-4 所示的“写块”对话框。设计者可以利用此对话框把图形对象保存为图块，或把图块转换图形文件。

图 3-3 “块定义”对话框

图 3-4 “写块”对话框

以“BLOCK”命令定义的图块只能插入到当前图形中。而以“WBLOCK”命令保存的图块既可以插入到当前图形中，也可以插入到其他图形中。

3. 图块插入

【执行方式】

- 命令行：INSERT。
- 菜单：选择菜单栏中的“插入”→“块”命令。
- 工具栏：单击“插入”工具栏中的“插入块”按钮，或单击“绘图”工具栏中的“插入块”按钮。
- 功能区：单击“默认”选项卡“块”面板中的“插入”按钮，或单击“插入”选项卡“块”面板中的“插入”按钮。

【操作格式】

执行上述命令，系统将弹出“插入”对话框，如图 3-5 所示。设计者可以利用此对话框设置插入点位置、插入比例以及旋转角度，并指定要插入的图块及插入位置。

4. 动态块

动态块具有灵活性和智能性。设计者在操作时可以轻松地更改图形中的动态块参照，还可以通过自定义夹点或自定义特性来操作动态块参照中的几何图形。这也使得设计者可以根据需要在位调整块，而不用搜索另一个块以插入或重定义现有的块。

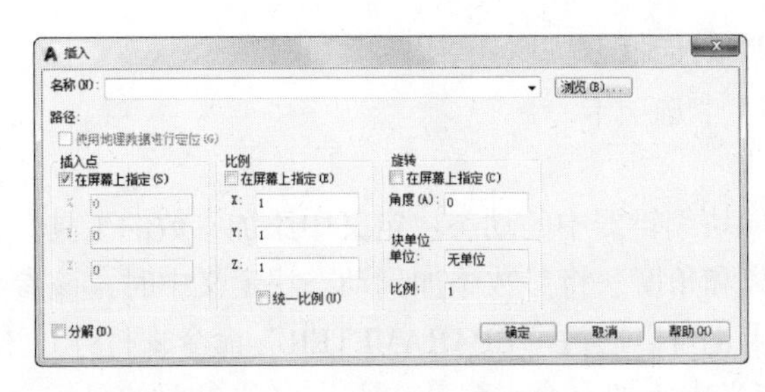

图 3-5 “插入”对话框

设计者还可以使用块编辑器创建动态块。块编辑器是一个专门的编写区域，用于添加能够使块成为动态块的元素。设计者可以从头创建块，可以向现有的块定义中添加动态行为，也可以像在绘图区域中一样创建几何图形。

【执行方式】

- 命令行：BEDIT。
- 菜单：选择菜单栏中的“工具”→“块编辑器”命令。
- 工具栏：单击“标准”工具栏中的“块编辑器”按钮。
- 快捷菜单：选中一个块参照，单击鼠标右键，从弹出的快捷菜单中选择“块编辑器”命令。
- 功能区：单击“默认”选项卡“块”面板中的“块编辑器”按钮，或单击“插入”选项卡“块定义”面板中的“块编辑器”按钮。

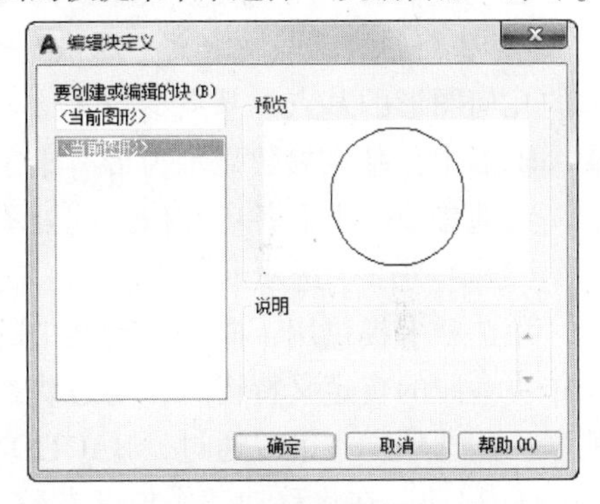

图 3-6 “编辑块定义”对话框

【操作格式】

执行上述命令，系统将弹出“编辑块定义”对话框，如图 3-6 所示，在“要创建或编辑的块”文本框中输入块名或在列表框中选择已定义的块或当前图形，单击“确认”按钮后，系统弹出“块编写选项板”对话框和“块编辑器”选项卡，如图 3-7 所示。

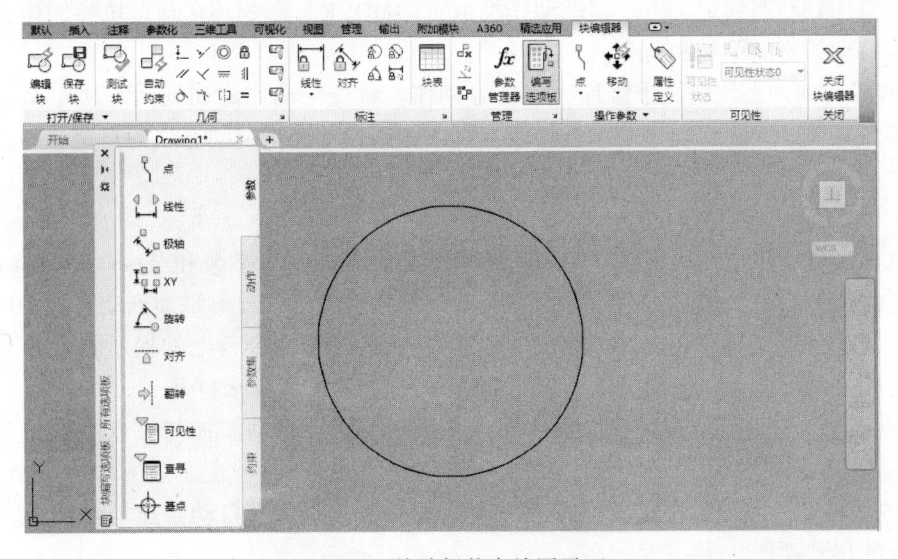

图 3-7 块编辑状态绘图平面

5. “块编写选项板”对话框

块编写选项卡板有4个选项卡。

（1）“参数”选项卡

该选项卡提供用于向块编辑器中的动态块定义中添加参数的工具。参数用于指定几何图形在块参照中的位置、距离和角度。将参数添加到动态块定义中时，该参数将定义块的一个或多个自定义特性。此选项卡也可以通过“BPARAMETER”命令来打开。该选项卡包括如下参数。

① 点。向动态块定义中添加一个点参数，并定义块参照的自定义 X 和 Y 特性。点参数定义图形中的 X 和 Y 位置。在块编辑器中，点参数类似于一个坐标标注。

② 可见性。向动态块定义中添加一个可见性参数，并定义块参照的自定义可见性特性。可见性参数允许用户创建可见性状态并控制对象在块中的可见性。可见性参数总是应用于整个块，并且与任何动作相关联。在图形中，单击夹点可以显示块参照中所有可见性状态的列表。在块编辑器中，可见性参数显示为带有关联夹点的文字。

③ 查寻。向动态块定义中添加一个查寻参数，并定义块参照的自定义查寻特性。查寻参数用于定义自定义特性，用户可以指定或设置该特性，以便从定义的列表或表格中计算出某个值。该参数可以与单个查寻夹点相关联。在块参照中，单击该夹点可以显示可用值的列表。在块编辑器中，查寻参数显示为文字。

④ 基点：向动态块定义中添加一个基点参数。基点参数用于定义动态块参照相对于块中的几何图形的基点。基点参数无法与任何动作相关联，但可以属于某个动作的选择集。在块编辑器中，基点参数显示为带有十字光标的圆。

其他参数与上面各项类似，此处不再赘述。

（2）“动作”选项卡

该选项卡提供用于向块编辑器中的动态块定义中添加动作的工具。动作定义了在图形中操作块参照的自定义特性时，动态块参照的几何图形将如何移动或变化。应将动作与参数相关联。此选项卡也可以通过“BACTIONTOOL”命令来打开。该选项卡包括如下动作。

① 移动。在将移动动作与点参数、线性参数、极轴参数或 XY 参数关联时，设计者应将该动作添加到动态块定义中。移动动作类似于“MOVE”命令。在动态块参照中，移动动作使对象移动指定的距离和角度。

② 查寻。向动态块定义中添加一个查寻动作。将查寻动作添加到动态块定义中并将其与查寻参数相关联。它将创建一个查寻表，可以使用查寻表指定动态块的自定义特性和值。

其他动作与上面各项类似，此处不再赘述。

（3）“参数集”选项卡

该选项卡提供用于在块编辑器中向动态块定义中添加一个参数和至少一个动作的工具。将参数集添加到动态块中时，动作将自动与参数相关联。将参数集添加到动态块中后，双击黄色警示图标（或使用“BACTIONSET”命令），然后按照命令行上的提示将动作与几何图形选择集相关联。此选项卡也可以通过“BPARAMETER”命令来打开。

① 点移动。向动态块定义中添加一个点参数。系统会自动添加与该点参数相关联的移动动作。

② 线性移动。向动态块定义中添加一个线性参数。系统会自动添加与该线性参数的端点相关联的移动动作。

其他参数集与上面各项类似，此处不再赘述。

(4)“约束”选项卡

几何约束可将几何对象关联在一起，或者指定固定的位置或角度。例如，用户可以指定某条直线应始终与另一条垂直、某个圆弧应始终与某个圆保持同心，或者指定某条直线应始终与某个圆弧相切。

① 水平：使直线或点对位于与当前坐标系的 X 轴平行的位置。默认选择类型为对象。

② 竖直：使直线或点对位于与当前坐标系的 Y 轴平行的位置。

③ 垂直：可使选定直线垂直于另一条直线。垂直约束在两个对象之间应用。

④ 固定：可将点和曲线锁定在位。

⑤ 平行：使选定的直线位于彼此平行的位置。平行约束在两个对象之间应用。

⑥ 相切：将两条曲线约束为保持彼此相切或其延长线保持彼此相切。相切约束在两个对象之间应用。圆可以与直线相切，即使该圆与该直线不相交。

⑦ 平滑：将样条曲线约束为连续，并与其他样条曲线、直线、圆弧或多段线保持连续性。

⑧ 重合：约束两个点使其重合，或者约束一个点使其位于曲线（或曲线的延长线）上。可以使对象上的约束点与某个对象重合，也可以使其与另一对象上的约束点重合。

⑨ 同心：将两个圆弧、圆或椭圆约束到同一个中心点。结果与将重合约束应用于曲线的中心点所产生的结果相同。

⑩ 共线：使两条或多条直线段沿同一直线方向。

⑪ 对称：使选定对象受对称约束，相对于选定直线对称。

⑫ 相等：将选定圆弧和圆的尺寸重新调整为半径相同，或将选定直线的尺寸重新调整为长度相同。

3.1.2 图块的属性

1. 属性定义

【执行方式】

- 命令行：ATTDEF。
- 菜单：选择菜单栏中的“绘图”→“块”→“定义属性”命令。
- 功能区：单击“默认”选项卡“块”面板中的“定义属性”按钮，或单击“插入”选项卡“块定义”面板中的“定义属性”按钮。

【操作格式】

执行上述命令，系统将弹出“属性定义”对话框，如图 3-8 所示。

【选项说明】

(1)“模式”选项组

①“不可见”复选框。勾选此复选框，属性为不可见显示方式，即插入图块并输入属性值后，属性值在图中并不显示出来。

②“固定”复选框。勾选此复选框，属性值为常量，即属性值在属性定义时给定，在

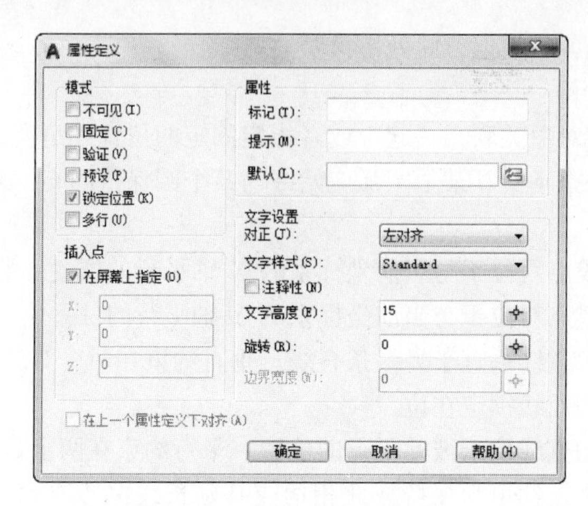

图 3-8 “属性定义”对话框

插入图块时，系统不再提示输入属性值。

③“验证”复选框。勾选此复选框，当插入图块时，系统重新显示属性值让用户验证该值是否正确。

④“预设”复选框。勾选此复选框，当插入图块时，系统自动把事先设置好的默认值赋予属性，而不再提示输入属性值。

⑤“锁定位置”复选框。勾选此复选框，当插入图块时，系统锁定块参照中属性的位置。解锁后，属性可以相对于使用夹点编辑的块的其他部分移动，并且可以调整多行属性的大小。

⑥“多行”复选框。指定属性值可以包含多行文字。勾选此复选框，可以指定属性的边界宽度。

(2)“属性”选项组

①“标记”文本框。输入属性标签。属性标签可由除空格和感叹号以外的所有字符组成。系统自动把小写字母改为大写字母。

②“提示”文本框。输入属性提示。属性提示是插入图块时，系统要求输入属性值的提示。若不在此文本框内输入文本，则以属性标签作为提示。若在“模式”选项组勾选“固定”复选框，即设置属性为常量，则不需设置属性提示。

③“默认”文本框。设置默认的属性值。可把使用次数较多的属性值作为默认值，也可不设默认值。

其他各选项组比较简单，此处不再赘述。

2. 修改属性定义

【执行方式】

- 命令行：TEXTEDIT。
- 菜单：选择菜单栏中的“修改”→“对象”→“文字”→“编辑”命令。

【操作格式】

命令：TEXTEDIT
选择注释对象或 [放弃(U)]：

在此提示下选择要修改的属性定义，系统将弹出“编辑属性定义”对话框，如图3-9所示。设计者可以在该对话框中修改属性定义。

3. 图块属性编辑

【执行方式】

- 命令行：EATTEDIT。
- 菜单：选择菜单栏中的“修改”→“对象”→“属性”→“单个”命令。
- 工具栏：单击“修改II”工具栏中的“编辑属性”按钮。

【操作格式】

命令：EATTEDIT
选择块：

选择块后，系统将弹出“增强属性编辑器”对话框，如图3-10所示。设计者在该对话框中不仅可以编辑属性值，还可以编辑属性的文字选项以及图层、线型、颜色等特性值。

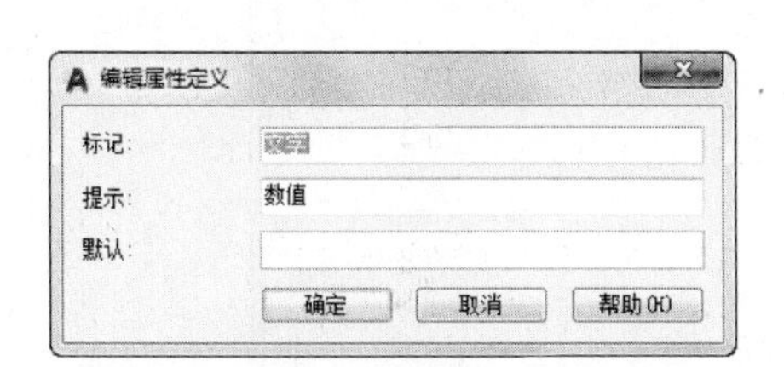

图3-9 “编辑属性定义”对话框

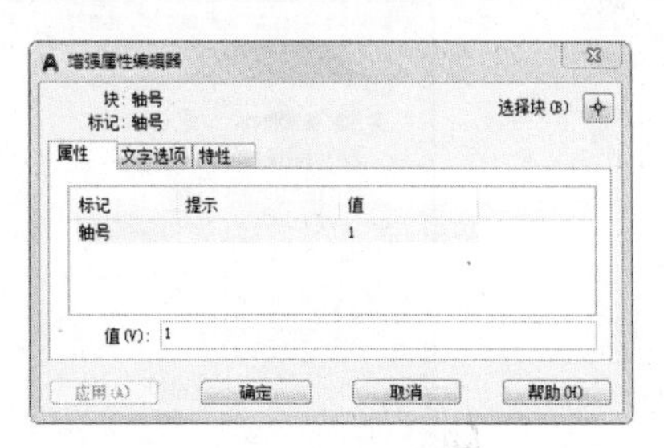

图3-10 “增强属性编辑器”对话框

4. 提取属性数据

提取属性数据可以使设计者直接从图形数据中生成日程表或BOM表。新的向导使得此过程更加简单。

【执行方式】

- 命令行：EATTEXT。
- 菜单：选择菜单栏中的“工具”→“数据提取”命令。

【操作格式】

执行上述命令后，系统打开“数据提取-开始（第1页，共8页）”对话框，如图3-11所示。单击“下一步”按钮，依次打开“数据提取-定义数据源（第2页，共8页）”（见图3-12）、“数据提取-选择对象（第3页，共8页）”（见图3-13）、“数据提取-选择特性（第4页，共8页）”（见图3-14）、“数据提取-优化数据（第5页，共8页）”（见图3-15）、“数据提取-选择输出（第6页，共8页）”（见图3-16）、“数据提取-表格样式（第7页，共8页）”（见图3-17）和“数据提取-完成（第8页，共8页）”对话框（见图3-18），依次在各对话框中对提取属性的各选项进行设置，其中在“数据提取-表格样式（第7页，共8页）”对话框中可以设置或更改表格样式。设置完成后，系统生成包含提取数据的BOM表。

数据提取 - 开始 (第 1 页，共 8 页)

本向导用于从图形中提取对象数据，这些数据可输出到表格或外部文件。

选择是创建新数据提取（使用样板中先前保存的设置）还是编辑现有的提取。

创建新数据提取(C)

将上一个提取用作样板 (.dxe 或 .blk) (U)

编辑现有的数据提取(E)

下一步(N) > 取消(C)

图 3-11 “数据提取-开始（第 1 页，共 8 页）”对话框

数据提取 - 定义数据源 (第 2 页，共 8 页)

数据源

图形/图纸集(R)

包括当前图形(I)

在当前图形中选择对象(O)

图形文件和文件夹(W):

文件夹

图形

D:\用户目录\我的文档\Drawing1.dwg (当前图形)

添加文件夹(F)... 添加图形(D)... 删除(M) 设置(S)...

< 上一步(B) 下一步(N) > 取消(C)

图 3-12 “数据提取-定义数据源（第 2 页，共 8 页）”对话框

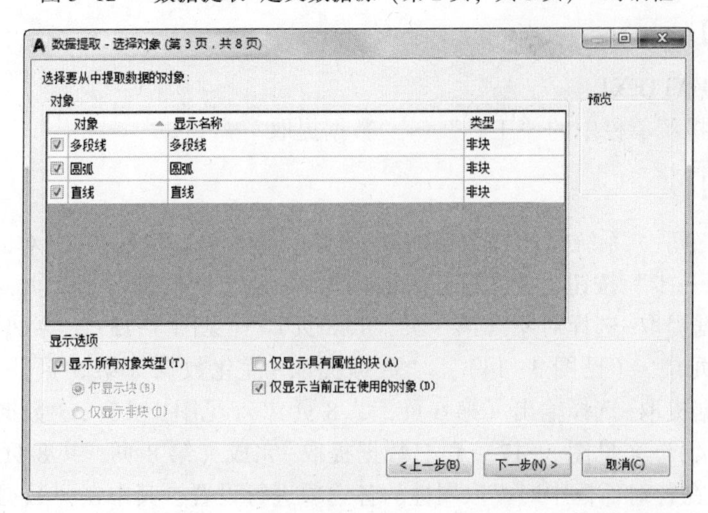

图 3-13 “数据提取-选择对象（第 3 页，共 8 页）”对话框

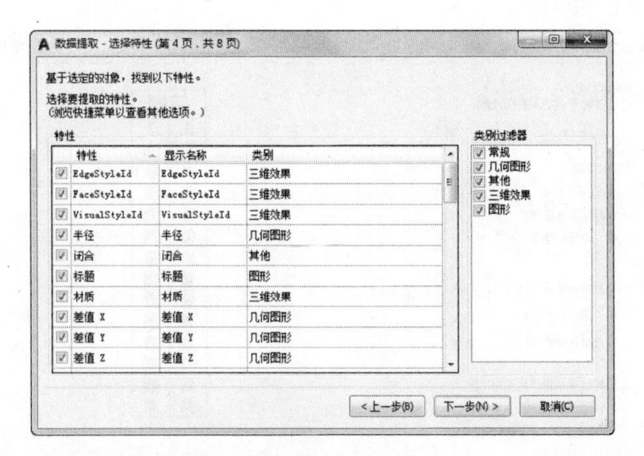

图 3-14 “数据提取-选择特性（第 4 页，共 8 页）”对话框

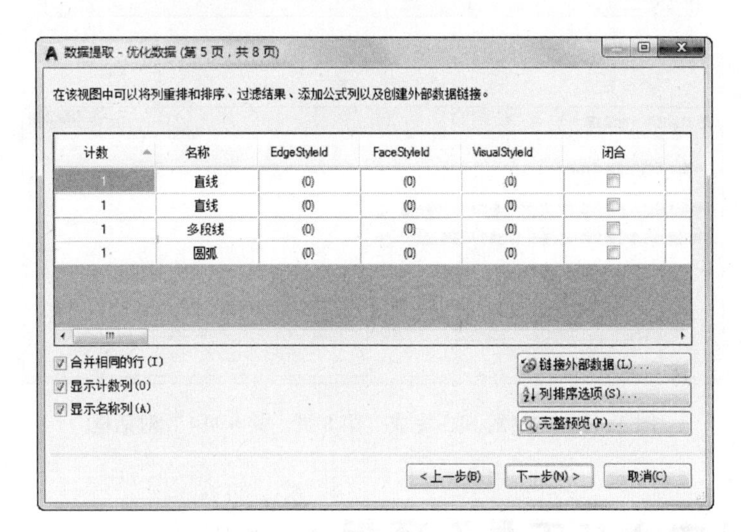

图 3-15 “数据提取-优化数据（第 5 页，共 8 页）”对话框

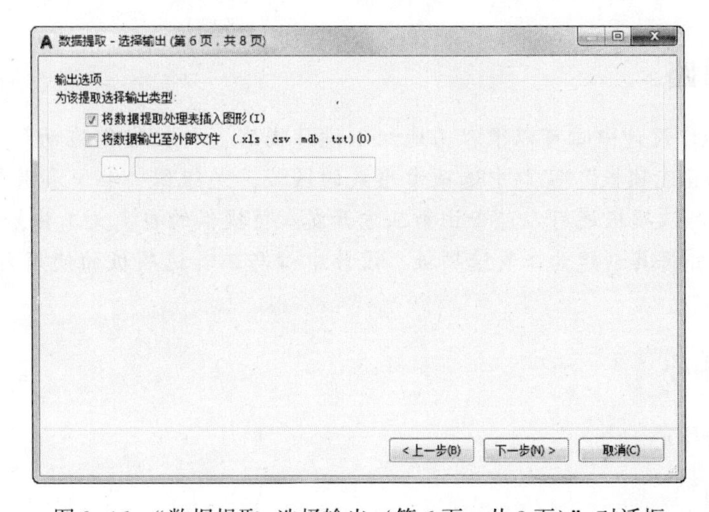

图 3-16 “数据提取-选择输出（第 6 页，共 8 页）”对话框

图 3-17 “数据提取-表格样式（第 7 页，共 8 页）”对话框

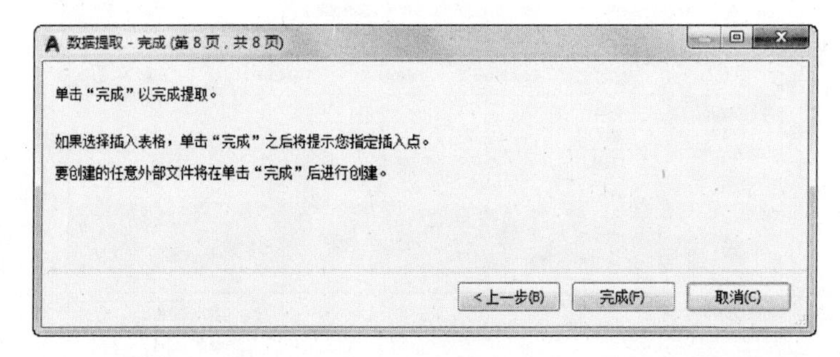

图 3-18 “数据提取-完成（第 8 页，共 8 页）”对话框

3.2 设计中心与工具选项板

本节思路

使用 AutoCAD 设计中心可以很容易地组织设计内容，并把它们拖动到当前图形中。工具选项板是“工具选项板”窗口中选项卡形式的区域，是组织、共享和放置块及填充图案的有效方法。工具选项板还可以包含由第三方开发人员提供的自定义工具，也可以利用设计中的组织内容，并将其创建为工具选项板。设计中心与工具选项板的使用大大方便了绘图，提高了绘图的效率。

3.2.1 设计中心

1. 启动设计中心

【执行方式】

- 命令行：ADCENTER。
- 菜单：选择菜单栏中的“工具”→“选项板”→“设计中心”命令。

- 工具栏：单击“标准”工具栏中的“设计中心”按钮▦。
- 快捷键：〈Ctrl+2〉。
- 功能区：单击“视图”选项卡“选项板”面板中的“设计中心”按钮▦。

【操作格式】

执行上述命令，系统将弹出“设计中心”对话框。首次启动设计中心时，默认打开的选项卡为“文件夹”。内容显示区采用大图标显示，左边的资源管理器采用 tree view 显示方式显示系统的树形结构，浏览资源的同时，在内容显示区显示所浏览资源的有关细目或内容，如图 3-19 所示。用户也可以搜索资源，方法与 Windows 资源管理器类似。

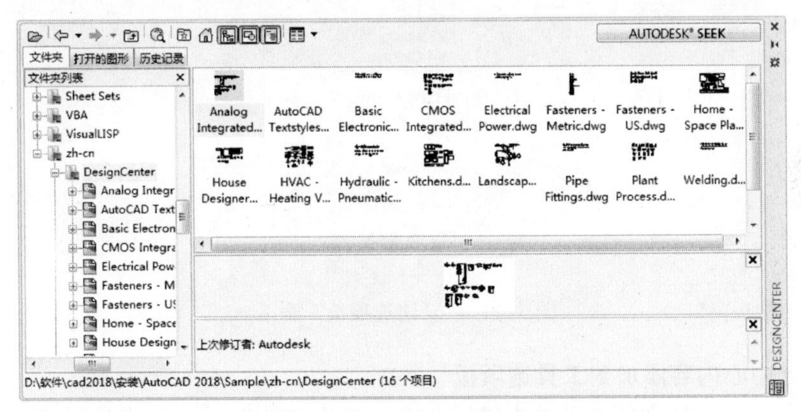

图 3-19 AutoCAD 2018 设计中心的资源管理器和内容显示区

2. 利用设计中心插入图形

设计中心一个最大的优点是可以将系统文件夹中的 DWG 图形当成图块插入到当前图形中去。具体方法如下。

1）从文件夹列表或查找结果列表框选择要插入的对象，将对象拖动到打开的图形。

2）在相应的命令行提示下输入比例和旋转角度等数值。

被选择的对象根据指定的参数插入到图形当中。

3.2.2 工具选项板

1. 打开工具选项板

【操作格式】

- 命令行：TOOLPALETTES。
- 菜单：选择菜单栏中的“工具”→“选项板”→“工具选项板”命令。
- 工具栏：单击“标准”工具栏中的“工具选项板窗口”按钮▥。
- 快捷键：〈Ctrl+3〉。
- 功能区：单击“视图”选项卡“选项板”面板中的“工具选项板”按钮▥。

【操作格式】

执行上述命令，系统弹出“工具选项板”对话框，如图 3-20 所示。该工具选项板上有系统预设置的几个选项卡。单击鼠标右键，在弹出的快捷菜单中选择“新建选项板”命令，如图3-21所示。系统新建一个空白选项卡，可以命名该选项卡，如图3-22所示。

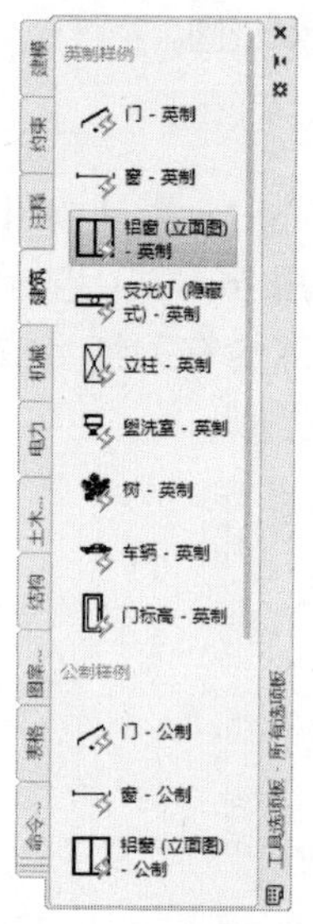

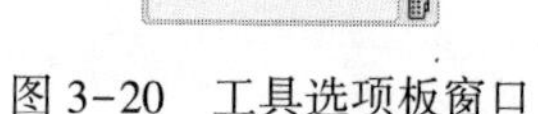
图3-20 工具选项板窗口

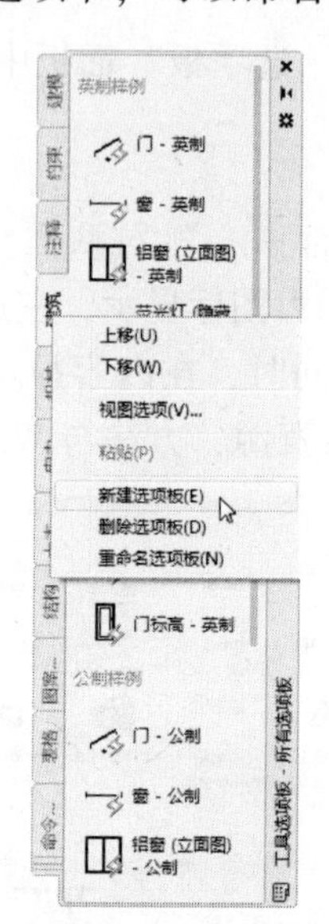

图3-21 “新建选项板”命令

图3-22 新建选项卡

2. 将设计中心内容添加到工具选项板

在“DesignCenter”文件夹上单击鼠标右键，弹出快捷菜单，从中选择“创建块的工具选项板”命令，如图3-23所示。设计中心中储存的图元就出现在工具选项板中新建的“DesignCenter”选项卡上，如图3-24所示。这样就可以将设计中心与工具选项板结合起来，建立一个快捷方便的工具选项板。

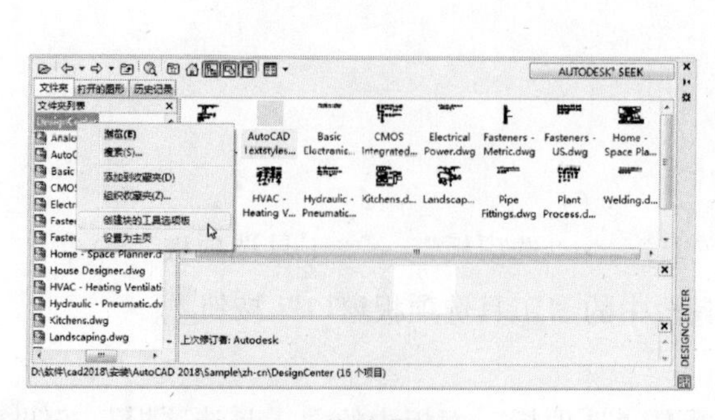

图3-23 快捷菜单（一）

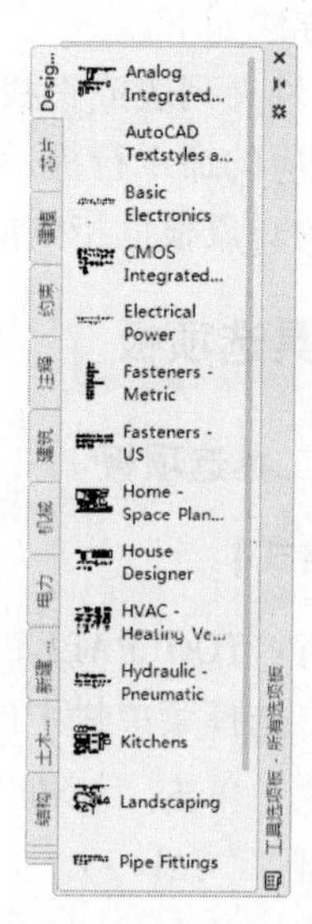

图3-24 创建工具选项板

3. 利用工具选项板绘图

只需将工具选项板中的图形单元拖动到当前图形中，即可将该图形单元以图块的形式插入当前图形中。图 3-25 就是将工具选项板中的“办公室样例”选项卡中的图形单元拖动到当前图形绘制而成的办公室布置图中。

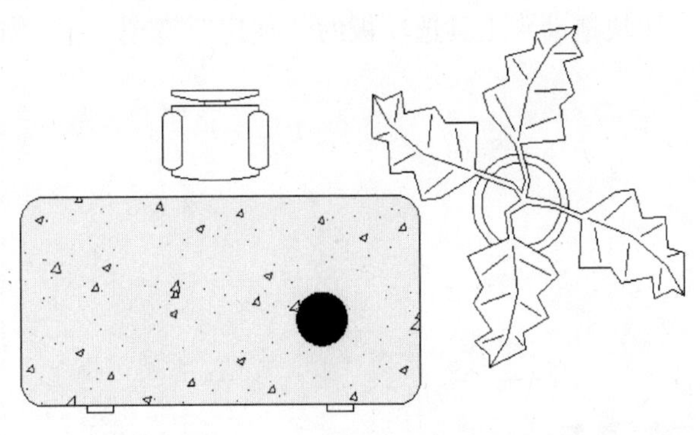

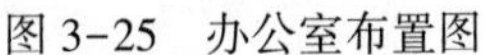

图 3-25　办公室布置图

3.2.3 实例——利用设计中心的图块组合住房布局截面图

1）打开工具选项板。单击“视图”选项卡“选项板”面板中的“工具选项板”按钮▤，弹出“工具选项板”对话框，如图 3-26 所示。单击鼠标右键，弹出快捷菜单，如图 3-27 所示。

2）新建工具选项板。在快捷菜单中选择“新建选项板”命令，建立新的工具选项板选项卡。将新建工具栏命名为“住房”，按〈Enter〉键确认。新建的“住房”工具选项板选项卡如图 3-28 所示。

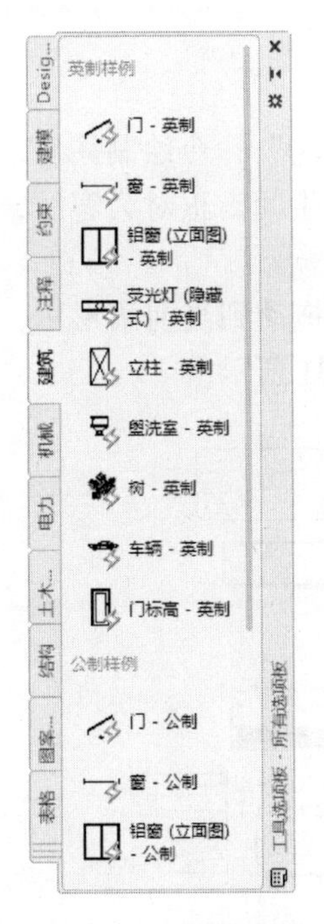

图 3-26　工具选项板

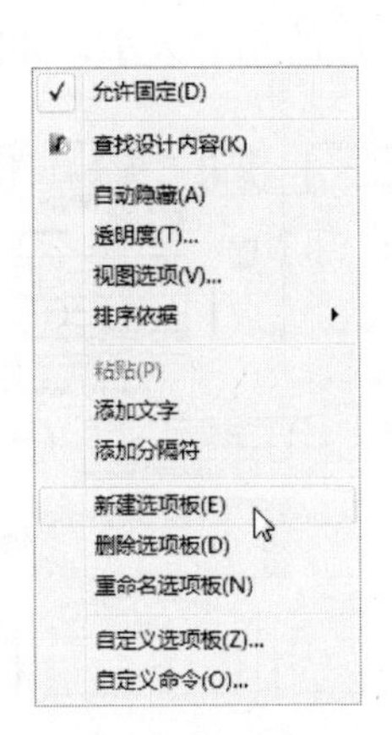

图 3-27　快捷菜单

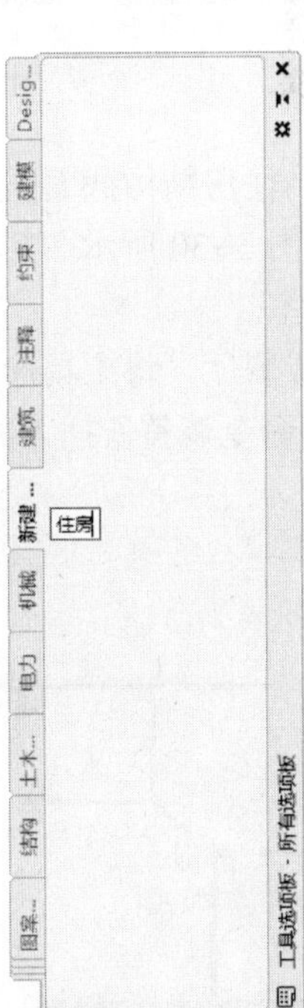

图 3-28　“住房”工具选项板选项卡

3）向工具选项板插入设计中心图块。单击“视图”选项卡“选项板”面板中的“设计中心”按钮，弹出“设计中心”对话框，将设计中心中的“Kitchens”“House Designer”“Home Space Planner”图块拖动到工具选项板的“住房”选项卡中，如图3-29所示。

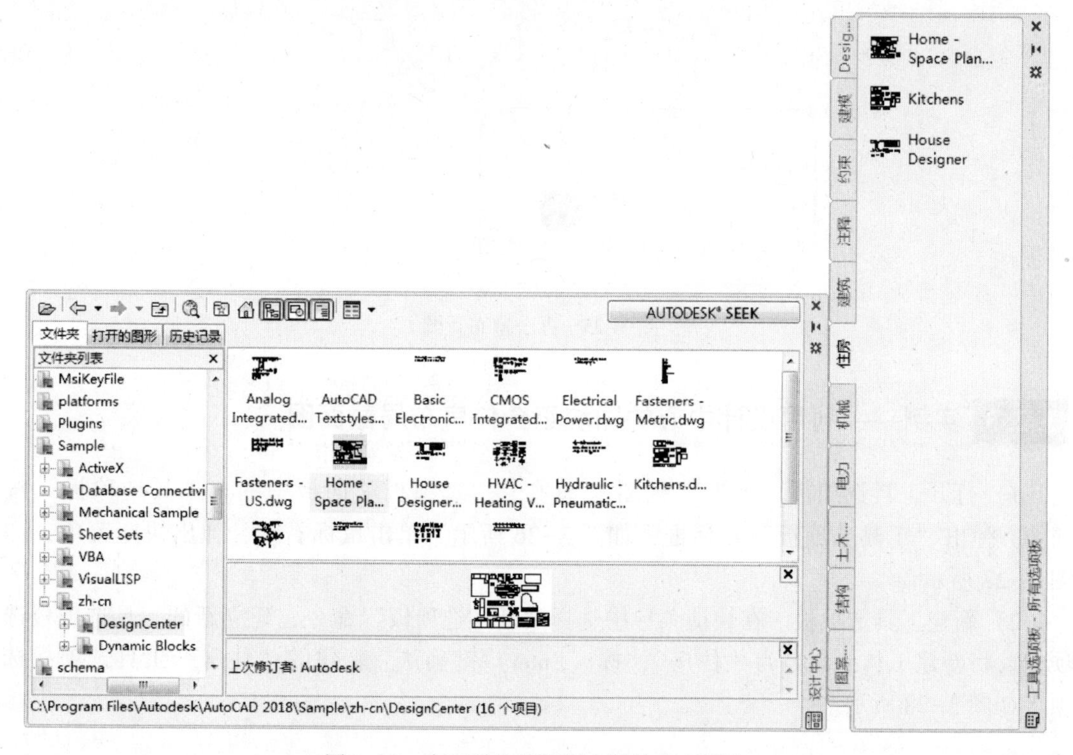

图3-29　向工具选项板插入设计中心图块

4）绘制住房结构截面图。利用以前学过的“绘图”命令与“编辑”命令绘制住房结构截面图，如图3-30所示。其中进门为餐厅，左边为厨房，右边为卫生间，正对为客厅，客厅左边为寝室。

5）布置餐厅。将工具选项板中的“House Space Planner”图块拖动到当前图形中，利用“缩放”命令调整所插入的图块与当前图形的相对大小，如图3-31所示。

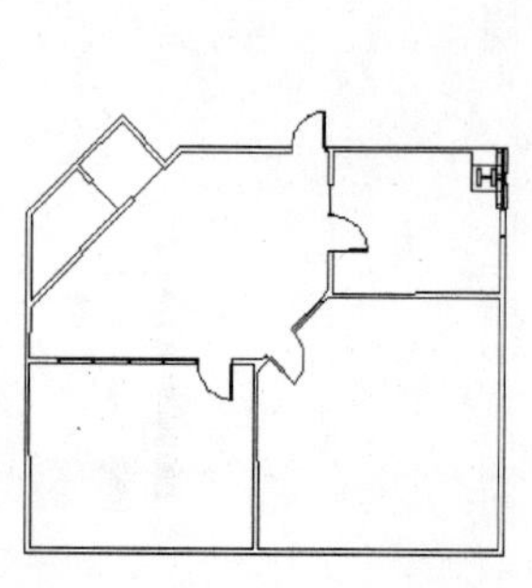

图3-30　住房结构截面图

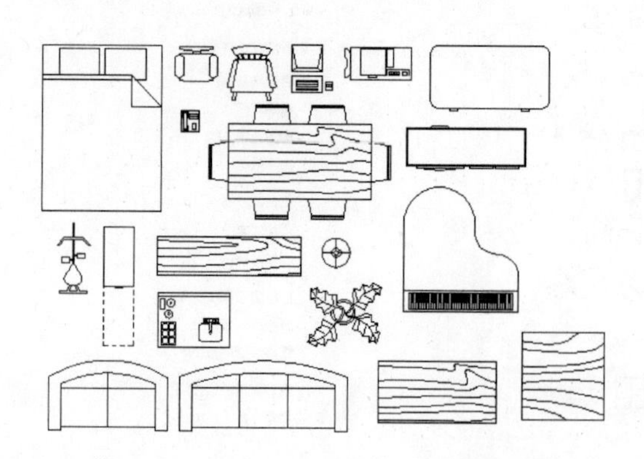

图3-31　将“House Space Planner”图块拖动到当前图形中

对该图块进行分解操作，将“House Space Planner”图块分解成单独的小图块集。

将图块集中的“饭桌”和“植物”图块拖动到餐厅中的适当位置，如图 3-32 所示。

6）布置寝室。将“双人床”图块移动到当前图形的寝室中，再利用“旋转”和“移动”命令进行位置调整。用同样的方法将“琴桌”“书桌”“台灯”和两个“椅子”图块移动并旋转到当前图形的寝室中，如图 3-33 所示。

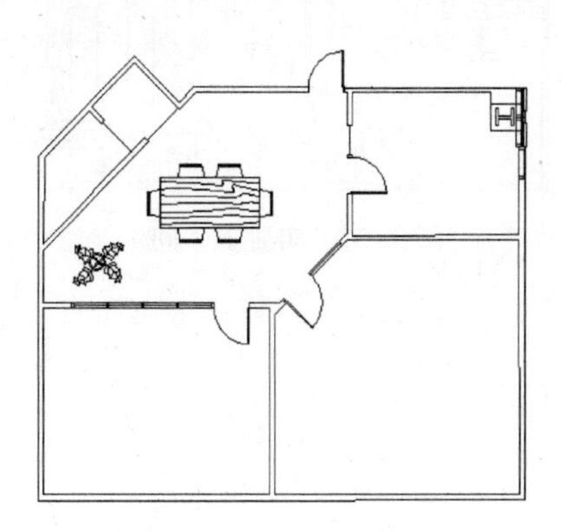

图 3-32 布置餐厅

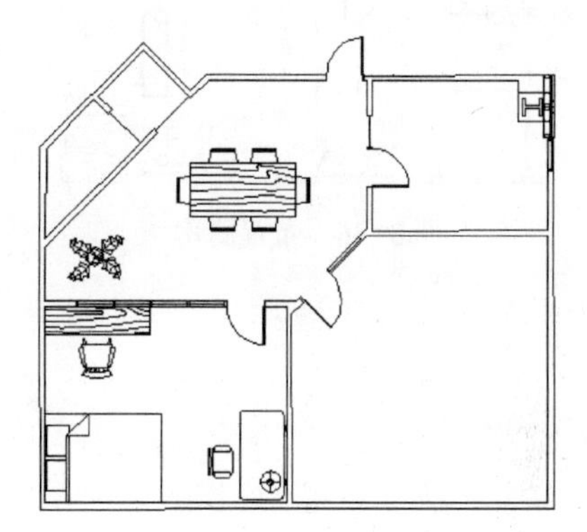

图 3-33 布置寝室

7）布置客厅。用同样的方法将“转角桌”“电视机”“茶几”和两个“沙发”图块移动并旋转到当前图形的客厅中，如图 3-34 所示。

8）布置厨房。将工具选项板中的“House Designer”图块拖动到当前图形中，利用“缩放”命令调整所插入的图块与当前图形的相对大小，如图 3-35 所示。

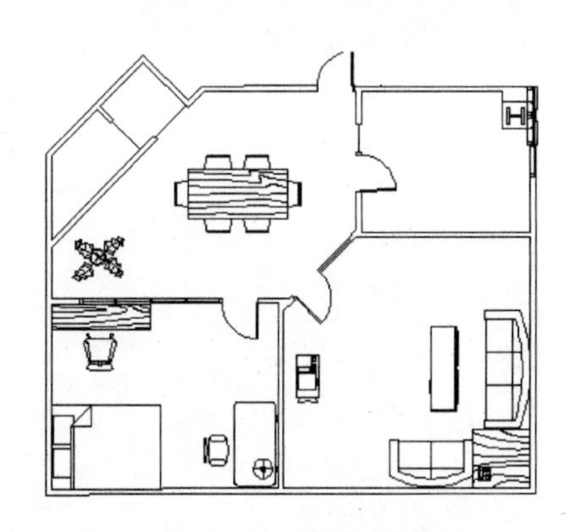

图 3-34 布置客厅

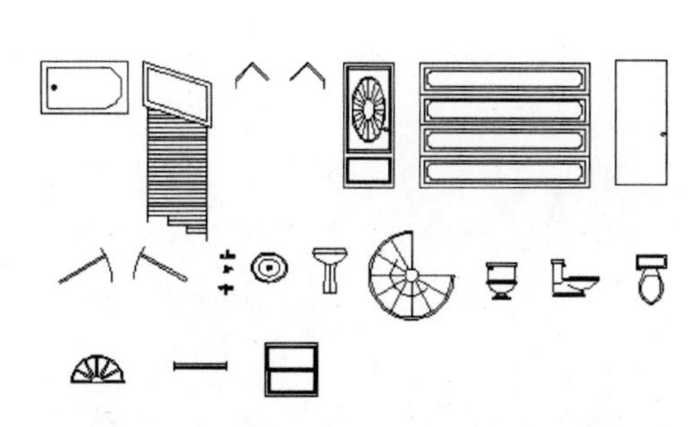

图 3-35 插入“House Designer”图块

对该图块进行分解操作，将“House Designer”图块分解成单独的小图块集。

用同样的方法将“灶台”“洗菜盆”“水龙头”图块移动并旋转到当前图形的厨房中，如图 3-36 所示。

9）布置卫生间。用同样方法将“马桶”和“洗脸盆”图块移动并旋转到当前图形的卫生间中，复制“水龙头”图块并旋转移动到洗脸盆上。删除当前图形中其他没有用处的图块，最终绘制出的图形如图 3-37 所示。

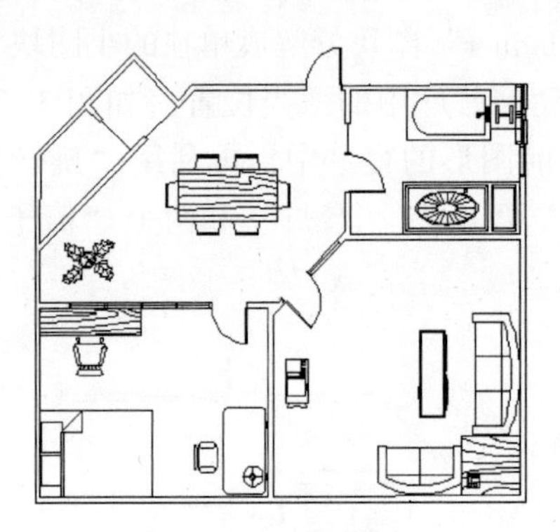

图 3-36 布置厨房

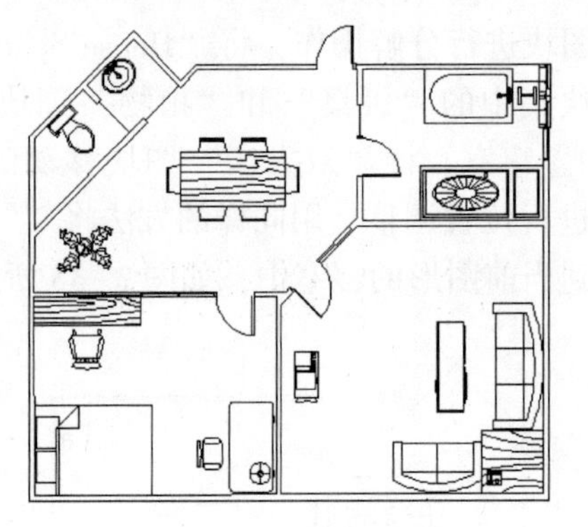

图 3-37 布置卫生间

第4章　室内设计中主要图例的绘制

知识导引

在进行装饰设计的过程中，用户常常需要绘制家具、洁具和厨具等各种设施，以便真实、形象地展示装修的效果。本章将论述室内装饰及其装饰图设计中一些常见的家具及电器设施的绘制方法，所讲解的实例涵盖了在室内设计中经常使用的家具与电器等图形，如沙发、双人床、办公桌、洗脸盆和燃气灶等。

内容要点

- 家具平面配景图的绘制
- 电器平面配景图的绘制
- 洁具和厨具平面配景图的绘制
- 各种建筑配景图的绘制

4.1　家具平面配景图的绘制

本节思路

家具图形各式各样，类型繁多。所有家具绘制均须根据其造型特点（如对称性等）逐步完成。例如，对于沙发造型，用户应先绘制单个沙发，再按相同方法绘制多座沙发；而在单个沙发绘制中，应先绘制沙发面造型，接着绘制两侧扶手造型，然后绘制沙发背部扶手轮廓，直至完成。其他的家具按类似方法进行绘制。

4.1.1 绘制餐桌和椅子

本小节实例将详细介绍室内居室装饰设计中常见的餐桌及椅子的绘制方法与技巧，如图4-1所示。具体步骤如下。

1）绘制长方形桌面，如图4-2所示。

命令：PLINE(绘制多段线)
指定起点：(确定起点位置)
当前线宽为：0.0000
指定下一个点或［圆弧(A)/半宽(H)/长度(L)/放弃(U)/宽度(W)］：(输入多段线端点的坐标或直接在屏幕上使用鼠标点取)
指定下一点或［圆弧(A)/闭合(C)/半宽(H)/长度(L)/放弃(U)/宽度(W)］：(下一点)
指定下一点或［圆弧(A)/闭合(C)/半宽(H)/长度(L)/放弃(U)/宽度(W)］：(下一点)

指定下一点或［圆弧(A)/闭合(C)/半宽(H)/长度(L)/放弃(U)/宽度(W)］：C(输入“C”并按〈Enter〉键完成操作)

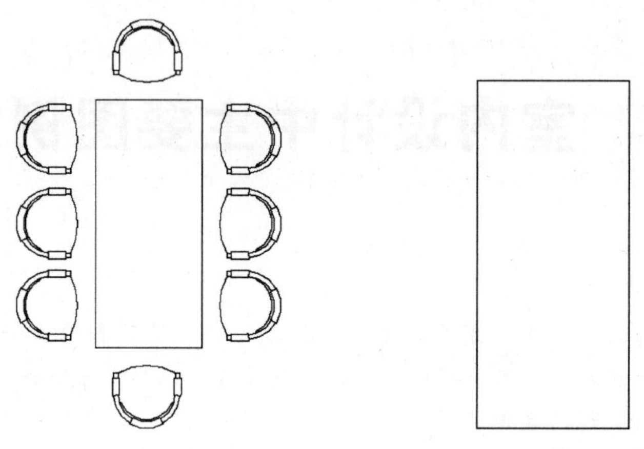

图 4-1 餐桌与椅子　　　图 4-2 绘制桌面

注 意

先绘制长方形桌面造型。

2）绘制椅子造型前端弧线的一半，如图 4-3 所示。

命令：ARC(绘制弧线)
指定圆弧的起点或［圆心(C)］:(指定起始点位置)
指定圆弧的第二个点或［圆心(C)/端点(E)］:(指定中间点位置)
指定圆弧的端点:(指定起终点位置)

3）绘制椅子扶手部分造型，即弧线上的矩形，如图 4-4 所示。

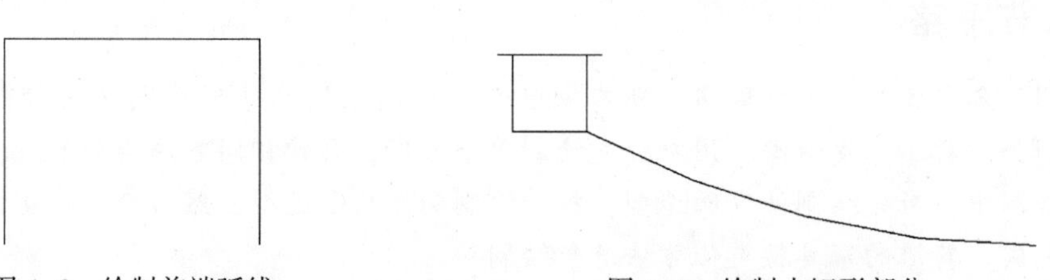

图 4-3 绘制前端弧线　　　图 4-4 绘制小矩形部分

命令:RECTANG(绘制矩形)
指定第一个角点或［倒角(C)/标高(E)/圆角(F)/厚度(T)/宽度(W)］:
指定另一个角点或［面积(A)/尺寸(D)/旋转(R)］：D(输入 D 指定尺寸)
指定矩形的长度 <0.0000>：(输入矩形的长度)
指定矩形的宽度 <0.0000>：(输入矩形的宽度)
指定另一个角点或［面积(A)/尺寸(D)/旋转(R)］:(指定矩形另一个角点的位置或移动光标以显示矩形可能的 4 个位置之一并单击需要的一个位置)
命令：LINE(输入“直线”命令)
指定第一个点：(指定直线起点位置)
指定下一点或［放弃(U)］:(指定直线终点位置)
指定下一点或［放弃(U)］:(按〈Enter〉键完成操作)

4）根据扶手的大体位置绘制稍大的近似矩形，如图 4-5 所示。

命令：PLINE(绘制多段线)
指定起点：(确定起点位置)
当前线宽为：0.0000
指定下一个点或［圆弧(A)/半宽(H)/长度(L)/放弃(U)/宽度(W)］：(输入多段线端点的坐标或直接在屏幕上使用鼠标点取)
指定下一点或［圆弧(A)/闭合(C)/半宽(H)/长度(L)/放弃(U)/宽度(W)］：(下一点)
指定下一点或［圆弧(A)/闭合(C)/半宽(H)/长度(L)/放弃(U)/宽度(W)］：(下一点)
指定下一点或［圆弧(A)/闭合(C)/半宽(H)/长度(L)/放弃(U)/宽度(W)］：(输入“C”并按〈Enter〉键完成操作)

5）绘制椅子弧线靠背造型，如图 4-6 所示。

命令：ARC(绘制弧线)
指定圆弧的起点或［圆心(C)］：(指定起始点位置)
指定圆弧的第二个点或［圆心(C)/端点(E)］：(指定中间点位置)
指定圆弧的端点：(指定起终点位置)
命令：OFFSET(偏移生成平行线)
当前设置：删除源＝否　图层＝源　OFFSETGAPTYPE＝0
指定偏移距离或［通过(T)/删除(E)/图层(L)］<通过>：(输入偏移距离或指定通过点位置)
选择要偏移的对象，或［退出(E)/放弃(U)］<退出>：(选择要偏移的图形)
指定要偏移的那一侧上的点，或［退出(E)/多个(M)/放弃(U)］<退出>：
……
选择要偏移的对象，或［退出(E)/放弃(U)］<退出>：(按〈Enter〉键完成操作)

6）绘制椅子背部造型，如图 4-7 所示。

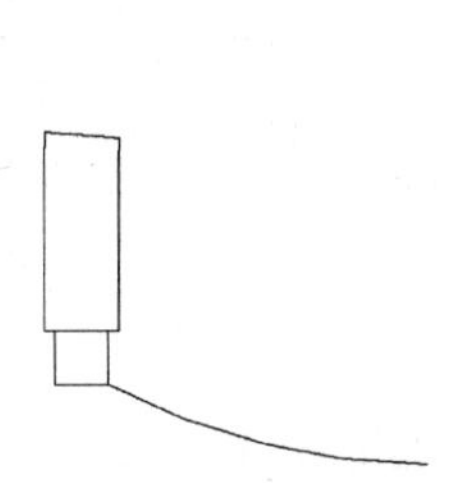

图 4-5　绘制矩形

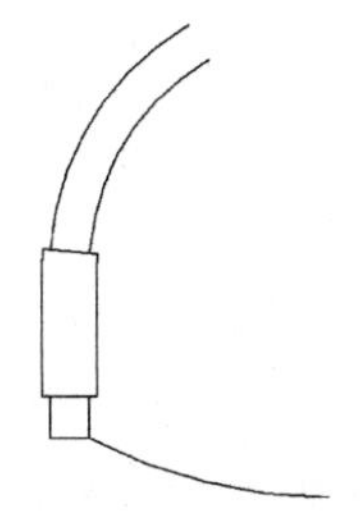

图 4-6　绘制弧线靠背

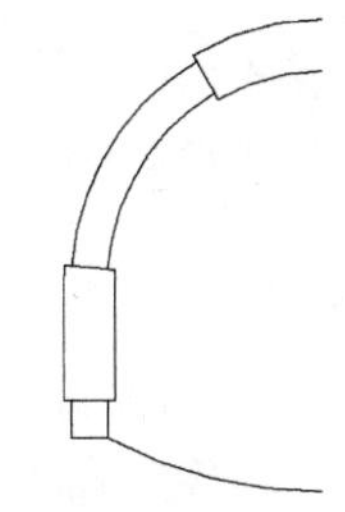

图 4-7　绘制椅子背部造型

命令：LINE(输入“直线”命令)
指定第一个点：(指定直线起点位置)
指定下一点或［放弃(U)］：(指定直线终点位置)
指定下一点或［放弃(U)］：(按〈Enter〉键完成操作)
命令：ARC(绘制弧线)
指定圆弧的起点或［圆心(C)］：(指定起始点位置)
指定圆弧的第二个点或［圆心(C)/端点(E)］：(指定中间点位置)
指定圆弧的端点：(指定起终点位置)
命令：OFFSET(偏移生成平行线)
当前设置：删除源＝否　图层＝源　OFFSETGAPTYPE＝0
指定偏移距离或［通过(T)/删除(E)/图层(L)］<通过>：(输入偏移距离或指定通过点位置)
选择要偏移的对象，或［退出(E)/放弃(U)］<退出>：(选择要偏移的图形)
指定要偏移的那一侧上的点，或［退出(E)/多个(M)/放弃(U)］<退出>：
……
选择要偏移的对象，或［退出(E)/放弃(U)］<退出>：(按〈Enter〉键完成操作)

注意

按椅子环形扶手及其靠背造型绘制另外一段图形，构成椅子背部造型。

7）为使图形更为准确，在靠背造型内侧绘制弧线造型，如图 4-8 所示。

命令：ARC(绘制弧线)
指定圆弧的起点或［圆心(C)］:(指定起始点位置)
指定圆弧的第二个点或［圆心(C)/端点(E)］:(指定中间点位置)
指定圆弧的端点:(指定起终点位置)

8）使用“镜像”命令得到整个椅子造型，如图 4-9 所示。

命令:MIRROR(镜像生成对称图形)
选择对象：找到 1 个
选择对象：找到 12 个,总计 14 个
选择对象：(按〈Enter〉键)
指定镜像线的第一点：(以中间的轴线位置作为镜像线)
指定镜像线的第二点：
要删除源对象吗？［是(Y)/否(N)］<N>:N(输入“N”并按〈Enter〉键保留原有图形)

注意

因为椅子造型是左右对称的，所以运用“镜像”命令能快速完成椅子的绘制。

9）调整椅子与餐桌的位置，如图 4-10 所示。

命令：MOVE(输入“移动”命令)
选择对象：找到 1 个
选择对象：找到 45 个,总计 46 个
……
选择对象：(按〈Enter〉键)
指定基点或［位移(D)］<位移>：(指定移动基点位置)
指定第二个点或 <使用第一个点作为位移>:(指定移动位置)

10）利用“镜像”命令可以得到餐桌另外一端对称的椅子，如图 4-11 所示。

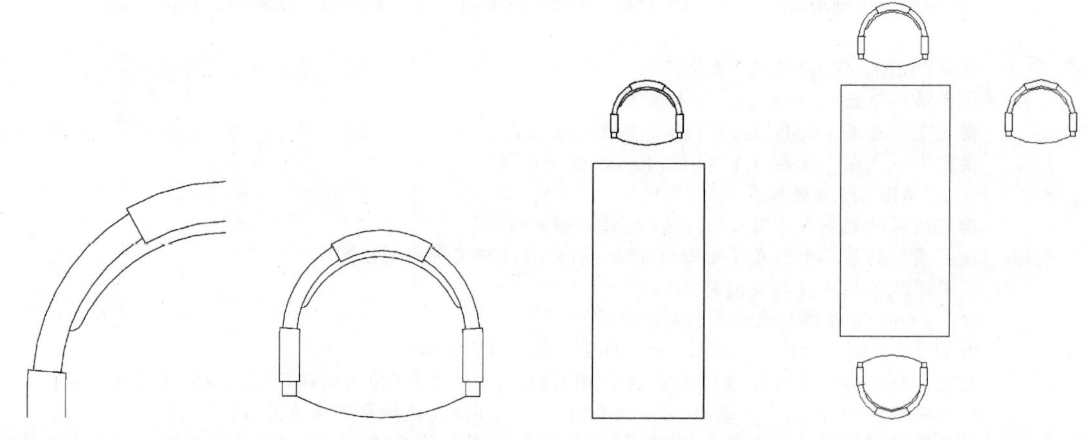

图 4-8　绘制内侧弧线　图 4-9　得到椅子造型　图 4-10　调整椅子位置　图 4-11　得到对称的椅子

命令:MIRROR(镜像生成对称图形)
选择对象：找到 1 个
选择对象：找到 24 个,总计 25 个

选择对象:(按〈Enter〉键)
指定镜像线的第一点:(以中间的轴线位置作为镜像线)
指定镜像线的第二点:
要删除源对象吗? [是(Y)/否(N)] <N>:N(输入“N”并按〈Enter〉键保留原有图形)

11) 复制一个椅子造型，如图 4-12 所示。

命令: COPY(复制得到相同的图形)
选择对象: 找到 1 个
选择对象: 找到 24 个,总计 25 个
选择对象:
当前设置: 复制模式 = 多个
指定基点或 [位移(D)/模式(O)] <位移>:
指定第二个点或 [阵列(A)] <使用第一个点作为位移>:(进行复制,指定复制图形复制点位置)
指定第二个点或 [阵列(A)/退出(E)/放弃(U)] <退出>:(指定下一个复制对象距离位置)
指定第二个点或 [阵列(A)/退出(E)/放弃(U)] <退出>:(按〈Enter〉键)

注 意

通过复制椅子，再旋转或移动进行椅子布置。

12) 将该复制的椅子旋转 90°，如图 4-13 所示。

命令: ROTATE(将图形对象进行旋转)
UCS 当前的正角方向: ANGDIR=逆时针 ANGBASE=0
选择对象: 找到 4 个
选择对象: 找到 11 个,总计 14 个
选择对象: 找到 11 个,总计 25 个
选择对象: (按〈Enter〉键)
指定基点:
指定旋转角度,或 [复制(C)/参照(R)] <0>:90(若输入旋转角度为正值,则按顺时针方向旋转;若输入旋转角度为负值,则按逆时针方向旋转)

13) 使用“复制”命令得到餐桌一侧的椅子造型，如图 4-14 所示。

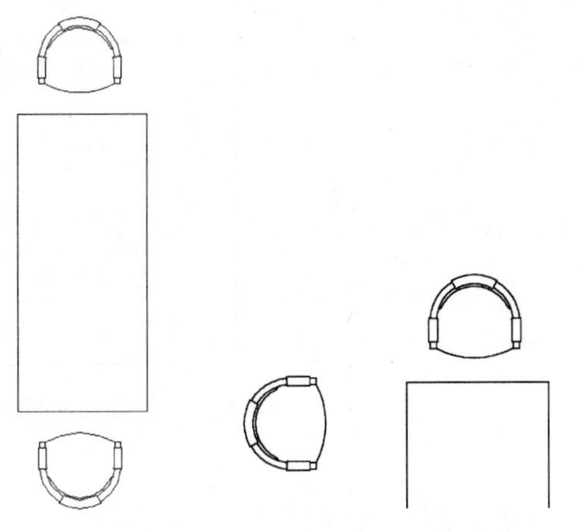

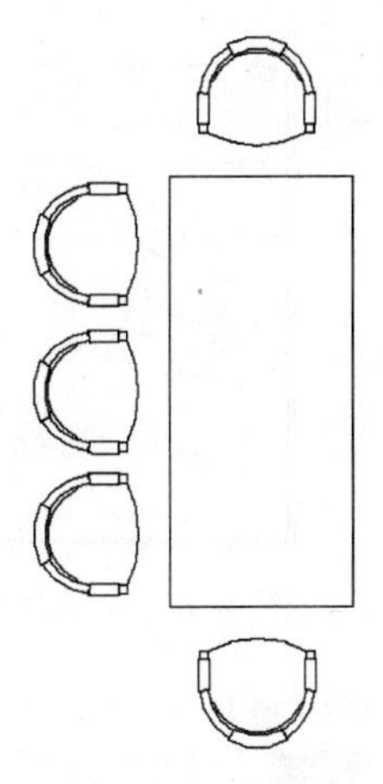

图 4-12 复制椅子　　图 4-13 旋转椅子　　图 4-14 通过复制得到侧面椅子

命令: COPY(复制得到相同的图形)
选择对象: 找到 1 个
选择对象: 找到 24 个,总计 25 个

选择对象:
当前设置: 复制模式 = 多个
指定基点或 [位移(D)/模式(O)] <位移>:
指定第二个点或 [阵列(A)] <使用第一个点作为位移>:(进行复制,指定复制图形复制点位置)
指定第二个点或 [阵列(A)/退出(E)/放弃(U)] <退出>:(指定下一个复制对象距离位置)
指定第二个点或 [阵列(A)/退出(E)/放弃(U)] <退出>:(指定下一个复制对象距离位置)
指定第二个点或 [阵列(A)/退出(E)/放弃(U)] <退出>:(按〈Enter〉键)

14）使用“镜像”命令得到餐桌另外一侧的椅子造型，至此，整个餐桌与椅子造型就绘制完成了，如图 4-15 所示。

命令:MIRROR(镜像生成对称图形)
选择对象: 找到 1 个
选择对象: 找到 24 个,总计 25 个
选择对象: 找到 25 个,总计 50 个
选择对象: 找到 25 个,总计 75 个
选择对象:(按〈Enter〉键)
指定镜像线的第一点: (以中间的轴线位置作为镜像线)
指定镜像线的第二点:
要删除源对象吗? [是(Y)/否(N)] <N>:N(输入“N”并按〈Enter〉键保留原有图形)
命令:ZOOM(缩放视图)
指定窗口的角点,输入比例因子 (nX 或 nXP),或者
[全部(A)/中心(C)/动态(D)/范围(E)/上一个(P)/比例(S)/窗口(W)/对象(O)] <实时>:E

图 4-15　餐桌与椅子造型

4.1.2 绘制床和床头灯

本小节实例将详细介绍室内装饰设计中常用的双人床及床头灯的绘制方法与相关技巧，如图 4-16 所示。具体步骤如下。

1）绘制双人床的外部轮廓线，如图 4-17 所示。

图 4-16　双人床和床头灯

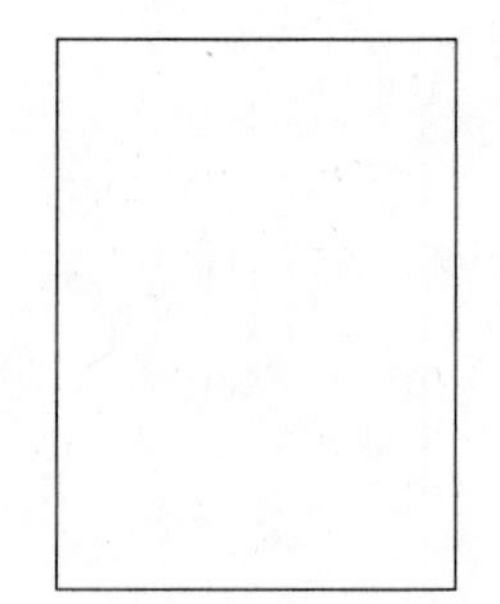

图 4-17　绘制外部轮廓线

命令:RECTANG(绘制矩形外部轮廓线)
指定第一个角点或 [倒角(C)/标高(E)/圆角(F)/厚度(T)/宽度(W)]:
指定另一个角点或 [面积(A)/尺寸(D)/旋转(R)]: D(输入 D 指定尺寸)
指定矩形的长度 <0.0000>: 1500(输入矩形的长度)
指定矩形的宽度 <0.0000>: 2000(输入矩形的宽度)
指定另一个角点或 [面积(A)/尺寸(D)/旋转(R)]:(指定矩形另一个角点的位置或移动光标以显示矩形可能的 4 个位置之一并单击需要的一个位置)

双人床的大小一般为 2000 mm×1800 mm，单人床的大小一般为 2000 mm×1000 mm。

2）绘制床单造型，如图 4-18 所示。

命令：LINE(输入“直线”命令)
指定第一个点：(指定直线起点位置)
指定下一点或［放弃(U)］：(指定直线终点位置)
指定下一点或［放弃(U)］：(按〈Enter〉键)

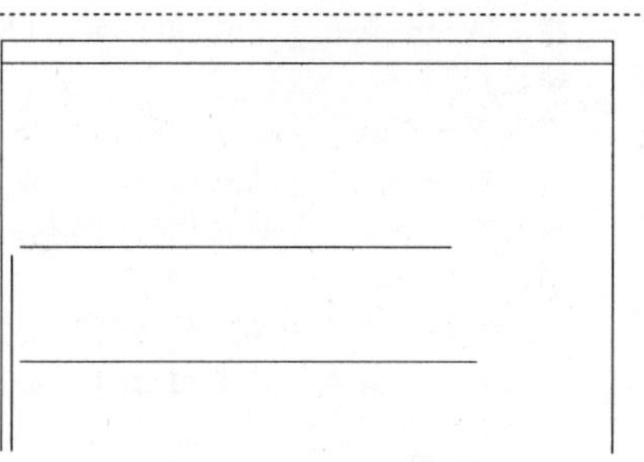

图 4-18 绘制床单

3）进一步完善床单造型，如图 4-19 所示。

命令：LINE(输入“直线”命令)
指定第一个点：(指定直线起点位置)
指定下一点或［放弃(U)］：(指定直线终点位置)
指定下一点或［放弃(U)］：(按〈Enter〉键)
命令：FILLET(对图形对象进行圆角)
当前设置：模式 = 修剪，半径 = 500
选择第一个对象或［放弃(U)/多段线(P)/半径(R)/修剪(T)/多个(M)］：R(输入 R 设置圆角半径大小)
指定圆角半径 <500>：50(输入半径大小)
选择第一个对象或［放弃(U)/多段线(P)/半径(R)/修剪(T)/多个(M)］：(选择第 1 条圆角对象边界)
选择第二个对象，或按住〈Shift〉键选择对象以应用角点或［半径(R)］：(选择第 2 条圆角对象边界)

4）对床单细部进行加工，使其自然、形象一些，如图 4-20 所示。

命令：CHAMFER(对图形对象进行倒直角)
(“修剪”模式) 当前倒角距离 1 = 0，距离 2 = 0
选择第一条直线或［放弃(U)/多段线(P)/距离(D)/角度(A)/修剪(T)/方式(E)/多个(M)］：D(输入“D”设置倒直角距离大小)
指定第一个倒角距离 <0>：(输入距离)
指定第二个倒角距离 <100>：(输入距离)
选择第一条直线或［放弃(U)/多段线(P)/距离(D)/角度(A)/修剪(T)/方式(E)/多个(M)］：(选择第 1 条倒直角对象边界)
选择第二条直线，或按住〈Shift〉键选择直线以应用角点或［距离(D)/角度(A)/方法(M)］：(选择第 2 条倒直角对象边界)
命令：ARC(绘制弧线)
指定圆弧的起点或［圆心(C)］：(指定起始点位置)
指定圆弧的第二个点或［圆心(C)/端点(E)］：(指定中间点位置)
指定圆弧的端点：(指定起终点位置)

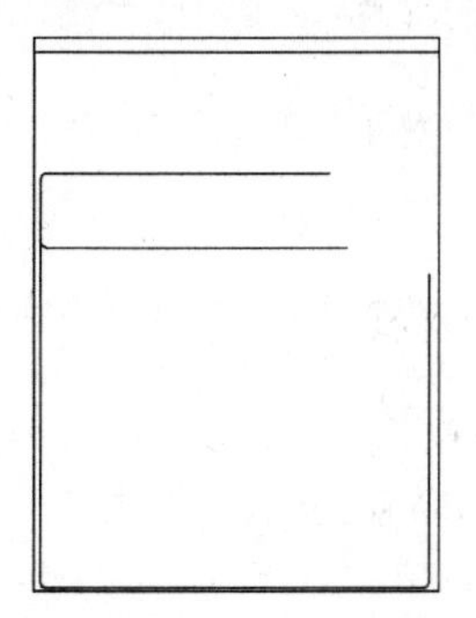

图 4-19 进一步勾画床单

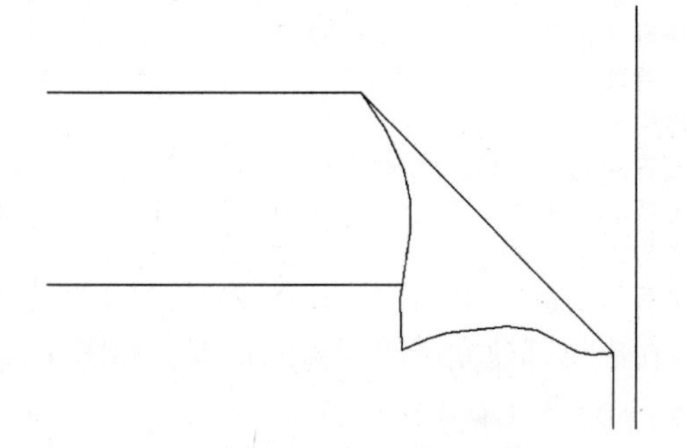

图 4-20 加工床单细部造型

5）建立枕头外轮廓造型，如图 4-21 所示。

命令：SPLINE（绘制枕套外轮廓）
当前设置：方式=拟合　节点=弦
指定第一个点或［方式(M)/节点(K)/对象(O)］：（指定样条曲线的第 1 点或选择对象进行样条曲线转换）
输入下一个点或［起点切向(T)/公差(L)］：（指定下一点位置）
输入下一个点或［端点相切(T)/公差(L)/放弃(U)］：（指定下一点位置或选择备选项）
输入下一个点或［端点相切(T)/公差(L)/放弃(U)/闭合(C)］：（指定下一点位置或选择备选项）
……
输入下一个点或［端点相切(T)/公差(L)/放弃(U)/闭合(C)］：（指定下一点位置或选择备选项）
输入下一个点或［端点相切(T)/公差(L)/放弃(U)/闭合(C)］：（按〈Enter〉键）

注 意

用户可以使用“ARC”功能命令来绘制枕头造型。

6）绘制枕头其他位置线段，如图 4-22 所示。

命令：ARC（绘制弧线）
指定圆弧的起点或［圆心(C)］：（指定起始点位置）
指定圆弧的第二个点或［圆心(C)/端点(E)］：（指定中间点位置）
指定圆弧的端点：（指定起终点位置）

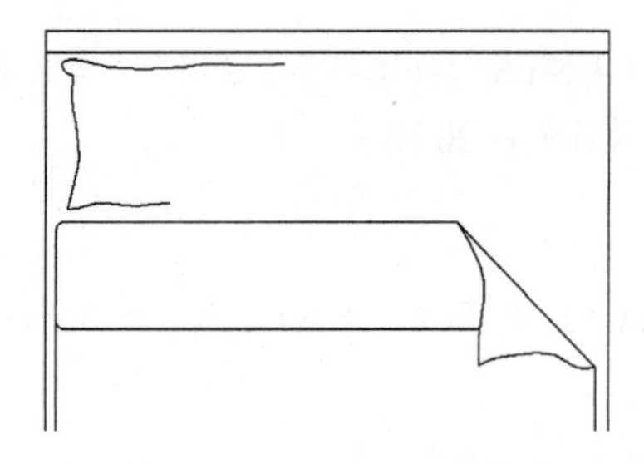
图 4-21　绘制枕头轮廓

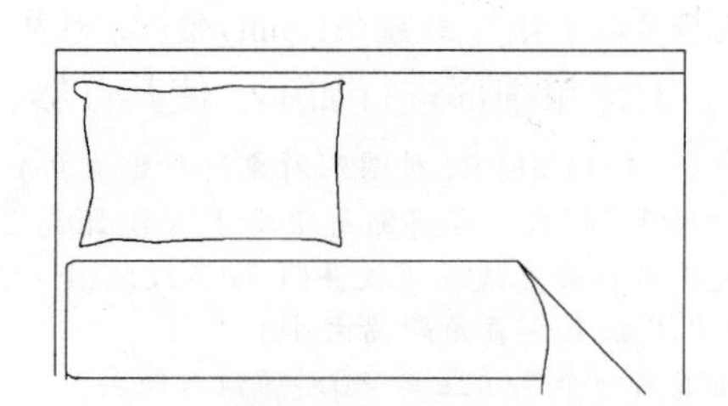
图 4-22　勾画枕头折线

注 意

可以使用弧线功能命令 ARC、LINE 等勾画枕头折线，使其效果更为逼真。

7）复制得到另外一个枕头造型，如图 4-23 所示。

命令：COPY（复制得到相同的图形）
选择对象：找到 1 个
选择对象：找到 21 个，总计 22 个
选择对象：
当前设置：　复制模式 = 多个
指定基点或［位移(D)/模式(O)］<位移>：
指定第二个点或［阵列(A)］<使用第一个点作为位移>：（进行复制，指定复制图形复制点位置）
指定第二个点或［阵列(A)/退出(E)/放弃(U)］<退出>：（指定下一个复制对象距离位置）
指定第二个点或［阵列(A)/退出(E)/放弃(U)］<退出>：（按〈Enter〉键）

8）在床尾部建立床单局部的造型，如图 4-24 所示。

命令：ARC（绘制弧线）
指定圆弧的起点或［圆心(C)］：（指定起始点位置）
指定圆弧的第二个点或［圆心(C)/端点(E)］：（指定中间点位置）

指定圆弧的端点:(指定起终点位置)

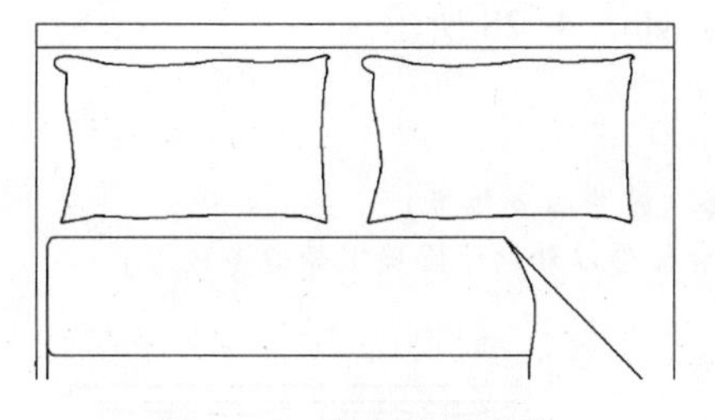
图 4-23　复制枕头造型

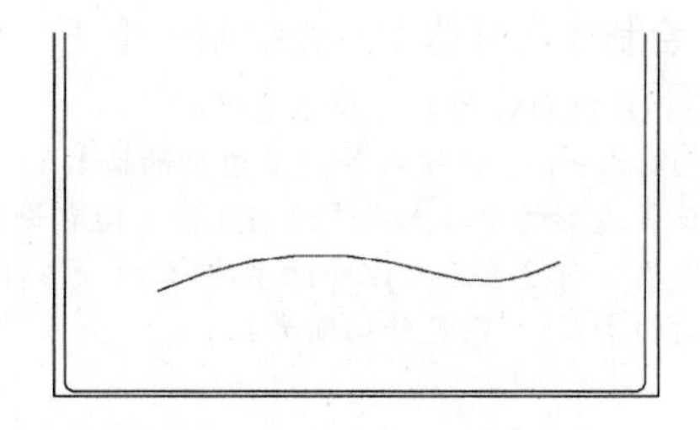
图 4-24　建立床单尾部造型

9）通过偏移得到一组平行线造型，如图 4-25 所示。

命令：OFFSET(偏移生成平行线)
当前设置：删除源=否　图层=源　OFFSETGAPTYPE=0
指定偏移距离或［通过(T)/删除(E)/图层(L)］<通过>:(输入偏移距离或指定通过点位置)
选择要偏移的对象,或［退出(E)/放弃(U)］<退出>:(选择要偏移的图形)
指定要偏移的那一侧上的点,或［退出(E)/多个(M)/放弃(U)］<退出>:
……
选择要偏移的对象,或［退出(E)/放弃(U)］<退出>:(按〈Enter〉键)

10）绘制一个靠垫造型，如图 4-26 所示。

命令：ARC(绘制弧线)
指定圆弧的起点或［圆心(C)］:(指定起始点位置)
指定圆弧的第二个点或［圆心(C)/端点(E)］:(指定中间点位置)
指定圆弧的端点:(指定起终点位置)
命令：LINE(输入“直线”命令)
指定第一个点：(指定直线起点位置)
指定下一点或［放弃(U)］:(指定直线终点位置)
指定下一点或［放弃(U)］:(按〈Enter〉键)

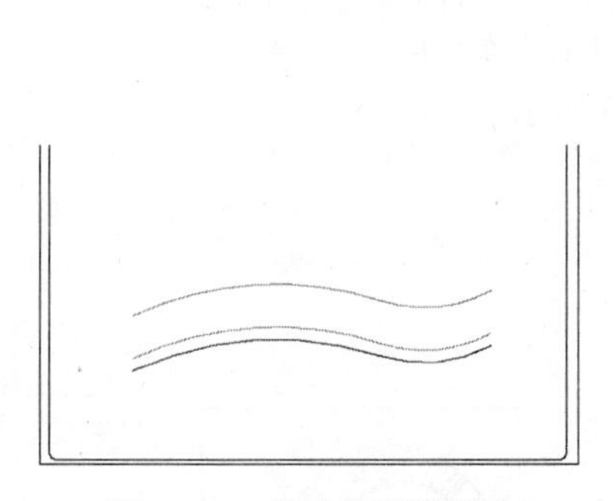
图 4-25　偏移得到平行线

图 4-26　绘制靠垫造型

11）绘制靠垫内部线条造型，如图 4-27 所示。

命令：LINE(输入“直线”命令)
指定第一个点：(指定直线起点位置)
指定下一点或［放弃(U)］:(指定直线终点位置)
指定下一点或［放弃(U)］:(按〈Enter〉键)
命令：ARC(绘制弧线)
指定圆弧的起点或［圆心(C)］:(指定起始点位置)
指定圆弧的第二个点或［圆心(C)/端点(E)］:(指定中间点位置)

指定圆弧的端点:(指定起终点位置)

12）绘制床头灯造型。先绘制一个正方形，如图4-28所示。

命令：POLYGON(绘制等边多边形)
输入侧面数<4>：4(输入等边多边形的边数)
指定正多边形的中心点或［边(E)］：(指定等边多边形中心点位置)
输入选项［内接于圆(I)/外切于圆(C)］<I>:C(输入C以外切于圆确定等边多边形)
指定圆的半径：(指定外切圆半径)

图4-27 绘制靠垫内部线条造型　　图4-28 绘制正方形

注 意

床头灯造型可绘制成方形，也可以绘制成其他形状造型。

13）在正方形上绘制两个大小和圆心位置不同的圆形，如图4-29所示。

命令：CIRCLE(绘制圆形)
指定圆的圆心或［三点(4P)/两点(2P)/切点、切点、半径(T)］：(指定圆心点位置)
指定圆的半径或［直径(D)］<20.000>：(输入圆形半径或在屏幕上直接点取)

14）绘制随机斜线形成灯罩效果，如图4-30所示。

命令：LINE(输入“直线”命令)
指定第一个点：(指定直线起点位置)
指定下一点或［放弃(U)］:(指定直线终点位置)
指定下一点或［放弃(U)］:(按〈Enter〉键)

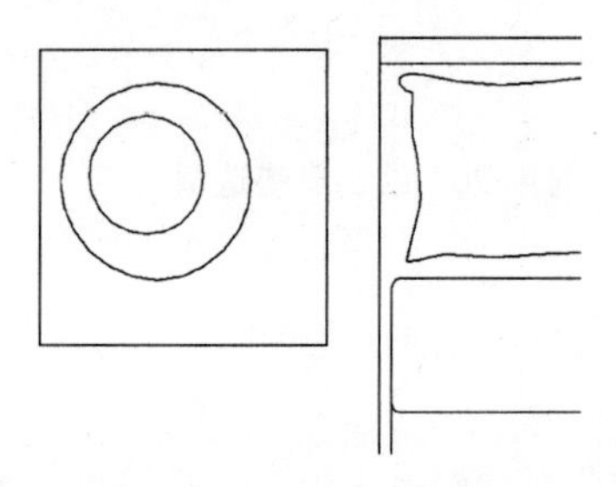

图4-29 绘制两个圆形

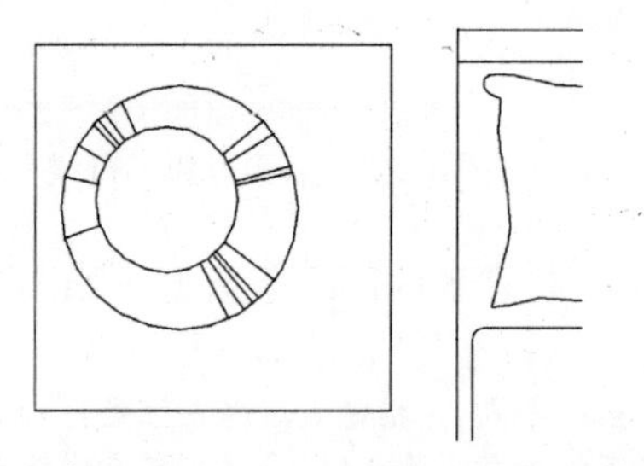

图4-30 绘制灯罩

15）复制得到两个床头灯造型，如图4-31所示。

命令：COPY

选择对象：指定对角点：找到 19 个
选择对象：(按〈Enter〉键)
当前设置：复制模式＝多个
指定基点或[位移(D)/模式(O)]<位移>:
指定第二个点或[阵列(A)]<使用第一个点作为位移>:
指定第二个点或[阵列(A)/退出(E)/放弃(U)]<退出>:

16）缩放视图，完成双人床及床头灯平面造型设计，执行“SAVE”命令保存图形，如图 4-32 所示。

命令：ZOOM(缩放视图)
指定窗口的角点，输入比例因子（nX 或 nXP），或者
[全部(A)/中心(C)/动态(D)/范围(E)/上一个(P)/比例(S)/窗口(W)/对象(O)] <实时>:E

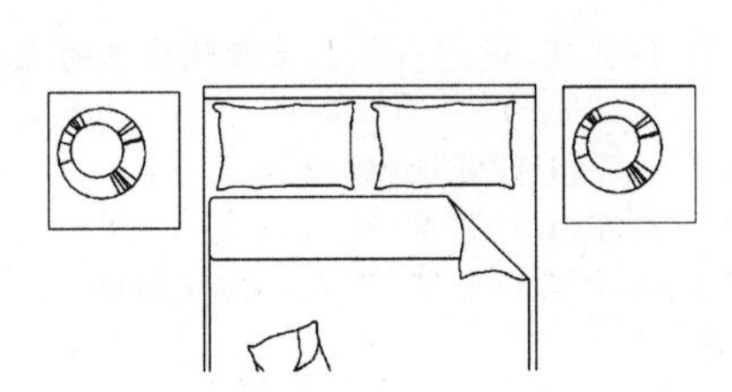

图 4-31 两个床头灯造型

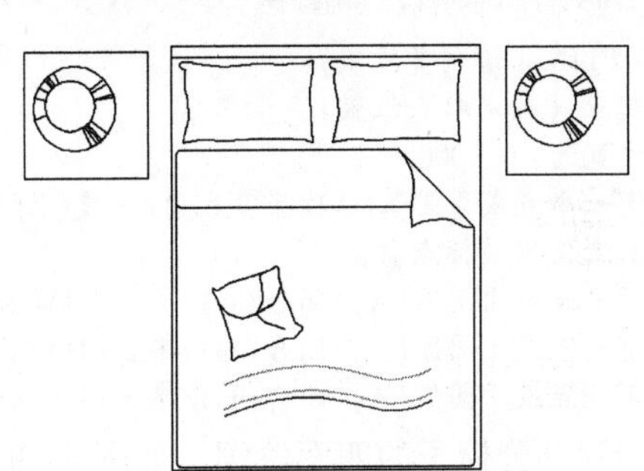

图 4-32 双人床及床头灯平面造型

注 意

单人床造型可按类似方法绘制。

4.1.3 绘制办公桌及其隔断

本小节实例将详细介绍室内装饰设计中常用的办公桌及隔断的绘制方法与相关技巧，如图 4-33 所示。具体步骤如下。

1）绘制矩形办公桌桌面，如图 4-34 所示。

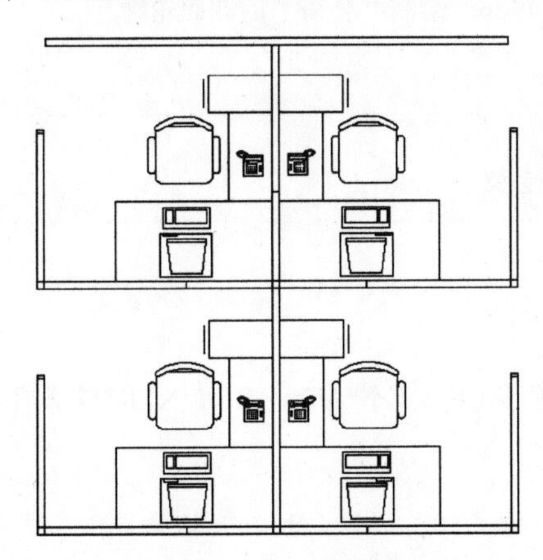

图 4-33 办公桌及隔断

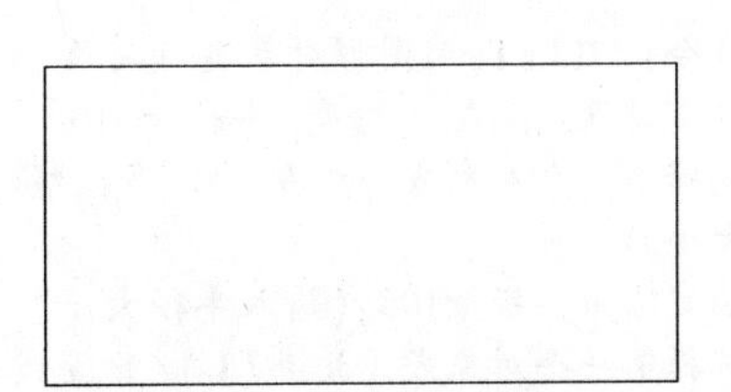

图 4-34 绘制办公桌桌面

命令:RECTANG(绘制矩形外部轮廓线)
指定第一个角点或[倒角(C)/标高(E)/圆角(F)/厚度(T)/宽度(W)]:
指定另一个角点或[面积(A)/尺寸(D)/旋转(R)]: D(输入"D"指定尺寸)
指定矩形的长度 <0.0000>:(输入矩形的长度)
指定矩形的宽度 <0.0000>:(输入矩形的宽度)
指定另一个角点或[面积(A)/尺寸(D)/旋转(R)]:(指定矩形另一个角点的位置或移动光标以显示矩形可能的4个位置之一并单击需要的一个位置)

注 意

根据办公桌及其隔断的图形整体情况，先绘制办公桌。

2）绘制侧面桌面，如图4-35所示。

命令: PLINE(绘制多段线)
指定起点:(确定起点位置)
当前线宽为: 0.0000
指定下一个点或[圆弧(A)/半宽(H)/长度(L)/放弃(U)/宽度(W)]:(输入多段线端点的坐标或直接在屏幕上使用鼠标点取)
指定下一点或[圆弧(A)/闭合(C)/半宽(H)/长度(L)/放弃(U)/宽度(W)]:(下一点)
指定下一点或[圆弧(A)/闭合(C)/半宽(H)/长度(L)/放弃(U)/宽度(W)]:(下一点)
指定下一点或[圆弧(A)/闭合(C)/半宽(H)/长度(L)/放弃(U)/宽度(W)]: (按〈Enter〉键)

3）绘制办公椅子的四面轮廓，如图4-36所示。

命令: LINE(输入"直线"命令)
指定第一个点: (指定直线起点位置)
指定下一点或[放弃(U)]:(指定直线终点位置)
指定下一点或[放弃(U)]:(按〈Enter〉键)

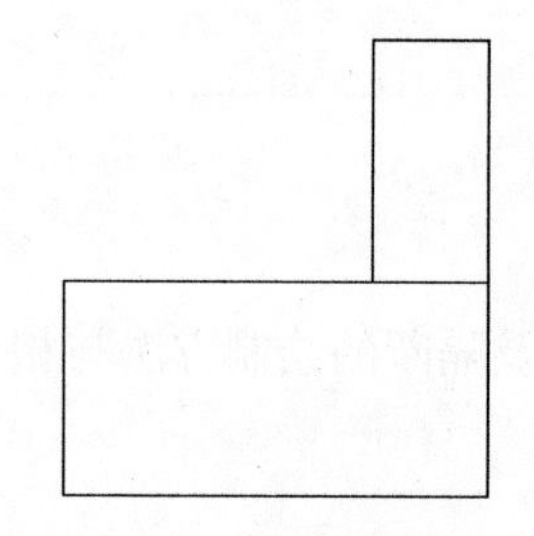

图4-35 绘制侧面桌面

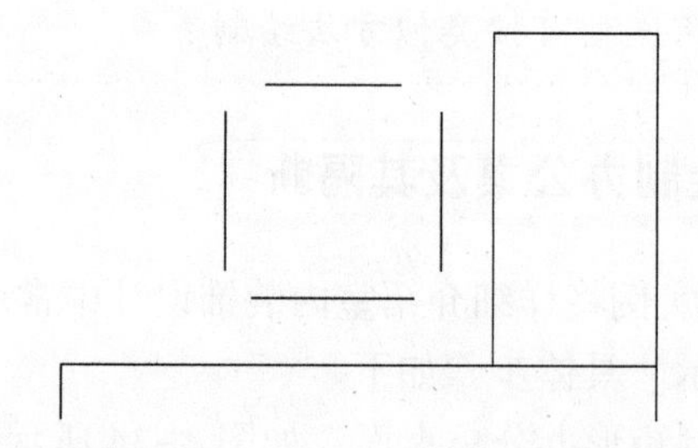

图4-36 绘制办公椅子的四面轮廓

注 意

办公室椅子造型也可以直接使用前面绘制的造型。

4）进行圆角，如图4-37所示。

命令: FILLET(对图形对象进行圆角)
当前设置: 模式 = 修剪,半径 = 10
选择第一个对象或[放弃(U)/多段线(P)/半径(R)/修剪(T)/多个(M)]: R(输入"R"设置圆角半径大小)
指定圆角半径 <10>:(输入半径大小)
选择第一个对象或[放弃(U)/多段线(P)/半径(R)/修剪(T)/多个(M)]: (选择第1条圆角对象边界)
选择第二个对象,或按住〈Shift〉键选择对象以应用角点或[半径(R)]:(选择第2条圆角对象边界)

5）在椅子后侧绘制轮廓局部造型，如图 4-38 所示。

命令：ARC(绘制弧线)
指定圆弧的起点或［圆心(C)］：(指定起始点位置)
指定圆弧的第二个点或［圆心(C)/端点(E)］：(指定中间点位置)
指定圆弧的端点：(指定起终点位置)
命令：OFFSET(偏移生成平行线)
当前设置：删除源＝否　图层＝源　OFFSETGAPT
YPE＝0
指定偏移距离或［通过(T)/删除(E)/图层(L)］<通过>：(输入偏移距离或指定通过点位置)
选择要偏移的对象，或［退出(E)/放弃(U)］<退出>：(选择要偏移的图形)
指定要偏移的那一侧上的点，或［退出(E)/多个(M)/放弃(U)］<退出>：
……
选择要偏移的对象，或［退出(E)/放弃(U)］<退出>：(按〈Enter〉键)

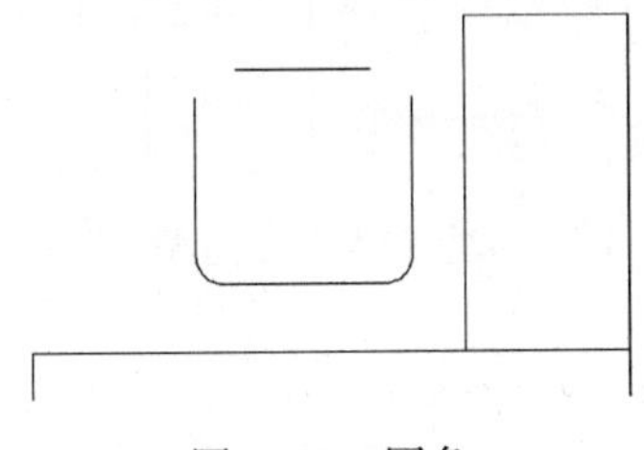

图 4-37　圆角

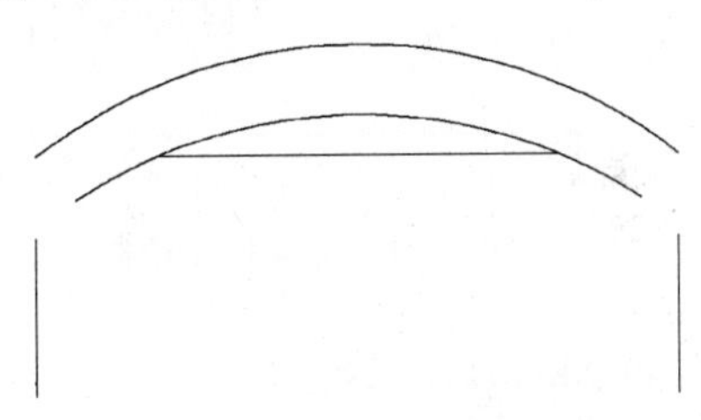

图 4-38　绘制轮廓局部造型

6）对两端进行圆滑处理，如图 4-39 所示。

命令：ARC(绘制弧线)
指定圆弧的起点或［圆心(C)］：(指定起始点位置)
指定圆弧的第二个点或［圆心(C)/端点(E)］：(指定中间点位置)
指定圆弧的端点：(指定起终点位置)

7）绘制办公椅的侧面扶手，如图 4-40 所示。

命令：LINE(输入“直线”命令)
指定第一个点：(指定直线起点位置)
指定下一点或［放弃(U)］：(指定直线终点位置)
指定下一点或［放弃(U)］：(按〈Enter〉键)
命令：ARC(绘制弧线)
指定圆弧的起点或［圆心(C)］：(指定起始点位置)
指定圆弧的第二个点或［圆心(C)/端点(E)］：(指定中间点位置)
指定圆弧的端点：(指定起终点位置)

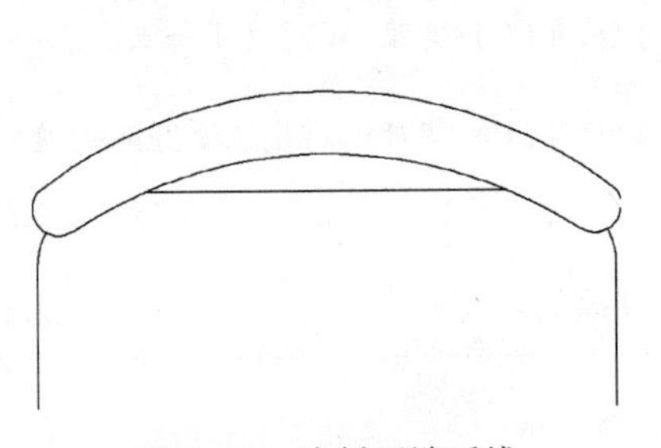

图 4-39　绘制两端弧线

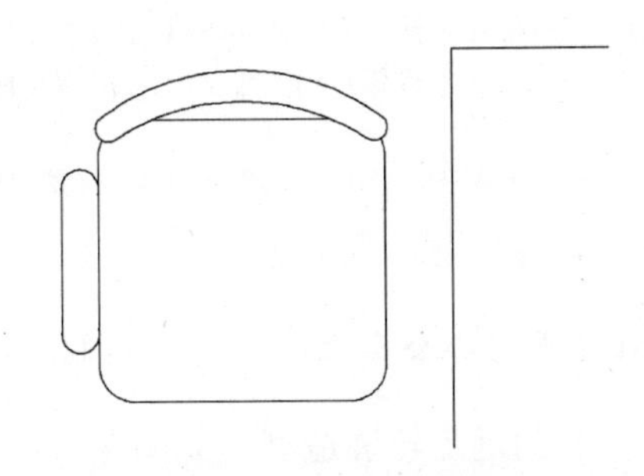

图 4-40　绘制侧面扶手

8）执行“镜像”命令得到另外一侧的扶手，完成椅子的绘制，如图 4-41 所示。

命令:MIRROR(镜像生成对称图形)
选择对象:找到 1 个
选择对象:找到 2 个,总计 4 个
选择对象:(按〈Enter〉键)
指定镜像线的第一点:(以中间的轴线位置作为镜像线)
指定镜像线的第二点:
要删除源对象吗? [是(Y)/否(N)] <N>:N(输入"N"并按〈Enter〉键保留原有图形)

9）在侧面桌面边绘制柜子造型，如图 4-42 所示。

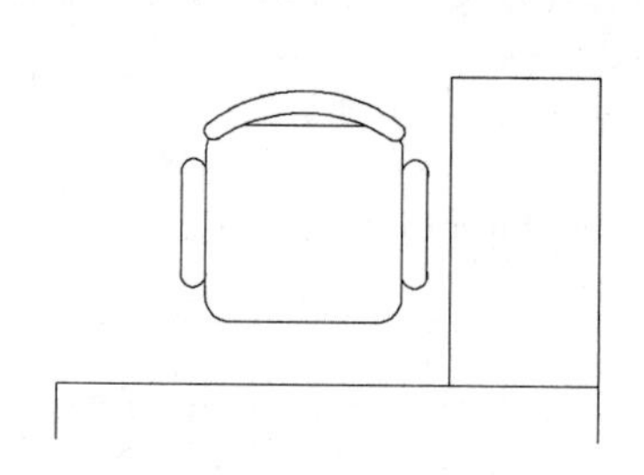

图 4-41　完成椅子绘制

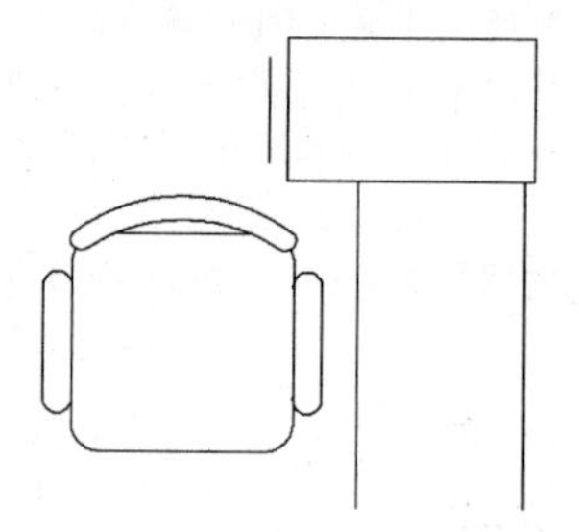

图 4-42　绘制柜子造型

命令:PLINE(绘制多段线)
指定起点:(确定起点位置)
当前线宽为:0.0000
指定下一个点或 [圆弧(A)/半宽(H)/长度(L)/放弃(U)/宽度(W)]:(输入多段线端点的坐标或直接在屏幕上使用鼠标点取)
指定下一点或 [圆弧(A)/闭合(C)/半宽(H)/长度(L)/放弃(U)/宽度(W)]:(下一点)
指定下一点或 [圆弧(A)/闭合(C)/半宽(H)/长度(L)/放弃(U)/宽度(W)]:(下一点)
指定下一点或 [圆弧(A)/闭合(C)/半宽(H)/长度(L)/放弃(U)/宽度(W)]:(按〈Enter〉键)
命令:LINE(输入"直线"命令)
指定第一个点:(指定直线起点位置)
指定下一点或 [放弃(U)]:(指定直线终点位置)
指定下一点或 [放弃(U)]:(按〈Enter〉键)

10）绘制办公桌上的设备，如计算机等，如图 4-43 所示。

命令:PLINE(绘制多段线)
指定起点:(确定起点位置)
当前线宽为:0.0000
指定下一个点或 [圆弧(A)/半宽(H)/长度(L)/放弃(U)/宽度(W)]:(输入多段线端点的坐标或直接在屏幕上使用鼠标点取)
指定下一点或 [圆弧(A)/闭合(C)/半宽(H)/长度(L)/放弃(U)/宽度(W)]:(下一点)
指定下一点或 [圆弧(A)/闭合(C)/半宽(H)/长度(L)/放弃(U)/宽度(W)]:(下一点)
……
指定下一点或 [圆弧(A)/闭合(C)/半宽(H)/长度(L)/放弃(U)/宽度(W)]:(按〈Enter〉键)

注 意

在这里对办公桌上的设备仅绘制轮廓（近似勾画）。

11）绘制键盘轮廓造型，如图 4-44 所示。

命令:RECTANG(绘制矩形外部轮廓线)
指定第一个角点或 [倒角(C)/标高(E)/圆角(F)/厚度(T)/宽度(W)]:
指定另一个角点或 [面积(A)/尺寸(D)/旋转(R)]:D(输入 D 指定尺寸)

指定矩形的长度 <0.0000>：(输入矩形的长度)
指定矩形的宽度 <0.0000>：(输入矩形的宽度)
指定另一个角点或［面积(A)/尺寸(D)/旋转(R)］：(指定矩形另一个角点的位置或移动光标以显示矩形可能的 4 个位置之一并单击需要的一个位置)

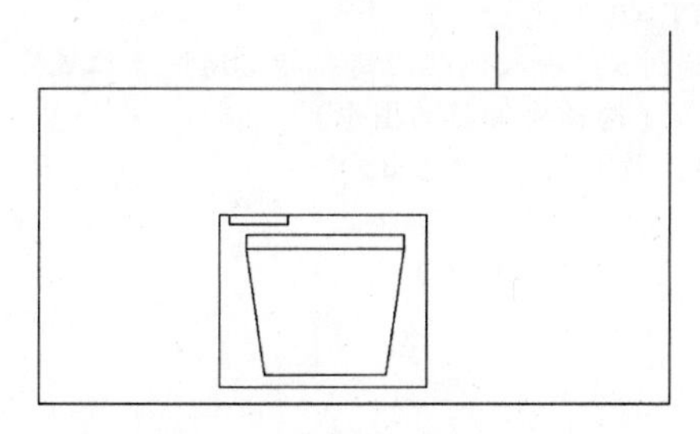
图 4-43　绘制办公桌上的设备轮廓

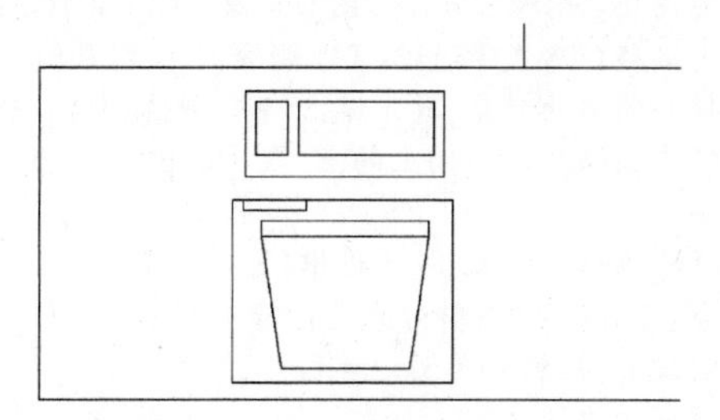
图 4-44　绘制键盘轮廓

12）绘制办公电话轮廓造型，如图 4-45 所示。

命令：POLYGON(绘制等边多边形)
输入侧面数<4>：4(输入等边多边形的边数)
指定正多边形的中心点或［边(E)］：(指定等边多边形中心点位置)
输入选项［内接于圆(I)/外切于圆(C)］<I>：C(输入 C 以外切于圆确定等边多边形)
指定圆的半径：(指定外切圆半径)

13）绘制电话局部轮廓造型，如图 4-46 所示。

命令：PLINE(绘制多段线)
指定起点：(确定起点位置)
当前线宽为：0.0000
指定下一个点或［圆弧(A)/半宽(H)/长度(L)/放弃(U)/宽度(W)］：(输入多段线端点的坐标或直接在屏幕上使用鼠标点取)
指定下一点或［圆弧(A)/闭合(C)/半宽(H)/长度(L)/放弃(U)/宽度(W)］：(下一点)
指定下一点或［圆弧(A)/闭合(C)/半宽(H)/长度(L)/放弃(U)/宽度(W)］：(下一点)
指定下一点或［圆弧(A)/闭合(C)/半宽(H)/长度(L)/放弃(U)/宽度(W)］：C(输入"C"并按〈Enter〉键)

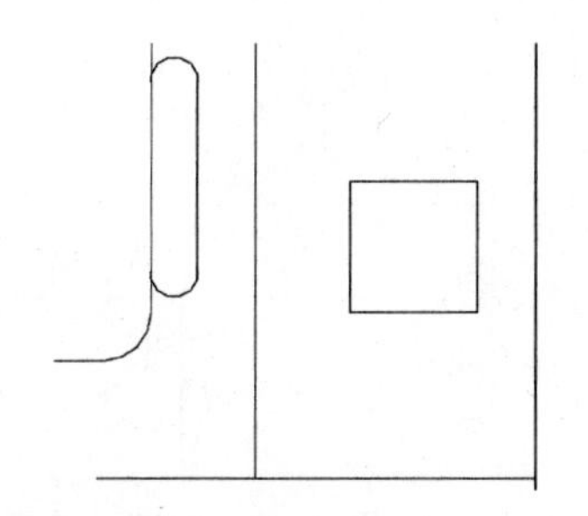
图 4-45　绘制办公电话轮廓

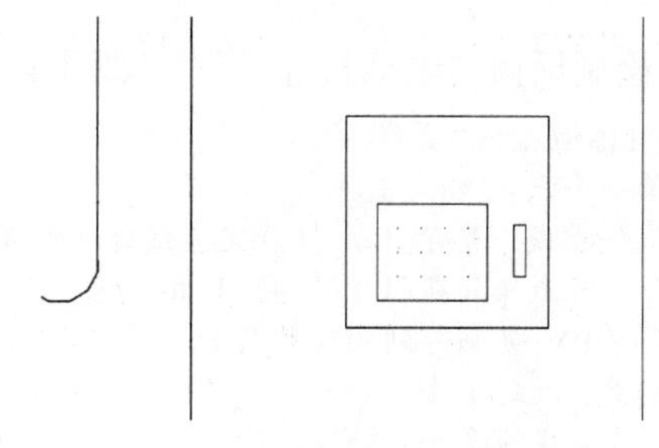
图 4-46　绘制电话局部轮廓

14）绘制两个相同大小的圆形，如图 4-47 所示。

命令：CIRCLE(绘制圆形)
指定圆的圆心或［三点(3P)/两点(2P)/切点、切点、半径(T)］：(指定圆心点位置)
指定圆的半径或［直径(D)］<20.000>：(输入圆形半径或在屏幕上直接点取)

15）在两个圆形之间绘制平行线，进行剪切后形成话筒形状，如图 4-48 所示。

命令：LINE(输入"直线"命令)

指定第一个点：(指定直线起点位置)
指定下一点或［放弃(U)］：(指定直线终点位置)
指定下一点或［放弃(U)］：(按〈Enter〉键)
命令：OFFSET(偏移生成平行线)
当前设置：删除源=否 图层=源 OFFSETGAPTYPE=0
指定偏移距离或［通过(T)/删除(E)/图层(L)］<通过>：(输入偏移距离或指定通过点位置)
选择要偏移的对象，或［退出(E)/放弃(U)］<退出>：(选择要偏移的图形)
指定要偏移的那一侧上的点，或［退出(E)/多个(M)/放弃(U)］<退出>：
……
选择要偏移的对象，或［退出(E)/放弃(U)］<退出>：(按〈Enter〉键)
命令：TRIM(对图形对象进行修剪)
当前设置：投影=UCS，边=无
选择剪切边...
选择对象或<全部选择>： 找到1个(选择剪切边界)
选择对象：(按〈Enter〉键)
选择要修剪的对象，或按住〈Shift〉键选择要延伸的对象，或［栏选(F)/窗交(C)/投影(P)/边(E)/删除(R)/放弃(U)］：(选择剪切对象)
选择要修剪的对象，或按住〈Shift〉键选择要延伸的对象，或［栏选(F)/窗交(C)/投影(P)/边(E)/删除(R)/放弃(U)］：(选择剪切对象)
……
选择要修剪的对象，或按住〈Shift〉键选择要延伸的对象，或［栏选(F)/窗交(C)/投影(P)/边(E)/删除(R)/放弃(U)］：(按〈Enter〉键)

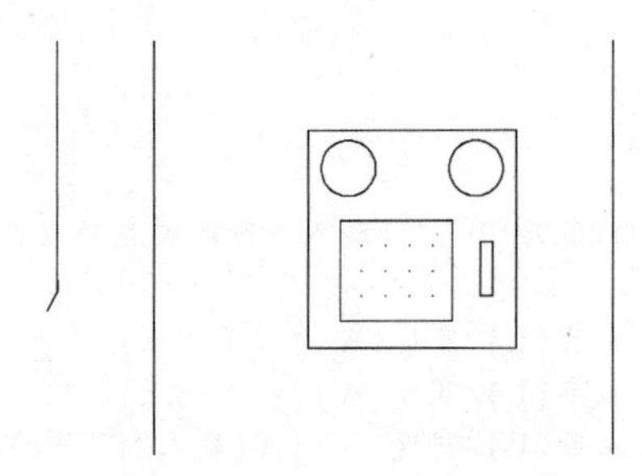

图4-47 绘制两个相同大小的圆形

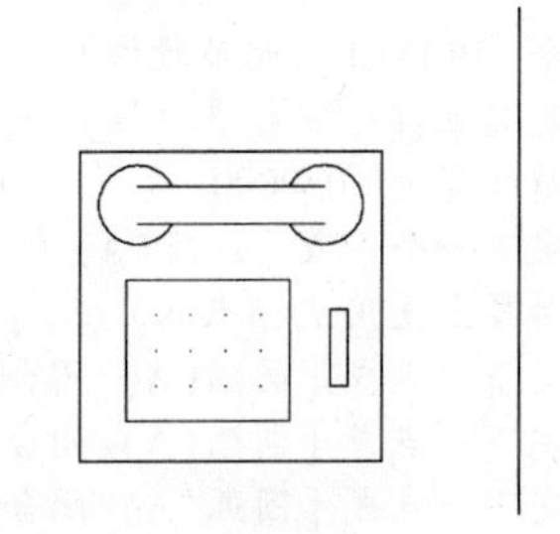

图4-48 绘制话筒

16）绘制话筒与电话机连接线，如图4-49所示。

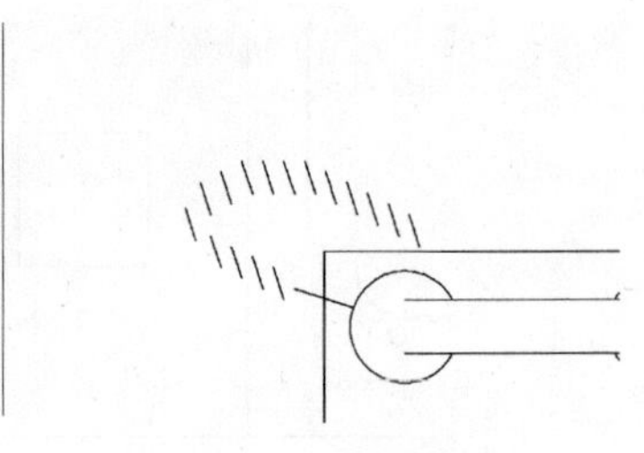

图4-49 绘制连接线

命令：LINE(输入"直线"命令)
指定第一个点：(指定直线起点位置)
指定下一点或［放弃(U)］：(指定直线终点位置)
指定下一点或［放弃(U)］：(按〈Enter〉键)
命令：COPY(复制得到相同的图形)
选择对象：找到1个
选择对象：找到1个，总计2个
选择对象：
当前设置： 复制模式 = 多个
指定基点或［位移(D)/模式(O)］<位移>：
指定第二个点或［阵列(A)］<使用第一个点作为位移>：(进行复制，指定复制图形复制点位置)
指定第二个点或［阵列(A)/退出(E)/放弃(U)］<退出>：(指定下一个复制对象距离位置)
……
指定第二个点或［阵列(A)/退出(E)/放弃(U)］<退出>：(按〈Enter〉键)

17）完成办公桌的绘制，如图4-50所示。

命令:ZOOM(缩放视图)
指定窗口的角点,输入比例因子 (nX 或 nXP),或者
[全部(A)/中心(C)/动态(D)/范围(E)/上一个(P)/比例(S)/窗口(W)/对象(O)] <实时>:E

18) 绘制办公桌隔断的轮廓线，如图 4-51 所示。

命令: LINE(输入“直线”命令)
指定第一个点: (指定直线起点位置)
指定下一点或 [放弃(U)]:(指定直线终点位置)
指定下一点或 [放弃(U)]:(按〈Enter〉键)
命令: OFFSET(偏移生成平行线)
当前设置: 删除源=否 图层=源 OFFSETGAPTYPE=0
指定偏移距离或 [通过(T)/删除(E)/图层(L)] <通过>:(输入偏移距离或指定通过点位置)
选择要偏移的对象,或 [退出(E)/放弃(U)] <退出>:(选择要偏移的图形)
指定要偏移的那一侧上的点,或 [退出(E)/多个(M)/放弃(U)] <退出>:
……
选择要偏移的对象,或 [退出(E)/放弃(U)] <退出>:(按〈Enter〉键)

19) 继续绘制隔断，形成一个标准办公桌单元，如图 4-52 所示。

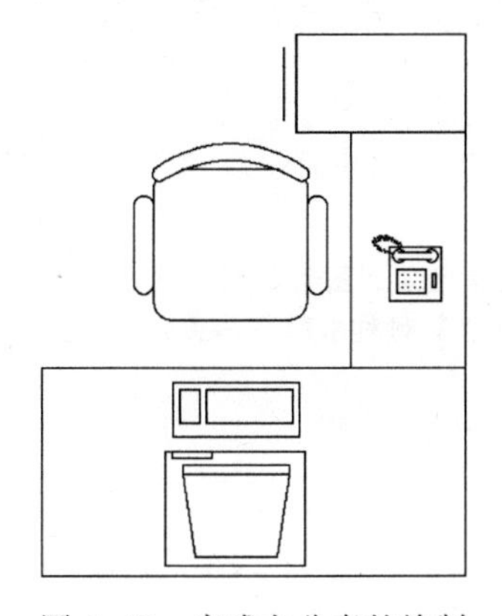

图 4-50 完成办公桌的绘制

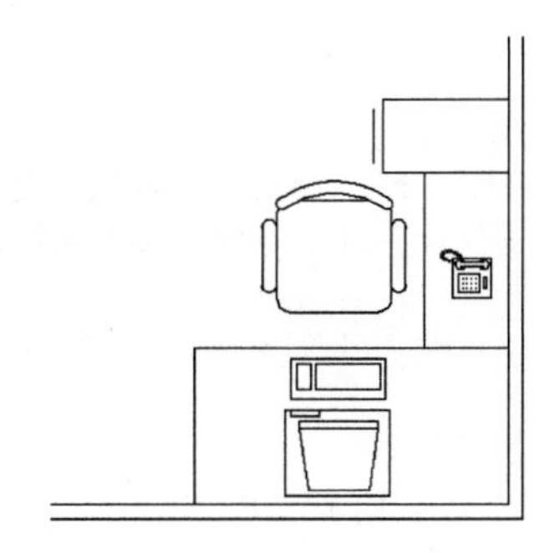

图 4-51 绘制办公桌隔断

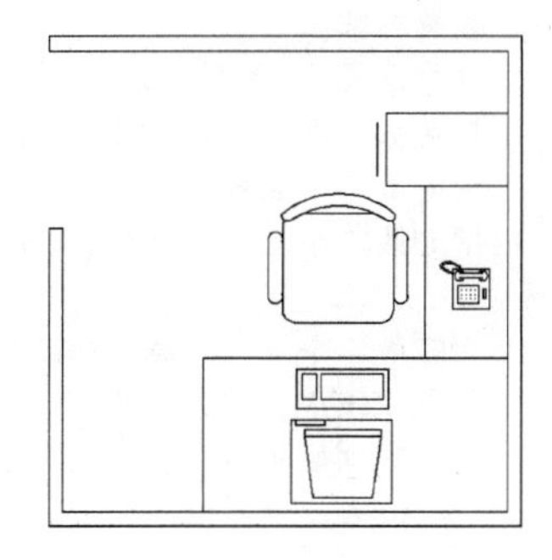

图 4-52 一个标准办公桌单元

20) 执行“镜像”命令得到对称的两个办公桌单元图形，如图 4-53 所示。

命令:MIRROR(镜像生成对称图形)
选择对象: 找到 1 个
选择对象: 找到 42 个,总计 44 个
选择对象:(按〈Enter〉键)
指定镜像线的第一点: (以中间的轴线位置作为镜像线)
指定镜像线的第二点:
要删除源对象吗? [是(Y)/否(N)] <N>:N(输入“N”,并按〈Enter〉键保留原有图形)

注 意

左右相同的办公单元造型可以通过执行“镜像”命令得到，而前后相同的办公单元造型可以通过复制得到。

21) 执行“复制”命令得到相同方向排列的办公桌单元图形，如图 4-54 所示。

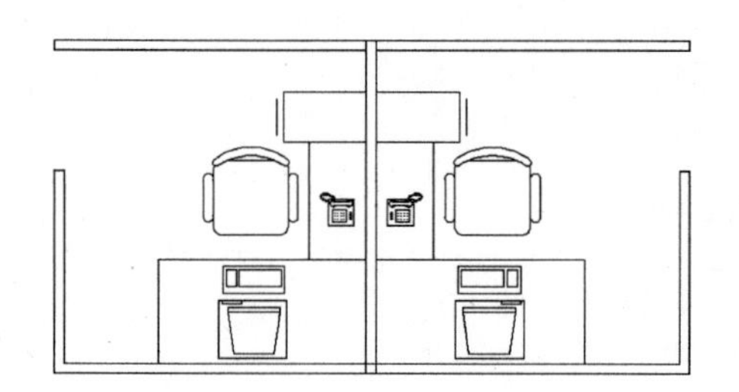

图 4-53　镜像办公桌单元

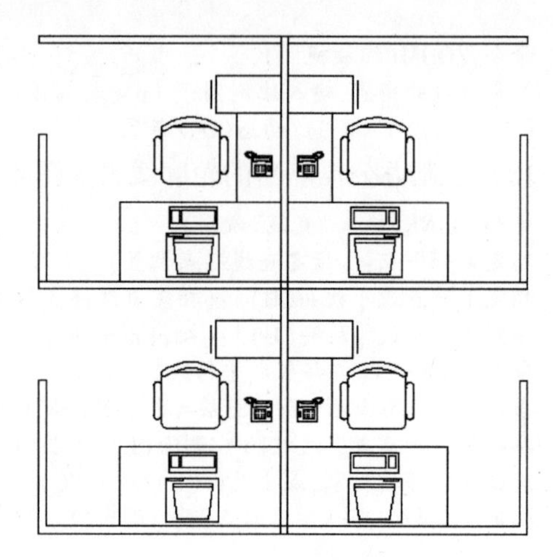

图 4-54　复制图形

命令：COPY(复制得到相同的图形)
选择对象：找到 1 个
选择对象：找到 110 个，总计 111 个
选择对象：
当前设置：　复制模式 = 多个
指定基点或 [位移(D)/模式(O)] <位移>：
指定第二个点或 [阵列(A)] <使用第一个点作为位移>：(进行复制，指定复制图形复制点位置)
指定第二个点或 [阵列(A)/退出(E)/放弃(U)] <退出>：(指定下一个复制对象距离位置)
……
指定第二个点或 [阵列(A)/退出(E)/放弃(U)] <退出>：(按〈Enter〉键)
命令：ZOOM(缩放视图)
指定窗口的角点，输入比例因子 (nX 或 nXP)，或者
[全部(A)/中心(C)/动态(D)/范围(E)/上一个(P)/比例(S)/窗口(W)/对象(O)] <实时>：E

4.2　电器平面配景图的绘制

本节思路

本节所绘制的电器是日常生活中常见的电冰箱和洗衣机造型。根据电冰箱造型的特点，先绘制冰箱下部轮廓造型；接着按照与下部轮廓相同的比例，绘制上部轮廓；然后绘制冰箱的细部造型，例如电子智能按钮显示板造型等。以此类推，根据洗衣机造型的特点，先绘制其外观轮廓造型；接着绘制顶部操作面板轮廓；然后在洗衣机下部绘制底部轮廓造型。

4.2.1　绘制电冰箱

本小节将详细介绍电冰箱的绘制方法与相关技巧，如图 4-55 所示。具体步骤如下。

1）绘制冰箱下部轮廓造型，如图 4-56 所示。

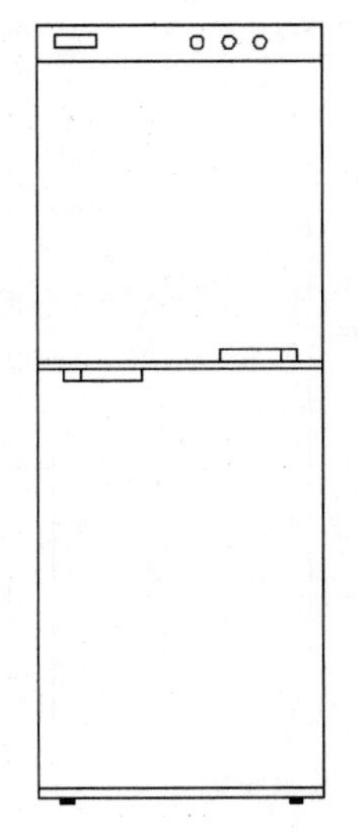

图 4-55　电冰箱

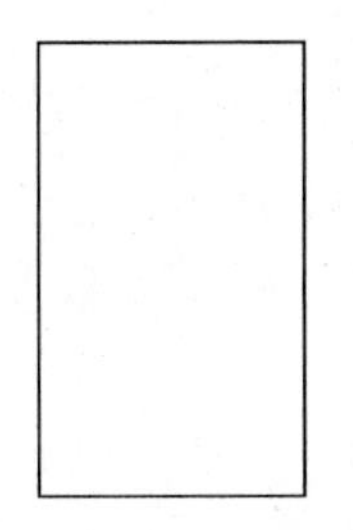

图 4-56　绘制冰箱下部轮廓

命令:RECTANG(绘制矩形)
指定第一个角点或[倒角(C)/标高(E)/圆角(F)/厚度(T)/宽度(W)]:
指定另一个角点或[面积(A)/尺寸(D)/旋转(R)]: D(输入“D”指定尺寸)
指定矩形的长度 <0.0000>: (输入矩形的长度)
指定矩形的宽度 <0.0000>: (输入矩形的宽度)
指定另一个角点或[面积(A)/尺寸(D)/旋转(R)]:(指定矩形另一个角点的位置或移动光标以显示矩形可能的 4 个位置之一并单击需要的一个位置)

注 意

本案例的电冰箱为立面造型。

2）按照与下部轮廓相同的比例，绘制上部轮廓，如图 4-57 所示。

命令: PLINE(绘制由直线构成的矩形)
指定起点:(确定起点位置)
当前线宽为: 0.0000
指定下一个点或[圆弧(A)/半宽(H)/长度(L)/放弃(U)/宽度(W)]:(依次输入多段线端点的坐标或直接在屏幕上使用鼠标点取)
指定下一点或[圆弧(A)/闭合(C)/半宽(H)/长度(L)/放弃(U)/宽度(W)]:(下一点)
指定下一点或[圆弧(A)/闭合(C)/半宽(H)/长度(L)/放弃(U)/宽度(W)]:(下一点)
指定下一点或[圆弧(A)/闭合(C)/半宽(H)/长度(L)/放弃(U)/宽度(W)]:(下一点)
……
指定下一点或[圆弧(A)/闭合(C)/半宽(H)/长度(L)/放弃(U)/宽度(W)]:(按〈Enter〉键)

3）在顶部绘制冰箱显示板区域轮廓，如图 4-58 所示。

命令: LINE(输入绘制“直线”命令)
指定第一个点:(指定直线起点或输入端点坐标)
指定下一点或[放弃(U)]:(指定直线终点或输入端点坐标)
指定下一点或[放弃(U)]:(按〈Enter〉键)

4）绘制冰箱的电子智能按钮轮廓，如图 4-59 所示。

命令: PLINE(绘制由直线构成的矩形)

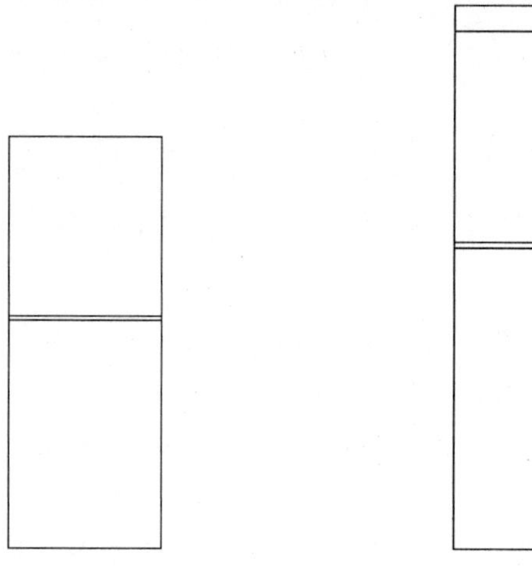

图 4-57 绘制上部轮廓　　图 4-58 绘制显示板区域轮廓

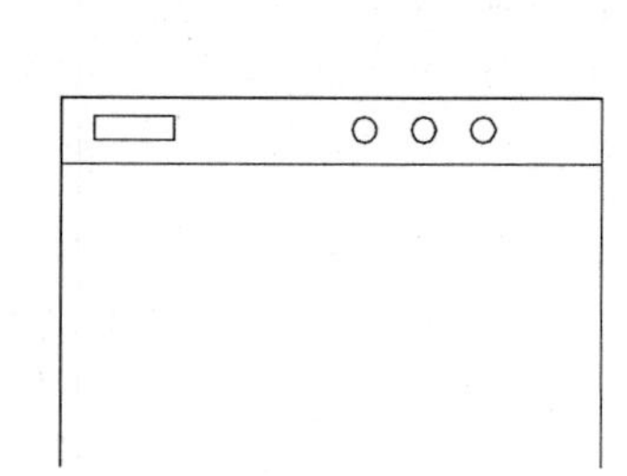

图 4-59 绘制按钮轮廓

指定起点：(确定起点位置)
当前线宽为：0.0000
指定下一个点或［圆弧(A)/半宽(H)/长度(L)/放弃(U)/宽度(W)］：(依次输入多段线端点的坐标或直接在屏幕上使用鼠标点取)
指定下一点或［圆弧(A)/闭合(C)/半宽(H)/长度(L)/放弃(U)/宽度(W)］：(下一点)
……
指定下一点或［圆弧(A)/闭合(C)/半宽(H)/长度(L)/放弃(U)/宽度(W)］：(按〈Enter〉键)
命令：CIRCLE(绘制圆形)
指定圆的圆心或［三点(4P)/两点(2P)/相切、相切、半径(T)］：(指定圆心点位置)
指定圆的半径或［直径(D)］<20.000>：(输入圆形半径或在屏幕上直接点取)
命令：COPY(复制得到相同的图形)
选择对象：找到 1 个
选择对象：
当前设置： 复制模式 = 多个
指定基点或［位移(D)/模式(O)］<位移>：
指定第二个点或［阵列(A)］<使用第一个点作为位移>：(进行复制，指定复制图形复制点位置)
指定第二个点或［阵列(A)/退出(E)/放弃(U)］<退出>：(指定下一个复制对象距离位置)
……
指定第二个点或［阵列(A)/退出(E)/放弃(U)］<退出>：(按〈Enter〉键)

5）移动视图，在中部位置绘制下部冰箱门的凹槽拉手轮廓，如图 4-60 所示。

命令：LINE(输入“直线”命令)
指定第一个点：(指定直线起点或输入端点坐标)
指定下一点或［放弃(U)］：(指定直线终点或输入端点坐标)
指定下一点或［放弃(U)］：(按〈Enter〉键)

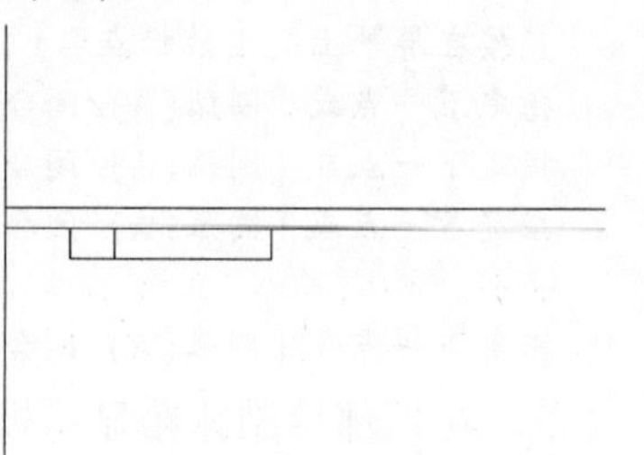

图 4-60 绘制凹槽拉手轮廓

6）通过执行“镜像”命令并移动其位置完成上部冰箱门的轮廓绘制，如图 4-61 所示。

命令：MIRROR(镜像生成对称图形)
选择对象：找到 1 个
选择对象：找到 1 个，总计 2 个
选择对象：(按〈Enter〉键)
指定镜像线的第一点：(以中间的轴线位置作为镜像线)

指定镜像线的第二点:
要删除源对象吗? [是(Y)/否(N)] <N>:N(输入"N",并按〈Enter〉键保留原有图形)
命令: MOVE(输入"移动"命令)
选择对象: 找到 1 个
选择对象: 找到 1 个,总计 2 个
……
选择对象: (按〈Enter〉键)
指定基点或 [位移(D)] <位移>: (指定移动基点位置)
指定第二个点或 <使用第一个点作为位移>:(指定移动位置)

注 意

因为上部冰箱门的轮廓与下部的相同，所以可以通过执行“镜像”命令并移动其位置得到。

7）移动视图至冰箱底部，绘制底部轮廓造型，如图 4-62 所示。

命令: LINE(输入"直线"命令)
指定第一点:(指定直线起点或输入端点坐标)
指定下一点或 [放弃(U)]:(指定直线终点或输入端点坐标)
指定下一点或 [放弃(U)]:(按〈Enter〉键)

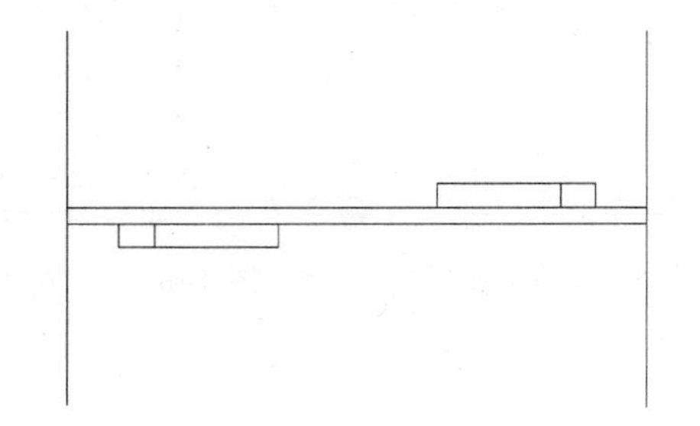

图 4-61　绘制上部拉手轮廓

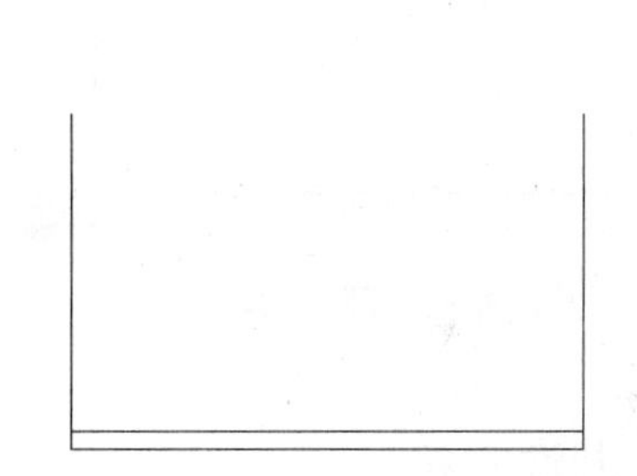

图 4-62　绘制底部轮廓造型

8）绘制冰箱底部滑动轮，如图 4-63 所示。

命令: PLINE(绘制由直线构成的矩形)
指定起点:(确定起点位置)
当前线宽为: 0.0000
指定下一个点或 [圆弧(A)/半宽(H)/长度(L)/放弃(U)/宽度(W)]:(依次输入多段线端点的坐标或直接使用鼠标在屏幕上点取)
指定下一点或 [圆弧(A)/闭合(C)/半宽(H)/长度(L)/放弃(U)/宽度(W)]:(下一点)
……
指定下一点或 [圆弧(A)/闭合(C)/半宽(H)/长度(L)/放弃(U)/宽度(W)]:(按〈Enter〉键)
命令: LINE(输入"直线"命令)
指定第一点:(指定直线起点或输入端点坐标)
指定下一点或 [放弃(U)]:(指定直线终点或输入端点坐标)
指定下一点或 [放弃(U)]:(按〈Enter〉键)

9）执行“复制”命令得到另外对称的滑动轮，如图 4-64 所示。

命令: COPY(复制得到相同的图形)
选择对象: 找到 1 个
选择对象: 找到 6 个,总计 7 个
选择对象:
当前设置:　复制模式 = 多个

```
指定基点或 [位移(D)/模式(O)] <位移>:
指定第二个点或 [阵列(A)] <使用第一个点作为位移>:(进行复制,指定复制图形复制点位置)
指定第二个点或 [阵列(A)/退出(E)/放弃(U)] <退出>:(指定下一个复制对象距离位置)
……
指定第二个点或 [阵列(A)/退出(E)/放弃(U)] <退出>:(按〈Enter〉键)
```

10）完成冰箱的绘制，如图 4-65 所示。

```
命令:ZOOM(缩放视图)
指定窗口的角点,输入比例因子 (nX 或 nXP),或者
[全部(A)/中心(C)/动态(D)/范围(E)/上一个(P)/比例(S)/窗口(W)/对象(O)] <实时>:E
```

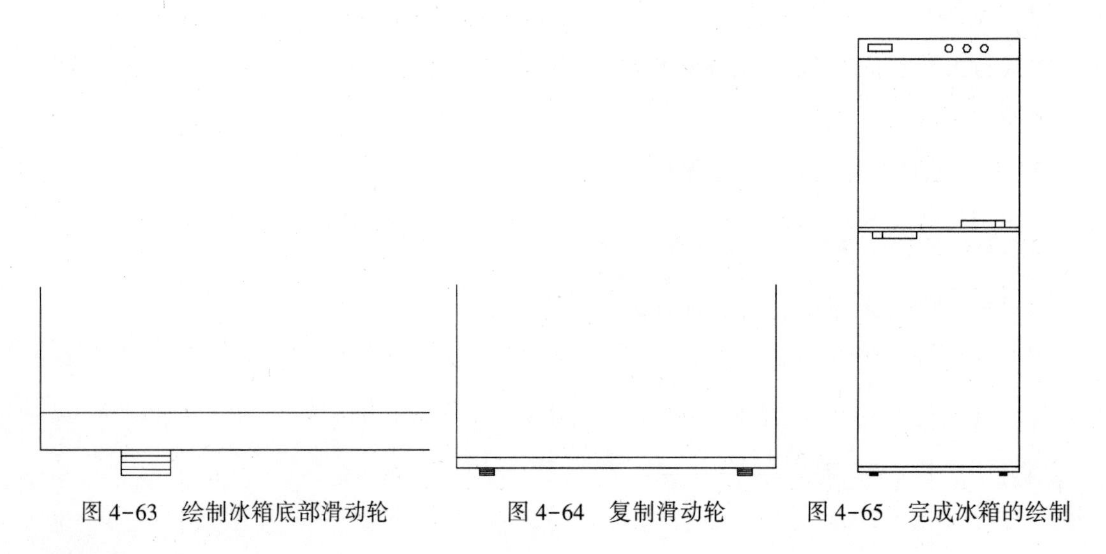

图 4-63 绘制冰箱底部滑动轮　　图 4-64 复制滑动轮　　图 4-65 完成冰箱的绘制

4.2.2 绘制洗衣机

本小节将详细介绍滚筒洗衣机的绘制方法，如图 4-66 所示。具体步骤如下。

1）绘制洗衣机的外观轮廓，如图 4-67 所示。

```
命令: PLINE(绘制由直线构成的矩形)
指定起点:(确定起点位置)
当前线宽为: 0.0000
指定下一个点或 [圆弧(A)/半宽(H)/长度(L)/放弃(U)/宽度(W)]:(依次输入多段线端点的坐标或直接在屏幕上使用鼠标点取)
指定下一点或 [圆弧(A)/闭合(C)/半宽(H)/长度(L)/放弃(U)/宽度(W)]:(下一点)
……
指定下一点或 [圆弧(A)/闭合(C)/半宽(H)/长度(L)/放弃(U)/宽度(W)]:(按〈Enter〉键)
```

注意

因为该洗衣机的外观轮廓为矩形，所以还可以通过执行“LINE”“RECTANG”功能命令来绘制。

2）绘制顶部操作面板轮廓，如图 4-68 所示。

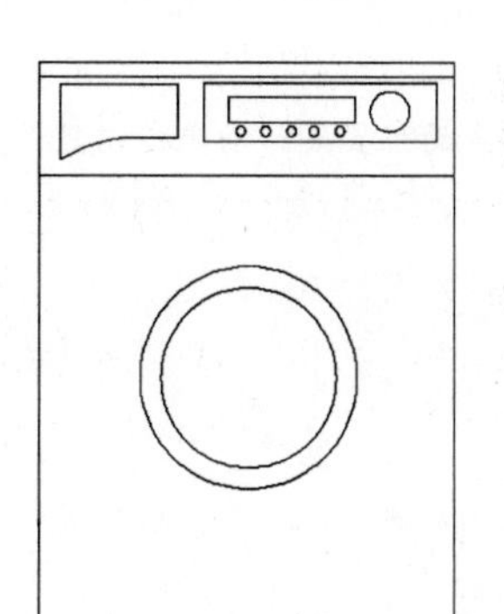

图 4-66 洗衣机

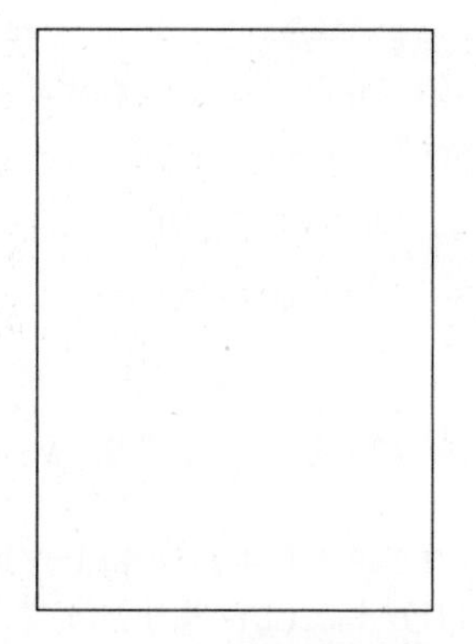

图 4-67 绘制外观轮廓

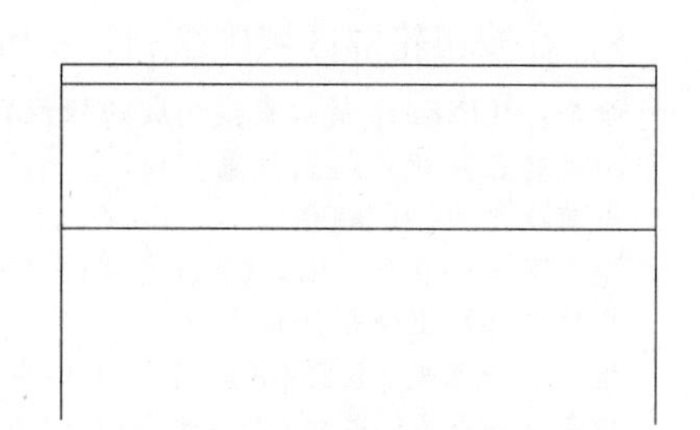

图 4-68 绘制顶部操作面板轮廓

命令：LINE(输入“直线”命令)
指定第一个点：(指定直线起点或输入端点坐标)
指定下一点或［放弃(U)］：(指定直线终点或输入端点坐标)
指定下一点或［放弃(U)］：(按〈Enter〉键)
命令：OFFSET(偏移生成平行线)
当前设置：删除源=否 图层=源 OFFSETGAPTYPE=0
指定偏移距离或［通过(T)/删除(E)/图层(L)］<通过>：500(输入偏移距离或指定通过点位置)
选择要偏移的对象，或［退出(E)/放弃(U)］<退出>：(选择要偏移的图形)
指定要偏移的那一侧上的点，或［退出(E)/多个(M)/放弃(U)］<退出>：
……
选择要偏移的对象，或［退出(E)/放弃(U)］<退出>：(按〈Enter〉键)

3）绘制放洗衣粉的盒子轮廓，如图 4-69 所示。

命令：LINE(输入“直线”命令)
指定第一个点：(指定直线起点或输入端点坐标)
指定下一点或［放弃(U)］：(指定直线终点或输入端点坐标)
指定下一点或［放弃(U)］：(按〈Enter〉键)
命令：ARC(绘制弧线)
指定圆弧的起点或［圆心(C)］：(指定起始点位置)
指定圆弧的第二个点或［圆心(C)/端点(E)］：(指定中间点位置)
指定圆弧的端点：(指定起终点位置)

4）在另外一侧绘制洗衣机操作按钮区域轮廓，如图 4-70 所示。

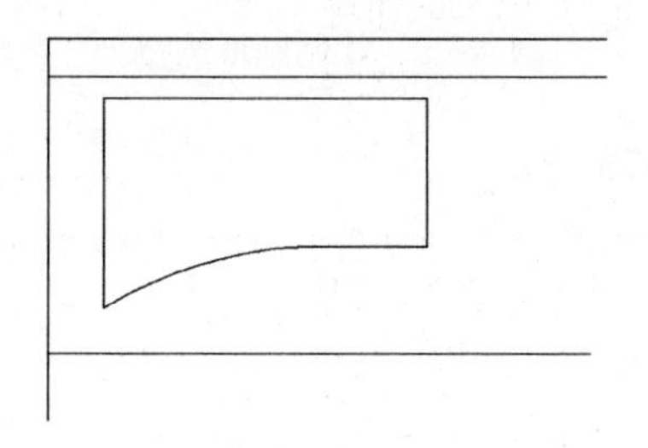

图 4-69 绘制放洗衣粉的盒子轮廓

图 4-70 绘制按钮区域轮廓

命令：RECTANG(绘制矩形)
指定第一个角点或［倒角(C)/标高(E)/圆角(F)/厚度(T)/宽度(W)］：
指定另一个角点或［面积(A)/尺寸(D)/旋转(R)］：D(输入“D”指定尺寸)
指定矩形的长度 <0.0000>：(输入矩形的长度)

指定矩形的宽度 <0.0000>：(输入矩形的宽度)
指定另一个角点或［面积(A)/尺寸(D)/旋转(R)］：(指定矩形另一个角点的位置或移动光标以显示矩形可能的4个位置之一并单击需要的一个位置)

5）在按钮轮廓区域内绘制显示区域，如图4-71所示。

命令：PLINE(绘制由直线构成的矩形)
指定起点：(确定起点位置)
当前线宽为：0.0000
指定下一个点或［圆弧(A)/半宽(H)/长度(L)/放弃(U)/宽度(W)］：(依次输入多段线端点的坐标或直接在屏幕上使用鼠标点取)
指定下一点或［圆弧(A)/闭合(C)/半宽(H)/长度((L)/放弃(U)/宽度(W)］：(下一点)
指定下一点或［圆弧(A)/闭合(C)/半宽(H)/长度(L)/放弃(U)/宽度(W)］：(下一点)
指定下一点或［圆弧(A)/闭合(C)/半宽(H)/长度(L)/放弃(U)/宽度(W)］：(下一点)
……
指定下一点或［圆弧(A)/闭合(C)/半宽(H)/长度(L)/放弃(U)/宽度(W)］：(按〈Enter〉键)

6）绘制洗衣机的圆形功能命令按钮造型，如图4-72所示。

命令：CIRCLE(绘制圆形)
指定圆的圆心或［三点(4P)/两点(2P)/相切、相切、半径(T)］：(指定圆心点位置)
指定圆的半径或［直径(D)］<20.000>：(输入圆形半径或在屏幕上直接点取)
命令：COPY(复制得到相同的图形)
选择对象：找到1个
选择对象：
当前设置：复制模式 = 多个
指定基点或［位移(D)/模式(O)］<位移>：
指定第二个点或［阵列(A)］<使用第一个点作为位移>：(进行复制，指定复制图形复制点位置)
指定第二个点或［阵列(A)/退出(E)/放弃(U)］<退出>：(指定下一个复制对象距离位置)
……
指定第二个点或［阵列(A)/退出(E)/放弃(U)］<退出>：(按〈Enter〉键)

图4-71 绘制显示区域

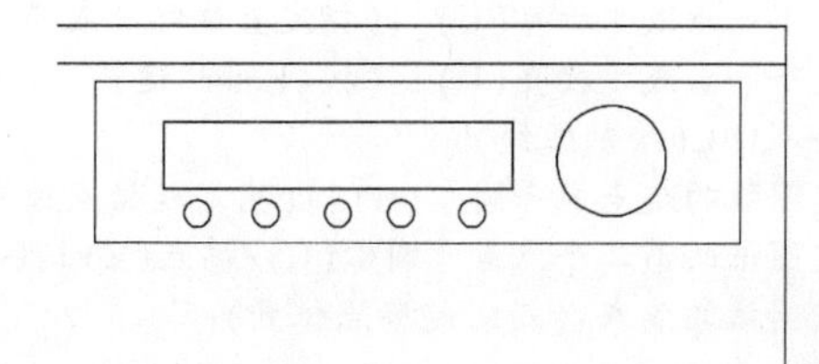

图4-72 绘制圆形按钮

7）在洗衣机下部绘制底部轮廓造型，如图4-73所示。

命令：LINE(输入“直线”命令)
指定第一个点：(指定直线起点或输入端点坐标)
指定下一点或［放弃(U)］：(指定直线终点或输入端点坐标)
指定下一点或［放弃(U)］：(按〈Enter〉键)

8）绘制洗衣机的滑动轮轮廓，如图4-74所示。

命令：PLINE(绘制由直线构成的矩形)
指定起点：(确定起点位置)
当前线宽为：0.0000
指定下一个点或［圆弧(A)/半宽(H)/长度(L)/放弃(U)/宽度(W)］：(依次输入多段线端点的坐标或直接在屏幕上使用鼠标点取)

指定下一点或［圆弧(A)/闭合(C)/半宽(H)/长度(L)/放弃(U)/宽度(W)］:(下一点)
……
指定下一点或［圆弧(A)/闭合(C)/半宽(H)/长度(L)/放弃(U)/宽度(W)］:(按〈Enter〉键结束操作)
命令: LINE(输入"直线"命令)
指定第一点:(指定直线起点或输入端点坐标)
指定下一点或［放弃(U)］:(指定直线终点或输入端点坐标)
指定下一点或［放弃(U)］:(按〈Enter〉键)

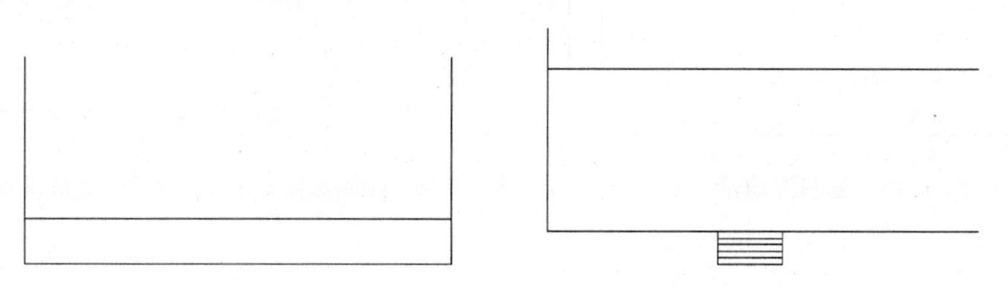

图 4-73　绘制底部轮廓造型　　图 4-74　绘制滑动轮轮廓

9）执行"复制"命令得到洗衣机的另外一个滑动轮造型，如图 4-75 所示。

命令: COPY(复制得到相同的图形)
选择对象: 找到 1 个
选择对象: 找到 6 个,总计 7 个
选择对象:
当前设置:　复制模式 = 多个
指定基点或［位移(D)/模式(O)］<位移>:
指定第二个点或［阵列(A)］<使用第一个点作为位移>:(进行复制,指定复制图形复制点位置)
指定第二个点或［阵列(A)/退出(E)/放弃(U)］<退出>:(指定下一个复制对象距离位置)
……
指定第二个点或［阵列(A)/退出(E)/放弃(U)］<退出>:(按〈Enter〉键)

注 意

因为两侧的造型左右对称，所以用户还可以通过执行镜像"MIRROR"功能命令来完成相同的功能效果。

10）在洗衣机中部位置绘制两个同心圆，形成洗衣机的滚筒图形，如图 4-76 所示。

命令: CIRCLE(绘制圆形)
指定圆的圆心或［三点(4P)/两点(2P)/相切、相切、半径(T)］: (指定圆心点位置)
指定圆的半径或［直径(D)］<20.000>: (输入圆形半径或在屏幕上直接点取)
命令: OFFSET(偏移生成平行线)
当前设置: 删除源=否　图层=源　OFFSETGAPTYPE=0
指定偏移距离或［通过(T)/删除(E)/图层(L)］<通过>:500(输入偏移距离或指定通过点位置)
选择要偏移的对象,或［退出(E)/放弃(U)］<退出>:(选择要偏移的图形)
指定要偏移的那一侧上的点,或［退出(E)/多个(M)/放弃(U)］<退出>:
……
选择要偏移的对象,或［退出(E)/放弃(U)］<退出>:(按〈Enter〉键)

11）缩放视图得到整个洗衣机的图形，至此，洗衣机造型的绘制就完成了，如图 4-77 所示。

命令:ZOOM(缩放视图)
指定窗口的角点,输入比例因子 (nX 或 nXP),或者
［全部(A)/中心(C)/动态(D)/范围(E)/上一个(P)/比例(S)/窗口(W)/对象(O)］<实时>:E

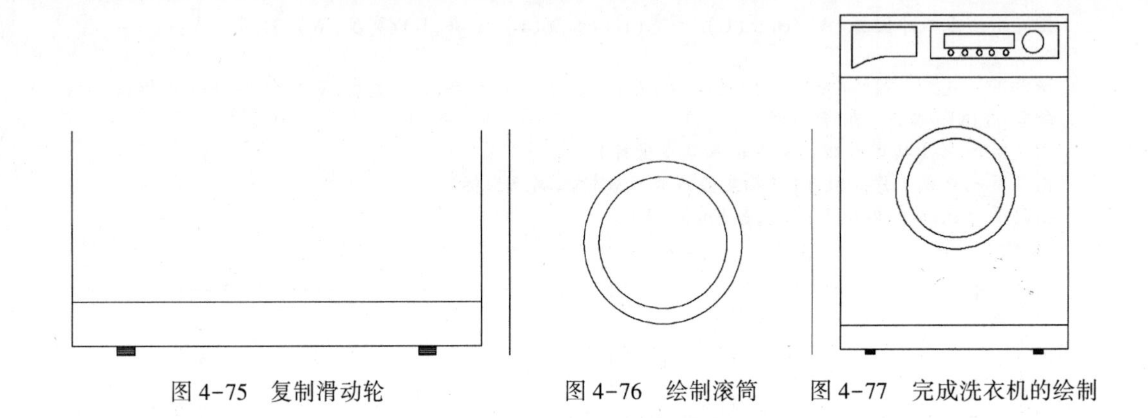

图 4-75 复制滑动轮　　图 4-76 绘制滚筒　　图 4-77 完成洗衣机的绘制

4.3 洁具和厨具平面配景图的绘制

本节思路

根据洗脸盆的造型特点，先绘制洗脸盆侧边轮廓线造型，再绘制内侧底部轮廓线，接着建立洗脸盆的水龙头外轮廓造型，然后绘制一些细部造型（如按钮开关）。对于燃气灶造型，应先创建燃气灶外侧矩形轮廓线，然后绘制内部支架造型轮廓线。其他一些类似的家居设施按照相同方法绘制。

在室内设计中常见的家居设施，除了家具、电器外，还有洁具和厨具。本节将以典型的例子说明洁具和厨具的绘制方法与技巧。

4.3.1 绘制洗脸盆

本小节将详细介绍洗脸盆的绘制方法与技巧，如图 4-78 所示。具体步骤如下。

1）绘制 4 条长短不等的洗脸盆轮廓线，如图 4-79 所示。

命令：LINE（输入"直线"命令）
指定第一个点：（指定直线起点或输入端点坐标）
指定下一点或［放弃(U)］：（指定直线终点或输入端点坐标）
指定下一点或［放弃(U)］：（按〈Enter〉键）

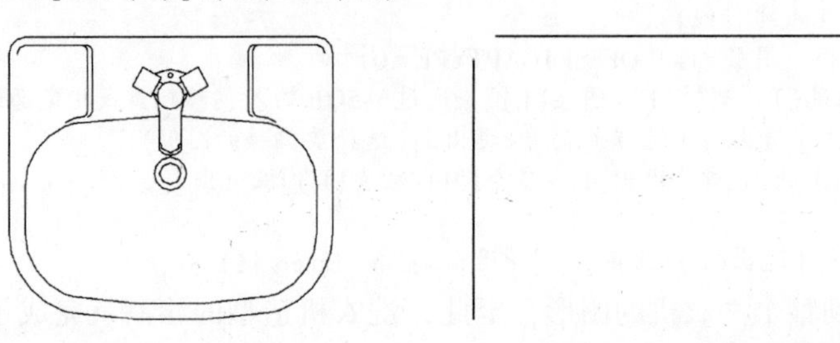

图 4-78 洗脸盆　　图 4-79 创建洗脸盆轮廓线

> **注意**
> 各轮廓线相对位置和长度的关系。

2）对侧边轮廓线与底边线进行圆角，构成洗脸盆的侧边轮廓线，如图 4-80 所示。

命令：FILLET(对图形对象进行圆角)
当前设置：模式 = 修剪，半径 = 500
选择第一个对象或［放弃(U)/多段线(P)/半径(R)/修剪(T)/多个(M)］：R(输入"R"设置圆角半径大小)
指定圆角半径 <500>：(输入半径大小)
选择第一个对象或［放弃(U)/多段线(P)/半径(R)/修剪(T)/多个(M)］：(选择第 1 条圆角对象边界)
选择第二个对象，或按住〈Shift〉键选择对象以应用角点或［半径(R)］：(选择第 2 条圆角对象边界)

3）绘制洗脸盆前端轮廓线，如图 4-81 所示。

命令：ARC(绘制弧线)
指定圆弧的起点或［圆心(C)］：(指定起始点位置)
指定圆弧的第二个点或［圆心(C)/端点(E)］：(指定中间点位置)
指定圆弧的端点：(指定起终点位置)
命令：MIRROR(镜像生成对称图形)
选择对象：找到 1 个
选择对象：(按〈Enter〉键)
指定镜像线的第一点：(以中间的轴线位置作为镜像线)
指定镜像线的第二点：
要删除源对象吗？［是(Y)/否(N)］<N>：N(输入"N"，并按〈Enter〉键保留原有图形)

4）对前端轮廓线进行偏移，得到内侧的侧边轮廓线，如图 4-82 所示。

命令：OFFSET(偏移生成平行线)
当前设置：删除源=否　图层=源　OFFSETGAPTYPE=0
指定偏移距离或［通过(T)/删除(E)/图层(L)］<通过>：(输入偏移距离或指定通过点位置)
选择要偏移的对象，或［退出(E)/放弃(U)］<退出>：(选择要偏移的图形)
指定要偏移的那一侧上的点，或［退出(E)/多个(M)/放弃(U)］<退出>：
……
选择要偏移的对象，或［退出(E)/放弃(U)］<退出>：(按〈Enter〉键)

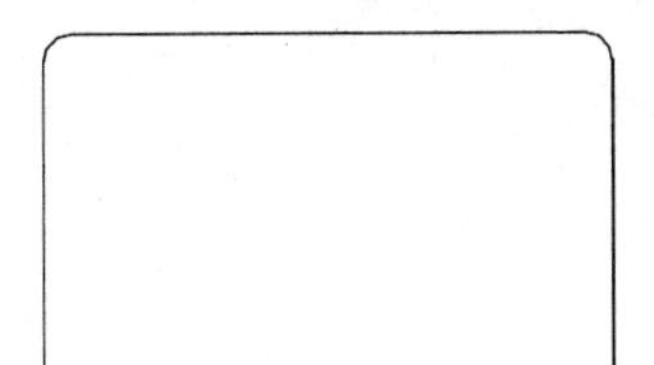

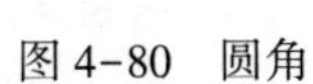

图 4-80　圆角

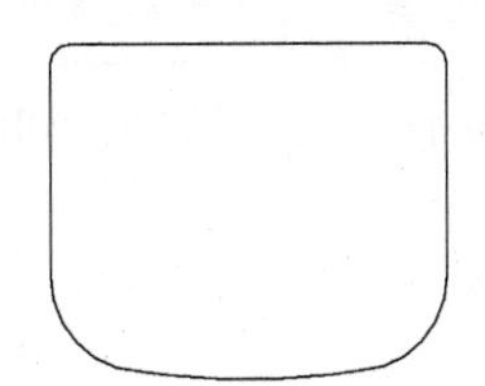

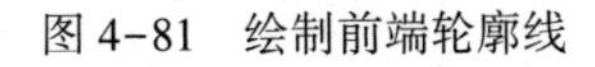

图 4-81　绘制前端轮廓线

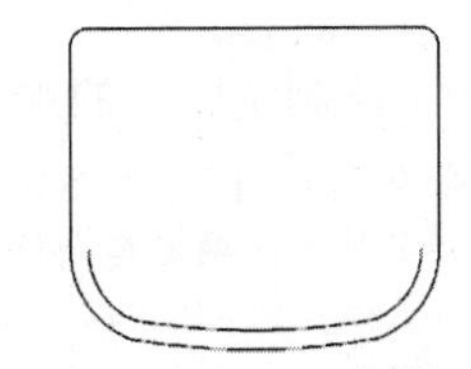

图 4-82　偏移前端轮廓线

5）其他位置的内侧底部轮廓线同样可以采用偏移方法得到，如图 4-83 所示。

命令：OFFSET(偏移生成平行线)
当前设置：删除源=否　图层=源　OFFSETGAPTYPE=0
指定偏移距离或［通过(T)/删除(E)/图层(L)］<通过>：(输入偏移距离或指定通过点位置)
选择要偏移的对象，或［退出(E)/放弃(U)］<退出>：(选择要偏移的图形)
指定要偏移的那一侧上的点，或［退出(E)/多个(M)/放弃(U)］<退出>：
……
选择要偏移的对象，或［退出(E)/放弃(U)］<退出>：(按〈Enter〉键)

6）在上角内侧两边绘制两条不同方向的弧线，如图 4-84 所示。

命令：ARC(绘制弧线)
指定圆弧的起点或［圆心(C)］：(指定起始点位置)
指定圆弧的第二个点或［圆心(C)/端点(E)］：(指定中间点位置)
指定圆弧的端点：(指定起终点位置)
命令：MIRROR(镜像生成对称图形)
选择对象：找到 1 个
选择对象：(按〈Enter〉键)
指定镜像线的第一点：(以中间的轴线位置作为镜像线)
指定镜像线的第二点：
要删除源对象吗？［是(Y)/否(N)］<N>：N(输入"N"，并按〈Enter〉键保留原有图形)

7）连接所绘制的两条弧线，形成洗脸盆的轮廓，如图 4-85 所示。

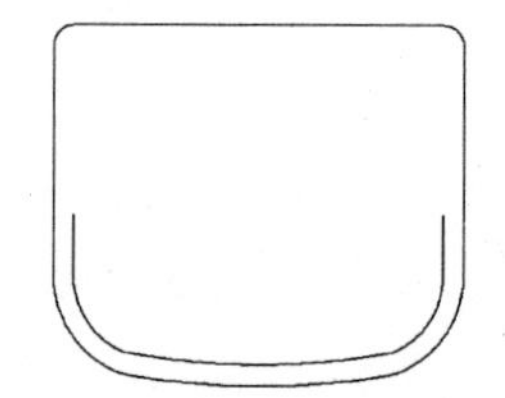
图 4-83　偏移内侧轮廓线

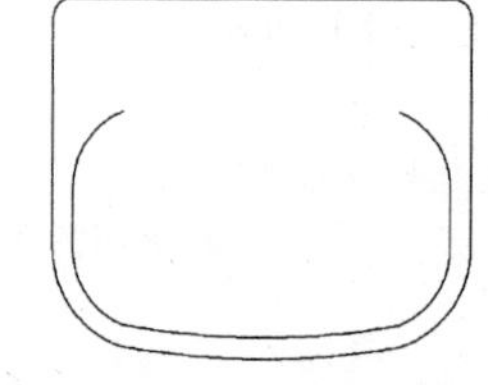
图 4-84　绘制上侧弧线

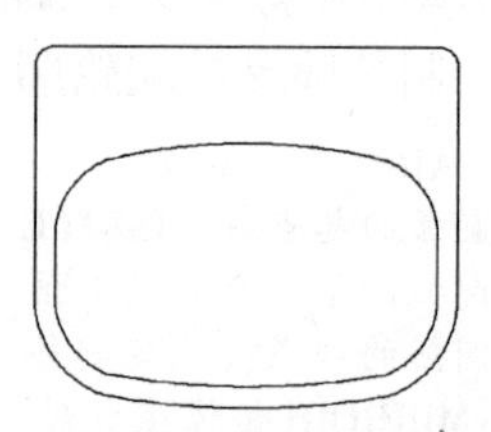
图 4-85　连接弧线

命令：ARC(绘制弧线)
指定圆弧的起点或［圆心(C)］：(指定起始点位置)
指定圆弧的第二个点或［圆心(C)/端点(E)］：(指定中间点位置)
指定圆弧的端点：(指定起终点位置)

8）在内轮廓线绘制一个小圆形，如图 4-86 所示。

命令：CIRCLE(绘制圆形)
指定圆的圆心或［三点(4P)/两点(2P)/相切、相切、半径(T)］：(指定圆心点位置)
指定圆的半径或［直径(D)］<20.000>：(输入圆形半径或在屏幕上直接点取)

注 意

在内轮廓线绘制一个小圆形是准备建立洗脸盆的水龙头外轮廓造型。

9）绘制洗脸盆的水龙头开关旋钮外轮廓造型，如图 4-87 所示。

命令：PLINE(绘制多段线)
指定起点：(确定起点位置)
当前线宽为：0.0000
指定下一个点或［圆弧(A)/半宽(H)/长度(L)/放弃(U)/宽度(W)］：(输入多段线端点的坐标或直接在屏幕上使用鼠标点取)
指定下一点或［圆弧(A)/闭合(C)/半宽(H)/长度(L)/放弃(U)/宽度(W)］：(下一点)
指定下一点或［圆弧(A)/闭合(C)/半宽(H)/长度(L)/放弃(U)/宽度(W)］：(下一点)
……
指定下一点或［圆弧(A)/闭合(C)/半宽(H)/长度(L)/放弃(U)/宽度(W)］：C(输入"C"，并按〈Enter〉键)
命令：LINE(输入"直线"命令)
指定第一点：(指定直线起点位置)
指定下一点或［放弃(U)］：(指定直线终点位置)
指定下一点或［放弃(U)］：(按〈Enter〉键)

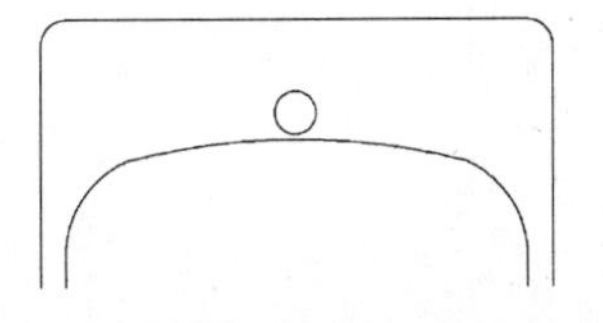

图 4-86 绘制小圆形

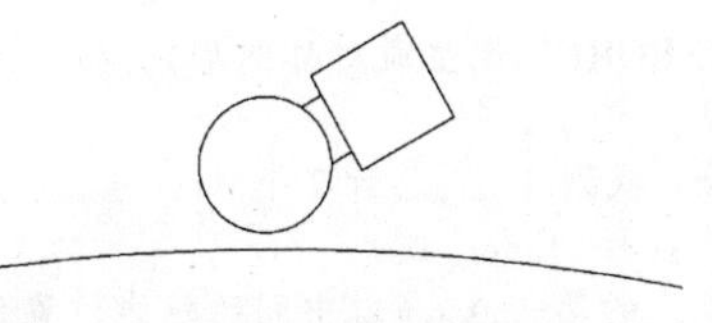

图 4-87 绘制水龙头开关旋钮轮廓

10）执行“镜像”命令得到另外一侧的旋钮开关轮廓，如图 4-88 所示。

命令:MIRROR(镜像生成对称图形)
选择对象: 找到 1 个
选择对象: 找到 2 个,总计 4 个
选择对象:(按〈Enter〉键)
指定镜像线的第一点:(以中间的轴线位置作为镜像线)
指定镜像线的第二点:
要删除源对象吗? [是(Y)/否(N)] <N>:N(输入“N”,并按〈Enter〉键保留原有图形)

注 意

洗脸盆水龙头旋钮左右的两个开关分别为冷、热水开关。

11）在洗脸盆的水龙头外轮廓造型上侧绘制并细化按钮开关造型，如图 4-89 所示。

命令: CIRCLE(绘制圆形)
指定圆的圆心或 [三点(4P)/两点(2P)/相切、相切、半径(T)]: (指定圆心点位置)
指定圆的半径或 [直径(D)] <20.000>: (输入圆形半径或在屏幕上直接点取)
命令: ARC(绘制弧线)
指定圆弧的起点或 [圆心(C)]:(指定起始点位置)
指定圆弧的第二个点或 [圆心(C)/端点(E)]:(指定中间点位置)
指定圆弧的端点:(指定起终点位置)

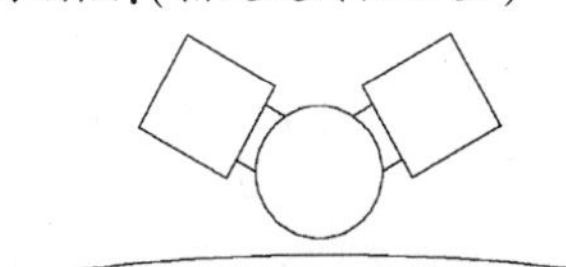

图 4-88 镜像旋钮轮廓

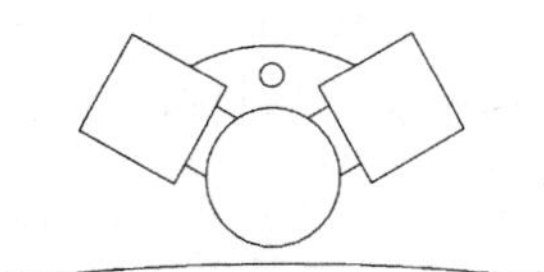

图 4-89 绘制并细化按钮开关造型

注 意

用户可以根据形状通过“CIRCLE”和“ARC”等功能命令完成按钮开关造型的绘制及细化。

12）绘制水龙头出水嘴造型，如图 4-90 所示。

命令: ARC(绘制弧线)
指定圆弧的起点或 [圆心(C)]:(指定起始点位置)
指定圆弧的第二个点或 [圆心(C)/端点(E)]:(指定中间点位置)
指定圆弧的端点:(指定起终点位置)
命令: LINE(输入“直线”命令)
指定第一个点: (指定直线起点位置)
指定下一点或 [放弃(U)]:(指定直线终点位置)
指定下一点或 [放弃(U)]:(按〈Enter〉键)

13）对出水嘴轮廓线进行镜像得到对称图形，如图 4-91 所示。

命令:MIRROR(镜像生成对称图形)
选择对象: 找到 1 个
选择对象: 找到 1 个,总计 2 个
选择对象:(按〈Enter〉键)
指定镜像线的第一点:(以中间的轴线位置作为镜像线)
指定镜像线的第二点:
要删除源对象吗? [是(Y)/否(N)] <N>:N(输入"N",并按〈Enter〉键保留原有图形)

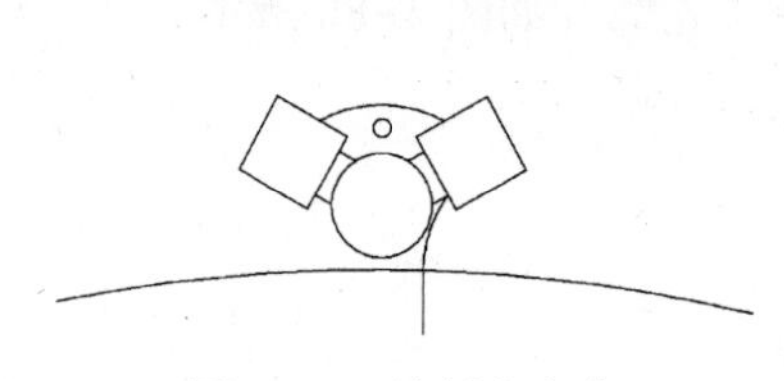
图 4-90 绘制出水嘴

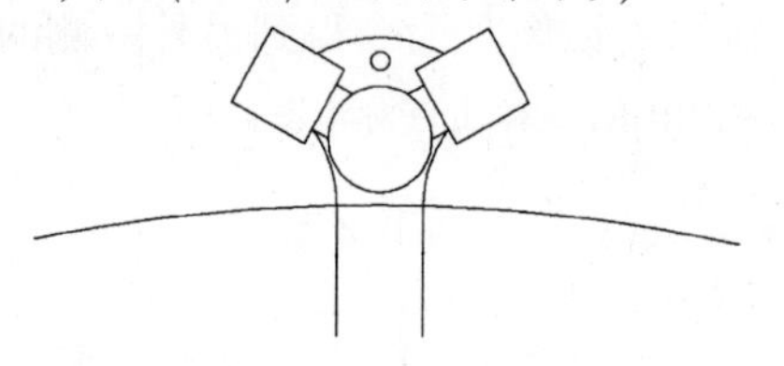
图 4-91 镜像轮廓线

14) 对出水嘴内侧的图形进行修剪,如图 4-92 所示。

命令: TRIM(对图形对象进行修剪)
当前设置:投影=UCS,边=无
选择剪切边...
选择对象或 <全部选择>: 找到 1 个(选择剪切边界)
选择对象: (按〈Enter〉键)
选择要修剪的对象,或按住〈Shift〉键选择要延伸的对象,或[栏选(F)/窗交(C)/投影(P)/边(E)/删除(R)/放弃(U)]: (选择剪切对象)
选择要修剪的对象,或按住〈Shift〉键选择要延伸的对象,或[栏选(F)/窗交(C)/投影(P)/边(E)/删除(R)/放弃(U)]: (选择剪切对象)
……
选择要修剪的对象,或按住〈Shift〉键选择要延伸的对象,或[栏选(F)/窗交(C)/投影(P)/边(E)/删除(R)/放弃(U)]: (按〈Enter〉键)

15) 在出水嘴前面绘制弧线,构成出水嘴前端造型轮廓,如图 4-93 所示。

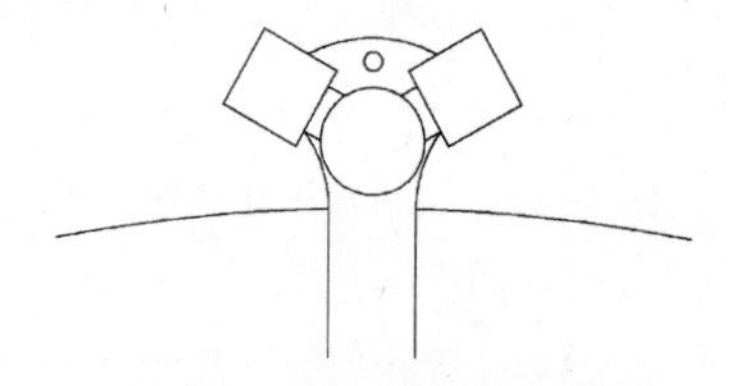
图 4-92 修剪图形线

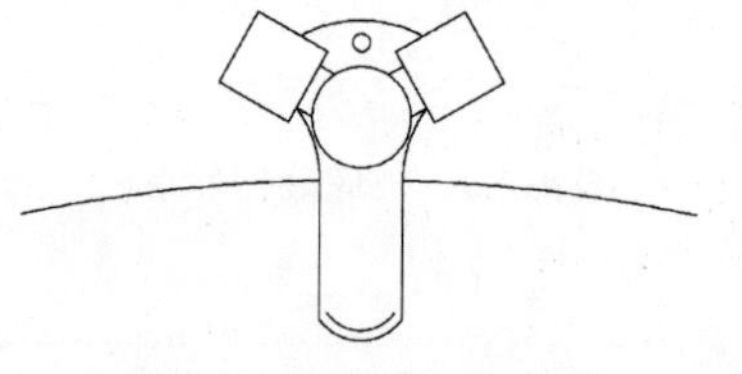
图 4-93 绘制前端弧线

16) 缩放视图,在出水嘴前侧面绘制两条弧线,如图 4-94 所示。

命令:ZOOM(缩放视图)
指定窗口的角点,输入比例因子 (nX 或 nXP),或者
[全部(A)/中心(C)/动态(D)/范围(E)/上一个(P)/比例(S)/窗口(W)/对象(O)] <实时>:W
指定第一个角点:
指定对角点:
命令: ARC(绘制弧线)
指定圆弧的起点或 [圆心(C)]:(指定起始点位置)
指定圆弧的第二个点或 [圆心(C)/端点(E)]:(指定中间点位置)
指定圆弧的端点:(指定起终点位置)
命令:MIRROR(镜像生成对称图形)
选择对象: 找到 1 个

选择对象：找到 1 个，总计 2 个
选择对象：(按〈Enter〉键)
指定镜像线的第一点：(以中间的轴线位置作为镜像线)
指定镜像线的第二点：
要删除源对象吗？［是(Y)/否(N)］<N>：N(输入“N”并按〈Enter〉键保留原有图形)

17）在出水嘴前面绘制两个同心圆，如图 4-95 所示。

命令：CIRCLE(绘制圆形)
指定圆的圆心或［三点(4P)/两点(2P)/相切、相切、半径(T)］：(指定圆心点位置)
指定圆的半径或［直径(D)］<20.000>：(输入圆形半径或在屏幕上直接点取)
命令：OFFSET(偏移生成平行线)
当前设置：删除源=否　图层=源　OFFSETGAPTYPE=0
指定偏移距离或［通过(T)/删除(E)/图层(L)］<通过>：(输入偏移距离或指定通过点位置)
选择要偏移的对象，或［退出(E)/放弃(U)］<退出>：(选择要偏移的图形)
指定要偏移的那一侧上的点，或［退出(E)/多个(M)/放弃(U)］<退出>：
……
选择要偏移的对象，或［退出(E)/放弃(U)］<退出>：(按〈Enter〉键)

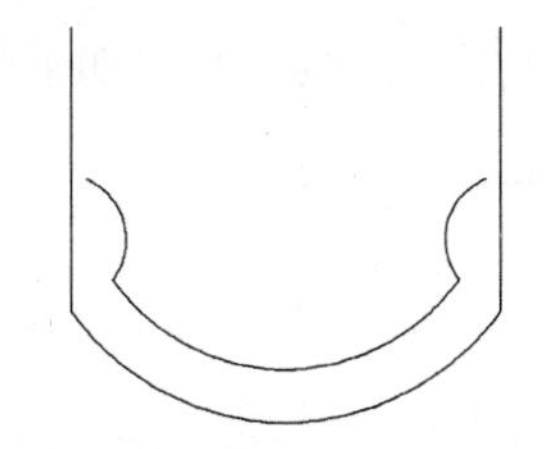

图 4-94　绘制侧面端弧线

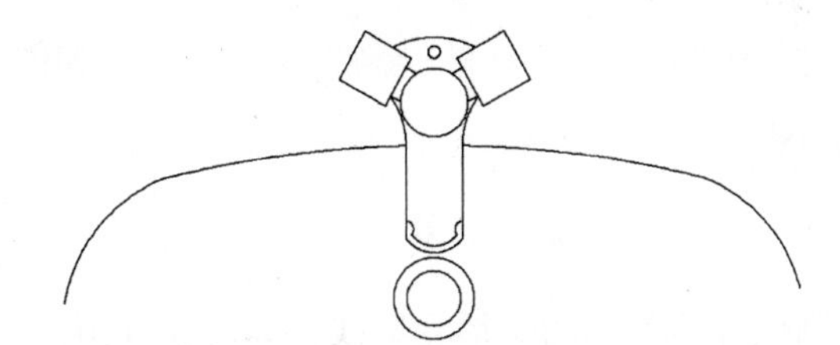

图 4-95　绘制两个同心圆

注 意

在出水嘴前面绘制两个同心圆是作为洗脸盆的排水口造型轮廓。

18）移动视图，在洗脸盆上部两侧绘制其细部造型，如图 4-96 所示。

命令：PAN(移动视图)
按〈Esc〉或〈Enter〉键退出，或单击右键显示快捷菜单。
命令：ARC(绘制弧线)
指定圆弧的起点或［圆心(C)］：(指定起始点位置)
指定圆弧的第二个点或［圆心(C)/端点(E)］：(指定中间点位置)
指定圆弧的端点：(指定起终点位置)
命令：LINE(输入“直线”命令)
指定第一个点：(指定直线起点位置)
指定下一点或［放弃(U)］：(指定直线终点位置)
指定下一点或［放弃(U)］：(按〈Enter〉键)

19）另外一侧相同造型通过执行“镜像”命令得到，如图 4-97 所示。

命令：MIRROR(镜像生成对称图形)
选择对象：找到 1 个
选择对象：找到 7 个，总计 8 个
选择对象：(按〈Enter〉键)
指定镜像线的第一点：(以中间的轴线位置作为镜像线)
指定镜像线的第二点：
要删除源对象吗？［是(Y)/否(N)］<N>：N(输入“N”并按〈Enter〉键保留原有图形)

20）完成洗脸盆平面图的绘制，缩放视图以观察其效果，如图 4-98 所示。

图 4-96 绘制细部造型

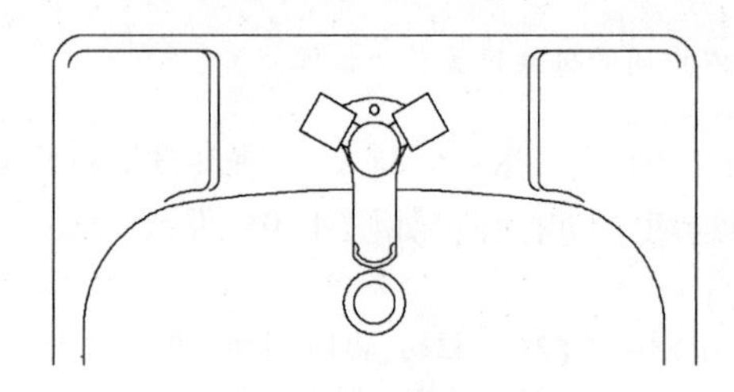
图 4-97 得到另外一侧图形

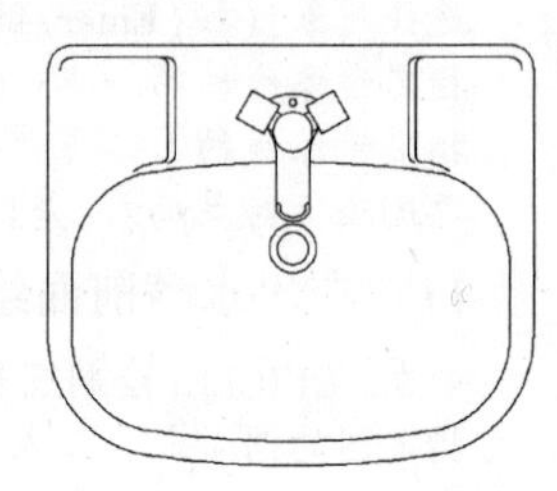
图 4-98 洗脸盆绘制完成

命令:ZOOM(缩放视图)
指定窗口的角点,输入比例因子 (nX 或 nXP),或者
[全部(A)/中心(C)/动态(D)/范围(E)/上一个(P)/比例(S)/窗口(W)/对象(O)] <实时>:E

4.3.2 绘制燃气灶

本小节将详细介绍燃气灶的绘制方法与技巧，如图 4-99 所示。具体步骤如下。

> **注 意**
> 本案例的燃气灶为常见的双灶形式。

1）绘制燃气灶外侧的矩形轮廓线，如图 4-100 所示。

命令:RECTANG(绘制矩形)
指定第一个角点或 [倒角(C)/标高(E)/圆角(F)/厚度(T)/宽度(W)]:
指定另一个角点或 [面积(A)/尺寸(D)/旋转(R)]: D(输入"D"指定尺寸)
指定矩形的长度 <0.0000>:(输入矩形的长度)
指定矩形的宽度 <0.0000>:(输入矩形的宽度)
指定另一个角点或 [面积(A)/尺寸(D)/旋转(R)]:(指定矩形另一个角点的位置或移动光标以显示矩形可能的 4 个位置之一并单击需要的一个位置)

2）根据燃气灶的布局，在外侧矩形轮廓线内部绘制一个稍小的矩形，如图 4-101 所示。

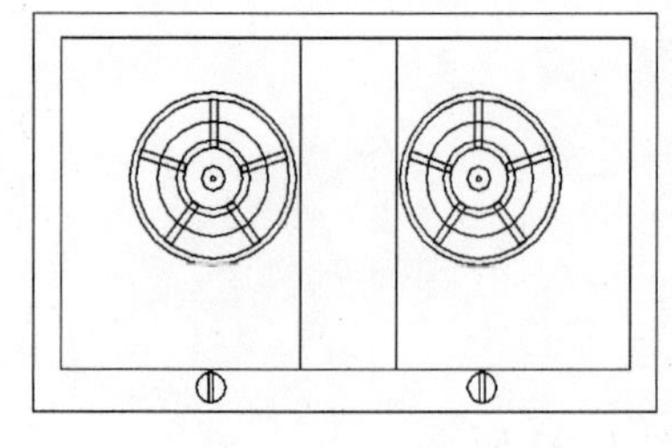
图 4-99 燃气灶

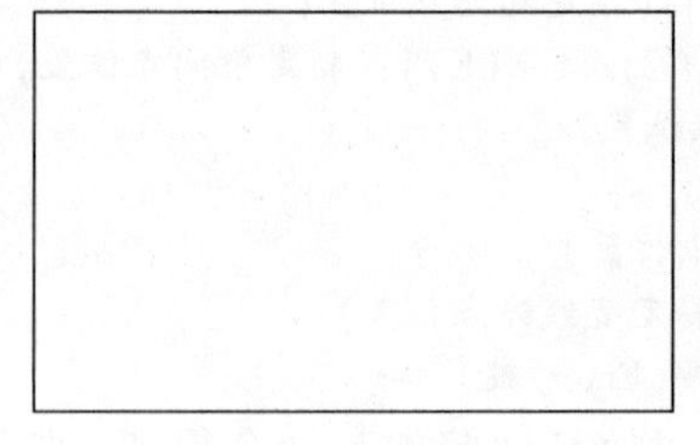
图 4-100 燃气灶外轮廓

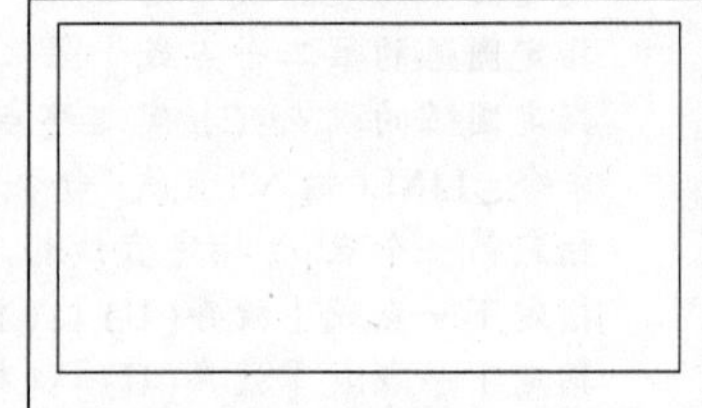
图 4-101 绘制内侧矩形

命令: PLINE(绘制多段线)
指定起点:(确定起点位置)
当前线宽为: 0.0000
指定下一个点或 [圆弧(A)/半宽(H)/长度(L)/放弃(U)/宽度(W)]:(输入多段线端点的坐标或直接在屏幕上使用鼠标点取)
指定下一点或 [圆弧(A)/闭合(C)/半宽(H)/长度(L)/放弃(U)/宽度(W)]:(下一点)

指定下一点或［圆弧(A)/闭合(C)/半宽(H)/长度(L)/放弃(U)/宽度(W)］:(下一点)
指定下一点或［圆弧(A)/闭合(C)/半宽(H)/长度(L)/放弃(U)/宽度(W)］:(输入"C"并按〈Enter〉键)

注意

内部稍小矩形前面的边与外轮廓边的距离应预留得大些。

3）在中部位置绘制两条直线，如图4-102所示。

命令：LINE(输入"直线"命令)
指定第一个点：(指定直线起点位置)
指定下一点或［放弃(U)］:(指定直线终点位置)
指定下一点或［放弃(U)］:(按〈Enter〉键)
命令:MIRROR(镜像生成对称图形)
选择对象：找到1个
选择对象:(按〈Enter〉键)
指定镜像线的第一点：(以中间的轴线位置作为镜像线)
指定镜像线的第二点：
要删除源对象吗？［是(Y)/否(N)］<N>:N(输入"N"并按〈Enter〉键保留原有图形)

4）绘制一个圆形作为圆形支架造型轮廓线，如图4-103所示。

命令：CIRCLE(绘制圆形)
指定圆的圆心或［三点(4P)/两点(2P)/切点、切点、半径(T)］：(指定圆心点位置)
指定圆的半径或［直径(D)］<20.000>：(输入圆形半径或在屏幕上直接点取)

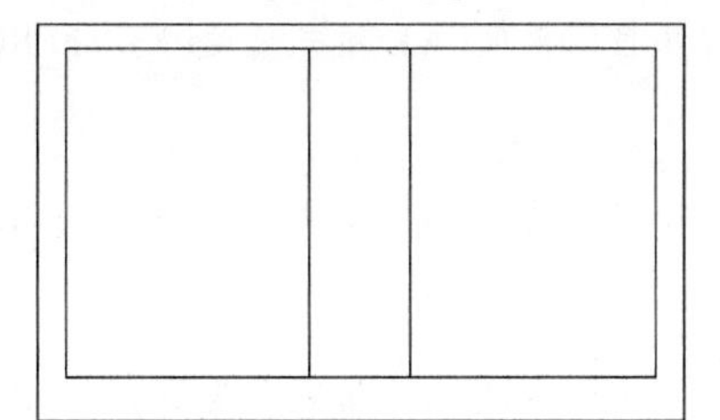

图4-102　绘制两条直线

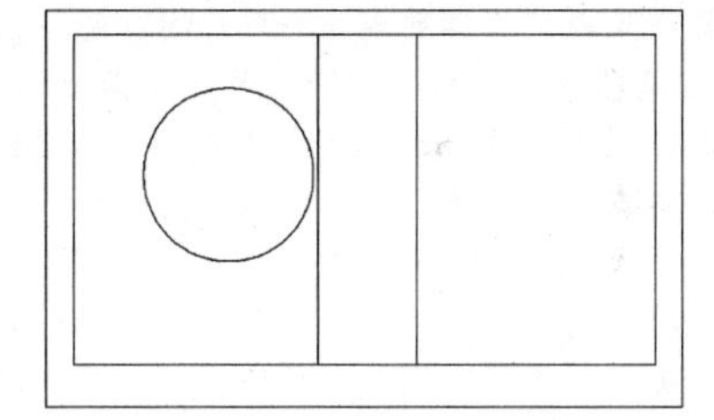

图4-103　绘制一个圆形

5）单击"默认"选项卡"修改"面板中的"偏移"按钮，偏移圆，得到多个不同大小的同心圆，如图4-104所示。

命令：OFFSET(偏移生成平行线)
当前设置：删除源=否　图层=源　OFFSETGAPTYPE=0
指定偏移距离或［通过(T)/删除(E)/图层(L)］<通过>:(输入偏移距离或指定通过点位置)
选择要偏移的对象,或［退出(E)/放弃(U)］<退出>:(选择要偏移的图形)
指定要偏移的那一侧上的点,或［退出(E)/多个(M)/放弃(U)］<退出>:
……
选择要偏移的对象,或［退出(E)/放弃(U)］<退出>:(按〈Enter〉键)

6）在同心圆上部绘制一个矩形作为支架支撑骨架，如图4-105所示。

命令：PLINE(绘制支架支撑骨架)
指定起点:(确定起点位置)
当前线宽为：0.0000
指定下一个点或［圆弧(A)/半宽(H)/长度(L)/放弃(U)/宽度(W)］:(输入多段线端点的坐标或直接在屏幕上使用鼠标点取)
指定下一点或［圆弧(A)/闭合(C)/半宽(H)/长度(L)/放弃(U)/宽度(W)］:(下一点)

指定下一点或［圆弧(A)/闭合(C)/半宽(H)/长度(L)/放弃(U)/宽度(W)］:(下一点)
指定下一点或［圆弧(A)/闭合(C)/半宽(H)/长度(L)/放弃(U)/宽度(W)］:(输入"C"并按〈Enter〉键)

注 意

支撑骨架可以使用"PLINE"或"RECTANG"功能命令来绘制。

7）进行环形阵列，得到整个支架中的支撑骨架，如图4-106所示。

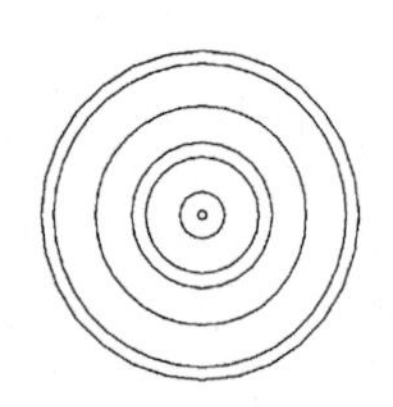
图4-104 多个同心圆

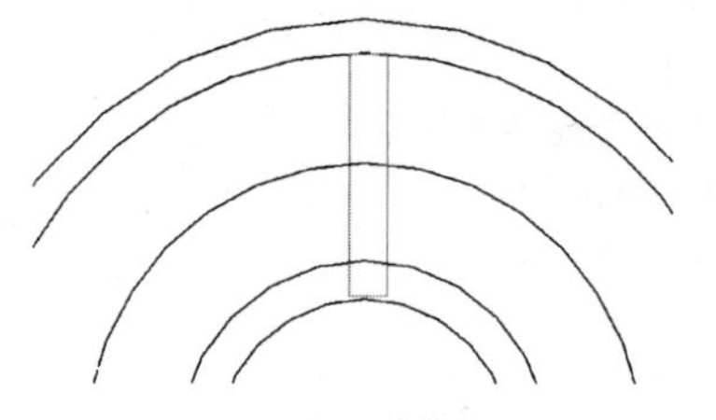
图4-105 绘制支撑骨架

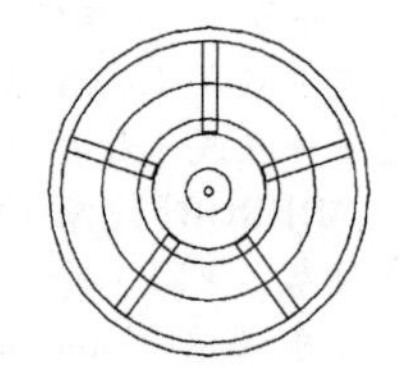
图4-106 阵列支撑骨架

命令：ARRAYPOLAR
选择对象：找到1个
选择对象：
类型=极轴 关联=否
指定阵列的中心点或［基点(B)/旋转轴(A)］：
选择夹点以编辑阵列或［关联(AS)/基点(B)/项目(I)/项目间角度(A)/填充角度(F)/行(ROW)/层(L)/旋转项目(ROT)/退出(X)］<退出>：I
输入阵列中的项目数或［表达式(E)］<6>：5
选择夹点以编辑阵列或［关联(AS)/基点(B)/项目(I)/项目间角度(A)/填充角度(F)/行(ROW)/层(L)/旋转项目(ROT)/退出(X)］<退出>：F
指定填充角度(+=逆时针、-=顺时针)或［表达式(EX)］<360>：
选择夹点以编辑阵列或［关联(AS)/基点(B)/项目(I)/项目间角度(A)/填充角度(F)/行(ROW)/层(L)/旋转项目(ROT)/退出(X)］<退出>：

8）通过镜像支架，得到另外一侧相同的图形，如图4-107所示。

命令:MIRROR(镜像生成对称图形)
选择对象：找到1个
选择对象：找到12个,总计14个
选择对象:(按〈Enter〉键)
指定镜像线的第一点：(以中间的轴线位置作为镜像线)
指定镜像线的第二点：
要删除源对象吗?［是(Y)/否(N)］<N>:N(输入"N"并按〈Enter〉键保留原有图形)

注 意

也可以通过执行"复制"命令得到另外一侧相同的图形。

9）绘制燃气灶点火开关按钮部分图形（可以使用"CIRCLE"等功能命令来完成），如图4-108所示。

命令：CIRCLE(绘制圆形)
指定圆的圆心或［三点(4P)/两点(2P)/切点、切点、半径(T)］：(指定圆心点位置)
指定圆的半径或［直径(D)］<20.000>：(输入圆形半径或在屏幕上直接点取)

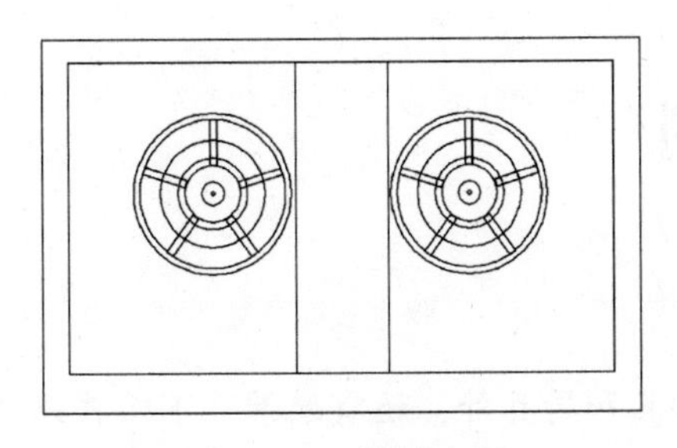

图 4-107 镜像支架

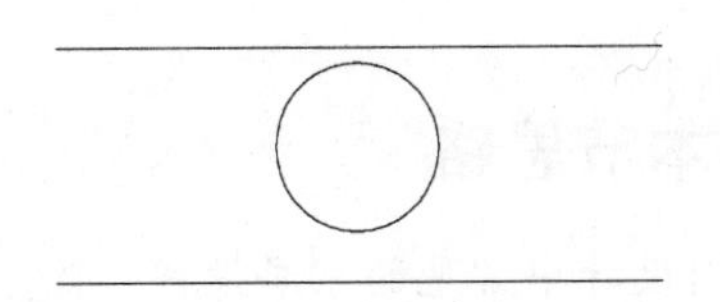

图 4-108 绘制开关按钮部分图形

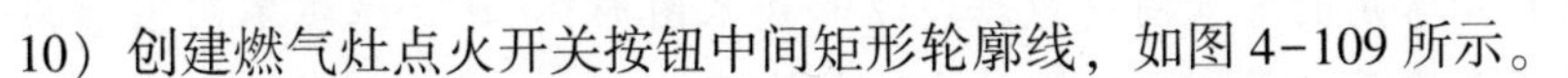

10）创建燃气灶点火开关按钮中间矩形轮廓线，如图 4-109 所示。

命令：PLINE(绘制按钮造型)
指定起点：(确定起点位置)
当前线宽为：0.0000
指定下一个点或 [圆弧(A)/半宽(H)/长度(L)/放弃(U)/宽度(W)]：(输入多段线端点的坐标或直接在屏幕上使用鼠标点取)
指定下一点或 [圆弧(A)/闭合(C)/半宽(H)/长度(L)/放弃(U)/宽度(W)]：(下一点)
指定下一点或 [圆弧(A)/闭合(C)/半宽(H)/长度(L)/放弃(U)/宽度(W)]：(下一点)
指定下一点或 [圆弧(A)/闭合(C)/半宽(H)/长度(L)/放弃(U)/宽度(W)]：(输入“C”并按〈Enter〉键)

11）单击“默认”选项卡“修改”面板中的“复制”按钮或“镜像”按钮，得到另外一侧的按钮开关，如图 4-110 所示。

命令：COPY(复制得到相同的图形)
选择对象：找到 1 个
选择对象：找到 1 个，总计 2 个
选择对象：
当前设置：复制模式 = 多个
指定基点或 [位移(D)/模式(O)] <位移>：
指定第二个点或 [阵列(A)] <使用第一个点作为位移>：(进行复制，指定复制图形复制点位置)
指定第二个点或 [阵列(A)/退出(E)/放弃(U)] <退出>：(指定下一个复制对象距离位置)
指定第二个点或 [阵列(A)/退出(E)/放弃(U)] <退出>：(按〈Enter〉键)

12）完成燃气灶造型绘制，缩放视图以观察其效果，如图 4-111 所示。

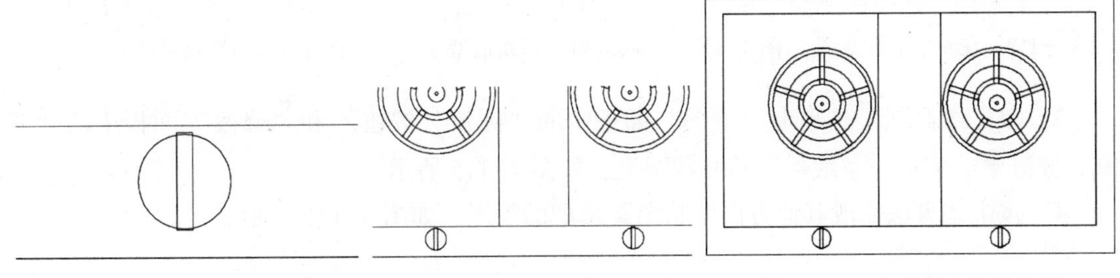

图 4-109 按钮中间矩形　　图 4-110 复制开关　　图 4-111 完成燃气灶的绘制

命令：ZOOM(缩放视图)
指定窗口的角点，输入比例因子 (nX 或 nXP)，或者[全部(A)/中心(C)/动态(D)/范围(E)/上一个(P)/比例(S)/窗口(W)/对象(O)] <实时>：E

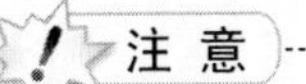

注 意

注意及时保存图形。

4.4　各种建筑配景图的绘制

本节思路

室内设计中常见的家居设施，除了电器、洁具和厨具外，还有配景。下面将以典型的例子说明建筑配景图的绘制方法与技巧。

本节通过绘制设计中常用的配景图（包括花草和树木图形），详述根据不同图形的造型特点快速建立建筑平面和立面配景图形的设计方法与技巧。

4.4.1 平面配景图的绘制

如图 4-112 所示，本小节以花草为例简要说明平面配景图造型的绘制方法与技巧。具体步骤如下。

1）单击“默认”选项卡“绘图”面板中的“直线”按钮和“圆弧”按钮，绘制放射状弧线造型，如图 4-113 所示。

2）单击“默认”选项卡“绘图”面板中的“样条曲线拟合”按钮，绘制叶状图案造型，如图 4-114 所示。

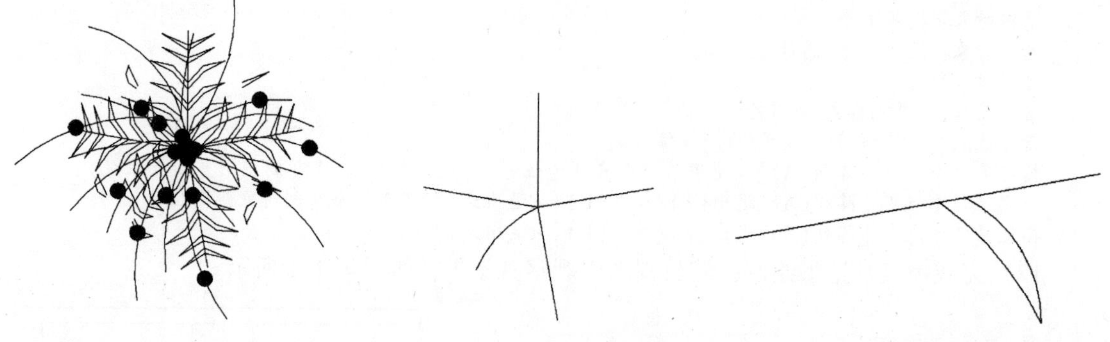

图 4-112　花草平面配景图　图 4-113　绘制放射状弧线造型（一）　图 4-114　绘制叶状图案造型

3）单击“默认”选项卡“绘图”面板中的“圆弧”按钮和“修改”面板中的“镜像”按钮，完成一条线条上的叶状图案，如图 4-115 所示。

4）按上述方法完成其他方向叶状图案造型的绘制，如图 4-116 所示。

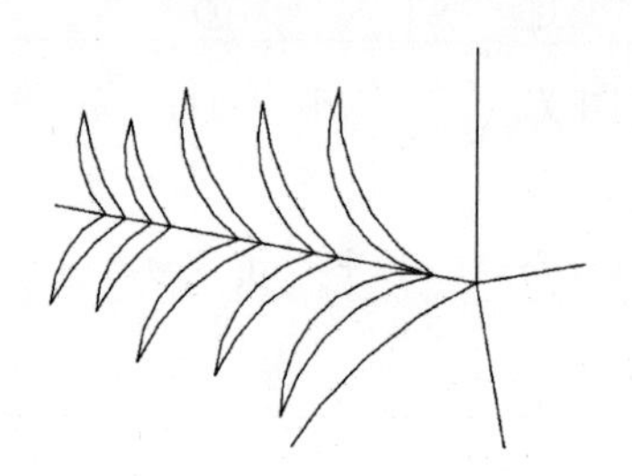

图 4-115　完成叶状图案

图 4-116　完成其他叶状图案造型

5）单击“默认”选项卡“绘图”面板中的“圆弧”按钮，再绘制放射状的弧线造型，如图4-117所示。

6）单击“默认”选项卡“绘图”面板中的“圆”按钮和“图案填充”按钮，在弧线上创建小实心体图案，如图4-118所示。

7）按上述方法创建其他位置的实心体图案。最后完成整个花草图案造型的绘制，如图4-119所示。

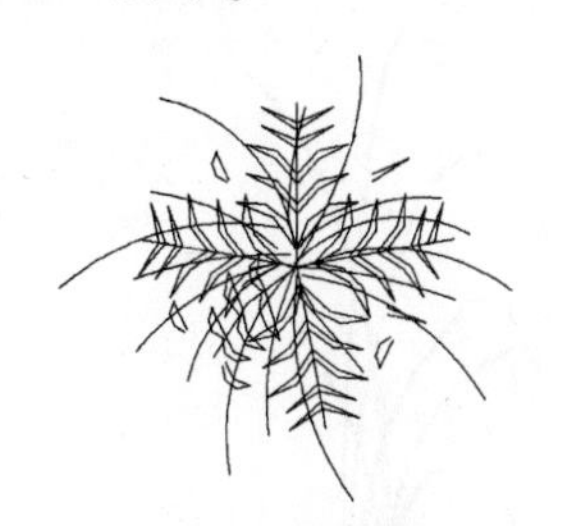

图4-117 绘制放射状弧线造型（二）

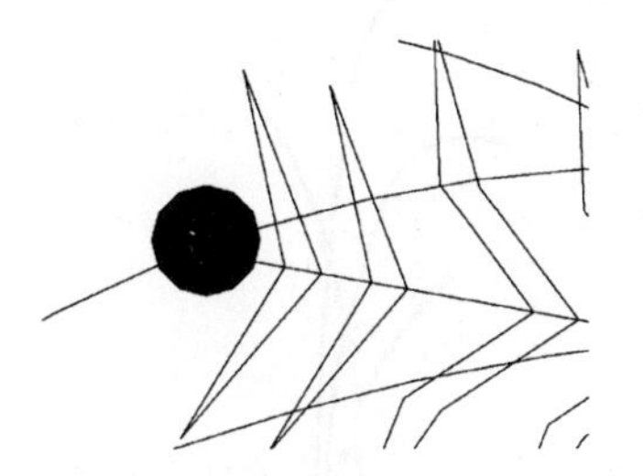

图4-118 创建小实心体

图4-119 完成整个花草图案

4.4.2 立面配景图的绘制

如图4-120所示，本节以盆景立面图为例简要说明立面配景图造型的绘制方法与技巧。具体步骤如下。

1）单击“默认”选项卡“绘图”面板中的“多段线”按钮和“修改”面板中的“偏移”按钮，绘制底部花盆上下端部水平轮廓，如图4-121所示。

```
命令：PLINE(绘制由直线构成的花盆水平轮廓)
指定起点：(确定起点位置)
当前线宽为：0.0000
指定下一个点或［圆弧(A)/半宽(H)/长度(L)/放弃(U)/宽度(W)］：(依次输入多段线端点的相对距离或直接在屏幕上使用鼠标点取)
指定下一点或［圆弧(A)/闭合(C)/半宽(H)/长度(L)/放弃(U)/宽度(W)］：(按〈Enter〉键)
```

2）单击“默认”选项卡“绘图”面板中的“直线”按钮和“修改”面板中的“镜像”按钮，绘制花盆侧面轮廓线，如图4-122所示。

3）单击“默认”选项卡“绘图”面板中的“圆弧”按钮和“修改”面板中的“偏移”按钮，绘制其中一棵花草植物的根部图形，如图4-123所示。

图4-120 盆景立面图

图4-121 花盆水平轮廓

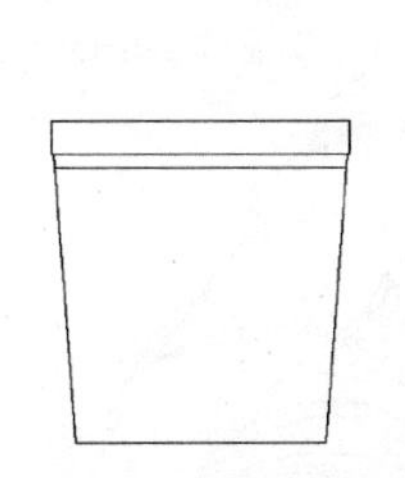

图4-122 绘制侧面轮廓线

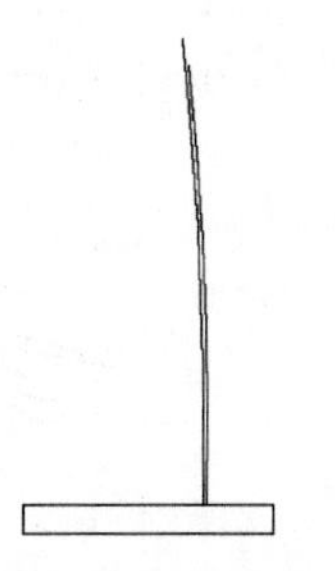

图4-123 绘制根部图形

4）单击“默认”选项卡“绘图”面板中的“直线”按钮和“圆弧”按钮，再在植物根的上部绘制枝干线条，如图4-124所示。

5）单击“默认”选项卡“绘图”面板中的“圆弧”按钮、“直线”按钮和“修改”面板中的“偏移”按钮，绘制其他枝干，如图4-125所示。

6）最后完成植物枝干部分的立面造型，如图4-126所示。

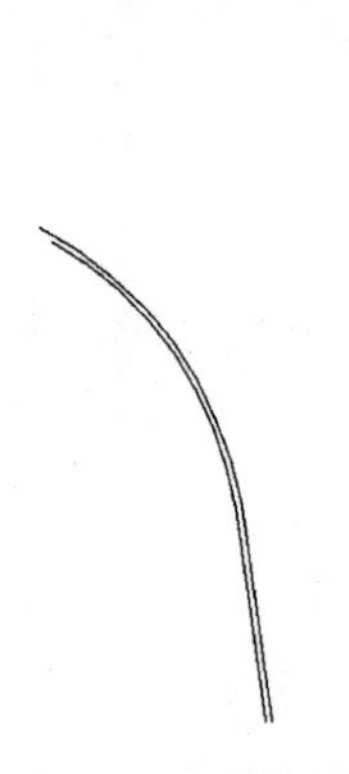

图4-124 绘制枝干线条

图4-125 绘制其他枝干

图4-126 枝干立面造型

7）单击“默认”选项卡“绘图”面板中的“圆弧”按钮和“修改”面板中的“镜像”按钮，在枝干顶部绘制叶片图形，如图4-127所示。

8）单击“默认”选项卡“绘图”面板中的“圆弧”按钮和“修改”面板中的“复制”按钮，完成一个枝干上叶片造型的绘制，如图4-128所示。

图4-127 绘制叶片图形

图4-128 复制叶片

9）按上述方法，在其他枝干上进行叶片绘制，如图4-129所示。

10）最后完成所有枝干上部叶片造型的绘制，如图4-130所示。

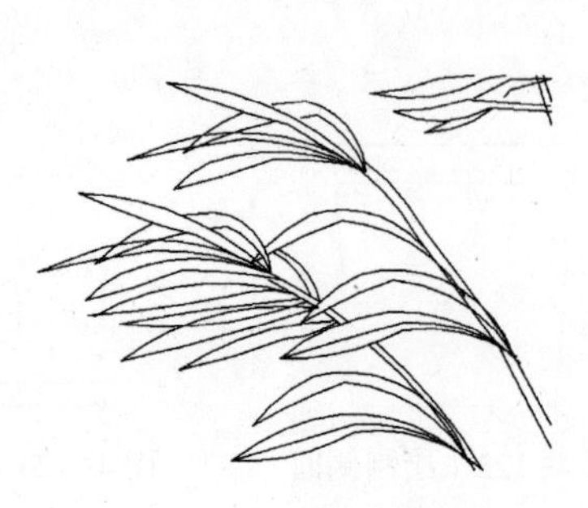

图4-129 绘制其他枝干叶片

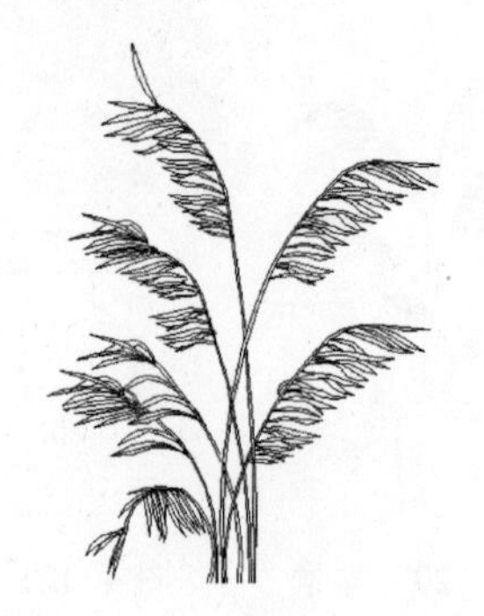

图4-130 完成上部叶片造型的绘制

11）至此，盆景立面图绘制完成，保存图形。

4.5　AutoCAD 工程应用图形欣赏

本小节将列举介绍一些 AutoCAD 工程应用图形，供读者在室内装饰设计中参考和借鉴。

1）规划设计，如图 4-131 所示。

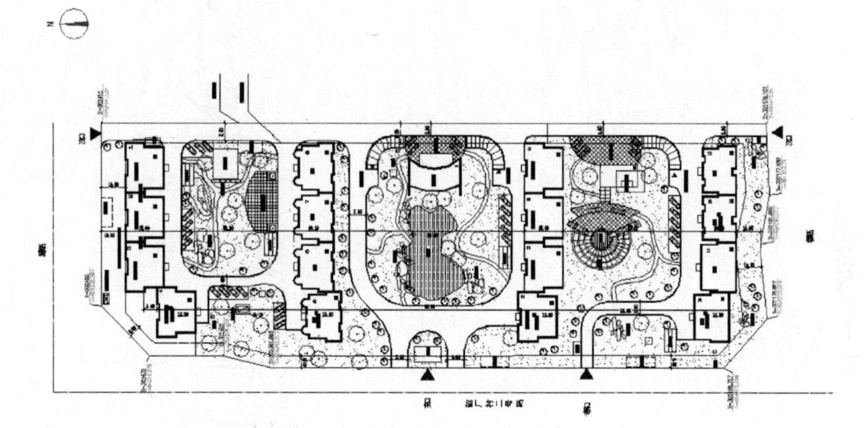

图 4-131　规划设计

2）室内设计，如图 4-132 所示。

3）家具设计，如图 4-133 所示。

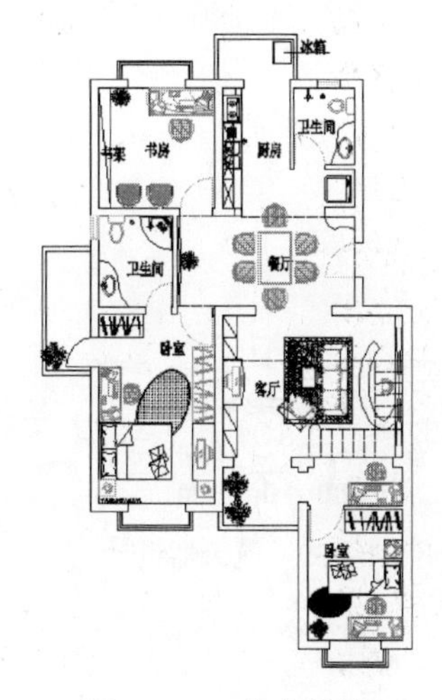

图 4-132　室内设计

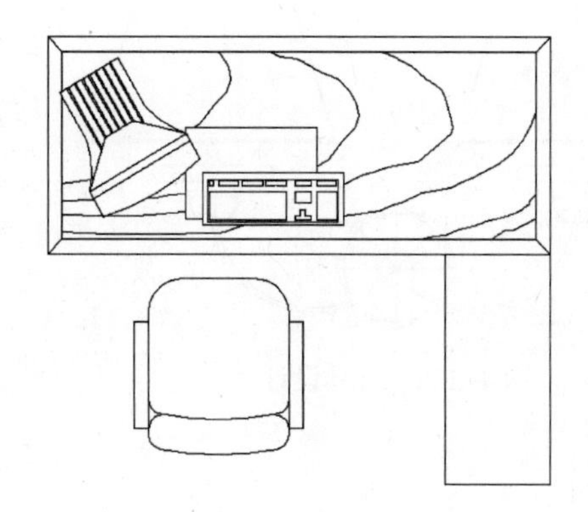

图 4-133　家具设计

4）园林设计，如图 4-134 所示。

5）雕塑设计，如图 4-135 所示。

6）机械设计，如图 4-136 所示。

7）汽车设计，如图 4-137 所示。

图 4-134 园林设计

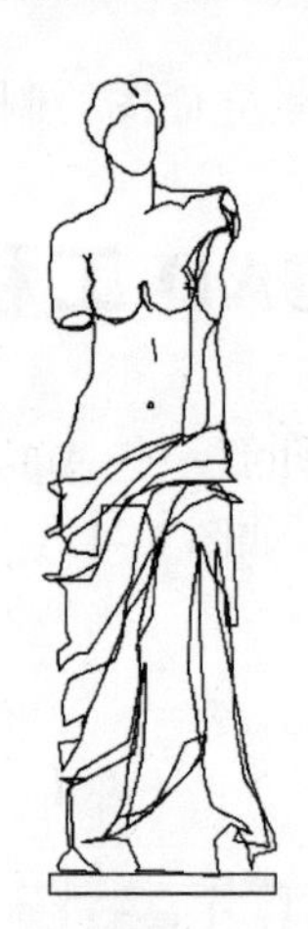

图 4-135 雕塑设计

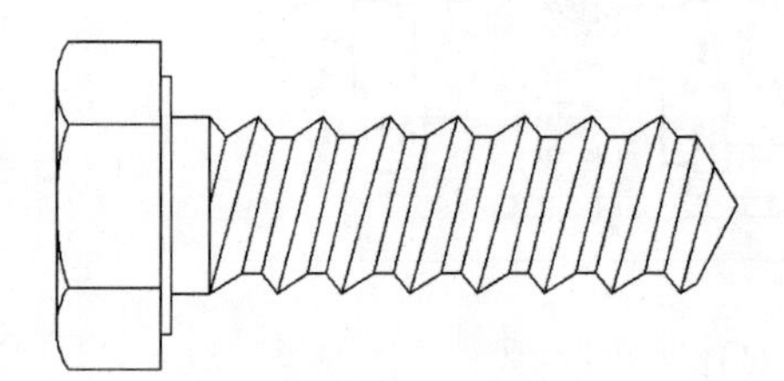

图 4-136 机械设计

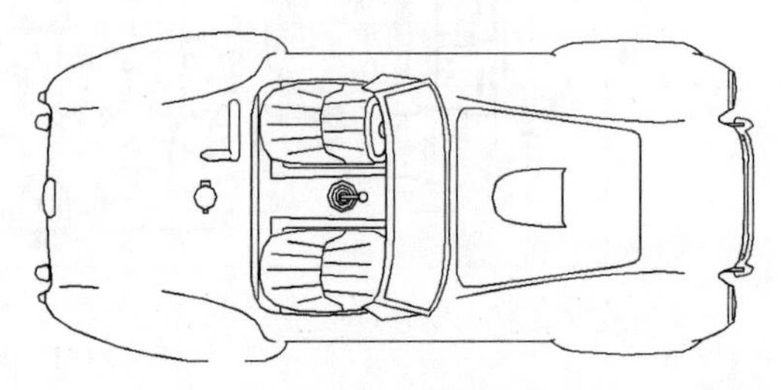

图 4-137 汽车设计

8）灯具设计，如图 4-138 所示。

9）航天器设计，如图 4-139 所示。

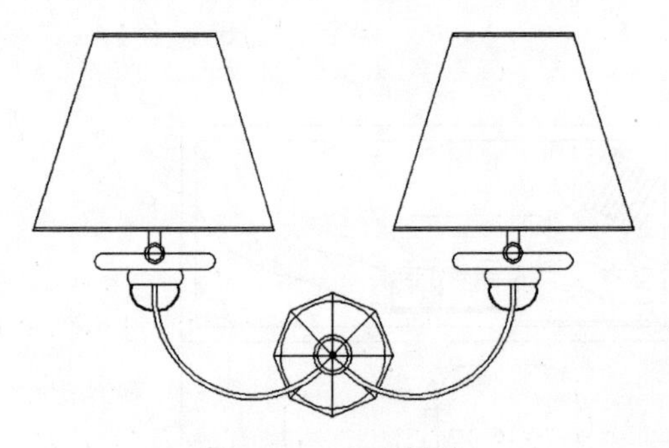

图 4-138 灯具设计

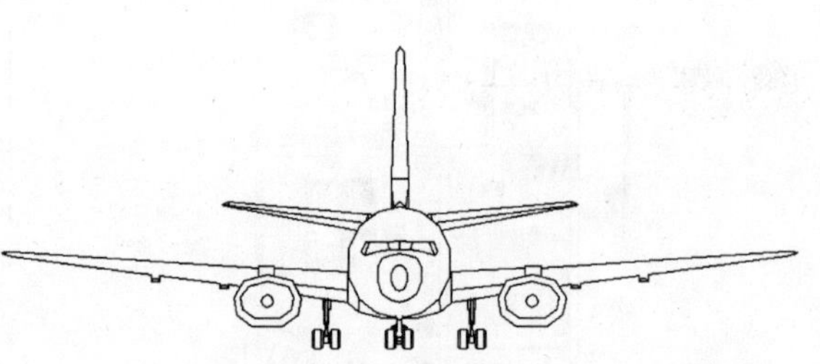

图 4-139 航天器设计

第 5 章　室内设计制图的准备知识

知识导引

为了方便读者学习后续章节 AutoCAD 2018 室内设计制图的内容，本章将详细介绍室内设计的基本知识和室内设计制图的基本知识。

内容要点

- 室内设计知识
- 室内设计中的几个要素

5.1　室内设计基本知识

本节思路

为了让初学者对室内设计有一个初步的了解，本节将介绍室内设计的基本知识。由于它不是本书的主要内容，因此只做简明扼要的介绍。对于室内设计的知识，初学者仅仅阅读这一部分是远远不够的，还应该参看其他相关书籍，在此特别说明。

5.1.1 室内设计概述

随着社会的不断发展，建筑功能逐渐多样化，室内设计已作为一个相对独立的行业从建筑设计中分离出来，“它既包括视觉环境和工程技术方面的问题，也包括声、光、热等物理环境以及气氛、意境等心理环境和文化内涵方面的内容”。室内设计与建筑设计、景观设计既相互区别又相互联系，其重点在于建筑室内环境的综合设计，目的是创造良好的室内环境。

室内设计根据对象的不同可分为居住建筑室内设计、公共建筑室内设计、工业建筑室内设计和农业建筑室内设计。室内设计一般经过 4 个阶段，即设计准备阶段、方案设计阶段、施工图设计阶段及实施阶段。

一般来说，室内设计工作可能出现在整个工程建设过程的以下 3 个时期。

1）与建筑设计、景观设计同期进行。这种方式有利于室内设计师与建筑师、景观设计师配合，从而使建筑室内环境和室外环境的风格协调统一，为生产出良好的建筑作品提供条件。

2）在建筑设计完成后、建筑施工未结束之前进行。室内设计师在参照建筑、结构及水暖电等设计图样资料的同时，也需要和各部门、各工程师交流设计思想，同时，如果发现施工中存在需要更改的部位，应及时进行相应的调整。

3）在主体工程施工结束后进行。这种情况，室内设计师对建筑空间的规划设计参与性最小，基本上是在建筑师设计成果的基础上来完成室内环境设计。当然，在一些大跨度、大空间结构体系中，设计师的自由度还是比较大的。

以上说法是针对普遍意义上的室内设计而言，对于个别小型工程，工作没有这么复杂，但设计师认真的态度是必需的。由于室内设计工作涉及艺术修养、工程技术、政治、经济、文化等诸多方面，因此室内设计师除了掌握专业的知识和技能，还应具备良好的综合素质。

5.1.2 室内设计过程中的几个要素

1. 设计前的准备工作

设计前的准备工作一般涉及以下几个方面。

1）明确设计任务及要求：功能要求、工程规模、装修等级标准、总造价、设计期限及进度、室内风格特征及室内氛围趋向、文化内涵等。

2）现场踏勘、收集第一手实际资料，收集必要的相关工程图样，查阅同类工程的设计资料或现场参观学习同类工程，获取设计素材。

3）熟悉相关标准、规范和法规的要求，熟悉定额标准，熟悉市场的设计收费惯例。

4）与业主签订设计合同，明确双方责任、权利及义务。

5）考虑与各工种协调配合的问题。

2. “两个出发点和一个归宿”

室内设计力图满足使用者各种物质上的需求和精神上的需求。在进行室内设计时，设计者应注意“两个出发点和一个归宿”：一个出发点是室内环境的使用者；另一个出发点是既有的建筑条件，包括建筑空间情况、配套的设备条件（水、暖、电、通信等）及建筑周边环境特征；“一个归宿”是创造良好的室内环境。

第一个出发点是基于以人为本的设计理念提出的。就装修工程而言，小到个人、家庭，大到一个集团的全体职员，都是设计师服务的对象。有的设计师比较倾向于表现个人艺术风格，而忽略了这一点。从使用者的角度考察，设计者应注意以下几个方面。

1）人体尺度。考察人体尺度，可以获得人在室内空间里完成各种活动时所需的动作范围，可作为确定构成室内空间的各部分尺度的依据。很多设计手册里都有各种人体尺度的参数，读者在需要时可以查阅。然而，仅仅满足人体活动的空间是不够的，确定空间尺度时还需考虑人的心理需求空间，它的范围比活动空间大。此外，在特意塑造某种空间意象时（例如高大、空旷、肃穆等），空间尺度还要作相应的调整。

2）室内功能要求、装修等级标准、室内风格特征及室内氛围趋向、文化内涵要求等。一方面设计师可以直接从业主处获得这些信息，另一方面设计师也可以就这些问题给业主提出建议或者跟业主协商解决。

3）造价控制及设计进度。室内设计要考虑客户的经济承受能力，否则无法实施。鉴于如今人们生活工作的节奏比较快，设计者应把握设计期限和进度，以便按时完成设计任务、保证设计质量。

第二个出发点在于仔细把握现有的建筑客观条件，充分利用它的有利因素，局部纠正或规避不利因素。

一个归宿在于要创造良好宜居的室内环境。

所谓“两个出发点和一个归宿”是为了引起读者重视。如何设计出好的室内作品，这中间还有一个设计过程，需要考虑空间布局、室内色彩、装饰材料、室内物理环境、室内家具陈设、室内绿化因素、设计方法和表现技能等。

3. 空间布局

人们在室内空间里进行生活、学习、工作等各种活动时，每一种相对独立的活动都需要一个相对独立的空间，如会议室、商店、卧室等；一个相对独立的活动过渡到另一个相对独立的活动，这中间就需要一个交通空间，如走道。人的室内行为模式和规范影响着空间的布置，反过来，空间的布置又有利于引导和规范人的行为模式。此外，人在室内活动时，对空间除了物质上的需求，还有精神上的需求。物质需求包括空间大小及性状、家具陈设、人流交通、消防安全、声光热物理环境等；精神需求是指空间形式和特征能否反映业主的情趣和美的享受、能否对人的心理情绪进行良性的诱导。从这个角度来看，不难理解各种室内空间的形成、功能及布置特点。

在进行空间布局时，一般要注意动静分区、洁污分区、公私分区等问题。动静分区就是指相对安静的空间和相对嘈杂的空间应有一定程度的分离，以免互相干扰。例如在住宅里，餐厅、厨房、客厅与卧室相互分离，在宾馆里，客房部与餐饮部相互分离等；洁污分区，也叫干湿分区，指的是诸如卫生间、厨房等潮湿环境应该跟其他清洁、干燥的空间分离；公私分区是针对空间的私密性问题提出的，空间要体现私密、半私密、公开的层次特征；另外，还有主要空间和辅助空间之分。主要空间应争取布置在具有多个有利因素的位置上，辅助空间布置在次要位置上。这些是对空间布置上的普遍看法，在实际操作中则应具体问题具体分析，做到有理有据、灵活处理。

室内设计师直接参与建筑空间的布局和划分的机会较少。大多情况下，室内设计师面对的是已经布局好了的空间。比如在一套住宅里，起居厅、卧室、厨房等空间和它们之间的连接方式基本上已经确定；再如写字楼里办公区、卫生间、电梯间等空间及其相对位置也已确定。因此室内设计师在把握建筑师空间布局特征的基础上，需要亲自处理的是更微观的空间布局。比如住宅里，应如何布置沙发、茶几、家庭影视设备，如何处理地面、墙面、顶棚等构成要素以完善室内空间；再如将一个建筑空间布置成快餐店，应考虑哪个区域布置就餐区、哪个区域布置服务台、哪个区域布置厨房、如何引导流线等。

4. 室内色彩和材料

视觉感受到的颜色来源于可见光波。可见光的波长范围为 380~780nm，依波长由大到小呈现出红、橙、黄、绿、青、蓝、紫等颜色及中间颜色。当可见光照射到物体上时，一部分波长的光线被吸收，而另一部分波长的光线被反射，反射光线在人的视网膜上呈现的颜色，就被认为是物体的颜色。颜色具有 3 个要素，即色相、明度和彩度。色相，指一种颜色与其他颜色相区别的特征，如红与绿相区别，它由光的波长决定；明度，指颜色的明暗程度，它取决于光波的振幅；彩度，指某一纯色在颜色中所占的比例，有的也将它称为纯度或饱和度。进行室内色彩设计时，设计者应注意以下几个方面。

1）室内环境的色彩主要反映为空间各部件的表面颜色以及各种颜色相互影响后的视觉

感受，它们还受光源（天然光、人工光）的照度、光色和显色性等因素的影响。

2）仔细结合材质、光线研究色彩的选用和搭配，使之协调统一，有情趣、有特色，能突出主题。

3）考虑室内环境使用者的心理需求、文化倾向和要求等因素。

选择材料时，设计者须注意材料的质地、性能、色彩、经济性、健康环保等问题。

5. 室内物理环境

室内物理环境是室内光环境、声环境、热工环境的总称。这3个方面直接影响着人的学习、工作效率，人的生活质量、身心健康等，是提高室内环境的质量所不可忽视的因素。

（1）室内光环境

室内光线来源于两个方面：一方面是天然光；另一方面是人工光。天然光由直射太阳光和阳光穿过地球大气层时扩散而成的天空光组成；人工光主要是指各种电光源发出的光线。

设计者应尽量争取利用自然光满足室内的照度要求，在不能满足照度要求的地方辅助人工照明。我国大部分地区处在北半球，一般情况下，一定量的直射阳光照射到室内，有利于室内杀菌和人的身体健康，特别是在冬天；夏天，炙热的阳光射到室内会使室内迅速升温，长时间的照射会使室内陈设物品褪色、变质等，所以应注意遮阳和隔热问题。

现代用的照明电光源可分为两大类：一类是白炽灯；另一类是气体放电灯。白炽灯是靠灯丝通电加热到高温而放出热辐射光，如普通白炽灯、卤钨灯等；气体放电灯是靠气体激发而发光，属冷光源，如荧光灯、高压钠灯、低压钠灯、高压汞灯等。

照明设计应注意以下几个因素：①合适的照度；②适当的亮度对比；③宜人的光色；④良好的显色性；⑤避免眩光；⑥正确的投光方向。除此之外，在选择灯具时，设计者应注意其发光效率、寿命及是否便于安装等因素。目前国家出台的相关照明设计标准中规定有各种室内空间的平均照度标准值，许多设计手册中也提供了各种灯具的性能参数，读者可以参阅。

（2）室内声环境

室内声环境的处理主要包括两个方面：一方面是室内音质的设计，如音乐厅、电影院、录音室等，目的是提高室内音质，满足应有的听觉效果；另一方面是隔声与降噪，旨在隔绝和降低各种噪声对室内环境的干扰。

（3）室内热工环境

室内热工环境受室内热辐射、室内温度、湿度、空气流速等因素的综合影响。为了满足人们舒适、健康的要求，在进行室内设计时，设计者应结合空间布局、材料构造、家具陈设、色彩、绿化等方面综合考虑。

6. 室内家具陈设

家具是室内环境的重要组成部分，也是室内设计需要处理的重点之一。室内家具多半是业主到市场、工厂购买或定做的，也有少部分家具由室内设计师直接进行设计。在选购和设计家具时，设计者应该注意以下几个方面。

1）家具的功能、尺度、材料及做工等。

2）形式美的要求，宜与室内风格、主题协调。

3）业主的经济承受能力。

4）充分利用室内空间。

室内陈设一般包括各种家用电器、运动器材、器皿、书籍、化妆品、艺术品及其他个人收藏等。处理这些陈设物品时宜适度、得体，避免庸俗化。

此外，室内各种织物的功能、色彩、材质的选择和搭配也是不容忽视的。

7. 室内绿化

绿色植物是生机盎然的象征，把绿化引进室内，有助于塑造室内环境。常见的室内绿化有盆栽、盆景、插花等形式。在一些公共室内空间和居住空间中，设计者可以综合运用花木、山石、水景等园林手法来达到绿化目的，例如宾馆的中庭设计等。

绿化能够改善和美化室内环境，功能灵活多样，既可以在一定程度上改善空气质量、改善人的心情，也可以用来分隔空间、引导空间、突出或遮掩局部位置。

进行室内绿化时，设计师应该注意以下因素。

1）植物是否对人体有害。注意植物散发的气味是否对身体有害，或者使用者对植物的气味是否过敏，有刺的植物不应让儿童接近等。

2）植物的生长习性。注意植物喜阴还是喜阳、喜潮湿还是喜干燥、常绿还是落叶等习性以及土壤需求、花期、生长速度等。

3）植物的形状、大小和叶子的形状、大小、颜色等。注意选择合适的植物和合适的搭配。

4）与环境协调，突出主题。

5）精心设计、精心施工。

8. 室内设计制图

不管多么优秀的设计思想都须通过图样来传达。准确、清晰、美观的制图是室内设计不可缺少的部分，对能否中标和指导施工起着重要的作用，因此，室内设计制图是设计师必备的技能。

5.2 室内设计制图基本知识

本节思路

室内设计图样是交流设计思想、传达设计意图的技术文件，是室内装饰施工的依据，所以，设计者应该遵循统一的制图规范，在正确的制图理论及方法的指导下完成，否则就会失去图样的意义。因此，即使是在当今大量采用计算机绘图的形势下，读者仍然有必要掌握基本的绘图知识。考虑到部分读者未经过常规的制图训练，因此本节将就必备的制图知识进行简单介绍。已掌握该部分内容的读者可略过本节。

5.2.1 室内设计制图概述

1. 室内设计制图的概念

室内设计图是室内设计人员用来表达设计思想、传达设计意图的技术文件，是室内装饰施工的依据。室内设计制图要根据正确的制图理论及方法，按照国家统一的室内制图规范将室内空间6个面上的设计情况在二维图面上表现出来，它包括室内平面图、室内顶棚平面图、室内立面图、室内细部节点详图等。《房屋建筑制图统一标准》（GB/T 50001—2001）和《建筑制图标准》（GB/T 50104—2001）是室内设计中手工制图和计算机制图的依据。

2. 室内设计制图的方式

室内设计制图有手工制图和计算机制图两种方式。手工制图又分为徒手绘制和工具绘制两种。

手工制图是设计师必须掌握的技能，也是学习 AutoCAD 2018 软件或其他计算机绘图软件的基础。采用手工制图的方式可以绘制全部的图样文件，但是需要花费大量的精力和时间。

计算机制图是指设计者操作绘图软件在计算机上画出所需图形，并形成相应的图形文件，通过绘图仪或打印机将图形文件输出，形成具体的图样。一般情况下，手绘方式多用于方案构思设计阶段，计算机制图多用于施工图设计阶段。这两种方式同等重要，不可偏废。本书重点讲解应用 AutoCAD 2018 绘制室内设计图，对于手绘不做具体介绍，读者若需要加强这项技能，可以参阅其他相关书籍。

3. 室内设计制图的程序

室内设计制图的程序是跟室内设计的程序相对应的。室内设计一般分为方案设计阶段和施工图设计阶段。方案设计阶段形成方案图（有的书籍将该阶段细分为构思分析阶段和方案图阶段），施工图设计阶段形成施工图。方案图包括平面图、顶棚图、立面图、剖面图及透视图等，一般要进行色彩表现，它主要用于向业主或招标单位进行方案展示和汇报，所以其重点在于形象地表现设计构思。施工图包括平面图、顶棚图、立面图、剖面图、节点构造详图及透视图，它是施工的主要依据，因此它需要详细、准确地表示出室内布置，各部分的形状、大小、材料、构造做法及相互关系等各项内容。

5.2.2 室内设计制图的要求及规范

1. 图幅、图标及会签栏

图幅即图面的大小。根据国家规范的规定，按图面的长和宽确定图幅的等级。室内设计常用的图幅有 A0（也称 0 号图幅，其余类推）、A1、A2、A3 及 A4，每种图幅的长宽尺寸见表 5-1，表中的尺寸代号意义如图 5-1 和图 5-2 所示。

表 5-1 图幅标准 （单位：mm）

<table>
<tr><th>图幅代号
尺寸代号</th><th>A0</th><th>A1</th><th>A2</th><th>A3</th><th>A4</th></tr>
<tr><td>b×l</td><td>841×1189</td><td>594×841</td><td>420×594</td><td>297×420</td><td>210×297</td></tr>
<tr><td>c</td><td colspan="3">10</td><td colspan="2">5</td></tr>
<tr><td>a</td><td colspan="5">25</td></tr>
</table>

图标即图纸的图标栏，它包括设计单位名称、工程名称、签字区、图名区及图号区等内容。一般图标格式如图 5-3 所示，尽管如今不少设计单位采用自己个性化的图标格式，但是仍必须包括这几项内容。

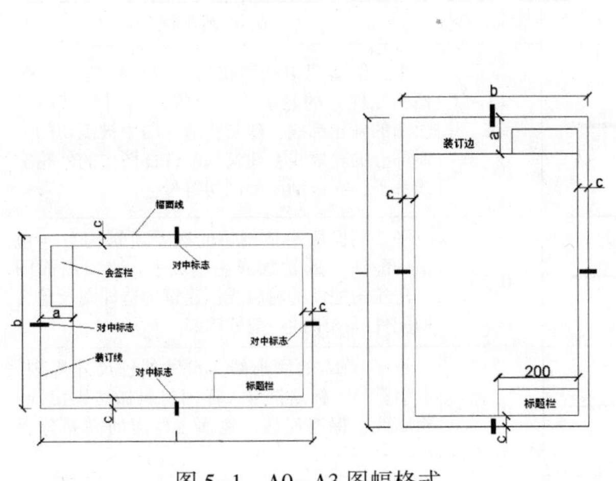

图 5-1　A0~A3 图幅格式

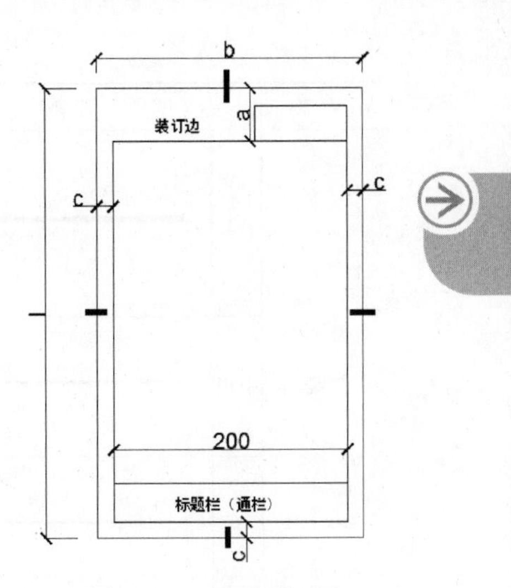

图 5-2　A4 图幅格式

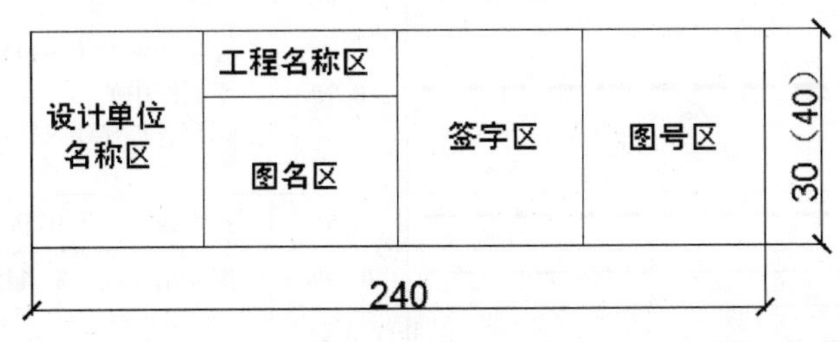

图 5-3　图标格式

会签栏是为各工种负责人审核后签名用的表格，它包括专业、姓名、日期等内容，具体内容根据需要设置，如图 5-4 所示为其中一种格式。对于不需要会签的图样，可以不设此栏。

（专业）	（实名）	（签名）	（日期）

25　25　25　25　100　5　5　5　5　20

图 5-4　会签栏格式

2. 线型要求

室内设计图主要由各种线条构成，不同的线型表示不同的对象和不同的部位，代表着不同的含义。为了图面能够清晰、准确、美观地表达设计思想，工程实践中采用了一套常用的线型，并规定了它们的使用范围。常用线型见表 5-2。在 AutoCAD 2018 中，用户可以通过“图层”中“线型”“线宽”的设置来选定所需线型、线宽。

注 意

标准实线宽度 $b=0.4\sim0.8$ mm。

表 5-2 常用线型

名称	线型		线宽	适用范围
实线	粗		b	平、剖面图中被剖切的主要建筑构造（包括构配件）的轮廓线；建筑立面图或室内立面图的外轮廓线；建筑构造详图中被剖切的主要部分的轮廓线；建筑构配件详图中的外轮廓线；平、立、剖面的剖切符号
	中粗		$0.7b$	平、剖面图中被剖切的次要建筑构造（包括构配件）的轮廓线；建筑平、立、剖面图中建筑构配件的轮廓线；建筑构造详图及建筑构配件详图中的一般轮廓线
	中		$0.5b$	小于 $0.7b$ 的图形线、尺寸线、尺寸界限、索引符号、标高符号、详图材料做法引出线、粉刷线、保温层线、地面、墙面的高差分界线等
	细		$0.25b$	图例填充线、家具线、纹样线等
虚线	中粗		$0.7b$	建筑构造详图及建筑构配件不可见的轮廓线 平面图中的梁式起重机（吊车）轮廓线 拟建、扩建建筑物轮廓线
	中		$0.5b$	投影线、小于 $0.5b$ 的不可见轮廓线
	细		$0.25b$	图例填充线、家具线等
单点长画线	细		$0.25b$	轴线、构配件的中心线、对称线等
折断线	细		$0.25b$	省画图样时的断开界限
波浪线	细		$0.25b$	构造层次的断开界线，有时也表示省略画出时的断开界限

3. 尺寸标注

在第 1 章里，已经介绍过 AutoCAD 2018 尺寸标注的设置问题，然而，具体在对室内设计图进行标注时，设计者还要注意如下的标注原则。

1）尺寸标注应力求准确、清晰、美观大方。同一张图样中，标注风格应保持一致。

2）尺寸线应尽量标注在图样轮廓线以外，从内到外依次标注从小到大的尺寸，不能将大尺寸标在内，而小尺寸标在外，如图 5-5 所示。

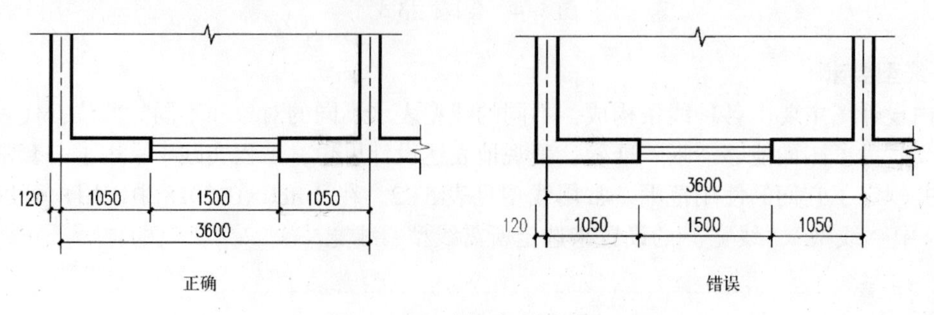

图 5-5 尺寸标注正误对比

3）最内一道尺寸线与图样轮廓线之间的距离不应小于10 mm，两道尺寸线之间的距离一般为7~10 mm。

4）尺寸界线朝向图样的端头距图样轮廓的距离应≥2 mm，不宜直接与之相连。

5）在图线拥挤的地方，应合理安排尺寸线的位置，但不宜与图线、文字及符号相交；可以考虑将轮廓线用作尺寸界线，但不能作为尺寸线。

6）对于连续相同的尺寸，可以采用“均分”或“(EQ)”字样代替，如图5-6所示。

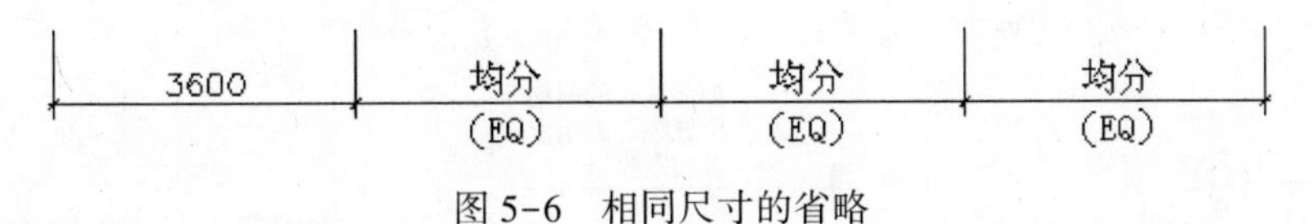

图5-6　相同尺寸的省略

4. 文字说明

在一幅完整的图样中用图线方式表现得不充分和无法用图线表示的地方，就需要进行文字说明，例如材料名称、构配件名称、构造做法、统计表及图名等。文字说明是图样内容的重要组成部分，制图规范对文字标注中的字体、字的大小、字体字号搭配等方面做了一些具体规定。

1）一般原则。字体端正，排列整齐，清晰准确，美观大方，避免过于个性化的文字标注。

2）字体。一般标注推荐采用仿宋字，标题可用楷体、隶书、黑体字等。字体示例如下。

仿宋：室内设计（小四）室内设计（四号）室内设计（二号）

黑体：室内设计（四号）室内设计（小二）

楷体：室内设计（四号）室内设计（二号）

隶书：室内设计（三号）室内设计（一号）

字母、数字及符号：0123456789abcdefghijk% @或

0123456789abcdefghijk%@

3）字的大小。标注的文字高度要适中。同一类型的文字采用同一大小的字。较大的字用于较概括性的说明内容，较小的字用于较细致的说明内容。

4）字体及大小的搭配注意体现层次感。

5. 常用图示标志

(1) 详图索引符号及详图符号

室内平、立、剖面图中，在需要另设详图表示的部位，标注一个索引符号，以表明该详图的位置，这个索引符号就是详图索引符号。详图索引符号采用细实线绘制，圆圈直径10 mm。如图5-7所示，d、e、f、g用于索引剖面详图，当详图就在本张图样时，采用图5-7a的形式，详图不在本张图样时，采用图5-7b、c、d、e、f、g的形式。

详图符号即详图的编号，用粗实线绘制，圆圈直径14 mm，如图5-8所示。

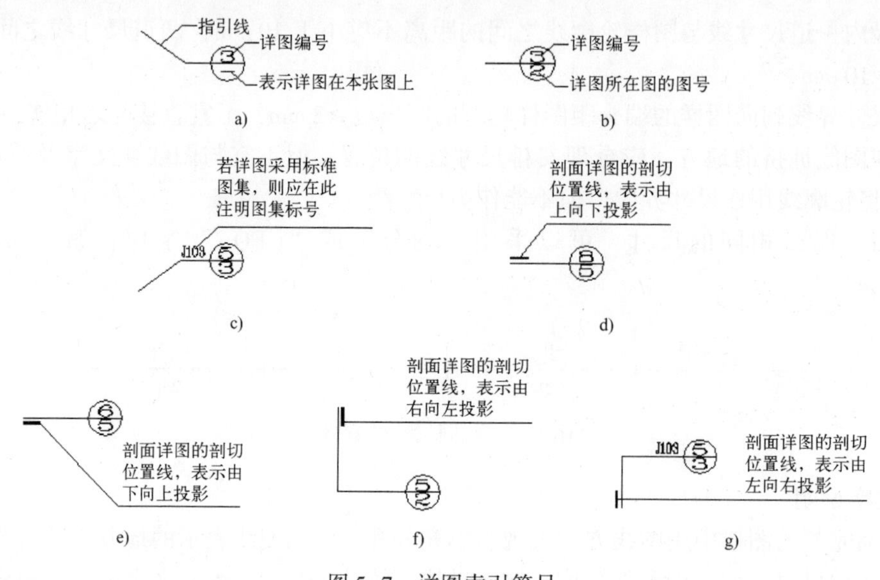

图5-7 详图索引符号

（2）引出线

由图样引出一条或多条线段指向文字说明，该线段就是引出线。引出线与水平方向的夹角一般采用0°、30°、45°、60°、90°，常见的引出线形式如图5-9所示。图5-9a～图5-9d为普通引出线，图5-9e～图5-9h为多层构造引出线。使用多层构造引出线时，应注意构造分层的顺序要与文字说明的分层顺序一致。文字说明可以放在引出线的端头（见图5-9a～图5-9h所示），也可放在引出线水平段之上（见图5-9i）。

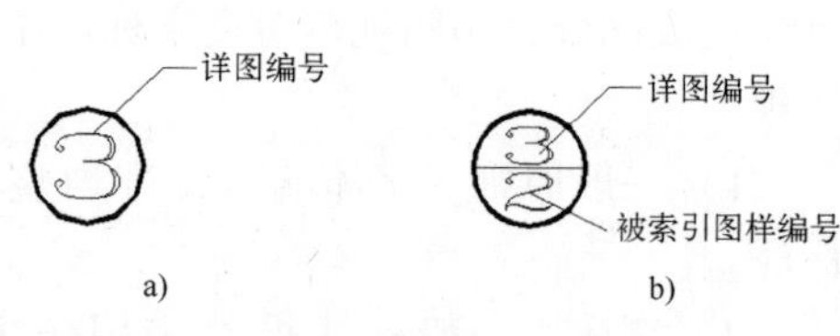

图5-8 详图符号

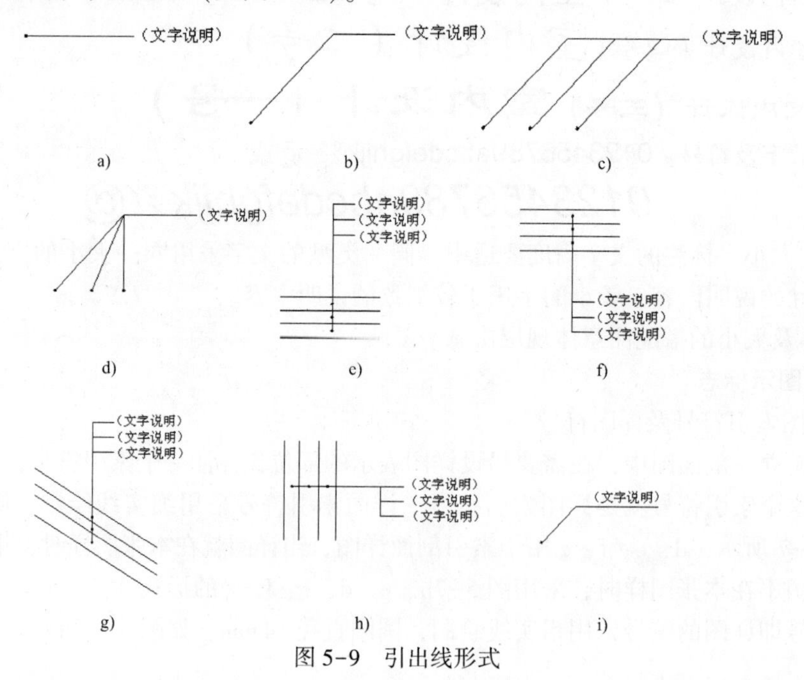

图5-9 引出线形式

（3）内视符号

在房屋建筑中，一个特定的室内空间领域总存在竖向分隔（隔断或墙体）。因此，根据具体情况，就有可能绘制1个或多个立面图来表达隔断、墙体及家具、构配件的设计情况。内视符号标注在平面图中，包含视点位置、方向和编号3个信息，建立平面图和室内立面图之间的联系。内视符号的形式如图5-10所示。图中立面图编号可用英文字母或阿拉伯数字表示，黑色的箭头指向表示立面的方向；图5-10a为单向内视符号，图5-10b为双向内视符号，图5-10c为四向内视符号，A、B、C、D顺时针标注。

a)　b)　c)

图5-10　内视符号

为了方便读者查阅，将其他常用符号及其意义列出，见表5-3。

表5-3　室内设计图常用符号图例

符　号	说　明	符　号	说　明
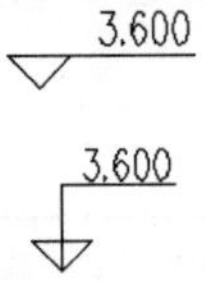 3.600 3.600	标高符号，线上数字为标高值，单位为m 下面一种在标注位置比较拥挤时采用	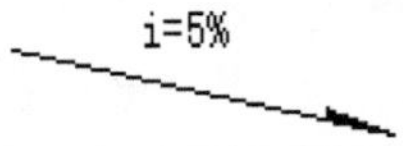 i=5%	表示坡度
 1　1	标注剖切位置的符号，标数字的方向为投影方向，“1”与剖面图的编号“5-1”对应	2　2	标注绘制断面图的位置，标数字的方向为投影方向，“2”与断面图的编号“2-2”对应
	对称符号。在对称图形的中轴位置画此符号，可以省画另一半图形	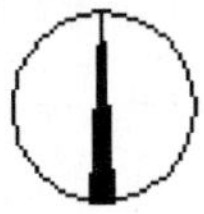	指北针
	楼板开方孔		楼板开圆孔
@	表示重复出现的固定间隔，例如“双向木格栅@500”	Φ	表示直径，如ϕ30
 平面图 1:100	图名及比例	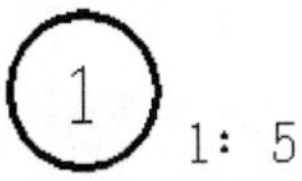 1　1：5	索引详图名及比例
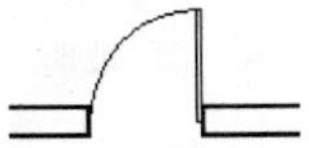	单扇平开门	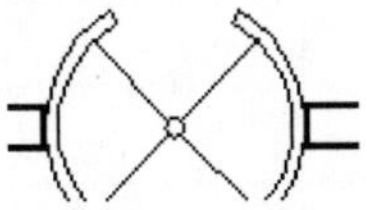	旋转门
	双扇平开门	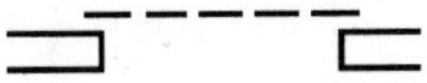	卷帘门
	子母门		单扇推拉门
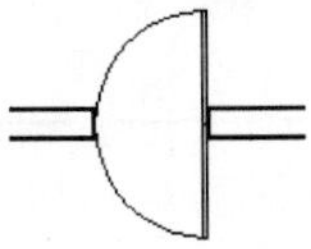	单扇弹簧门		双扇推拉门

（续）

符　号	说　明	符　号	说　明
	四扇推拉门	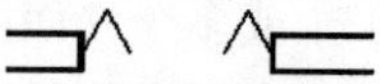	折叠门
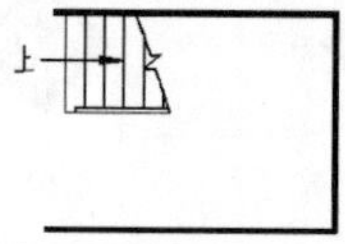 上	首层楼梯	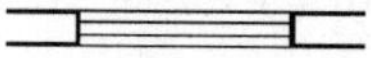	窗
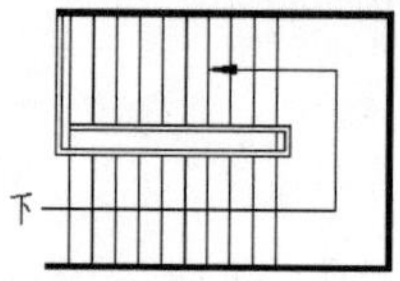 下	顶层楼梯	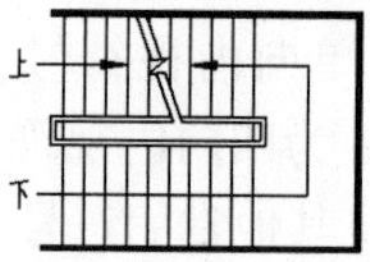 上 下	中间层楼梯

6. 常用材料符号

室内设计图中经常应用材料图例来表示材料，在无法用图例表示的地方，也采用文字说明。常用材料图例见表5-4。

表5-4　常用材料图例

材料图例	说　明	材料图例	说　明
	自然土壤		夯实土壤
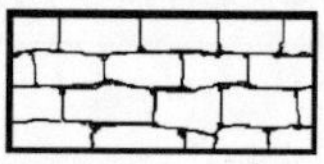	毛石砌体	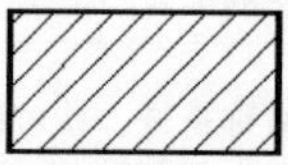	普通砖
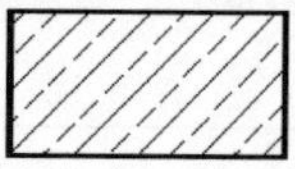	石材	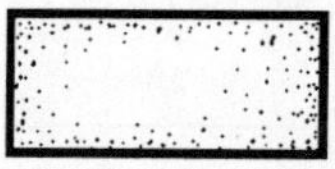	砂、灰土
	空心砖	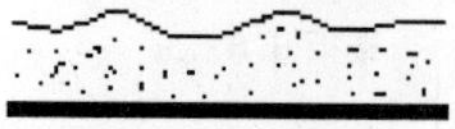	松散材料
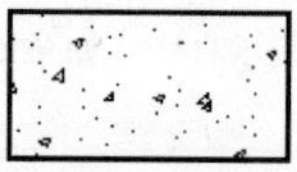	混凝土		钢筋混凝土
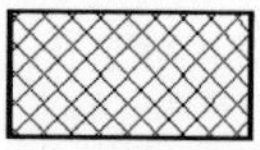	多孔材料	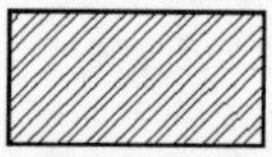	金属
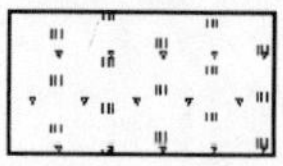	矿渣、炉渣	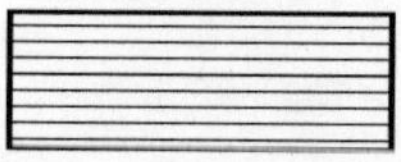	玻璃
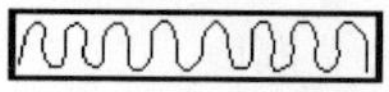	纤维材料	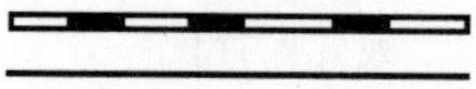	防水材料 上下两种根据绘图比例大小选用
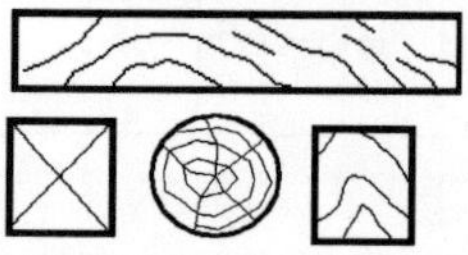	木材	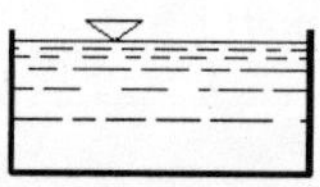	液体，须注明液体名称

7. 常用绘图比例

下面列出常用绘图比例，读者根据实际情况灵活使用。

1）平面图。1:50，1:100 等。

2）立面图。1:20，1:30，1:50，1:100 等。

3）顶棚图。1:50，1:100 等。

4）构造详图。1:1，1:2，1:5，1:10，1:20 等。

5.2.3 室内设计制图的内容

如前所述，一套完整的室内设计图一般包括平面图、顶棚图、立面图、构造详图和透视图。下面简述各种图样的概念及内容。

1. 室内平面图

室内平面图是以平行于地面的切面在距地面 1.5 mm 左右的位置将上部切去而形成的正投影图。室内平面图中应表达的内容如下。

1）墙体、隔断及门窗、各空间大小及布局、家具陈设、人流交通路线、室内绿化等；若不单独绘制地面材料平面图，则应该在平面图中表示地面材料。

2）标注各房间尺寸、家具陈设尺寸及布局尺寸，对于复杂的公共建筑，则应标注轴线编号。

3）注明地面材料名称及规格。

4）注明房间名称、家具名称。

5）注明室内地坪标高。

6）注明详图索引符号、图例及立面内视符号。

7）注明图名和比例。

8）若需要辅助文字说明的平面图，还要注明文字说明、统计表格等。

2. 室内顶棚图

室内设计顶棚图是根据顶棚在其下方假想的水平镜面上的正投影绘制而成的镜像投影图。顶棚图中应表达的内容如下。

1）顶棚的造型及材料说明。

2）顶棚灯具和电器的图例、名称规格等说明。

3）顶棚造型尺寸标注、灯具、电器的安装位置标注。

4）顶棚标高标注。

5）顶棚细部做法的说明。

6）详图索引符号、图名、比例等。

3. 室内立面图

以平行于室内墙面的切面将前面部分切去后，剩余部分的正投影图即室内立面图。立面图的主要内容如下。

1）墙面造型、材质及家具陈设在的立面上的正投影图。

2）门窗立面及其他装饰元素立面。

3）立面各组成部分尺寸、地坪吊顶标高。

4）材料名称及细部做法说明。

5）详图索引符号、图名、比例等。

4. 构造详图

为了放大个别设计内容和细部做法，多以剖面图的方式表达局部剖开后的情况，这就是构造详图。构造详图应表达的内容如下。

1）以剖面图的绘制方法绘制出各材料断面、构配件断面及其相互关系。

2）用细线表示出剖视方向上看到的部位轮廓及相互关系。

3）标出材料断面图例。

4）用指引线标出构造层次的材料名称及做法。

5）标出其他构造做法。

6）标注各部分尺寸。

7）标注详图编号和比例。

5. 透视图

透视图是根据透视原理在平面上绘制出能够反映三维空间效果的图形，它与人的视觉空间感受相似。室内设计常用的绘制方法有一点透视、两点透视（成角透视）和鸟瞰图3种。

透视图可以通过人工绘制，也可以应用计算机绘制，它能直观表达设计思想和效果，故也被称为效果图或表现图，是一个完整的设计方案不可缺少的部分。鉴于本书重点是介绍应用AutoCAD 2018绘制二维图形，因此本书中不包含这部分内容。

5.2.4 室内设计制图的计算机应用软件简介

1. 二维图形的制作

这里的二维图形是指绘制室内设计平面图、立面图、剖面图、顶棚图、构造详图的矢量图形。在工程实践中应用最多的软件是美国AutoDesk公司开发的AutoCAD软件。AutoCAD是一个功能强大的矢量图形制作软件，它适用于建筑、机械、汽车、服装等诸多行业，并且为二次开发提供了良好的平台和接口。为了方便建筑设计及室内设计绘图，国内有关公司出版了一些基于AutoCAD的二次开发软件，如天正、圆方等。

2. 三维图形的制作

三维图形的制作实际上分为两个步骤：一是建模；二是渲染。这里的建模指的是通过计算机建立建筑、室内空间的虚拟三维模型和灯光模型；渲染指的是应用渲染软件对模型进行渲染。

（1）建模软件

常见的建模软件有美国AutoDesk公司开发AutoCAD、3ds max、3ds VIZ等。应用AutoCAD可以进行准确建模，但是它的渲染效果较差，一般需要导入3ds max或3ds VIZ中所附材质、灯光后进行渲染，而且还要处理好导入前后的接口问题。3ds max和3ds VIZ都是功能强大的三维建模软件，二者的界面基本相同。不同的是，3ds max面向普遍的三维动画制作，而3ds VIZ是AutoDesk公司专门为建筑、机械等行业定制的三维建模及渲染软件，取消了建筑、机械行业不必要的功能，增加了门窗、楼梯、栏杆、树木等造型模块和环境生成器，3ds VIZ 4.2以上的版本还集成了Lightscape的灯光技术，弥补了3ds max灯光技术的欠缺。

（2）渲染软件

常用的渲染软件有3ds max、3ds VIZ和Lightscape等。Lightscape出色的是它的灯光技术，它不但能计算直射光产生的光照效果，而且能计算光线在界面上发生反射以后形成的环境光照效果。尤其是用在室内效果图制作中时，与真实情况更接近，渲染效果比较好。不过，3ds max、3ds VIZ 不断推出新版本，它们的灯光技术也日渐完善。

3. 后期制作

模型渲染以后一般都需要进行后期处理，Adobe 公司开发的 Photoshop 是一个首选的、功能强大的平面图像后期处理软件。若需将设计方案做成演示文稿进行方案汇报，则可以根据具体情况选择 Powerpoint、Flash 及其他影音制作软件。

5.2.5 学习制图软件的几点建议

1）无论学习何种应用软件，读者都应该注意如下两点。

① 熟悉计算机的思维方式，即大致了解系统是如何运作的。

② 学会跟计算机交流，即在操作软件的过程中，学会阅读屏幕上不断显示的内容，并作出相应的回应。把握这两点，有利于读者快速地学会一个新软件，并在操作中独立解决问题。

2）初学一个新软件，在参看教材的同时，一定要多上机实践，在上机中发现问题、解决问题，切忌“纸上谈兵”。

3）运用绘图软件绘出一个图形，往往可有多种途径来实现，读者在学习时应注意这个特点，以便在实践中选择最方便、最适合自己习惯的方法进行绘制。本书后面介绍的一些绘制方法不一定是最好的方法，但希望给读者提供一种解决问题的思路，起到抛砖引玉的作用，以期读者举一反三、触类旁通。

4）诸如 AutoCAD、3ds max、3ds VIZ 这样的复杂软件，学习起来难度比较大，但无论多复杂的软件，都是由基本操作和简单操作组合而成的。要想学好它，读者就应耐下心来，循序渐进、由简到难、不断提高。

5.3 室内装饰设计欣赏

室内设计要美化环境是无可置疑的，但对于如何达到美化的目的，则有着不同的手法。

1）用装饰符号作为室内设计的效果。

2）现代室内设计的手法。该手法是在满足功能要求的情况下，利用材料、色彩、质感、光影等有序的布置创造美。

3）空间分割。组织和划分平面与空间，这是室内设计的一个主要手法。利用该设计手法，巧妙地布置平面和利用空间，有时可以突破原有的建筑平面、空间的限制，满足室内设计的需要。在另一种情况下，设计又能使室内空间流通、平面灵活多变。

4）民族特色。在表现民族特色方面，设计者应采用设计手法，使室内充满民族韵味，而不是民族符号、语言的堆砌。

5）其他设计手法。如突出主题、人流导向、制造气氛等都是室内设计的手法。

室内设计者往往首先拿到的是一个建筑的外壳，这个外壳或许是新建筑，也或许是旧建筑，设计的魅力就在于在原有建筑的各种限制下做出最理想的方案。下面将列举介绍一些公共空间和住宅室内装饰效果图，供读者在室内装饰设计中学习参考和借鉴。

5.3.1 公共建筑空间室内装潢效果欣赏

大堂装饰效果图，如图 5-11 所示。

餐馆装饰效果图，如图 5-12 所示。

图 5-11 大堂装饰效果图

图 5-12 餐馆装饰效果图

电梯厅装饰效果图，如图 5-13 所示。

商业展厅装饰效果图，如图 5-14 所示。

图 5-13 电梯厅装饰效果图

图 5-14 商业展厅装饰效果图

店铺装饰效果图，如图 5-15 所示。

办公室装饰效果图，如图 5-16 所示。

图 5-15 店铺装饰效果图

图 5-16 办公室装饰效果图

5.3.2 住宅建筑空间室内装潢效果欣赏

客厅装饰效果图，如图 5-17 所示。

门厅装饰效果图，如图 5-18 所示。

图 5-17 客厅装饰效果图

图 5-18 门厅装饰效果图

卧室装饰效果图，如图 5-19 所示。

厨房装饰效果图，如图 5-20 所示。

图 5-19 卧室装饰效果图

图 5-20 厨房装饰效果图

卫生间装饰效果图，如图 5-21 所示。

餐厅装饰效果图，如图 5-22 所示。

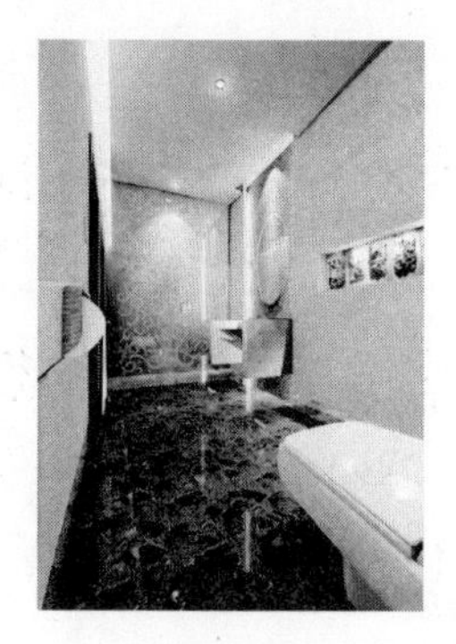

图 5-21 卫生间装饰效果图

图 5-22 餐厅装饰效果图

玄关装饰效果图，如图 5-23 所示。

细部装饰效果图，如图 5-24 所示。

图 5-23 玄关装饰效果图

图 5-24 细部装饰效果图

第6章 住宅室内装潢平面图

知识导引

在室内设计中，最常遇到的设计项目莫过于普通住宅室内设计，它是初学者快速入门的切入点。本章首先简单介绍住宅室内设计的常规原则，其次结合实例依次讲解如何利用 AutoCAD 2018 绘制建筑平面图、室内平面图、立面图、顶棚图、构造详图。其中，平面图、立面图和顶棚图的绘制适用于方案图和施工图，构造详图主要针对施工图。

本章是 AutoCAD 2018 室内设计绘图的起点，希望读者结合前面讲述的基础知识认真学习，尽量把握规律性的内容，从而达到举一反三的目的。

内容要点

- 住宅室内设计要点及实例简介
- 住宅建筑平面图的绘制
- 住宅室内平面图的绘制

6.1 住宅室内设计要点及实例简介

本节思路

为了顺利掌握居室设计图制作的方法及技巧，本节将简单介绍住宅设计的要点。本节先对普通住宅室内的特性进行概述，然后依次讲解居室各个空间组成部分（一般包括起居室、餐厅、厨房、卫生间、卧室、书房及储藏室等）的特征及设计要点。

6.1.1 概述

住宅是家庭生活的重要场所，在人类生存和发展中发挥着重要的作用。住宅室内设计是在建筑设计成果的基础上进一步深化、完善室内空间环境，使住宅在满足常规功能的同时，更适合特定住户的物质要求和精神要求。因此，室内设计要综合考察家庭人口构成、家庭生活模式、家庭成员对环境的生理需求和心理要求，认真分析各功能空间的特点及它们之间的联系，还要认真学习和研究适合不同人群的室内艺术形式，考虑这些形式应通过怎样的材料和技术来实现等。除此之外，设计者还应该考虑材料和技术的绿色环保问题，不能把有污染的材料和技术带进室内环境。

6.1.2 住宅空间的功能分析

一个普通家庭的日常生活一般都会涉及家人团聚、会客、娱乐、学习、睡觉、做饭、就餐、盥洗、晾晒及储藏等方面。为了给这些活动提供所需的场所，使家庭生活健康、有序地进行，不论是建筑师还是室内设计师都应当处理好功能空间的关系和功能的分区，这是最基本的问题。

这里给读者提供了一种典型的住宅室内功能分析图，如图6-1所示，注意动、静分区，公、私分区，干、湿分区。

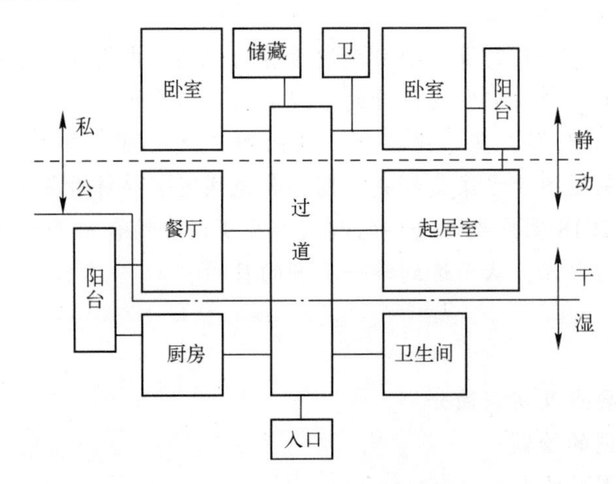

图6-1 住宅室内功能分析图

6.1.3 各功能空间的设计要点

1. 起居室

起居室，习惯上也叫客厅。它是家庭活动的主要场所，是各功能空间的中心。现代生活中，起居室不可缺少的布置就是沙发、茶几、电视机及相关的家庭影音设备，此外还可以布置柜子，陈设物品、绿化或业主喜爱的其他东西。

起居室的设计应注意人体尺度的应用，合理选用家具、合理布置、充分利用空间。另外，应注意尽量避开其他人流（如厨房、备餐、卧室等）对起居室的干扰。

2. 餐厅

餐桌和椅子是餐厅里的必备家具，设计者根据具体情况还可设置酒柜、吧台等设施。根据住宅的使用面积，有的餐厅单独设立；有的餐厅设在起居室内；有的餐厅设在厨房内；有的就餐空间与起居室合用。不管是哪种情况，设计者应力图解决好就餐活动与服务活动对空间尺度的要求，处理好厨房和餐厅之间的流线。

3. 卧室

卧室是休息的主要场所，兼有学习、化妆、整装和个人其他事务处理的功能。卧室需要安静、舒适、隐蔽，所以应将它与起居室、厨房等公开性、较嘈杂的部分相对隔离，需注意视线、隔音处理等。有的住宅在卧室的邻近设置单独的卫生间、更衣间，以方便主人进行较私密的活动。

卧室里的主要家具布置有床、床头柜和衣柜，根据具体情况还可以选择写字台、电视机、书柜、化妆台、沙发等设施。布置时，设计者应结合主人的生活习惯处理好床的位置及方向，把握好家具尺度。

4. 书房

书房是主人看书、学习、工作的主要场所，应安静、整洁、空气清新，一般布置在向阳、安静、通风良好的位置上。书房里的家具主要有书柜、写字台（含计算机），还可以有单人床、沙发等。书房的中心是写字台，所以应选择最利于学习、工作的位置布置写字台，当然也要结合其他家具布置权衡处理。

5. 厨房

厨房是加工食物和储藏食物的空间。厨房面积较小，但是家具陈设物品却较多，如案台、洗涤池、燃气灶、抽油烟机、落地柜、吊柜、各种厨具餐具，还有冰箱、消毒柜、微波炉甚至洗衣机等。厨房布置的要点是根据厨房操作流程布置案台设施，充分利用厨房空间，同时保证人操作活动的空间，注意结合给水、排水、煤气等管道的设置情况进行综合考虑。

6. 卫生间

卫生间是大小便、洗浴的主要场所，还有可能在卫生间内洗衣服。注意洗脸盆、坐便器、洗浴设备的选用和布置，并结合给水、排水的情况来布置，注意人体尺度的运用。此外，选用和布置热水器时，设计者还应注意今后的安全使用问题。

7. 其他

其他部分包括阳台、储藏室等。阳台一般分为生活阳台和服务阳台。生活阳台与客厅、卧室接近，主要供观景、休闲之用；服务阳台与厨房、餐厅接近，主要供家务活动、晾晒之用。设计者可以视具体情况和要求设置相关设备、布置绿化等。根据阳台封闭程度，阳台与室内应有一定的高差，以防雨水倒灌。对于储藏间，设计者应注意防潮的问题；还可根据储藏的需要设置柜子、陈列架等。

6.1.4 补充说明

对于建筑结构施工已经结束的项目，设计者应在进行室内设计之前，到现场实地仔细了解工程的室内情况及室外情况。对于室内方面，设计者需要测量各种几何尺寸，充分了解现场的实际情况及既有的空间特征。尽管有的设计师在设计时已收集到了相关的建筑图样，但是结构施工的结果跟建筑图样表达的内容存在一定差异，例如开间、进深、层高，梁、柱、墙截面尺寸及位置，地面、屋顶、门窗及结构布置、管道分布情况等。室内工程做法相对精细，这些差异是不能忽略的。对于室外方面，设计者需要了解室外的景观特征，包括山水草木、各种建（构）筑物、道路、噪声、视线等因素，此外，还应该了解邻里的情况。在进行室内设计时，对于健康美好的室外因素，设计者应该尽量利用；设计者对于不健康的因素，应该尽量规避，其目的是为了做好室内设计，实现“以人为本”和“人与自然和谐共处”等设计理念。从另外一个角度讲，现场调查往往能给设计师带来设计灵感，同时这也是一种认真负责的态度。

还需说明一点，到目前为止，AutoCAD 在室内设计中的主要作用仍然是绘图。设计者首先应该反复分析、构思、推敲设计方案；其次用手绘的方式将自己的设计思想勾勒出来；最后确定成一套草图，再上机绘制设计图，不要直接面对 AutoCAD。

6.1.5 实例简介

本章采用的实例是单元式多层住宅楼中的一个两室一厅的普通住宅，其建筑平面图如图6-2所示，结构形式为砌体结构，层高2.8m。业主为一对工作不久的白领夫妇。本方案力图营造一个简洁明快、经济适用、有现代感的室内空间，以适应业主身份。

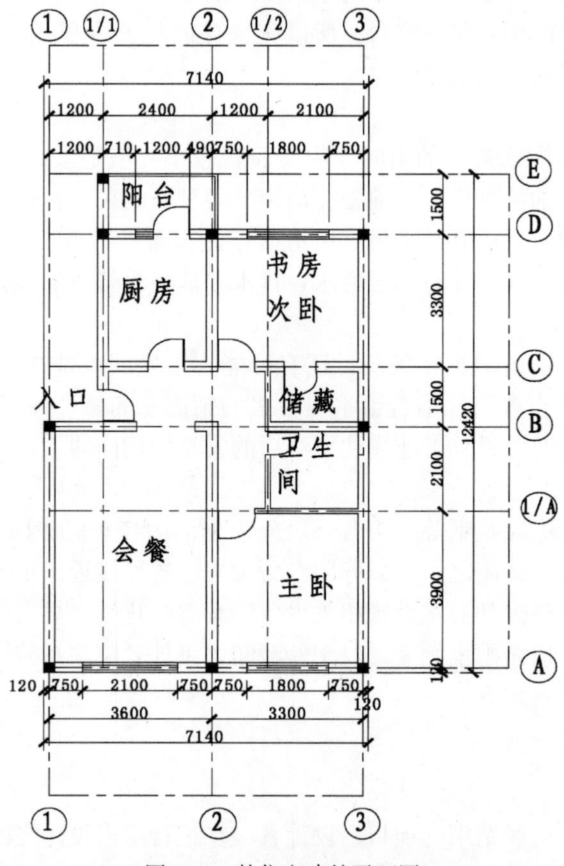

图6-2 某住宅建筑平面图

6.2 住宅建筑平面图的绘制

本节思路

室内平面图的绘制是在建筑平面图的基础上逐步细化展开的，掌握建筑平面图的绘制是一个必备环节，因此本节将讲解应用AutoCAD 2018绘制住宅建筑平面图的方法与技巧。

由于建筑、室内制图中，涉及的图样种类较多，因此，设计者根据图样的种类将它们分别绘制在不同的图层里，便于修改、管理、统一设置图线的颜色、线型、线宽等参数。科学的图层应用和管理相当重要，读者在阅读后续章节时应注意这一点。

6.2.1 绘制步骤

建筑平面图的一般绘制步骤如下。

1）系统设置。

2）绘制轴线。

3）绘制墙体。

4）绘制柱子。

5）绘制门窗。

6）绘制阳台。

7）尺寸标注及轴号标注。

8）文字标注。

下面就依此顺序讲解。

6.2.2 系统设置

1. 单位设置

在 AutoCAD 2018 中，图 6-2 所示的住宅建筑平面图以 1∶1 的比例绘制，到出图时，再考虑以 1∶100 的比例输出。例如，建筑实际尺寸为 3 m，在绘图时输入的距离值为 3000。因此，将系统单位设为毫米（mm）。以 1∶1 的比例绘制，输入尺寸时不需换算，这样比较方便。

具体操作是：选择菜单栏中的“格式”→“单位”命令，弹出“图形单位”对话框，按照图 6-3 所示的内容进行设置，然后单击“确定”按钮。

2. 图形界限设置

设计者应将图形界限设置为 A3 图幅。AutoCAD 2018 默认的图形界限为 420 mm×297 mm，已经是 A3 图幅，但是以 1∶1 的比例绘图，当以 1∶100 的比例出图时，图纸空间将被缩小到原来的 1/100，所以现在将图形界限设为 42000 mm×29700 mm，扩大 100 倍。命令行操作如下。

```
命令：LIMITS
重新设置模型空间界限：
指定左下角点或 [开(ON)/关(OFF)] <0,0>：(按〈Enter〉键)
指定右上角点 <420,297>：42000,29700(按〈Enter〉键)
```

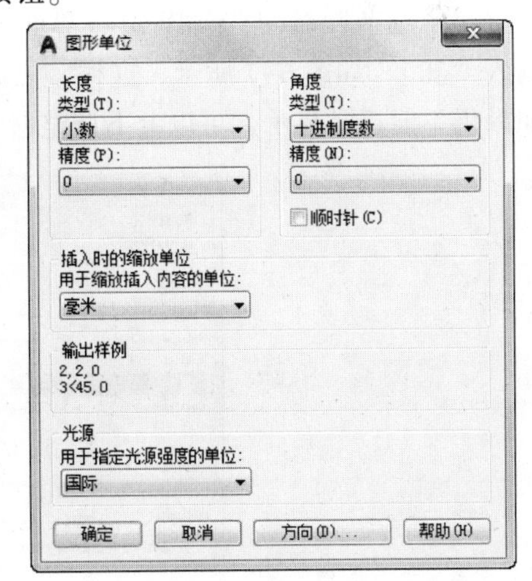

图 6-3　单位设置

3. 坐标系设置

选择菜单栏中的“工具”→“命名 UCS”命令，弹出“UCS”对话框，将世界坐标系设为当前（见图 6-4），然后切换至“设置”选项卡，按图 6-5 所示的内容进行设置，最后单击“确定”按钮。这样，UCS 标志将总位于操作界面的左下角。

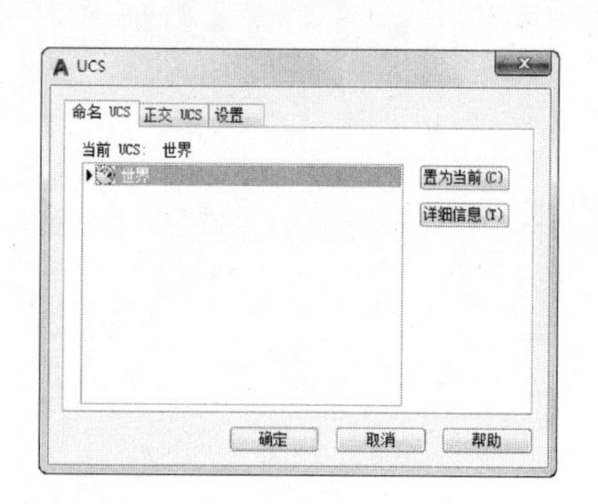

图 6-4 坐标系设置（一）

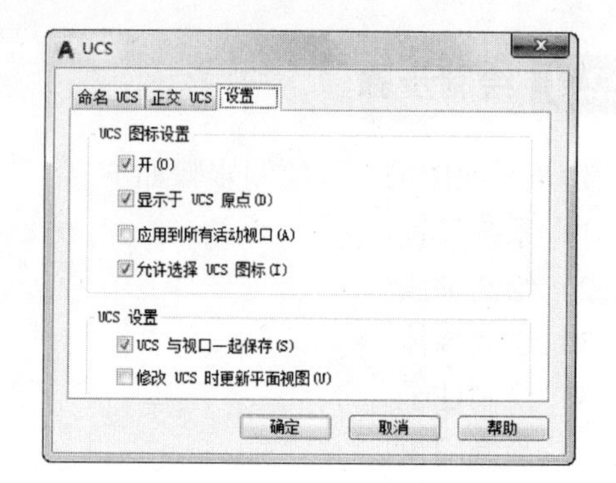

图 6-5 坐标系设置（二）

6.2.3 绘制轴线

1. 建立轴线图层

单击“默认”选项卡“图层”面板中的“图层特性”按钮，弹出“图层特性管理器”对话框，建立一个新图层，并将其命名为“轴线”，颜色选用红色，将线型设置为“CENTER”，将线宽设置为“默认”，并设置为当前层，如图 6-6 所示。确定后回到绘图状态。

图 6-6 轴线图层参数

选择菜单栏中的“格式”→“线型”命令，弹出“线型管理器”对话框，单击右上角的“显示细节”按钮显示细节(D)，界面下部呈现详细信息，再在“全局比例因子”文本框中输入“30”，如图 6-7 所示。这样，点画线、虚线的样式就能在屏幕上以适当的比例显示。如果仍不能正常显示，可以上下调整这个值。

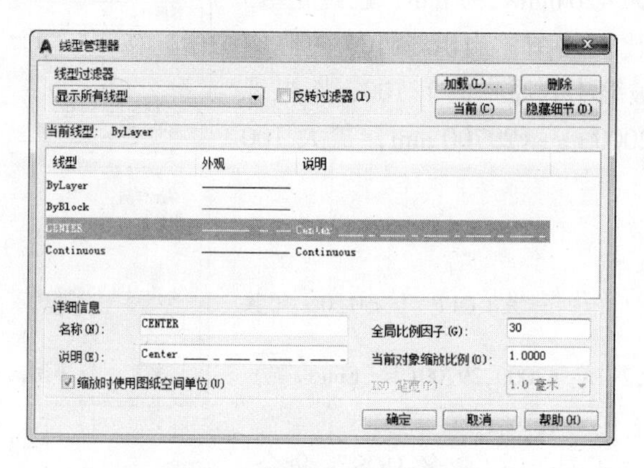

图 6-7 线型显示比例设置

2. 对象捕捉设置

单击状态栏“对象捕捉”右侧的小三角按钮，弹出快捷菜单，如图 6-8 所示，选择“对象捕捉设置”命令，弹出“草图设置”对话框，切换至“对象捕捉”选项卡，按照

图 6-9所示的方式对捕捉模式进行设置，最后单击“确定”按钮即可。

图 6-8 弹出快捷菜单

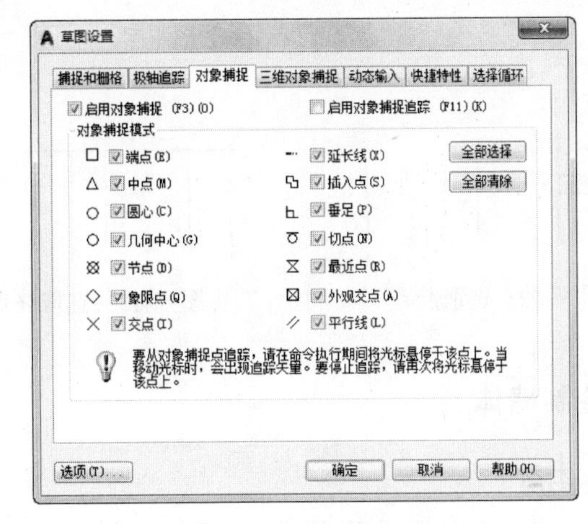

图 6-9 对象捕捉设置

3. 竖向轴线绘制

单击“默认”选项卡“绘图”面板中的“直线”按钮，在绘图区左下角适当位置选取直线的初始点，输入第二点的相对坐标“@0，12300”，按〈Enter〉键画出第一条轴线。进行“实时缩放”处理后的轴线如图 6-10 所示。

单击“默认”选项卡“修改”面板中的“偏移”按钮，向右复制其他 4 条竖向轴线，偏移量依次为 1200 mm、2400 mm、1200 mm、2100 mm，结果如图 6-11 所示。

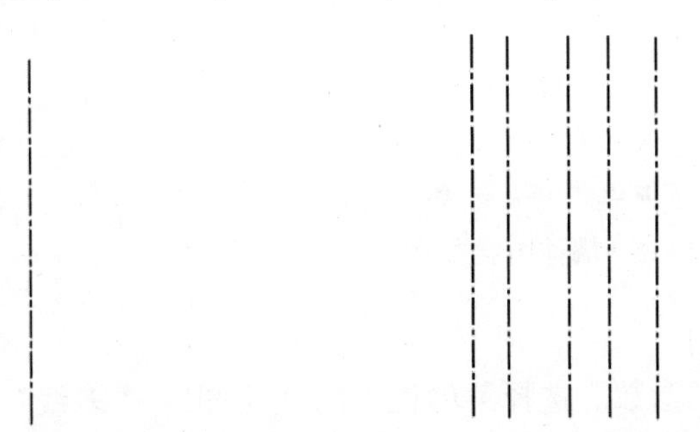

图 6-10 第一条轴线　　图 6-11 全部竖向轴线

4. 横向轴线绘制

单击“默认”选项卡“绘图”面板中的“直线”按钮，用鼠标捕捉第一条竖向轴线上的端点作为第一条横向轴线的起点，如图 6-12 所示，移动鼠标单击最后一条竖向轴线上的端点作为第一条横向轴线的终点，如图 6-13 所示，按〈Enter〉键完成。

同样单击“默认”选项卡“修改”面板中的“偏移”按钮，向下复制其他 5 条横向轴线，偏移量依次为 1500 mm、3300 mm、1500 mm、2100 mm、3900 mm。这样，就完成了整个轴线的绘制，结果如图 6-14 所示。

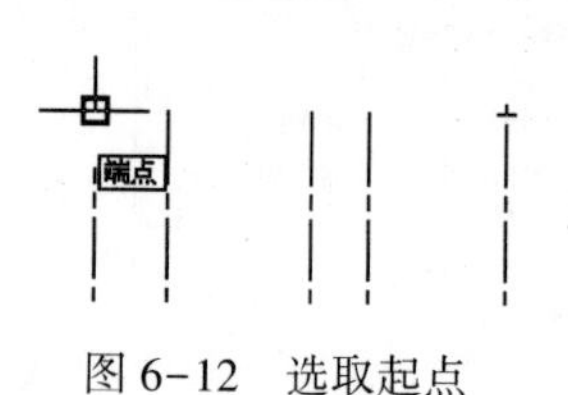

图 6-12 选取起点

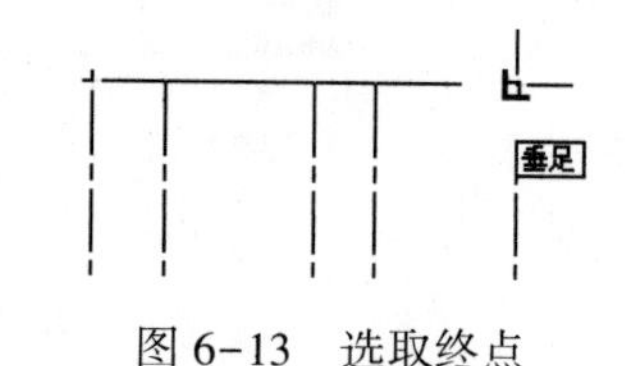

图 6-13 选取终点

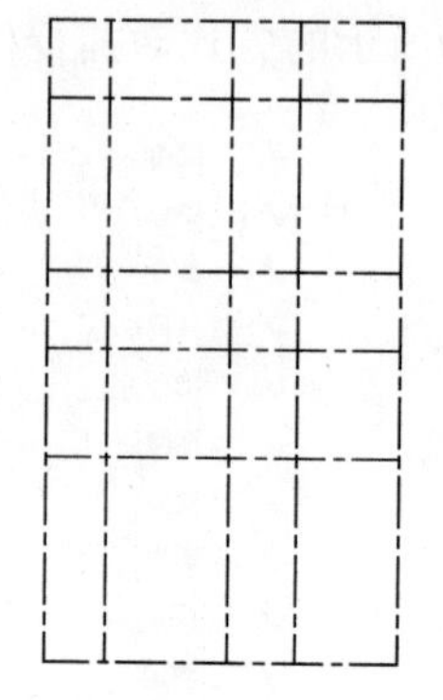

图 6-14 完成整个轴线绘制

6.2.4 绘制墙体

1. 建立图层

首先，单击“默认”选项卡“图层”面板中的“图层特性”按钮，弹出“图层特性管理器”对话框，建立一个新图层，并将其命名为“墙体”，颜色选用白色，将线型设置为“Continuous”，将线宽设置为“默认”，并置为当前层，如图 6-15 所示。

其次，将轴线图层锁定。在“默认”选项卡“图层”面板中的“图层特性”下拉列表框处单击“轴线”图层，单击“锁定/解锁”符号将图层锁定，如图 6-16 所示。

墙体 白 Contin... —— 默认 Color_7 0

图 6-15 墙体图层参数

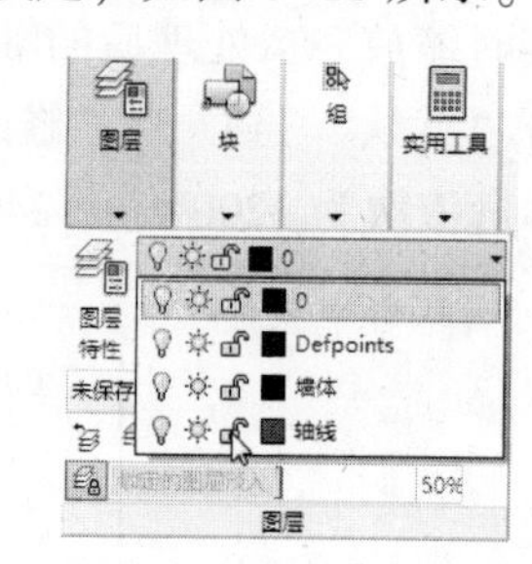

图 6-16 锁定轴线图层

2. 墙体粗绘

1）设置“多线”的参数。选择菜单栏中的“绘图”→“多线”命令，按命令行提示进行操作。

```
命令：MLINE
当前设置：对正 = 上,比例 = 20.00,样式 = STANDARD （初始参数）
指定起点或[对正(J)/比例(S)/样式(ST)]： J（选择对正设置,按〈Enter〉键）
输入对正类型[上(T)/无(Z)/下(B)]<上>： Z （选择两线之间的中点作为控制点,按〈Enter〉键）
当前设置：对正 = 无,比例 = 20.00,样式 = STANDARD
指定起点或[对正(J)/比例(S)/样式(ST)]： S （选择比例设置,按〈Enter〉键）
输入多线比例<20.00>： 240 （输入墙厚,按〈Enter〉键）
当前设置：对正 = 无,比例 = 240.00,样式 = STANDARD
指定起点或[对正(J)/比例(S)/样式(ST)]：(按〈Enter〉键完成设置)
```

2）重复执行“多线”命令，当命令行提示“指定起点或[对正(J)/比例(S)/样式(ST)]：”时，用鼠标选取左下角轴线交点为多线起点，参照图 6-2 画出第一段墙体，如

图 6-17所示，用同样的方法画出剩余的 240 厚墙体，效果如图 6-18 所示。

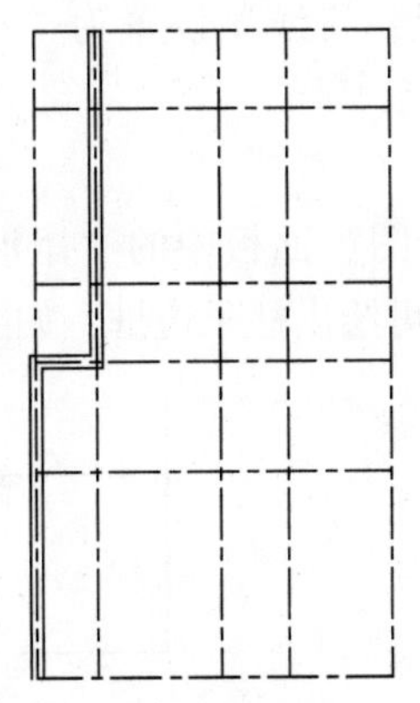

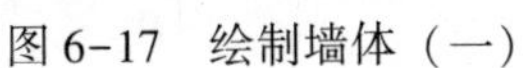

图 6-17　绘制墙体（一）

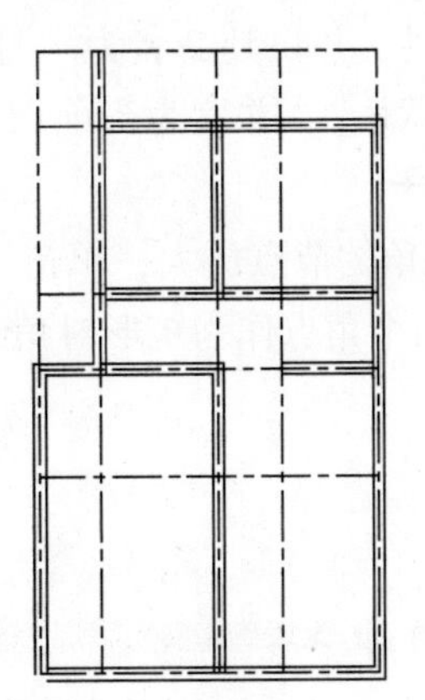

图 6-18　绘制墙体（二）

3）重复执行“多线”命令，仿照第 1）步中的方法将墙体的厚度定义为 120 厚，即将多线的比例设为 120。绘出剩下的 120 厚墙体，效果如图 6-19 所示。

此时墙体与墙体交接处（也称节点）的线条没有正确搭接，应用“编辑”命令将其进行处理。

4）由于下面所用的“编辑”命令的操作对象是单根线段，因此先对多线墙体进行分解处理。单击“默认”选项卡“修改”面板中的“分解”按钮，将所有墙体选中（因轴线层已锁定，把轴线选在其内也无妨），最后按〈Enter〉键进行（也可单击鼠标右键）确定。

5）单击“默认”选项卡“修改”面板中的“修剪”按钮、“延伸”按钮和“倒角”按钮，对每个节点进行处理。操作时，设计者可以灵活借助显示缩放功能缩放节点部位，以便编辑，效果如图 6-20 所示。

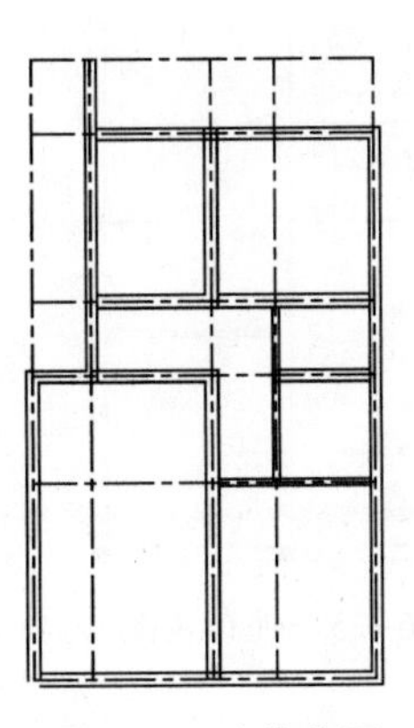

图 6-19　墙体草图

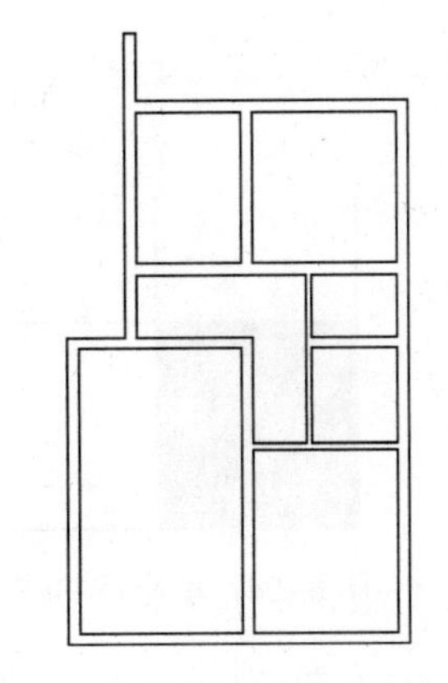

图 6-20　墙体轮廓（轴线层被关闭）

6.2.5 绘制柱子

本例所涉及的柱为钢筋混凝土构造柱，截面大小为 240 mm×240 mm。

1. 建立图层

建立新图层，并将其命名为“柱子”，颜色选用白色，将线型设置为“Continuous”，将线宽设置为“默认”，并置为当前层，如图 6-21 所示。

2. 绘制柱子

1）将左下角的节点放大，单击“默认”选项卡“绘图”面板中的“矩形”按钮，捕捉内外墙线的两个角点作为矩形对角线上的两个角点，即可绘出柱子边框，如图 6-22 所示。

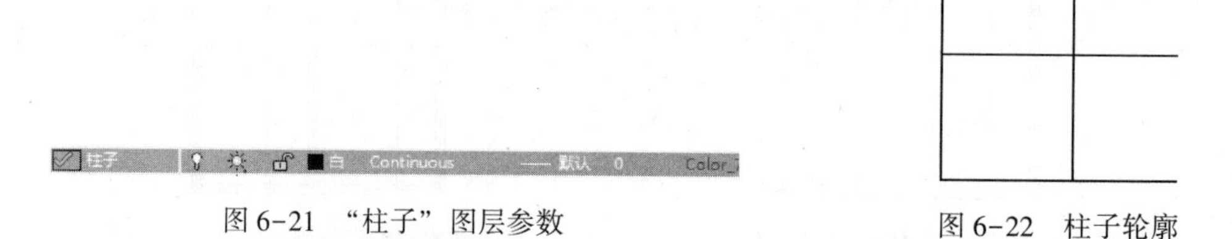

图 6-21　“柱子”图层参数　　图 6-22　柱子轮廓

2）单击“默认”选项卡“绘图”面板中的“图案填充”按钮，打开“图案填充创建”选项卡，如图 6-23 所示，将填充图案设置为“SOLID”，在柱子轮廓内单击一下，按〈Enter〉键完成柱子的填充，如图 6-24 所示。

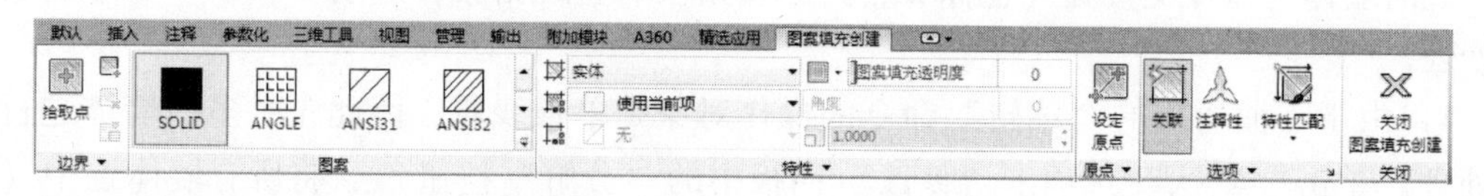

图 6-23　以拾取点方式拾取填充区域

3）单击“默认”选项卡“修改”面板中的“复制”按钮，将柱子图案复制到相应的位置上。注意：复制时，可灵活应用对象捕捉功能，这样定位很方便，效果如图 6-25 所示。

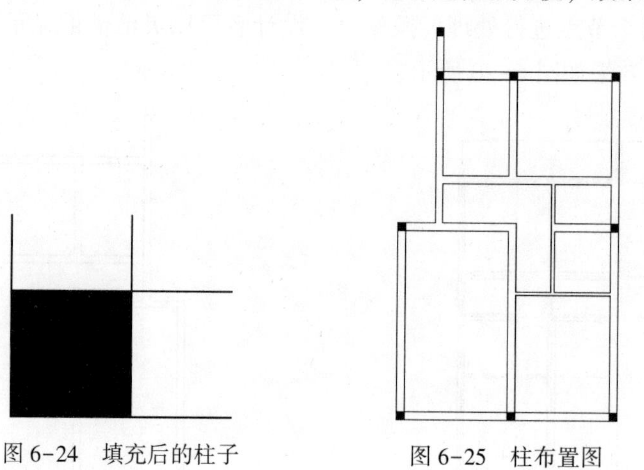

图 6-24　填充后的柱子　　图 6-25　柱布置图

6.2.6 绘制门窗

1. 洞口绘制

绘制洞口时，设计者常以临近的墙线或轴线作为距离参照来帮助确定洞口位置。现在以客厅门窗洞口为例，如图 6-26 所示，拟画洞口宽 2100 mm，位于该段墙体的中部，因此洞

口两侧剩余墙体的宽度均为 750 mm（到轴线）。

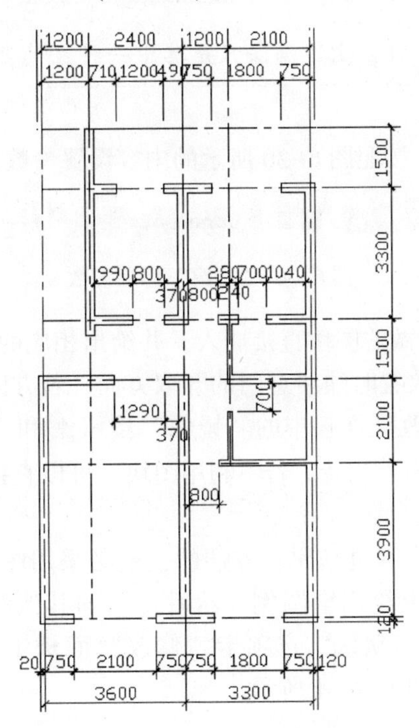

图 6-26 客厅门窗洞口尺寸

具体步骤如下。

1）打开“轴线”层并解锁，将“墙体”层置为当前层。单击“默认”选项卡“修改”面板中的“偏移”按钮，将第一根横向轴线向右复制出两根新的轴线，偏移量依次为 750 mm 和 2100 mm。

2）单击“默认”选项卡“修改”面板中的“延伸”按钮，将它们的下端延伸至外墙线。然后，单击“默认”选项卡“修改”面板中的“修剪”按钮，将两根轴线间的墙线剪掉，如图 6-27 所示。最后单击“默认”选项卡“绘图”面板中的“直线”按钮，将墙体剪断处封口，并将这两根轴线删除，这样，一个窗洞口就画好了，效果如图 6-28 所示。

3）采用同样的方法，依照图 6-26 提供的尺寸将余下的门窗洞口画出来，效果如图 6-29 所示。

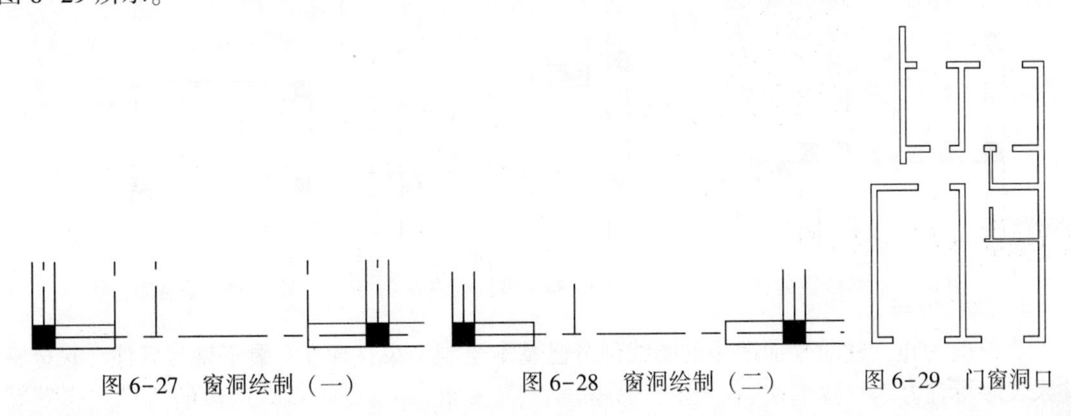

图 6-27 窗洞绘制（一） 图 6-28 窗洞绘制（二） 图 6-29 门窗洞口

> **注 意**
>
> 确定洞口的画法多种多样，上述画法只是其中一种，读者可以灵活处理。

2. 绘制门窗

1）建立“门窗”图层，按照图6-30所示的内容设置参数，并将其置为当前层。

门窗 蓝 Continuous —— 默认 0 Color_5

图6-30 “门窗”图层参数

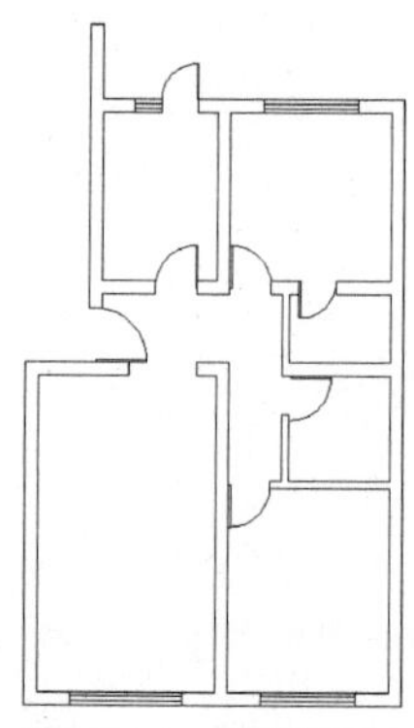

图6-31 门窗绘制

2）对于门，可利用前面做的图块直接插入，并给出相应的比例缩放，放置到具体的门洞处。放置时须注意门的开取方向，若方向不对，则单击“默认”选项卡“修改”面板中的“镜像”按钮和“旋转”按钮对其进行左右翻转或内外翻转。若不利用图块，可以直接绘制，并复制到各个洞口上去。

至于窗，直接在窗洞上绘制也是比较方便的，不必采用图块插入的方式。首先，在一个窗洞上绘出窗图例。然后复制到其他洞口上。在碰到窗宽不相等时，单击“默认”选项卡“修改”面板中的“拉伸”按钮进行处理，结果如图6-31所示。

6.2.7 绘制阳台

1. 建立“阳台”图层

建立“阳台”图层，按照图6-32所示的内容设置参数，并将其置为当前层。

阳台 洋红 Continuous —— 默认 0 Color_6

图6-32 “阳台”图层参数

2. 绘制阳台线

单击“默认”选项卡“绘图”面板中的“多段线”按钮，以图6-33所示的点为起点，以图6-34所示的点为终点绘出第一根多段线。然后单击“默认”选项卡“修改”面板中的“偏移”按钮，向内复制出另一根多段线，偏移量为60 mm，结果如图6-35所示。

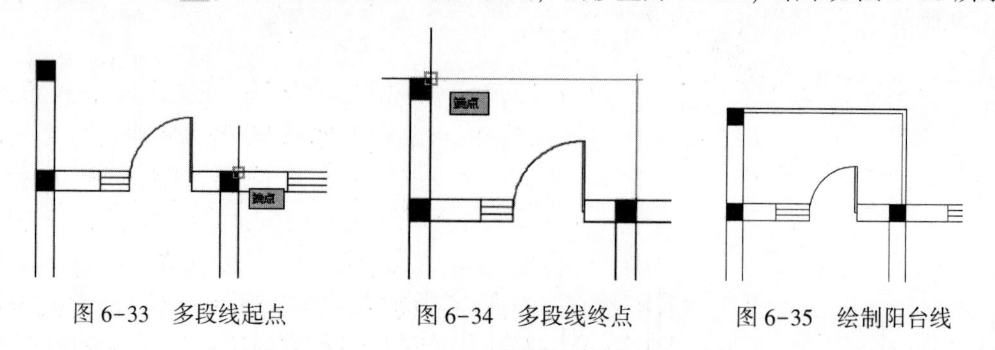

图6-33 多段线起点　　图6-34 多段线终点　　图6-35 绘制阳台线

到目前为止，建筑平面图中的图线部分已基本绘制结束，现在只剩下轴号标注、尺寸标注及文字标注。

6.2.8 尺寸标注及轴号标注

1. 建立“尺寸”图层

建立“尺寸”图层，按照图 6-36 所示的内容设置参数，并将其置为当前层。

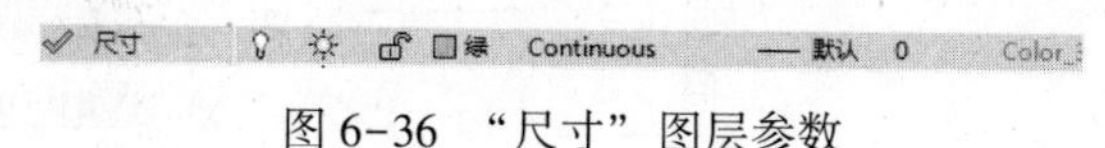

图 6-36 “尺寸”图层参数

2. 标注样式设置

标注样式的设置应与绘图比例相匹配。如前文所述，该平面图以实际尺寸绘制，并以 1∶100的比例输出，现在对标注样式进行如下设置。

1）单击“默认”选项卡“注释”面板中的“标注样式”按钮，弹出“创建新标注样式”对话框，新建一个标注样式，并将其命名为“建筑”，单击“继续”按钮，如图 6-37 所示。

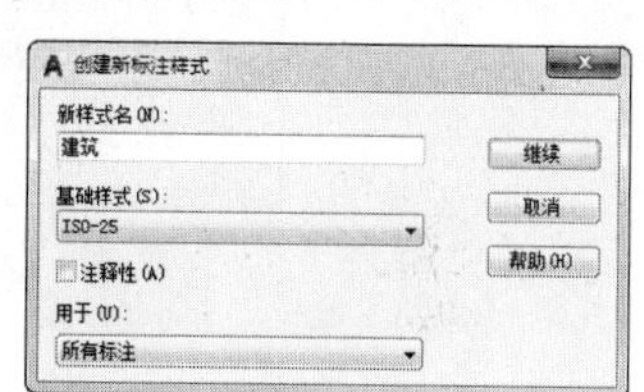

图 6-37 新建标注样式

2）将“建筑”样式中的参数按图 6-38~图 6-41 所示逐项进行设置。单击“确定”按钮后返回到“标注样式管理器”对话框，将“建筑”样式设为当前，如图 6-42 所示。

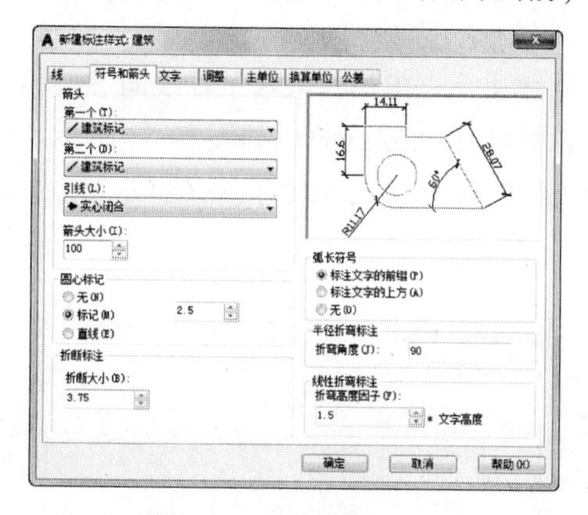

图 6-38 设置参数（一）

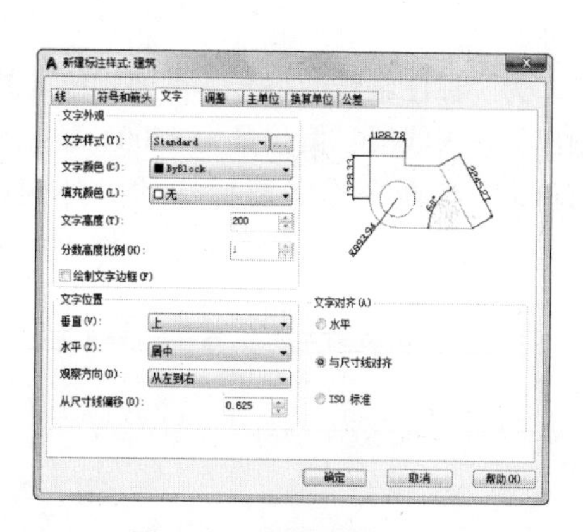

图 6-39 设置参数（二）

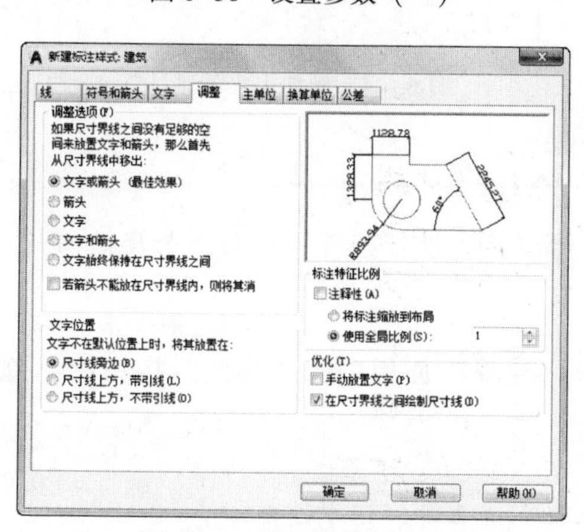

图 6-40 设置参数（三）

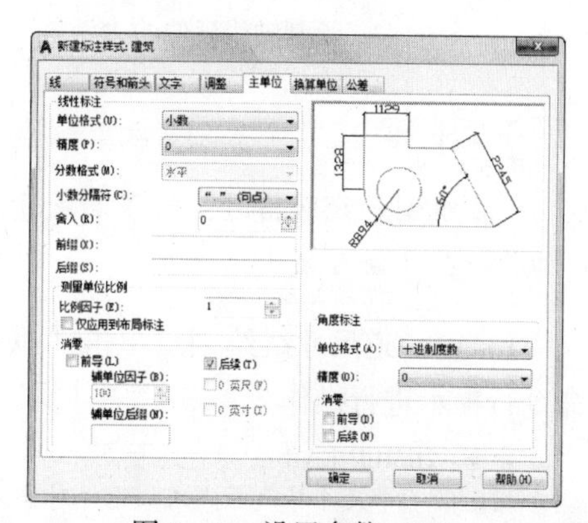

图 6-41 设置参数（四）

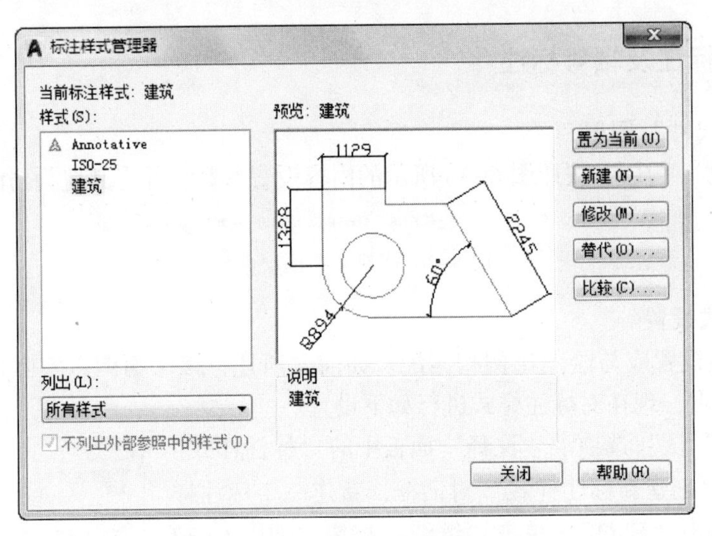

图 6-42 将“建筑”样式置为当前

3. 尺寸标注

以图 6-2 底部的尺寸标注为例。

该部分尺寸分为三道，第一道为墙体宽度及门窗宽度，第二道为轴线间距，第三道为总尺寸。

为了标注轴线的编号，需要轴线向外延伸出来。做法是：由第一根水平轴线向下偏移复制出另一根线段，偏移量为 3200 mm（图纸输出是的距离将为 32 mm），如图 6-43 所示。用“延伸”命令将需要标注的另外两根轴线延伸到该线段，之后删去该线段，结果如图 6-44 所示（为了方便讲解，将“柱子”层关闭了）。

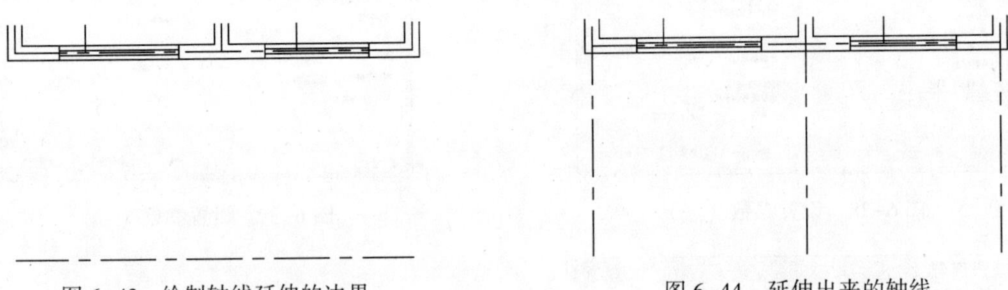

图 6-43 绘制轴线延伸的边界　　　　图 6-44 延伸出来的轴线

> **注 意**
>
> 在绘制轴线网格时，除了满足开间、进深尺寸以外，设计师可以将轴线长度向四周加长一些，便可省去这一步。

1）第一道尺寸线绘制。单击“默认”选项卡“注释”面板中的“线性”按钮，按命令行提示进行操作。

```
命令：DIMLINEAR
指定第一个尺寸界线原点或 <选择对象>：(利用“对象捕捉”单击图 6-45 中的 A 点)
指定第二条尺寸界线原点：(捕捉 B 点)
```

指定尺寸线位置或[多行文字(M)/文字(T)/角度(A)/水平(H)/垂直(V)/旋转(R)]：@0,-1200（按〈Enter〉键）

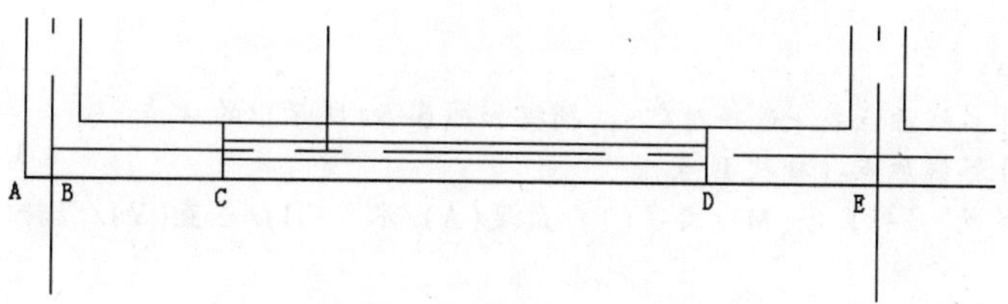

图6-45 捕捉点示意

结果如图6-46所示。上述操作也可以在点取A、B两点后，直接向外拖动鼠标确定尺寸线的放置位置。

重复上述命令，按命令行提示进行操作。

命令：DIMLINEAR
指定第一个尺寸界线原点或 <选择对象>：(单击图6-45中的B点)
指定第二条尺寸界线原点：(捕捉C点)
指定尺寸线位置或
[多行文字(M)/文字(T)/角度(A)/水平(H)/垂直(V)/旋转(R)]：@0,-1200（按〈Enter〉键。也可以直接捕捉上一道尺寸线位置）

结果如图6-47所示。

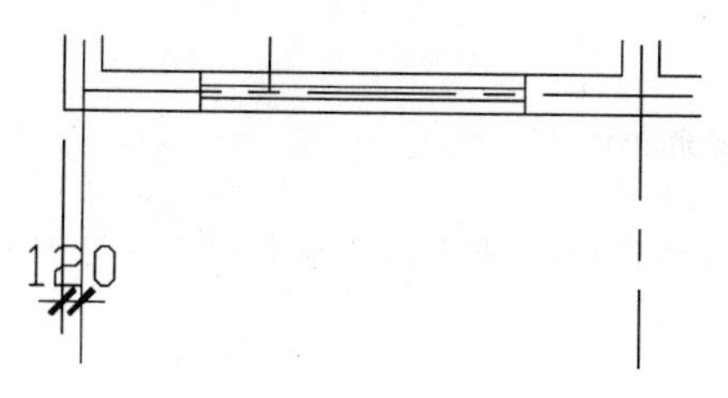

图6-46 尺寸（一）

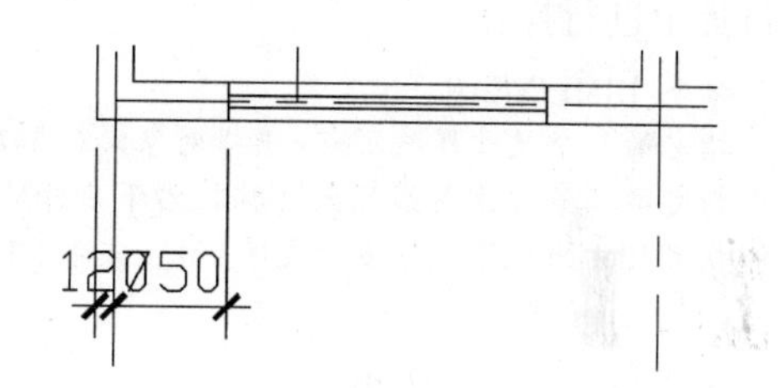

图6-47 尺寸（二）

2）采用同样的方法依次绘出全部第一道尺寸。

此时发现，图6-48中的尺寸“120”跟“750”字样出现重叠，现在将它移开。用鼠标单击“120”，该尺寸处于选中状态；再用鼠标点中中间的蓝色方块标记，将“120”字样移至外侧适当位置后按〈Esc〉键。采用同样的办法处理右侧的“120”字样，结果如图6-49所示。

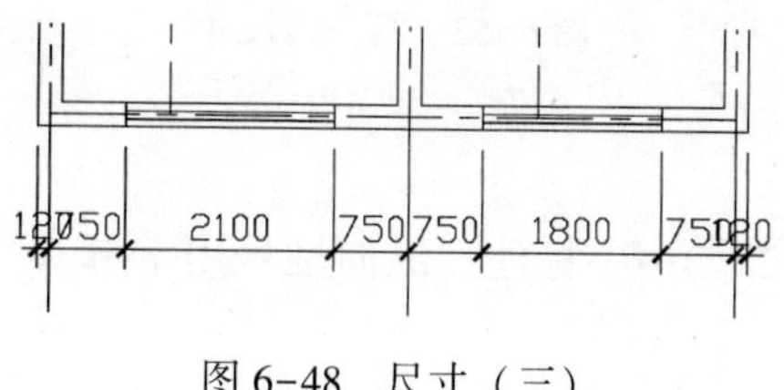

图6-48 尺寸（三）

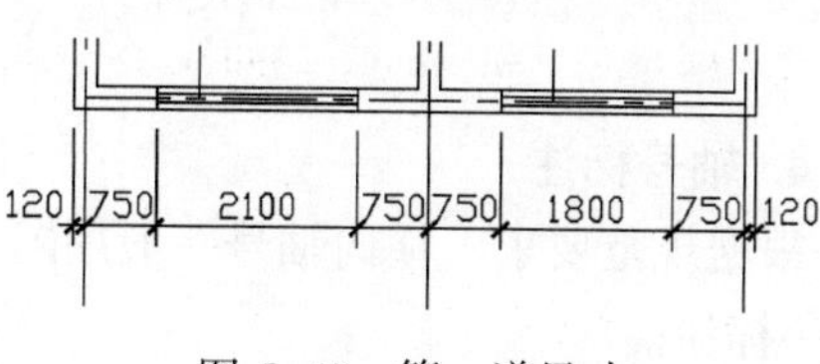

图6-49 第一道尺寸

注 意

处理字样重叠的问题，也可以在标注样式中进行相关设置，这样计算机会自动处理，但处理效果有时不太理想；也可以单击“标注”工具栏中的“编辑标注文字”按钮来调整文字位置，读者可以试一试。

3）第二道尺寸绘制。单击“默认”选项卡“注释”面板中的“线性”按钮，按命令行提示进行操作。

命令：DIMLINEAR
指定第一个尺寸界线原点或 <选择对象>：(捕捉如图 6-50 所示中的 A 点)
指定第二条尺寸界线原点：(捕捉 B 点)
指定尺寸线位置或[多行文字(M)/文字(T)/角度(A)/水平(H)/垂直(V)/旋转(R)]：@0,-800（按〈Enter〉键）

结果如图 6-51 所示。

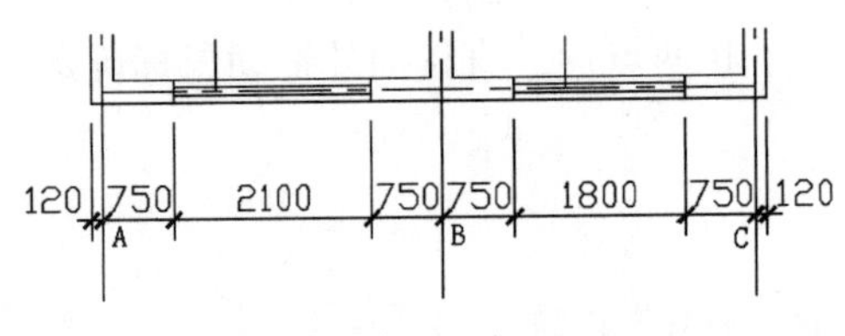

图 6-50 捕捉点示意

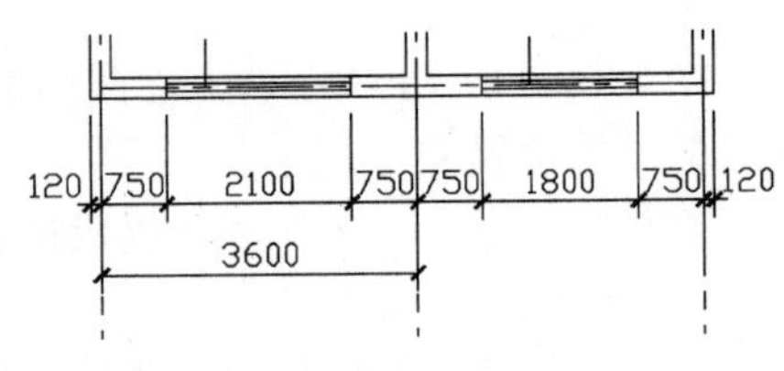

图 6-51 轴线尺寸

重复上述命令，分别捕捉 B、C 点，完成第二道尺寸，结果如图 6-52 所示。

4）第三道尺寸绘制。单击“默认”选项卡“注释”面板中的“线性”按钮，按命令行提示进行操作。

命令：DIMLINEAR
指定第一个尺寸界线原点<选择对象>：(捕捉左下角外墙角点)
指定第二条尺寸界线原点：(捕捉右下角外墙角点)
指定尺寸线位置或［多行文字(M)/文字(T)/角度(A)/水平(H)/垂直(V)/旋转(R)］：@0,-2800（按〈Enter〉键）

结果如图 6-53 所示。

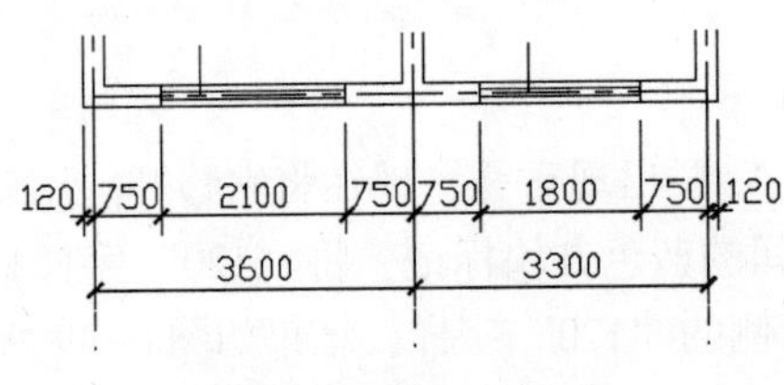

图 6-52 第二道尺寸

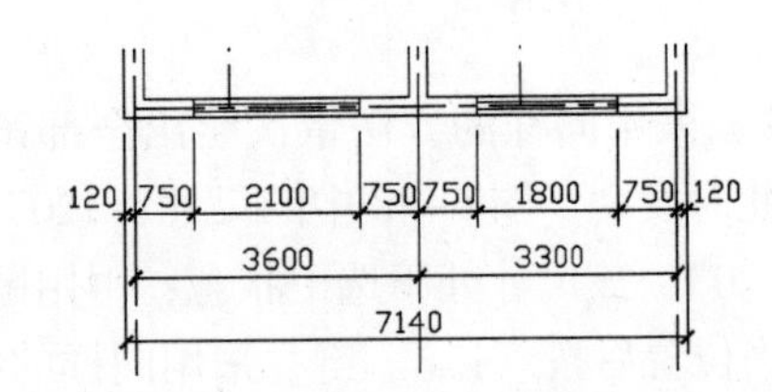

图 6-53 第三道尺寸

4. 轴号标注

根据规范要求，横向轴号一般用阿拉伯数字 1、2、3……标注，纵向轴号用字母 A、B、C……标注。

在轴线端绘制一个直径为 800 mm 的圆，在圆的中央标注一个数字“1”，字高 300 mm，如图 6-54 所示。将该轴号图例复制到其他轴线端头，并修改圈内的数字。

双击数字，打开“文字编辑器”选项卡和多行文字编辑器，如图 6-55 所示，输入修改的数字，单击“确定”按钮。

轴号标注结束后的结果如图 6-56 所示。

采用上述整套尺寸标注方法，将其他方向的尺寸标注完成，结果如图 6-57 所示。

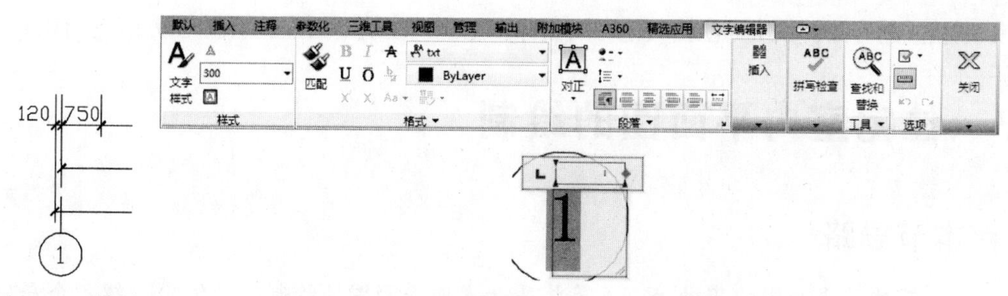

图 6-54 轴号 1　　图 6-55 “文字编辑器”选项卡和多行文字编辑器（一）

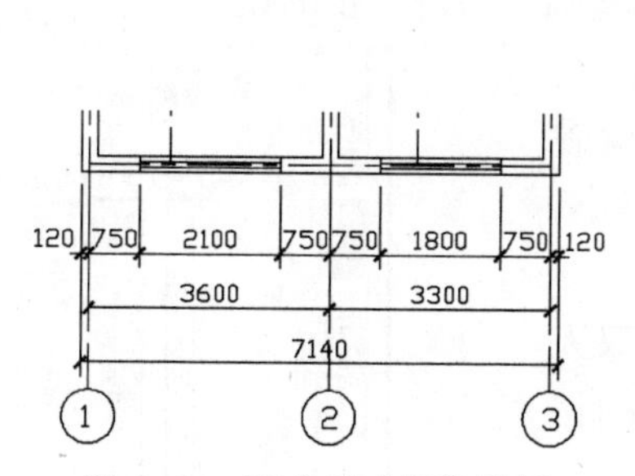

图 6-56 下方尺寸标注结果

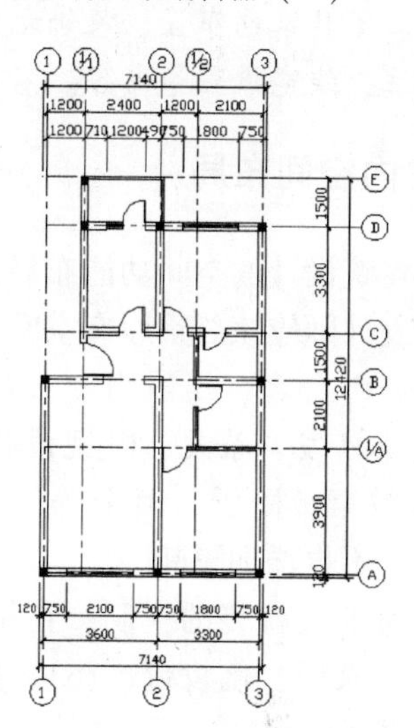

图 6-57 尺寸标注结束

6.2.9 文字标注

1. 建立“文字”图层

建立“文字”图层，按照图 6-58 所示的内容设置参数，并将其置为当前层。

图 6-58 “文字”图层参数

2. 标注文字

单击“默认”选项卡“注释”面板中的“多行文字”按钮A，在待注文字的区域拉出一个矩形，即可打开“文字编辑器”选项卡和多行文字编辑器，如图 6-59 所示。首先设置字体及字高，其次在文本区输入要注写的文字，最后单击“确定”按钮后完成。

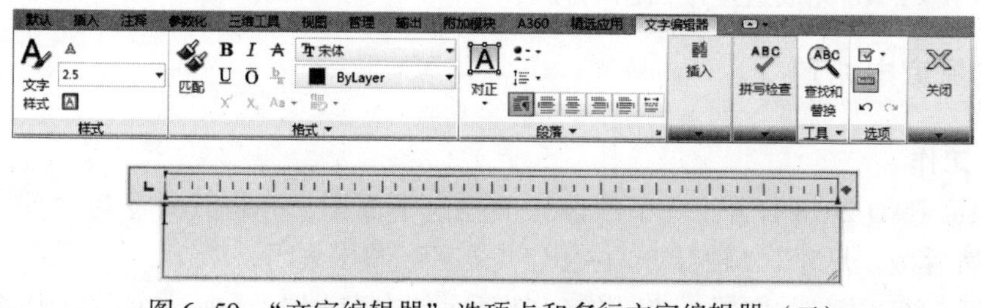

图 6-59 “文字编辑器”选项卡和多行文字编辑器（二）

采用相同的方法，依次标注出其他房间名称。至此，建筑平面图就绘制完成了（见图6-2）。

6.3 住宅室内平面图的绘制

本节思路

在上一节建筑平面图的基础上，本节将展开室内平面图的绘制，并依次介绍各个居室室内空间布局、家具家电布置、装饰元素及细部处理、地面材料绘制、尺寸标注、文字标注及其他符号标注、线宽设置等内容。

6.3.1 室内空间布局

该住宅建筑设计的空间功能布局已经比较合理，加之结构形式为砌体结构，也不能随意改动，所以设计师应该尊重原有空间布局，在此基础上做进一步的设计。

客厅部分以会客、娱乐为主，兼作餐厅用。会客部分需安排沙发、茶几、电视设备及柜子；就餐部分需安排餐桌、椅子、柜子等。该客厅比较小，因此这两部分不再增加隔断。

主卧室为主人就寝的空间，在里边需安排双人床、床头柜、衣柜、化妆台，还可考虑在适当的位置设置一个书桌。

该住宅仅有一个次卧室，考虑到业主的身份，打算将它设计成为一个可以兼作卧室、书房和客房的室内空间。因此，设计师在里边安排写字台、书柜、单人床等家具设备。

厨房和阳台部分，考虑在一起设计。厨房内布置厨房操作平台、储藏柜和冰箱，阳台设置晾衣设备，并放置洗衣机。

卫生间内设置马桶、浴缸、沐浴设备及洗脸盆等。在进门处的过道内安排鞋柜，储藏室内不安排家具，空间留给业主日后自行处理。

室内空间的布局大致如图6-60所示，下面详细介绍用AutoCAD 2018完成这些平面图的方法。

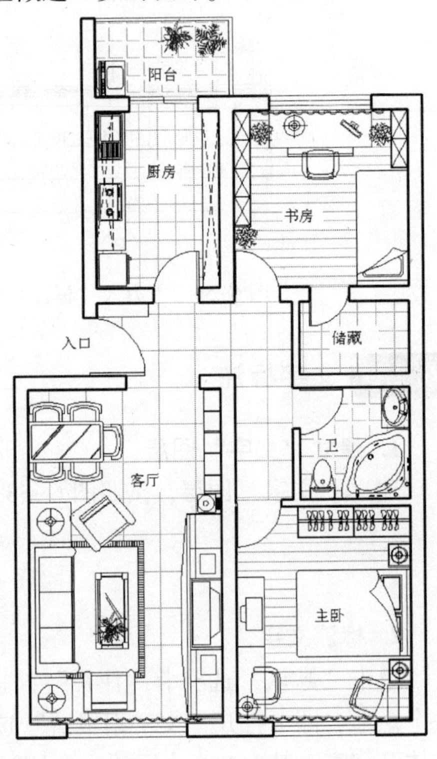

图6-60 室内空间的布局

6.3.2 家具家电布置

1. 准备工作

1）用AutoCAD 2018打开上一节绘制好的建筑平面图，并将其另存为“住宅室内平面图.dwg”，然后将“尺寸”“轴线”“柱子”“文字”图层关闭。

2）建立一个“家具”图层，按照图6-61所示的内容设置参数，并将其置为当前层。

家具 23 Continuous 默认 0 Color_

图 6-61 “家具”图层参数

下面的操作需要用到附赠的网盘资料，请先按图书封底介绍下载网盘资源。

2. 客厅

（1）沙发

在“视图”选项卡“导航”面板中的“范围”下拉菜单中单击“窗口”按钮，将居室的客厅部分放大，单击“默认”选项卡“块”面板中的“插入”按钮，弹出“插入”对话框，如图 6-62 所示，然后单击“浏览”按钮，弹出“选择图形文件”对话框，选择“源文件\图库\沙发 . dwg”找到沙发图块文件，单击“打开”按钮将其打开，如图 6-63 所示。选择左下角内墙角点为插入点，单击鼠标左键确定，如图 6-64 所示。至此，沙发就布置好了。

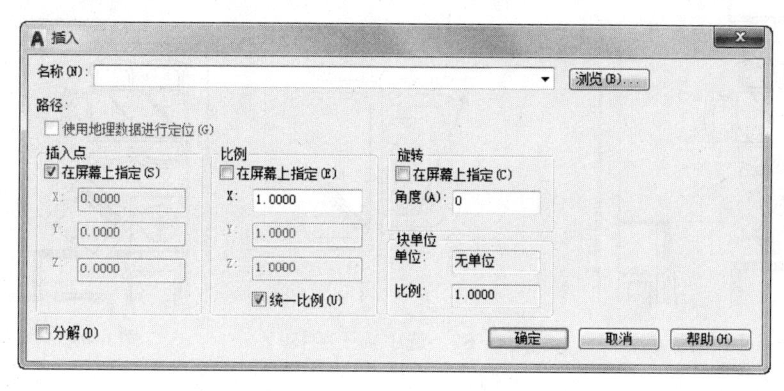

图 6-62 “插入”对话框

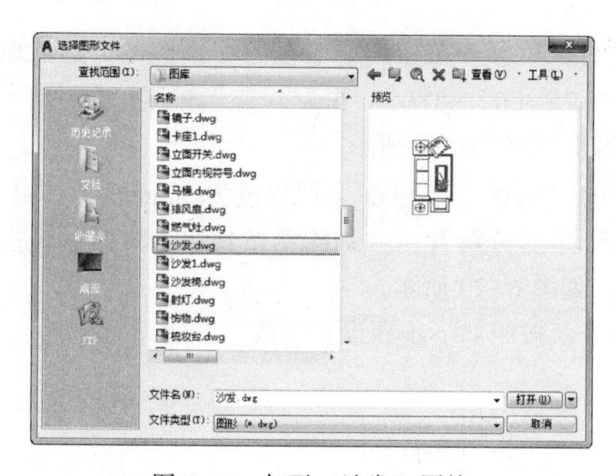

图 6-63 打开“沙发”图块

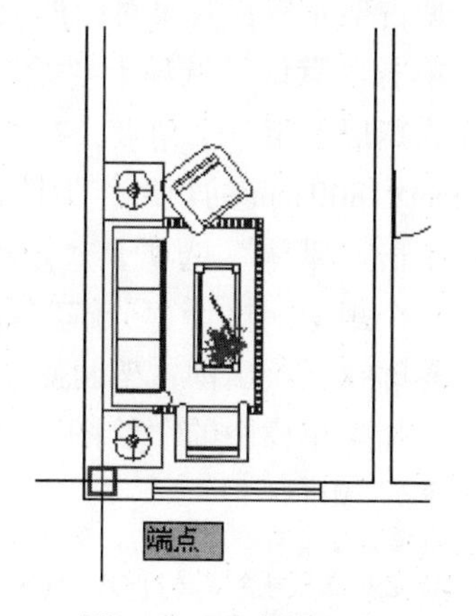

图 6-64 选择插入点

（2）电视柜

电视柜及相关的影视设备布置在沙发的对面靠墙位置。

同样采用上面的图块插入方法，打开“X:源文件\图库\电视柜 . dwg”，将“电视柜”

插入到右下角位置处，效果如图 6-65 所示。

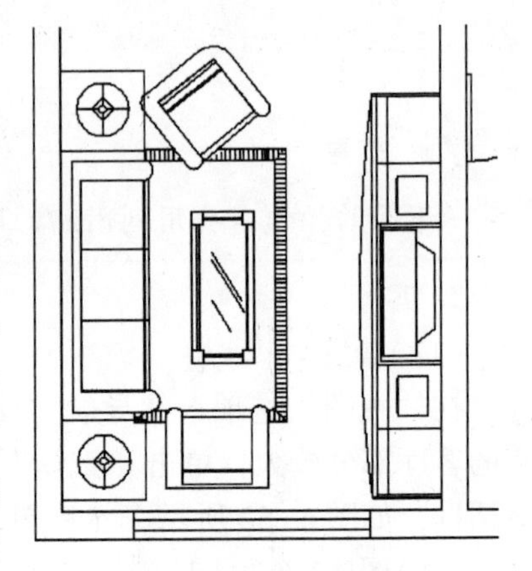

图 6-65 插入电视柜

（3）餐桌

单击“默认”选项卡“块”面板中的“插入”按钮，将“餐桌”图块暂时插入客厅上端的就餐区，如图 6-66所示。由于就餐区面积比较小，因此将左端的椅子删去，并将餐桌就位。具体操作是：首先，单击“默认”选项卡“修改”面板中的“分解”按钮，将餐桌图块分解；其次，单击“默认”选项卡“修改”面板中的“删除”按钮，用鼠标从椅子的右下角到左上角拉出矩形选框，如图 6-67 所示，将它选中，单击鼠标右键删除；最后，重新将处理后的餐桌建立为图块，并移动到墙边的适当位置，以保证就餐的活动空间，效果如图 6-68 所示。

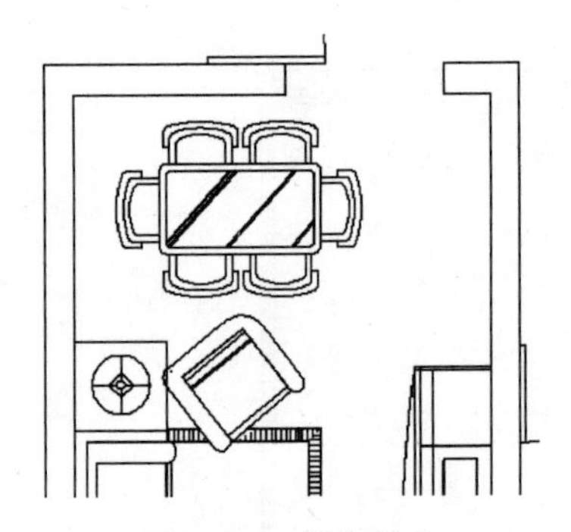

图 6-66 插入餐桌

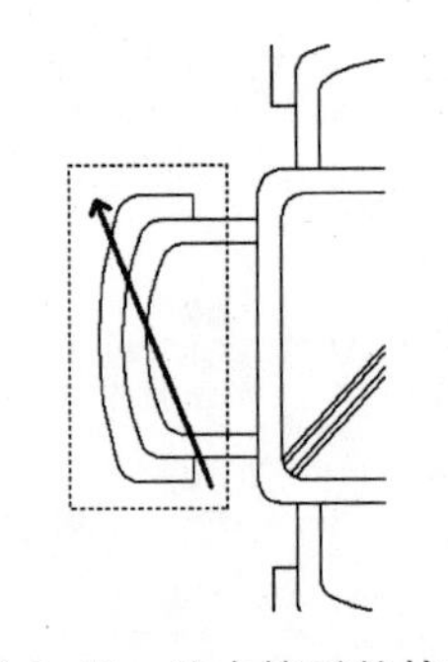

图 6-67 选中椅子的技巧

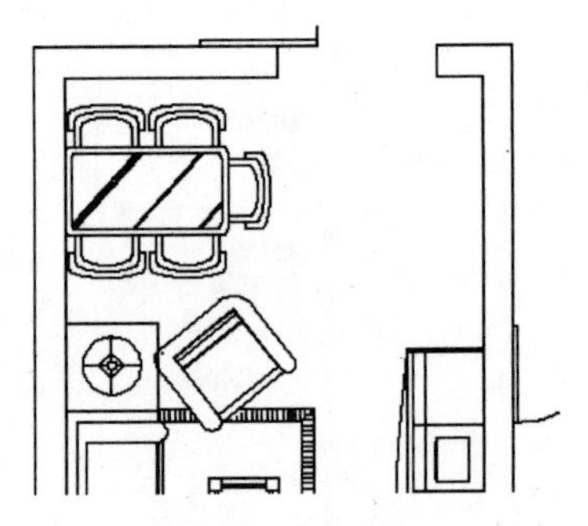

图 6-68 餐桌就位

（4）博古架

博古架布置在餐桌对面的墙边。

单击“默认”选项卡“绘图”面板中的“矩形”按钮，在居室平面图的旁边点取一点作为矩形的第一个角点，在命令行输入“@ -300，-1800”作为第二个角点，绘制出一个 300 mm×1800 mm 的矩形作为博古架的外轮廓，如图 6-69 所示。

单击“默认”选项卡“修改”面板中的“偏移”按钮，偏移量为 30 mm，向内复制出另一个矩形。执行“分解”命令，把这个矩形分解开，并删除两条长边，将两条短边延伸至轮廓线，绘出博古架两侧立柱的断面，如图 6-70 所示。

选择菜单栏中的“绘图”→“多线”命令，按照如下步骤设置参数。

```
命令：MLINE
当前设置：对正 = 无，比例 = 120.00，样式 = STANDARD
指定起点或［对正(J)/比例(S)/样式(ST)］： J  (按〈Enter〉键)
输入对正类型［上(T)/无(Z)/下(B)］<无>： Z  (按〈Enter〉键)
当前设置：对正 = 无，比例 = 120.00，样式 = STANDARD
指定起点或［对正(J)/比例(S)/样式(ST)］： S (按〈Enter〉键)
输入多线比例 <120.00>： 20  (按〈Enter〉键)
当前设置：对正 = 无，比例 = 20.00，样式 = STANDARD
指定起点或［对正(J)/比例(S)/样式(ST)］：
```

最后，分别以轮廓线两长边为起点和终点绘制出几条横向双线作为博古架被剖切的立件断面，至此，博古架就绘制完成了，效果如图 6-71 所示。

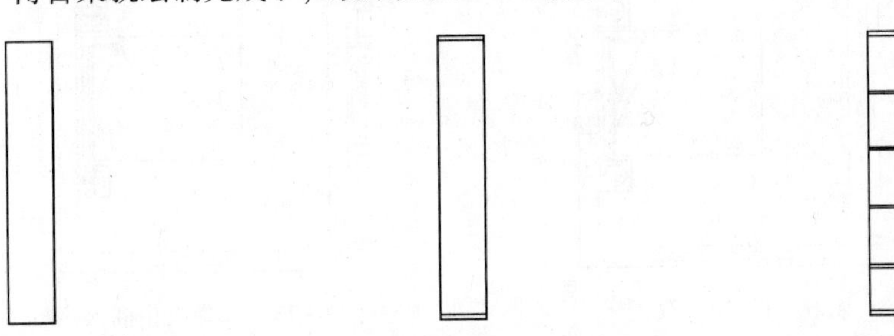

图 6-69　博古架的外轮廓　　图 6-70　博古架两侧立柱的断面　　图 6-71　博古架

将完成的博古架平面存储为图块，命名为“博古架”，并将其移动到图 6-72 所示的位置。

（5）饮水机

单击“默认”选项卡“块”面板中的“插入”按钮，插入“饮水机”，效果如图 6-73 所示。

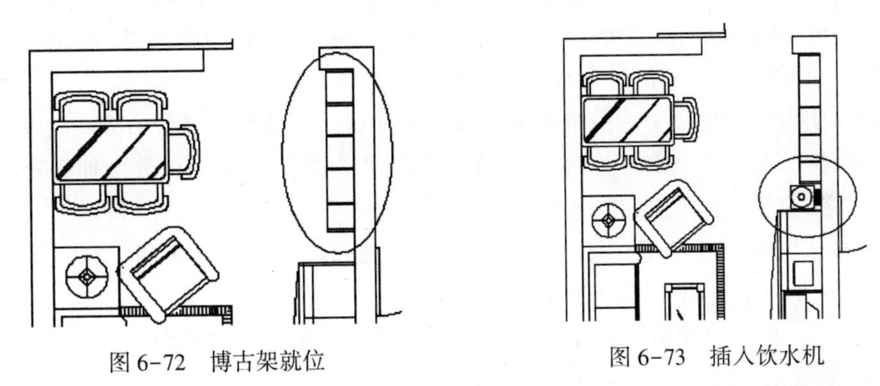

图 6-72　博古架就位　　图 6-73　插入饮水机

3. 主卧室

（1）床

卧室里的主角是床。在本实例中，床被布置在门斜对面的墙体中部位置。

在“视图”选项卡“导航”面板中的“范围”下拉菜单中单击“窗口”按钮，将居室的主卧室部分放大，单击“默认”选项卡“块”面板中的“插入”按钮，将“双人床”插入合适的位置处，如图 6-74 所示。

（2）衣柜

衣柜也是家庭必备的家具，一般情况它与卧室联系得比较紧密，故将衣柜直接放置于卧室内。

单击“默认”选项卡“块”面板中的“插入”按钮，将“衣柜”插入到合适的位置处，如图 6-75 所示。

（3）电视柜及写字台

为了方便业主在卧室看书、学习、看电视，设计师可在靠近双人床的对面墙面处设计一个长条形的写字台，其一端用于看书、学习（写字端），另一端用于放置电视机（电视端）。

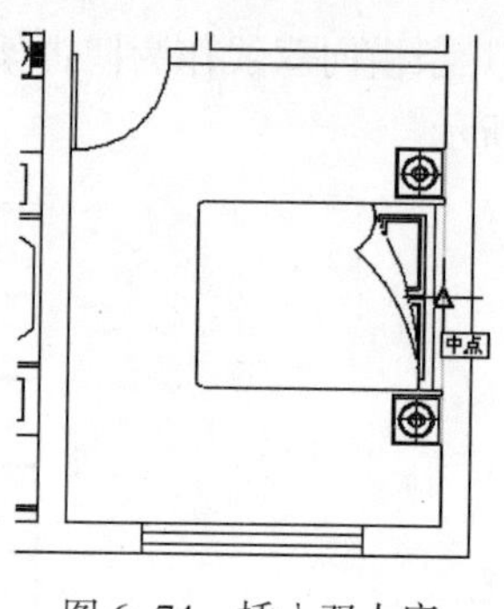

图 6-74 插入双人床

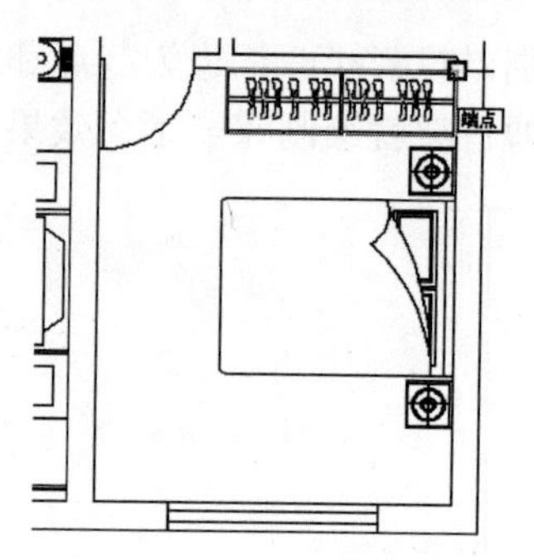

图 6-75 选择衣柜插入点

注 意

由于该写字台的通用性不太大，因此事先没有做成图块，而是直接绘制。

在“视图”选项卡“导航”面板中的“范围”下拉菜单中单击“窗口”按钮，将放置写字台的部分放大，然后单击“默认”选项卡“绘图”面板中的“矩形”按钮，如图 6-76 所示，捕捉第一个角点，在命令行窗口中输入“@500，2400”作为第二个角点，绘制出一个 500 mm×2400 mm 的矩形作为写字台的外轮廓，效果如图 6-77 所示。将写字台轮廓向上移动 100 mm，以便留出窗帘的位置。

由于该写字台设计的写字端与电视端的高度不一样，因此在写字台中部高度变化处绘制一条横线。单击“默认”选项卡“绘图”面板中的“直线”按钮，分别捕捉矩形两条长边的中点，绘制完毕，如图 6-78 所示。

单击“默认”选项卡“块”面板中的“插入”按钮，将“沙发椅”插入到合适的位置，如图 6-79 所示，单击鼠标左键确定。同理，单击“默认”选项卡“块”面板中的“插入”按钮，将“电视机”插入到写字台的电视端。最后将“台灯”插入到写字台上，效果如图 6-80 所示。

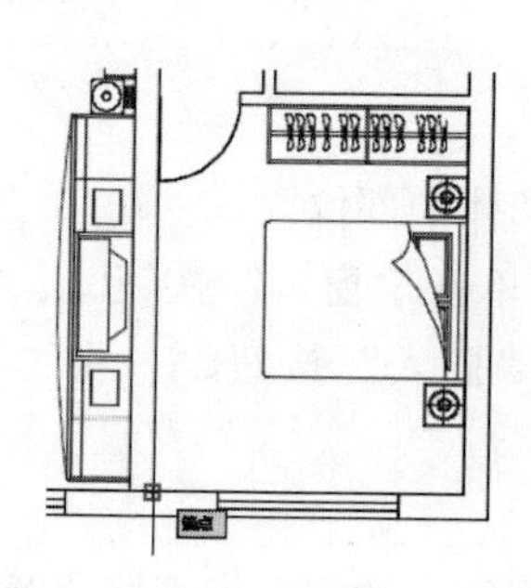

图 6-76 选择矩形的角点

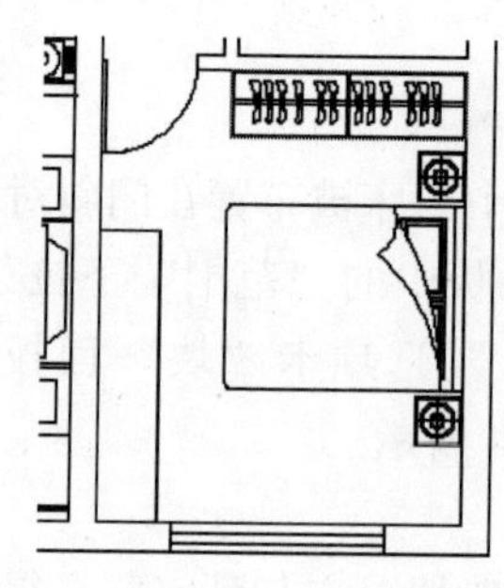
图 6-77 写字台的外轮廓

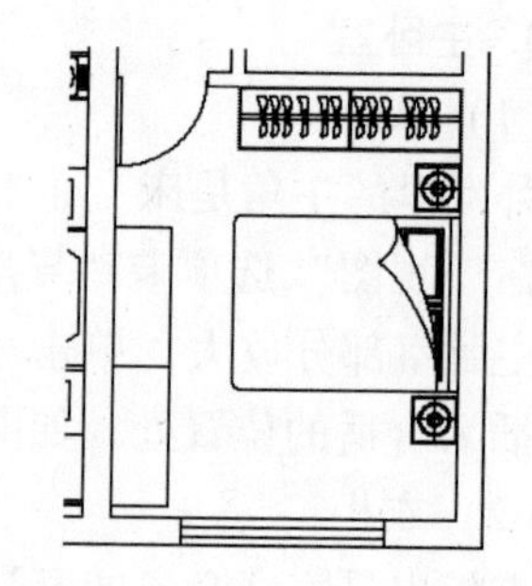
图 6-78 绘制写字台分隔线

(4) 梳妆台

在本实例中，若把梳妆台布置在卫生间显然不合适，因此考虑将它布置在卧室的右下角。

单击“视图”选项卡“导航”面板中的“范围”下拉菜单中的“窗口”按钮，将卧室右下角放大。单击“默认”选项卡“块”面板中的“插入”按钮，将“梳妆台”插入到合适的位置处，如图 6-81 所示，复制一个沙发椅到梳妆台前。

至此，主卧室内的家具就布置完成了。

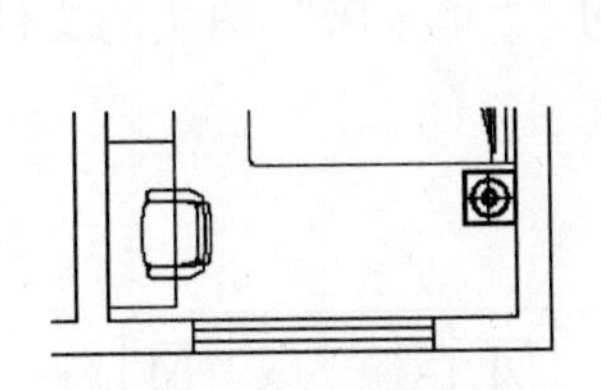

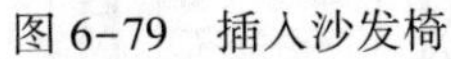

图 6-79 插入沙发椅

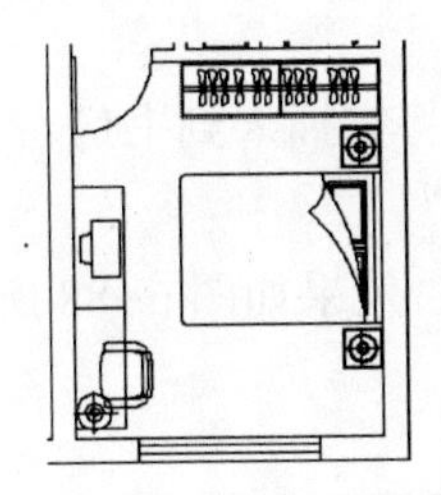

图 6-80 完成写字台图块组合

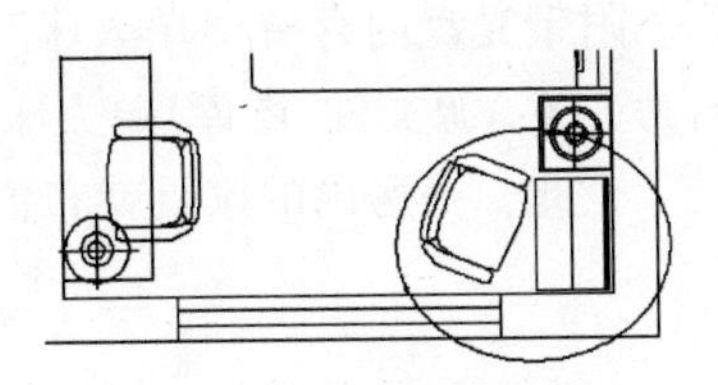

图 6-81 梳妆台外轮廓

4. 书房

本例中，书房的主要家具有书架、写字台和单人床。

（1）书架

设计师可根据书房的空间特点设计适合它的书架。

在适当的空白处绘制一个 300 mm×2000 mm 的矩形作为书架轮廓，向内偏移 20 mm，复制出另一个矩形，单击“默认”选项卡“修改”面板中的“分解”按钮，将内部矩形打散。

单击“默认”选项卡“修改”面板中的“矩形阵列”按钮，选择内部矩形的下短边为阵列对象，如图 6-82 所示，输入行数为“4”，列数为“1”，行偏移为 490 mm，效果如图 6-83 所示。

在每一格中加入交叉线，并将其移动到书房内图 6-84 所示的位置。

采用同样的方法，在书房右上角绘制一个 300 mm×1000 mm 的书架，如图 6-85 所示。

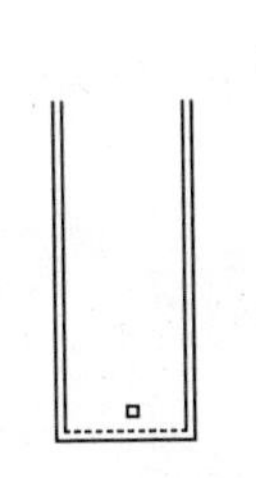

图 6-82 选择阵列对象

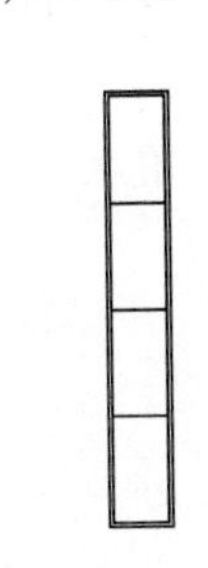

图 6-83 书架平面图

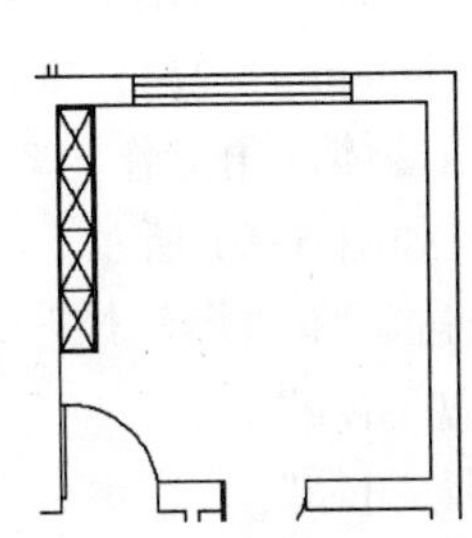

图 6-84 书架 1 就位

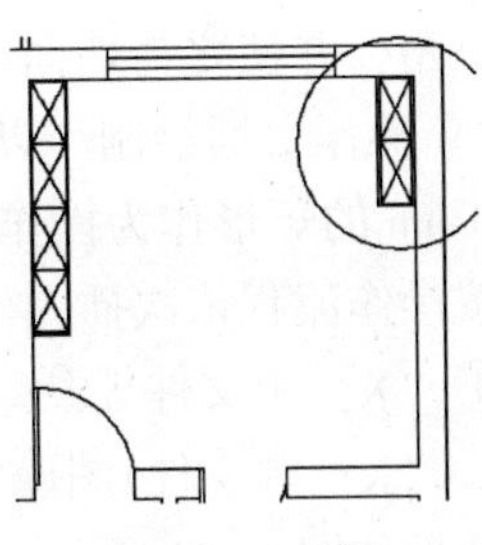

图 6-85 书架 2

注意

绘制书架 2 时，可以在书架 1 的基础上采用“编辑”命令来完成。

（2）写字台

绘制一个 600 mm×1800 mm 的矩形作为台面，并将其移到窗前，写字台与窗户距离 50 mm，如图 6-86 所示。然后，分别插入下列图块。

① “X:\源文件\图库\沙发椅.dwg”。

② “X:\源文件\图库\液晶显示器.dwg”。

③“X:\源文件\图库\台灯.dwg”。

最后效果如图6-87所示。

(3) 单人床

附带光盘内存有“单人床”图块，将它插入到书房右下角即可。“单人床”图块的文件名为“X:\源文件\图库\单人床01.dwg”。

至此，书房内的家具就布置完成了，效果如图6-88所示。

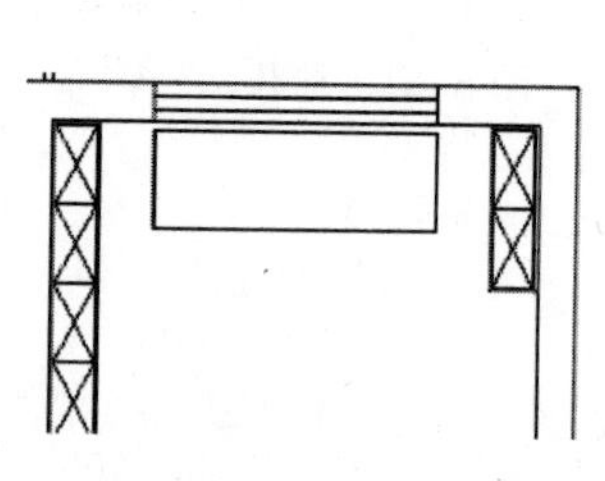

图6-86 写字台台面

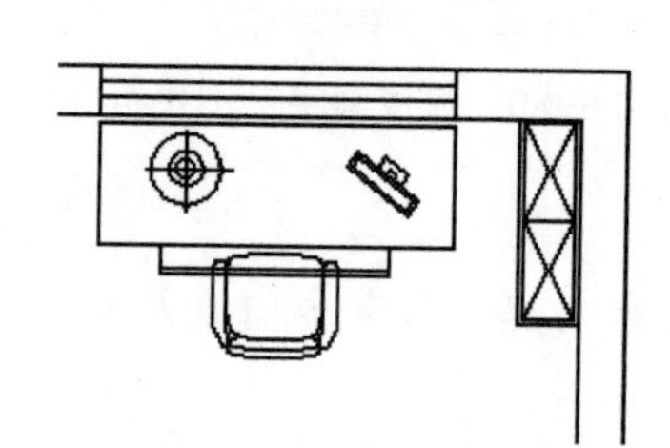

图6-87 书房写字台

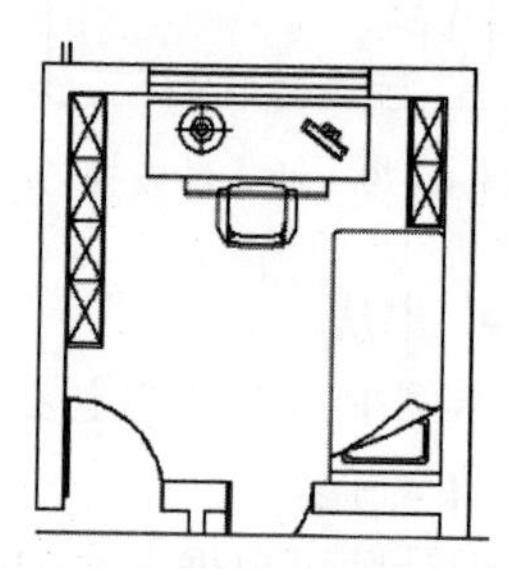

图6-88 书房室内平面图

5. 厨房及阳台

在本例厨房设计中，设计师应在左侧布置操作平台，并预留出一个冰箱的位置；在右侧布置一排柜子；在阳台放置一个洗衣机，但是，要注意给水排水的问题处理。具体说明如下。

1) 为了便于厨房与阳台的连通，适当扩大使用面积，将原来的门带窗改为双扇落地玻璃推拉门，如图6-89所示。

2) 冰箱。从附带网盘里找到“冰箱”图块“X:\源文件\图库\冰箱.dwg”，将其插入到左下角，并使之与墙面至少有50 mm的距离，如图6-90所示。

3) 操作台面绘制。以左上角墙体内角点作为矩形的第一个角点，向下绘制一个500 mm×2400 mm的矩形作为操作台面，如图6-91所示。

按操作流程依次插入“洗涤盆”和“燃气灶”图块。

①“X:\源文件\图库\洗涤盆.dwg”。

②“X:\源文件\图库\燃气灶.dwg”。

结果如图6-92所示。

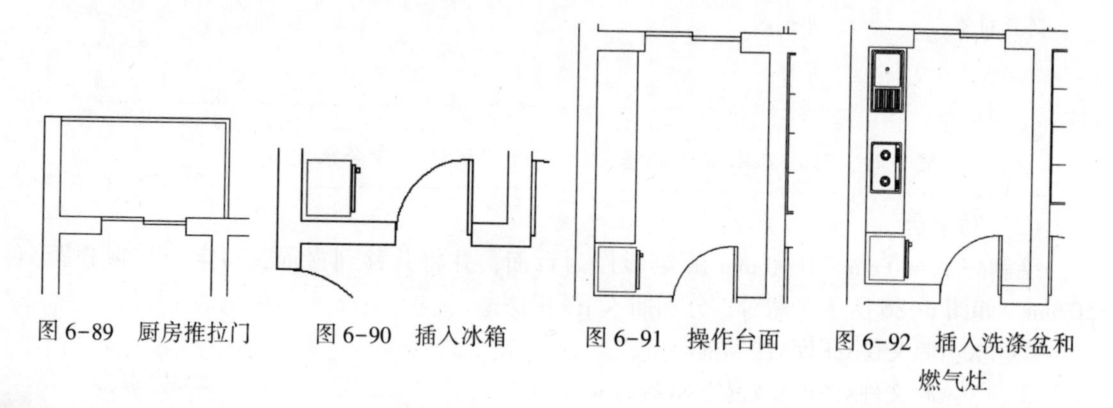

图6-89 厨房推拉门　图6-90 插入冰箱　图6-91 操作台面　图6-92 插入洗涤盆和燃气灶

注 意

在选择插入点时，有时利用“对象捕捉”很方便，但在有的地方感觉不方便，所以不必拘于用或不用。在插入洗涤盆和燃气灶时，打开“对象捕捉”功能反而不便定位，可以将其关闭。

4）壁柜绘制。沿着右侧墙面绘制一个 300 mm×3060 mm 的矩形，这样就可以简单地表示壁柜，如图 6-93 所示。

5）洗衣机。将“X:\源文件\图库\洗衣机.dwg”插入到阳台的左下角，如图 6-94 所示。

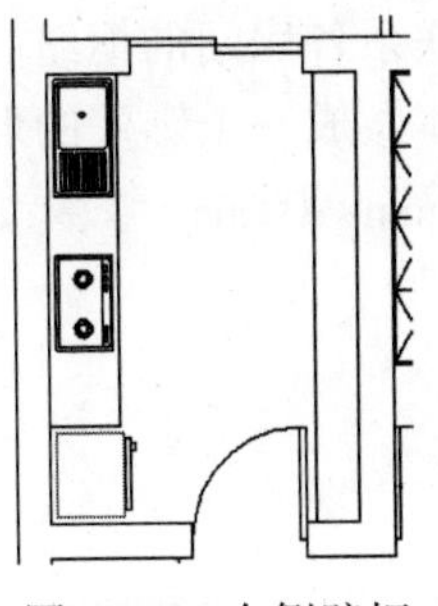

图 6-93　右侧壁柜

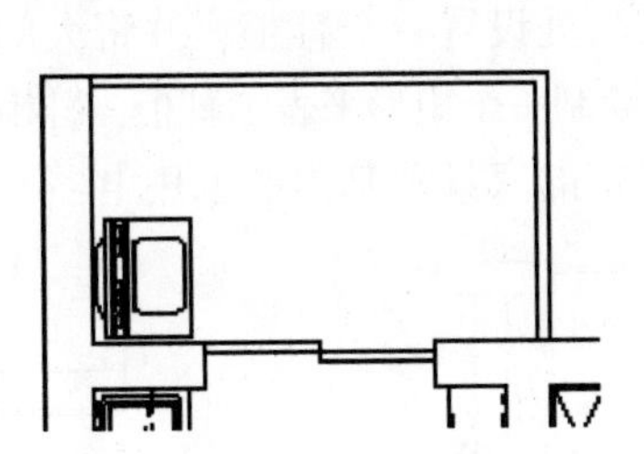

图 6-94　插入洗衣机

6）绘制吊柜。平面图中吊柜用虚线表示，在厨房左侧的操作台上绘一个 300 mm×2400 mm 的吊柜，右侧绘一个 300 mm×3060 mm 的吊柜。具体操作为：单击“对象特性”工具栏中的“线型控制”框，将当前线型设置为虚线“ACAD_IS002W100”，如图 6-95 所示，并选择菜单栏中的“格式”→“线型”命令，在弹出的“线型管理器”对话框中将“全局比例因子”设置为“10”，如图 6-96 所示。

图 6-95　“对象特性”工具栏中的“线型控制”框

图 6-96　全局比例因子设置

对于左边的吊柜，单击“默认”选项卡“绘图”面板中的“矩形”按钮，沿墙边绘制一个 300 mm×2400 mm 的矩形，并绘制出该矩形的两条对角线；对于右边的吊柜，直接在原有壁柜矩形中绘制出两条对角线即可。

将当前线型还原为“ByLayer”。厨房及阳台部分家具布置整体情况如图 6-97 所示。

6. 卫生间

设计师应在卫生间内布置一个马桶、一个浴缸和一个洗脸盆，图块文件如下。

①“X:\源文件\图库\马桶.dwg”。

②“X:\源文件\图库\浴缸.dwg”。

③“X:\源文件\图库\洗脸盆.dwg”。

这些图块安放的位置如图 6-98 所示。

7. 过道部分

在本例中，过道部分相当于一个小小的门厅，它是联系各房间的枢纽。但是，过道面积有限，故只在入口处设置一个鞋柜，并将大门对面的墙体做成一个影壁的形式。

只需简单地绘制一个矩形来表示鞋柜，鞋柜尺寸为 250 mm×900 mm，效果如图 6-99 所示。

至此，该居室的家具及基本的家用电器布置就完成了。

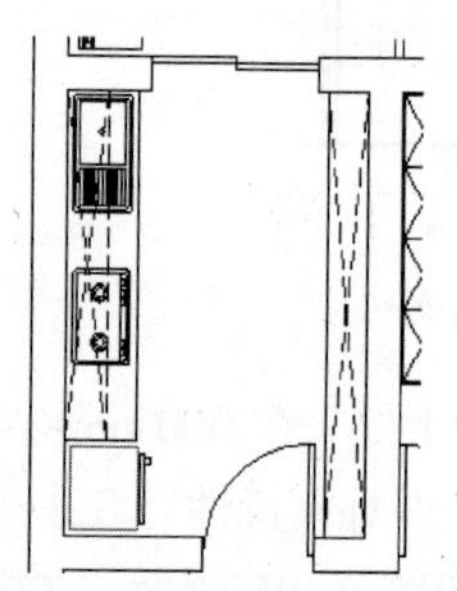

图 6-97 厨房及阳台部分家具布置

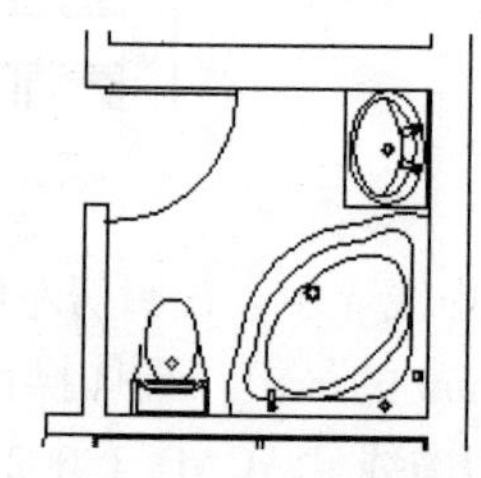

图 6-98 卫生间布置

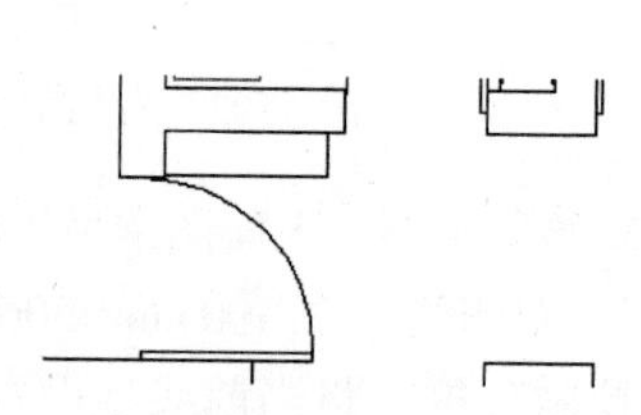

图 6-99 鞋柜

6.3.3 装饰元素及细部处理

1. 窗帘绘制

室内平面图上的窗帘可以用单根或双根波浪线来表示。具体做法为：首先，绘制出一个周期的波浪线；其次执行“阵列”命令，复制出整条窗帘图案。

1）建立“窗帘”图层，按照图 6-100 所示的内容设置参数，并将其置为当前层。

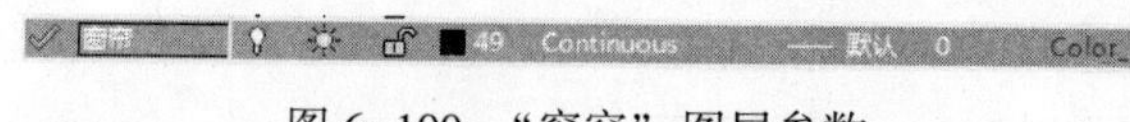

图 6-100 “窗帘”图层参数

2）单击“默认”选项卡“绘图”面板中的“圆弧”按钮，按命令行提示进行操作。

```
命令: ARC
指定圆弧的起点或 [圆心(C)]: (在屏幕空白处任选一点)
指定圆弧的第二个点或 [圆心(C)/端点(E)]: @40,20 (按〈Enter〉键)
指定圆弧的端点: @40,-20 (按〈Enter〉键)
```

这样便可绘出向上凸的第一段弧线。接着按〈Enter〉键，重复执行“圆弧”命令，绘制向下凹的第二段弧线，按命令行提示操作。

```
命令: ARC
指定圆弧的起点或 [圆心(C)]: (捕捉上一段弧线的终点作为起点)
指定圆弧的第二个点或 [圆心(C)/端点(E)]: @60,-30 (按〈Enter〉键)
指定圆弧的端点: @60,30 (按〈Enter〉键)
```

效果如图 6-101 所示。

3）单击“默认”选项卡“修改”面板中的“偏移”按钮，将上述两条弧线向下偏移 20 mm，复制出另外两条弧线，从而形成双波浪线，如图 6-102 所示。

4）单击“默认”选项卡“修改”面板中的“矩形阵列”按钮，选择刚才绘制的双波浪线图元作为阵列对象，输入行数为“1”，列数为“13”，行偏移为 1 mm，列偏移为 200 mm，效果如图 6-103 所示，总长度为 2600 mm，适合于客厅的窗户。

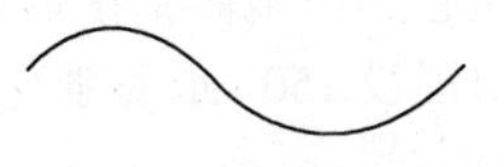
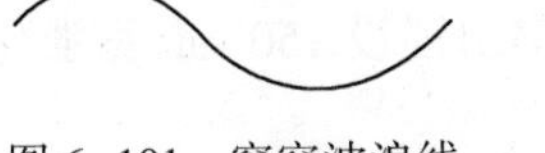

图 6-101　窗帘波浪线第一个周期

图 6-102　双波浪线图元

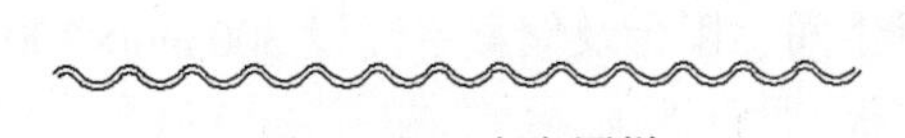

图 6-103　窗帘图样

5）单击“默认”选项卡“修改”面板中的“复制”按钮，将阵列出的窗帘图案复制一个到客厅窗户内，适当调整位置，效果如图 6-104 所示。

同理，设计师可以将窗帘图案复制到其他窗户内侧，对于超出的部分，可用“删除”命令将其删除，在此不再赘述。

2. 配置植物

设计师可在室内平面图中空白处的适当位置布置一些盆景植物，作为点缀装饰之用。在布置时应适可而止，不要烦琐。因事先已将“植物”图块存储至附带网盘“X:源文件/图库”文件夹内，读者可以根据自己的情况将“植物”图块插入到平面图上。插入图块时，注意进行比例缩放，以便控制植物大小。现提供一种布置方式。

1）建立“植物”图层，按照图 6-105 所示的内容设置参数，并将其置为当前层。

2）单击“默认”选项卡“块”面板中的“插入”按钮，插入图库中的“植物”图块，调整后的效果如图 6-106 所示。

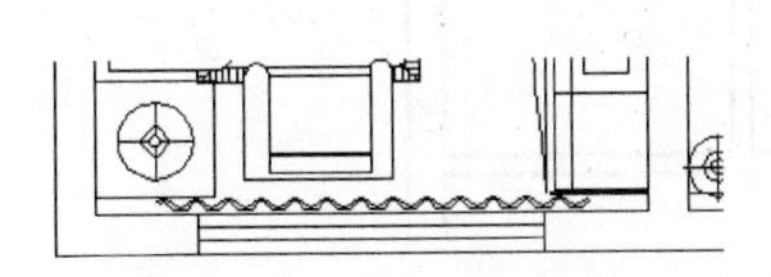

图 6-104　客厅窗帘定位

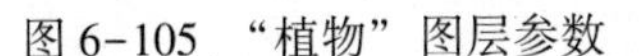

图 6-105　“植物”图层参数

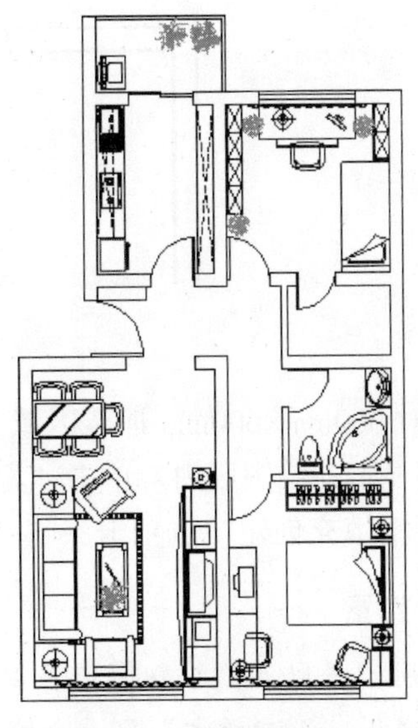

图 6-106　植物布置

6.3.4 地面材料绘制

地面材料是需要在室内平面图中表示的内容之一。当地面做法比较简单时，只要用文字对材料、规格进行说明即可，但是很多时候要求用材料图例在平面图上直观地表示，同时进行文字说明。当室内平面图比较拥挤时，设计师可以单独另画一张地面材料平面图。下面结合实例对上述内容进行说明。

在本例中，设计师将在客厅、过道部位铺设600 mm×600 mm米黄色防滑地砖，在厨房、卫生间、阳台及储藏室铺设300 mm×300 mm防滑地砖，在卧室和书房铺设150 mm宽强化木地板。

1. 准备工作

1）建立“地面材料”图层，按照图6-107所示的内容设置参数，并将其置为当前状态。

图6-107 “地面材料”图层参数

2）关闭“家具”“植物”等图层，让绘图区域只剩下墙体及门窗部分。

2. 初步绘制地面图案

1）单击“默认”选项卡“绘图”面板中的“直线”按钮，把平面图中不同地面材料以分隔线划分开来，如图6-108所示。

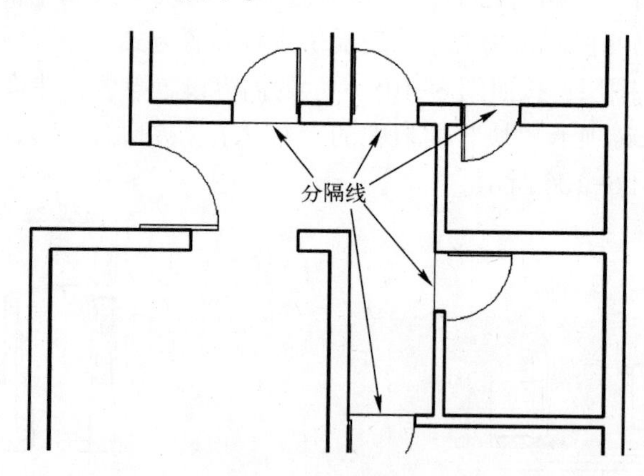

图6-108 分隔线位置

2）对600mm×600mm地砖区域（客厅及过道部分）进行放大显示。注意：必须保证该区域全部显示在绘图区内。单击“默认”选项卡“绘图”面板中的“图案填充”按钮，打开“图案填充创建”选项卡，将“十”字形光标在客厅区域点一下，选中填充区域。

注 意

采用“拾取点”按钮选区填充区域时，如果边界不是闭合的，则无法选中。这时，要么用“窗口放大”逐个检查边界处线与线是否连接，要么用“多段线”命令重新绘制一个边界。

3）对“图案填充创建”选项卡中的参数进行设置。需要的网格大小是 600 mm×600 mm，这里提供一种检验方法，将网格以 1:1 的比例填充，放大显示一个网格，选择菜单栏中的“工具”→“查询”→“距离”命令（如图 6-109 所示）查出网格大小（查询结果在命令行中显示）。事先查出“NET”图案的间距是 3，所以填充比例处输入“200”，如图 6-110 所示，这样就可得到近似于 600 mm×600 mm 的网格。由于单位精度的问题，这种方式填充的网格线不是十分精确，但是基本上能够满足要求。若要绘制精确的网格，可采用直线阵列的方式完成。

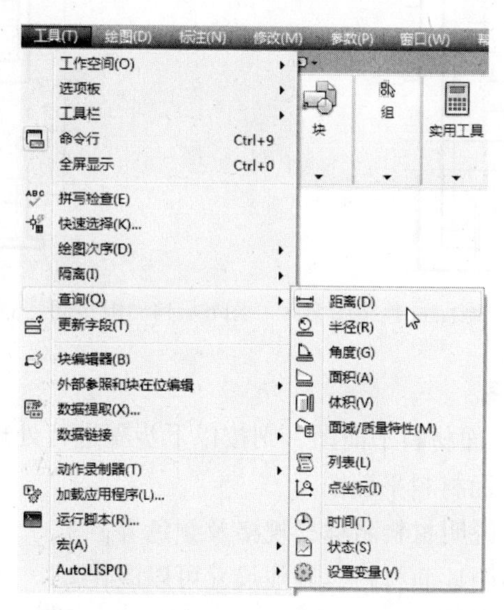

图 6-109 “菜单栏”中的“查询”→“距离”命令

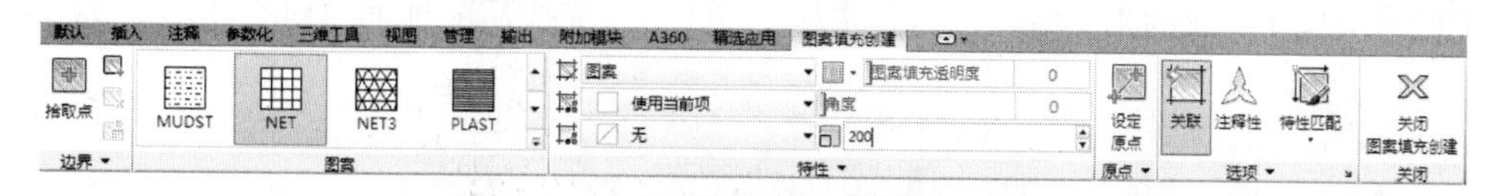

图 6-110 “客厅地面”图案填充参数

设置好参数后，单击“确定”按钮完成，效果如图 6-111 所示。

4）采用同样的方法将其他区域的地面材料绘制出来。主卧室及书房填充参数：选择填充图案为“LINE”，比例为“50”，效果如图 6-112 所示。

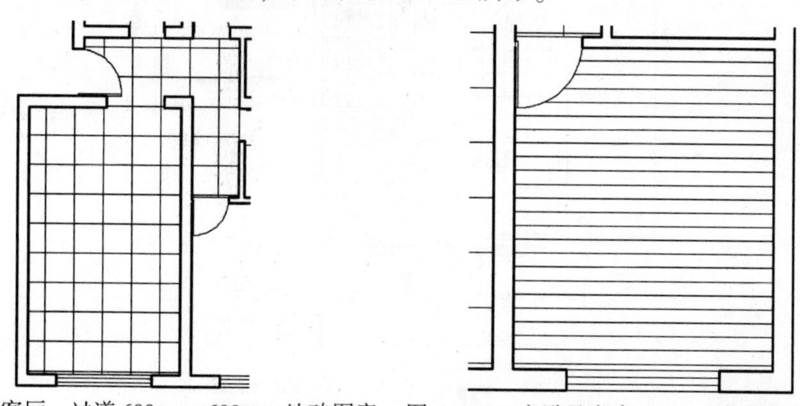

图 6-111 客厅、过道 600 mm×600 mm 地砖图案　图 6-112 主卧及书房 150 mm 宽强化木地板

厨房、储藏室填充参数：选择填充图案为“NET”，比例为“100”，效果如图6-113所示。

卫生间、阳台填充参数：选择填充图案为“ANGLE”，比例为“43”，效果如图6-114所示。

至此，室内地面材料图案的初步绘制就完成了。

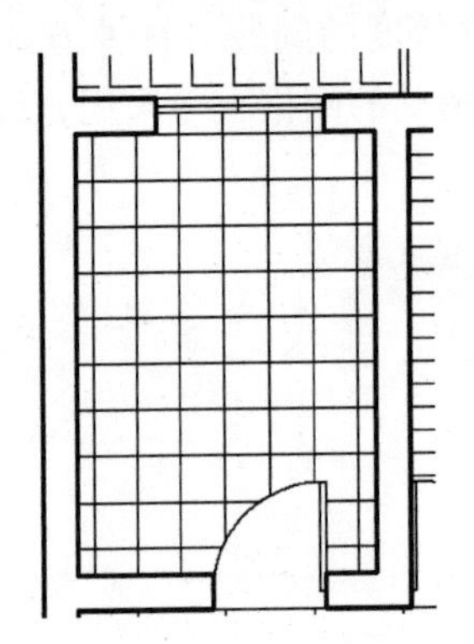

图6-113 厨房300 mm×300 mm地砖图案

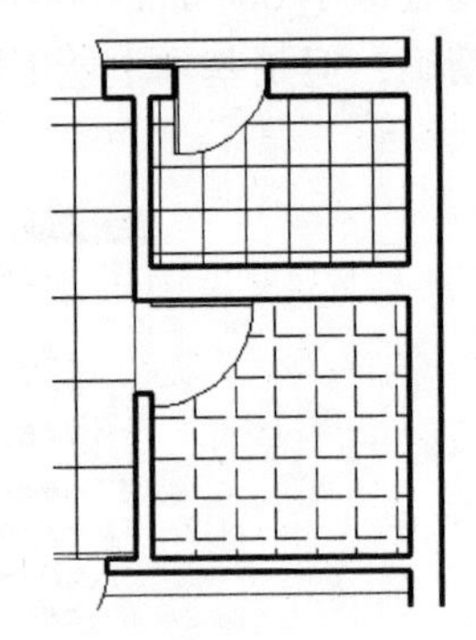

图6-114 卫生间、储藏室300mm×300mm地砖图案

3. 形成地面材料平面图

若要形成一个单独的地面材料平面图，则按以下步骤进行处理。

1）将文件另存为“地面材料平面图”。

2）在图中加上文字，说明材料名称、规格及颜色等。

3）标注尺寸，重点表明地面材料，其他尺寸可以淡化。

4）加上图名、绘图比例等。

类似的操作在后面的相关内容中仍会涉及，在此给出完成后的地面材料平面图，如图6-115所示。

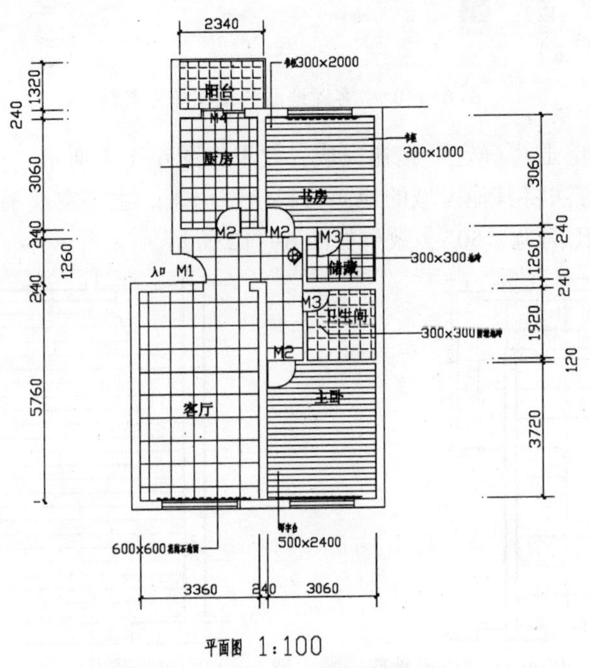

图6-115 地面材料平面图

4. 在室内平面图中完善地面材料图案

若不单独形成地面材料图，则可以在原来的室内平面图中作细部完善，具体操作如下。

1）关闭“地面材料平面图”，打开“室内平面图”。

2）打开“家具”“植物”图层。此时会发现，地面材料跟家具互相重叠，比较混乱。现将家具覆盖了的地面材料图例删除。操作方法是：首先，单击“默认”选项卡“修改”面板中的“分解”按钮，将地面填充图案打散；其次，单击“默认”选项卡“修改”面板中的“修剪”按钮，将家具覆盖部分线条剪掉，局部零散线条用“删除”命令处理，效果如图 6-116 所示。

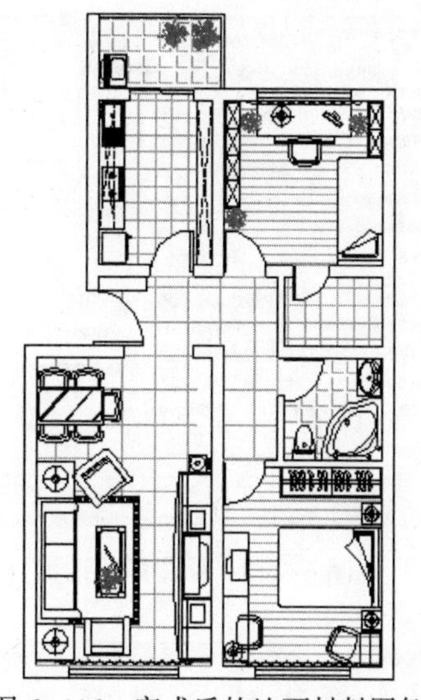

图 6-116　完成后的地面材料图例

6.3.5 文字标注、符号标注及尺寸标注

1. 准备工作

在没有正式进行文字标注、尺寸标注之前，设计师需要根据室内平面的要求进行文字样式设置和标注样式设置。

1）文字样式设置。单击“默认”选项卡“注释”面板中的“文字样式”按钮，弹出“文字样式”对话框，将其中各项内容按图 6-117 所示进行设置，同时设为当前状态。

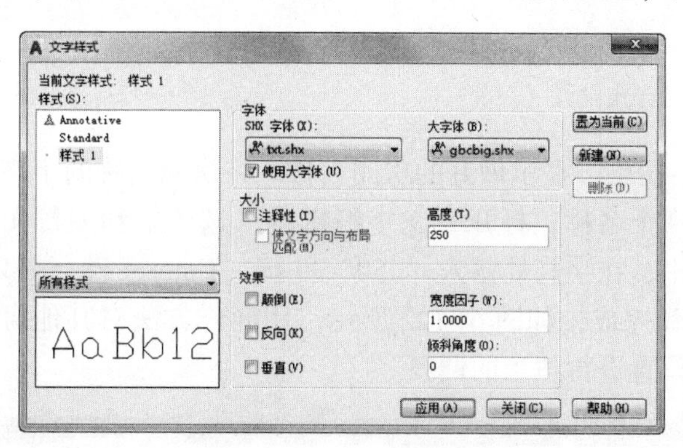

图 6-117　文字样式设置参数

2）标注样式设置。单击“默认”选项卡“注释”面板中的“标注样式”按钮，弹出“标注样式管理器”对话框，新建“室内”样式，按图 6-118～图 6-121 所示的内容进行设置，同时将其设为当前状态。

2. 文字标注

对于文字标注，主要用到两种方式：一种是利用“标注”下拉菜单的“多重引线”命令作带引线的标注；另一种是单击“默认”选项卡“注释”面板中的“多行文字”按钮A，作无引线的标注。具体步骤如下。

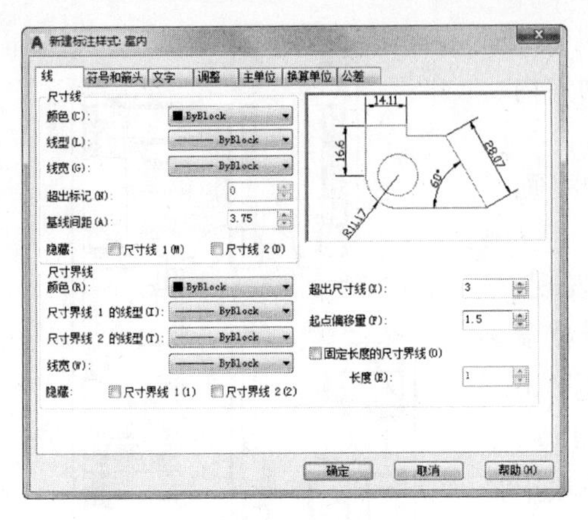

图 6-118　标注样式设置（一）

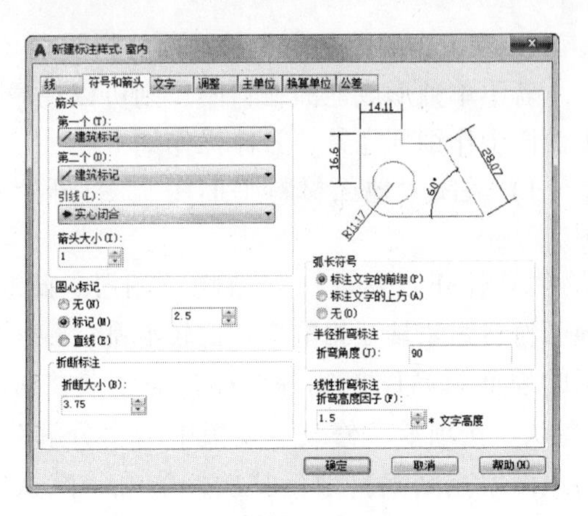

图 6-119　标注样式设置（二）

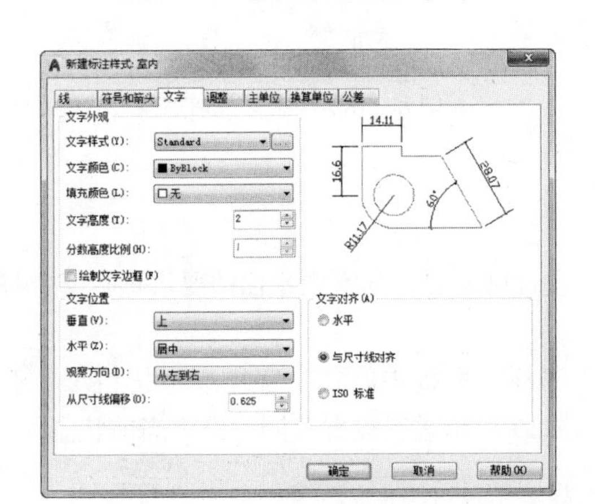

图 6-120　标注样式设置（三）

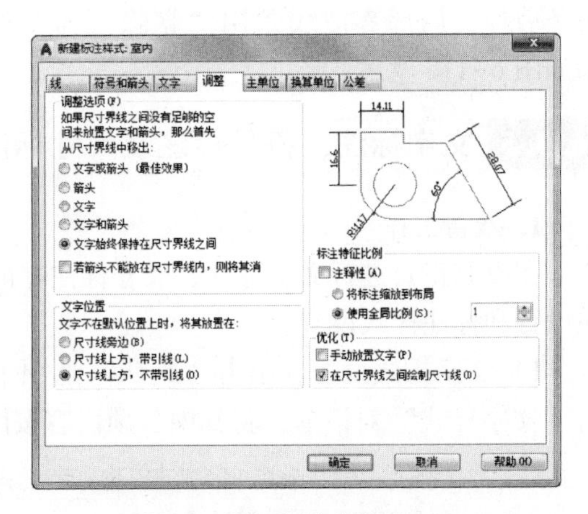

图 6-121　标注样式设置（四）

1）打开“文字”图层，显示做好的房间名称。将房间名称的字高调整为 250mm。操作方法是：用鼠标双击一个名称，打开“文字编辑器”选项卡和多行文字编辑器。用鼠标在文本上拖动，将它选中，在字高处输入“250”并按〈Enter〉键（一定要按〈Enter〉键），最后单击“确定”按钮完成，如图 6-122 所示。用同样方法对其他房间名称进行修改。修改后，对房间名称的位置进行适当的调整。

图 6-122　调整字高

2）下面以右上角较小的书架为例，介绍引线标注的方法。操作方法是：在命令行窗口中输入“QLEADER”命令，并输入文字“书柜 300×1000”，效果如图 6-123 所示。

这里需要说明的是，“\U+00D7”是不能用键盘直接输入的特殊字符乘号“×”的代码。如何查询这些特殊字符的代码呢？方法如下：

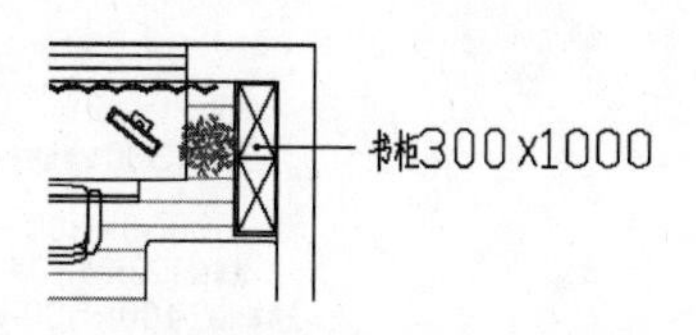

图 6-123 书柜引线标注

在多行文字的输入状态中，将鼠标移到文本输入区，单击鼠标右键，弹出一个菜单，选择“符号”命令，将弹出下一级子菜单，如图 6-124 所示。这个子菜单中显示了部分特殊符号的名称及代码。这时，若要在刚才的文本框内输入需要的字符，则直接选择相应的命令即可；若想在命令行窗口中输入特殊字符，则像刚才输入“×”的代码那样，将其对应的代码通过键盘输进去；也可以在文本框内输入符号代码，其效果是一样的。

刚才的子菜单中并没用列出乘号的代码，若要找乘号的代码选择子菜单下部的“其他”命令，打开“字符映射表”对话框，如图 6-125 所示。读者可以在这个表中找到各种各样的字符及代码。注意：在输入字符代码时，一定要在前面加“\”。

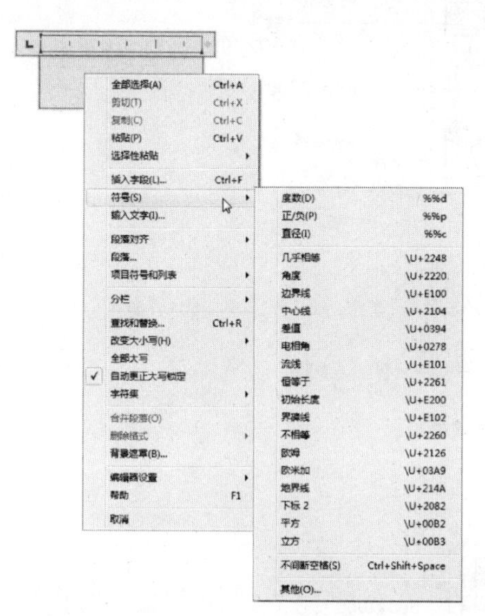

图 6-124 下级菜单

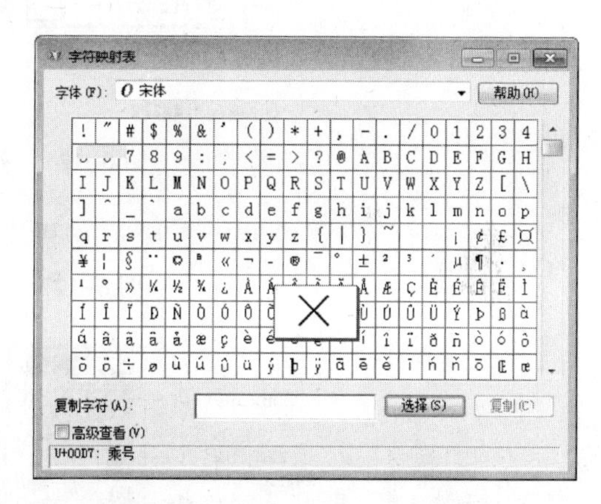

图 6-125 “字符映射表”对话框

3）单击“默认”选项卡“注释”面板中的“多行文字”按钮A，标注无引线的文字，此方法比较简单，在此不再赘述。

综合上述方法，文字标注结束后的效果如图 6-126 所示。

3. 符号标注

在该平面图中需要标注的符号主要是室内立面内视符号，为节约篇幅，事先已经将它们做成图块，存于网盘内，下面在平面图中插入相应的符号。

1）建立“符号”图层，按照图 6-127 所示的内容设置参数，并将其设置为当前层。

2）在“X:\源文件\图库”文件夹内找到立面内视符号，插入到平面图内。在操作过程中，若符号方向不符，则单击“默认”选项卡“修改”面板中的“旋转”按钮予以纠正；若标号不符，则将图块分解，然后编辑文字。效果如图 6-128 所示。

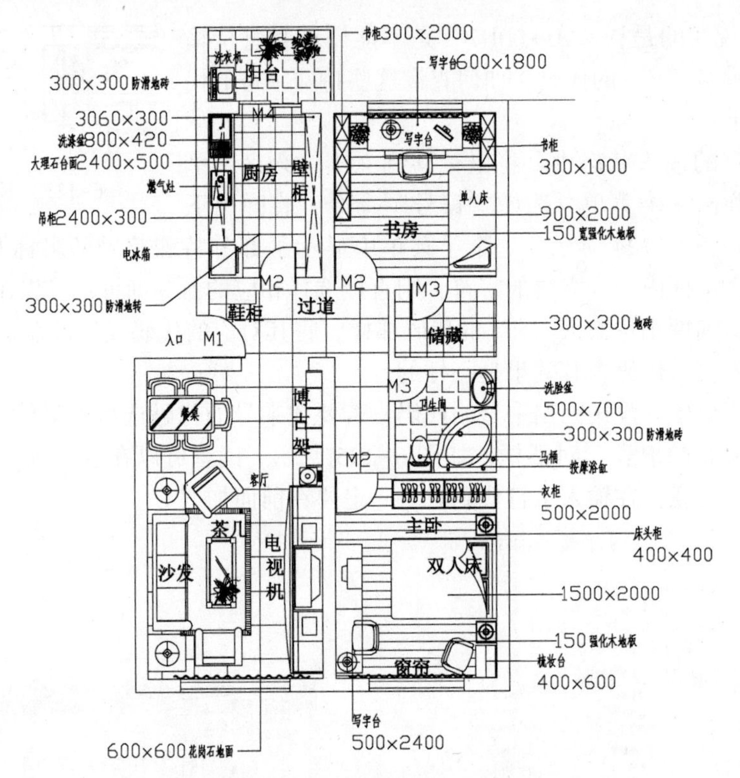

图 6-126 文字标注后的效果

符号 247 Continuous —— 默认 0 Color_

图 6-127 "符号"图层参数

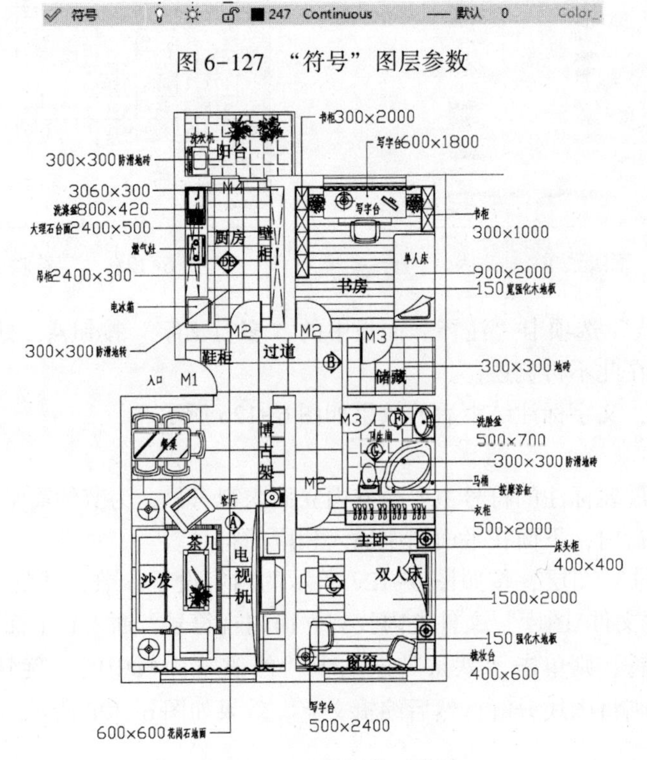

图 6-128 立面图位置符号

图6-128中立面位置符号指向的方向意味要在此处画一个立面图来表达立面设计思想。

4. 尺寸标注

尺寸标注的重点是房间的平面尺寸、主要家具陈设的平面尺寸及主要相对关系尺寸，原建筑平面图中不必要的尺寸可以予以删除。有关每个尺寸的标注，其主要用到的命令仍然是"线性"及相关修改命令。尺寸标注的具体步骤如下。

1）将"尺寸"层设为当前层，暂时将"文字"层关闭。可以考虑将原来建筑平面图中不必要的尺寸删除。

2）单击"默认"选项卡"注释"面板中的"线性"按钮，沿周边将房间尺寸标注出来。打开"文字"层，发现文字标注与尺寸标注重叠，无法看清。

3）单击"默认"选项卡"修改"面板中的"移动"按钮，将刚才标注的尺寸向外移动，避开文字标注部分，效果如图6-129所示。

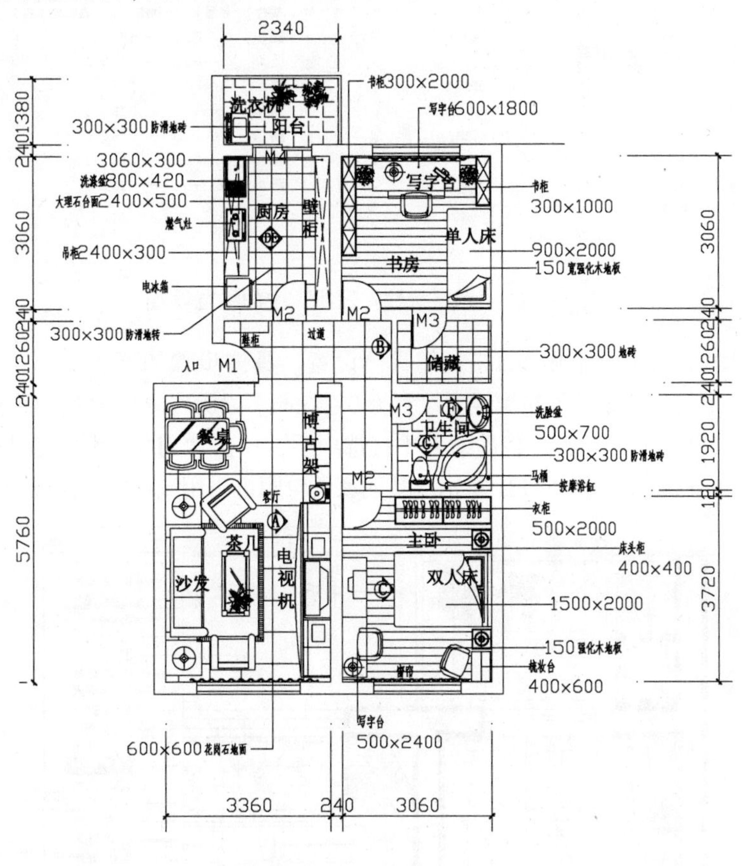

图6-129 尺寸标注

6.3.6 线型设置

平面图中的线型可以分为4个等级：粗实线、中实线、细实线和装饰线。粗实线用于墙柱的剖切轮廓；中实线用于装饰材料、家具的剖切轮廓；细实线用于家具陈设轮廓；装饰线用于尺寸、图例、符号、材料纹理和装饰品线等。

本例的具体线宽值采用 0.6 mm、0.35 mm、0.25 mm 和 0.18 mm 4 个等级。

在 AutoCAD 2018 中，用户可以通过两种途径来设置线型和线宽：一种是在“图层特性管理器”对话框中对整个图层的线型和线宽进行设置或调整，这时，图层中线型、线宽处于“ByLayer”状态的线条都得到控制；另一种是在同一个图层中，用户可以将部分线条的线型和线宽由“ByLayer”状态调到具体的线型、线宽值上去。下面结合实例介绍。

1）打开“图层特性管理器”，单击各图层的“线宽”位置，将“墙体”“柱子”的线宽均设为 0.6 mm，“阳台”的线宽设为 0.25 mm，“轴线”“门窗”“家具”“地面材料”“尺寸”“符号”“窗帘”“植物”的线宽均设为 0.18 mm，如图 6-130 所示。

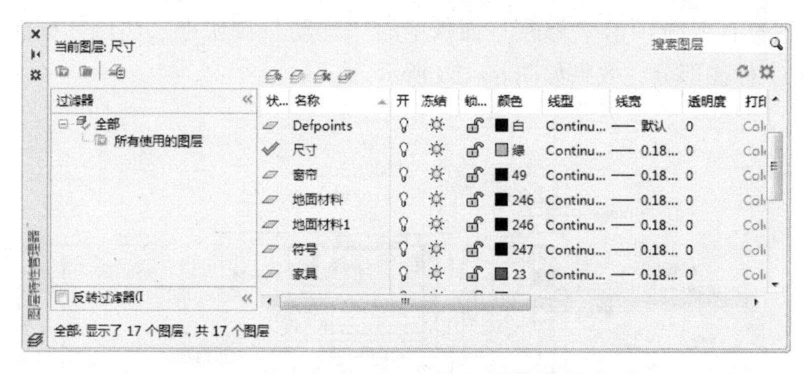

图 6-130 “图层特性管理器”中的线宽设置

2）对单个图层中的个别线条的线宽作具体设置。具体步骤如下。

① 将所有未剖切到的家具外轮廓线宽设置为 0.25 mm。以厨房家具为例，将家具轮廓用鼠标选中，对于图块应事先分解开，再将轮廓选中；选中后，单击“对象特性”工具栏中的线宽控制，将其设置为 0.18 mm，如图 6-131 所示。其他家具轮廓也采用同样的方法设置。

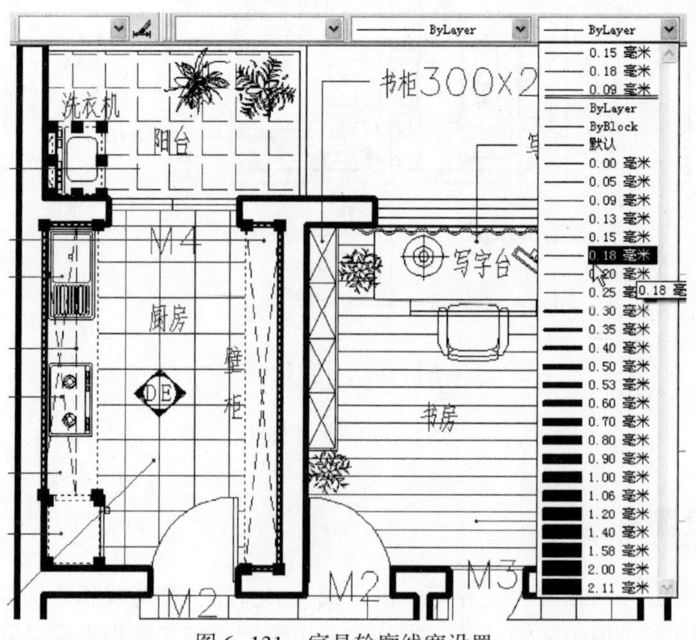

图 6-131 家具轮廓线宽设置

注 意

按住〈Shift〉键，可以同时选中多个线条。

② 将剖切到的博古架、书柜、衣柜轮廓选中后将线宽设置为 0.35 mm，如图 6-132 所示。

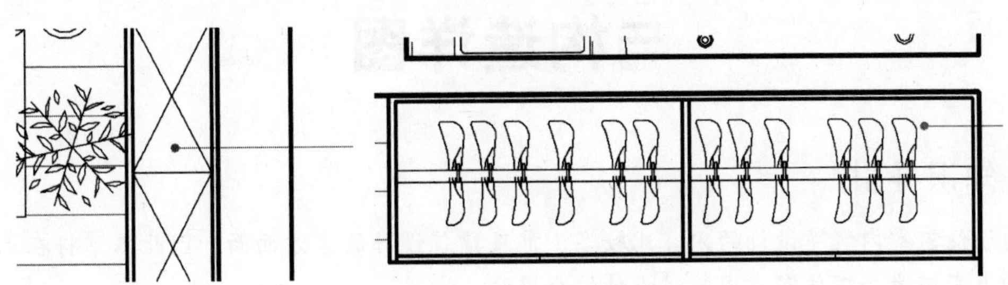

图 6-132 家具剖切轮廓线宽设置

注 意

对于处理家具轮廓线宽设置的问题，另外一种方法是将轮廓线单独放在一个图层里，以另一种颜色区别，通过整体设置这个图层的线宽来解决。

第7章 住宅室内装潢立面、顶棚与构造详图

知识导引

由于住宅室内装潢设计的内容比较多，涉及建筑设计的方方面面，因此本章将在上一章的基础上完整地介绍住宅室内装潢设计的全过程。

内容要点

- 住宅室内立面图的绘制
- 住宅室内设计顶棚图的绘制
- 住宅室内构造详图的绘制

7.1 住宅室内立面图的绘制

本节思路

本节依次介绍A、B、C、D、E、F、G七个室内立面图的绘制。在每一个立面图中，大致按立面轮廓绘制、家具陈设立面绘制、立面装饰元素及细部处理、尺寸标注、文字标注及其他符号标注、线宽设置的顺序来介绍。

实际上，在进行平面设计时，设计师就要同时考虑立面的合理性和可行性；如今重点在立面设计，可能也会发现一些新问题，因此需要结合平面来综合处理。

作为一套完整的室内设计图，上一章的平面图中没有标内视符号的墙面在必要时也应该绘制其立面图。本书为了节约篇幅，只挑了几个具有代表性的立面图来介绍。

7.1.1 A立面图的绘制

A立面图是客厅里主要表现的墙面，其中需要表现的内容有空间高度上的尺度及协调效果、客厅墙面做法、电视柜及配套设施立面、博古架立面、与墙面交接处吊顶情况及立面装饰处理等，如图7-1所示。

> **注 意**
>
> 由于要借助“室内平面图”绘制立面图，而且后面还要利用平面图中的相关设置，因此绘制立面图之前，请将“室内平面图”另存为“室内立面图”，不要将其中的平面图删去。

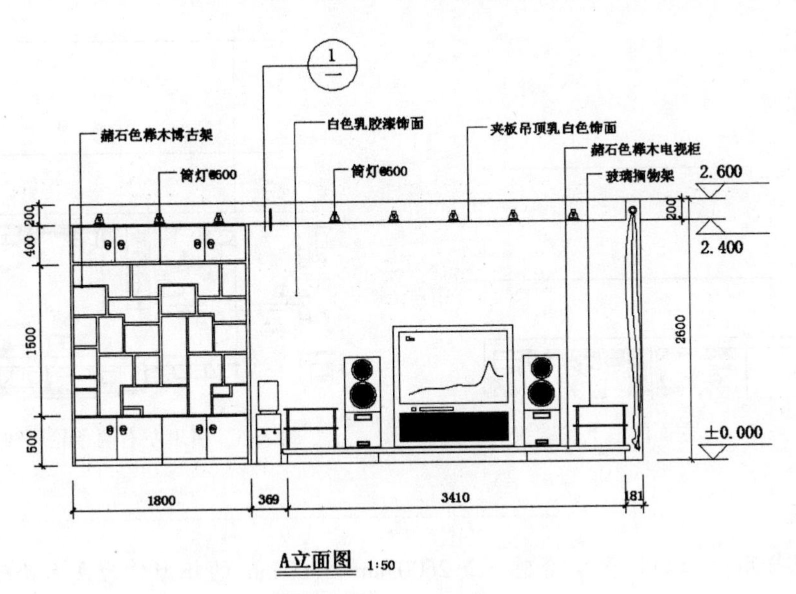

图 7-1　A 立面图

1. 轮廓绘制

1）打开“图层特性管理器”，将“文字”“尺寸”“地面材料”层关闭，建立“立面”图层，按照图 7-2 所示的内容设置参数，并将其设置为当前层。

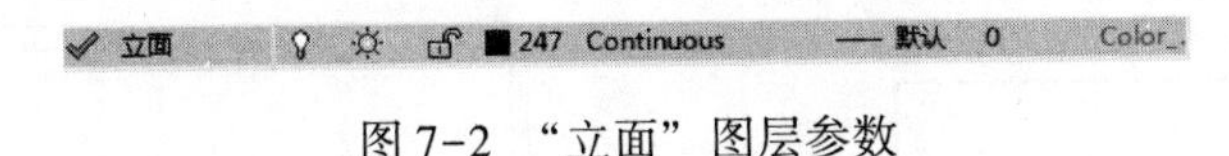

图 7-2　“立面”图层参数

2）单击“默认”选项卡“修改”面板中的“复制”按钮，将平面图选中，拖动鼠标将其复制到旁边的空白处；然后单击“默认”选项卡“修改”面板中的“旋转”按钮，将其逆时针旋转 90°，效果如图 7-3 所示。再以复制出的平面图作为参照，在其上方绘制立面图。

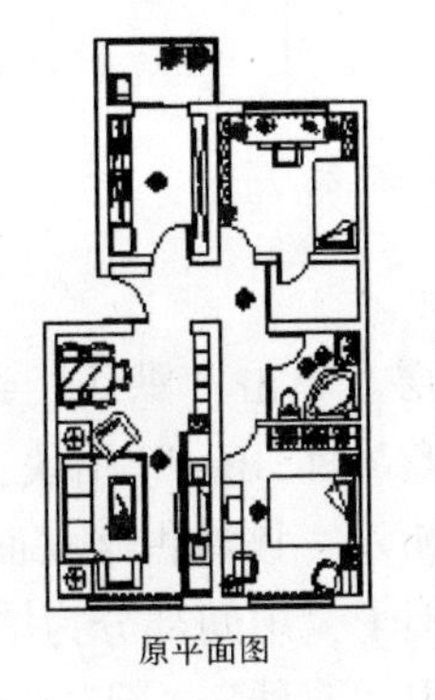

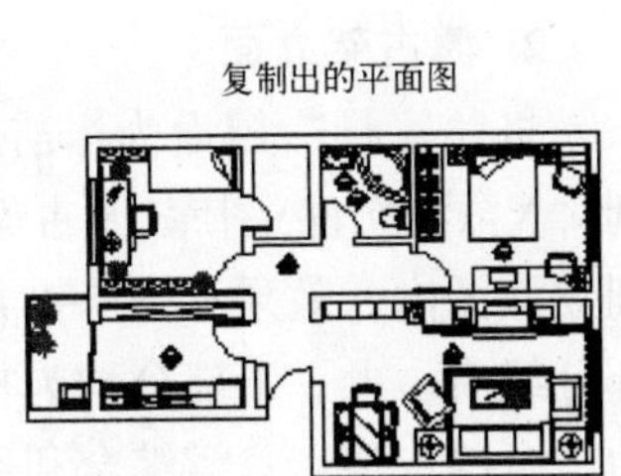

图 7-3　复制出一个平面图

3）在复制出的平面图上方首先绘制立面的上下轮廓线。操作方法为：单击“默认”选项卡“绘图”面板中的“直线”按钮，先绘制出一条长于客厅进深的直线，然后单击“默认”选项卡“修改”面板中的“偏移”按钮，复制出另一条直线，偏移距离为 2600 mm（为客厅的净高），效果如图 7-4 所示。

4）单击“默认”选项卡“绘图”面板中的“直线”按钮，分别以客厅的两个内角点向上引出两条轮廓线，如图 7-5 所示。

5）单击“默认”选项卡“修改”面板中的“倒角”按钮，将倒角距离设为 0，然后分别单击靠近一个交点处两条线段的需要保留部分，从而消除不需要的伸出部分。重复执行“倒角”命令，对其余 4 个角进行处理。这样，立面轮廓线就画好了，如图 7-6 所示。

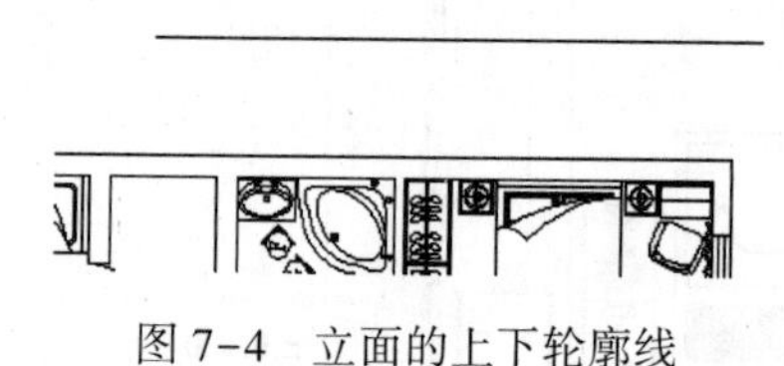

图 7-4 立面的上下轮廓线

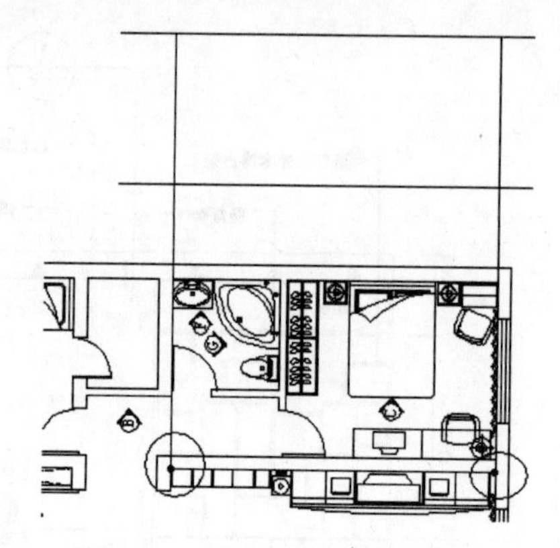

图 7-5 引出左右两条轮廓线

> **注 意**
>
> 其实直接用“矩形”命令绘制一个 2600 mm×5760 mm 的矩形作为立面轮廓线也是可以的，上面介绍的方法是想告诉读者一个由平面图引出立面图的思路。

6）单击“默认”选项卡“修改”面板中的“偏移”按钮，接着单击上面一条立面轮廓线，将其向下偏移复制出另一条直线，偏移距离为 200 mm（即墙边吊顶的高度），这条直线为吊顶的剖切线，效果如图 7-7 所示。

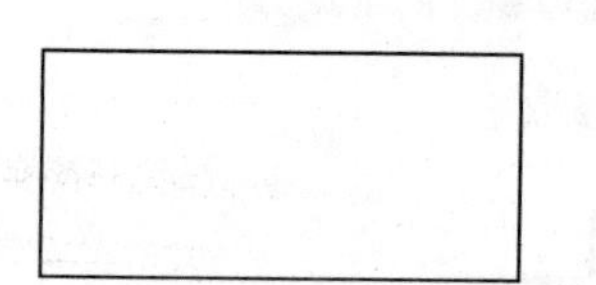

图 7-6 立面轮廓线

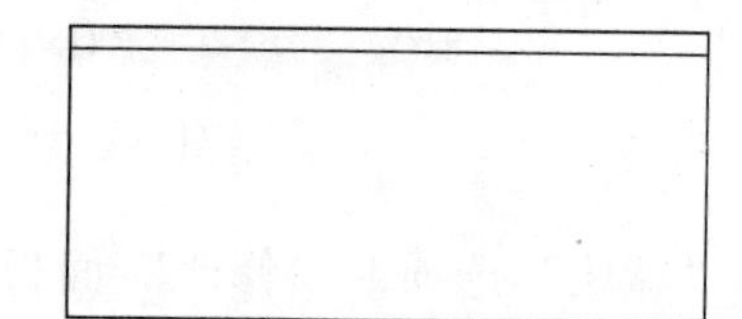

图 7-7 绘制吊顶的剖切线

2. 博古架立面

将“家具”层设为当前层。单击“默认”选项卡“块”面板中的“插入”按钮，找到“X:\源文件\图库\博古架立面.dwg”图块，以立面轮廓的左下角为插入点，将其插入到立面图内，效果如图 7-8 所示。该博古架立面尺寸为 1800 mm×2400 mm，由上、中、下三部分组成。上、下部分均为柜子，中间部分为博古架陈列区，上端与吊顶齐平。要绘制这样的一个博古架，只需综合利用“直线”“圆”“复制”“偏移”“修剪”“延伸”“倒角”等命令即可实现。

3. 电视柜立面

1）单击“默认”选项卡“绘图”面板中的“直线”按钮，以平面图中电视机的中点作起点，向上引出一条直线到立面图的下轮廓线，以便在插入电视机立面时以此为插入点。采用同样的方法从饮水机的中点也引出一条直线来，如图 7-9 所示。

2）单击“默认”选项卡“块”面板中的“插入”按钮，找到“X:\源文件\图库\电视柜立面.dwg”图块，以引线端点为插入点，将其插入到相应的图内。重复执行“插入块”命令，将“X:\源文件\图库\饮水机立面.dwg”图块也插入到相应位置，效果如图 7-10 所示。

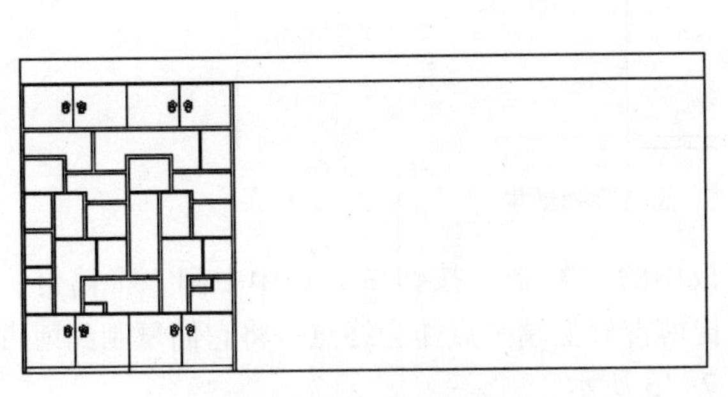

图 7-8 插入博古架立面

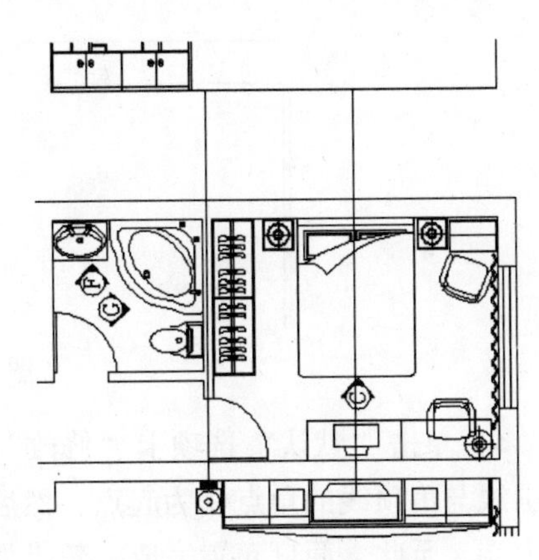

图 7-9 从平面引直线

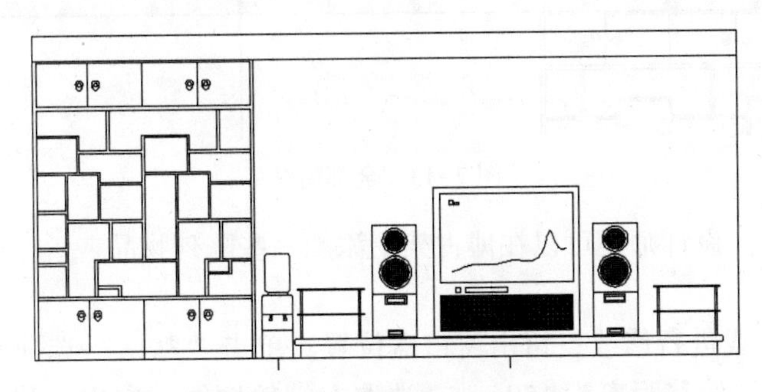

图 7-10 插入电视柜立面和饮水机立面

该电视柜平台高 150 mm，中间部分放置电视机和音箱，两端各设计一个搁物架。绘制这个图块用到的命令一般有“直线”“圆”“圆弧”“图案填充”“样条曲线”“复制对象”“偏移”“修剪”“延伸”“倒角”“镜像”等。

4. 布置吊顶立面筒灯

1）将前面提到的电视柜引线延伸到立面轮廓线上，以便筒灯定位。

2）单击“默认”选项卡“块”面板中的“插入”按钮，找到“X:\源文件\图库\筒灯立面.dwg”图块，以引线端点为插入点，将其插入到吊顶的剖切线上，效果如图 7-11 所示。

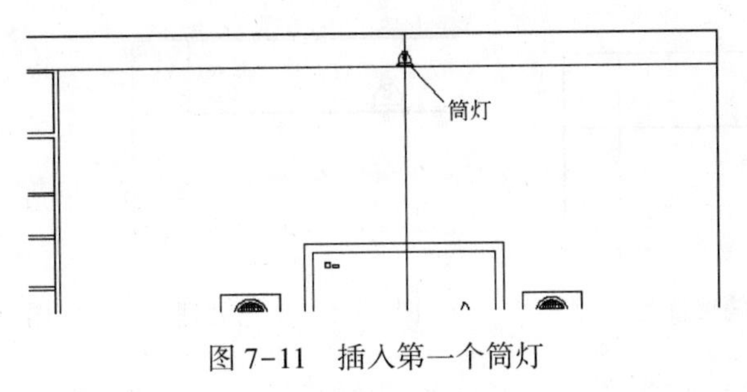

图 7-11 插入第一个筒灯

3）单击“默认”选项卡“修改”面板中的“矩形阵列”按钮，将筒灯向左阵列出两个，向右阵列出两个（该步骤也可用“镜像”命令），阵列间距为 600 mm，效果如图 7-12 所示。

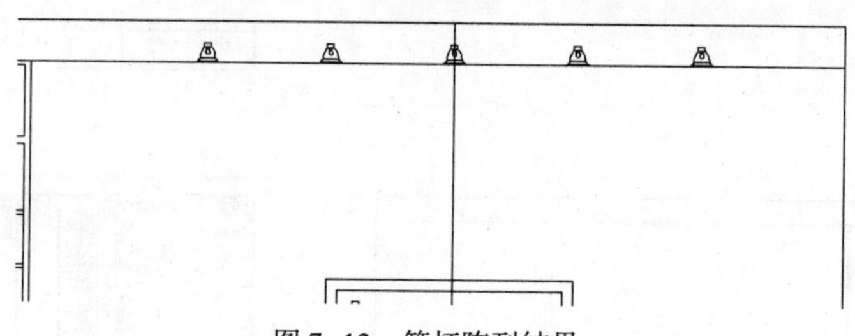

图 7-12 筒灯阵列结果

4）单击“默认”选项卡“修改”面板中的“复制”按钮，选中中间3个筒灯，捕捉引线与吊顶线的角点作为起点，然后捕捉博古架上端中点作为终点，将它们复制到博古架的上端。至此，筒灯布置完成，效果如图 7-13 所示。

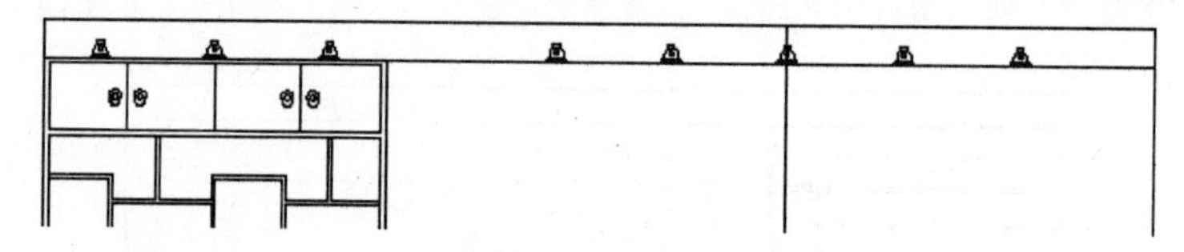

图 7-13 全部筒灯

5）将引线删除。设计师还可以在博古架上添加一些陈列物品。

5. 窗帘绘制

1）将右端吊顶线进行修改，留出窗帘盒位置。单击“默认”选项卡“修改”面板中的“偏移”按钮，偏移距离为150 mm，选取右端轮廓线，向内偏移出一条直线，效果如图 7-14 所示。

2）单击“默认”选项卡“修改”面板中的“倒角”按钮，对图 7-14 所示的进行倒角处理，效果如图 7-15 所示。

3）将“窗帘”层设为当前层。在窗帘盒内绘制出窗帘滑轨断面示意图，单击“默认”选项卡“绘图”面板中的“样条曲线拟合”按钮，随意绘出窗帘示意图，效果如图 7-16 所示。

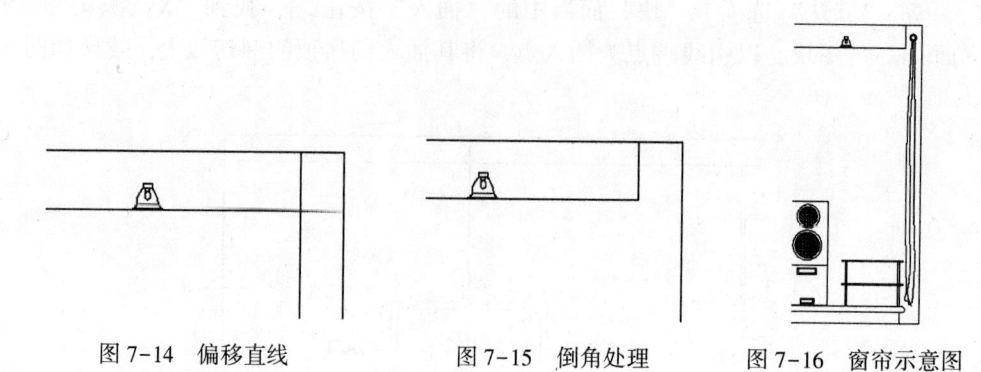

图 7-14 偏移直线　　图 7-15 倒角处理　　图 7-16 窗帘示意图

6. 图形比例调整

室内平面图采用的比例是1:100，而现在的立面图采用的比例是1:50，为了使立面图跟平面图匹配，现将立面图比例放大1倍，而将尺寸标注样式中的“单位测量比例因子”缩小一半。具体步骤如下。

1）单击“默认”选项卡“修改”面板中的“缩放”按钮，将刚才完成的立面图全部选中，选取左下角为基点，在命令行窗口中输入比例因子为“2”，按〈Enter〉键，图形的几何尺寸变为原来的2倍。

2）以“室内”尺寸样式为基础样式，新建一个“室内立面”尺寸样式，在“新建标注样式：室内立面”对话框中，将“主单位”选项卡中的“比例因子”设置为“0.5”，效果如图7-17所示，其余部分保持不变，并将“室内立面”样式设为当前样式。

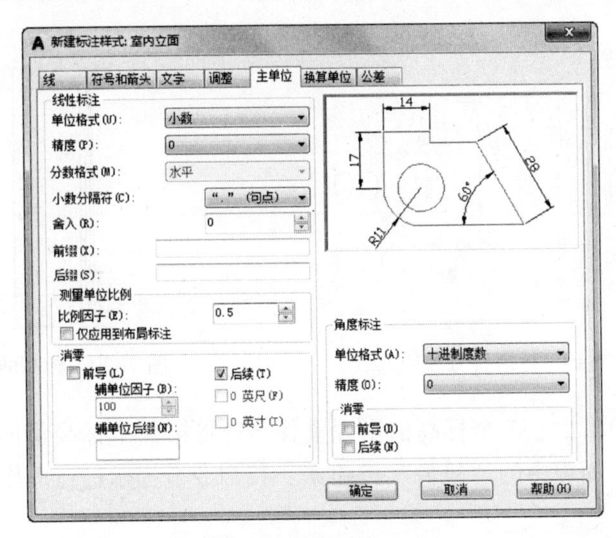

图7-17 标注样式设置

7. 尺寸标注

在该立面图中，设计师应标注出客厅净高、吊顶高度、博古架尺寸、电视柜尺寸及各陈设相对位置尺寸等。具体操作如下。

1）将“尺寸”层设为当前层。

2）单击“默认”选项卡“注释”面板中的“线性”按钮，进行尺寸标注，效果如图7-18所示。

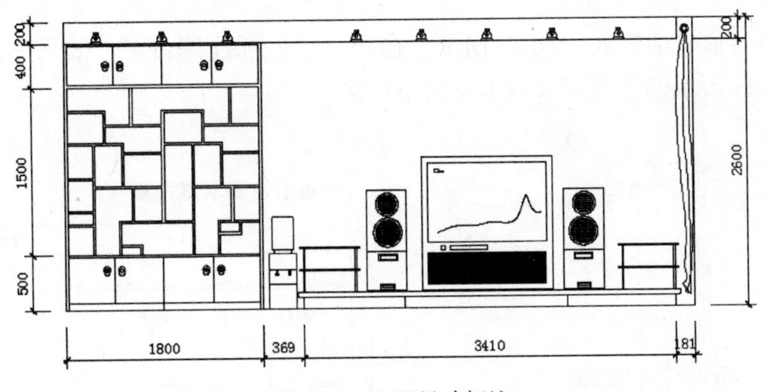

图7-18 立面尺寸标注

8. 标高标注

事先将标高符号及上面的标高值做成图块，存放在“X:\源文件\图库”文件夹中。

1）单击“默认”选项卡“块”面板中的“插入”按钮，将标高符号插入到图 7-19 所示的位置。

2）单击“默认”选项卡“修改”面板中的“分解”按钮，将刚插入的标高符号分解开。

3）将这个标高符号复制到其他两个尺寸界线端点处，然后双击数字，对标高值进行修改，效果如图 7-20 所示。

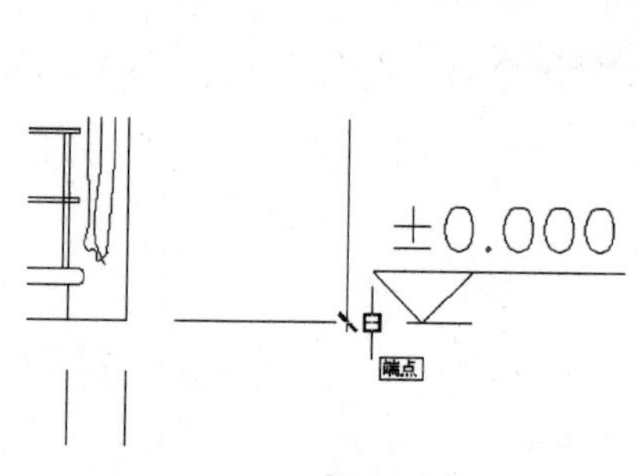

图 7-19 标高符号的插入点

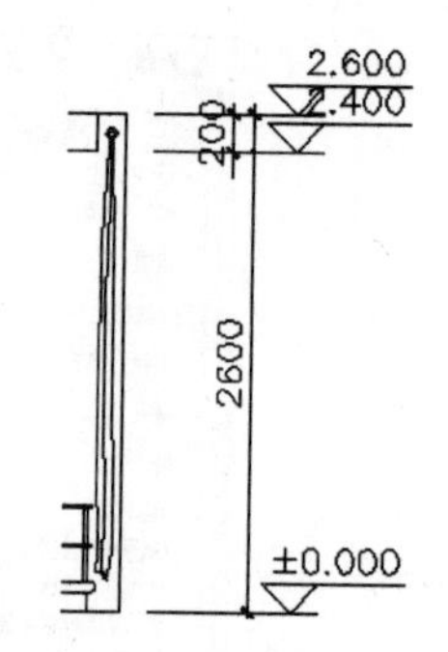

图 7-20 标高的复制与修改

4）图 7-20 中的第二、三个标高值出现重叠，现将第二个标高值向下翻转。单击“默认”选项卡“修改”面板中的“镜像”按钮，按命令行提示进行操作。

```
命令：MIRROR
选择对象：指定对角点：找到 2 个 （将第二个标高符号选中，单击鼠标右键）
指定镜像线的第一点：（在该条尺寸界线上点取第一点）
指定镜像线的第二点：（在该条尺寸界线上点取第二点，单击鼠标右键）
要删除源对象？[是(Y)/否(N)] <N>：Y （按〈Enter〉键）
```

效果如图 7-21 所示。

9. 文字标注

在该立面图内，需要说明的是博古架、电视柜、墙面、吊顶的材料、颜色及名称等，还要注明筒灯的分布情况。具体操作如下。

1）将“文字”层设为当前。

2）在命令行窗口中输入“QLEADER”命令，首先标注博古架，效果如图 7-22 所示，其次按照图 7-23 所示的样式完成剩下的文字标注。

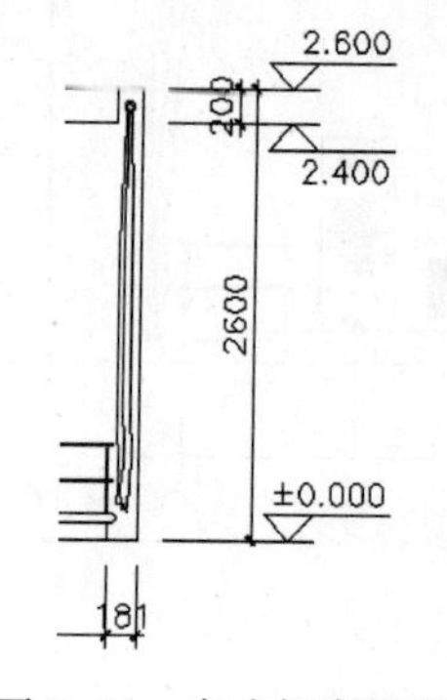

图 7-21 完成标高标注

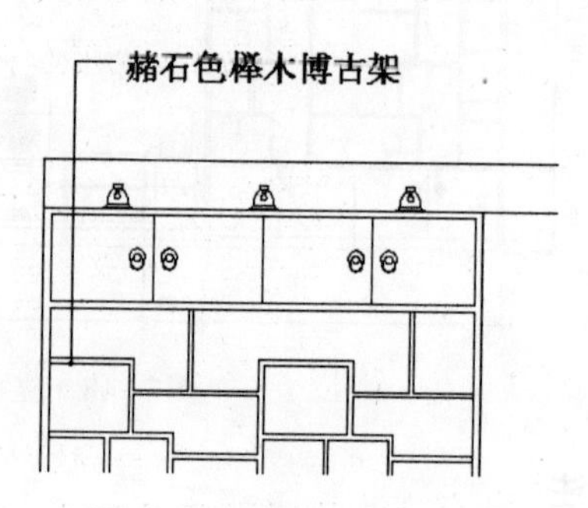

图 7-22 博古架文字标注

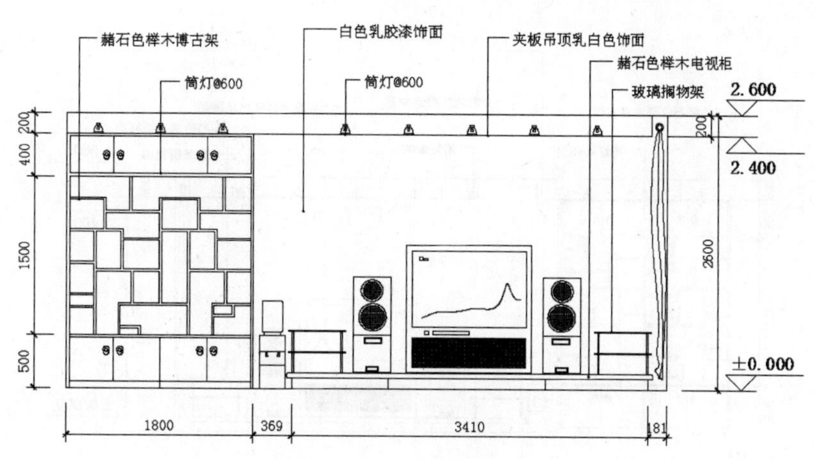

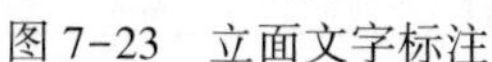
图 7-23　立面文字标注

10. 其他符号标注

在这里，设计者还应绘制一个吊顶做法的详图索引符号，然后注明图名。具体操作如下。

1）将“符号”层设为当前层。

2）单击“默认”选项卡“块”面板中的“插入”按钮，找到“X:\源文件\图库\详图索引符号.dwg”图块，插入图 7-24 所示的位置。

3）单击“默认”选项卡“修改”面板中的“分解”按钮，将该符号分解开。分别双击文字部分，将“3”修改为“1”，将“8”修改为“—”，表示这是本套图纸中的第一幅详图，其位置在本张图样内。

4）单击“默认”选项卡“绘图”面板中的“直线”按钮，将索引符号的引线延伸至吊顶处，并在吊顶处引线右侧增加剖视方向线。单击剖视方向线，将其选中，把线宽设置为“0.35”，效果如图 7-25 所示。

5）单击“默认”选项卡“注释”面板中的“多行文字”按钮和“绘图”面板中的“直线”按钮，在立面图的下方注明图名及比例，效果如图 7-26 所示，规格同平面图。

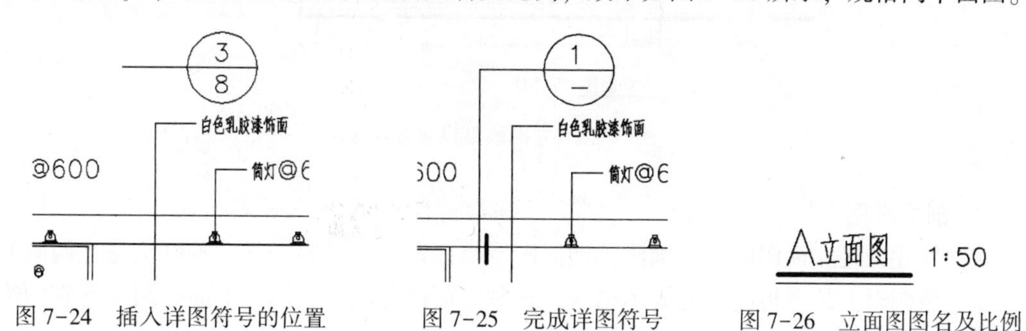

图 7-24　插入详图符号的位置　　图 7-25　完成详图符号　　图 7-26　立面图图名及比例

至此，A 立面图就大致完成了，其整体效果如图 7-27 所示。

11. 线宽设置

本例的具体线宽值采用 0.6 mm、0.35 mm、0.25 mm 和 0.18 mm 4 个等级。在图 7-27 中，立面轮廓线、剖切标志线的线宽设为 0.6 mm，吊顶剖切线的线宽设为 0.35 mm，博古

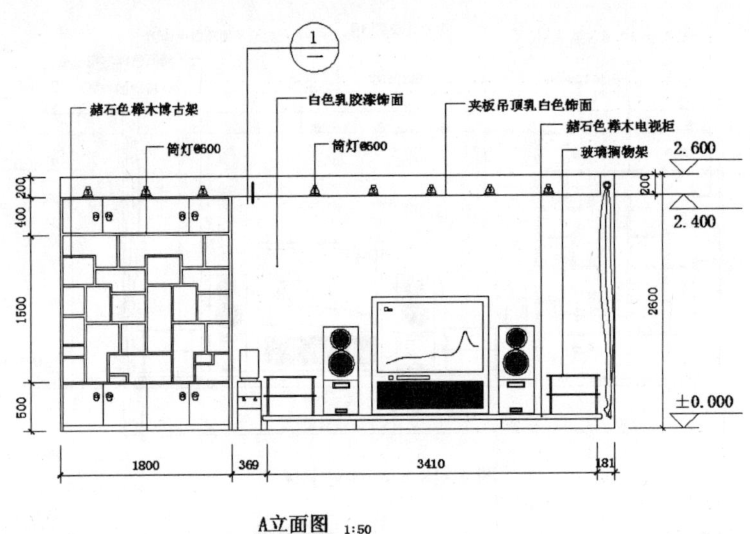

图 7-27　A 立面图效果

架、电视柜（不包括电视机）外轮廓的线宽设为 0.25 mm，其余线条的线宽设为 0.18 mm。在 AutoCAD 2018 中，立面图线宽的设置方法和原则与平面图相同，效果如图 7-28 所示。

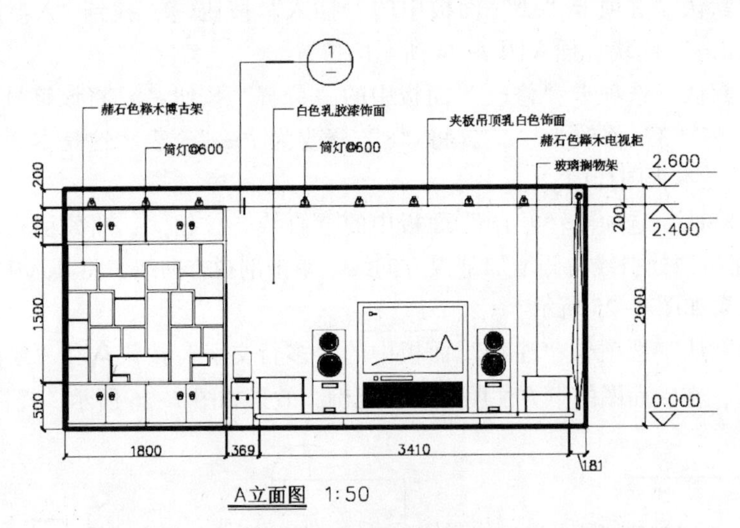

图 7-28　立面线型设置效果

12. 剖立面图

前面叙述的是立面图的一种画法，即只顾及墙面以内的内容；另一种画法是把两侧的墙体剖面及顶棚以上的楼板剖面也表示出来，这种立面图为剖立面图。下面介绍一下它的绘制要点。

1）将刚绘制结束的 A 立面图进行整体复制，在复制的立面图上进行后续操作。将“文字”“尺寸”“符号”等图层关闭，设置“立面”层为当前层。

2）综合利用“直线”“矩形”“复制”“偏移”“剪切”“延伸”“倒角”等命令，绘制出墙体剖面轮廓、楼板剖面轮廓及门窗。绘制时参照图 7-29 所标注的实际尺寸，但需要扩大 1 倍输入。绘制结束后，将墙体、楼板的剖切轮廓更换到“墙体”层中去。

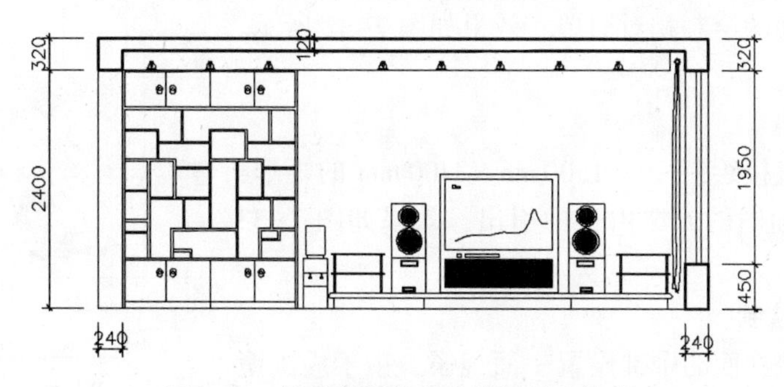

图 7-29 墙体剖面轮廓及楼板剖面轮廓

3）单击“默认”选项卡“绘图”面板中的“图案填充”按钮，对剖切部分实行图案填充。楼板及圈梁材料为钢筋混凝土，“JIS-LC-20”的填充比例为“10”，“AR-CONC”的填充比例为“5”，结果就得到了钢筋混凝土的图案。至于窗下部的砖墙图例，直接填充“JIS-LC-20”，填充比例为“10”，效果如图 7-30 所示。

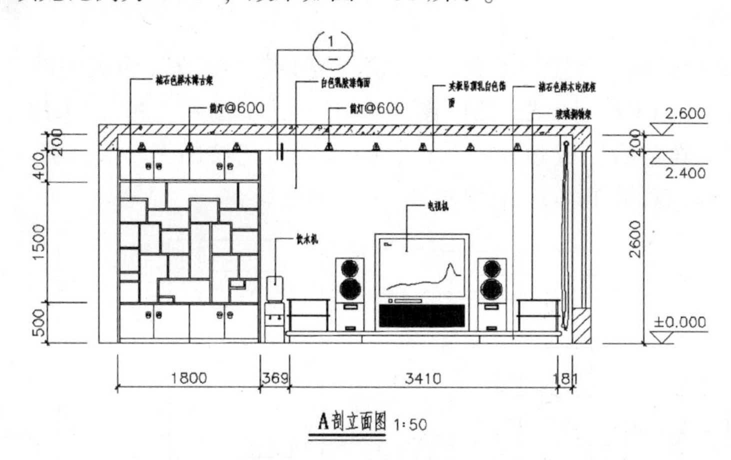

图 7-30 A 剖立面图

4）打开“文字”“尺寸”“符号”等图层，单击“默认”选项卡“修改”面板中的“移动”按钮，将两侧的尺寸图案分别向外侧移动 480 mm，并将图名更改为“A 剖立面图”。至此，绘制基本完成。

5）图 7-30 中墙体剖切轮廓线、剖切标志线、图名下画线的线宽均设为 0. 6 mm，吊顶剖切线的线宽设为 0. 35 mm，博古架、电视柜（不包括电视机）外轮廓的线宽均设为 0. 25 mm，其余线条的线宽设为 0. 18 mm。设置效果如图 7-31 所示。

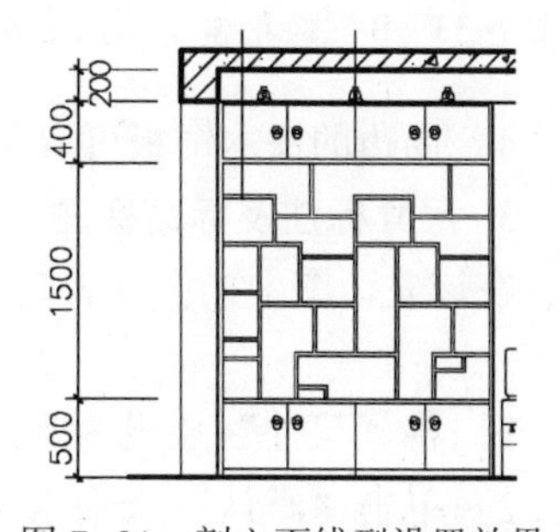

图 7-31 剖立面线型设置效果

7.1.2 B 立面图的绘制

B 立面是与大门相对的墙面，本例的设计力图借鉴中国传统民居中照壁的形式，并结合现代居住空间的特点，对该立面进行装饰处理，以求丰富空间感受。该立面的绘制相对简单，效果如图 7-32 所示。具体操作如下。

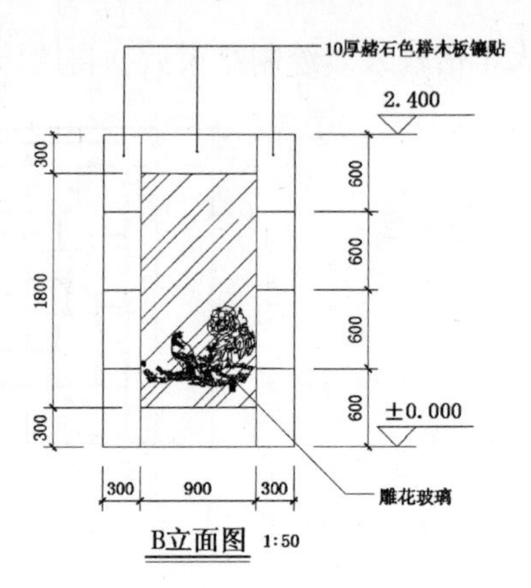

图 7-32　B 立面图

1. 轮廓绘制

设计者可以直接绘制一个 1500 mm×2400 mm 的矩形，也可以按照 A 立面图的方法由平面引出，效果如图 7-33 所示。

2. 立面装饰绘制

设计师要在该立面的中部设置一面镜子，镜子周围镶有榉木板作为装饰。具体操作如下。

1）综合利用“直线”“复制”“偏移”等命令在轮廓线内按图 7-34 所示的样式进行分隔。

2）单击“默认”选项卡“修改”面板中的“修剪”按钮，将图 7-34 中的线段按图 7-35 所示的样式进行修剪。单击“默认”选项卡“修改”面板中的“缩放”按钮，将它放大 1 倍。

3）中部镜面的处理：首先，单击“默认”选项卡“绘图”面板中的“图案填充”按钮，选择“AR-RROOF”图案，角度输入“45”，比例输入“30”，采用“拾取点”的方式选中中间矩形，确定后完成填充；其次，插入镜面花纹图案“X:\源文件\图库\饰物.dwg”到镜面下部，效果如图 7-36 所示。

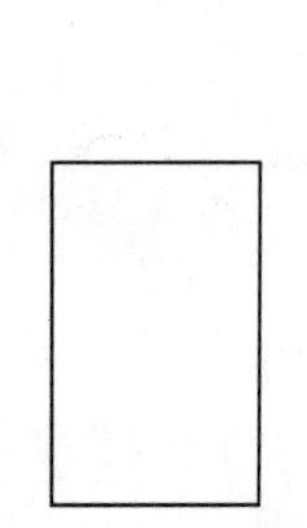

图 7-33　B 立面轮廓

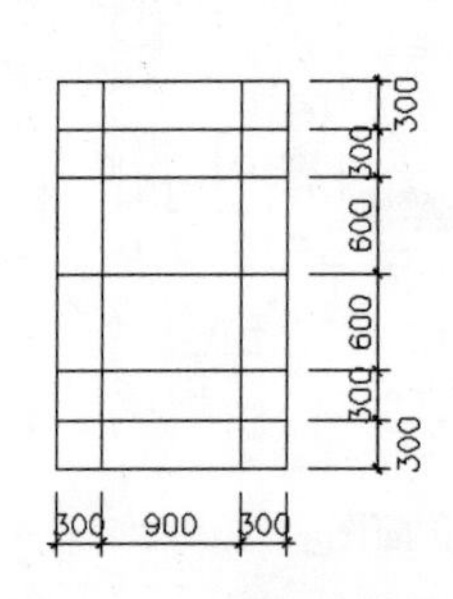

图 7-34　分隔尺寸图

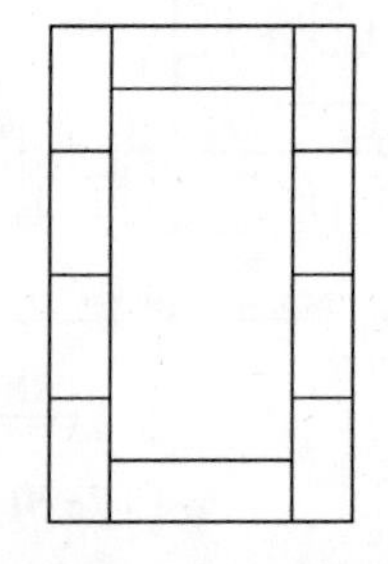

图 7-35　修剪后的线条

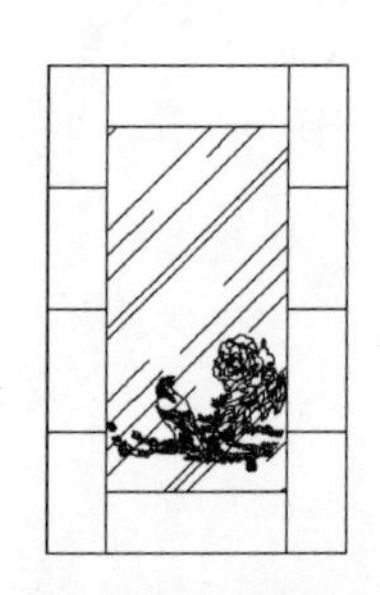

图 7-36　镜面处理

4）周边的榉木饰板可以不填充图案，感兴趣的读者也可以自己在上面填充木纹。

3. 尺寸标注及标高标注

在该立面图中，设计者应标注出镜面大小、各块榉木板的大小及标高等。具体操作如下。

1）将“尺寸”层设为当前层，确认“室内立面”标注样式处于当前状态。

2）单击“默认”选项卡“注释”面板中的“线性”按钮，进行尺寸标注。

3）单击“默认”选项卡“块”面板中的“插入”按钮，将标高符号插入 B 立面图，并作相应的数字修改，效果如图 7-37 所示。

4. 文字标注及符号标注

在该立面图内，设计者应对各部分的材料、颜色及名称等进行文字标注。在施工图中，一般需要绘制木板及玻璃镶挂的详图，因此这里应标注详图索引符号，限于篇幅，这里将标注步骤略去。具体操作如下。

1）将“文字”层设为当前层。

2）在命令行窗口中输入“QLEADER”命令，按照图7-37所示的样式完成文字标注。

3）单击“默认”选项卡“注释”面板中的“多行文字”按钮A和“绘图”面板中的“直线”按钮╱，在立面图的下方注明图名及比例，效果如图7-38所示。

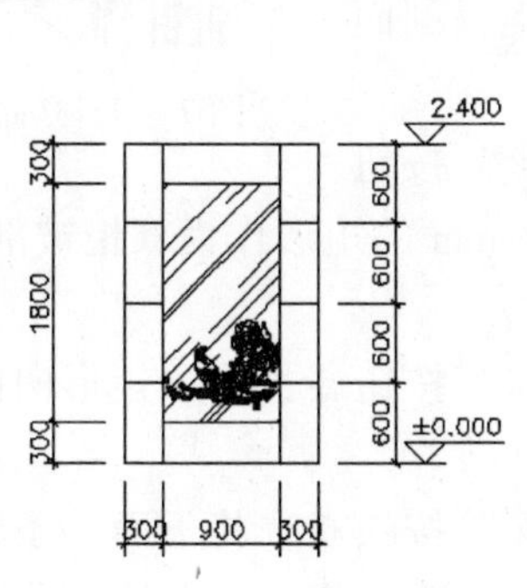

图7-37　尺寸、标高标注

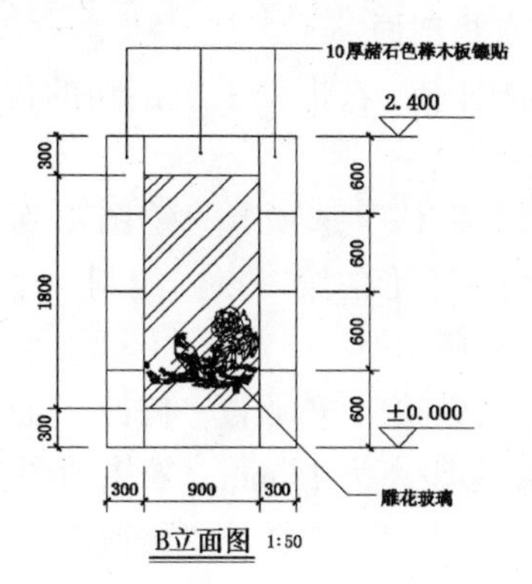

图7-38　B立面图效果

7.1.3 C立面图的绘制

C立面是主卧室的一个主要墙面，在其中需要表现的内容有空间高度上的尺度及协调效果、墙面做法、双人床及配套设施立面、衣柜剖面及其他立面装饰处理等，如图7-39所示。

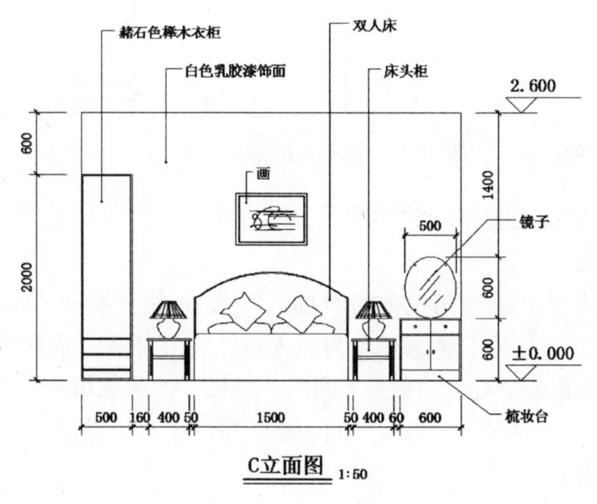

图7-39　C立面图

1. 轮廓绘制

首先绘出立面上下轮廓线，再由平面图引出左右轮廓线。

1）新建“立面”图层，并将“立面”层置为当前层。将前两节绘制的A、B立面图从复制出的平面图上方移开。

2）在复制出的平面图上方首先绘制立面的上下轮廓线，距离为2600 mm（为主卧室的净高）；其次分别以主卧室的两个内角点向上引两条直线作为左右轮廓线。再分别以双人床和梳妆台的中点向上面引两条直线作辅助线。将轮廓线编辑处理后的效果如图7-40所示。

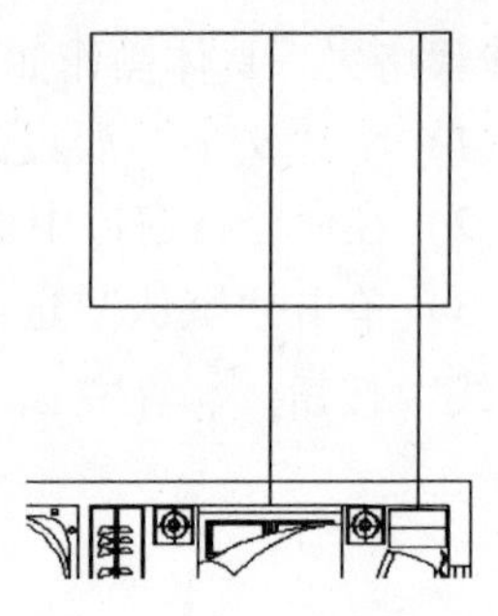

图7-40　立面轮廓线

2. 绘制衣柜剖面

在本立面图中，衣柜处于被剖切的位置，所以衣柜以剖面图绘制。

1）单击“默认”选项卡“绘图”面板中的“矩形”按钮，以左下角为矩形的第一点，绘制一个500 mm×2000 mm的矩形作为衣柜被剖切的轮廓，效果如图7-41所示。

2）单击“默认”选项卡“修改”面板中的“偏移”按钮，将该矩形向内偏移出另一个矩形，偏移距离为15 mm，效果如图7-42所示。

3）单击“默认”选项卡“修改”面板中的“偏移”按钮，将下面一条轮廓线依次按偏移距离100 mm、150 mm、150 mm复制3条辅助线。选择菜单栏中的“绘图”→“多线”命令，设置多线比例为“15”（隔板厚度），在辅助线处绘出隔板，效果如图7-43所示。

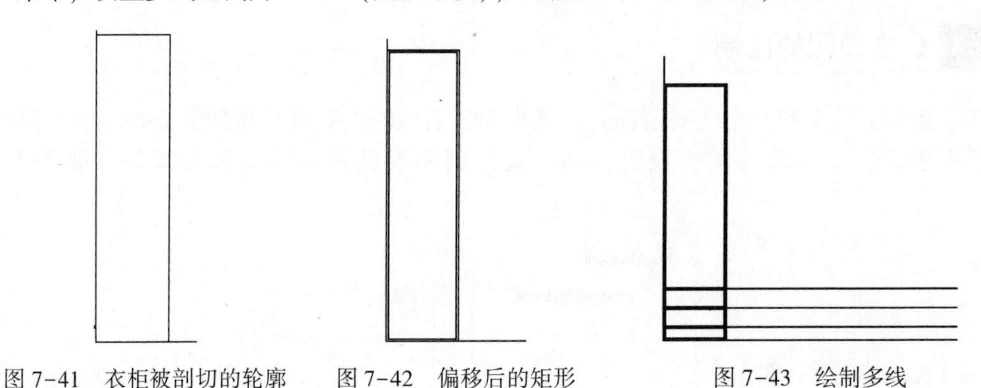

图7-41　衣柜被剖切的轮廓　　图7-42　偏移后的矩形　　图7-43　绘制多线

4）删除辅助线，完成衣柜剖面的绘制。

3. 插入双人床立面

单击“默认”选项卡“块”面板中的“插入”按钮，找到“X:\源文件\图库\双人床立面.dwg”图块，以引线与下轮廓交点为插入点，将其插入立面图内，效果如图7-44所示。绘制这个图块用到的命令有“直线”“圆”“圆弧”“图案填充”“样条曲线”“复制”“偏移”“修剪”“阵列”“延伸”“倒角”“镜像”等。

4. 插入梳妆台立面

单击“默认”选项卡“块”面板中的“插入”按钮，找到“X:\源文件\图库\梳妆台立面.dwg”图块，以引线端点为插入点，将其插入立面图内，效果如图7-45所示。该梳妆台由下部的小柜子和上部的椭圆形镜子组成。绘制这个图块用到的命令有“直线”“椭圆”“复制对象”“偏移”“修剪”“延伸”“倒角”“镜像”等。

5. 插入画框

单击“默认”选项卡“块”面板中的“插入”按钮，找到“X:\源文件\图库\画框

. dwg”图块，插入床中心的适当位置上，效果如图 7-46 所示。该立面图的比例仍采用 1∶50，为了与平面图匹配，也将它放大 1 倍。

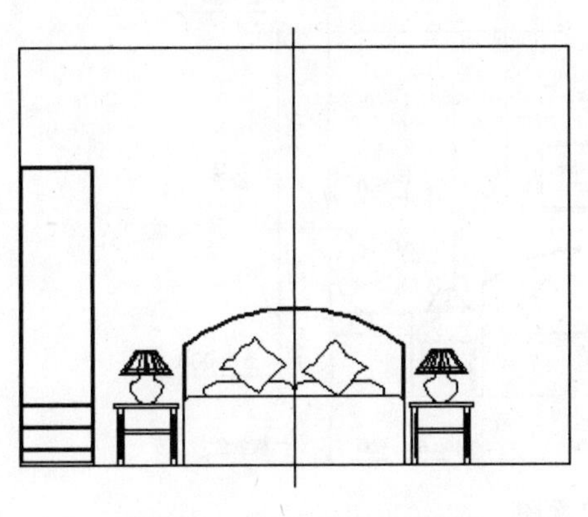

图 7-44　插入双人床立面

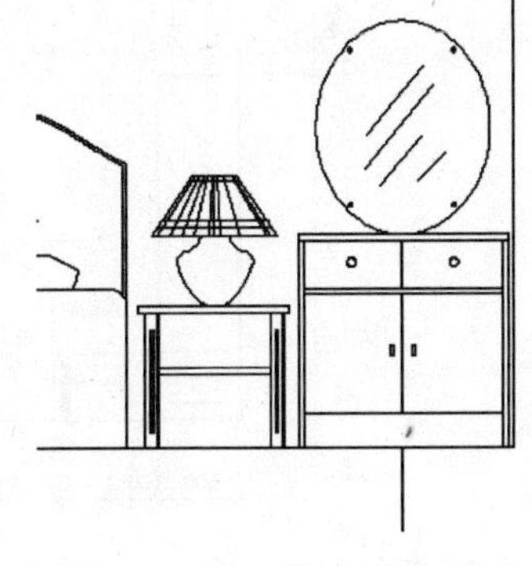

图 7-45　插入梳妆台立面

6. 尺寸标注及标高标注

在该立面图中，设计者应标注出各立面陈设的尺寸及标高等。具体操作如下。

1）将“尺寸”层设为当前层，确认“室内立面”标注样式处于当前状态。

2）单击“默认”选项卡“注释”面板中的“线性”按钮，进行标注。

3）从 A 立面图中复制一个标高符号到 C 立面图，并作相应的数字修改，效果如图 7-47 所示。

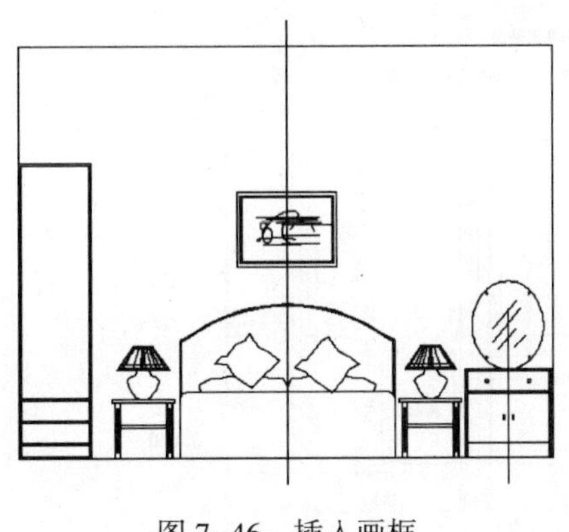

图 7-46　插入画框

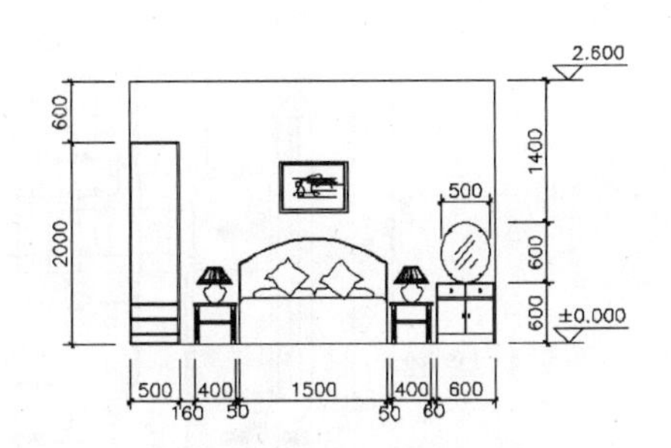

图 7-47　立面尺寸标注

7. 文字标注及符号标注

在该立面图内，设计者需要对各部分材料、颜色及名称等进行文字标注。具体操作如下。

1）将“文字”层设为当前层。

2）在命令行窗口中输入“QLEADER”命令，按照图 7-47 所示的样式完成文字标注。

3）单击“默认”选项卡“注释”面板中的“多行文字”按钮A和“绘图”面板中的“直线”按钮，在立面图的下方注明图名及比例，效果如图 7-48 所示。

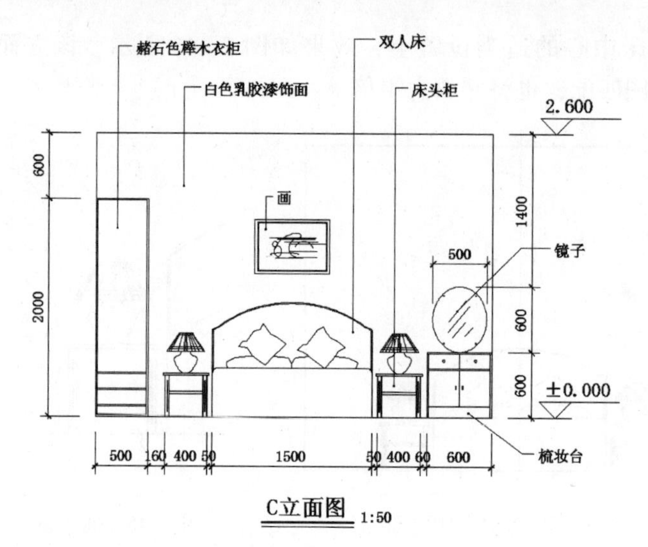

图 7-48 C 立面图效果

7.1.4 D 立面图的绘制

D 立面是厨房的一个墙面，其中需要表现的内容有操作案台立面、吊柜立面、冰箱立面、墙面做法等。另外，厨房外的阳台部分也画在里面，故采用剖立面图的形式绘制，效果如图 7-49 所示。

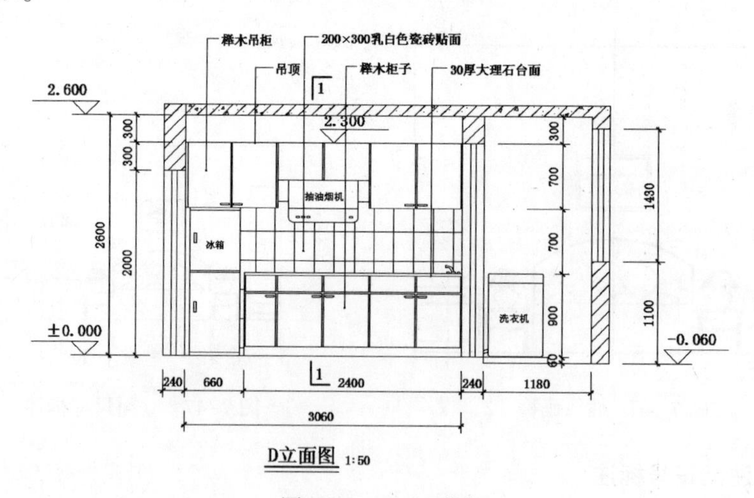

图 7-49 D 立面图

1. 厨房剖面的绘制

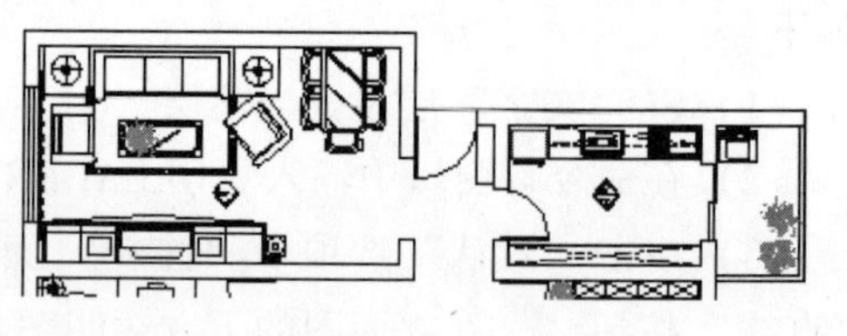

图 7-50 参照平面图

设计者应借助平面图的水平尺寸关系，结合厨房空间高度方向的尺寸绘制厨房剖面图。

1）将“立面”层置为当前层。将前面复制出来的平面图旋转 180°，让 D 立面所在墙体朝上，效果如图 7-50 所示。

2）借助平面图，参照图 7-51 所示的尺寸，绘制出厨房剖面，将辅助线删除后的效果如图 7-52 所示。

其中，材料断面的图案填充参数是：楼板部分，将“JIS-LC-20”和“AR-CONC”这两种图案都填充到里边去，“JIS-LC-20”的填充比例为“5”，“AR-CONC”的填充比例为“2”，结果就得到了钢筋混凝土的图案；砖墙部分，直接填充“JIS-LC-20”，填充比例为“5”。

厨房的吊顶高度为 300 mm，将楼板下部的管道部分掩去。采用塑钢窗将阳台封闭，故阳台栏板上部绘制成窗的图案。为了避免阳台部分的雨水倒灌，地面标高比厨房室内低 60 mm。

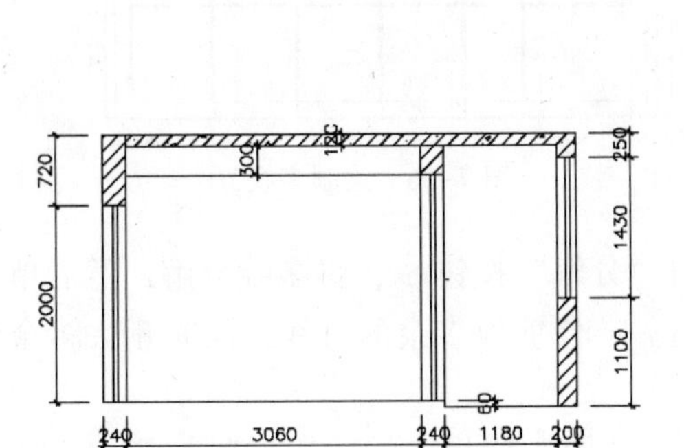

图 7-51 厨房剖面尺寸

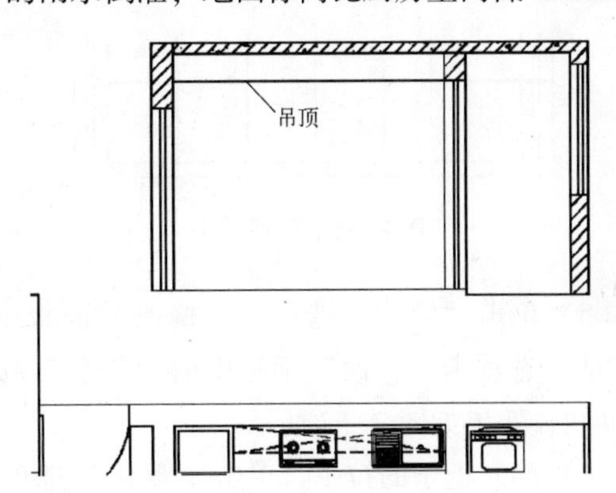

图 7-52 厨房剖面图

2. 案台立面

在本实例中，案台高 900 mm、长 2400 mm，台面为 30 mm 厚的大理石，内嵌洗涤池和燃气灶，其表面与案台相平，下面可利用的空间设计为柜子。设计者应在案台左端留出放置冰箱的位置。具体操作如下。

1）单击“默认”选项卡“修改”面板中的“偏移”按钮，偏移距离设为 900 mm，单击地面线，偏移出台面线；重复执行“偏移”命令，偏移距离设为 2400 mm，单击右侧内墙线，偏移出案台右侧线，效果如图 7-53 所示。

2）重复执行“偏移”命令，由台面线向下依次偏移出 4 条直线，偏移间距依次为 30 mm、180 mm、15 mm 和 575 mm，效果如图 7-54 所示。

图 7-53 偏移直线（一）

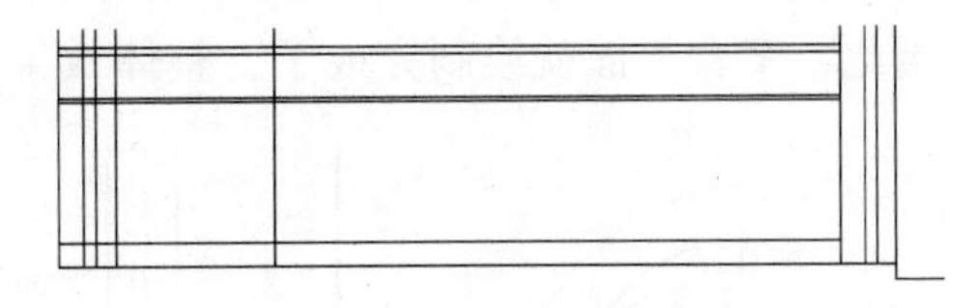
图 7-54 偏移直线（二）

3）单击“默认”选项卡“修改”面板中的“矩形阵列”按钮，输入行数为“1”，列数为“4”，列偏移为“510”，由右侧内墙线向左阵列出 4 条辅助直线，效果如图 7-55 所示。

4）选择菜单栏中的“绘图”→“多线”命令，绘制多线，按命令行提示进行操作：

```
命令：MLINE
当前设置：对正 = 下，比例 = 50.00，样式 = STANDARD
```

指定起点或［对正(J)/比例(S)/样式(ST)］: S
输入多线比例 <50.00>: 15（多线比例设为15,按〈Enter〉键）
当前设置:对正 = 下,比例 = 15.00,样式 = STANDARD
指定起点或［对正(J)/比例(S)/样式(ST)］: J （按〈Enter〉键）
输入对正类型［上(T)/无(Z)/下(B)］<下>: B （按〈Enter〉键）
当前设置:对正 = 无,比例 = 15.00,样式 = STANDARD
指定起点或［对正(J)/比例(S)/样式(ST)］:

效果如图7-56所示。

图7-55　阵列结果

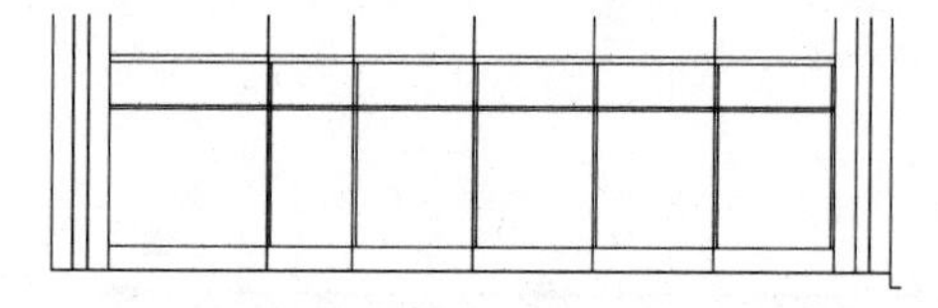
图7-56　绘制多线

5）单击“默认”选项卡“修改”面板中的“分解”按钮，将多线分解，然后单击“默认”选项卡“修改”面板中的“修剪”按钮，修剪掉多余的直线，同时删去多余的辅助线，效果如图7-57所示。

6）绘制柜子的拉手。单击“默认”选项卡“绘图”面板中的“矩形”按钮，在空白处绘制一个100 mm×20 mm的矩形；单击“默认”选项卡“修改”面板中的“圆角”按钮，圆角半径设置为“10”，将这个矩形的四角进行圆角处理，绘出一个拉手的图案，按图7-58所示将图案复制、就位。

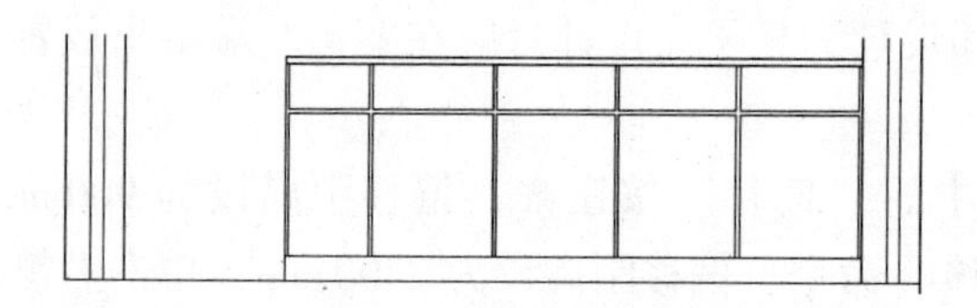
图7-57　案台立面修剪结果

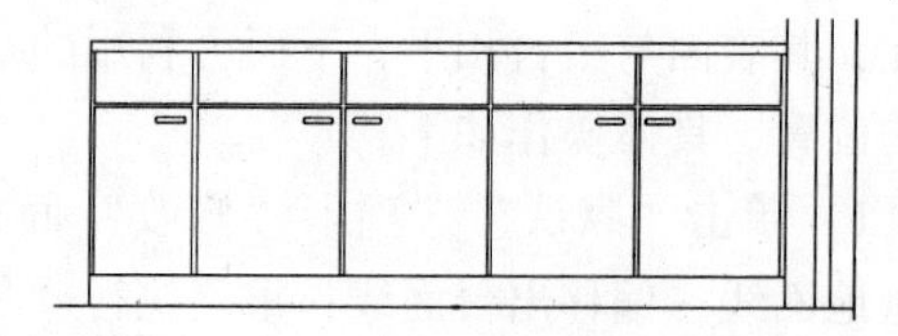
图7-58　拉手

7）洗涤池水龙头绘制。如图7-59所示，该水龙头图案由直线和弧线组成，故只需综合利用“直线”和“弧线”命令及相关的常用编辑命令就可完成。

至此，案台立面就绘制完成了，整体效果如图7-60所示。

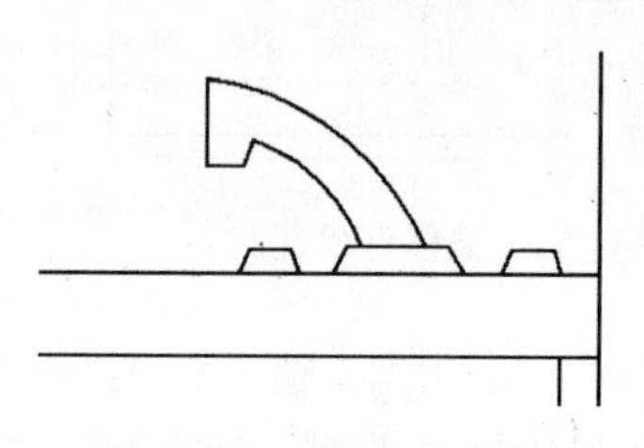
图7-59　洗涤池水龙头

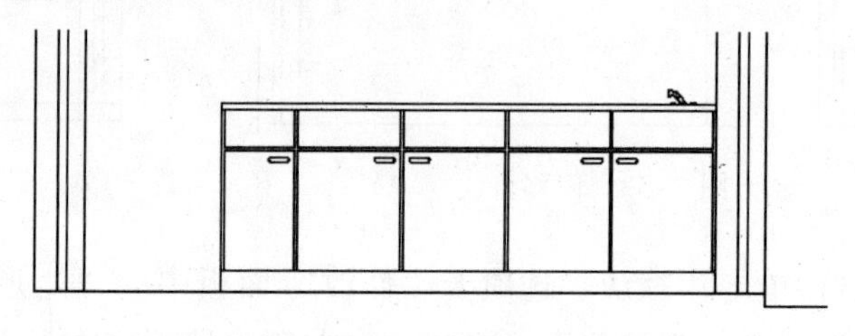
图7-60　案台立面

3. 吊柜立面

在本例中，吊柜高700 mm，厚300 mm。由于其风格与案台下的柜子相同，因此在刚才绘制的柜子立面的基础上进行修改、补充就可得到立面。具体操作如下。

1）单击“默认”选项卡“修改”面板中的“复制”按钮，选中案台立面的部分图案，如图 7-61 所示，再将其复制到吊顶下，效果如图 7-62 所示。

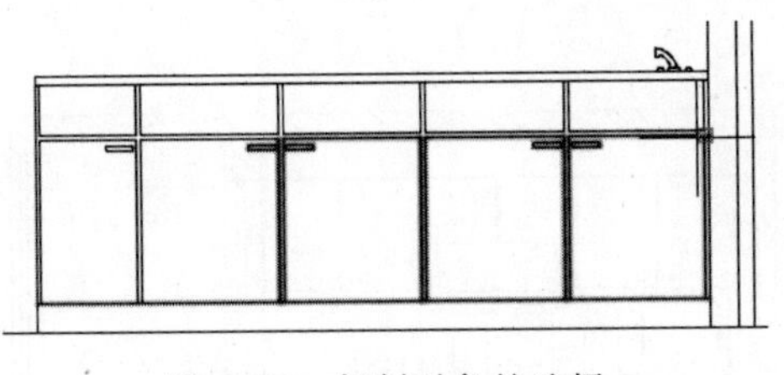

图 7-61　复制对象的选择

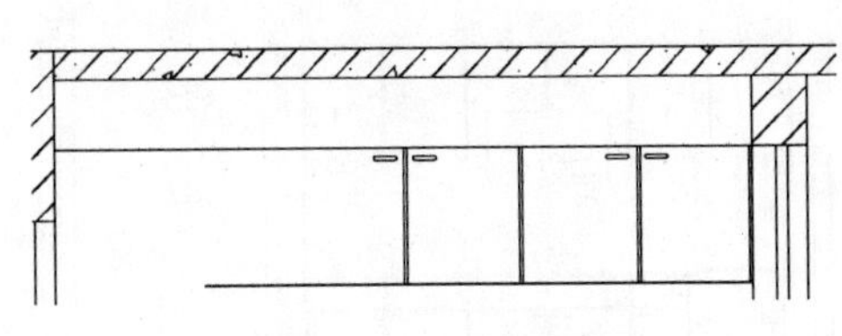

图 7-62　完成复制的结果

2）由前面可知，复制过来的柜子立面高度为 575 mm，而此处所需的高度为 700 mm，故单击“默认”选项卡“修改”面板中的“延伸”按钮，将其向下拉伸 125 mm。将拉手移动到柜子下端，效果如图 7-63 所示。

3）单击“默认”选项卡“修改”面板中的“镜像”按钮，以吊顶线的中点及其垂直线上的另一点确定镜像线，将右端部分镜像到左端，将重复的多余线条删除，并作适当的修改，效果如图 7-64 所示。

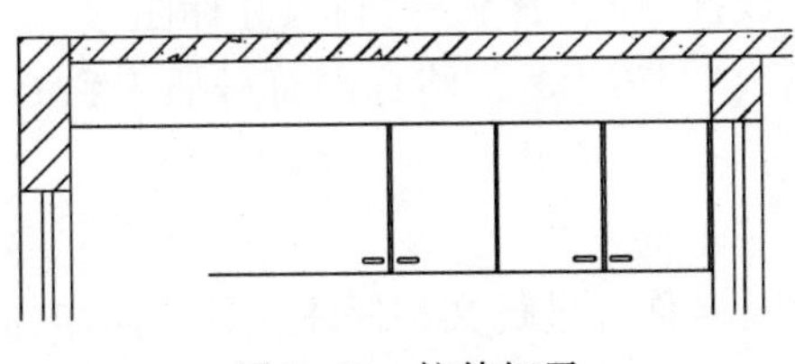

图 7-63　拉伸柜子

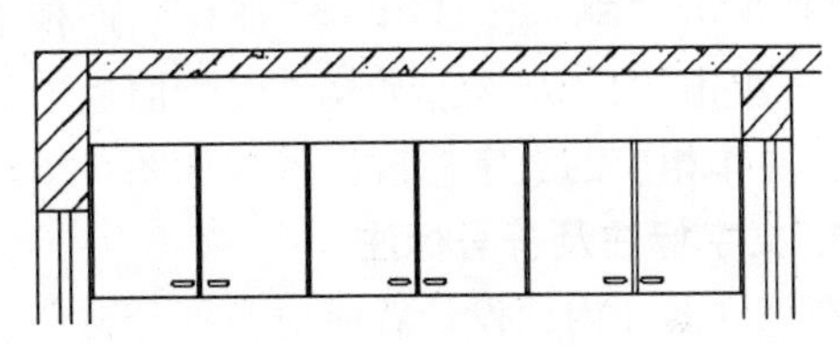

图 7-64　吊柜立面

4）抽油烟机立面。首先将中间两格柜子的下部修剪 300 mm，如图 7-65 所示，单击“默认”选项卡“块”面板中的“插入”按钮，找到“X:\源文件\图库\抽油烟机立面.dwg”图块，将其插入到切口下，效果如图 7-66 所示。

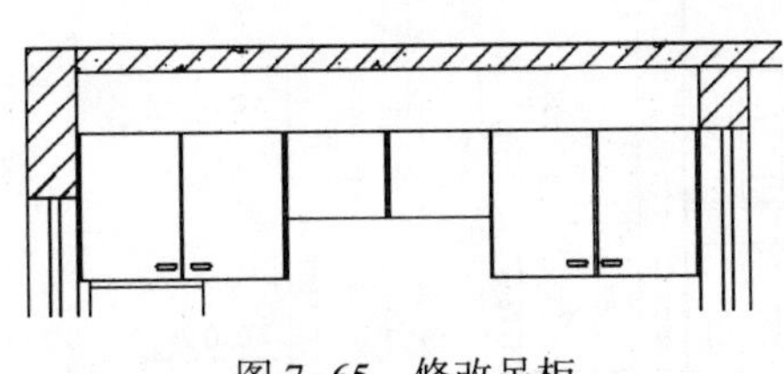

图 7-65　修改吊柜

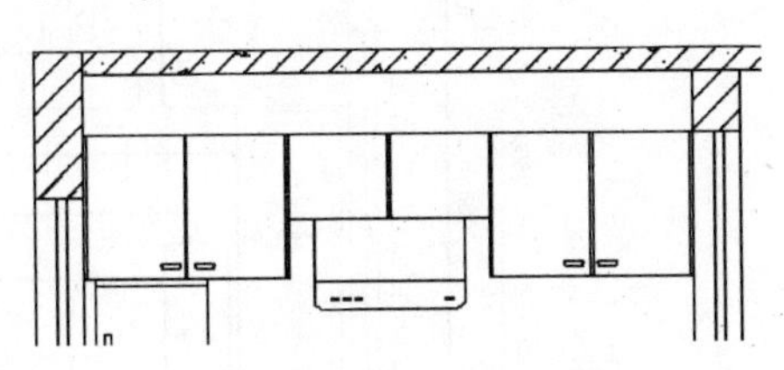

图 7-66　抽油烟机立面

4. 冰箱立面及洗衣机立面

单击“默认”选项卡“块”面板中的“插入”按钮，找到“X:\源文件\图库\冰箱立面.dwg”图块，将其插入立面图左端。重复执行“插入块”命令，找到“X:\源文件\图库\洗衣机立面.dwg”图块，将其插入到立面图阳台位置，效果如图 7-67 所示。

5. 绘制墙面材料图案

厨房的墙面粘贴的是 200 mm×300 mm 的乳白色瓷砖。单击“默认”选项卡“绘图”面板中的“图案填充”按钮，选择“LINE”图案，比例设置为“100”，角度为“0”，采用拾取点方式在空白墙面上单击一点，单击鼠标右键回到填充对话框，单击“确定”按钮，在空白墙面上填充出水平线；重复上述命令，将填充比例更改为“68.5”，角度更改为“90”，选择同样的填充区域，单击“确定”按钮后得到竖向直线，效果如图 7-68 所示。

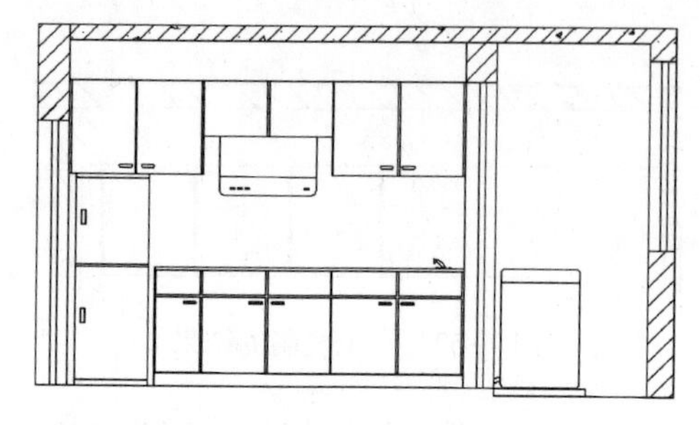

图 7-67 插入冰箱及洗衣机

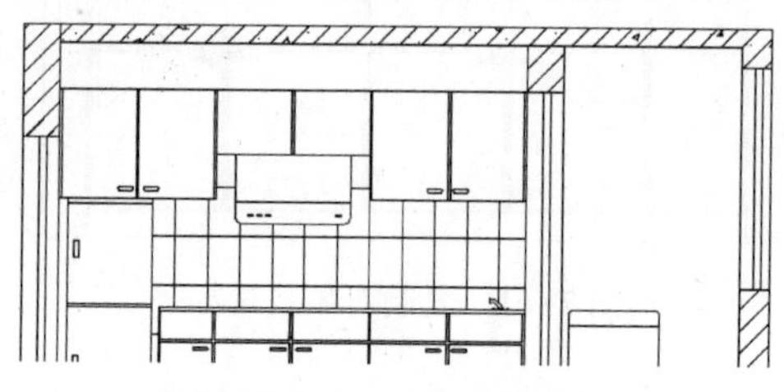

图 7-68 墙面材料图案

6. 尺寸标注及标高标注

在该立面图中，设计者应标注出各立面陈设的大小及标高等。具体操作如下。

1）先将已绘制好的 D 立面部分放大 1 倍。

2）将“尺寸”层设为当前层，确认“室内立面”标注样式处于当前状态。

3）单击“默认”选项卡“注释”面板中的“线性”按钮，进行尺寸标注。

4）单击“默认”选项卡“块”面板中的“插入”按钮，将标高符号插入到 D 立面图中，并作相应的数字修改，效果如图 7-69 所示。

7. 文字标注及符号标注

在该立面图内，设计者应对各部分材料、颜色及名称等进行文字标注。具体操作如下。

1）将“文字”层设为当前图层。

2）在命令行窗口中输入“QLEADER”命令，按照图 7-69 所示的样式完成文字标注。

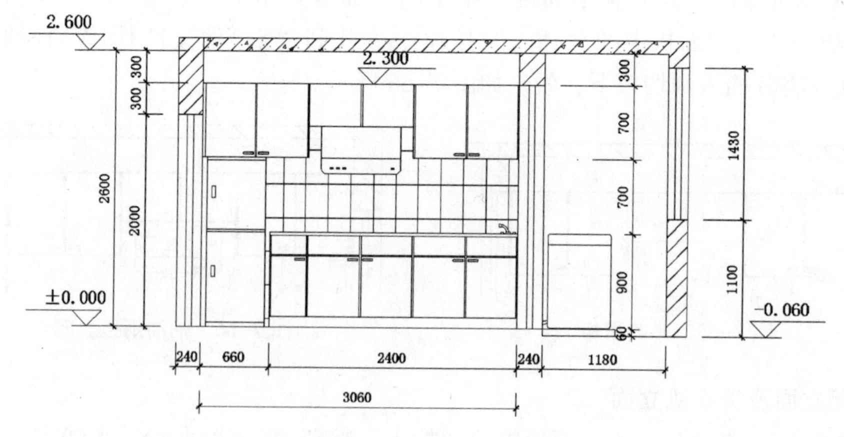

图 7-69 立面尺寸标注

3）单击“默认”选项卡“注释”面板中的“多行文字”按钮A和“绘图”面板中的“直线”按钮，在立面图的下方注明图名及比例。

4）为了详细表示厨房的装修构造，须画一个厨房剖面图，因此在 D 立面图上应标注剖切符号，效果如图 7-70 所示。

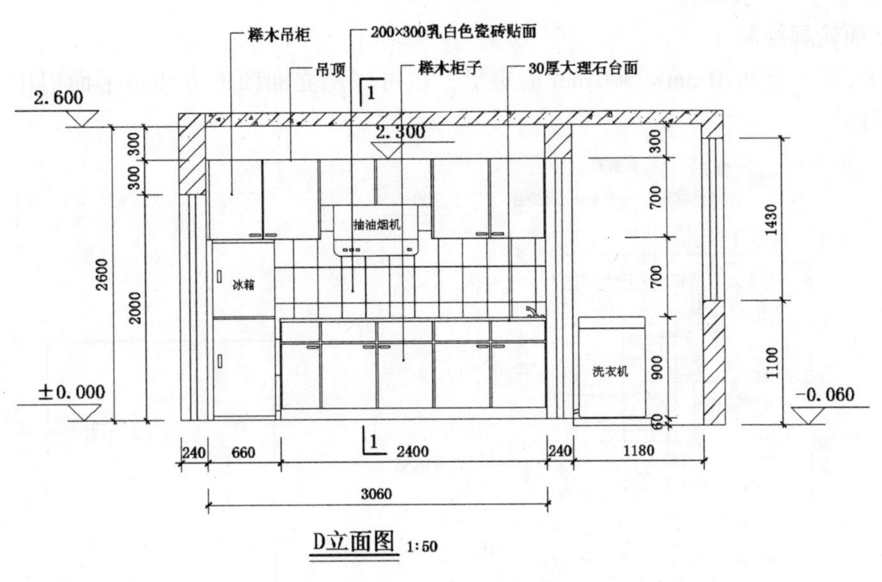

图 7-70　D 立面图效果

7.1.5 E 立面图的绘制

E 立面是厨房的墙面，与 D 立面是相对的，其中需要表现的内容有案台立面、吊柜立面及墙面做法等。它与 D 立面相同的内容较多，可以由 D 立面图修改而得，在此不再赘述，下面给出完成了的 E 立面图，如图 7-71 所示，供读者参考。

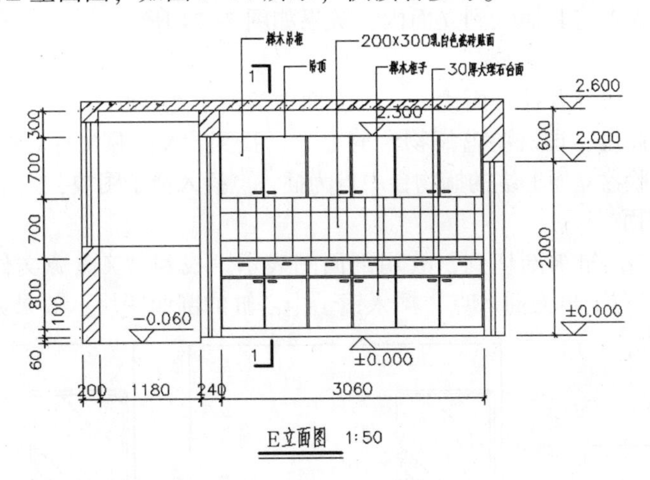

图 7-71　E 立面图

7.1.6 F 立面图的绘制

F 立面是浴室的墙面，其中需要表现的内容有洗脸盆及搁物架立面、梳妆镜立面、浴缸的局部剖面、墙面做法等。由于浴室空间较小，因此，设计者需要特别注意人体工程学的相关问题，仔细处理空间尺寸。F 立面图如图 7-72 所示。

1. 立面轮廓绘制

直接绘制一个1920 mm×2300 mm的矩形，也可以用立面图的方法由平面引出，效果如图7-73所示。

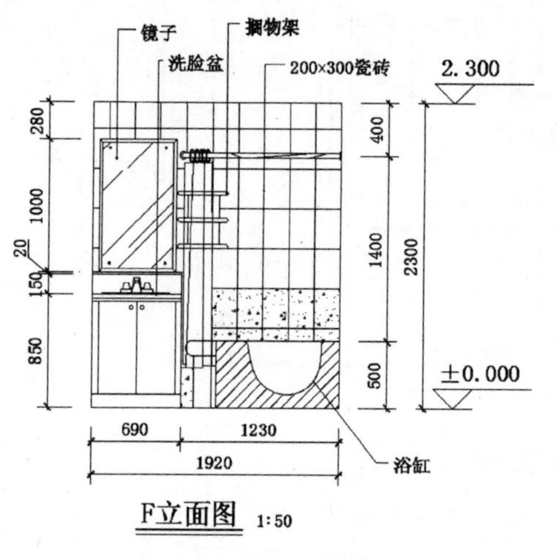

图7-72　F立面图

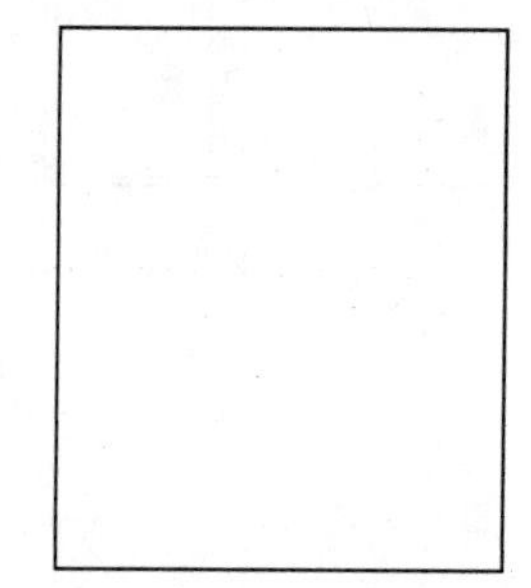

图7-73　F立面轮廓

2. 插入洗脸盆立面

本例中，设计者需要设计一个宽700 mm、高800 mm的盆架，在洗脸盆平台之上设计一个搁物架。洗脸盆立面的绘制方法比较简单，前面有相关叙述，所以已将它做成图块存于网盘，供读者直接使用。现找到“X:\源文件\图库\卫生间洗脸盆立面.dwg”图块，以立面轮廓的左下角为插入点将其插入到立面内，效果如图7-74所示。

3. 插入镜子

洗脸盆的上方一般都要挂一面镜子，本立面中的镜子宽600 mm、高1000 mm，安装在距离地面1020 mm的高度，即洗脸盆搁物台的上方。找到“X:\源文件\图库\立面图块\镜子.dwg”图块，以洗脸盆立面上端的搁物台中点为插入点插入镜子图块，效果如图7-75所示。

4. 插入浴缸剖面

在本立面图中，浴缸被剖切到，故用剖面图表示。找到“X:\源文件\图库\浴缸剖面.dwg”，以立面轮廓右下角为插入点，插入镜子中浴缸的剖面图块，效果如图7-76所示。

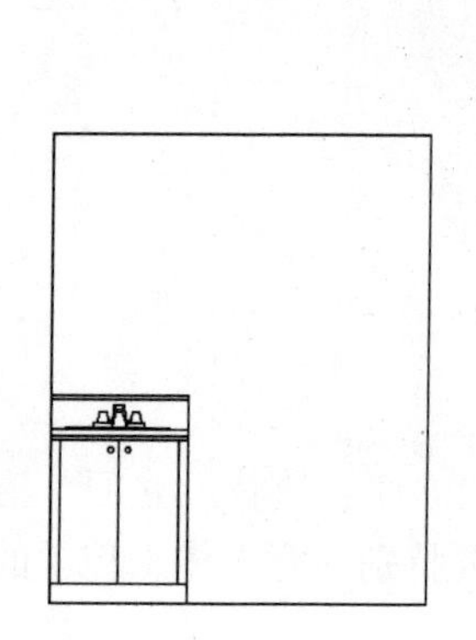

图7-74　插入洗脸盆立面

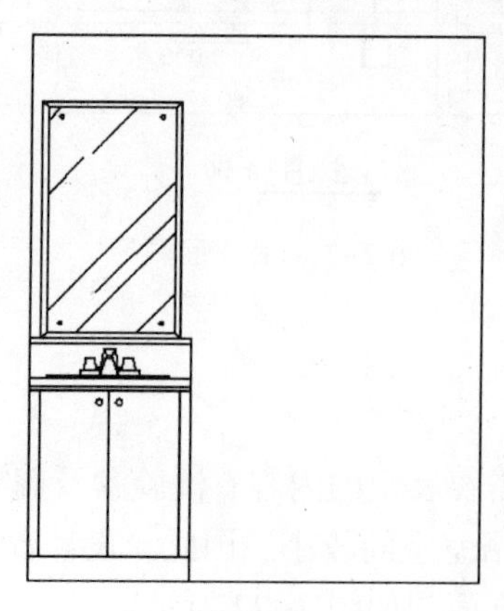

图7-75　插入镜子

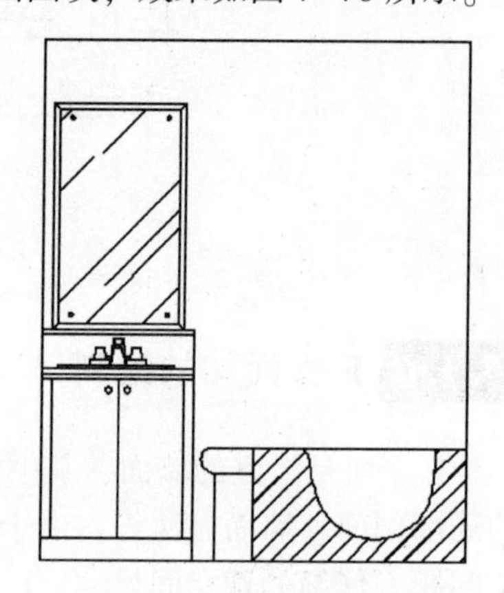

图7-76　插入浴缸剖面

5. 插入浴室搁物架

设计者应在F立面的浴室墙上增设一个小搁物架。具体操作方法如下。

1）绘制辅助线以便确定插入点。分别绘制距左边轮廓线850mm和距地面1200mm的两条直线，效果如图7-77所示。

2）找到“X:\源文件\图库\浴室搁物架.dwg”图块，以两条直线交叉点为插入点，插入图块，删除辅助线，效果如图7-78所示。

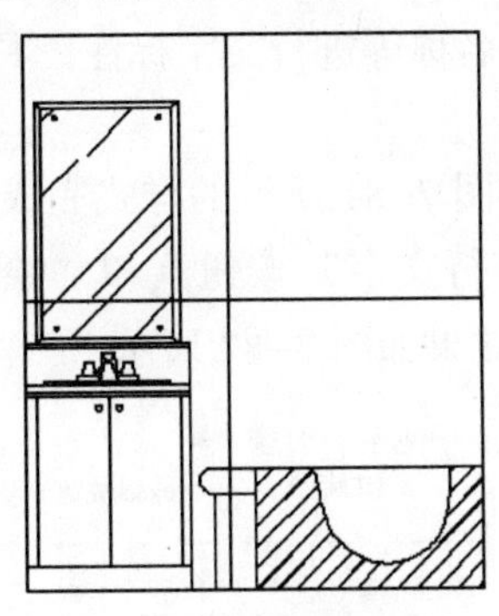

图7-77 绘制辅助线

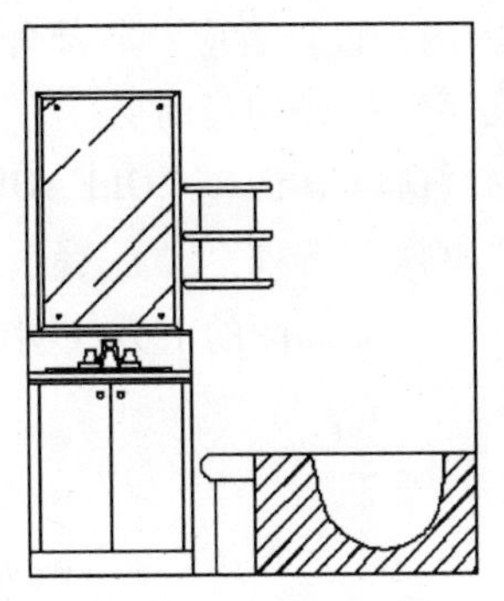

图7-78 插入搁物架

6. 插入浴帘

浴帘的悬挂高度为1900mm，设计者应先画一条离地面1900mm的辅助线，然后找到“X:\源文件\图库\浴帘.dwg”图块，以图7-79所示的点为插入点，插入浴帘块。

7. 绘制墙面材料图案

卫生间墙面粘贴的是200mm×300mm的瓷砖。具体操作如下。

1）选择右边轮廓线，选择“矩形阵列”命令，输入行数为“1”、列数为“10”，列偏移为“-200”。将阵列出的直线颜色设置为“颜色254”。

2）选择下边轮廓线，单击“默认”选项卡“修改”面板中的“矩形阵列”按钮，输入行数为“8”，列数为“1”，行偏移为“300”，列偏移为“0”。

3）将被墙面陈设物件遮盖的网格线修剪掉，将900mm以下的网格填充上“AR-CONC”图案，填充比例为“1”，效果如图7-80所示。

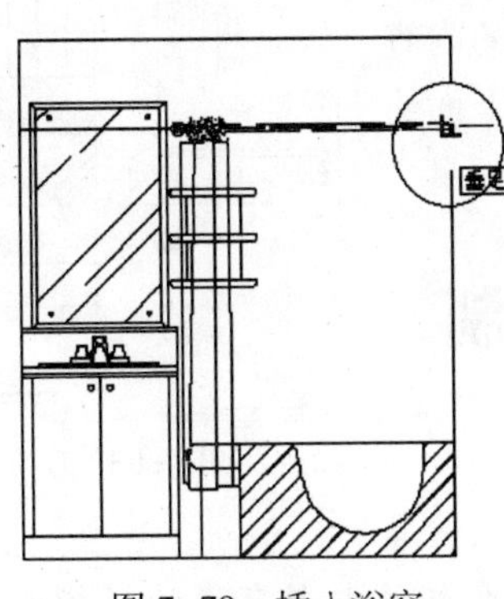

图7-79 插入浴帘

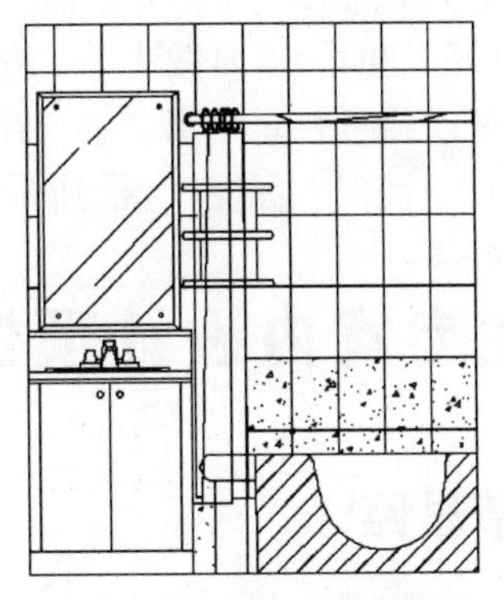

图7-80 墙面材料图案

8. 尺寸标注及标高标注

在该立面图中，设计者应标注出各立面陈设的尺寸及标高等。具体操作如下。

1）先将已绘制好的F立面部分放大1倍。

2）将“尺寸”层设为当前层，确认“室内立面”标注样式处于当前状态。

3）单击“默认”选项卡“注释”面板中的“线性”按钮，进行尺寸标注。

4）单击“默认”选项卡“块”面板中的“插入”按钮，将标高符号插入到F立面图，并作相应的数字修改，效果如图7-81所示。

9. 文字标注及符号标注

在该立面图内，设计者应对各部分材料、颜色及名称等进行文字标注。具体操作如下。

1）将“文字”层设为当前层。

2）在命令行窗口中输入“QLEADER”命令，按图7-81所示的样式完成文字标注。

3）单击“默认”选项卡“注释”面板中的“多行文字”按钮和“绘图”面板中的“直线”按钮，在立面图的下方注明图名及比例，效果如图7-82所示。

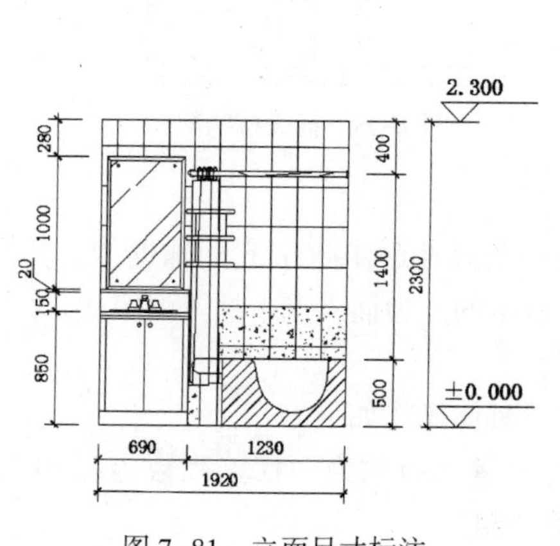

图7-81 立面尺寸标注

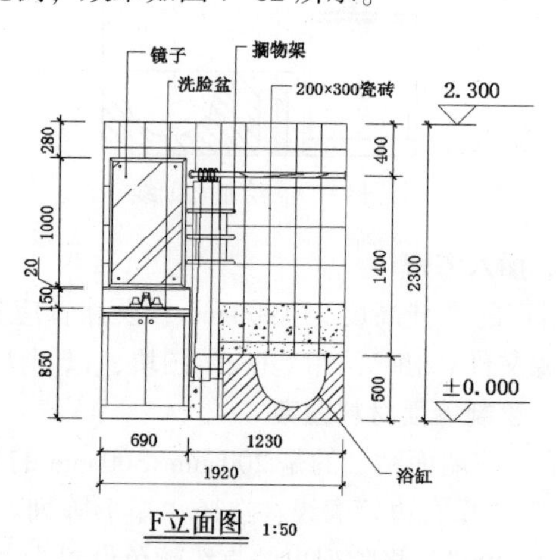

图7-82 F立面图效果

7.1.7 G立面图的绘制

G立面是卫生间的墙面，其中需要表现的内容有马桶立面、浴缸的局部剖面、墙面做法等。它与F立面相同的内容较多，读者可以参照F立面图绘制，在此不再赘述。下面给出完成了的G立面图，如图7-83所示，供读者参考。

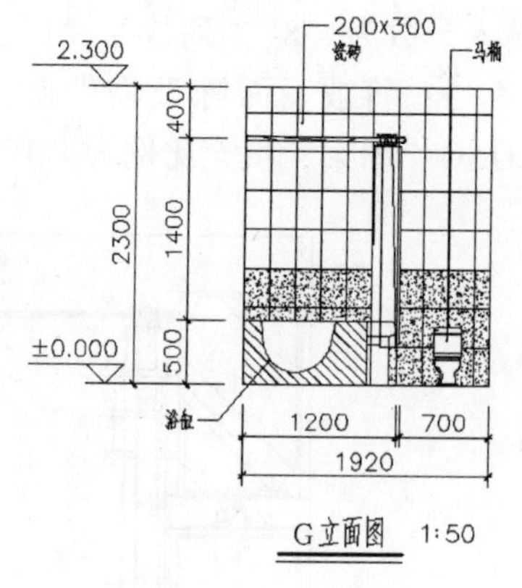

图7-83 G立面图

7.2 住宅室内设计顶棚图的绘制

本节思路

如前所述，顶棚图用于表达室内顶棚造型、灯具及相关电器布置的顶棚水平镜像投影图。在绘制顶棚图时，设计者可以利用室内平面图墙线形成的空间分隔，而删除其门窗洞口图线，在此基础上完成顶棚图内容。

在讲解顶棚图绘制的过程中，将按室内平面图修改、顶棚图绘制、灯具布置、文字标注、尺寸标注、符号标注及线宽设置的顺序进行。效果如图 7-84 所示。

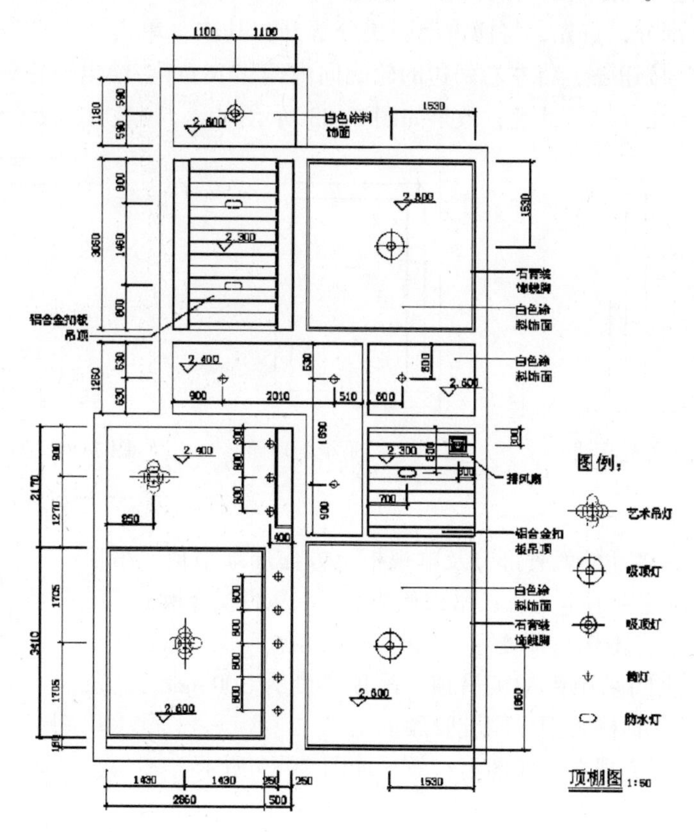

图 7-84　室内顶棚图

7.2.1 修改室内平面图

1）打开前面绘制好的“室内平面图”，将其另存为“室内顶棚图”。

2）将“墙体”层设为当前层。然后，将其中的轴线、尺寸、门窗、绿化、文字、符号等内容删去。对于家具，保留客厅的博古架、厨房的两个吊柜（因为它们被剖切到），其余删除。

3）将墙体的洞口处补全，修改后的室内平面图如图 7-85 所示。

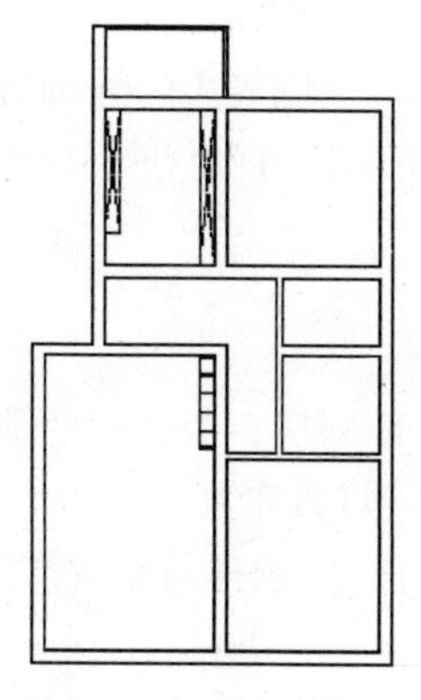

图 7-85　修改后的室内平面图

7.2.2 顶棚图的绘制

1. 处理被剖切到的家具图案

1）对于厨房部分，首先，将吊柜中的交叉线删去，其余线条的线型更改为“ByLayer”；其次，将左边的吊柜纵向拉伸使之与墙线相齐，效果如图 7-86 所示；最后，单击“默认”

选项卡“修改”面板中的“偏移”按钮，设偏移距离为18 mm（板厚），由吊柜外轮廓线向内复制一个内轮廓线，效果如图7-87所示。

2）对于客厅部分，首先，将博古架图块分解开；其次，单击“默认”选项卡“修改”面板中的“偏移”按钮，将左右两边的轮廓向内偏移18 mm，绘出内轮廓；最后，将内轮廓四角用“倒角”命令进行处理，效果如图7-88所示。

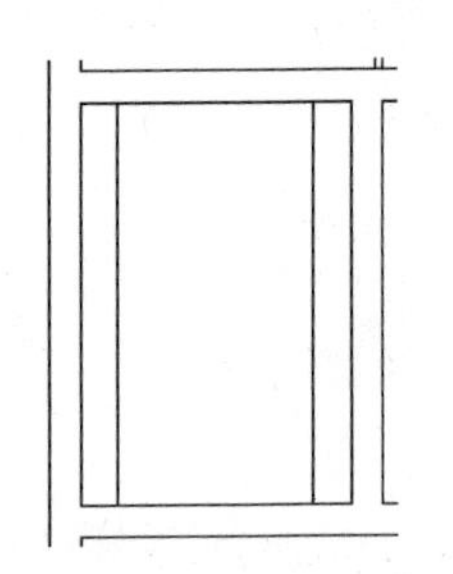

图7-86 吊柜外轮廓线

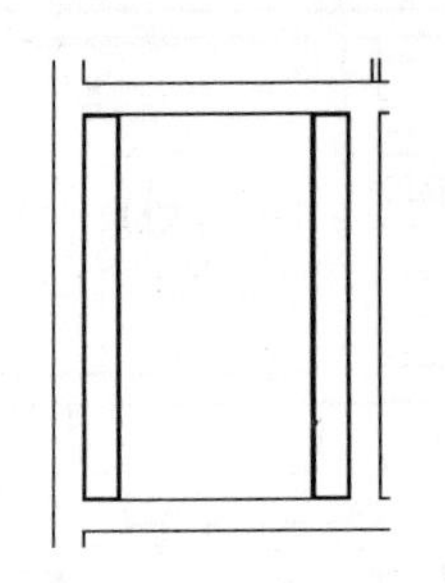

图7-87 吊柜剖切面

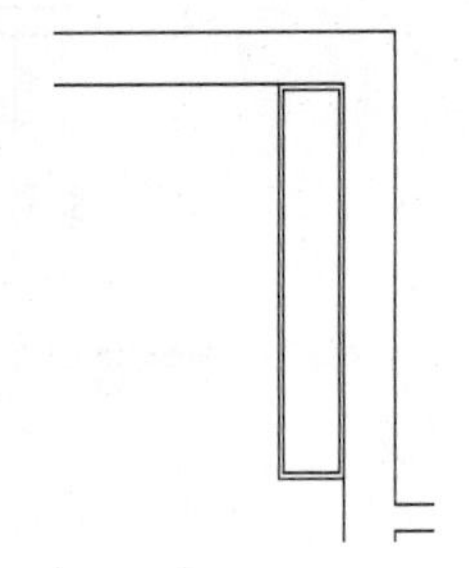

图7-88 博古架剖切面

2. 顶棚造型

1）过道部分、客厅的就餐部分及电视柜上方作局部吊顶，吊顶高度200 mm。吊顶龙骨为木龙骨，吊顶板为5 mm厚的胶合板。

2）主卧室、书房不作吊顶处理，顶棚刷乳胶漆。

3）厨房及卫生间采用铝扣板吊顶，吊顶高度为300 mm。其余部分不作吊顶处理，顶棚表面涂刷乳胶漆。

将上述设计思想表现在顶棚图上，效果如图7-89所示

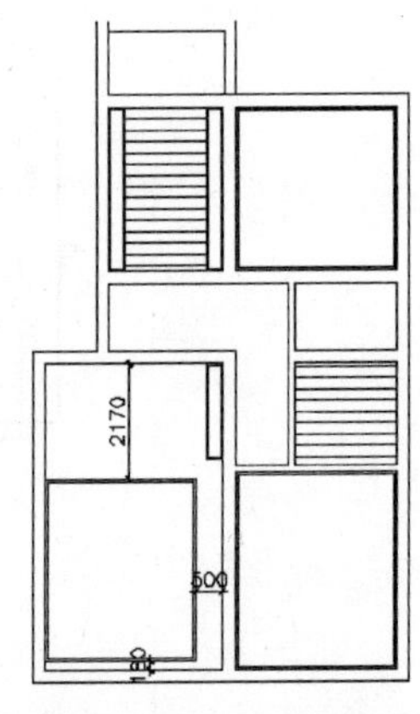

图7-89 顶棚造型

绘制的要点如下。

1）建立“顶棚”图层，按照图7-90所示的内容设置参数，并将其设置为当前层。

2）顶棚周边的线脚可由内墙线偏移得到。建议先沿内墙线绘制一个矩形，再由这个矩形向内偏移50 mm。

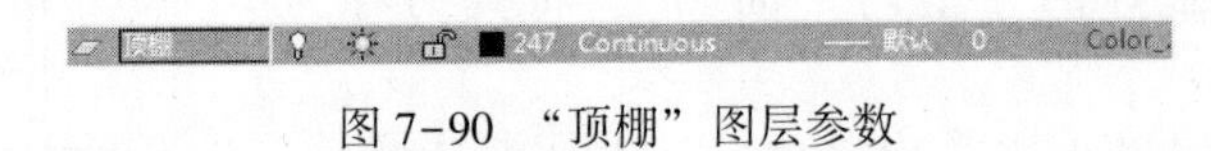

图7-90 “顶棚”图层参数

3）厨房、卫生间的顶棚采用图案填充完成。

3. 灯具布置

灯具的选择与布置需要综合考虑室内美学效果、室内光环境和绿色环保、节能等方面的因素。

本例顶棚图中的灯具布置比较简单，操作步骤如下。

1）建立一个“灯具”图层，按照图7-91所示的内容设置，并设置为当前层。

灯具 40 Continuous —— 默认 0 Color_

图7-91 “灯具”图层参数

2）建议事先把常用的灯具图例制作成图块，以供调用。在插入灯具图块之前，设计者可以在顶棚图上绘制定位的辅助线，以便于灯具准确定位，对后面的尺寸标注也是很有

利的。

3）根据事先设计好的灯具布置思路，将各种灯具图块插入顶棚图上。

灯具布置图如图 7-92 所示，其中灯具周围的多余线条即为辅助线，若没有用处，应把它们删掉。

4. 尺寸标注

顶棚图中尺寸标注的重点是顶棚的平面尺寸、灯具、电器的水平安装位置以及其他一些顶棚装饰做法的水平尺寸。具体操作如下。

1）因为取该顶棚图比例为 1∶50，故先将它整体放大 1 倍。

2）将“尺寸”层设为当前层，在这里的标注样式与“室内立面”样式相同，可以直接利用；为了便于识别和管理，也可以将“室内立面”的样式名改为“顶棚图”，将其置为当前标注样式。

3）单击“默认”选项卡“注释”面板中的“线性”按钮⊢⊣，进行尺寸标注，效果如图 7-93 所示。

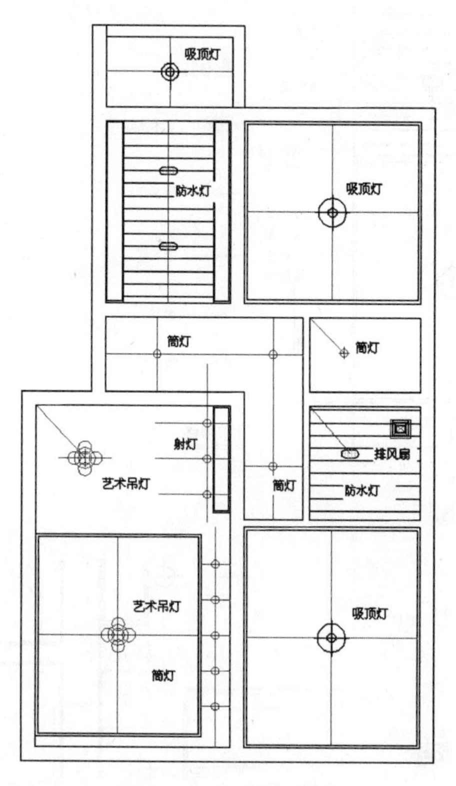

图 7-92 灯具布置图

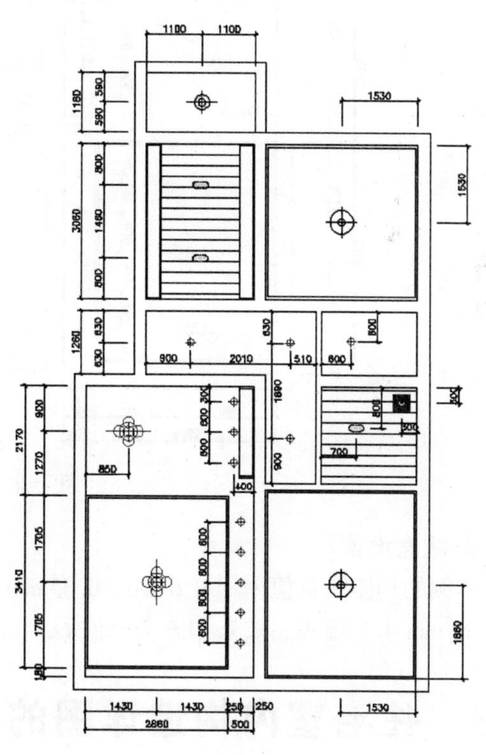

图 7-93 顶棚图尺寸标注

5. 文字标注及符号标注

在顶棚图内，设计者应对各顶棚材料名称、顶棚做法的相关说明、灯具电器名称规格等进行文字标注；还应注明顶棚标高，有大样图的还应注明索引符号等。具体操作如下。

1）将“文字”层设为当前层。

2）在命令行窗口中输入“QLEADER”命令，按照图 7-93 所示的样式完成文字标注。由于灯具较多，在图上一一标注显然较为烦琐，因此做一个图例表统一说明。

3）插入标高符号，注明各部分标高。

4）注明图名和比例，效果如图 7-94 所示。

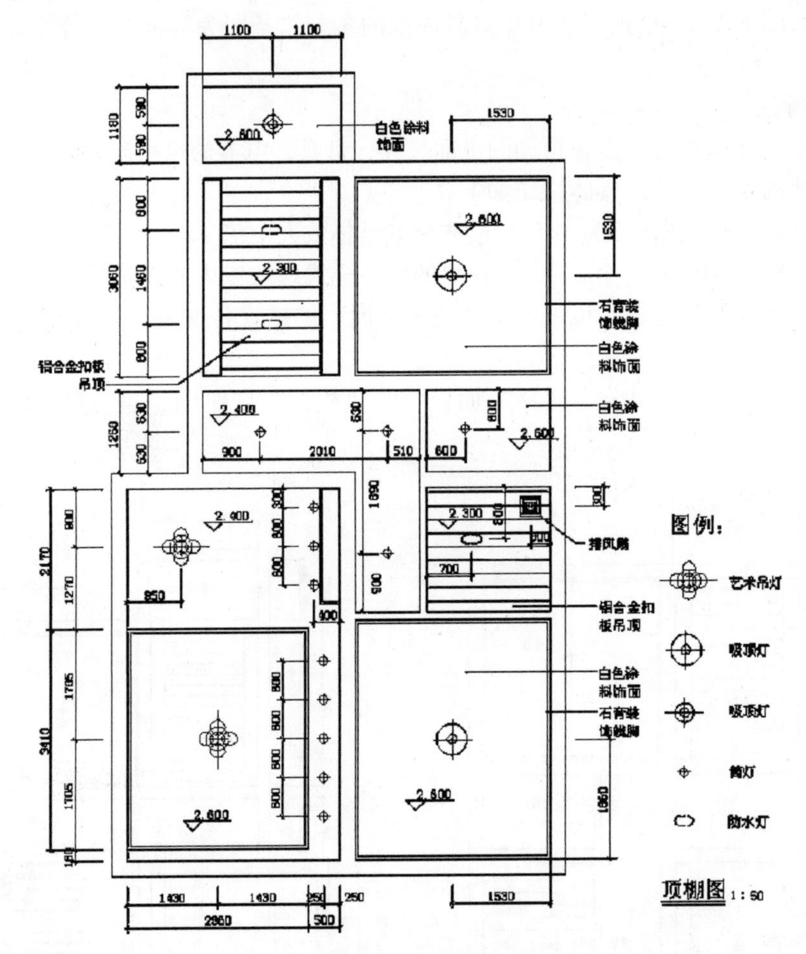

图 7-94　顶棚图

6. 线宽设置

本例的具体线宽值采用 0.6 mm、0.35 mm、0.25 mm 和 0.18 mm 4 个等级，效果如图 7-95 所示。

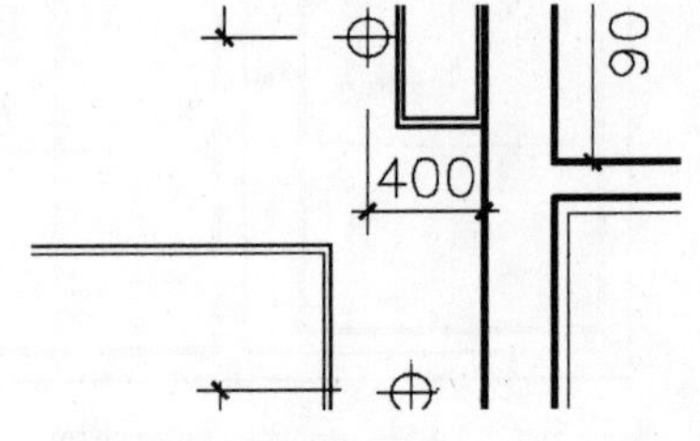

图 7-95　顶棚线宽设置效果示意

7.3　住宅室内构造详图的绘制

本节思路

构造详图也称为构造大样图，它是用以表达室内装修做法中材料的规格及各材料之间搭接组合关系的详细图案，是施工图中不可缺少的部分。构造详图的难度不在于如何绘图，而在于如何设计构造做法，它需要设计者深入了解材料特性、制作工艺和装修施工，是与实际操作结合得非常紧密的环节。

本节结合该居室实例的特点，介绍了 3 个地面做法、1 个墙面做法、1 个吊顶做法详图和 1 个家具详图的绘制。

7.3.1 地面构造详图

地面构造的命名和分类方式多种多样。目前，常见的地面构造形式为粉刷类地面、铺贴类地面、木地面及地毯。粉刷类地面有水泥地面、水磨石地面和涂料地面等；铺贴类地面内容繁多，常见的有天然石材地面、人工石材地面及各种面砖及塑料地面板材等。不同的地面材料做法不同，造价和效果也不同，建议初学者在实际生活中多观察、多积累，以便认识和掌握各种地面材料及其构造特征。

本实例所涉及的地面主要是铺贴地面和木地面，下面依次介绍如何利用 AutoCAD 2018 绘制其构造详图。效果如图 7-96 所示。

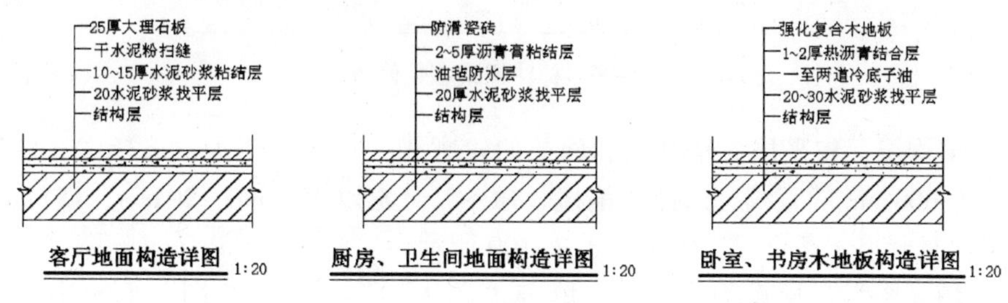

图 7-96 地面构造详图

1. 铺贴地面

本实例具体涉及的铺贴材料是大理石（客厅、过道）和防滑地砖（厨房、卫生间、阳台和储藏室），它们的基本构造层次是相同的，即由下至上依次为结构层、找平层、粘结层和面层。但是由于厨房、卫生间长期与水接触，因此应在找平层和粘结层之间增加一个防水层，避免地面出现渗漏现象。

（1）客厅地面构造详图

在此，结构层是指 120 mm 厚的钢筋混凝土楼板；找平层为 20 mm 厚的 1:3 水泥砂浆或细石混凝土；粘结层为 10~15 mm 厚的水泥砂浆；面层为 25 mm 厚的 600 mm×600 mm 大理石板，颜色可以任选，用干水泥粉扫缝。具体操作如下。

注 意

绘制详图时可以在前面的图形空间内进行，也可以单独新建一个详图文件。这里直接在“室内立面图”文件中绘制。

① 新建一个“详图”图层，按照图 7-97 所示的内容设置参数，并将其设置为当前层。再建立一个“填充图案”层，如图 7-98 所示。在“室内”标注样式的基础上建立一个“详图”样式，将样式中将“测量单位比例”中的“比例因子”改为“0.2”，如图 7-99 所示，其他参数保持不变，并置为当前样式。

详图 白 Continuous —— 默认 0

图 7-97 “详图”图层参数

图案填充 蓝 Continuous —— 默认 0

图 7-98 “填充图案”层参数

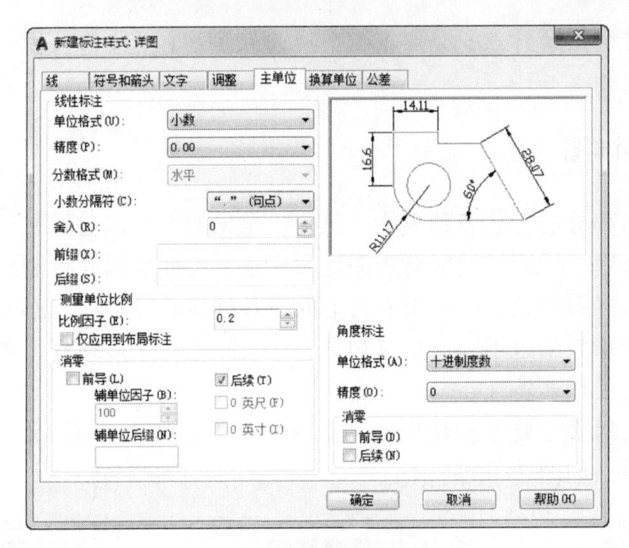

图 7-99　标注样式参数修改

② 绘制结构层、找平层、粘结层和面层的轮廓线。具体操作为：选择“直线”命令，绘出一条长为 600 mm 的直线，选择“偏移”命令，分别以 120 mm、20 mm、15 mm、25 mm 为偏移距离，复制出 4 条直线，效果如图 7-100 所示。

③ 将“填充图案”层设为当前层，单击“默认”选项卡“绘图”面板中的“直线”按钮或“多段线”按钮，绘制出两端的剖切线，效果如图 7-101 所示。注意：剖切线一定要将各层轮廓线封闭，以便图案填充。

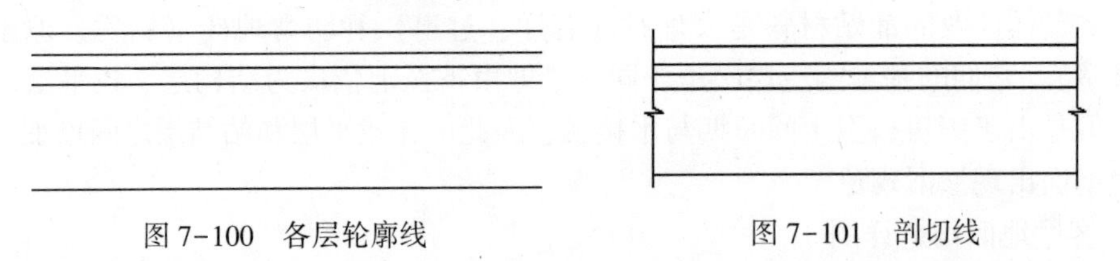

图 7-100　各层轮廓线　　　　图 7-101　剖切线

④ 单击“默认”选项卡“绘图”面板中的“图案填充”按钮，将各层的材料图例填充入内，由下至上的填充参数如下。

- 钢筋混凝土：图案名“JIS_LC_20”，比例“1.5”，角度“0”。
- 水泥砂浆 1：图案名“AR_CONC”，比例“0.5”，角度“0”。
- 水泥砂浆 2：图案名“AR_CONC”，比例“0.25”，角度“0”。
- 大理石：图案名“JIS_STN_2.5”，比例“15”，角度“0”。

效果如图 7-102 所示。

⑤ 详图的比例选为 1∶20，故将已绘图样整体放大为原来的 5 倍。

⑥ 新建“文字”图层，并将其设为当前层，标注出文字说明，效果如图 7-103 所示。

（2）厨房、卫生间地面构造详图

在此，结构层是指 120 mm 厚的钢筋混凝土楼板；找平层为 20 mm 厚的 1∶3 水泥砂浆或细石混凝土；防水层为油毡防水层；粘结层为 2～5 mm 厚的沥青膏粘结层；面层为防滑瓷砖，颜色可以任选，效果如图 7-104 所示。具体绘制过程参照客厅地面详图。

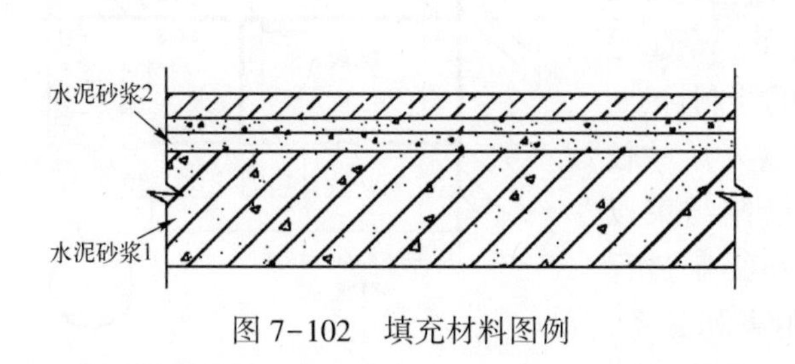

图 7-102 填充材料图例

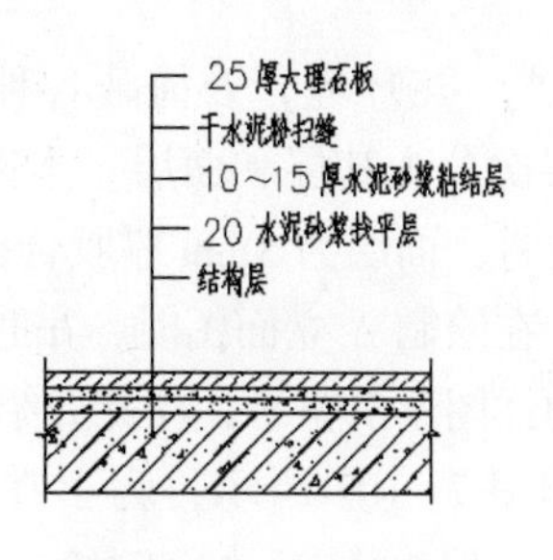

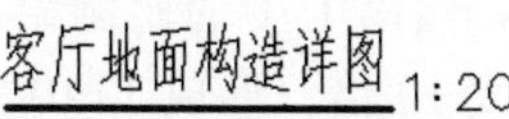

图 7-103 客厅地面构造详图

2. 木地板

木地板的做法仍然由基层、结合层、面层组成。地面材料一般有实木、强化复合地板以及软木等。本例中的主卧室和书房地面采用的是强化复合地板，采用粘贴式的做法。基层为 20~30 mm 厚的水泥砂浆找平层，外加冷底子油 1~2 道，结合层为 1~2 mm 厚的热沥青，面层为强化复合地板，效果如图 7-105 所示。

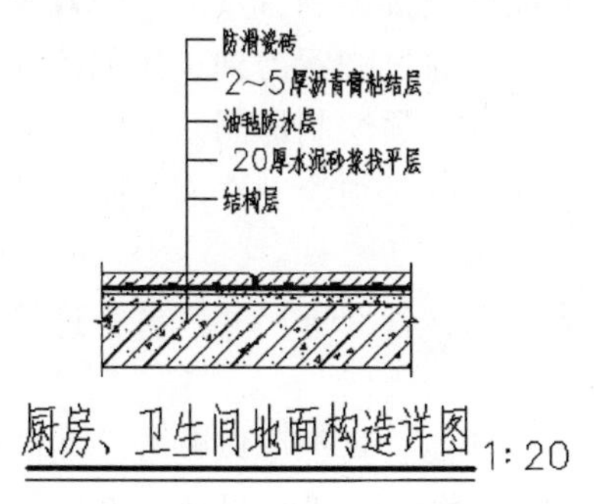

图 7-104 厨房、卫生间地面构造详图

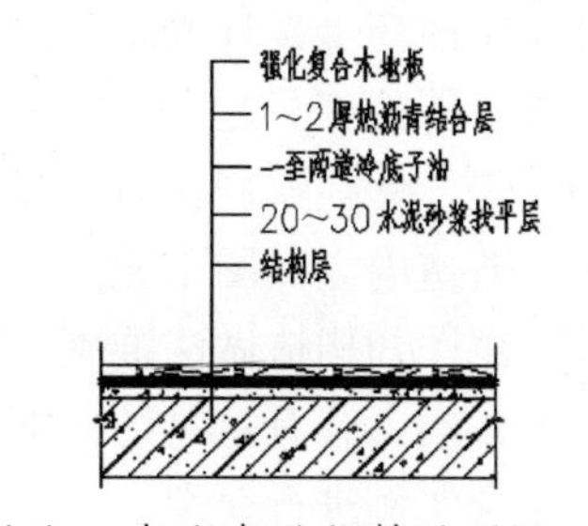

图 7-105 卧室、书房木地板构造详图

7.3.2 墙面构造详图

室内墙面装修的做法多种多样，常见的有抹灰墙面、涂料墙面和铺贴墙面。在此介绍厨房、卫生间墙面的做法。厨房、卫生间墙面贴 200 mm × 300 mm 的瓷砖，它表面光滑、易擦洗、吸水率低，属于铺贴式墙面。具体做法是：首先，用 1:3 水泥砂浆打底并刮毛；其次，用 1:2.5 水泥砂浆掺 107 胶将面砖表面刮满，贴于墙上，轻轻敲实平整。绘制的详图如图 7-106 所示，其绘制方法没有特别的难点，只需将前面绘制的地面详图旋转 90°后，再做相应修改即可。

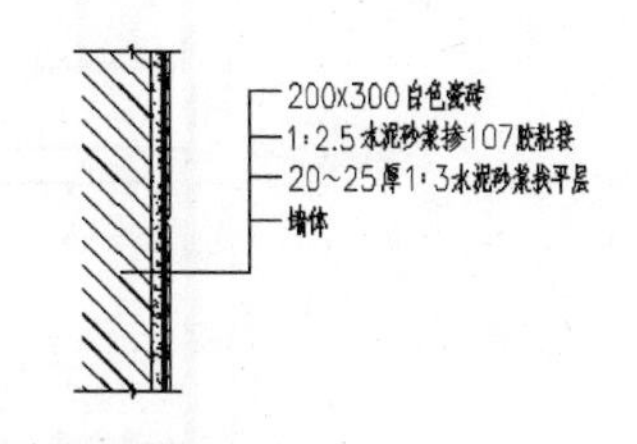

图 7-106 厨房、卫生间墙面构造详图

7.3.3 吊顶构造详图

吊顶是设置在楼板或屋盖下的一个装饰层，它有塑造室内空间效果、营造室内物理环境

（声、光、热环境）及掩蔽各种管线等作用。吊顶作法层次分为基层和面层。本例中客厅的吊顶基层为木龙骨，面层为5mm厚胶合板，外刷白色乳胶漆饰面。在绘制A立面图时，吊顶处标注了一个①号详图的详图索引符号，在此介绍一下它的绘制。

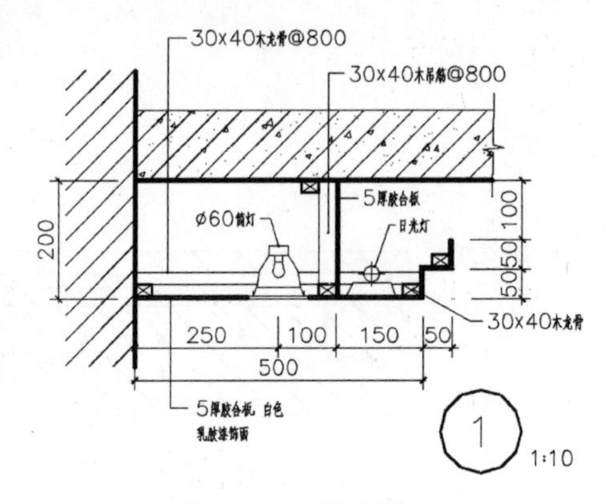

图7-107 ①号详图

如图7-107所示，为了在绘制时输入尺寸较方便，仍然以1∶1的比例绘制，图形绘制结束以后再放大10倍，形成1∶10的图形。在绘制过程中，设计者只要认真把握线条之间的距离和关系，其实没有多大难度。注意：将标注样式中将“测量单位比例”下的“比例因子”设为“0.1”，再进行标注。此时，读者可以看到线条的粗细，这是按照前面提到的线宽分配规则执行的。

7.3.4 家具详图

家具设计是室内环境设计的重要组成部分，家具的风格直接影响着室内空间效果，它是设计者应该认真对待的部分之一。室内装修中，一部分家具通过购置得到，比如沙发、床以及其他一些柜子等，无须绘制；对于设计师设计的家具，则必须绘制详图。详图一般以剖面图的形式绘出，若室内立面图中无法清楚地表达家具立面，则必须绘制立面详图。总之，设计者必须把设计意图和构造做法准确、清晰地表达出来。

家具详图表示的内容有家具结构配件材料及其构造关系、各部分尺寸、各种连接件名称规格等。下面结合实例进行介绍。

在本例中，只有厨房的柜子属于设计师设计的家具，其他家具都可以购置。在前面绘制厨房D立面图时，设计者标注了一个1-1剖面图的剖切符号，该剖面图刚好表达了柜子的构造情况。下面就介绍一下这个剖面图的绘制。效果如图7-108所示。

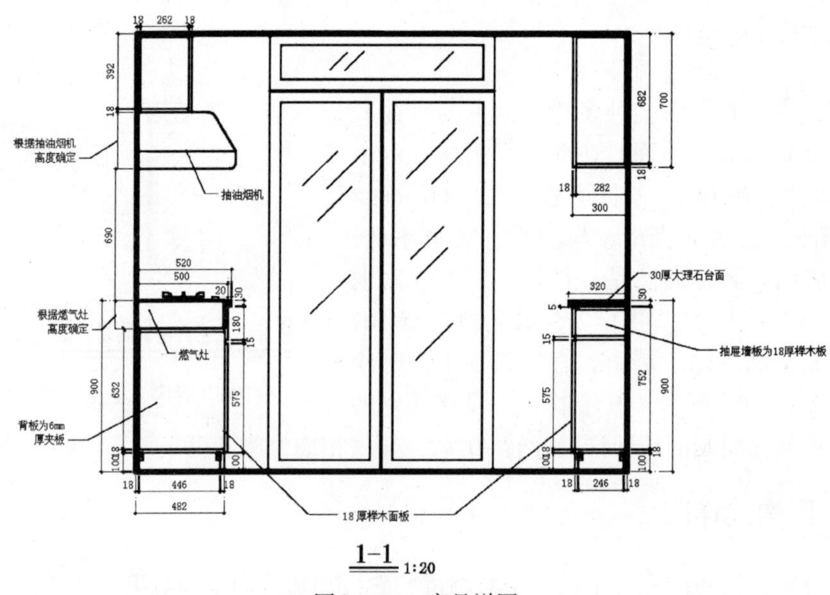

图7-108 家具详图

1. 引出尺寸控制线

1）将“详图”层设为当前层，并将“文字”“符号”“尺寸”等层关闭。

2）将前面复制出来的平面左转 90°，并放大至原来的 2 倍，以便和立面图尺寸比例相同。将平面图移动到立面图右下方，从而在立面图的右边、平面图的上方腾出一块空白空间作为家具详图的位置。

3）由平面图和立面图引出需要的尺寸控制线，如图 7-109 所示。

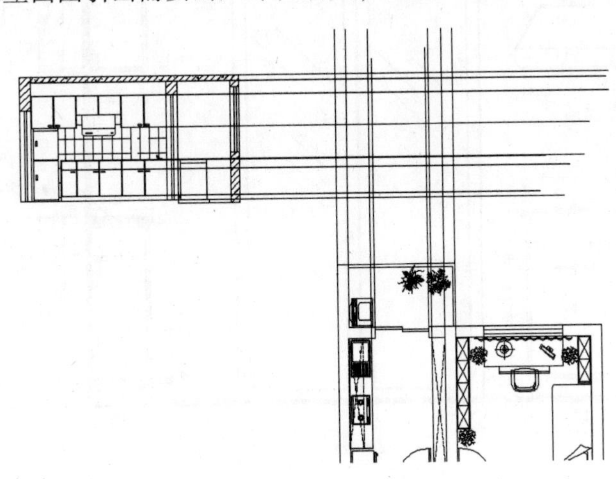

图 7-109　引出尺寸控制线

2. 尺寸标注、文字及符号标注

将“尺寸”层设为当前层，以“详图”标注样式建立一个“家具详图”样式，将“测量单位比例”下的“比例因子”设为“0.2”，并将其设为当前样式，仔细标注细部做法尺寸，最后完成其他标注，效果如图 7-110 所示。

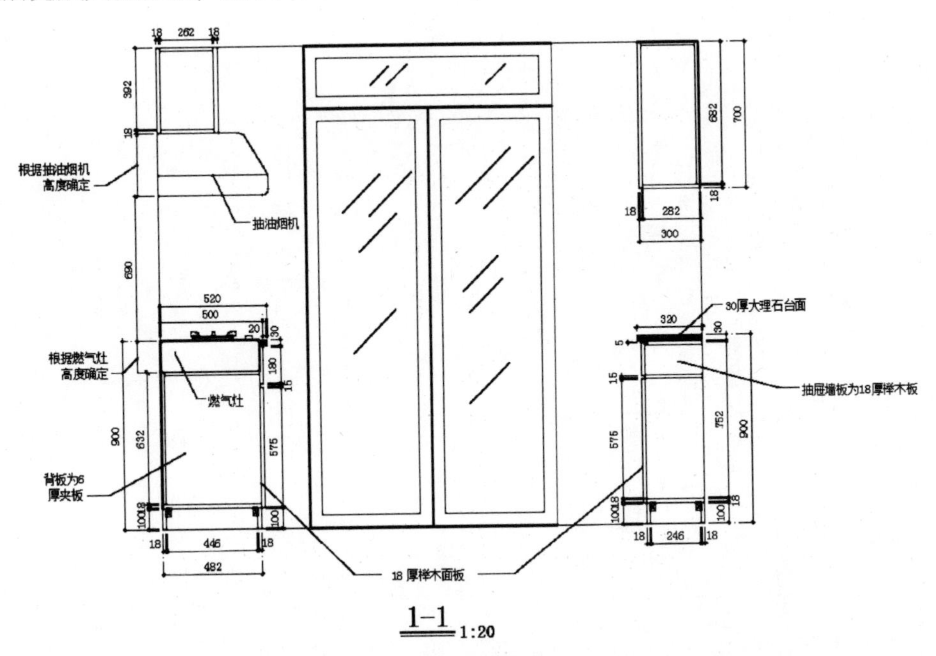

图 7-110　厨房家具详图

3. 线宽设置

本例的具体线宽值采用 0.6 mm、0.35 mm、0.25 mm 和 0.18 mm 4 个等级。设置后的效果如图 7-111 所示。

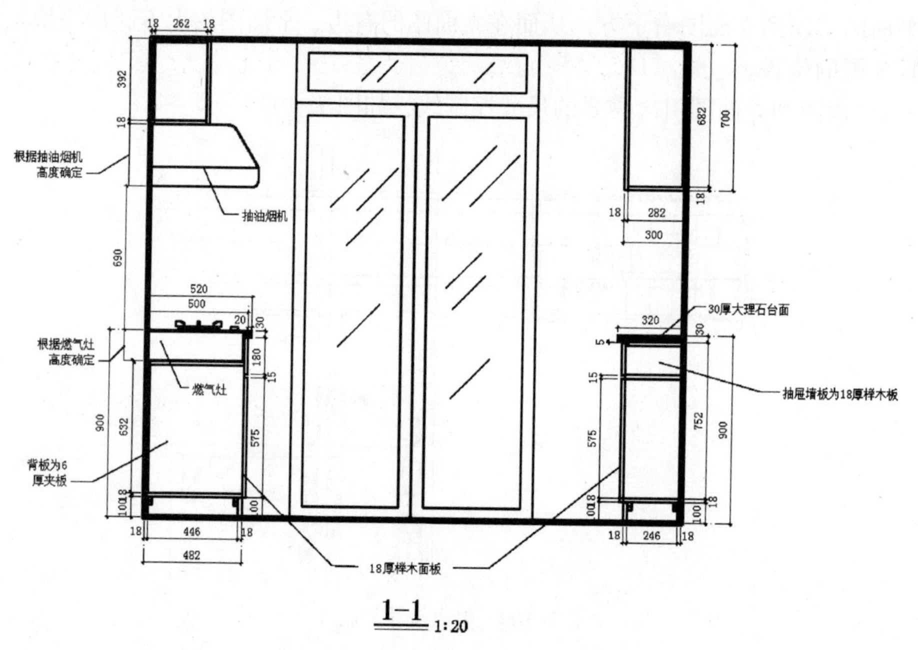

图 7-111　详图线宽设置效果示意

第 8 章　宾馆大堂室内设计图的绘制

知识导引

本章以一个宾馆的室内设计制图为例，进一步介绍较复杂的室内设计二维图形的制作。本章着重介绍该宾馆中大堂部分的室内设计图的绘制。本章中的绘图讲解省去了大量烦琐的步骤，重点介绍绘制的难点和相关注意事项。

从本章开始，在绘图讲解中不再刻意介绍图层划分管理内容和线宽设置内容，在操作时，设计者可以根据前面介绍的图层管理思路和线宽设置思路自行设置，以养成按图层进行绘图的习惯。

内容要点

- 大堂室内设计要点及实例简介
- 大堂室内平面图的绘制
- 大堂室内立面图的绘制
- 大堂室内顶棚图的绘制

8.1　大堂室内设计要点及实例简介

本节思路

在讲解大堂室内制图实例之前，本节首先简单介绍宾馆的室内特点及大堂的室内设计要点，其次介绍该宾馆实例的工程概况。

8.1.1 宾馆室内设计概述

为了适应社会的需要，宾馆有不同的种类和等级。常见的宾馆种类有旅游宾馆、商务宾馆、会议宾馆、中转接待宾馆、度假宾馆、汽车宾馆、国宾馆、俱乐部以及各种招待所、家庭旅馆等。

就其功能来看，大多数宾馆都能为旅客提供客房、餐饮、洗浴、康乐保健、会议场所、各种信息服务和其他配套服务等。不同种类的宾馆在功能、风格、档次上有所侧重。现在不少宾馆在满足其基本功能的条件下，力图突出自身特色，以期最大限度地吸引顾客。

宾馆是为离开长期居住地（家）的流动人群提供食住、工作、游玩等服务的场所。因此，其室内设计应该力求让宾客有宾至如归的感觉，给宾客带来新鲜感。有的宾馆还希望可以让宾客体验到地方特色和异国情调。

宾馆人流量较大，功能也较复杂，设计者应该注意到宾馆的功能分区特点，以处理好宾客流线、服务流线、物品流线及情报信息流线问题。

一般的宾馆，地下层多用作车库、设备用房及一些工作用房，如洗衣房等。有的将歌舞厅也设在地下层，此时应特别注意处理好消防、人群疏散的问题。一、二层多为公共活动部分，中间层为客房。顶层多设有餐厅、宴会厅、观景台或歌舞厅等公共活动空间，此外，还有一些设备机房。

处理流线时，设计者应避开不同种类的人流交叉、干扰。宾馆室内的各种标识对引导人流起着重要的作用，在设计中也不可忽视，应注意其科学性和艺术性。

8.1.2 大堂室内设计要点

大堂是指主入口处的大厅，它包括一般门厅和与之相连的总台、休息厅、餐饮、楼梯及电梯厅、小商店以及其他相关的辅助设施。大堂是宾客接触的第一站、宾馆的重要枢纽和服务空间，为了满足功能要求，显示宾馆的品位和特色，其室内设计显得尤为重要。

首先，大堂设计要求合理处理各功能分区，安排好交通流线。总台是大堂中的主要功能区，应布置在显眼、易于接近而又不干扰其他人流的位置。休息区应布置在相对安静、不易被人流干扰的位置，设计者可以根据宾馆的大小，结合餐饮、绿化、室内景观等元素共同考虑。

其次，大堂的室内设计风格应体现气派、高雅、清爽、整洁等特征，因此，设计者需要综合考虑空间造型、色彩、材质、灯光、家具陈设、室内绿化景观等方面的因素。

8.1.3 实例简介

本章采用的实例是人流较大、商务繁忙的宾馆大堂，它属于大型建筑。该宾馆设有大堂、茶室、服务台、工作间、办公室、库房、男更衣室、女更衣室、休息室、服务台、厨师长室、服务台、储藏室、卫生间、商店等。

8.2 大堂室内平面图的绘制

本节思路

前面已介绍过建筑平面图的绘制思路及方法，但本实例建筑平面比较复杂，所以本节首先简单介绍一下宾馆一层建筑平面图的绘制方法和技巧，然后在此基础上进行大堂室内平面图的绘制。

8.2.1 建筑平面图的绘制

1. 概述

这里所说的建筑平面图，不是严格意义上的完整建筑平面图，它实际上只是室内平面图绘制的前期工作，是包括墙体、门窗、柱子、楼梯等建筑构件所形成的建筑平面布局，如图 8-1 所示。

在进行室内计算机制图时，建筑平面图有以下几种来源。

1）参照建筑施工图、竣工图等图样资料，将其绘制到计算机里，并对现场实际情况进行修改。

2）直接从建筑师那里得到电子版图样，根据室内制图的要求进行修改、利用。这种方式省去了室内制图的部分工作，提高了工作效率。

3）如找不到建筑专业的图样资料，就只能根据现场测绘的资料绘制。这种方式的工作量相对较大。

不管是哪种情况，由于各种建筑构件的平面尺寸及其平面的相对关系都是现成的，因此这部分工作难度都不大，只要掌握绘制方法即可。

2. 绘制思路分析

从图 8-1 中可以看出，该建筑为钢筋混凝土框架结构，中部涂黑的墙体部分为钢筋混凝土剪力墙结构。该平面不是规则的矩形或矩形的组合，有一面外墙呈弧形，这给绘制带来了一定的难度。如何绘制这个平面图呢？具体操作为：第一，绘制轴线，这样便于其他部分的定位及绘制；第二，绘制柱子和剪力墙；第三，绘制墙体；第四，绘制门窗；第五，绘制楼梯台阶；第六，绘制其他剩余图例。

在下面的介绍中，读者应重点掌握绘图思路和提示要点，因为在实际的工程实践中，基本上都是应用基于 AutoCAD 的二次开发软件（如天正、圆方等）进行建筑或室内图样绘制。二次开发软件中的很多绘图模块为用户省去了大量烦琐的细部绘制过程，为用户提供了很多方便。掌握下面的绘图思路和提示要点后，读者再使用二次开发软件就比较容易。

3. 轴线网格绘制

当拿到一张建筑平面图准备绘制轴线网格时，设计者首先应分析一下轴线网格构成的特征及规律。例如本例的轴线网格，如图 8-2 所示。

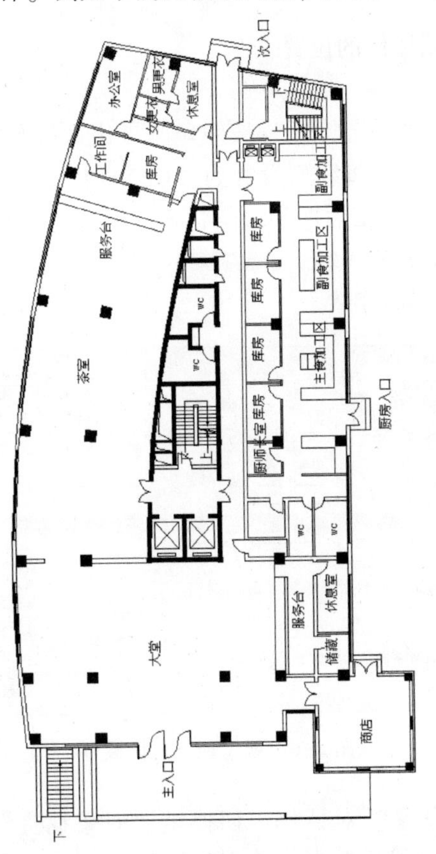

图 8-1　宾馆一层建筑平面布置图

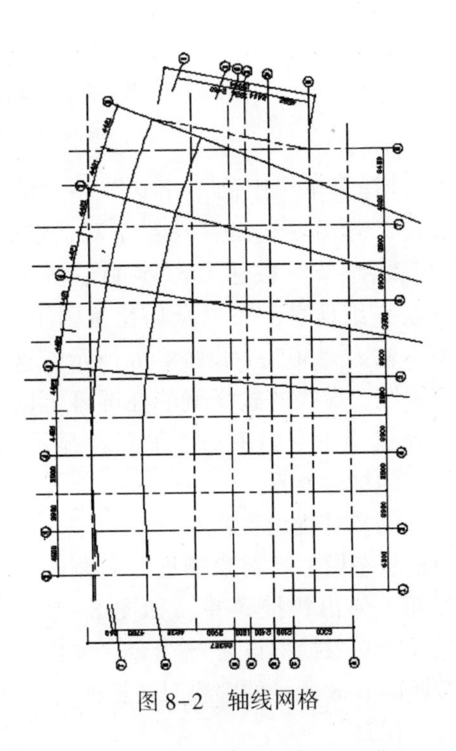

图 8-2　轴线网格

A~F 轴线部分的网格都是正交的矩形网格，可以明显地看出多个重复出现的 3900 开间，局部几个开间尺寸不同，也容易确定。此外，该部分的进深尺寸也明确。F~J 轴线主要为弧形轴网。对于弧形轴网，设计者要分析弧线的圆心在什么位置、分割的弧度大小、径向划分尺寸等；另外还要明确正交网格和弧形网格的交接位置。只要搞清楚这些内容，就很容易操作：对于正交网格，用“偏移”“阵列”“复制对象”等编辑命令由一条直线复制出多条直线；对于弧形网格，用“偏移”命令复制出多条弧形轴线，如图 8-3 所示。执行“环形阵列”命令，设置项目总数为“3”，填充角度为“-45”，即可绘制出多条放射状轴线，如图 8-4 所示。

图 8-3　偏移弧形轴线示意　　　　图 8-4　阵列径向轴线示意

本着逐步细化的绘制方法，第一步不必把所有墙体所在位置的轴线都绘出，而是先把有规律的、控制性的轴网画出来。分隔较细的、局部的轴线可以在主要墙体绘制好以后，再采用“偏移”或“复制对象”命令绘出。如果一开始就全部绘制所有轴线，会出现以下情况。

1）感觉混乱，无从下手。

2）即使绘出了轴网，绘制墙体时也容易找错墙体的位置。

（1）建立轴线图层

1）单击“默认”选项卡“图层”面板中的“图层特性”按钮，弹出“图层特性管理器”对话框，建立“轴线”图层，颜色选用红色，将线型设置为“CENTER”，将线宽设置为默认，并将其设置为当前层，如图 8-5 所示。确定后回到绘图状态。

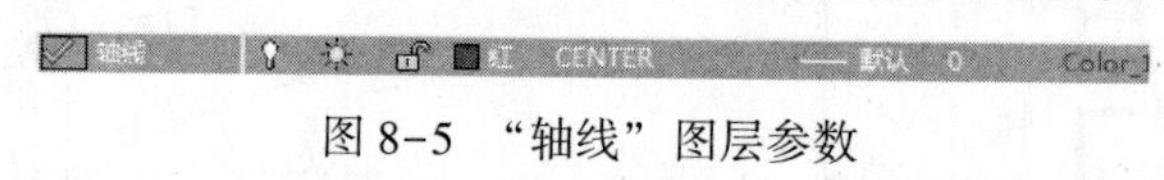

图 8-5　“轴线”图层参数

2）选择菜单栏中的“格式”→“线型”命令，弹出“线型管理器”对话框，单击“显示细节”按钮显示细节(D)，界面下部呈现详细信息，在“全局比例因子”文本框中输入“30”，如图 8-6 所示。这样，点画线、虚线的式样就能在屏幕上以适当的比例显示。如果仍不能正常显示，可以上下调整这个值。

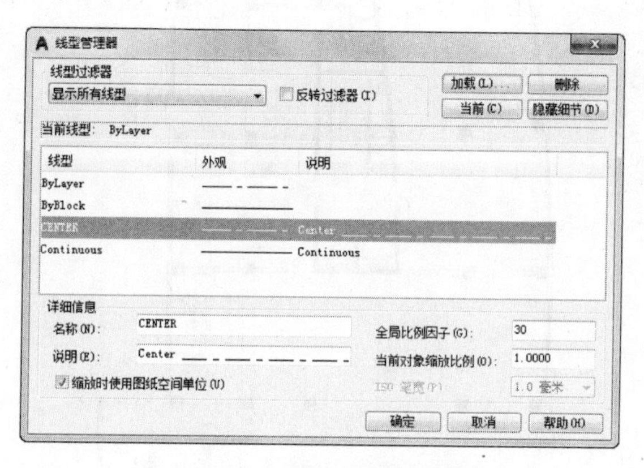

图 8-6　线型显示比例设置

（2）对象捕捉设置

单击状态栏上“对象捕捉”右侧的小三角按钮，弹出快捷菜单，如图 8-7 所示，选择“对象捕捉设置”命令，弹出“草图设置”对话框，切换至“对象捕捉”选项卡，按照图 8-8 所示的内容对捕捉模式进行设置，最后单击“确定”按钮。

图 8-7　打开快捷菜单

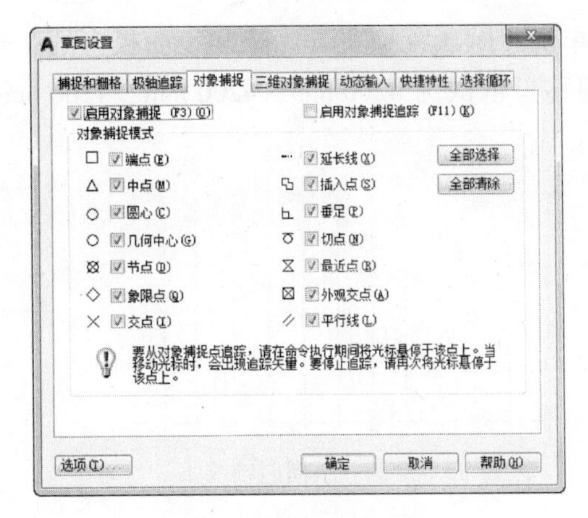

图 8-8　对象捕捉设置

（3）竖向轴线绘制

1）单击“默认”选项卡“绘图”面板中的“直线”按钮，绘制两条竖直直线。命名操作如下。

命令：LINE
指定第一个点：(在图中合适的位置指定一点)
指定下一点或［放弃(U)］：@0,7100(按〈Enter〉键)
指定下一点或［闭合(C)/放弃(U)］：(按〈Enter〉键)
命令：LINE
指定第一个点：(在距离上一轴线起始点左侧 1800 处指定一点)
指定下一点或［放弃(U)］：@0,27200(按〈Enter〉键)
指定下一点或［闭合(C)/放弃(U)］：(按〈Enter〉键)

2）绘制两条轴线后，在“视图”选项卡“导航”面板中的“范围”下拉菜单中单击“实时”按钮，缩放轴线，处理后的效果如图 8-9 所示。

3）单击“默认”选项卡“修改”面板中的“偏移”按钮，向右复制其他 11 条竖向轴线，偏移量依次为 4500 mm、3900 mm、3900 mm、3900 mm、3900 mm、3900 mm、3900 mm、3900 mm、3900 mm、4320 mm、3480 mm，效果如图 8-10 所示。

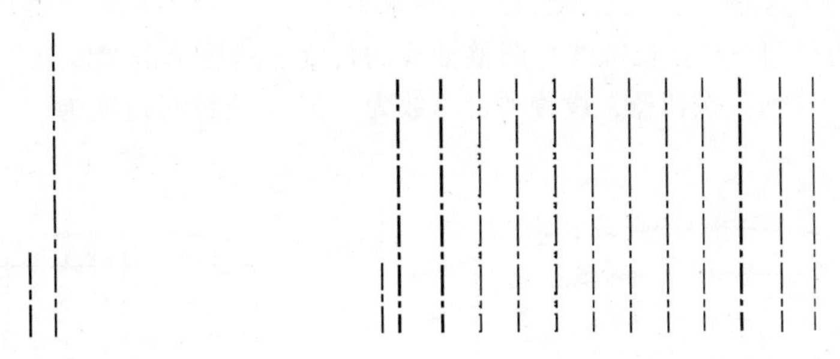

图 8-9　绘制两条轴线　　图 8-10　绘制全部竖向轴线

（4）横向轴线绘制

1）输入“@53100,0”，按〈Enter〉键画出第一条轴线。在“视图”选项卡“导航”面板中的“范围”下拉菜单中单击“实时”按钮，缩放轴线，处理后的效果如图 8-11 所示。

2）单击“默认”选项卡“修改”面板中的“偏移”按钮，向上复制其他5条横向轴线，偏移量依次为4200 mm、4200 mm、4200 mm、3900 mm、9597 mm，效果如图8-12所示。

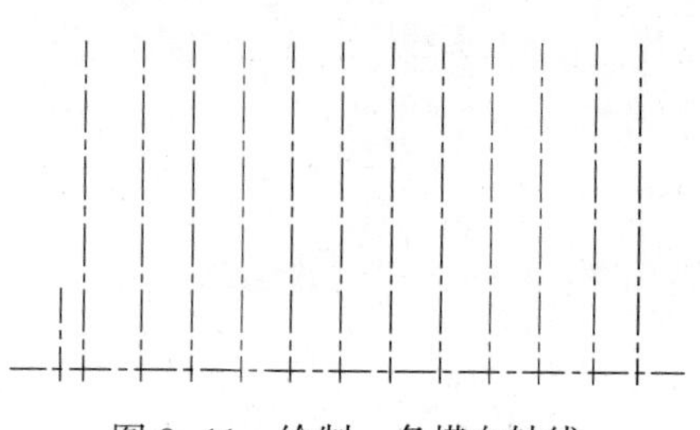
图8-11 绘制一条横向轴线

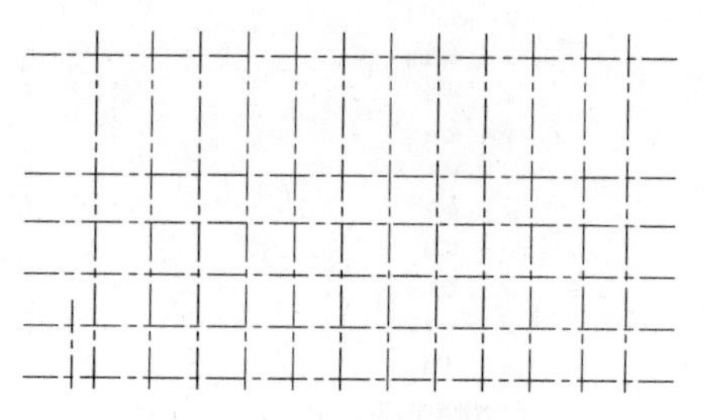
图8-12 复制后的横向轴线

3）重复执行“直线”命令，绘制其他横向轴线，横向轴线尺寸参考图8-2。效果如图8-13所示。

（5）弧形轴线绘制

1）单击“默认”选项卡“绘图”面板中的“圆弧”按钮，绘制一条弧线，如图8-14所示，尺寸参考图8-2。

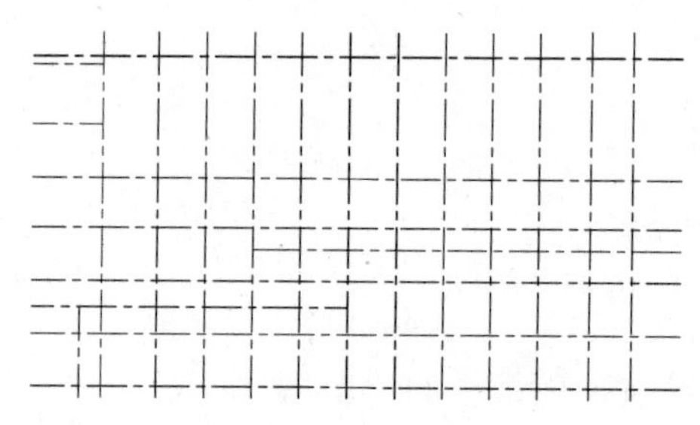
图8-13 绘制的横向轴线

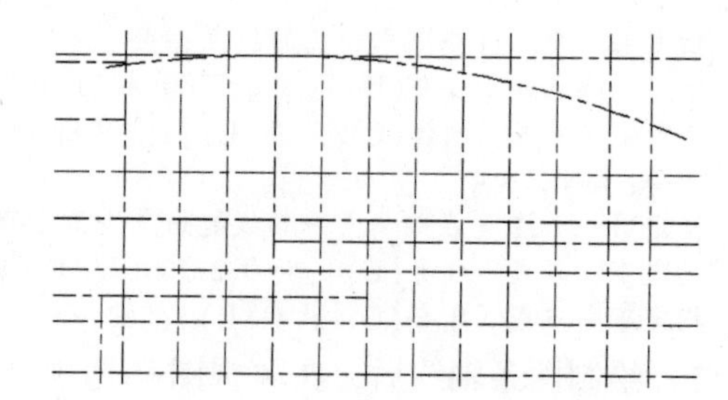
图8-14 绘制的一条弧形轴线

2）单击“默认”选项卡“修改”面板中的“偏移”按钮，向下复制其他两条弧形轴线，偏移量依次为5025 mm和5025 mm。至此，弧形轴线就绘制完成，效果如图8-15所示。

（6）斜轴线绘制

单击左边第四条竖直长轴线，调整轴线的长度。然后单击“默认”选项卡“修改”面板中的“环形阵列”按钮，设置项目总数为“5”，项目间角度为“5°”，效果如图8-16所示。

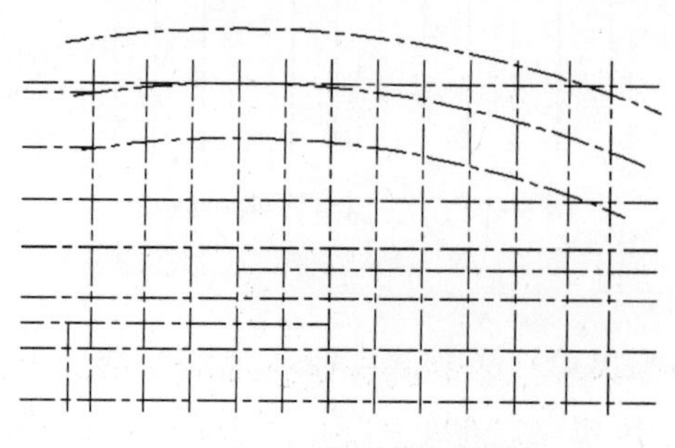
图8-15 绘制的弧形轴线

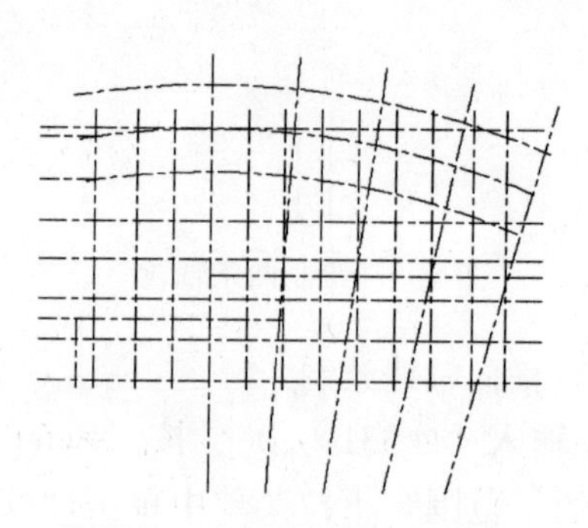
图8-16 绘制的轴网图形

（7）柱和剪力墙绘制

1）柱。本例中的柱均为矩形截面，其绘制方法仍然是先绘制一个矩形，并将其填充涂黑，再由一个复制出多个，复制的命令为“阵列”“复制对象”等。在进行柱定位时，设计者应该注意，不是所有柱子的中心点都与轴线交点重合，有的柱子偏离轴线交点一定距离，即柱偏心，本例中周边柱都存在偏心，在弧线轴网处还存在转动。

2）剪力墙。绘制剪力墙时，首先要绘制出墙体的轮廓线，其次绘出洞口位置，最后将洞口以外的闭合墙体轮廓线内填充涂黑。绘制轮廓线时，直线型的剪力墙可以用“多线”命令绘制，也可以用“偏移”命令由轴线向两侧偏移出来，需要将偏移出来的线条换到墙体图层内，以便管理。对于弧线形的墙体，采用“偏移”命令由轴线向两侧偏移出来。注意：各线条之间的搭接要准确，否则图案填充时计算机容易找不到填充边界。本例中的柱和剪力墙如图 8-17 所示。

（8）墙体绘制

绘制平面墙体之前，设计者需要知道关于墙体的几个参数：墙体的厚度、墙体的形状和墙体的布置位置。其中墙体的布置位置一般是指它相对最近的轴线网格的位置。知道这些参数后，才可以通过一些绘图命令将墙体绘制、布置出来。

绘制过程中，首先绘制出整片墙体的双线，不要管墙上开门窗、开洞口的问题，如图 8-18 所示。单片墙体的绘制方法跟前面提到的一样，在墙体的交接处，用“修剪”“延伸”“倒角”等命令进行修改处理即可。

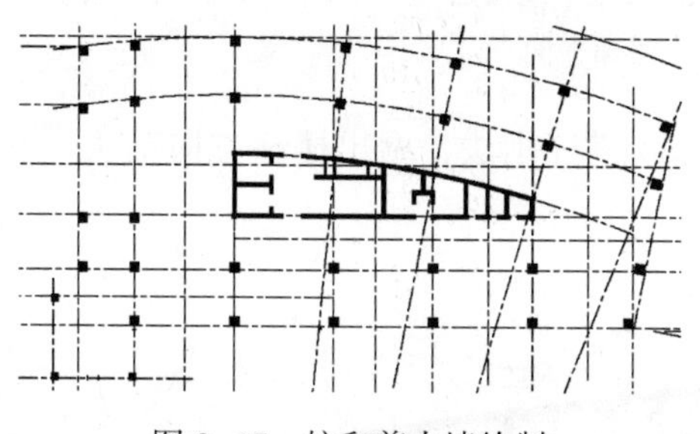

图 8-17　柱和剪力墙绘制

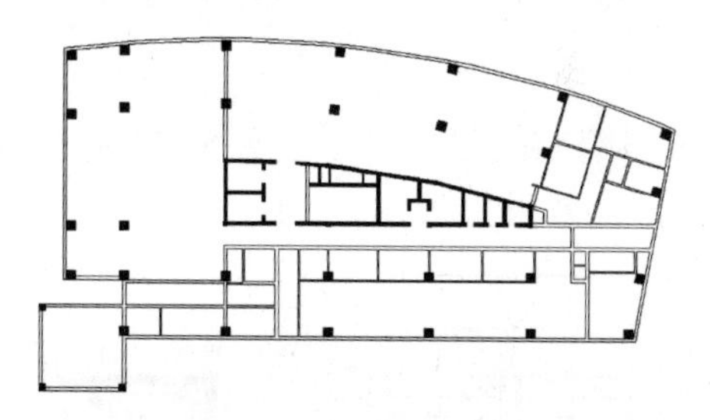

图 8-18　墙体绘制

对于复杂的墙体布置，一般遵循由总体到局部、逐步细化的过程来进行。

（9）门窗绘制

在墙体的基础上，门窗的绘制方法与第 6 章相关内容相同。需要指明的是，对于窗，要事先知道它的宽度和沿墙体纵向安装的位置；对于门，需知道它的宽度、沿墙体纵向安装的位置、门的类型（平开门、推拉门或其他门）及开启方向（向内开还是向外开）；对于洞口，要知道它的宽度、沿墙体纵向安装位置。在不便定位的地方，可以借助辅助线。本例中的门窗如图 8-1 所示。

（10）楼梯、台阶绘制

1）楼梯的绘制需要注意底层、中间层、顶层的楼梯表示方法是不一样的。避免出错的关键在于明白平面图的概念，不同楼层的剖切位置不同，因此从剖切位置向下正投影时看到的梯段也不同，表示方法也不同。本例中涉及的是双跑楼梯，虽然在首层，但下面还有一层地下层，故作中间层的楼梯表示（见图 8-1）。

2）绘制楼梯时，需要知道以下参数：①楼梯形式（单跑、双跑、直行、弧形等）；

②楼梯各部位长、宽、高3个方向的尺寸，包括楼梯总宽、总长、梯段宽度、踏步宽度、踏步高度、平台宽度等；③楼梯的安装位置。

如不采用二次开发软件的楼梯绘制模块，而是直接用AutoCAD绘制，其绘制方法如下(以双跑楼梯为例)。

1）综合应用“直线”“阵列”“偏移”“复制”“修剪”“延伸”“打断”“倒角”等命令绘出图8-19所示的图案。

2）对于中间层的楼梯，在图8-19的基础上增加双剖切线，如图8-20所示，并把剖切线铺盖的部分用“修剪”命令修剪掉，画出楼梯行走方向箭头，标出上下级数说明，效果如图8-21所示。

3）对于底层的楼梯，在图8-21的基础上将多余的部分删除，效果如图8-22所示。

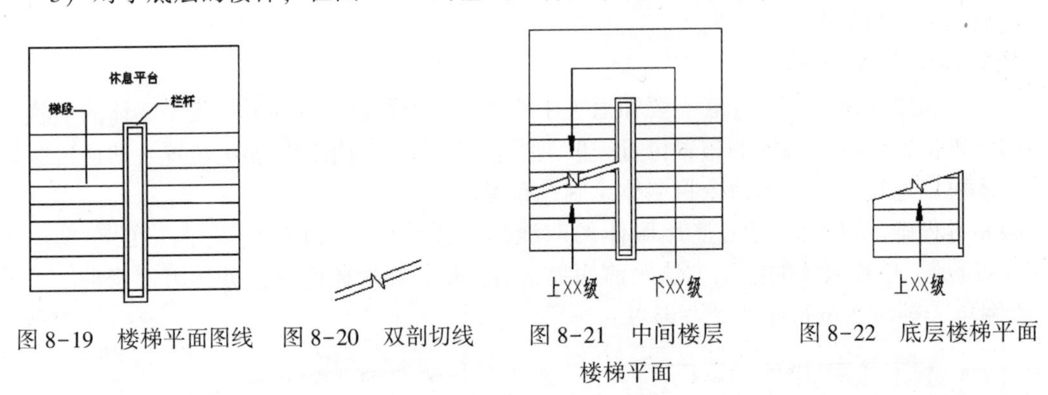

图8-19　楼梯平面图线　图8-20　双剖切线　图8-21　中间楼层楼梯平面　图8-22　底层楼梯平面

4）对于顶层的楼梯，在图8-23的基础上修改栏杆画法，画出楼梯方向箭头，并进行文字标注，效果如图8-24所示。

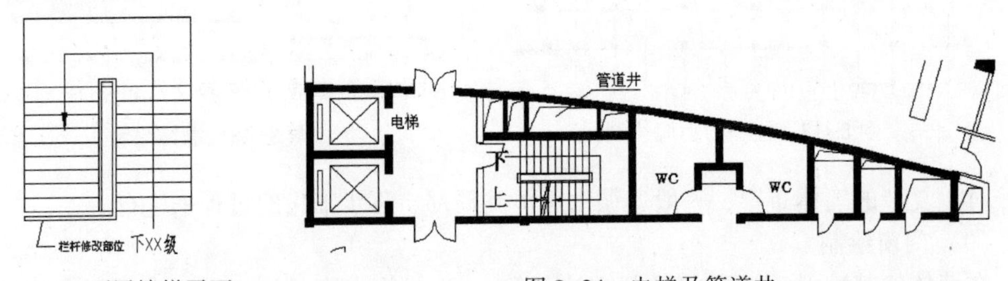

图8-23　顶层楼梯平面　　图8-24　电梯及管道井

有关台阶的画法，在已知几何尺寸、相对位置的前提下，以同样的方法绘制即可。

(11) 其他

在本例中，设计者还需表示出电梯符号及管道井的符号，如图8-24所示。

至此，建筑平面部分的绘图就完成了，下面介绍室内设计部分。

8.2.2 一层平面功能流线分析

为了把握大堂区域的功能布局，设计者应对一层平面进行功能及流线分析，效果如图8-25所示。通过功能分析，既可以领会建筑师的设计意图，也可以为下一步室内布局做好准备。

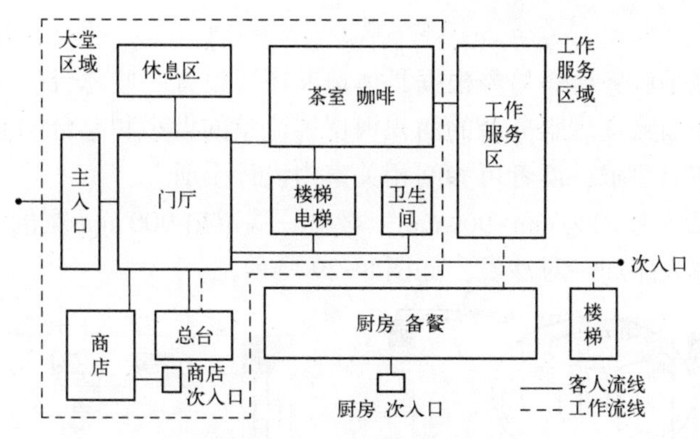

图 8-25 功能流线分析图

8.2.3 大堂平面布局

建议将室内家具、陈设单独设置图层放置，前面章节介绍了大量图层设置管理的内容，设计者可以根据其思路来思考本例的图层设置。在一些二次开发应用软件中，计算机会根据平面图图元类别自动生成不同的图层。

1. 休息区布局

根据功能流线分析，设计者应将休息区布置在图 8-26 所示的位置。在休息区内，设计者需要布置沙发、茶几、书报杂志陈设以及绿化设施等，使得客人在此空间内可以短暂休息、等候或谈话等。

在选择家具时，设计师一般应从大小尺度、材料质感、风格品位、购买价位等方面综合考虑确定。本例中的家具基本采用直接购置的方式。

掌握了家具绘制的基本方法后，设计者在实际室内设计中没有必要每个家具都去从头绘制其图样。常规做法是：平时注意收集整理一些各种风格样式家具的平面、立面的图样，做成图块，在平面布置时直接调用。不少二次开发软件里都集成了许多这样的图块。在插入图块时，设计者可根据设计需要对图块的大小、方向等进行调整或者作局部修改。对于设计师独创的家具式样，则要从头绘制。

本例的沙发、茶几、绿化盆景就是调用图块的方式完成的，而杂志架、屏风则是直接绘制的，效果如图 8-27 所示。休息区布置考虑了不同人群对于同一个休息空间的需要，其空间分析如图 8-28 所示。

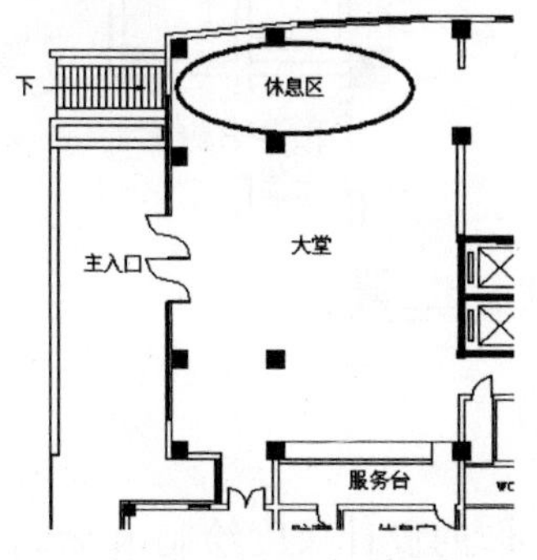

图 8-26 休息区的选择

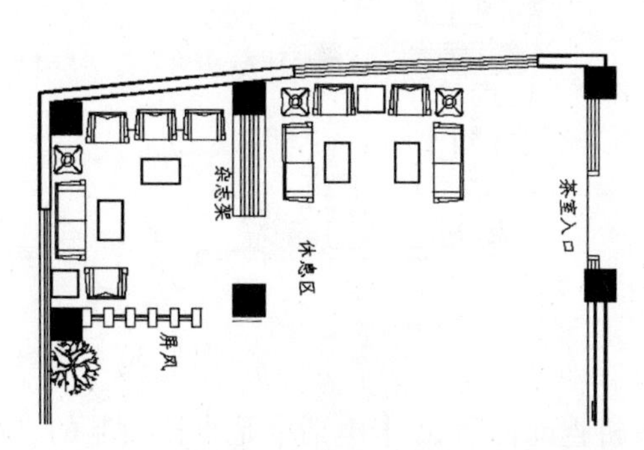

图 8-27 休息区布置

2. 总台区布局

总台的主要设施是服务台，另外根据具体情况还要设置一些总台的辅助用房，例如，本例中设置了休息室和储藏室。服务台的面积根据客流量的大小和总台的业务种类来确定，对于更具体的尺度和布局要求，读者可参阅相关室内设计手册。

本例服务台的尺寸为6200 mm×900 mm，靠里一端留出900 mm宽的工作人员进出通道。休息室内布置一张单人床和一对沙发，如图8-29所示。

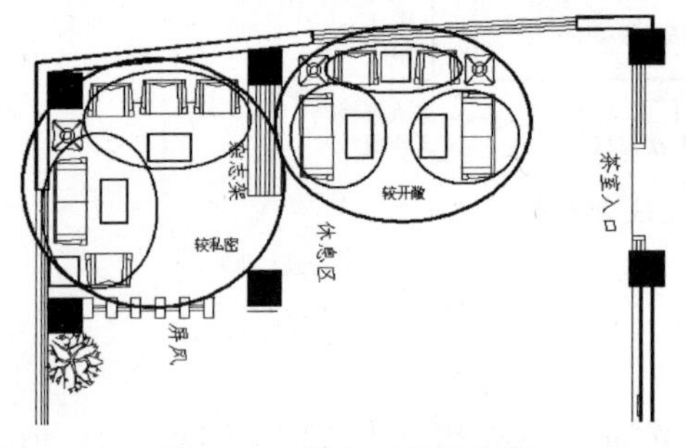

图8-28 休息区空间分析

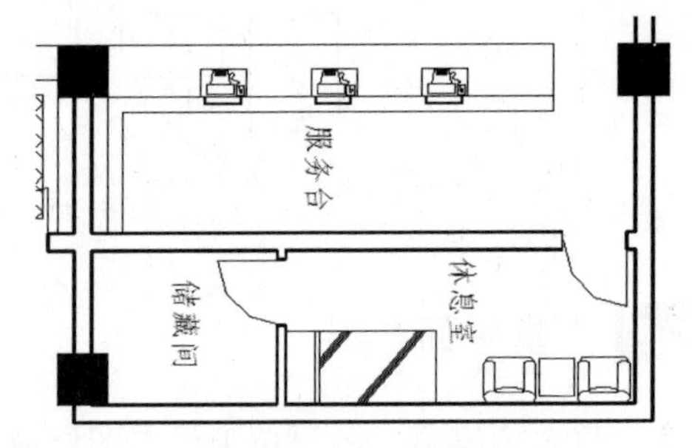

图8-29 总台区布置

1）服务台的绘制可以用“直线”或“多短线”命令以涂黑的柱角为起点，然后输入相对坐标来完成。

2）台面上的“计算机”图案可以从图库中插入，也可以自己绘制。

3. 其他布局

为了方便客人，大堂中还布置了计算机查询台、IC卡电话亭等设施。布置这些设施也要综合考虑人流情况和功能特征，以确定它在大堂内的合理位置，不能随意布置。如图8-30所示，计算机查询台布置在大厅里两根柱子下，便于使用，也不会影响到人流通过；IC卡电话亭布置在大厅靠商店的一角，既避免了其他人流对通话的干扰，也避免了通话声音对其他需要相对安静的区域的干扰。

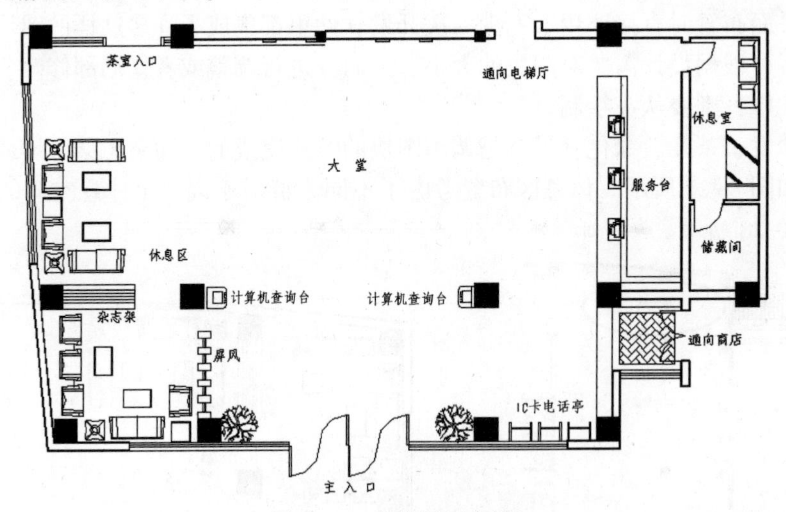

图8-30 大堂平面布置

计算机查询台和IC卡电话亭是直接绘制的。根据它们的设计尺度绘制出一个，再复制出另外几个。

至此，大堂室内的平面布置就结束了。

8.2.4 地面材料及图案绘制

本例采用尺寸为700 mm×700 mm的花岗石铺地，中间设计一些铺地图案，如图8-31所示。首先，将“家具陈设”图层关闭，绘制出铺地网格；其次，绘制出中间的地坪拼花图案，它与网格重叠相交的部位要进行修剪、删除、打断等处理；最后，打开“家具”图层，将重叠部分去掉。同样，设计者也可以单独绘制一个地面材料平面图。

地坪拼画图案如图8-32所示，它由不同颜色的大理石切割拼贴而成。绘制方法如下。

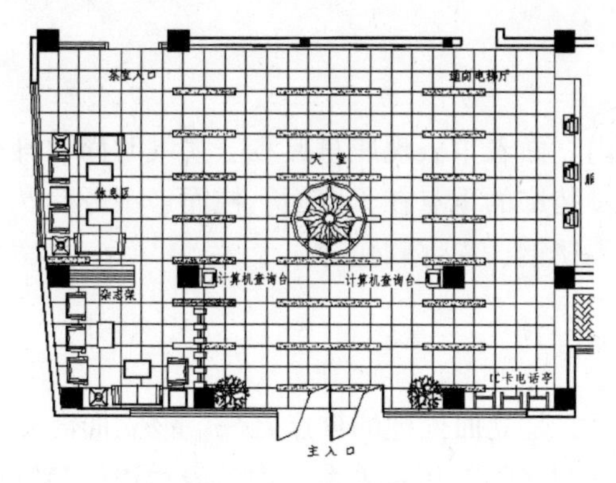

图8-31 大堂铺地

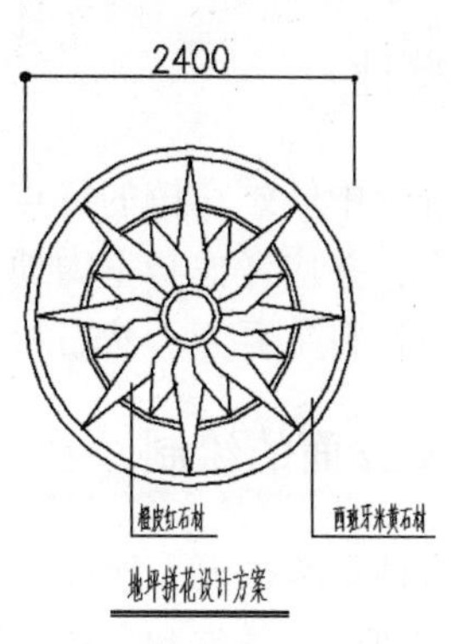

图8-32 地坪拼花图案

1）绘几个同心圆。

2）观察剩余图案重复出现的规律，首先绘出基本图元，其次由基本图元“环形阵列”而得到，设置项目总数为“8”，填充角度为“360”，效果如图8-33所示。

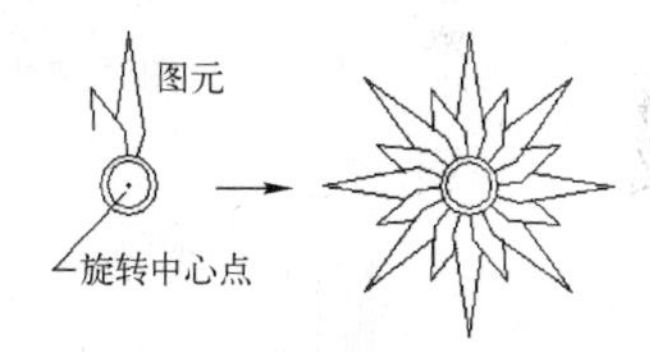

图8-33 地坪图案形成示意

8.2.5 文字标注、尺寸标注及符号标注

对室内平面图进行文字标注、尺寸及符号标注，完成后的大堂室内平面图如图8-34所示。

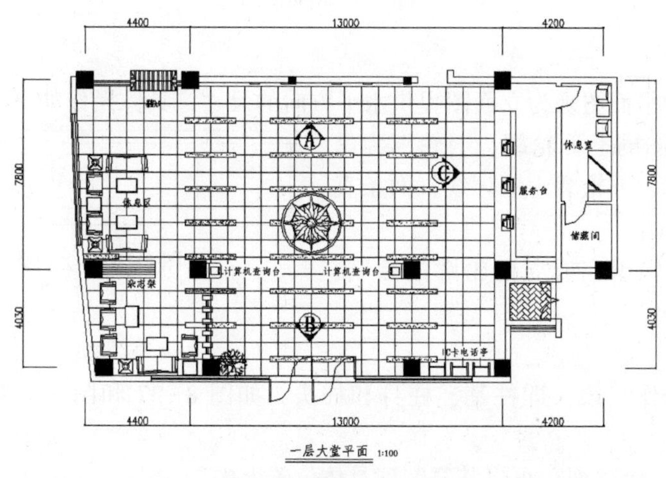

图8-34 大堂室内平面图

8.3 大堂室内立面图的绘制

本节思路

本章中介绍了用 AutoCAD 2018 绘制立面图的方法，而大堂室内立面图的绘制，虽然比居室要复杂得多，但两者的基本思路还是一致的。本节将依次介绍 A、B、C 这 3 个主要室内立面图的绘制要点。

8.3.1 概述

为了符合中转站宾馆的特点，本例室内立面着重表现庄重典雅、大气时尚、具有现代感的设计风格，并应考虑与室内地面的协调。装饰的重点在于墙面、柱面、服务台及其交接部位，采用的材料主要为天然石材、木材、不锈钢、局部软包等。

8.3.2 A 立面的绘制

A 立面是宾客走入大厅迎面看到的墙面，是立面处理的重点之一。该立面需要表达的内容有柱面、墙面、茶室和过道入口立面及它们之间的相互关系。为了表示边柱与维护墙的关系，采用剖立面的方式绘制该墙面，如图 8-35 所示。

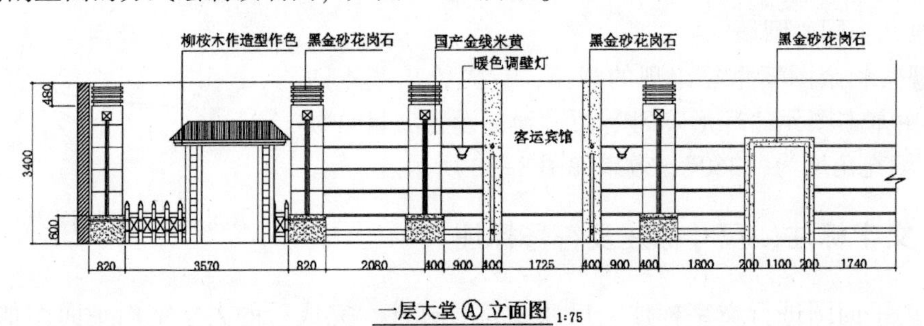

图 8-35 A 立面图

1. 立面轮廓

设计者可借助平面图来为立面图提供水平方向的尺寸，具体操作如下。

1）绘出立面图的上下轮廓，上轮廓为吊顶面与墙面的交线，下轮廓为地坪线，两条直线的间距为 3400 mm。

2）结合所学知识完成立面轮廓的绘制，效果如图 8-36 所示。

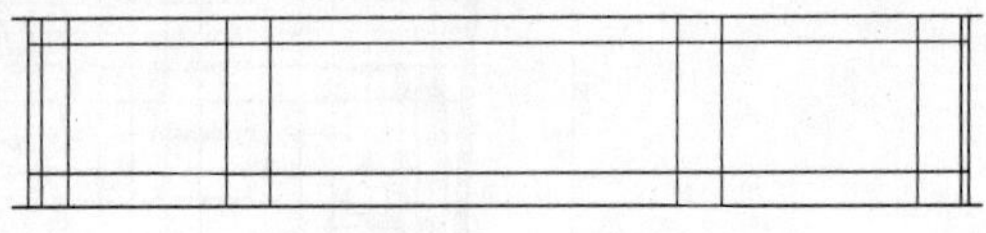

图 8-36 绘制立面轮廓

2. 柱面

柱面的装饰分作三段，即柱基、柱身和柱头，如图 8-37 和图 8-38 所示。具体操作如下。

1）先绘制出一个柱面，再将其复制到具体位置上去。

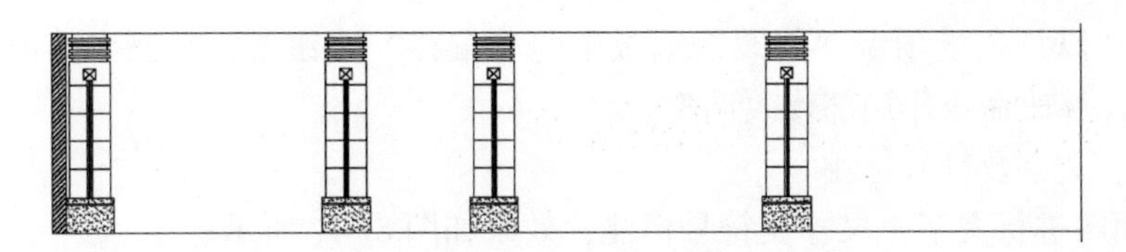

图 8-37　A 立面中的柱面

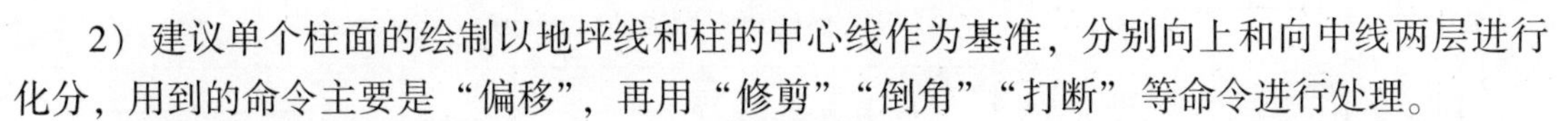

2）建议单个柱面的绘制以地坪线和柱的中心线作为基准，分别向上和向中线两层进行化分，用到的命令主要是“偏移”，再用“修剪”“倒角”“打断”等命令进行处理。

3. 茶室及过道入口立面

（1）茶室入口立面

为了体现茶文化的风格，茶室入口处用柳桉木做一个中国仿古造型的门洞，门洞两侧设竹制栏杆，让大厅里的宾客能够看到茶室内的情景，如图 8-39 所示。

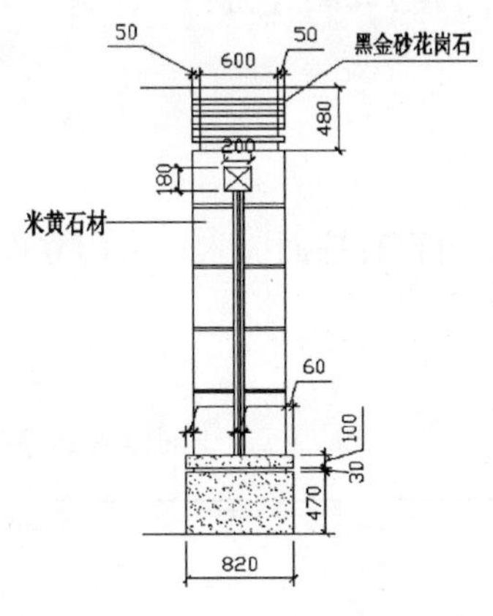

图 8-38　柱面细部

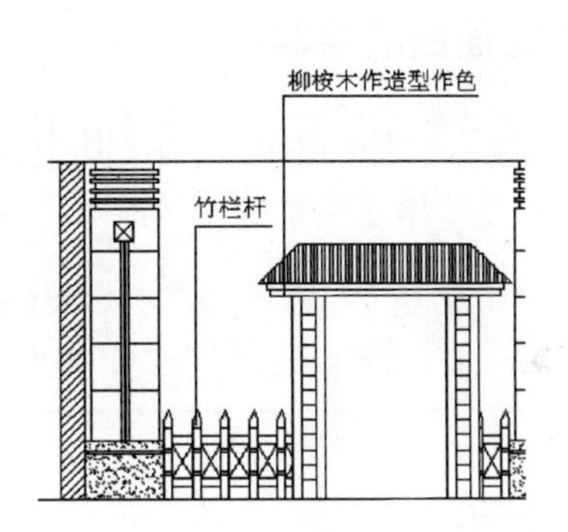

图 8-39　茶室入口立面

具体操作为：首先，门洞部分注意借助辅助线定位；其次，栏杆部分先绘制出一个单元，再阵列出其他部分；最后，将不需要的部分删除。

（2）过道入口立面

该过道通向楼梯间、电梯间和一层卫生间。采用黑金砂花岗石镶嵌门洞，如图 8-40 所示。具体操作为：单击“默认”选项卡“绘图”面板中的“多段线”按钮，绘制出倒“U”型的外框，然后单击“默认”选项卡“修改”面板中的“偏移”按钮，向内偏移两次，最后进行图案填充。

4. 墙面

墙面也是 A 立面的重点。设计者应在墙面的中部设计一个宾馆名称及欢迎词的标识，以提醒客人的注意，并加深顾客对宾馆的印象。为了突出该部分，在其两侧分别设一个暖色调壁灯。其他部位根据柱面的竖向分割规律进行墙面划分。采用的装饰材料主要为黑金砂花岗石和米黄色花岗石，效果如图 8-41 所示。

具体操作如下。

1）绘制出中间宾馆的名称部分，采用辅助线定位。

2）由柱面的分隔线水平引出墙面分隔线，将分隔线与柱面重叠处修剪掉。

3）单击“默认”选项卡“修改”面板中的“偏移”按钮，复制出其他水平线。

4）用相关修改命令作局部修改调整。

5）尺寸、文字及符号标注。

对A立面图进行文字、尺寸及符号标注，效果如图8-41所示。

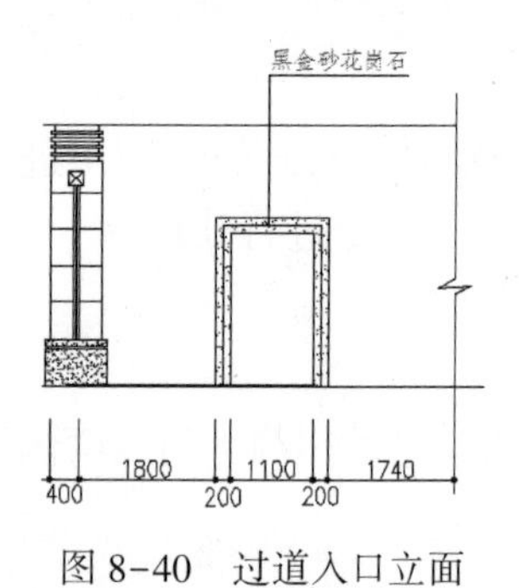

图8-40 过道入口立面

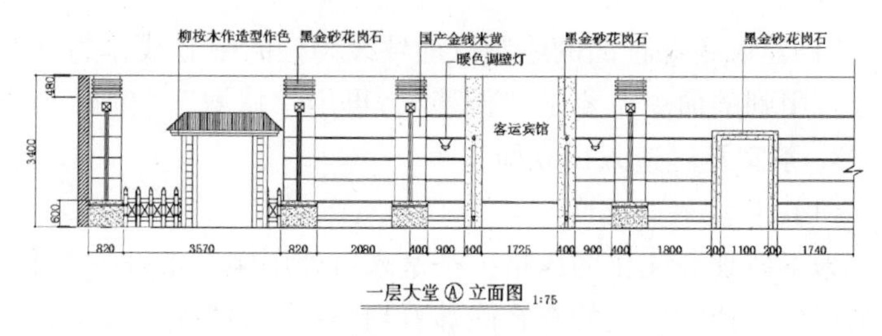

图8-41 墙面

8.3.3 B立面图的绘制

B立面是主入口处的室内墙面，其中需要表达的内容有柱面、入口大门立面、墙面、玻璃窗、电话亭及其相互关系等，效果如图8-42所示。

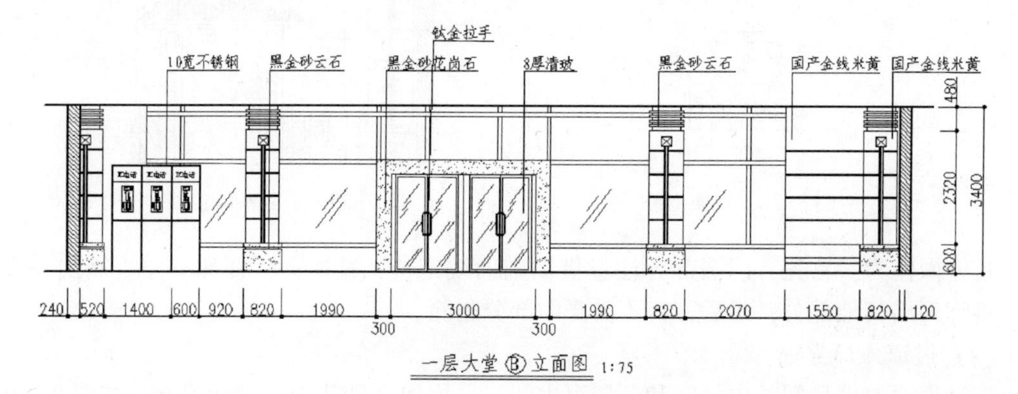

图8-42 B立面图

1. 柱面

该柱面的装饰与A立面相同，绘制方法也相同。将A立面的柱面复制到B立面即可，如图8-43所示。

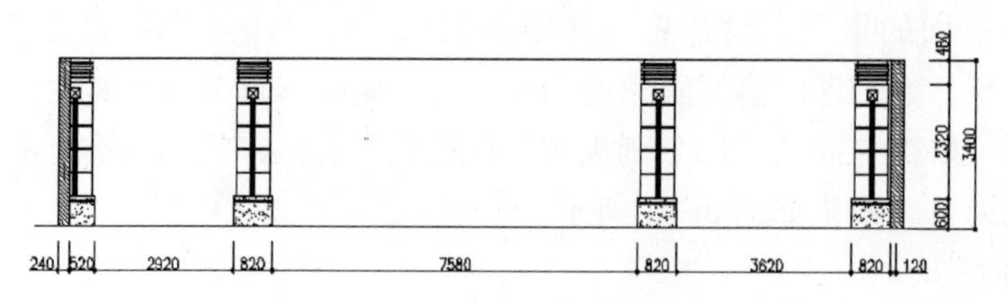

图8-43 B立面中的柱面

2. 大门立面

该大门形式为两道双开不锈钢玻璃弹簧门，门框挂黑金砂花岗石板装饰，如图 8-44 所示。

具体操作如下。

1）由平面引出门洞位置控制线，单击“默认”选项卡“绘图”面板中的“多段线”按钮，绘制出内门框线，偏移出外门框线，偏移距离为 300 mm，最后对门框进行图案填充。

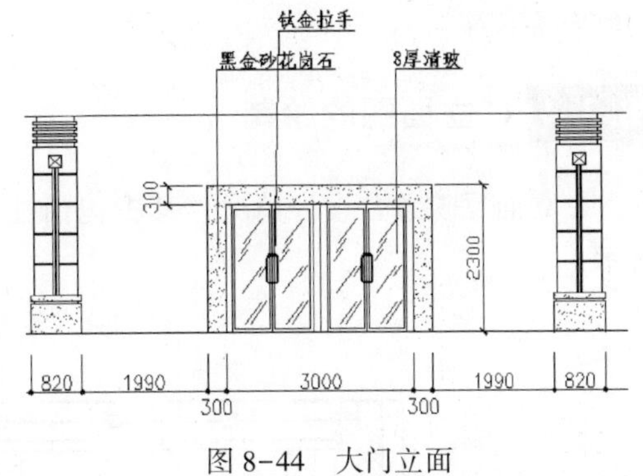

图 8-44　大门立面

2）事先设计好门的尺寸。先绘制出一扇门，然后单击“默认”选项卡“修改”面板中的“镜像”按钮，完成门的绘制，效果如图 8-45 所示。

3）在玻璃上加斜线。

3. 电话亭立面

电话亭立面如图 8-46 所示。

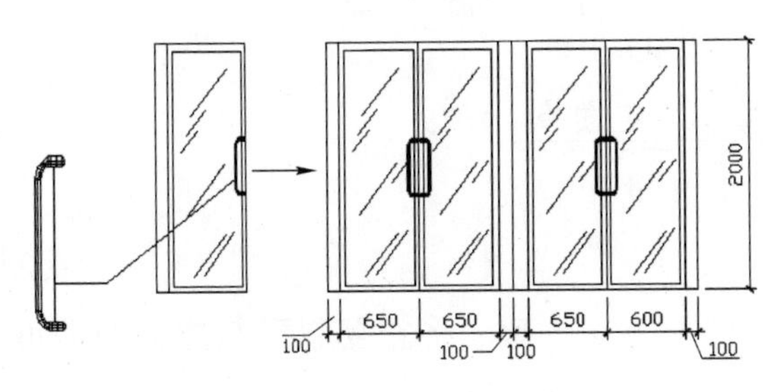

图 8-45　大门绘制示意

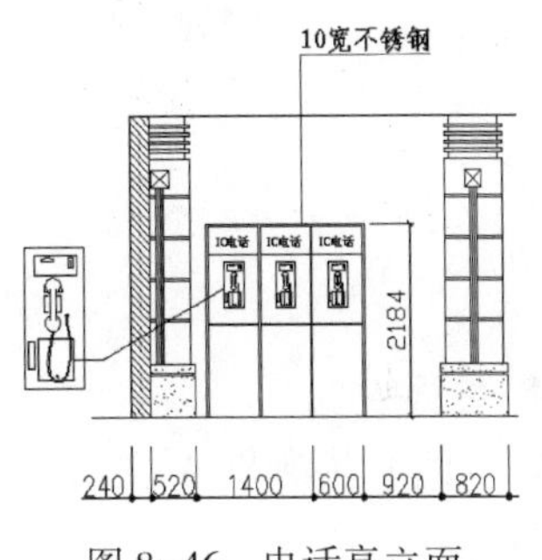

图 8-46　电话亭立面

首先根据图 8-46 中的尺寸绘制出单个电话亭的图案，其次绘制出电话的图案，最后利用“复制”或“镜像”命令将它们组合在一起。

4. 窗及墙立面

该墙面上大部分面积为铝合金窗，立面玻璃窗的绘制可以参照建筑施工图并结合现场了解的情况绘制。剩下的墙面装修做法同 A 立面，如图 8-47 所示。

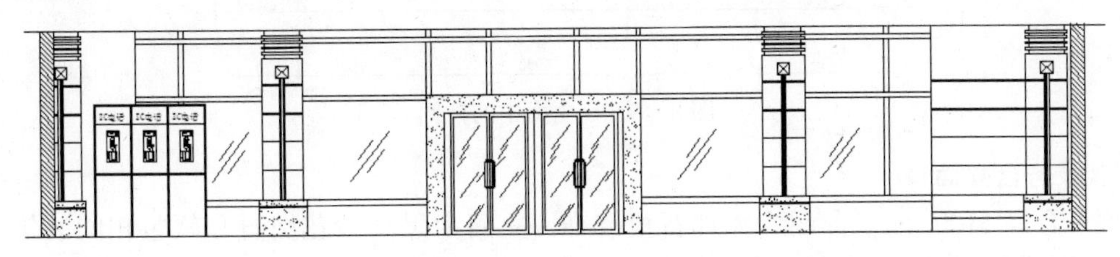

图 8-47　窗及墙立面

具体操作为：确定好窗的尺寸后，用“直线”“偏移”“复制”等命令完成。墙面做法从 A 立面图上复制过来修改。

5. 尺寸标注、文字标注及符号标注

对 B 立面图进行文字标注、尺寸及符号标注，如图 8-42 所示。至此，大堂 B 立面图的绘制就完成了。

8.3.4 C立面图的绘制

C立面反映总台设计情况，其中包括柱立面、服务台立面、墙立面等内容，如图8-48所示。

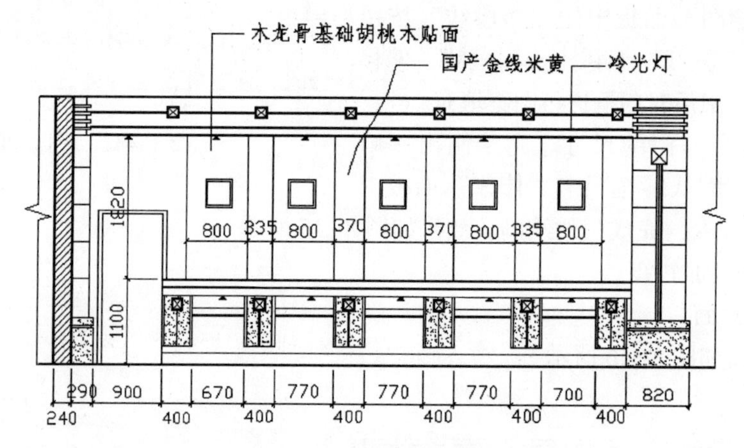

图8-48 C立面图

1. 柱面

该柱面的装饰与A立面的柱面相同，绘制方法一致。将它复制到C立面中即可，如图8-49所示。

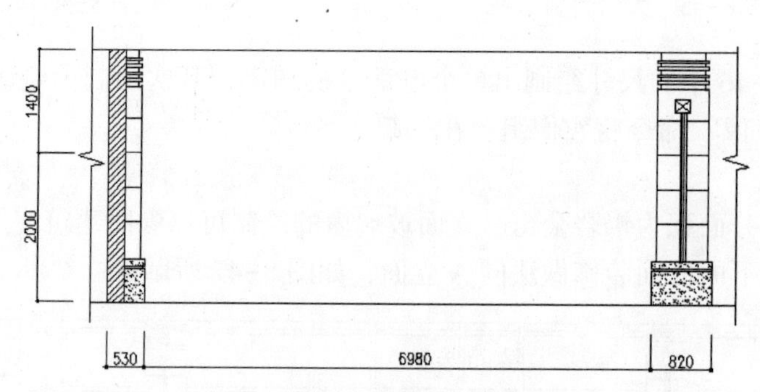

图8-49 C立面中的柱面

2. 服务台立面

服务台高1100mm，台面为大理石板装饰，立面为黑金砂花岗石和软包相间装饰，如图8-50所示。为了便于理解服务台的绘制，先给出它的剖面图，如图8-51所示。

具体操作如下。

1）单击“默认”选项卡“绘图”面板中的“直线”按钮，绘制出服务台的轮廓。

2）单击“默认”选项卡“修改”面板中的“偏移”按钮，由台面线向下复制出大理石台面线脚、装饰木条线和踢脚线。偏移距离如图8-50和图8-51所示。

3）绘制出立面花岗石装饰块（图8-50所示中的大样图），单击“默认”选项卡“修改”面板中的“复制”按钮，将其复制到相应位置上去。

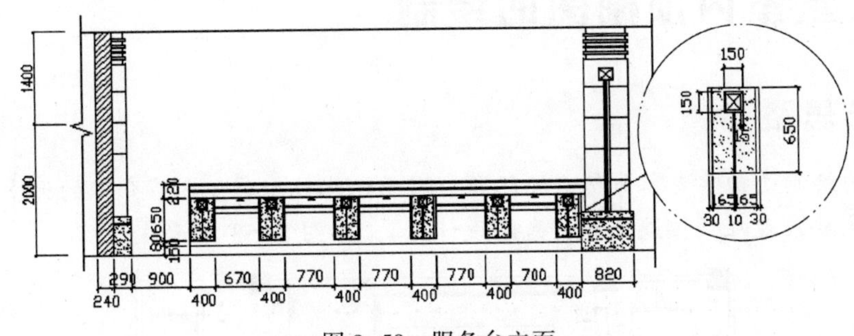

图 8-50　服务台立面

4）将与花岗石装饰块重复的装饰线修剪掉。

5）绘制射灯。

3. 墙立面

服务台后的墙面上采用木龙骨基础胡桃木贴面和米黄色石材相间装饰，墙面顶部 500 mm 高处以木龙骨基础胡桃木贴面的横向装饰；墙面装饰层上挂时钟，反映全球主要城市的时间，效果如图 8-52 所示。

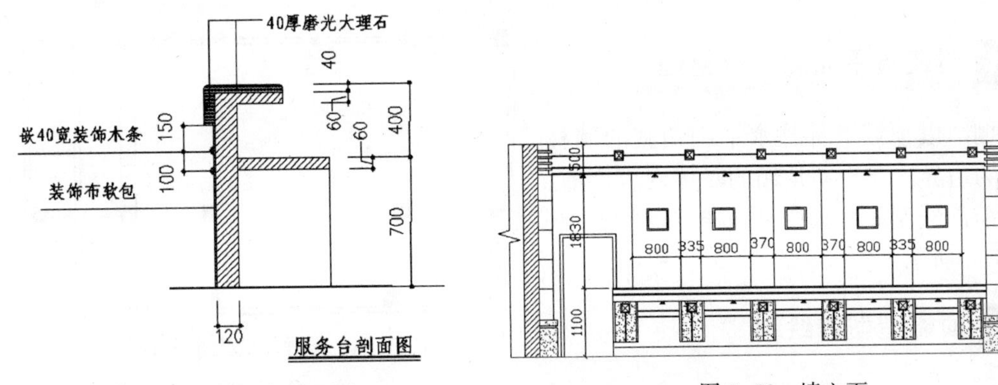

图 8-51　服务台剖面图　　　　图 8-52　墙立面

具体操作如下。

1）单击“默认”选项卡“绘图”面板中的“直线”按钮和“修改”面板中的“偏移”按钮，绘制上部横向胡桃木贴面装饰。

2）绘制中部的装饰分隔线。

3）绘制钟表，并将其复制到其他位置上。

4）从服务台处复制方块装饰图案到墙面上，并将其布置好。

5）从服务台处复制射灯图案到墙立面上。

6）单击“默认”选项卡“绘图”面板中的“多段线”按钮和“修改”面板中的“偏移”按钮，绘制休息室的门立面。

4. 尺寸、文字及符号标注

对 C 立面图进行文字、尺寸及符号标注，如图 8-48 所示。至此，大堂 C 立面图的绘制就完成了。

8.4 大堂室内顶棚图的绘制

本节思路

顶棚图的绘制是初学者容易忽略的问题，因而也比较生疏。本节介绍的大堂顶棚图相对比较复杂（主要表现在顶棚造型和灯光的设计上），如图 8-53 所示。

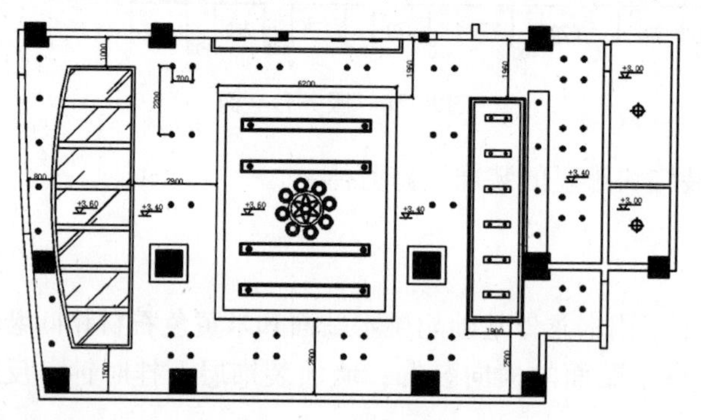

图 8-53 大堂顶棚图

8.4.1 对建筑平面图进行整理

顶棚图以顶棚下部被水平剖切到的墙柱截面作为边界。在绘制顶棚的具体内容之前，需要将前面绘制好的大堂平面布局进行整理，如图 8-54 所示。

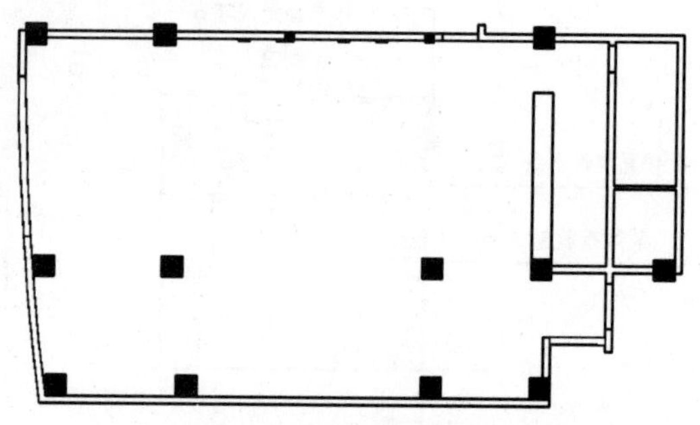

图 8-54 整理后的大堂平面图

8.4.2 顶棚造型的绘制

本例顶棚采用轻钢龙骨石膏板吊顶，如图 8-55 所示，设计者在设计时应考虑到如下几个方面的因素。

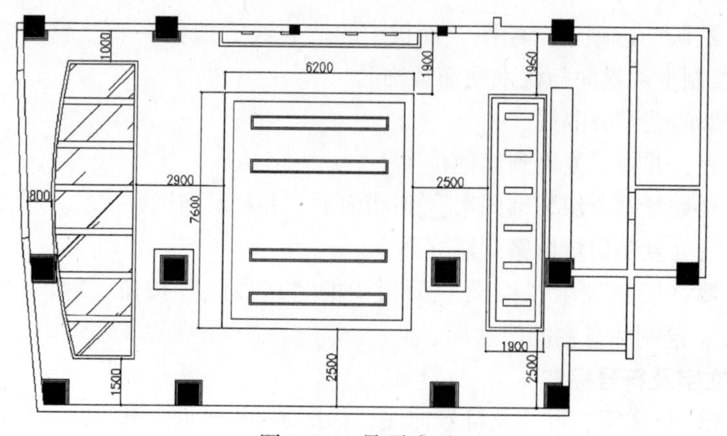

图 8-55 吊顶造型

1）顶棚造型与室内不同功能区对应而有变化。

2）突出门厅部位的中心位置。

3）兼顾休息区、总台部位的空间效果要求。

4）注意墙、柱与吊顶边界的搭接、过渡处理。

5）结合人工照明设计，使顶棚增色。

6）力图体现大气时尚、庄重典雅的特征。

1. 绘制柱边的装饰线

1）单击“默认”选项卡“绘图”面板中的“多段线”按钮，沿柱截面周边画一个圈，如图8-56a所示，图中显示的是多段线被选中的状态。

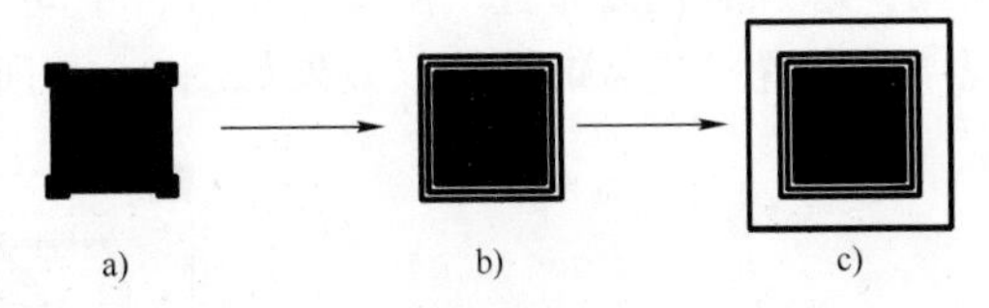

图8-56　柱边装饰线的绘制

2）单击“默认”选项卡“修改”面板中的“偏移”按钮，将多段线向外偏移两次，偏移距离均为50 mm，效果如图8-56b所示，这就是边柱处的装饰线。

再由外圈向外偏移200 mm，得到图8-56c所示的图案，这是中柱处的装饰线。

最后将它们复制到对应的位置上去，对于不需要的部分，用“修剪”命令修剪处理。

2. 其他吊顶的绘制

以门厅上部的吊顶为例。门厅上部的吊顶标高为3.6 m，水平尺寸7600 mm×6200 mm，它位于大门中心线上，与外墙内边缘的距离为2500 mm。设计者应先根据这个条件辅助线，效果如图8-57所示。

辅助线绘制的方法为：以两根柱子相邻的两个角点为端点绘出直线1；捕捉直线1的中点绘出直线2；由直线1偏移2500 mm绘出直线3；由直线3偏移7600 mm绘出直线4；由直线2分别向左和向右偏移3100 mm绘出直线5和直线6，这样，就可以用“矩形”命令和“偏移”命令绘出吊顶的轮廓及反光灯带（内圈），效果如图8-58所示。

1）关于灯槽，绘制一个4500 mm×400 mm的矩形，向内偏移50 mm表示其厚度，即得到灯槽图样。

2）为了便于灯槽定位，在灯槽上绘制出交叉的中心线。将第一个灯槽移动到图8-59所示中的位置1，再由灯槽1上向复制出灯槽2；执行“镜像”命令，将灯槽1、2选中，捕捉反光灯带横向的两个中点确定镜像线，从而得到上面的两个灯槽3和灯槽4。

总之，对于吊顶构成元素的绘制，不存在太大困难，为节约篇幅，其他部位吊顶的画法不再一一讲述。

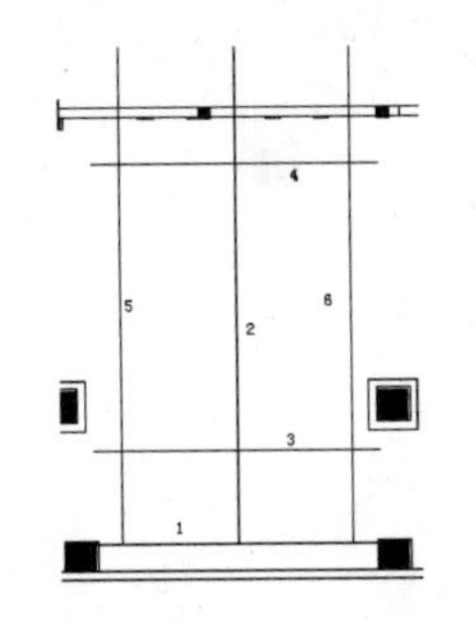

图8-57　门厅吊顶绘制辅助线

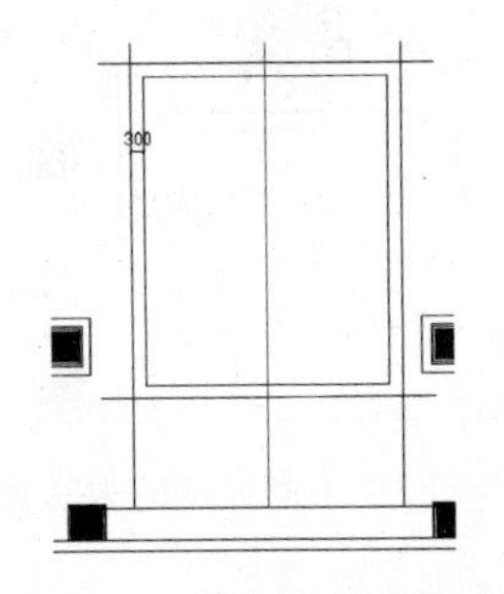

图8-58　绘制出吊顶轮廓

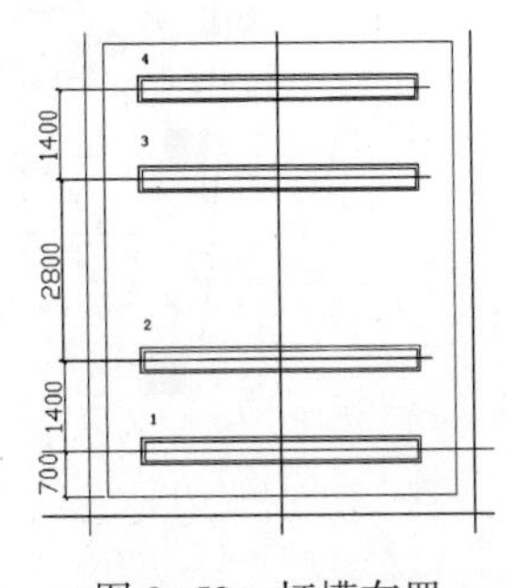

图8-59　灯槽布置

8.4.3 灯具布置

本例中的灯具包括中央艺术吊灯、反光灯带、发光顶棚、筒灯、吸顶灯、冷光灯等，它们的图例如图 8-60 所示。虽然灯具较多，但是均有规律可循。门厅上部中央设一个艺术吊灯，吊顶周围为一圈内藏的反光灯带，其他部分布置长条形灯槽；休息区顶部设置一片发光顶棚；总台前上方布置一圈反光灯带，中间部分设置灯槽。除这些部位以外，设计者还应有规律地布置一些装饰筒灯，效果如图 8-61 所示。

	艺术吊灯		冷光灯
	筒灯		反光灯带
	吸顶灯		发光顶棚

图 8-60 灯具图例

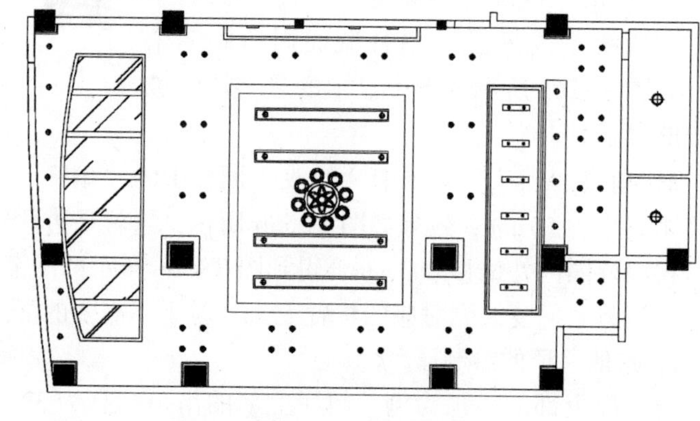

图 8-61 灯具布置

具体操作如下。

1）找出灯具布置的规律性，找出它与周边墙体、构件的关系，借助辅助线初始定位。

2）对重复出现的灯具或灯具组，采用“复制”“矩形阵列”等命令进行快速布置。

8.4.4 尺寸标注、文字标注及符号标注

对顶棚图进行文字标注、尺寸标注及符号标注，如图 8-62 所示。至此，大堂顶棚图的绘制就完成了。

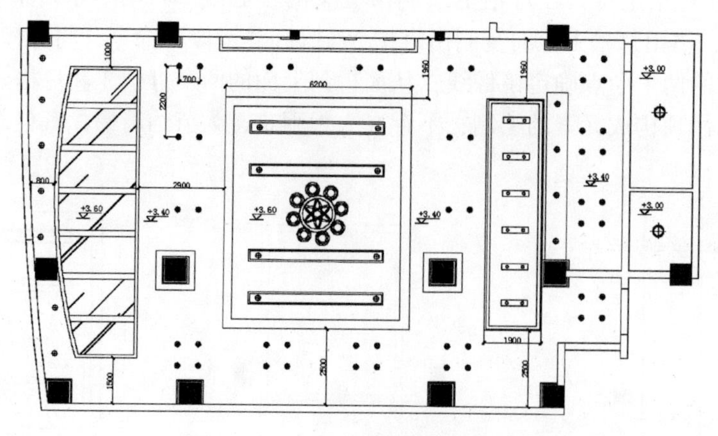

图 8-62 绘制完成的大堂顶棚图

第9章　宾馆客房室内设计图的绘制

知识导引

本章介绍宾馆客房部分的室内设计图。客房是宾馆的重要组成部分，是宾客休息的场所。本例中的客房设有标准间和套间，标准间又有单床和双床之分。本章的介绍体例与前面章节基本一样，在此需要说明的一点是，除了介绍客房标准层的总体布局外，由于标准间和套间的室内设计基本相同，因此，本章重点以一个标准间为例介绍其平面图、立面图、顶棚图的绘制。

内容要点

- 客房室内设计要点及实例简介
- 客房室内平面图的绘制
- 客房室内立面图的绘制
- 客房室内顶棚图的绘制

9.1　客房室内设计要点及实例简介

本节思路

本节从客房的总体特征、功能及类型、家具陈设及布置、空间尺度要求、室内装修特点、室内物理环境等几个方面简明扼要地介绍客房的设计要点。

9.1.1 客房的总体特征

客房是宾馆中为客人提供生活、休息场所和完成简单工作业务的私密性空间，它是宾馆的主要组成部分。除了保证私密性以外，客房还应具有舒适、亲切、安静、卫生等特点，也是体现宾馆档次的重要因素。在宾馆中，为了给客人提供一个良好的生活环境，客房一般布置在相对安静并具有良好室外景观的位置上，当然也要考虑到与其他公共区域（如餐厅、大堂、娱乐保健等）的联系，便于客人获得宾馆服务。

9.1.2 客房的功能及类型

客房的主要功能是为客人提供睡眠、休息、洗浴以及会客、谈话、简单饮食、整装打扮、简单业务处理及储藏等，其功能关系如图 9-1 所示。

客房根据其接待能力的不同，分为单人间、双人床间、标准双人间和套间。顾名思义，单人间内设有一张单人床，双人床间设有一张双人床，标准双人间设有两张单人床，套间则是指在卧室、卫生间的基础上增加起居室、厨房、书房、餐厅等形成一套类似住宅的个人专用的房间。

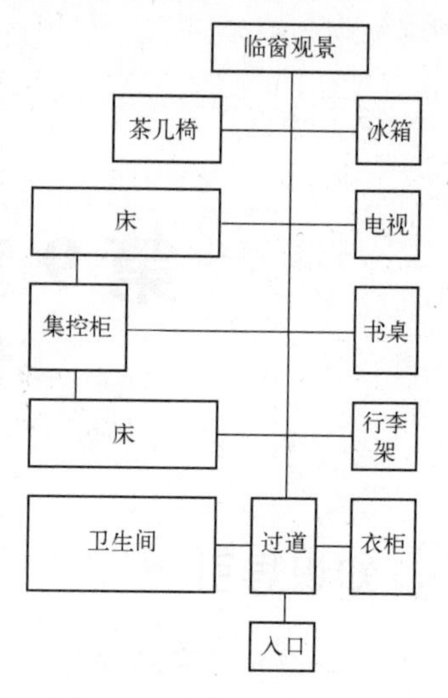

图 9-1 客房的功能关系

9.1.3 家具陈设及布置

不同等级标准的客房，家具陈设的内容和档次会存在一些差异，但是对于一般的标准双人间，一般都设有下列家具。

1）卧室部分。床、床头集控柜、电视柜、电视机、书桌及椅子、桌前镜子、行李架、冰箱、椅、茶几及落地灯等。

2）卫生间部分。坐便器、梳妆台、台前镜子、洗脸盆、浴缸及淋浴喷头、浴帘等。最常见的客房一般在入口过道的一侧布置衣柜，另一侧为卫生间；床依入口斜对面的墙面布置，而行李架、书桌、电视柜等依床对面的墙体布置；椅、茶几布置在靠窗一侧，如图 9-2 所示。

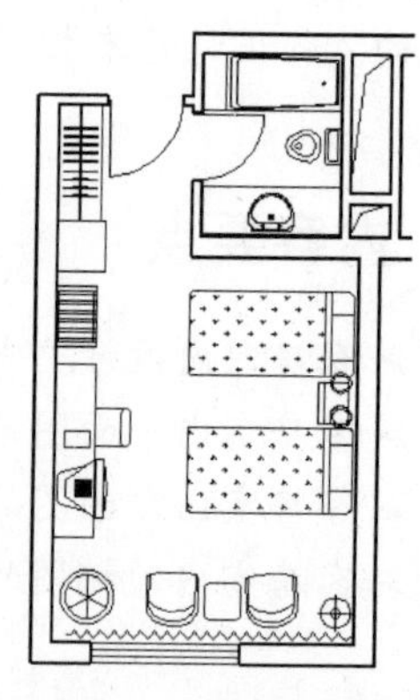

图 9-2 标准间双人室内布置示意图

9.1.4 空间尺度要求

1. 净高的规定

对于客房卧室部分，在设置空调时，最小净高不应低于 2.4 m；在不设置空调时，最小净高不应低于 2.6 m。客房内卫生间、过道和客房公共走道最小净高不应低于 2.1 m。

2. 门洞

客房入口门洞宽度不应小于 0.9 m，高度不应小于 2.1 m；卫生间门洞宽度不应小于 0.75 m，高度不应小于 2.1 m。

3. 家具及布置尺度要求

对于家具及布置尺度要求，设计者可以根据具体工程情况查阅相关设计手册及规范。

9.1.5 室内装修特点

为了体现舒适温馨、美观宜人的效果，在较高级（例如三星级以上宾馆）的客房地面要求满铺设地毯或木地板，墙面贴墙纸或涂刷浅色涂料，比如白色乳胶漆，色彩多以高明度、低纯度为主；至于顶棚，则根据层高的大小可采取吊顶或不吊顶两种方式，表面宜采用高明度的材料。家具、织物的色彩及材质宜淡雅、大方，要与室内整体色彩相协调。客房过道地面材料常采用地毯，以减小脚步声、推车声等噪声对客房内的干扰。

9.1.6 室内物理环境

1. 光环境设计

在白天，室内应尽量利用天然光，同时注意窗帘的遮阳作用。人工照明分为整体照明和局部照明。整体照明可设置中央吸顶灯，但不少客房不设此灯，而多采用局部照明。局部照明包括床头摇臂壁灯、脚灯、书桌上的台灯、镜前灯、落地灯、入口过道处的顶灯和壁灯、卫生间内的顶灯和镜前灯等。

2. 热工环境和声环境

客房内一般都要设置排风扇进行人工通风，在自然通风效果不好的房间，这显得尤为重要。在选择装修材料和构造做法时，设计者应考虑室内保温、隔热及隔声、降噪等因素。

9.2 客房室内平面图的绘制

本节思路

本节首先简单介绍了客房标准层建筑平面图的绘制途径，其次介绍了客房标准层室内平面的总体布局。在总体布局的基础上，本节依次介绍了标准间、套间、会议室、过道等部分室内设计平面图的绘制，最后以这些局部的平面图组合成客房室内平面图，如图9-3所示。

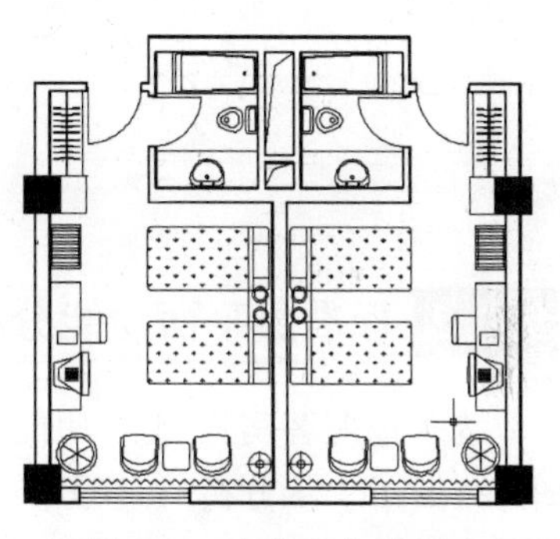

图9-3 客房室内平面图

9.2.1 建筑平面图的绘制

宾馆标准层建筑平面图不需要从头绘制，只需调出一层建筑平面图，然后对存在差异的地方进行修改、补充就可以了。

本例标准层与一层的柱网尺寸和中间部分的剪力墙结构是相同的，而填充墙体的分隔却是不同的，如图9-4所示。

具体操作如下。

1）打开“一层建筑平面图”，将其另存为“标准层建筑平面图”。

2）保留基本轴线网格、柱、剪力墙、电梯、楼梯等部分，将不需要的墙体、门窗、入口台阶等删除。

3）寻找标准层平面构成规律，补充新增墙体处的轴线。

4）根据墙体的形状、尺寸沿轴线绘制出墙体，同时注意处理好新旧墙体的交接问题。

注意：新增加的内容应该绘制到对应的图层中去，以便后续绘图工作中对图层的管理。

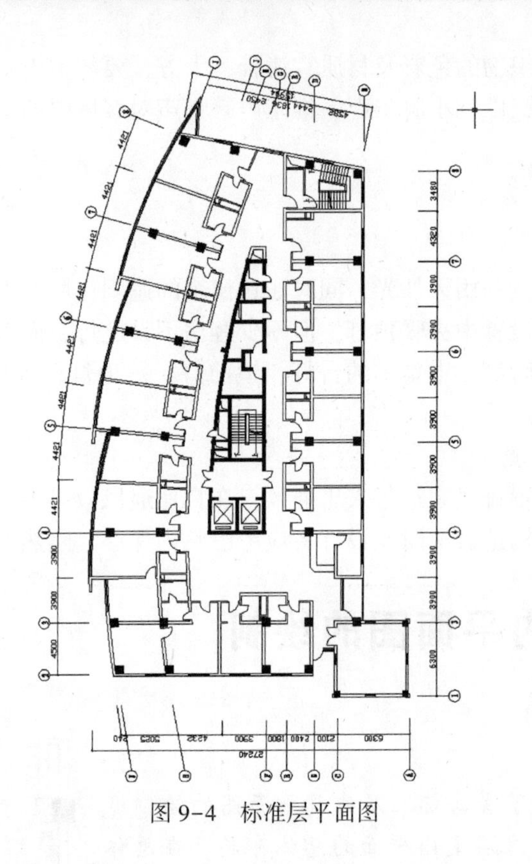

图 9-4 标准层平面图

9.2.2 标准层平面功能分析

为了把握客房区域的功能布局，设计者应对客房标准层平面进行功能分析，效果如图 9-5所示。从分析的过程中可以看出，该楼层室内设计的内容包括客房内部、会议室、楼层服务台、卫生间、储藏室、过道、电梯间和楼梯等，重点在于客房内部、会议室、公共交通部分等，这也是本章介绍的重点。

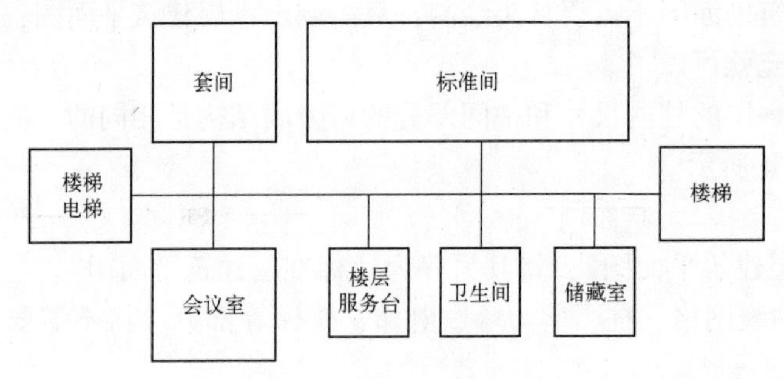

图 9-5 功能流线分析图

9.2.3 标准层平面总体布局

根据宾馆的总体规划，该标准层设置 2 个套间、2 双人床间、14 个标准双人间和 1 个小型会议室。此外，该标准层还设有 1 个楼层服务台及相关配套的休息室、卫生间、储藏室、开水间等，如图 9-6 所示。

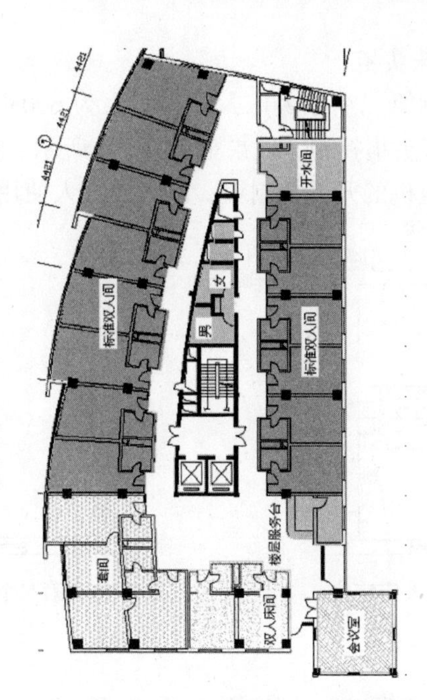

图 9-6　客房标准层总体布局示意图

9.2.4 标准间平面绘制

下面以标准双人间为例讲解平面图的绘制。

1. 整理出建筑平面图

首先以楼层服务台右侧的标准间为绘制范例，如图 9-7 所示。为了形成一套单独的标准间图样，设计者应将其中一个标准间复制出来，而后面的绘制工作均在这个标准间中进行。

2. 绘制布置辅助线

沿房间的纵墙内边画一条直线，由这条直线逐次向上偏移 1500 mm、500 mm，从而得到单人床定位的辅助线，如图 9-8 所示。

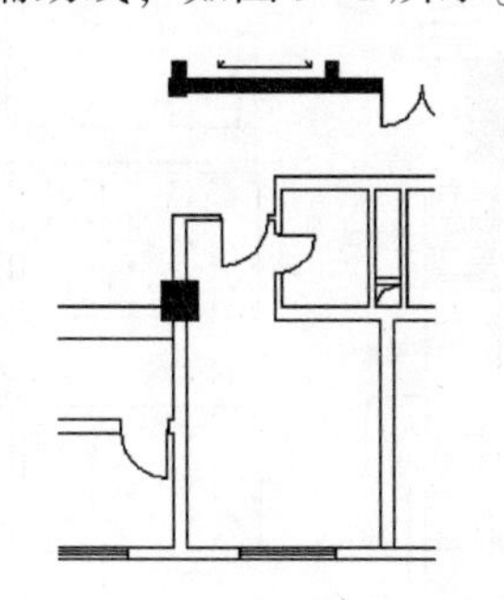

图 9-7　整理出建筑平面图

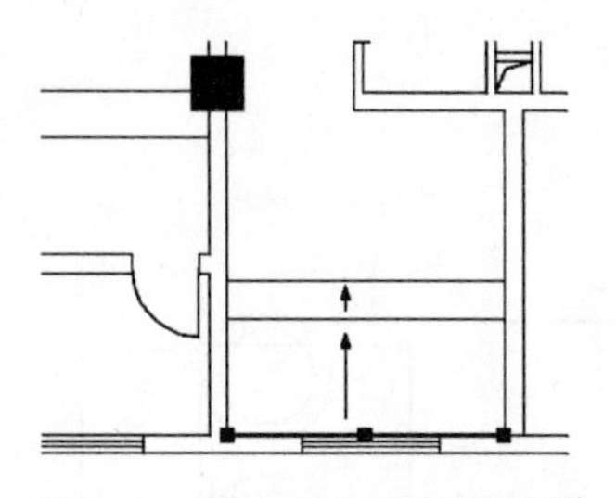

图 9-8　单人床定位的辅助线

3. 插入单人床

插入一个 2000 mm×1000 mm 的“单人床平面”图块（可在网盘资源中找到），放置在图 9-9 所示的位置。

4. 布置第二个单人床和床头柜

由第一个单人床向上复制第二个单人床，复制间距为600 mm。在两床头之间绘制一个400 mm×600mm的矩形作为床头集控柜，效果如图9-10所示。床头集控柜是指在床头柜上集中安装了各种照明灯和电视机的开关控制钮，以方便客人使用。

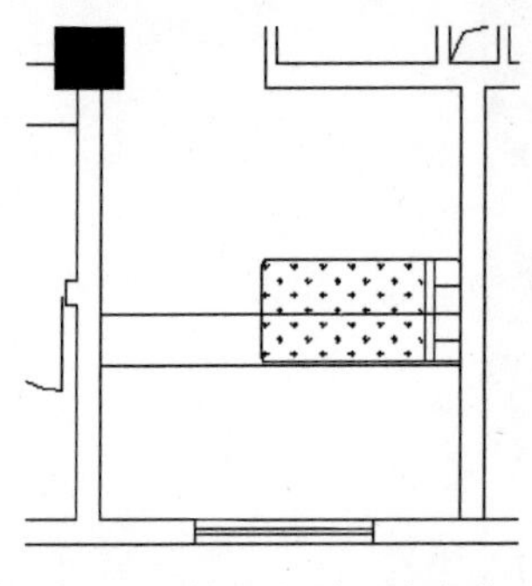

图9-9 第一个单人床定位

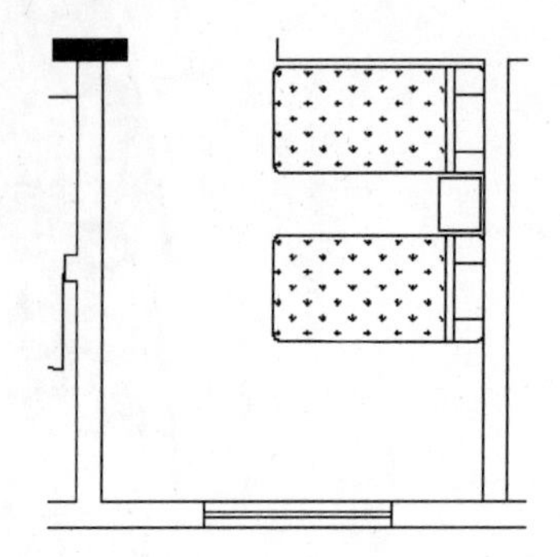

图9-10 第二个单人床和床头集控柜

5. 绘制床头摇臂壁灯

摇臂壁灯安装在墙面上，灯罩部分可以在180°水平面上转动，此处只需绘制出两个灯罩的平面即可。

具体操作如下。

1）绘制一个半径为128 mm的圆，使其向内偏移34 mm，得到一个灯的图案。

2）单击“默认”选项卡“修改”面板中的“复制”按钮，绘制出另一个灯，然后将这两个灯布置在床头集控柜的上方，效果如图9-11所示。

6. 插入卧室部分的其他图块

插入“衣柜”“行李架”“书桌”“电视柜”“椅”“茶几”“落地灯”等图块，并按图9-12所示的样式将它们布置在房间内。插入图块时，如果需要，则对图块作局部修改编辑。

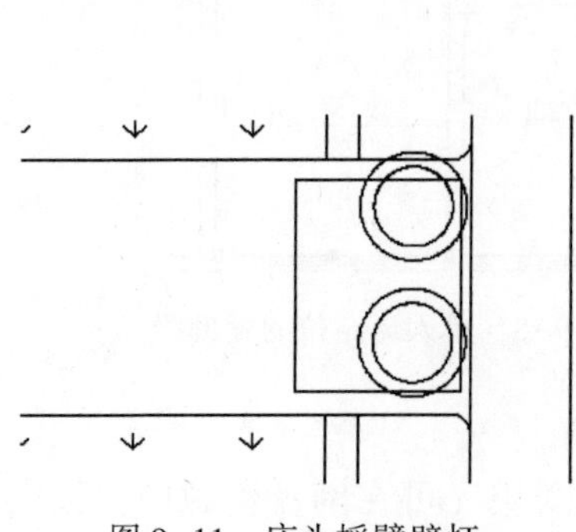

图9-11 床头摇臂壁灯

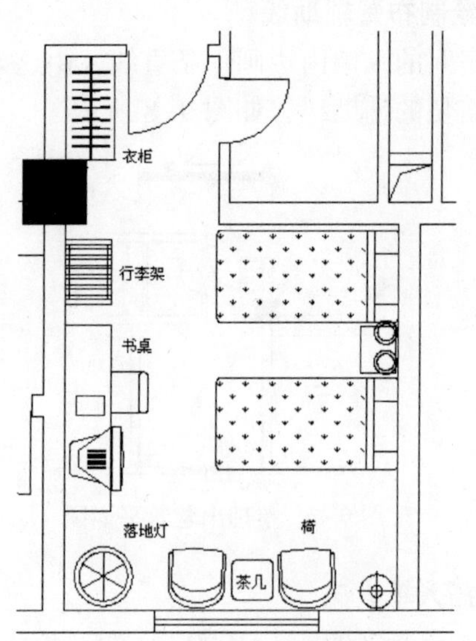

图9-12 插入卧室部分的其他图块

7. 绘制窗帘

在窗前绘制一条直线，将线型设置为“ZIGZAG”，如图 9-13 所示。然后在“线性管理器”对话框中对“全局比例因子”进行设置，如图 9-14 所示。

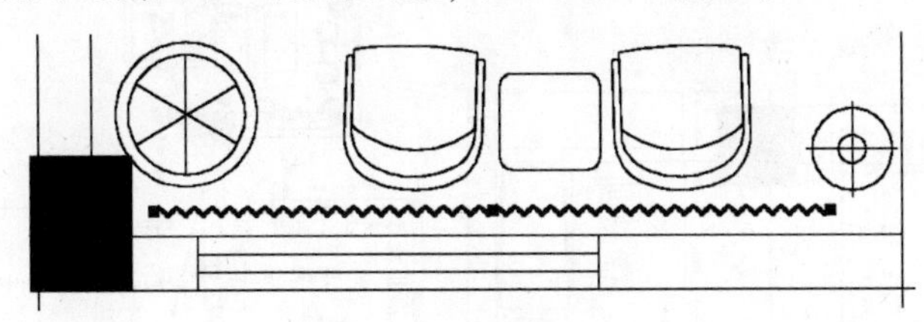

图 9-13　绘制窗帘

客房地面满铺羊毛地毯，由于图面上比较拥挤，因此只进行文字标注。

8. 尺寸、文字及符号标注

将标准间平面中的尺寸、文字、符号标注出来，效果如图 9-15 所示。

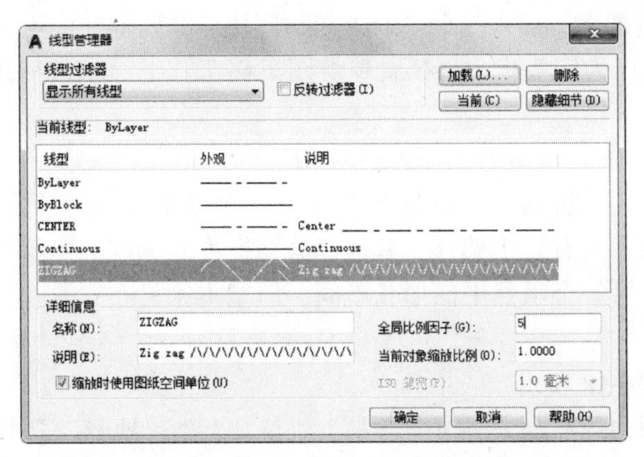

图 9-14　比例因子设置

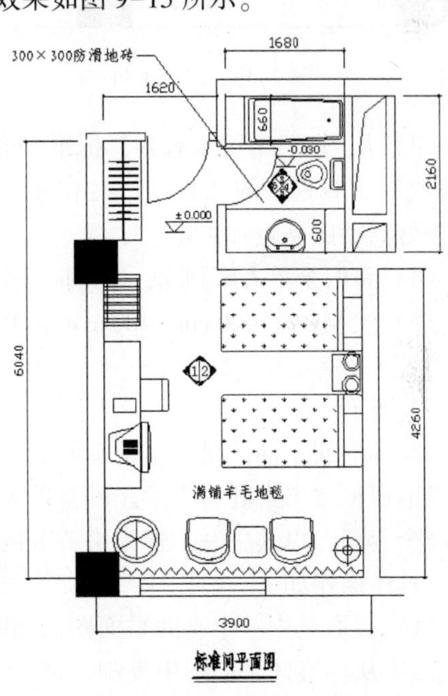

图 9-15　尺寸、文字及符号标注

9.2.5 其他客房平面图

1. 双人床间

只要将图 9-15 中的两个单人床换作一张 2000 mm×1500 mm 的双人床，两侧增加 400 mm ×400 mm 的床头柜即可，室内其他布置不变，如图 9-16 所示。具体操作如下。

1）单击“默认”选项卡“修改”面板中的“复制”按钮，将标准双人间的室内平面复制到双人床间内。复制时注意选择好起始捕捉的基点，这个基点在双人床间内也有对应的点，这样有利于捕捉，可以提高复制的效率。在本例中，设计者可以选择衣柜靠墙的角点作为复制的基点，拖动到双人床间时，也选择相同的角点作为终点。

2）如果标准双人间和双人床间的方向不一致，如一个横向，一个纵向，那么，可以先将复制内容放到旁边的空白处，如图9-17所示，将它旋转以后再移动到双人床间内。

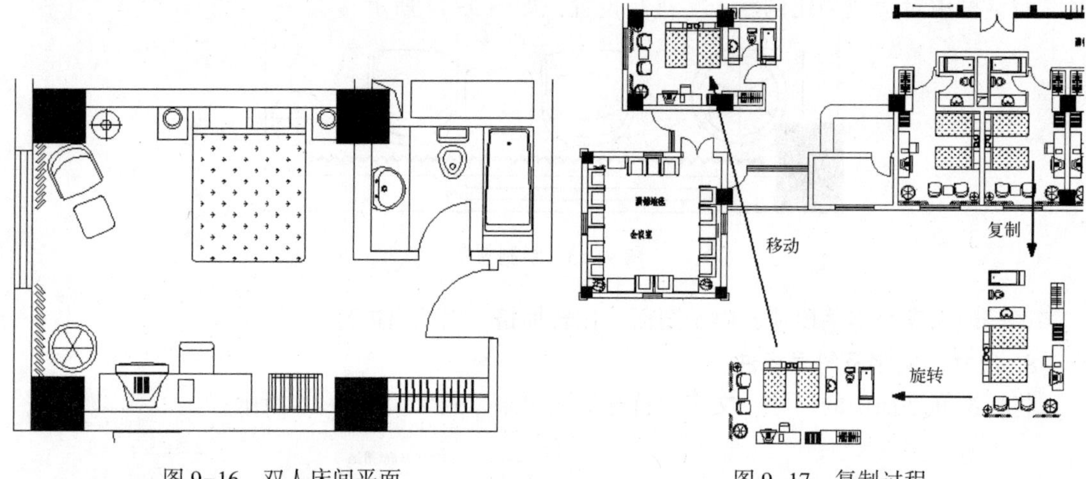

图9-16　双人床间平面　　　　图9-17　复制过程

3）从图9-17可以看到，标准间布置复制到双人床间后，不能完全吻合，此时，单击“修改”工具栏中的“移动”按钮，逐个调整。注意：应用“移动”命令时，设计者应选择好移动的基点和终点。

4）将两个单人床删除，保留摇臂壁灯图案。插入一个“双人床”图块，并调整好位置。

5）绘制一个400 mm×400 mm的矩形作为床头柜，将摇臂壁灯图案移至其上。就位后用“镜像”命令复制出另一个。

2. 套间

与标准间不同的是，本例套间增加了一个起居室。设计者应在起居室内布置一套沙发、一组电视柜、书桌和行李架。卧室部分除了没有行李架外，其他部分与标准间相同。本层共有两个套间，以其中一个作为讲解范例，另一个虽然平面形状不同，但基本家具布置是一样的。具体操作如下。

1）提取其中一个套间平面图，如图9-18所示。

2）从标准间平面图中复制“床”“床头柜”“电视柜”“椅”“茶几”“落地灯”等图块到套间平面图中，进行局部调整，完成卧室、卫生间的布置，效果如图9-19所示。

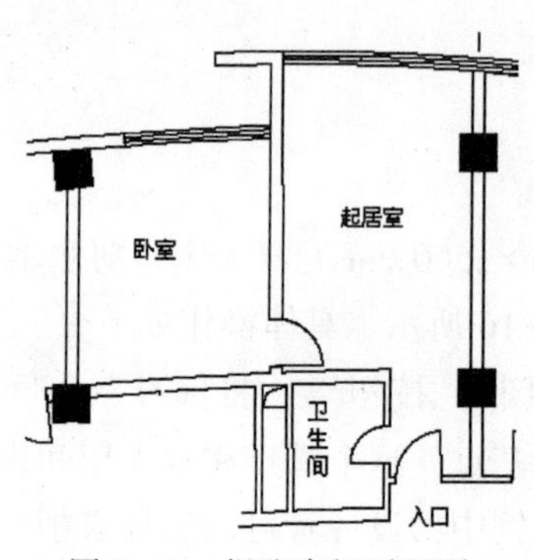

图9-18　提取套间平面图

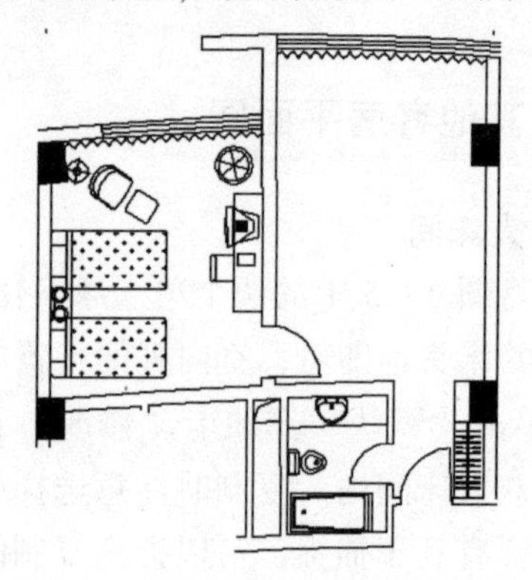

图9-19　布置卧室、卫生间平面

3）插入“沙发”“茶几”等图块，从标准间平面图中复制“衣柜”“行李架”“电视柜”“落地灯”等图块到套间起居室，进行局部调整，完成起居室的布置，至此，套间平面图的绘制就完成了，效果如图 9-20 所示。

套间的室内装修材料及做法与标准间相同，其标注内容在此不赘述。

3. 小会议室

大中型会议室不宜设置在客房楼层内，但是本例中的会议室属于小型会议室，人流较少，容易疏散，对客房的干扰较小，面积也较小，如图 9-21 所示。

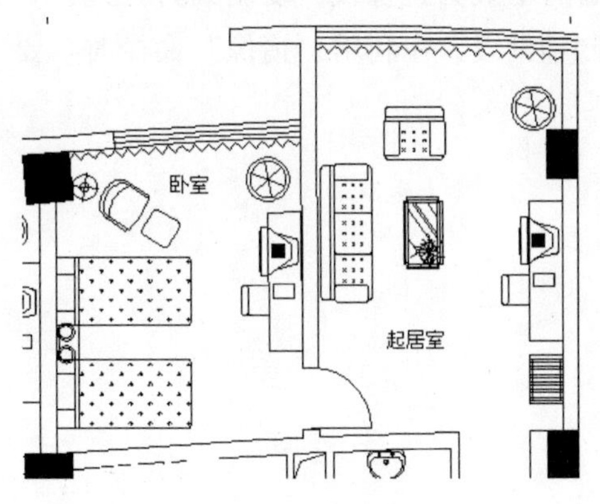

图 9-20　套间平面图

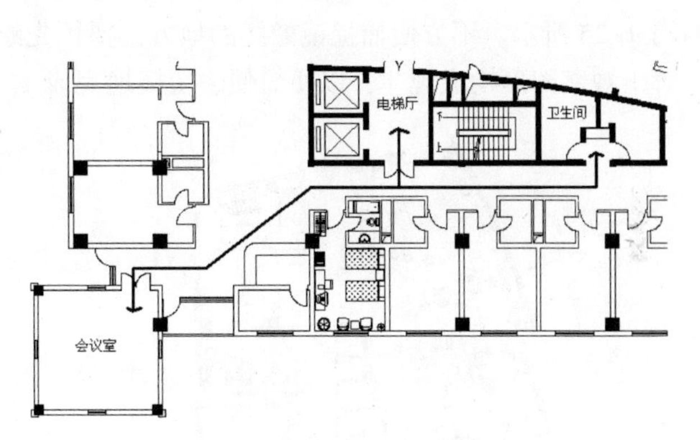

图 9-21　会议室位置及流线

沿周边布置一圈沙发座椅，四角布置绿化盆景，地面满铺羊毛地毯。具体操作如下。

1）提取会议室平面，插入会议室的“沙发”“盆景”图块，并将其布置在会议室中合适的位置，同时绘制出茶几图样。

2）绘制地面材料。会议室地面满铺羊毛地毯，单击“默认”选项卡“绘图”面板中的“图案填充”按钮，填充“AR-SAND”图案，注意调整填充比例，以便正确显示，效果如图 9-22 所示。

3）进行尺寸、文字及符号标注，效果如图 9-23 所示。

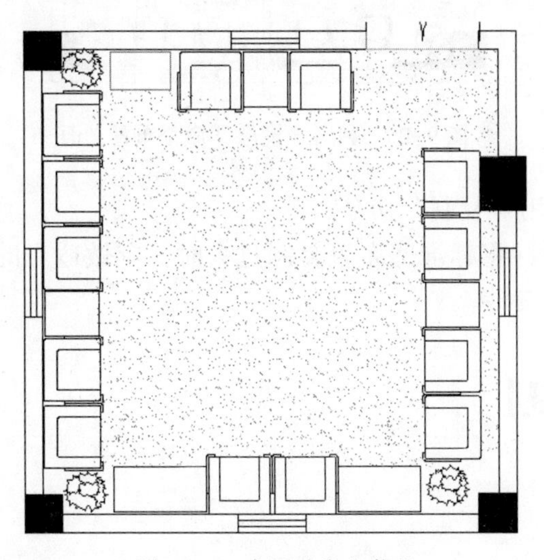

图 9-22　布置沙发和茶几

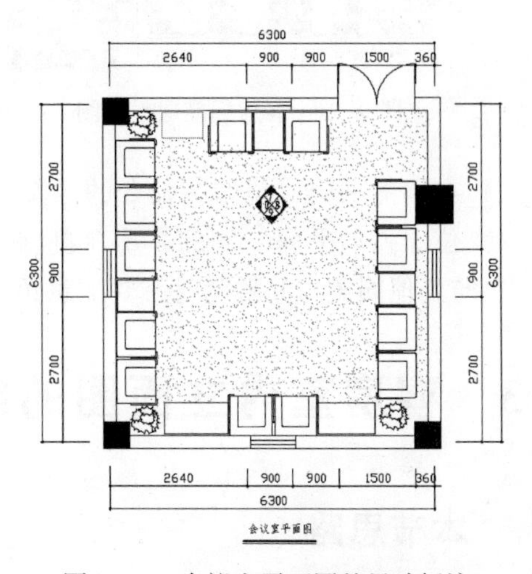

图 9-23　会议室平面图的尺寸标注

9.2.6 形成客房标准层平面图

将各种客房和会议室的平面图内容组合到标准层平面图中，形成客房标准层平面图，如图 9-24 所示。

具体操作如下。

1）对于平面结构相似的客房，单击“默认”选项卡“修改”面板中的“镜像”按钮，将客房内家具陈设等布置全部选中，以房间隔墙的中线为镜像线，复制到另一边，如图 9-25 所示。不方便捕捉镜像线的地方，要预先绘制辅助线。在利用“镜像”命令时，要善于观察图形构成规律，以便简便、快捷地完成。

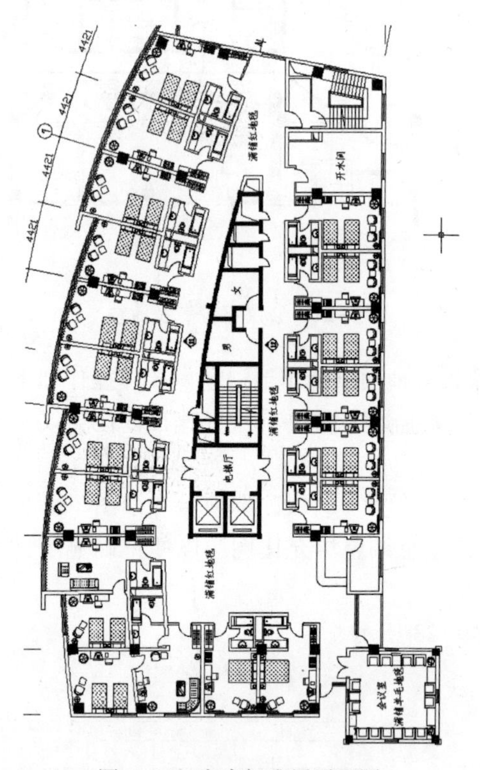

图 9-24 客房标准层平面图

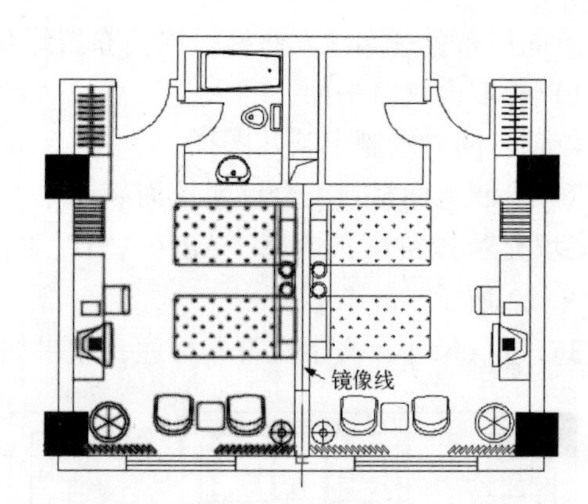

图 9-25 利用“镜像”命令布置平面

2）在不能利用“镜像”命令的地方，可用“复制”命令。

3）位于弧形平面一侧的客房，进深较大，将标准间布置复制过去时，应做适当的调整。在向其他同类房间复制时，要注意角度的旋转。

9.3 客房室内立面图的绘制

本节思路

本节依次介绍了客房中主要立面图的绘制。虽然客房立面图绘制的整体思路与前述内容

相差无几，但是读者可以通过本章的学习了解更多的绘图知识和相关客房立面图知识。

9.3.1 立面图①的绘制

该立面图采用剖立面图的方式绘制。

1. 绘制建筑剖面

借助平面图来为立面图提供水平方向的尺寸。具体操作如下。

1）首先绘制出地坪线，其次绘制出100 mm厚的楼板剖切轮廓，室内净高为2900 mm。

2）由平面图向上引出绘制墙的轮廓线，结合门窗竖向尺寸绘出建筑剖面，效果如图9-26所示。

2. 绘制墙面装饰线

由地坪线向上复制出墙面装饰线，具体操作是：单击“默认”选项卡“修改”面板中的“偏移”按钮，由地坪线向上逐次以88 mm、12 mm、2250 mm、50 mm、300 mm为偏移间距复制出多条直线，将不需要的端头修剪掉，效果如图9-27所示。

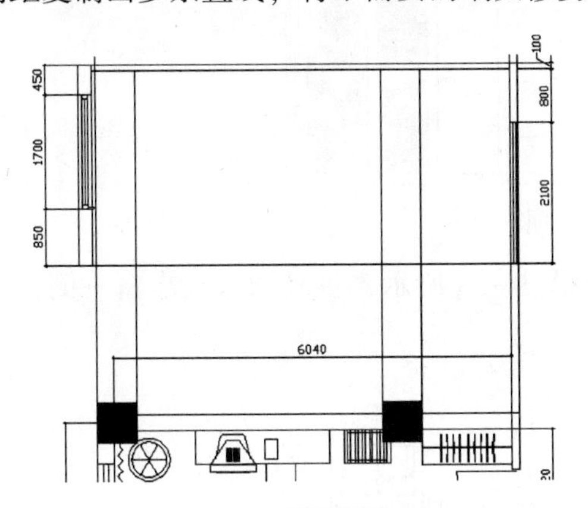

图9-26 绘制建筑剖面

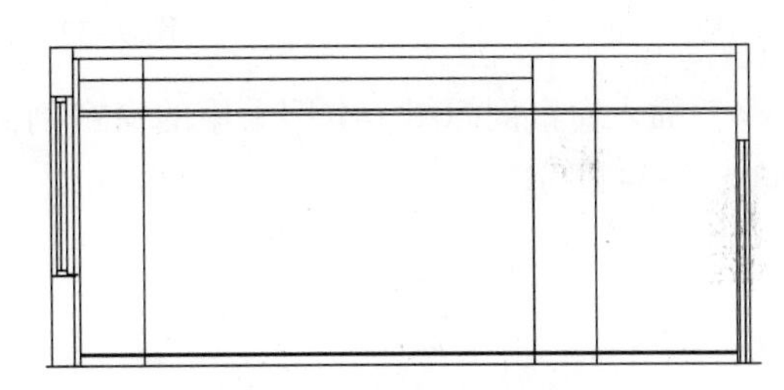

图9-27 绘制墙面装饰线

3. 插入家具立面

1）插入“电视柜立面”“写字台”“行李架立面”图块。先由平面引出写字台的控制线，再将图9-28所示的图块插入到立面图中，并适当调整位置，效果如图9-29所示。

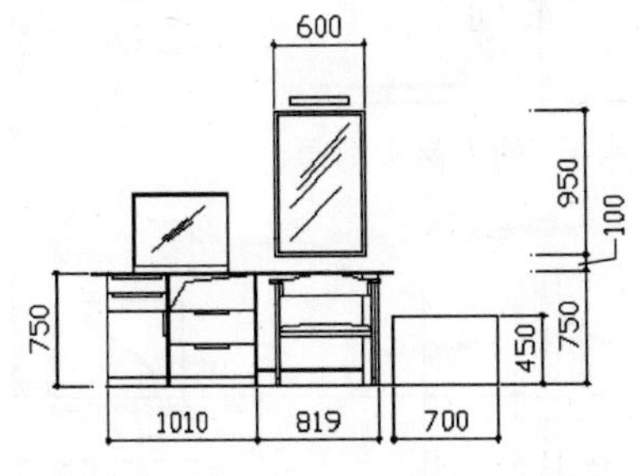

图9-28 电视柜立面、写字台立面及行李架立面

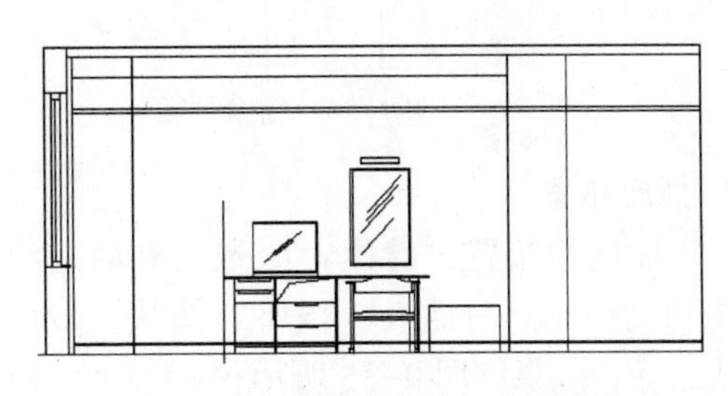

图9-29 插入电视柜立面、写字台立面及行李架立面

2）插入衣柜立面。从图库中找到图9-30所示的“衣柜立面”图块，并将其插入到立面图中，效果如图9-31所示。

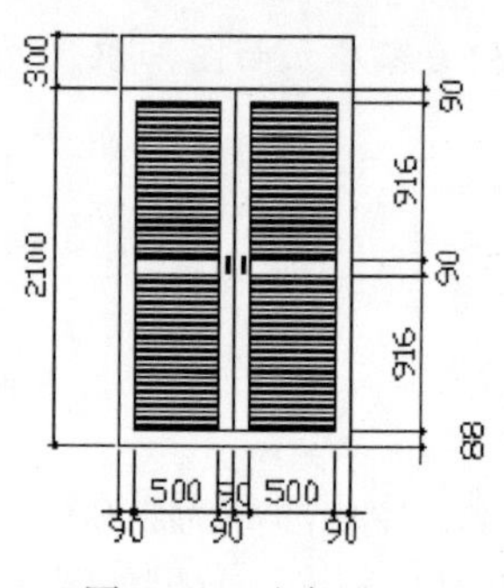

图 9-30 衣柜立面

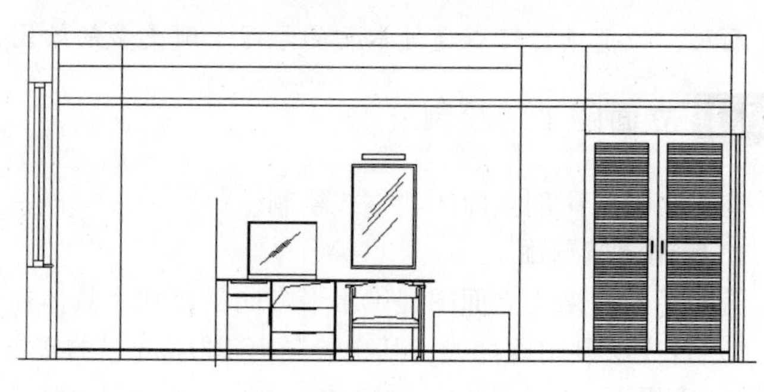

图 9-31 插入衣柜立面

3）将被家具立面覆盖的墙面装饰线修剪掉，效果如图 9-32 所示。

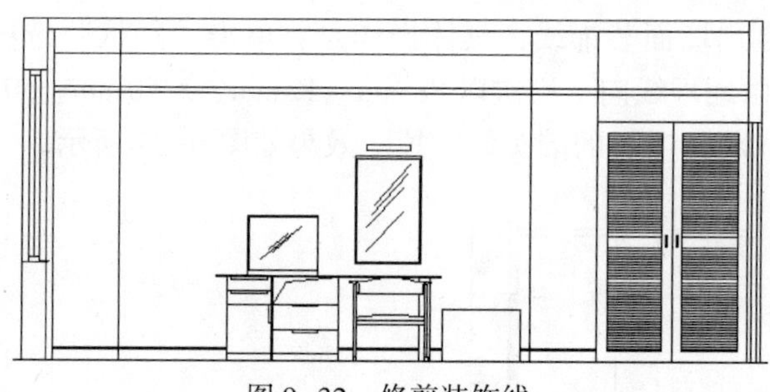

图 9-32 修剪装饰线

4）插入窗帘剖面图。本例采用的窗帘剖面如图 9-33 所示，将其插入到靠窗一侧，效果如图 9-34 所示。

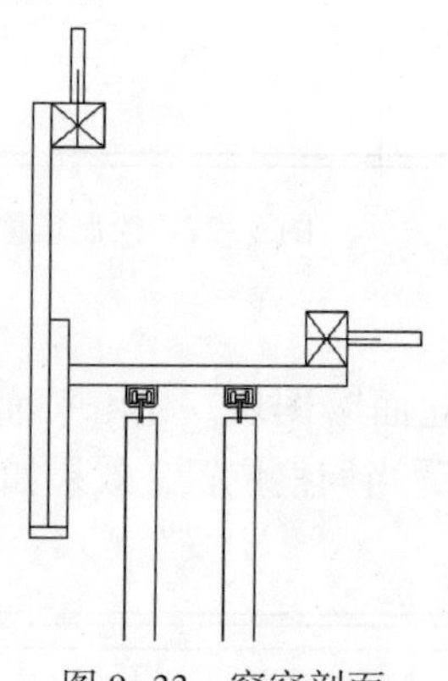

图 9-33 窗帘剖面

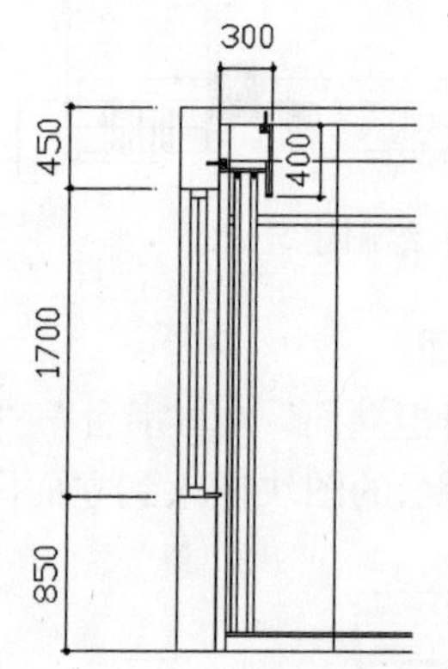

图 9-34 插入窗帘剖面

4. 插座布置

对于插座的布置，设计者应先在立面上绘制出定位辅助线，然后插入“插座”图块，最后将辅助线删除，效果如图 9-35 所示。

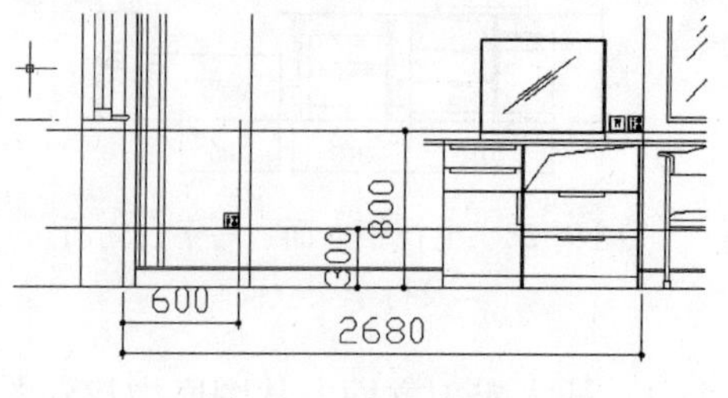

图 9-35 插入插座

5. 尺寸、文字及符号标注

对立面图①进行文字、尺寸及符号标注，如图 9-36 所示。至此，客房立面图①的绘制就基本完成了。

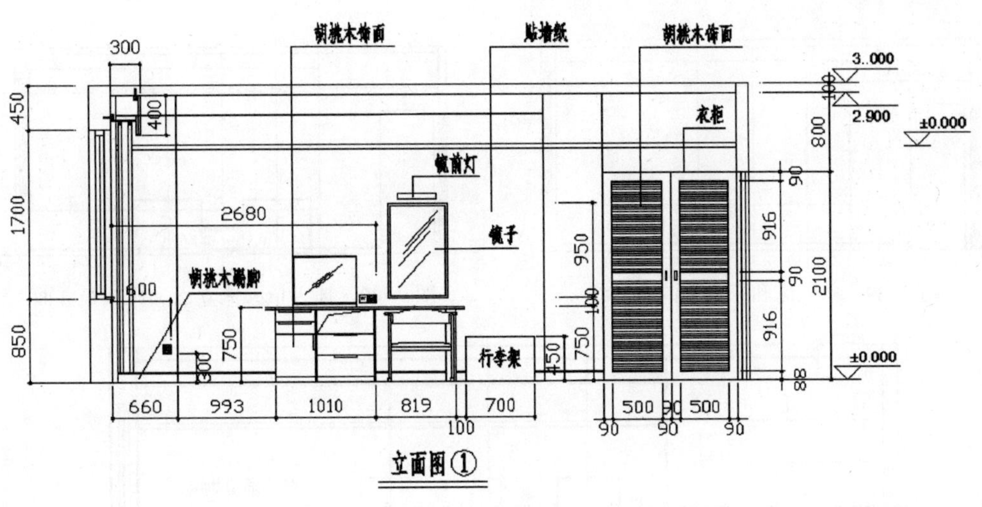

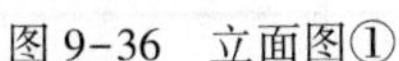

图 9-36 立面图①

9.3.2 立面图②的绘制

立面图②的绘制与立面图①类似，下面简单介绍它的绘制过程。

1. 绘制建筑剖面

借助平面图来为立面图提供水平方向的尺寸，具体操作如下。

1）首先绘制出地坪线，其次绘制出 100 mm 厚的楼板剖切轮廓，室内净高为 2900 mm。

2）由平面图向上引出绘制墙、门洞立面的辅助线，结合门窗竖向尺寸绘出墙体剖面，效果如图 9-37 所示。

2. 绘制墙面装饰线

由地坪线向上复制出墙面装饰线，复制间距依次为 88 mm、6 mm、538 mm、1712 mm、50 mm 和 306 mm，将不需要的端头修剪掉，效果如图 9-38 所示。

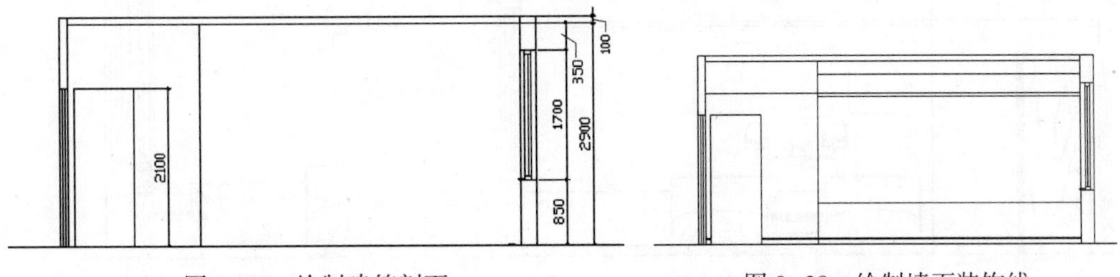

图 9-37 绘制建筑剖面　　图 9-38 绘制墙面装饰线

3. 插入家具立面

1）插入单人床立面和床头柜立面。先由平面引出两张单人床和床头柜的中心线，如图 9-39 所示。然后分别将“单人床立面”和“床头柜立面图”图块插入到立面图中，借助其中心线定位，效果如图 9-40 所示。

2）插入摇臂壁灯和床头装饰画立面。分别在标高 1.0 m 和 1.7 m 的位置上画一条水平辅助线。将“摇臂壁灯立面”和“床头装饰画立面”图块插入到立面图中，借助辅助线定位，效果如图 9-41 所示。最后将被覆盖的装饰线删除。

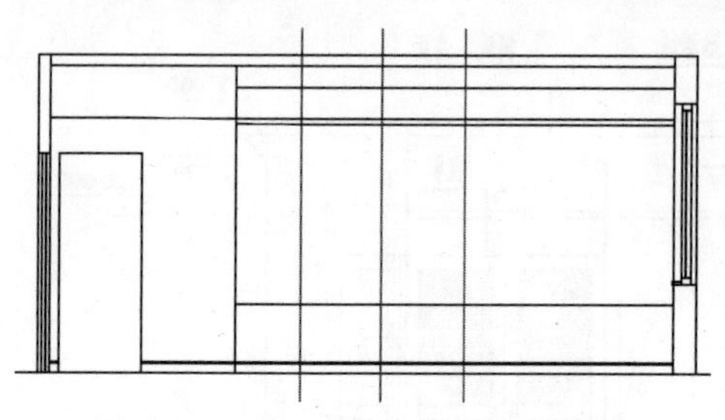
图 9-39　单人床和床头柜的中心线

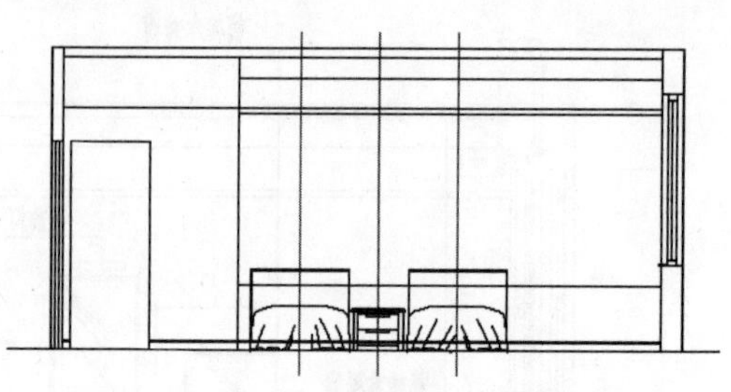
图 9-40　插入单人床立面和床头柜立面

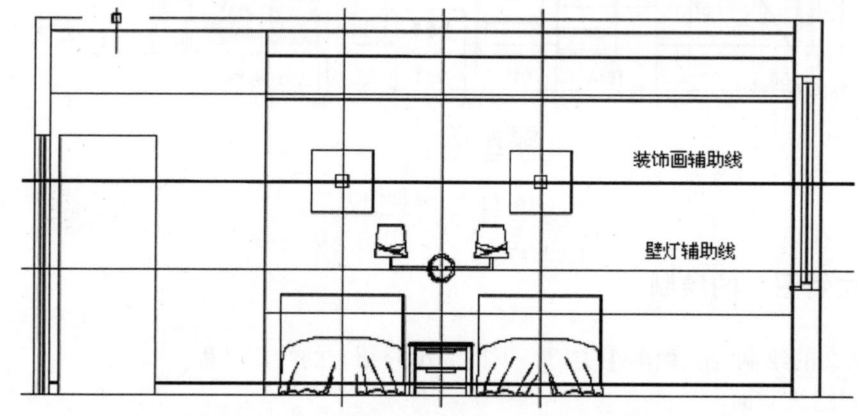

图 9-41　插入摇臂壁灯立面和床头装饰画立面

3）插入卫生间门立面，如图 9-42 所示。

4）插入窗帘图样和椅立面。将网盘资源中的“窗帘”图块插入到靠窗一侧，注意翻转图块；将“椅立面”图块插入到窗前空白位置，如图 9-43 所示，定位后将不可见的图线修剪掉。

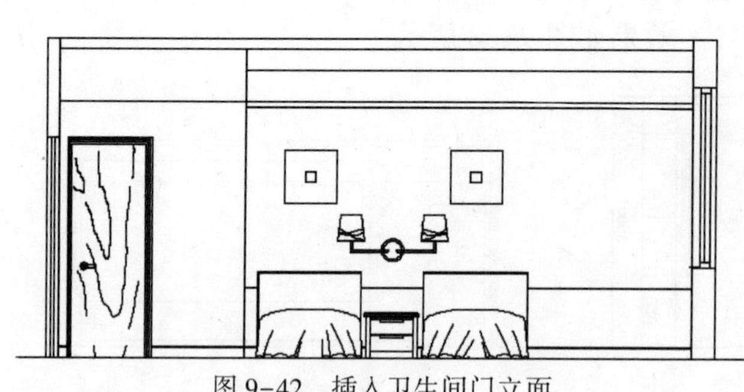
图 9-42　插入卫生间门立面

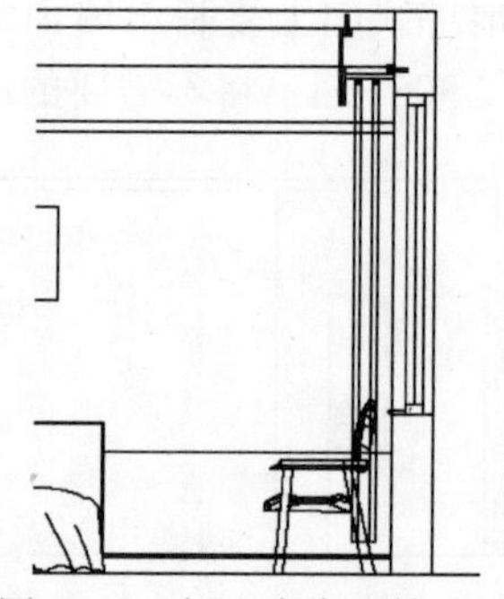
图 9-43　插入窗帘和椅立面

4. 开关器、电源插座布置

本立面图中一共有 5 个开关器和电源插座，其图块样式如图 9-44 所示。具体操作为：首先，根据它们的安装位置画出定位的辅助线，如图 9-45 所示；其次，从网盘资源中找出这些图块，并依次插入到图中，效果如图 9-46 所示。

5. 尺寸标注、文字及符号标注

对立面图②进行文字、尺寸及符号标注，如图 9-47 所示。至此，客房立面图②的绘制就完成了。

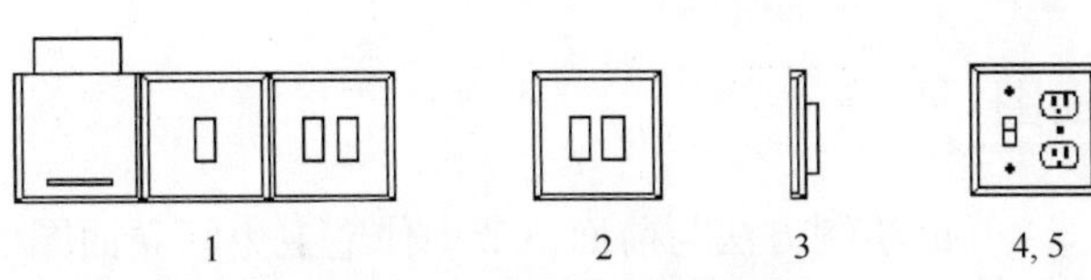

图 9-44　开关器、电源插座图样

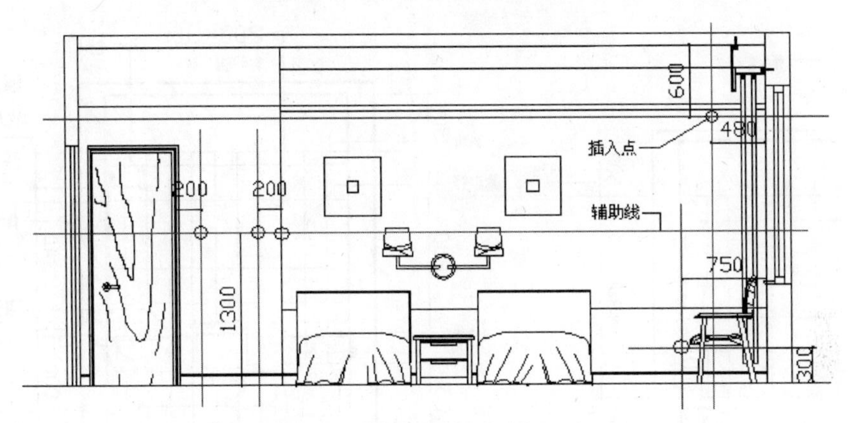

图 9-45　绘制辅助线确定插入点

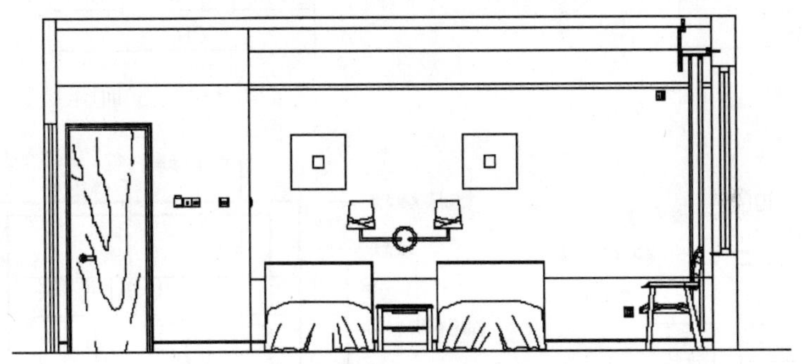

图 9-46　开关器、电源插座布置

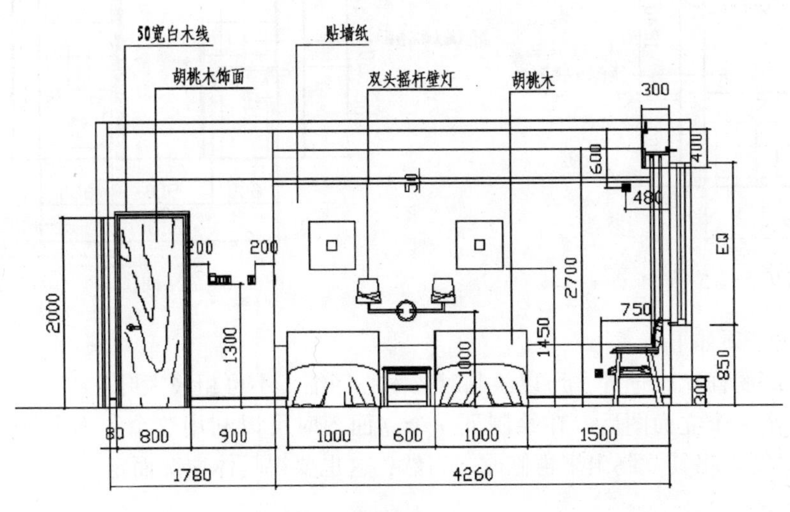

图 9-47　立面图②

9.3.3 卫生间立面图

卫生间中立面图③~⑥的绘制方法与前面章节中住宅卫生间立面图的绘制方法相同，在此不再赘述。下面给出立面图③~⑥的结果，供读者参考，如图9-48~图9-51所示。

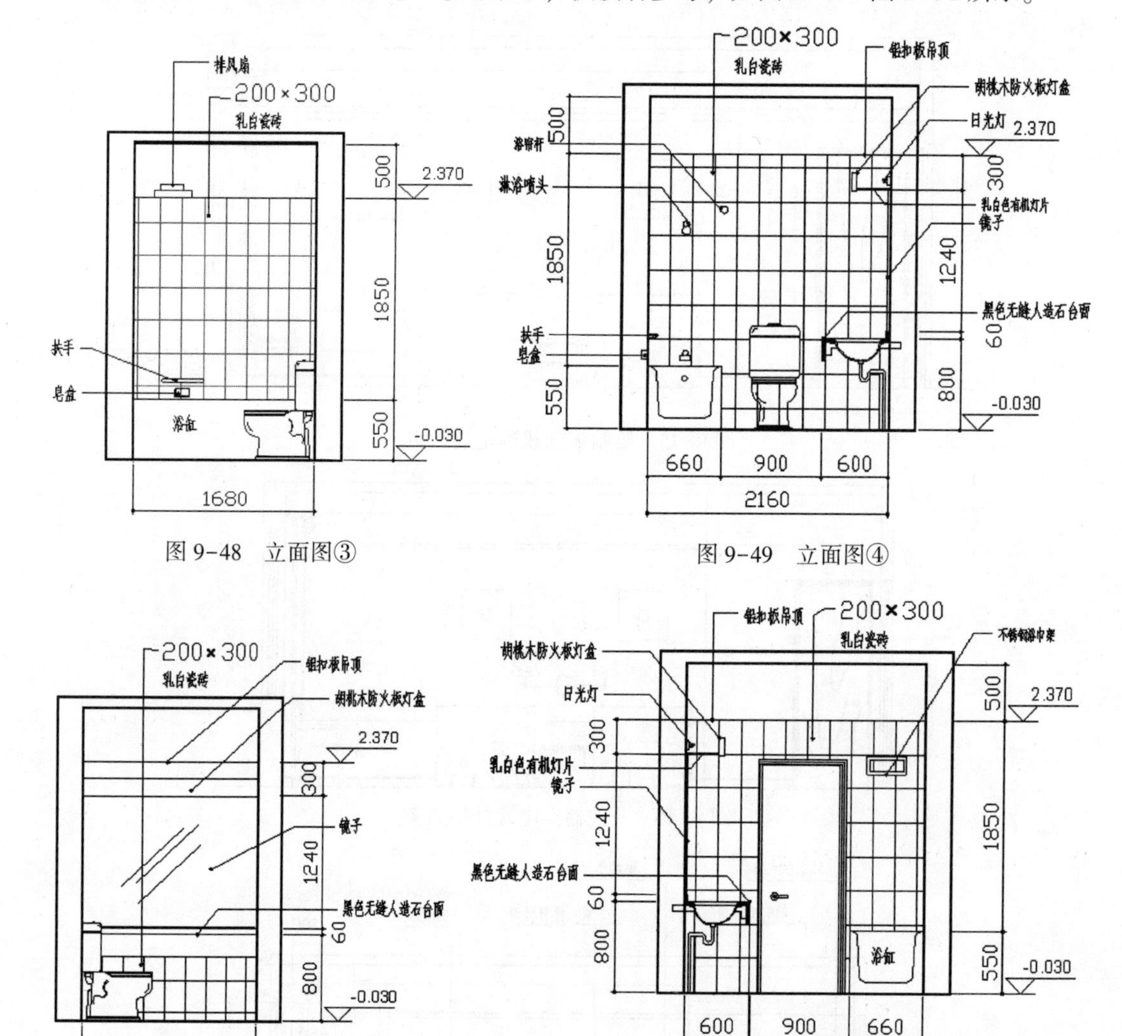

图9-48 立面图③

图9-49 立面图④

图9-50 立面图⑤

图9-51 立面图⑥

具体注意事项如下。

1）卫生间图样比较琐碎，所以绘制时要耐心仔细、不可粗枝大叶。

2）绘制出一个立面图后，在绘制下一个立面图时可以利用这个立面图进行编辑修改，但必须保留原图，将其复制出来再修改。当然，这也要视具体情况而定。

9.3.4 公共走道立面图

在本例中，公共走道部分有两个立面图，分别表示走道的两侧墙面，在客房标准层平面

图中已标示了它们的内视符号。其中立面图⑪表示的是弧形墙面，所以用展开立面图的绘制方法完成；立面图⑫表示的仍然是直线墙面。

1. 立面图⑪

立面图⑪为展开的立面图，也就是想象将弧形墙体伸展平直以后的立面正投影图。其中需要表示出墙面材料、客房门立面、壁灯、疏散标志等。由于墙面较长，重点表示④~⑥轴线这一段，其他部分做法相同。具体操作如下。

1）绘制出立面上下轮廓线。上轮廓线为吊顶底面，下轮廓线为地坪线，净高为 2.8 m，故绘制间距 2800 mm 的两根平行直线，初步估计其长度为 18000 mm，效果如图 9-52 所示。

2）绘制出位于④轴线处的左轮廓线，如图 9-53 所示。需要求出图 9-54 所示的 3 段圆弧的弧长。

图 9-52　立面⑪的上下轮廓线　　图 9-53　立面⑪的左轮廓线

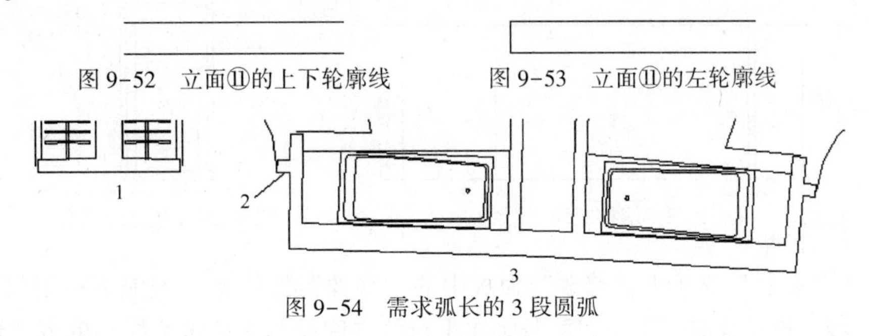

图 9-54　需求弧长的 3 段圆弧

技巧

如何求出图 9-54 所示 3 段圆弧的弧长？

以圆弧 1 为例，为了得到弧线的弧长，将弧线选中，单击鼠标右键，弹出快捷菜单，选择菜单中的“特性”命令，如图 9-55 所示，弹出“特性”对话框，如图 9-56 所示。该对话框中包含了该弧线的一系列的特性信息，可以看到其弧长为 1318 mm。采用此方法依次求得圆弧 2、3 的弧长为 60 mm、4728 mm。

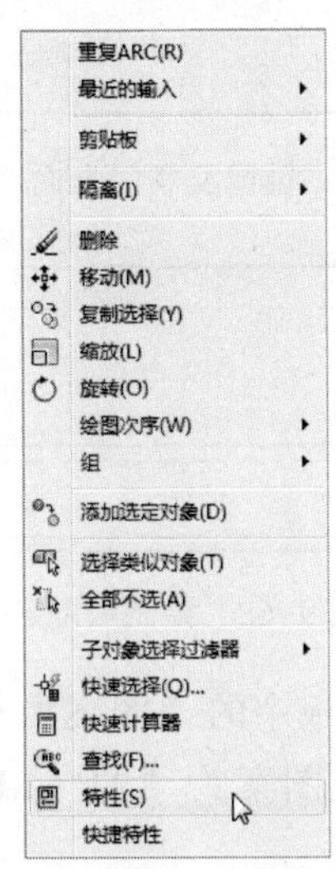

图 9-55　选择“特性”命令

图 9-56　“特性”对话框

设计者也可以在选中弧线后，单击“视图”选项卡“选项板”面板中的“特性”按钮（见图 9-57）使“特性”对话框弹出；还可以双击弧线使之直接弹出。

图 9-57 “选项板”面板中的“特性”按钮

3）单击“默认”选项卡“修改”面板中的“偏移”按钮，逐次以 659 mm、900 mm（门洞宽）、60 mm、4728 mm、659 mm 为偏移距离，由左轮廓线向右复制出多条平行线，如图 9-58 所示。

4）插入“客房门立面”图块，如图 9-59 所示，并将其定位到门洞位置，注意门的开取方向，如图 9-60 所示。最后将门两侧的辅助线删除。

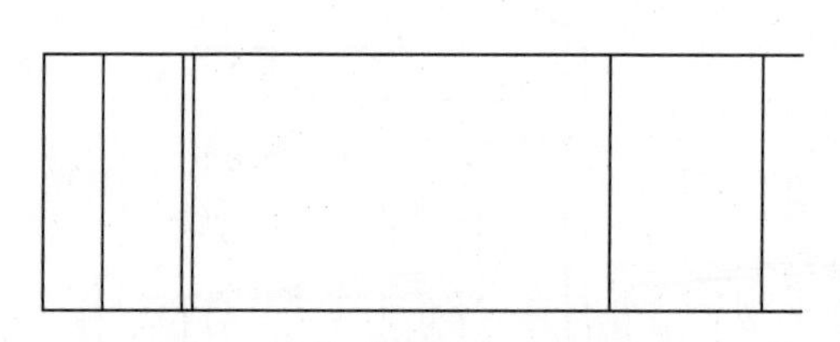

图 9-58 偏移竖向平行线

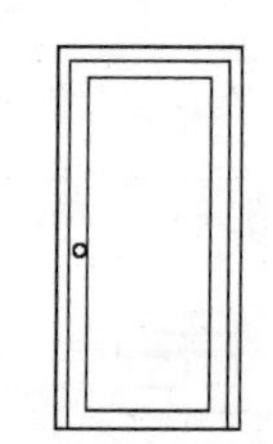

图 9-59 客房门立面

5）单击“默认”选项卡“修改”面板中的“镜像”按钮，复制下一扇门。为了便于确定镜像线，设计师应先在中间两条竖向平行线之间绘制一条水平线，单击“默认”选项卡“修改”面板中的“镜像”按钮，将刚才插入的门立面选中，捕捉辅助线的中点确定以镜像线，从而复制出下一扇门，如图 9-61 所示。

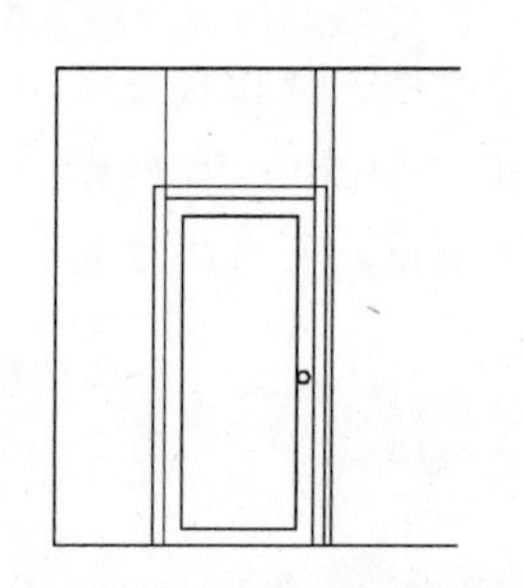

图 9-60 插入后的客房门

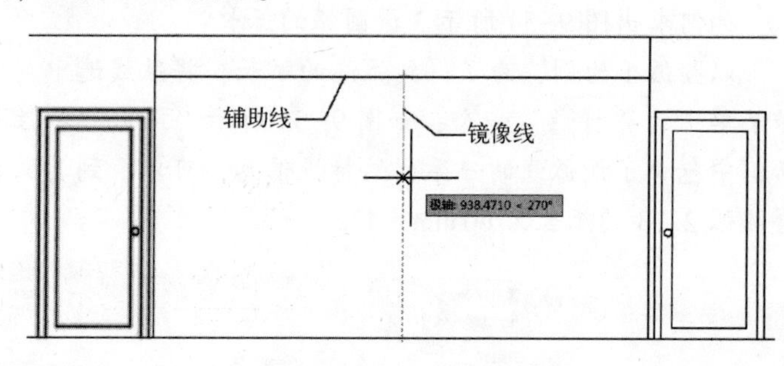

图 9-61 镜像复制门立面

6）绘制墙面装饰线。单击“默认”选项卡“修改”面板中的“偏移”按钮，分别以 150 mm、600 mm、150 mm 为偏移距离，向上复制出踢脚和墙裙装饰线，然后将多余部分和与门立面重复的部分修剪掉，效果如图 9-62 所示。

图 9-62 绘制墙面装饰线

7）填充墙裙图案。单击“默认”选项卡“绘图”面板中的“图案填充”按钮，打开“图案填充创建”选项卡，如图 9-63 所示，设置填充图案为“AR-RROOF”，角度为“90”度，比例为“6”，填充图形，效果如图 9-64 所示。

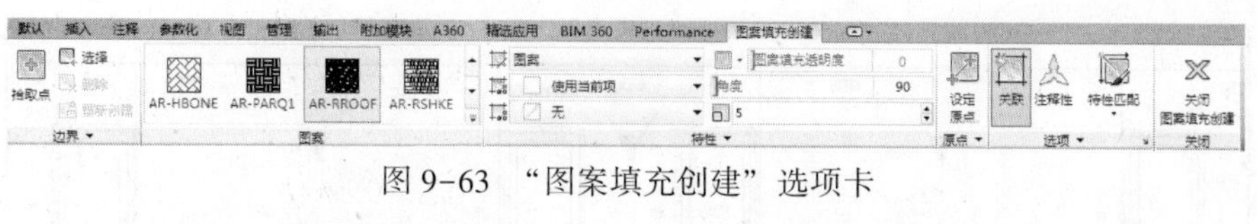

图 9-63 “图案填充创建”选项卡

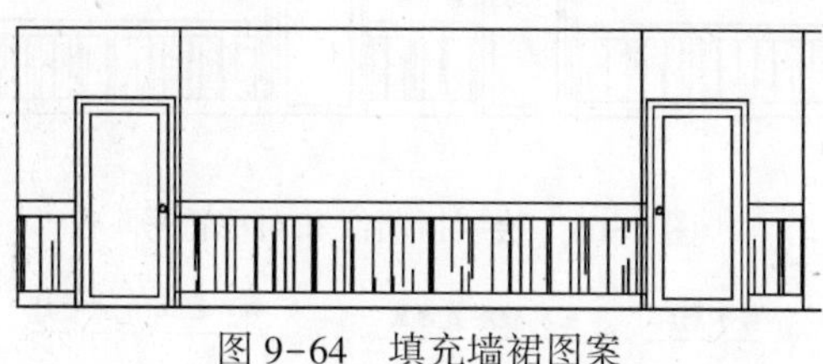
图 9-64 填充墙裙图案

8）单击“默认”选项卡“修改”面板中的“镜像”按钮，复制下一段立面图样，效果如图 9-65 所示。

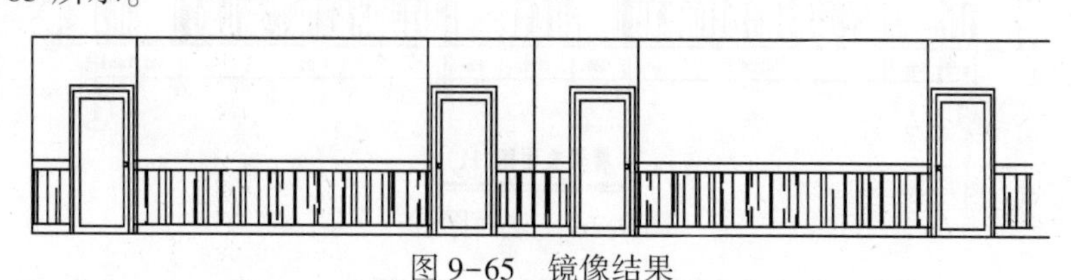
图 9-65 镜像结果

9）在门之间墙面的中部标高为 1.7 m 的位置插入艺术壁灯。具体操作为：首先绘制定位辅助线，其次插入图块，如图 9-66 所示。

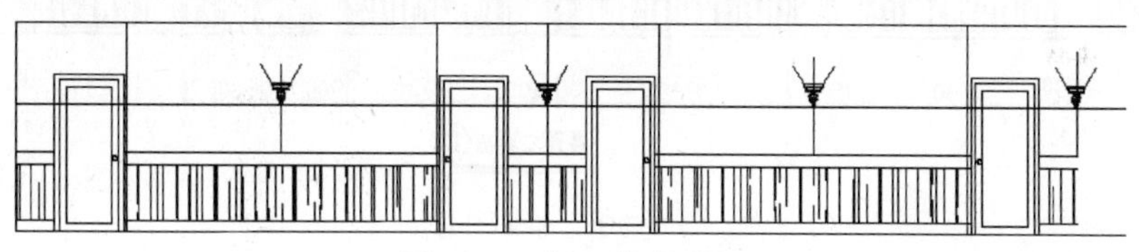
图 9-66 插入艺术壁灯

10）在门边标高为 1.05 m 的位置插入开关控制器，在顶棚下边布置疏散标识，注意安全出口的方向，如图 9-67 所示。

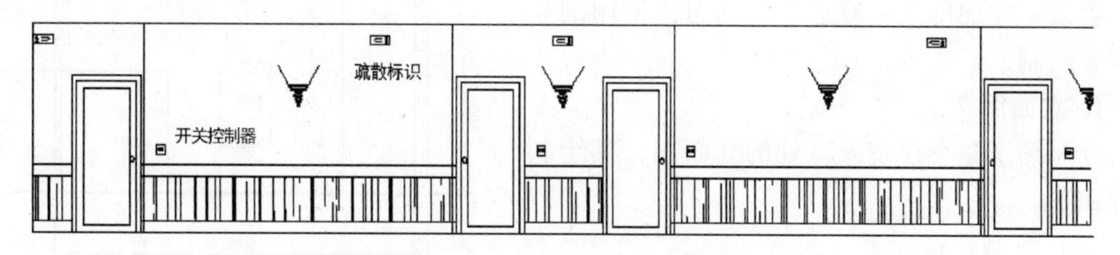

图 9-67 布置开关控制器和疏散标识

11）在左轮廓线处绘制折断线，表示左端省略；在⑥轴线处绘制对称符号，表示⑥~⑧线与④~⑥轴线立面对称，如图 9-68 所示。

12）完成文字、尺寸、符号标注，效果如图 9-69 所示。

2. 立面图⑫

立面图⑫不是展开的立面图，而是平直墙面，其立面内容与立面图⑪基本相同，下面给出完成后的立面图⑫，如图 9-70 所示。

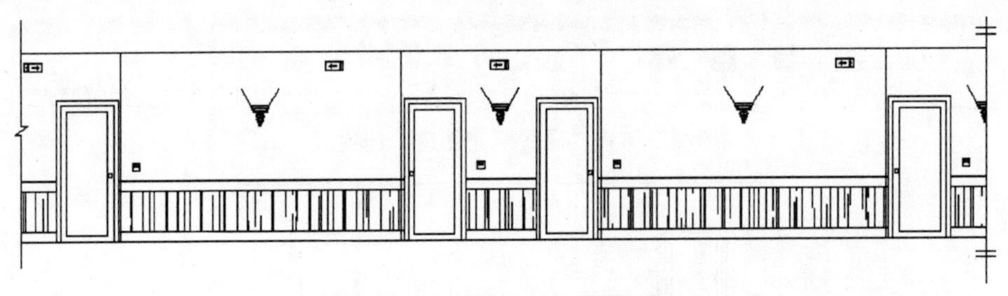

图 9-68 绘制折断线和对称符号

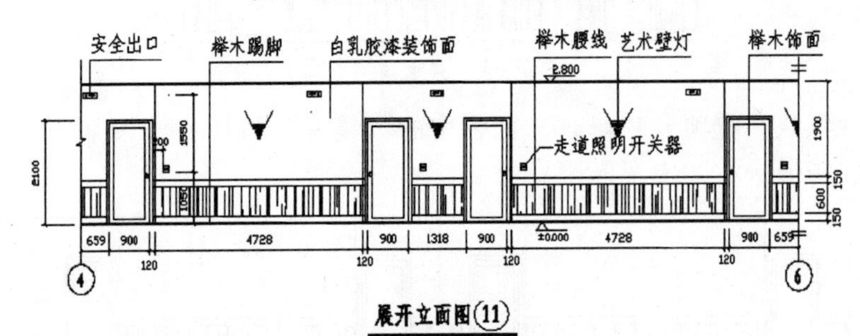

图 9-69 立面图⑪

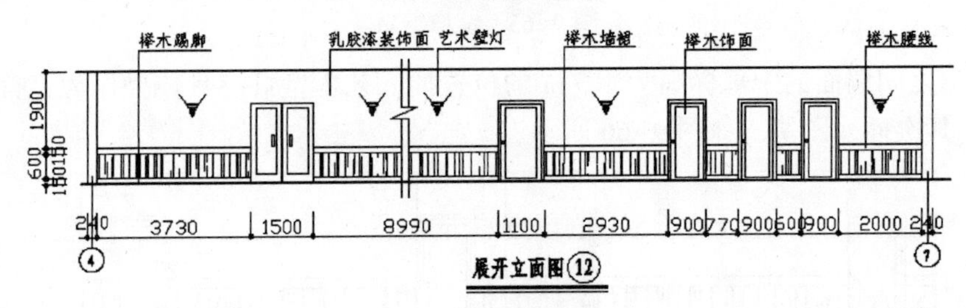

图 9-70 立面图⑫

9.3.5 会议室立面

会议室立面即⑦~⑩这 4 个立面，采用剖立面方式绘制。

1. 立面图⑦

立面图⑦是会议室入口处的立面图，其绘制过程如下。

（1）绘制建筑剖面

借助平面图提供水平方向的尺寸，结合竖向尺寸绘出建筑剖面图，如图 9-71 所示。

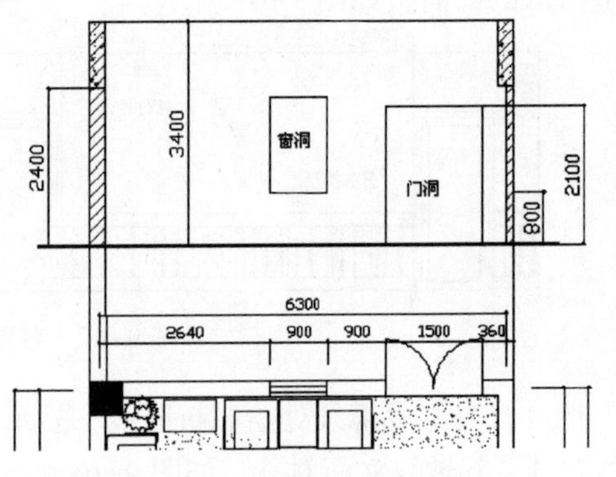

图 9-71 绘制建筑剖面图

（2）绘制吊顶剖切轮廓

首先由地坪线向上复制出定位辅助线，复制间距依次为 2700 mm 和 200 mm，效果如图 9-72 所示。

其次，以图 9-72 所示中的 A 点为起点绘制一个 2900 mm×50 mm 的矩形（输入相对坐标@2900，50），再以 B 点为起点绘制一个 3500 mm×50 mm 的矩形（输入相对坐标@ -3500，

50)，效果如图 9-73 所示。

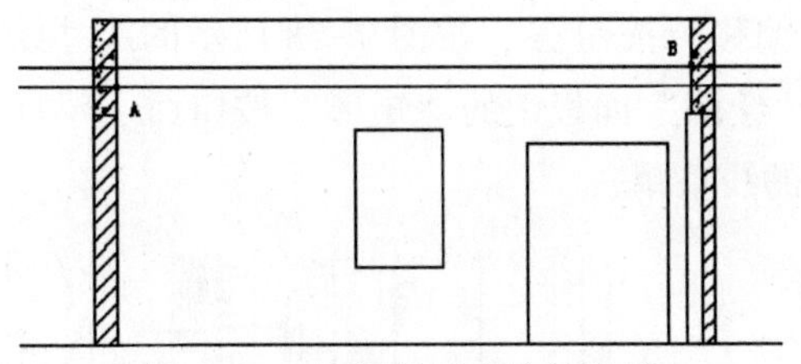

图 9-72 绘制吊顶定位辅助线

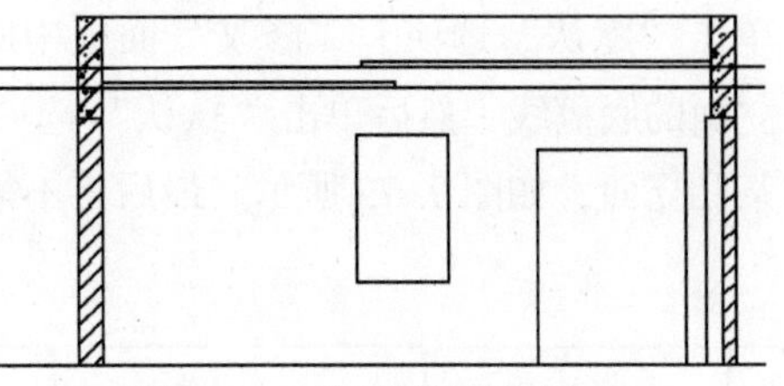

图 9-73 绘制吊顶剖切轮廓

选择菜单栏中的“绘图”→“多线”命令，将多线参数设置如下。

```
命令：MLINE
当前设置：对正 = 上,比例 = 1.00,样式 = STANDARD
指定起点或［对正(J)/比例(S)/样式(ST)］： J（按〈Enter〉键）
输入对正类型［上(T)/无(Z)/下(B)］<上>： Z（按〈Enter〉键）
当前设置：对正 = 无,比例 = 1.00,样式 = STANDARD
指定起点或［对正(J)/比例(S)/样式(ST)］： S（按〈Enter〉键）
输入多线比例 <1.00>： 20（按〈Enter〉键）
当前设置：对正 = 无,比例 = 20.00,样式 = STANDARD
指定起点或［对正(J)/比例(S)/样式(ST)］：
```

在楼板底面和吊顶之间绘制龙骨图样，如图 9-74 所示。最后将辅助线删除。

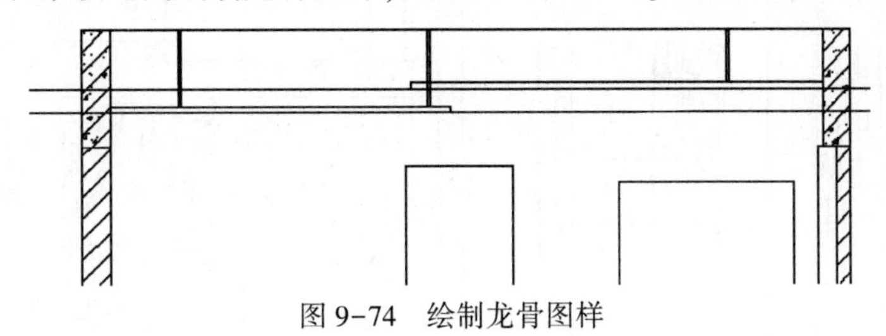

图 9-74 绘制龙骨图样

（3）绘制墙面装饰线

由地坪线向上偏移 130 mm 复制踢脚线，再由踢脚线向上偏移 2270 mm 复制出另一条装饰线，效果如图 9-75 所示。

（4）插入窗帘及门立面

首先，由窗洞上边线的中点向上引直线交于装饰线；其次，插入“窗帘立面”图块，再插入“门立面”图块，如图 9-76 所示。最后将重叠的图线修剪掉。

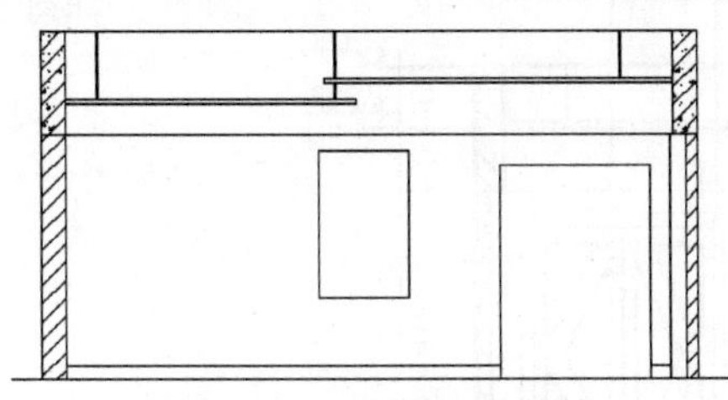

图 9-75 绘制墙面装饰线

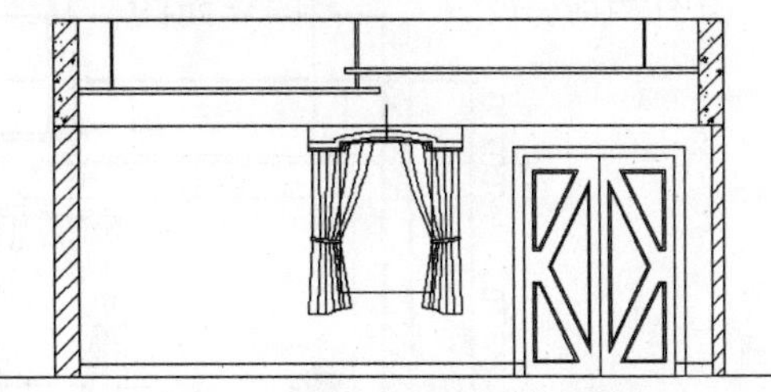

图 9-76 插入窗帘和门立面

（5）插入沙发立面

首先，从平面图向立面图引出沙发、茶几的中线；其次，插入“沙发”图块，如图 9-77 所示。

（6）绘制茶几立面

单击“默认”选项卡“修改”面板中的“偏移”按钮，按图9-78所示的尺寸绘制出茶几立面的底稿线，然后单击“默认”选项卡“绘图”面板中的“矩形”按钮，沿底稿绘制出茶几立面，如图9-79所示。最后将不需要的线条删去。

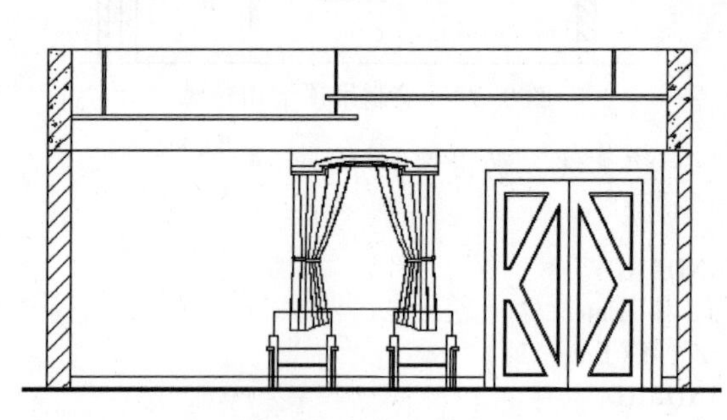

图9-77 插入沙发立面

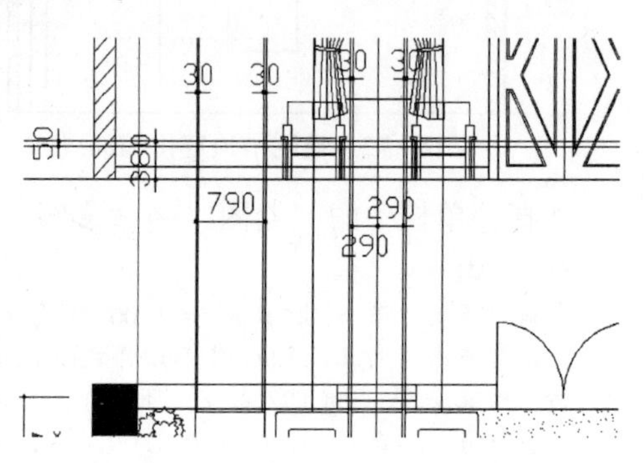

图9-78 绘制茶几立面的底稿线

（7）插入植物立面

插入“植物立面”图块，效果如图9-80所示。

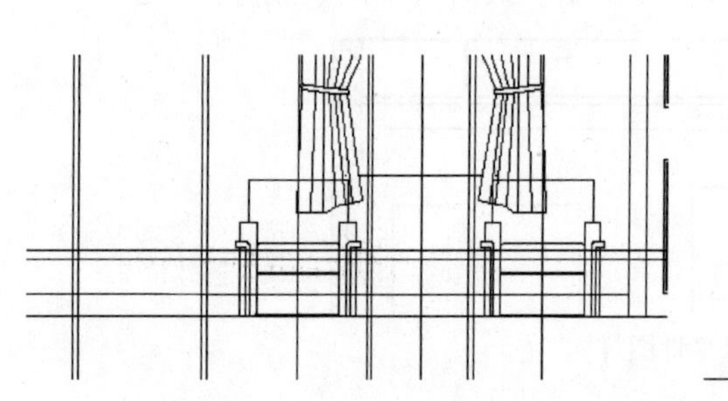

图9-79 绘制茶几立面

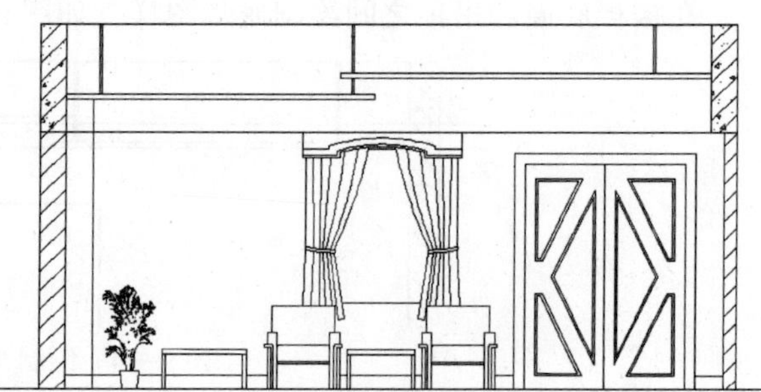

图9-80 插入植物立面

（8）尺寸、文字及符号标注

对立面图进行文字、尺寸及符号标注，效果如图9-81所示。

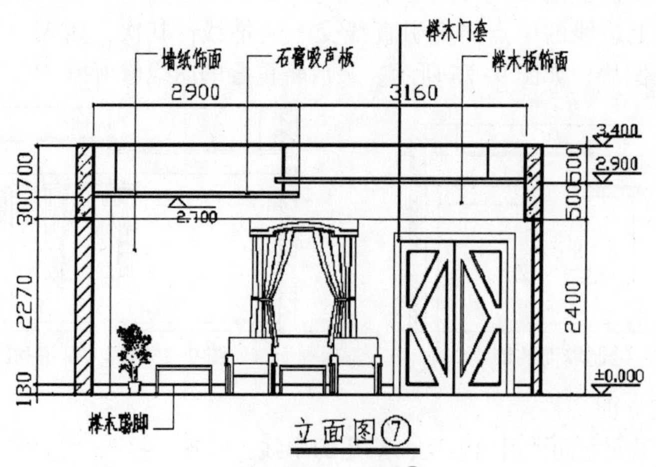

图9-81 立面图⑦

2. 其他立面图

⑧~⑩立面图如图 9-82~图 9-84 所示，它们与立面图⑦类似，在此不再赘述其画法。

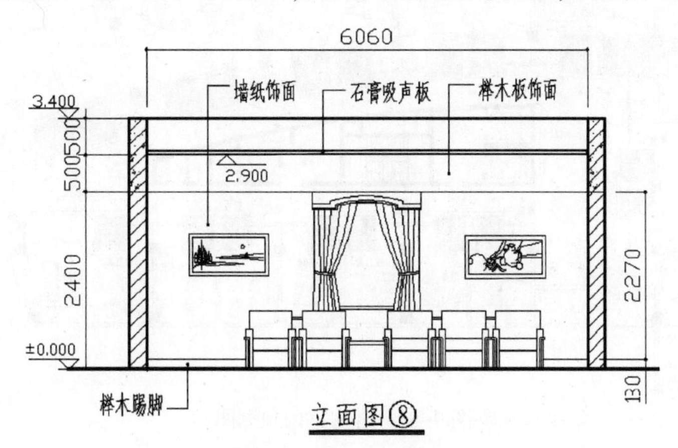

图 9-82　立面图⑧

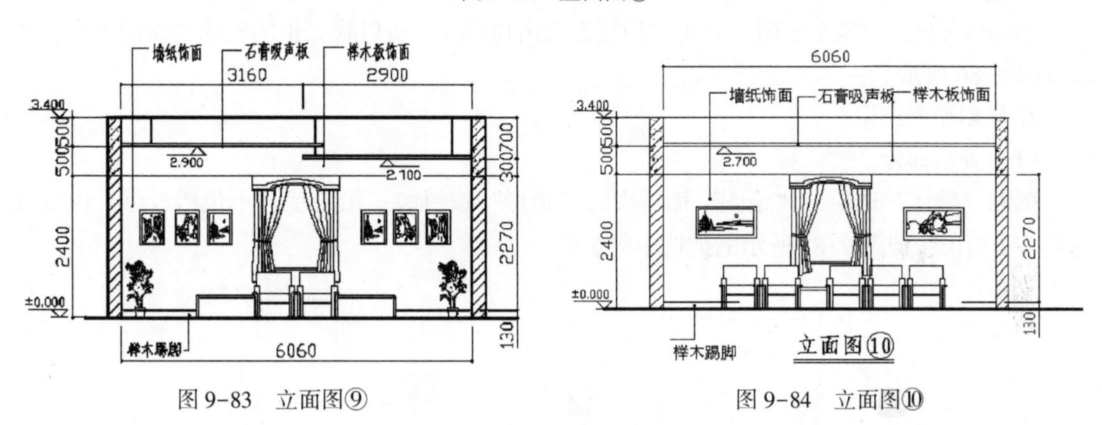

图 9-83　立面图⑨

图 9-84　立面图⑩

9.4　客房室内顶棚图的绘制

本节思路

本节将介绍整个客房楼层的顶棚图绘制，如图 9-85 所示。因顶棚面积较大，故本节将先依次介绍标准间、套间、会议室、公共走道的顶棚图的绘制方法，再将其组装成客房标准层顶棚图。读者在整体上再次熟悉顶棚图绘制的同时，应着重注意针对具体情况的一些处理技巧。

9.4.1 标准间顶棚图

本例标准间卧室部分的顶棚采用石膏板吊顶，顶棚底面标高为 2.700 m；顶棚上不设整体照明，但安装有烟感报警器；卫生间采用铝扣板吊顶，标高 2.370 m，上设一个筒灯和一个排风扇；过道部分采用钢龙骨石膏板吊顶，标高 2.400 m，上设一个筒灯（在实际中，过道部分有可能根据通风的需要设置回风口和送风口）。下面简述其绘制过程。

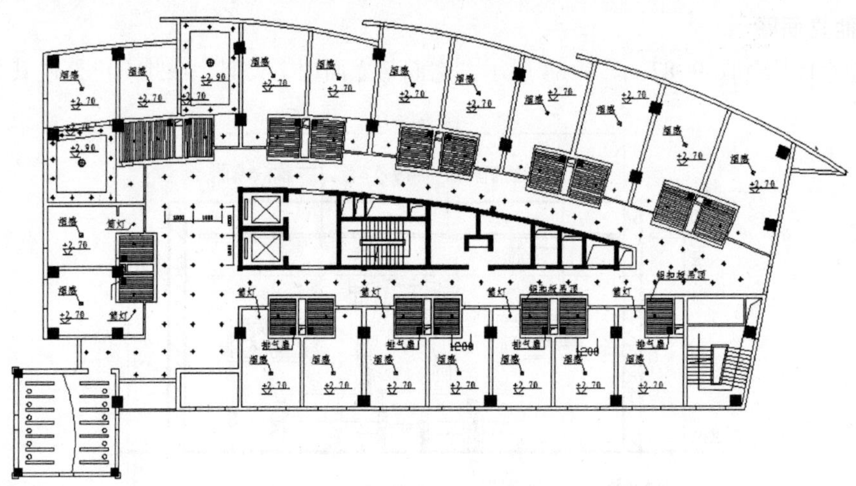

图 9-85 客房室内顶棚图

1. 整理出建筑平面图

整理出标准间建筑平面图，因为衣柜顶面与吊顶平齐，所以将衣柜的轮廓也保留下来，效果如图 9-86 所示。

2. 绘制顶棚造型

(1) 卧室部分

单击“默认”选项卡“绘图”面板中的“矩形”按钮，沿卧室（不包括过道）内墙线绘制一个矩形，即图 9-87 所示的被选中的矩形。

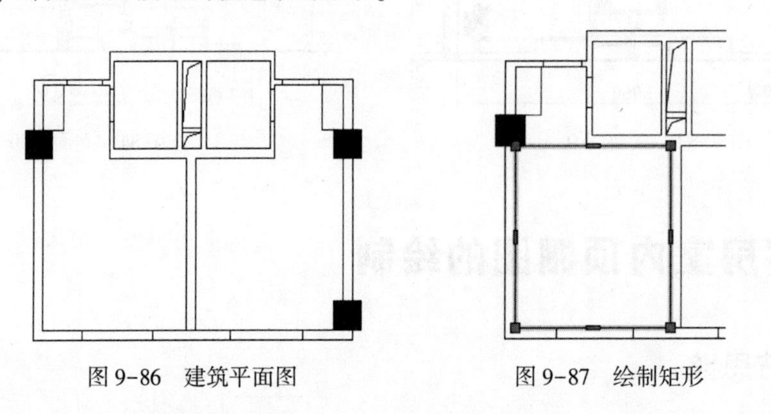

图 9-86 建筑平面图　　图 9-87 绘制矩形

单击“默认”选项卡“修改”面板中的“偏移”按钮，将这个矩形向内偏移 50 mm，得出石膏线脚，效果如图 9-88 所示。

(2) 过道部分

单击“默认”选项卡“绘图”面板中的“多段线”按钮，沿过道内线（不包括衣柜）行走一圈，将其向内偏移 50 mm，得出顶部石膏装饰线，如图 9-89 所示。

(3) 卫生间

单击“默认”选项卡“绘图”面板中的“图案填充”按钮，设置填充图案为“ANSI31”，角度为“315”度，比例为“50”，在卫生间内填充图 9-90 所示的图案，表示铝扣板吊顶。

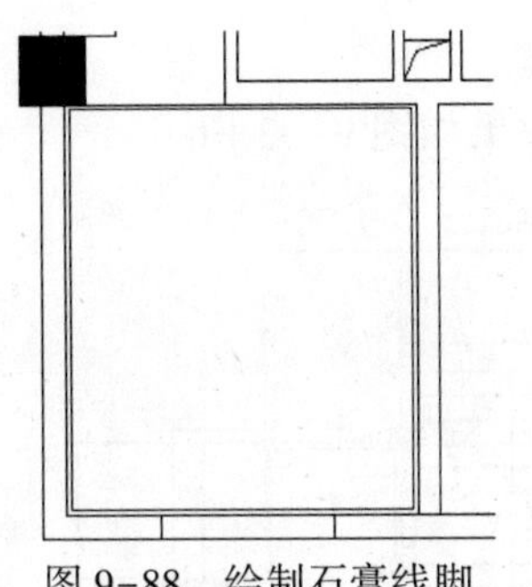
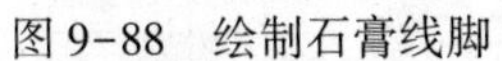

图 9-88　绘制石膏线脚

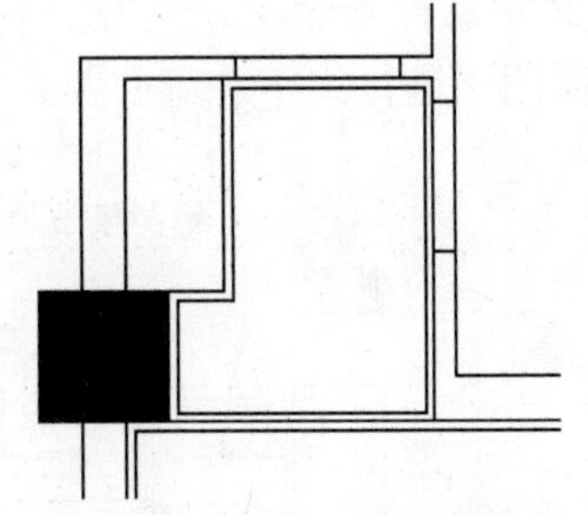

图 9-89　绘制过道石膏装饰线

3. 顶棚灯具及设备布置

（1）卧室部分

单击“默认”选项卡“绘图”面板中的“直线”按钮／，捕捉卧室石膏线的中点，绘制出确定顶棚中心点的交叉辅助线，从图库中插入烟感标识，效果如图 9-91 所示。

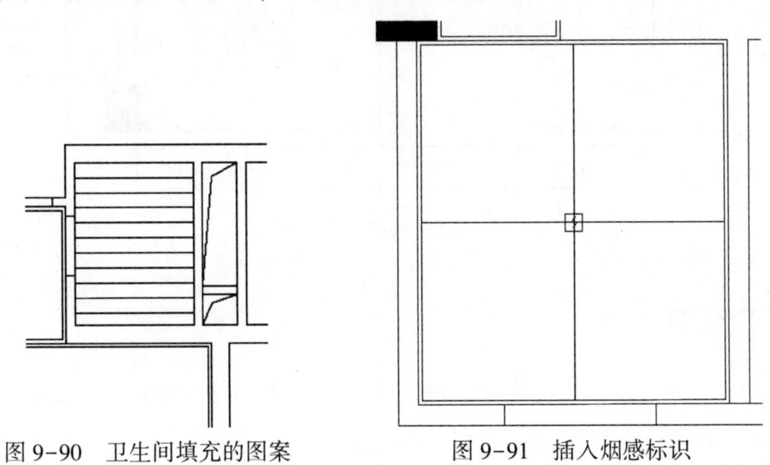

图 9-90　卫生间填充的图案

图 9-91　插入烟感标识

（2）过道、卫生间部分

同样借助辅助线确定过道、卫生间筒灯和排风扇位置，并插入筒灯、排风扇符号，如图 9-92 所示。

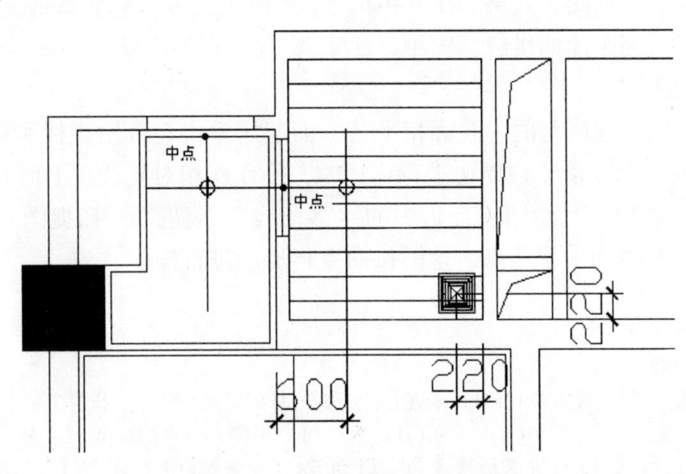

图 9-92　插入筒灯和排风扇符号

4. 尺寸、文字及符号标注

对标准间顶棚图进行文字、尺寸及符号标注，效果如图 9-93 所示。

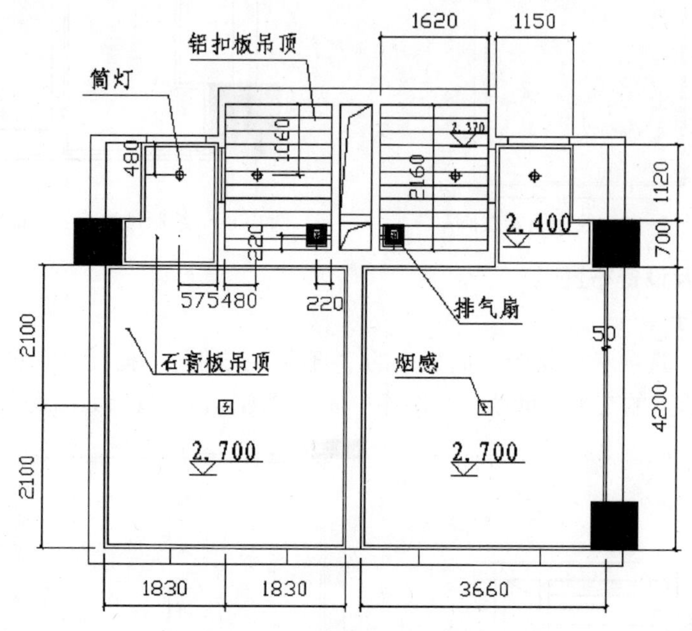

图 9-93 标准间顶棚图

9.4.2 套间顶棚图

本例套间卧室、卫生间、入口部分顶棚图内容与标准间基本相同，在此不再赘述，重点介绍起居室部分。起居室顶棚周边采用600 mm 宽的吊顶，顶棚底面标高 2.700 m，内均布置筒灯；中部不采用吊顶，标高为 2.900 m，白色乳胶漆饰面，中央设一个吸顶灯。下面简述其绘制过程。

1. 整理出建筑平面图

整理出套间建筑平面图，效果如图 9-94 所示。由于只讲述起居室部分，因此插图中略去其他部分。为了方便下面的讲解，图中标注了 A、B、C 等字母。

2. 绘制顶棚造型

由于吊顶的轮廓与起居室的内轮廓相平行，而起居室内轮廓由直线和弧线组成，因此，设计者用“多段线”命令沿室内周边进行描边时，操作就相对复杂。下面开始绘制。

单击“默认”选项卡“绘图”面板中的“多段线”按钮，捕捉图 9-94 中的 A 点作为起点，然后捕捉 B 点作为第二点。这时按命令行提示进行操作。

```
命令：PLINE
指定起点：(捕捉 A 点)
当前线宽为：0.0000
指定下一个点或［圆弧(A)/半宽(H)/长度(L)/放弃(U)/宽度(W)］：(捕捉 B 点)
指定下一点或［圆弧(A)/闭合(C)/半宽(H)/长度(L)/放弃(U)/宽度(W)］：A
指定圆弧的端点(按住〈Ctrl〉键以切换方向)或［角度(A)/圆心(CE)/闭合(CL)/方向(D)/半宽(H)/
直线(L)/半径(R)/第二个点(S)/放弃(U)/宽度(W)］：S
```

指定圆弧上的第二个点：(鼠标捕捉图 9-94 中弧线中部的 C 点)
指定圆弧的端点：(鼠标捕捉图 9-94 中弧线末端 D 点)
指定圆弧的端点(按住〈Ctrl〉键以切换方向)或
[角度(A)/圆心(CE)/闭合(CL)/方向(D)/半宽(H)/直线(L)/半径(R)/第二个点(S)/放弃(U)/宽度(W)]：l
指定下一点或[圆弧(A)/闭合(C)/半宽(H)/长度(L)/放弃(U)/宽度(W)]：(鼠标捕捉图 9-97 中弧线末端 E 点)
指定下一点或[圆弧(A)/闭合(C)/半宽(H)/长度(L)/放弃(U)/宽度(W)]：A
指定圆弧的端点(按住 Ctrl 键以切换方向)或[角度(A)/圆心(CE)/闭合(CL)/方向(D)/半宽(H)/直线(L)/半径(R)/第二个点(S)/放弃(U)/宽度(W)]：S
指定圆弧上的第二个点：(鼠标捕捉图 9-97 中弧线中部的 F 点)
指定圆弧的端点：(鼠标捕捉图 9-97 中弧线中部的 A 点,按〈Enter〉键)
指定圆弧的端点(按住〈Ctrl〉键以切换方向)或[角度(A)/圆心(CE)/闭合(CL)/方向(D)/半宽(H)/直线(L)/半径(R)/第二个点(S)/放弃(U)/宽度(W)]：

这样就描出起居室的内轮廓线。单击“默认”选项卡“修改”面板中的“偏移”按钮，将其向内偏移 600 mm，效果如图 9-95 所示。

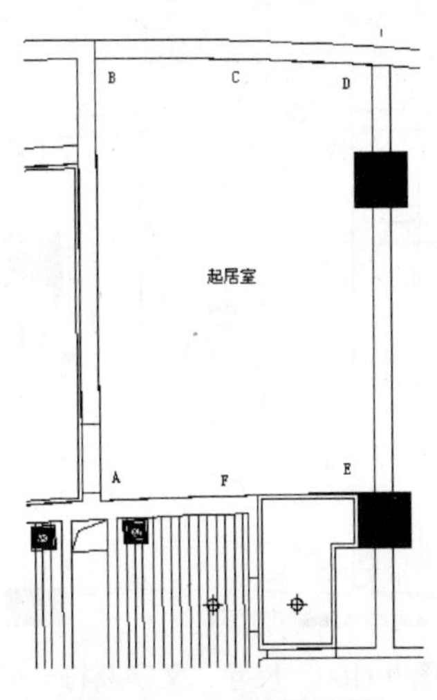

图 9-94　建筑平面图

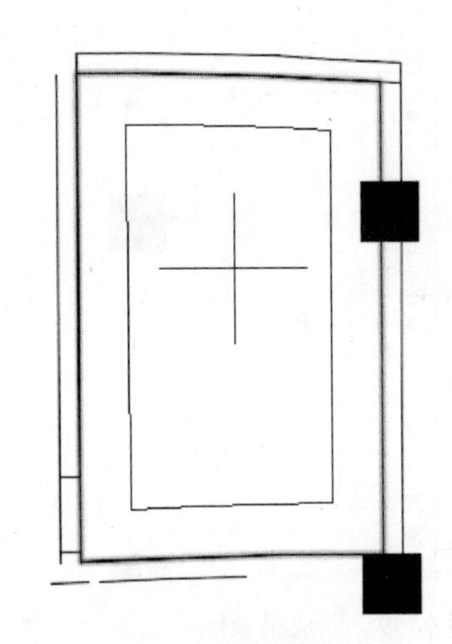

图 9-95　绘制吊顶

3. 顶棚灯具布置

(1) 周边吊顶筒灯

首先，由吊顶外轮廓线向内偏移 300 mm 复制出它的平面中心线；其次单击“默认”选项卡“修改”面板中的“分解”按钮，将它分解成 4 段线条，如图 9-96 所示。

对于弧线 2、4 上的筒灯，以它们的端点和中点作为插入点即可完成布置，如图 9-97 所示。

对于直线 1、3 上的筒灯，首先，用“特性”功能查出直线 1 的长度为 5148 mm；其次，由圆弧 4 向上偏移 3 次，偏移距离为 1287 mm (5148 mm 的 1/4)，获得直线 1、3 上的筒灯定位点；最后，依次将筒灯布置到定位点上去，如图 9-98 所示。

(2) 中央吸顶灯

借辅助线将中央吸顶灯布置出来，最后把辅助线删去，效果如图 9-99 所示。

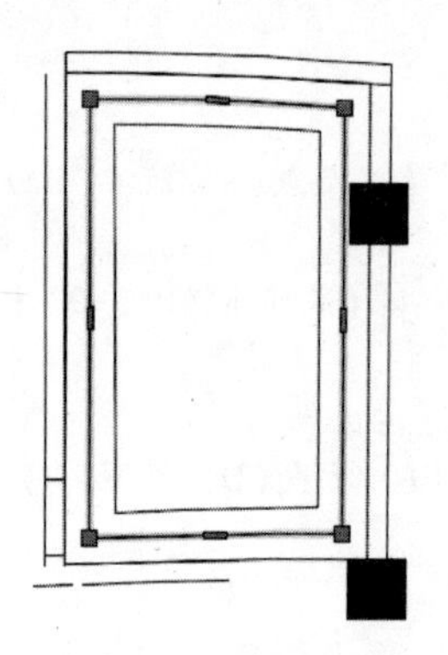
图 9-96 吊顶中心线

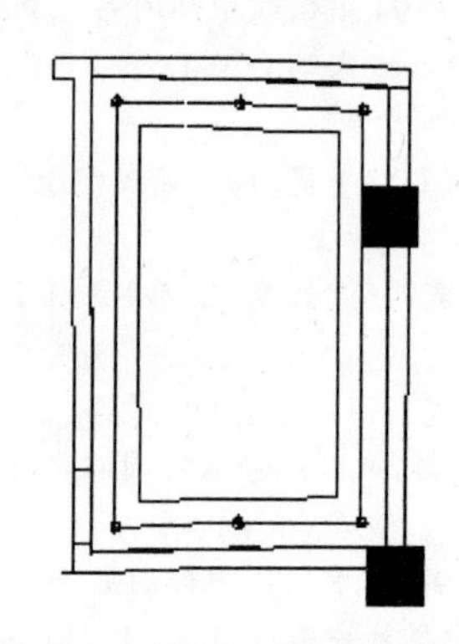
图 9-97 弧线 2、4 上的筒灯

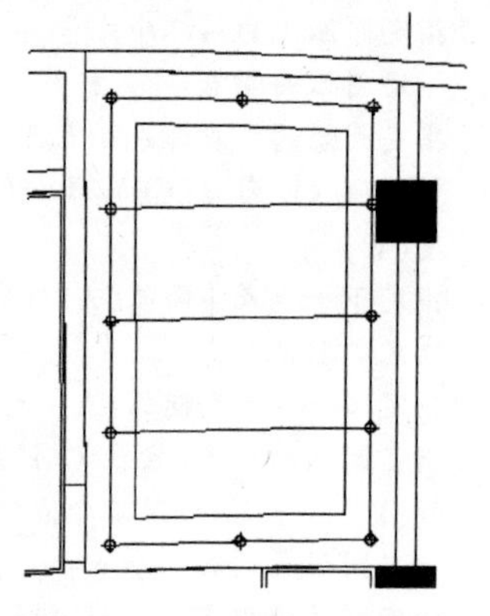
图 9-98 直线 1、3 上的筒灯

4. 尺寸、文字及符号标注

尺寸、文字及符号标注的效果如图 9-100 所示。图中标注并不全面，设计者可以根据客房标准层顶棚图整体的需要来补充。

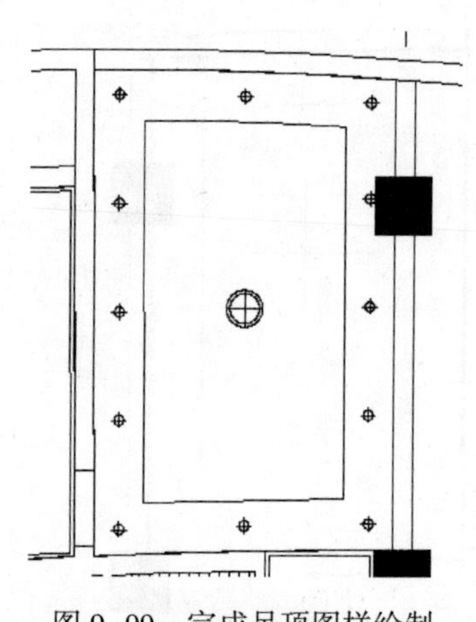
图 9-99 完成吊顶图样绘制

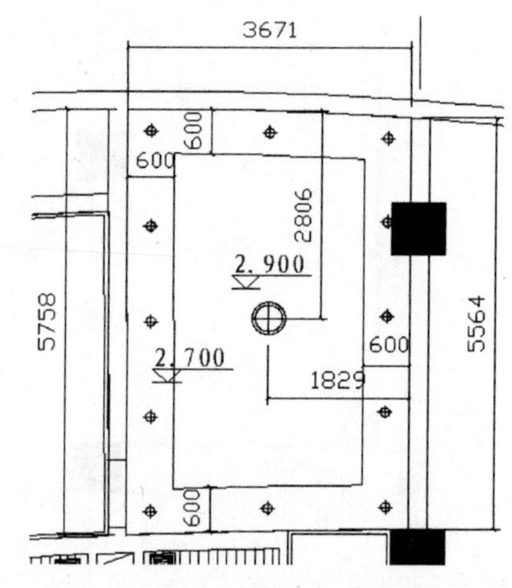

图 9-100 尺寸、文字及符号标注

9.4.3 公共走道顶棚图

在本例中，公共走道顶棚采用轻钢龙骨吸音石膏板吊顶，顶棚底面标高为 2.11 m；顶棚面上按间距 1.11 m 均匀布置筒灯。该顶棚图绘制的难点在于筒灯的布置。下面简述其绘制过程。

1. 整理出建筑平面图

整理出公共过道部分的建筑平面图，效果如图 9-101 所示。

2. 绘制顶棚造型

整个公共走道采用同一标高的轻钢龙骨石膏板吊顶，所以在平面上不需要再用线条表示它的造型了。

3. 顶棚灯具

本本例中，设计者应在两条狭长走道的中心线上均匀布置筒灯，间距为 1800 mm；在走道的交接处由中心向四周均匀布置，行距、列距均为 1.8 m；在边角局部地方再作适当调整。

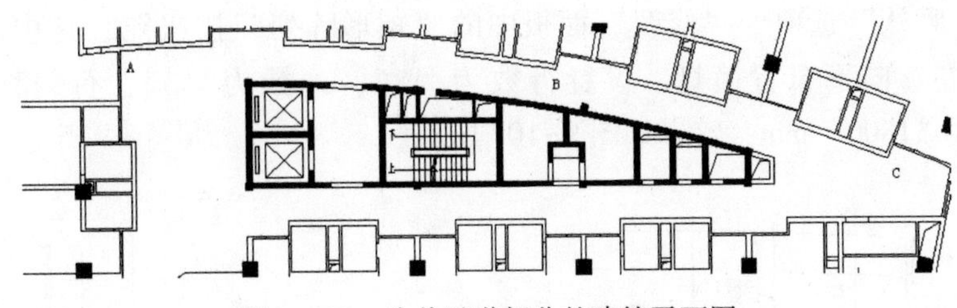

图 9-101　公共过道部分的建筑平面图

（1）绘制定位辅助线

单击“默认”选项卡“绘图”面板中的“圆弧”按钮，沿图 9-101 中的 A、B、C 三点绘制一条弧线。再由这条弧线向内偏移 840 mm（走道净宽的一半），得到走道中心线，如图 9-102 所示。

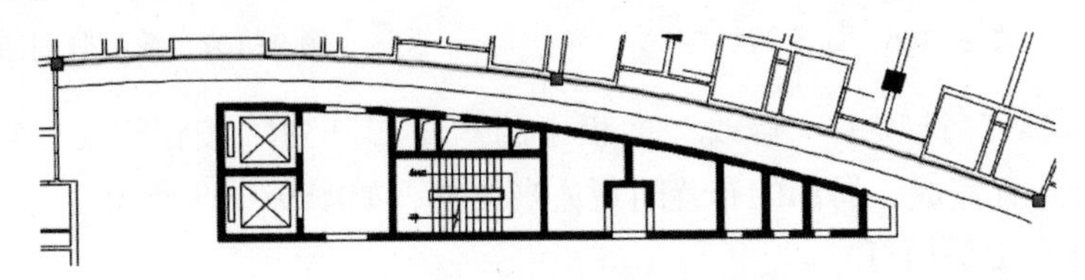

图 9-102　绘制弧形走道中心线

对于其他部分中心线的绘制，设计者可以采用如下方法完成。

1）确认当前处于正交绘图模式（按〈F8〉快捷键可以切换），如图 9-103 所示。

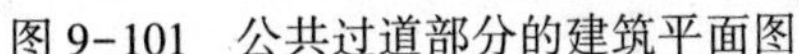

图 9-103　状态栏“正交”模式

2）用垂线将走道的两内边连接起来，即图 9-104 中被选中的线段。

3）单击“默认”选项卡“绘图”面板中的“构造线”按钮，捕捉其中一条线段的中点作为构造线的“指定点”，沿中线方向点取一点作为“通过点”，按〈Enter〉键确定，这样画出一条通过走道中线的射线。另外一条中线也采用此方法绘制，效果如图 9-105 所示。

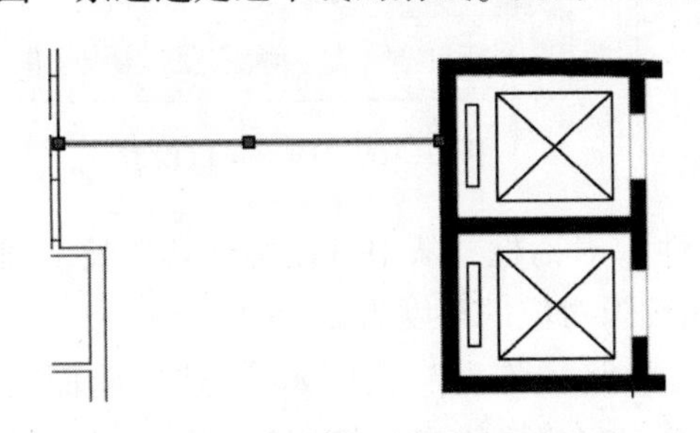

图 9-104　用垂线连接走道的两内边

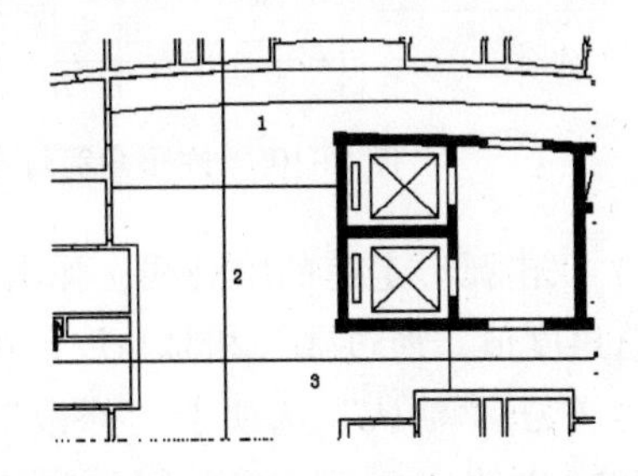

图 9-105　用“构造线”命令绘制中线 2、3

（2）初步布置筒灯

1）单击“默认”选项卡“修改”面板中的“偏移”按钮，将中线 2 分别向左和向右偏移1800mm，复制出两条直线，插入一个筒灯到图9-106所示的位置，这就是“初始筒灯”。

2）单击“默认”选项卡“修改”面板中的“矩形阵列”按钮，选中这个筒灯作为阵列对象，向左、向下布置筒灯，设置行数为“8”，列数为“3”，行偏移为“-1800”mm，列偏移为“1800”mm，效果如图9-107所示。

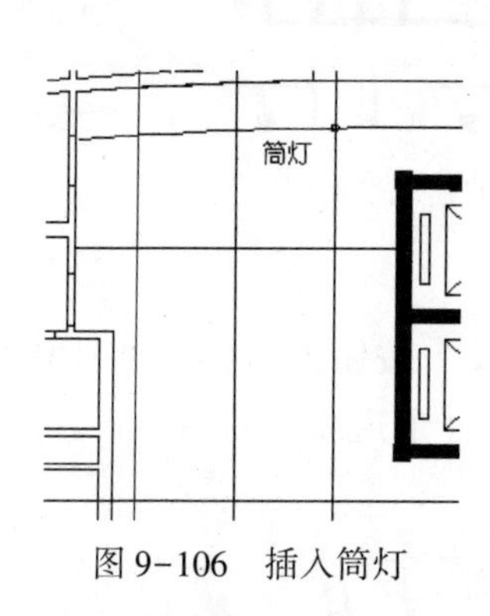

图9-106 插入筒灯

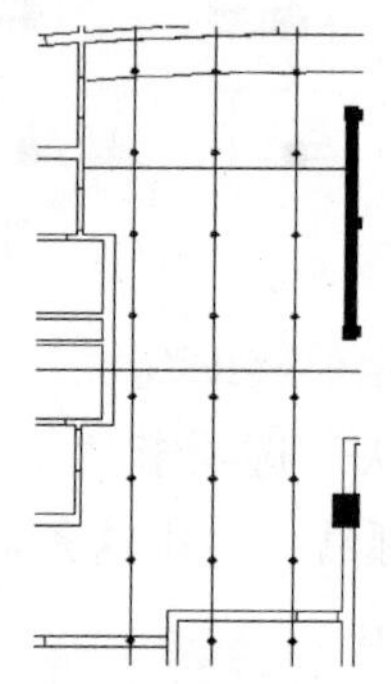

图9-107 筒灯阵列结果

3）单击“默认”选项卡“修改”面板中的“矩形阵列”按钮或“复制”按钮，将左下角的筒灯布置完成，局部的布置间距适当调整，如图9-108所示。

（3）布置弧形走道筒灯

1）为了提高环行阵列的精度，选择菜单栏中的“格式”→“单位”命令，在弹出的“图形单位”对话框中将角度的精度设置为“0”，如图9-109所示。

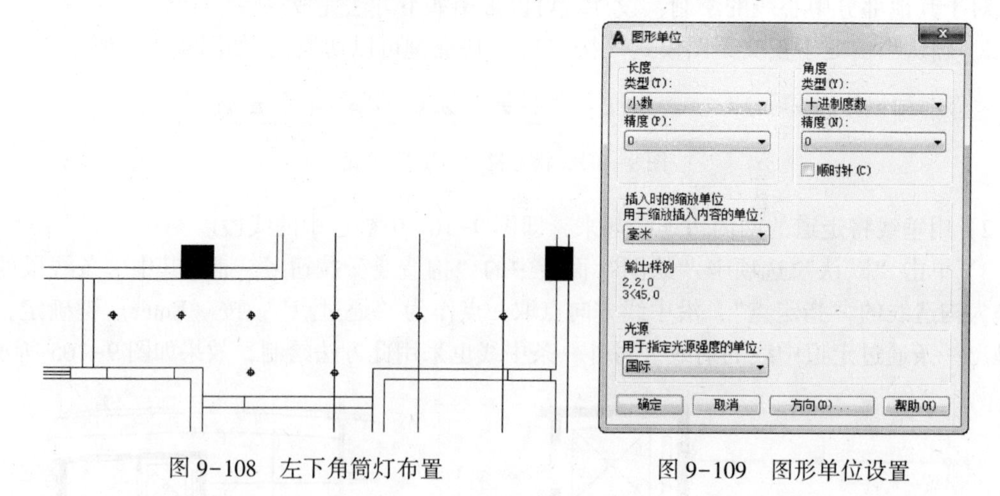

图9-108 左下角筒灯布置

图9-109 图形单位设置

2）双击弧形走道的中心线，弹出“对象特性”对话框，从中可以得到其弧长、圆心坐标和总角度值。通过弧长和总角度，可以换算出圆弧对应的角度为24.53°。

3）单击“默认”选项卡“修改”面板中的“路径阵列”按钮，选中前面提到的“初始筒灯”作为阵列对象，进行路径阵列，选择已经插入进来的筒灯为阵列对象，选择前面绘制的圆弧为阵列路径，效果如图9-110所示。这样就初步完成了弧形走道顶棚上间距为1800mm的筒灯布置。

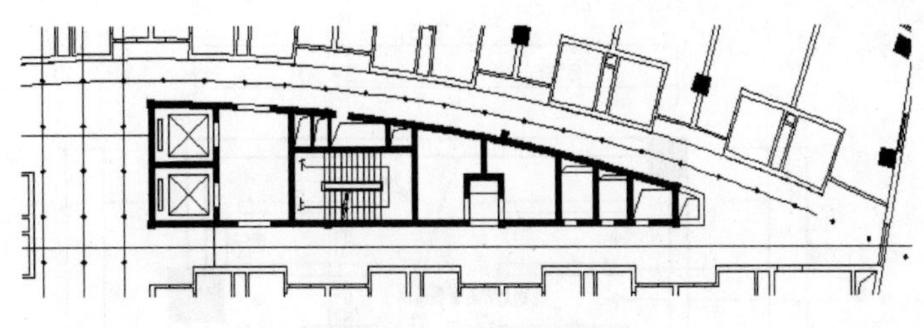

图 9-110 环行阵列效果

(4) 布置直线形走道筒灯

1) 单击“默认”选项卡“修改”面板中的“复制”按钮，复制一个筒灯到图 9-111 所示的箭头位置。

2) 重复操作，复制多个筒灯图形，筒灯间的间距为 1800 mm，阵列效果如图 9-112 所示。

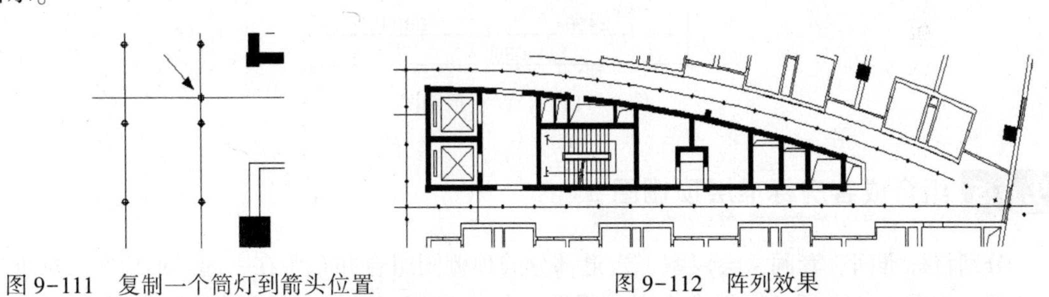

图 9-111 复制一个筒灯到箭头位置　　图 9-112 阵列效果

3) 调整右端角落的筒灯，布置效果如图 9-113 所示。

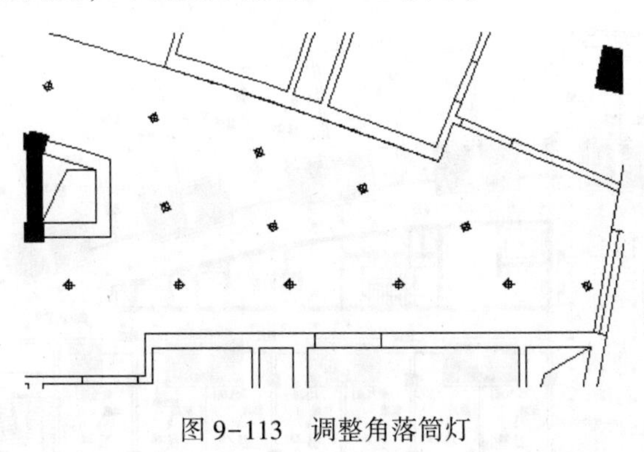

图 9-113 调整角落筒灯

至此，走道顶棚上的照明布置基本完成。至于尺寸、文字及符号标注等内容，可在组合客房标准层顶棚图时一并完成。

9.4.4 会议室顶棚图

本例会议室设有一个错层吊顶，中间以一条弧线分开，采用轻钢龙骨吸音石膏板吊顶。较高一层底面标高为 2.9 m，较低一层底面标高为 2.7 m，其上相间均匀布置筒灯和灯槽，如图 9-114 所示。该顶棚图的绘制比较容易，在此不再赘述。

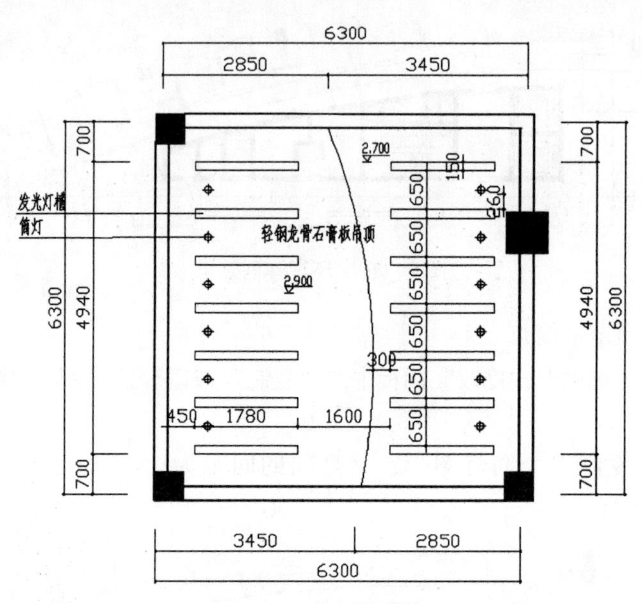

图 9-114　会议室顶棚图

9.4.5 组合成客房标准层顶棚图

分别将标准间、套间、会议室、走道部分的顶棚图组合并布置在一起，形成客房标准层顶棚图，如图 9-115 所示。组合布置的思路与组合客房标准层平面图相似，读者可以参照 9.2 节的内容。

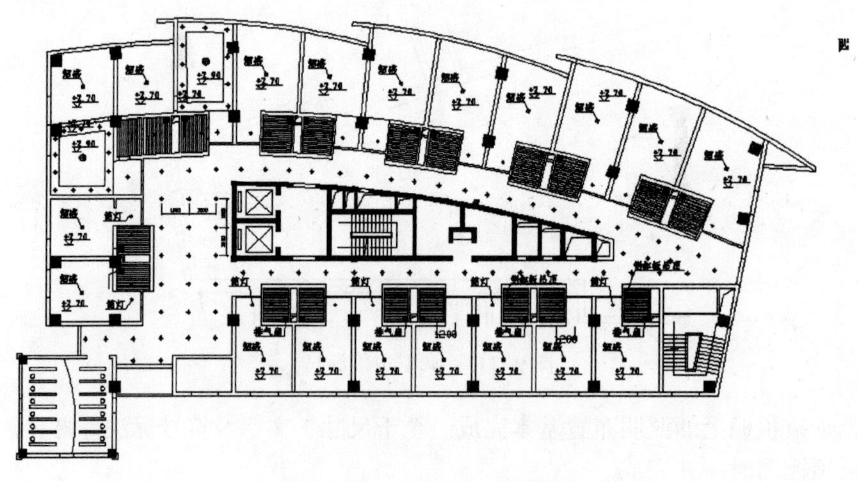

图 9-115　客房标准层顶棚图

第10章 卡拉OK歌舞厅室内设计图的绘制

知识导引

为了让读者进一步掌握AutoCAD 2018中文版在室内设计制图中的应用，同时也借此机会让读者熟悉不同建筑类型的室内设计，本章将以一个卡拉OK歌舞厅的室内制图作为范例。该歌舞厅包括酒吧、舞厅、KTV包房、屋顶花园等几大部分，涉及面较广，比较典型。

本章在软件方面，除了进一步介绍各种绘图、编辑命令的使用，还结合实例介绍“设计中心”“工具选项板”“图纸集管理器”的应用；在设计图方面，除了照常介绍平面图、立面图、顶棚图以外，还重点介绍了各种详图的绘制。本章的知识点既是对前面各章节知识的深化，又是对各章节内容的总结。

内容要点

➤ 卡拉OK歌舞厅室内设计要点及实例简介
➤ 歌舞厅室内平面图的绘制
➤ 歌舞厅室内立面图的绘制
➤ 歌舞厅室内顶棚图的绘制

10.1 卡拉OK歌舞厅室内设计要点及实例简介

本节思路

本节首先简单介绍了卡拉OK普通歌舞厅室内设计的基本知识和设计要点，其次介绍本章采用的实例概况，为下面的讲解做准备。

10.1.1 卡拉OK歌舞厅室内设计要点概述

卡拉OK歌舞厅是一种常见的公共娱乐场所，集歌舞、酒吧、茶室、咖啡厅等功能于一身。卡拉OK歌舞厅的室内活动空间可以分为入口区、歌舞区及服务区三大部分，其一般功能分区如图10-1所示。入口区往往设有服务台、出纳结账和衣帽寄存等空间，有的歌舞厅还设有门厅，并在门厅处布置有休息区。歌舞区是卡拉OK歌舞厅中的主要活动场所，其中又包括舞池、舞台、座席区、酒吧等部分，这几个部分相互临近、布置灵活。较高级的歌舞厅还专门设有卡拉 OK 包房，它是演唱卡拉 OK 较私密性的空间。卡拉 OK 包房内常设沙发、茶几、卡拉 OK 设备，较大的包房还设有一个小舞池，供客人兴趣所致时翩翩起舞。在歌舞区，客人可以进行唱歌、跳舞、听音乐、观赏表演、喝茶饮酒、喝咖啡、交友谈天等活动。服务区一般设有声光控制室、化妆室、餐饮供应、卫生间、办公室等空间。声光控制室和化妆室一般要临近舞台。餐饮供应需要根据歌舞厅的大小及功能定位来确定，有的歌舞厅根据餐饮的需要设有专门的厨房。至于卫生间，应该男女分开，蹲位足够，还需临近歌舞区、路程短。办公室的设置可以根据具体情况和业主的需要来确定。卡拉 OK 歌舞厅常常处于人流较密集的商业建筑区，不少歌舞厅是利用既有建筑的局部空间改造而来的，而业主往往要求充分利用室内空间，这时，设计者就要合理地处理各功能空间的组合布局了。

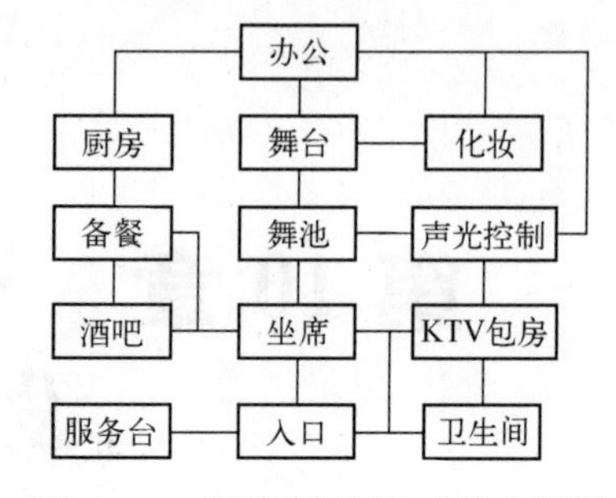

图 10-1 普通歌舞厅的功能分析图

在对歌舞厅的室内环境进行设计时，光环境、声环境的运用发挥着重要的作用。在歌舞区，舞台处的灯光应具有较高的照度，并应稍微减弱各种光色的变化。在舞池区域，要降低光的照度，增强各种光色的变化。常见做法是：采用成套的歌舞厅照明系统来营造流光溢彩的光照效果。有的舞池地面采用架空的钢化玻璃，玻璃下设有各种反照灯光以加倍渲染舞池气氛。座席区和包房中多采用一般照明和局部照明相结合的方式来完成。总体说来，它们所需的照度都比较低，且最好采用照度可调的形式，然后在局部用适当光色的点光源来渲染气氛。至于吧台和服务台，应注意适当提高光照度和显色性，以满足服务人员的工作需要。在这样的前提下，设计者可以发挥自己的创造力，利用不同的灯具形式和照明方式来塑造特定的歌舞厅光照气氛。此外，室内音响设计也是一个重要环节。采用较高品质的音响设备，配以合理的音响布置，有利于形成良好的声音环境。

材质的选择非常重要。在卡拉 OK 歌舞厅中，常用的室内装饰材料有木材、石材、玻璃、织物、皮革、玻璃、墙纸、地毯等。木材广泛使用于地面、墙面、顶棚、家具陈设等位置，不同的木材可以用在不同的地方。石材主要指花岗石和大理石，多用于舞池地面、入口地面、墙面等位置。玻璃的使用也比较广泛，可用于地面、隔断、家具陈设等。各式玻璃配合光照可形成特殊的艺术效果。织物和皮革具有装饰、吸声、隔声的作用，多用于舞厅、包房的墙面。墙纸也多用于舞厅、包房的墙面。地毯多用于区、公共走道、包房的地面，具有装饰、吸声、隔声、保暖等作用。

10.1.2 实例简介

该实例是目前国内比较典型的歌舞厅的室内设计。该歌舞厅位于某市商业区一座钢筋混凝土框架结构房屋的顶层。该楼层原为餐馆，业主现打算将它改为卡拉 OK 歌舞厅，室内设歌舞区、酒吧、KTV 包房等活动场所，并要利用与该楼相齐平的局部屋顶设计一个屋顶花园，还考虑在花园内设置少量茶座。与屋顶花园临近的室内部分原为餐馆的厨房。歌舞厅的建筑平面图如图 10-2 所示。

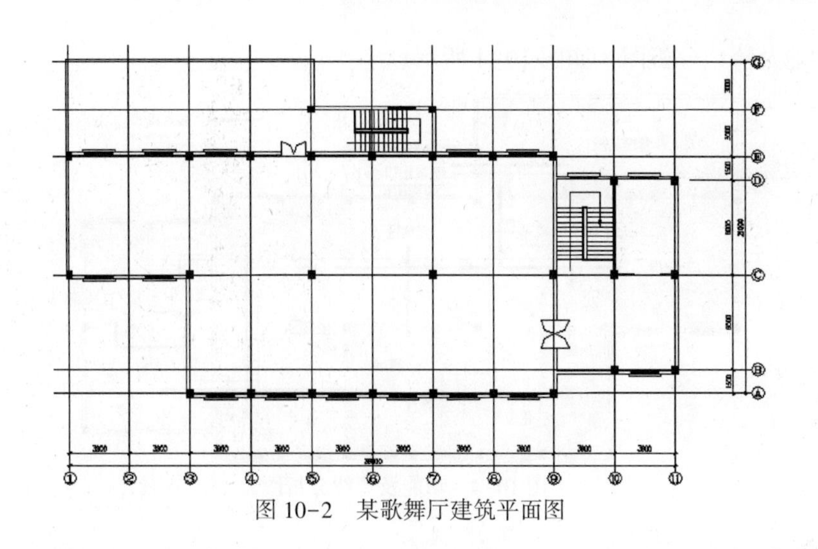

图 10-2 某歌舞厅建筑平面图

10.2 歌舞厅室内平面图的绘制

本节思路

针对该实例的具体情况，本节首先给出了室内功能及交通流线分析图；其次讲解了主要功能区的平面图形的绘制，它们分别是入口区、酒吧、歌舞区、KTV 包房区、屋顶花园等几个部分；最后简单介绍了尺寸标注、文字标注和插入图块的要点，效果如图 10-3 所示。

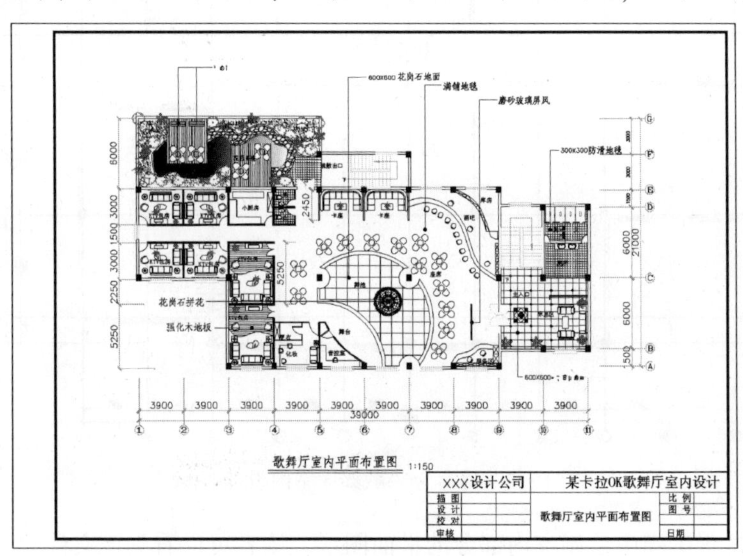

图 10-3 歌舞厅室内平面图

10.2.1 平面功能及流线分析

如前所述，该歌舞厅场地原为餐馆，现改作歌舞厅，因此，其内部的所有隔墙及装饰层需要全部清除。为了把握歌舞厅室内各区域的分布情况，以便讲解图形的绘制，下面给出该楼层平面功能及流线分析图，如图 10-4 所示。

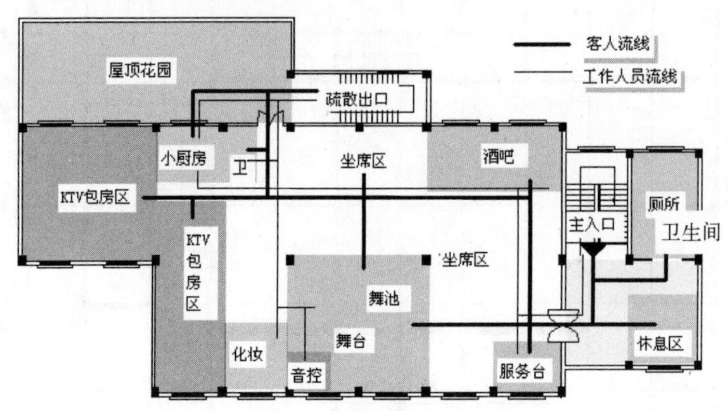

图 10-4　功能及流线分析图

10.2.2 绘图前的准备

该建筑平面比较规整，绘制的难度不大，为了节约篇幅，在此不叙述它的绘制过程。本书附带的网盘资源内已经给出了图 10-2 所示的平面图，读者可以打开直接利用，感兴趣的读者也可按照该图练习绘制。

打开附带网盘中的“X:\源文件\第 10 章\建筑平面 . dwg”文件，并将其另存于刚才的文件夹内，命名为“歌舞厅室内设计 . dwg”，效果如图 10-5 所示。

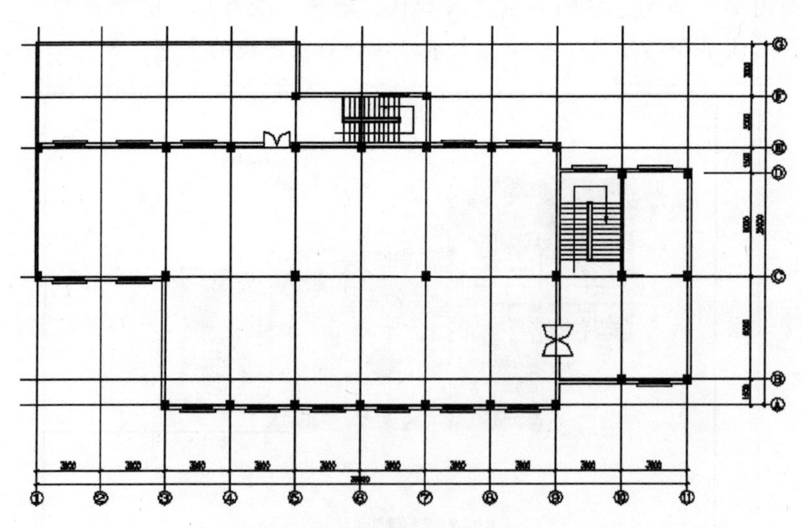

图 10-5　另存为“歌舞厅室内设计 . dwg”

接着，在这张图样中绘制室内部分的平面图形。读者可以看到该文件中包含了现有图形所需的图层、图块及文字、尺寸、标注等样式。在下面的绘制中，若需要增加新的图层，可以应用图层特性管理器来补充。

10.2.3 入口区的绘制

如图 10-4 所示，入口区包括楼梯口处的门厅、休息区布置、服务台布置等内容。设计者应首先绘制隔墙、隔断，其次布置家具陈设，最后绘制地面材料图案。

1. 隔墙、隔断

（1）卫生间入口处的隔墙

在“视图”选项卡“导航”面板中的“范围”下拉菜单中单击“窗口”按钮，将门厅区放大显示，如图10-6所示，然后单击“默认”选项卡“修改”面板中的“偏移”按钮，由C轴线向下偏移复制出一条轴线，偏移距离为1500 mm，效果如图10-7所示。

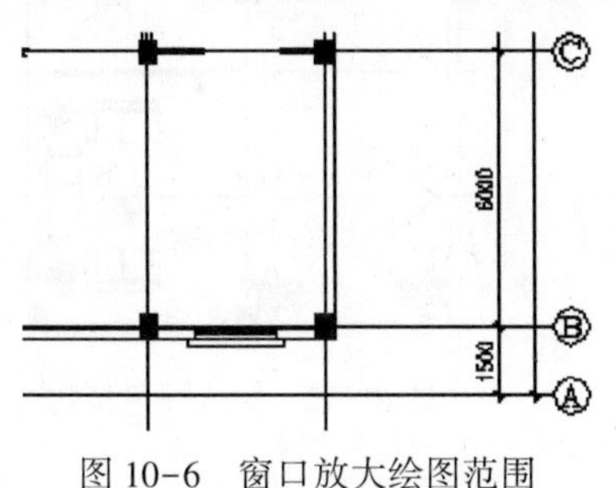

图10-6　窗口放大绘图范围

图10-7　偏移轴线

选择菜单栏中的“绘图”→“多线”命令，将多线的对正方式设为“无”，比例设为“100”，沿新增轴线由右向左绘制多线，绘制的隔墙如图10-8所示。命令行操作记录如下。

```
命令:MLINE
当前设置:对正 = 无,比例 = 100.00,样式 = MLSTYLE01
指定起点或[对正(J)/比例(S)/样式(ST)]:
指定下一点： @-3000,0 (按〈Enter〉键)
指定下一点或[放弃(U)]： @0,-400 (按〈Enter〉键)
指定下一点或[闭合(C)/放弃(U)]:(按〈Enter〉键)
```

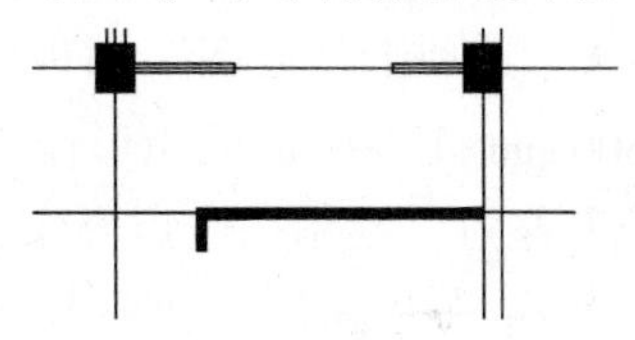

图10-8　用“多线”命令绘制隔墙

（2）入口屏风

1）单击“默认”选项卡“修改”面板中的“偏移”按钮，由B轴线和前面新增的轴线分别向右和向下偏移复制出两条轴线，偏移距离分别为1500 mm和2250 mm，效果如图10-9所示。这两条直线交于A点。

2）选择菜单栏中的“绘图”→“多线”命令，以A点为起点，绘制一条长为3000 mm的多线，然后单击“默认”选项卡“修改”面板中的“移动”按钮，将其向下移动，使其中点与A点重合，效果如图10-10所示。至此，入口屏风就绘制好了。

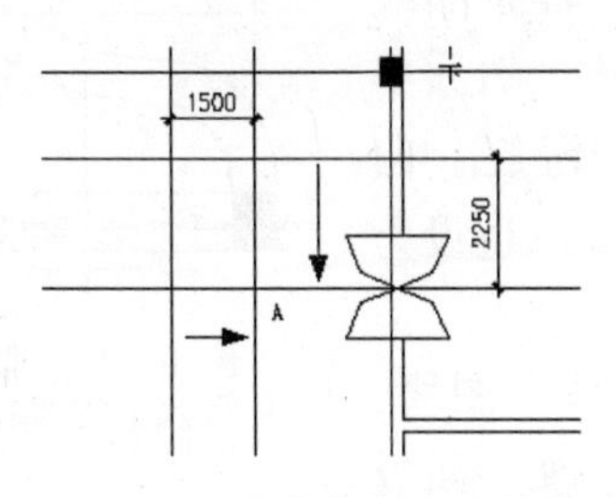

图10-9　偏移复制定位轴线

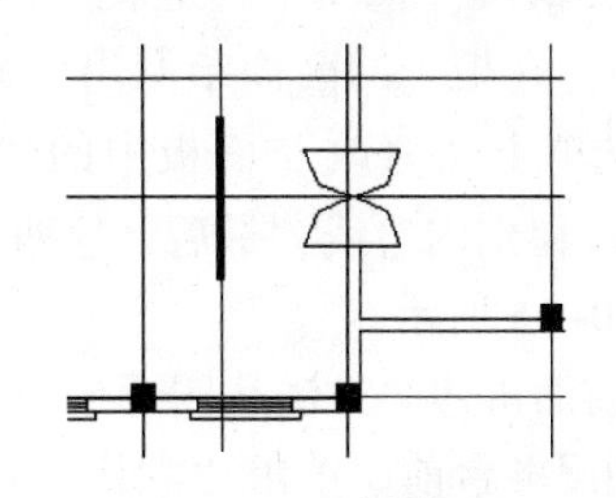

图10-10　绘制屏风

2. 家具陈设布置

（1）休息区布置

将“家具”层设置为当前层，下面插入“家具”图块。单击“默认”选项卡“块”面板中的“插入”按钮，弹出“插入”对话框，在对话框中可以更改“插入点”“缩放比例”“旋转角度”等参数，单击“确定”按钮，将“歌舞厅沙发”图块插入到图10-11所示的位置。

将“植物”层置为当前层。从工具选项板中插入绿色植物到茶几面上，效果如图10-12所示。

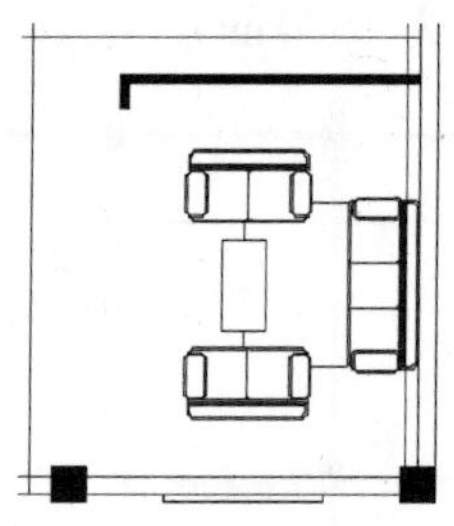

图10-11 插入“歌舞厅沙发”到休息区

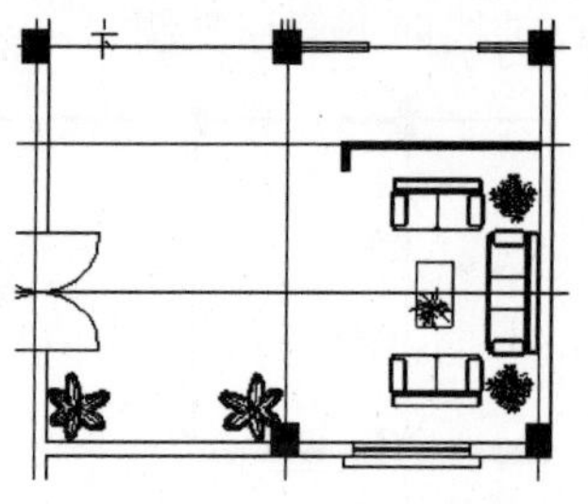

图10-12 插入绿色植物

（2）服务台区布置

1）首先，将“家具”图层置为当前层；其次，单击“默认”选项卡“修改”面板中的“偏移”按钮，由A轴线向上偏移1800 mm，得到一条新轴线，如图10-13所示。单击“默认”选项卡“绘图”面板中的“矩形”按钮，以图10-13中的C点为起点，绘制一个500 mm×1550 mm的矩形作为衣柜的轮廓；重复执行“矩形”命令，以A、B点分别作为起点和终点，绘制一个矩形作为陈列柜的轮廓。

2）单击“默认”选项卡“绘图”面板中的“直线”按钮，在矩形内部进行适当分隔，并将柜子轮廓的颜色设为蓝色，效果如图10-14所示。

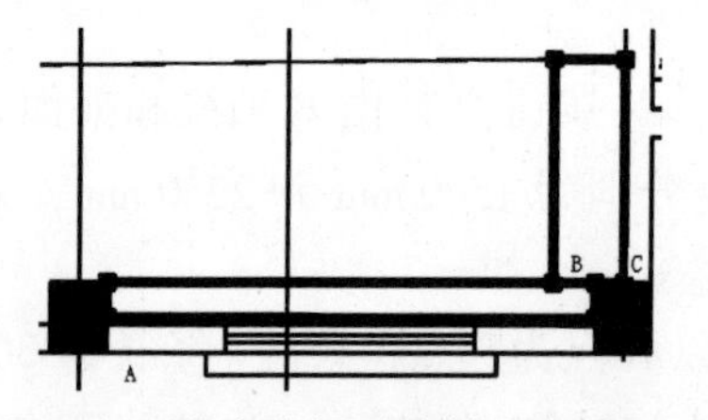

图10-13 服务台柜子绘制示意图（一）

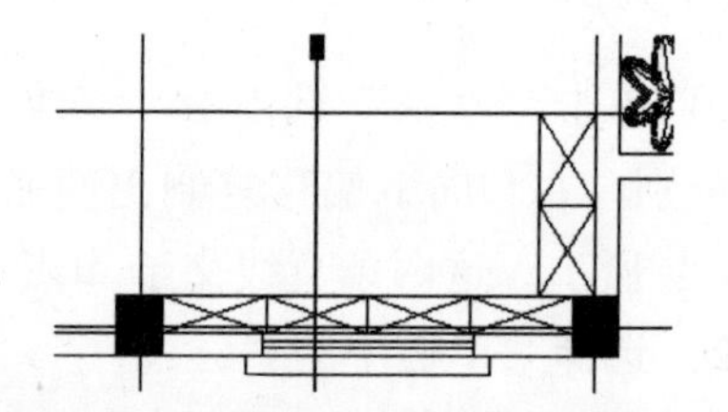

图10-14 服务台柜子绘制示意图（二）

3）单击“默认”选项卡“绘图”面板中的“样条曲线拟合”按钮，在柜子的前面绘制出台面的外边线，然后单击“默认”选项卡“修改”面板中的“偏移”按钮，向内偏移400 mm得到内边线，最后将这两条样条曲线颜色设为蓝色，如图10-15所示。

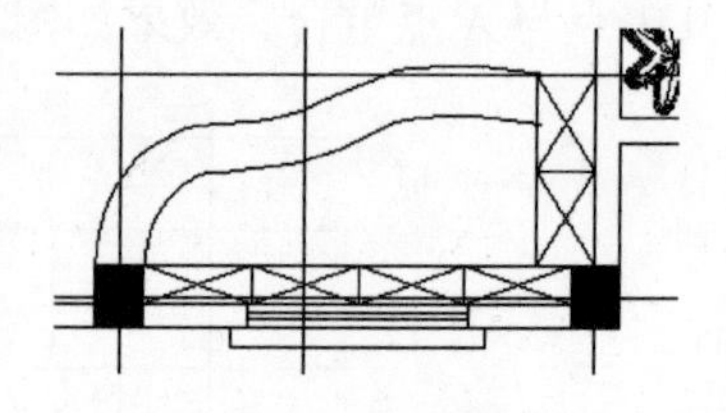

图10-15 服务台柜子绘制示意图（三）

4）采用前面讲述的方法从图库中找到“吧台椅”图块，并将其插入到服务台前。单击“默认”选项卡“修改”面板中的“旋转”按钮和“复制”按钮，插入另外一个椅子，效果如图10-16所示。

5）至此，服务台区的家具陈设平面图已基本绘制。

3. 地面图案

入口处的地面采用600 mm×600 mm的花岗岩铺地，门前地面上设计一个铺地拼花。

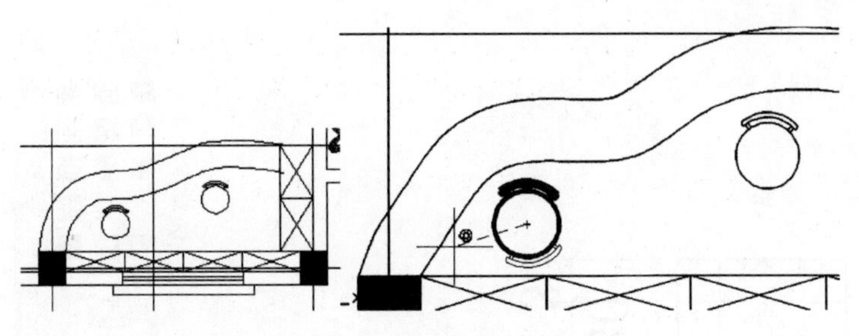

图 10-16　插入吧台椅并旋转

1）从“设计中心”内拖入“地面材料”图层，或者新建该图层，并将之置为当前。将“植物”“家具”层关闭，并将“轴线”层解锁。

2）绘制网格。首先，单击“默认”选项卡“修改”面板中的“偏移”按钮，由⑨轴线向右偏移1950 mm，得到一条辅助线，沿该辅助线在门厅区域内绘制一条直线；其次，以大门的中点为起点绘制一条水平直线，如图 10-17 所示。

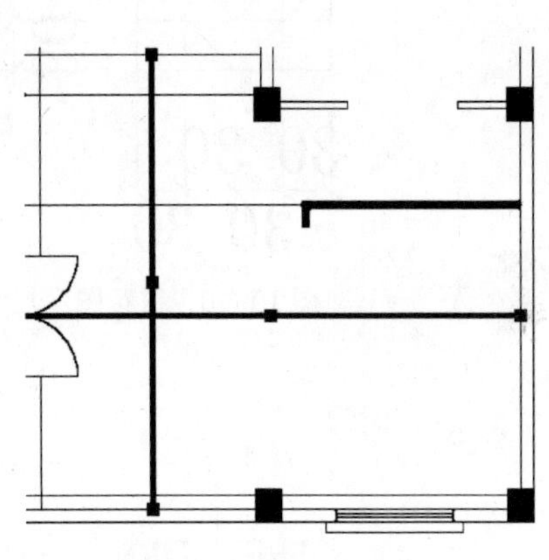

图 10-17　绘制地面图案的控制基线

由这两条直线分别向两侧偏移 300 mm，得到 4 条直线，如图 10-18 所示。然后分别由这 4 条直线向四周阵列得出铺地网格，阵列间距为 600 mm，效果如图 10-19 所示。

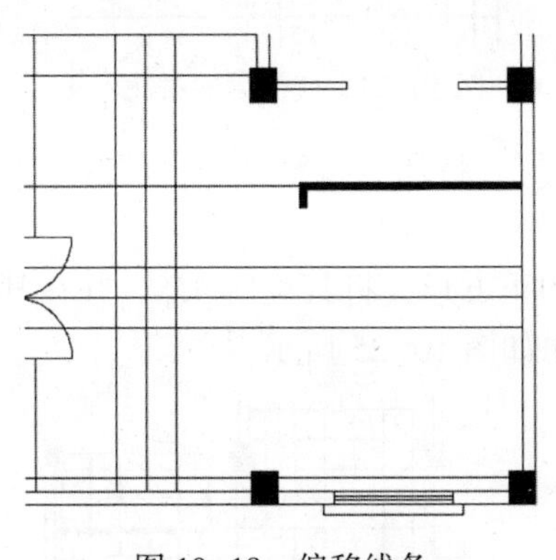

图 10-18　偏移线条

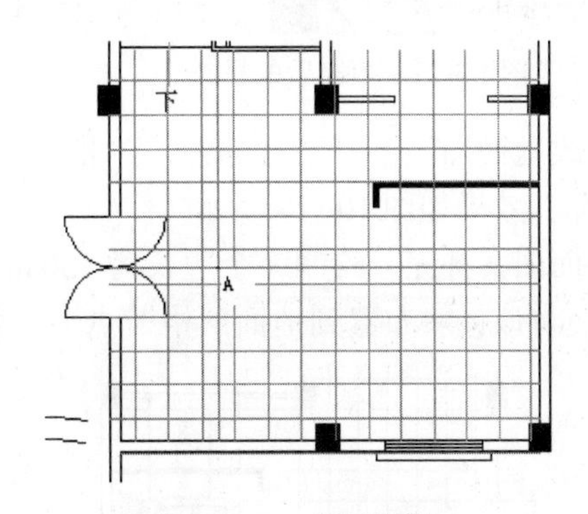

图 10-19　铺地网格

3）绘制地面拼花。总体思路是在绘图区适当的位置绘制好拼花图案后，移动到具体位置。具体操作为：首先，按图 10-20 所示的尺寸绘制一个正方形线条图案；其次，在线框内填充色块。

下面介绍一种填充图案的新方法。在“工具板选项”中的“ISO 图案填充”选项中选中一个色块，如图 10-21 所示，然后移动鼠标并在图案线框内所要填充图案的位置上单击一下，即可完成一个区域的填充。按〈Enter〉键重复执行“图案填充”命令，接着完成剩余色块的填充，效果如图 10-22 所示。

最后，将图案移动到图 10-19 中的 A 点，并单击“默认”选项卡“修改”面板中的“缩放”按钮，将图形缩放到合适的大小，效果如图 10-23 所示。

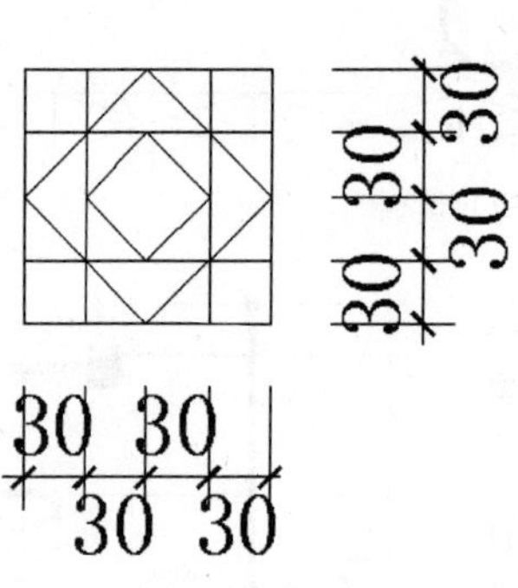

图 10-20 拼花图案尺寸

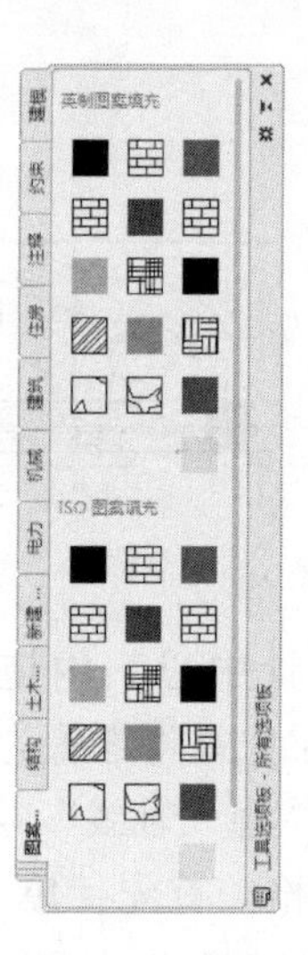

图 10-21 工具选项板

图 10-22 填充后的拼花

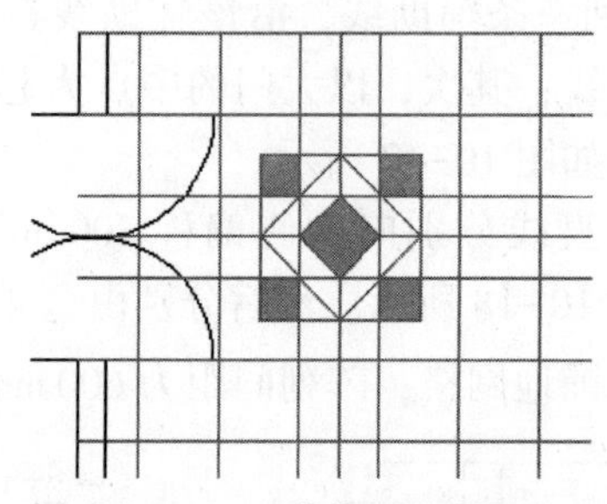

图 10-23 就位后的拼花

4）修改地面图案。打开“家具”“植物”图层。将那些与家具重合的线条及不需要的线条修剪掉，效果如图 10-24 所示。

5）地面图案补充。绘制一个边长为 150 mm 的正方形，将其旋转 45°，并在其中填充相同的色块。将该色块布置到地面网格节点上，效果如图 10-25 所示。

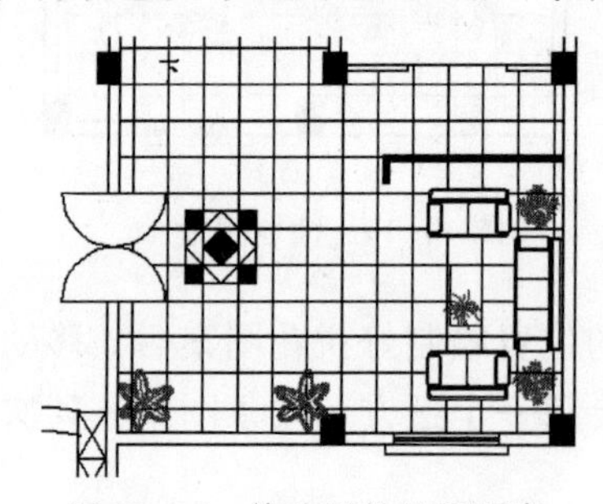

图 10-24 修改后的地面图案

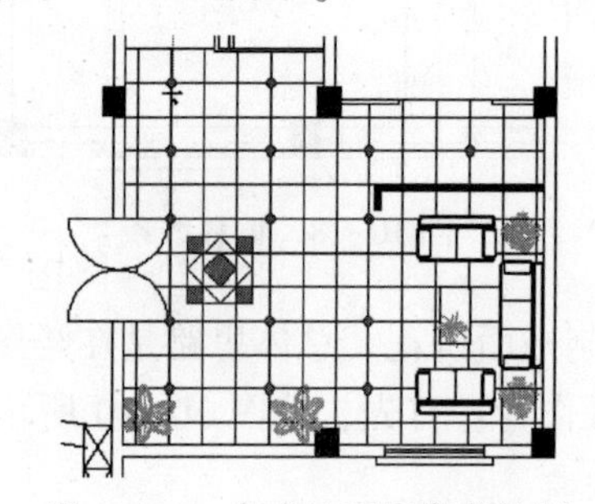

图 10-25 完成地面图案的绘制

由于服务台区地面满铺地毯，且采用文字标注，所以就可以不绘制具体图案了。

10.2.4 酒吧区的绘制

酒吧区的绘制内容包括吧台、酒柜、椅子等内容。将图 10-26 所示的酒吧区域放大显示，并将“家具”层置为当前层。下面开始绘制。

1. 吧台

1）绘制吧台外轮廓。单击“默认”选项卡“绘图”面板中的“样条曲线拟合”按钮，绘制图 10-26 所示的一根样条曲线。

注 意

如果对一次绘出的曲线形式不满意，可以用鼠标将其选中，然后用鼠标指针拖动节点进行调整，如图 10-27 所示。调整时建议将“对象捕捉”关闭。

2）单击“默认”选项卡“修改”面板中的“偏移”按钮，将吧台外轮廓向内偏移 500 mm，并将吧台轮廓选中，颜色置为蓝色，完成吧台轮廓的绘制，效果如图 10-28 所示。

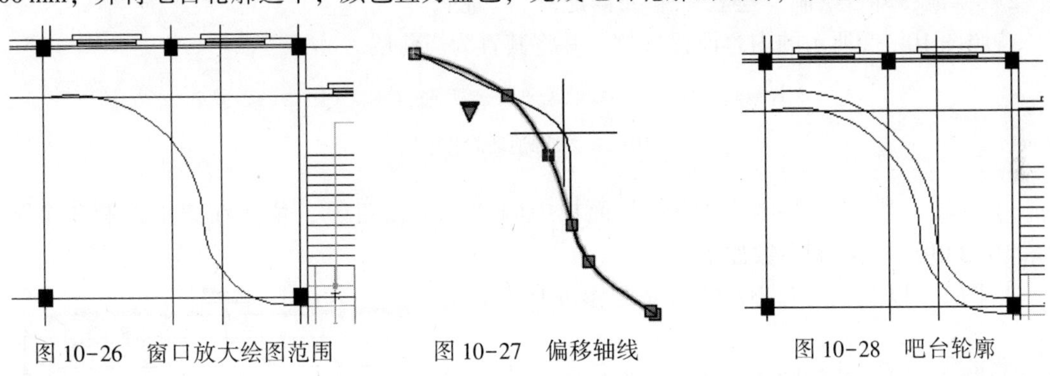

图 10-26 窗口放大绘图范围　　图 10-27 偏移轴线　　图 10-28 吧台轮廓

2. 酒柜

在吧台内部依吧台的弧线形式设计一个酒柜，酒柜内部墙角处作储藏用。此处直接给出酒柜的形式及尺寸，读者可自己完成，效果如图 10-29 所示。

3. 布置椅子

单击“默认”选项卡“块”面板中的“插入”按钮，从附带网盘资源中找到“吧台椅”图块，将其插入到吧台前，单击“默认”选项卡“修改”面板中的“旋转”按钮，旋转定位，效果如图 10-30 所示。

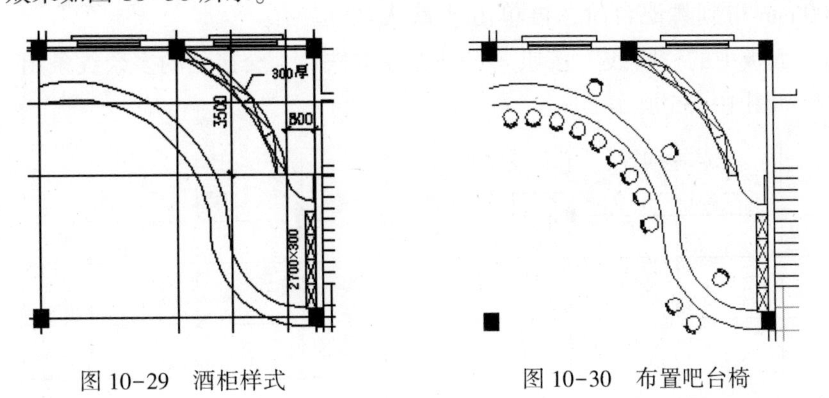

图 10-29 酒柜样式　　图 10-30 布置吧台椅

至于地面图案，在此不绘出，只采用文字标注。

10.2.5 歌舞区的绘制

歌舞区的绘制内容包括舞池、舞台、声光控制室、化妆室、等内容。下面逐一介绍。

1. 舞池、舞台

1）辅助定位线绘制。将“轴线”层设置为当前层，选择菜单栏中的“绘图”→“射线”命令，以图10-31中的A点为起点、B点为通过点，绘制一条射线。命令行提示如下。

```
命令：RAY
指定起点：(用鼠标捕捉 A 点)
指定通过点：(用鼠标捕捉 B 点)
指定通过点：(按〈Enter〉键或单击鼠标右键进行确定)
```

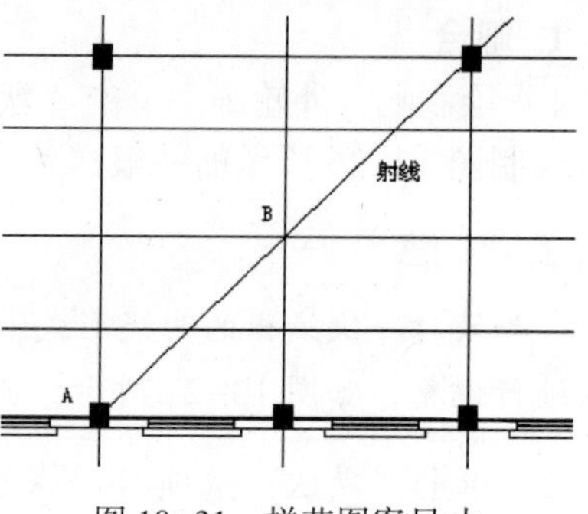

图10-31　拼花图案尺寸

2）舞池、舞台绘制。建立一个“舞池舞台”图层，按照图10-32所示的内容设置参数，并将其置为当前层。

舞池舞台　白　Continuous　—— 默认　0　Color_7

图10-32　“舞池舞台”图层

3）单击“默认”选项卡“绘图”面板中的“圆”按钮，依次在图中绘制3个圆，如图10-33所示。绘制参数如下。

① 圆1。以点B为圆心，然后捕捉柱角D点确定半径。

② 圆2。以点C为圆心，然后捕捉柱角E点确定半径。

③ 圆3。以点A为圆心，然后捕捉柱角B点确定半径。

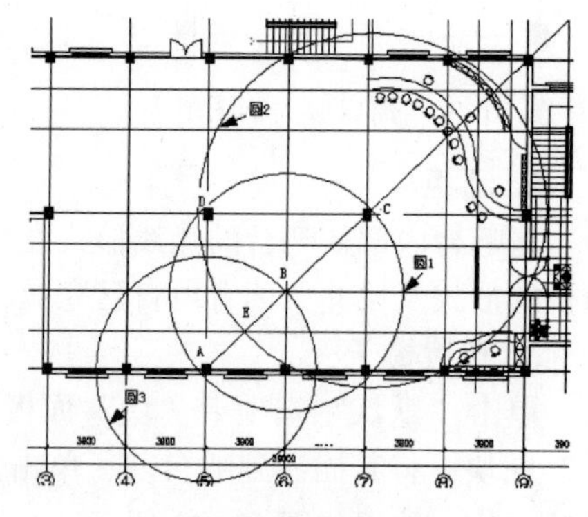

图10-33　绘制3个圆

接着，单击“默认”选项卡“修改”面板中的“修剪”按钮，对刚才绘制的3个圆进行修剪，效果如图10-34所示。然后用“偏移”命令将两条大弧向外偏移300 mm得到舞池台阶，再单击“默认”选项卡“绘图”面板中的“直线”按钮，补充左端缺口，交接处的多余线条用“修剪”命令处理，效果如图10-35所示。

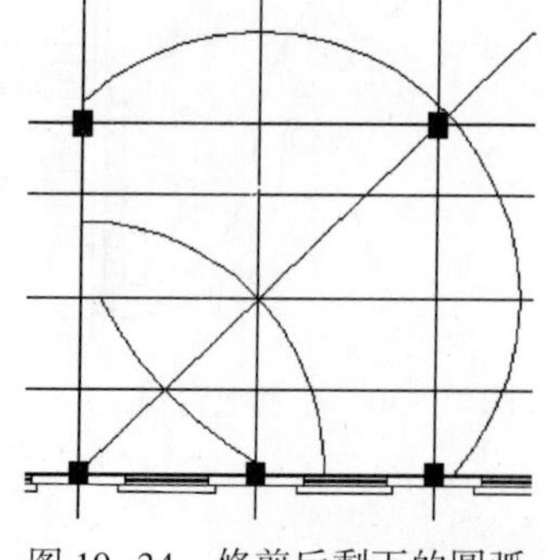

图10-34　修剪后剩下的圆弧

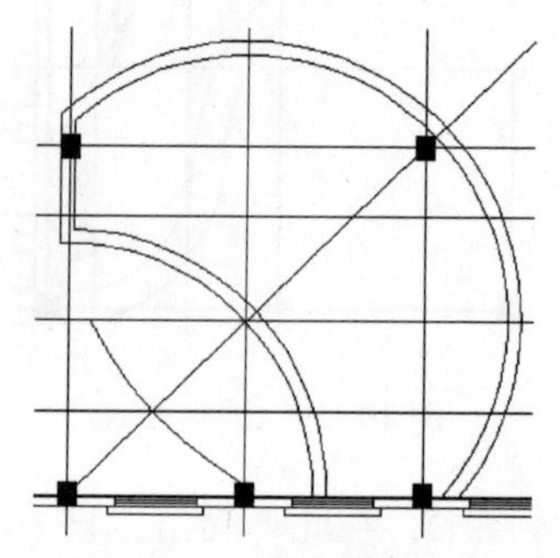

图10-35　偏移出舞池台阶

为了把舞池周边的3根柱子排除在舞池之外，在柱周边绘制3个半径为900 mm的小圆，如图10-36所示。然后执行“修剪”命令将不需要的部分修剪掉，效果如图10-37所示。

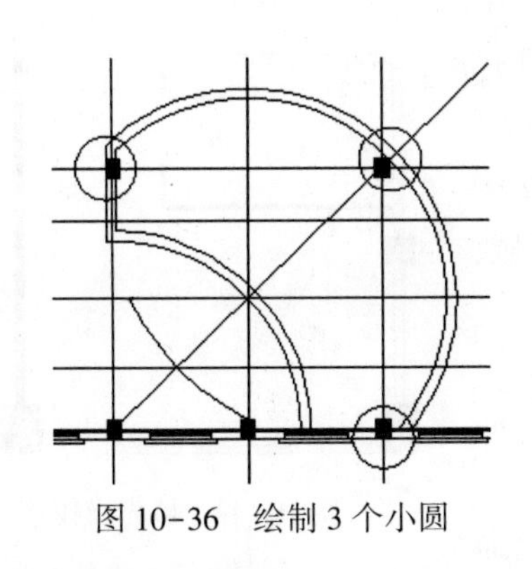

图 10-36　绘制 3 个小圆

图 10-37　小圆修剪结果

2. 歌舞区隔墙、隔断

1）将“墙体”图层置为当前层。将舞台后的圆弧置换到“轴线”图层。

2）化妆室、声光控制室隔墙。选择菜单栏中的“绘图”→“多线”命令，首先绘制出化妆室隔墙，如图 10-38 所示。对于弧墙，不便用“多线”命令绘制，因此单击“默认”选项卡“绘图”面板中的“多段线”按钮，沿图中 A、B、C、D 点绘制一条多段线（注意：BD 段设置为弧线）。由这条线向两侧各偏移 50 mm 得到弧墙，接着将初始的多段线删除，效果如图 10-39 所示。

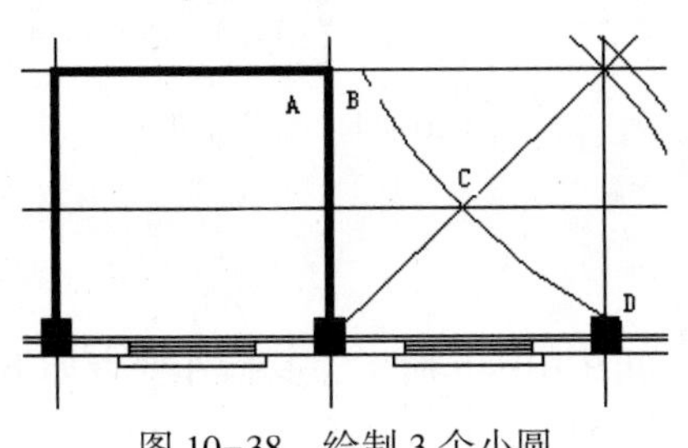

图 10-38　绘制 3 个小圆

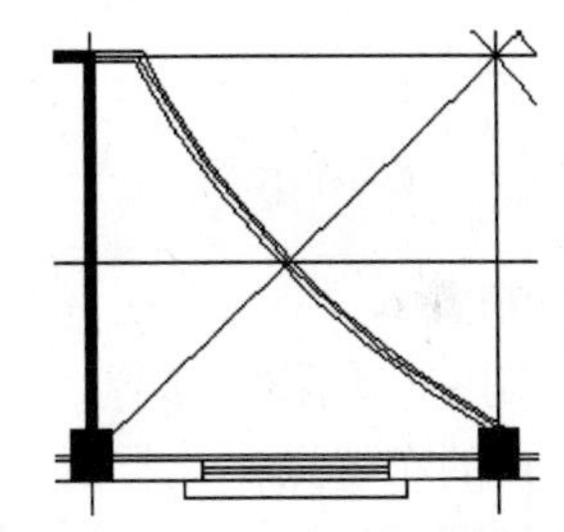

图 10-39　声光控制室弧墙

3）按图 10-40 所示的样式用“多线”绘制化妆室内更衣室隔墙，并将多线比例更改为“50”。

4）参照图 10-41 所示的样式绘制平面门。具体操作为：首先，单击“默认”选项卡“修改”面板中的“分解”按钮，将多线分解开；其次，修剪出门洞；最后，绘制一个门图案，也可以单击“默认”选项卡“块”面板中的“插入”按钮，插入以前图样中的“门”图块。

注 意

应将门图案置换到“门窗”图层中，这样便于管理。

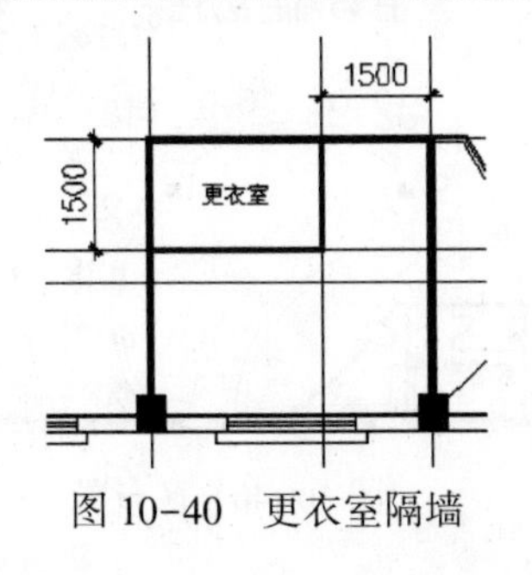

图 10-40　更衣室隔墙

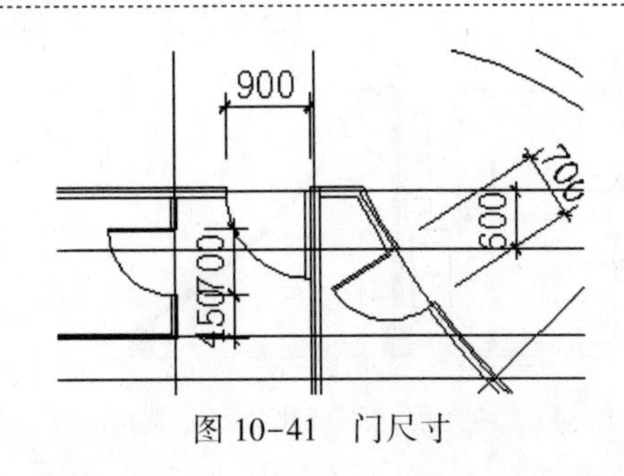

图 10-41　门尺寸

5）门绘制结束后，可以考虑将墙体涂黑。具体操作为：首先，将“轴线”层关闭，并把待填充的区域放大显示；其次，在“工具板选项”中单击“ISO 图案填充”选项中的黑色块，接着单击封闭的填充区域，如图 10-42 所示。

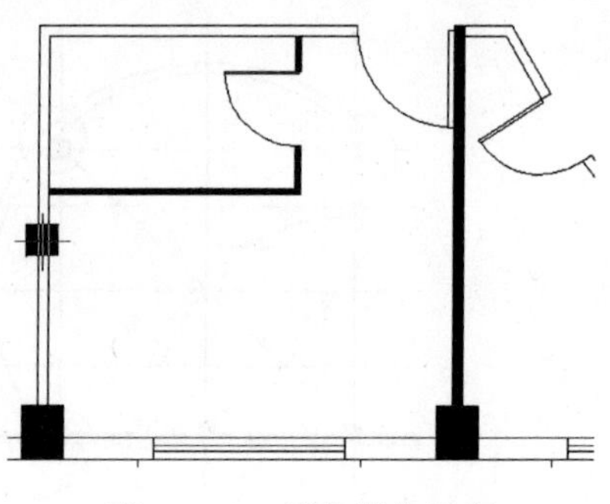

图 10-42 填充操作示意

3. 区隔断

设计者应在图 10-43 所示的区域设两组卡座，间以隔断划分。具体操作如下。

1）选择菜单栏中的“格式”→“多线样式”命令，建立一个两端封闭、不填充的多线样式。

2）选择菜单栏中的“绘图”→“多线”命令，绘制图 10-44 所示的隔断，将多线比例设为“100”，长为“2400 mm”。

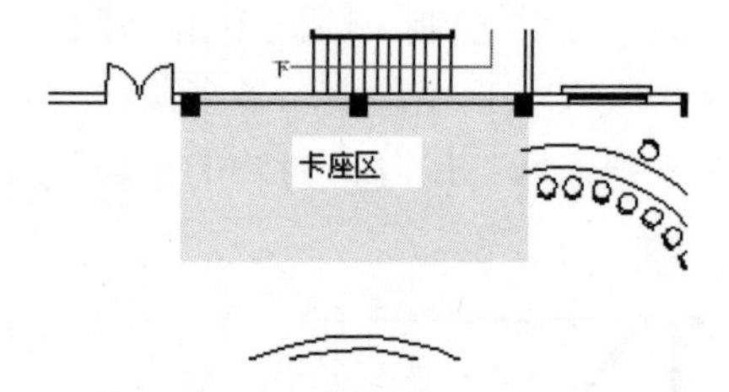

图 10-43 填充操作示意

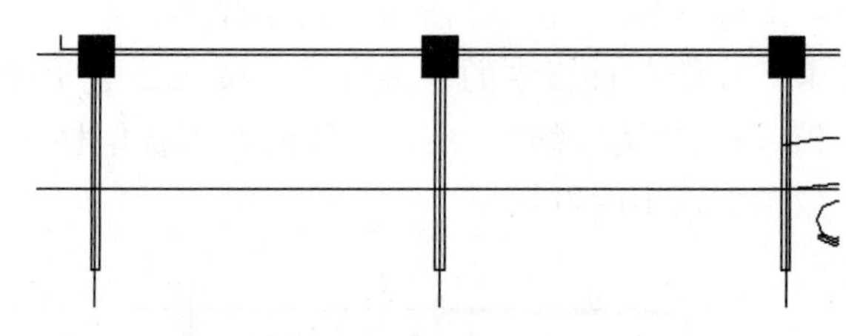

图 10-44 沙发隔断

4. 家具陈设布置

（1）声光控制室、化妆室布置

这些家具陈设的布置操作比较简单，其效果如图 10-45 所示，其操作要点如下。

1）绘制转折型柜子、操作台时，建议用“多段线”命令绘制轮廓，这样可使轮廓形成一个整体，便于更换颜色。

2）插入图块的方式有多种，读者可以根据自己的喜好选择，也可以选择自己所需的其他图块。本章中的有关图块放在“X:\源文件\图库”中。

3）在这里，窗帘的绘制方法是：首先，绘制一条直线；其次，将其线型设置为“ZIG-ZAG”。

（2）区布置

沙发、桌子从“工具板选项”上插入，效果如图 10-46 所示。

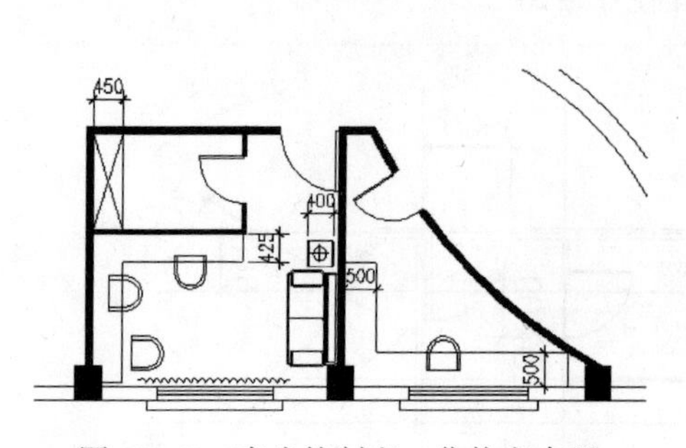

图 10-45 声光控制室、化妆室布置

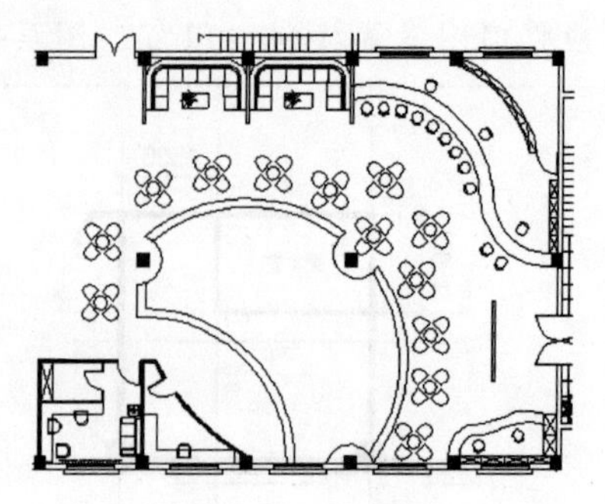

图 10-46 区布置

5. 地面图案

这里的“地面图案”主要是指舞池地面图案。舞池地面满铺 600 mm×600 mm 的花岗石，中央设计一个圆形拼花图案。具体操作如下。

1）将“地面材料”图层置为当前层。将舞池区在屏幕上全部显示出来。

2）单击“默认”选项卡“绘图”面板中的“图案填充”按钮，填充图案设为“NET”，比例设为“180”，采用“点拾取”的方式选取填充区域，然后完成填充，效果如图 10-47 所示。

3）单击“默认”选项卡“块”面板中的“插入”按钮，将“地面拼花”图块插入到合适的位置，最后将被拼花覆盖的网格修剪掉。

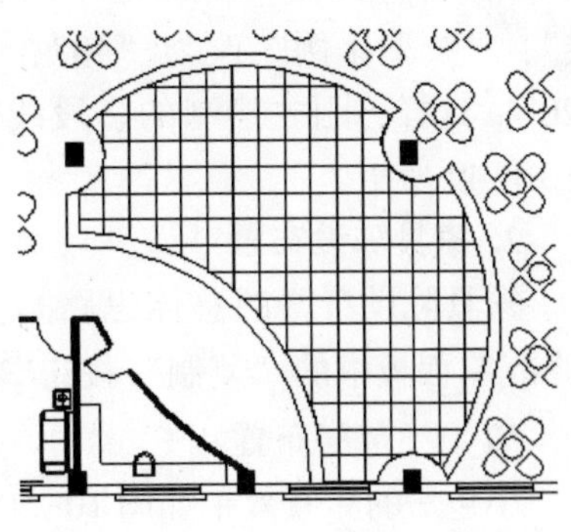

图 10-47 舞池地面图案填充

10.2.6 包房区的绘制

包房区包括两部分：I 区和 II 区。I 区设 4 个小包房，II 区设 2 个大包房。I 区中间设置 1500 mm 宽的过道（轴线距离）。隔墙均采用 100 mm 厚的金属骨架隔墙。包房内设置沙发、茶几、电视及其他卡拉 OK 设备。I 区包房地面满铺地毯，II 区包房内先满铺木地板，然后再局部铺地毯。

1. 隔墙绘制

首先，将包房区隔墙（包括厨房及两个小卫生间）绘制出来；其次，将厨房外墙删除，绘制一道卷帘门；最后，在走道尽头的横墙上开一道窗，如图 10-48 所示。

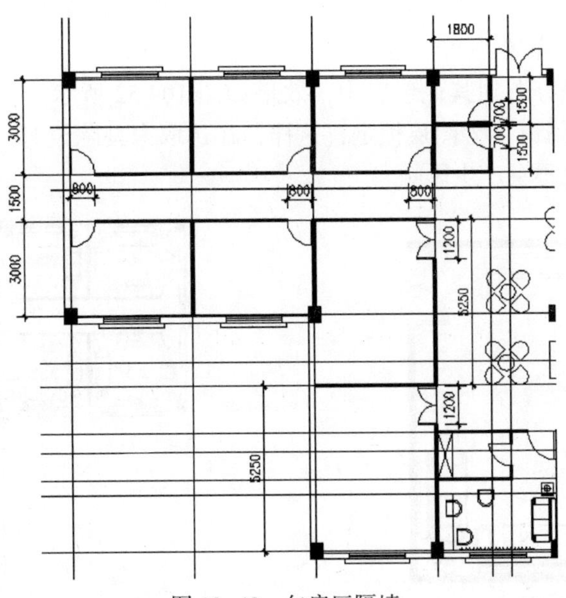

图 10-48 包房区隔墙

下面介绍一下利用“多段线”和“特性”功能来绘制卷帘门线条的方法。

1）单击“默认”选项卡“绘图”面板中的“多段线”按钮，绘制一条直线。

2）将该直线选中，单击“特性”按钮，弹出“特性”对话框。

3）将“特性”对话框中的“线型”改为“虚线”，“线型比例”改为“40”，“全局宽度”改为“20”。这样，刚才绘制的多段线即变成粗虚线，如图10-49所示。

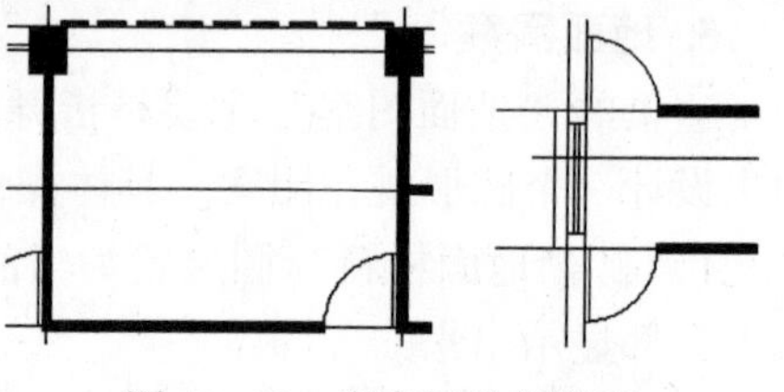
图10-49 卷帘门及新增窗

2. 家具陈设布置

家具陈设布置的总体思路是：首先，布置出一个房间；其次，单击“默认”选项卡“修改”面板中的“复制”按钮和“镜像”按钮来布置其他房间。

（1）小包房布置

小包房的布置效果如图10-50所示，其绘制要点如下。

1）沙发椅、双人沙发、三人沙发、电视机、植物均由“工具选项板”插入。

2）电视柜矩形尺寸为1500 mm×500 mm，倒角100 mm。圆形茶几直径为500 mm。异型玻璃面茶几采用样条曲线绘制。

3）窗帘图案的绘制方法与化妆室窗帘的绘制方法相同。

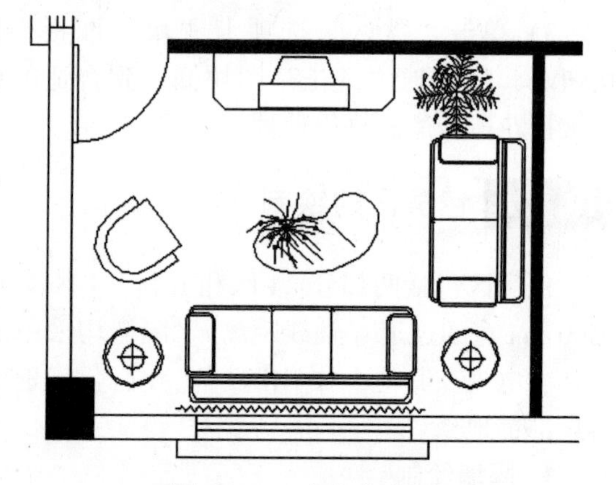
图10-50 小包房布置

（2）大包房布置

对于大包房的布置，设计者只需将小包房布置复制到大包房中进行调整即可，效果如图10-51所示。

（3）包房家具陈设布置

将大小包房的布局分布到其他包房中，效果如图10-52所示。在分布时，设计者可以先将“墙体”“柱”“门窗”等图层锁定，这样，在选取家具陈设时，即使将墙体、柱、门窗的图线选在其内，也不会产生影响。

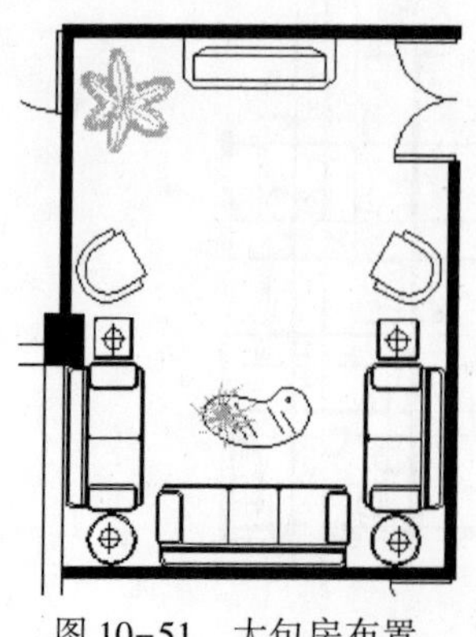
图10-51 大包房布置

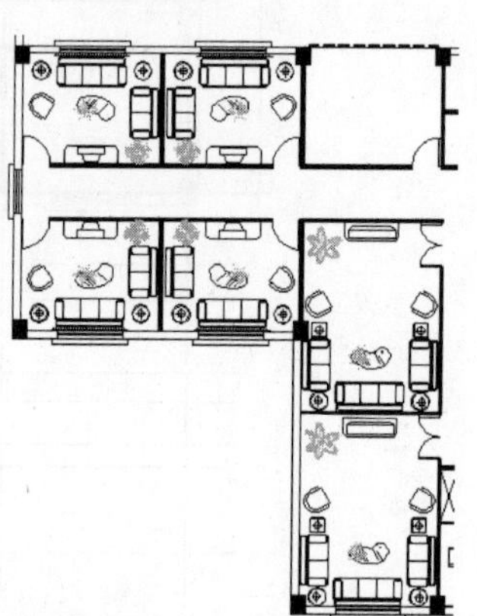
图10-52 包房家具陈设布置

3. 地面图案

在这里，设计者仅绘制大包房地面材料图案即可，具体操作如下。

1）在包房地面中部绘制一条样条曲线作为木地面与地毯的交接线，如图10-53所示。注意：将样条曲线两端与墙线相交。

2）将接近门的一端填充上木地面图案。为了便于系统分析填充条件，请将图10-53所示的绘图区放大显示。

3）单击“默认”选项卡“绘图”面板中的“图案填充”按钮，打开“图案填充创建”选项卡，将填充图案设置为“LINE”，比例设置为“60”，选择填充区域填充图形，效果如图10-54所示。

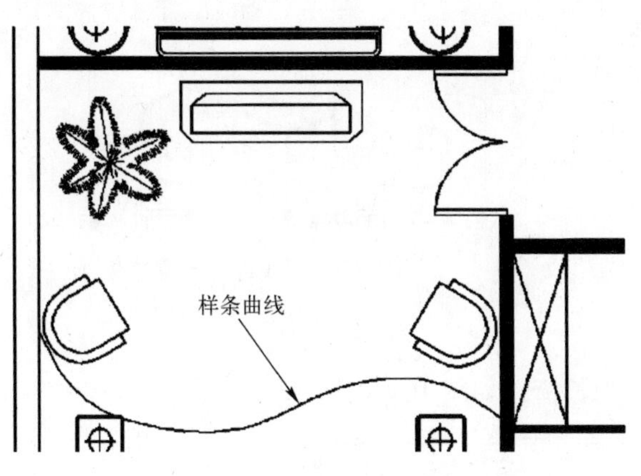

图10-53 样条曲线

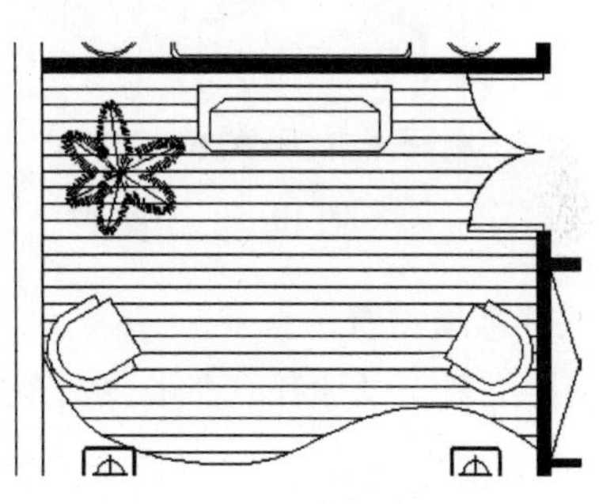

图10-54 木地面填充效果

4）将完成的地面图案复制到另一个大包房。

关于地毯部分，这里只采用文字标注。

10.2.7 屋顶花园的绘制

该屋顶花园内包含水池、花坛、山石、小径、茶座等内容。下面介绍用AutoCAD 2018绘制屋顶花园的方法。

1. 水池

绘制思路是：采用“样条曲线”绘制水池轮廓，然后在其中填充入水的图案。

1）建立“花园”图层，按照图10-55所示的内容设置参数，并将其置为当前层。

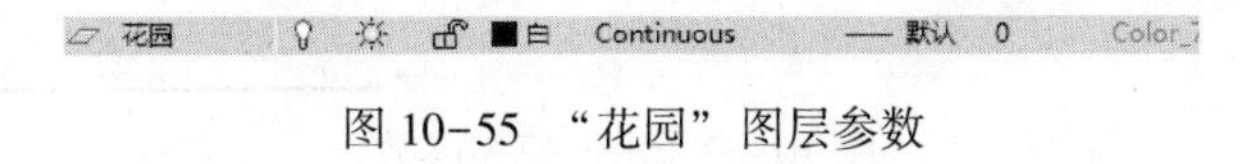

图10-55 “花园”图层参数

2）单击“默认”选项卡“绘图”面板中的“样条曲线拟合”按钮，绘制一个水池轮廓，然后向外侧偏移100 mm，如图10-56所示。

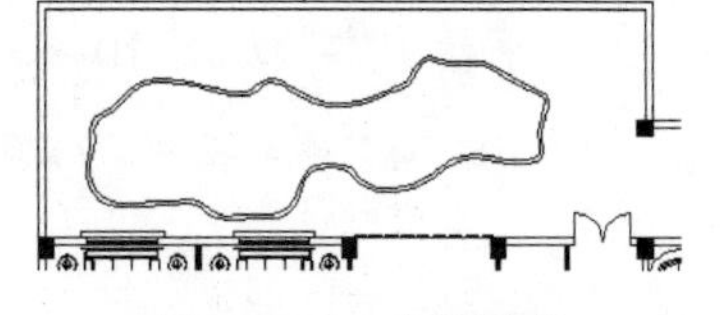

图10-56 水池轮廓

2. 平台、小径、花坛

1）绘制图10-57所示的两个矩形作为平台。

2）由水池外轮廓偏移出小径，偏移间距分别为800 mm和100 mm，效果如图10-58所示。

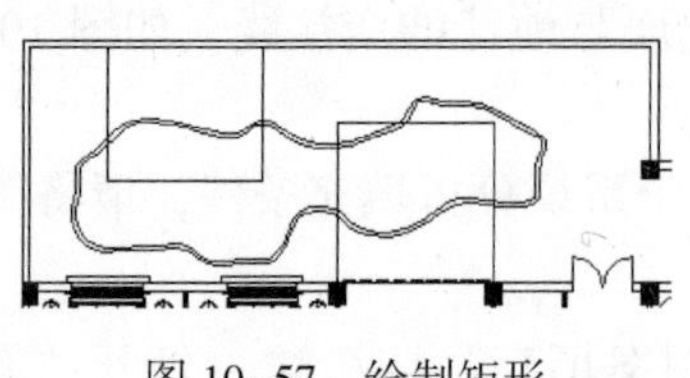
图 10-57 绘制矩形

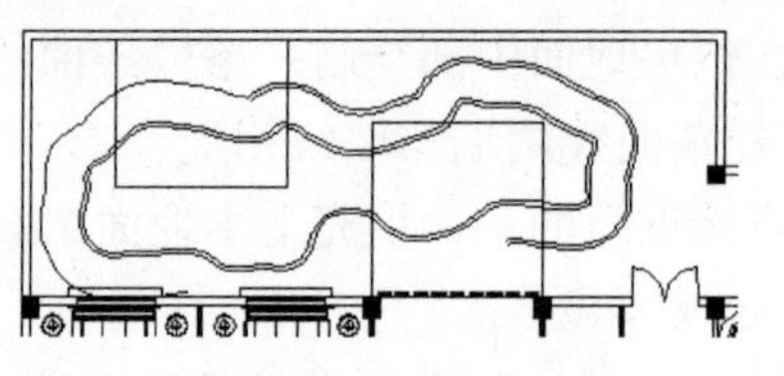
图 10-58 绘制小径

3）综合利用“修改”命令，将花园调整为图 10-59 所示的样式。进一步将图线补充、修改为图 10-60 所示的样式。

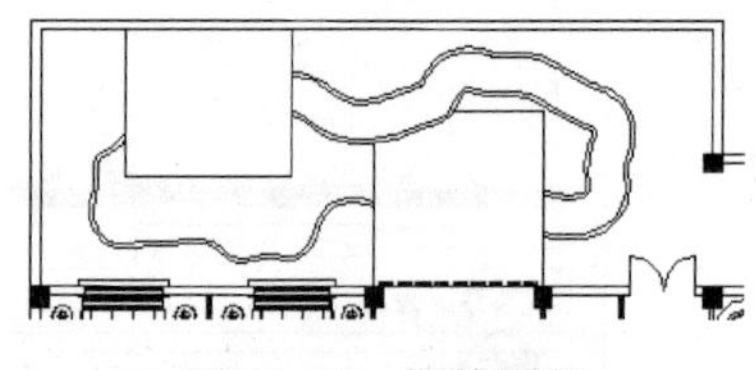
图 10-59 图线调整

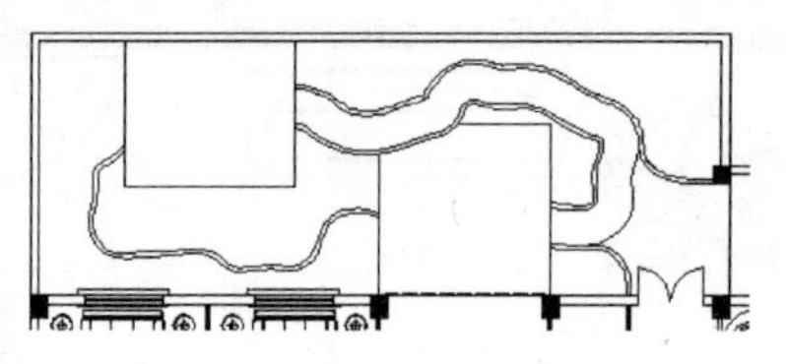
图 10-60 图线进一步调整

3. 家具布置

接下来，设计者应在平台上布置茶座和长椅，如图 10-61 所示。

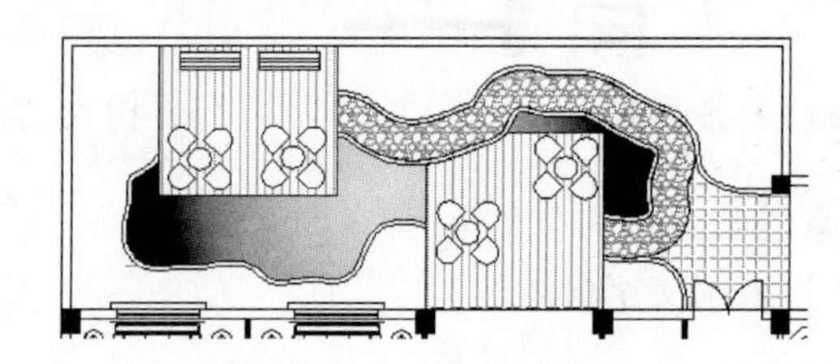
图 10-61 布置茶座和长椅

4. 图案填充

对各部分进行图案填充，效果如图 10-61 所示。填充参数如下。

1）水池。采用渐变填充，颜色为蓝色，参数如图 10-62 所示。

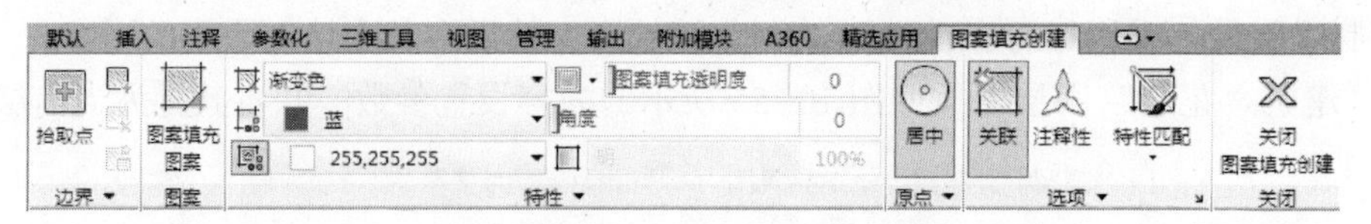

图 10-62 水池填充参数

2）平台。参数如图 10-63 所示。

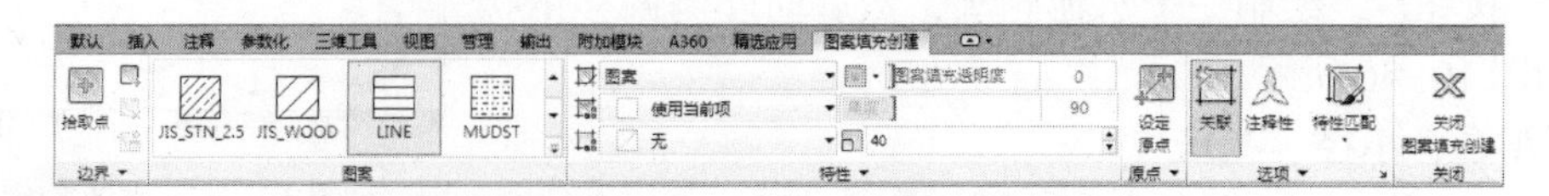

图 10-63 平台填充参数

3）小径。参数如图 10-64 所示。

4）门口地面。参数如图 10-65 所示。

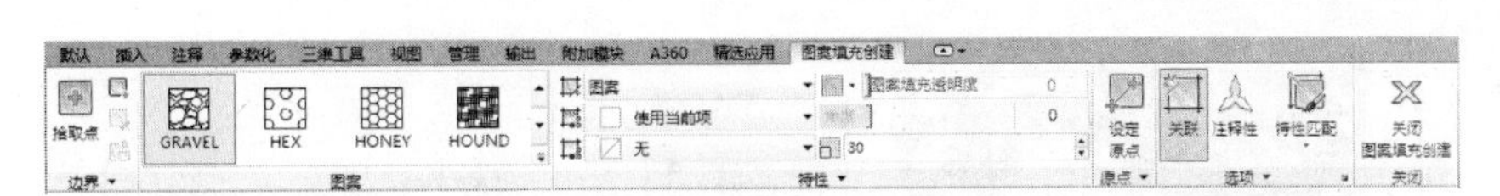

图 10-64　小径填充参数

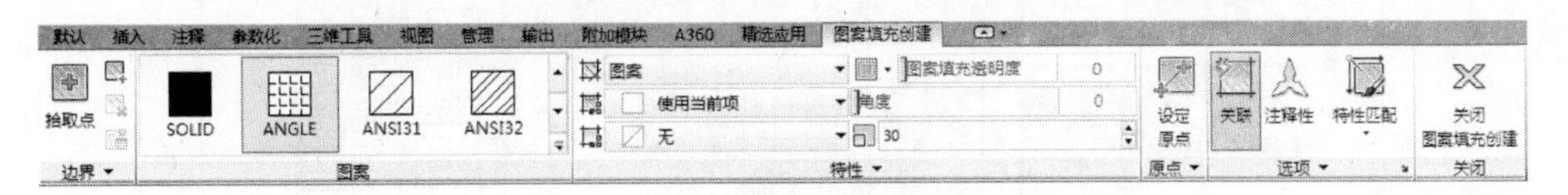

图 10-65　门口地面填充参数

5. 绿化布置

首先，将“植物”层设置为当前层，单击“默认”选项卡“块”面板中的“插入”按钮，插入各种绿色植物到花坛内；其次，单击“默认”选项卡“绘图”面板中的“直线”按钮或“多段线”按钮，绘制山石图样；最后，单击“默认”选项卡“绘图”面板中的“多点”按钮，在花坛内的空白处画一些点，作为草坪。效果如图 10-66 所示。

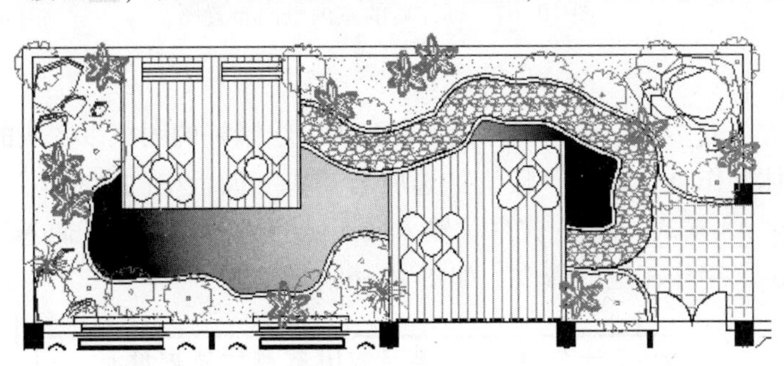

图 10-66　填充结果

至此，屋顶花园部分的图形基本绘制完毕。在本实例中，厨房、厕所部分与前面内容相似，在此不再赘述。

10.2.8 文字标注、尺寸标注及符号标注

首先，对图面比例进行调整；其次，从设计中心内拖入标注样式，完成相关标注；最后，插入图块。由于后面将会多次用到“室内平面图 . dwg”，因此，这里暂时将该图另存为“图 1. dwg”。以下操作均在该图中完成，而“室内平面图 . dwg”则让它保持目前的状态，以便后面参考引用。

1. 图面比例调整

该平面图绘制时以 1∶100 的比例绘制，若把它放在 A3 图框中，则超出图框，故应先将它改为 1∶150 的比例。具体操作为：将上面完成的平面图全部选中，单击“默认”选项卡“修改”面板中的“缩放”按钮，输入比例因子“0. 66667”，完成图面比例调整。

2. 标注

单击“默认”选项卡“注释”面板中的“多行文字”按钮A，进行文字标注。考虑到酒吧、舞池、包房均用详图来表示，故本图标注得比较简单，如图 10-67 所示。

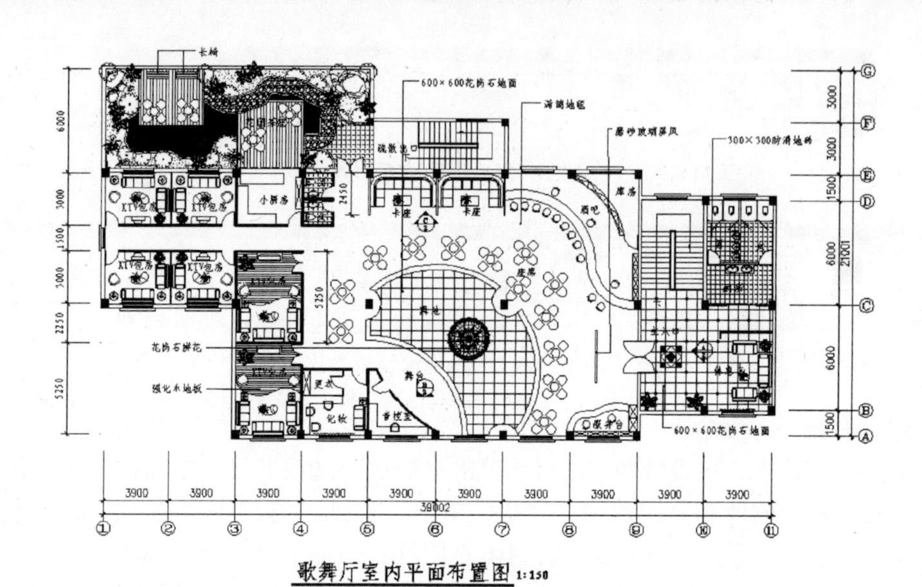

图 10-67　标注后的室内平面布置图

3. 插入图框

插入图框的方法有多种，在这里，设计者只需将绘制好的图框以图块的方式插入到模型空间内即可。具体操作是：单击“默认”选项卡“块”面板中的“插入”按钮，找到附带网盘资源中的“A3 横式 . dwg”文件，输入插入比例“100”，将其插入到模型空间内。最后，对图标栏中的文字作相应的修改，如图 10-68 所示。

<table>
<tr><td colspan="2">XXX设计公司</td><td colspan="3">某卡拉OK歌舞厅室内设计</td></tr>
<tr><td>描 图</td><td></td><td rowspan="4">歌舞厅室内平面布置图</td><td>比 例</td><td></td></tr>
<tr><td>设 计</td><td></td><td>图 号</td><td></td></tr>
<tr><td>校 对</td><td></td><td></td><td></td></tr>
<tr><td>审 核</td><td></td><td>日 期</td><td></td></tr>
</table>

图 10-68　图标栏中的文字修改

注 意

设计者也可以通过“插入”→“布局”→“创建布局向导”的方式来插入图框，请自行尝试。

10.3　歌舞厅室内立面图的绘制

本节思路

本节主要介绍比较有特色的 3 个立面图：第一个是入口立面，第二个是舞台立面，第三个是卡座处墙面。至于过道处立面，它与第 9 章中的客房过道有相似之处，故在此略过。在每个立面图中对必要的节点详图展开绘制；在每个图中，首先给出绘制结果，然后说明要点。结果如图 10-69 和图 10-70 所示。

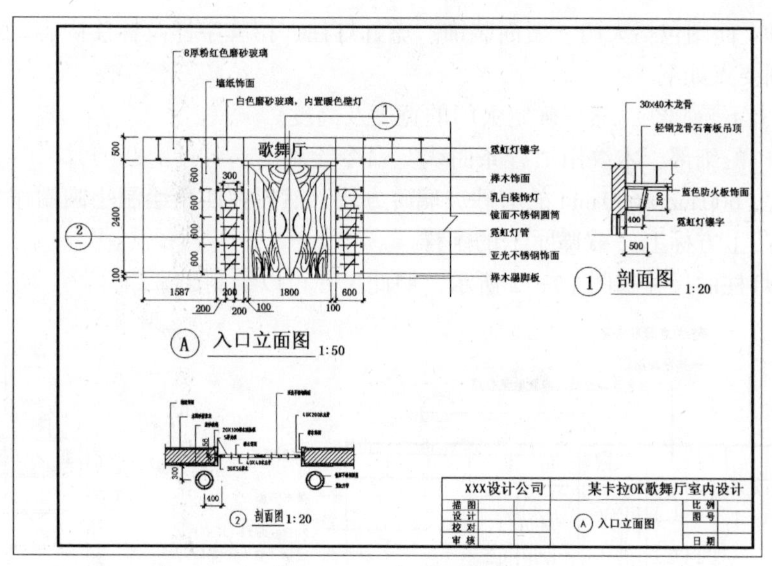

图 10-69　入口立面图

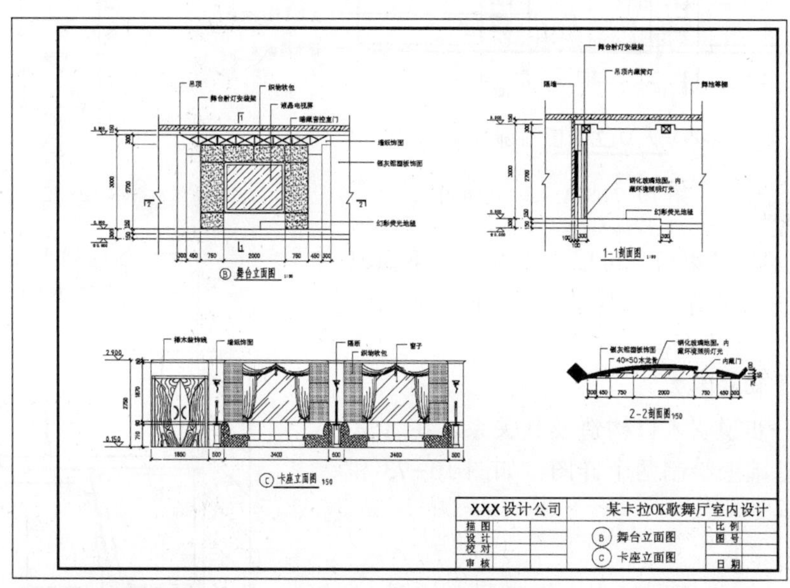

图 10-70　B、C 立面图

10.3.1 绘图前的准备

绘图之前，可以将网盘资源中的“A3 图框 . dwt”作为样板来新建一个文件，也可以将前面绘制好的“室内平面图 . dwg”另存为一张新图。然后，建立一个“立面”图层，用来放置主要的立面图线。绘制时比例采用 1:100，绘好图线后再调整比例。

10.3.2 入口立面图的绘制

1. A 立面图

入口处的装修既要体现歌舞厅的特点，又要能吸引宾客，加深宾客的印象。如图 10-71

所示，A 入口立面图包括大门、墙面装饰、霓虹灯柱、招牌字样及标注内容。绘制操作难度不大，其绘制要点如下。

1）绘制上下轮廓线，然后确定大门的宽度及高度。

2）绘制门的细部，木纹用“样条曲线”命令绘制。

3）绘制出 600 mm×600 mm 的磨砂玻璃砖方块，然后在四角绘制小圆圈作为安装钮。

4）在大门上方标上“歌舞厅”的字样。

5）霓虹灯柱的尺寸如图 10-72 所示，照此尺寸可以绘制出来。

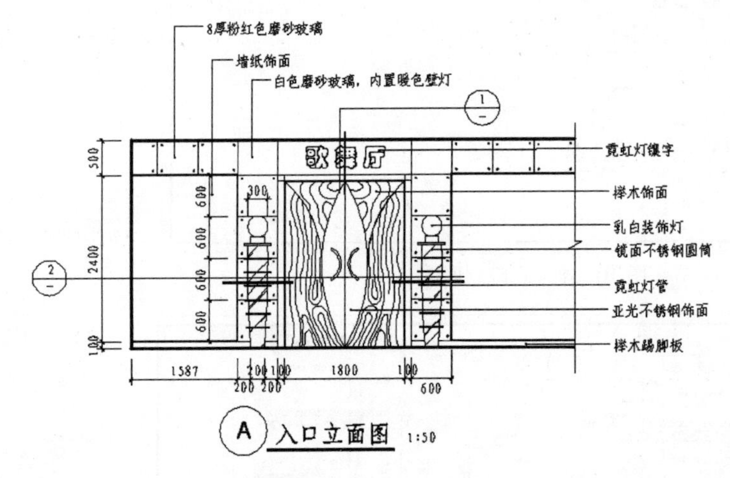

图 10-71 A 入口立面图

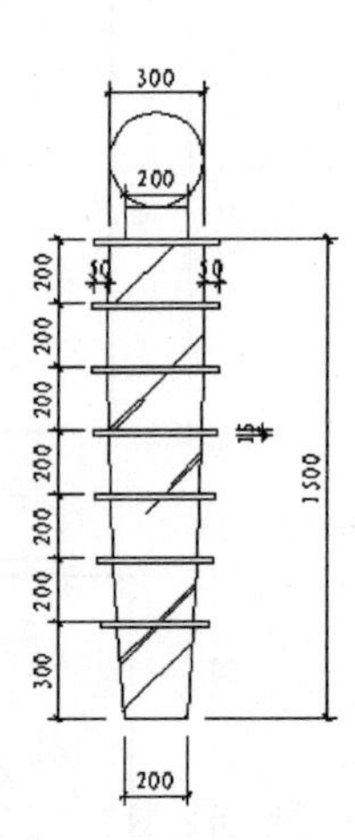

图 10-72 霓虹灯柱

6）图线绘制结束后，可以先不标注。下面以 A 入口立面图尺寸作为参照来绘制详图 1 和详图 2。

2. 详图 1 和详图 2

为了进一步说明入口构造及其关系，在 A 入口立面图的基础上绘制两个详图，如图 10-73 和图 10-74 所示。

要点说明如下。

1）以 A 入口立面图作为水平参照（详图 1）和竖直参照（详图 2）绘制详图。

2）绘制详图时，要细心、仔细，多借助辅助线条来确定尺寸。

3）图 10-73 和图 10-74 所示的详图还是简单，在实际工程中，需根据具体情况作必要的调整和补充。如果这些仍不足以表达设计意图，可以进一步用详图来表达。

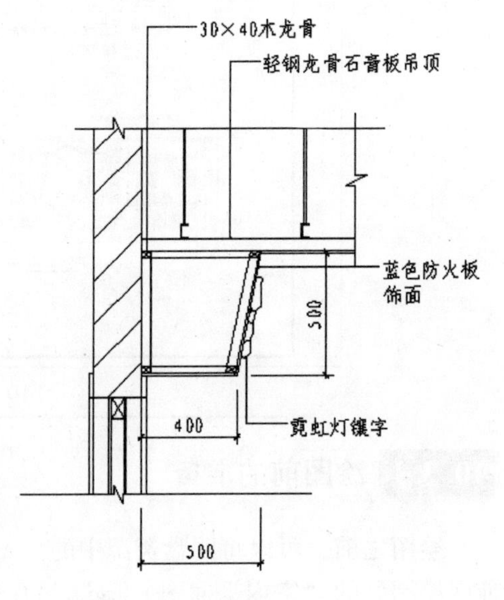

图 10-73 详图 1

3. 图面调整、标注及布图

图面调整、标注及布图要点说明如下。

1）由于需要将立面图和详图的比例放大，因此首先将这 3 个图之间拉开一些距离。

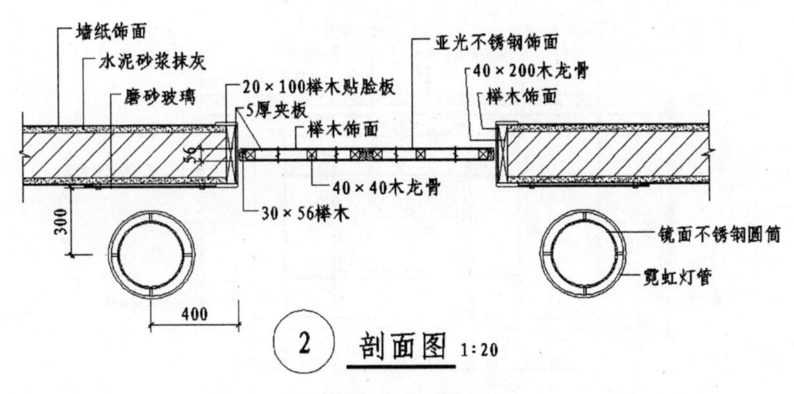

图 10-74 详图 2

2）立面图的图面比例取 1:50，所以将其比例放大 2 倍；详图的图面比例取 1:20，所以将其比例放大 5 倍。

3）下面进行标注。在标注样式设置中，对于 1:50 的图样，样式中的测量比例因子设置为 0.5；对于 1:20 的图样，样式中的测量比例因子设置为 0.2。

4）标注结束后，插入图标栏，效果如图 10-75 所示。

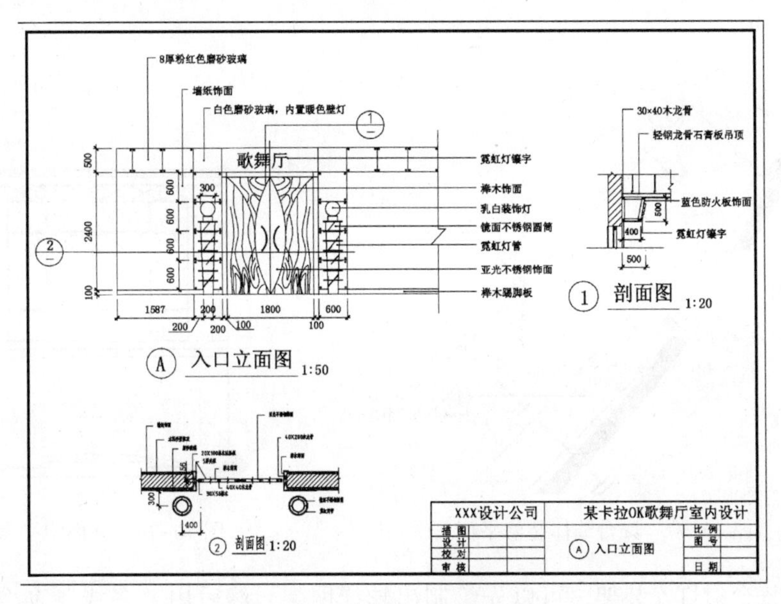

图 10-75 入口立面图效果

5）设计者也可以直接在原图上标注，然后插入图标栏，最后调整图框的大小，完成入口立面的绘制。

10.3.3 B、C 立面图的绘制

1. B 立面图

该舞台立面图采用了剖立面图的方式绘制，如图 10-76 所示。由于墙面为弧形，加之其构造较为复杂，稍有一点难度。其绘制要点如下。

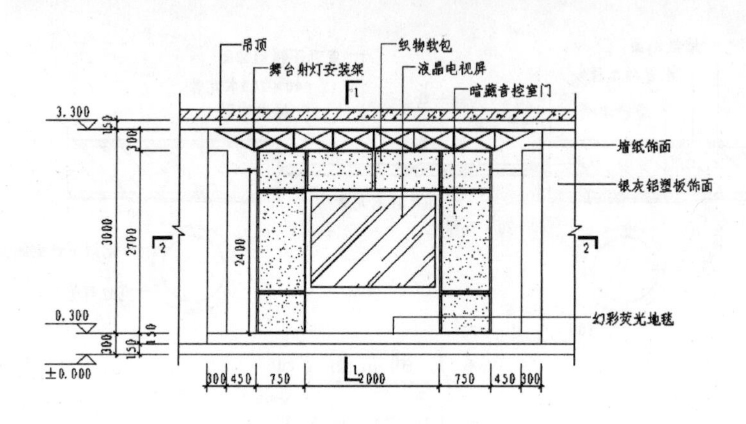

图 10-76　B 立面图

1）首先，完善舞台平面图部分，如图 10-77 所示，然后以此作为立面图、剖面图绘制参照。

2）将舞台墙体装修平面复制出来，旋转成水平状态，作为 B 立面图水平尺寸的参照，如图 10-78 所示。

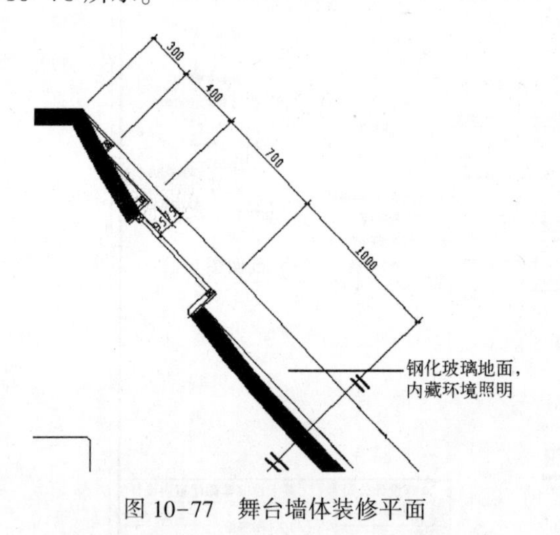

图 10-77　舞台墙体装修平面

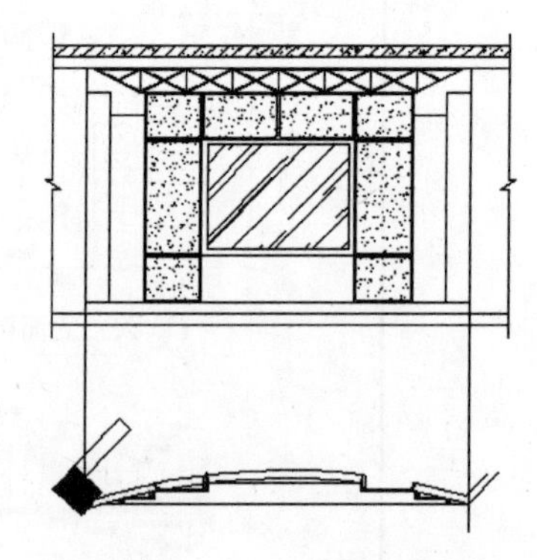

图 10-78　立面水平参照

3）绘制舞台射灯安装架。可以先绘制出轴线网架，然后用“多线”命令沿轴线绘制杆件。

2. 1-1 剖面图

为了进一步说明构造关系，应在 B 立面图（见图 10-76）的基础上绘制 1-1 剖面图，如图 10-79 所示。

要点说明如下。

1）绘制 1-1 剖面图时，将墙体平面复制一个，并将其旋转成竖直状态，如图 10-80 所示。

2）绘制剖面图时，应注意竖向各层次的标高关系。

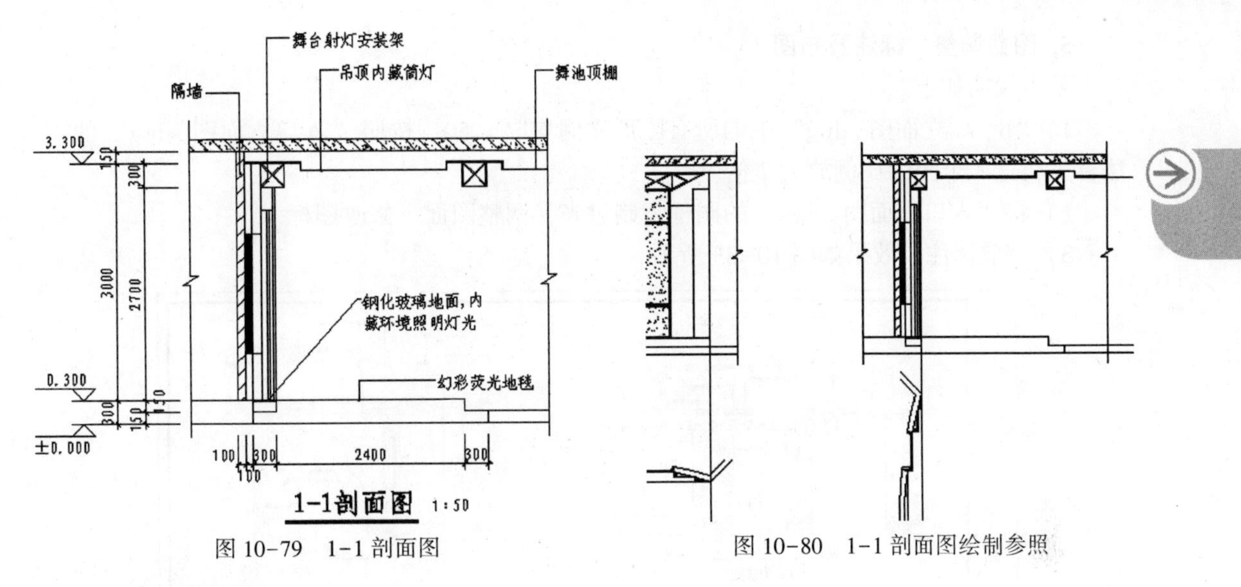

图 10-79　1-1 剖面图　　图 10-80　1-1 剖面图绘制参照

3. 2-2 剖面图

把图 10-76 所示的墙体装修平面整理成为 2-2 剖面图，效果如图 10-81 所示。

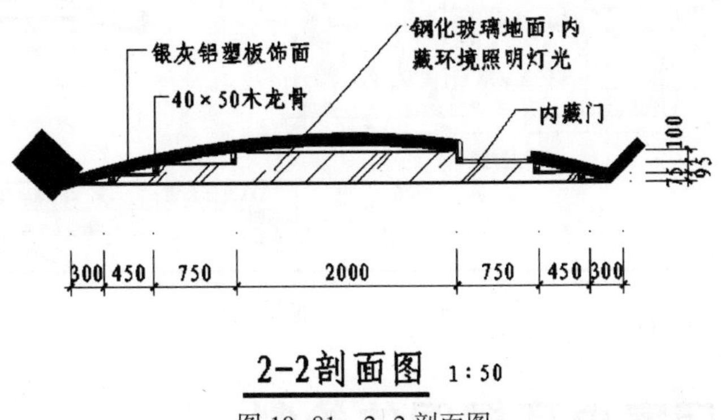

图 10-81　2-2 剖面图

4. C 立面图

C 立面为卡座处的墙面，绘制难度不大，设计者应注意处理好各图形之间的关系。其效果如图 10-82 所示。

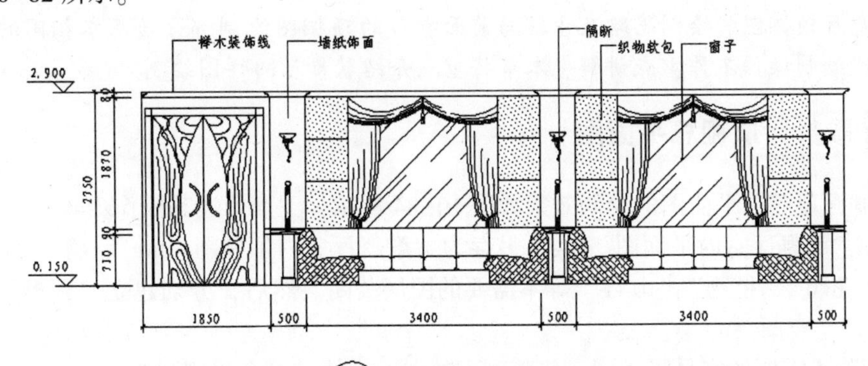

图 10-82　卡座立面图

5. 图面调整、标注及布图

要点说明如下。

1）“B、C 立面图.dwg”中的所有图形比例均取 1:50，按照“入口立面图.dwg”的方法首先将这 3 个图的比例放大 2 倍。

2）将“入口立面图.dwg”的图框复制过来，调整图面，修改图标。

3）完成标注。效果如图 10-83 所示。

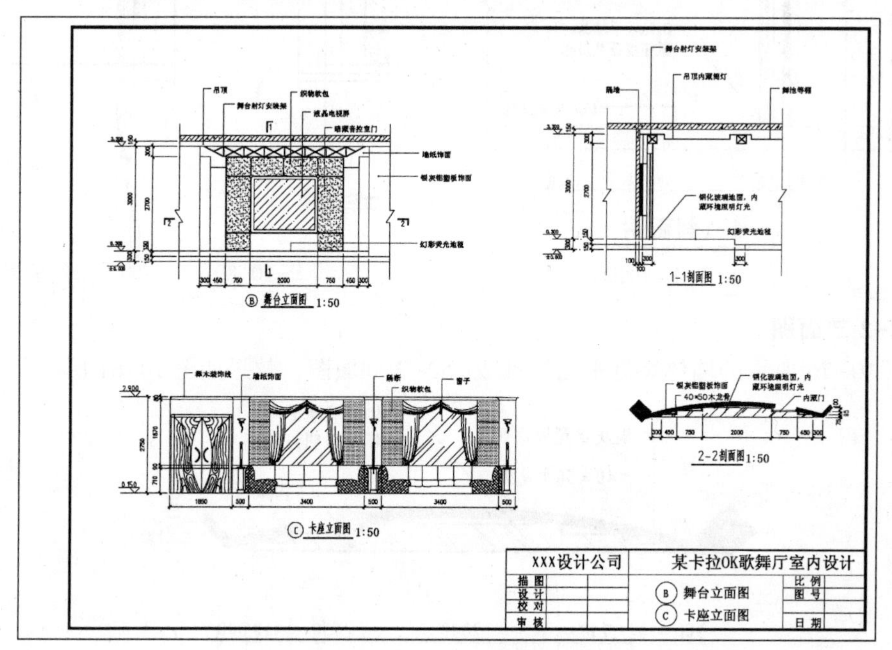

图 10-83　B、C 立面图效果

10.4　歌舞厅室内顶棚图的绘制

本节思路

该歌舞厅顶棚图的绘制思路及步骤与前面章节的顶棚图绘制部分是基本相同的，因此，其基本图线绘制操作不作重点讲解。本节将重点介绍歌舞厅的详图绘制。

10.4.1 歌舞厅顶棚总平面图

该歌舞厅顶棚总平面图的绘制效果如图 10-84 所示，下面简述其操作步骤。

1）将“歌舞厅室内平面图.dwg”另存为“歌舞厅室内顶棚图.dwg”，将“门窗”“地面材料”“花园”“植物”“山石”等不需要的图层关闭。然后，分别建立“顶棚”“灯具”图层。

2）删除不需要的家具平面图，修整剩下的图线，使其符合顶棚图要求。

3）按设计要求绘制顶棚图线。

4）最后进行标注、插入图框等操作。

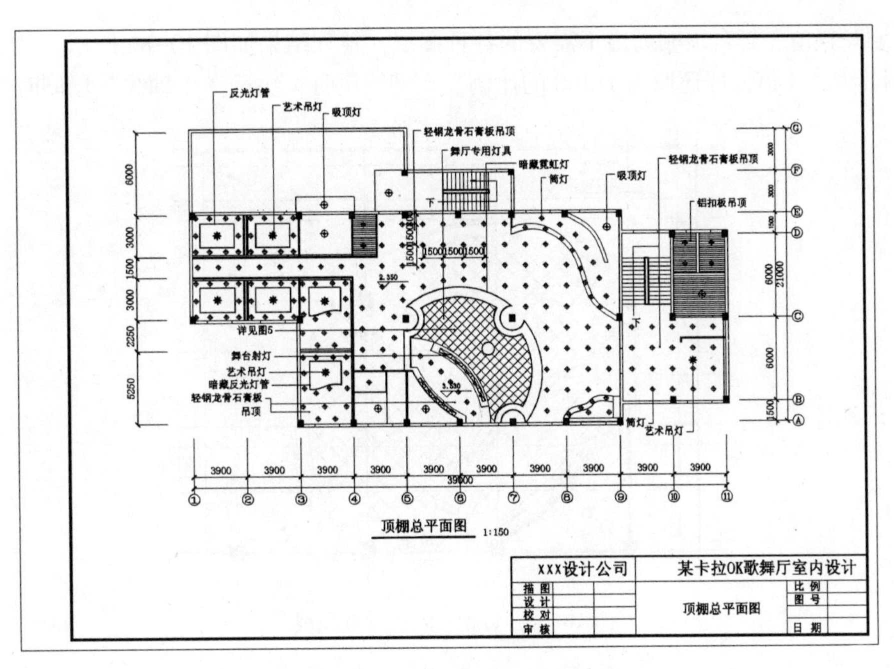

图 10-84　歌舞厅顶棚总平面图

10.4.2 详图绘制

在本例中，舞池、KTV 包房及酒吧部分均可以采用详图的方式来进一步详细表达，下面以舞池、舞台及周边区域为例进行介绍，KTV 包房及酒吧部分由读者参照完成。效果如图 10-85 所示。

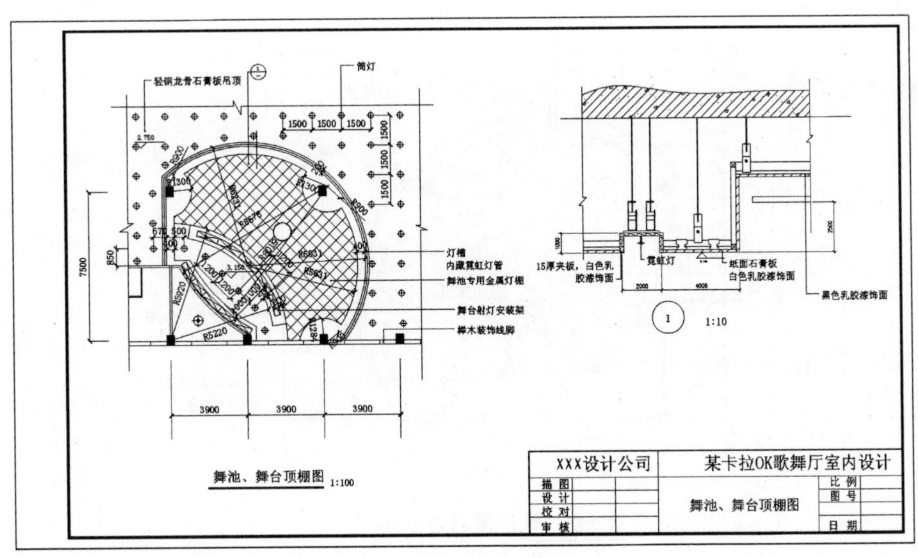

图 10-85　详图

1. 绘图前的准备

1）将“歌舞厅顶棚总平面图 . dwg”另存为“详图 . dwg”。

2）删除舞池、舞台顶棚周边不需要的各种图形，整理结果如图 10-86 所示。然后，将它整体比例放大 1.5 倍，即还原为 1∶100 的比例。比例缩放时，注意将“轴线”层同时缩放。

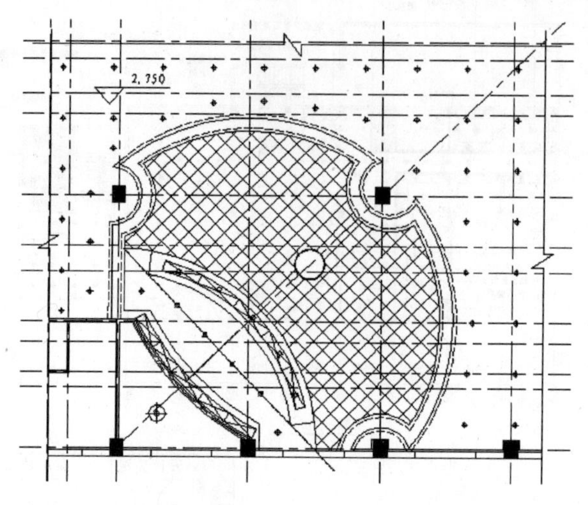

图 10-86　舞池、舞台顶棚图线

2. 尺寸、标高、符号及文字标注

接下来要做的是对舞池、舞台顶棚图线进行尺寸、标高、符号、文字标注，效果如图 10-87 所示。

要点说明：图 10-87 中倾斜的尺寸标注用“默认”选项卡“注释”面板中的“对齐”按钮；弧线的标注用“半径标注”按钮完成；筒灯间距可以用“连续”按钮完成。

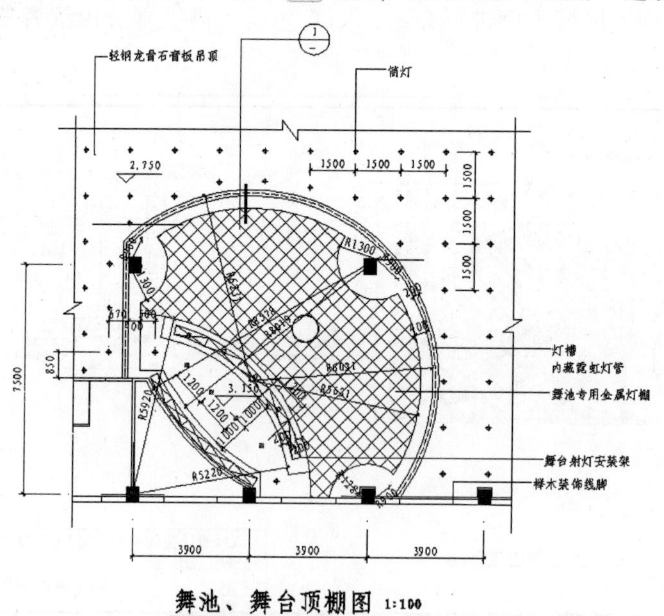

图 10-87　舞池、舞台顶棚图线标注

3. 详图 1 绘制

如图 10-87 所示，剖面详图 1 剖切到座席区吊顶和舞池区吊顶的交接位置，因此，图中需要表示出不同的吊顶做法及交接处理，绘制效果如图 10-88 所示。该详图的图面比例为 1:10，所以，图线绘制完后，应放大 10 倍，标注样式中的“测量比例因子”设为“0.1”。

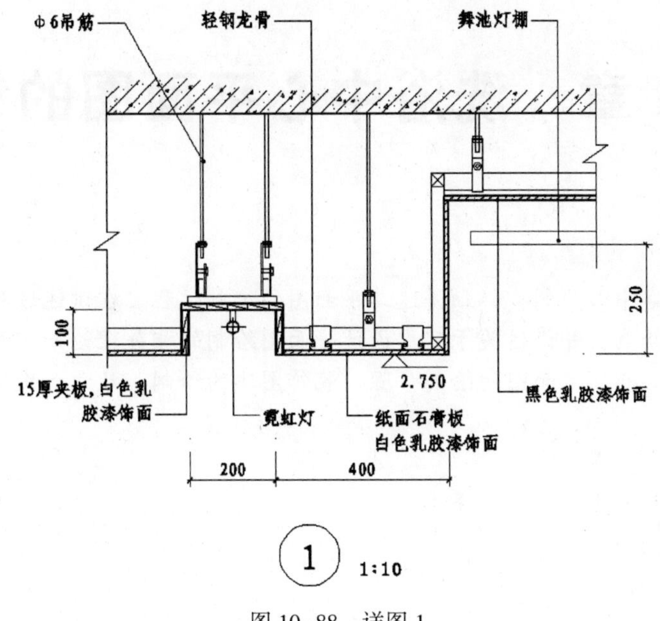

图 10-88　详图 1

注 意

读者在学习工作中，多留心收集各种节点做法的详图，在面对具体设计任务时，就可以根据具体情况选择利用并进行局部修改，而不必对每个详图都从头绘制。

4. 布图

将舞台、舞池顶棚图和详图 1 放在一张 A3 图中，图标栏的填写如图 10-89 所示。

<table>
<tr><td colspan="2">XXX设计公司</td><td colspan="3">某卡拉OK歌舞厅室内设计</td></tr>
<tr><td>描 图</td><td></td><td rowspan="4">舞台、舞池顶棚图</td><td>比 例</td><td></td></tr>
<tr><td>设 计</td><td></td><td>图 号</td><td></td></tr>
<tr><td>校 对</td><td></td><td></td><td></td></tr>
<tr><td>审 核</td><td></td><td>日 期</td><td></td></tr>
</table>

图 10-89　布图的图标栏

第11章 洗浴中心平面图的绘制

知识导引

本章将以某洗浴中心为例，详细讲述其平面图的绘制过程。在讲述过程中，将逐步带领读者完成平面图的绘制，并讲述关于室内设计平面图绘制的相关理论知识和技巧。本章包括平面图绘制的知识要点，平面图的绘制步骤，装饰图块的绘制，尺寸、文字标注等内容。

内容要点

- 洗浴中心设计要点及实例简介
- 绘制一层平面图
- 绘制二层平面图

11.1 洗浴中心设计要点及实例简介

本节思路

洗浴中心是随着现代都市发展而兴起的一种娱乐休闲公共建筑设施。下面讲述其设计要点，并对本实例进行简要介绍。

11.1.1 洗浴中心的设计要点

洗浴中心由最初的公共澡堂发展而来，其最初的基本用途是供那些家里没有洗浴设施或在家里洗澡不方便的人洗澡而用，其本质是为满足人们舒适要求的服务场所。随着人们对生活品质要求的提高，现代洗浴中心除了最基本的洗浴功能外，还逐步增加了其他休闲功能，比如按摩、理发、唱歌、喝茶、健身、台球、乒乓球、棋牌、就餐、住宿等，服务项目越来越多，涵盖范围越来越大，已经变成了一种综合休闲娱乐中心。

各种洗浴中心可以根据自己的建筑规模、消费人群提供相应的服务种类，进行相应的装潢设计。消费者在洗浴中心休闲之际，不仅对于洗浴实质上的吸引力有所反应，甚至对于整个环境，诸如服务、广告、印象、包装、乐趣及其他各种附带因素等也会有所反应。而其中最重要的因素之一就是休闲环境。

因此，洗浴中心的经营者应巧妙地运用空间美学，在有限的营业空间内，设计出理想的休闲环境，这才是洗浴中心的设计要点。

1. 洗浴中心的设计重点

顾客在洗浴时往往会选择充满适合自己所需氛围的洗浴中心，因此在从事洗浴中心室内设计时，设计者必须考虑下列几项重点。

1）应先确定顾客目标。

2）依据顾客洗浴的经验，推测他们对洗浴中心的气氛有何期望。

3）了解哪些气氛能加强顾客对洗浴中心的信赖度及引起情绪上的反应。

4）对于所构想的气氛，应与竞争店的气氛作比较，以分析彼此的优劣点。

2. 洗浴中心的装潢

商业建筑的室内设计装潢有着不同的风格，大商场、大酒店有豪华的外观装饰，具有现代感；洗浴中心也应有自己的风格和特点。在具体装潢上，设计者可从以下两方面着手设计。

1）装潢要具有广告效应。也就是说，要给消费者以强烈的视觉刺激。设计者可以把洗浴中心门面装饰成独特或别具一格的形状，争取在外观上别出心裁，以吸引消费者。

2）装潢要结合洗浴特点加以联想，新颖独特的装潢不仅能对消费者产生视觉上的刺激，更重要的是让消费者没进店门就知道里面可能有什么。

3. 洗浴中心内的装饰和设计

洗浴中心内的装饰和设计，主要注意以下几个问题。

1）防止人流进入洗浴中心后拥挤。

2）吧台应设置在显眼处，以便顾客咨询。

3）洗浴中心的布置要体现出一种独特的、与洗浴休闲相适应的气氛。

4）洗浴中心中应尽量多设置一些休息之处，备好座椅、躺椅。

5）充分利用各种色彩。墙壁、天花板、灯、浴池、娱乐包间和休息大厅组成了洗浴中心的内部环境。

不同的色彩对人的心理刺激不一样。一般来说，以紫色为基调的布置显得华丽、高贵，以黄色为基调的布置显得柔和，以蓝色为基调的布置显得不可捉摸，以深色为基调的布置显得大方、整洁，以红色为基调的布置显得热情。色彩的运用不是单一的，而是综合的。不同时期，不同季节、节假日，色彩运用不一样；冬天与夏天也不一样。不同的人对色彩的反应也不一样，儿童对红、橘黄、蓝绿色反应强烈；年轻女性对流行色的反应敏锐。在这方面，灯光的运用尤其重要。

6）洗浴中心内最好在光线较暗或微弱处设置一面镜子。

这样做的好处在于镜子可以反射灯光，使洗浴中心更明亮、更醒目。有的洗浴中心用整面墙作镜子，除了有上述好处外，还给人一种空间增大了的感觉。

7）收银台设置在吧台两侧，且应高于吧台。

8）消防设施应重点考虑。因为洗浴中心人员众多，相对密度大，各种设施的用水、用电量较大。

11.1.2 实例简介

本实例讲解的是一个大型豪华洗浴中心室内装潢设计的完整过程。本洗浴中心所在建筑为一个大体量二层建筑结构。一层体量很大，包含洗浴中心经营的大部分内容；二层由于要给一层泳池区域留出足够采光空间，体量相对较小。按功能分类，该洗浴中心包括四大区域：

1）泳池区域。本区域是洗浴中心的核心区域，占用接近一半的一层空间，包括大小游泳池、戏水池、人工瀑布、休息室、美容室、美发室、更衣间、服务台等。由于采光需要，这一区域的上面不再有建筑层，而是采用高大、采光的塑钢顶棚，使整个泳池区域显得宽敞明亮。

2）淋浴区域。本区域是顾客进入泳池前或从泳池出来进行冲洗的区域，包括淋浴间、更衣间、鞋房、厕所等，本区域属于过渡区域，所以面积不大，装潢也不必太考究。

3）休闲娱乐区域。本区域包括门厅、收银台、台球室、乒乓球室、KTV 包房、健身室、体育用品店和厕所。由于一层的空间不够，因此有些 KTV 包房和健身室被设置在二层。这个区域是体现洗浴中心整体装潢风格和吸引顾客的关键所在，所以室内设计务必力求精美。

4）后勤保障区域。本区域包括员工休息室、水泵房和操作间，这部分区域相对次要，可以设计得相对简单。

下面讲述本洗浴中心室内设计的完整过程。

11.2 绘制一层平面图

本节思路

一层平面图如图 11-1 所示，由大泳池、休息室、小泳池、更衣间、卫生间、门厅构成，本节主要讲述一层平面图的绘制方法。

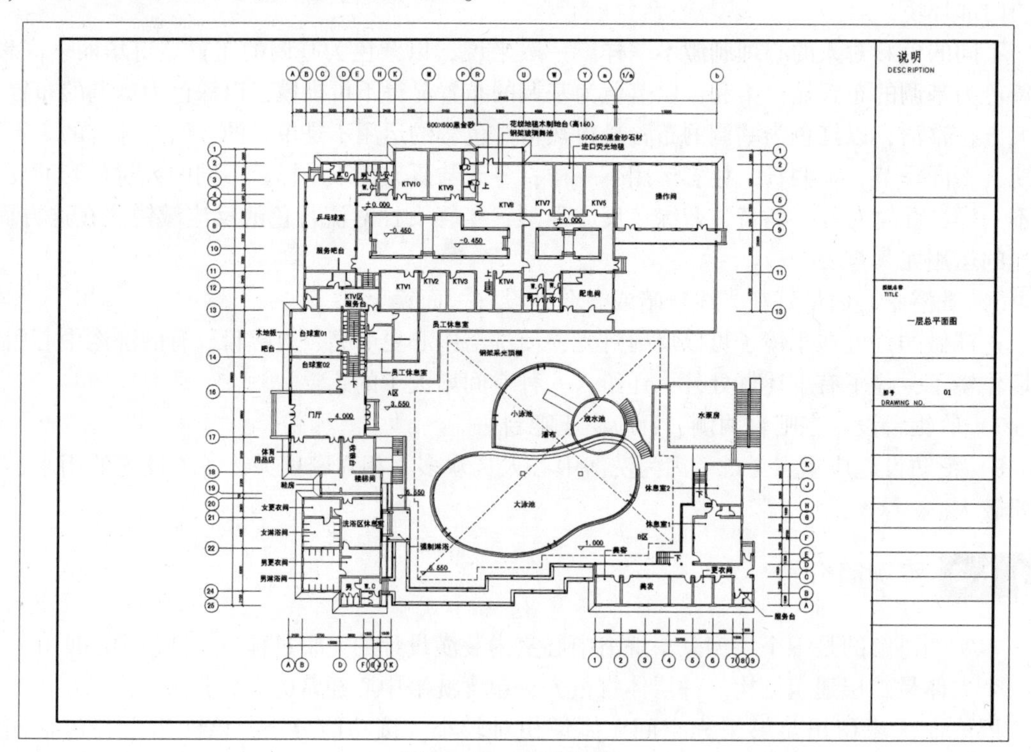

图 11-1　一层平面图

11.2.1 绘图准备

1）打开 AutoCAD 2018 应用程序，单击“快速访问”工具栏中的“新建”按钮，弹出“选择样板”对话框，如图 11-2 所示。以“acadiso. dwt”为样板文件，建立新文件。

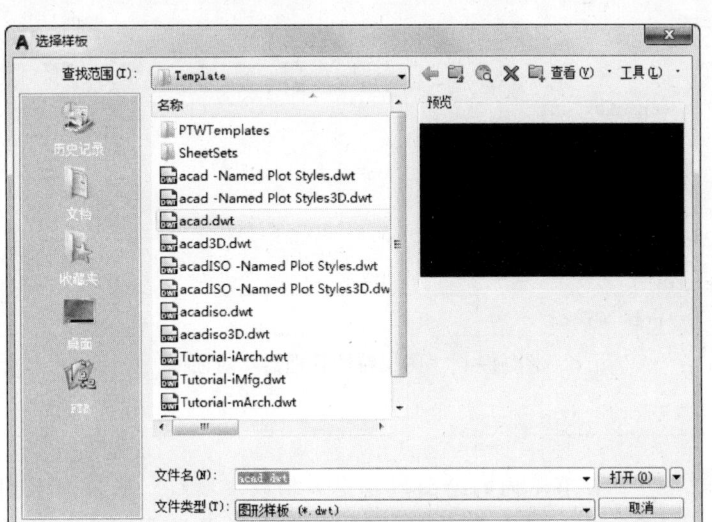

图 11-2　新建样板文件

操作提示：样板文件的作用是什么？

① 样板图形存储图形的所有设置，还可能包含预定义的图层、标注样式和视图。样板图形通过文件扩展名“. dwt”区别于其他图形文件。它们通常保存在 Template 目录中。

② 若根据现有的样板文件创建新图形，则新图形中的修改不会影响样板文件。设计者可以使用随程序提供的一个样板文件，也可以创建自定义样板文件。

2）设置单位。选择菜单栏中的“格式”→“单位”命令，弹出“图形单位”对话框，如图 11-3 所示。在“长度”选项组中将“类型”设置为“小数”，“精度”设置为“0”；在“角度”选项组中将“类型”设置为“十进制度数”，“精度”设置为“0”；系统默认方向为顺时针，用于缩放插入内容的单位为“毫米”。

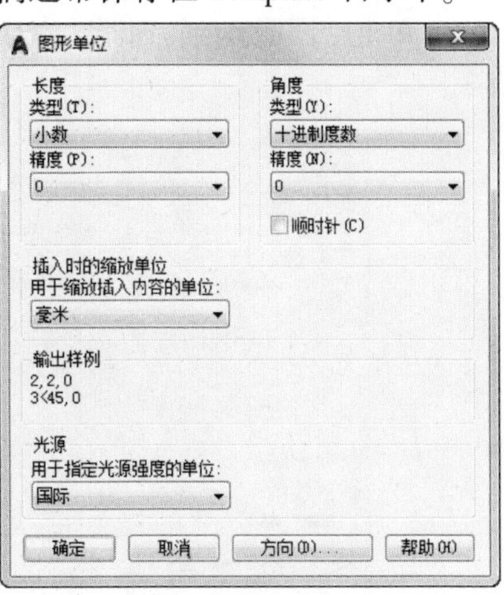

图 11-3　“图形单位”对话框

3）在命令行窗口中输入“LIMITS”命令设置图幅：420 000 mm×297 000 mm。命令行提示与操作如下。

```
命令:LIMITS
重新设置模型空间界限:
指定左下角点或［开(ON)/关(OFF)］<0.0000,0.0000>:↙
```

指定右上角点 <12.0000,9.0000>:420000,297000↙

4）新建图层。

① 单击“默认”选项卡“图层”面板中的“图层特性”按钮，弹出“图层特性管理器”对话框，如图 11-4 所示。

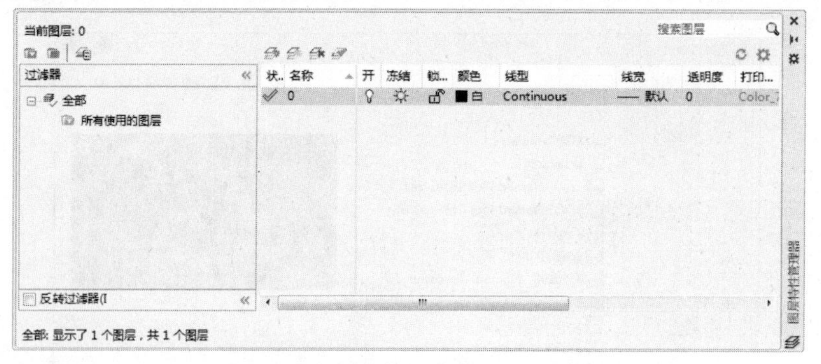

图 11-4 “图层特性管理器”对话框

注 意

在绘图过程中，往往有不同的绘图内容，如轴线、墙线、装饰布置图块、地板、标注、文字等，如果将这些内容均放置在一起，绘图之后如果要删除或编辑某一类型的图形，将带来选取的困难。AutoCAD 2018 提供了图层功能，为编辑带来了极大的方便。

在绘图初期，设计者可以建立不同的图层，将不同类型的图形绘制在不同的图层当中，在编辑时可以利用图层的“显示”“隐藏”功能和“锁定”功能来操作图层中的图形，十分利于编辑运用。

② 单击“图层特性管理器”对话框中的“新建图层”按钮，新建一个图层，如图 11-5 所示。

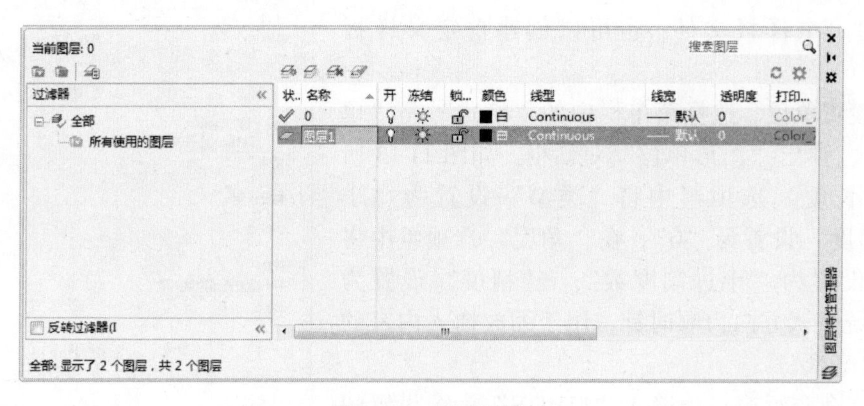

图 11-5 新建图层

③ 新建图层的名称默认为“图层 1”，将其修改为“轴线”。图层名称后面的选项由左至右依次为“开/关图层”“在所有视口中冻结/解冻图层”“锁定/解锁图层”“图层默认颜色”“图层默认线型”“图层默认线宽”“打印样式”等。其中，编辑图形时最常用的是“开/关图层”“图层默认颜色”“图层默认线型”“图层默认线宽”等。

④ 单击新建“轴线”图层“颜色”中的色块，弹出“选择颜色”对话框，如图 11-6 所示，选择红色为轴线图层的默认颜色，单击“确定”按钮，返回“图层特性管理器”对话框。

⑤ 单击“线型”中的选项，弹出“选择线型”对话框，如图 11-7 所示。轴线一般在绘图中应用点画线进行绘制，因此应将“轴线”图层的默认线型设为中心线。单击“加载”按钮，弹出“加载或重载线型”对话框，如图 11-8 所示。

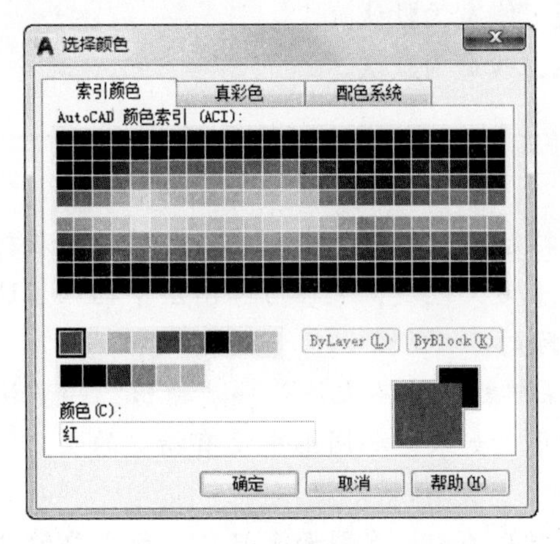

图 11-6 “选择颜色”对话框

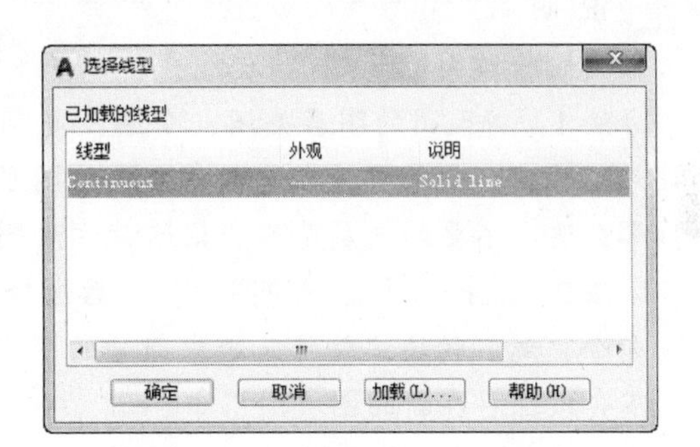

图 11-7 “选择线型”对话框

⑥ 在“可用线型”列表框中选择“CENTER”线型，单击“确定”按钮，返回“选择线型”对话框。选中刚刚加载的线型，如图 11-9 所示，单击“确定”按钮，至此，轴线图层设置完毕。

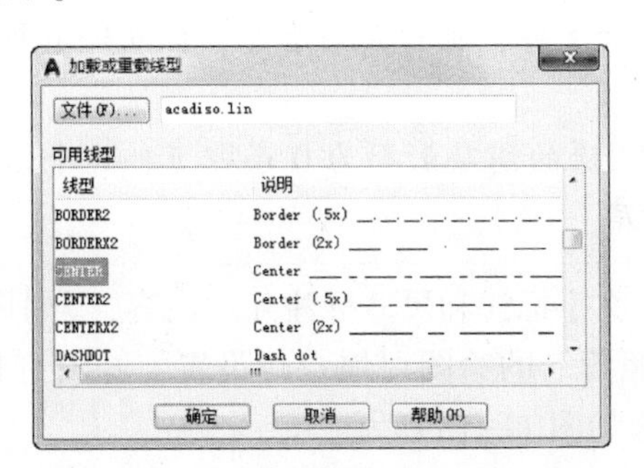

图 11-8 “加载或重载线型”对话框

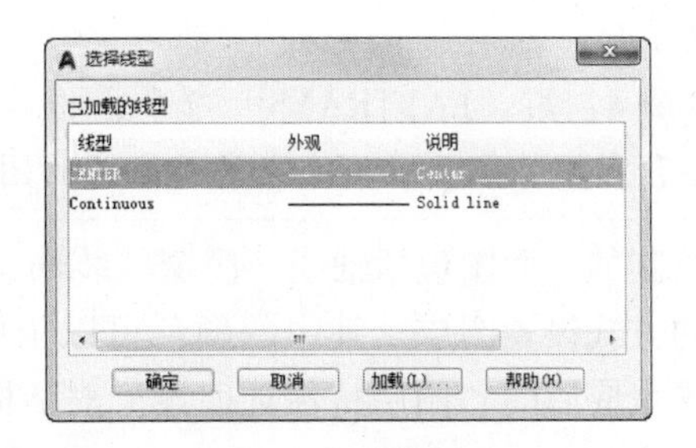

图 11-9 加载线型

注 意

修改系统变量 DRAGMODE，推荐修改为 AUTO。系统变量为 ON 时，再选定要拖动的对象后，仅当在命令行中输入 DRAG 后才在拖动时显示对象的轮廓；系统变量为 OFF 时，在拖动时不显示对象的轮廓；系统变量位 AUTO 时，在拖动时总是显示对象的轮廓。

⑦ 采用相同的方法，按照以下说明新建其他几个图层。

a. “墙体”图层。颜色为白色，线型为实线，线宽为默认。

b. “门窗”图层。颜色为蓝色，线型为实线，线宽为默认。

c. “轴线”图层。颜色为红色，线型为CENTER，线宽为默认。

d. “文字”图层。颜色为白色，线型为实线，线宽为默认。

e. “尺寸”图层。颜色为94，线型为实线，线宽为默认。

f. “柱子”图层。颜色为白色，线型为实线，线宽为默认。

g. “台阶”图层。颜色为白色，线型为实线，线宽为默认。

h. “泳池”图层。颜色为白色，线型为实线，线宽为默认。

i. “楼梯”图层。颜色为白色，线型为实线，线宽为默认。

j. “雨棚”图层。颜色为白色，线型为实线，线宽为默认。

说 明

如何删除顽固图层？

方法1：将无用的图层关闭，全选，复制粘贴至一新文件中，那些无用的图层就不会被粘贴过来。如果曾经在这个不需要的图层中定义过块，又在另一图层中插入了这个块，那么这个不要的图层是不能用这种方法删除的。

方法2：选择需要留下的图形，然后选择菜单栏中的“文件”→“输出”→“块文件”命令，这样的块文件就是选中部分的图形了。如果这些图形中没有指定的层，这些层也不会被保存在新的图块图形中。

方法3：打开一个CAD文件，把要删除的层先关闭，在图面上只留下所需要的可见图形，选择菜单栏中的“文件”→“另存为”命令，弹出“图形另存为”对话框，确定文件名，在“保存类型”下拉列表框中选择“*.dxf”格式；再在该对话框中选择“工具”→“选项”命令，弹出“另存为选项”对话框，切换至“DXF选项”选项卡，勾选“选择对象”复选框，单击“确定”按钮，返回到“图形另存为”对话框；最后单击“保存”按钮，完成后退出这个刚保存的文件，再打开来看看，会发现不想要的图层不见了。

方法4：用“LAYTRANS”命令，将需删除的图层影射为0层即可，这个方法可以删除具有实体对象或被其他块嵌套定义的图层。

所绘制的平面图包括轴线、门窗、装饰、文字标注和尺寸标注几项内容，分别按照上面所介绍的方式设置图层。其中的颜色可以依照读者的绘图习惯自行设置，并没有具体的要求。设置完成后的“图层特性管理器”对话框如图11-10所示。

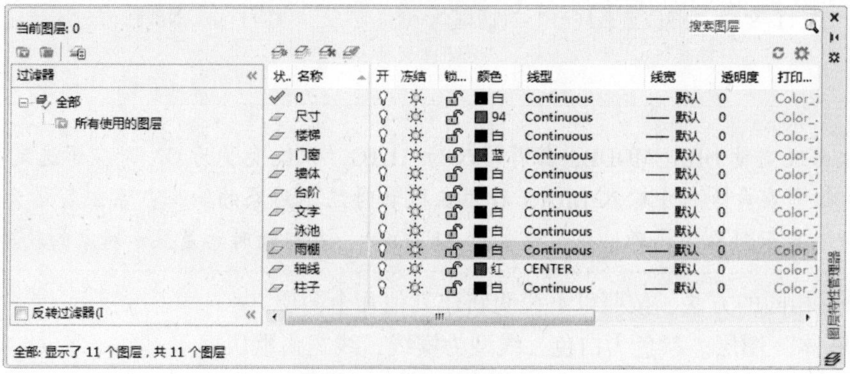

当前图层：0

状..	名称	开	冻结	锁...	颜色	线型	线宽	透明度	打印...
✓	0				白	Continuous	—— 默认	0	Color_7
	尺寸				94	Continuous	—— 默认	0	Color_
	楼梯				白	Continuous	—— 默认	0	Color_7
	门窗				蓝	Continuous	—— 默认	0	Color_5
	墙体				白	Continuous	—— 默认	0	Color_7
	台阶				白	Continuous	—— 默认	0	Color_7
	文字				白	Continuous	—— 默认	0	Color_7
	泳池				白	Continuous	—— 默认	0	Color_7
	雨棚				白	Continuous	—— 默认	0	Color_7
	轴线				红	CENTER	—— 默认	0	Color_1
	柱子				白	Continuous	—— 默认	0	Color_7

全部：显示了11个图层，共11个图层

图11-10 设置图层

11.2.2 绘制轴线

1）在“图层”工具栏的下拉列表中，将“轴线”图层置为当前层，如图 11-11 所示。

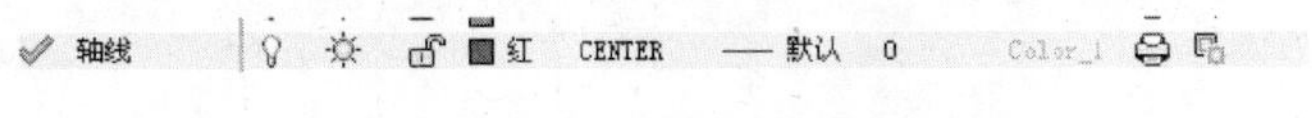

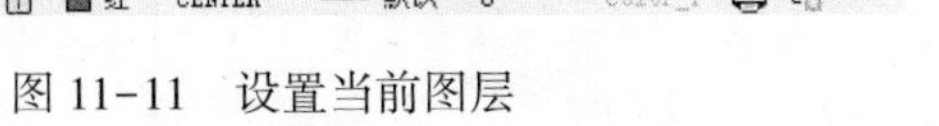

图 11-11　设置当前图层

2）单击“默认”选项卡“绘图”面板中的“直线”按钮╱，在图中空白区域任选一点作为直线起点，绘制一条长度为 82 412 mm 的竖直轴线，如图 11-12 所示。命令行提示与操作如下。

```
命令：LINE
指定第一个点：(任选起点)
指定下一点或［放弃(U)］：@0,82412
```

3）单击“默认”选项卡“绘图”面板中的“直线”按钮╱，在上步绘制的竖直轴线左侧任选一点为直线起点，向右绘制一条长度为 75 824 mm 的水平轴线，如图 11-13 所示。

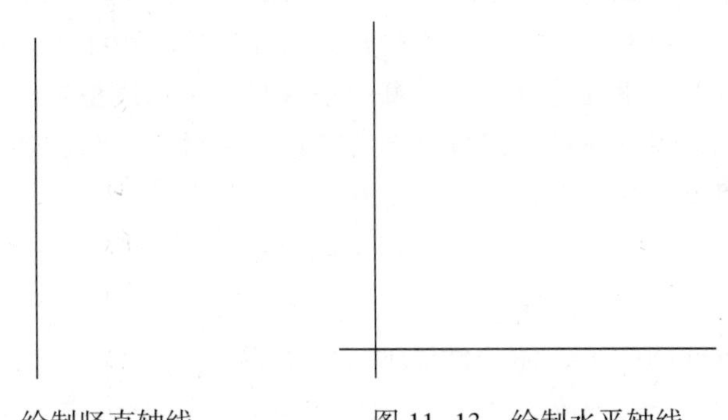

图 11-12　绘制竖直轴线　　　图 11-13　绘制水平轴线

操作技巧

执行“直线”命令时，若为正交轴网，可单击“正交”按钮，根据正交方向提示，直接输入下一点的距离即可，而不需要输入@符号；若为斜线，则可单击“极轴”按钮，设置斜线角度，此时，图形即进入了自动捕捉所需角度的状态，这可以大大提高制图时直线输入距离的速度。注意，两者不能同时使用。

4）此时，轴线的线型虽然为中心线，但是由于比例太小，显示出来还是实线的形式。选择刚刚绘制的轴线并单击鼠标右键，如图 11-14 所示，在弹出的快捷菜单中选择“特性”命令，弹出“特性”对话框，如图 11-15 所示。将“线型比例”修改为“100”，轴线显示如图 11-16 所示。

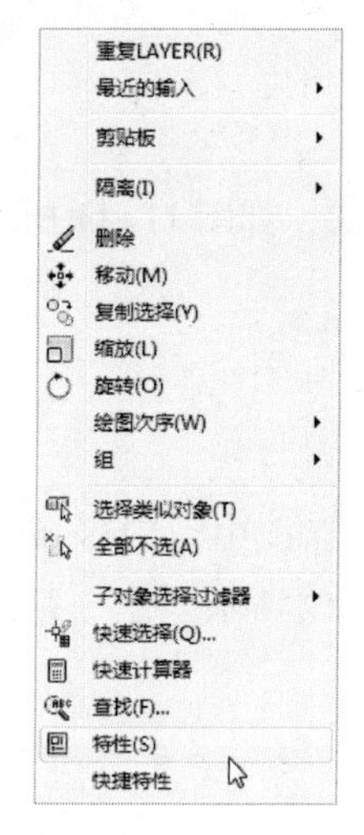

图 11-14　快捷菜单

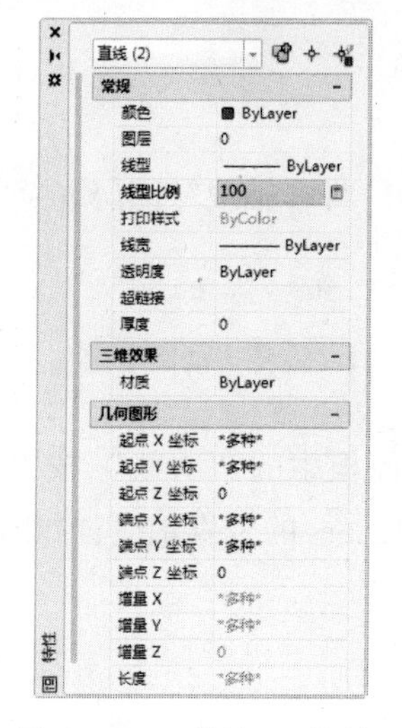

图 11-15　“特性”对话框

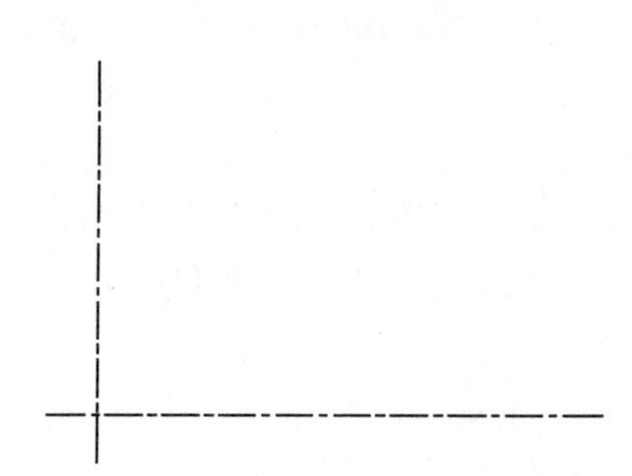

图 11-16　修改线型比例后的轴线

操作技巧

通过全局修改或单个修改每个对象的线型比例因子，可以以不同的比例使用同一个线型。默认情况下，全局线型和单个线型比例均设置为 1.0。比例越小，每个绘图单位中生成的重复图案就越多。例如，设置为 0.5 时，每一个图形单位在线型定义中显示重复两次的同一图案。不能显示完整线型图案的短线段显示为连续线。对于太短，甚至不能显示一个虚线小段的线段，可以使用更小的线型比例。

5）单击“默认”选项卡“修改”面板中的“偏移”按钮，将偏移距离设置为 2100 mm，按〈Enter〉键确认后选择竖直轴线为偏移对象，在直线右侧单击鼠标左键，将竖直轴线向右偏移 2100 mm 的距离，命令行提示与操作如下。

```
命令:OFFSET
当前设置:删除源=否　图层=源　OFFSETGAPTYPE=0
指定偏移距离或[通过(T)/删除(E)/图层(L)]<通过>:2100
选择要偏移的对象或[退出(E)/放弃(U)]<退出>:(选择竖直轴线)
指定要偏移的那一侧上的点或[退出(E)/多个(M)/放弃(U)]<退出>(在竖直轴线右侧单击鼠标左键):
选择要偏移的对象或[退出(E)/放弃(U)]<退出>:
```

效果如图 11-17 所示。

6）单击“默认”选项卡“修改”面板中的“偏移”按钮，选择上步偏移后的轴线为起始轴线，连续向右偏移，偏移的距离依次为 2500 mm、3200 mm、2100 mm、1500 mm、1500 mm、300 mm、800 mm、1600 mm、5100 mm、5100 mm、2100 mm、6900 mm、4500 mm、4500 mm、2075 mm、2425 mm、300 mm、1175 mm、3600 mm、3600 mm、1800 mm、1800 mm、1800 mm、1225 mm、4175 mm 和 1800 mm，如图 11-18 所示。

7）单击“默认”选项卡“修改”面板中的“偏移”按钮，将偏移距离设置为 223 mm，按〈Enter〉键确认后，选择水平直线为偏移对象，在直线上侧单击鼠标左键，将直线向上偏移 223 mm 的距离，命令行提示与操作如下。

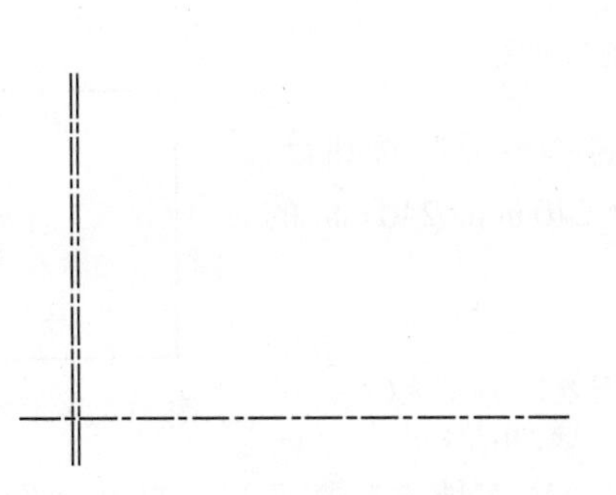
图 11-17　偏移竖直轴线

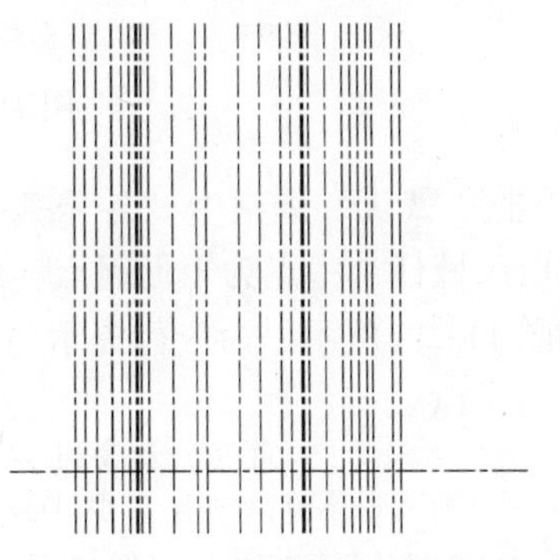
图 11-18　偏移竖直轴线

命令:OFFSET
当前设置:删除源=否　图层=源　OFFSETGAPTYPE=0
指定偏移距离或[通过(T)/删除(E)/图层(L)]<通过>:223
选择要偏移的对象或[退出(E)/放弃(U)]<退出>:(选择水平轴线)
指定要偏移的那一侧上的点或[退出(E)/多个(M)/放弃(U)]<退出>:(在水平轴线上侧单击鼠标左键)
选择要偏移的对象或[退出(E)/放弃(U)]<退出>:

效果如图 11-19 所示。

8）单击“默认”选项卡“修改”面板中的“偏移”按钮，继续向上偏移，偏移的距离依次为 1877 mm、2322 mm、1800 mm、1500 mm、678 mm、1722 mm、2778 mm、222 mm、1790 mm、788 mm、700 mm、1517 mm、1683 mm、1322 mm、3778 mm、6600 mm、5100 mm、6900 mm、3300 mm、2400 mm、3300 mm、3000 mm、300 mm、1800 mm、1500 mm、800 mm、600 mm、2100 mm、2500 mm 和 2000 mm，如图 11-20 所示。

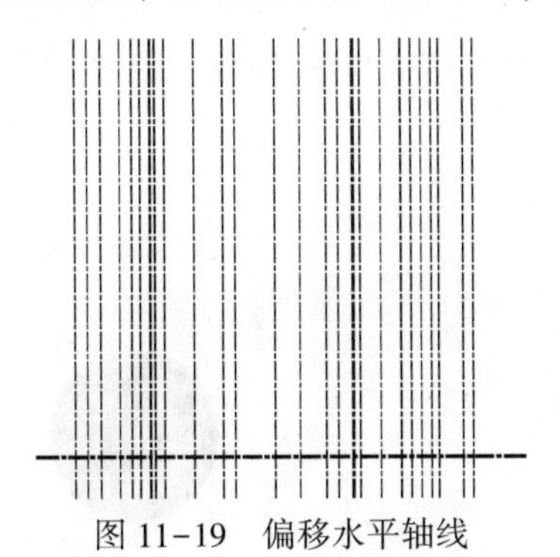
图 11-19　偏移水平轴线

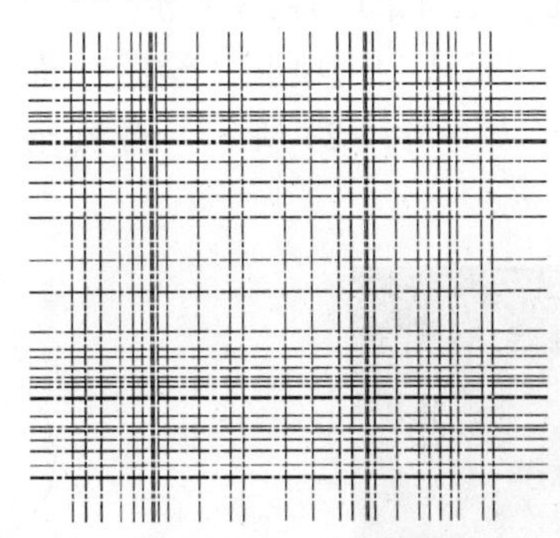
图 11-20　水平轴线

说明

依次选择“工具”→“选项”→“配置”→“重置”命令或按钮；或执行“MENULOAD”命令，然后单击“浏览”按钮，在弹出的对话框中选择“ACAD. MNC”加载即可。

11.2.3 绘制及布置墙体柱子

1）在“图层”工具栏的下拉列表中，将“柱子”图层置为当前层，如图 11-21 所示。

柱子 白 Continuous —— 默认 0 Color_7

图 11-21 设置当前图层

2）单击“默认”选项卡“绘图”面板中的“矩形”按钮▭，在图形空白区域任选一点为矩形起点，绘制一个 240 mm×240 mm 的矩形，如图 11-22 所示。命令行提示与操作如下。

图 11-22 绘制矩形

```
命令：RECTANG
指定第一个角点或［倒角(C)/标高(E)/圆角(F)/厚度(T)/宽度(W)］：
指定另一个角点或［面积(A)/尺寸(D)/旋转(R)］：@240,240
```

3）单击“默认”选项卡“绘图”面板中的“图案填充”按钮▦，打开“图案填充创建”选项卡，如图 11-23 所示。将填充图案设置为“SOLID”，填充柱子，效果如图 11-24 所示。

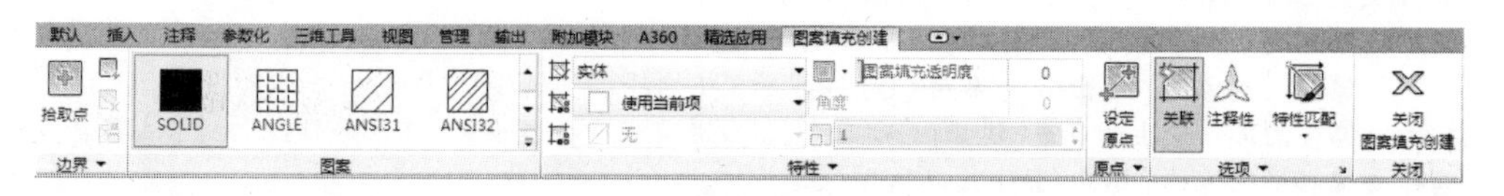

图 11-23 “图案填充创建”选项卡

4）利用上述绘制柱子的方法绘制图形中的剩余尺寸为 300 mm×240 mm、300 mm×300 mm、400 mm×400 mm、240 mm×248 mm、240 mm×280 mm、360 mm×360 mm、240 mm×75 mm、240 mm×300 mm、240 mm×338 mm、400 mm×240 mm 的柱子图形。具体操作如下。

① 单击“默认”选项卡“绘图”面板中的“圆”按钮⊙，在图形空白区域绘制一个半径为 63mm 的圆，如图 11-25 所示。

② 单击“默认”选项卡“绘图”面板中的“图案填充”按钮▦，打开“图案填充创建”选项卡，如图 11-23 所示。将填充图案设置为“SOLID”，填充圆，效果如图 11-26 所示。

图 11-24 填充图形

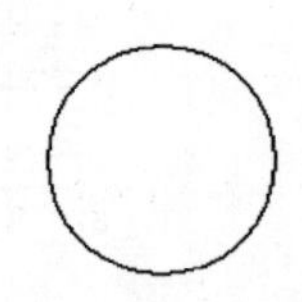

图 11-25 绘制圆

图 11-26 填充圆

5）单击“默认”选项卡“修改”面板中的“移动”按钮✥，选择前面绘制的半径为 63mm 的圆形柱子图形为移动对象，将其移动放置到图 11-27 所示的轴线位置。具体操作如下。

① 单击“默认”选项卡“修改”面板中的“移动”按钮✥，选择绘制完成的 240 mm×240 mm 的矩形柱子图形为移动对象，将其移动放置到图 11-28 所示的轴线位置。

② 单击“默认”选项卡“修改”面板中的“移动”按钮✥，选择前面绘制的 400 mm×400 mm 的柱子图形为移动对象，将其移动放置到图 11-29 所示的轴线位置。

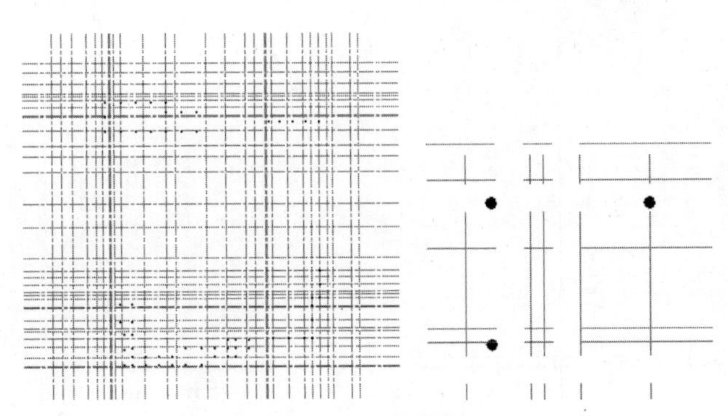

图 11-27　布置圆形柱子

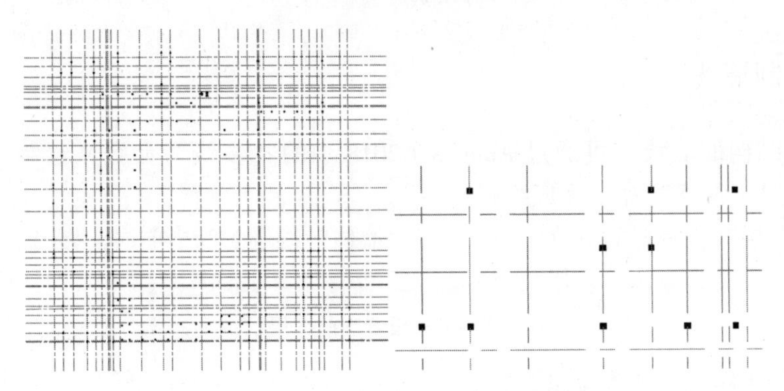

图 11-28　布置 240 mm×240 mm 的柱子

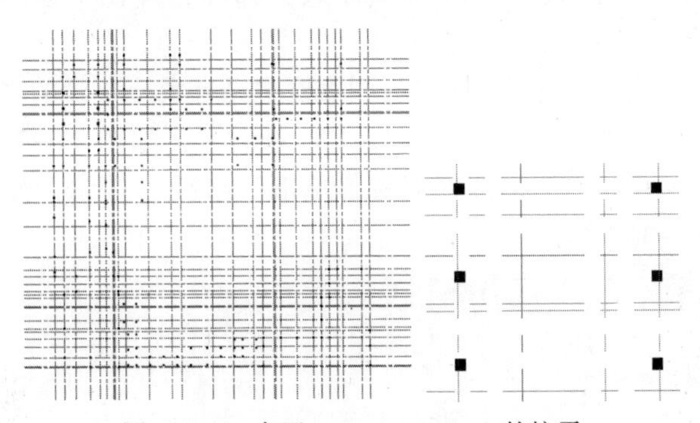

图 11-29　布置 400 mm×400 mm 的柱子

3）单击“默认”选项卡“修改”面板中的“移动”按钮✥，选择前面绘制的 300 mm×300 mm 的柱子图形为移动对象，将其移动放置到图 11-30 所示的轴线位置。

4）单击“默认”选项卡“修改”面板中的“移动”按钮✥，选择前面绘制的 400 mm×240 mm 的柱子图形为移动对象，将其移动放置到如图 11-31 所示的轴线位置。

利用上述方法完成图形中剩余柱子的布置，如图 11-32 所示。

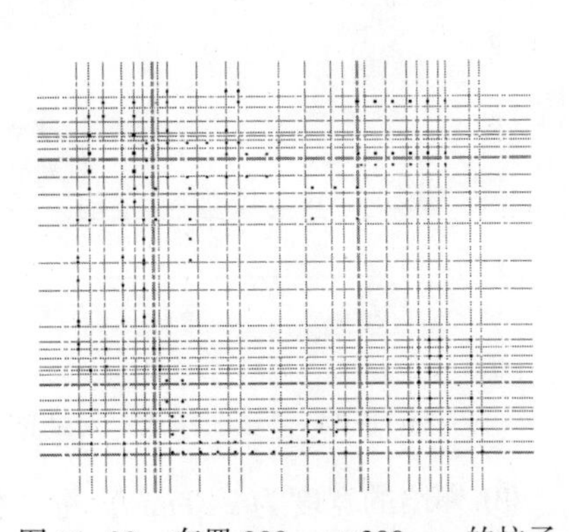

图 11-30　布置 300 mm×300 mm 的柱子

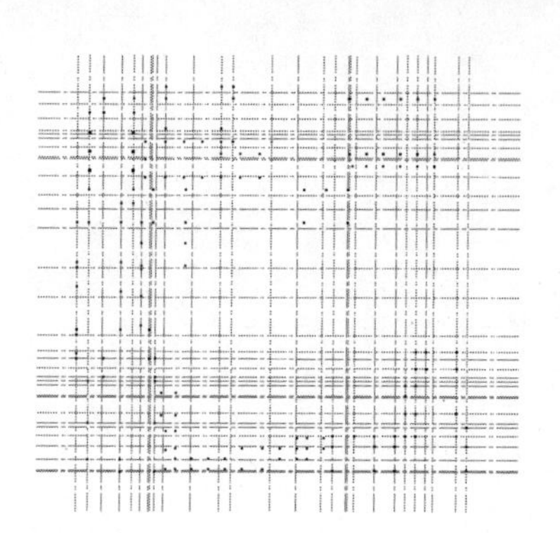

图 11-31 布置 400 mm×240 mm 的柱子

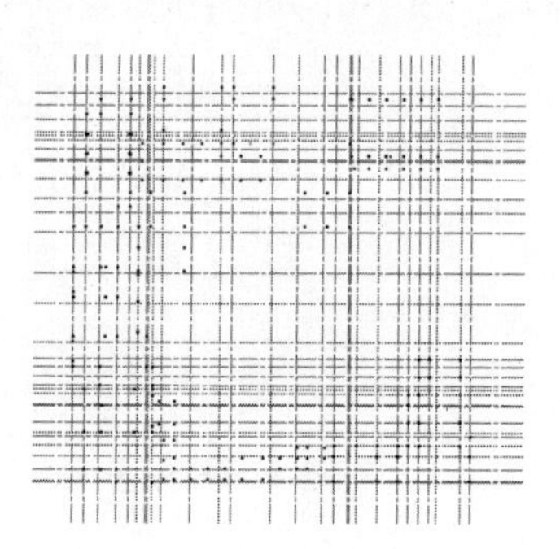

图 11-32 布置剩余柱子

11.2.4 绘制墙线

一般建筑结构的墙线均可通过 AutoCAD 2018 中的“多线”命令来绘制。本例将利用“多线”“修剪”“偏移”命令完成绘制。

1）在“图层”工具栏的下拉列表中，将“墙体”图层置为当前层，如图 11-33 所示。

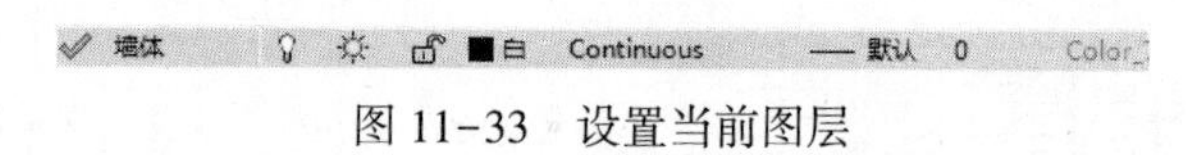

图 11-33 设置当前图层

2）设置多线样式。具体操作如下。

① 选择菜单栏中的“格式”→“多线样式”命令，弹出“多线样式”对话框，如图 11-34 所示。

② 在“多线样式”对话框中，“样式”列表框中只有系统自带的“STANDARD”样式。单击“新建”按钮，弹出“创建新的多线样式”对话框，如图 11-35 所示。在“新样式名”文本框中输入“240”，作为多线的名称。单击“继续”按钮，弹出“新建多线样式：240”对话框，如图 11-36 所示。

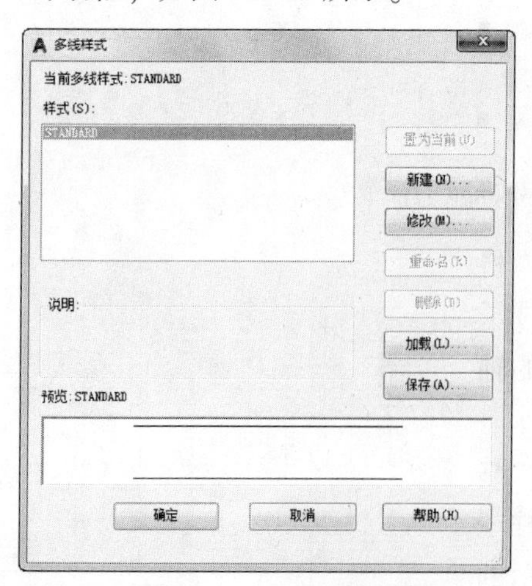

图 11-34 “多线样式”对话框

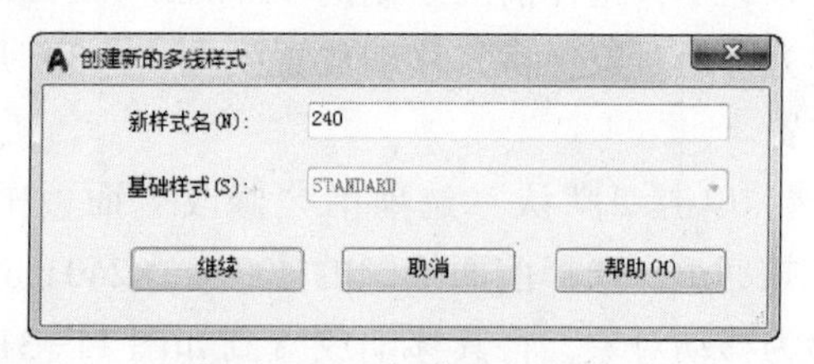

图 11-35 新建多线样式

③ 外墙的宽度为 240 mm，将“偏移”分别修改为“120”和“-120”，单击“确定”按钮回到“多线样式”对话框，单击“置为当前”按钮，将创建的多线样式设为当前多线

样式，单击“确定”按钮，回到绘图状态。

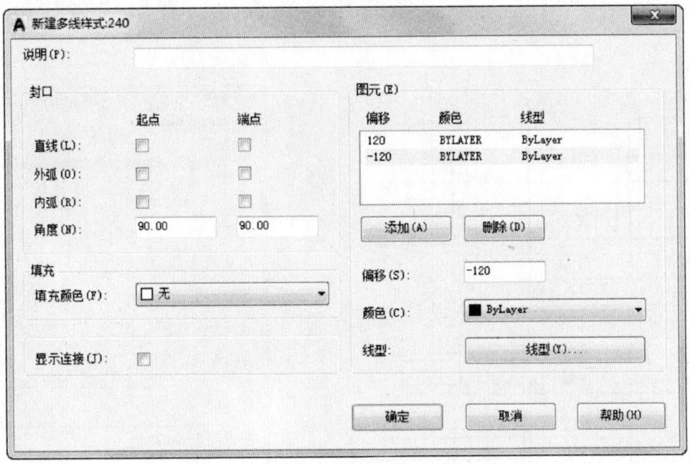

图 11-36　编辑新建多线样式

3）绘制墙线。具体操作如下。

① 选择菜单栏中的“绘图”→“多线”命令，绘制洗浴中心平面图中 240 mm 厚的墙体。命令行提示与操作如下。

命令:MLINE
当前设置:对正=上,比例=20.00,样式=STANDARD
指定起点或[对正(J)/比例(S)/样式(ST)]:ST(设置多线样式)
输入多线样式名或[?]:240(多线样式为墙1)
当前设置:对正=上,比例=20.00,样式=240
指定起点或[对正(J)/比例(S)/样式(ST)]:J
输入对正类型[上(T)/无(Z)/下(B)]<上>:Z(设置对中模式为无)
当前设置:对正=无,比例=20.00,样式=墙
指定起点或[对正(J)/比例(S)/样式(ST)]:S
输入多线比例<20.00>:1(设置线型比例为1)
当前设置:对正=无,比例=1.00,样式=墙
指定起点或[对正(J)/比例(S)/样式(ST)]:(选择左侧竖直直线下端点)
指定下一点:指定下一点或[放弃(U)]:

效果如图 11-37 所示。

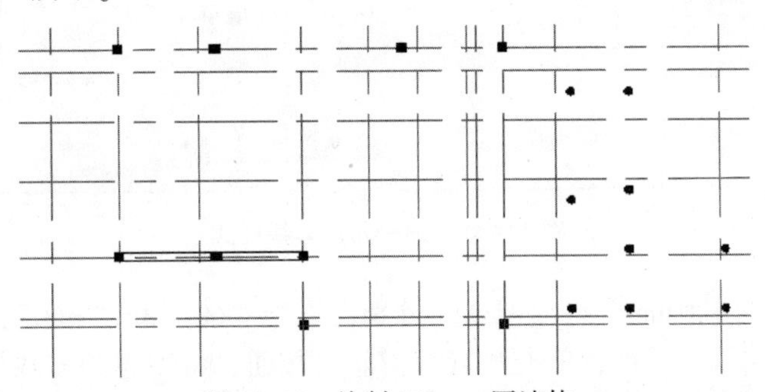

图 11-37　绘制 240 mm 厚墙体

② 利用上述方法完成平面图中剩余 240 mm 厚墙体的绘制，如图 11-38 所示。

4）设置多线样式。建筑结构包括承载受力的承重墙和用来分割空间、美化环境的非承

重墙。

① 选择菜单栏中的“格式”→“多线样式”命令，弹出“多线样式”对话框，如图 11-39 所示。

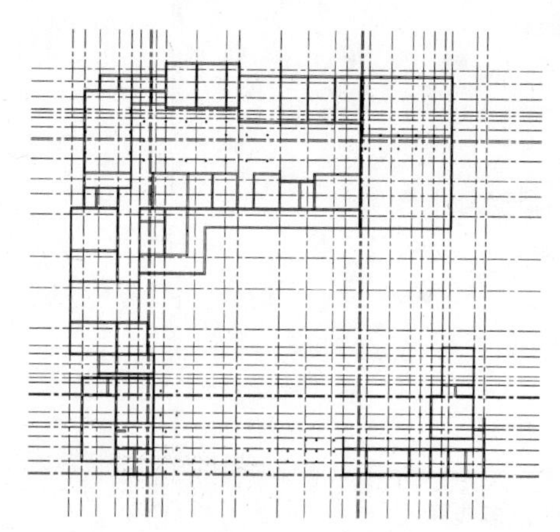

图 11-38　绘制剩余 240 mm 厚墙体

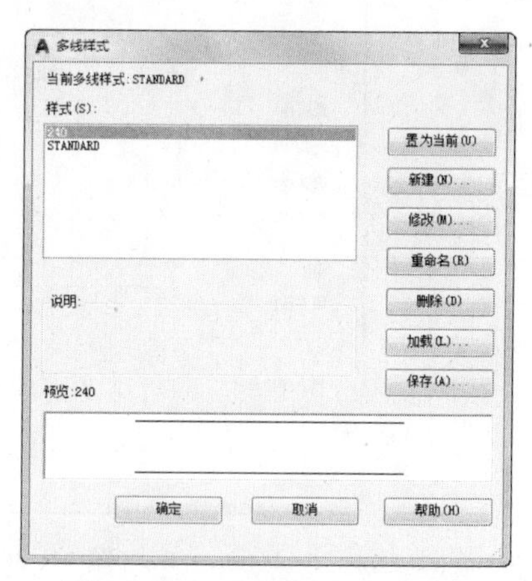

图 11-39　“多线样式”对话框

② 在“多线样式”对话框中，单击“新建”按钮，弹出“创建新的多线样式”对话框，如图 11-40 所示。在“新样式名”文本框中输入“120”，作为多线的名称。单击“继续”按钮，弹出“新建多线样式：120”对话框，如图 11-41 所示。

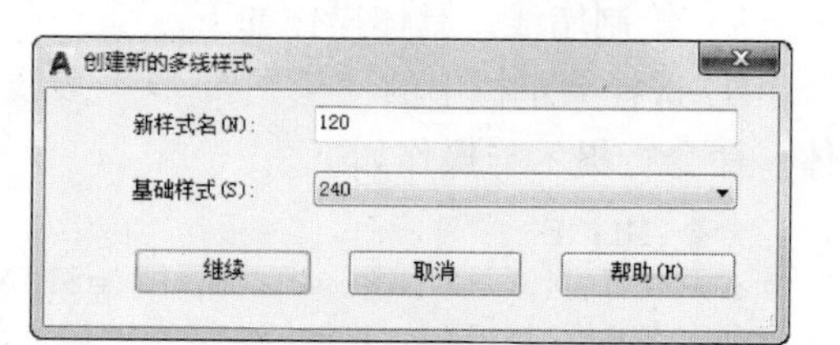

图 11-40　新建多线样式

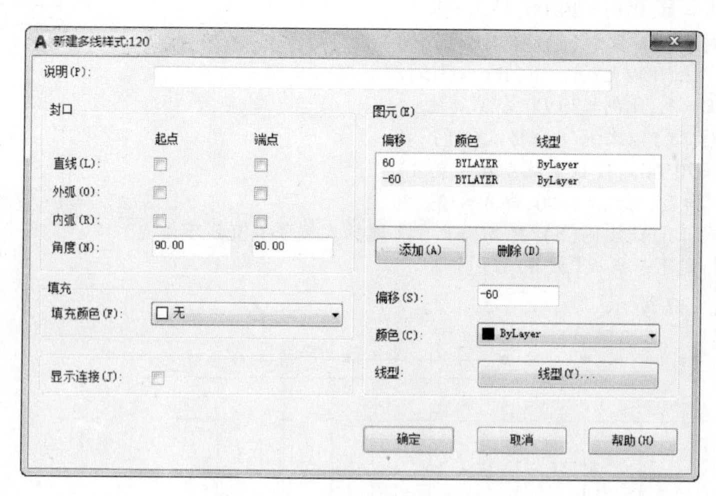

图 11-41　编辑新建多线样式

③ 墙体的宽度为 120 mm，将“偏移”分别设置为“60”和“-60”，单击“确定”按钮，回到“多线样式”对话框，单击“置为当前”按钮，将创建的多线样式设为当前多线样式，单击“确定”按钮，回到绘图状态。

④ 选择菜单栏中的“绘图”→“多线”命令，完成图形中 120 mm 墙体的绘制，如图 11-42 所示。

5）设置多线样式。建筑结构包括承载受力的承重墙和用来分割空间、美化环境的非承重墙。

① 选择菜单栏中的“格式”→“多线样式”命令，弹出“多线样式”对话框，如图 11-43 所示。

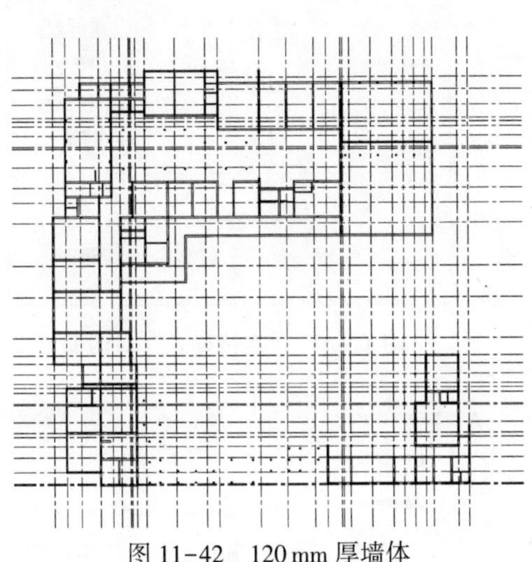

图 11-42　120 mm 厚墙体

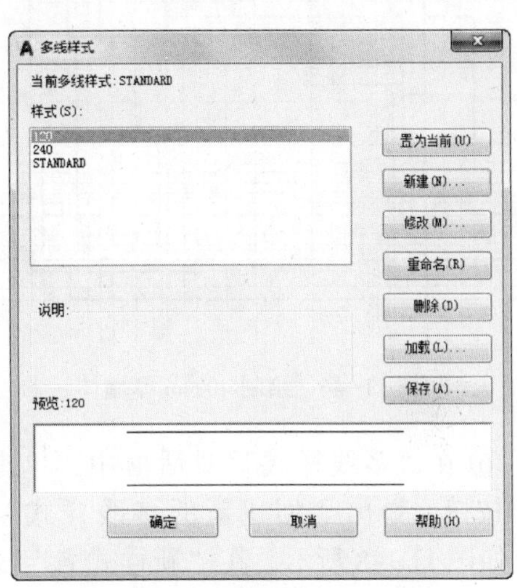

图 11-43　“多线样式”对话框

② 在“多线样式”对话框中，单击“新建”按钮，弹出“创建新的多线样式”对话框，如图 11-44 所示。在“新样式名”文本框中输入“40”，作为多线的名称。单击“继续”按钮，弹出“新建多线样式：40”对话框，如图 11-45 所示。

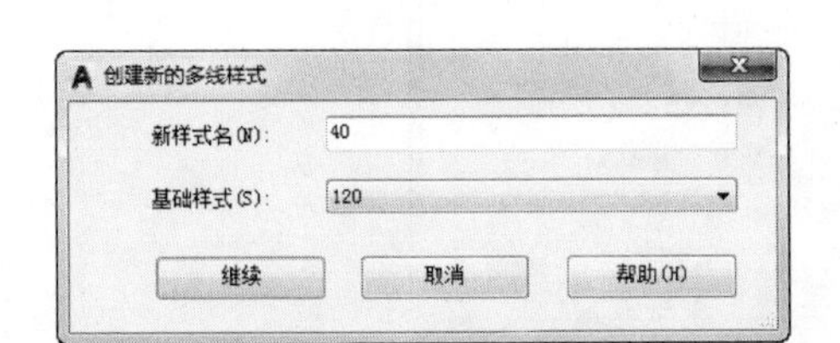

图 11-44　新建多线样式

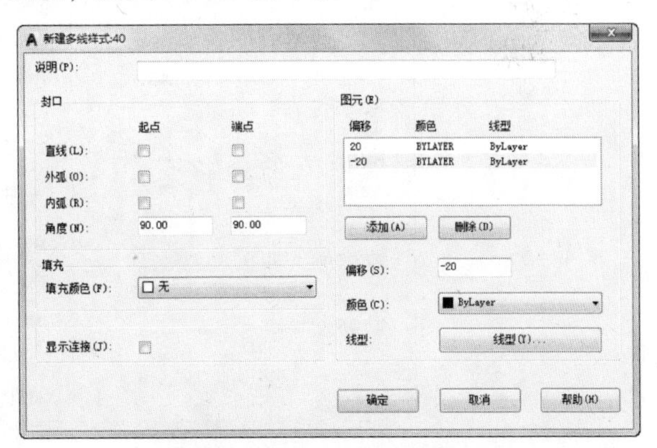

图 11-45　编辑新建多线样式

③“墙”为绘制外墙时应用的多线样式，由于外墙的宽度为 40 mm，因此按照图 11-45 中所示，将“偏移”分别修改为“20”和“-20”，单击“确定”按钮，回到“多线样式”对话框单击“置为当前”按钮，将创建的多线样式设为当前多线样式，单击“确定”按钮，回到绘图状态。

④ 选择菜单栏中的“绘图”→“多线”命令，绘制平面图中卫生间 40 mm 厚隔墙，如图 11-46 所示。

⑤ 选择菜单栏中的“格式”→“多线样式”命令，弹出“多线样式”对话框，如图 11-47 所示。

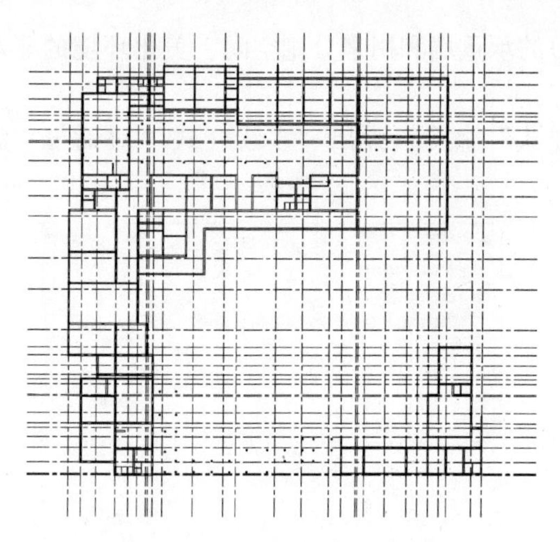

图 11-46 绘制 40 mm 厚墙体

图 11-47 “多线样式”对话框

⑥ 在“多线样式”对话框中，单击“新建”按钮，弹出“创建新的多线样式”对话框，如图 11-48 所示。在“新样式名”文本框中输入“30”，作为多线的名称。单击“继续”按钮，弹出“新建多线样式：30”对话框，如图 11-49 所示。

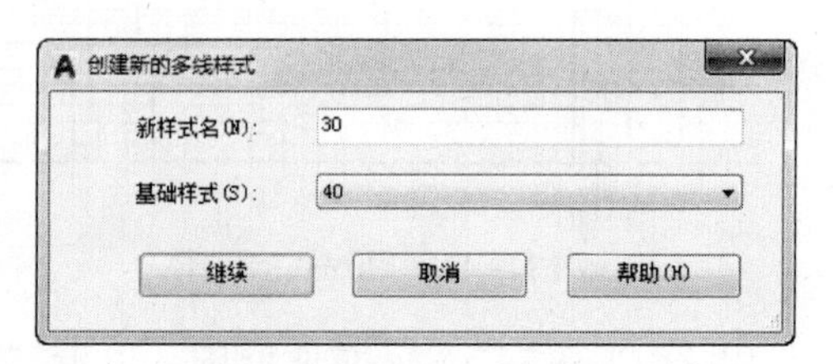

图 11-48 新建多线样式

图 11-49 编辑新建多线样式

⑦“墙”为绘制外墙时应用的多线样式，由于外墙的宽度为 30 mm，因此按照图 11-49 中所示，将“偏移”分别修改为“15”和“-15”，单击“确定”按钮，回到“多线样式”对话框单击“置为当前”按钮，将创建的多线样式设为当前多线样式，单击“确定”按钮，回到绘图状态。

利用上述方法完成图形中 30 mm 厚隔板墙的绘制，如图 11-50 所示。

注 意

读者绘制墙体时需要注意的是，根据墙体厚度的不同，要对多线样式进行修改。

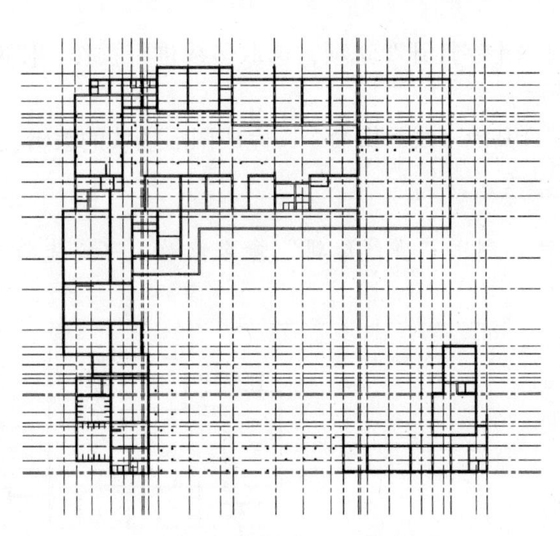

图 11-50　绘制 30 mm 厚隔板墙

操作技巧

目前，国内针对建筑 CAD 制图开发了多套适合我国规范的专业软件，如天正、广厦等。这些以 AutoCAD 为平台开发的制图软件，通常根据建筑制图的特点，对许多图形进行模块化、参数化，故使用这些专业软件可大大提高 CAD 制图的速度，而且 CAD 制图的格式规范统一，大大降低了一些单靠 CAD 制图易出现的小错误，给制图人员带来了极大的方便，节约了大量的制图时间。感兴趣的读者也可对相关软件试一试。

选择图层下拉列表，单击“轴线”图层前的“开/关”图层按钮💡，关闭“轴线”图层。

⑧ 选择菜单栏中的“修改”→“对象”→“多线”命令，弹出“多线编辑工具”对话框，如图 11-51 所示。

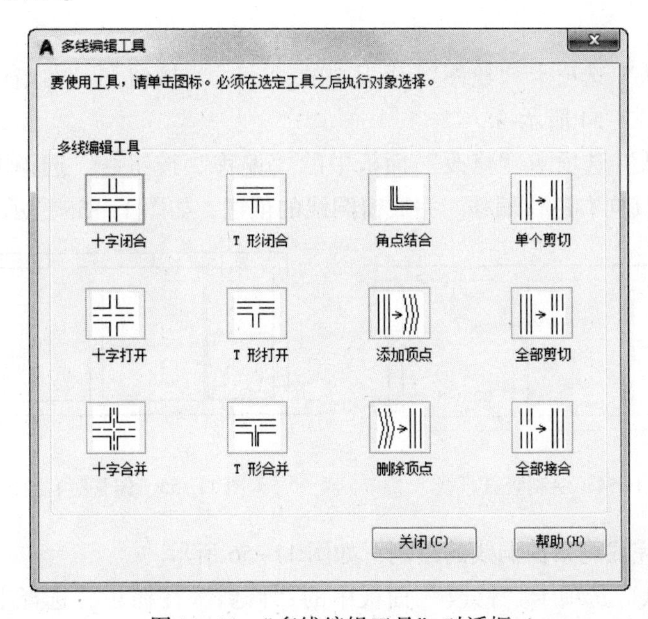

图 11-51　“多线编辑工具”对话框

⑨ 单击对话框中的“十字打开”选项，选取多线进行操作，使两段墙体贯穿，完成多线编辑，如图 11-52 所示。

⑩ 利用上述方法结合其他多线编辑命令，完成图形墙线的编辑，如图 11-53 所示。

注 意

有一些多线并不适合利用“多线编辑”命令修改，可以先将多线分解，直接利用“修剪”命令进行修改。

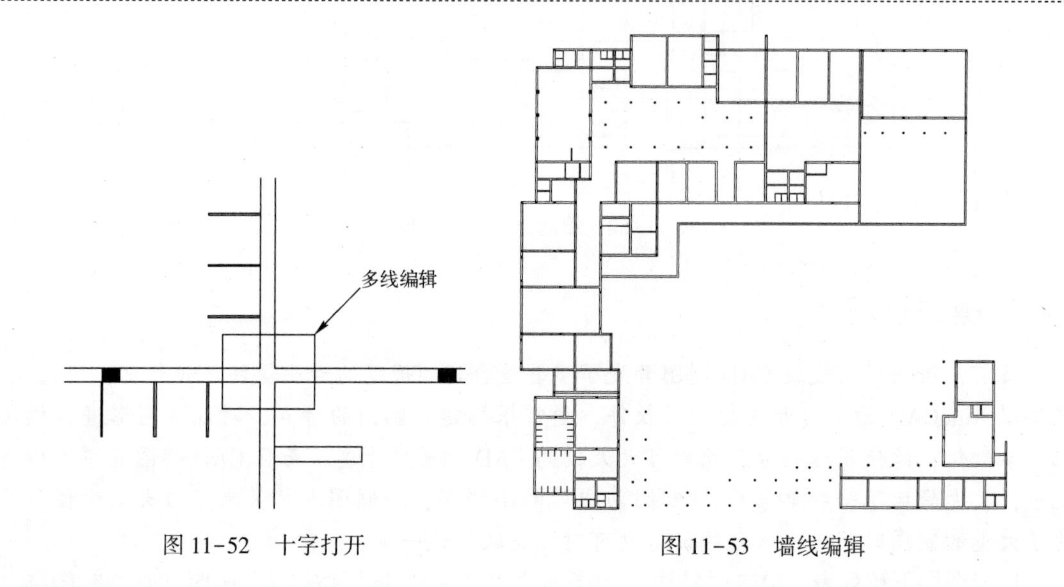

图 11-52 十字打开　　图 11-53 墙线编辑

11.2.5 绘制门窗

1. 修剪窗洞

1）单击“默认”选项卡“绘图”面板中的“直线”按钮，在墙体适当位置绘制一条竖直直线，如图 11-54 所示。

2）单击“默认”选项卡“修改”面板中的“偏移”按钮，选择上步绘制的竖直直线为偏移对象，将其向右进行偏移。完成窗洞线的创建，如图 11-55 所示。

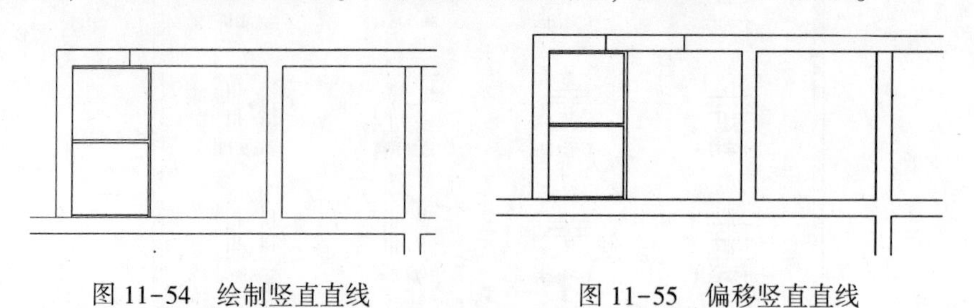

图 11-54 绘制竖直直线　　图 11-55 偏移竖直直线

利用上述方法完成剩余窗洞线的绘制，如图 11-56 所示。

3）单击“默认”选项卡“修改”面板中的“修剪”按钮，选择上步绘制的竖直直线间的多余墙体作为修剪对象，对其进行修剪处理，如图 11-57 所示。

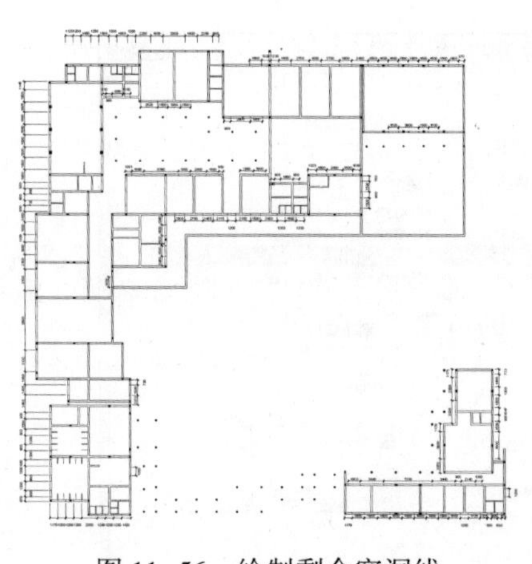

图 11-56　绘制剩余窗洞线

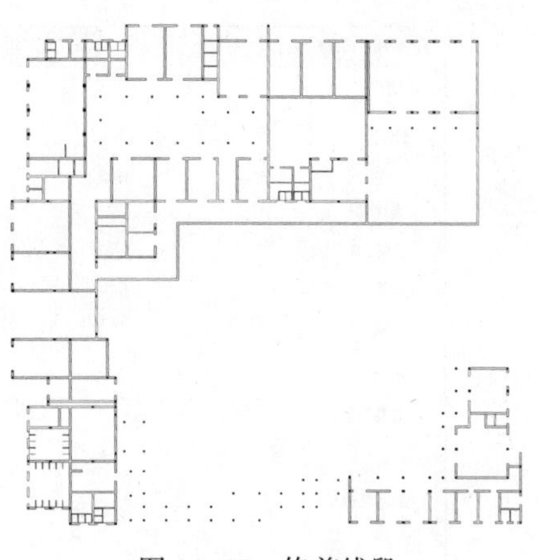

图 11-57　修剪线段

2. 设置当前图层

在“图层”工具栏的下拉列表中，将“门窗”图层置为当前层，如图 11-58 所示。

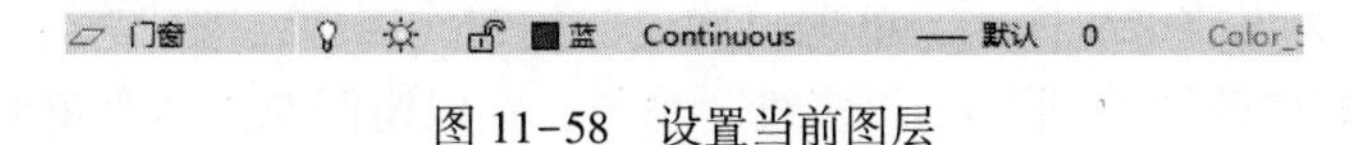

图 11-58　设置当前图层

3. 设置多线样式

1）选择菜单栏中的“格式”→“多线样式”命令，弹出“多线样式”对话框，如图 11-59 所示。

2）在“多线样式”对话框中，单击“新建”按钮，弹出“创建新的多线样式”对话框，如图 11-60 所示。在“新样式名”文本框中输入“窗”作为多线的名称。单击“继续”按钮，弹出“新建多线样式：窗”对话框，如图 11-61 所示。

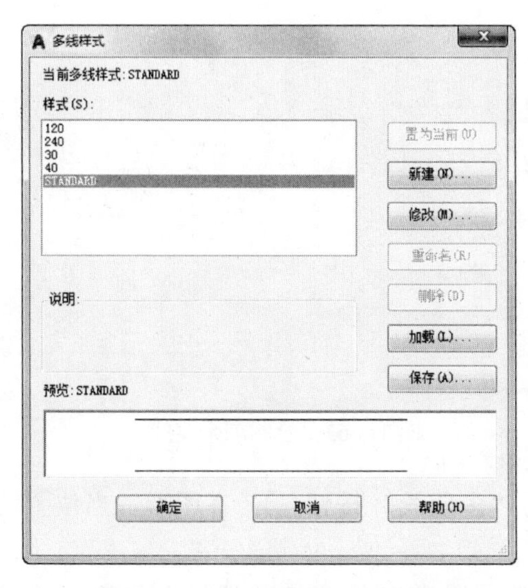

图 11-59　“多线样式”对话框

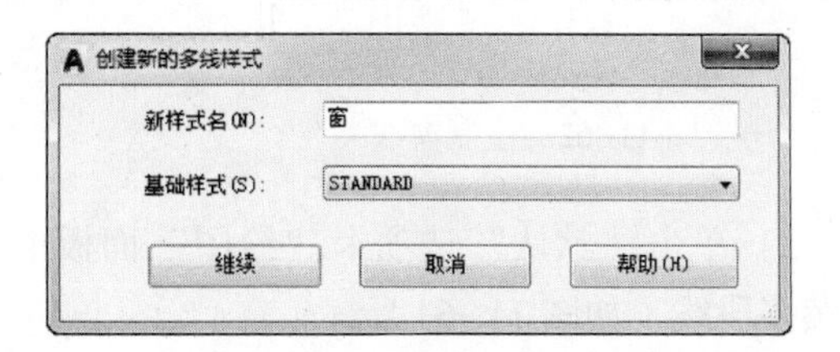

图 11-60　新建多线样式

3）窗户所在墙体宽度为 240 mm，将“偏移”分别修改为“120”和“-120”，“40”和“-40”，单击“确定”按钮，回到“多线样式”对话框中，单击“置为当前”按钮，将

图 11-61　编辑新建多线样式

创建的多线样式设为当前多线样式，单击“确定”按钮，回到绘图状态。

4）选择菜单栏中的“绘图”→“多线”命令，并以窗洞左侧竖直窗洞线的中点为多线起点，以右侧竖直窗洞线的中点为多线终点，完成窗线的绘制，如图 11-62 所示。

利用上述方法完成图形中剩余窗线的绘制，如图 11-63 所示。

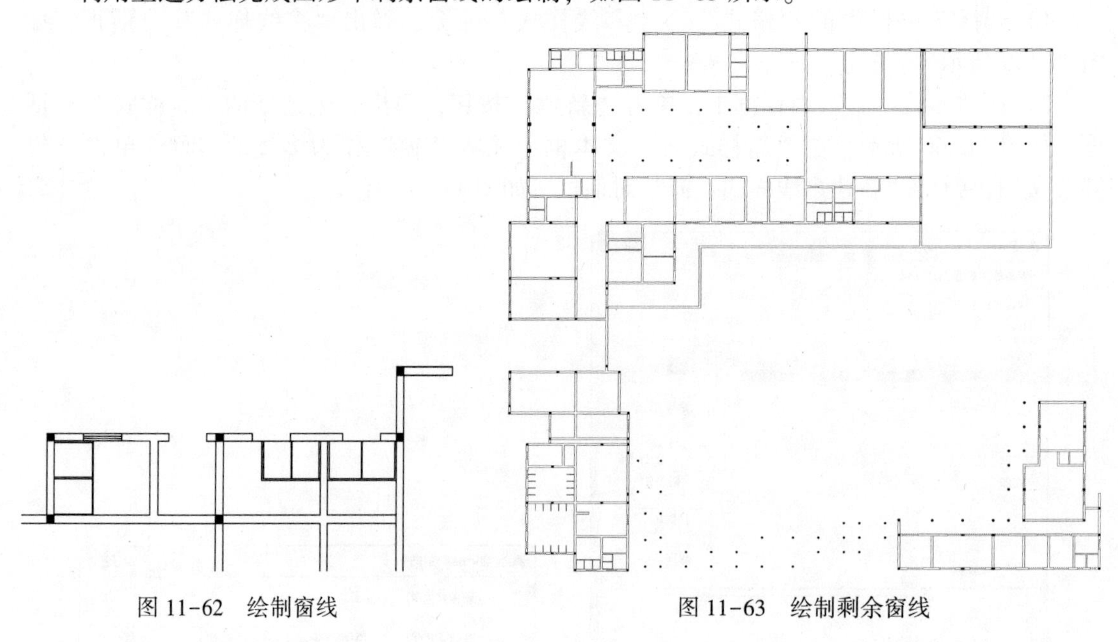

图 11-62　绘制窗线　　　图 11-63　绘制剩余窗线

5）单击“默认”选项卡“绘图”面板中的“多段线”按钮，在图形适当位置绘制连续多段线，如图 11-64 所示。

6）单击“默认”选项卡“修改”面板中的“偏移”按钮，选择上步绘制的连续多段线为偏移对象，将其向下偏移，偏移距离为 30 mm、40 mm 和 30 mm，如图 11-65 所示。

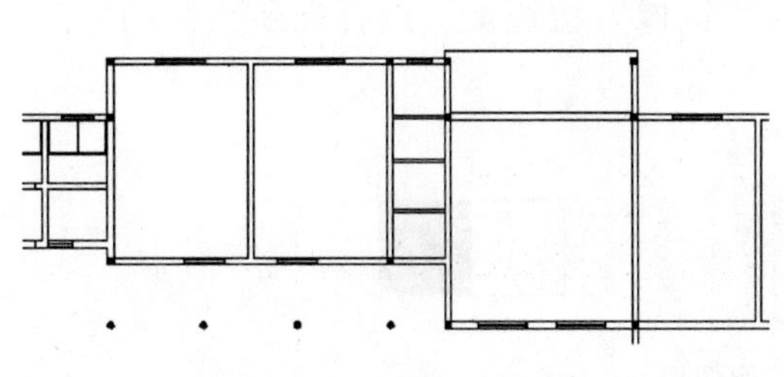

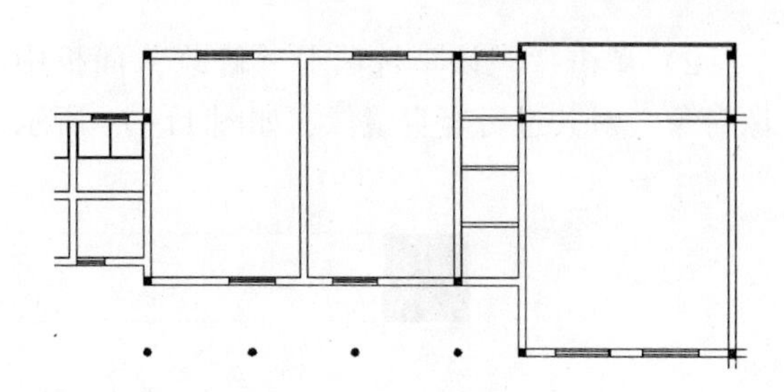

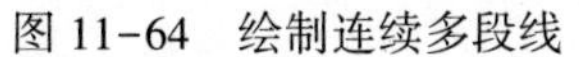

图 11-64 绘制连续多段线　　图 11-65 偏移多段线

4. 绘制门洞

1）单击“默认”选项卡“绘图”面板中的“直线”按钮，在图中合适的位置处绘制一条竖直直线，如图 11-66 所示。

2）单击“默认”选项卡“修改”面板中的“偏移”按钮，选择上步绘制的竖直直线为偏移对象，将其向右偏移，偏移距离为 900 mm，如图 11-67 所示。

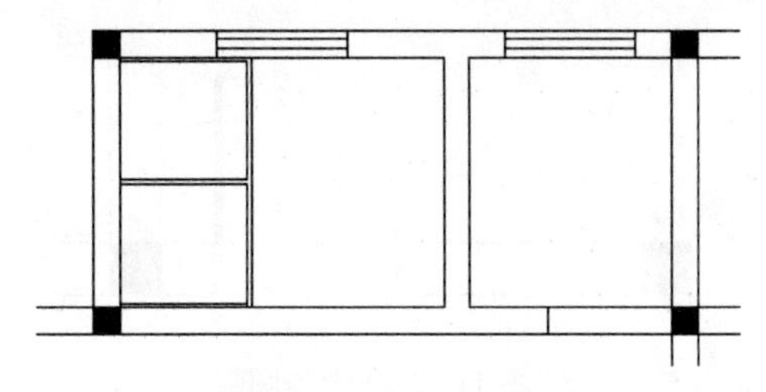

图 11-66 绘制直线

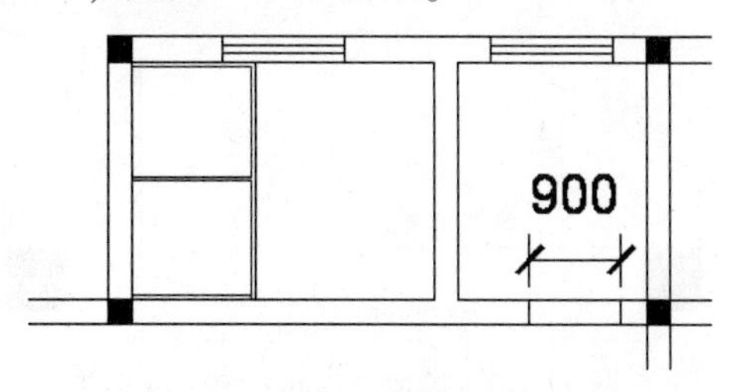

图 11-67 偏移直线

利用上述方法完成图形中剩余门洞的绘制，如图 11-68 所示。

3）单击“默认”选项卡“修改”面板中的“修剪”按钮，选择上步绘制门洞线间墙体为修剪对象，对其进行修剪处理，如图 11-69 所示。

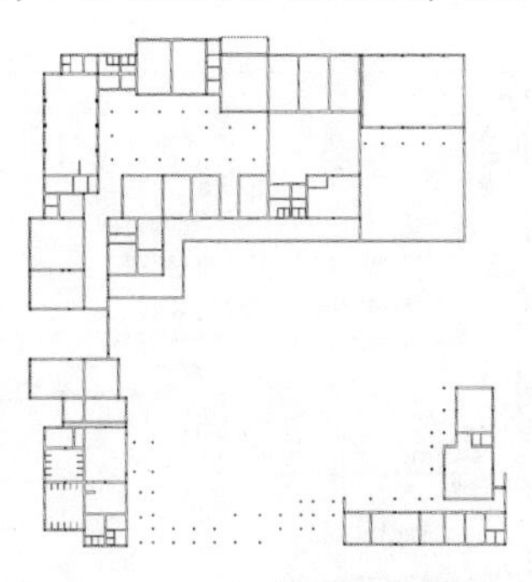

图 11-68 绘制门洞线

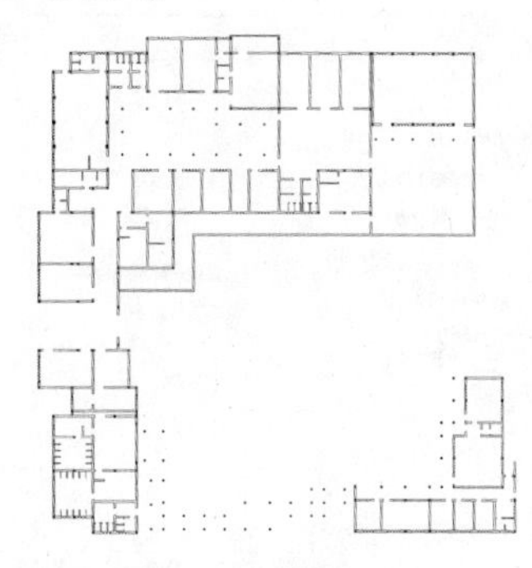

图 11-69 修剪门洞

5. 绘制单扇门

1）单击“默认”选项卡“绘图”面板中的“多段线”按钮，在图 11-70 所示的位置绘制连续多段线，如图 11-70 所示。

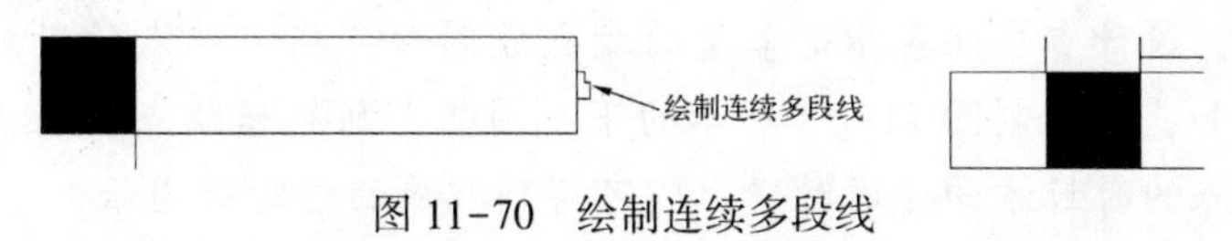

图 11-70 绘制连续多段线

2）单击“默认”选项卡“修改”面板中的“镜像”按钮，选择上步绘制图形为镜像对象，对其进行竖直镜像，如图 11-71 所示。

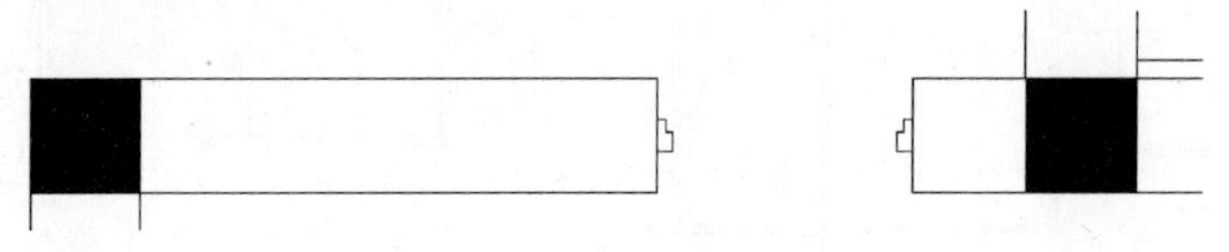

图 11-71　镜像图形

3）单击“默认”选项卡“绘图”面板中的“矩形”按钮，在上步镜像后的右侧图形上选择一点为矩形起点，绘制一个 23 mm×859 mm 的矩形，如图 11-72 所示。

4）单击“默认”选项卡“绘图”面板中的“圆弧”按钮，以“起点、端点、角度”方式绘制圆弧，以上步绘制矩形左上角点为圆弧起点，端点落在前面绘制的多段上，角度为 90°，如图 11-73 所示。

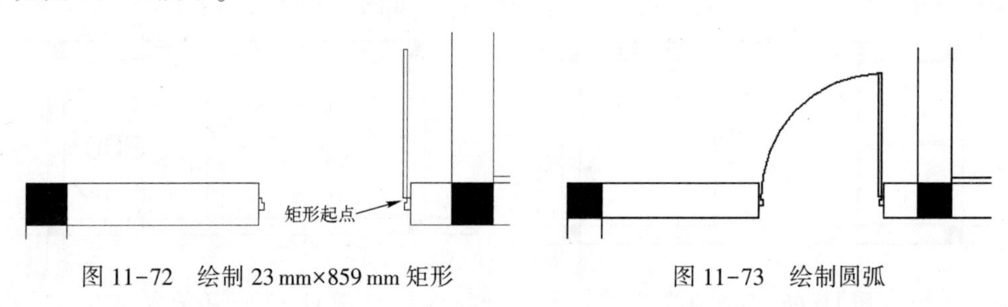

图 11-72　绘制 23 mm×859 mm 矩形　　　　图 11-73　绘制圆弧

5）单击“默认”选项卡“块”面板中的“创建”按钮，弹出“块定义”对话框，如图 11-74 所示。选择上步绘制的单扇门图形为定义对象，选择任意点为基点，将其定义为块，块名为“单扇门”，如图 11-75 所示。

图 11-74　“块定义”对话框

图 11-75　定义单扇门

注 意

绘制圆弧时，设计者应注意指定合适的端点或圆心，指定端点的时针方向即为绘制圆弧的方向。例如，要绘制图 11-73 所示的下半圆弧，则起始端点应在左侧，终端点应在右侧，此时端点的时针方向为逆时针，即可得到相应的逆时针圆弧。

6. 绘制双扇门

1）利用上述单扇门的绘制方法首先绘制出一个不同尺寸的单扇门图形，如图 11-76 所示。

2）单击“默认”选项卡“修改”面板中的“镜像”按钮，选取上步绘制的单扇门图形为镜像对象，选择垂直上下两点为镜像点对图形进行镜像，完成双扇门的绘制，效果如图 11-77 所示。

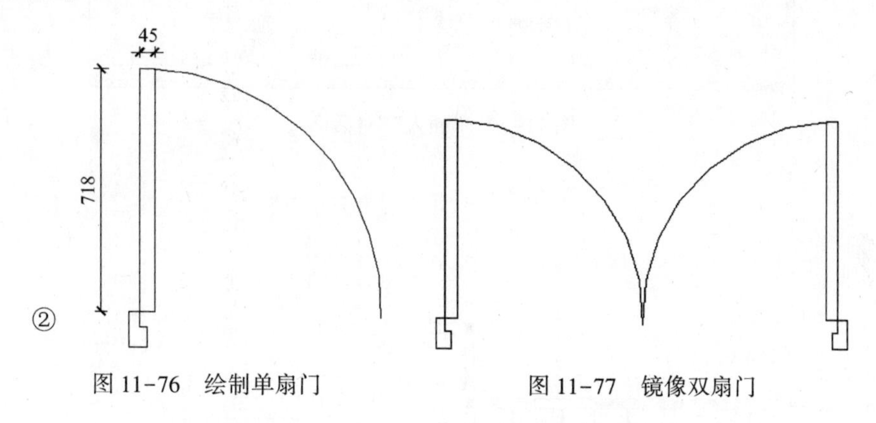

图 11-76　绘制单扇门　　　　图 11-77　镜像双扇门

3）单击“默认”选项卡“块”面板中的“创建”按钮，弹出“块定义”对话框，选择上步绘制的双扇门图形为定义对象，选择任意点为基点，将其定义为块，块名为“双扇门”，如图 11-78 所示。

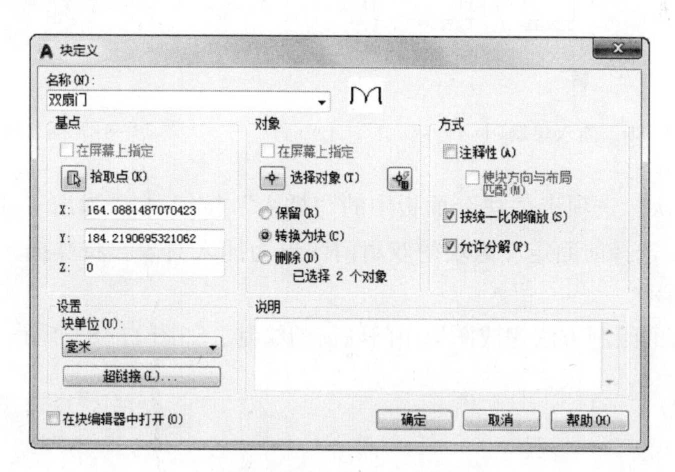

图 11-78　定义双扇门

4）单击“默认”选项卡“块”面板中的“插入”按钮，弹出“插入”对话框，如图 11-79 所示。单击“浏览”按钮，选择前面定义为块的单扇门图形为插入对象，将其插入到门洞处，如图 11-80 所示。

利用上述方法完成图形中所有单扇门的插入，如门洞大小不同，可结合“默认”选项卡“修改”面板中的“缩放”按钮，通过比例调整门的大小。效果如图 11-81 所示。

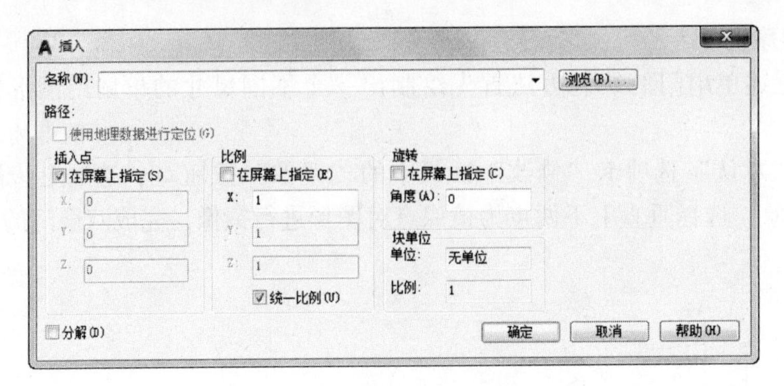

图 11-79　“插入”对话框

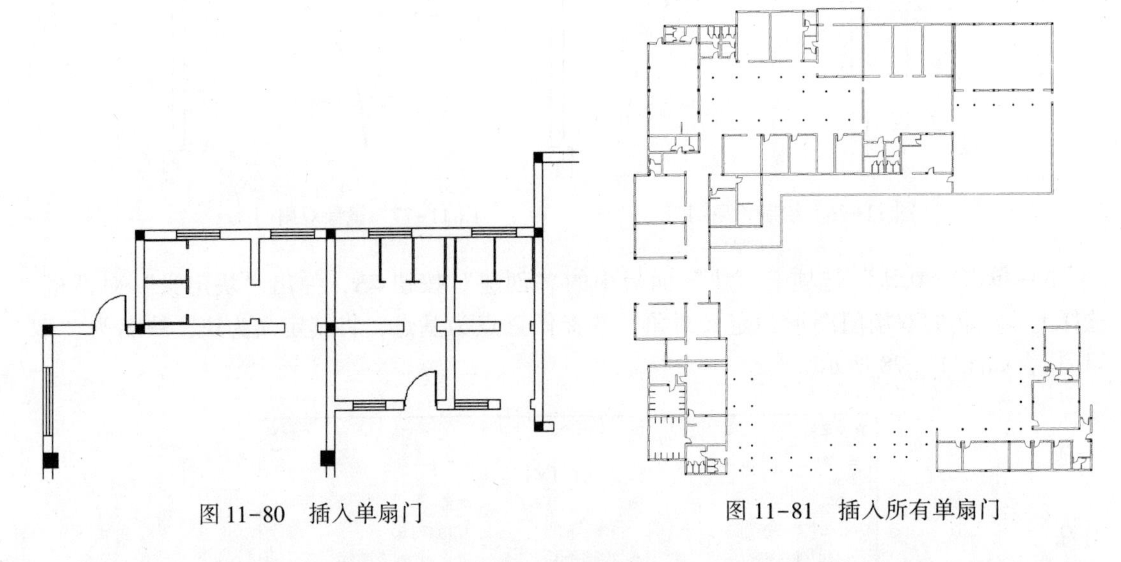

图 11-80　插入单扇门　　　　图 11-81　插入所有单扇门

5）单击“默认”选项卡“块”面板中的“插入”按钮，弹出“插入”对话框，单击“浏览”按钮，选择前面定义为块的双扇门图形为插入对象，将其插入到双扇门的门洞处，如图 11-82 所示。

结合上述门窗的绘制方法完成图形中门联窗的绘制，如图 11-83 所示。

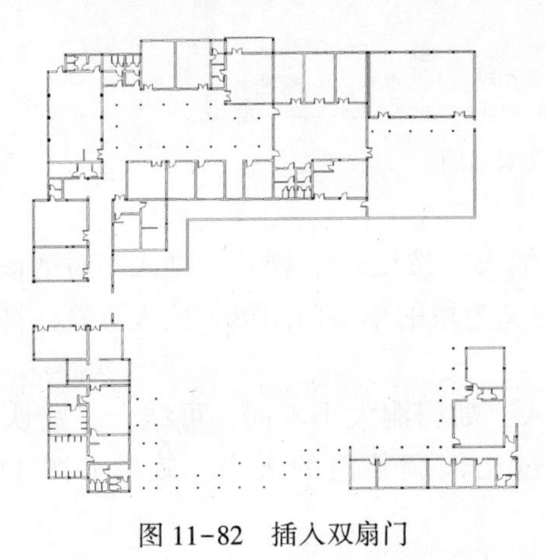

图 11-82　插入双扇门

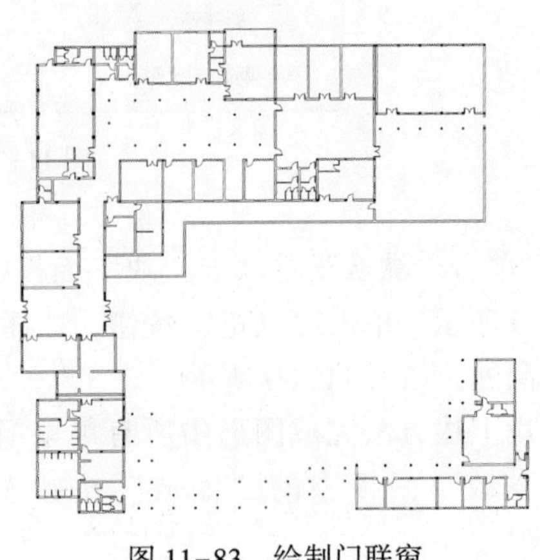

图 11-83　绘制门联窗

7. 玻璃幕墙的绘制

单击“默认”选项卡“绘图”面板中的“直线”按钮╱，在图 11-84 所示的位置绘制一条水平直线，再单击“默认”选项卡“修改”面板中的“偏移”按钮，选择上步绘制的水平直线为偏移对象，向上进行偏移，偏移距离分别为 65 mm、65 mm 和 65 mm，如图 11-85 所示。

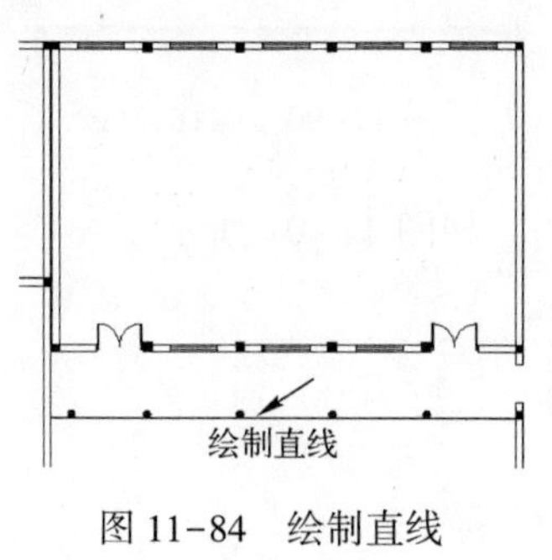

图 11-84　绘制直线

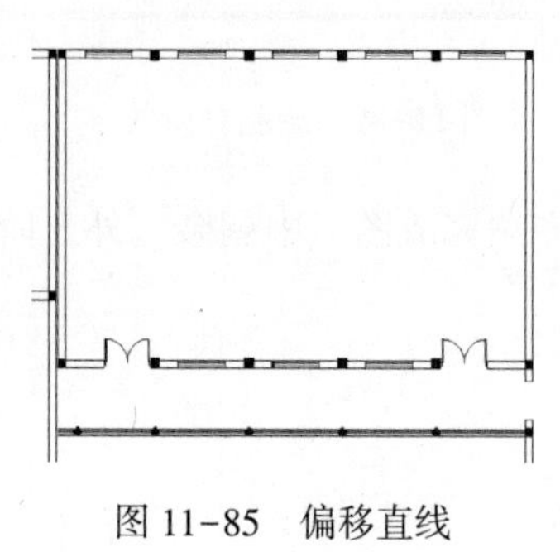

图 11-85　偏移直线

11.2.6 绘制台阶

1）在“图层”工具栏的下拉列表中，将“台阶”图层设置为当前层，如图 11-86 所示。

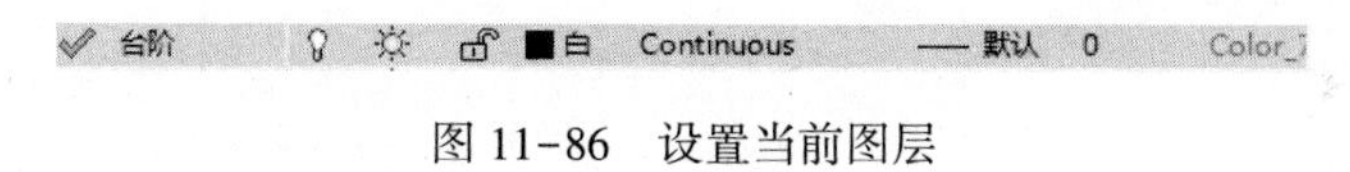

图 11-86　设置当前图层

2）单击“默认”选项卡“绘图”面板中的“矩形”按钮，在图 11-87 所示的位置绘制一个 1520 mm×237 mm 的矩形，如图 11-87 所示。

3）单击“默认”选项卡“修改”面板中的“复制”按钮，选择上步绘制的矩形为复制对象，将其向下进行复制，如图 11-88 所示。

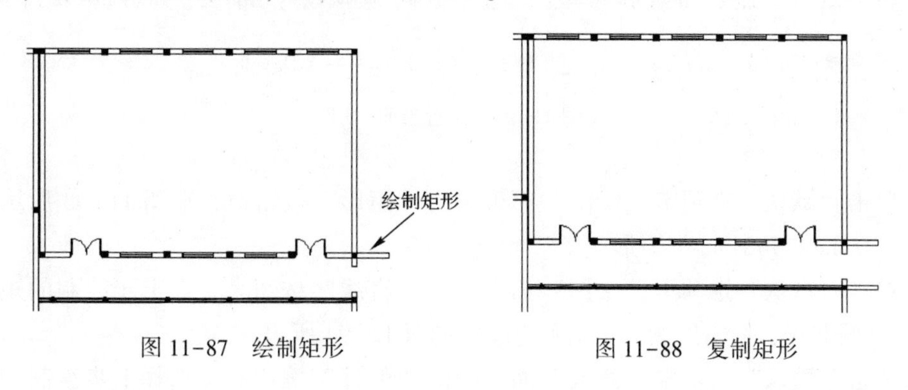

图 11-87　绘制矩形

图 11-88　复制矩形

4）单击“默认”选项卡“绘图”面板中的“直线”按钮╱，绘制台阶线，如图 11-89 所示。

5）单击“默认”选项卡“修改”面板中的“偏移”按钮，选择上步绘制的竖直直线为偏移对象，将其向左进行偏移，偏移距离分别为 300 mm 和 300 mm，如图 11-90 所示。

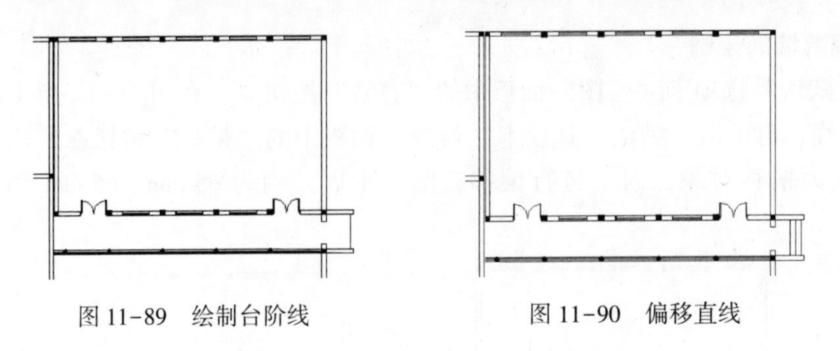

图 11-89 绘制台阶线　　　　图 11-90 偏移直线

利用上述方法完成图形中剩余室外台阶的绘制，如图 11-91 所示。

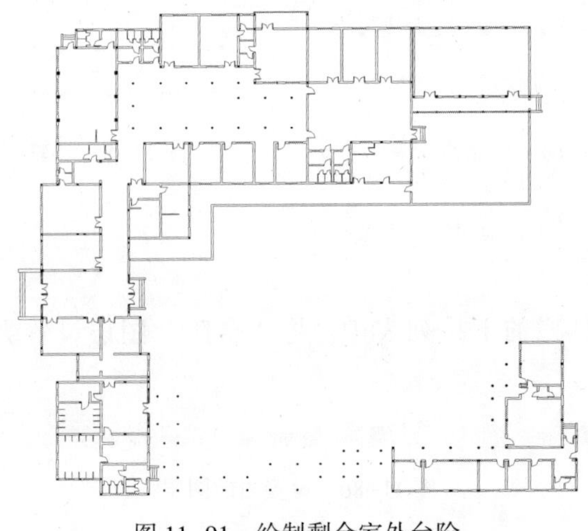

图 11-91 绘制剩余室外台阶

11.2.7 绘制楼梯

1）在“图层”工具栏的下拉列表中，将“楼梯”图层设为当前层，如图 11-92 所示。

图 11-92 设置当前图层

2）单击“默认”选项卡“绘图”面板中的“矩形”按钮，在图 11-93 所示的位置绘制一个 60 mm×1740 mm 的矩形。

3）单击“默认”选项卡“绘图”面板中的“直线”按钮，在上步绘制的矩形上选择一点为直线起点，向右绘制一条水平直线，如图 11-94 所示。

4）单击“默认”选项卡“修改”面板中的“偏移”按钮，选择上步绘制的水平直线为偏移对象，向下进行偏移，偏移距离为 280 mm、280 mm、280 mm、280 mm、280 mm 和 280 mm，如图 11-95 所示。

5）单击“默认”选项卡“绘图”面板中的“直线”按钮，在上步绘制的楼梯梯段线上绘制一条斜向直线，如图 11-96 所示。

6）单击“默认”选项卡“修改”面板中的“修剪”按钮，选择上步绘制的斜向直线外的踢断线为修剪对象，对其进行修剪处理，如图 11-97 所示。

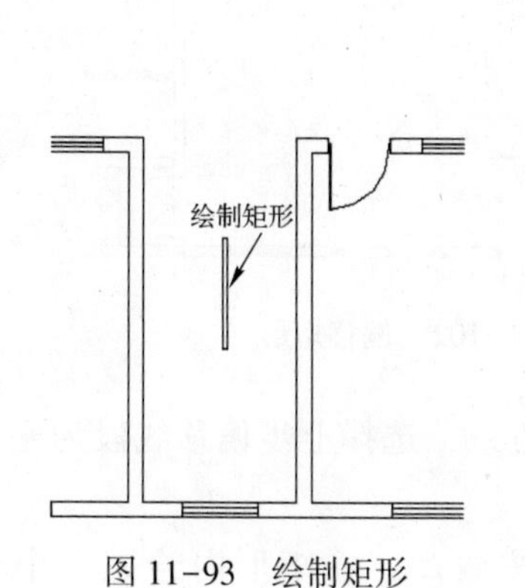

图 11-93　绘制矩形

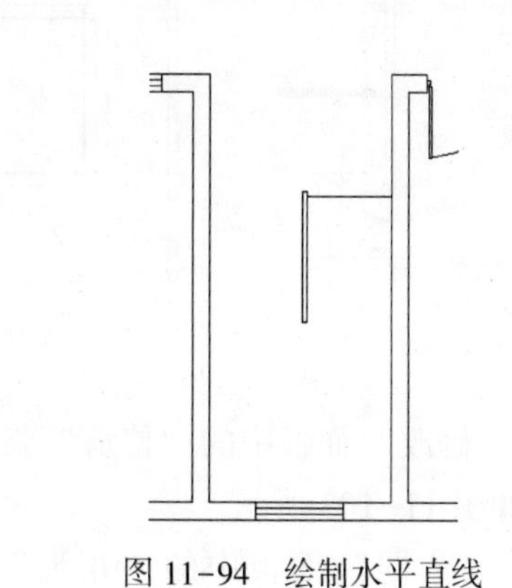

图 11-94　绘制水平直线

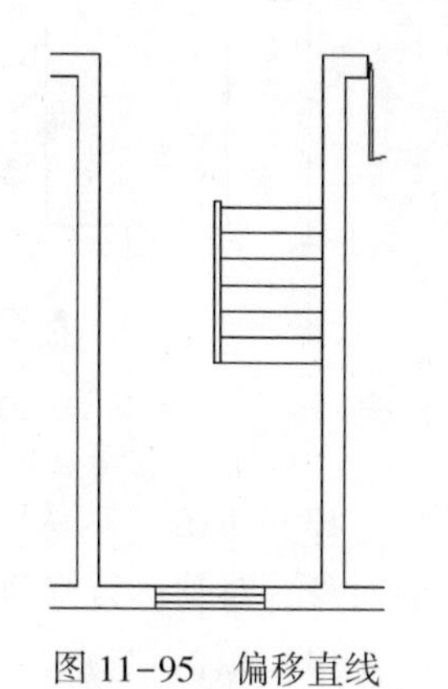

图 11-95　偏移直线

7）单击“默认”选项卡“绘图”面板中的“直线”按钮，在绘制的斜向直线上绘制楼梯折弯线，如图 11-98 所示。

8）单击“默认”选项卡“修改”面板中的“修剪”按钮，选择上步绘制的折弯线间的多余踢断线为修剪对象，对其进行修剪处理，如图 11-99 所示。

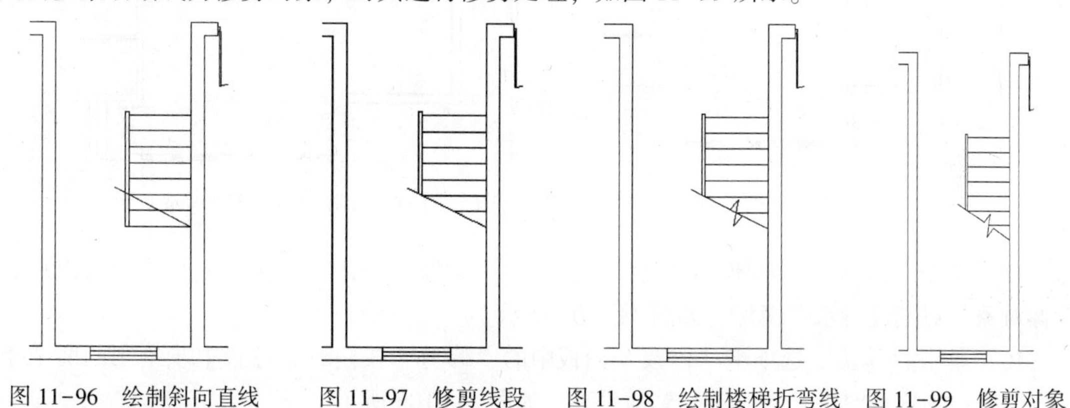

图 11-96　绘制斜向直线　图 11-97　修剪线段　图 11-98　绘制楼梯折弯线　图 11-99　修剪对象

9）单击“默认”选项卡“绘图”面板中的“多段线”按钮，指定起点宽度和端点宽度，在上步绘制的楼梯上绘制楼梯指引箭头，如图 11-100 所示。

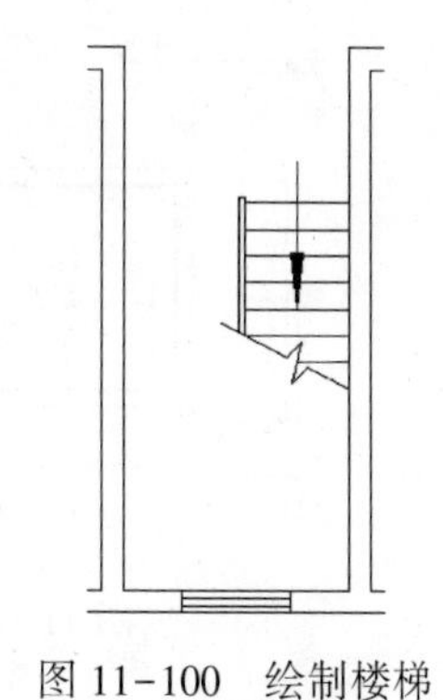

图 11-100　绘制楼梯指引箭头

10）单击“默认”选项卡“绘图”面板中的“矩形”按钮，在图 11-101 所示的位置绘制一个 4058 mm×4500 mm 的矩形，如图 11-101 所示。

11）单击“默认”选项卡“修改”面板中的“分解”按钮，选择上步的绘制矩形为分解对象，按〈Enter〉键确认后，对其进行分解，使上步绘制矩形分解成为 4 条独立边。

12）单击“默认”选项卡“修改”面板中的“偏移”按钮，选择分解矩形的左侧竖直边及上下水平边为偏移对象，分别向内进行偏移，偏移距离均为 300 mm 和 50 mm，如图 11-102 所示。

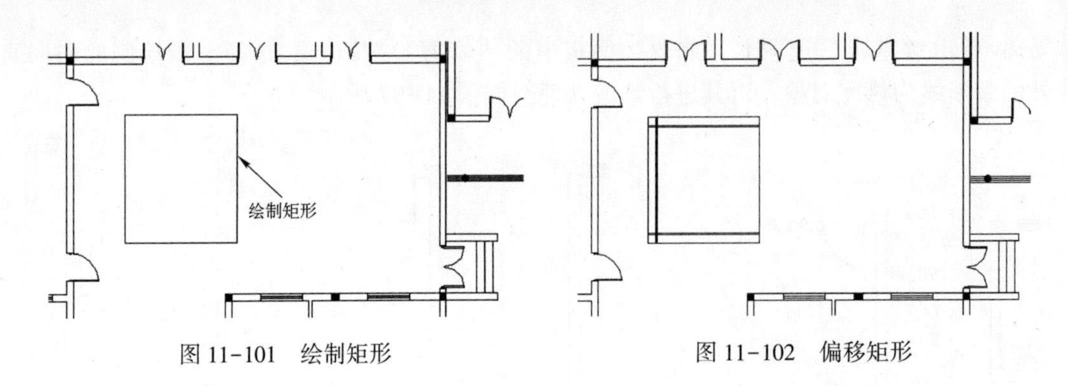

图 11-101 绘制矩形 图 11-102 偏移矩形

13）单击“默认”选项卡“修改”面板中的“修剪”按钮，选择上步偏移线段为修剪对象，对其进行修剪处理，如图 11-103 所示。

14）单击“默认”选项卡“绘图”面板中的“矩形”按钮，在矩形内绘制一个 237 mm×790 mm 的矩形，如图 11-104 所示。

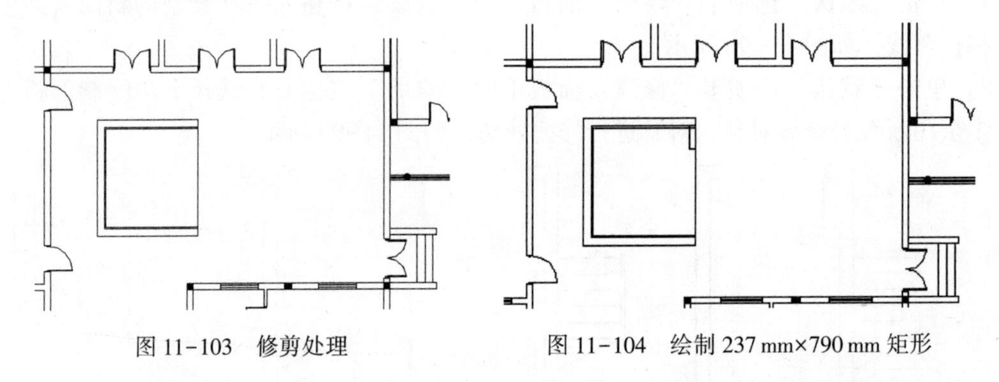

图 11-103 修剪处理 图 11-104 绘制 237 mm×790 mm 矩形

15）单击“默认”选项卡“修改”面板中的“镜像”按钮，选择上步绘制的矩形为镜像对象，对其进行水平镜像，如图 11-105 所示。

16）单击“默认”选项卡“修改”面板中的“修剪”按钮，选择上步绘制的两个矩形内的线段为修剪对象，对其进行修剪处理，如图 11-106 所示。

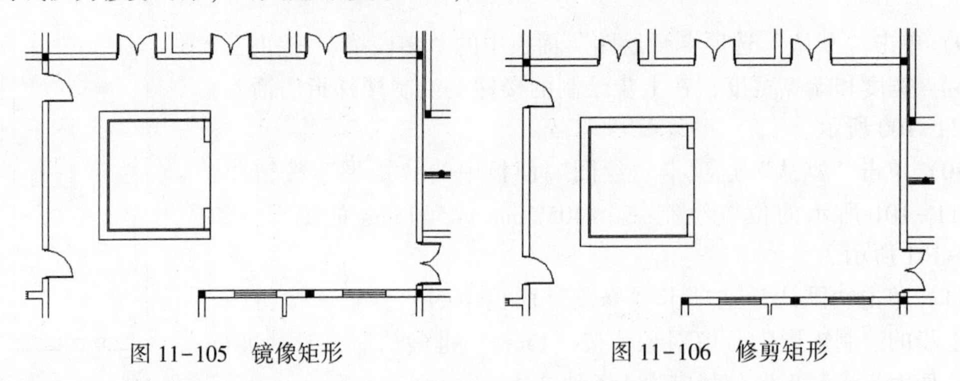

图 11-105 镜像矩形 图 11-106 修剪矩形

17）单击“默认”选项卡“绘图”面板中的“直线”按钮，在矩形右侧竖直边上选取一点为直线起点，向右绘制一条水平直线，如图 11-107 所示。

18）单击“默认”选项卡“修改”面板中的“偏移”按钮，选择上步绘制的水平直线为偏移对象，向下进行偏移，偏移距离分别为 300 mm 和 300 mm，如图 11-108 所示。

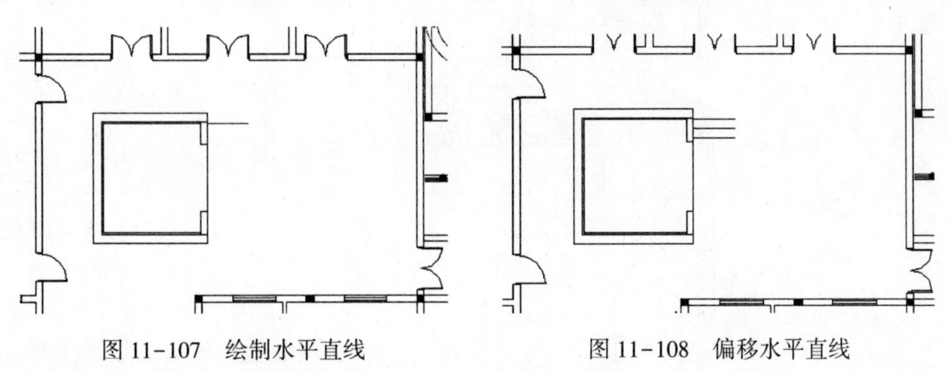

图 11-107 绘制水平直线　　图 11-108 偏移水平直线

19）单击“默认”选项卡“修改”面板中的“镜像”按钮，选择上步偏移后的线段为镜像对象，对其进行水平镜像，如图 11-109 所示。

20）单击“默认”选项卡“修改”面板中的“镜像”按钮，选择左侧修剪后图形为镜像对象，对其进行竖直镜像，如图 11-110 所示。

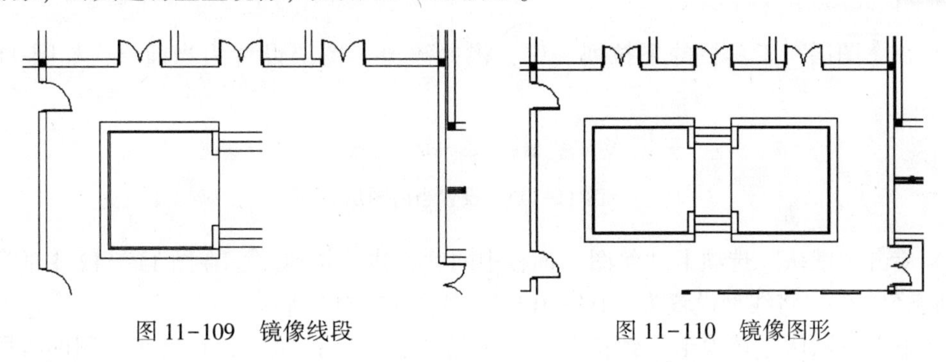

图 11-109 镜像线段　　图 11-110 镜像图形

21）单击“默认”选项卡“修改”面板中的“复制”按钮，选择已有的半径为 63 mm 的圆形柱子为复制对象，对其进行连续复制，如图 11-111 所示。

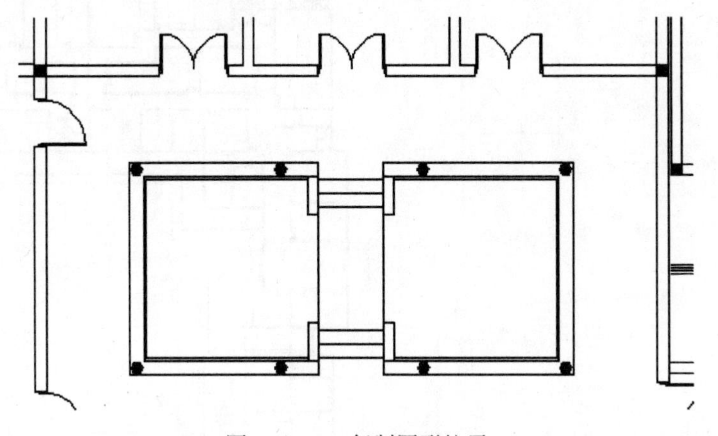

图 11-111 复制圆形柱子

利用上述方法完成剩余相同图形的绘制，如图 11-112 所示。

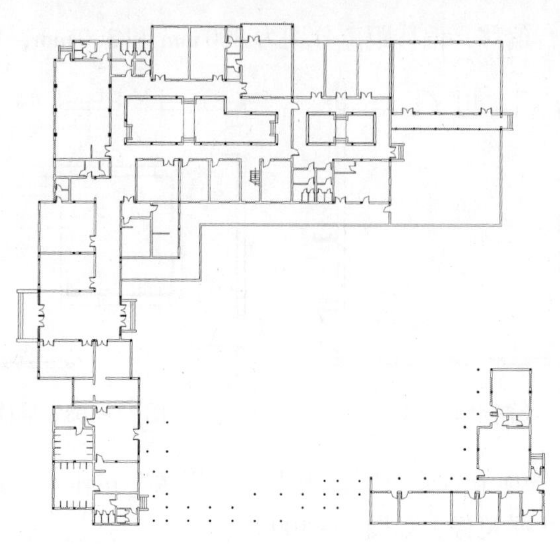

图 11-112 绘制剩余图形

11.2.8 绘制室外布置

1）在“图层”工具栏的下拉列表中，将“泳池”图层设置为当前层，如图 11-113 所示。

泳池 白 Continu... —— 默认 0 Color_7

图 11-113 设置当前图层

2）单击“默认”选项卡“绘图”面板中的“直线”按钮╱，在图 11-112 中的适当位置绘制连续直线，将线型设置为“DASHED”，如图 11-114 所示。

3）单击“默认”选项卡“绘图”面板中的“直线”按钮╱，在上步绘制的线段内绘制对角线，如图 11-115 所示。

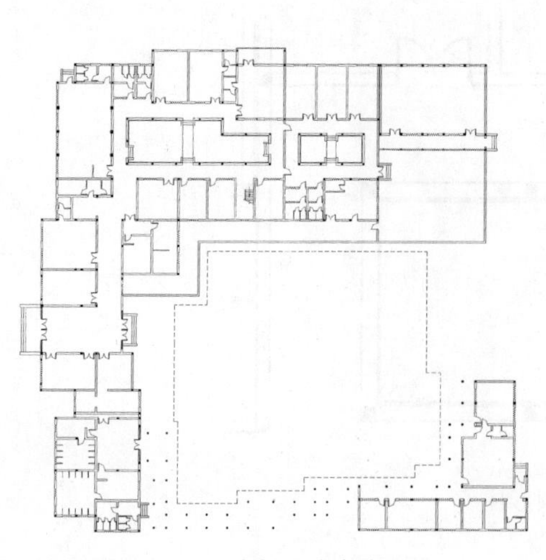

图 11-114 绘制连续直线（一）

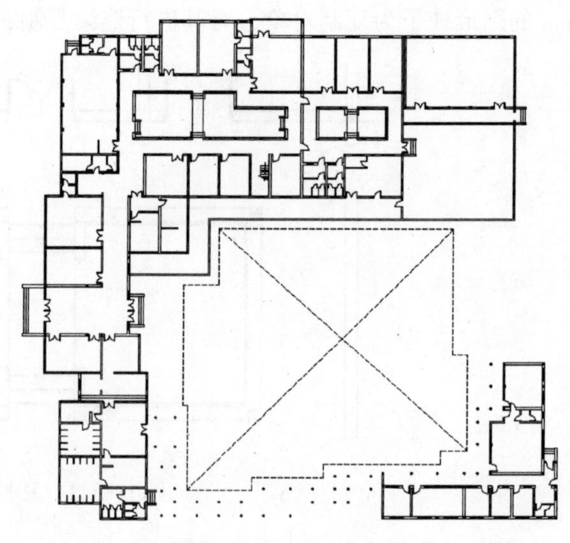

图 11-115 绘制对角线

4）单击“默认”选项卡“绘图”面板中的“圆”按钮，在图11-116所示的位置绘制一个半径为3867 mm的圆，如图11-116所示。

5）单击“默认”选项卡“修改”面板中的“偏移”按钮，选择上步绘制的圆为偏移对象，将其向外进行偏移，偏移距离分别为60 mm、200 mm和60 mm，如图11-117所示。

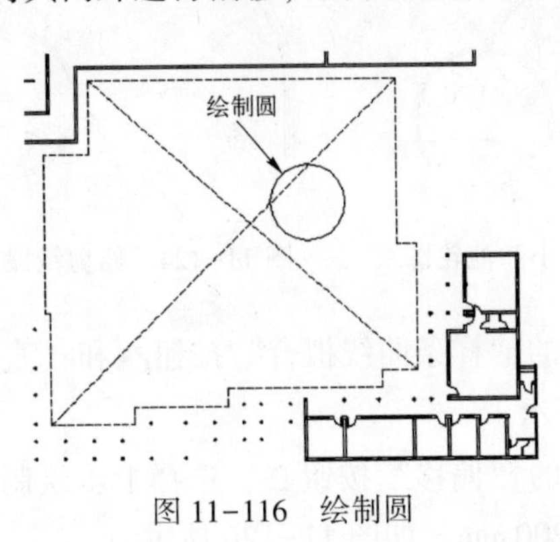

图11-116 绘制圆

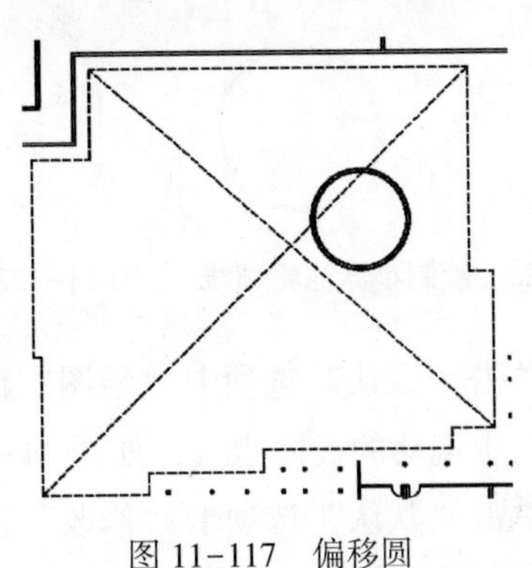

图11-117 偏移圆

6）单击“默认”选项卡“绘图”面板中的“圆弧”按钮，在上步绘制的圆图形内绘制一段适当半径的圆弧，如图11-118所示。

7）单击“默认”选项卡“修改”面板中的“修剪”按钮，选择上步绘制的圆弧的下半部分线段为修剪对象，对其进行修剪处理，如图11-119所示。

8）单击“默认”选项卡“绘图”面板中的“直线”按钮，在图11-120所示的位置绘制两段斜向直线。

9）单击“默认”选项卡“修改”面板中的“修剪”按钮，选择上步绘制的直线外线段为修剪对象，对其进行修剪处理，如图11-121所示。

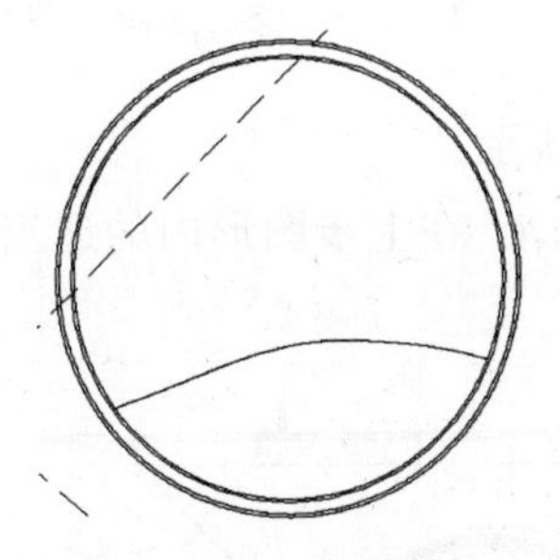

图11-118 绘制圆弧

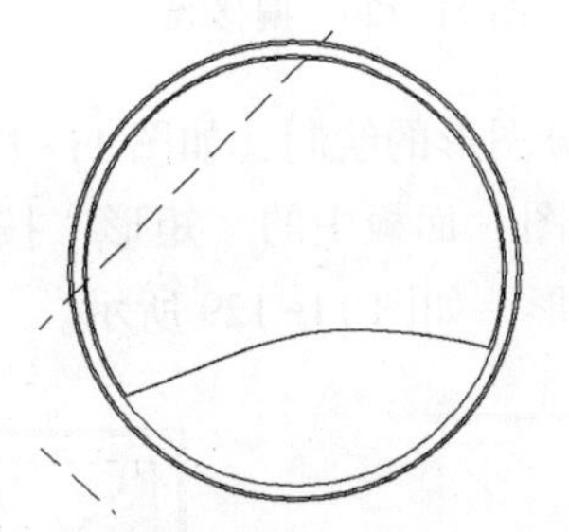

图11-119 修剪图形

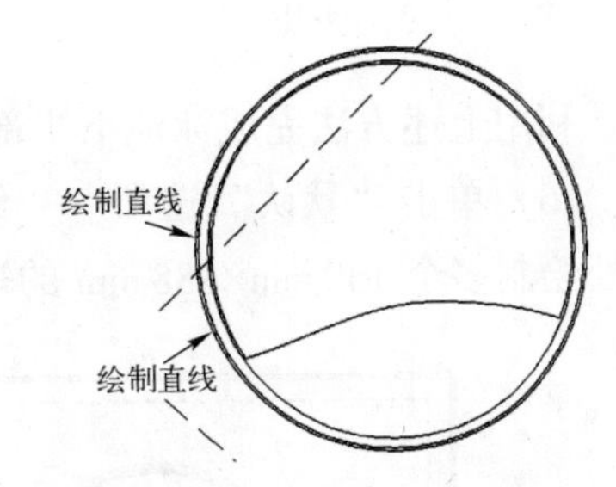

图11-120 绘制两段斜向直线

10）单击“默认”选项卡“绘图”面板中的“直线”按钮和“圆弧”按钮，在上步图形的外侧绘制小泳池轮廓线，如图11-122所示。

11）单击“默认”选项卡“修改”面板中的“偏移”按钮，选择上步绘制的小泳池轮廓线为偏移对象，将其向内进行偏移，偏移距离分别为250 mm、200 mm和50 mm，如图11-123所示。

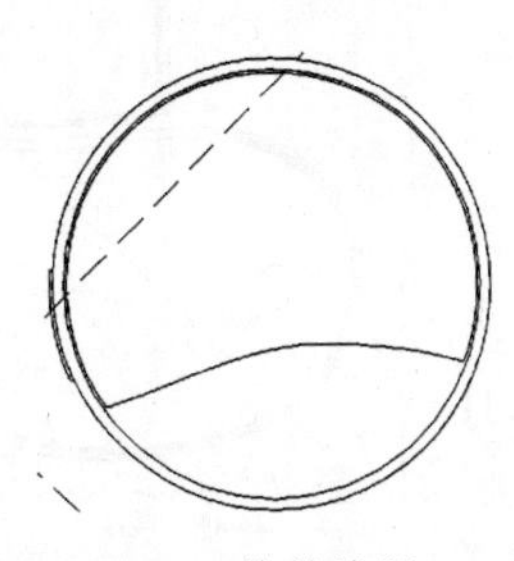

图11-121 修剪线段（一）

12）单击“默认”选项卡“修改”面板中的“修剪”按钮，选择上步偏移的线段为修剪线段，对其进行修剪处理，如图 11-124 所示。

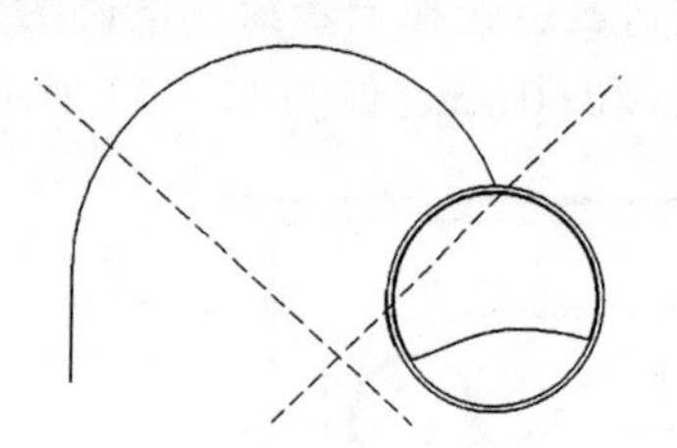
图 11-122 绘制小泳池轮廓线

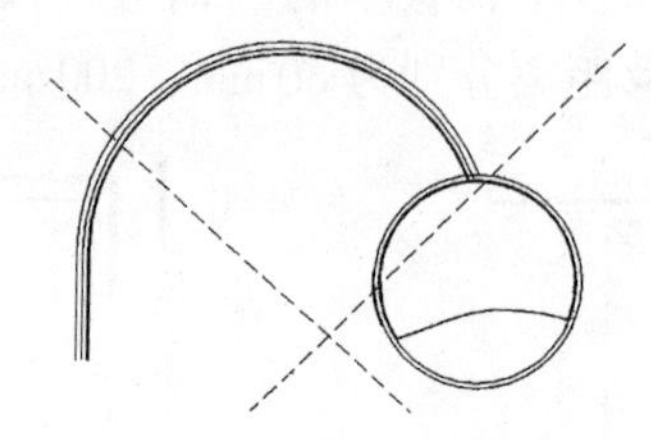
图 11-123 偏移小泳池轮廓线

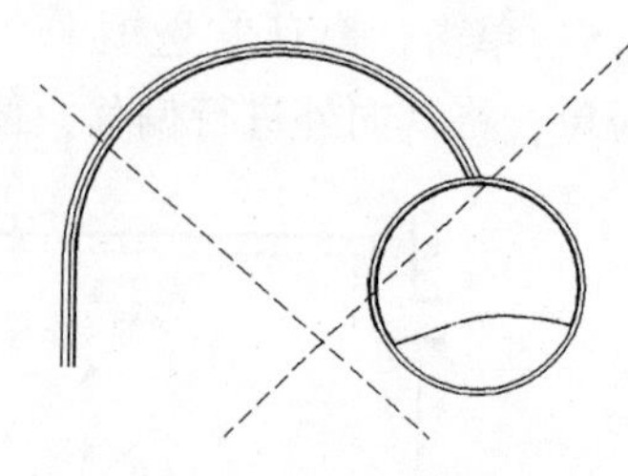
图 11-124 修剪线段（二）

13）单击“默认”选项卡“绘图”面板中的“样条曲线拟合”按钮和“直线”按钮，封闭上步偏移的线段边线，如图 11-125 所示。

14）单击“默认”选项卡“修改”面板中的“偏移”按钮，选择上步绘制的线段为偏移对象向上进行偏移，偏移距离为 50 mm 和 200 mm，如图 11-126 所示。

15）单击“默认”选项卡“修改”面板中的“修剪”按钮，选择上步偏移的线段为修剪对象，对其进行修剪处理，如图 11-127 所示。

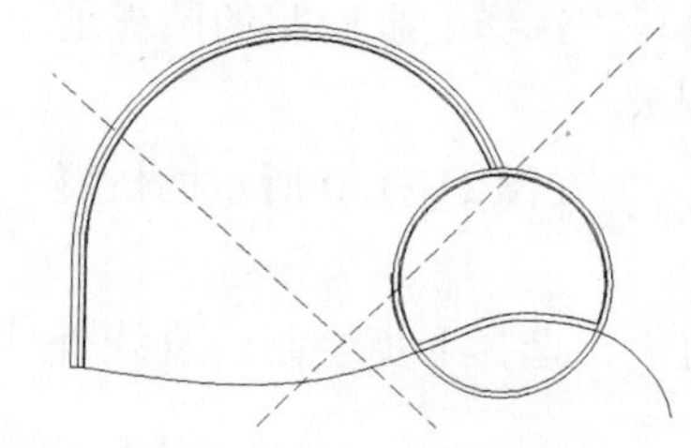
图 11-125 封闭线段

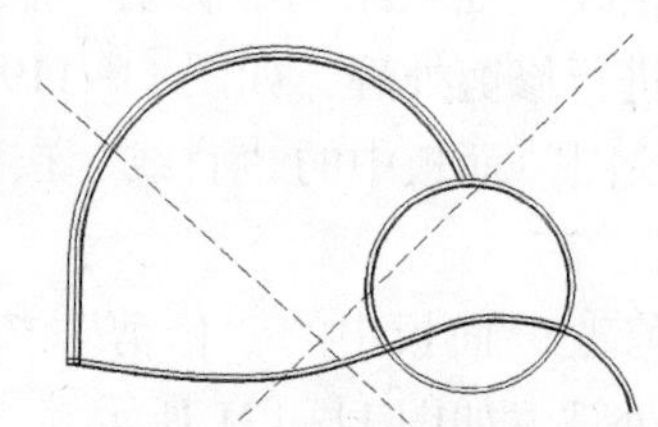
图 11-126 偏移线段

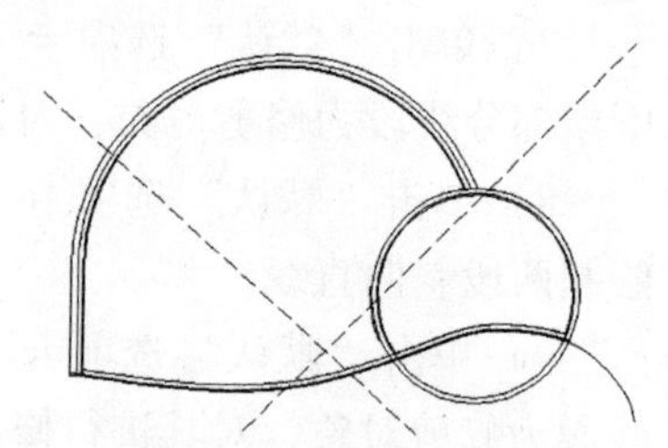
图 11-127 修剪线段（三）

利用上述方法完成泳池下半部分图形的绘制，如图 11-128 所示。

16）单击“默认”选项卡“绘图”面板中的“矩形”按钮，在上步图形内的适当位置处绘制多个 130 mm×888 mm 的矩形，如图 11-129 所示。

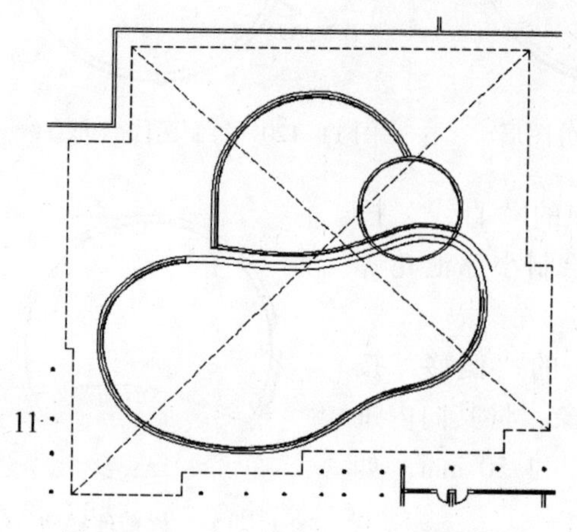

图 11-128 完成下半部分的图形绘制

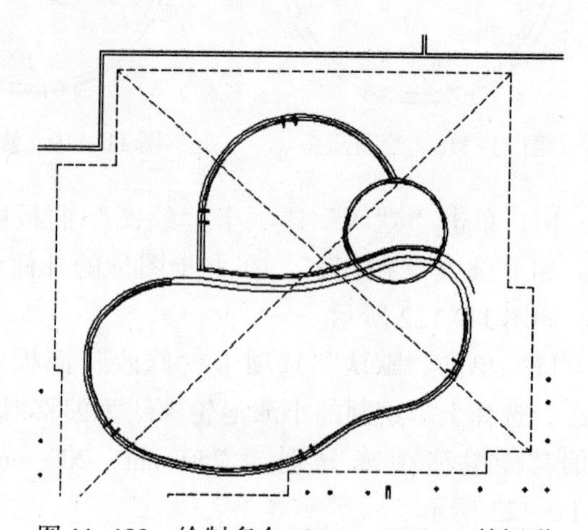
图 11-129 绘制多个 130 mm×888 mm 的矩形

17）单击“默认”选项卡“修改”面板中的“修剪”按钮，选择部分矩形内线段为修剪对象，对其进行修剪处理，如图 11-130 所示。

18）单击“默认”选项卡“绘图”面板中的“矩形”按钮，在上步绘制图形内的适当位置绘制两个 600 mm×600 mm 的矩形，如图 11-131 所示。

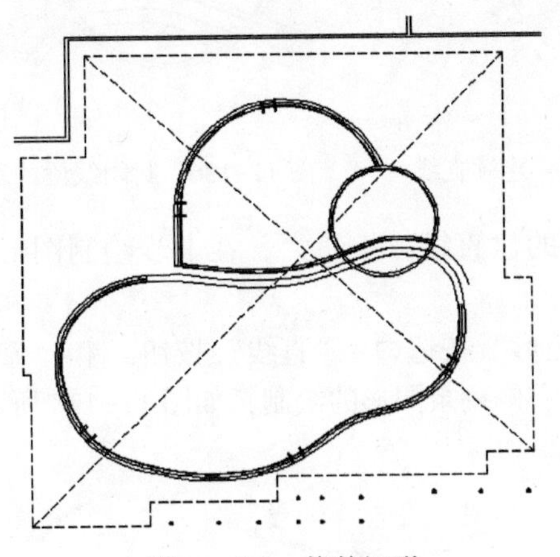

图 11-130 修剪矩形

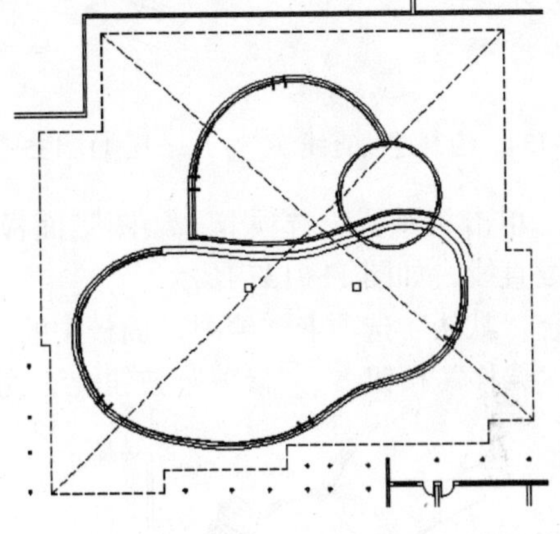

图 11-131 绘制两个 600 mm×600 mm 的矩形

19）单击“默认”选项卡“绘图”面板中的“直线”按钮，在图 11-132 所示的位置绘制连续直线，如图 11-132 所示。

20）单击“默认”选项卡“绘图”面板中的“直线”按钮，在上步绘制图形内的适当位置绘制多条斜向直线，如图 11-133 所示。

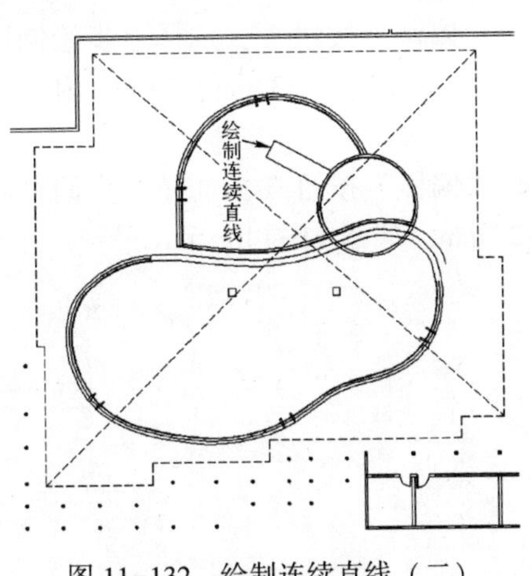

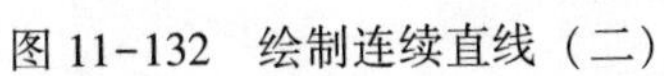

图 11-132 绘制连续直线（二）

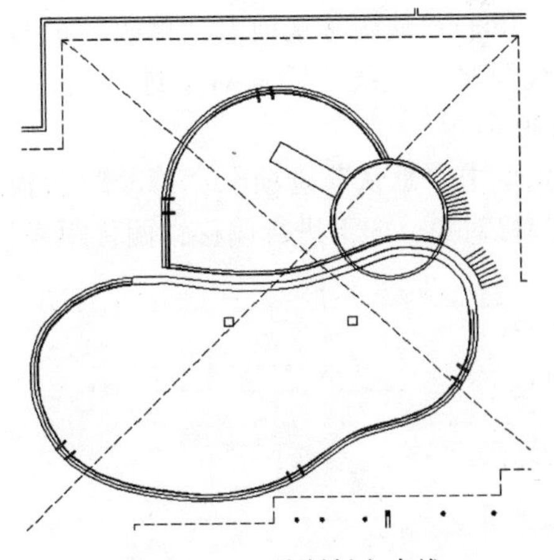

图 11-133 绘制斜向直线

21）单击“默认”选项卡“绘图”面板中的“直线”按钮，在上步绘制图形的外侧绘制连续直线，如图 11-134 所示。

22）单击“默认”选项卡“修改”面板中的“偏移”按钮，选择上步绘制的连续直线为偏移对象，向外进行偏移，偏移距离为 150 mm，如图 11-135 所示。

23）单击“默认”选项卡“绘图”面板中的“直线”按钮，封闭上步偏移线段的端口，如图 11-136 所示。

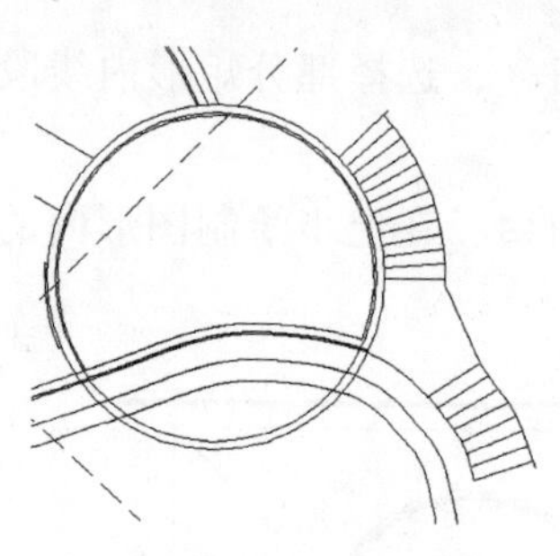

图 11-134 绘制连续直线（三）

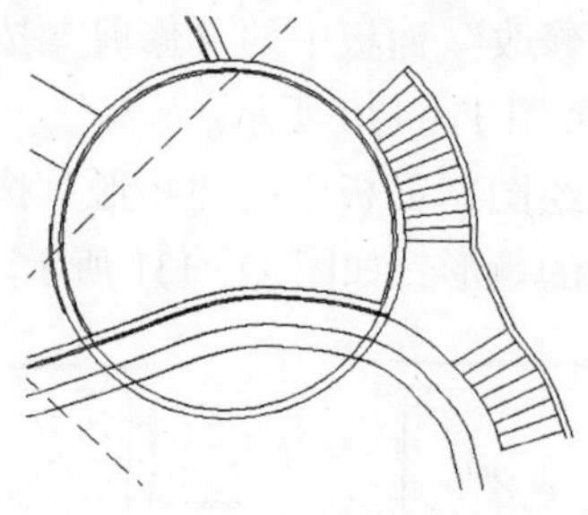

图 11-135 偏移连续直线

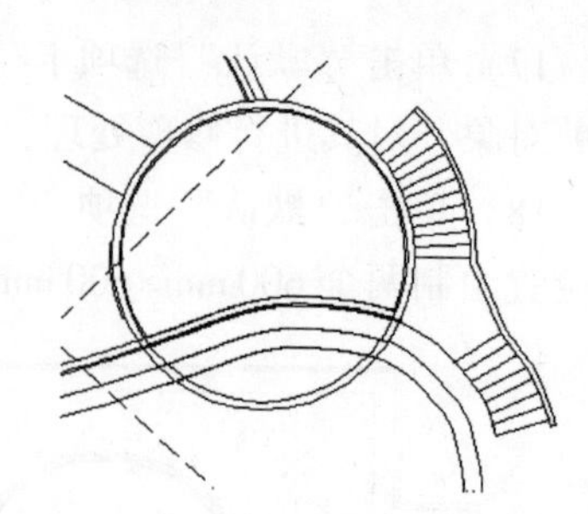

图 11-136 封闭线段的端口

24）单击“默认”选项卡“绘图”面板中的“直线”按钮，在上步绘制图形的右侧绘制连续直线，如图 11-137 所示。

结合“默认”选项卡“绘图”面板中的“矩形”按钮、“直线”按钮和“修改”面板中的“偏移”按钮、“修剪”按钮，完成右侧剩余图形的绘制，如图 11-138 所示。

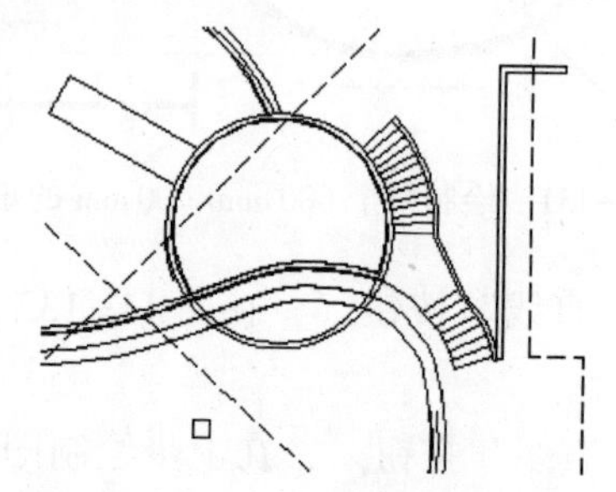

图 11-137 绘制连续直线（四）

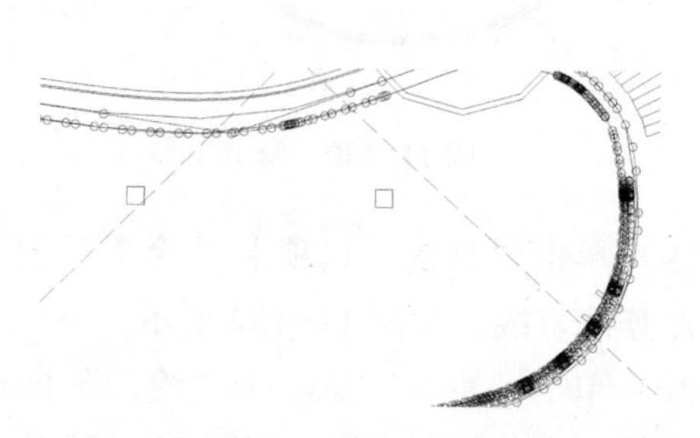

图 11-138 绘制剩余图形

25）单击“默认”选项卡“修改”面板中的“偏移”按钮，选择上步绘制图形内的水平直线及竖直直线为偏移对象进行偏移，偏移距离分别为 33 mm、33 mm 和 33 mm，如图 11-139 所示。

26）单击“默认”选项卡“修改”面板中的“偏移”按钮，选择上步偏移后的部分线段为偏移对象，向下进行偏移，偏移距离为 420 mm，如图 11-140 所示。

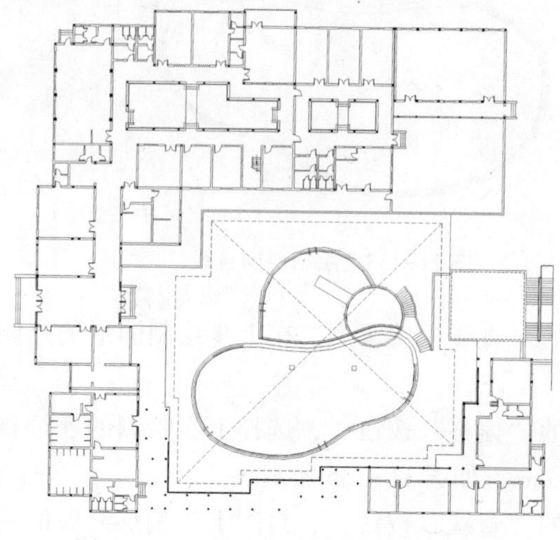

图 11-139 偏移水平直线及竖直直线

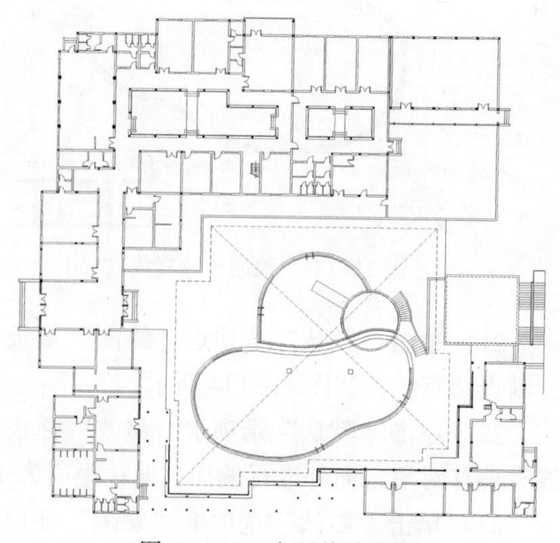

图 11-140 向下偏移线段

利用上述方法完成相同图形的绘制，如图 11-141 所示。

27）单击“默认”选项卡“绘图”面板中的“直线”按钮，封闭偏移线段端口，如图 11-142 所示。

28）单击“默认”选项卡“绘图”面板中的“直线”按钮，在图 11-143 所示的位置绘制一条水平直线，如图 11-143 所示。

29）单击“默认”选项卡“修改”面板中的“偏移”按钮，选择上步绘制的水平直线为偏移线段，将其进行偏移，偏移距离分别为 300 mm、300 mm、300 mm、300 mm 和 300 mm，如图 11-144 所示。

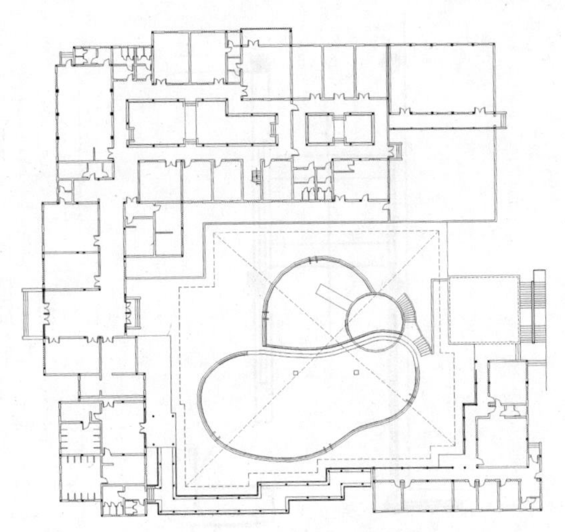

图 11-141　绘制相同图形

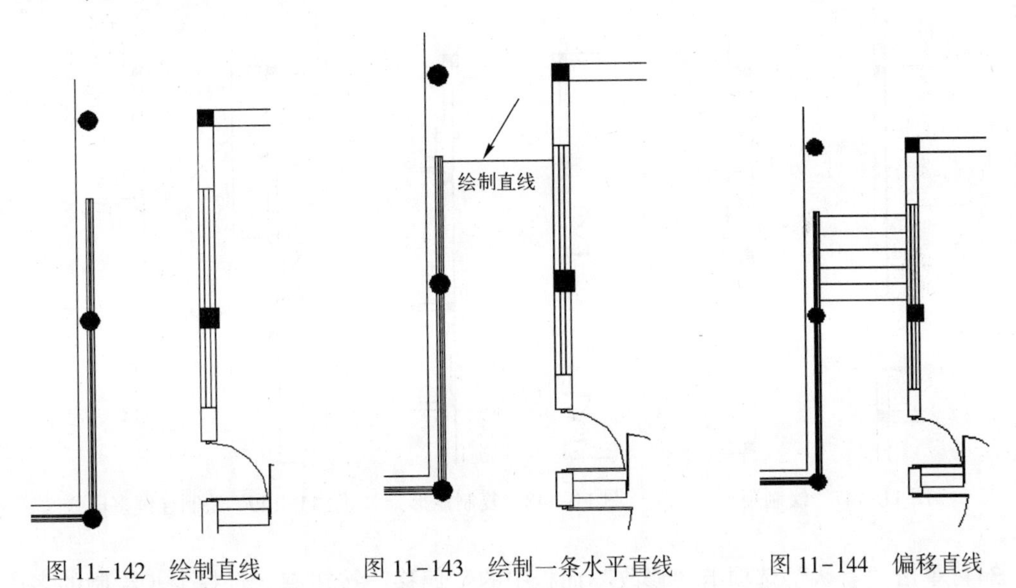

图 11-142　绘制直线　　图 11-143　绘制一条水平直线　　图 11-144　偏移直线

30）单击“默认”选项卡“绘图”面板中的“多段线”按钮，在上步绘制的楼梯梯段线上绘制指引箭头，如图 11-145 所示。

利用上述方法完成图形中相同图形的绘制，如图 11-146 所示。

31）单击“默认”选项卡“绘图”面板中的“矩形”按钮，在图 11-147 所示的位置绘制一个 201 mm×400 mm 的矩形，如图 11-147 所示。

32）单击“默认”选项卡“修改”面板中的“复制”按钮，选择上步绘制的矩形为复制对象，对其进行复制操作，如图 11-148 所示。

33）单击“默认”选项卡“绘图”面板中的“多段线”按钮，在图 11-149 所示的位置绘制连续多段线，如图 11-149 所示。

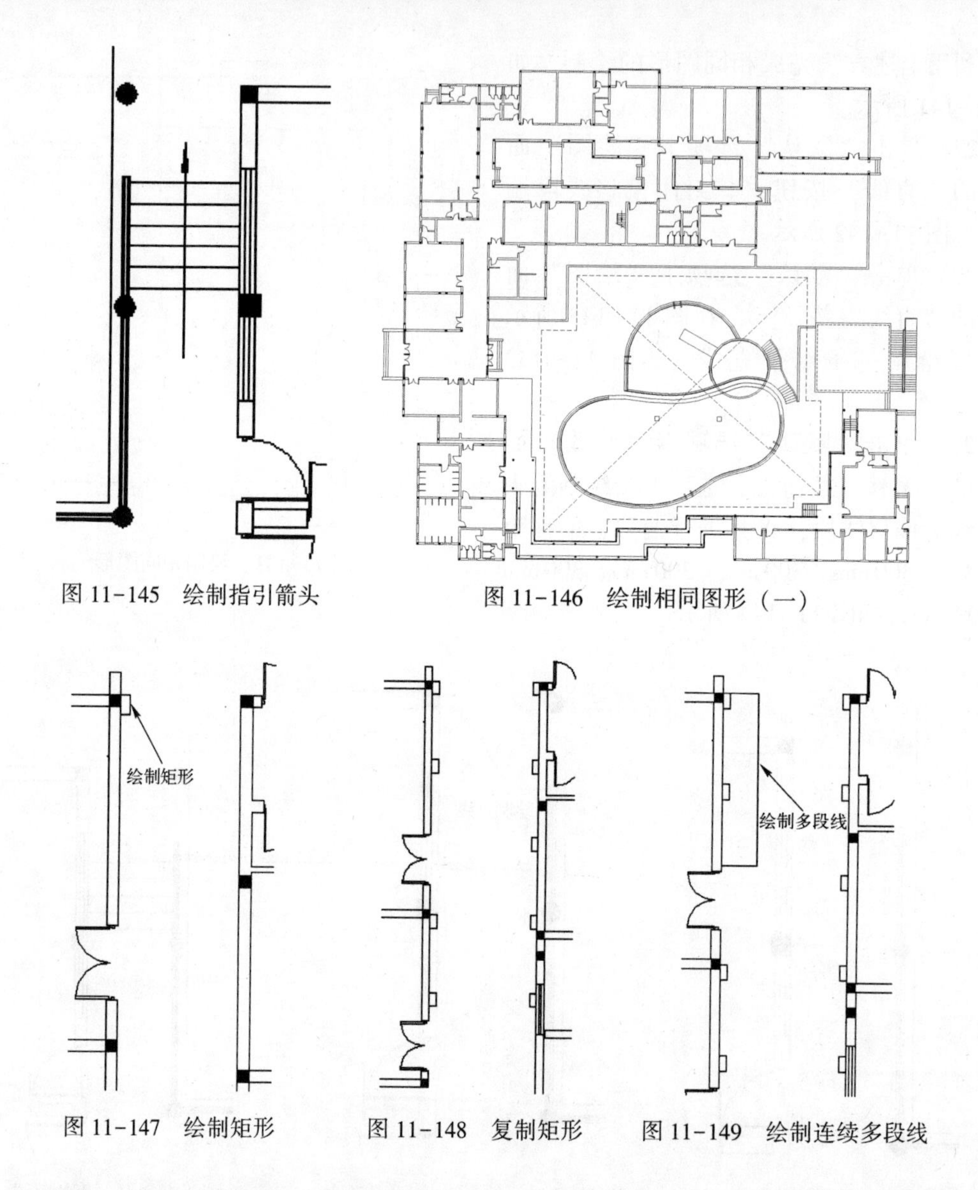

图 11-145 绘制指引箭头

图 11-146 绘制相同图形（一）

图 11-147 绘制矩形

图 11-148 复制矩形

图 11-149 绘制连续多段线

34）单击“默认”选项卡“修改”面板中的“偏移”按钮，选择上步绘制的多段线为偏移线段，向内偏移，偏移距离为 200 mm，如图 11-150 所示。

利用上述方法绘制剩余的相同图形，如图 11-151 所示。

35）单击“默认”选项卡“绘图”面板中的“直线”按钮，在上步绘制多段线间绘制两条水平直线，如图 11-152 所示。

36）单击“默认”选项卡“修改”面板中的“偏移”按钮，选择上步绘制的两条水平直线为偏移对象，分别向内进行偏移，偏移距离为 320 mm，如图 11-153 所示。

37）单击“默认”选项卡“绘图”面板中的“直线”按钮，在上步偏移的线段上绘制两条竖直直线，如图 11-154 所示。

38）单击“默认”选项卡“绘图”面板中的“直线”按钮，在上步绘制的图形内绘制多条水平直线，如图 11-155 所示。

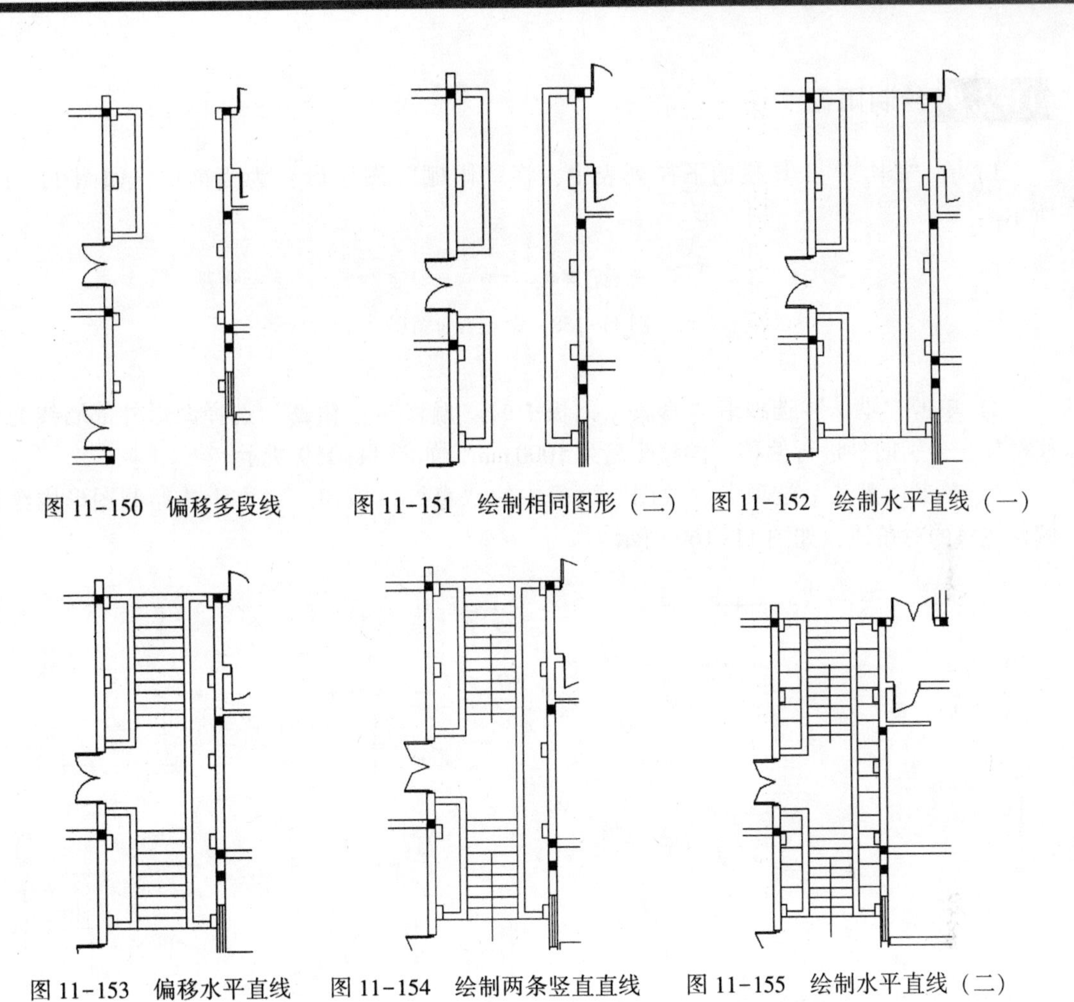

图 11-150　偏移多段线　图 11-151　绘制相同图形（二）　图 11-152　绘制水平直线（一）

图 11-153　偏移水平直线　图 11-154　绘制两条竖直直线　图 11-155　绘制水平直线（二）

利用上述方法完成剩余图形的绘制，如图 11-156 所示。

剩余图形的绘制方法与上述图形的绘制方法基本相同，此处不再赘述，结果如图 11-157 所示。

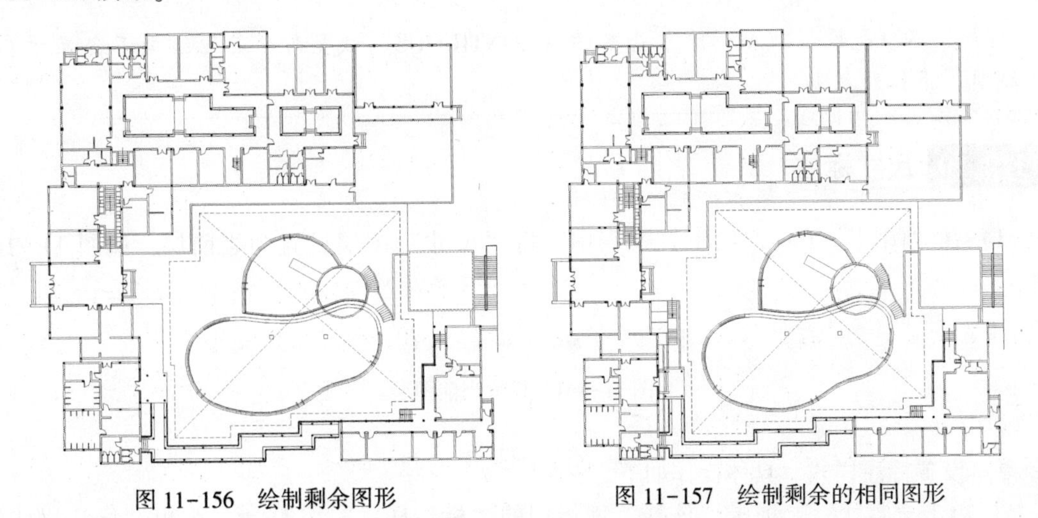

图 11-156　绘制剩余图形　　图 11-157　绘制剩余的相同图形

11.2.9 绘制雨棚

1）在“图层”工具栏的下拉列表中，将“雨棚”图层设置为当前层，如图 11-158 所示。

图 11-158 设置当前图层

2）单击“默认”选项卡“修改”面板中的“偏移”按钮，选择图形外部墙线为偏移对象，分别向外进行偏移，偏移距离为 1000 mm，如图 11-159 所示。

3）单击“默认”选项卡“绘图”面板中的“直线”按钮，在上步绘制图形内绘制偏移线段的对角线，如图 11-160 所示。

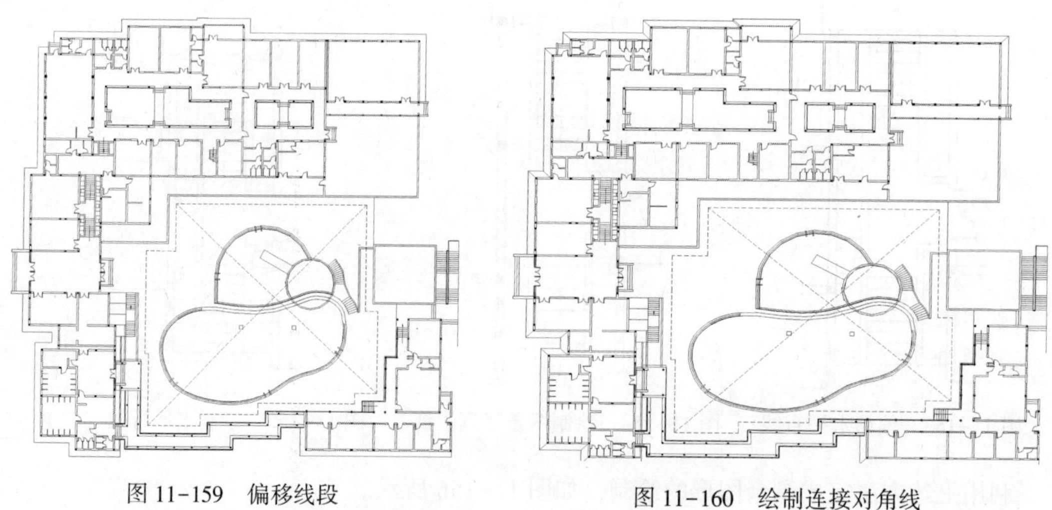

图 11-159 偏移线段　　图 11-160 绘制连接对角线

注 意

如果不事先设置线型，除了基本的“CONTIUOUS”线型外，其他线型不会显示在“线型”下拉列表中。

11.2.10 尺寸标注

1）在“图层”工具栏的下拉列表中，将“尺寸”图层设置为当前层，如图 11-161 所示。

图 11-161 设置当前图层

2）设置标注样式。具体操作如下。

① 单击“默认”选项卡“注释”面板中的“标注样式”按钮，弹出“标注样式管

理器”对话框，如图 11-162 所示。

② 单击“修改”按钮，弹出“修改标注样式：ISO-25”对话框。切换至“线”选项卡，如图 11-163 所示，按照图中的参数修改标注样式。

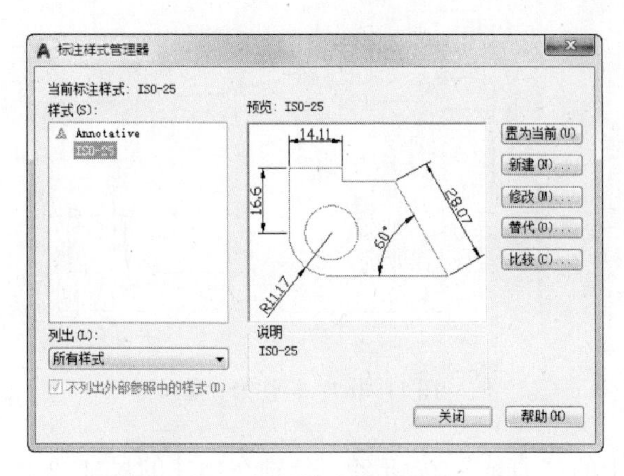

图 11-162 “标注样式管理器”对话框

图 11-163 “线”选项卡

③ 切换至“符号和箭头”选项卡，按照图 11-164 所示的设置进行修改，箭头样式选择为“建筑标记”，“箭头大小”修改为“300”，其他设置保持默认。

④ 切换至“文字”选项卡，将“文字高度”设置为“400”，其他设置保持默认，如图 11-165 所示。

图 11-164 “符号和箭头”选项卡

图 11-165 “文字”选项卡

⑤ 切换至“主单位”选项卡，将“精度”设置为“0”，如图 11-166 所示。

3）单击“默认”选项卡“注释”面板中的“线性”按钮和“连续”按钮，为图形添加第一道尺寸标注，如图 11-167 所示。

4）单击“默认”选项卡“注释”面板中的“线性”按钮，为图形添加总尺寸标注，如图 11-168 所示。

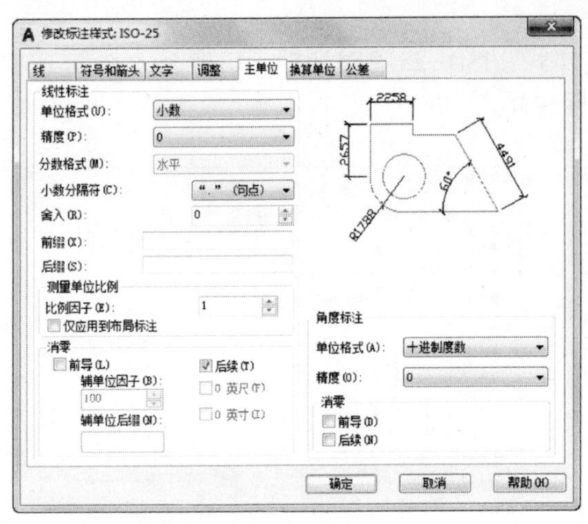

图 11-166　“主单位”选项卡

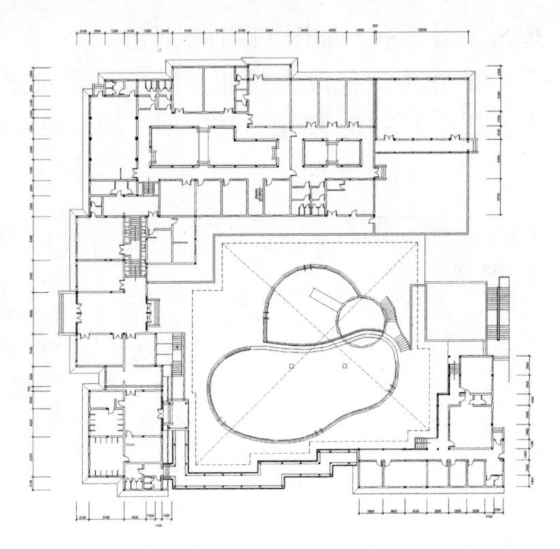

图 11-167　标注第一道尺寸

5）单击“默认”选项卡“绘图”面板中的“直线”按钮，分别在标注的尺寸线上方绘制直线，如图 11-169 所示。

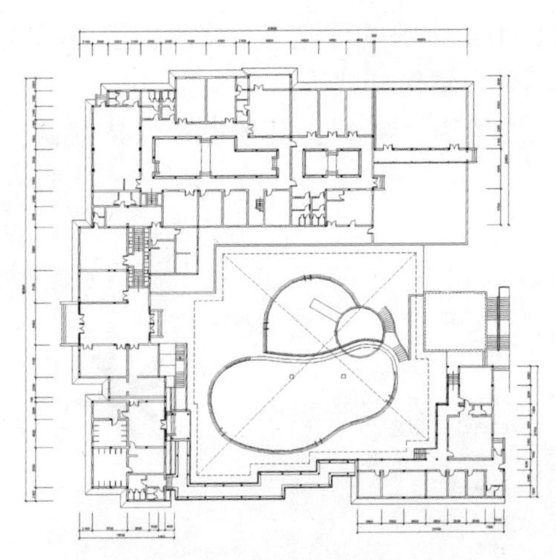

图 11-168　添加总尺寸标注

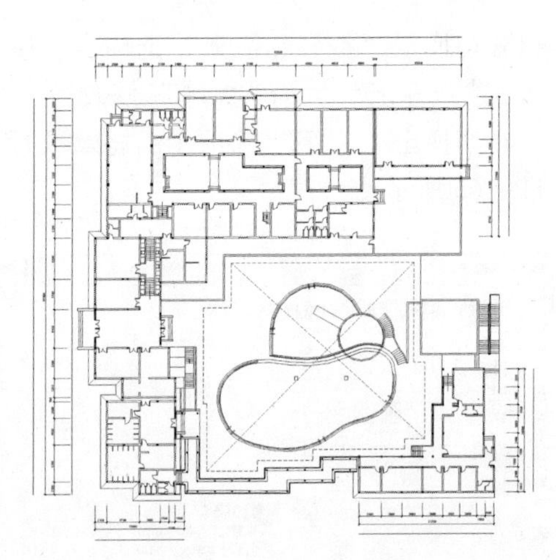

图 11-169　绘制直线

6）单击“默认”选项卡“修改”面板中的“分解”按钮，选择图形中所有尺寸标注为分解对象，按〈Enter〉键确认后，将其进行分解。

7）单击“默认”选项卡“修改”面板中的“延伸”按钮，选取分解后的竖直尺寸标注线为延伸对象，向上延伸，延伸至绘制的直线处，如图 11-170 所示。

8）单击“默认”选项卡“修改”面板中的“删除”按钮，选择尺寸线上方绘制的直线为删除对象，将其删除，如图 11-171 所示。

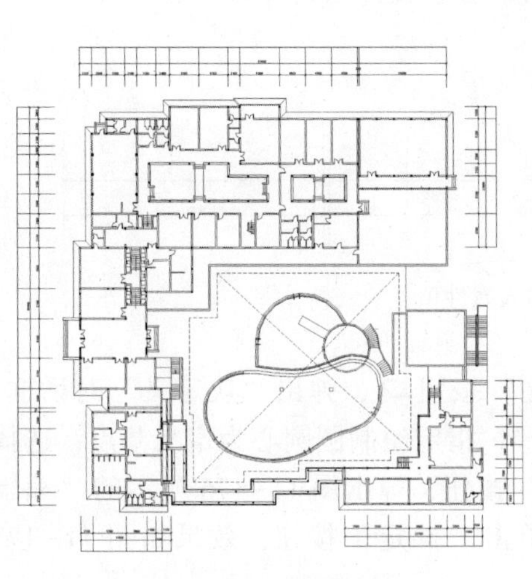

图 11-170 延伸直线

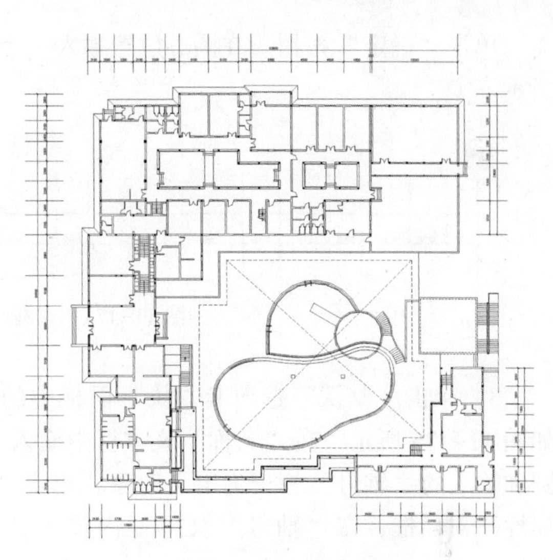

图 11-171 删除直线

11.2.11 添加轴号

1）单击“默认”选项卡“绘图”面板中的“圆”按钮，在图中绘制一个半径为 1000 mm 的圆，如图 11-172 所示。

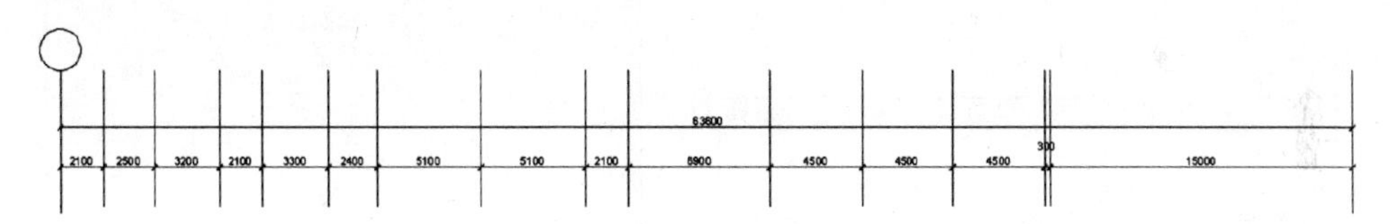

图 11-172 绘制圆

2）选择菜单栏中的“绘图”→“块”→“定义属性”命令，弹出“属性定义”对话框，在对话框中进行设置，如图 11-173 所示。

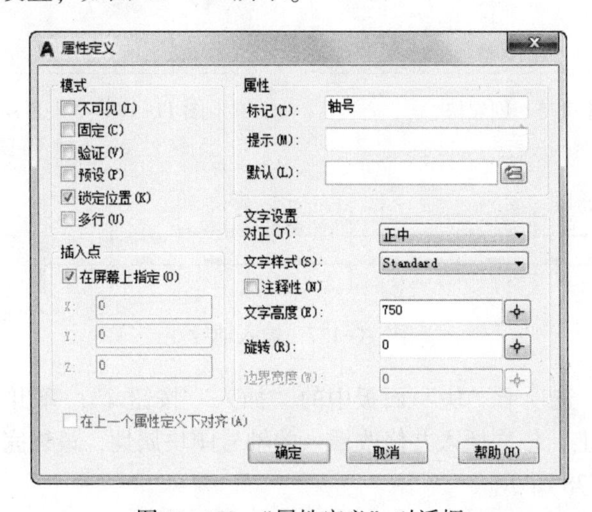

图 11-173 “属性定义”对话框

单击“确定”按钮。在圆心位置输入一个块的属性值。设置完成后的效果如图 11-174 所示。

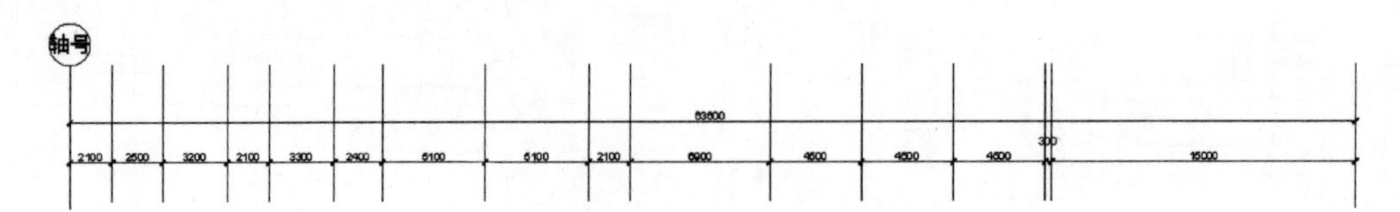

图 11-174 在圆心位置输入属性值

3）单击“默认”选项卡“块”面板中的“创建”按钮，弹出“块定义”对话框，如图 11-175 所示。在“名称”文本框中输入“轴号”，指定绘制圆圆心为定义基点；选择圆和输入的“轴号”标记为定义对象，单击“确定”按钮，弹出图 11-176 所示的“编辑属性”对话框，在“轴号”文本框内输入“A”，单击“确定”按钮，效果如图 11-177 所示。

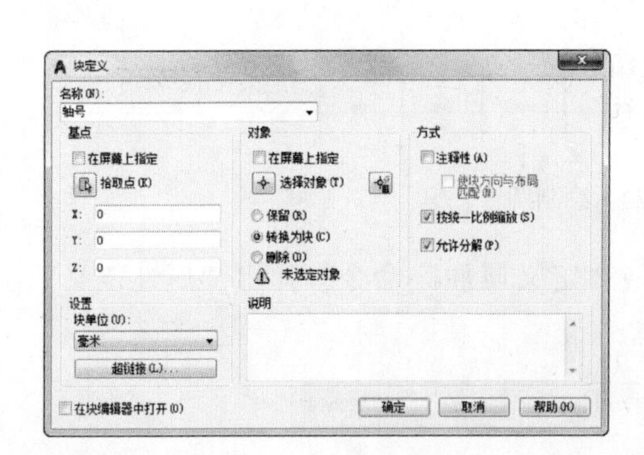

图 11-175 创建块

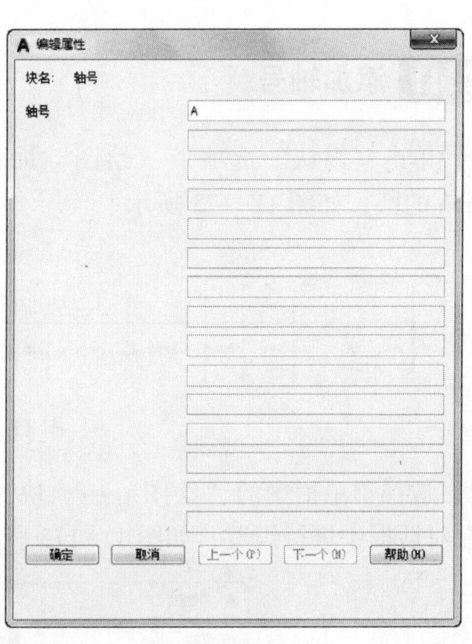

图 11-176 “编辑属性”对话框

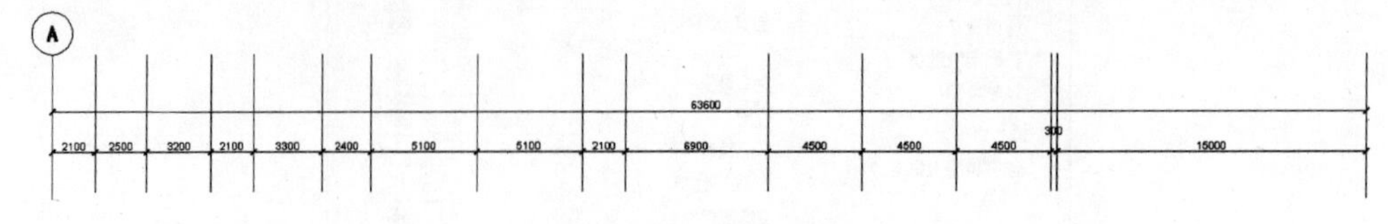

图 11-177 输入轴号

4）单击“默认”选项卡“块”面板中的“插入”按钮，弹出“插入”对话框，将轴号图块插入到轴线上，依次插入并修改插入的轴号图块属性，最终完成图形中所有轴号的插入，效果如图 11-178 所示。

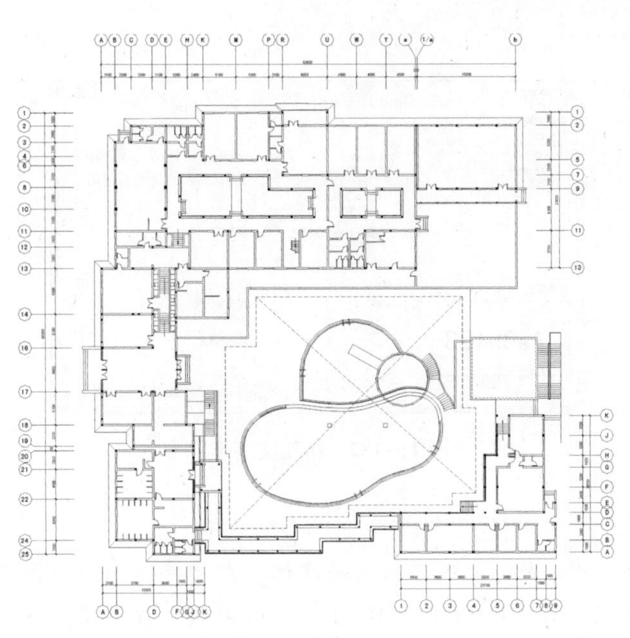

图 11-178　标注轴号

11.2.12 文字标注

1）在“图层”工具栏的下拉列表中，将“文字”图层设置为当前层，并关闭“轴线”图层，如图 11-179 所示。

✓ 文字　白　Continu... —— 默认　0　Color_7

图 11-179　设置当前图层

2）单击“默认”选项卡“注释”面板中的“文字样式”按钮，弹出“文字样式”对话框，如图 11-180 所示。

3）单击“新建”按钮，弹出“新建文字样式”对话框，在“样式名”文本框中输入“说明”，如图 11-181 所示。

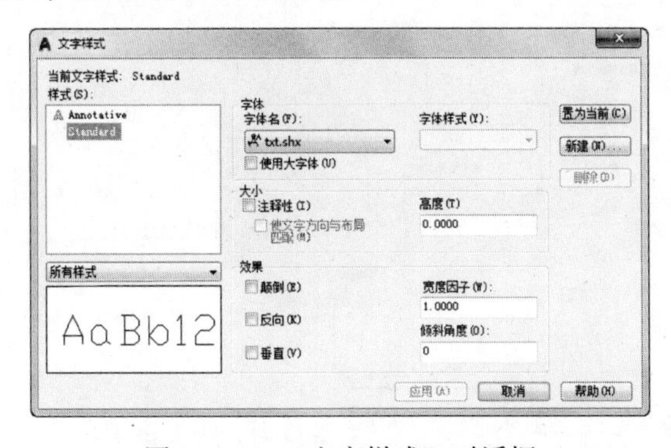

图 11-180　“文字样式”对话框

图 11-181　“新建文字样式”对话框

4）单击“确定”按钮，在“文字样式”对话框中取消勾选“使用大字体”复选框，然后在“字体名”下拉列表框中选择“黑体”，在“高度”文本框中输入“750”，如

图 11-182 所示。

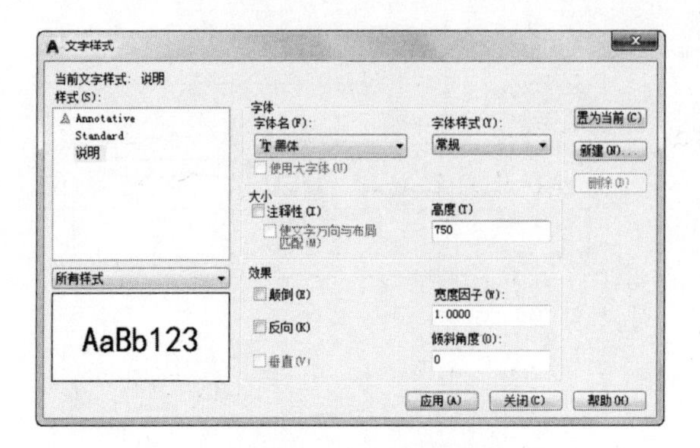

图 11-182　新建文字样式

注 意

在输入汉字时，设计者可以选择不同的字体。在“字体名”下拉列表框中，有些字体前面有“@”标记，如“@仿宋_GB2312”，这说明该字体是为横向输入汉字用的，即输入的汉字逆时针旋转 90°。如果要输入正向的汉字，不能选择前面带“@”标记的字体。

5）单击“默认”选项卡“注释”面板中的“多行文字”按钮A，为图形添加文字说明，最终完成图形中的文字标注，如图 11-183 所示。

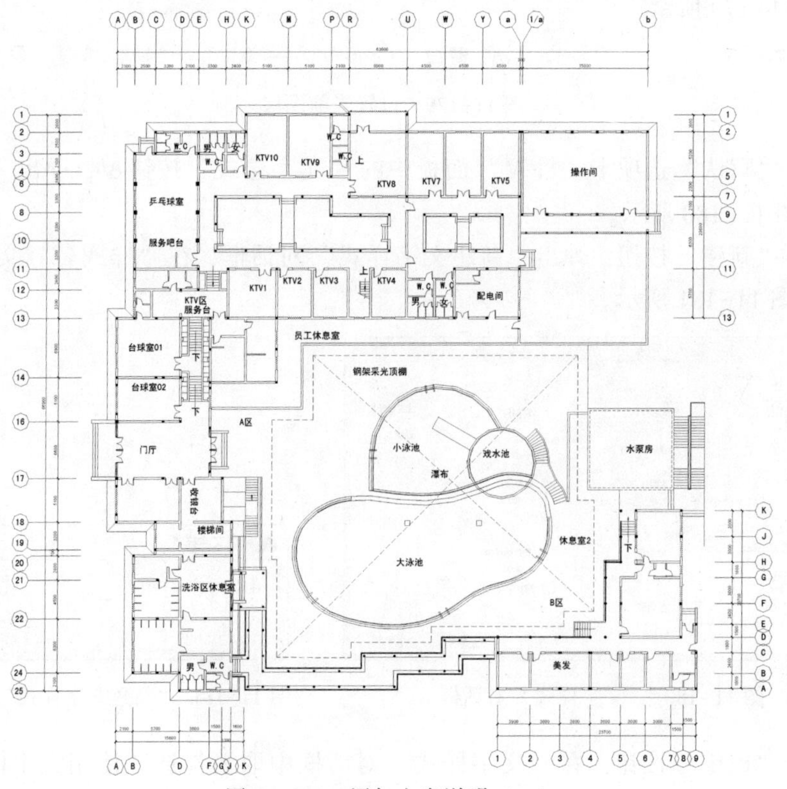

图 11-183　添加文字说明（一）

操作技巧

在 CAD 绘图中，设计者也可以标注特殊符号，具体操作为：打开“多行文字编辑器”，在输入文字的矩形框里单击鼠标右键，依次选择“符号”→“其他”命令，打开字符映射表，再选择符号即可。注意：字符映射表的内容取决于用户在“字体”下拉列表框中选择的字体。

在命令行窗口中输入“QLEADER”命令，为图形添加文字说明，如图 11-184 所示。

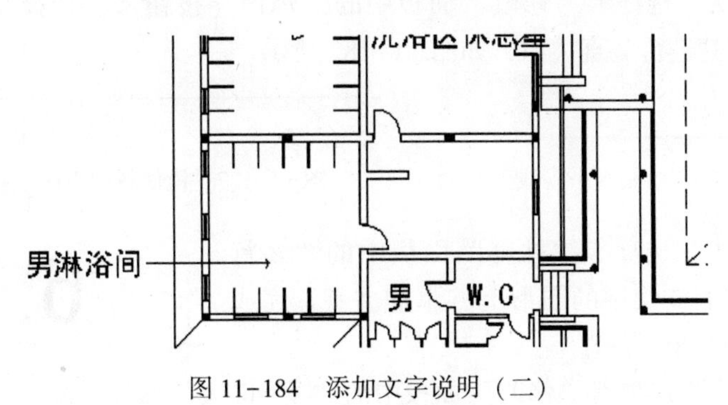

图 11-184　添加文字说明（二）

利用上述方法完成图形中剩余文字说明的添加，如图 11-185 所示。

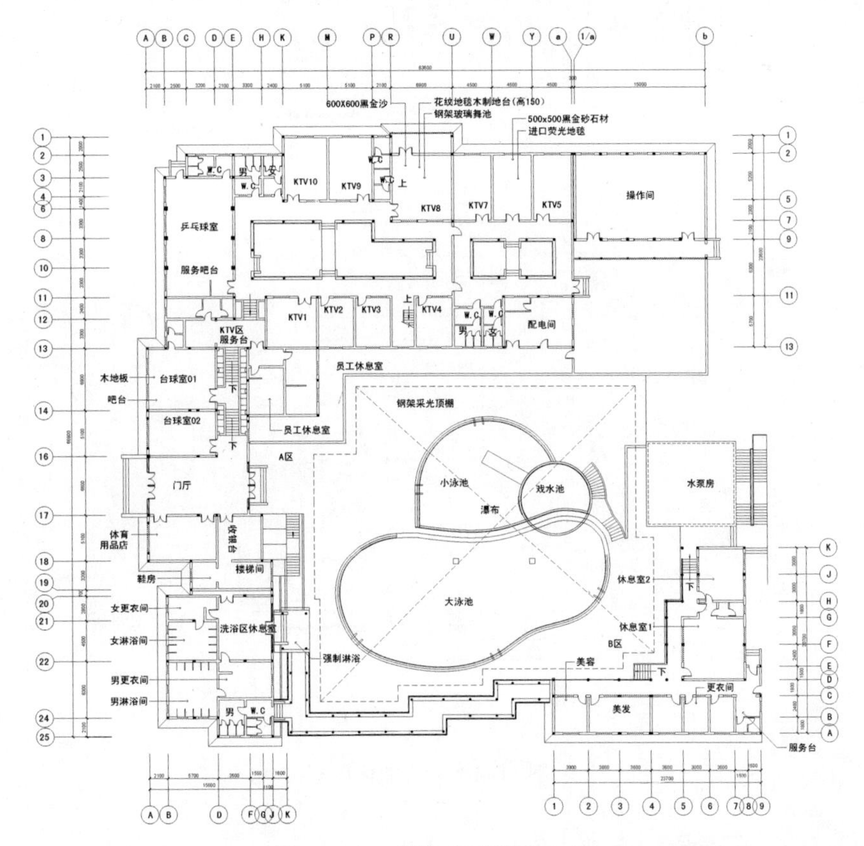

图 11-185　添加文字说明（三）

11.2.13 添加标高

1）单击“默认”选项卡“绘图”面板中的“直线”按钮╱，在图中的适当位置任选一点为起点，水平向右绘制一条水平直线，如图 11-186 所示。

2）单击“默认”选项卡“绘图”面板中的“直线”按钮╱，在上步绘制的水平直线下方绘制一段斜向角度为 45°的斜向直线。

3）单击“默认”选项卡“修改”面板中的“镜像”按钮，选择左侧绘制的斜向直线为镜像对象，对其进行竖直镜像，如图 11-187 所示。

图 11-186 绘制水平直线

图 11-187 镜像斜向直线

4）单击“默认”选项卡“注释”面板中的“多行文字”按钮A，在上步绘制的图形上方添加文字，完成标高标注，如图 11-188 所示。

6.550

图 11-188 添加文字

5）单击“默认”选项卡“修改”面板中的“复制”按钮，选择上步绘制的标高图形复制对象，将其放置到图形中，并修改标高上的文字，如图 11-189 所示。

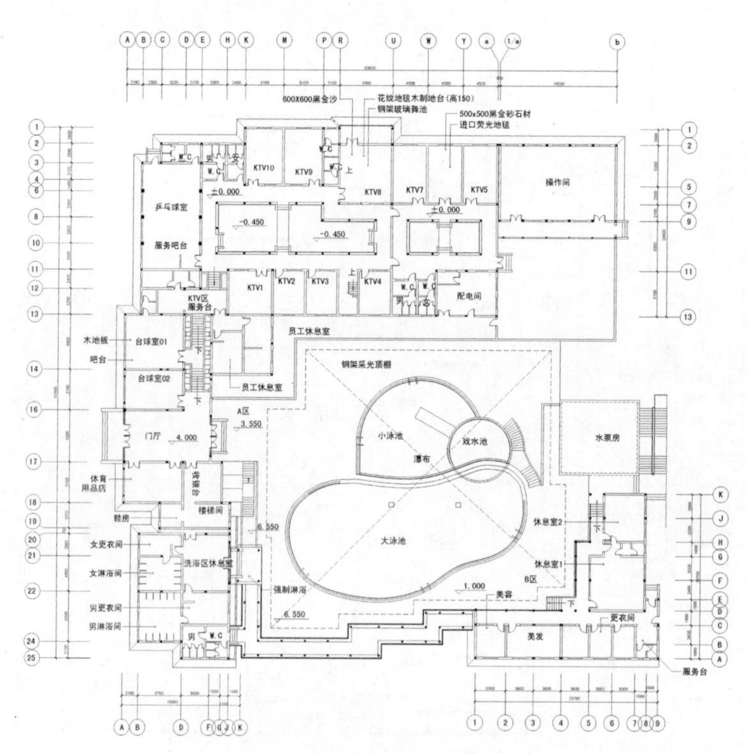

图 11-189 添加标高

11.2.14 绘制图框

1）单击“默认”选项卡“图层”面板中的“图层特性”按钮，新建“图框”图层，并将其设置为当前层，如图 11-190 所示。

图 11-190 设置当前图层

2）单击“默认”选项卡“绘图”面板中的“矩形”按钮，在图形空白位置处任选一点为矩形起点，绘制一个 148500 mm×105000 mm 的矩形，如图 11-191 所示。

3）单击“默认”选项卡“修改”面板中的“分解”按钮，选择上步绘制的矩形为分解对象，按〈Enter〉键确认后，对其进行分解，使上步绘制的矩形分解为 4 条独立边。

4）单击“默认”选项卡“修改”面板中的“偏移”按钮，选择上步分解后的 4 条矩形边为偏移对象，向内进行偏移，左侧竖直边向内偏移的距离为 5713 mm，剩余 3 边分别向内偏移的距离为 2435 mm，如图 11-192 所示。

5）单击“默认”选项卡“修改”面板中的“修剪”按钮，选择上步偏移的线段为修剪对象，对其进行修剪处理，如图 11-193 所示。

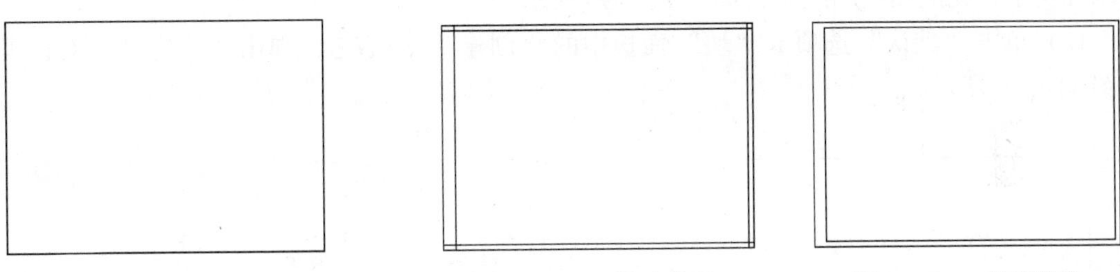

图 11-191 绘制矩形　　图 11-192 偏移线段　　图 11-193 修剪线段

6）单击“默认”选项卡“绘图”面板中的“多段线”按钮，指定起点宽度为 250 mm，端点宽度为 250 mm，沿上步修剪后的 4 条边进行描绘，如图 11-194 所示。

7）单击“默认”选项卡“绘图”面板中的“直线”按钮，在上步图形中的适当位置处绘制一条竖直直线，如图 11-195 所示。

8）单击“默认”选项卡“修改”面板中的“偏移”按钮，选择上步绘制的竖直直线为偏移对象，向右进行偏移，偏移距离为 112 mm，如图 11-196 所示。

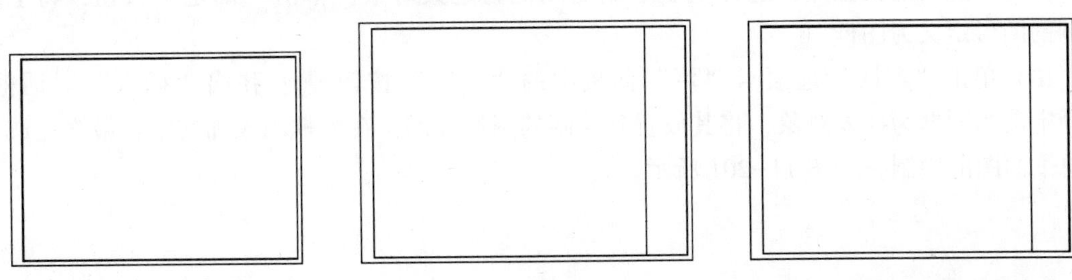

图 11-194 绘制多段线　　图 11-195 绘制直线　　图 11-196 偏移竖直直线

9）单击“默认”选项卡“绘图”面板中的“直线”按钮╱，在上步图形中的适当位置处绘制一条水平直线，如图 11-197 所示。

10）单击“默认”选项卡“修改”面板中的“偏移”按钮，选择上步绘制的水平直线为偏移对象，向下进行偏移，偏移距离为 12189 mm、11367 mm、3525 mm、3597 mm、3561 mm、3561 mm、3561 mm、3561 mm、3561 mm、3561 mm、3561 mm、3561 mm 和 3561 mm，如图 11-198 所示。

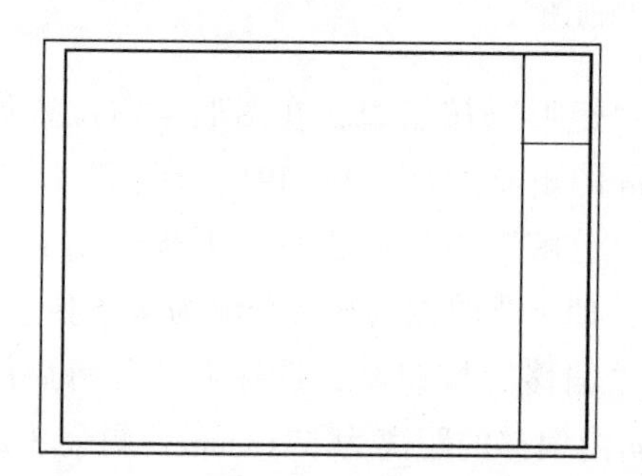

图 11-197　绘制水平直线

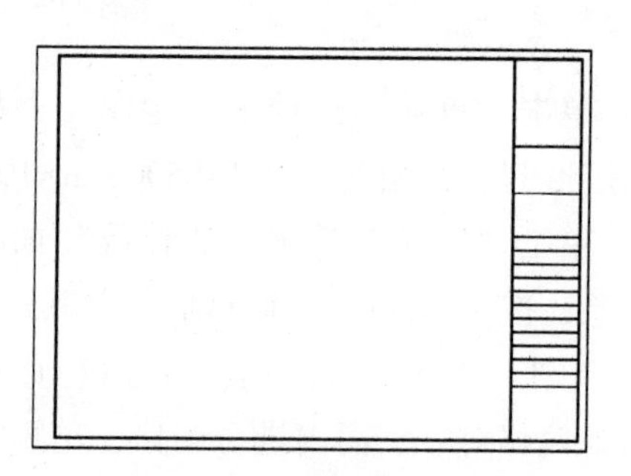

图 11-198　偏移水平直线

11）单击“默认”选项卡“注释”面板中的“多行文字”按钮A，在上步偏移的线段内添加文字，完成图框的绘制，如图 11-199 所示。

12）单击“默认”选项卡“块”面板中的“创建”按钮，弹出“块定义”对话框，如图 11-200 所示。

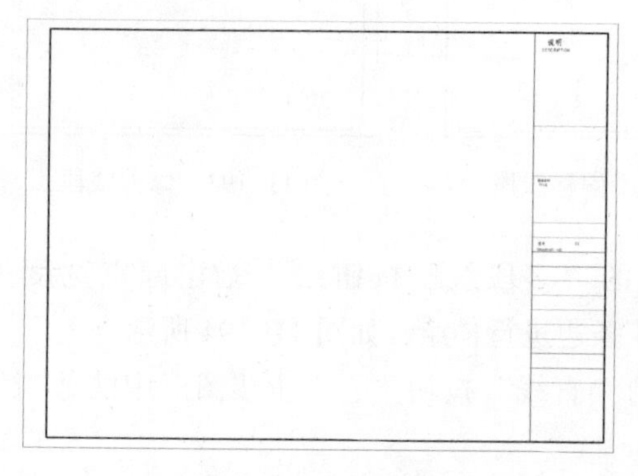

图 11-199　添加文字

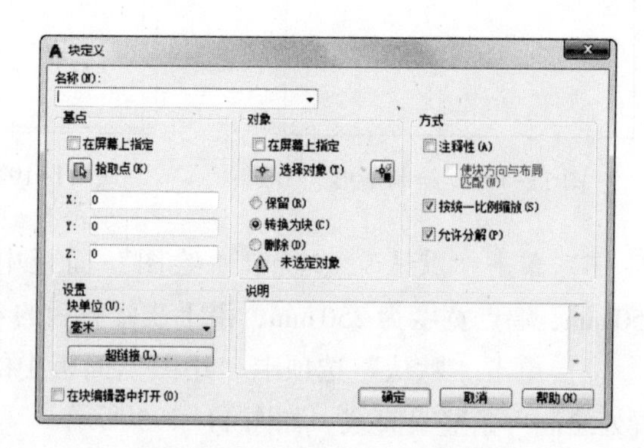

图 11-200　“块定义”对话框

指定一点为定义基点，选择上步绘制的图框为定义对象，单击“确定”按钮，将上步绘制的图形定义为图框。

13）单击“默认”选项卡“块”面板中的“插入”按钮，弹出“插入”对话框，选择定义的图框为插入对象，将其放置到绘制的图形外侧，在图框内添加文字，最终完成一层总平面图的绘制，如图 11-201 所示。

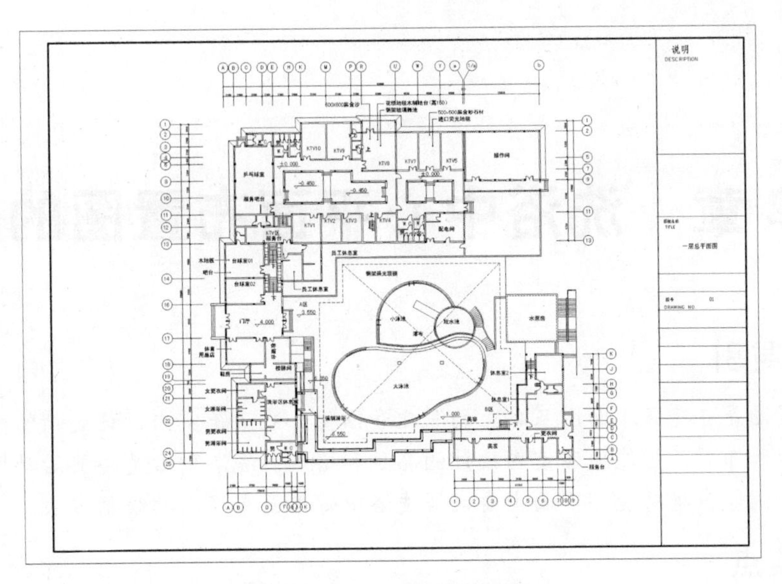

图 11-201　一层总平面图

11.3　绘制二层平面图

二层平面图如图 11-202 所示，由健身房、KTV 包房和卫生间构成，其绘制方法与一层平面图类似，这里不再赘述。

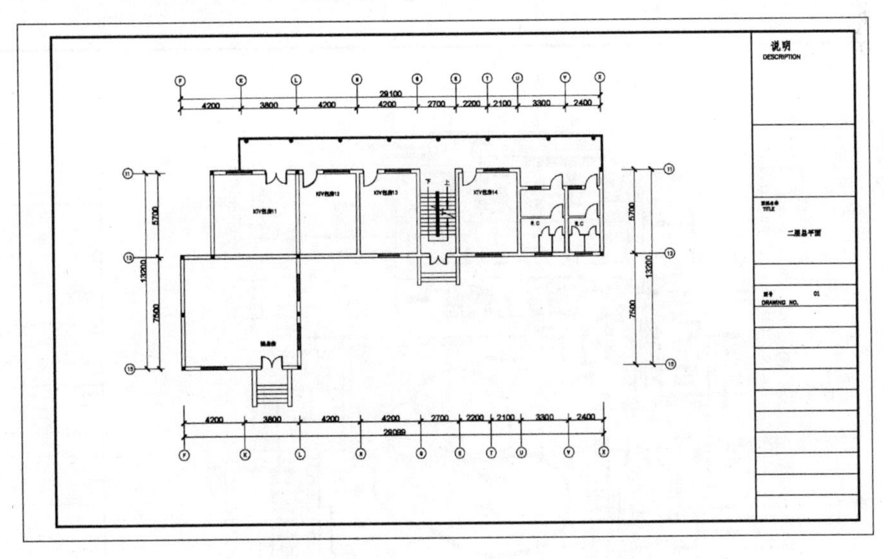

图 11-202　二层平面图

第12章 洗浴中心平面布置图的绘制

知识导引

平面布置图是在建筑平面图基础上的深化和细化。装潢是室内设计的精髓所在，是对局部细节的雕琢和布置，最能体现室内设计的品位和格调。洗浴中心是公共活动场所，具有洗浴、健身、休闲等多种功能。下面主要讲解洗浴中心平面布置图的绘制方法。

内容要点

➢ 一层总平面布置图
➢ 二层总平面布置图

12.1 一层总平面布置图

一层总平面布置图如图12-1所示，下面讲述其绘制方法。

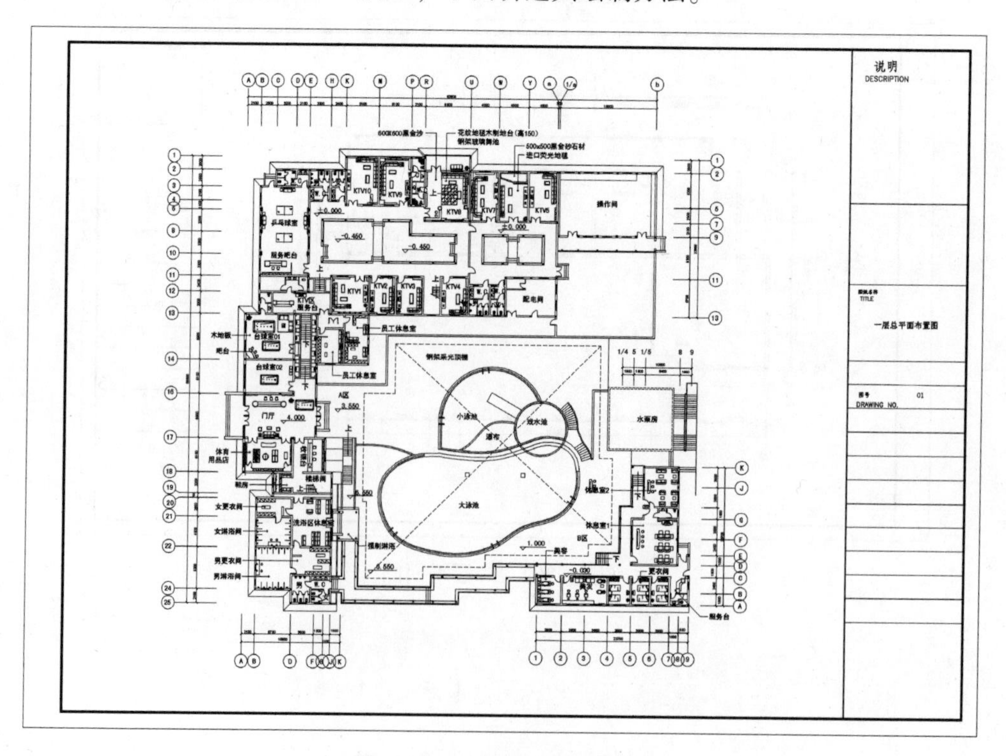

图12-1 一层总平面布置图

12.1.1 绘制家具

1）打开“X：源文件/第 11 章/一层平面图”，并将其另存为“一层总平面布置图”。新建“家具”图层，并将其置为当前图层，如图 12-2 所示。

家具 洋红 Continuous —— 默认 0 Color_(

图 12-2 新建“家具”图层

2）利用前面学过的“绘图”和“编辑”命令绘制电视柜（见图 12-3）、沙发及茶几（见图 12-4）、台灯（见图 12-5）、按摩椅（见图 12-6）、美发座椅（见图 12-7）、台球桌（见图 12-8）、服务台（见图 12-9）、坐便器（见图 12-10）、乒乓球桌（见图 12-11）、单人床（见图 12-12）、蹲便器（见图 12-13）、单人座椅（见图 12-14）、储藏柜（见图 12-15）、小便器（见图 12-16）、洗手盆（见图 12-17）、衣柜（见图 12-18）、绿植（见图 12-19）、按摩浴缸（见图 12-20）、花洒（见图 12-21）、四人沙发（见图 12-22）、吧台及吧台椅子（见图 12-23）等家具（在本例中，设计者可以直接调用附带网盘中对应的家具图块，并将其插入到图中合适的位置）。

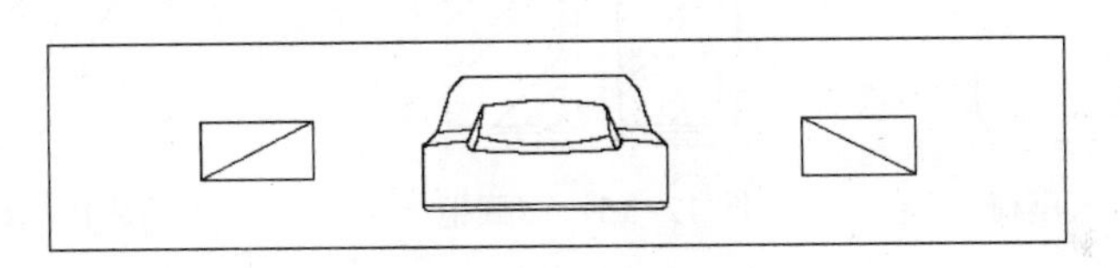

图 12-3 电视柜

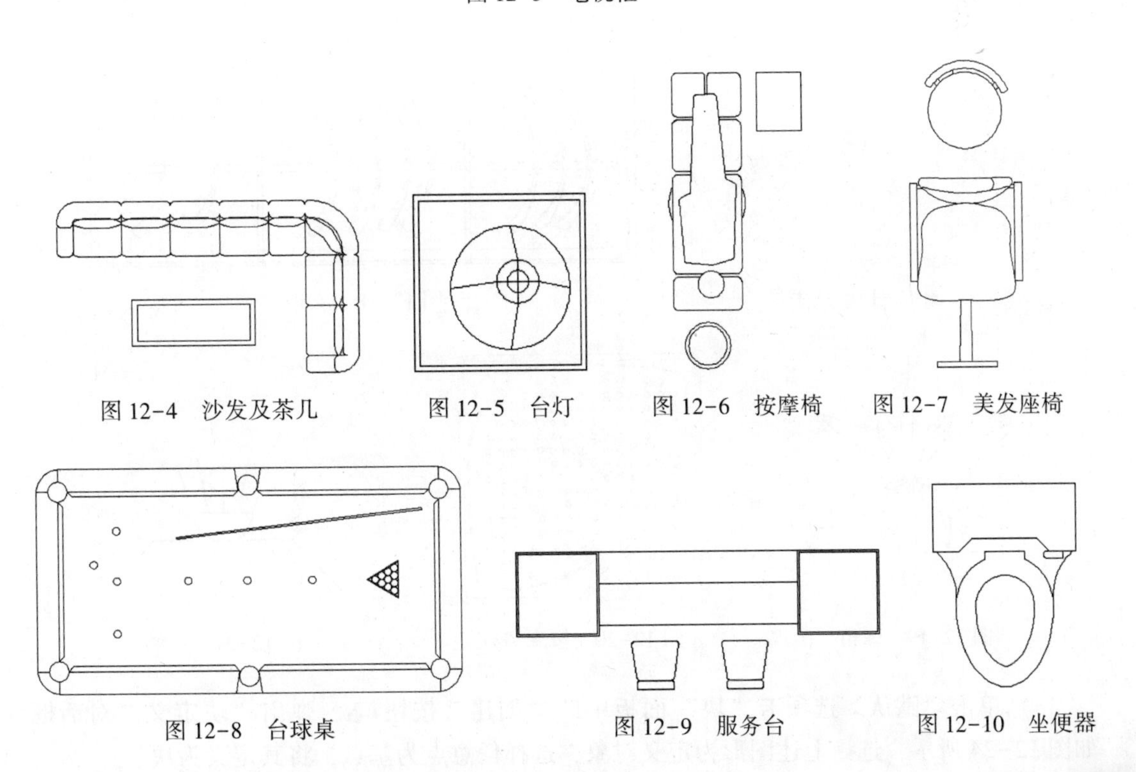

图 12-4 沙发及茶几　图 12-5 台灯　图 12-6 按摩椅　图 12-7 美发座椅

图 12-8 台球桌　图 12-9 服务台　图 12-10 坐便器

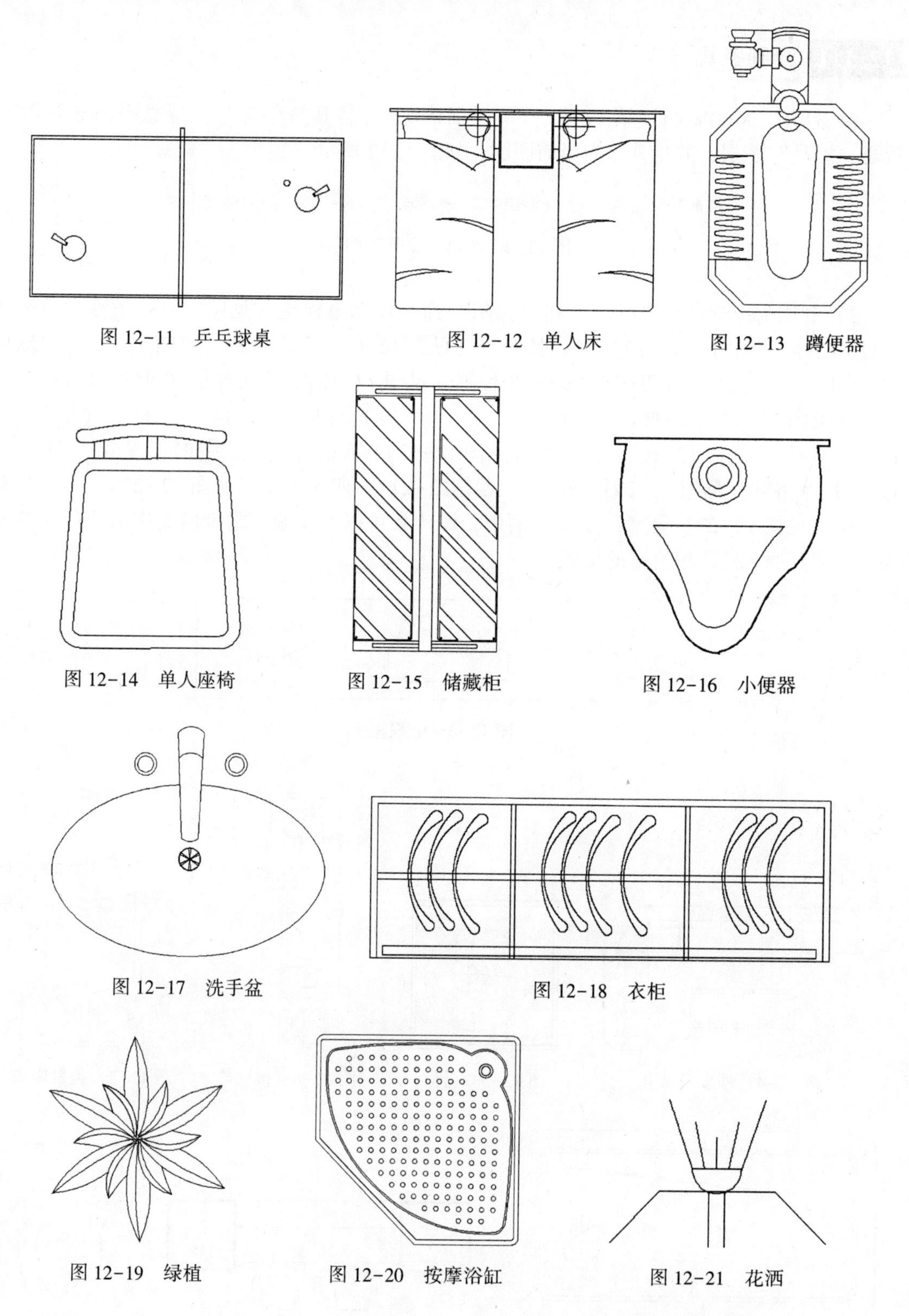

图 12-11 乒乓球桌

图 12-12 单人床

图 12-13 蹲便器

图 12-14 单人座椅

图 12-15 储藏柜

图 12-16 小便器

图 12-17 洗手盆

图 12-18 衣柜

图 12-19 绿植

图 12-20 按摩浴缸

图 12-21 花洒

3）单击“默认”选项卡“块”面板中的“创建”按钮，弹出“块定义”对话框，如图 12-24 所示，选择上述图形为定义对象，选择任意点为基点，将其定义为块。

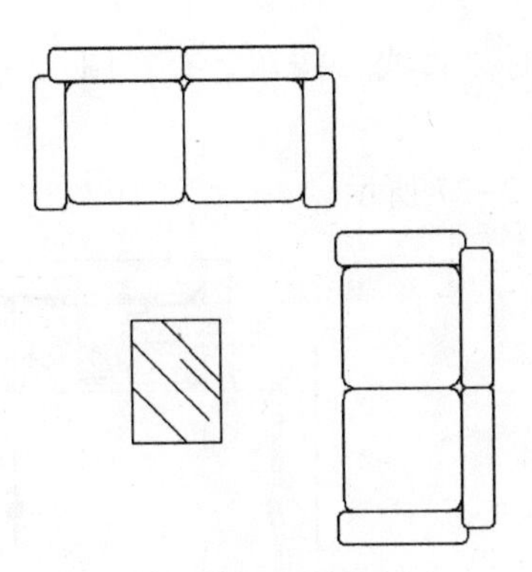

图 12-22 四人沙发

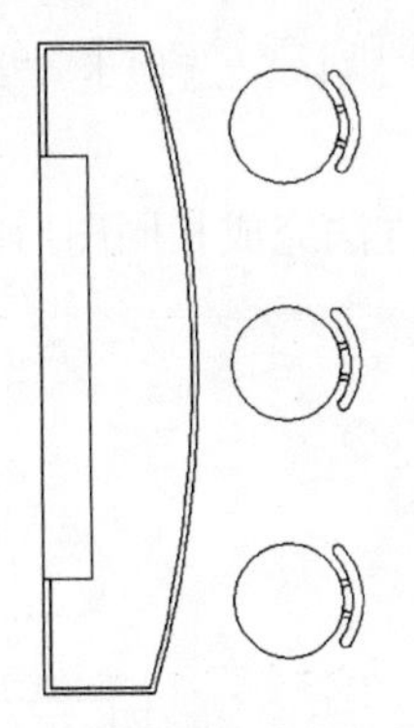

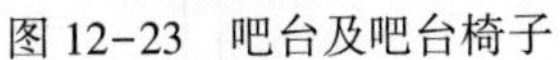

图 12-23 吧台及吧台椅子

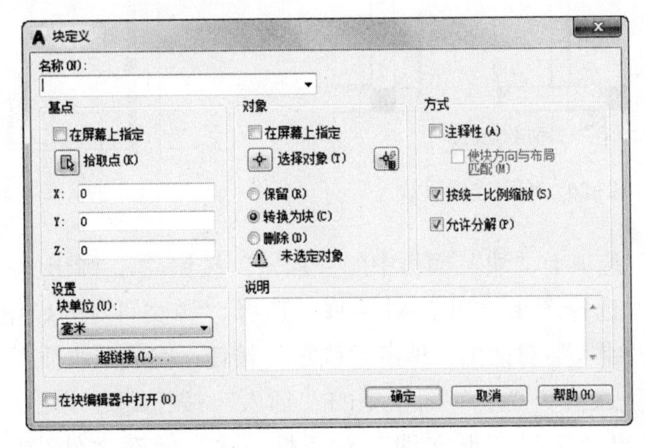

图 12-24 “块定义”对话框

12.1.2 布置家具

1）打开“图层”下拉列表框，将“尺寸”“文字”“标高”等图层关闭，整理图形，效果如图 12-25 所示。

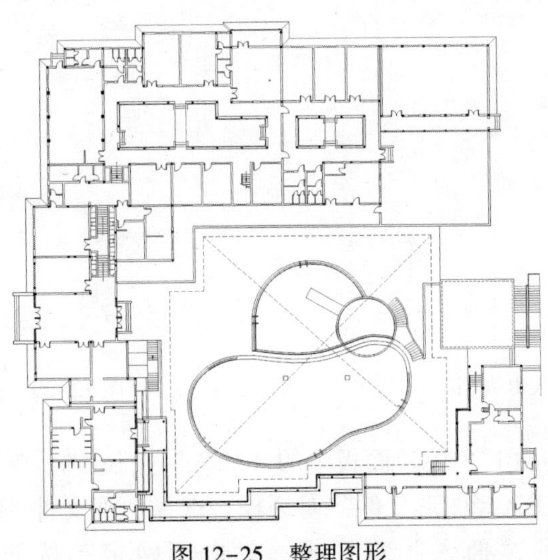

图 12-25 整理图形

2）单击“默认”选项卡“绘图”面板中的“直线”按钮╱，在图12-26所示的位置绘制连续直线。

利用上述方法完成相同图形的绘制，如图12-27所示。

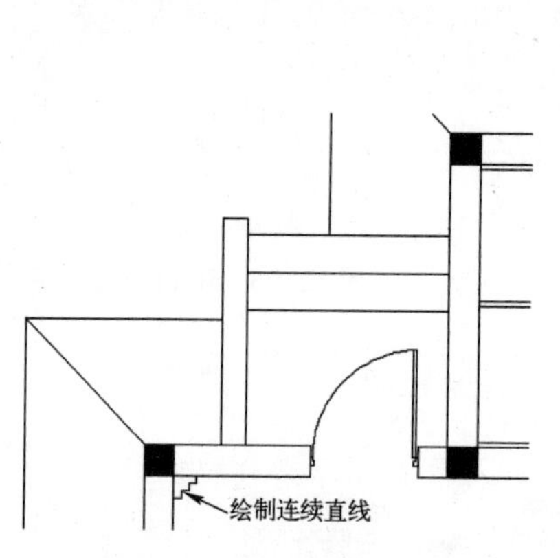

图12-26　绘制连续直线

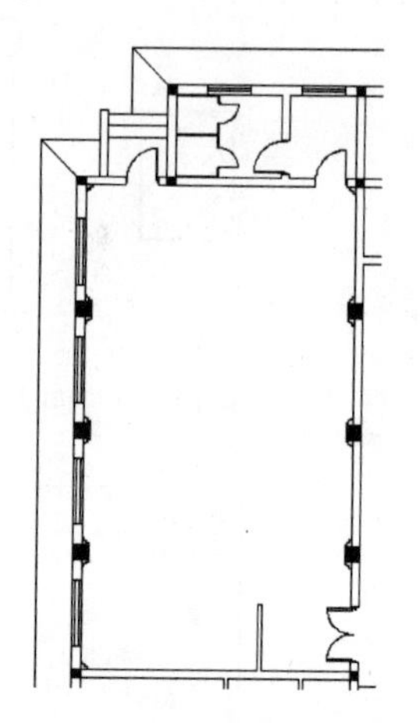

图12-27　绘制相同图形

3）单击“默认”选项卡“块”面板中的“插入”按钮，弹出“插入”对话框，单击“浏览”按钮，弹出“选择图形文件”对话框，选择“源文件/图块/电视柜”图块，单击“打开”按钮，回到“插入”对话框，单击“确定”按钮，完成图块插入，如图12-28所示。

4）单击“默认”选项卡“块”面板中的“插入”按钮，弹出“插入”对话框。单击“浏览”按钮，弹出“选择图形文件”对话框，选择“源文件/图块/沙发及茶几”图块，单击“打开”按钮，回到“插入”对话框，单击“确定”按钮，完成图块插入，如图12-29所示。

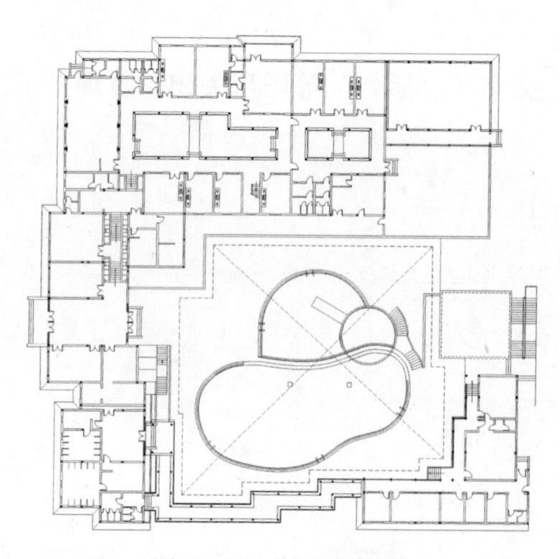

图12-28　插入电视柜

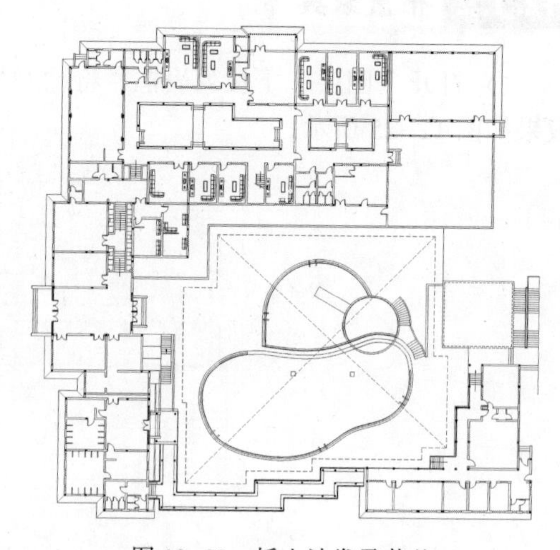

图12-29　插入沙发及茶几

5）单击“默认”选项卡“块”面板中的“插入”按钮，弹出“插入”对话框。单击“浏览”按钮，弹出“选择图形文件”对话框，选择“源文件/图块/小茶几”图块，单击“打开”按钮，回到“插入”对话框，单击“确定”按钮，完成图块插入，如

图 12-30 所示。

6）单击“默认”选项卡“块”面板中的“插入”按钮，弹出“插入”对话框。单击“浏览”按钮，弹出“选择图形文件”对话框，选择“源文件/图块/按摩椅”图块，单击“打开”按钮，回到“插入”对话框，单击“确定”按钮，完成图块插入，如图 12-31 所示。

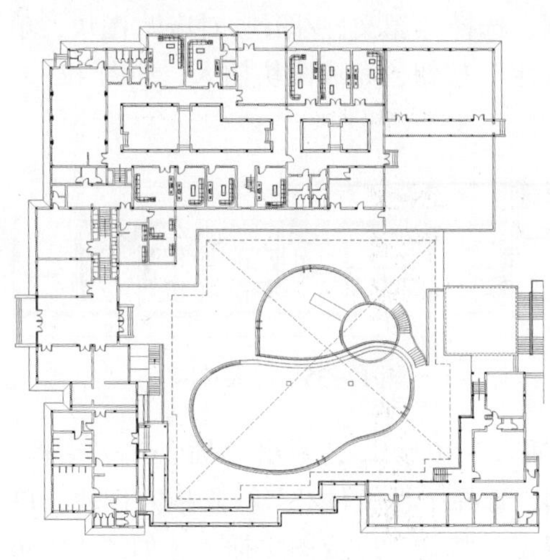

图 12-30 插入小茶几

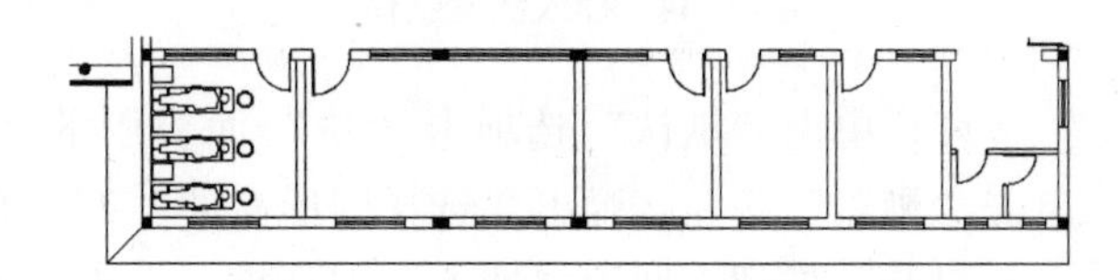

图 12-31 插入按摩椅

7）单击“默认”选项卡“块”面板中的“插入”按钮，弹出“插入”对话框。单击“浏览”按钮，弹出“选择图形文件”对话框，选择“源文件/图块/台球桌”图块，单击“打开”按钮，回到“插入”对话框，单击“确定”按钮，完成图块插入，如图 12-32 所示。

8）单击“默认”选项卡“块”面板中的“插入”按钮，弹出“插入”对话框。单击“浏览”按钮，弹出“选择图形文件”对话框，选择“源文件/图块/美发座椅”图块，单击“打开”按钮，回到“插入”对话框，单击“确定”按钮，完成图块插入，如图 12-33 所示。

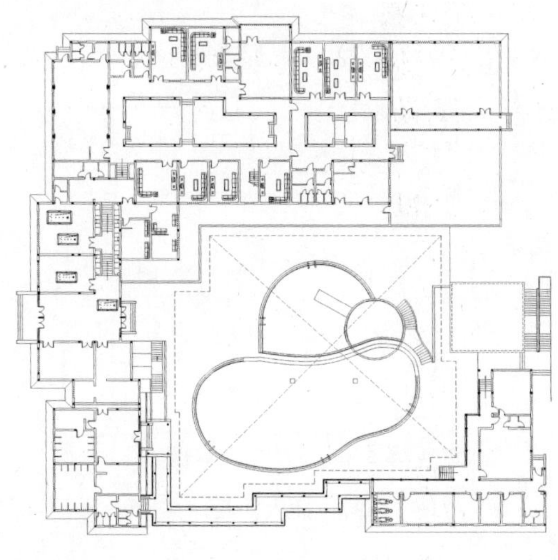

图 12-32 插入台球桌

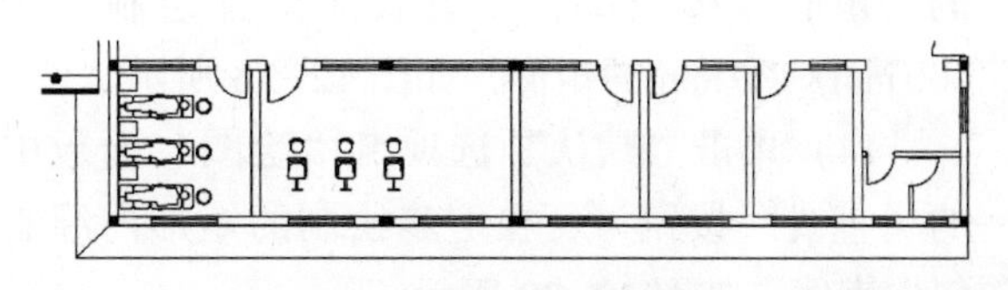

图 12-33 插入美发座椅

9）单击“默认”选项卡“块”面板中的“插入”按钮，弹出“插入”对话框。单击“浏览”按钮，弹出“选择图形文件”对话框，选择“源文件/图块/洗发躺椅”图块，单击“打开”按钮，回到“插入”对话框，单击“确定”按钮，完成图块插入，如图12-34所示。

10）单击“默认”选项卡“块”面板中的“插入”按钮，弹出“插入”对话框。单击“浏览”按钮，弹出“选择图形文件”对话框，选择“源文件/图块/对床”图块，单击“打开”按钮，回到“插入”对话框，单击“确定”按钮，完成图块插入，如图12-35所示。

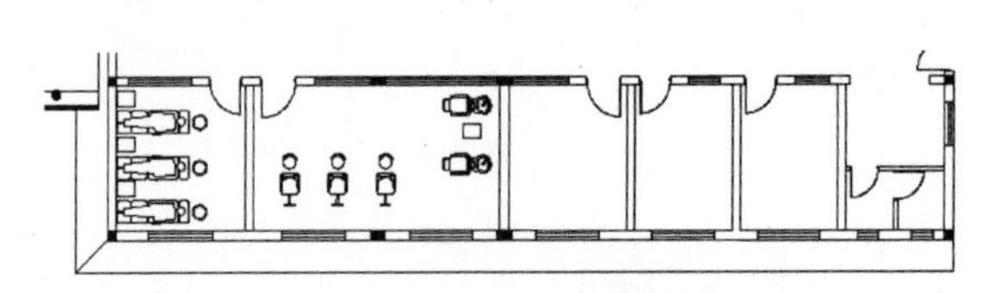

图12-34 插入洗发躺椅

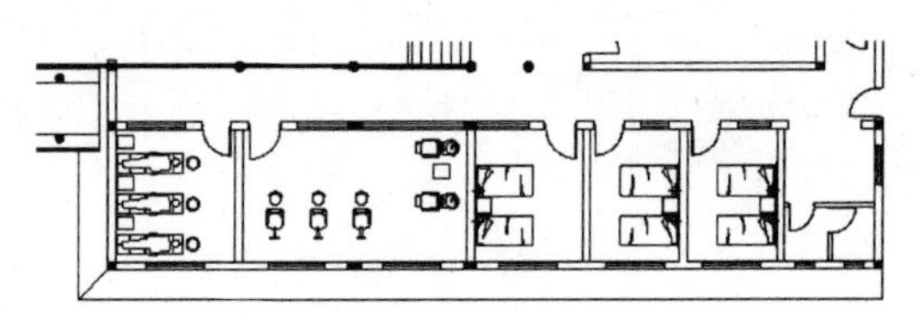

图12-35 插入对床

11）单击“默认”选项卡“块”面板中的“插入”按钮，弹出“插入”对话框。单击“浏览”按钮，弹出“选择图形文件”对话框，选择“源文件/图块/衣柜”图块，单击“打开”按钮，回到“插入”对话框，单击“确定”按钮，完成图块插入，如图12-36所示。

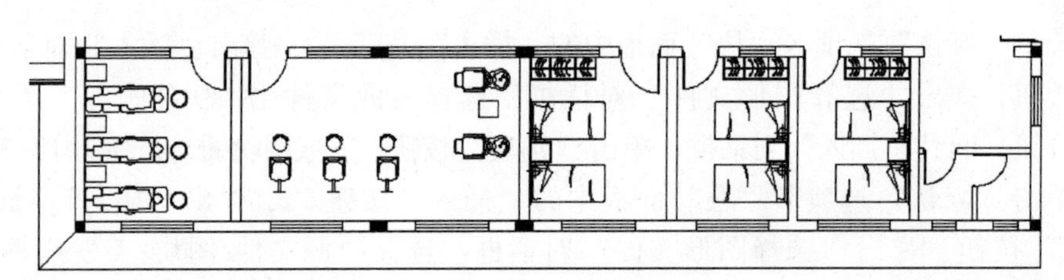

图12-36 插入衣柜

12）单击“默认”选项卡“块”面板中的“插入”按钮，弹出“插入”对话框。单击“浏览”按钮，弹出“选择图形文件”对话框，选择“源文件/图块/乒乓球桌”图块，单击“打开”按钮，回到“插入”对话框，单击“确定”按钮，完成图块插入，如图12-37所示。

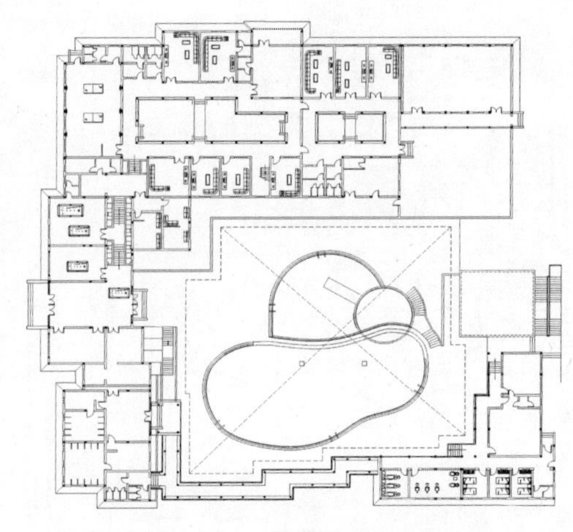

图12-37 插入乒乓球桌

13）单击“默认”选项卡“绘图”面板中的“矩形”按钮，在更衣间位置绘制一个600 mm×500 mm的矩形，如图12-38所示。

14）单击“默认”选项卡“绘图”面板中的“直线”按钮，在上步绘制的矩形内绘制斜向直线，如图12-39所示。

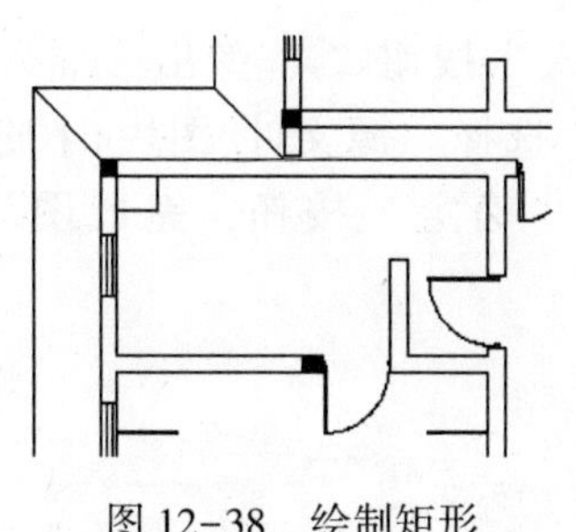

图 12-38　绘制矩形

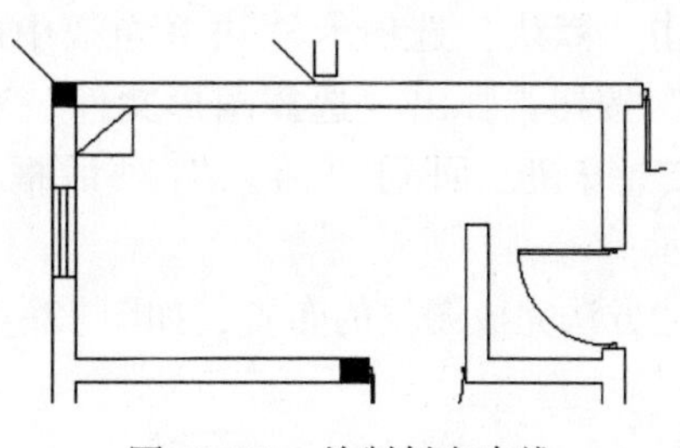

图 12-39　绘制斜向直线

15）单击“默认”选项卡“修改”面板中的“复制”按钮，选择上步绘制的图形为复制对象，将其向右进行连续复制，如图 12-40 所示。

16）单击“默认”选项卡“修改”面板中的“复制”按钮，选择上步复制后的图形为复制对象，将其向下进行复制，如图 12-41 所示。

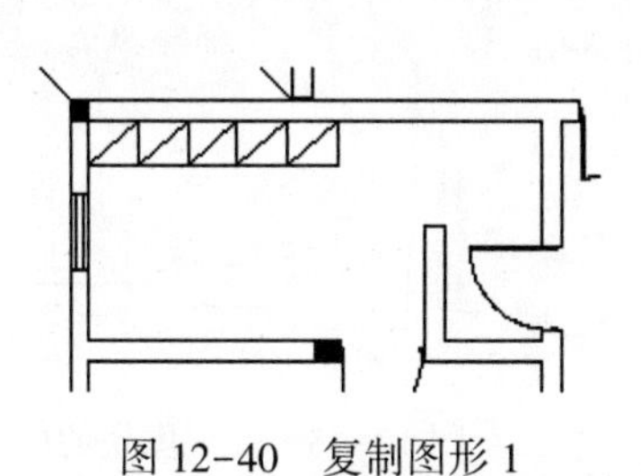

图 12-40　复制图形 1

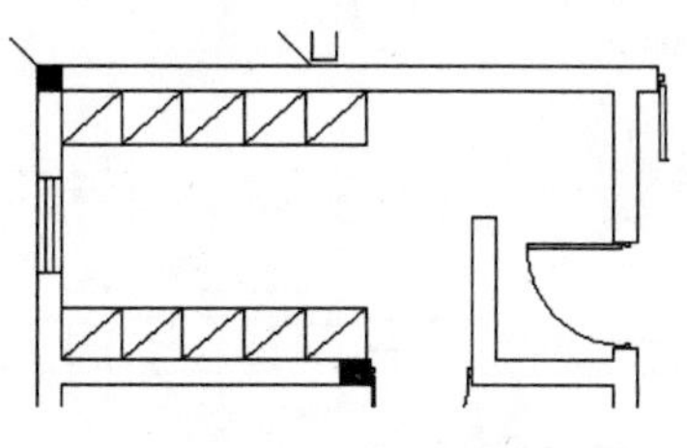

图 12-41　复制图形 2

利用上述方法完成相同图形的绘制，如图 12-42 所示。

17）单击“默认”选项卡“块”面板中的“插入”按钮，弹出“插入”对话框。单击“浏览”按钮，弹出“选择图形文件”对话框，选择“源文件/图块/蹲便器”图块，单击“打开”按钮，回到“插入”对话框，单击“确定”按钮，完成图块插入，如图 12-43 所示。

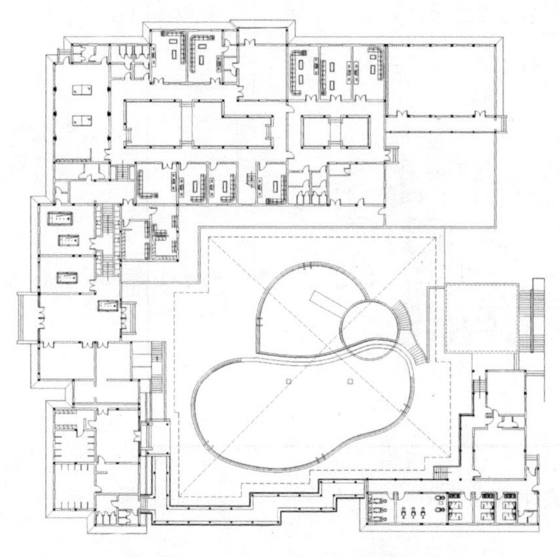

图 12-42　绘制相同图形

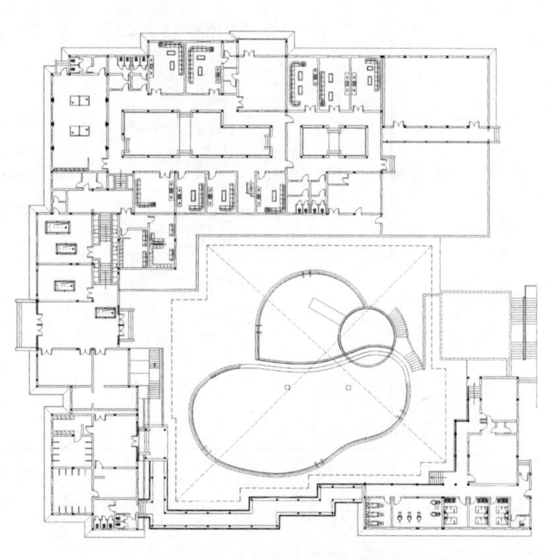

图 12-43　插入蹲便器

18）单击“默认”选项卡“块”面板中的“插入”按钮，弹出“插入”对话框。单击“浏览”按钮，弹出“选择图形文件”对话框，选择“源文件/图块/小便器”图块，单击“打开”按钮，回到“插入”对话框，单击“确定”按钮，完成图块插入，如图12-44所示。

利用上述方法完成图块的布置，如图12-45所示。

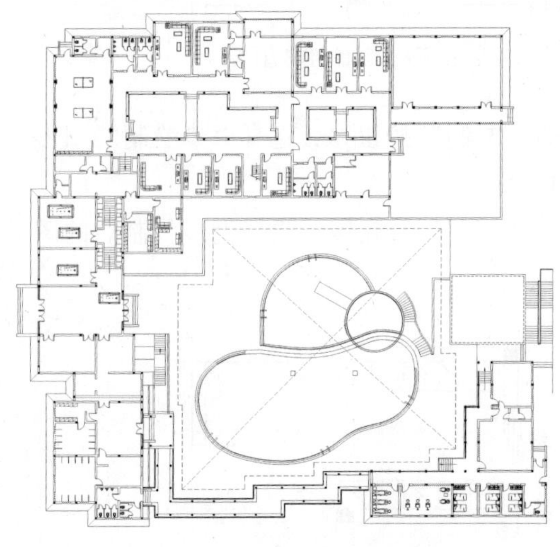

图12-44 插入小便器

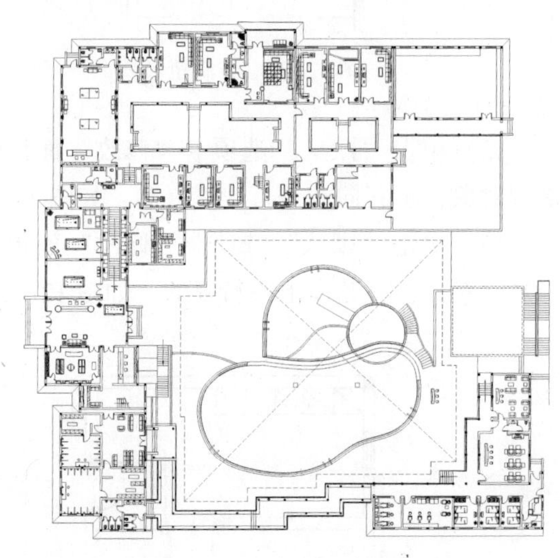

图12-45 完成图块的插入

19）打开关闭的图层，最终完成一层总平面布置图的绘制，如图12-46所示。

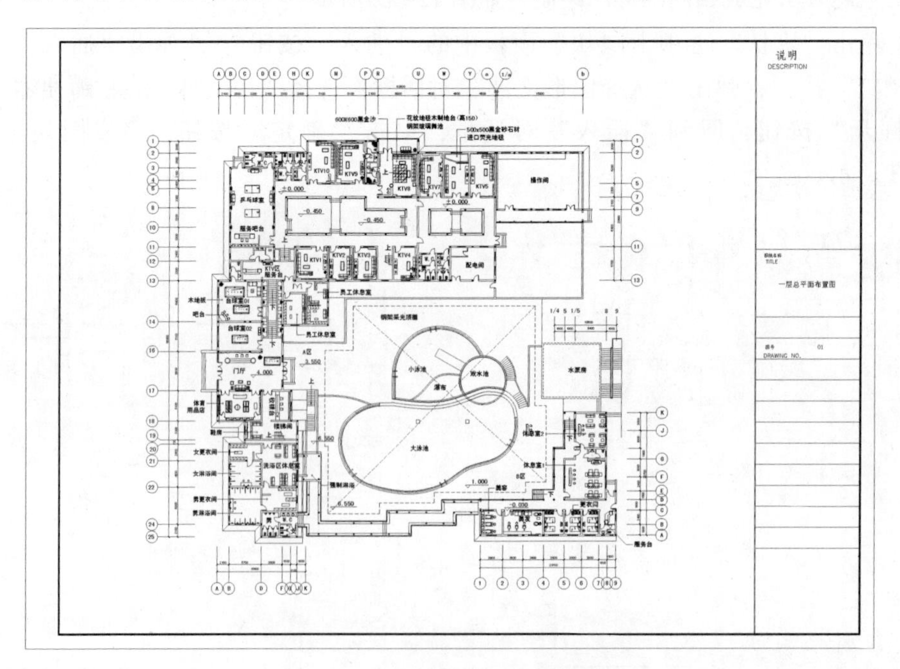

图12-46 一层总平面布置图

12.2 二层总平面布置图

二层总平面布置图如图 12-47 所示，下面讲述其绘制方法。

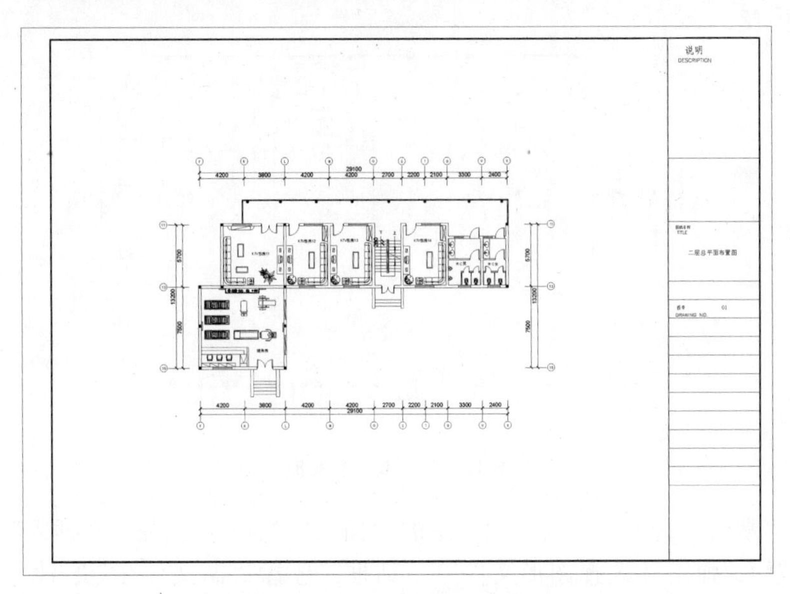

图 12-47 二层总平面布置图

12.2.1 绘制家具

1）利用前面学过的“绘图”和“编辑”命令绘制健身器械 1（见图 12-48）和健身器械 2（见图 12-49）。

2）其余所需图形可以参考前面的方法绘制完成，并将其定义为块。

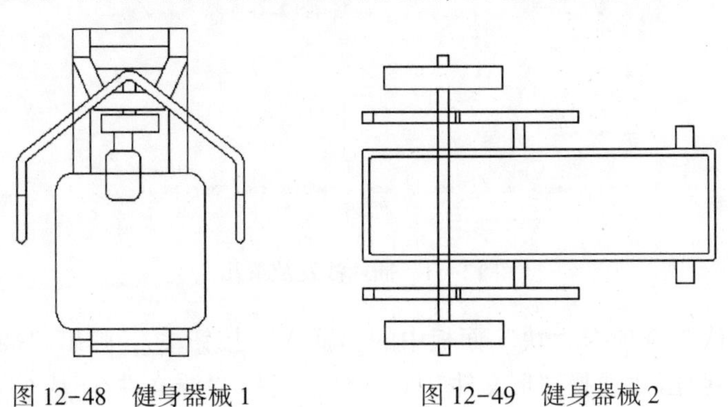

图 12-48 健身器械 1　　图 12-49 健身器械 2

12.2.2 布置家具

1）单击“快速访问”工具栏中的“打开”按钮，在弹出的“选择文件”对话框中单击“浏览”按钮，选择“源文件/第 11 章/二层平面图”，将其另存为“二层总平面布置图”。

2）单击“默认”选项卡“块”面板中的“插入”按钮，弹出“插入”对话框。单击“浏览”按钮，弹出“选择图形文件”对话框，选择“源文件/图块/电视柜”图块，单击“打开”按钮，回到“插入”对话框，单击“确定”按钮，完成图块插入，如图12-50所示。

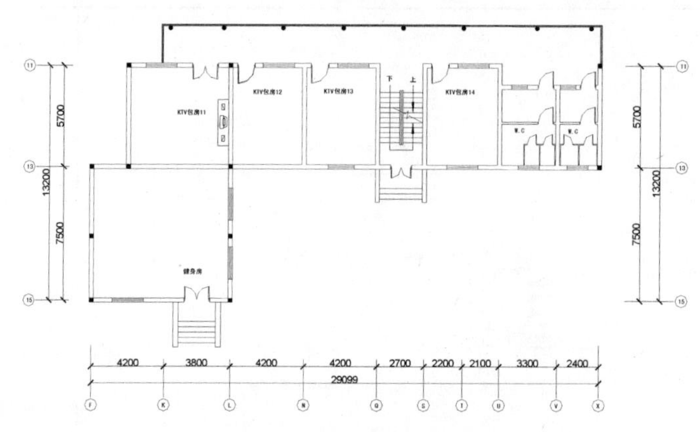

图12-50　插入电视柜

3）单击“默认”选项卡“块”面板中的“插入”按钮，弹出“插入”对话框。单击“浏览”按钮，弹出“选择图形文件”对话框，选择“源文件/图块/沙发及茶几”图块，单击“打开”按钮，回到“插入”对话框，单击“确定”按钮，完成图块插入，如图12-51所示。

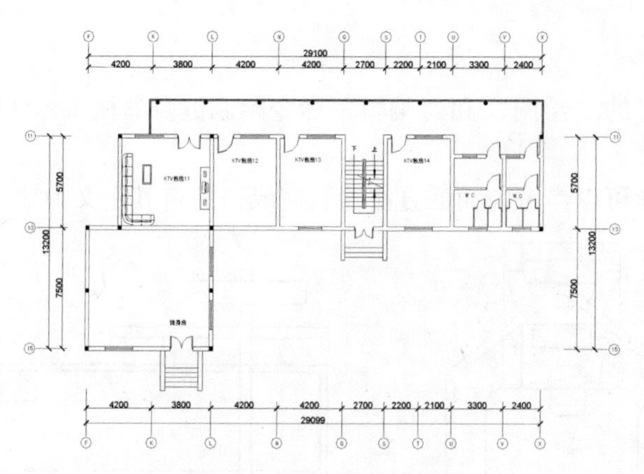

图12-51　插入沙发及茶几

4）单击“默认”选项卡“块”面板中的“插入”按钮，弹出“插入”对话框。单击“浏览”按钮，弹出“选择图形文件”对话框，选择“源文件/图块/小茶几”图块，单击“打开”按钮，回到“插入”对话框，单击“确定”按钮，完成图块插入，如图12-52所示。

5）单击“默认”选项卡“块”面板中的“插入”按钮，弹出“插入”对话框。单击“浏览”按钮，弹出“选择图形文件”对话框，选择“源文件/图块/绿植1”图块，单击“打开”按钮，回到“插入”对话框，单击“确定”按钮，完成图块插入，如图12-53

所示。

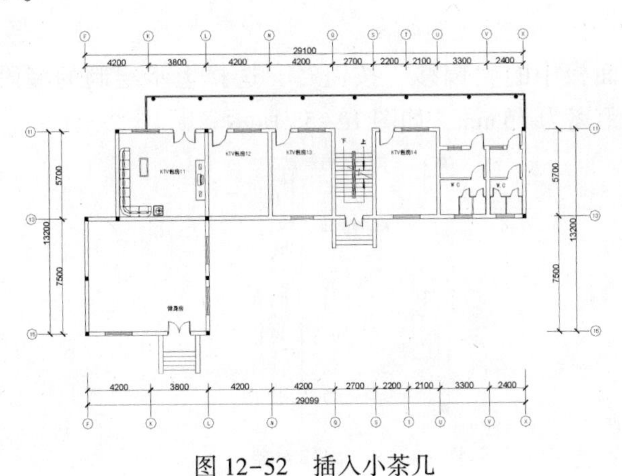

图 12-52 插入小茶几

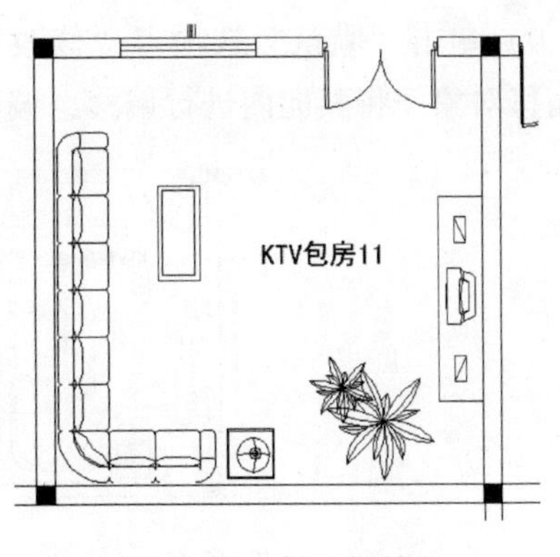

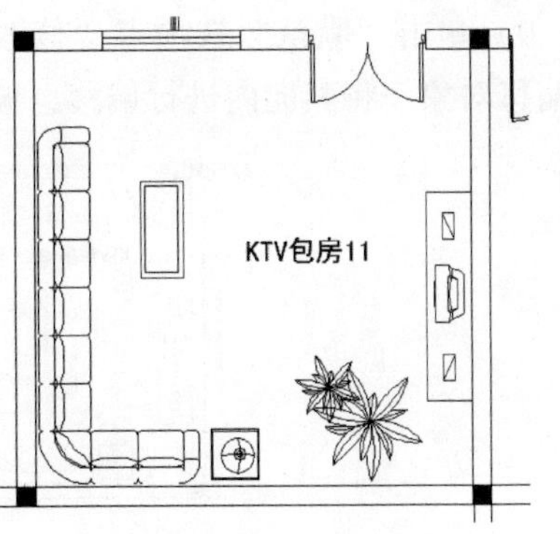

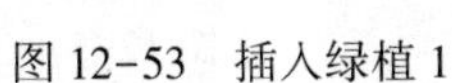

图 12-53 插入绿植 1

重复上述操作，完成相同图块的绘制，如图 12-54 所示。

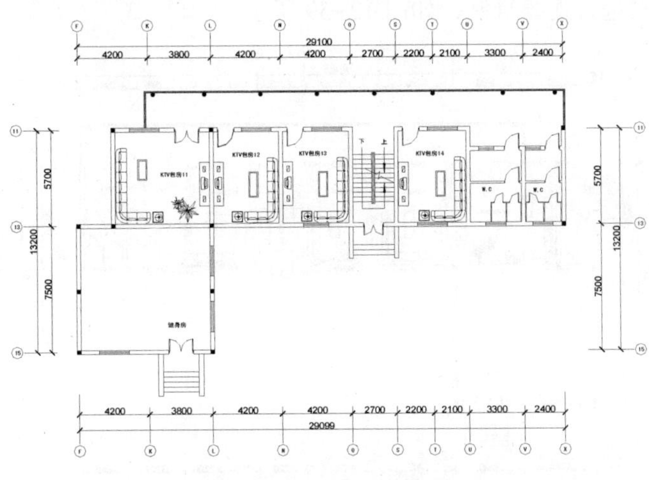

图 12-54 插入相同图块

6）单击“默认”选项卡“绘图”面板中的“矩形”按钮，在图 12-55 所示的位置处绘制一个 320 mm×1400 mm 的矩形。

7）单击“默认”选项卡“绘图”面板中的“直线”按钮，在上步绘制的矩形内绘制对角线，如图 12-56 所示。

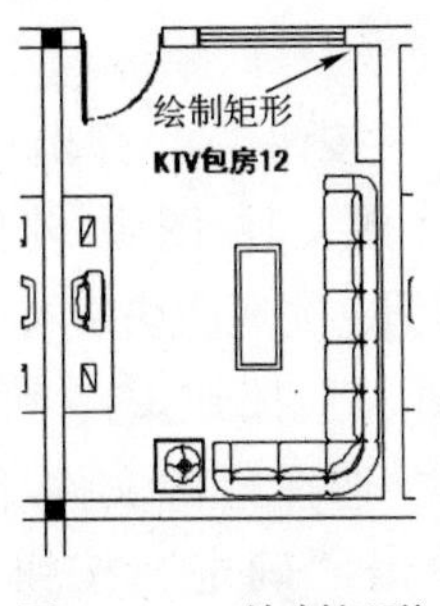

图 12-55 绘制矩形

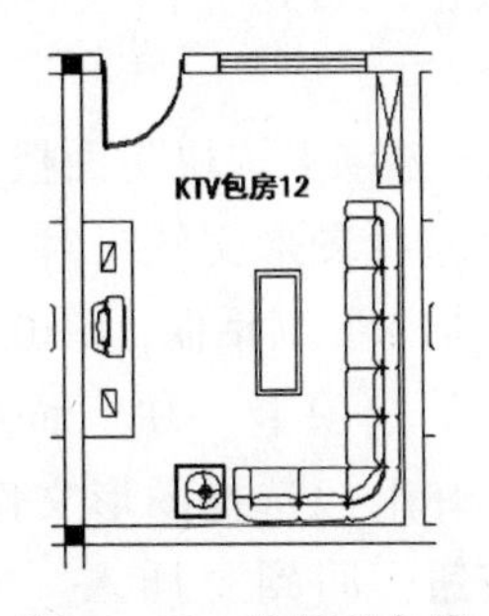

图 12-56 绘制对角线

8）单击“默认”选项卡“绘图”面板中的“多段线”按钮，在矩形外侧绘制连续多段线，如图 12-57 所示。

9）单击“默认”选项卡“修改”面板中的“偏移”按钮，选择上步绘制的多段线为偏移对象，将其向内进行偏移，偏移距离为 15 mm，如图 12-58 所示。

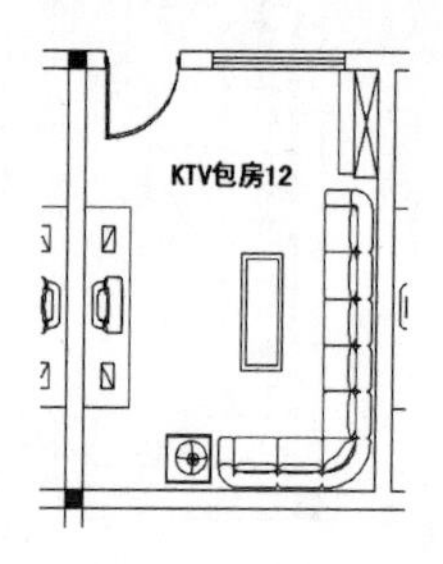

图 12-57 绘制多段线

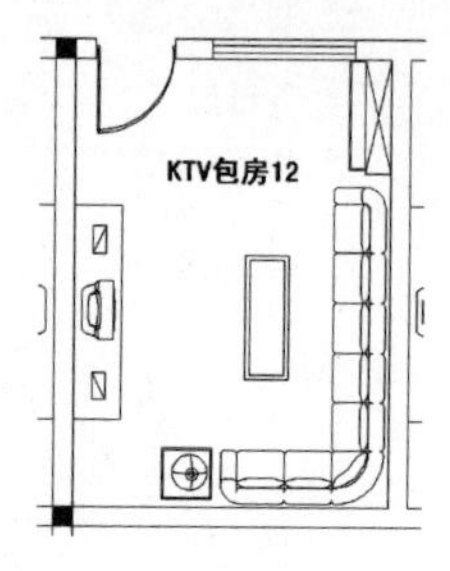

图 12-58 偏移对象

10）单击“默认”选项卡“修改”面板中的“复制”按钮，选择上步绘制完成的图形为复制对象，对其进行连续复制，如图 12-59 所示。

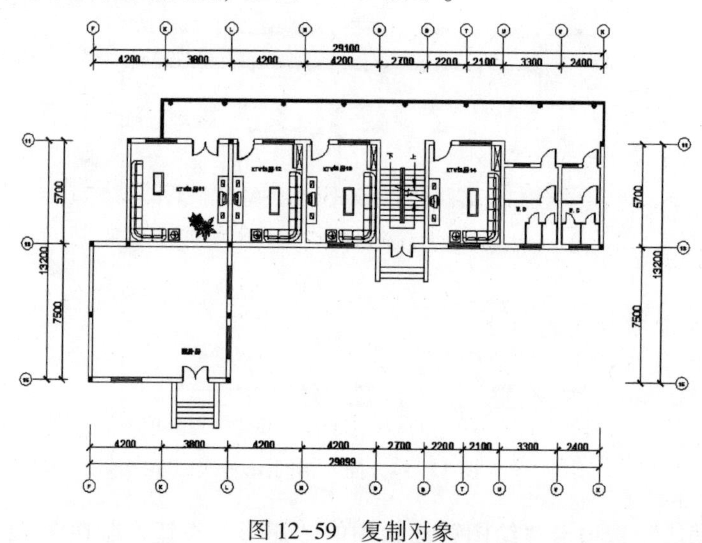

图 12-59 复制对象

11）单击“默认”选项卡“块”面板中的“插入”按钮，弹出“插入”对话框。单击“浏览”按钮，弹出“选择图形文件”对话框，选择“源文件/图块/健身器械 1”图块，单击“打开”按钮，回到“插入”对话框，单击“确定”按钮，完成图块插入，如图 12-60 所示。

12）单击“默认”选项卡“块”面板中的“插入”按钮，弹出“插入”对话框。单击“浏览”按钮，弹出“选择图形文件”对话框，选择“源文件/图块/健身器械 2”图块，单击“打开”按钮，回到“插入”对话框，单击“确定”按钮，完成图块插入，如图 12-61 所示。

13）单击“默认”选项卡“块”面板中的“插入”按钮，弹出“插入”对话框。单击“浏览”按钮，弹出“选择图形文件”对话框，选择“源文件/图块/健身器械 2”图块，单击“打开”按钮，回到“插入”对话框，单击“确定”按钮，完成图块插入，如图 12-62 所示。

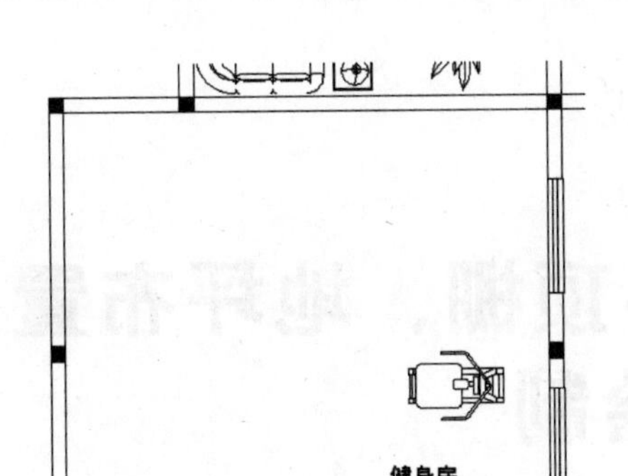

图 12-60 插入健身器械 1

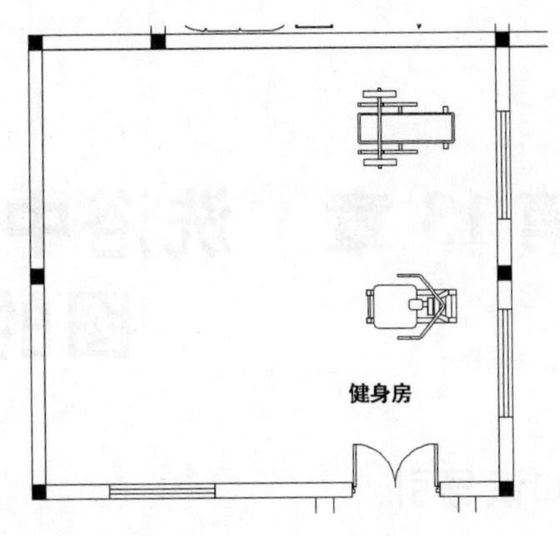

图 12-61 插入健身器械 2

利用上述方法完成图形中所有图块的插入，如图 12-63 所示。

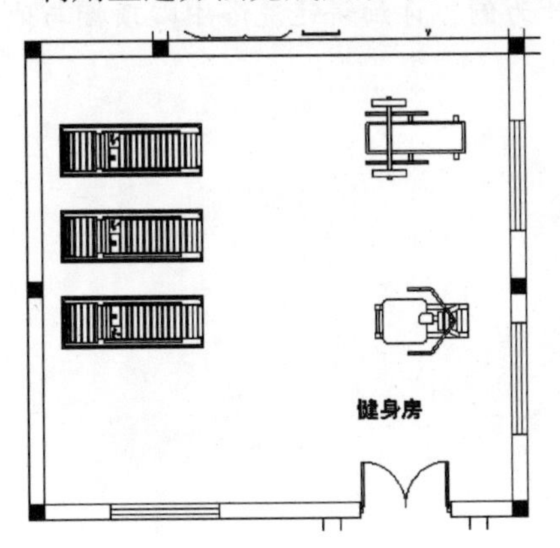

图 12-62 插入跑步机

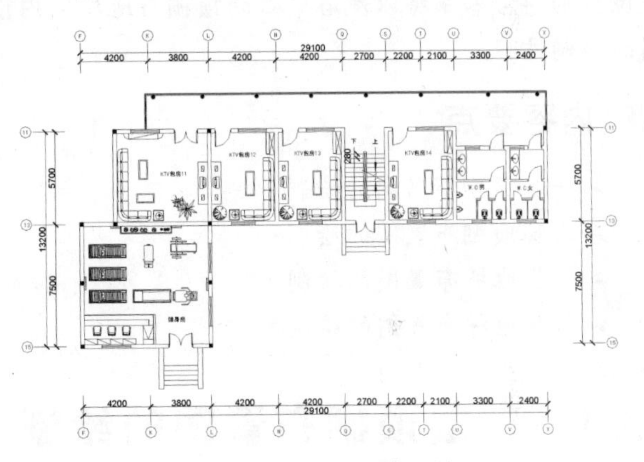

图 12-63 插入剩余图块

14）单击“默认”选项卡“块”面板中的“插入”按钮，弹出“插入”对话框，选择定义的图框为插入对象，将其放置到绘制的图形外侧，如图 12-64 所示，最终完成二层总平面布置图的绘制。

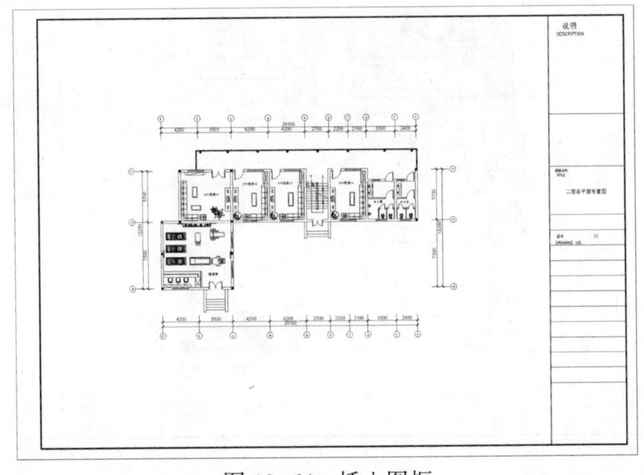

图 12-64 插入图框

第13章 洸浴中心顶棚、地坪布置图的绘制

知识导引

顶棚图与地坪图是室内设计中特有的图样。顶棚图是用于表现室内顶棚造型、灯具及相关电器布置的顶棚水平镜像投影图；地坪图是用于表现室内地面造型、纹饰图案布置的水平镜像投影图。本章将以洗浴中心的顶棚与地坪室内设计为例，详细讲述洗浴中心顶棚与地坪图的绘制过程。

内容要点

- 一层顶棚布置图的绘制
- 二层顶棚布置图的绘制
- 一层地坪布置图的绘制
- 二层地坪布置图的绘制

13.1 一层顶棚布置图的绘制

一层顶棚布置图如图13-1所示，下面讲述其绘制方法。

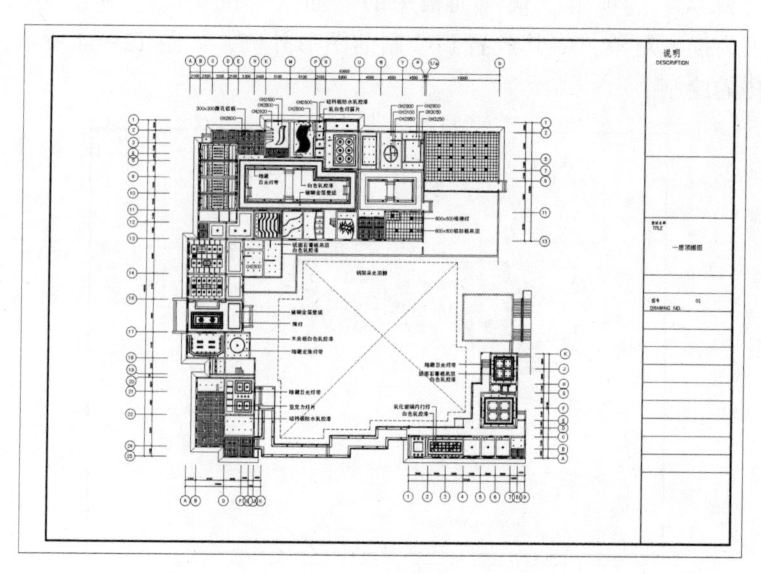

图13-1 一层顶棚布置图

13.1.1 整理图形

1）单击“快速访问”工具栏中的“打开”按钮，弹出“选择文件”对话框，如图13-2所示。选择一层平面图，将其打开，并关闭不需要的图层，如图13-3所示。

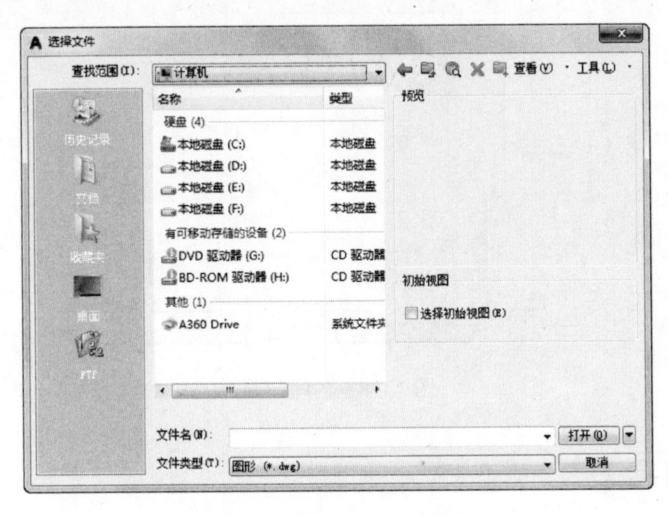

图13-2 “选择文件”对话框

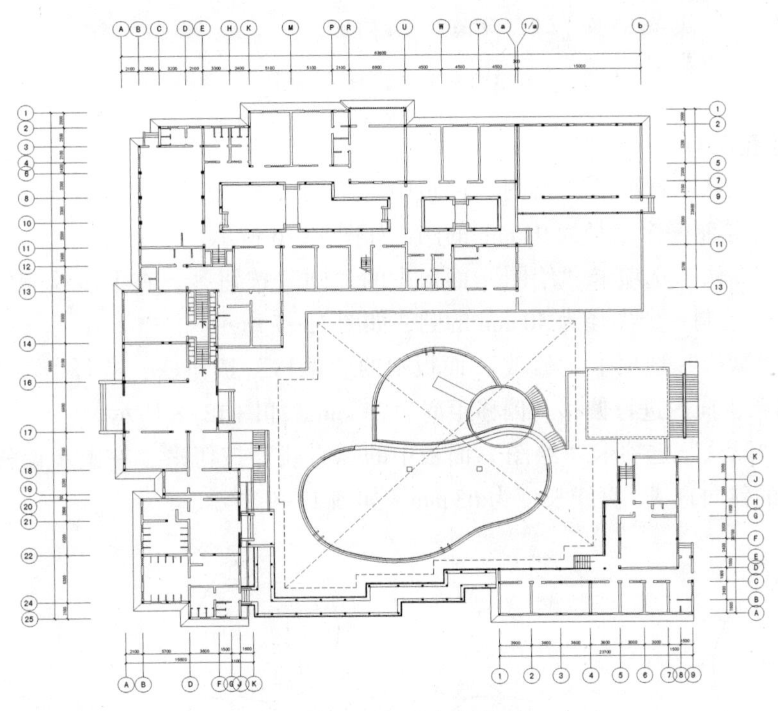

图13-3 关闭不需要的图层

2）单击“默认”选项卡“绘图”面板中的“直线”按钮，在门洞处绘制直线封闭门洞，如图13-4所示。

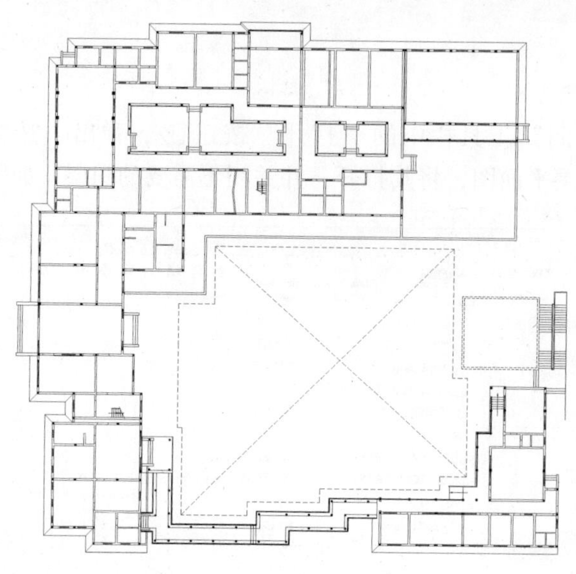

图 13-4　封闭门洞

13.1.2 绘制灯具

在绘制灯具之前，设计者应新建“灯具”图层，并将其置为当前层，如图 13-5 所示。

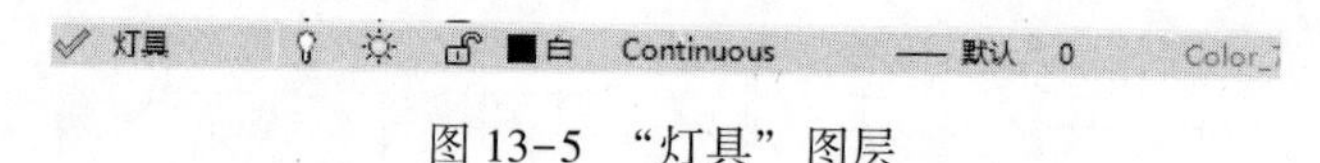

图 13-5 “灯具”图层

1. 绘制小型吊灯

1）单击“默认”选项卡“绘图”面板中的“圆”按钮，在图形空白位置处任选一点为圆的圆心，绘制一个半径为 91 mm 的圆，如图 13-6 所示。

2）单击“默认”选项卡“绘图”面板中的“圆”按钮，在上步绘制的圆外选取一点为圆的圆心，绘制一个半径为 40 mm 的圆，如图 13-7 所示。

3）单击“默认”选项卡“修改”面板中的“偏移”按钮，选择上步半径为 91 mm 的圆为偏移对象，向内进行偏移，偏移距离为 21 mm，如图 13-8 所示。

4）单击“默认”选项卡“绘图”面板中的“直线”按钮，在上步偏移的圆上绘制 4 条长度相等的斜向直线，直线长度为 63 mm，如图 13-9 所示。

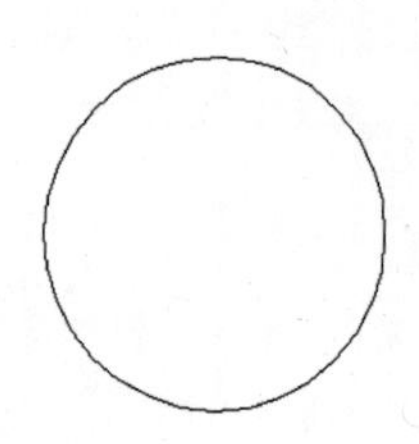

图 13-6　绘制半径为 91 mm 的圆

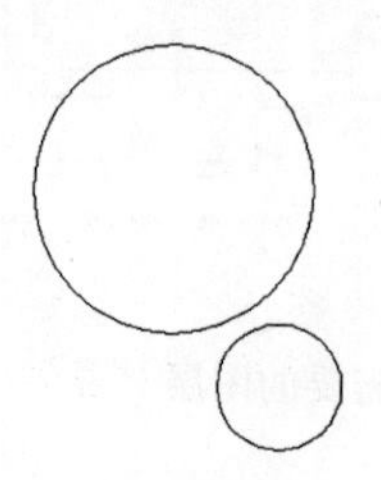

图 13-7　绘制半径为 40 mm 的圆

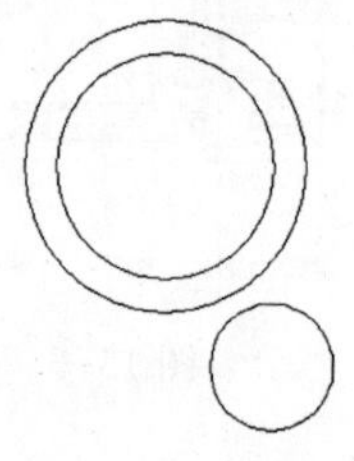

图 13-8　偏移圆

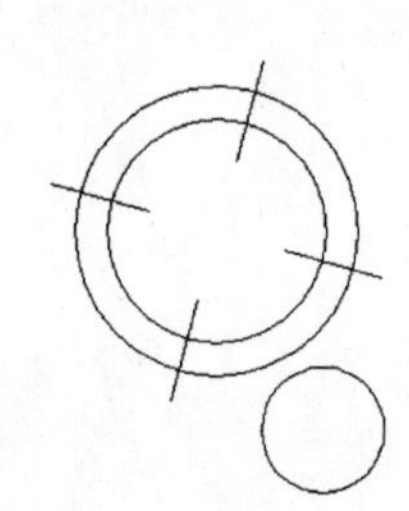

图 13-9　绘制斜向直线

5）单击“默认”选项卡“修改”面板中的“环形阵列”按钮，选择图 13-10 所示的图形为阵列对象，选择半径为 40 mm 的圆的圆心为环形阵列基点，设置项目数为“3”，如图 13-10 所示。

6）单击“默认”选项卡“绘图”面板中的“直线”按钮，在阵列后的图形间绘制两条斜向直线。单击“默认”选项卡“修改”面板中的“环形阵列”按钮，选择绘制斜向直线为阵列对象，以中间小圆圆心为环形阵列基点，设置项目数为“3”，完成小型吊灯的绘制，如图 13-11 所示。

7）单击“默认”选项卡“块”面板中的“创建”按钮，弹出“块定义”对话框，如图 13-12 所示，选择上步图形为定义对象，选择任意点为基点，将其定义为块，块名为“小型吊灯”。

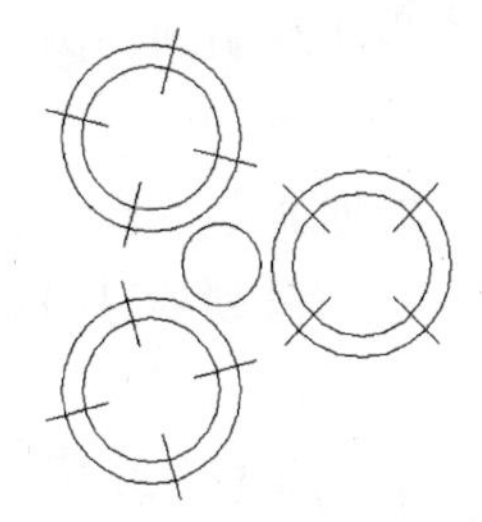

图 13-10　阵列图形

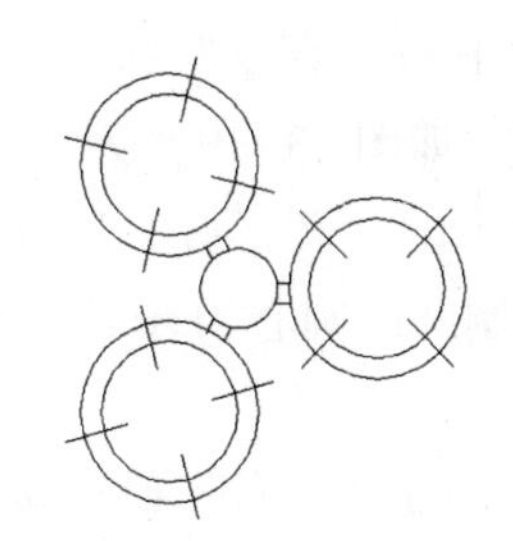

图 13-11　绘制小型吊灯

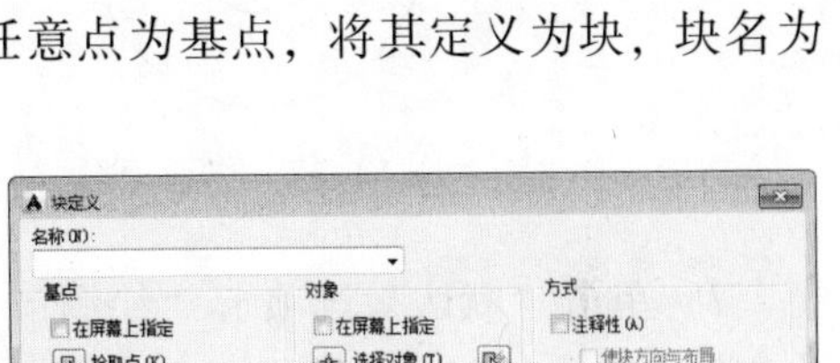
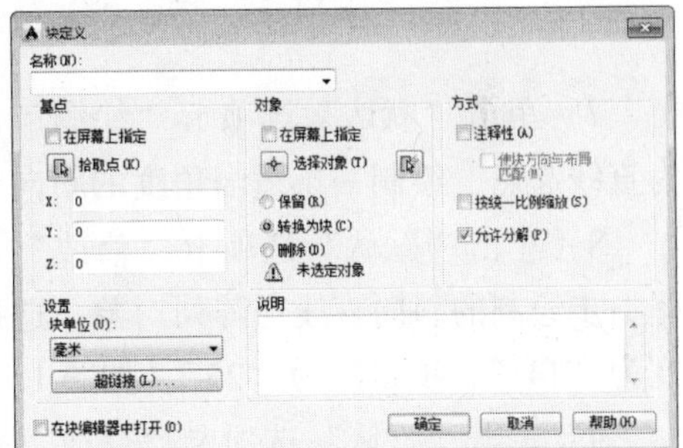

图 13-12　“块定义”对话框

2. 绘制装饰吊灯

1）单击“默认”选项卡“绘图”面板中的“圆”按钮，在图形空白位置处任选一点为圆心，绘制一个半径为 209 mm 的圆，如图 13-13 所示。

2）单击“默认”选项卡“修改”面板中的“偏移”按钮，选择上步绘制的圆为偏移对象，向内进行偏移，偏移距离依次为 118 mm 和 44 mm，如图 13-14 所示。

3）单击“默认”选项卡“绘图”面板中的“矩形”按钮，在图形空白位置处任选一点为矩形起点，绘制一个 16 mm×116 mm 的矩形。如图 13-15 所示。

4）单击“默认”选项卡“修改”面板中的“旋转”按钮，选择上步绘制的矩形为旋转对象，选择绘制矩形左下角点为旋转基点，将绘制矩形旋转 26°，如图 13-16 所示。

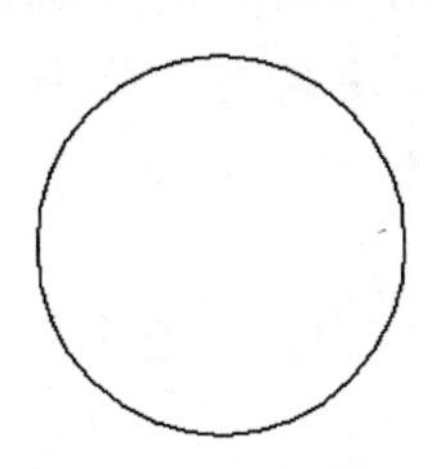

图 13-13　绘制半径为 209 mm 的圆

图 13-14　偏移圆

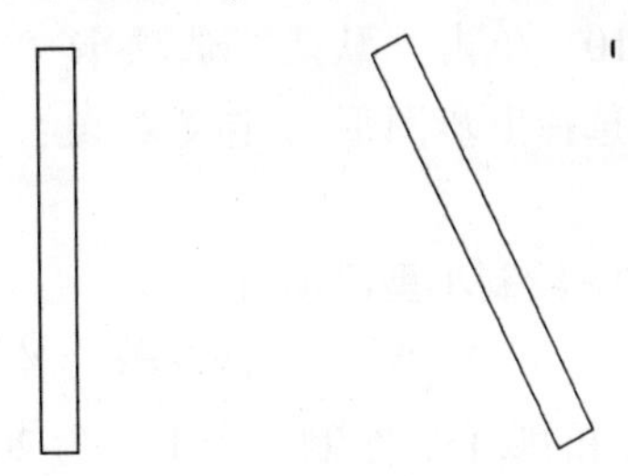

图 13-15　绘制矩形　　图 13-16　旋转矩形

5）单击“默认”选项卡“修改”面板中的“移动”按钮，选择上步绘制的矩形为移动对象，在图形上任选一点为移动基点，将其放置到前面绘制的圆图形上，如图 13-17

所示。

6）单击“默认”选项卡“绘图”面板中的“圆”按钮，在上步移动矩形上方选择一点为绘制圆的圆心，绘制一个半径为139 mm的圆，如图13-18所示。

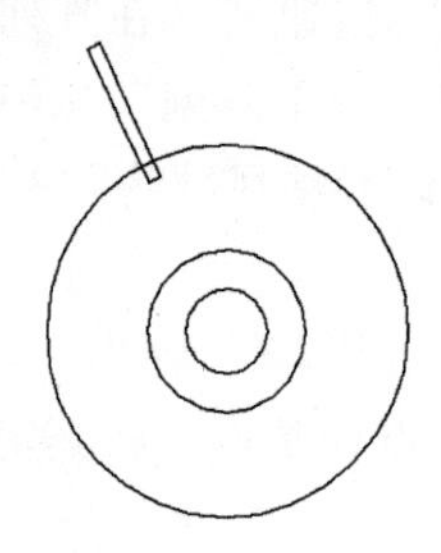

图13-17 移动矩形

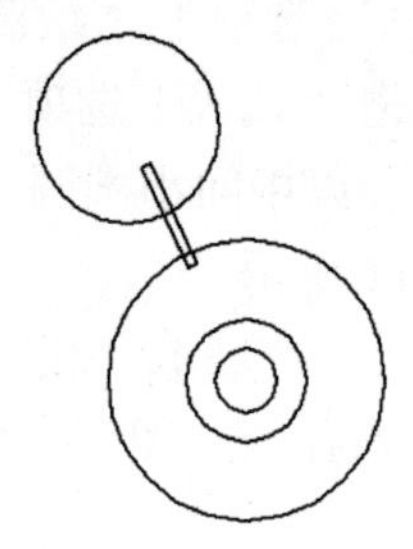

图13-18 绘制半径为139 mm的圆

7）单击“默认”选项卡“绘图”面板中的“直线”按钮，以上步所绘制圆的圆心为直线起点，绘制一条适当角度的斜向直线，如图13-19所示。

8）单击“默认”选项卡“修改”面板中的“环形阵列”按钮，根据命令行提示选择上步绘制的斜向直线为阵列对象，选择绘制圆的圆心为环形阵列基点，设置阵列项目间角度为“14°”，项目数为“25”，如图13-20所示。

9）单击“默认”选项卡“修改”面板中的“环形阵列”按钮，选择图13-20所示的图形为阵列对象，选择半径为209 mm的圆的圆心为环形阵列基点，设置项目数为“6”，完成装饰吊灯的绘制，如图13-21所示。

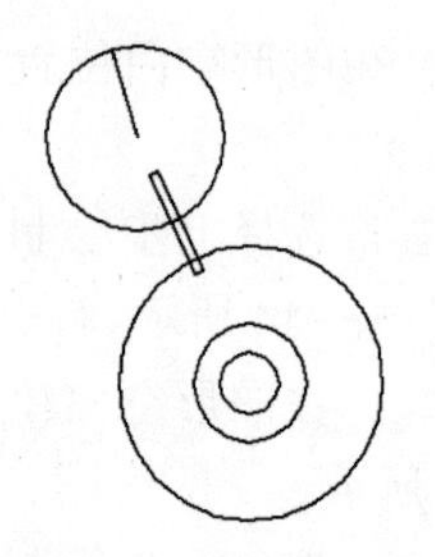

图13-19 绘制斜向直线

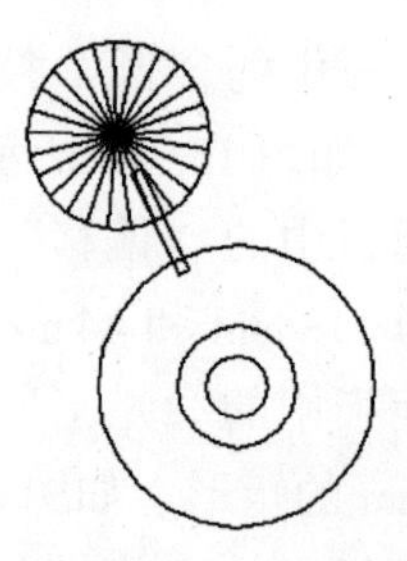

图13-20 阵列项目

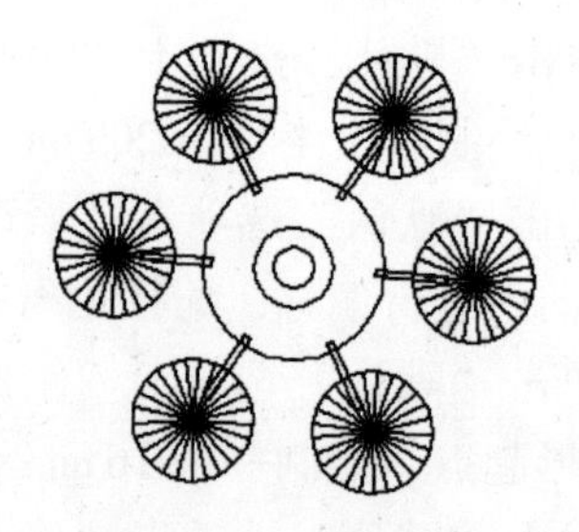

图13-21 装饰吊灯

10）单击“默认”选项卡“块”面板中的“创建”按钮，弹出“块定义”对话框，选择上步图形为定义对象，选择任意点为基点，将其定义为块，块名为“装饰吊灯”。

3. 绘制小型吸顶灯

1）单击“默认”选项卡“绘图”面板中的“圆”按钮，在图形空白位置处任选一点为圆的圆心，绘制一个半径为200 mm的圆，如图13-22所示。

2）单击“默认”选项卡“修改”面板中的“偏移”按钮，选择上步绘制的圆为偏移对象，向内进行偏移，偏移距离为20 mm和155 mm，如图13-23所示。

3）单击“默认”选项卡“绘图”面板中的“矩形”按钮，在上步偏移的圆图形上任选一点为矩形起点，绘制一个20 mm×50 mm的矩形，如图13-24所示。

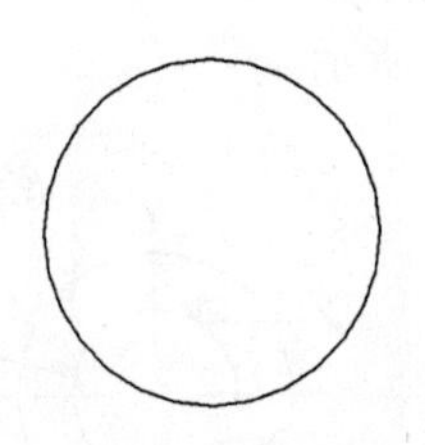

图 13-22 绘制半径为 200 mm 的圆

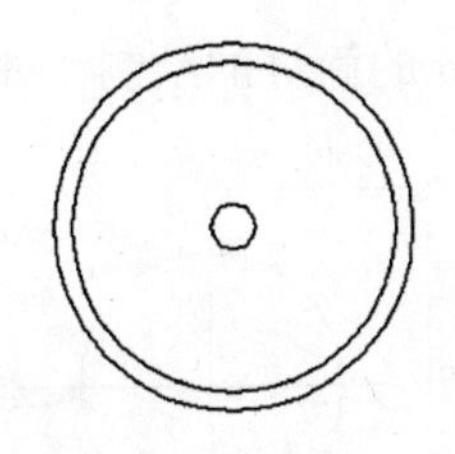

图 13-23 偏移圆（一）

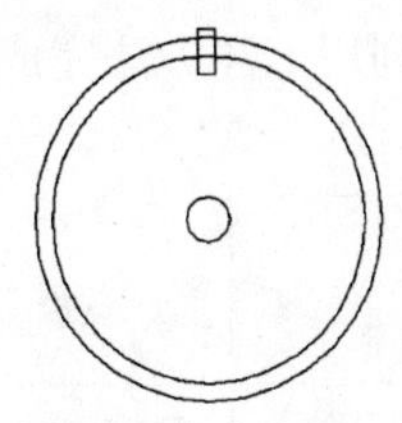

图 13-24 绘制矩形

4）单击“默认”选项卡“修改”面板中的“环形阵列”按钮，选择上步绘制完成的矩形为阵列对象，选择半径为 200 mm 的圆的圆心为环形阵列基点，设置项目数为“4”，完成阵列，如图 13-25 所示。

5）单击“默认”选项卡“绘图”面板中的“直线”按钮，选择内部小圆圆心，绘制十字交叉线，如图 13-26 所示。

6）单击“默认”选项卡“修改”面板中的“旋转”按钮，选择上步绘制的十字交叉线为旋转对象，以相交点为旋转基点，将其旋转 45°，完成普通吸顶灯的绘制，如图 13-27 所示。

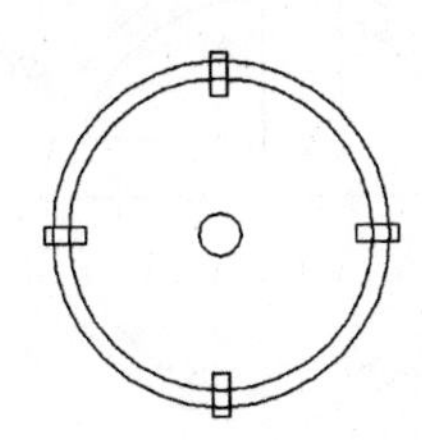

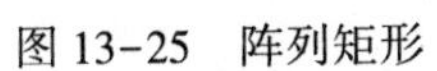

图 13-25 阵列矩形

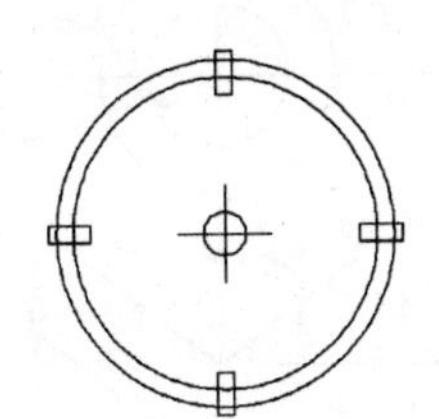

图 13-26 绘制十字交叉线（一）

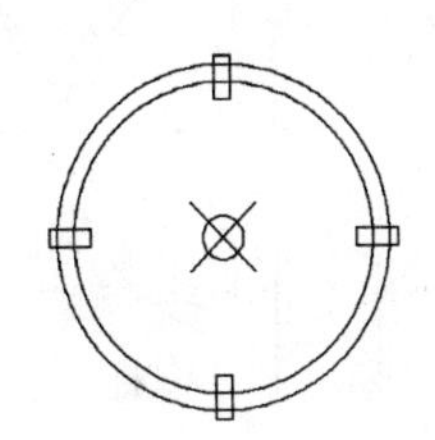

图 13-27 旋转线段

4. 绘制外径为 100 mm 的筒灯

1）单击“默认”选项卡“绘图”面板中的“圆”按钮，在图形空白位置处任选一点为圆心，绘制一个半径为 100 mm 的圆，如图 13-28 所示。

2）单击“默认”选项卡“修改”面板中的“偏移”按钮，选择上步绘制的圆为偏移对象，向内进行偏移，偏移距离为 40 mm，如图 13-29 所示。

3）单击“默认”选项卡“绘图”面板中的“直线”按钮，过上步偏移圆的圆心绘制十字交叉线，长度均为 360 mm，完成外径为 100 mm 的筒灯的绘制，如图 13-30 所示。

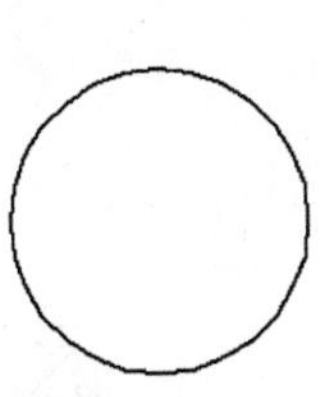

图 13-28 绘制半径为 100 mm 的圆

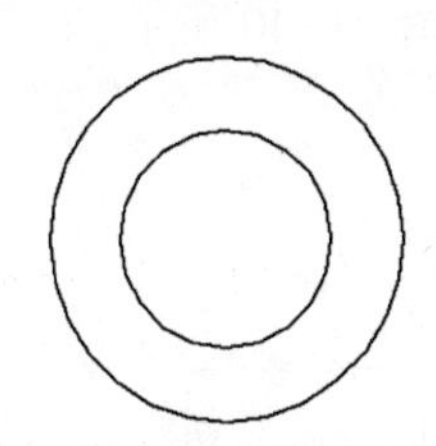

图 13-29 偏移圆（二）

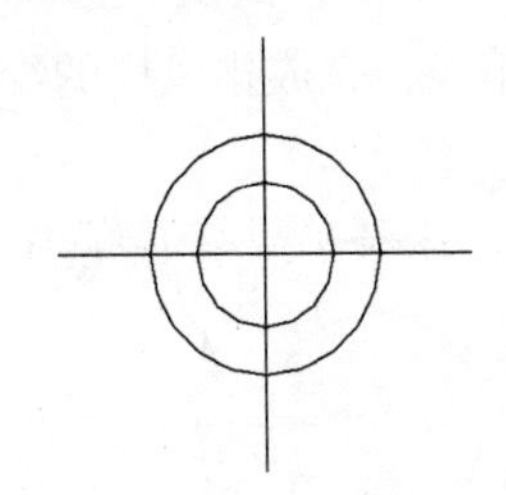

图 13-30 绘制十字交叉线（二）

4）利用上述方法完成外径为 50 mm 的筒灯的绘制，如图 13-31 所示。

5）利用上述方法完成外径为 68 mm 的筒灯的绘制，如图 13-32 所示。

6）利用上述方法完成外径 60 mm 的筒灯的绘制，如图 13-33 所示。

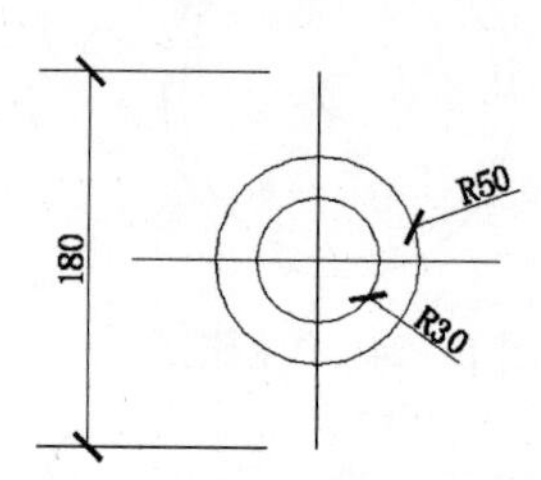

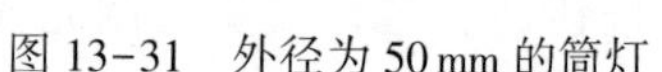
图 13-31 外径为 50 mm 的筒灯

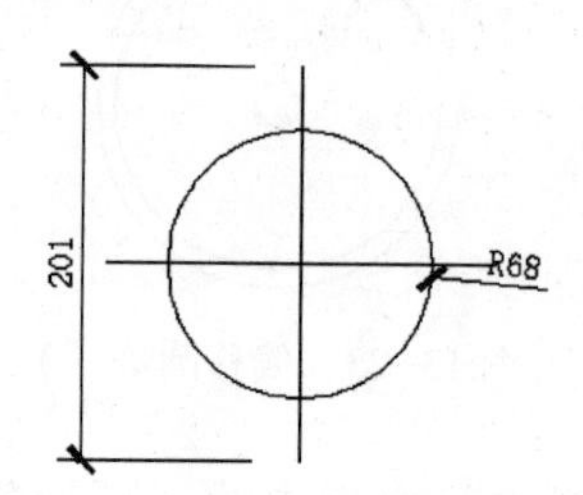

图 13-32 外径为 68 mm 的筒灯

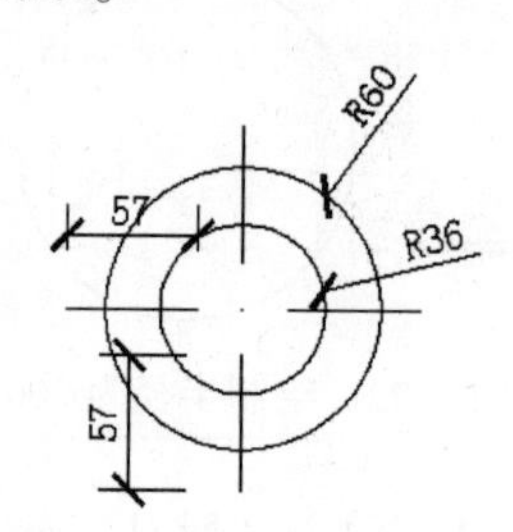

图 13-33 外径为 60 mm 的筒灯

7）利用上述方法完成外径 160 mm 的筒灯的绘制，如图 13-34 所示。

8）利用上述方法完成小型射灯的绘制，如图 13-35 所示。

9）利用上述方法完成外径 260 mm 的筒灯的绘制，如图 13-36 所示。

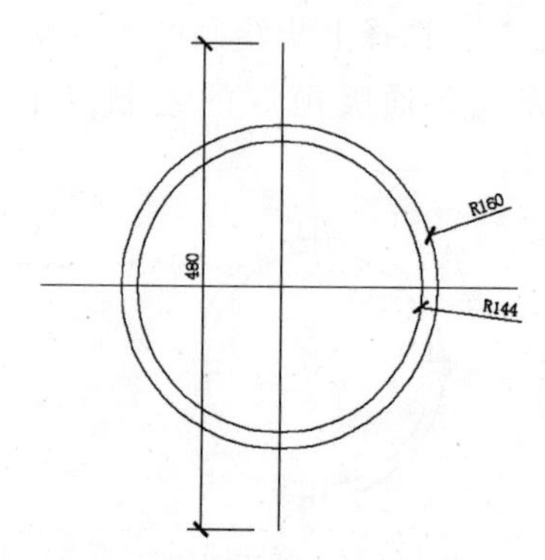

图 13-34 外径为 160 mm 的筒灯

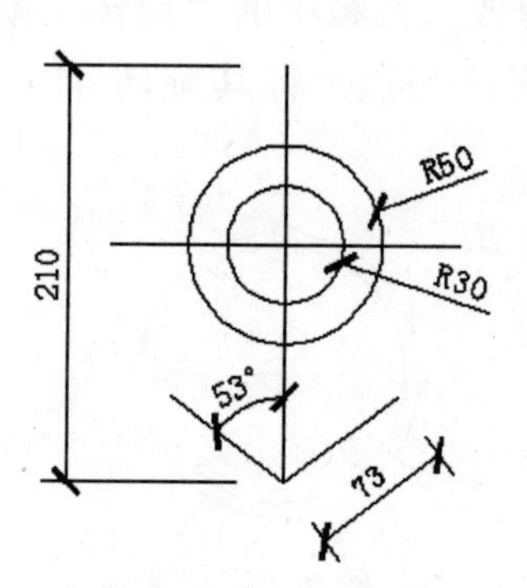

图 13-35 小型射灯

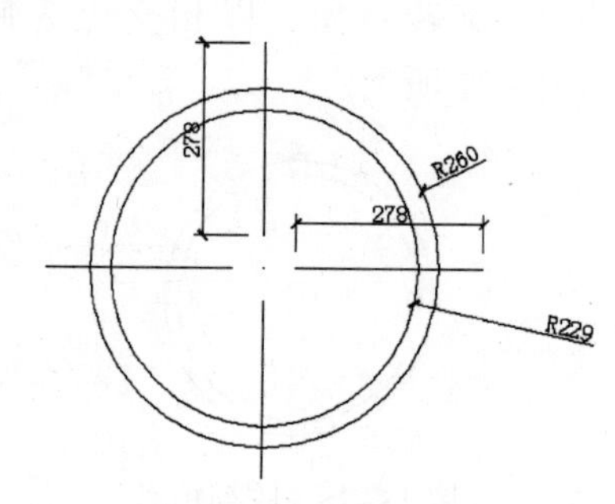

图 13-36 外径为 260 mm 的筒灯

10）利用上述方法完成外径 50 mm 的筒灯的绘制，如图 13-37 所示。

5. 绘制排风扇

1）单击“默认”选项卡“绘图”面板中的“矩形”按钮□，在图形中的适当位置处任选一点为矩形起点，绘制一个 250 mm×250 mm 的矩形，如图 13-38 所示。

2）单击“默认”选项卡“修改”面板中的“偏移”按钮，选择上步绘制的矩形为偏移对象，将其向内进行偏移，偏移距离为 20 mm，如图 13-39 所示。

3）单击“默认”选项卡“绘图”面板中的“直线”按钮，在上步偏移的矩形内绘制对角线，完成排风扇的绘制，如图 13-40 所示。

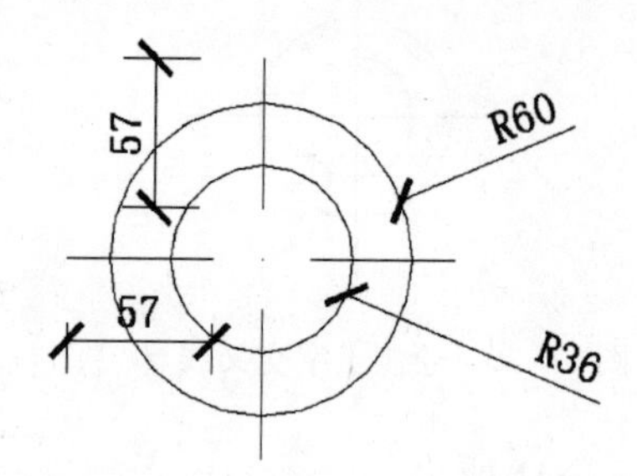

图 13-37 外径为 50 mm 的筒灯

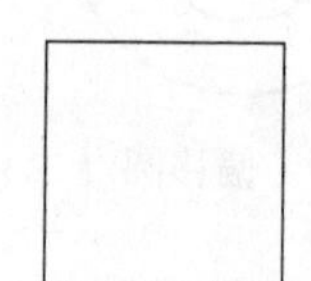
图 13-38 绘制矩形

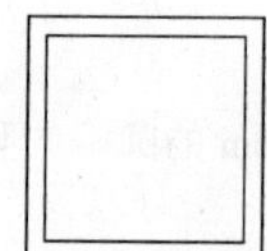
图 13-39 偏移矩形

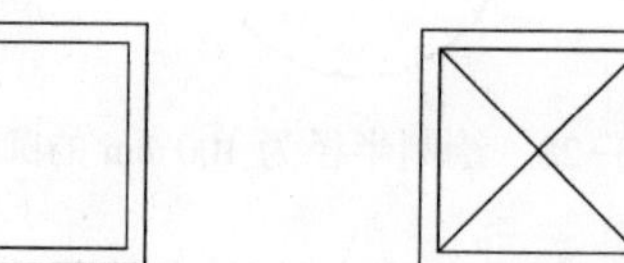
图 13-40 绘制对角线

4）单击“默认”选项卡“块”面板中的“创建”按钮，弹出“块定义”对话框，选择上步绘制的图形为定义对象，选择任意点为基点，将其定义为块，块名为“排风扇”。

13.1.3 绘制装饰吊顶

1）新建“顶棚”图层，如图 13-41 所示，并将其置为当前层。

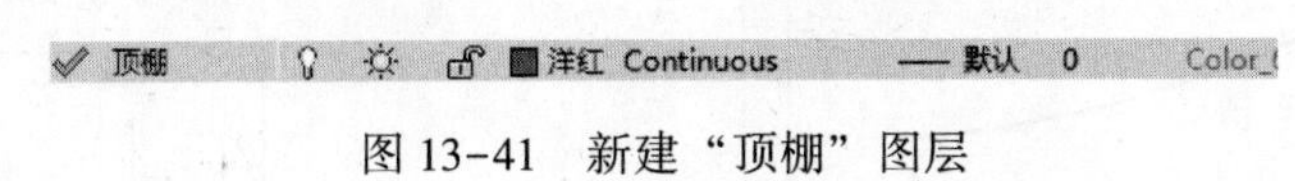

图 13-41 新建“顶棚”图层

2）单击“默认”选项卡“绘图”面板中的“直线”按钮，在图 13-42 所示的位置处绘制一条水平直线，如图 13-43 所示。

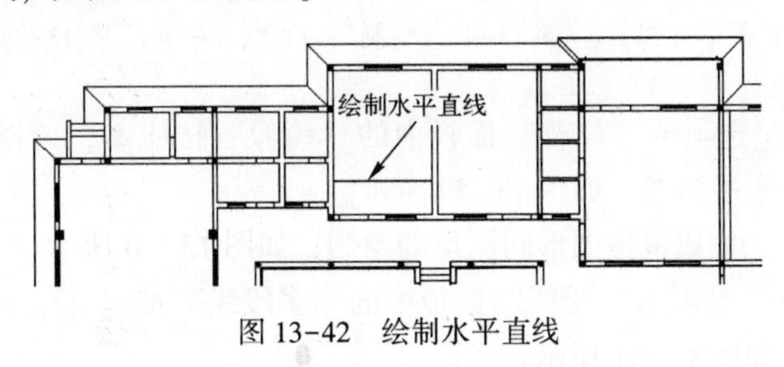

图 13-42 绘制水平直线

3）单击“默认”选项卡“绘图”面板中的“矩形”按钮，在上步绘制的直线下方选取一点为矩形起点，绘制一个 80 mm×1700 mm 的矩形，如图 13-43 所示。

4）单击“默认”选项卡“修改”面板中的“复制”按钮，选择上步绘制的矩形为复制对象，以矩形上部水平边中点为复制基点，向右进行复制，复制间距为 280 mm，如图 13-44 所示。

5）单击“默认”选项卡“绘图”面板中的“直线”按钮和“圆弧”按钮，绘制内部图形，如图 13-45 所示。

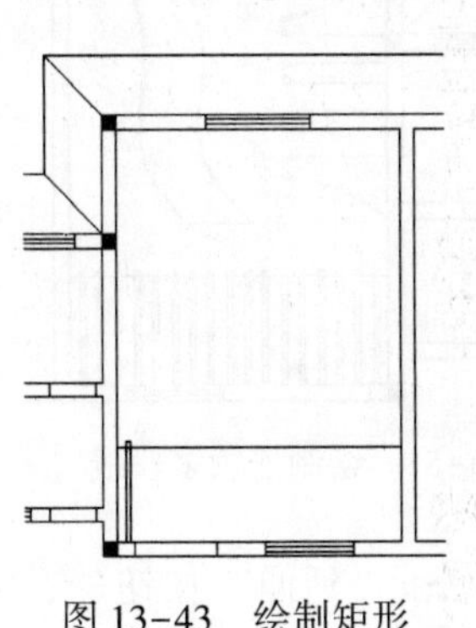

图 13-43 绘制矩形

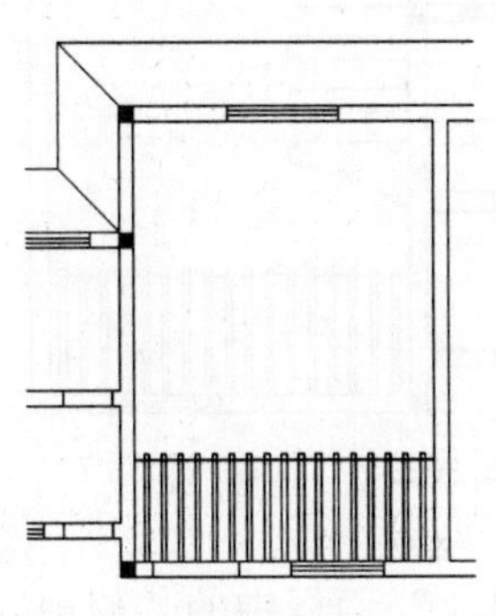

图 13-44 复制矩形（一）

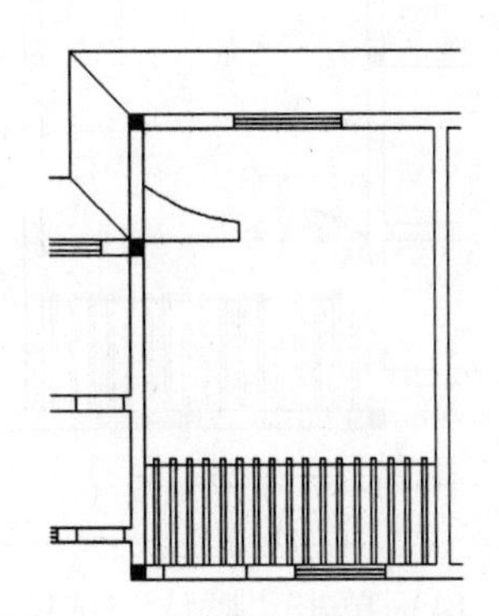

图 13-45 绘制内部图形（一）

6）单击“默认”选项卡“绘图”面板中的“直线”按钮，在图 13-46 所示的位置处绘制连续直线，如图 13-46 所示。

7）单击“默认”选项卡“绘图”面板中的“直线”按钮，以上步绘制的水平直线左端点为直线起点，向下绘制斜向角度 45°的线段，如图 13-47 所示。

8）单击“默认”选项卡“修改”面板中的“镜像”按钮，选择上步绘制的斜向线段为镜像对象，对其进行水平镜像，如图13-48所示。

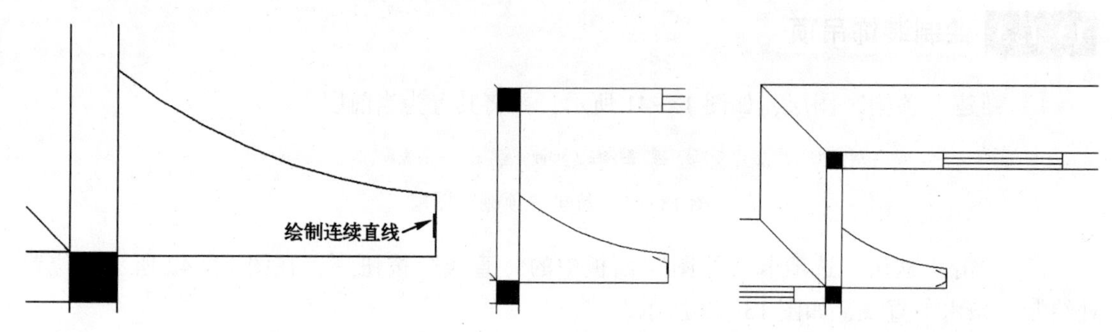

图13-46　绘制内部图形（二）　图13-47　绘制斜向直线（一）　图13-48　镜像线段（一）

9）单击“默认”选项卡“修改”面板中的“镜像”按钮，选择上步绘制的图形为镜像对象，对其进行水平镜像，如图13-49所示。

10）利用上述方法完成镜像图形间图形的绘制，如图13-50所示。

11）单击“默认”选项卡“绘图”面板中的“多段线”按钮，在上步绘制图形的右侧绘制连续多段线，如图13-51所示。

12）单击“默认”选项卡“修改”面板中的“偏移”按钮，选择上步绘制的多段线为偏移线段，向内偏移，偏移距离为99 mm。

13）单击“默认”选项卡“修改”面板中的“分解”按钮，选择上步绘制的图形为分解对象，按〈Enter〉键确认后，进行分解。

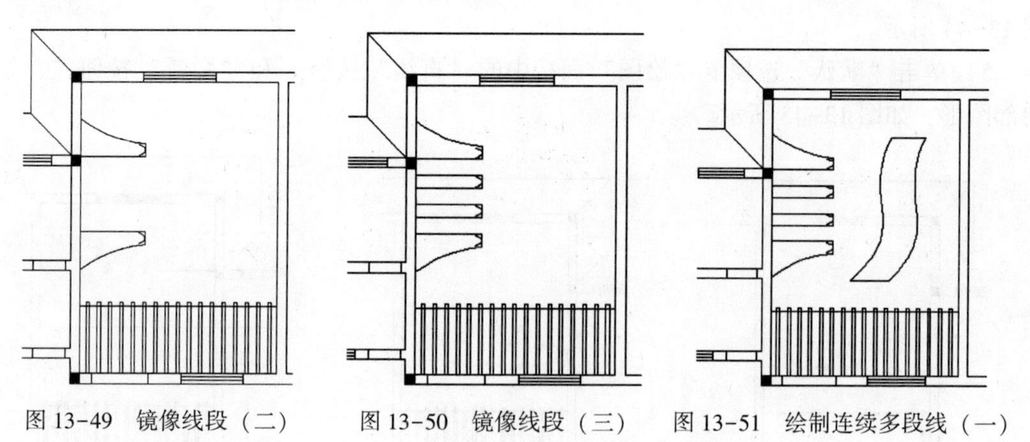

图13-49　镜像线段（二）　图13-50　镜像线段（三）　图13-51　绘制连续多段线（一）

14）单击“默认”选项卡“修改”面板中的“修剪”按钮和“延伸”按钮，完成图形操作，如图13-52所示。

15）选择向内偏移的线段为修改对象，单击鼠标右键，在弹出的快捷菜单中选择“特性”命令，在弹出的“特性”选项板中对线型进行修改，如图13-53所示。

16）单击“默认”选项卡“修改”面板中的“偏移”按钮和“修剪”按钮，完成剩余图形的绘制，如图13-54所示。

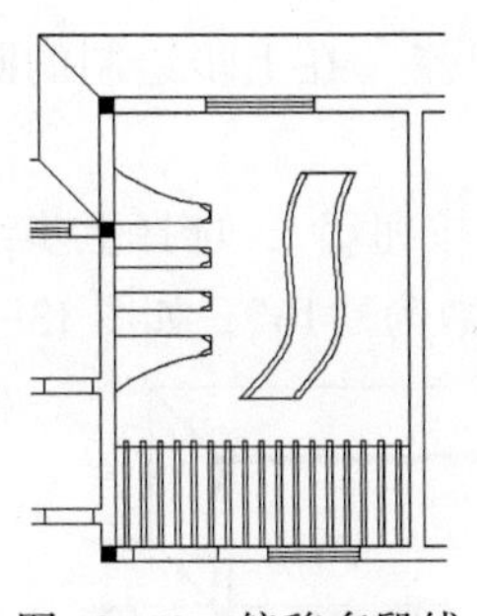
图 13-52 偏移多段线

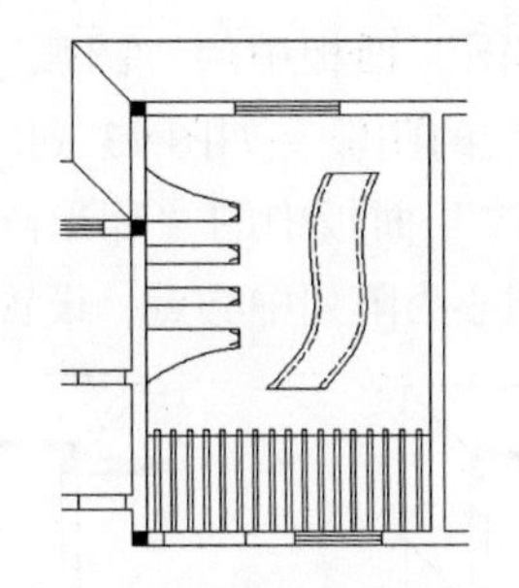
图 13-53 修改线型（一）

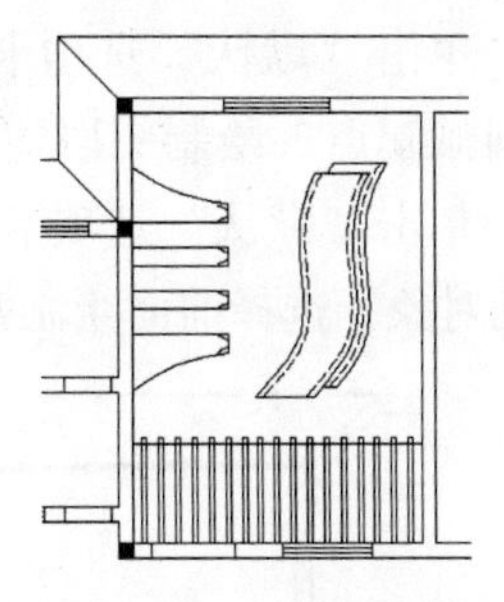
图 13-54 修剪图形

17）单击“默认”选项卡“绘图”面板中的“矩形”按钮，在图形中的适当位置处绘制一个 4634 mm×6240 mm 的矩形，如图 13-55 所示。

18）单击“默认”选项卡“修改”面板中的“偏移”按钮，选择上步绘制的矩形为偏移对象，向内进行偏移，偏移距离为 100 mm，如图 13-56 所示。

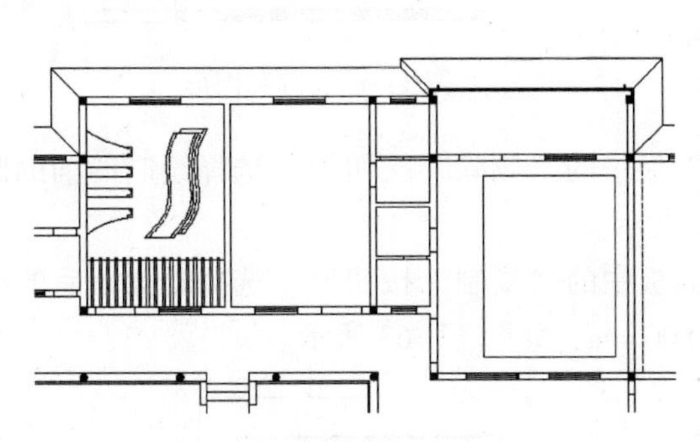
图 13-55 绘制 4634 mm×6240 mm 的矩形

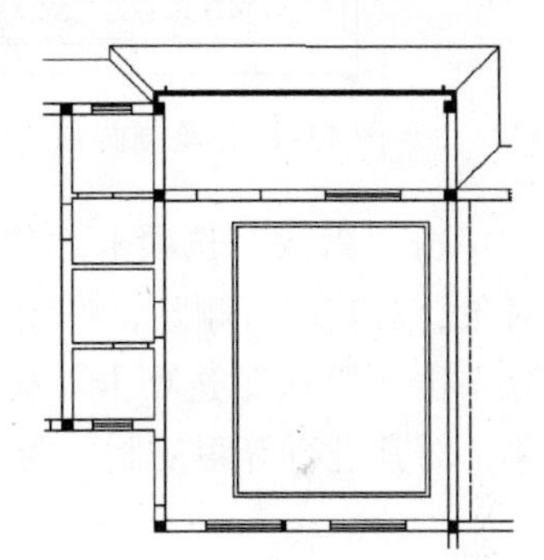
图 13-56 偏移矩形（一）

19）单击“默认”选项卡“绘图”面板中的“圆弧”按钮，在偏移矩形内绘制一段适当半径的圆弧，如图 13-57 所示。

20）单击“默认”选项卡“修改”面板中的“复制”按钮，选择上步绘制的圆弧为复制对象，对其进行连续复制，如图 13-58 所示。

21）单击“默认”选项卡“绘图”面板中的“圆”按钮，在上步复制的图形内选择一点为圆的圆心，绘制一个适当半径的圆，如图 13-59 所示。

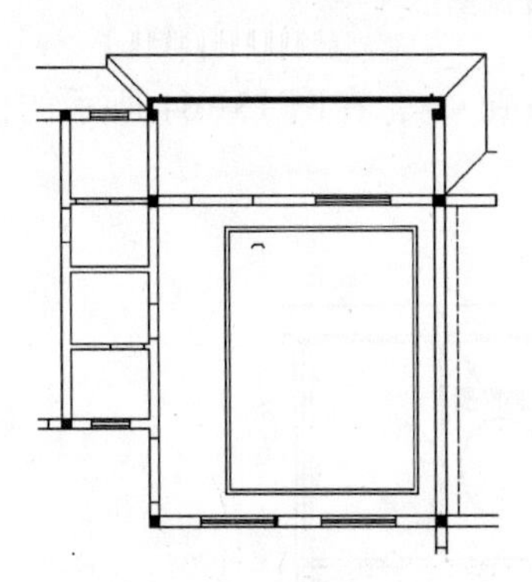
图 13-57 绘制圆弧（一）

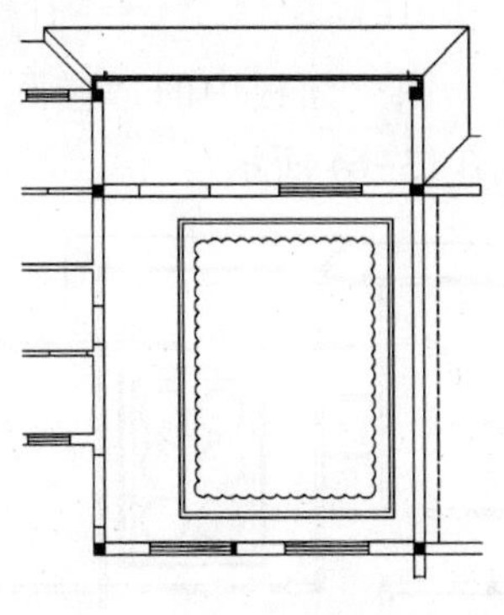
图 13-58 复制圆弧

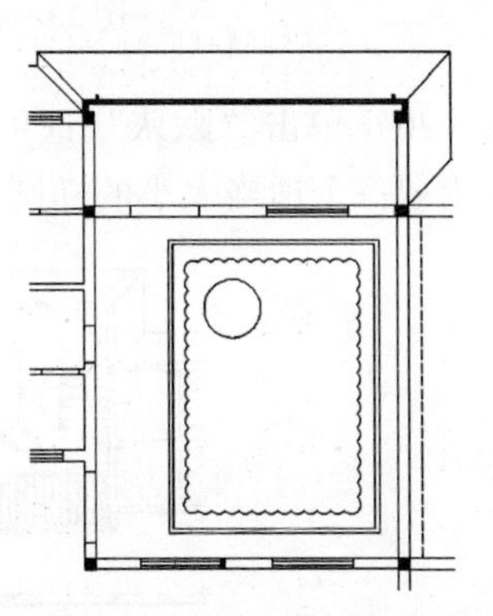
图 13-59 绘制圆（一）

22）单击“默认”选项卡“绘图”面板中的“圆弧”按钮，在上步绘制的圆上选择一点为圆弧起点，绘制一段适当半径的圆弧，如图 13-60 所示。

23）单击“默认”选项卡“修改”面板中的“环形阵列”按钮，选择上步绘制的圆弧为阵列对象，选择前面绘制圆的圆心为阵列中心点，设置项目数为“16”，如图 13-61 所示。

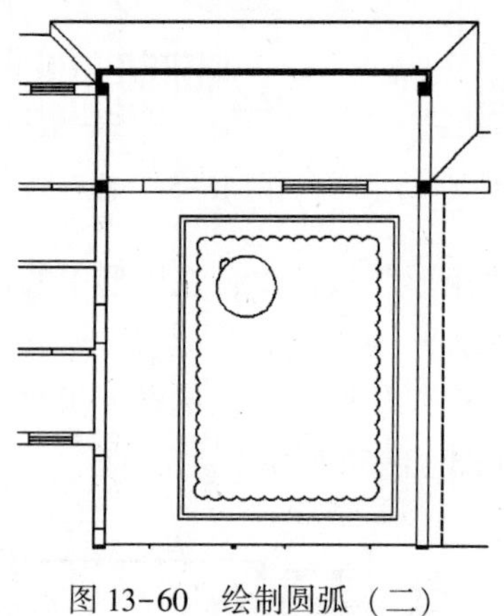

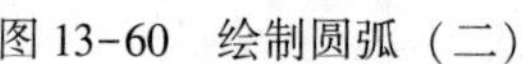

图 13-60 绘制圆弧（二）

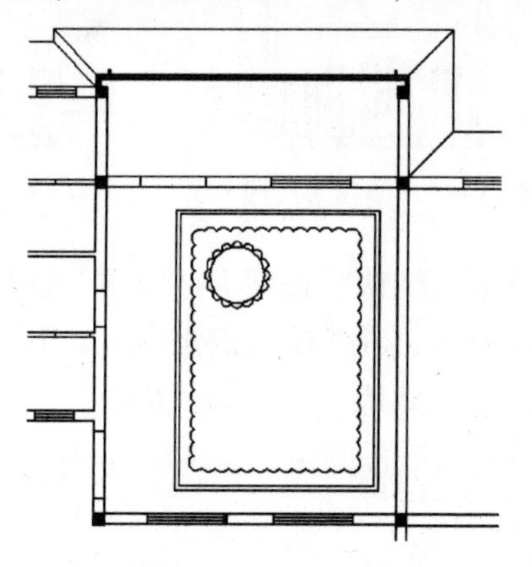

图 13-61 阵列图形

24）单击“默认”选项卡“修改”面板中的“删除”按钮，选择绘制的辅助圆图形为删除对象，对其进行删除，如图 13-62 所示。

25）单击“默认”选项卡“修改”面板中的“复制”按钮，选择删除圆后的图形为复制对象，对其进行等距复制，距离为 1800 mm，如图 13-63 所示。

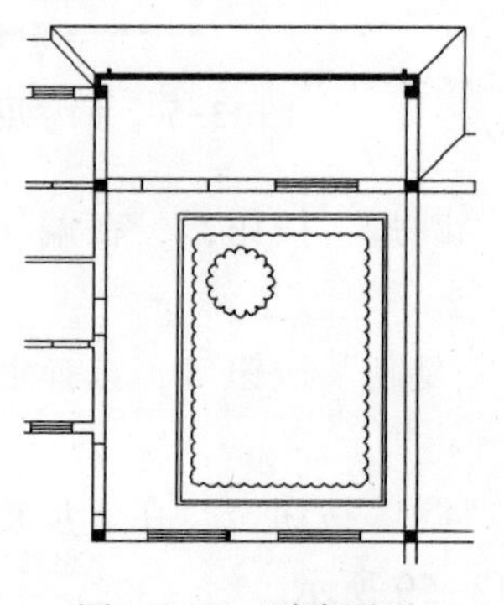

图 13-62 删除图形

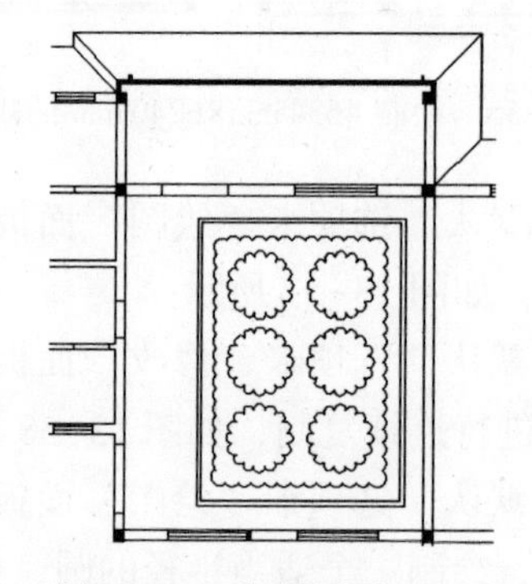

图 13-63 复制图形（一）

26）单击“默认”选项卡“绘图”面板中的“椭圆”按钮，在图 13-64 所示的位置绘制一个适当大小的椭圆，如图 13-64 所示。

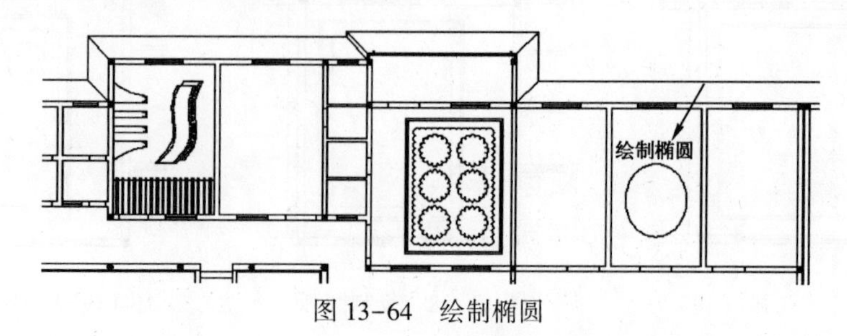

图 13-64 绘制椭圆

27）单击“默认”选项卡“修改”面板中的“偏移”按钮，选择上步绘制的椭圆为偏移对象，向内进行偏移，偏移距离为165 mm，如图13-65所示。

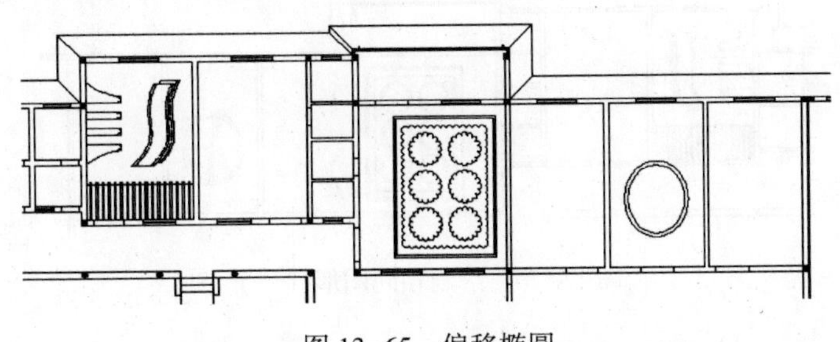

图13-65 偏移椭圆

28）选择图13-65所示的椭圆图形，单击鼠标右键在弹出的快捷菜单中选择“特性”命令，再在弹出的“特性”选项板中将其线型修改为“DASH”，如图13-66所示。

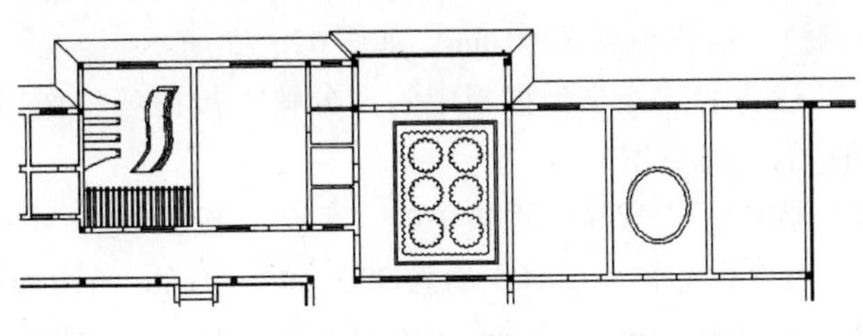

图13-66 修改线型（二）

29）单击“默认”选项卡“绘图”面板中的“直线”按钮，在椭圆内绘制连续直线，如图13-67所示。

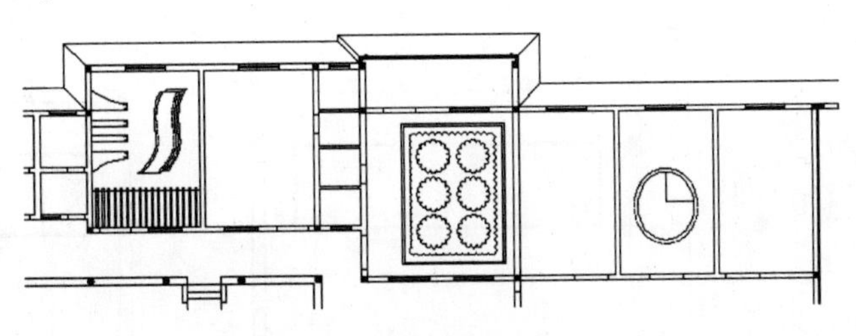

图13-67 绘制连续直线（一）

30）单击“默认”选项卡“修改”面板中的“偏移”按钮，选择上步绘制的连续直线为偏移对象，分别向外进行偏移，如图13-68所示。

31）选择偏移后的直线，单击鼠标右键，在弹出的“特性”选项板中将线型修改为“DASH”，如图13-69所示。

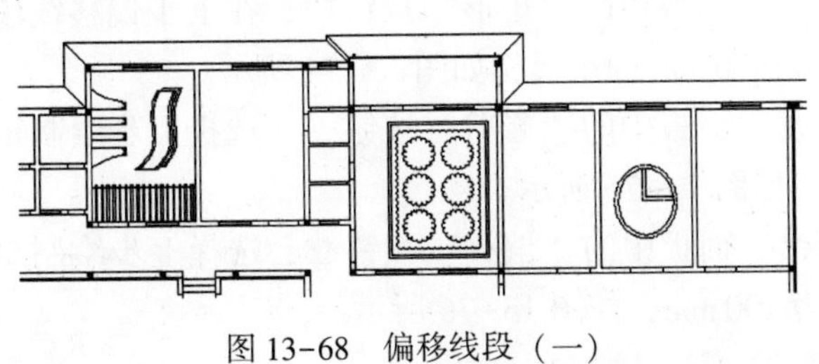

图13-68 偏移线段（一）

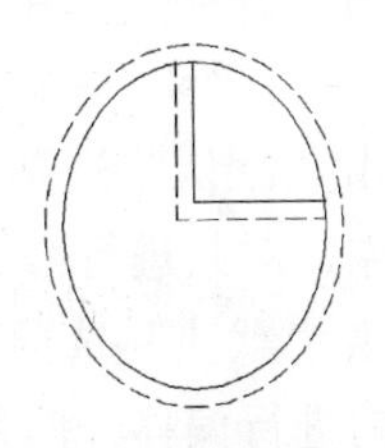

图13-69 修改线型（三）

32）利用上述方法完成圆内剩余相同图形的绘制，如图13-70所示。

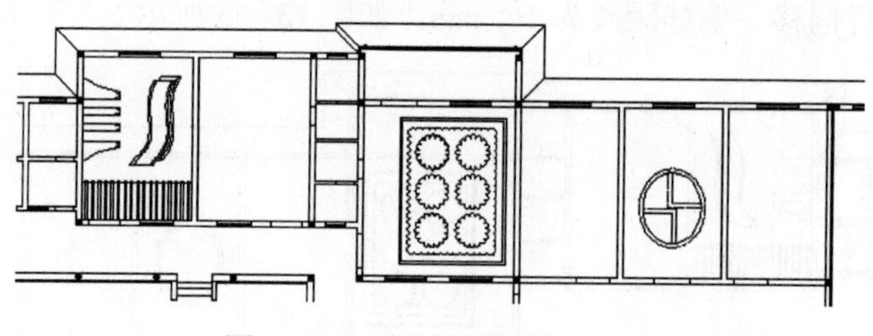

图13-70 绘制相同图形（一）

33）单击“默认”选项卡“绘图”面板中的“矩形”按钮，绘制一个6360 mm×1730 mm的矩形，如图13-71所示。

34）单击“默认”选项卡“修改”面板中的“偏移”按钮，选择上步绘制的矩形为偏移对象，向内进行偏移，偏移距离为50 mm，如图13-72所示。

35）单击“默认”选项卡“修改”面板中的“分解”按钮，选择内部矩形为分解对象，按〈Enter〉键确认后进行分解。

36）单击“默认”选项卡“修改”面板中的“偏移”按钮，选择内部矩形左侧的竖直直线为偏移对象，向右进行偏移，偏移距离为990 mm、40 mm、616 mm、60 mm、339 mm、40 mm、336 mm、60 mm、630 mm、40 mm、1020 mm、40 mm、1020 mm和40 mm，如图13-73所示。

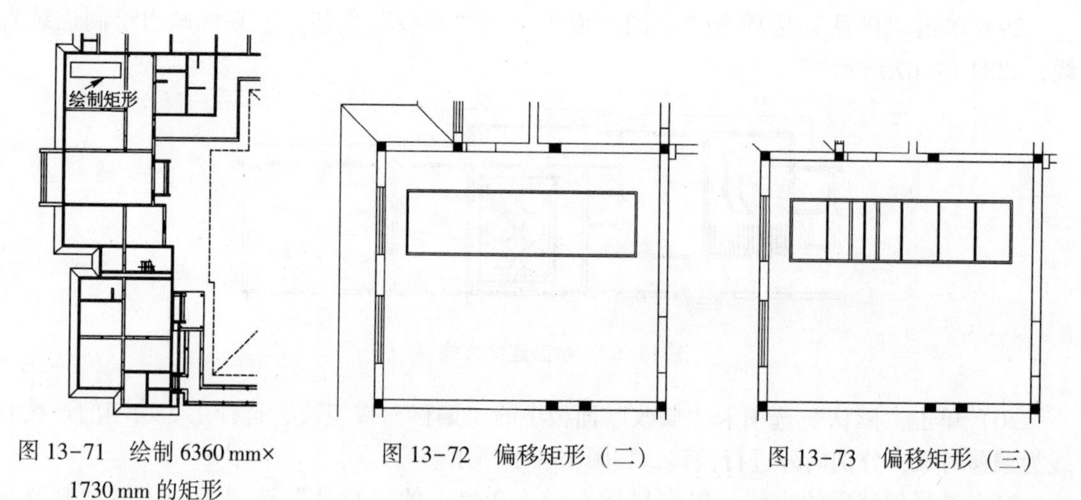

图13-71 绘制6360 mm×1730 mm的矩形

图13-72 偏移矩形（二）

图13-73 偏移矩形（三）

37）单击“默认”选项卡“绘图”面板中的“矩形”按钮，在上步偏移线段内选择一点为矩形起点，绘制一个1578 mm×930 mm的矩形，如图13-74所示。

38）单击“默认”选项卡“修改”面板中的“修剪”按钮，选择上步绘制矩形内线段为修剪对象，对其进行修剪处理，如图13-75所示。

39）单击“默认”选项卡“修改”面板中的“偏移”按钮，选择上步绘制矩形为偏移对象，向内进行偏移，偏移距离为100 mm，如图13-76所示。

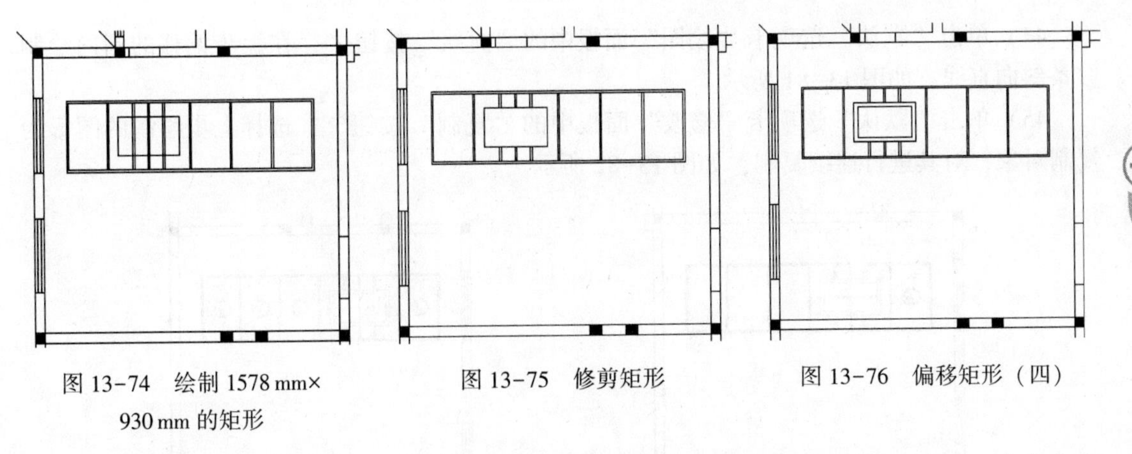

图 13-74　绘制 1578 mm×930 mm 的矩形　　图 13-75　修剪矩形　　图 13-76　偏移矩形（四）

40）选择偏移后的矩形，单击鼠标右键，在弹出的快捷菜单中选择“特性”命令，在弹出的“特性”选项板中将其线型修改为“DASH”，如图 13-77 所示。

41）单击“默认”选项卡“绘图”面板中的“直线”按钮，过矩形四边中点绘制十字交叉线，如图 13-78 所示。

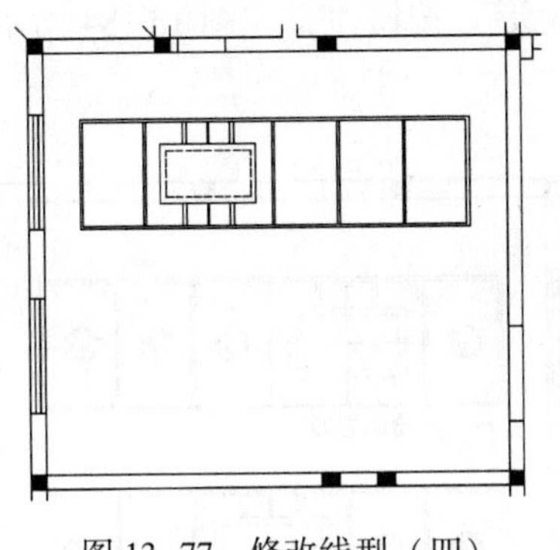

图 13-77　修改线型（四）

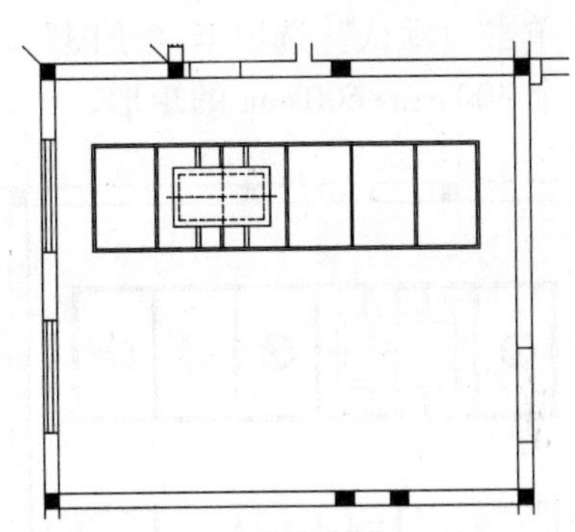

图 13-78　绘制十字交叉线（一）

42）单击“默认”选项卡“绘图”面板中的“圆”按钮，在上步绘制图形的左侧区域选择一点为圆的圆心，绘制一个半径为 229 mm 的圆，并将其线型修改为“DASH”，如图 13-79 所示。

43）单击“默认”选项卡“修改”面板中的“偏移”按钮，选择上步绘制圆为偏移对象，向内进行偏移，偏移距离为 30 mm，如图 13-80 所示。

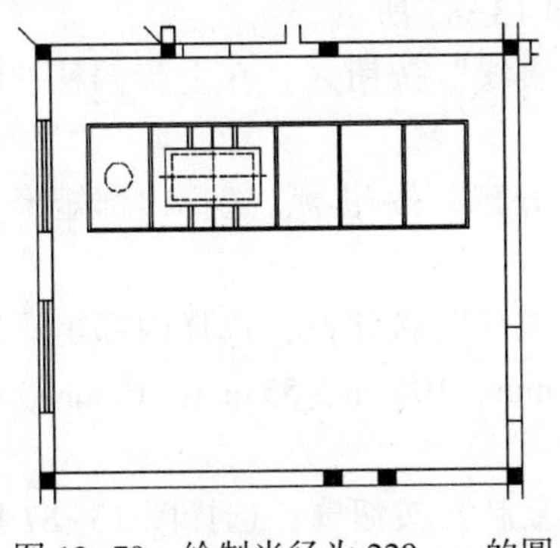

图 13-79　绘制半径为 229 mm 的圆

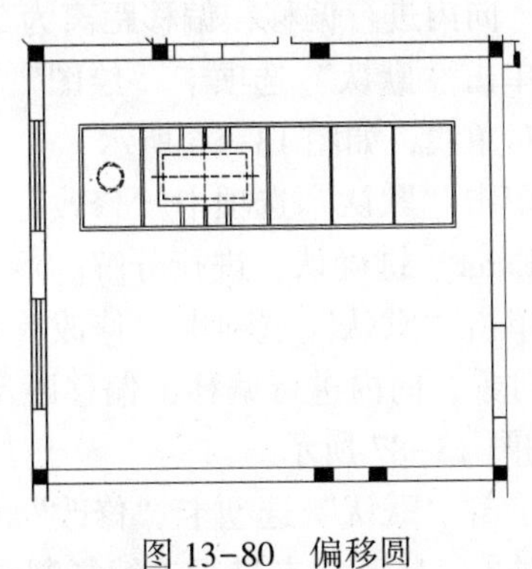

图 13-80　偏移圆

44）单击“默认”选项卡“绘图”面板中的“直线”按钮╱，在上步偏移的圆内绘制多条斜向直线，如图 13-81 所示。

45）单击“默认”选项卡“修改”面板中的“复制”按钮，选择上步绘制的图形为复制对象，对其进行连续复制，如图 13-82 所示。

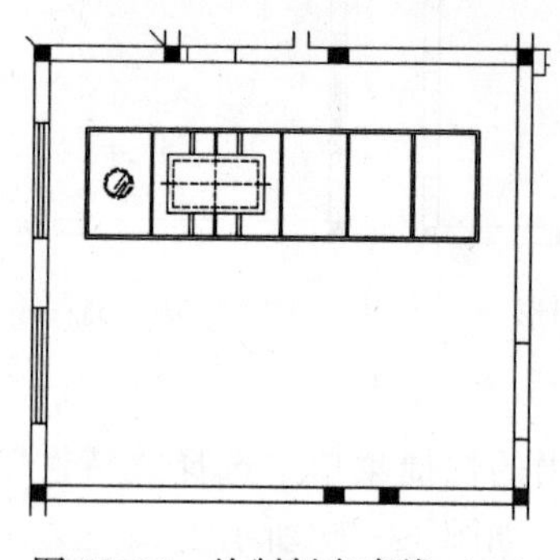

图 13-81 绘制斜向直线（二）

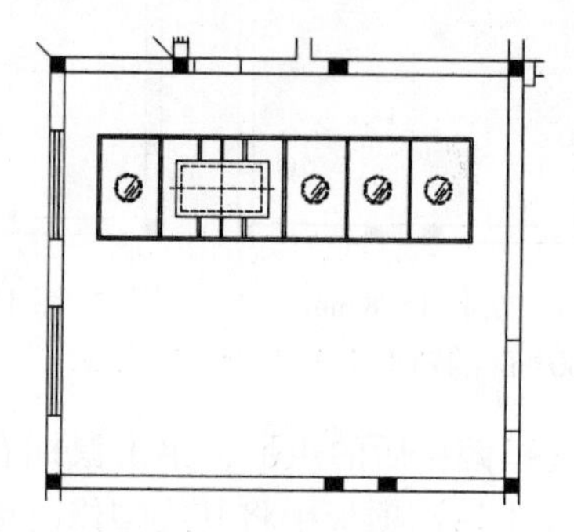

图 13-82 复制图形（二）

46）利用上述方法完成相同图形的绘制，如图 13-83 所示。

47）单击“默认”选项卡“绘图”面板中的“矩形”按钮□，在图 13-84 所示的位置处绘制一个 300 mm×600 mm 的矩形。

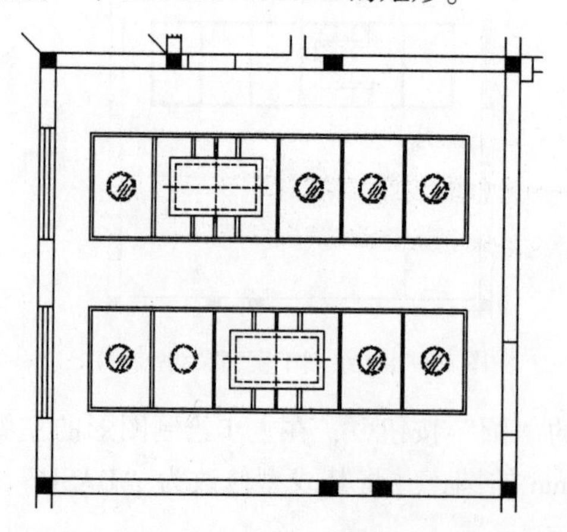

图 13-83 绘制相同图形（二）

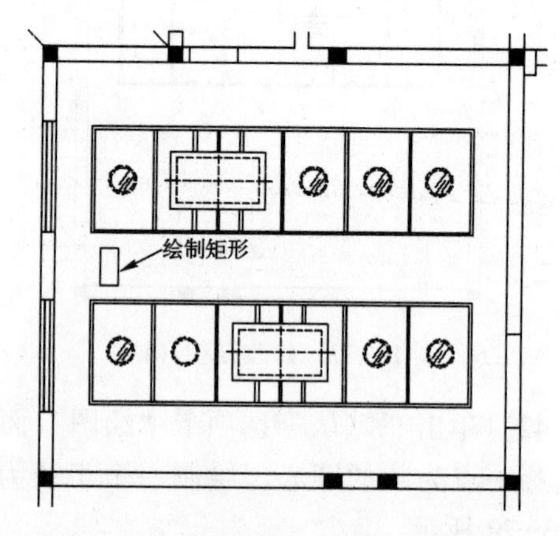

图 13-84 绘制 300 mm×600 mm 的矩形

48）单击“默认”选项卡“修改”面板中的“偏移”按钮，选择上步绘制的矩形为偏移对象，向内进行偏移，偏移距离为 20 mm，如图 13-85 所示。

49）单击“默认”选项卡“绘图”面板中的“直线”按钮╱，在上步偏移的线段内绘制两矩形对角线，如图 13-86 所示。

50）单击“默认”选项卡“修改”面板中的“分解”按钮，选择内部矩形为分解对象，按〈Enter〉键确认，进行分解。

51）单击“默认”选项卡“修改”面板中的“偏移”按钮，选择内部矩形左侧竖直边为偏移对象，向内进行偏移，偏移距离依次为 60 mm、10 mm、55 mm、10 mm、55 mm 和 10 mm，如图 13-87 所示。

52）单击“默认”选项卡“修改”面板中的“复制”按钮，选择图 13-87 所示的图形为复制对象，将其向右进行连续复制，如图 13-88 所示。

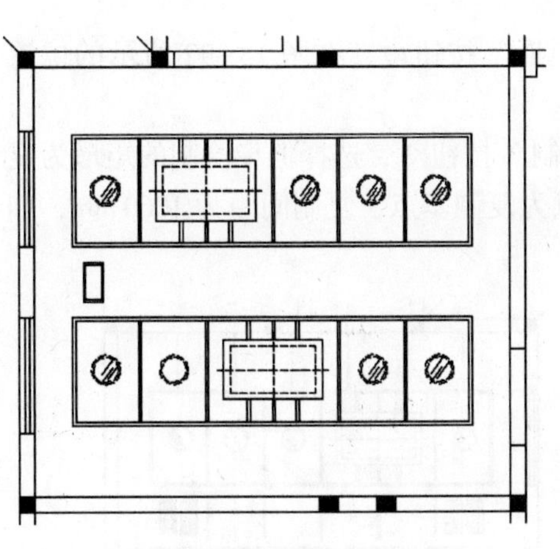

图 13-85 偏移矩形（五）

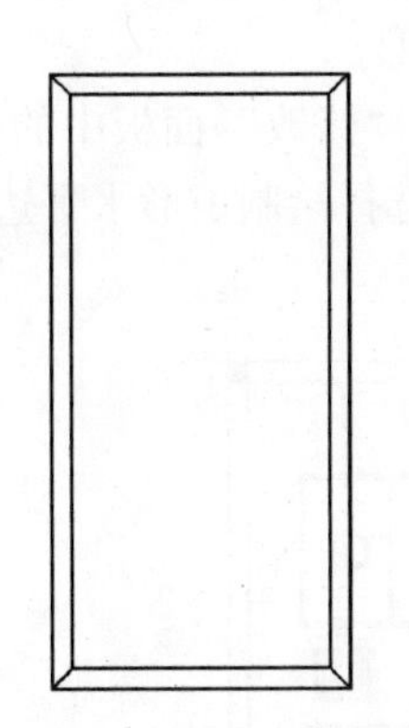

图 13-86 绘制斜向直线（三）

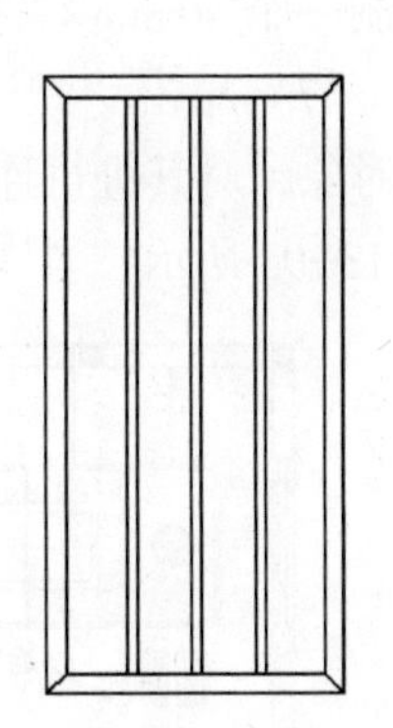

图 13-87 偏移线段（二）

53）单击“默认”选项卡“绘图”面板中的“直线”按钮，在图 13-89 所示的位置绘制一条竖直直线。

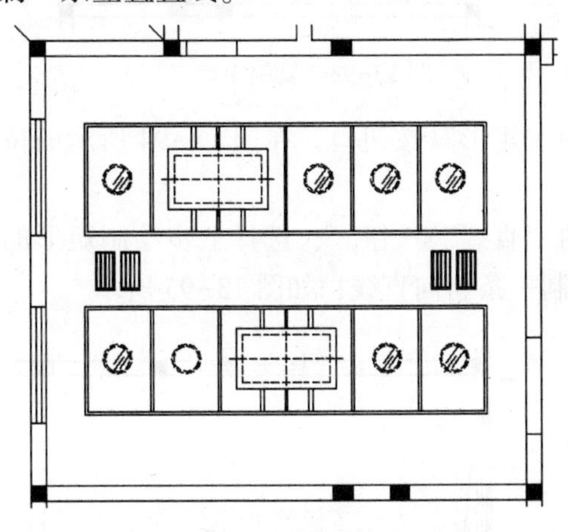

图 13-88 复制图形（三）

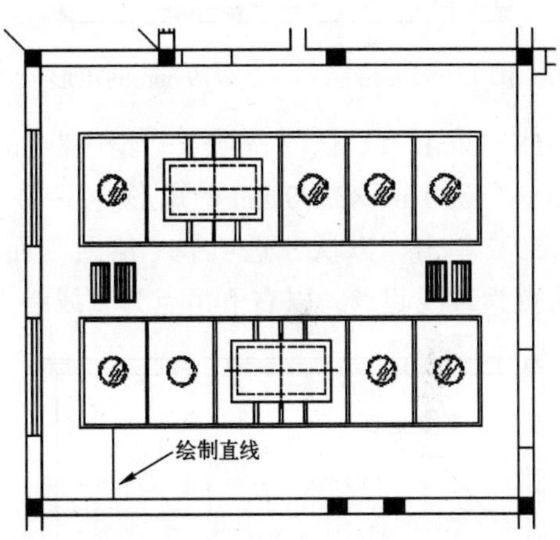

图 13-89 绘制竖直直线（一）

54）单击“默认”选项卡“修改”面板中的“偏移”按钮，选择上步绘制的竖直直线为偏移对象，向右进行偏移，偏移距离依次为 30 mm、1050 mm、30 mm、1030 mm、30 mm、1030 mm、30 mm、1030 mm、30 mm、1030 mm 和 30 mm，如图 13-90 所示。

55）利用上述方法完成图形中相同图形的绘制，如图 13-91 所示。

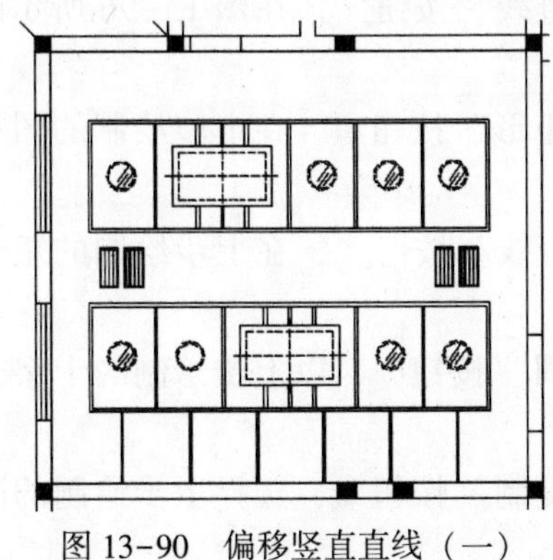

图 13-90 偏移竖直直线（一）

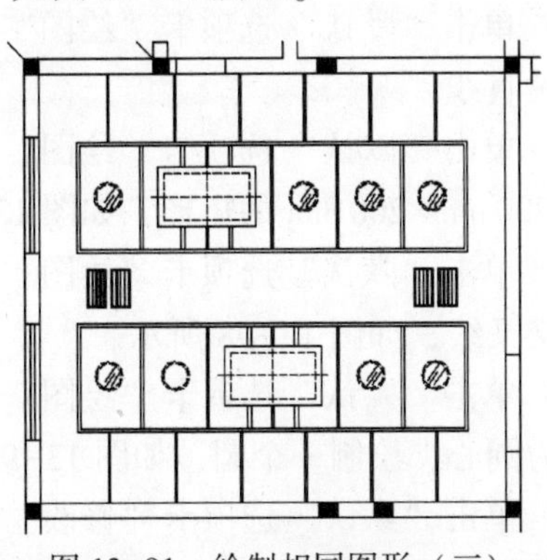

图 13-91 绘制相同图形（三）

56）单击“默认”选项卡“绘图”面板中的“矩形”按钮□，在图13-92所示的位置绘制一个40 mm×779 mm的矩形。

57）单击“默认”选项卡“修改”面板中的“复制”按钮，选择上步绘制的矩形为复制对象，对其进行连续复制，选择绘制矩形水平边中点为复制基点，复制间距为1060 mm，如图13-93所示。

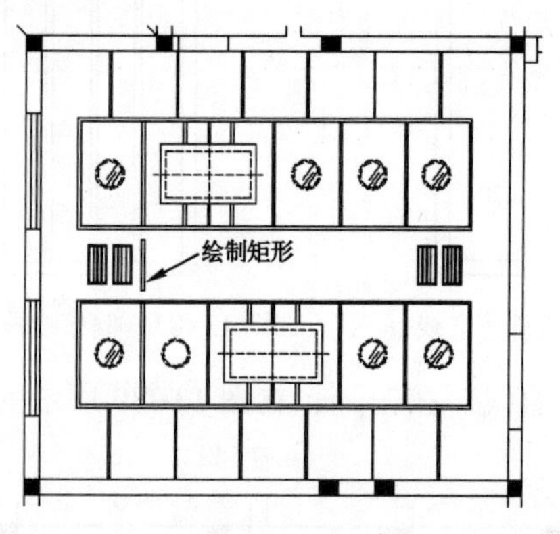

图13-92　绘制40 mm×779 mm的矩形

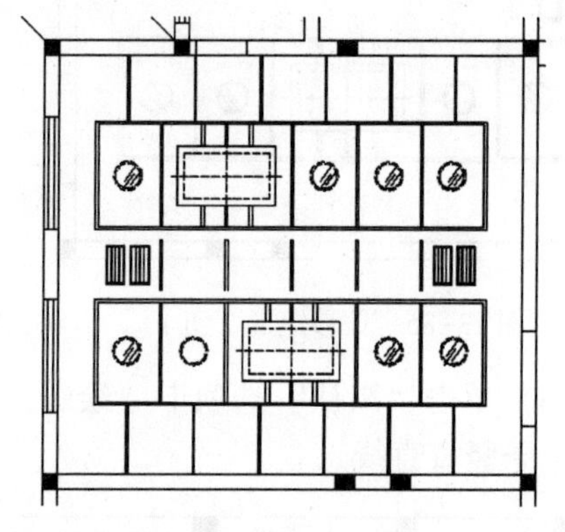

图13-93　复制矩形（二）

58）单击“默认”选项卡“绘图”面板中的“矩形”按钮□，在图13-94所示的位置绘制一个350 mm×3300 mm的矩形。

59）单击“默认”选项卡“绘图”面板中的“直线”按钮╱，选择上步绘制矩形的左上角点为直线起点，以右下角点为直线终点，绘制一条斜向直线，如图13-95所示。

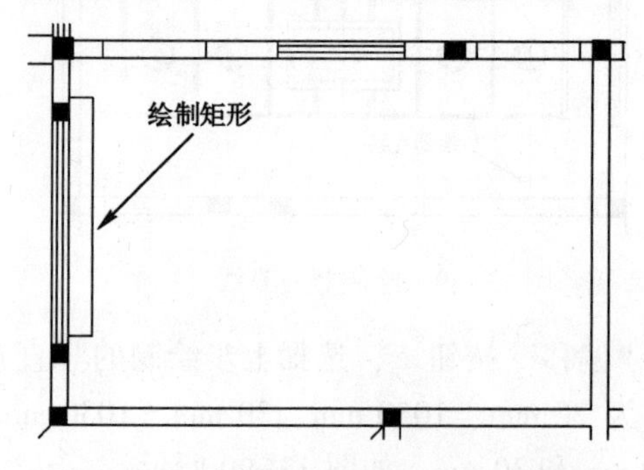

图13-94　绘制350 mm×3300 mm的矩形

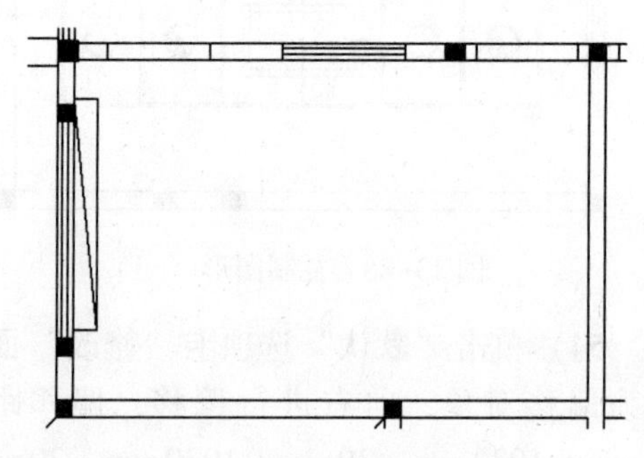

图13-95　绘制斜向直线（四）

60）单击“默认”选项卡“绘图”面板中的“直线”按钮╱，在图13-96所示的位置绘制连续直线。

61）单击“默认”选项卡“绘图”面板中的“矩形”按钮□，在上步绘制的图形内绘制一个200 mm×200 mm的矩形，如图13-97所示。

62）单击“默认”选项卡“绘图”面板中的“直线”按钮╱，在上步绘制的矩形内绘制十字交叉线，如图13-98所示。

63）单击“默认”选项卡“绘图”面板中的“圆”按钮⊙，以上步绘制的十字交叉线的交点为圆心，绘制一个圆，如图13-99所示。

64）单击“默认”选项卡“修改”面板中的“复制”按钮，选择上步绘制的图形为复制对象，对其进行连续复制，如图13-100所示。

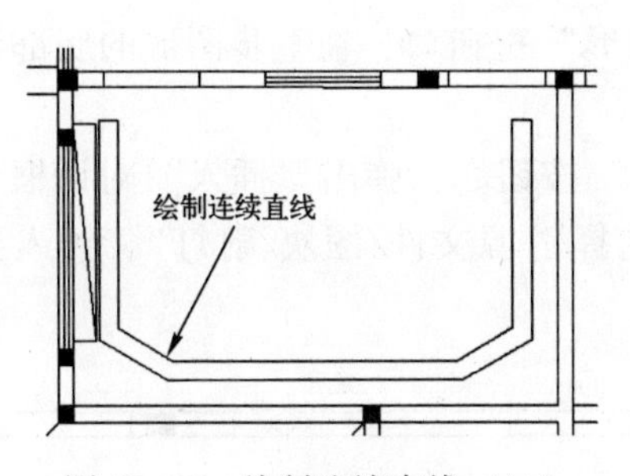

图 13-96 绘制连续直线（二）

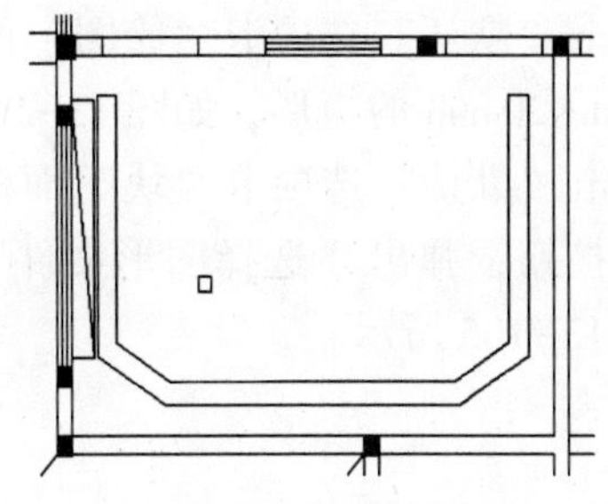
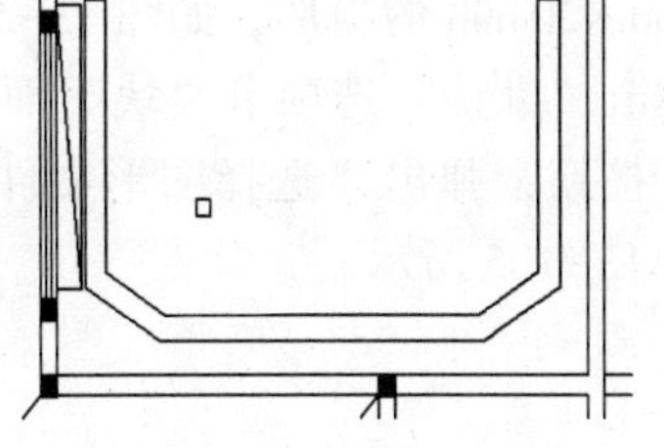

图 13-97 绘制 200 mm×200 mm 的矩形

图 13-98 绘制十字交叉线（二）

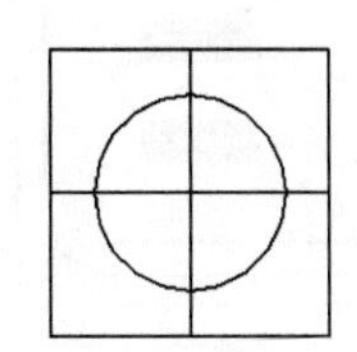

图 13-99 绘制圆（二）

65）单击“默认”选项卡“修改”面板中的“复制”按钮，选择图 13-101 所示的图形为复制对象，对其进行复制操作。

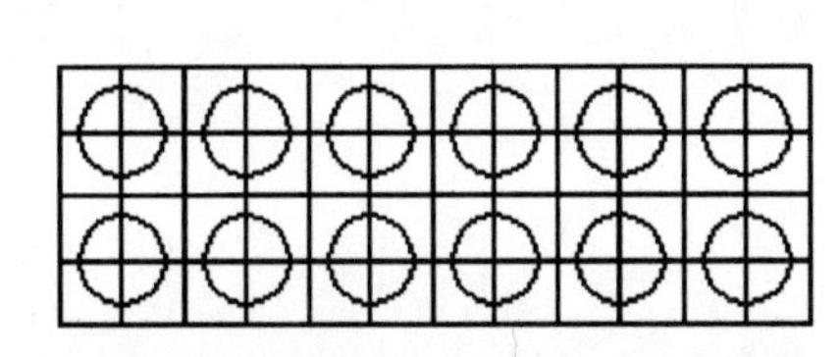

图 13-100 连续复制

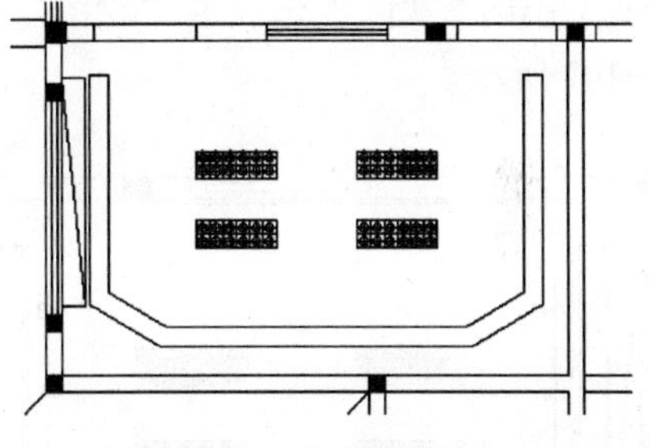

图 13-101 复制图形（四）

66）单击“默认”选项卡“绘图”面板中的“矩形”按钮，在上步图形绘制一个 20 mm×2412 mm 的矩形，如图 13-102 所示。

67）单击“默认”选项卡“修改”面板中的“镜像”按钮，选择上步绘制的矩形为镜像对象，对其进行竖直镜像，如图 13-103 所示。

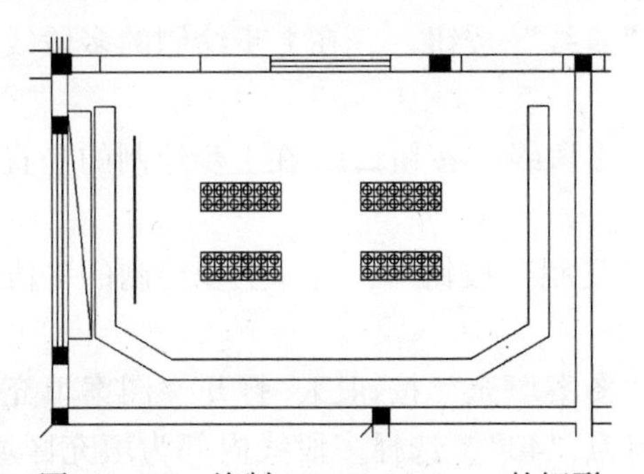

图 13-102 绘制 20 mm×2412 mm 的矩形

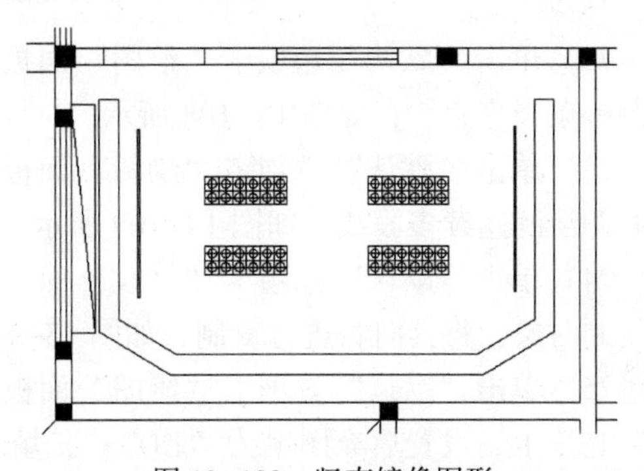

图 13-103 竖直镜像图形

68）单击“默认”选项卡“绘图”面板中的“矩形”按钮，在上步图形的底部绘制一个 4242 mm×20 mm 的矩形，如图 13-104 所示。

69）单击“默认”选项卡“块”面板中的“插入”按钮，弹出“插入”对话框，单击“浏览”按钮，弹出“选择图形文件”对话框，选择“源文件/图块/射灯”，插入到图形中，如图 13-105 所示。

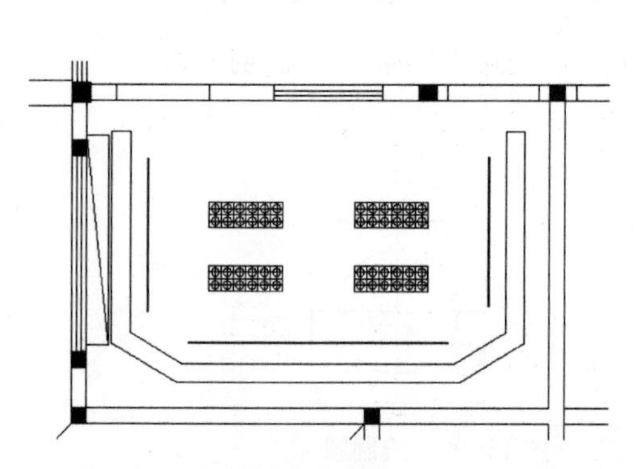

图 13-104 绘制 4242 mm×20 mm 的矩形

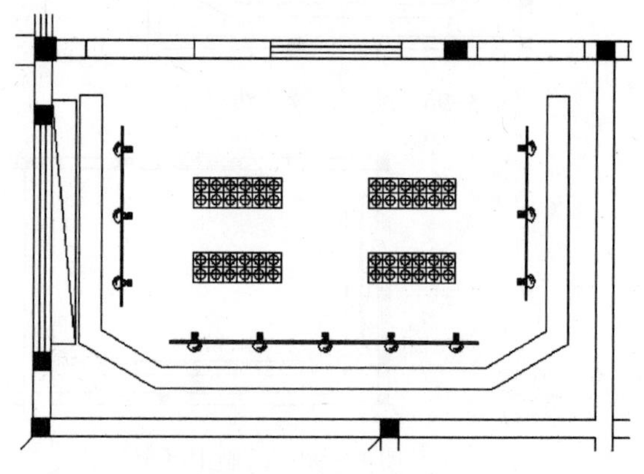

图 13-105 插入射灯

70）利用上述方法完成剩余图形的绘制，如图 13-106 所示。

71）单击“默认”选项卡“绘图”面板中的“多段线”按钮，绘制闭合多段线，如图 13-107 所示。

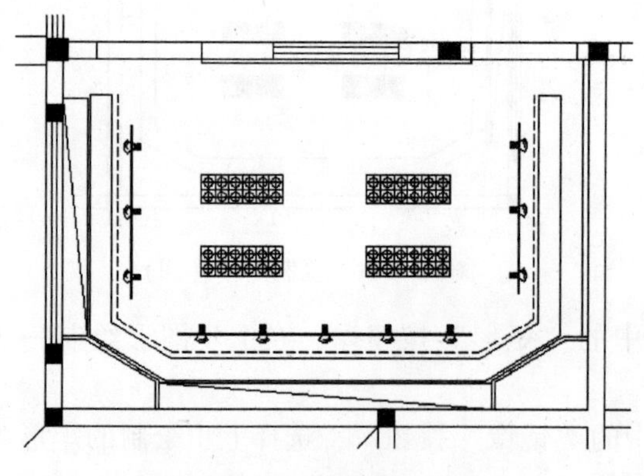

图 13-106 绘制剩余图形

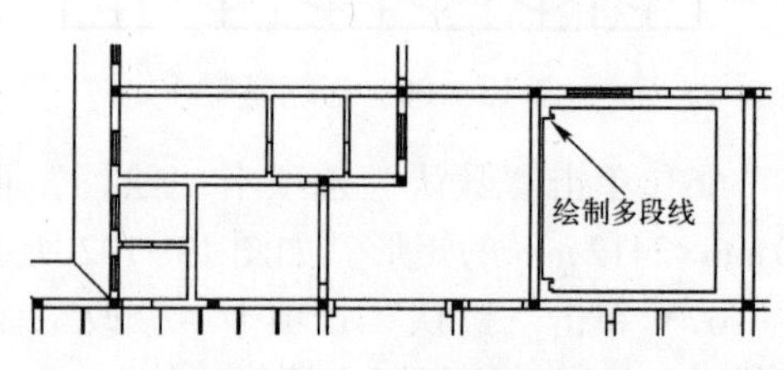

图 13-107 绘制闭合多段线

72）单击“默认”选项卡“绘图”面板中的“直线”按钮，在上步绘制的多段线内绘制一条竖直直线，如图 13-108 所示。

73）单击“默认”选项卡“绘图”面板中的“多段线”按钮，在上步绘制的竖直直线右侧绘制连续多段线，如图 13-109 所示。

74）单击“默认”选项卡“修改”面板中的“复制”按钮，选择上步绘制的多段线为复制对象，将其向右进行复制，如图 13-110 所示。

75）单击“默认”选项卡“绘图”面板中的“图案填充”按钮，打开“图案填充创建”选项卡，设置填充图案为“DOTS”，填充比例为“40”，选择多段线内部为填充区域，完成图案填充，如图 13-111 所示。

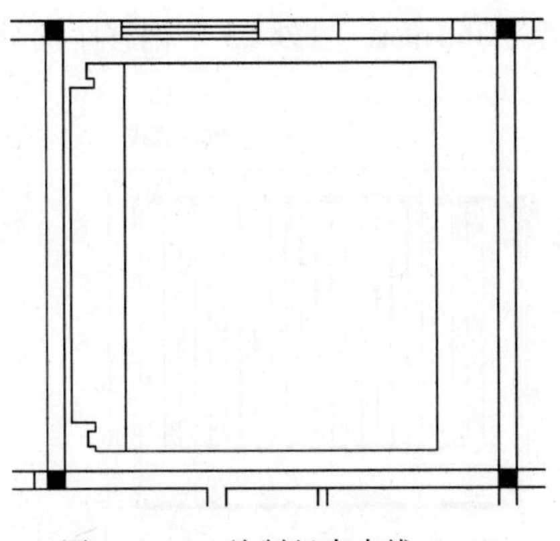

图 13-108 绘制竖直直线（二）

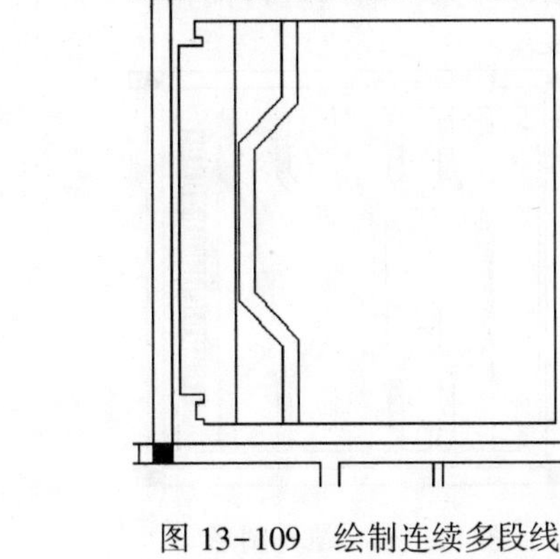

图 13-109 绘制连续多段线（二）

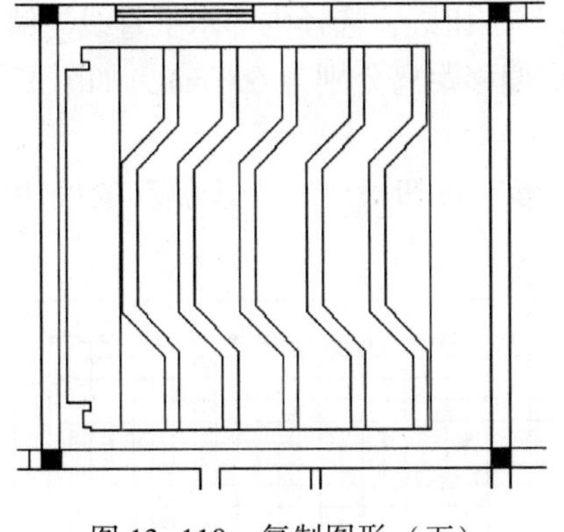

图 13-110 复制图形（五）

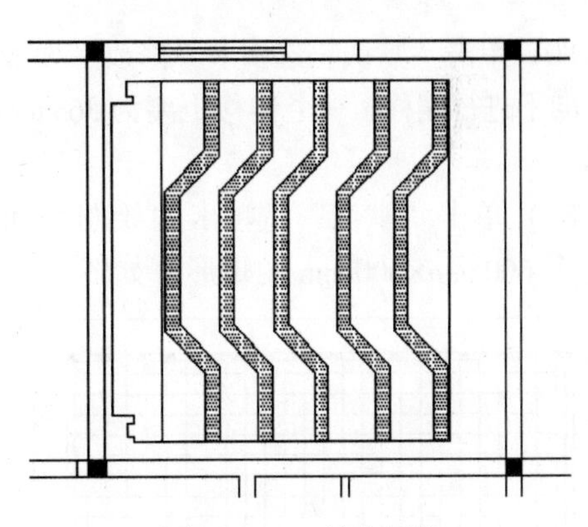

图 13-111 填充图案

76）单击“默认”选项卡“绘图”面板中的“直线”按钮，绘制连续直线，如图 13-112 所示。

77）单击“默认”选项卡“绘图”面板中的“矩形”按钮，在上步绘制的图形内任选一点为矩形起点，绘制一个 300 mm×3960 mm 的矩形，如图 13-113 所示。

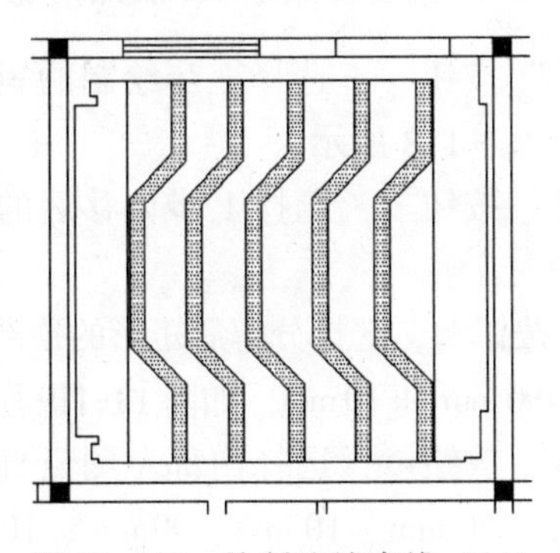

图 13-112 绘制连续直线（三）

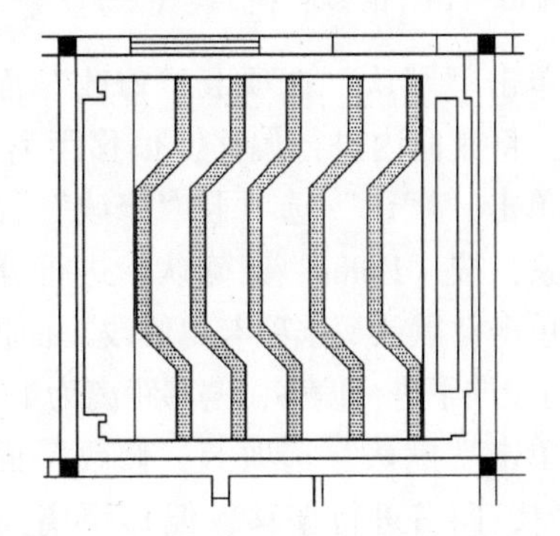

图 13-113 绘制 300 mm×3960 mm 的矩形

78）单击“默认”选项卡“绘图”面板中的“图案填充”按钮，打开“图案填充创建”选项卡，设置填充图案为“PLASTI”，填充比例为“30”，选择上步绘制的矩形内部为填充区域，完成图案填充，如图 13-114 所示。

79）单击“默认”选项卡“修改”面板中的“偏移”按钮，选择图 13-115 所示的竖直直线为偏移对象，向内进行偏移，一个偏移距离为360 mm，另外23个偏移距离分别为600 mm。

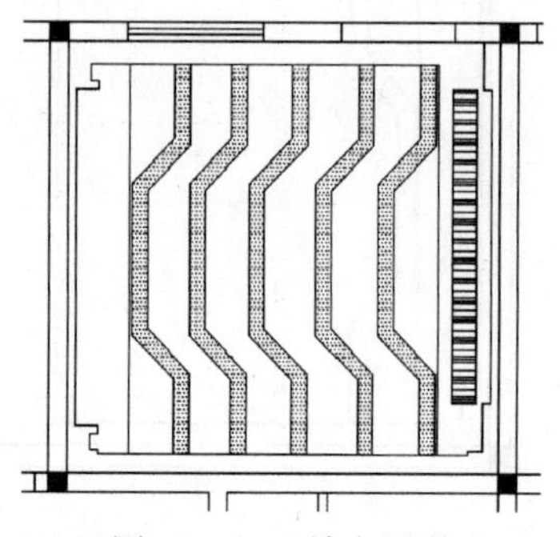

图13-114 填充图形

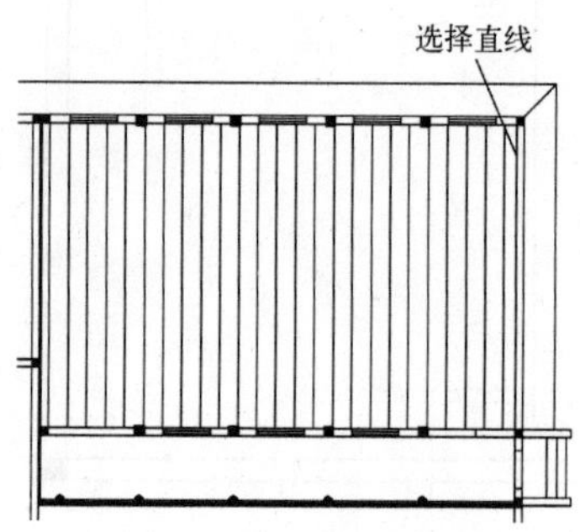

图13-115 偏移竖直直线（二）

80）单击“默认”选项卡“修改”面板中的“偏移”按钮，选择内部水平直线为偏移对象，向下进行偏移，一个偏移距离为363 mm，另外14个偏移距离分别为600 mm，如图13-116所示。

81）单击“默认”选项卡“绘图”面板中的“矩形”按钮，在上步偏移的线段内绘制一个600 mm×600 mm的矩形，如图13-117所示。

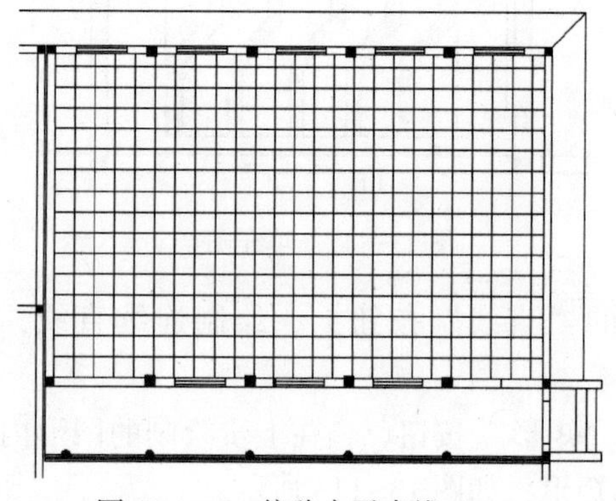

图13-116 偏移水平直线（一）

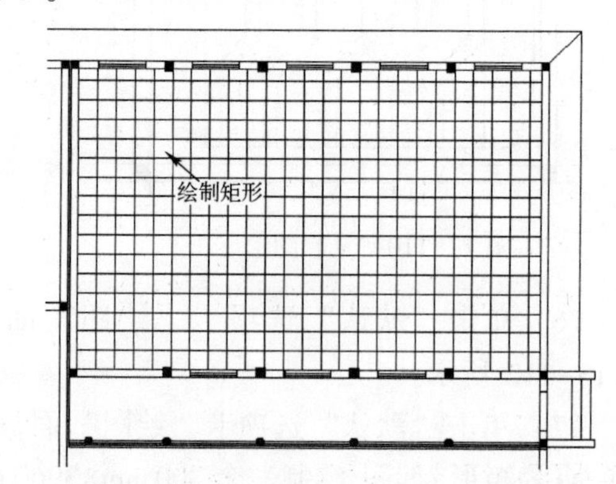

图13-117 绘制600 mm×600 mm的矩形

82）单击“默认”选项卡“修改”面板中的“偏移”按钮，选择上步绘制的矩形为偏移对象，将其向内进行偏移，偏移距离为20 mm，如图13-118所示。

83）单击“默认”选项卡“修改”面板中的“分解”按钮，选择上步偏移后的矩形为分解对象，按〈Enter〉键确认，进行分解。

84）单击“默认”选项卡“修改”面板中的“偏移”按钮，选择分解后矩形的顶部水平边为偏移对象向下进行偏移，偏移距离为175 mm、10 mm、190 mm和10 mm，如图13-119所示。

85）单击“默认”选项卡“修改”面板中的“偏移”按钮，选择内部左侧竖直直线为偏移对象，向右进行偏移，偏移距离为75 mm、10 mm、90 mm、10 mm、90 mm、10 mm、90 mm、10 mm、90 mm和10 mm，如图13-120所示。

86）单击“默认”选项卡“修改”面板中的“复制”按钮，选择上步绘制完成的图形为复制对象，对其进行连续复制，如图13-121所示。

87）单击“默认”选项卡“绘图”面板中的“直线”按钮，绘制连续直线，如图13-122所示。

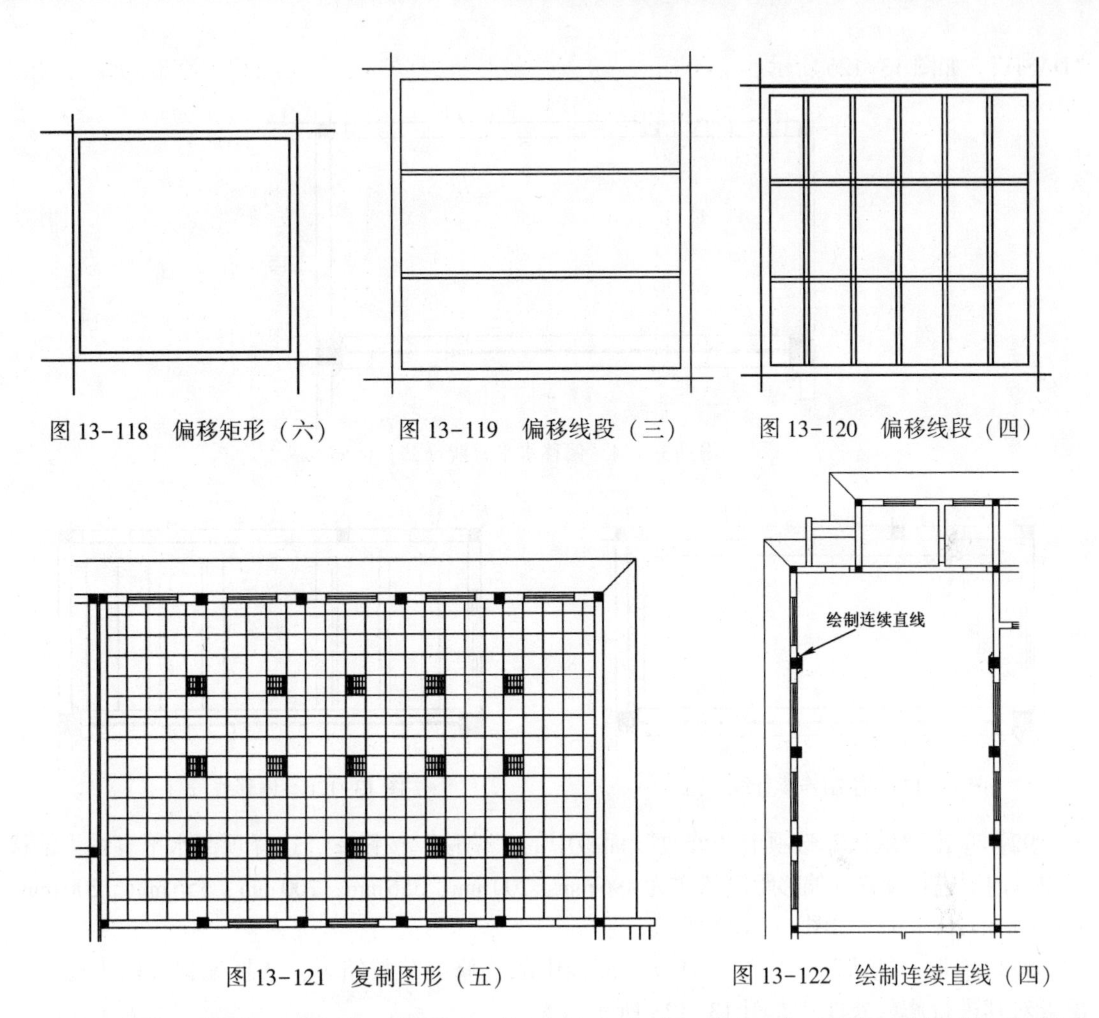

图 13-118　偏移矩形（六）　　图 13-119　偏移线段（三）　　图 13-120　偏移线段（四）

图 13-121　复制图形（五）　　图 13-122　绘制连续直线（四）

88）单击“默认”选项卡“绘图”面板中的“直线”按钮，连接上步图形，绘制成一条水平直线，如图 13-123 所示。

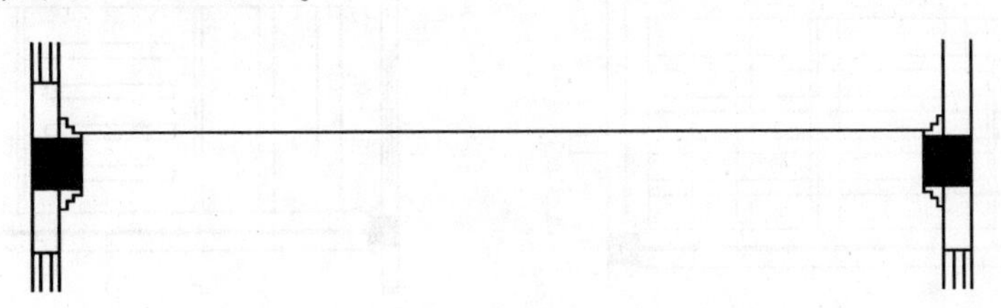

图 13-123　绘制水平直线

89）单击“默认”选项卡“修改”面板中的“偏移”按钮，选择上步绘制的水平直线为偏移对象，向下进行偏移，偏移距离为 240 mm、40 mm 和 240 mm，如图 13-124 所示。

90）单击“默认”选项卡“绘图”面板中的“直线”按钮，在偏移线段上选取一点为直线起点，绘制连续直线，如图 13-125 所示。

91）单击“默认”选项卡“修改”面板中的“偏移”按钮，选择左侧竖直直线为偏移线段，向右进行偏移，偏移距离为 350 mm、600 mm、200 mm、800 mm、100 mm、300 mm、1760 mm、300 mm、100 mm、800 mm、200 mm 和 600 mm，并将偏移后部分线段的线型修改为

"DASH"，如图 13-126 所示。

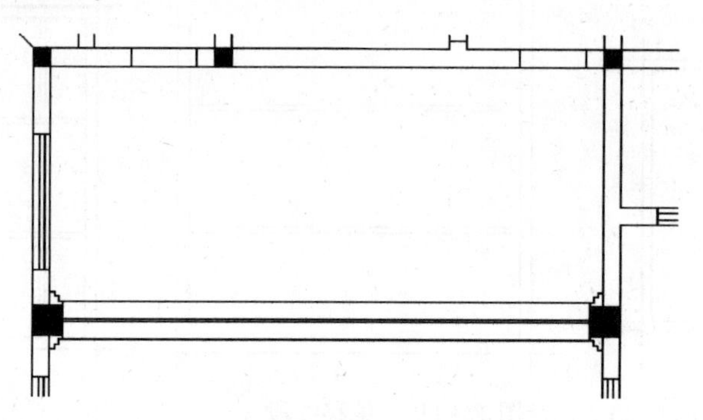

图 13-124　偏移水平直线（二）

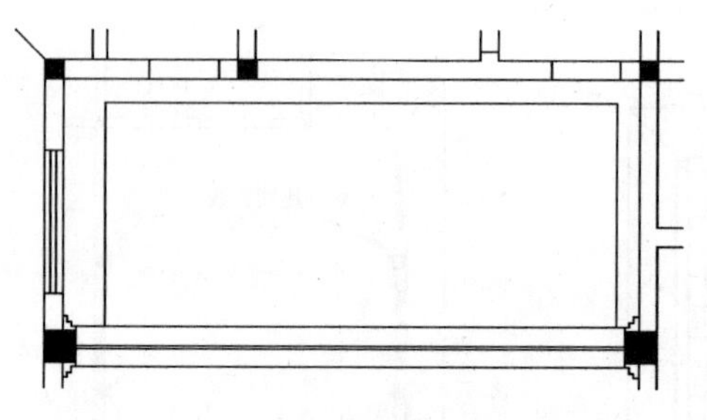

图 13-125　绘制连续直线（五）

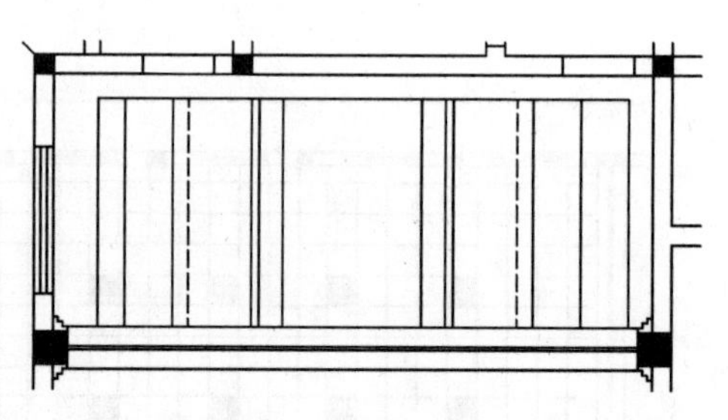

图 13-126　偏移线段（五）

92）单击"默认"选项卡"修改"面板中的"偏移"按钮，选择顶部水平直线为偏移对象，向下进行偏移，偏移距离依次为 496 mm、200 mm、356 mm、200 mm、356 mm、200 mm、356 mm 和 200 mm，如图 13-127 所示。

93）单击"默认"选项卡"修改"面板中的"修剪"按钮，选择偏移线段为修剪对象，对其进行修剪处理，如图 13-128 所示。

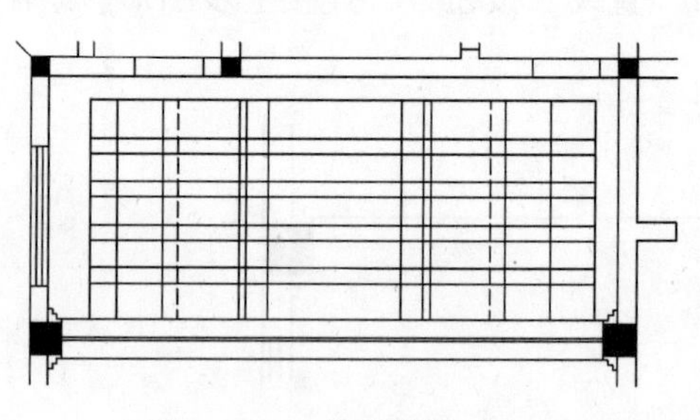

图 13-127　偏移线段（六）

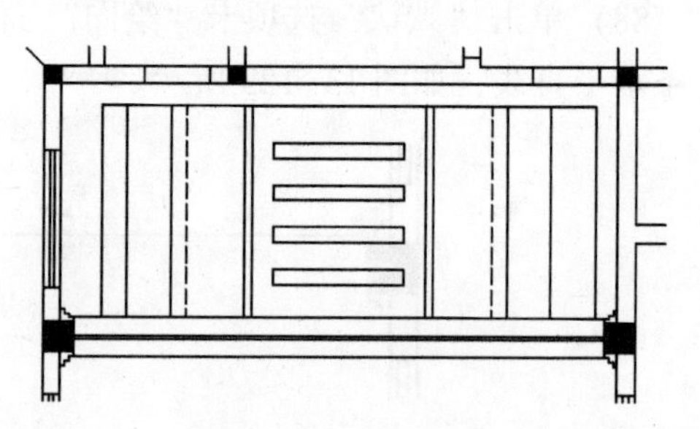

图 13-128　修剪线段

94）单击"默认"选项卡"修改"面板中的"偏移"按钮，选择图 13-129 所示的水平直线为偏移对象向下进行偏移，偏移距离依次为 528 mm、655 mm、655 mm 和 655 mm，如图 13-129 所示。

95）单击"默认"选项卡"修改"面板中的"修剪"按钮，选择上步偏移线段为修剪对象，对其进行修剪处理，如图 13-130 所示。

96）结合上述方法完成剩余一层总顶棚布置图装饰吊顶的绘制，如图 13-131 所示。

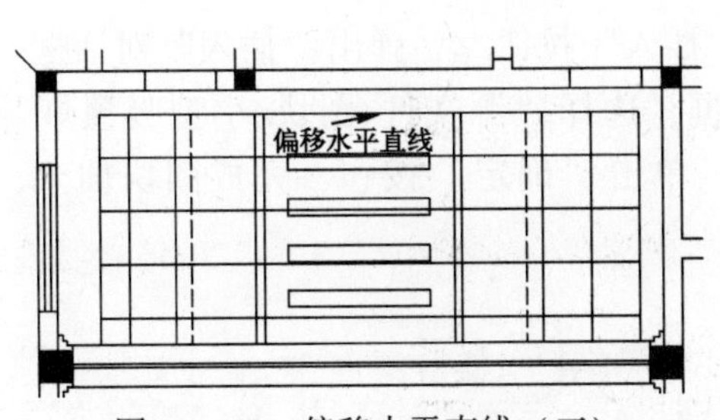

图 13-129　偏移水平直线（三）

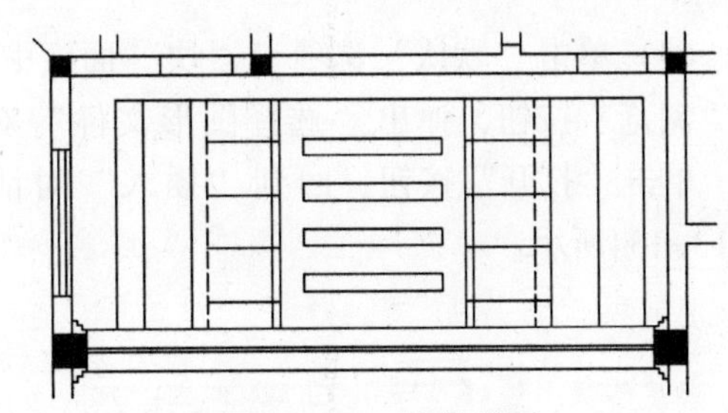

图 13-130　修剪处理

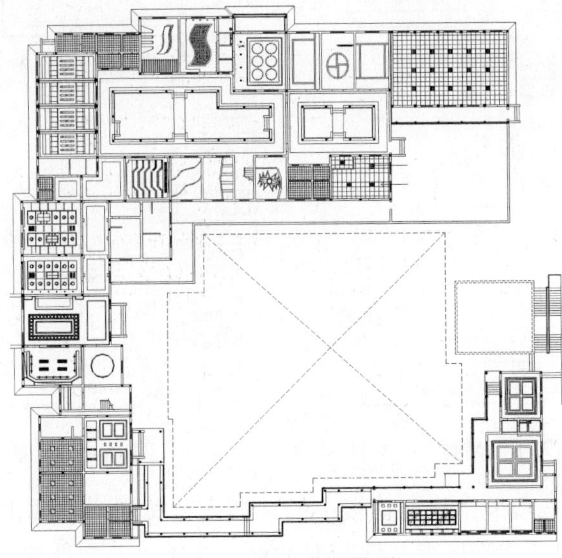

图 13-131　总图吊顶

13.1.4 布置吊顶灯具

1）单击“默认”选项卡“块”面板中的“插入”按钮，弹出“插入”对话框。单击“浏览”按钮，弹出“选择图形文件”对话框，选择“源文件/图块/装饰吊灯”图块，单击“打开”按钮，回到“插入”对话框，单击“确定”按钮，完成图块插入，如图 13-132 所示。

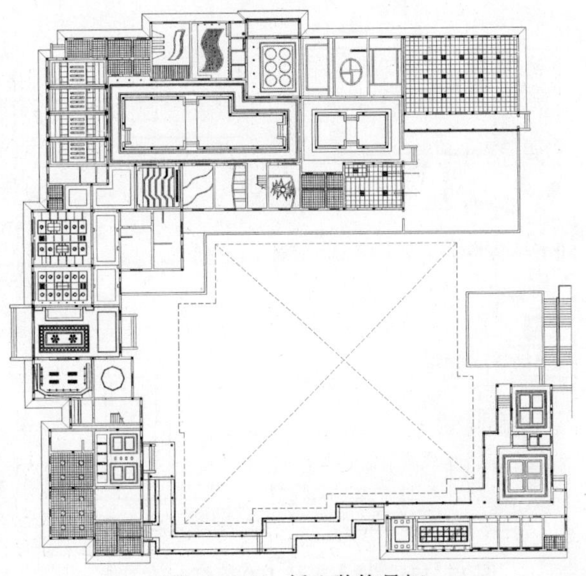

图 13-132　插入装饰吊灯

2）单击“默认”选项卡“块”面板中的“插入”按钮，弹出“插入”对话框。单击“浏览”按钮，弹出“选择图形文件”对话框，选择“源文件/图块/小型吊灯”图块，单击“打开”按钮，回到“插入”对话框，单击“确定”按钮，完成图块插入，如图 13-133 所示。

（3）单击“默认”选项卡“块”面板中的“插入”按钮，弹出“插入”对话框。单击“浏览”按钮，弹出“选择图形文件”对话框，选择“源文件/图块/小型吸顶灯”图块，单击“打开”按钮，回到“插入”对话框，单击“确定”按钮，完成图块插入，如图 13-134所示。

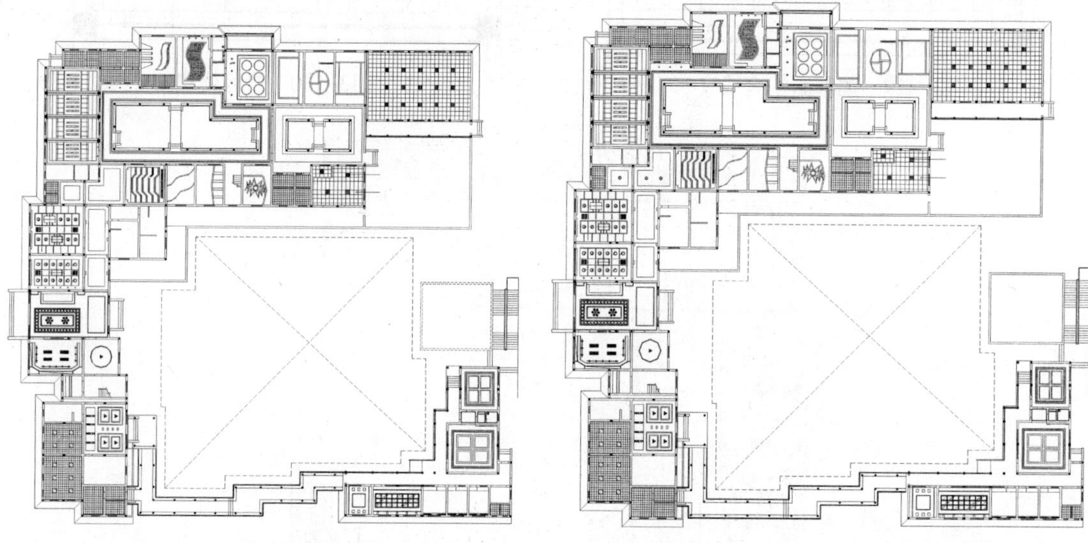

图 13-133　插入小型吊灯　　　图 13-134　插入小型吸顶灯

4）单击“默认”选项卡“块”面板中的“插入”按钮，弹出“插入”对话框。单击“浏览”按钮，弹出“选择图形文件”对话框，选择“源文件/图块/半径 100 筒灯”图块，单击“打开”按钮，回到“插入”对话框，单击“确定”按钮，完成图块插入，如图 13-135所示。

5）利用上述方法完成剩余灯具的布置，如图 13-136 所示。

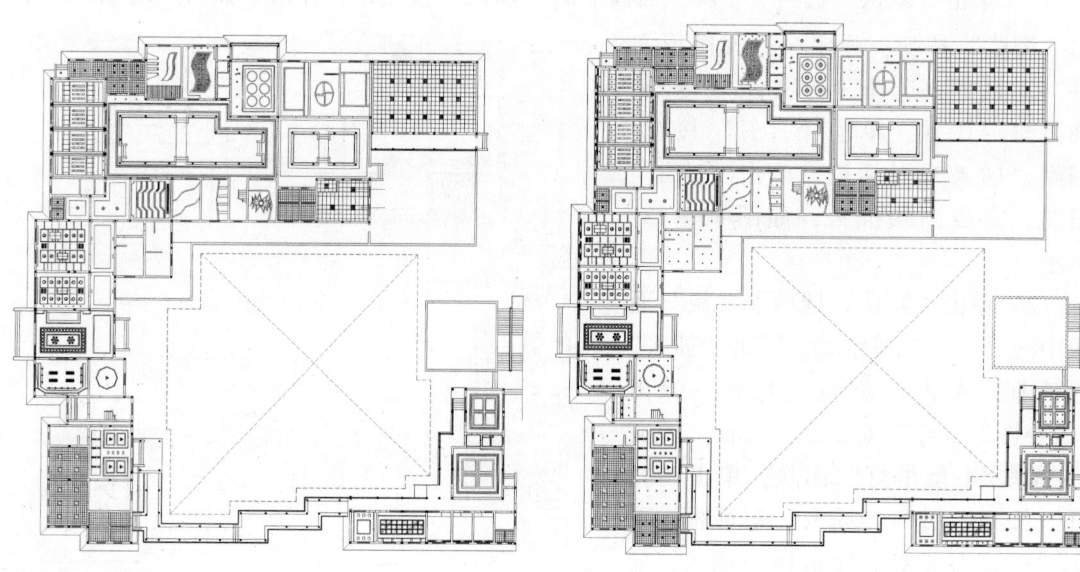

图 13-135　插入半径 100 筒灯　　　图 13-136　布置剩余灯具

6）在命令行窗口中输入“QLEADER”命令，进行引线文字标注，如图 13-137 所示。

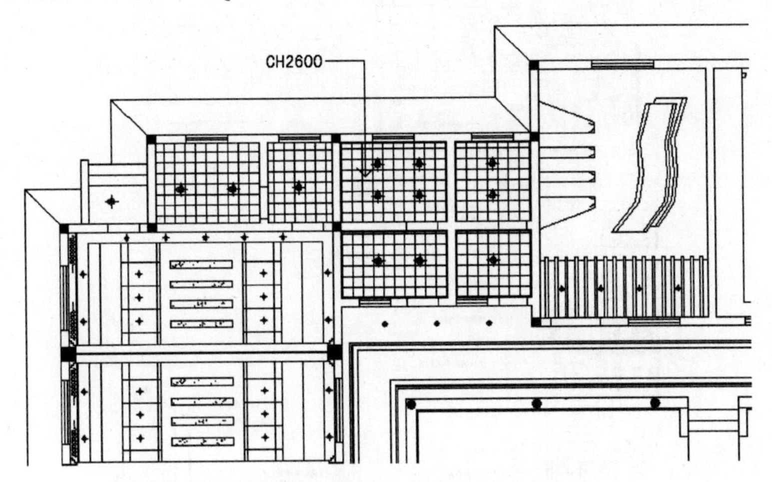

图 13-137　文字标注

7）利用上述方法完成剩余文字标注，如图 13-138 所示。

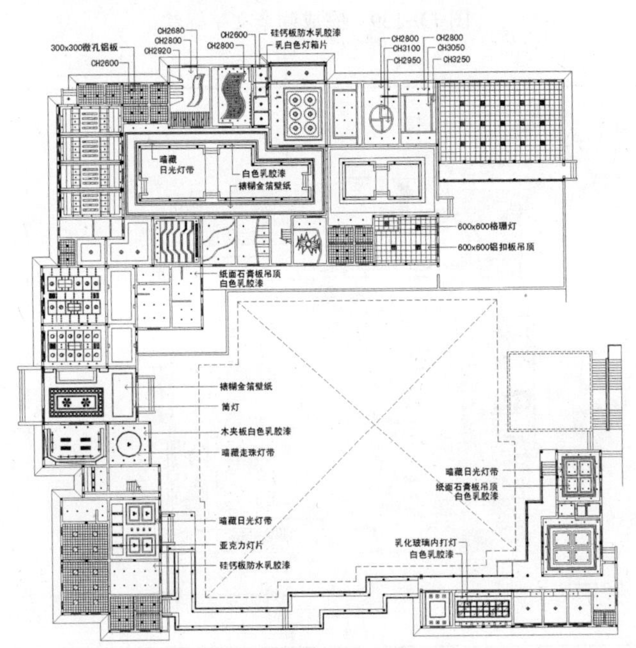

图 13-138　添加引线文字

8）单击“默认”选项卡“注释”面板中的“多行文字”按钮A，在绘制完成的图形内将剩余的不带引线的文字标注完成，如图 13-139 所示。

9）打开关闭的图层，最终完成一层顶棚布置图的绘制。

10）单击“默认”选项卡“块”面板中的“插入”按钮，弹出“插入”对话框，选择定义的图框为插入对象，将其放置到绘制的图形外侧，最终完成一层顶棚图的绘制，如图 13-140 所示。

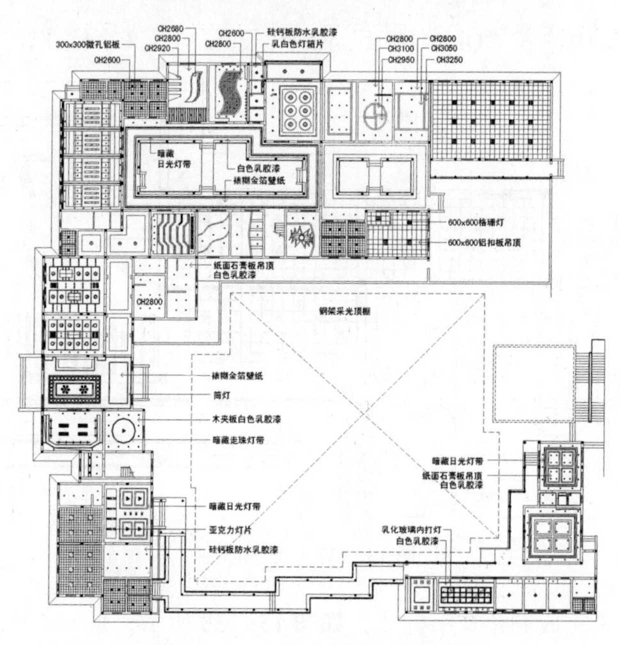

图 13-139 完成剩余文字标注

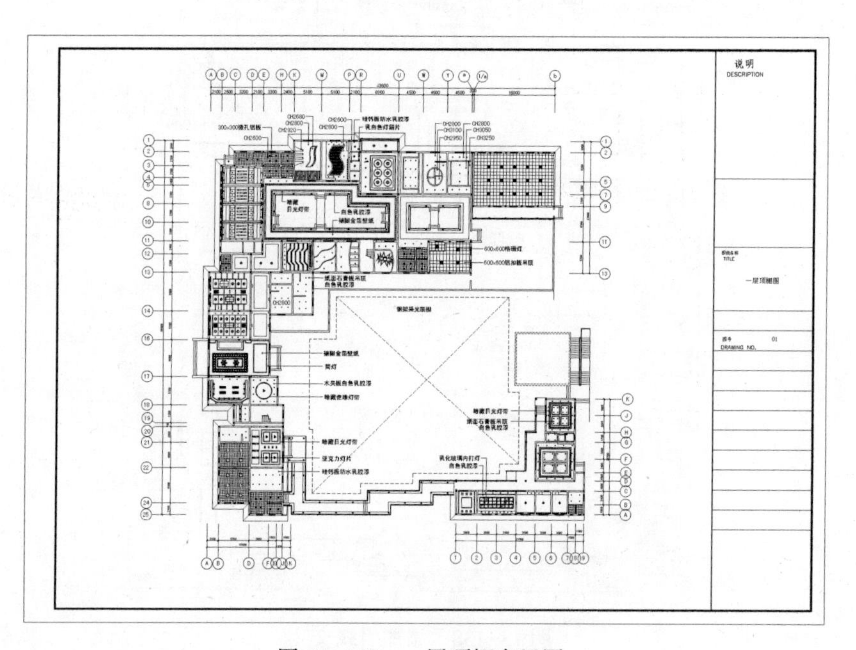

图 13-140 一层顶棚布置图

13.2 二层顶棚布置图的绘制

二层顶棚图如图 13-141 所示，其绘制方法与一层顶棚图类似，此处不再赘述。

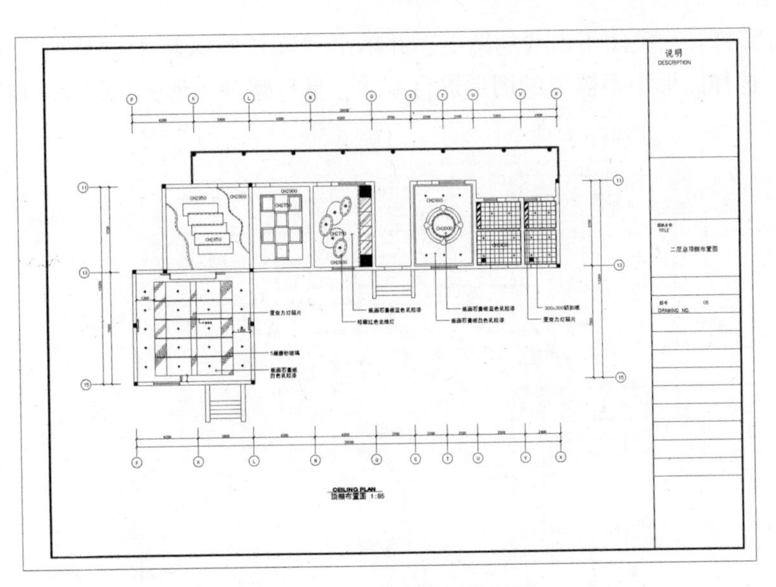

图 13-141　二层顶棚布置图

13.3　一层地坪布置图的绘制

一层地坪布置图如图 13-142 所示，下面讲述其绘制方法。

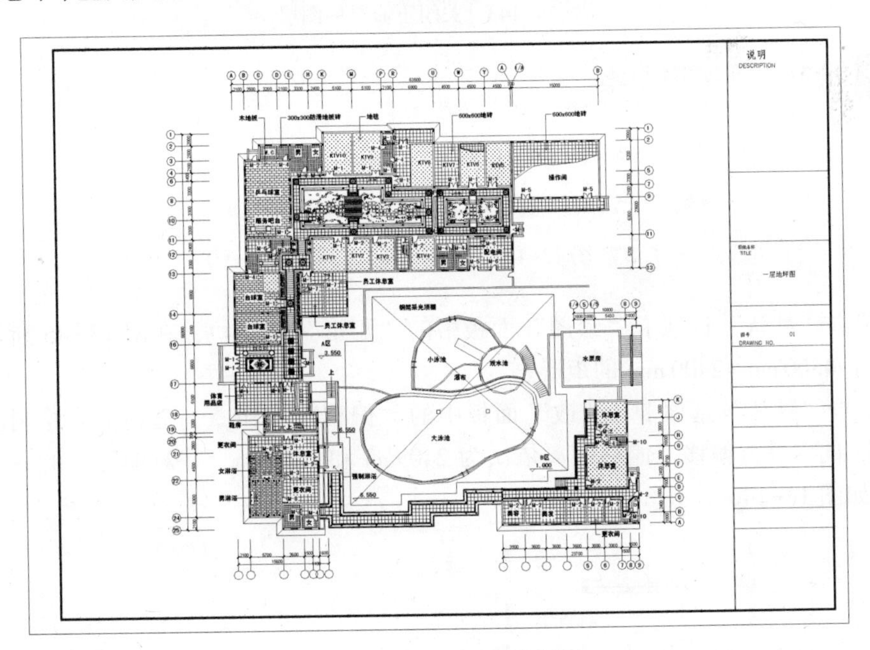

图 13-142　一层地坪布置图

13.3.1 整理图形

单击“快速访问”工具栏中的“打开”按钮，弹出“选择文件”对话框。选择一层平面图，将其打开，关闭不需要的图层，并单击“默认”选项卡“修改”面板中的“删除”按钮，选择图形中不需要的图形进行删除，最后整理图形，如图13-143所示。

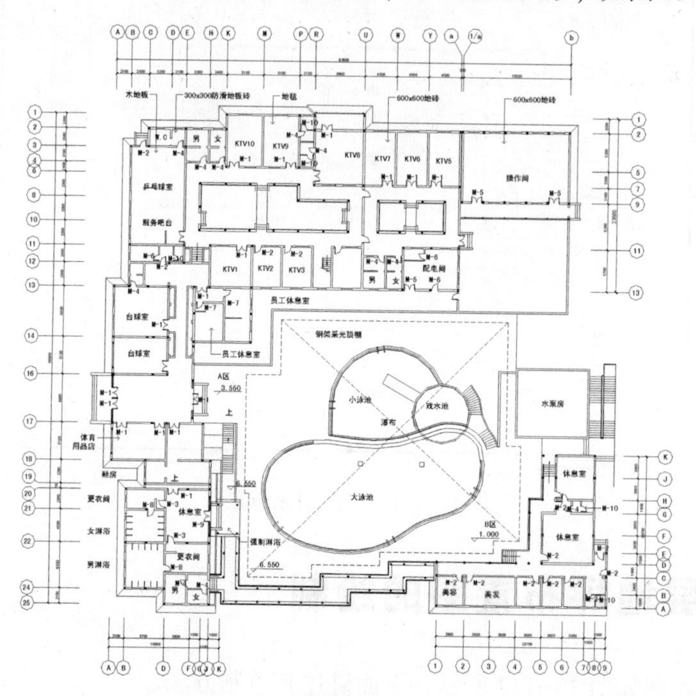

图13-143 关闭不需要的图层

13.3.2 绘制地坪装饰图案

1）新建“地坪”图层，并将其置为当前层，如图13-144所示。

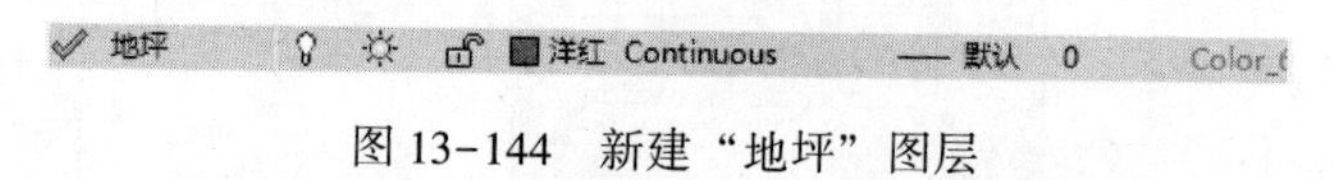

图13-144 新建“地坪”图层

2）单击“默认”选项卡“绘图”面板中的“矩形”按钮，在图13-45所示的位置处绘制一个4800 mm×2400 mm的矩形。

3）单击“默认”选项卡“修改”面板中的“偏移”按钮，选择上步绘制的矩形为偏移对象，向内进行偏移，偏移距离依次为240 mm和240 mm，并对偏移后的图形进行整理，效果如图13-146所示。

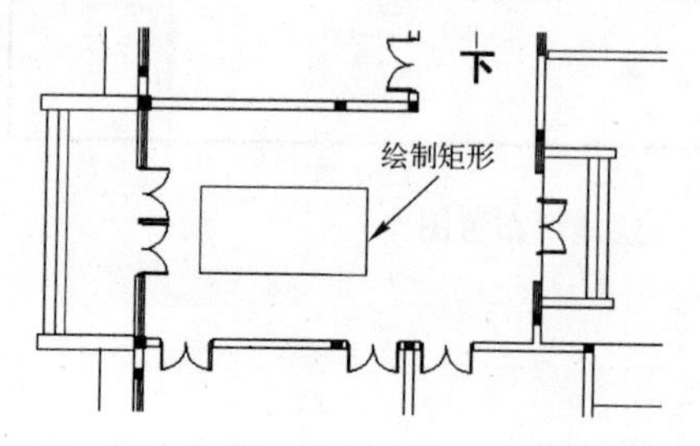

图13-145 绘制4800 mm×2400 mm的矩形

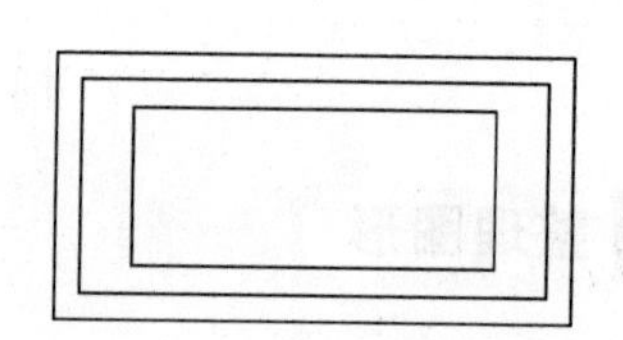

图13-146 偏移矩形（一）

4）单击“默认”选项卡“绘图”面板中的“直线”按钮，在上步偏移后的内部矩形绘制4条斜向直线，如图13-147所示。

5）单击“默认”选项卡“修改”面板中的“修剪”按钮，选择上步绘制的连续直线为修剪对象，对其进行修剪处理，如图13-148所示。

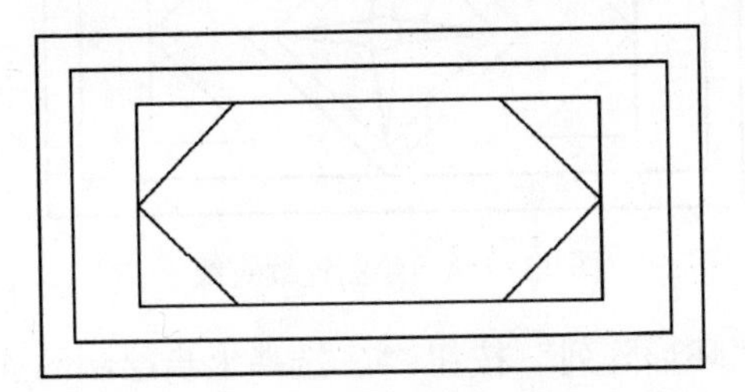

图13-147 绘制4条斜向直线

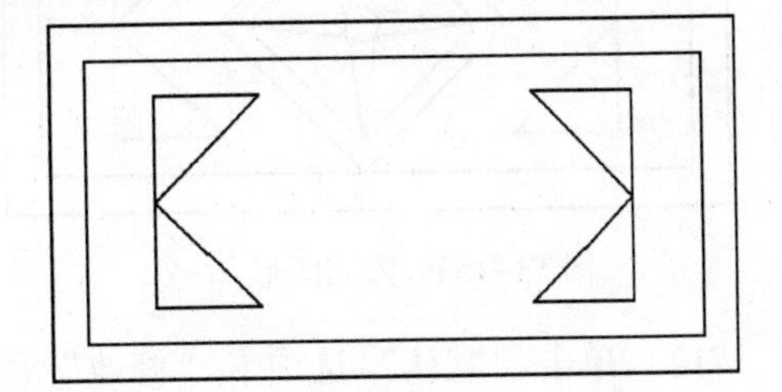

图13-148 修剪图形

6）单击“默认”选项卡“绘图”面板中的“多段线”按钮，在上步绘制的图形内绘制连续多段线，如图13-149所示。

7）单击“默认”选项卡“修改”面板中的“偏移”按钮，选择上步绘制的多段线为偏移对象，将其向内进行偏移，偏移距离为187 mm，如图13-150所示。

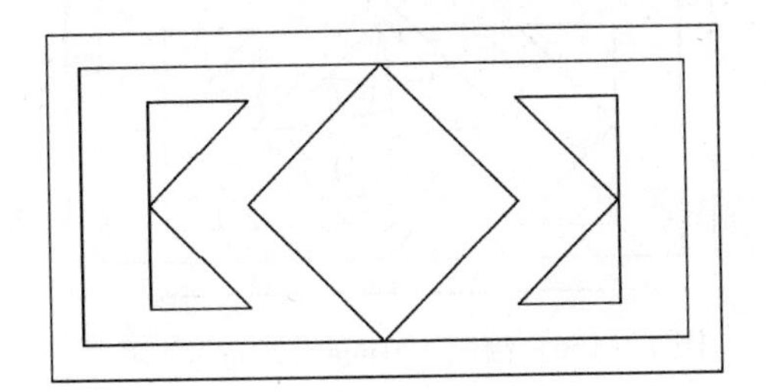

图13-149 绘制连续多段线

图13-150 偏移多段线（一）

8）单击“默认”选项卡“绘图”面板中的“圆”按钮，在上步偏移的线段内绘制一个半径为116 mm的圆，如图13-151所示。

9）单击“默认”选项卡“绘图”面板中的“直线”按钮，在上步绘制的圆上选取一点为直线的起点，绘制两条斜向直线，如图13-152所示。

图13-151 绘制半径为116 mm的圆

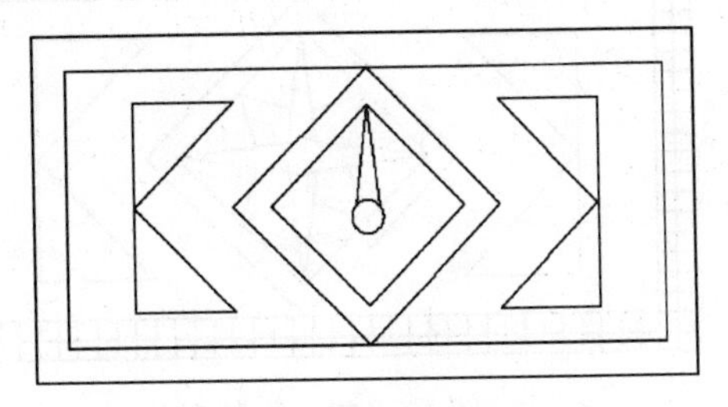

图13-152 绘制两条斜向直线

10）单击“默认”选项卡“修改”面板中的“环形阵列”按钮，选择上步绘制的斜向直线为阵列对象，选择上步绘制圆的圆心为阵列基点，对其进行环形阵列，设置阵列项目为4，如图13-153所示。

11）单击“默认”选项卡“绘图”面板中的“直线”按钮，在上阵列后的图形上绘

制连续直线，如图 13-154 所示。

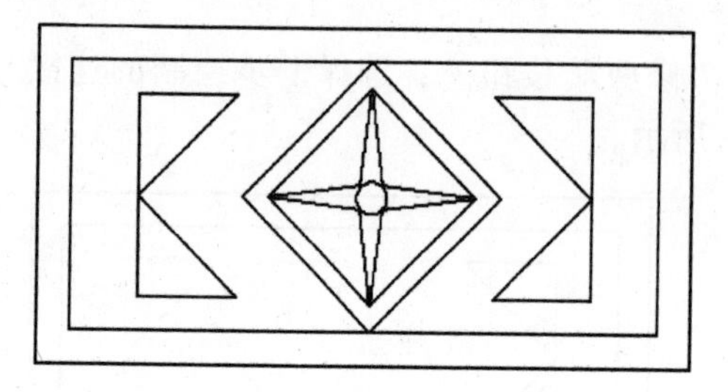

图 13-153 阵列图形（一）

图 13-154 绘制连续直线

12）单击“默认”选项卡“修改”面板中的“环形阵列”按钮，选择上步绘制的连续直线为阵列对象，选择上步绘制的半径为 116 mm 的圆心为阵列基点，对其进行环形阵列，设置阵列项目为“4”，如图 13-155 所示。

13）单击“默认”选项卡“绘图”面板中的“矩形”按钮，在偏移矩形间绘制一个 120 mm×120 mm 的矩形，如图 13-156 所示。

图 13-155 阵列图形（二）

图 13-156 绘制 120 mm×120 mm 的矩形

14）单击“默认”选项卡“修改”面板中的“复制”按钮，选择上步绘制的矩形为复制对象，对其进行连续复制，如图 13-157 所示。

15）单击“默认”选项卡“绘图”面板中的“图案填充”按钮，打开“图案填充创建”选项卡，选择“SOLID”图案填充图形，效果如图 13-158 所示。

图 13-157 复制矩形

图 13-158 填充图形（一）

16）单击“默认”选项卡“绘图”面板中的“矩形”按钮，绘制一个 1260 mm×1260 mm 的矩形，如图 13-159 所示。

17）单击“默认”选项卡“修改”面板中的“偏移”按钮，选择上步绘制的矩形为偏移对象，将其向内进行偏移，偏移距离为 57 mm，如图 13-160 所示。

18）单击“默认”选项卡“绘图”面板中的“多段线”按钮，指定多段线起点宽度为“0”，端点宽度为“0”，以内部矩形中点为多段线起点矩形中点，绘制连续多段线，如图 13-161 所示。

19）单击“默认”选项卡“修改”面板中的“偏移”按钮，选择上步绘制的连续多段线为偏移对象，向内进行偏移，偏移距离为 69 mm，如图 13-162 所示。

20）单击“默认”选项卡“绘图”面板中的“直线”按钮，在上步偏移的图形内绘制两条顶点相交的斜向直线，如图 13-163 所示。

21）单击“默认”选项卡“绘图”面板中的“直线”按钮，选择偏移后的内部矩形四边中点为直线起点绘制相交的十字线段，如图 13-164 所示。

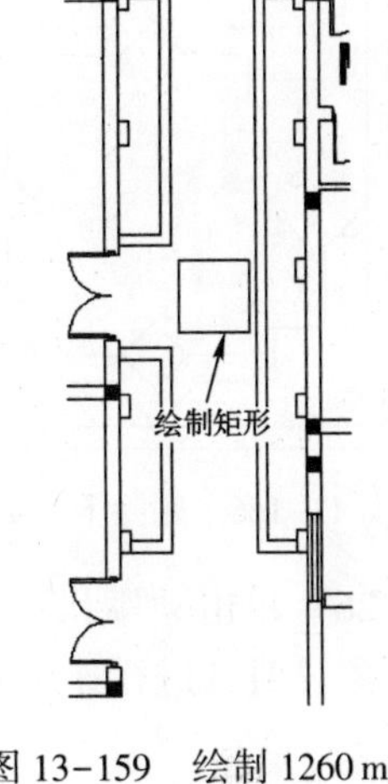

图 13-159　绘制 1260 mm× 1260 mm 的矩形

22）单击“默认”选项卡“修改”面板中的“环形阵列”按钮，选择上步绘制的斜向直线为环形阵列对象，选择绘制的十字交叉线的交点为阵列基点，设置项目数为 4，如图 3-165 所示。

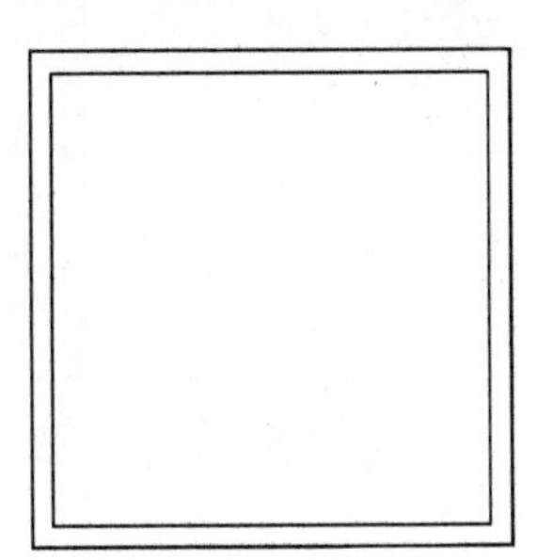
图 13-160　偏移矩形（二）

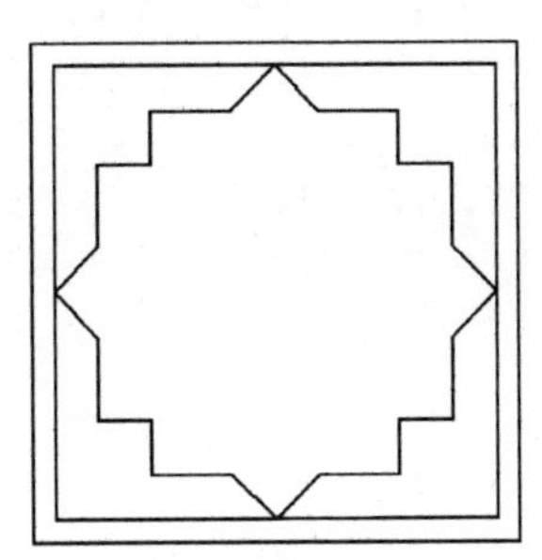
图 13-161　偏移多段线（二）

图 13-162　偏移对象

图 13-163　绘制斜向直线

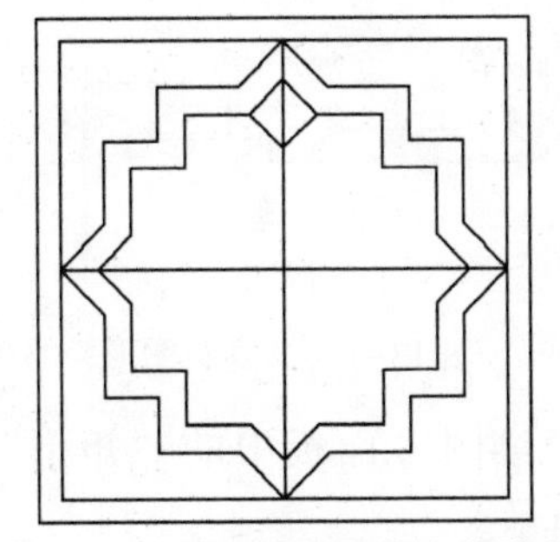
图 13-164　绘制相交的十字线段

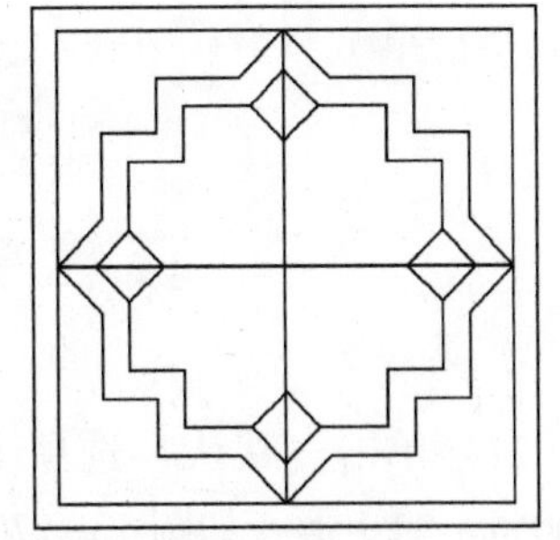
图 13-165　阵列图形（三）

23）单击“默认”选项卡“修改”面板中的“删除”按钮，选择十字交叉线为删除对象，对其进行删除处理，如图 13-166 所示。

24）单击“默认”选项卡“绘图”面板中的“多边形”按钮，在上步图形内绘制一个多边形，如图 13-167 所示。

25）单击“默认”选项卡“绘图”面板中的“直线”按钮，连接上步绘制各图形，如图 13-168 所示。

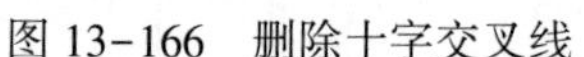

图 13-166 删除十字交叉线　　图 13-167 绘制多边形　　图 13-168 以直线连接各图形

26）单击“默认”选项卡“修改”面板中的“复制”按钮，选择上步绘制图形为复制对象，对其进行连续复制，并利用上述方法完成相同图形的绘制，如图 13-169 所示。

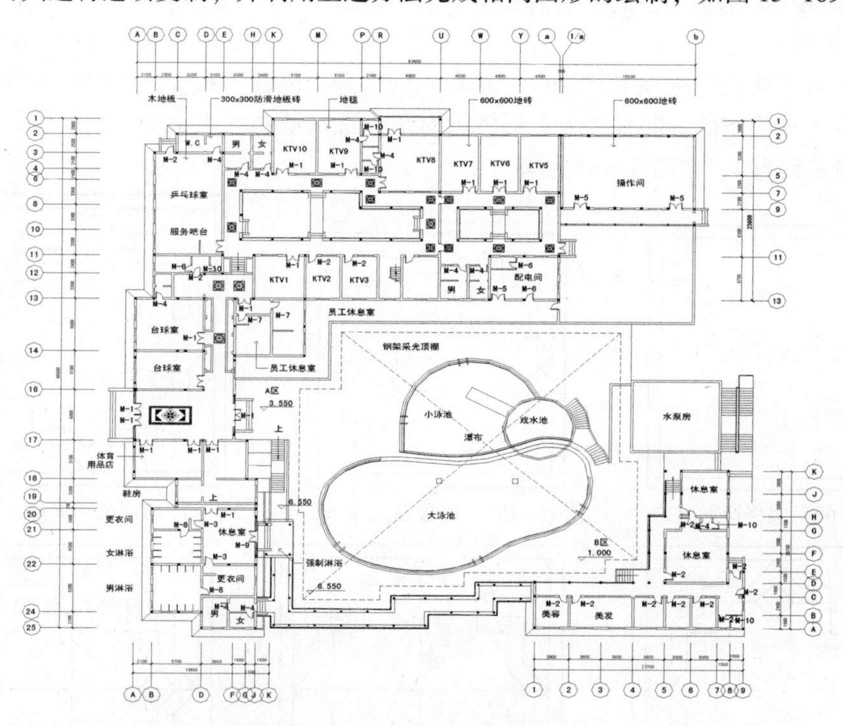

图 13-169 复制图形

27）单击“默认”选项卡“绘图”面板中的“矩形”按钮，绘制一个 1000 mm×1000 mm 的矩形，如图 13-170 所示。

28）单击“默认”选项卡“修改”面板中的“偏移”按钮，选择上步绘制的矩形为偏移对象，向内进行偏移，偏移距离依次为 60 mm 和 30 mm，如图 13-171 所示。

29）单击“默认”选项卡“绘图”面板中的“多段线”按钮，以上步偏移后的内部矩形四边的中点为起点，绘制连续多段线，如图 13-172 所示。

30）单击“默认”选项卡“修改”面板中的“删除”按钮，选择偏移后的矩形为删除对象，将其删除，如图 13-173 所示。

31）单击“默认”选项卡“修改”面板中的“偏移”按钮，选择上步绘制的多段线为偏移对象，向内进行偏移，偏移距离为 57 mm，如图 13-174 所示。

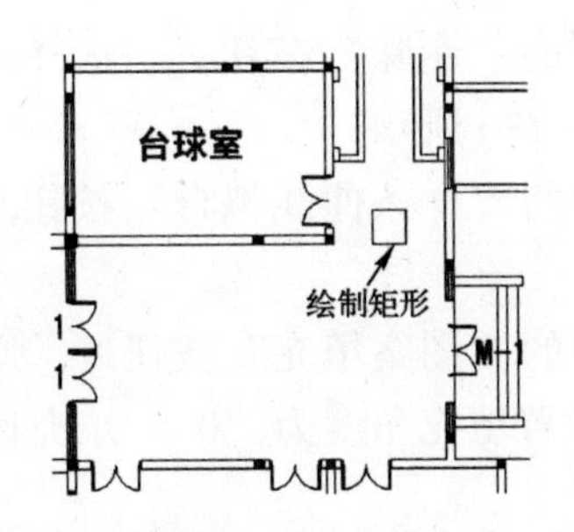

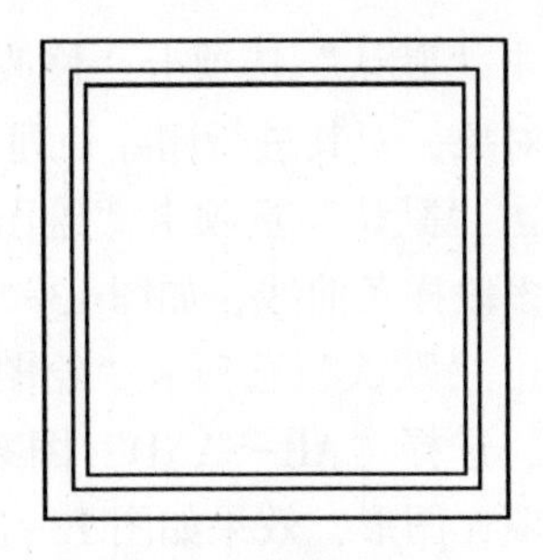

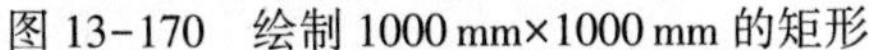

图 13-170　绘制 1000 mm×1000 mm 的矩形　　图 13-171　偏移矩形（三）

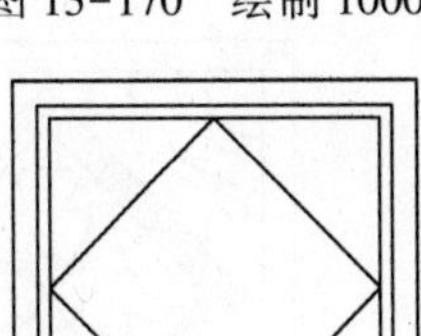

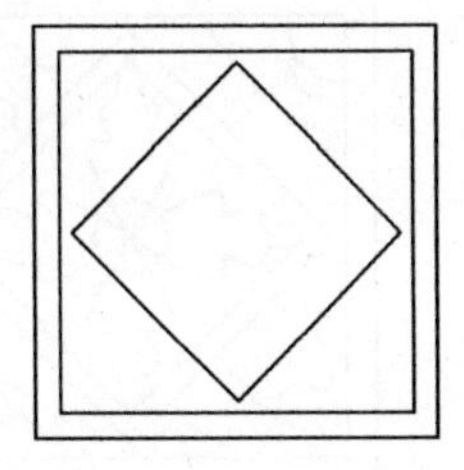

图 13-172　绘制连续多段线（一）　　图 13-173　删除图形　图 13-174　偏移多段线（三）

32）单击“默认”选项卡“绘图”面板中的“直线”按钮，连接外部矩形四边的中点，绘制十字交叉线，如图 13-175 所示。

33）单击“默认”选项卡“绘图”面板中的“圆”按钮，选择上步绘制十字交叉线交点为圆心绘制一个半径为 75 mm 的圆，如图 13-176 所示。

34）单击“默认”选项卡“绘图”面板中的“样条曲线拟合”按钮，绘制图 13-177 所示的图形。

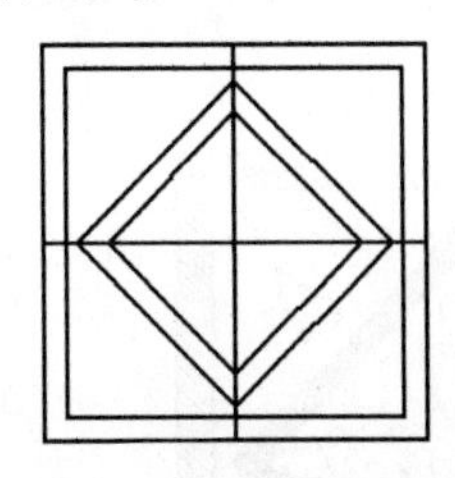

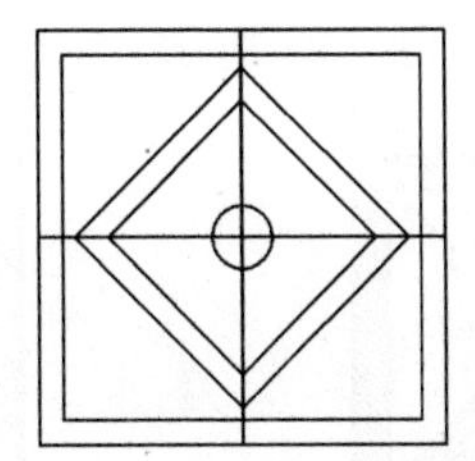

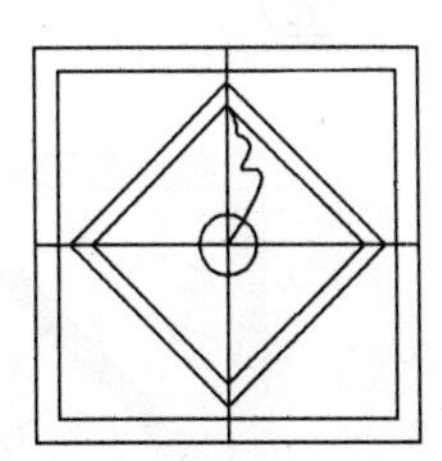

图 13-175　绘制十字交叉线　　图 13-176　绘制半径为 75 mm 的圆　　图 13-177　绘制直线和圆弧

35）单击“默认”选项卡“修改”面板中的“镜像”按钮，选择上步绘制的图形为镜像对象，对其进行竖直镜像，如图 13-178 所示。

36）单击“默认”选项卡“修改”面板中的“环形阵列”按钮，选择上步绘制的连续直线为阵列对象，选择上步所绘制圆的圆心为阵列基点，对其进行环形阵列，设置阵列项目为“4”，如图 13-179 所示。

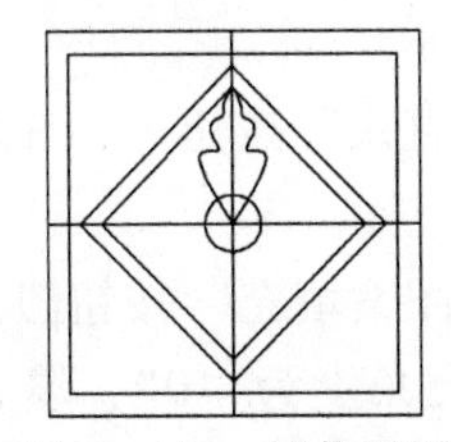

图 13-178　镜像图形　　图 13-179　环形阵列

37）单击“默认”选项卡“修改”面板中的“删除”按钮，选择前面绘制的十字交叉线为删除对象，对其进行删除处理，如图13-180所示。

38）单击“默认”选项卡“绘图”面板中的“样条曲线拟合”按钮，在上步图形适当位置绘制多段样条曲线，如图13-181所示。

39）单击“默认”选项卡“绘图”面板中的“图案填充”按钮，弹出“图案填充创建”选项卡，选择“AR-SAND”图案类型，设置填充角度为“0”，填充比例为“0.5”，选择填充区域填充图形，效果如图13-182所示。

图13-180 删除图形

图13-181 绘制样条曲线

图13-182 填充图形（二）

40）单击“默认”选项卡“绘图”面板中的“图案填充”按钮，弹出“图案填充创建”选项卡，选择“ANSI31”图案类型，设置填充角度为“0”，填充比例为“5”，选择填充区域填充图形，效果如图13-183所示。

41）单击“默认”选项卡“绘图”面板中的“图案填充”按钮，弹出“图案填充创建”选项卡，选择“AR-CONC”图案类型，设置填充角度为“0”，填充比例为“0.5”，选择填充区域填充图形，效果如图13-184所示。

图13-183 填充图形（三）

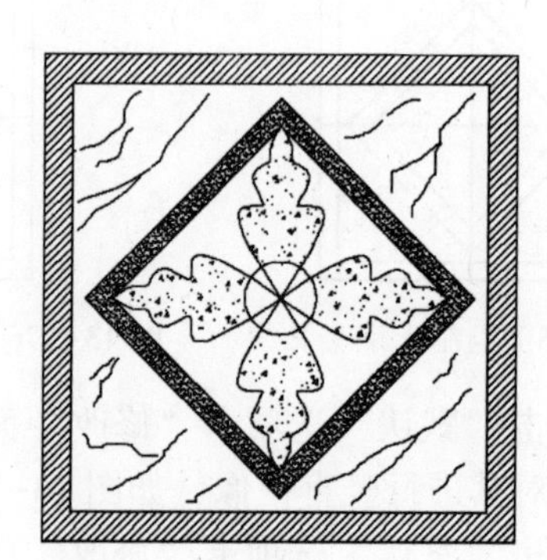

图13-184 填充图形（四）

42）单击“默认”选项卡“修改”面板中的“复制”按钮，选择上步绘制完成的图形为复制对象，对其进行连续复制，如图13-185所示。

43）单击“默认”选项卡“绘图”面板中的“直线”按钮，在球室门洞处绘制一条水平直线，如图13-186所示。

44）单击“默认”选项卡“绘图”面板中的“图案填充”按钮，弹出“图案填充创建”选项卡，选择“AR-B816”图案类型，设置填充角度为“0”，填充比例为“2”，选择填充区域填充图形，效果如图13-187所示。

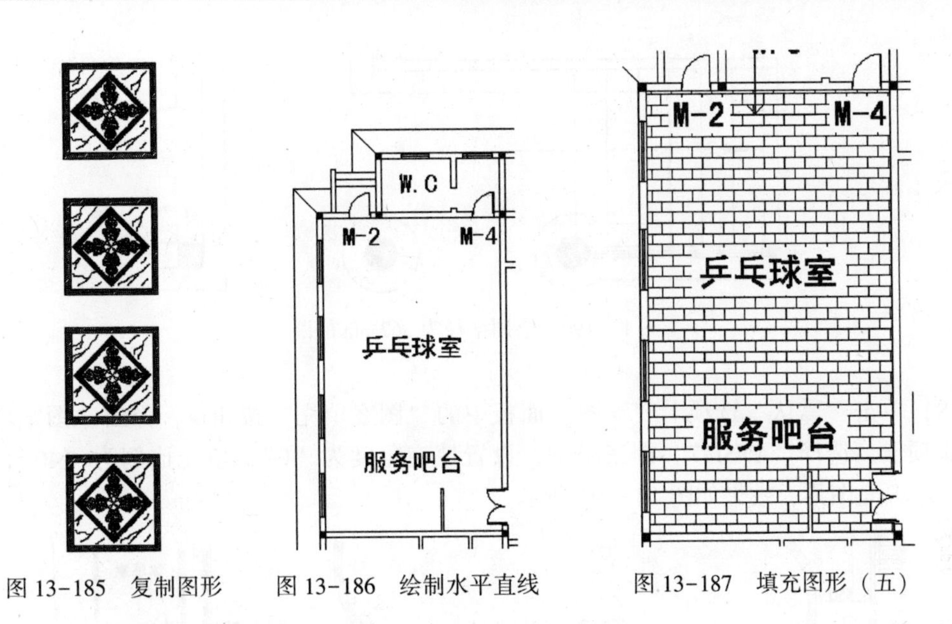

图 13-185 复制图形　　图 13-186 绘制水平直线　　图 13-187 填充图形（五）

45）单击“默认”选项卡“绘图”面板中的“多段线”按钮，在上步图形底部绘制连续多段线，如图 13-188 所示。

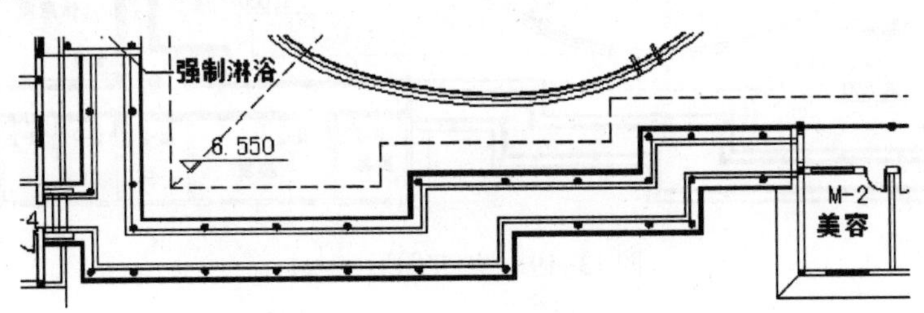

图 13-188 绘制连续多段线（二）

46）单击“默认”选项卡“绘图”面板中的“直线”按钮和“圆弧”按钮，绘制剩余的连续线段线，如图 13-189 所示。

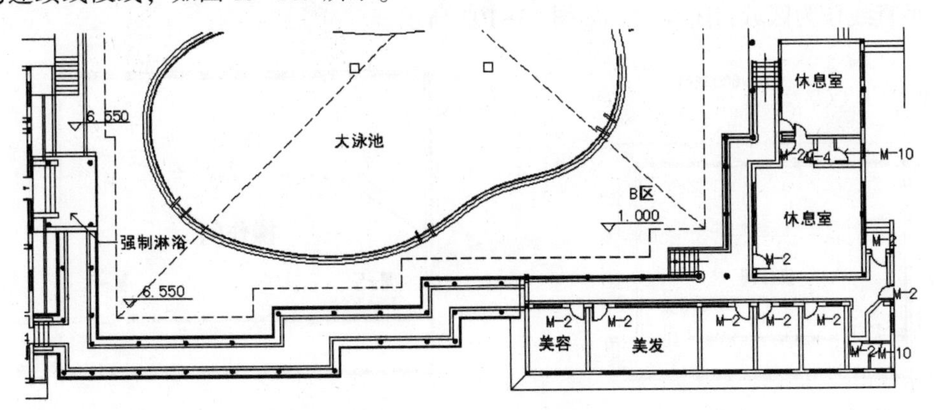

图 13-189 绘制连续多段线（三）

47）单击“默认”选项卡“绘图”面板中的“圆”按钮，在上步图形内绘制一个半径为 362 mm 的圆图形，如图 13-190 所示。

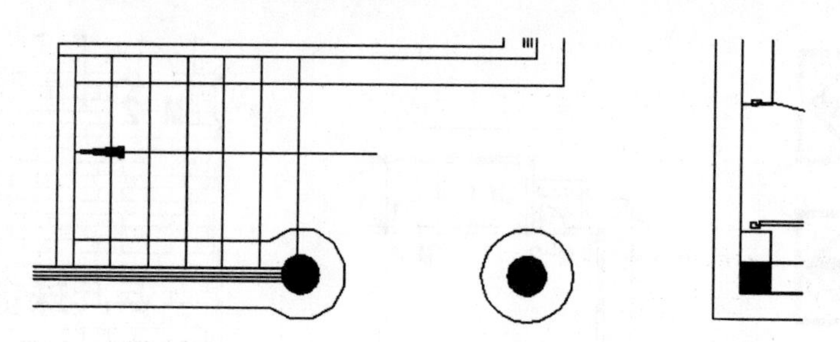

图 13-190 绘制半径为 362 mm 的圆

48）单击“默认”选项卡“绘图”面板中的“图案填充”按钮，弹出“图案填充创建”选项卡，选择“ANSI37”图案类型，设置填充角度为“0”，填充比例为“40”，选择填充区域填充图形，效果如图 13-191 所示。

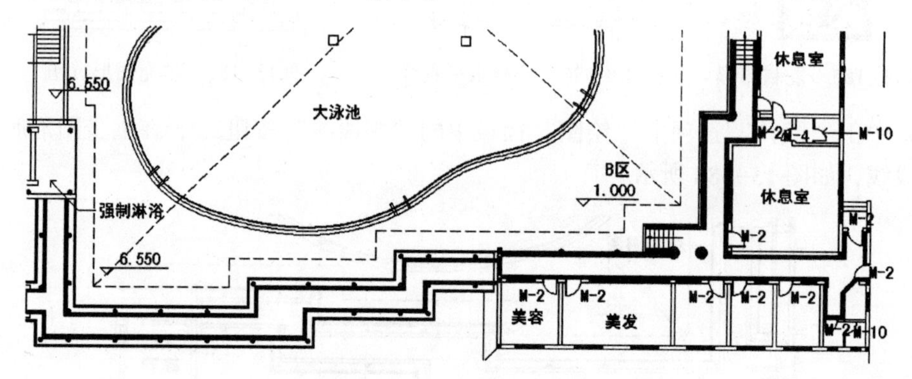

图 13-191 填充图形（六）

49）单击“默认”选项卡“绘图”面板中的“样条曲线拟合”按钮，在操作间内绘制多段线作为填充区域分界线，如图 13-192 所示。

50）单击“默认”选项卡“绘图”面板中的“直线”按钮，在操作间下方的门洞处绘制水平直线作为区域封闭线段，如图 13-193 所示。

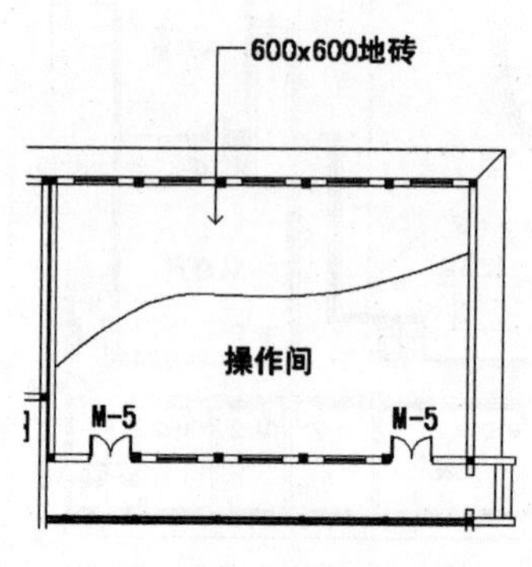

图 13-192 绘制样条曲线

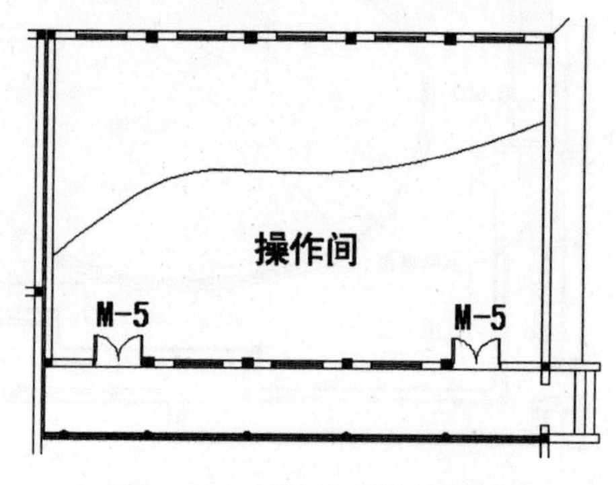

图 13-193 绘制区域封闭线段

51）单击“默认”选项卡“绘图”面板中的“图案填充”按钮，弹出“图案填充创建”选项卡，选择“NET”图案类型，设置填充角度为“0”，填充比例为“150”，选择填充区域填充图形，效果如图 13-194 所示。

52）单击“默认”选项卡“绘图”面板中的“图案填充”按钮，弹出“图案填充创建”选项卡，选择“GRASS”图案类型，设置填充角度为“0”，填充比例为“5000”，选择填充区域填充图形，效果如图 13-195 所示。

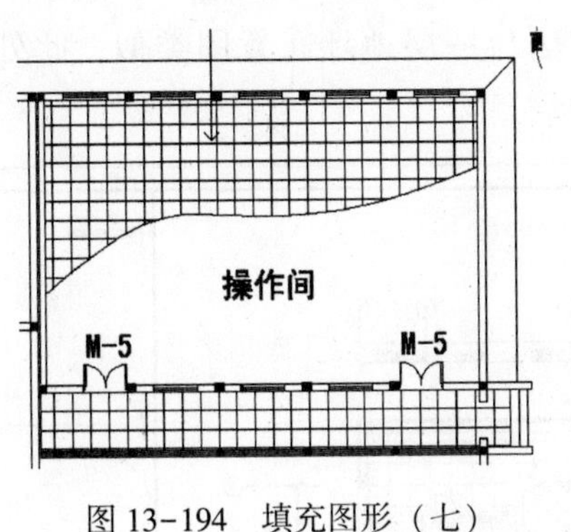

图 13-194 填充图形（七）

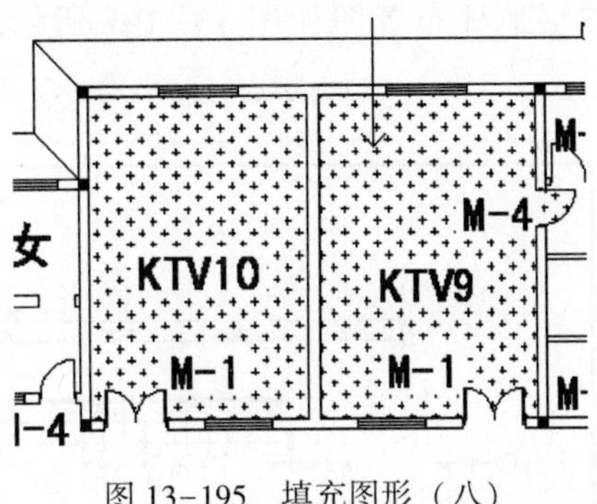

图 13-195 填充图形（八）

53）剩余图案的填充方法与上述内容相同，此处不再赘述。利用上述方法完成剩余地坪图的绘制。

54）单击“默认”选项卡“块”面板中的“插入”按钮，弹出“插入”对话框，选择定义的图框为插入对象，将其放置到绘制的图形外侧，最终完成一层地坪布置图的绘制，如图 13-196 所示。

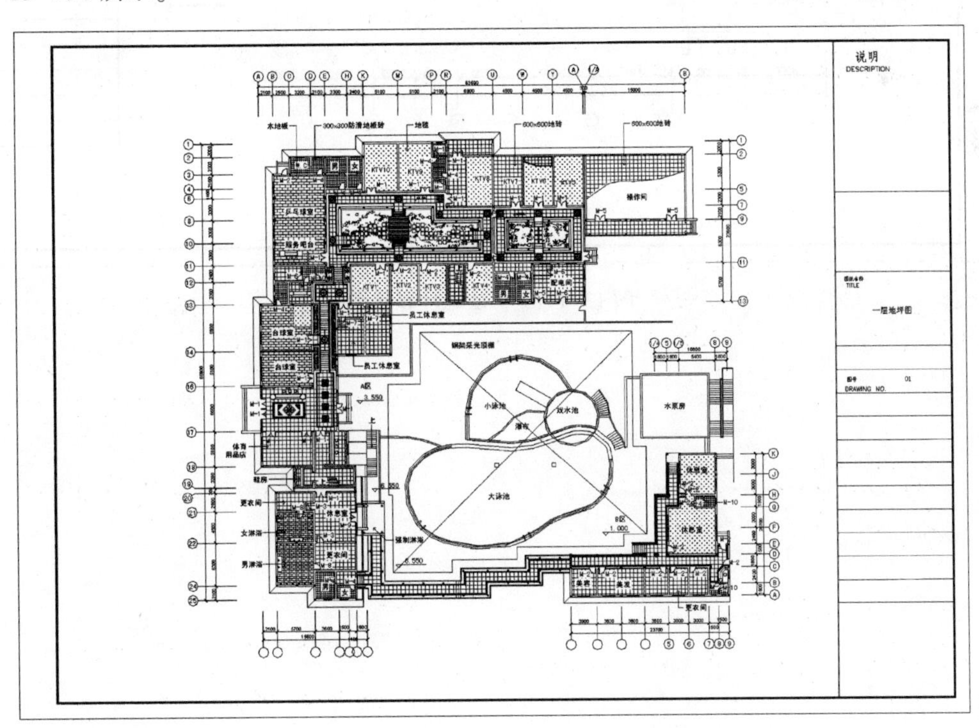

图 13-196 一层地坪布置图

13.4 二层地坪布置图的绘制

二层地坪布置图如图 13-197 所示，其绘制方法与一层地坪布置图类似，此处不再赘述。

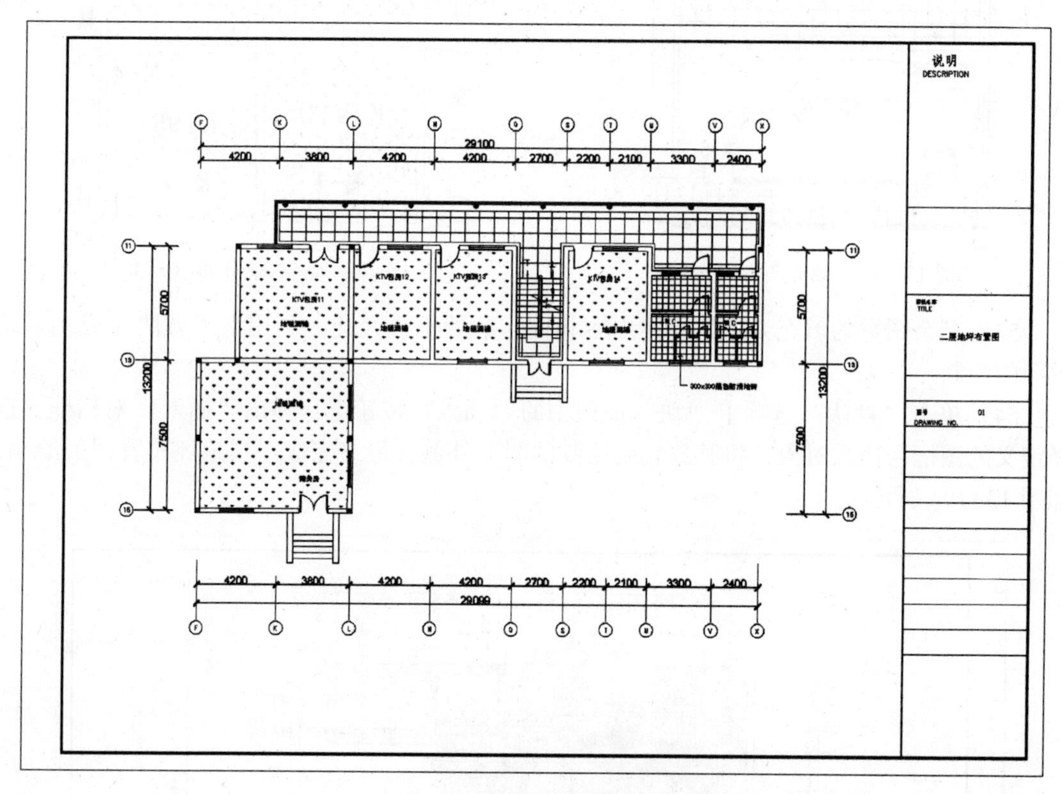

图 13-197 二层地坪布置图

第 14 章 洗浴中心立面图的绘制

知识导引

立面图是用直接正投影法将建筑各个墙面进行投影所得到的正投影图。本章以洗浴中心立面图为例，详细讲述这些建筑立面图的CAD绘制方法与相关技巧。

内容要点

- 一层门厅立面图的绘制
- 一层走廊立面图的绘制
- 一层体育用品店立面图
- 一层乒乓球室 A、B、C、D 立面图
- 一层台球室 02A、C 立面图

14.1 一层门厅立面图的绘制

一层门厅有 A、B、C、D 共 4 个立面，下面分别介绍各立面图的具体绘制方法。

14.1.1 一层门厅 A、B 立面图的绘制

一层门厅 A、B 立面图如图 14-1 所示，下面介绍其绘制方法。

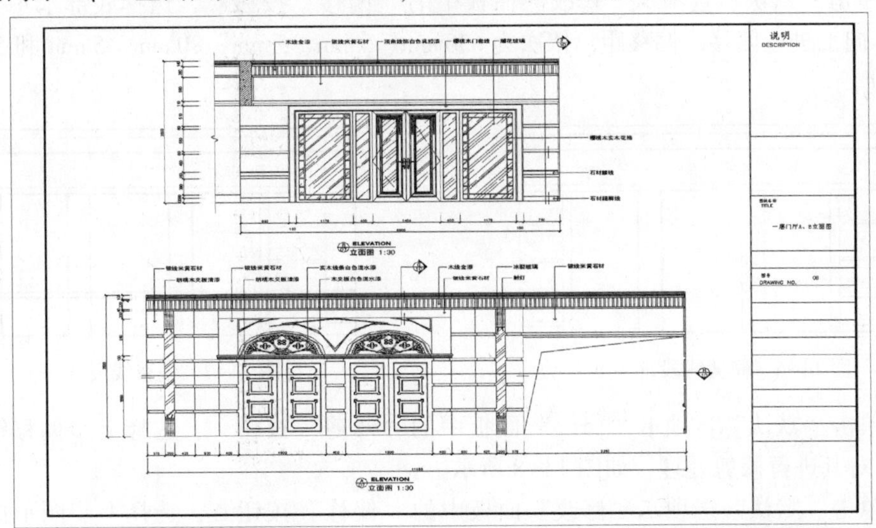

图 14-1 一层门厅 A、B 立面图

1）单击“默认”选项卡“绘图”面板中的“直线”按钮，在图形空白区域任选一点为直线起点，水平向右绘制一条长度为7122 mm的水平直线，如图14-2所示。

2）单击“默认”选项卡“绘图”面板中的“直线”按钮，选择上步绘制水平直线的左端点为直线起点，向上绘制一条长度为3500 mm的竖直直线，如图14-3所示。

图14-2 绘制水平直线　　图14-3 绘制竖直直线（一）

3）单击“默认”选项卡“修改”面板中的“偏移”按钮，选择上步绘制的水平直线为偏移对象，向上进行连续偏移，偏移距离依次为120 mm、80 mm、390 mm、160 mm、460 mm、60 mm、560 mm、60 mm、510 mm、110 mm、590 mm、260 mm和140 mm、如图14-4所示。

4）单击“默认”选项卡“修改”面板中的“偏移”按钮，选择上步绘制的竖直直线为偏移对象，将其向右进行偏移，偏移距离依次为522 mm、990 mm、150 mm、1178 mm、400 mm、1404 mm、400 mm、1178 mm、150 mm和750 mm，如图14-5所示。

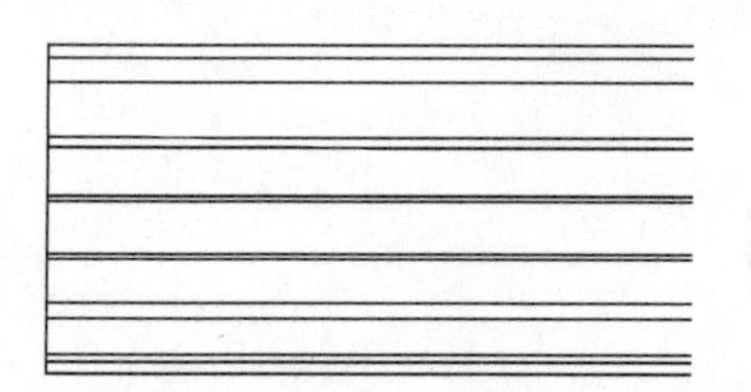

图14-4 偏移水平直线（一）

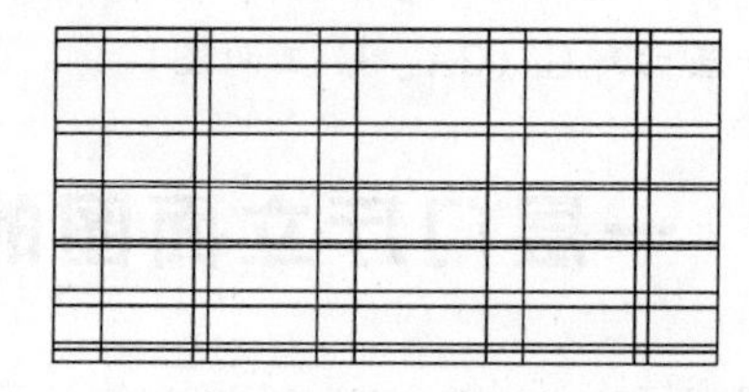

图14-5 偏移竖直直线（一）

5）单击“默认”选项卡“修改”面板中的“修剪”按钮，选择上步偏移的线段为修剪对象，对其进行修剪处理，如图14-6所示。

6）单击“默认”选项卡“修改”面板中的“偏移”按钮，选择底部水平直线为偏移对象，向上进行偏移，偏移距离依次为650 mm、5 mm、5 mm、80 mm、5 mm和5 mm，如图14-7所示。

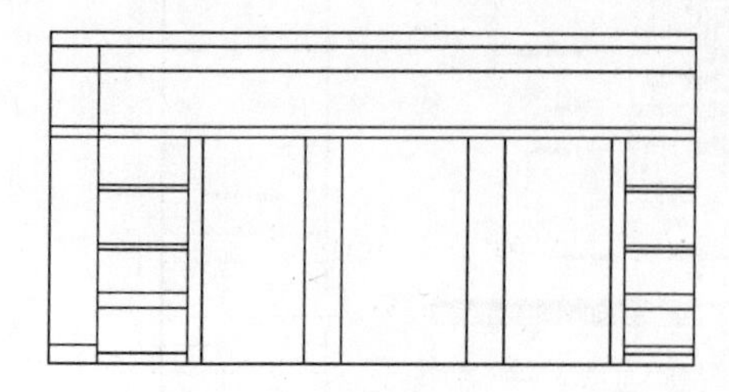

图14-6 修剪线段（一）

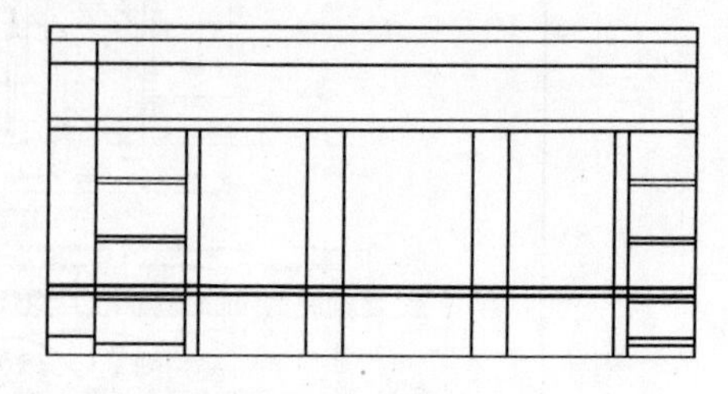

图14-7 偏移线段（一）

7）单击“默认”选项卡“修改”面板中的“修剪”按钮，选择上步偏移线段为修剪对象，对其进行修剪处理，如图14-8所示。

8）单击“默认”选项卡“修改”面板中的“偏移”按钮，选择上步图形中的直线为偏移对象，对其进行偏移，偏移距离为20 mm，如图14-9所示。

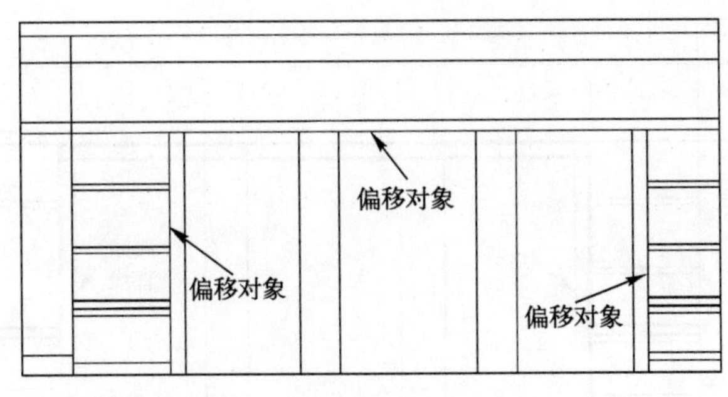

图 14-8　修剪线段（二）

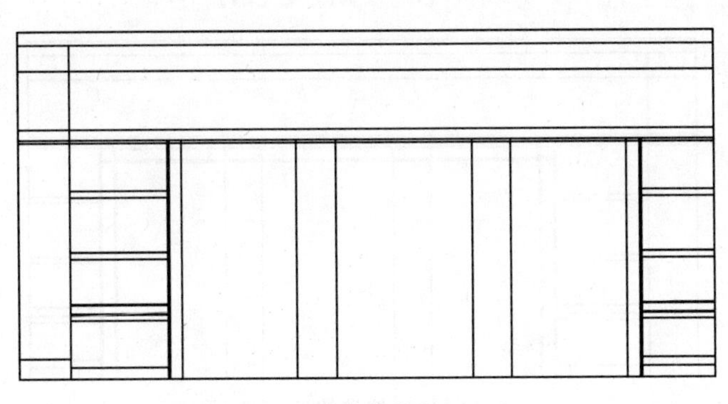

图 14-9　偏移线段（二）

9）单击“默认”选项卡“修改”面板中的“修剪”按钮，选择上步偏移线段为修剪对象，对其进行修剪处理，如图 14-10 所示。

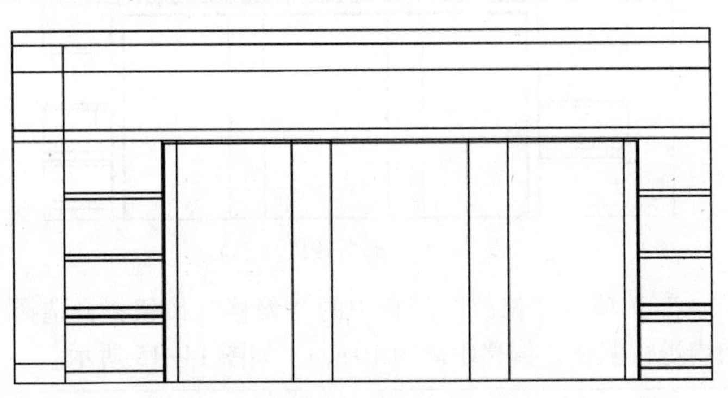

图 14-10　修剪线段（三）

10）单击“默认”选项卡“修改”面板中的“偏移”按钮，选择偏移后的水平直线为偏移对象，向下进行偏移，偏移距离依次为 110 mm 和 20 mm，如图 14-11 所示。

11）单击“默认”选项卡“修改”面板中的“偏移”按钮，选择图 14-11 所示的竖直直线为偏移对象，向外进行偏移，偏移距离为 20 mm，如图 14-12 所示。

12）单击“默认”选项卡“修改”面板中的“修剪”按钮，选择上步偏移的线段为修剪对象，对其进行修剪处理，如图 14-13 所示。

13）单击“默认”选项卡“绘图”面板中的“矩形”按钮，在上步修剪的线段内绘制两个适当大小的矩形，如图 14-14 所示。

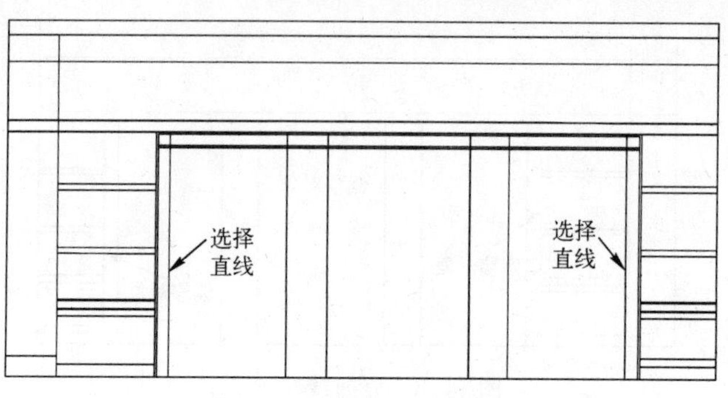

图 14-11 修剪线段（四）

图 14-12 偏移线段（三）

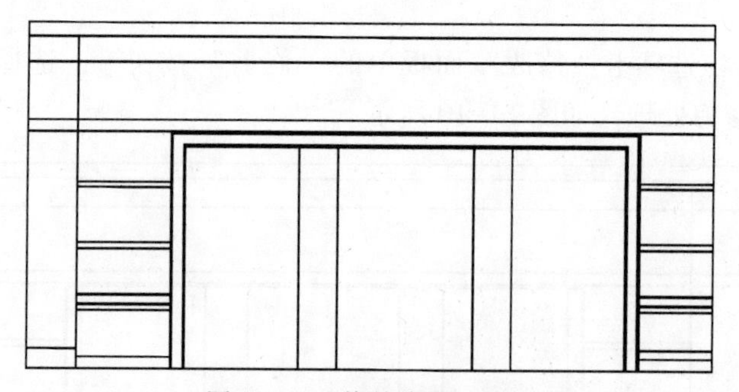

图 14-13 修剪线段（五）

14）单击“默认”选项卡“修改”面板中的“偏移”按钮，选择上步绘制的两个矩形为偏移对象，向内进行偏移，偏移距离为 10 mm，如图 14-15 所示。

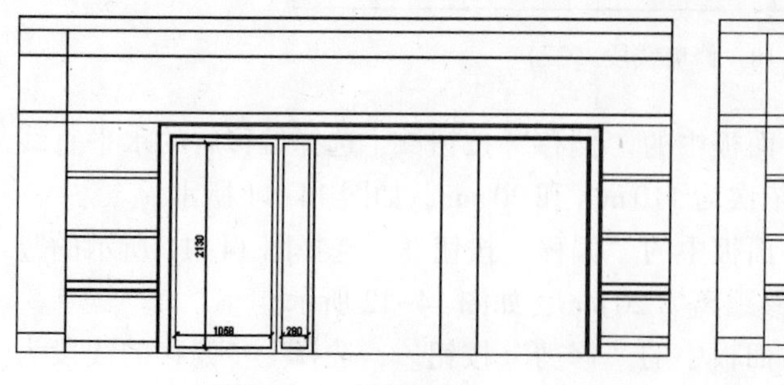

图 14-14 绘制矩形

图 14-15 偏移矩形

15）单击“默认”选项卡“修改”面板中的“分解”按钮，选择左侧内部矩形为分解对象，按〈Enter〉键确认，进行修剪。

16）单击“默认”选项卡“修改”面板中的“偏移”按钮，选择分解矩形左侧的竖直边为偏移对象，向右进行偏移，偏移距离分别为 100 mm、20 mm、389 mm、20 mm、389 mm 和 20 mm，如图 14-16 所示。

17）单击“默认”选项卡“修改”面板中的“偏移”按钮，选择分解后的水平直线为偏移对象，向下进行偏移，偏移距离分别为 100 mm，20 mm、170 mm、20 mm、194 mm、20 mm、194 mm、20 mm、194 mm、20 mm、194 mm、20 mm、194 mm、20 mm、194 mm、20 mm、194 mm、20 mm、184 mm 和 20 mm，如图 14-17 所示。

18）单击“默认”选项卡“修改”面板中的“修剪”按钮，选择上步偏移的线段为修剪对象，对其进行修剪处理，如图 14-18 所示。

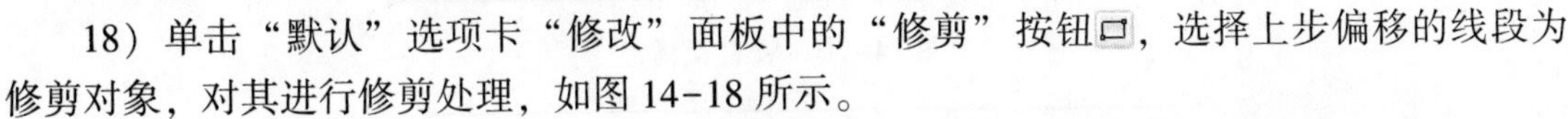

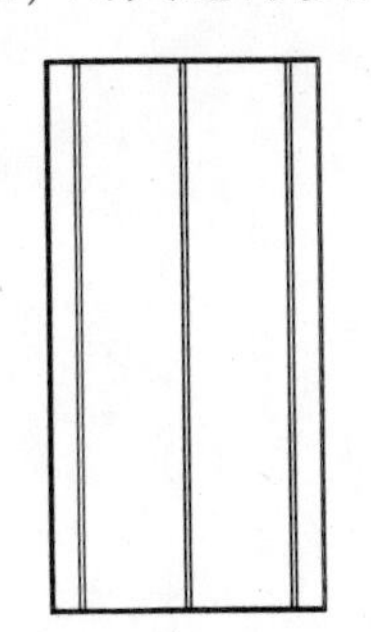

图 14-16　偏移竖直直线（二）

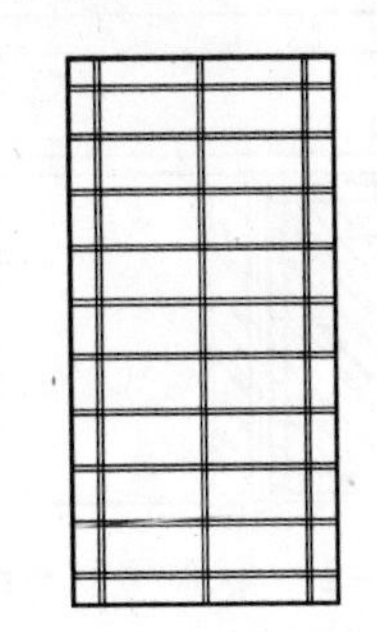

图 14-17　偏移水平直线（二）

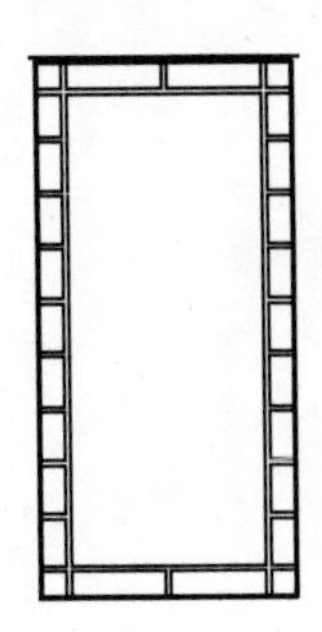

图 14-18　修剪线段（六）

19）单击“默认”选项卡“绘图”面板中的“图案填充”按钮，系统打开“图案填充创建”选项卡，设置图案类型为“AR-RROOF”，填充角度为“45”，填充比例为“10”，填充图形，效果如图 14-19 所示。

图 14-19　填充图形（一）

20）单击“默认”选项卡“修改”面板中的“镜像”按钮，选择上步填充后的图形为镜像对象，对其进行竖直镜像，如图 14-20 所示。

21）单击“默认”选项卡“绘图”面板中的“直线”按钮，在图形中间位置绘制一条竖直直线，如图 14-21 所示。

22）单击“默认”选项卡“绘图”面板中的“矩形”按钮，在上步绘制的竖直直线间绘制一个 542 mm×2050 mm 的矩形，如图 14-22 所示。

23）单击“默认”选项卡“修改”面板中的“偏移”按钮，选择上步绘制的矩形为偏移对象，向内进行偏移，偏移距离分别为 20 mm、5 mm、50 mm、5 mm、10 mm、20 mm、10 mm 和 5 mm，如图 14-23 所示。

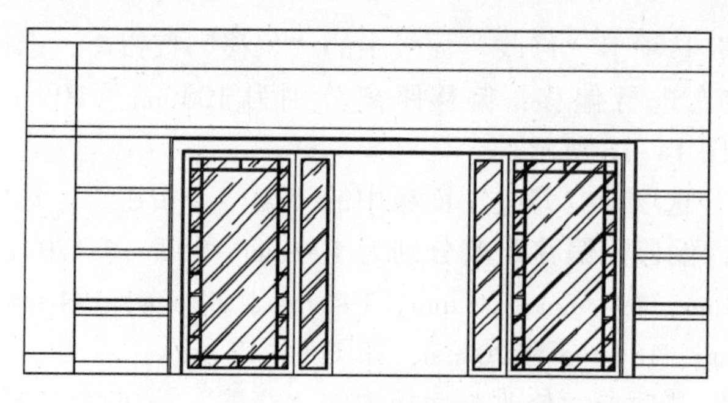

图 14-20 竖直镜像

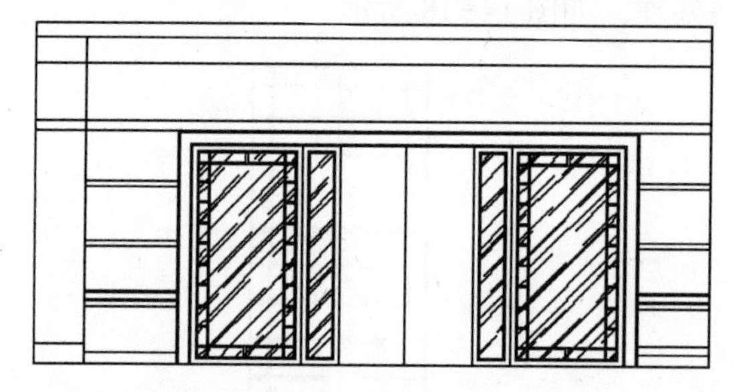

图 14-21 绘制竖直直线（一）

图 14-22 绘制 542 mm×2050 mm 的矩形

图 14-23 偏移矩形

24）单击“默认”选项卡“绘图”面板中的“直线”按钮╱，在上步图形内绘制 4 条斜向直线，如图 14-24 所示。

25）单击“默认”选项卡“绘图”面板中的“矩形”按钮□，在偏移线段间绘制两个 50 mm×50 mm 的矩形，如图 14-25 所示。

图 14-24 绘制斜向直线（一）

26）单击“默认”选项卡“绘图”面板中的“直线”按钮，过上步绘制矩形四边的中点绘制十字交叉线，如图 14-26 所示。

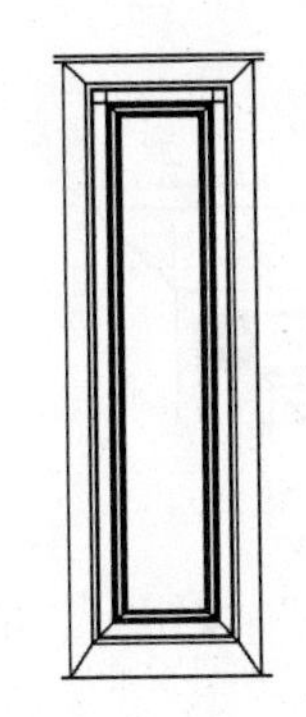

图 14-25 绘制 50 mm×50 mm 的矩形

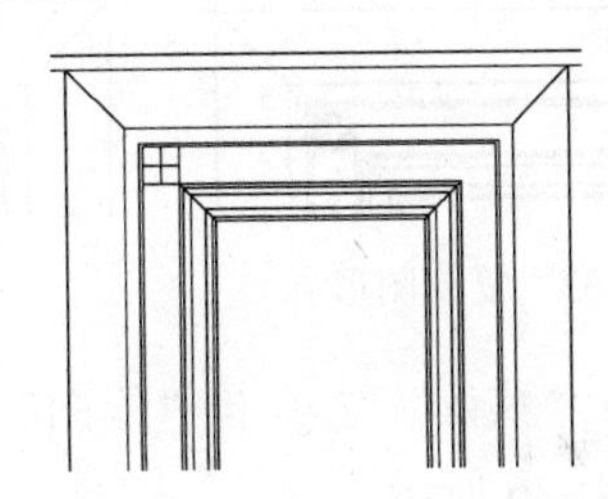

图 14-26 绘制十字交叉线

27）单击“默认”选项卡“绘图”面板中的“圆”按钮，选择上步绘制十字交叉线的交点为圆心，绘制一个半径为 25 mm 的圆，如图 14-27 所示。

28）单击“默认”选项卡“修改”面板中的“偏移”按钮，选择上步绘制的圆为偏移对象，向内进行偏移，偏移距离依次为 5 mm 和 2 mm，如图 14-28 所示。

29）单击“默认”选项卡“修改”面板中的“删除”按钮，选择上步绘制的十字交叉线为删除对象，对其进行删除，如图 14-29 所示。

图 14-27 绘制半径为 25 mm 的圆

图 14-28 偏移圆

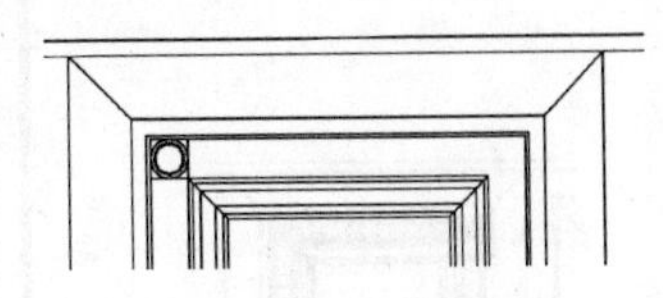

图 14-29 删除对象

30）单击“默认”选项卡“绘图”面板中的“圆弧”按钮，在绘制的圆图形内，绘制一段适当半径的圆弧，如图 14-30 所示。

31）单击“默认”选项卡“修改”面板中的“环形阵列”按钮，选择上步绘制的圆弧为阵列对象，选择绘制圆的圆心为阵列中心点，设置项目数为“4”，阵列后的效果如图 14-31 所示。

32）利用上述方法完成剩余相同图形的绘制，如图 14-32 所示。

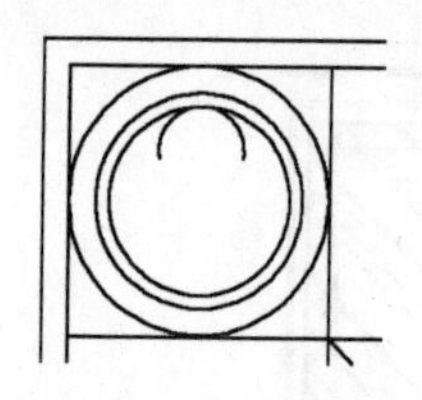

图 14-30　绘制圆弧

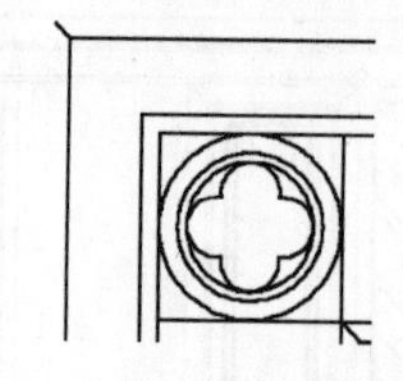

图 14-31　阵列圆弧

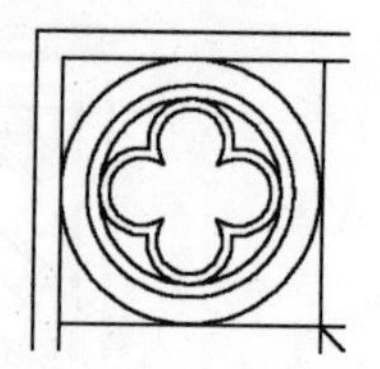

图 14-32　偏移圆弧

33）单击“默认”选项卡“修改”面板中的“复制”按钮，选择上步绘制的图形为复制对象，对其进行复制操作，如图 14-33 所示。

34）单击“默认”选项卡“绘图”面板中的“直线”按钮和“圆弧”按钮，在上步复制的图形下方绘制图案，如图 14-34 所示。

35）单击“默认”选项卡“修改”面板中的“复制”按钮和“旋转”按钮，完成剩余相同图形的绘制，如图 14-35 所示。

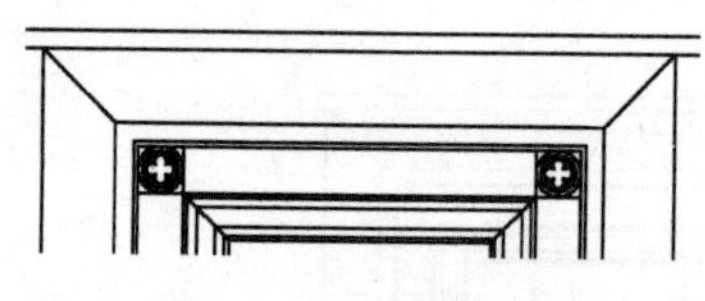

图 14-33　复制图形

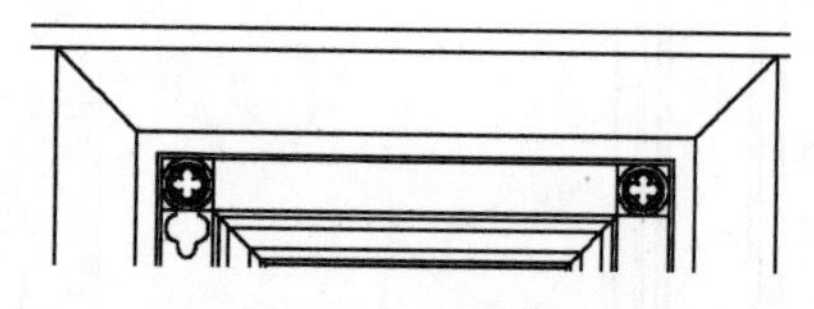

图 14-34　绘制图案

图 14-35　旋转图形

36）单击“默认”选项卡“绘图”面板中的“直线”按钮，在上步图形内绘制连续直线，如图 14-36 所示。

37）单击“默认”选项卡“绘图”面板中的“直线”按钮，在上步图形内绘制两条斜向直线，如图 14-37 所示。

38）单击“默认”选项卡“绘图”面板中的“图案填充”按钮，系统打开“图案填充创建”选项卡，设置图案类型为“AR-RROOF”，填充角度为“45”，填充比例为“10”，填充图形，效果如图 14-38 所示。

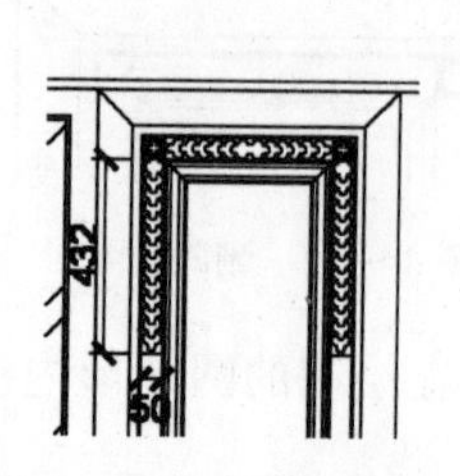

图 14-36　绘制连续直线

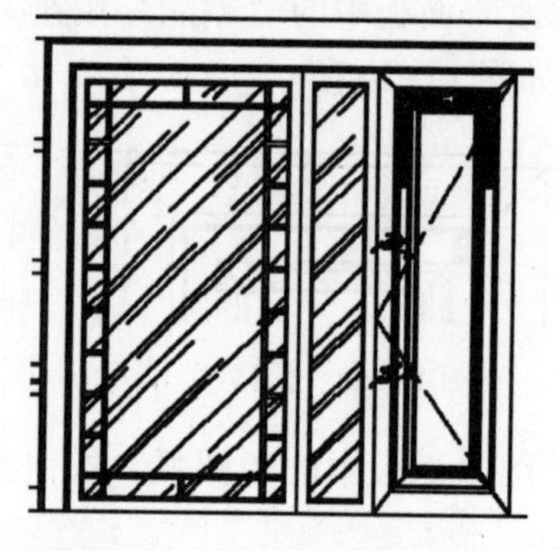

图 14-37　绘制斜向直线（二）

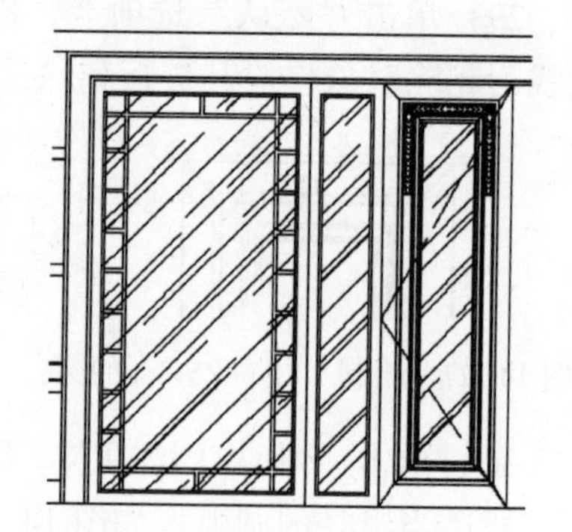

图 14-38　填充图形（二）

39）单击“默认”选项卡“绘图”面板中的“直线”按钮和“圆弧”按钮，在上步填充图形的右侧绘制连续图形，如图 14-39 所示。

40）单击“默认”选项卡“修改”面板中的“偏移”按钮，选择上步绘制的图形为偏移对象，将其向内进行偏移，偏移距离为 3 mm，如图 14-40 所示。

41）单击“默认”选项卡“绘图”面板中的“圆弧”按钮，在上步图形内绘制连续图形，如图 14-41 所示。

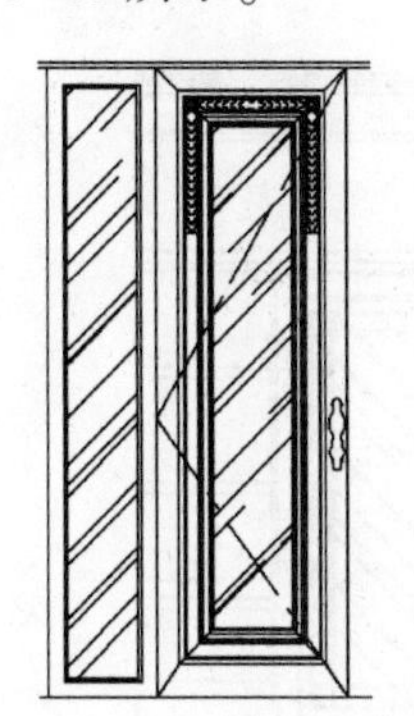

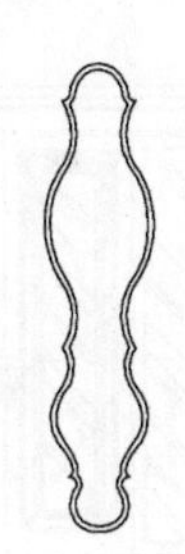

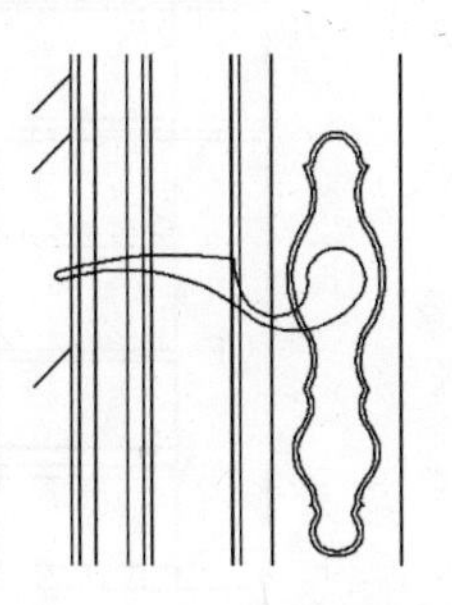

图 14-39　绘制连续图形　　图 14-40　偏移对象　　图 14-41　绘制圆弧

42）单击“默认”选项卡“修改”面板中的“修剪”按钮，选择上步绘制图形内的线段为修剪对象，对其进行修剪处理，如图 14-42 所示。

43）单击“默认”选项卡“绘图”面板中的“圆”按钮，在上步图形的顶部和底部位置分别绘制两个半径为 3 mm 的圆，如图 14-43 所示。

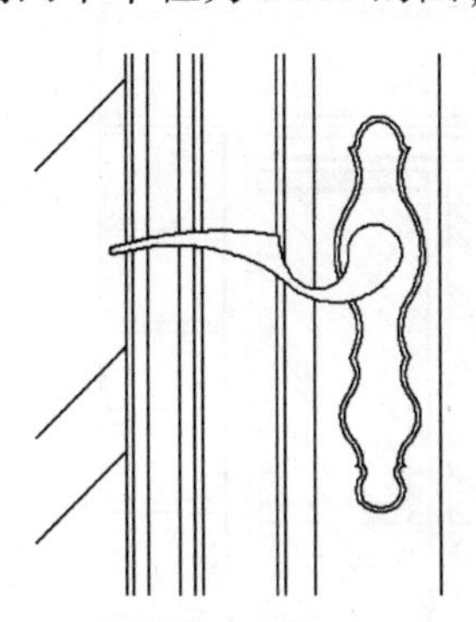

图 14-42　修剪图形

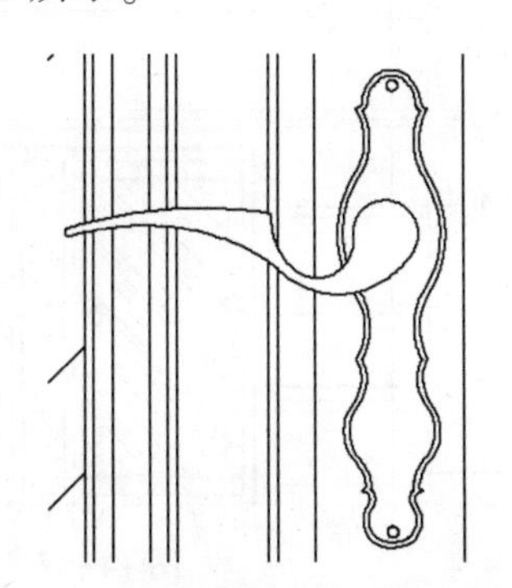

图 14-43　绘制半径为 3 mm 的圆

44）单击“默认”选项卡“绘图”面板中的“直线”按钮和“圆弧”按钮，完成剩余图形的绘制，如图 14-44 所示。

45）单击“默认”选项卡“修改”面板中的“镜像”按钮，选择上步绘制的左侧图形为镜像对象对其进行竖直镜像，如图 14-45 所示。

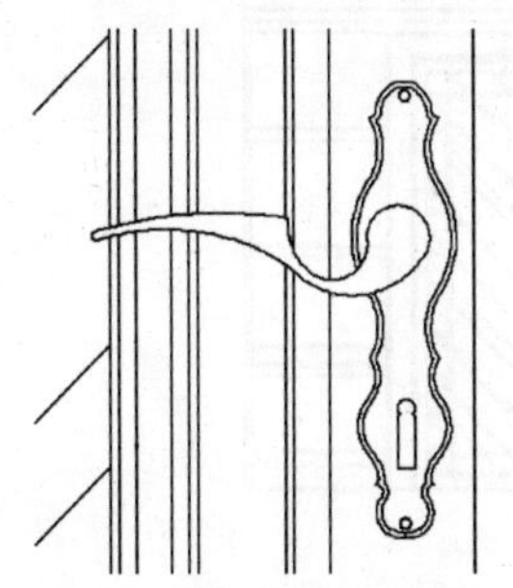

图 14-44　绘制剩余图形

图 14-45　镜像图形

46）单击“默认”选项卡“修改”面板中的“偏移”按钮，选择水平直线为偏移对象，向下进行偏移，偏移距离依次为30 mm、7 mm、27 mm、3 mm、10 mm、23 mm、40 mm、220 mm和690 mm，如图14-46所示。

图14-46 偏移线段（四）

47）单击“默认”选项卡“修改”面板中的“偏移”按钮，选择左侧竖直直线为偏移对象，向右进行偏移，偏移距离为522 mm、240 mm和6330 mm，如图14-47所示。

图14-47 偏移线段（五）

48）单击“默认”选项卡“修改”面板中的“修剪”按钮，选择上步偏移的线段为修剪对象，对其进行修剪处理，如图14-48所示。

图14-48 修剪对象

49）单击“默认”选项卡“修改”面板中的“打断”按钮，选择图 14-49 所示的线段为打断线段，将其打断为两段独立线段。

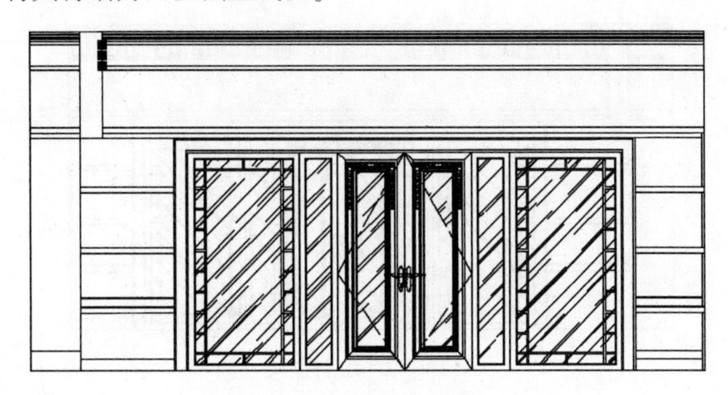

图 14-49 打断线段

50）单击“默认”选项卡“修改”面板中的“偏移”按钮，选择上步打断的线段为偏移对象，将其向右侧进行偏移，偏移距离依次为 59 mm 和 30 mm，如图 14-50 所示。

图 14-50 偏移线段（六）

51）单击“默认”选项卡“修改”面板中的“复制”按钮，以偏移距离为 59 mm 的初始直线左上角点为复制基点，选择上步偏移距离为 30 mm 的两条竖直直线为复制对象，进行连续复制，复制距离相等，如图 14-51 所示。

图 14-51 连续复制

52）单击“默认”选项卡“绘图”面板中的“直线”按钮，在上步图形的适当位置处绘制两条竖直直线，如图 14-52 所示。

图 14-52　绘制直线

53）单击“默认”选项卡“绘图”面板中的“图案填充”按钮，系统打开“图案填充创建”选项卡，设置图案类型为“ANSI31”，填充比例为“30”，图案类型为“AR-CONC”，填充比例为“1”，填充图形，效果如图 14-53 所示。

图 14-53　填充图形（四）

54）单击“默认”选项卡“绘图”面板中的“多段线”按钮，在图形左侧的竖直直线上绘制连续多段线，如图 14-54 所示。

图 14-54　绘制连续多段线

55）单击“默认”选项卡“修改”面板中的“修剪”按钮，选择上步所绘制连续多段线内的多余线段为修剪对象，对其进行修剪，如图 14-55 所示。

图 14-55 修剪线段（七）

56）单击“默认”选项卡“注释”面板中的“线性”按钮和“连续”按钮，为图形添加第一道尺寸标注，如图 14-56 所示。

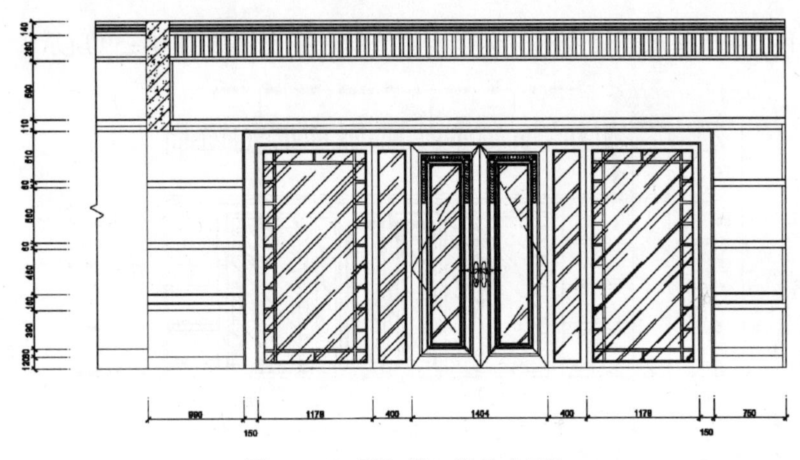

图 14-56 添加第一道尺寸标注

57）单击“默认”选项卡“注释”面板中的“线性”按钮，为图形添加总尺寸，如图 14-57 所示。

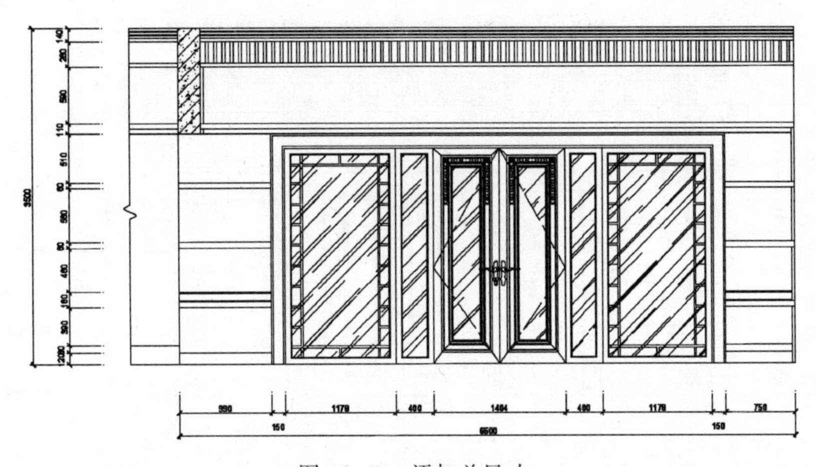

图 14-57 添加总尺寸

58）在命令行窗口中输入“QLEADER”命令，在图形中进行文字标注，如图14-58所示。

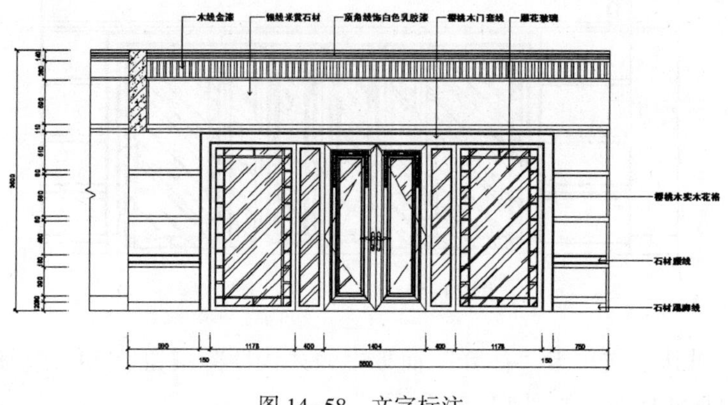

图14-58　文字标注

59）利用“拖拽夹点”命令将左侧竖直直线向上拖曳，如图14-59所示。

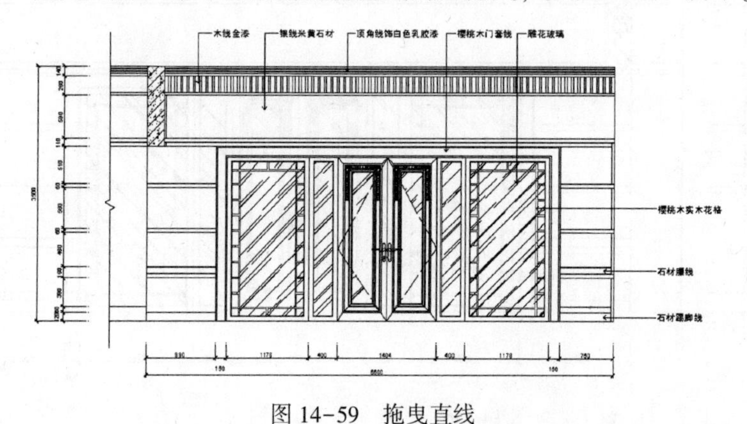

图14-59　拖曳直线

60）单击“默认”选项卡“绘图”面板中的“直线”按钮，在右侧图形位置绘制连续竖直直线，如图14-60所示。

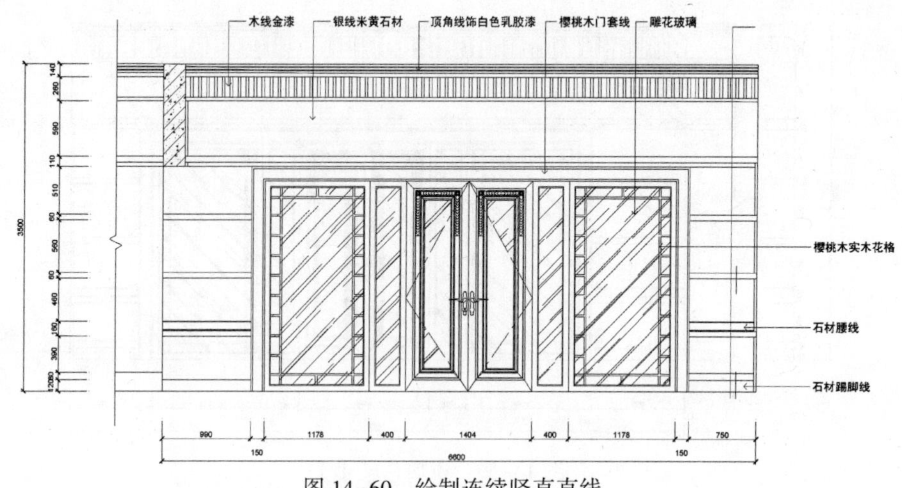

图14-60　绘制连续竖直直线

61）单击“默认”选项卡“绘图”面板中的“圆”按钮⊙，在上步绘制的直线上选取一点为圆的圆心，绘制一个半径为120 mm的圆，如图14-61所示。

62）单击“默认”选项卡“绘图”面板中的“直线”按钮╱，在上步绘制的圆上绘制连续直线，如图14-62所示。

63）单击“默认”选项卡“修改”面板中的“修剪”按钮，选择上步绘制的连续直线为修剪对象，对其进行修剪处理，如图14-63所示。

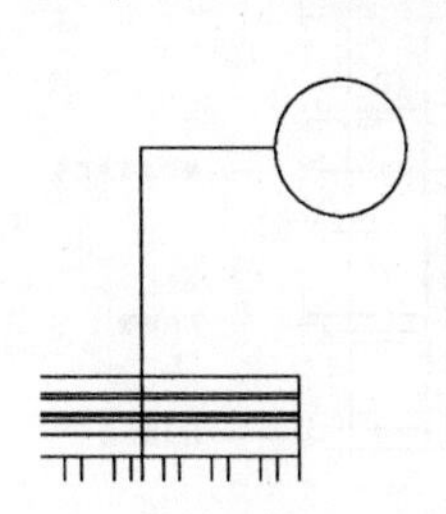

图14-61　绘制半径为120 mm的圆

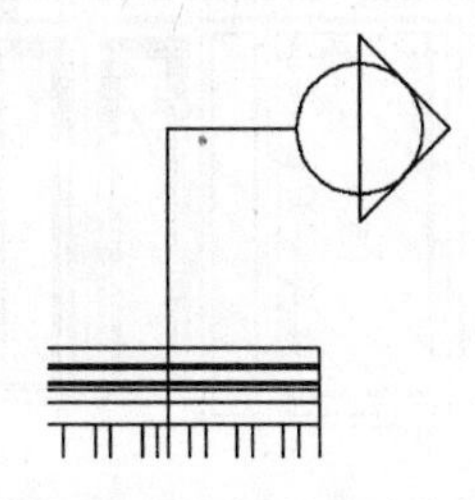

图14-62　绘制连续直线

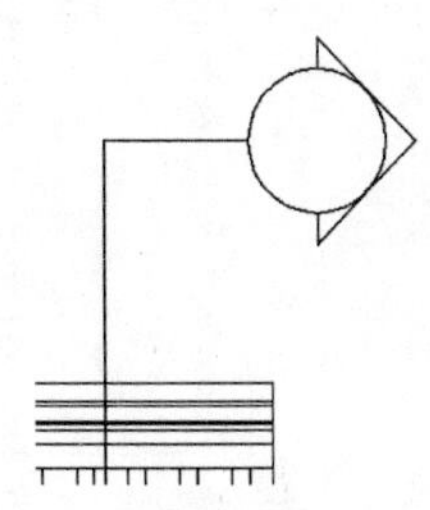

图14-63　修剪线段（八）

64）单击“默认”选项卡“绘图”面板中的“图案填充”按钮，系统打开“图案填充创建”选项卡，设置图案类型为“SOLID”，填充角度为“0”，填充比例为“1”，填充图形，效果如图14-64所示。

65）单击“默认”选项卡“绘图”面板中的“直线”按钮╱，在圆内绘制一条水平直线，如图14-65所示。

66）单击“默认”选项卡“注释”面板中的“多行文字”按钮A，在上步圆内添加文字，如图14-66所示。

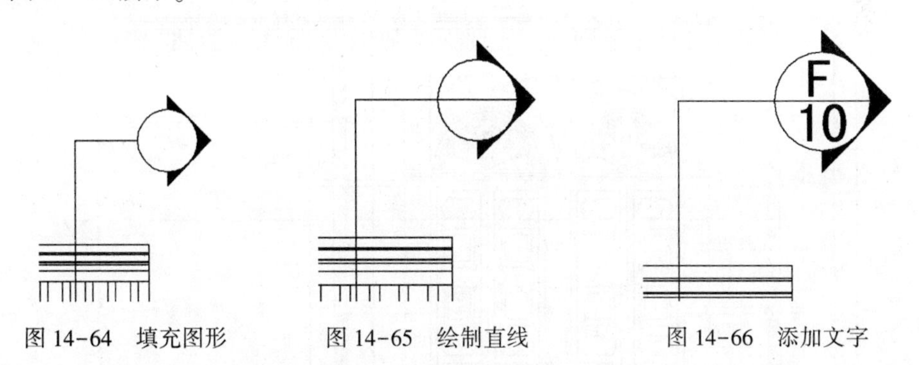

图14-64　填充图形　　图14-65　绘制直线　　图14-66　添加文字

67）单击“默认”选项卡“绘图”面板中的“圆”按钮⊙，在完成图形的底部任选一点为圆心绘制一个半径为120 mm的圆，如图14-67所示。

68）单击“默认”选项卡“绘图”面板中的“直线”按钮╱，过上步绘制圆的圆心绘制一条长度为1198 mm的水平直线，如图14-68所示。

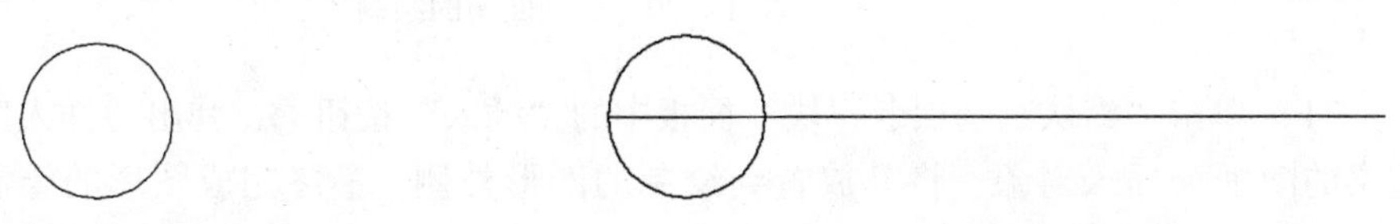

图14-67　绘制半径为120 mm的圆　　图14-68　绘制水平直线

69）单击“默认”选项卡“注释”面板中的“多行文字”按钮A，在上步绘制的直线上添加文字，最终完成B立面图的绘制，如图14-69所示。

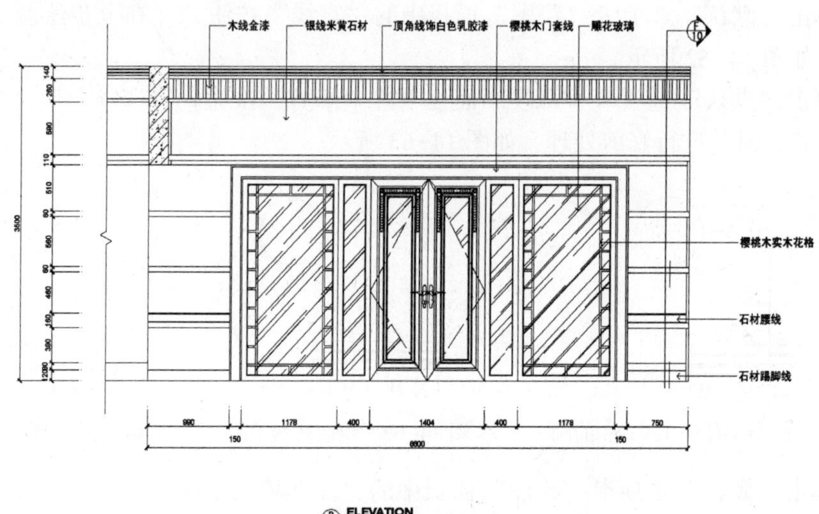

图14-69 B立面图的绘制

70）利用B立面图的绘制方法，完成A立面图的绘制，如图14-70所示。

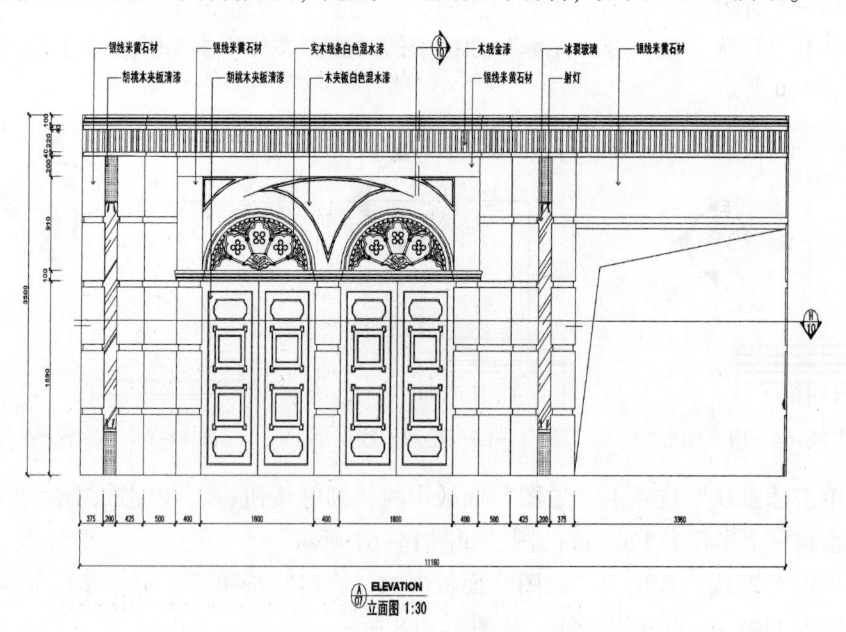

图14-70 A立面图的绘制

71）单击“默认”选项卡“块”面板中的“插入”按钮，弹出“插入”对话框。选择定义的图框为插入对象，将其放置到绘制的图形外侧，最终完成图形的绘制，如图14-71所示。

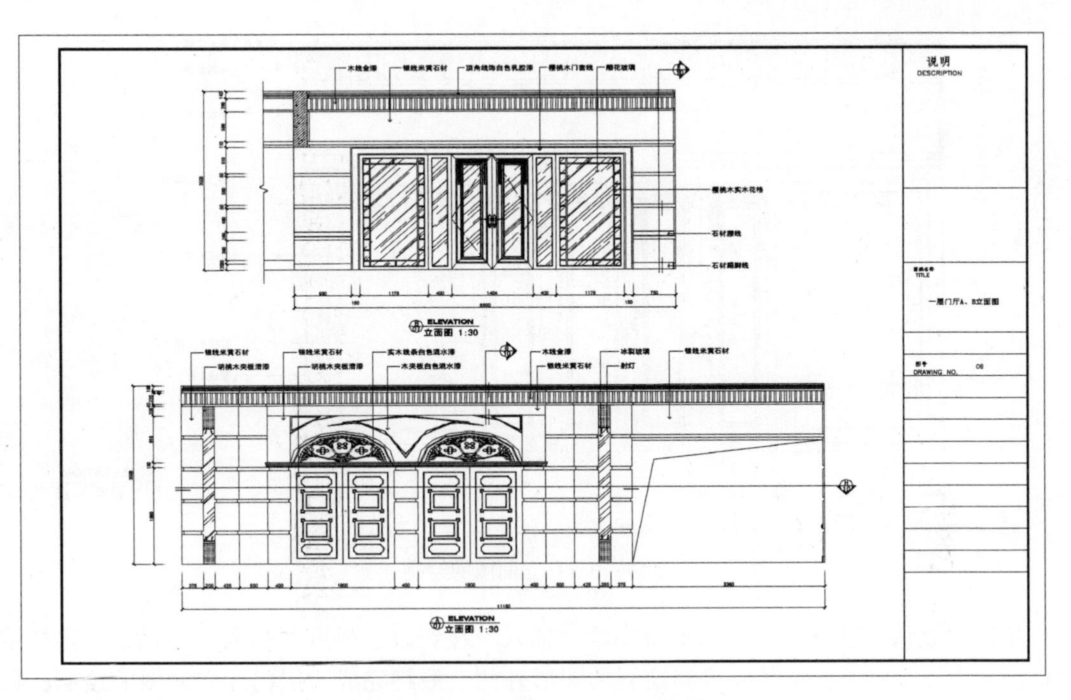

图 14-71　一层门厅 A、B 立面图

14.1.2 一层门厅 C、D 立面图的绘制

利用 B 立面图的绘制方法，完成 C 立面图的绘制，如图 14-72 所示。

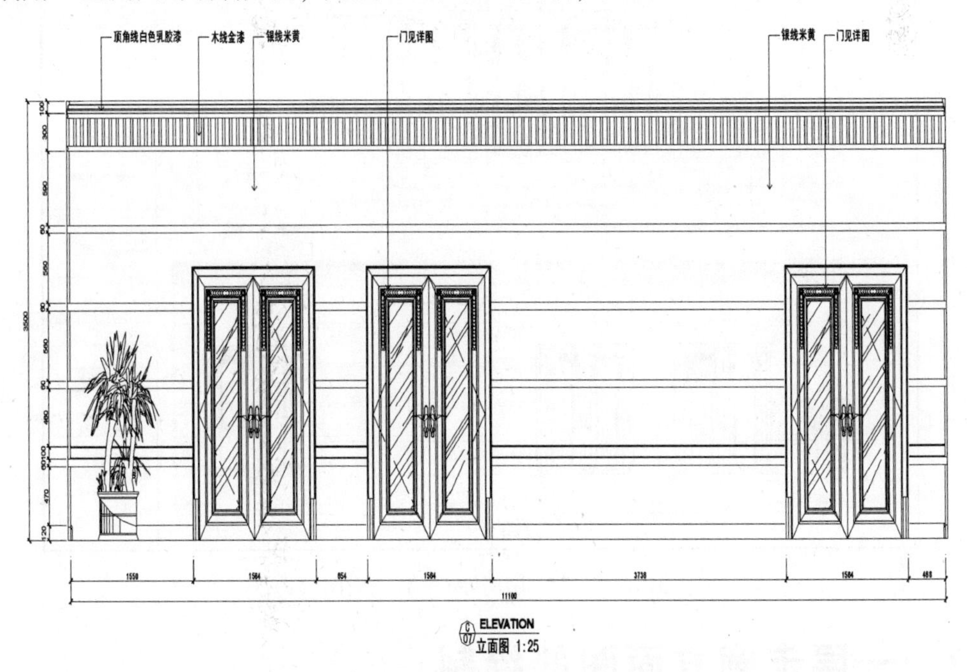

图 14-72　C 立面图的绘制

利用 B 立面图的绘制方法，完成 D 立面图的绘制，如图 14-73 所示。

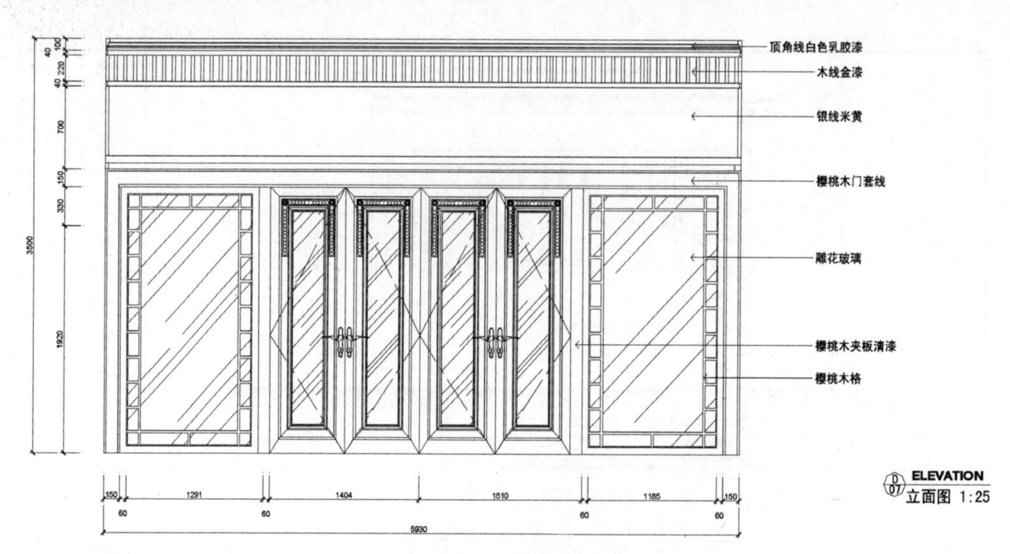

图 14-73 D 立面图的绘制

单击“默认”选项卡“块”面板中的“插入”按钮，弹出“插入”对话框。选择定义的图框为插入对象，将其放置到绘制的图形外侧，最终完成一层门厅立面图的绘制，如图 14-74 所示。

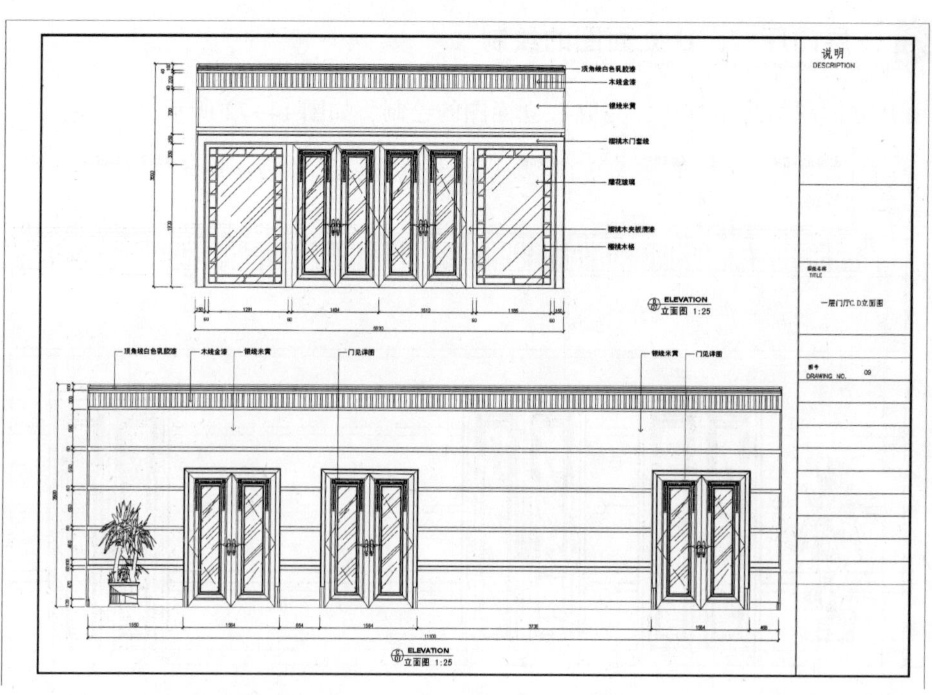

图 14-74 一层门厅 C、D 立面图

14.2 一层走廊立面图的绘制

一层走廊立面图如图 14-75 所示，下面分别介绍各个立面图的具体绘制方法。

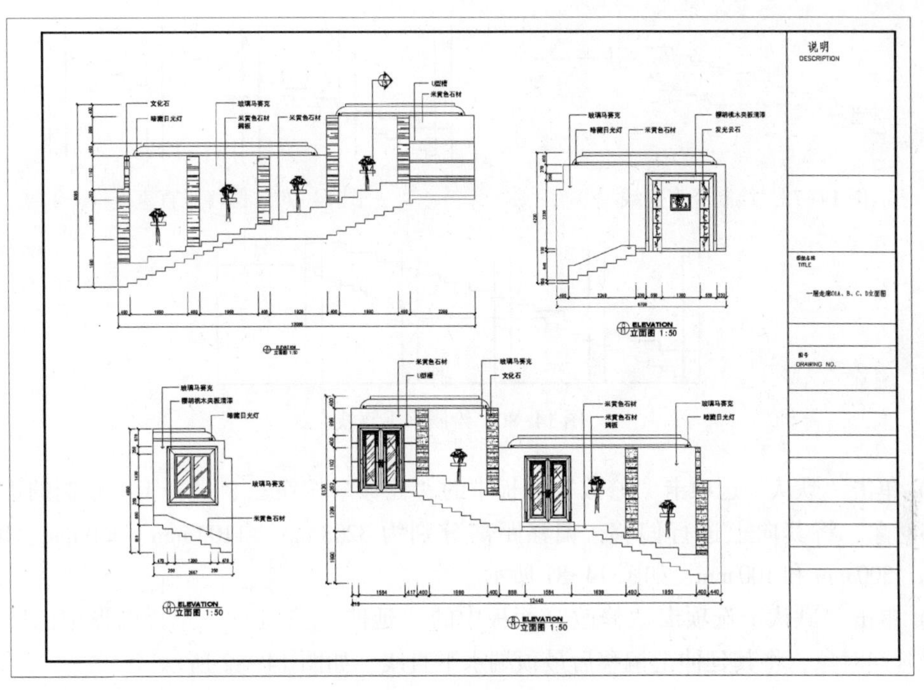

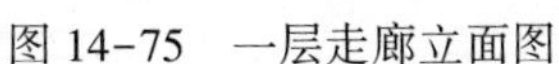
图 14-75　一层走廊立面图

14.2.1 一层走廊 A 立面图的绘制

1）单击“默认”选项卡“绘图”面板中的“多段线”按钮，指定多段线起点宽度为“0”，端点宽度为“0”，在图形空白区域任选一点为多段线起点，绘制连续多段线，如图 14-76 所示。

2）重复执行“多段线”命令，在上步绘制的多段线上选取一点为多段线起点，绘制连续多段线，如图 14-77 所示。

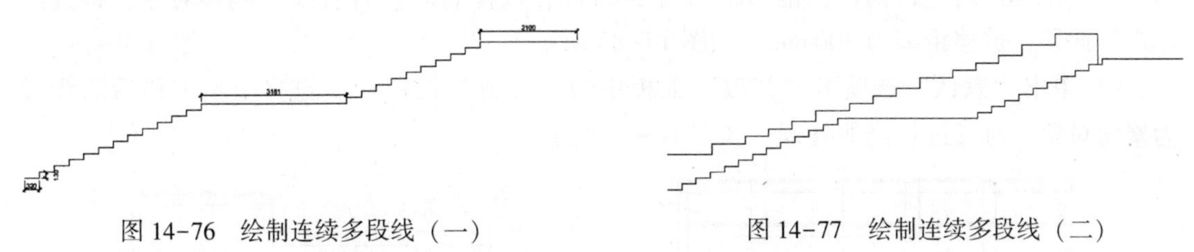

图 14-76　绘制连续多段线（一）　　图 14-77　绘制连续多段线（二）

3）单击“默认”选项卡“绘图”面板中的“直线”按钮，以步骤 1）中绘制的多段线起点为直线起点，向上绘制一条竖直直线，如图 14-78 所示。

4）单击“默认”选项卡“修改”面板中的“偏移”按钮，选择上步绘制的竖直直线为偏移对象，将其向右进行偏移，偏移距离分别为 400 mm、1950 mm、400 mm、1950 mm、400 mm、1920 mm、400 mm、1980 mm、400 mm 和 2200 mm，如图 14-79 所示。

5）单击“默认”选项卡“绘图”面板中的“直线”按钮，在图形底部绘制一条水平直线，如图 14-80 所示。

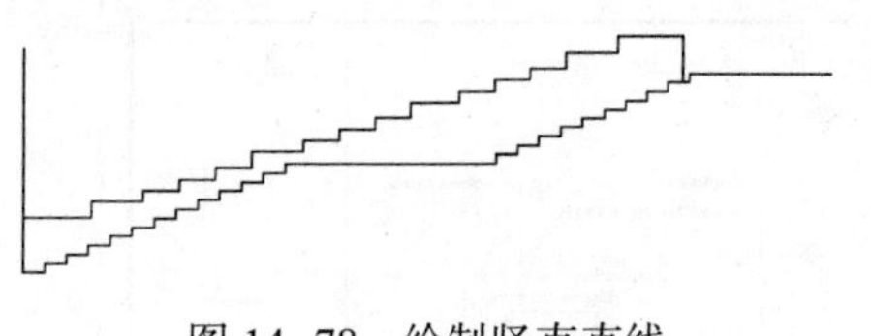

图 14-78 绘制竖直直线

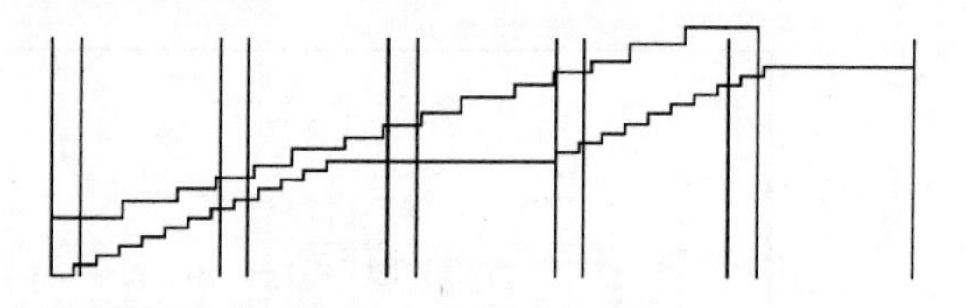

图 14-79 偏移竖直直线（一）

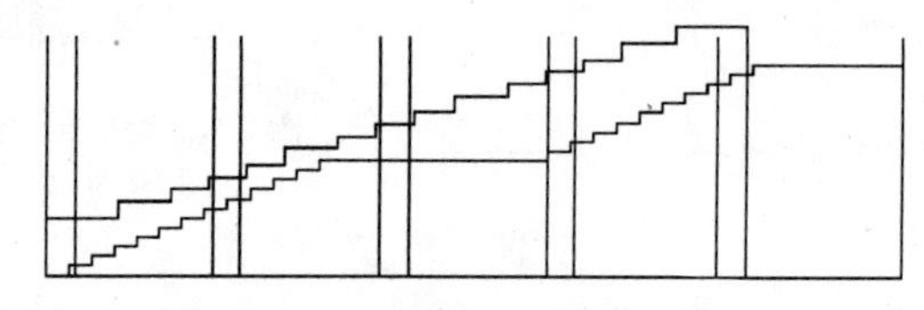

图 14-80 绘制水平直线

6）单击“默认”选项卡“修改”面板中的“偏移”按钮，选择上步绘制的水平直线为偏移对象，将其向上进行偏移，偏移距离分别为 3208 mm、1102 mm、300 mm、100 mm、896 mm、300 mm 和 100 mm，如图 14-81 所示。

7）单击“默认”选项卡“修改”面板中的“延伸”按钮，选择图形中的所有竖直直线为延伸对象，将其延伸至偏移后最顶端水平直线，如图 14-82 所示。

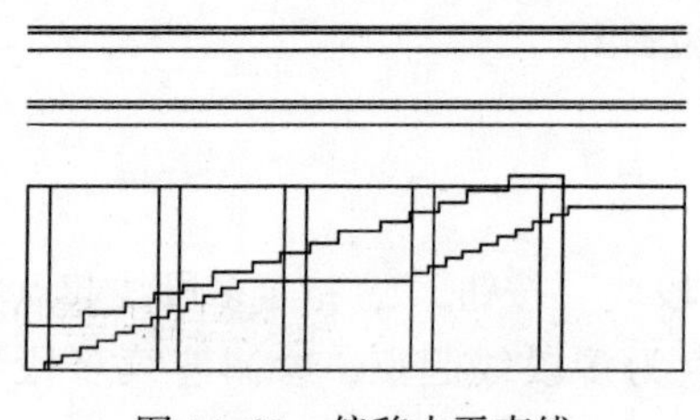

图 14-81 偏移水平直线

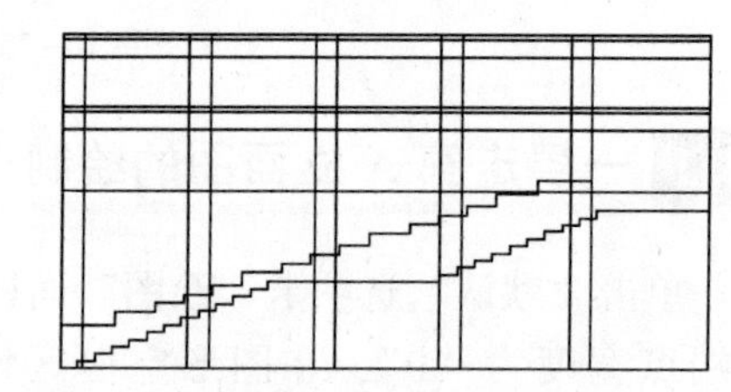

图 14-82 延伸直线

8）单击“默认”选项卡“修改”面板中的“偏移”按钮，选择左侧竖直直线为偏移对象，将其向右进行偏移，偏移距离为 240 mm，选择右侧竖直直线为偏移对象，将其向左进行偏移，偏移距离为 300 mm，如图 14-83 所示。

9）单击“默认”选项卡“修改”面板中的“修剪”按钮，选择上步偏移后的线段为修剪对象，对其进行修剪处理，如图 14-84 所示。

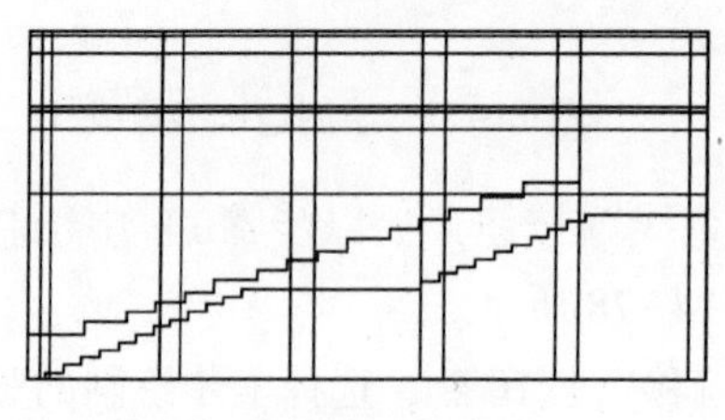

图 14-83 偏移竖直直线（二）

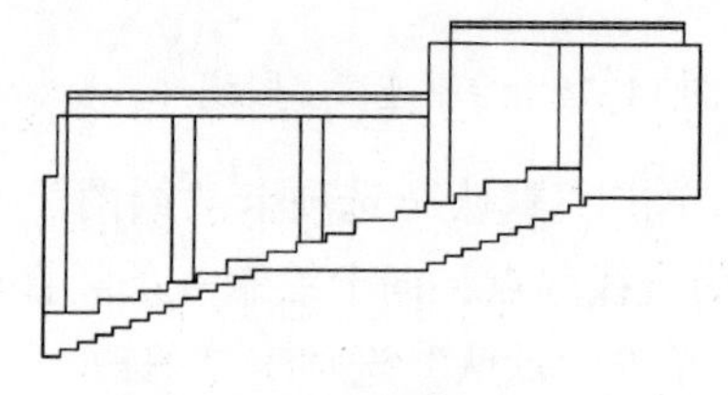

图 14-84 修剪线段（一）

10）单击“默认”选项卡“绘图”面板中的“直线”按钮和“圆弧”按钮，在上步图形内绘制圆弧和直线，如图 14-85 所示。

11）单击“默认”选项卡“修改”面板中的“修剪”按钮，选择图形中的多余线段为修剪对象，对其进行修剪处理，如图 14-86 所示。

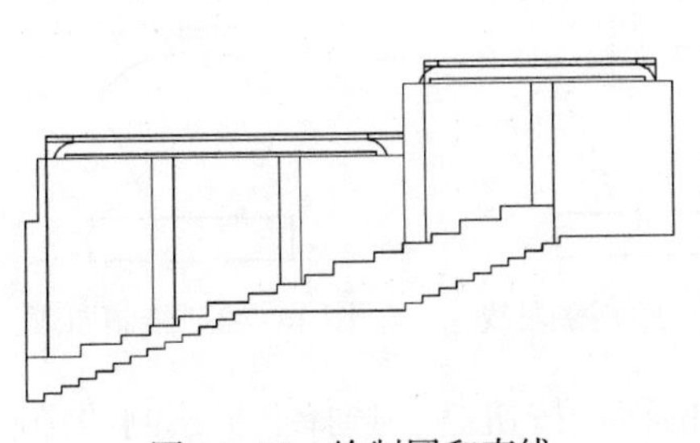

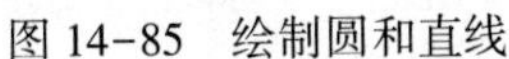

图 14-85 绘制圆和直线

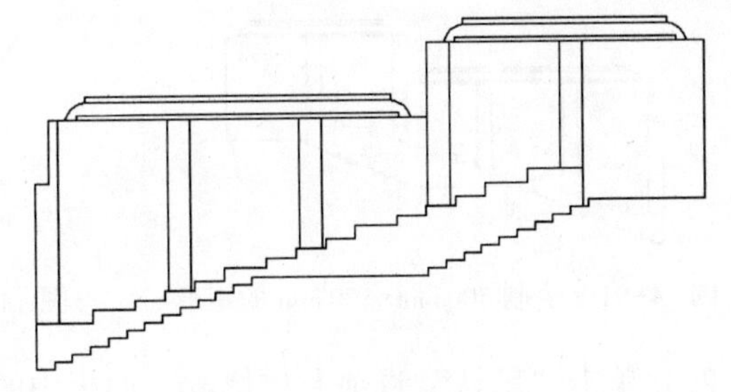

图 14-86 修剪线段（二）

12）单击“默认”选项卡“绘图”面板中的“圆”按钮，在上步图形内顶部位置选取一点作为圆的圆心，绘制一个半径为 30 mm 的圆，如图 14-87 所示。

13）单击“默认”选项卡“修改”面板中的“偏移”按钮，选择上步绘制圆图形为偏移对象将其向内进行偏移，偏移距离为 12 mm，如图 14-88 所示。

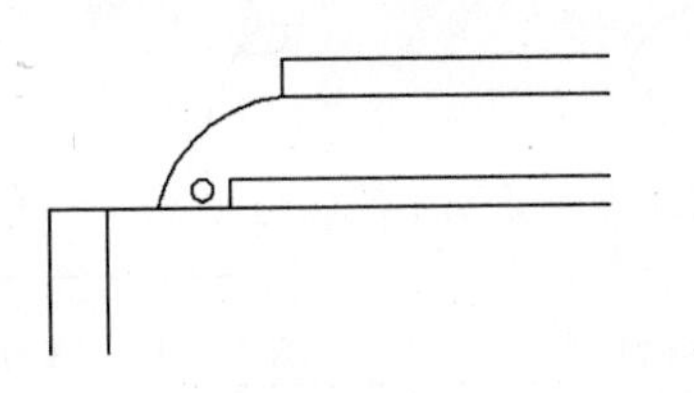

图 14-87 绘制半径为 30 mm 的圆

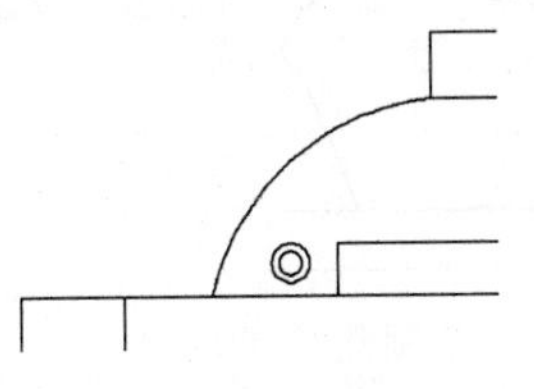

图 14-88 偏移圆

14）单击“默认”选项卡“绘图”面板中的“直线”按钮，在上步偏移的圆内绘制 4 段长度相等的直线，如图 14-89 所示。

15）单击“默认”选项卡“修改”面板中的“复制”按钮，选择上步绘制完成的灯图形为复制对象，对其进行复制操作，如图 14-90 所示。

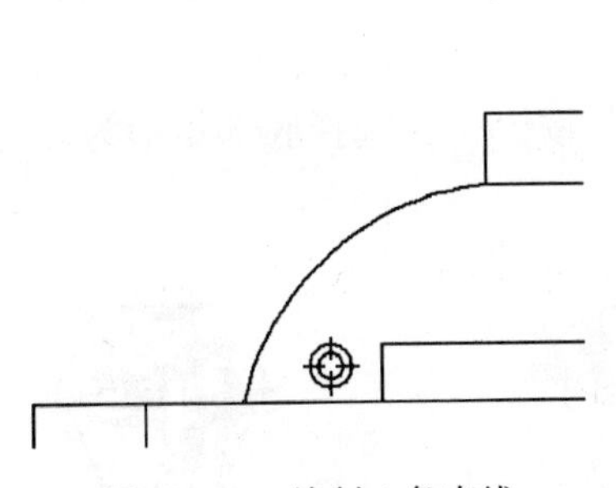

图 14-89 绘制 4 条直线

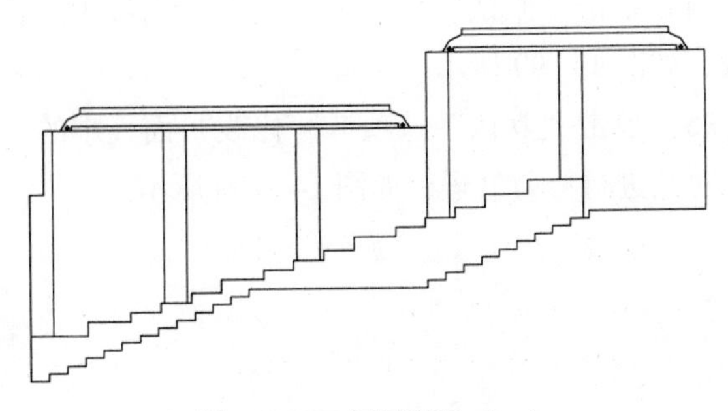

图 14-90 复制图形（一）

16）单击“默认”选项卡“绘图”面板中的“矩形”按钮，在上步图形内绘制一个 500 mm×100 mm 的矩形，如图 14-91 所示。

17）单击“默认”选项卡“绘图”面板中的“多段线”按钮，在上步绘制的矩形上方绘制连续多段线，如图 14-92 所示。

18）单击“默认”选项卡“绘图”面板中的“圆弧”按钮，在上步绘制的图形上方绘制瓶颈，如图 14-93 所示。

19）单击“默认”选项卡“绘图”面板中的“椭圆”按钮，在上步绘制图形的左侧绘制一个适当大小的椭圆，如图 14-94 所示。

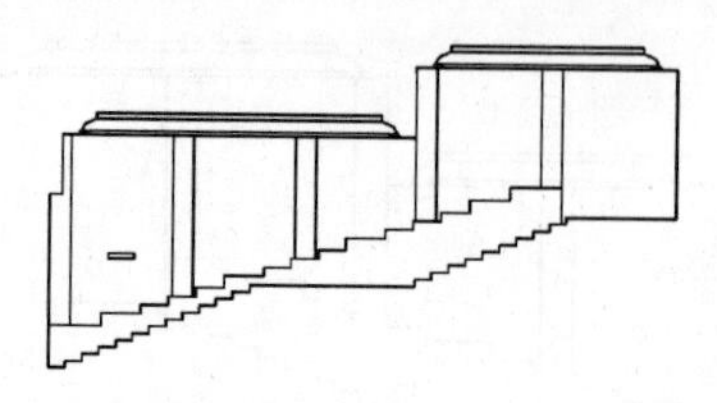

图 14-91 绘制 500 mm×100 mm 的矩形

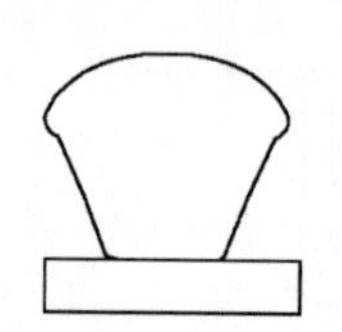

图 14-92 绘制多段线

图 14-93 绘制瓶颈

20）单击“默认”选项卡“修改”面板中的“偏移”按钮，选择上步绘制的椭圆为偏移对象，将其向内进行偏移，偏移距离为 13 mm，如图 14-95 所示。

21）单击“默认”选项卡“修改”面板中的“修剪”按钮，选择上步偏移的对象为修剪对象，对其进行修剪处理，如图 14-96 所示。

图 14-94 绘制椭圆（一）

图 14-95 偏移椭圆

图 14-96 修剪椭圆

22）单击“默认”选项卡“修改”面板中的“镜像”按钮，选择上步绘制的图形为镜像对象，对其进行竖直镜像，如图 14-97 所示。

23）单击“默认”选项卡“绘图”面板中的“椭圆”按钮和“修改”面板中的“修剪”按钮，绘制剩余的立面装饰瓶内部图形，如图 14-98 所示。

24）单击“默认”选项卡“绘图”面板中的“直线”按钮，在上步图形内绘制细化线段，如图 14-99 所示。

25）单击“默认”选项卡“修改”面板中的“修剪”按钮，选择底部矩形为修剪对象，对其进行修剪处理，如图 14-100 所示。

图 14-97 镜像图形

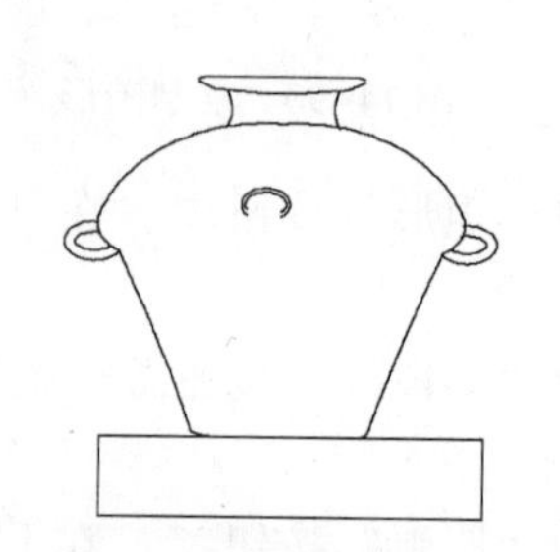

图 14-98 绘制椭圆（二）

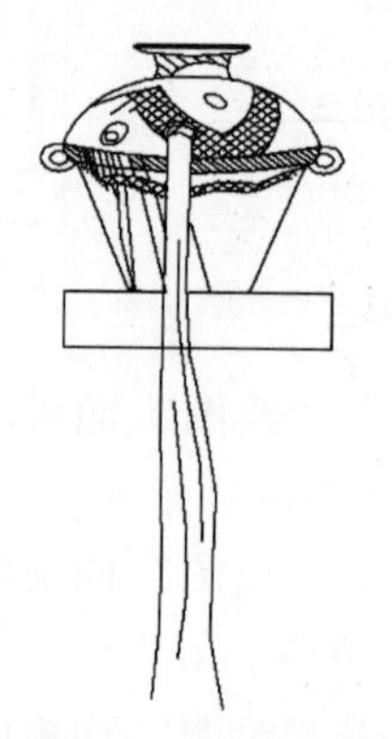

图 14-99 绘制图形细部

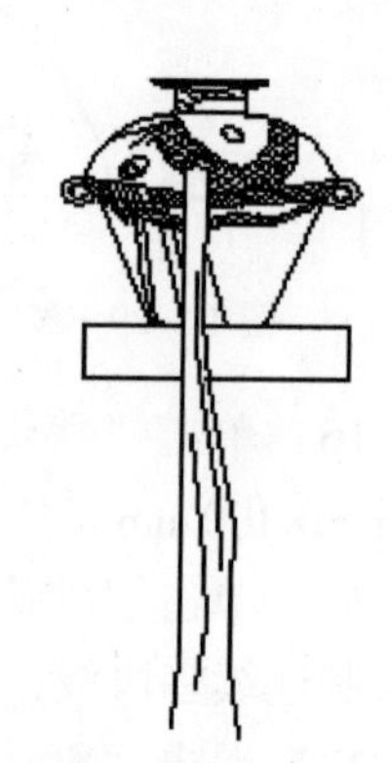

图 14-100 修剪线段（三）

26）单击“默认”选项卡“修改”面板中的“复制”按钮，选择上步绘制完成的图形为复制对象，选择底部矩形中点为复制基点，进行连续复制，效果如图 14-101 所示。

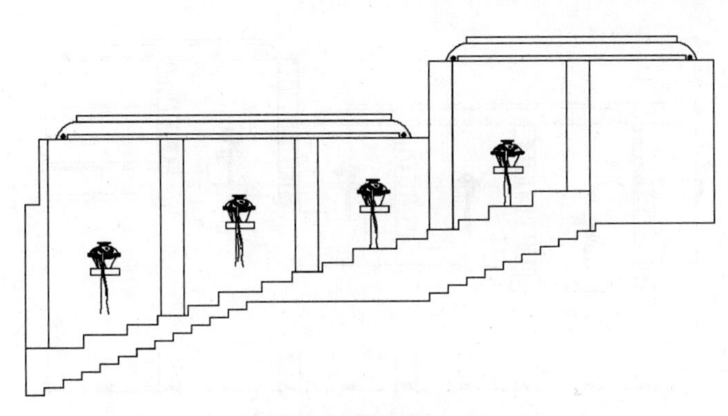

图 14-101 复制图形（二）

27）单击“默认”选项卡“绘图”面板中的“直线”按钮，在图形左侧区域内绘制多条水平直线，如图 14-102 所示。

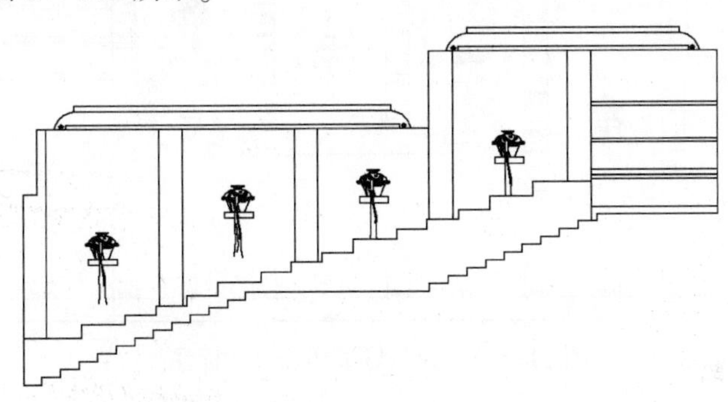

图 14-102 绘制多条水平直线

28）单击“默认”选项卡“绘图”面板中的“图案填充”按钮，系统打开“图案填充创建”选项卡，设置图案类型为“AR-RROOF”，填充角度为“0”，填充比例为“8”，填充图形，效果如图 14-103 所示。

图 14-103 填充图形（一）

29）单击“默认”选项卡“注释”面板中的“线性”按钮，为图形添加第一道尺寸标注，如图 14-104 所示。

30）单击“默认”选项卡“注释”面板中的“线性”按钮，为图形添加总尺寸标注，如图 14-105 所示。

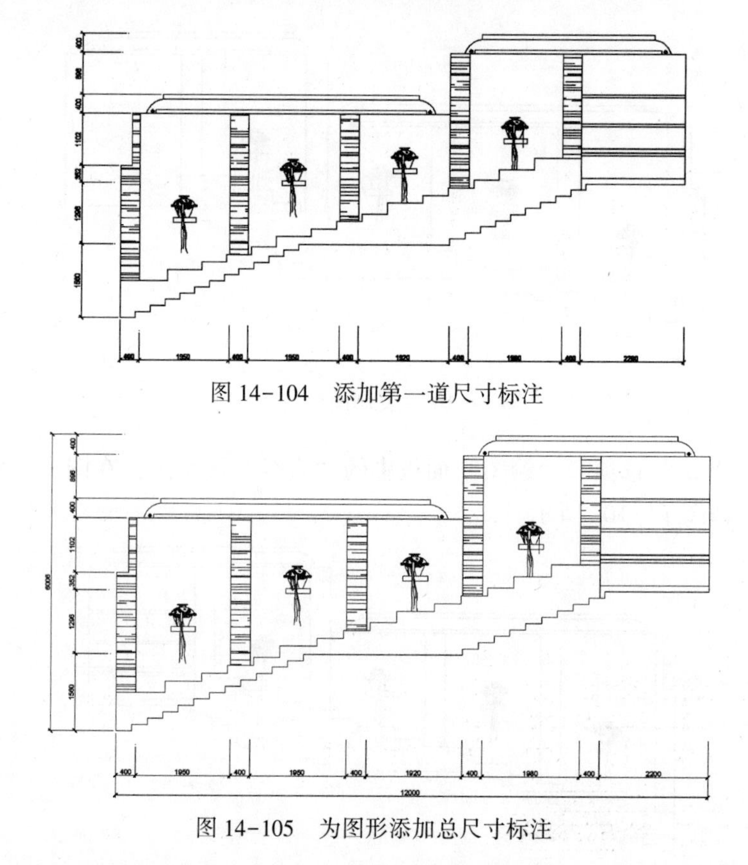

图 14-104　添加第一道尺寸标注

图 14-105　为图形添加总尺寸标注

31）在命令行窗口中输入“QLEADER”命令，为图形添加文字标注，如图 14-106 所示。

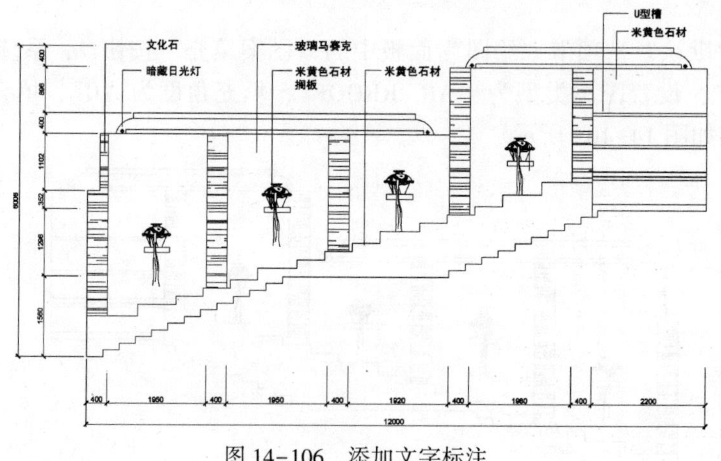

图 14-106　添加文字标注

32）单击“默认”选项卡“绘图”面板中的“直线”按钮，在上步图形上绘制连续直线，如图 14-107 所示。

33）单击“默认”选项卡“绘图”面板中的“圆”按钮，在上步绘制的连续水平直线右端点为圆心，绘制一个半径为 200 mm 的圆，如图 14-108 所示。

34）单击“默认”选项卡“绘图”面板中的“直线”按钮，在上步绘制圆的外部绘制连续直线，如图 14-109 所示。

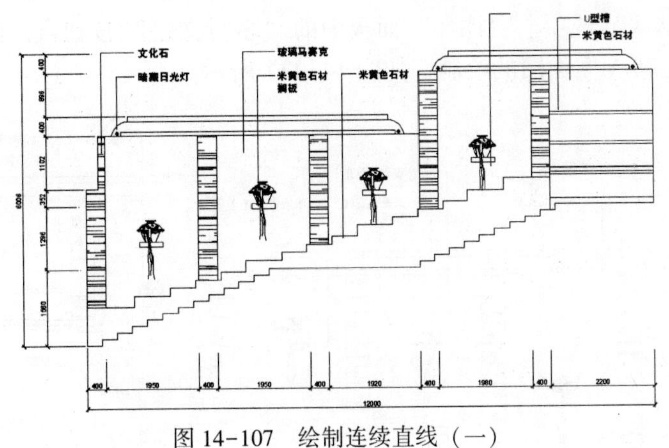

图 14-107 绘制连续直线（一）

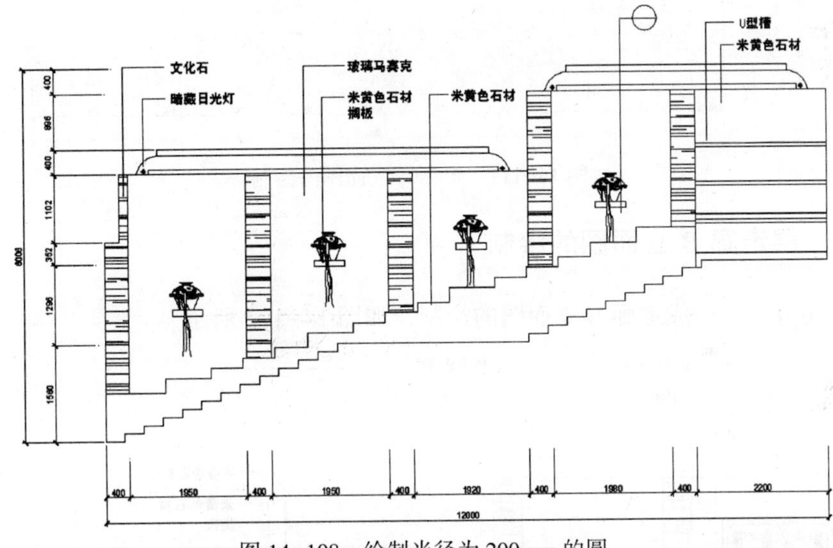

图 14-108 绘制半径为 200 mm 的圆

35）单击“默认”选项卡“绘图”面板中的“图案填充”按钮，系统打开“图案填充创建”选项卡，设置图案类型为“SOLID”，填充角度为“0”，填充比例为“1”，填充图形，效果如图 14-110 所示。

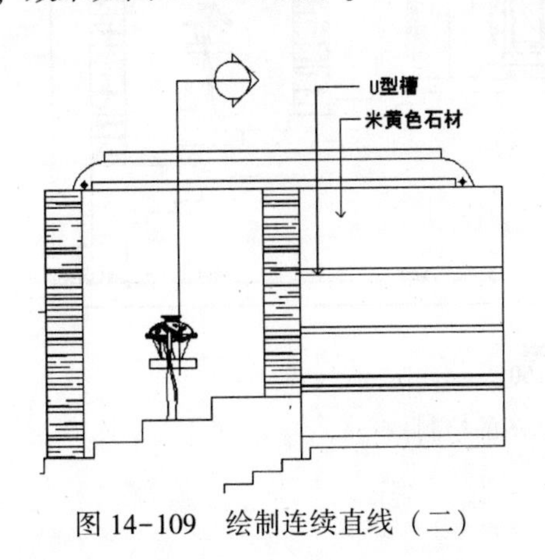

图 14-109 绘制连续直线（二）

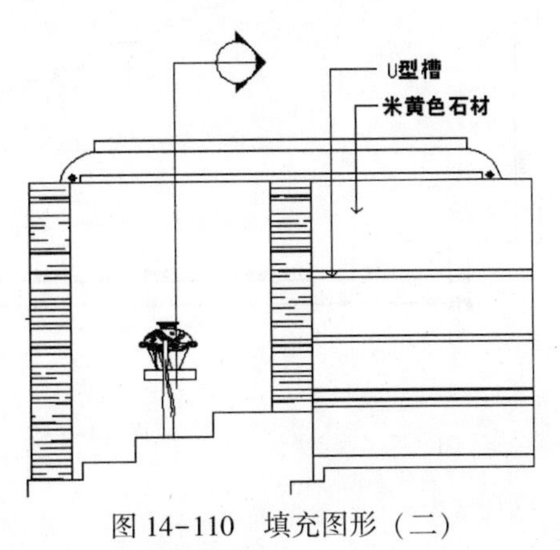

图 14-110 填充图形（二）

36）单击“默认”选项卡“注释”面板中的“多行文字”按钮A，在上步图形内添加文字，最终完成走廊A立面图的绘制，如图14-111所示。

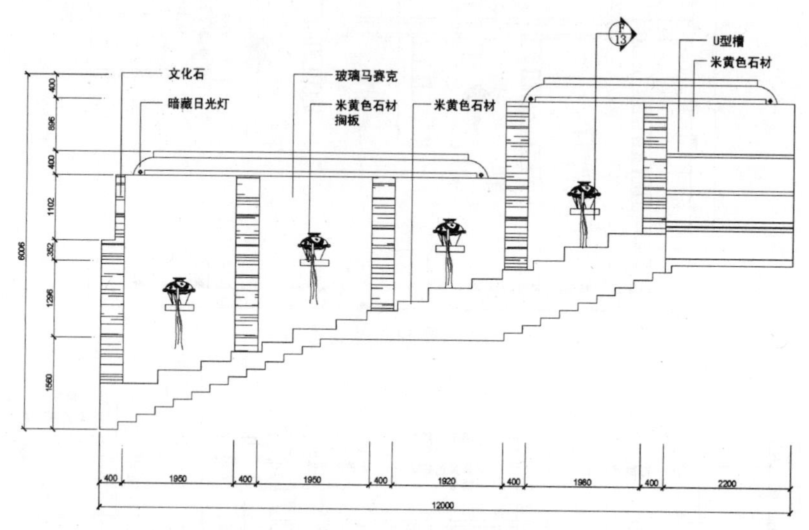

图14-111 走廊A立面图的绘制

14.2.2 一层走廊B立面图的绘制

利用上述方法，完成走廊B立面图的绘制，如图14-112所示。

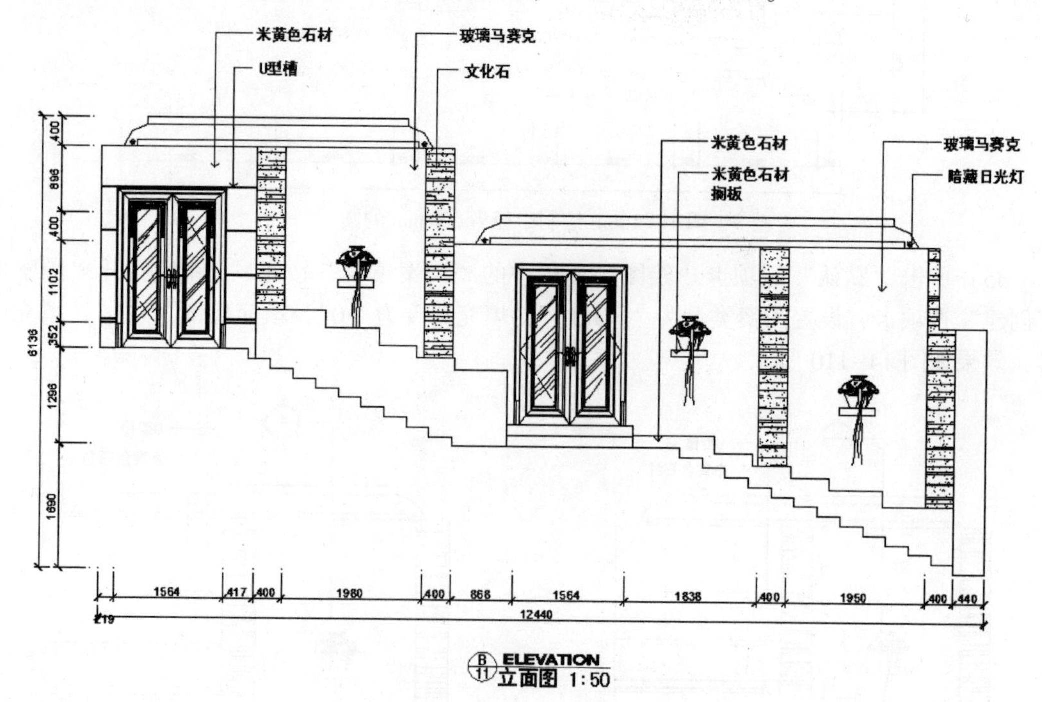

图14-112 走廊B立面图的绘制

14.2.3 一层走廊 C 立面图的绘制

利用上述方法，完成走廊 C 立面图的绘制，如图 14-113 所示。

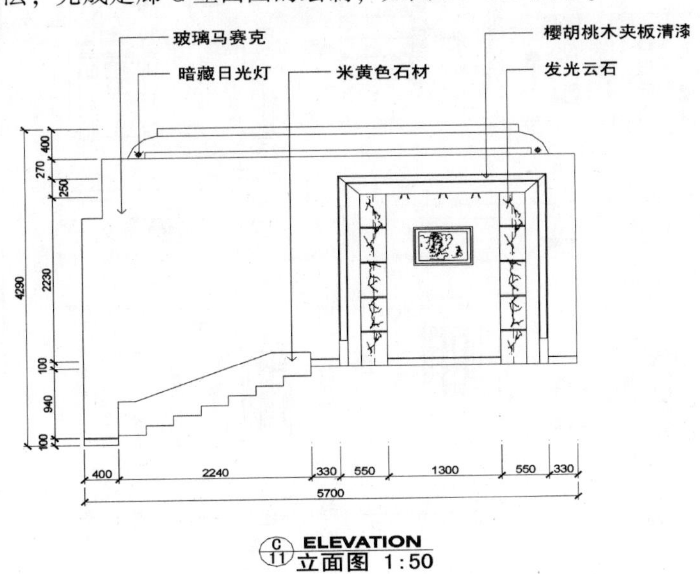

图 14-113 走廊 C 立面图的绘制

14.2.4 一层走廊 D 立面图的绘制

利用上述方法，完成走廊 D 立面图的绘制，如图 14-114 所示。

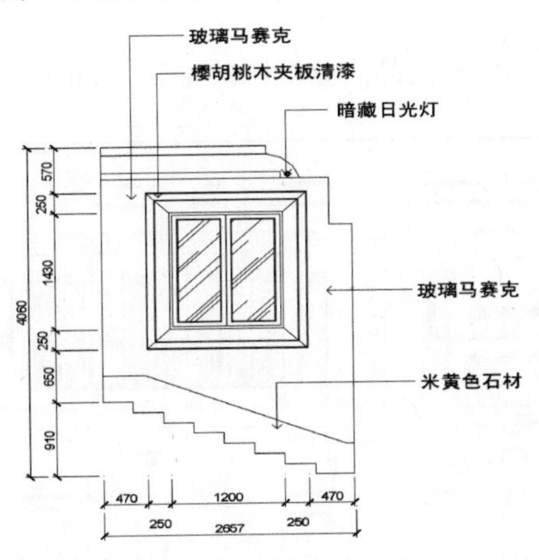

图 14-114 走廊 D 立面图的绘制

单击“默认”选项卡“块”面板中的“插入”按钮，弹出“插入”对话框，选择定义的图框为插入对象，将其放置到绘制的图形外侧，最终完成一层走廊立面图的绘制，如图 14-115 所示。

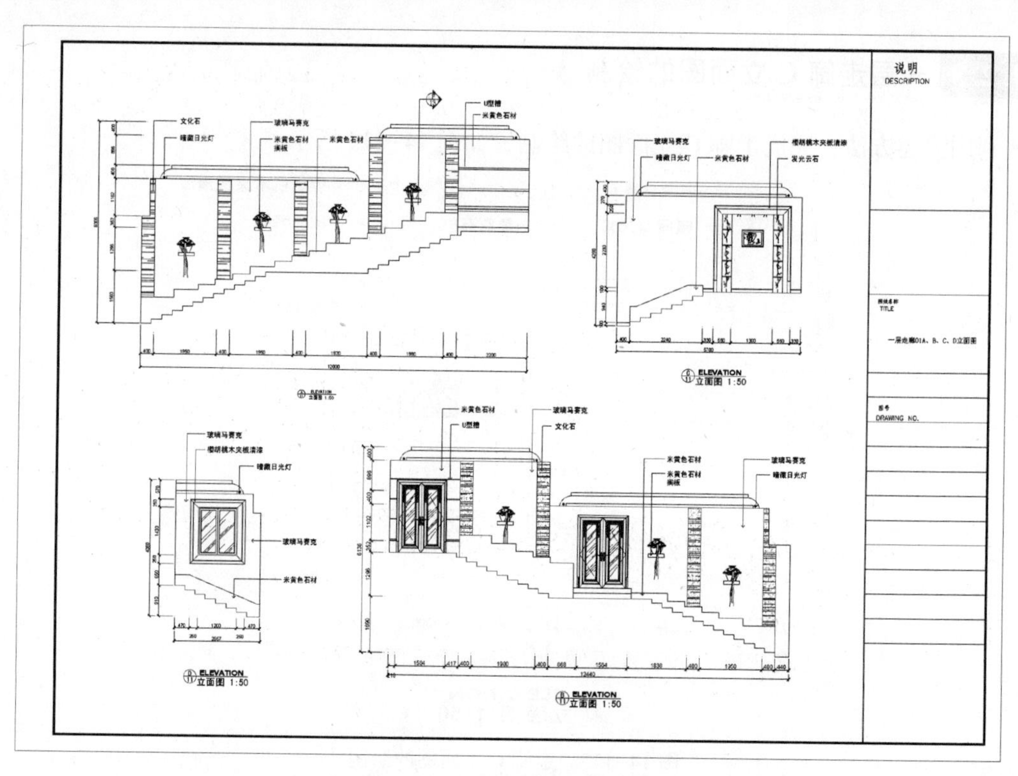

图 14-115　一层走廊立面图

14.3　一层体育用品店立面图的绘制

利用上述方法，完成一层体育用品店立面图的绘制，如图 14-116 所示。

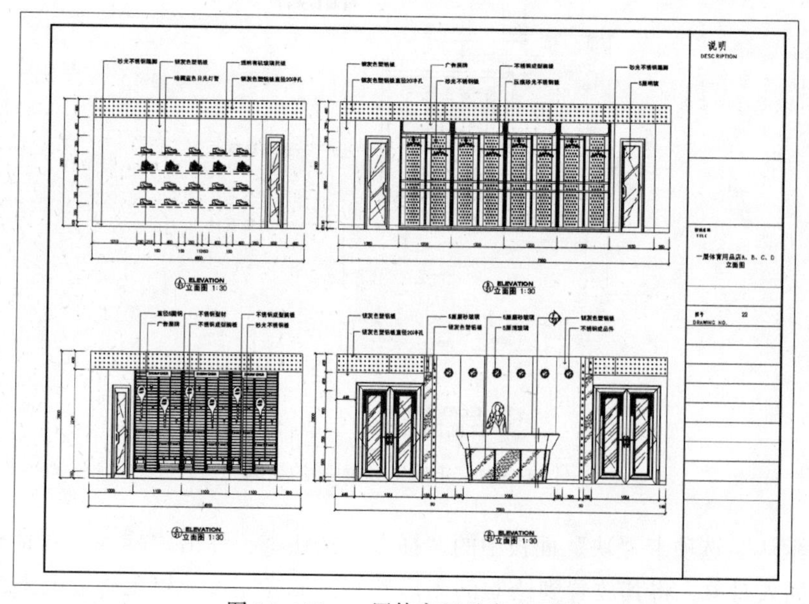

图 14-116　一层体育用品店立面图

14.4 一层乒乓球室 A、B、C、D 立面图的绘制

利用上述方法，完成一层乒乓球室的绘制，如图 14-117 所示。

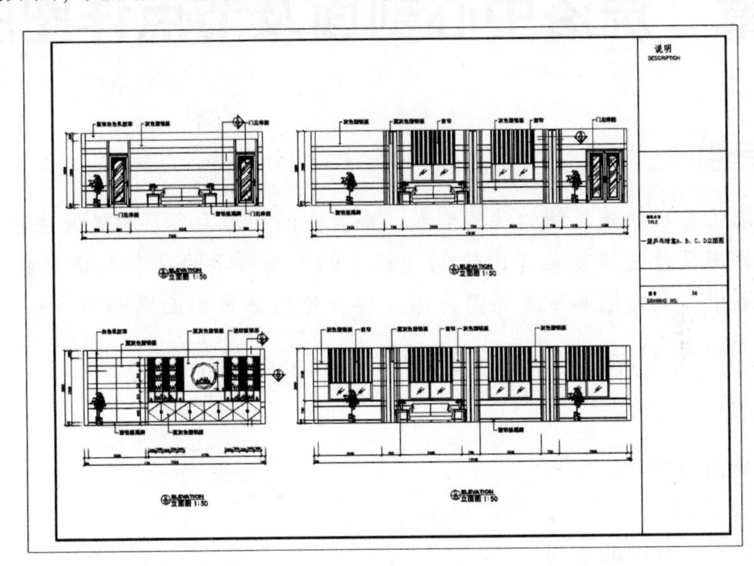

图 14-117 一层乒乓球室 A、B、C、D 立面图

14.5 一层台球室 02A、C 立面图的绘制

利用上述方法，完成一层台球室 02A、C 立面图的绘制，如图 14-118 所示。

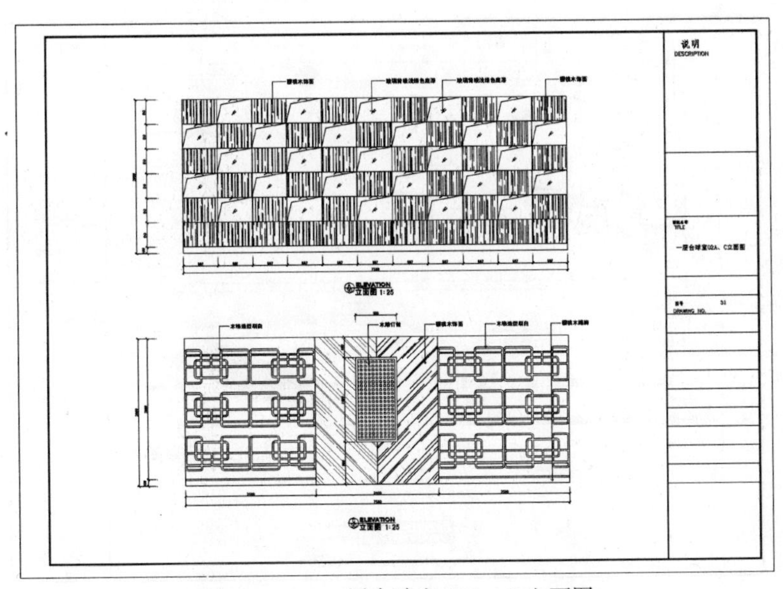

图 14-118 一层台球室 02A、C 立面图

第15章 洗浴中心剖面及节点详图的绘制

知识导引

建筑剖面图主要反映建筑物的结构形式、垂直空间利用、各层构造做法和门窗洞口高度等。建筑节点详图设计是建筑施工图绘制过程中的一项重要内容，与建筑构造设计息息相关。本章以洗浴中心剖面图和节点详图为例，详细论述建筑剖面图和节点详图的CAD绘制方法与相关技巧。

内容要点

- 一层走廊剖面图的绘制
- 一层台球室01D、E、H剖面图的绘制
- 一层走廊节点详图的绘制

15.1 一层走廊剖面图的绘制

一层走廊剖面图如图15-1所示，下面讲述其中各个位置剖面图的绘制过程。

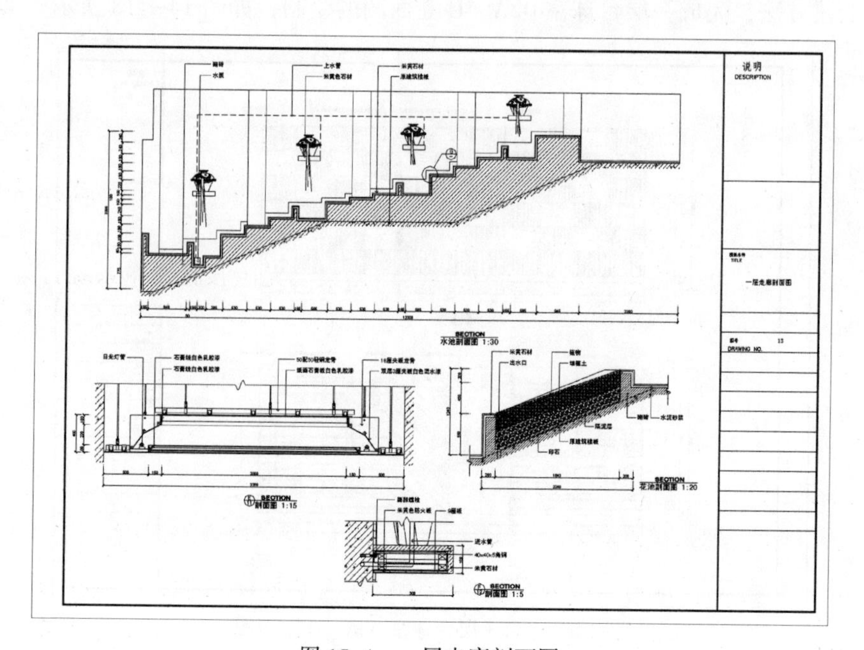

图15-1 一层走廊剖面图

15.1.1 一层走廊 E 剖面图的绘制

一层走廊 E 剖面图如图 15-2 所示，下面介绍其绘制过程。

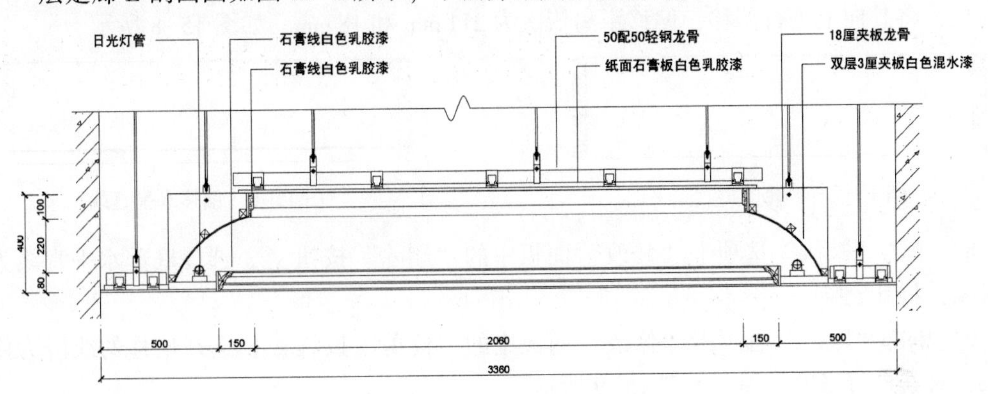

图 15-2 一层走廊 E 剖面图

1）单击“默认”选项卡“绘图”面板中的“直线”按钮，在图形空白位置处任选一点为直线起点，绘制一条长度为 1683 mm 的竖直直线，如图 15-3 所示。

2）单击“默认”选项卡“修改”面板中的“偏移”按钮，选择上步绘制的竖直直线为偏移对象，将其向右进行偏移，偏移距离分别为 232 mm、6720 mm 和 229 mm，如图 15-4 所示。

图 15-3 绘制竖直直线　　图 15-4 偏移竖直直线

3）单击“默认”选项卡“绘图”面板中的“直线”按钮，绘制上步两竖直直线的水平连接线，如图 15-5 所示。

4）单击“默认”选项卡“绘图”面板中的“图案填充”按钮，系统打开“图案填充创建”选项卡。设置图案类型为“ANSI31”，填充角度为“0”，填充比例为“30”，填充图形，效果如图 15-6 所示。

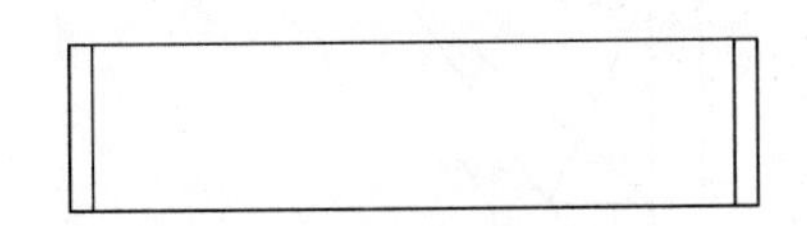

图 15-5 绘制水平连接线

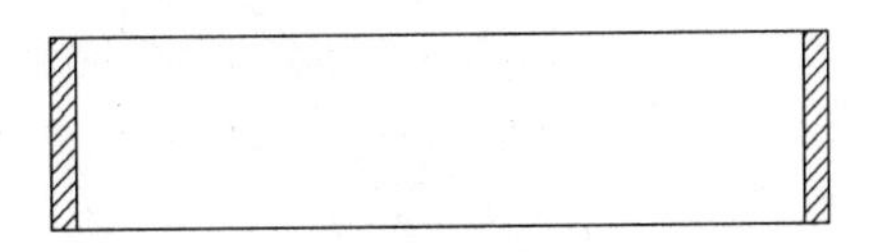

图 15-6 填充图形（一）

5）单击“默认”选项卡“绘图”面板中的“图案填充”按钮，系统打开“图案填充创建”选项卡，设置图案类型为“AR-CONC”，填充角度为“0”，填充比例为“2”，填充图形，效果如图 15-7 所示。

6）单击“默认”选项卡“修改”面板中的“删除”按钮，选择左右两侧竖直边线为删除对象，将其删除。

7）单击“默认”选项卡“修改”面板中的“偏移”按钮，选择底部水平直线为偏移对象，将其向上进行偏移，偏移距离依次为 211 mm 和 18 mm，如图 15-8 所示。

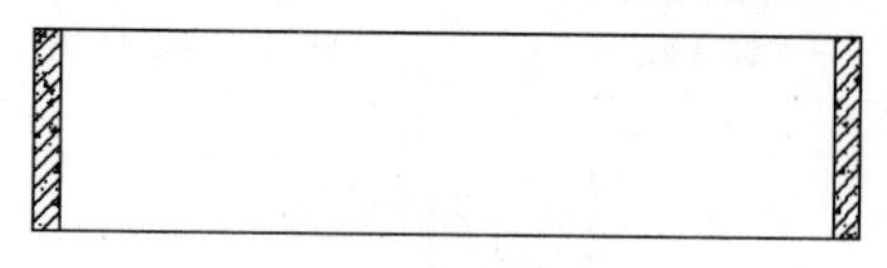

图 15-7 填充图形（二）

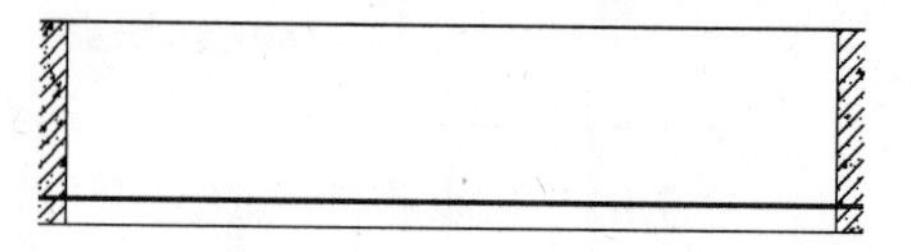

图 15-8 偏移水平直线

8）单击“默认”选项卡“修改”面板中的“删除”按钮，选择底部水平直线为删除对象，将其删除。

9）单击“默认”选项卡“修改”面板中的“修剪”按钮，选择偏移的线段为修剪对象，对其进行修剪处理，如图 15-9 所示。

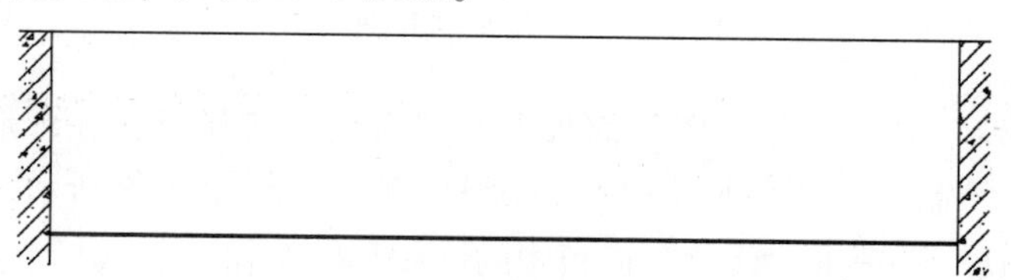

图 15-9 修剪对象（一）

10）单击“默认”选项卡“绘图”面板中的“矩形”按钮，在上步图形的适当位置处绘制一个 160 mm×18 mm 的矩形，如图 15-10 所示。

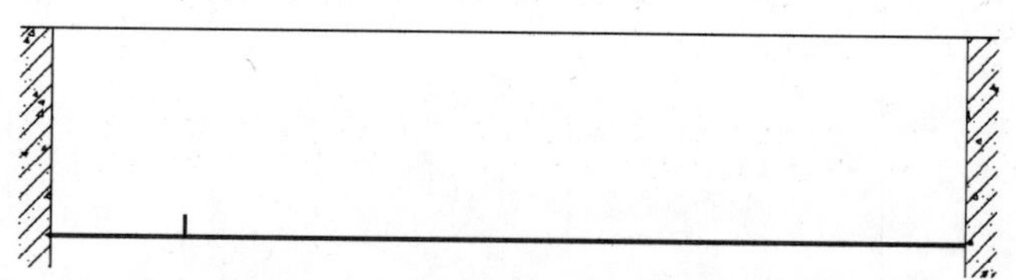

图 15-10 绘制 160 mm×18 mm 矩形

11）单击“默认”选项卡“绘图”面板中的“直线”按钮和“圆弧”按钮，在上步绘制矩形的右侧绘制图 15-11 所示的图形。

12）单击“默认”选项卡“修改”面板中的“修剪”按钮，选择上步绘制的图形为修剪对象，对其进行修剪处理，如图 15-12 所示。

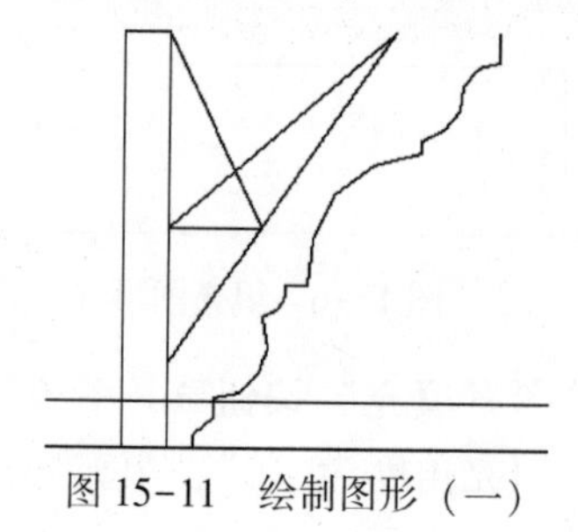

图 15-11 绘制图形（一）

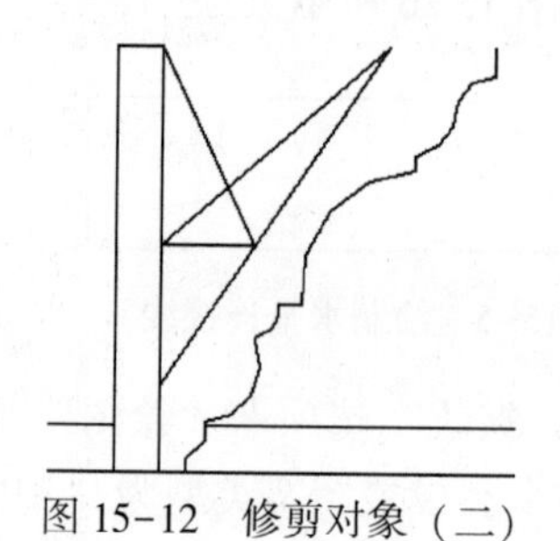

图 15-12 修剪对象（二）

13）单击“默认”选项卡“修改”面板中的“镜像”按钮，选择上步图形为镜像对象，以底部水平直线中点为镜像点，对图形进行竖直镜像，如图 15-13 所示。

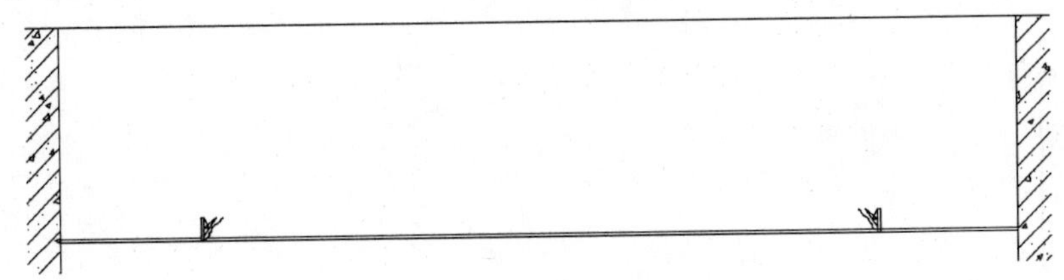

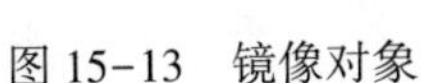

图 15-13　镜像对象

14）单击“默认”选项卡“绘图”面板中的“直线”按钮，绘制上步镜像图形间的连接线，如图 15-14 所示。

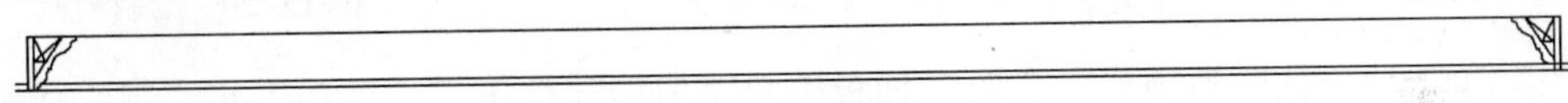

图 15-14　绘制连接线（一）

15）单击“默认”选项卡“修改”面板中的“偏移”按钮，选择上步绘制的水平直线为偏移对象，将其向下进行偏移，偏移距离分别为 11 mm、35 mm、51 mm、13 mm 和 12 mm，如图 15-15 所示。

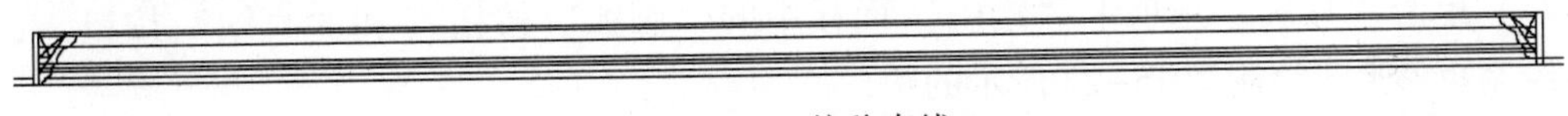

图 15-15　偏移直线

16）单击“默认”选项卡“修改”面板中的“修剪”按钮，选择上步偏移线段为修剪对象，对其进行修剪处理，如图 15-16 所示。

图 15-16　修剪对象（三）

17）单击“默认”选项卡“绘图”面板中的“多段线”按钮，在上步图形上侧绘制连续直线，如图 15-17 所示。

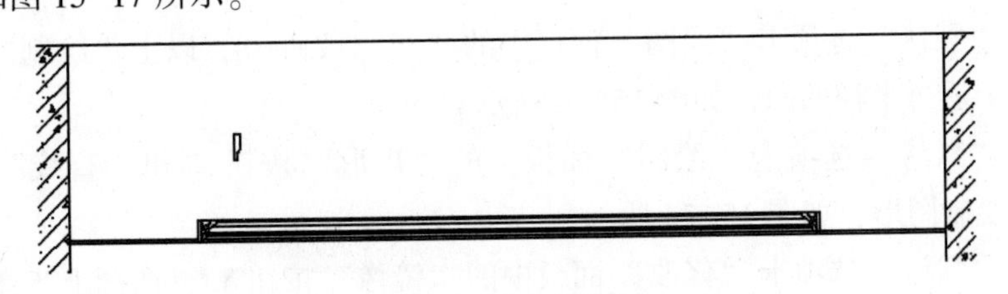

图 15-17　绘制连续直线（一）

18）单击“默认”选项卡“绘图”面板中的“图案填充”按钮，系统打开“图案填充创建”选项卡。设置填充类型为“AR-CONC”，填充角度为“0”，填充比例为“0.3”，填充图形，效果如图 15-18 所示。

19）单击“默认”选项卡“绘图”面板中的“直线”按钮，在图形底部绘制连续直线，如图 15-19 所示。

20）单击“默认”选项卡“绘图”面板中的“圆弧”按钮，绘制上步两图形间的连接圆弧线，角度为90°，如图15-20所示。

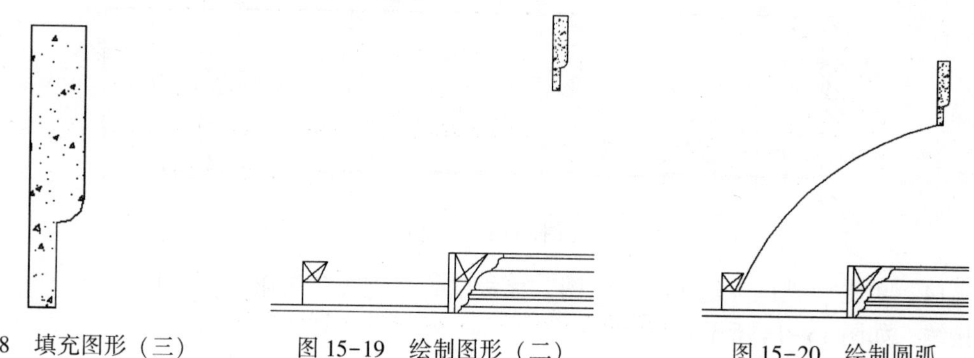

图15-18 填充图形（三） 图15-19 绘制图形（二） 图15-20 绘制圆弧

21）单击“默认”选项卡“修改”面板中的“偏移”按钮，选择上步绘制的圆弧为偏移对象，对其进行偏移处理，偏移距离依次为6 mm和6 mm，并结合“延伸”命令延伸对象，如图15-21所示。

22）单击“默认”选项卡“绘图”面板中的“矩形”按钮，在上步绘制圆弧右侧绘制一个120 mm×45 mm的矩形，如图15-22所示。

23）单击“默认”选项卡“绘图”面板中的“圆弧”按钮和“直线”按钮，在上步绘制矩形上步绘制图15-23所示的图形。

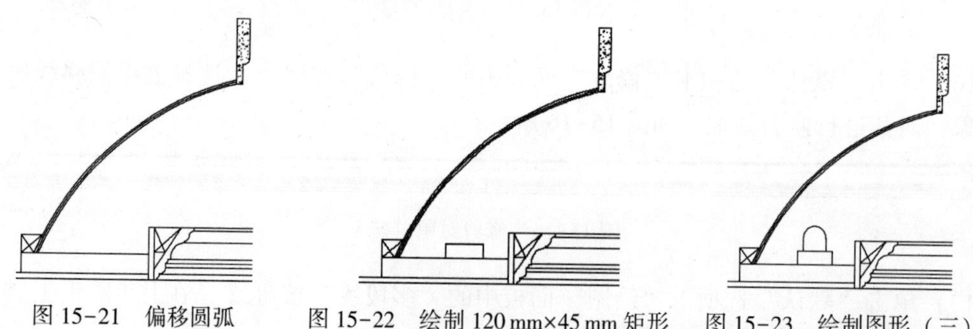

图15-21 偏移圆弧 图15-22 绘制120 mm×45 mm矩形 图15-23 绘制图形（三）

24）单击“默认”选项卡“绘图”面板中的“圆”按钮，以上步绘制的圆弧中心为圆心，绘制一个适当半径的圆，如图15-24所示。

25）单击“默认”选项卡“绘图”面板中的“矩形”按钮和“直线”按钮，在上步图形外侧绘制图形，如图15-24所示。

26）单击“默认”选项卡“修改”面板中的“镜像”按钮，选择上步图形为镜像对象，选择顶部水平直线中点为镜像起点，向下确认一点为镜像终点，完成图形镜像，如图15-25所示。

27）单击“默认”选项卡“绘图”面板中的“直线”按钮，绘制上步两图形间的连接线，如图15-26所示。

28）单击“默认”选项卡“绘图”面板中的“矩形”按钮，在上步绘制矩形的上方绘制两个矩形，如图15-27所示。

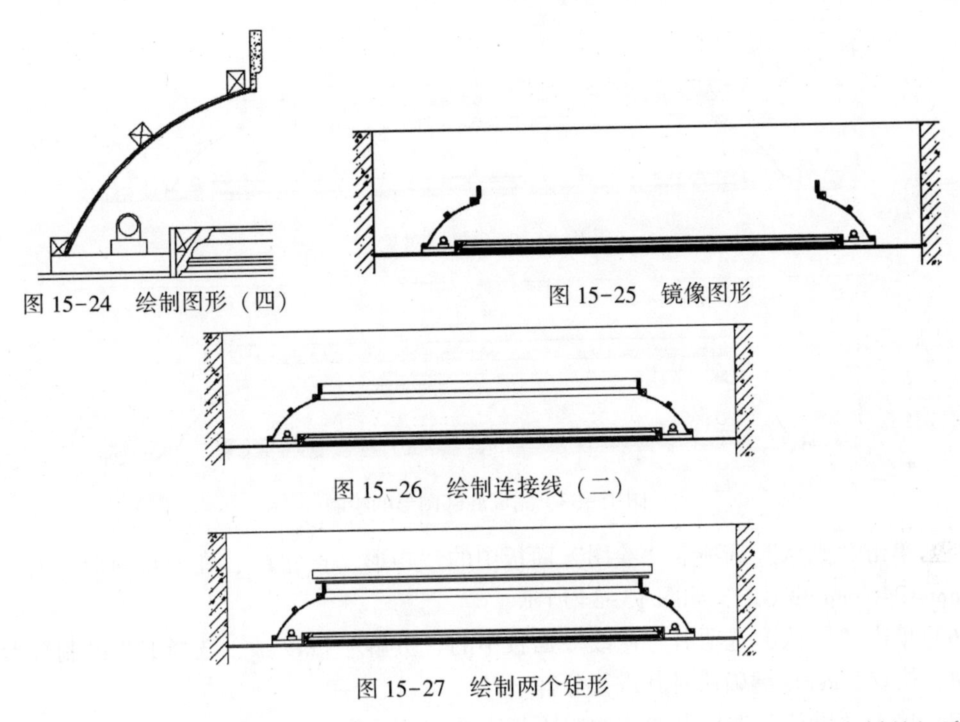

图 15-24　绘制图形（四）

图 15-25　镜像图形

图 15-26　绘制连接线（二）

图 15-27　绘制两个矩形

29）单击“默认”选项卡“绘图”面板中的“直线”按钮，在上步绘制的矩形上绘制连续直线，如图 15-28 所示。

30）单击“默认”选项卡“绘图”面板中的“多段线”按钮，在上步绘制的连续直线外侧绘制连续多段线，如图 15-29 所示。

31）单击“默认”选项卡“修改”面板中的“偏移”按钮。选择上步绘制的连续多段线为偏移对象，将其向内进行偏移，偏移距离为 1 mm，如图 15-30 所示。

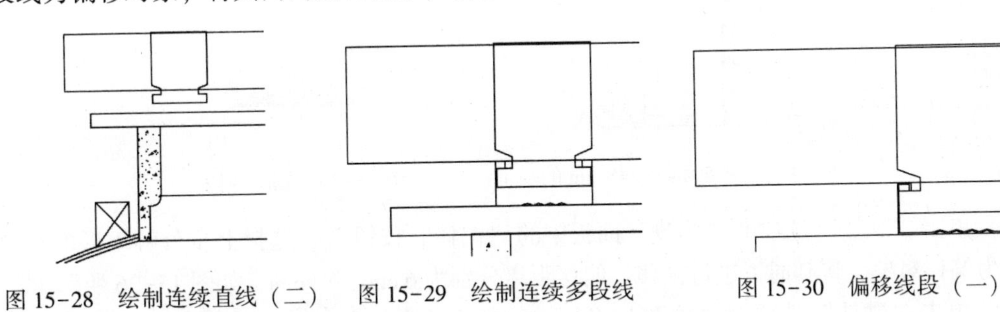

图 15-28　绘制连续直线（二）　图 15-29　绘制连续多段线　图 15-30　偏移线段（一）

32）单击“默认”选项卡“绘图”面板中的“直线”按钮，在上步图形内绘制连续直线，如图 15-31 所示。

33）单击“默认”选项卡“修改”面板中的“复制”按钮，选择上步绘制图形为复制对象，对其进行连续复制，如图 15-32 所示。

34）单击“默认”选项卡“绘图”面板中的“直线”按钮和“修改”面板中的“镜像”按钮，完成底部图形的绘制，如图 15-33 所示。

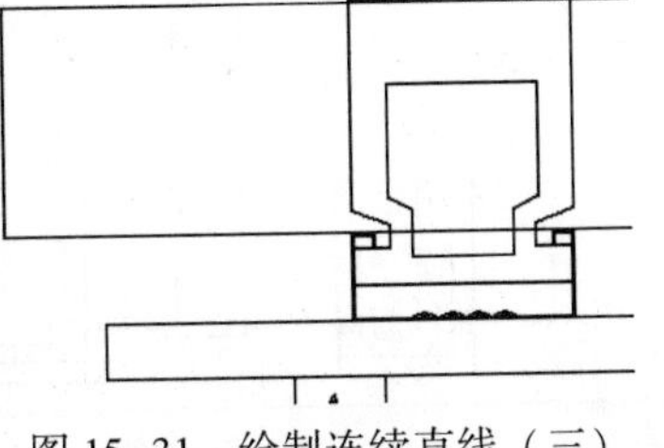

图 15-31　绘制连续直线（三）

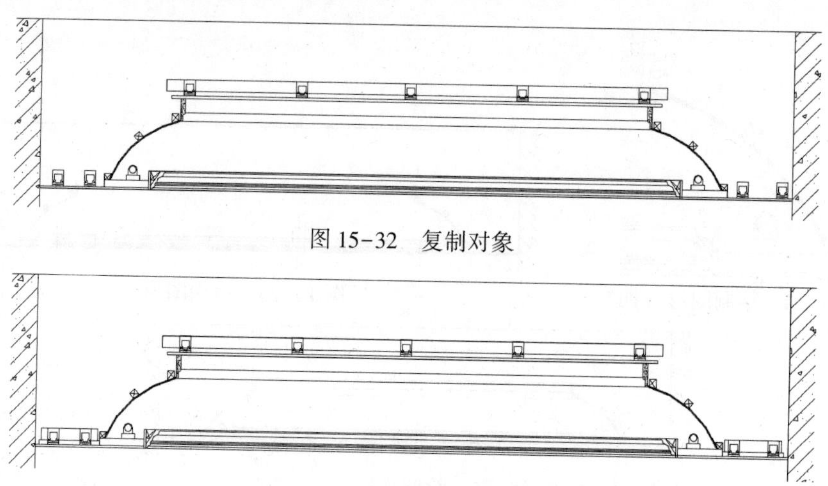

图 15-32 复制对象

图 15-33 完成底部图形的绘制

35）单击“默认”选项卡“绘图”面板中的“矩形”按钮，在上步图形左侧绘制一个 50 mm×240 mm 的矩形，如图 15-34 所示。

36）单击“默认”选项卡“修改”面板中的“分解”按钮，选择上步绘制矩形为分解对象，按〈Enter〉键确认对其进行分解。

37）单击“默认”选项卡“修改”面板中的“删除”按钮，选择分解矩形内的多余线段为删除对象，将其删除，如图 15-35 所示。

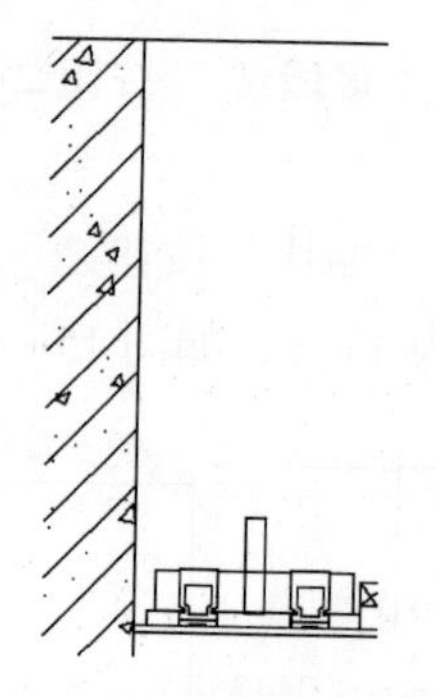

图 15-34 绘制 50 mm×240 mm 的矩形

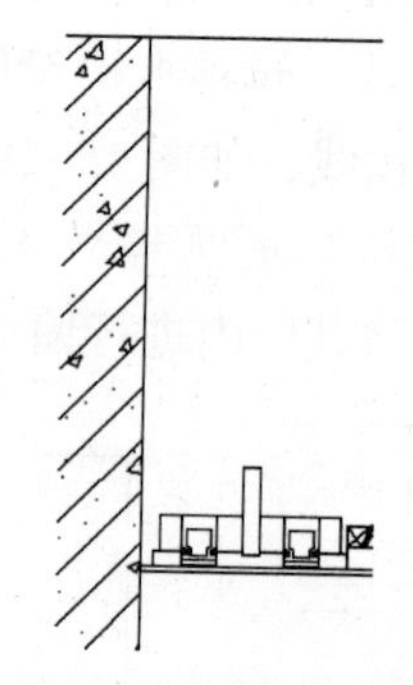

图 15-35 删除线段

38）单击“默认”选项卡“修改”面板中的“偏移”按钮，选择上步分解矩形的顶部水平边为偏移对象，将其向下进行偏移，偏移距离分别为 6 mm、84 mm，如图 15-36 所示。

39）单击“默认”选项卡“绘图”面板中的“多边形”按钮，在上步偏移的线段内绘制一个六边形，如图 15-37 所示。

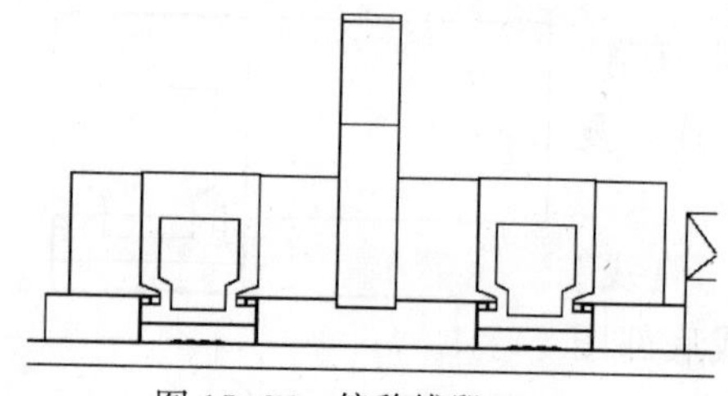

图 15-36 偏移线段（二）

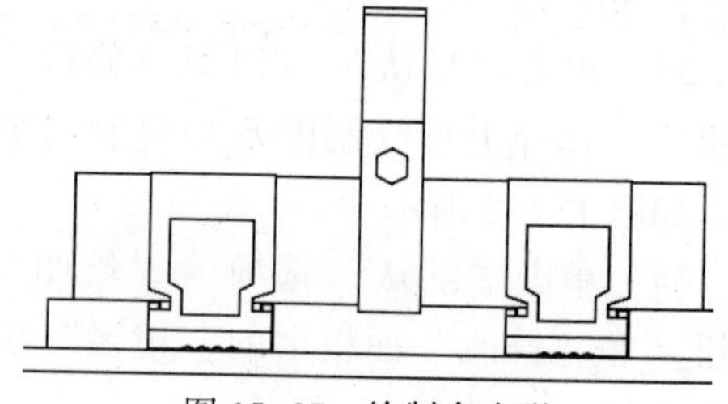

图 15-37 绘制多边形

40）单击“默认”选项卡“绘图”面板中的“圆”按钮，以上步绘制多边形中心为圆心绘制一个适当半径的圆图形，如图 15-38 所示。

41）单击“默认”选项卡“绘图”面板中的“直线”按钮，过上步绘制圆的圆心绘制十字交叉线，如图 15-39 所示。

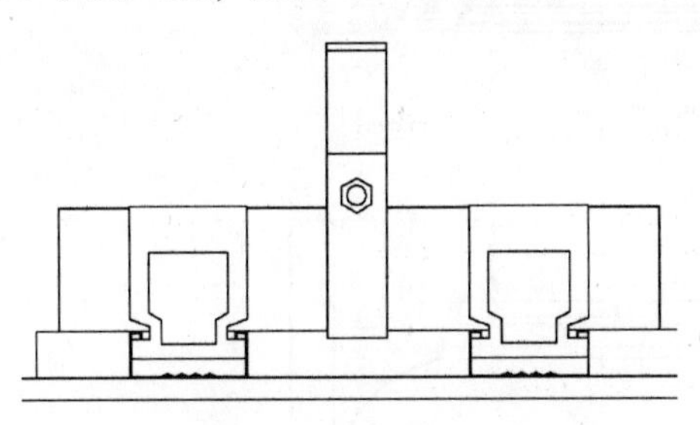

图 15-38　绘制圆（一）

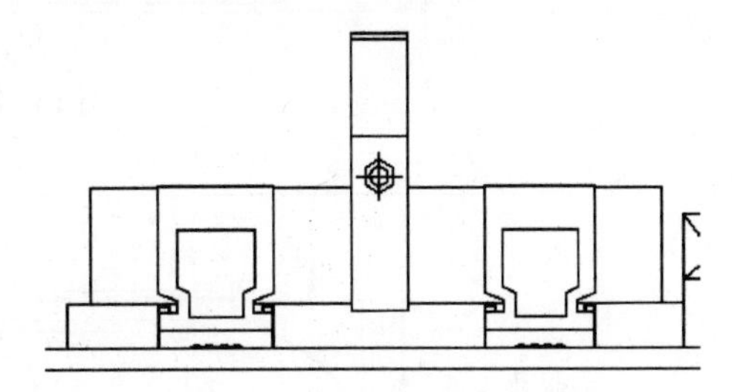

图 15-39　绘制十字交叉线

42）单击“默认”选项卡“绘图”面板中的“直线”按钮，完成剩余部分图形的绘制，如图 15-40 所示。

43）利用上述方法完成剩余图形的绘制，如图 15-41 所示。

44）单击“默认”选项卡“绘图”面板中的“直线”按钮和“修改”面板中的“圆角”按钮，在顶部水平线上绘制折弯线，如图 15-42 所示。

45）单击“默认”选项卡“修改”面板中的“修剪”按钮，选择折弯线之间的线段为修剪对象，对其进行修剪处理，如图 15-43 所示。

46）单击“默认”选项卡“注释”面板中的“线性”按钮和“连续”按钮，为图形添加第一道尺寸标注，如图 15-44 所示。

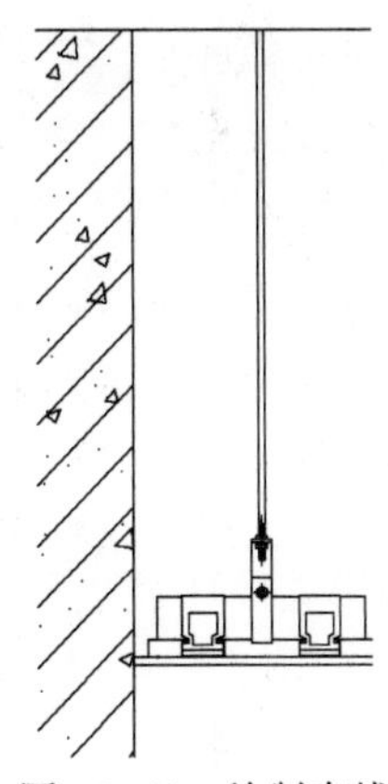

图 15-40　绘制直线

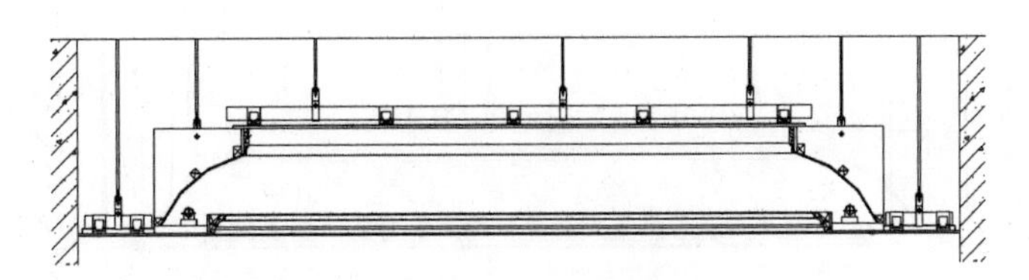

图 15-41　绘制剩余图形

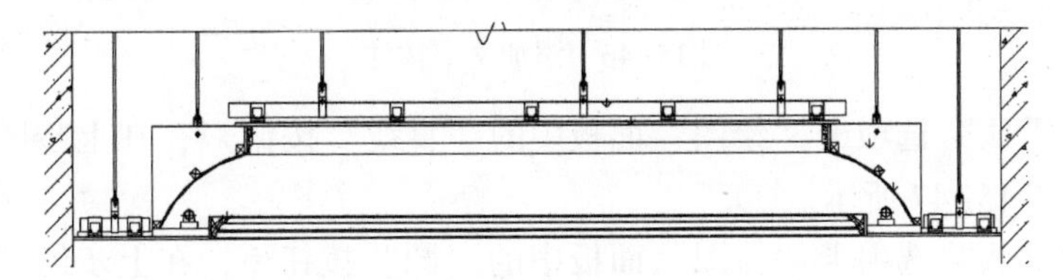

图 15-42　绘制折弯线

47）单击“默认”选项卡“注释”面板中的“线性”按钮，为图形添加总尺寸标注，如图 15-45 所示。

48）在命令行窗口中输入“QLEADER”命令，为图形添加文字标注，如图 15-46 所示。

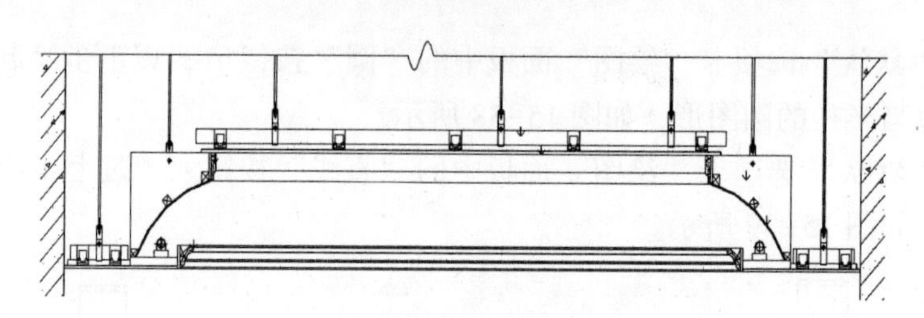

图 15-43　修剪图形

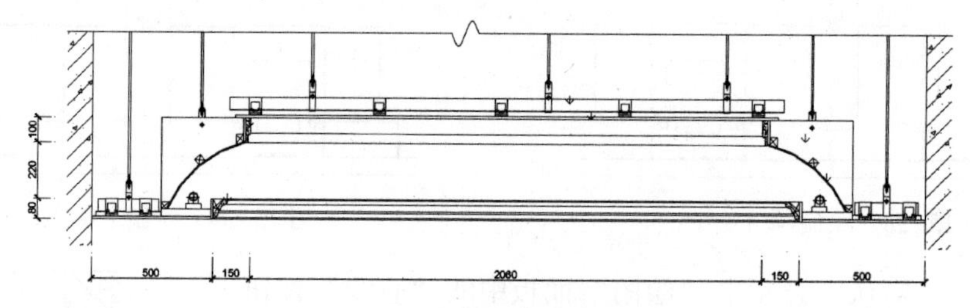

图 15-44　添加第一道尺寸标注

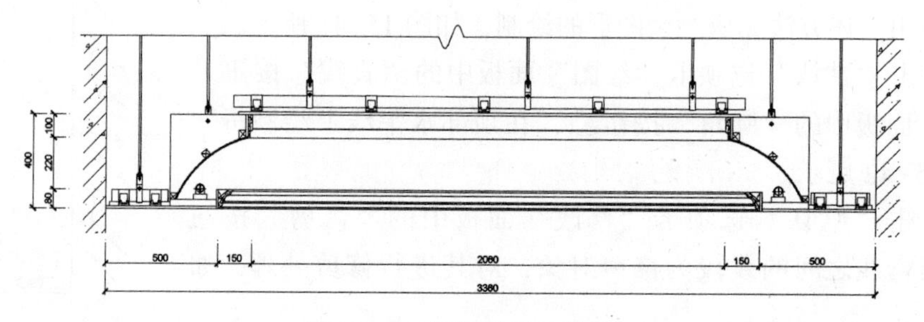

图 15-45　添加总尺寸标注

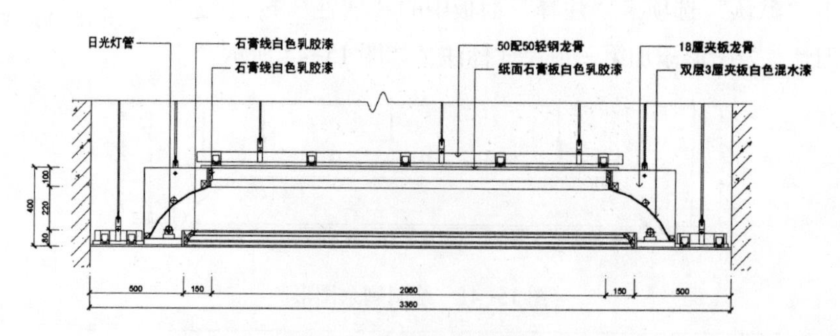

图 15-46　添加文字标注

49）单击“默认”选项卡“绘图”面板中的“直线”按钮╱，在上步图形下方绘制一条水平直线，如图 15-47 所示。

50）单击“默认”选项卡“绘图”面板中的“圆”按钮⊙，在上步绘制水平直线上绘制一个适当半径的圆，如图 15-48 所示。

51）单击“默认”选项卡“注释”面板中的“多行文字”按钮A，在上步图形内添加文字，如图 15-2 所示。

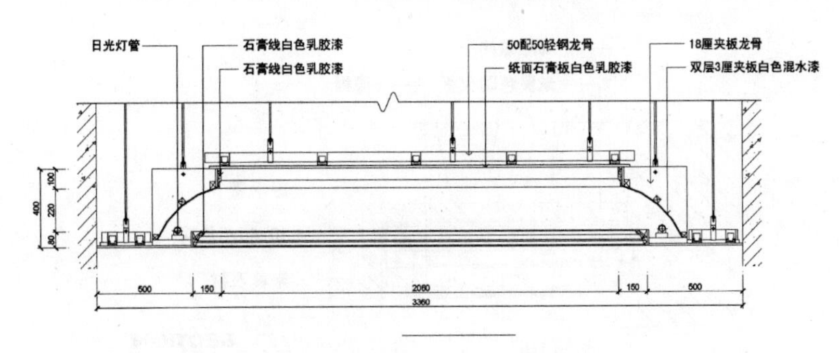

图 15-47　绘制一条水平直线

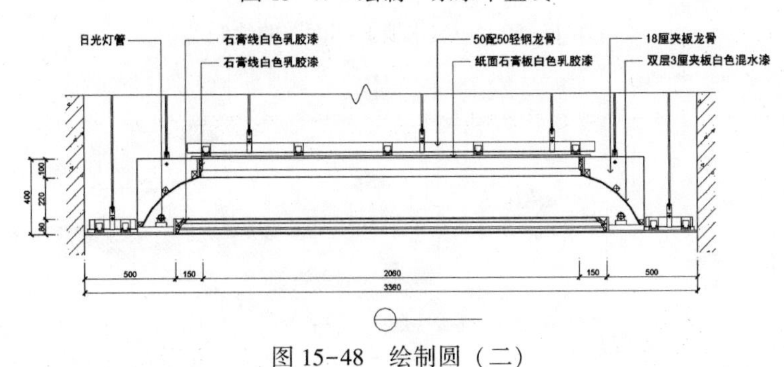

图 15-48　绘制圆（二）

15.1.2 一层花池剖面图的绘制

利用上述方法，完成花池剖面图的绘制，如图 15-49 所示。

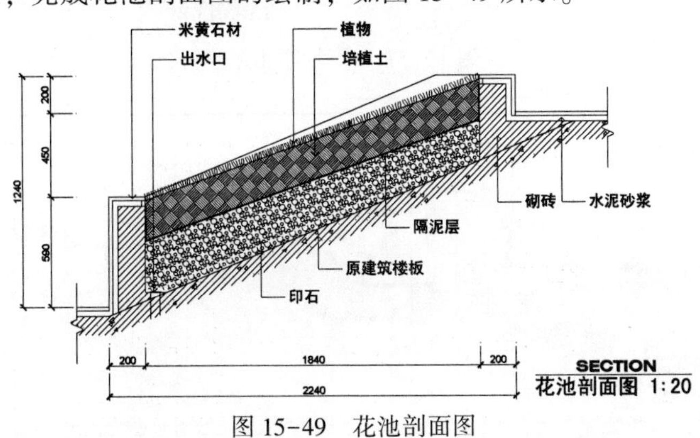

图 15-49　花池剖面图

15.1.3 一层水池 F 剖面图的绘制

利用上述方法，完成一层水池 F 剖面图的绘制，如图 15-50 所示。

15.1.4 一层水池剖面图的绘制

利用上述方法，完成水池剖面图的绘制，如图 15-51 所示。

单击“默认”选项卡“块”面板中的“插入”按钮，弹出“插入”对话框，选择定义的图框为插入对象，将其放置到绘制的图形外侧，最终完成一层走廊剖面图的绘制，如图 15-52 所示。

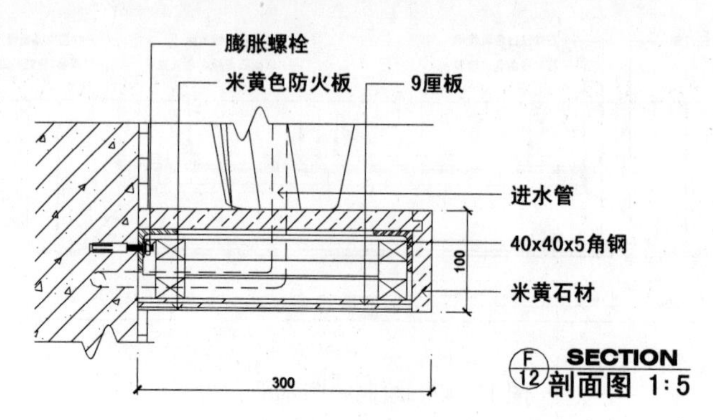

图 15-50 一层水池 F 剖面图的绘制

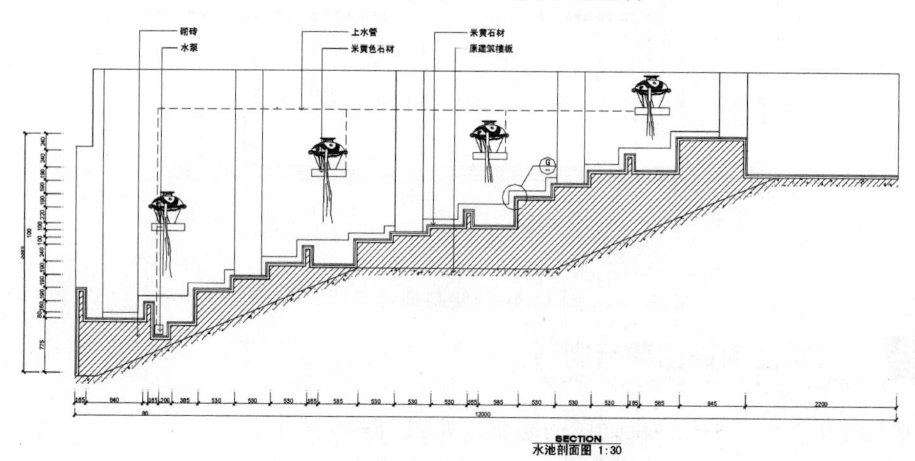

图 15-51 水池剖面图

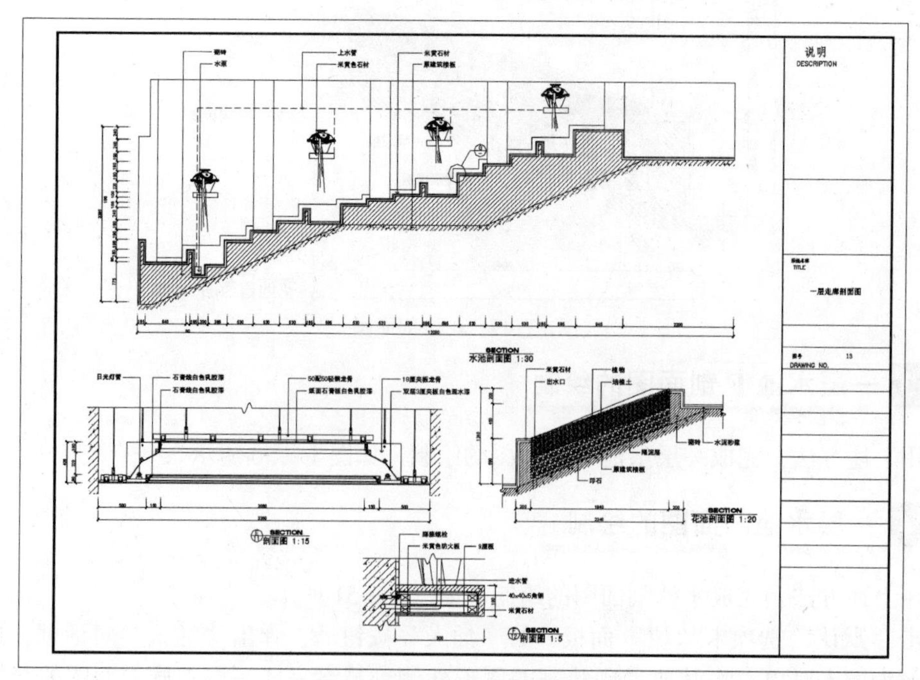

图 15-52 一层走廊剖面图

15.2 一层台球室 01D、E、H 剖面图的绘制

一层台球室 01D、E、H 剖面图如图 15-53 所示，其绘制方法与一层走廊剖面图类似，此处不再赘述。

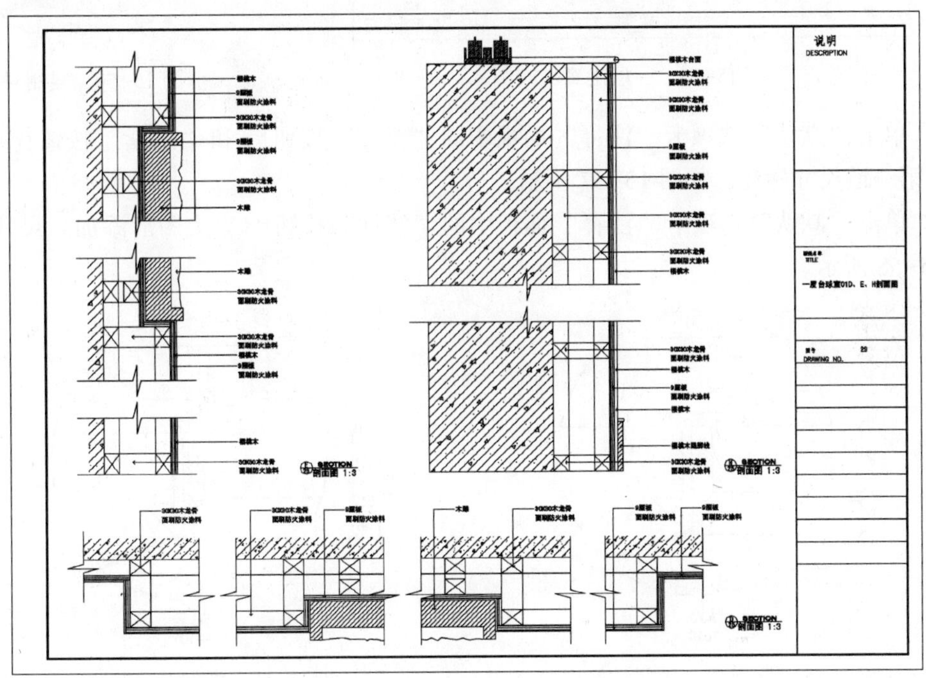

图 15-53　一层台球室 01D、E、H 剖面图

15.3 一层走廊节点详图的绘制

节点详图是体现建筑结构细节的重要图形，建筑详图包括楼梯详图，走廊详图，电梯详图，厨房、卫生间放大图，门窗详图，构造详图等。本节将通过实例讲述其绘制方法。

一层走廊节点详图 1 如图 15-54 所示，下面讲述其绘制方法。

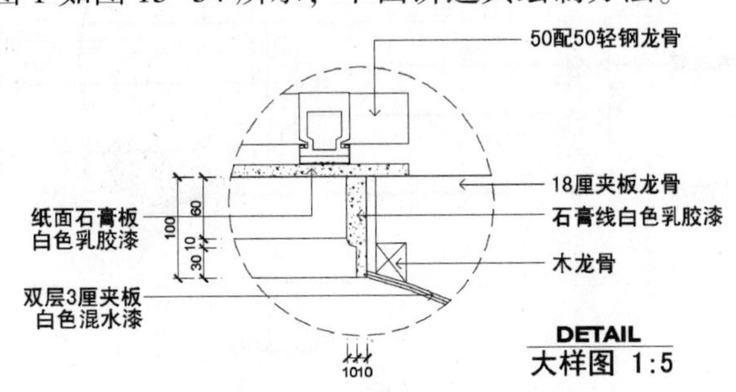

图 15-54　一层走廊节点详图 1

1）单击“默认”选项卡“修改”面板中的“复制”按钮，选择一层走廊剖面图中图 15-55 所示的画圆部分为复制对象，将其复制到图纸空白处，如图 15-56 所示。

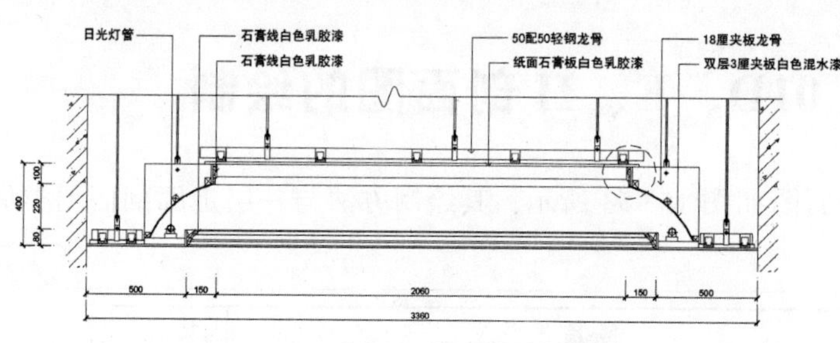

图 15-55 一层走廊剖面图

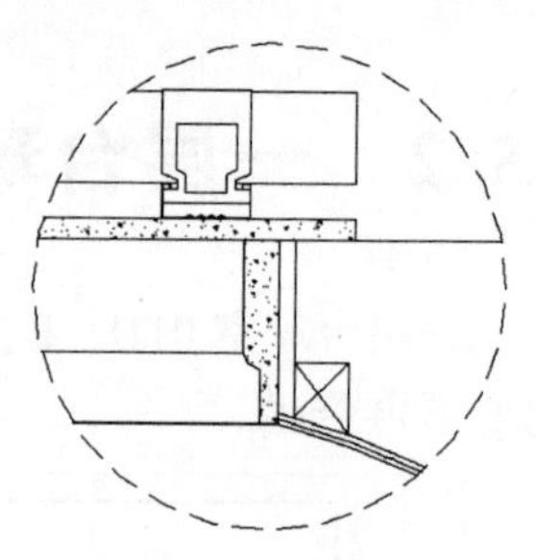

图 15-56 复制对象

2）单击“默认”选项卡“注释”面板中的“线性”按钮和“连续”按钮，为图形添加第一道尺寸标注，如图 15-57 所示。

3）单击“默认”选项卡“注释”面板中的“线性”按钮，为图形添加总尺寸标注，如图 15-58 所示。

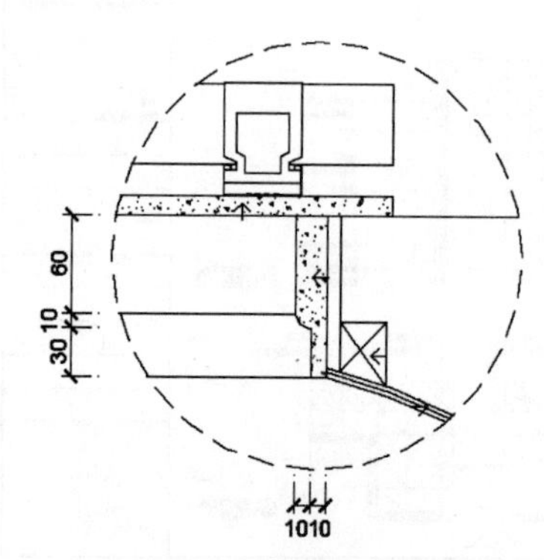

图 15-57 添加第一道尺寸标注

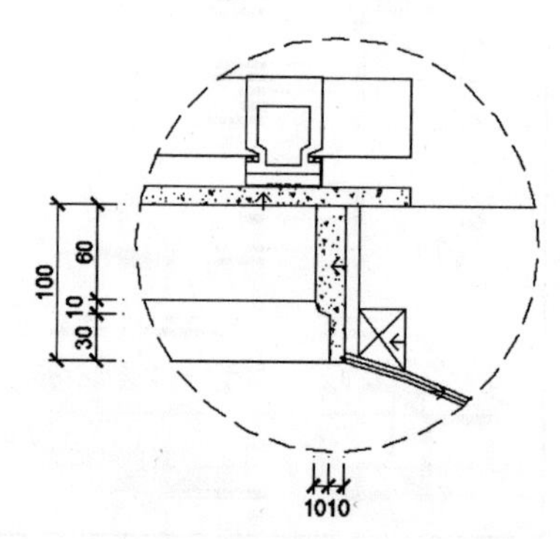

图 15-58 添加总尺寸

4）在命令行窗口中输入“QLEADER”命令，为图形添加文字标注，如图 15-59 所示。

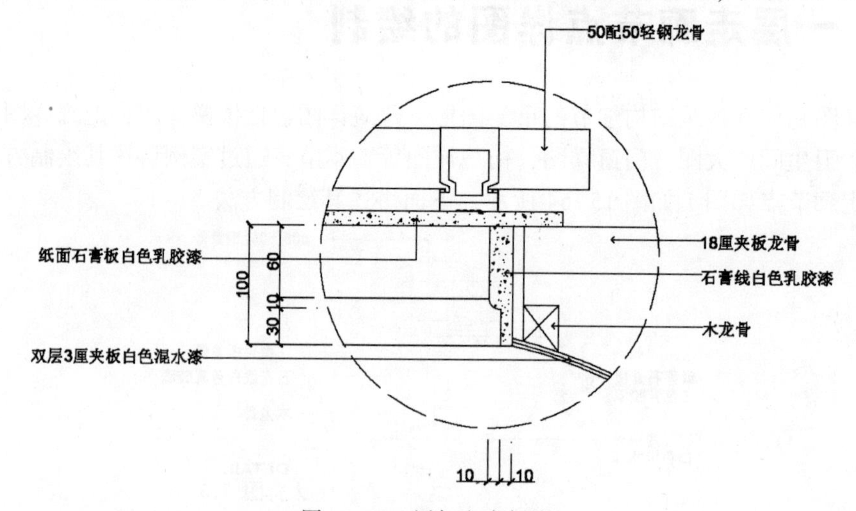

图 15-59 添加文字标注

5）单击“默认”选项卡“绘图”面板中的“直线”按钮和“多行文字”按钮A，为图形添加总图文字标注，最终完成大样图 1 的绘制，如图 15-1 所示。